K. Simonyi

Theoretische Elektrotechnik

Károly Simonyi

Theoretische Elektrotechnik

Mit 455 Abbildungen und 12 Tabellen

10. Auflage

Johann Ambrosius Barth Leipzig · Berlin · Heidelberg
Edition Deutscher Verlag der Wissenschaften

Titel der Originalausgabe:
Simonyi Károly
Elméleti villamosságtan
Tankönyvkiadó
Budapest 1973

Die 10. deutsche Auflage ist eine überarbeitete Fassung der ungarischen Ausgabe. Sie wurde vom Autor unter Verwendung der von Heinrich Theil, Budapest, besorgten Übersetzung der Erstauflage ins Deutsche übertragen

Die Deutsche Bibliothek — CIP-Einheitsaufnahme

Simonyi, Károly:
Theoretische Elektrotechnik : mit 12 Tabellen / Károly Simonyi. [Vom Autor unter Verwendung der von Heinrich Theil besorgten Übers. der Erstaufl. ins Dt. übertr.]. — 10., Aufl. — Leipzig ; Berlin ; Heidelberg : Barth, Ed. Dt. Verl. der Wiss., 1993
Einheitssacht.: Elméleti villamosságtan ⟨dt.⟩
ISBN 3-335-00375-6

Edition Deutscher Verlag der Wissenschaften
Druck und Verarbeitung: Druckhaus „Thomas Müntzer“ GmbH, Bad Langensalza
Printed in Germany

ISBN 3-335-00375-6

Vorwort

Die theoretische Elektrotechnik beschäftigt sich einerseits mit den prinzipiellen Fragen der Gesetze der elektromagnetischen Erscheinungen, mit den logischen Zusammenhängen und allgemeinsten Folgerungen dieser Zusammenhänge, andererseits behandelt sie auch spezielle konkrete praktische Aufgaben, wenn diese einen „komplizierteren" mathematischen Apparat verlangen. Die theoretische Elektrotechnik ist also gewissermaßen eine Legierung aus physikalischer Elektrodynamik und praktischen Problemen. Bei solcher unveränderlichen Zielsetzung muß sich jedoch der Inhalt stetig ändern. Der Begriff des „komplizierteren" mathematischen Apparats verschiebt sich infolge der stetigen Verbesserung der mathematischen Ausbildung nach immer höheren Gebieten; damit können einige Themen gestrichen werden. Zur Kompensierung treten neue Disziplinen in den Vordergrund, die aufgenommen werden müssen. Außerdem erlangen immer neue Teile der physikalischen Elektrodynamik Wichtigkeit für die Anwendung. Die relativistische Elektrodynamik kann schon heute als Ingenieurwissenschaft betrachtet werden. Auch die Quantenelektrodynamik hat bereits gewisse Beziehungen zur Praxis.

Alle diese Veränderungen führen notwendig zur Vermehrung des Inhalts oder aber zur Einengung der Zielsetzung.

Mit der fünften Auflage hat das Buch die „Grenzdicke" oder die „kritische Dicke" weitaus erreicht, bei der ein Buch noch bequem zu handhaben ist. Ich habe mich bemüht, bei der sechsten Auflage die frühere Seitenzahl nicht zu überschreiten. Dieser Zielsetzung fielen die Kapitel über nichtlineare Kreise zum Opfer. Einige Seiten konnten z. B. auch dadurch eingespart werden, daß detailliertere Ausarbeitungen der Eigenschaften von verschiedenen Wellentypen in Hohlleitern durch eine eingehendere Behandlung charakteristischer und praktisch wichtiger Einzelfälle ersetzt wurden. Insgesamt sind etwa hundert Seiten ausgetauscht, d. h. völlig neu geschrieben worden.

Der Schwerpunkt des Buches wurde — wenigstens war es meine Absicht — gegen die Wellenfelder verschoben.

Das vorliegende Buch setzt die Kenntnis der Grundbegriffe und Grundgesetze der Elektrotechnik sowie der hierzu unerläßlichen mathematischen Hilfsmittel voraus. Auch die Maxwellschen Gleichungen werden als Endergebnis einer induktiv aufgebauten Behandlung als bekannt vorausgesetzt. In der Einführung werden aber all diese Dinge rekapitulierend zusammengefaßt. In diesem Sinne bildet das Buch ein in sich geschlossenes Ganzes. Trotzdem werden die Gesichtspunkte der Zielsetzung, der Behandlungsweise und der Wahl des Inhaltes nur dann vollständig klar erscheinen, wenn wir berücksichtigen, daß dieses Buch den dritten Band meiner aus vier Bänden bestehenden Reihe über allgemeine Elektrizitätslehre darstellt. Die einzelnen Bände sind:

1. Grundgesetze des elektromagnetischen Feldes
2. Physikalische Elektronik
3. Theoretische Elektrotechnik
4. Beispiel- und Aufgabensammlung.

Der vierte Band, der unter meiner Redaktion von meinen früheren Mitarbeitern verfaßt wurde, ist bisher nur in ungarischer Sprache erschienen.

Man ist bei einem Lehrbuch — seinem Charakter entsprechend — gezwungen, aus vielen fremden Quellen zu schöpfen: zum Teil aus Originalaufsätzen, zum Teil aus den pädagogischen Ergebnissen anderer Fachleute. Die im Literaturverzeichnis angeführten Werke wurden zum Teil als Quellen benutzt, zum Teil sind es solche Werke, die dem Leser zu seiner Fortbildung dienen können. Ich habe auf den Ursprung meines Gedankenganges nach Möglichkeit auch explizit hingewiesen. Die Nummern in eckigen Klammern beziehen sich immer auf die entsprechende Literatur.

Schließlich spreche ich meinen Dank all jenen aus, die an dem Zustandekommen dieses Buches bzw. am Erscheinen der deutschen Ausgabe mitgewirkt haben. So gebührt Dank den Mitarbeitern des Lehrstuhls für Theoretische Elektrotechnik, den Herren Prof. Dr. G. Fodor und Dr. A. Csurgay, mit denen zahlreiche Fachprobleme besprochen wurden, ferner Frau A. Mérey und Frau I. Csurgay, die mir bei den Redaktionsarbeiten behilflich waren, und meiner Frau, die bei der Anfertigung des Manuskriptes unermüdliche Hilfe leistete. Ganz besonders bin ich Herrn Professor Dr. E. G. Neumann aus Wuppertal zu Dank verpflichtet. Er hat mir seine sehr wertvollen kritischen Bemerkungen zur Verfügung gestellt, die ich in dieser Auflage berücksichtigen konnte.

Außerdem ist es mir eine angenehme Pflicht, dem Verlag für die sorgfältige Ausstattung des Buches und für sein verständnisvolles Eingehen auf alle meine Wünsche meinen verbindlichsten Dank auszusprechen.

Es gebührt auch im voraus Dank allen, die mich auf die Unzulänglichkeiten, welche trotz unserer Bemühungen in diesem Buch auftreten, aufmerksam machen werden.

K. Simonyi

Inhaltsverzeichnis

1. Einleitende Übersicht

In diesem Teil werden kurz die Tatsachen und Erwägungen zusammengefaßt, die zwangsläufig zu den Maxwellschen Gleichungen führen. Wir lernen die einfachen und die etwas komplizierteren Formen dieser grundlegenden Gleichungen sowie deren wichtigste Folgerungen, z. B. die Energiegleichung und die Ausdrücke für die Kraft, kennen. Endlich werden die Grundtatsachen der Vektoranalysis rekapituliert und die wichtigsten Ergebnisse tabelliert.

1.1. Einleitung

Die Naturwissenschaften gelangen über Versuche und Beobachtungen zu ihren Erkenntnissen und Ergebnissen. Die unmittelbaren Resultate dieser Beobachtungen und Messungen bilden jedoch eine zusammenhanglose Sammlung von Angaben, aus denen man allgemeinere Zusammenhänge oder Gesetzmäßigkeiten abzuleiten sucht. Heute wird diese sogenannte induktive Methode als die grundlegende Forschungsmethode der Naturwissenschaften betrachtet. Trotzdem ist jede Wissenschaft bestrebt, schnellstens zur deduktiven Methode überzugehen. Sie wird daher die aus umfangreichem Beobachtungsmaterial gewonnenen Teilgesetze zu einer einheitlichen Theorie zusammenfassen, an deren Spitze einige Grundgleichungen stehen, damit sämtliche Behauptungen — analog der Methode der Geometrie — von diesen Grundgleichungen, eben deduktiv, abgeleitet werden können. Der Entwicklungsgrad einer Wissenschaft läßt sich gerade daran messen, inwieweit die Verwirklichung dieses Ziels gelungen ist. Die Triebkräfte dieser Bestrebungen sind verschieden. In erster Linie sind sie ökonomischer Art: Es ist meist einfacher und billiger, den Verlauf der Erscheinungen durch Berechnungen statt durch Versuche zu ermitteln. Die umfassende Theorie gibt außerdem Ansatzpunkte für weitere Forschungen, indem sie den Weg weist, den der Forscher einzuschlagen hat. Neben diesen Gründen spielt auch noch der Umstand mit, daß der nach der Synthese strebende menschliche Geist die einzelnen Gebiete der Wissenschaft nur dann als bekannt, als vollkommen beherrscht empfindet, wenn die Einzelerscheinungen zu einem einheitlichen Bild zusammengefaßt werden können. Quantitativ äußert sich dies in der Aufstellung von Grundsätzen – Axiomen –, welche die einheitliche Ableitung sämtlicher Erscheinungen ermöglichen. In diesem Fall gilt die betreffende Theorie nicht nur als „wahr“ und „nützlich“, ihr kann auch das Epitheton „schön“ zuerkannt werden.

Es ist a priori überhaupt nicht sicher, ob eine von den Grundsätzen ausgehende deduktive Behandlungsweise in den Naturwissenschaften möglich ist. Daß die Versuchsergebnisse der Vergangenheit, der Gegenwart und sogar der Zukunft an Hand einiger Gleichungen bestimmbar sind, daß die Struktur der Außenwelt eine solche ist, stellt eine derart überraschende Tatsache dar, daß sie wohl zu den Grundproblemen der Naturphilosophie zu rechnen ist. Es ist jedoch auch eine Anhäufung von Versuchstatsachen vorstellbar, die keine Zusammenfassung zu einem einheitlichen Ganzen gestatten. Die Erfahrungen haben bisher gezeigt, daß bestimmte Teilgebiete der Physik — z. B. die klassische Newtonsche Mechanik — auf diese deduktive Art behandelt werden können. Es wurde aber ebenso durch geschichtliche Erfahrungen bestätigt, daß mit der weiteren Entwicklung der Versuchstechnik stets auch solche Tatsachen auftauchten, die in dem Rahmen der bekannten Theorie keinen Platz mehr fanden, und es mußte dementsprechend die Aufstellung einer neueren, umfassenderen Theorie in Angriff genommen werden. Nun kann es aber auch vorkommen, daß die experimentelle Technik eine derart schnelle Entwicklung erfährt, daß die Tatsachen schon im Augenblick der Entwicklung einer neuen Theorie deren Grenzen wieder übersteigen. Wir könnten somit zu keinem Zeitpunkt eine Theorie finden, welche die Erscheinungen in einem einheitlichen Bild erfaßt. Das eben Gesagte wird z. B. gegenwärtig durch die Physik der Elementarteilchen illustriert. Aber selbst in einem solchen Fall hat es Sinn, eine deduktive Behandlungsweise anzustreben; denn das Axiomatisieren von Einzelgebieten der Physik — wenn auch nur eines historisch abgeschlossenen Gebietes — kann sowohl ökonomisch als auch ästhetisch sehr erfolgreich sein.

Die Wissenschaft gelangt zu ihren Axiomen oder ihren Grundgleichungen selbstverständlich auf induktivem Weg, verallgemeinert also die Versuchsergebnisse. Aber gerade wegen dieser Verallgemeinerung ist der Inhalt der gefundenen Grundgleichungen stets größer als der der zugrunde liegenden experimentellen Fakten. Die Richtigkeit dieser Axiome kann nur die Übereinstimmung der von ihnen abgeleiteten Folgerungen mit den Meßergebnissen beweisen.

Ein historisch bereits abgeschlossenes und völlig deduktiv behandelbares Gebiet der Elektrotechnik ist die klassische Elektrodynamik. *In erster Linie an die experimentellen Resultate und das Begriffssystem von* FARADAY *anknüpfend, legte* MAXWELL *im Jahre 1873 in seinem Buch „A Treatise on Electricity and Magnetism“ sämtliche damals bereits vorhandenen Kenntnisse über die Elektrizität nieder.* Er erfaßte in seinen Grundgleichungen nicht nur die bis dahin erhaltenen Versuchsergebnisse, sondern auch im voraus die experimentellen Resultate der darauffolgenden 20 Jahre. Aussagen über die elektromagnetischen Wellen waren nämlich bereits in den Grundgleichungen von MAXWELL enthalten, obwohl ihre Existenz erst etwa 20 Jahre später durch Versuche bewiesen wurde.

Auf der Grundlage der Maxwellschen Gleichungen kann die gesamte Elektrodynamik deduktiv, „more geometrico“, behandelt werden. Darum wollen wir diese Grundgleichungen selbst gar nicht erörtern. Eine solche Erörterung würde eine Zurückführung auf irgendeine von uns unmittelbar einzusehende und daher akzeptierbare Erscheinung bedeuten. Die Maxwellschen Gleichungen kann man aber auf keine andere, einfachere Erscheinung zurückführen. Diese Erkenntnis war das Ergebnis einer ziemlich lang andauernden historischen Entwicklung. Für unsere Vorstellungen sind die Begriffe und Erscheinungen der Mechanik übersichtlich und verständlich. Wir müssen uns jedoch dessen bewußt sein, daß wir die Grundprinzipien der Mechanik, z. B. die Ortsveränderung oder den Stoß starrer und elastischer Körper, nur deshalb für einfach und unmittelbar verständlich halten, weil wir uns an sie gewöhnt haben. Im Alltagsleben begegnen wir ja hauptsächlich den zum Bereich der Mechanik gehörenden Erscheinungen. Es ist daher einleuchtend, daß man den Versuch unternahm, auch die Maxwellschen Gleichungen auf diese elementaren Erscheinungen und mechanischen Begriffe zurückzuführen. Heute wissen wir, daß dies unmöglich ist; es ist aber auch gar nicht notwendig, denn durch den immer häufigeren und vielfältigeren

Umgang mit der Elektrizität im täglichen Leben werden uns die Begriffe der Elektrizitätslehre und entsprechend die Grundgesetze der Elektrizität in einem Maße anschaulich und verständlich, wie es früher nur die Gesetze der Mechanik waren.

Nun besteht jedoch ein wesentlicher Unterschied zwischen den Maxwellschen Gleichungen und den Axiomen der Geometrie. Die Maxwellschen Gleichungen kommen mit der Wirklichkeit nicht nur dann in Berührung, wenn wir sie von den Tatsachen abstrahieren bzw. die aus ihnen errechneten Ergebnisse mit den Messungen vergleichen, sondern *sie füllen sich über die Materialkonstanten enthaltende Gleichungsgruppe ständig mit einem immer neuen physikalischen Inhalt.*

Bei der deduktiven Behandlungsweise nehmen wir die Maxwellschen Gleichungen als gegeben an und interpretieren nur deren Inhalt. Wir haben sie verstanden, wenn wir wissen, zwischen welchen physikalischen Begriffen und unter welchen Versuchsbedingungen sie eine Beziehung feststellen, mit anderen Worten: wenn wir wissen, welche Meßergebnisse durch die Maxwellschen Gleichungen miteinander verbunden werden.

1.2. Der induktive Weg zu den Maxwellschen Gleichungen

Bevor wir mit der deduktiven Behandlung beginnen, wiederholen wir die experimentellen Tatsachen und theoretischen Überlegungen, die MAXWELL zur Aufstellung seiner Gleichungen veranlaßten.

1.2.1. Das Gesetz von BIOT-SAVART

Die I. Maxwellsche Gleichung beschreibt den Zusammenhang zwischen dem Strom und der mit ihm verbundenen oder, wie man zu sagen pflegt, durch ihn erzeugten magnetischen Feldstärke. Die sich hierauf beziehenden Versuchsergebnisse wurden zuerst durch BIOT und SAVART zusammengefaßt. Nach dem Biot-Savartschen Gesetz beträgt die magnetische Feldstärke in einem beliebigen Punkt des Raumes (im Aufpunkt)

$$\boldsymbol{H} = \frac{I}{4\pi} \oint_L \frac{\mathrm{d}\boldsymbol{l} \times \boldsymbol{r}_0}{r^2}, \tag{1}$$

wenn in einem geschlossenen linearen Stromkreis ein Strom von I Ampere fließt. In dieser Gleichung bedeutet $\mathrm{d}\boldsymbol{l}$ den Vektor des in Abb. 1.1 dargestellten Leiterelementes in Meter. Die Richtung des Leiterelements $\mathrm{d}\boldsymbol{l}$ fällt mit der positiven Stromrichtung zusammen. $\boldsymbol{r}_0$ ist der von dem betrachteten Leiterelement nach dem Aufpunkt gerichtete Einheitsvektor, r stellt den Abstand zwischen dem Leiterabschnitt und dem Aufpunkt, ebenfalls in Meter, dar. Die Integration muß über den gesamten geschlossenen Leiter vorgenommen werden. Diese Gleichung ergibt die Feldstärke in Ampere pro Meter. Obgleich in einem beliebigen Punkt des Raumes nur die gesamte magnetische Feldstärke einen Sinn hat und experimentell nur diese feststellbar ist,

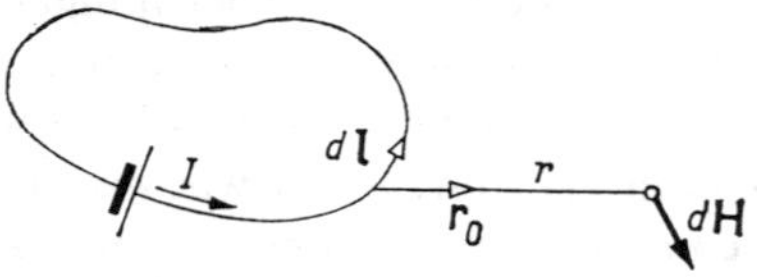

Abb. 1.1 Zur Deutung des Biot-Savartschen Gesetzes

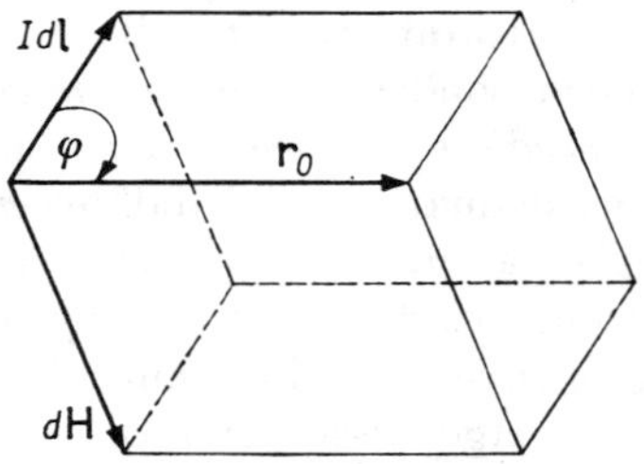

Abb. 1.2 Bestimmung der Richtung der magnetischen Feldstärke

kann jedoch obige Formel so gedeutet werden, daß jedes Leiterelement für sich eine magnetische Feldstärke erzeugt, und zwar nach folgenden Formeln:

$$\mathrm{d}\boldsymbol{H} = \frac{I}{4\pi}\,\frac{\mathrm{d}\boldsymbol{l}\times\boldsymbol{r}_0}{r^2}; \qquad \mathrm{d}H = \frac{I}{4\pi}\,\frac{\mathrm{d}l}{r^2}\sin\varphi. \tag{2}$$

Wir können also feststellen, daß die elementare magnetische Feldstärke proportional der Stromstärke, der Länge $\mathrm{d}l$, dem Sinus des durch das Leiterelement und den zum Aufpunkt gezogenen Radiusvektor gebildeten Winkels, aber umgekehrt proportional dem Quadrat des Abstandes ist und senkrecht auf $\mathrm{d}\boldsymbol{l}$ und $\boldsymbol{r}_0$ steht, wobei die Vektoren $\mathrm{d}\boldsymbol{l}$, $\boldsymbol{r}_0$ und $\mathrm{d}\boldsymbol{H}$ in dieser Reihenfolge ein Rechtssystem bilden (Abb. 1.2).

Wenden wir diese Gleichung auf einen unendlich langen, geraden Leiter an, so ergibt sich, daß die Kraftlinien des magnetischen Feldes den Leiter kreisförmig umgeben und die Richtung des magnetischen Feldes der Stromrichtung so zugeordnet ist wie die Drehrichtung einer rechtsgängigen Schraube zu ihrer axialen Bewegungsrichtung.

Das Durchflutungsgesetz enthält dieselben Versuchstatsachen wie das Gesetz von Biot-Savart, jedoch in einer für die praktischen Anwendungen vielfach zweckmäßigeren Form. Es lautet:

Wenn wir in einem beliebigen magnetischen Feld längs einer beliebigen geschlossenen Linie das Linienintegral der magnetischen Feldstärke bilden, so ist dieses Linienintegral gleich dem Gesamtstrom, welcher die durch diese Linie aufgespannte, aber sonst beliebige Fläche durchfließt, d. h.,

$$\oint_L \boldsymbol{H}\,\mathrm{d}\boldsymbol{l} = \int_A \boldsymbol{J}\,\mathrm{d}\boldsymbol{A}. \tag{3}$$

Es bedeuten in der obigen Formel: $\boldsymbol{H}$ die magnetische Feldstärke wieder in A/m, $\boldsymbol{J}$ die Stromdichte in A/m², d$\boldsymbol{A}$ die Fläche in m². Wie wir sofort sehen können, ist unsere Gleichung auch dimensionsrichtig: beide Seiten besitzen die Dimension einer Stromstärke. Diese Gesetzmäßigkeit ist jedoch nur dann gültig, wenn wir die Richtung der Linie und der durch sie aufgespannten Fläche in Übereinstimmung bringen: die Richtung des Linienabschnittes muß der Richtung der Fläche so zugeordnet sein wie die Bewegungsrichtung einer Rechtsschraube zu ihrer Drehrichtung (Abb. 1.3).

Die linke Seite des Durchflutungsgesetzes formen wir mit Hilfe des Satzes von Stokes um. Nach dem Stokesschen Satz ist das Linienintegral eines beliebigen

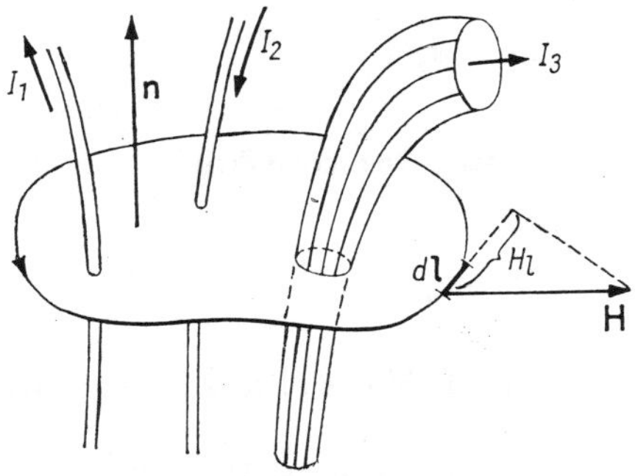

Abb. 1.3 Beziehung zwischen Umlaufssinn der geschlossenen Kurve und Richtung der positiven Normale der durch die Kurve aufgespannten Fläche

Vektors immer gleich dem Flächenintegral der Rotation desselben Vektors, bezogen auf die Fläche, welche durch die Linie aufgespannt werden kann, d. h.,

$$\oint_L \boldsymbol{v}\, \mathrm{d}\boldsymbol{l} = \int_A \operatorname{rot} \boldsymbol{v}\, \mathrm{d}\boldsymbol{A}.$$

Dementsprechend wird

$$\oint_L \boldsymbol{H}\, \mathrm{d}\boldsymbol{l} = \int_A \operatorname{rot} \boldsymbol{H}\, \mathrm{d}\boldsymbol{A} = \int_A \boldsymbol{J}\, \mathrm{d}\boldsymbol{A}. \tag{4}$$

Da dieser Zusammenhang für jede beliebige Kurve gilt und bei Angabe einer bestimmten Kurve auch für jede beliebige durch sie aufgespannte Fläche, so folgt, daß die Ausdrücke unter dem Integralzeichen gleich sein müssen; demnach wird

$$\operatorname{rot} \boldsymbol{H} = \boldsymbol{J}. \tag{5}$$

Dies ist die Differentialform des Durchflutungsgesetzes. Sein physikalischer Inhalt ist mit dem Inhalt des Gesetzes von Biot-Savart bzw. mit dem des Durchflutungsgesetzes identisch und umfaßt die gleichen experimentellen Ergebnisse. Wir können den Inhalt aller dieser Gleichungen kurz so zusammenfassen (Abb. 1.4), daß überall, wo eine Stromdichte existiert, d. h. ein Strom fließt, auch ein Wirbel des magnetischen Feldes auftritt und damit in der Umgebung auch das magnetische Feld selbst vorhanden ist. Abb. 1.4 entspricht sogar der einfachen Deutung unserer Gleichung, da der Wirbel von $\boldsymbol{H}$ gerade die Stromdichte bildet. *Bei diesen Überlegungen wurde die Quellenfreiheit des **H**-Feldes vorausgesetzt.*

Wie wir schon betonten, gelten die bisherigen Gleichungen für einen geschlossenen Stromkreis. In diesem Falle zeigt die Stromdichte keine Divergenz, d. h., die Linien der Stromdichte weisen weder Quellen noch Senken auf, sondern sind geschlossen. Dies kommt in mathematischer Form in der Gleichung

$$\operatorname{div} \boldsymbol{J} = 0 \tag{6}$$

zum Ausdruck.

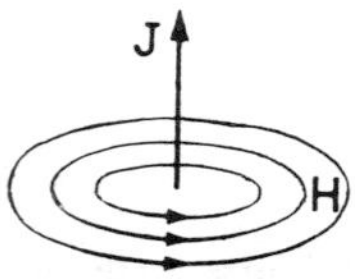

Abb. 1.4 Inhalt des Durchflutungsgesetzes: Der konduktive Strom erzeugt ein magnetisches Feld

1.2.2. Der Begriff des Verschiebungsstromes und die I. Maxwellsche Gleichung

Die beschränkte Gültigkeit des Satzes von Biot-Savart wie auch des Durchflutungsgesetzes kam erstmalig zum Vorschein, als man begann, das magnetische Feld offener Stromkreise zu untersuchen. Ein solcher offener Stromkreis ist in Abb. 1.5 dargestellt. Der Strom kann selbstverständlich auch in diesem Fall fließen, da sich der Kondensator einmal aufladen, ein anderes Mal entladen wird. Die Quellen bzw. Senken der Linien der Stromdichte befinden sich in den Ladungen der Kondensatorplatten. Zur Berechnung der magnetischen Feldstärke in einem beliebigen Punkt der Umgebung eines solchen Stromkreises geben die bisher gefundenen Gesetzmäßigkeiten keine eindeutige Weisung.

Wenn wir das Gesetz von Biot-Savart anwenden wollen, taucht die Frage auf, ob bei der Berechnung der magnetischen Feldstärke der zwischen den beiden Kondensatorplatten liegende kleine Abstand dl_c zu berücksichtigen ist oder nicht. Bei einer ersten Betrachtung erscheint es richtig, ihn nicht zu berücksichtigen, da zwischen den Kondensatorplatten kein Stromdurchfluß stattfindet, es bewegen sich also dort keine Träger der Elektrizität. Wollen wir dagegen das Durchflutungsgesetz in der Integralform anwenden, so bilden wir das Integral über eine beliebige, die Leitung umhüllende Linie und können ein eindeutiges Resultat erwarten. Gleichzeitig jedoch liefert das Flächenintegral der Stromdichte auf der rechten Seite des Durchflutungsgesetzes jeweils ein anderes Ergebnis, je nachdem, ob die Fläche die Leitung schneidet oder zwischen den beiden Kondensatorplatten liegt (Abb. 1.6). Einen noch krasseren Widerspruch erhalten wir bei Verwendung der Differentialform des Durchflutungsgesetzes. Bilden wir die Divergenz beider Seiten. Da die Diverganz des Wirbels eines beliebigen Vektors identisch Null ist, wird

$$\operatorname{div} \operatorname{rot} \boldsymbol{H} = \operatorname{div} \boldsymbol{J} = 0. \tag{7}$$

Hieraus können wir ersehen, daß die magnetische Feldstärke das Durchflutungsgesetz nur dann befriedigen kann, wenn die Divergenz der Stromdichte überall gleich Null ist, d. h., wenn wir es mit geschlossenen Stromkreisen zu tun haben. Es ist also offenbar, daß obige Form des Biot-Savart-Gesetzes oder des Durchflutungsgesetzes für die offenen Kreise nicht gilt. Unsere letzte Beziehung weist aber auch darauf hin, in welcher Richtung die Ergänzung zu suchen ist: Wir müssen unseren offenen Kreis unter Zugabe irgendeiner Stromdichte derart zu einem geschlossenen Kreis machen, daß diese Stromdichte mit der Leitungsstromdichte zusammen quellenfrei wird.

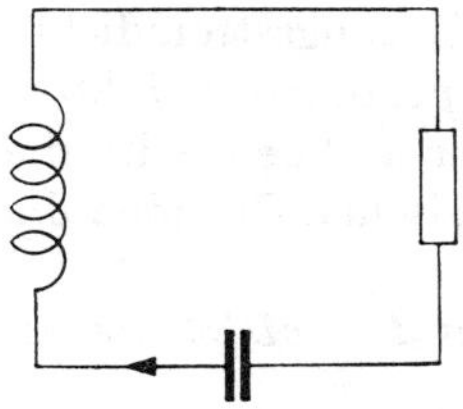

Abb. 1.5 Der elektrische Schwingungskreis als Beispiel für den offenen Stromkreis

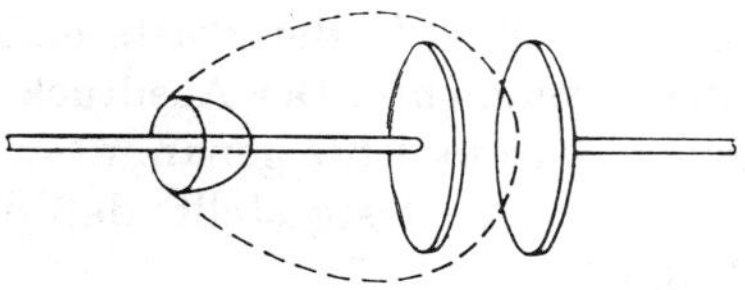

Abb. 1.6 Die Anwendung des Durchflutungsgesetzes liefert bei einer offenen Leitung kein eindeutiges Ergebnis

Dies kann, wenigstens formal, folgendermaßen erreicht werden (s. Abb. 1.7). Wir stellen uns die Kondensatorplatten der Einfachheit halber in gleicher Dicke verlängert vor. Dadurch wird die in der Flächeneinheit des Kondensators enthaltene Ladungsdichte σ durch $\boldsymbol{J}$ entsprechend der Beziehung

$$J = \frac{d\sigma}{dt} \tag{8}$$

verändert. Die Stromstärke bedeutet ja die in der Zeiteinheit stattfindende Ladungsströmung. Damit ändert sich auch die Ladungsdichte der Kondensatoroberfläche in

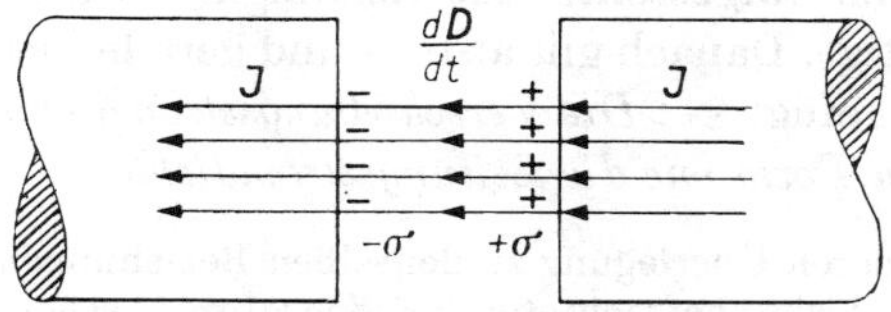

Abb. 1.7 Beziehung zwischen Dichte des konduktiven Stromes und Dichte des Verschiebungsstromes

der Zeiteinheit gerade um einen Betrag, welcher der Stromdichte entspricht. Zwischen den Kondensatorplatten tritt aber der elektrische Verschiebungsvektor gleich der Ladungsdichte auf:

$$D = \sigma. \tag{9}$$

D und σ werden in As/m^2 gemessen.

Unsere bisher gefundenen Formeln waren nur für skalare Werte gültig. Ziehen wir noch die Vorzeichen entsprechend der Abbildung in Betracht, so können wir feststellen, daß die positive Ladung auf der rechten Kondensatorplatte zunimmt. Zugleich wird auch der elektrische Verschiebungsvektor größer, wenn positive Ladungen auf die Fläche gelangen, d. h., wenn die Stromrichtung der Abbildung entsprechend von rechts nach links zeigt. Es wird also auch die Vektorenbeziehung

$$\boldsymbol{J} = \frac{\partial \boldsymbol{D}}{\partial t} \tag{10}$$

gültig sein. Wir können sofort sehen, daß wir unseren Stromkreis geschlossen haben, wenn wir zur Leitungsstromdichte den Ausdruck $\partial\boldsymbol{D}/\partial t$ rein formal hinzufügen, da dieser der Leitungsstromdichte gleich ist. Wo die Linien der Leitungsstromdichte enden, dort beginnen in derselben Anzahl die zum Vektor $\partial\boldsymbol{D}/\partial t$ gehörenden Vektorlinien, und wo diese in der Platte enden, dort beginnen auf der anderen Seite die Linien der Stromdichte. Der Ausdruck $\partial\boldsymbol{D}/\partial t$ wird aus rein historischen Gründen die Verschiebungsstromdichte genannt.

Wir haben bisher festgestellt, daß die Divergenz des Vektors $\boldsymbol{J} + \partial\boldsymbol{D}/\partial t$ überall gleich Null ist:

$$\operatorname{div}\left(\boldsymbol{J} + \frac{\partial \boldsymbol{D}}{\partial t}\right) = 0. \tag{11}$$

Wenn wir die Differentialform des Durchflutungsgesetzes entsprechend verallgemeinern, indem wir

$$\operatorname{rot}\boldsymbol{H} = \boldsymbol{J} + \frac{\partial \boldsymbol{D}}{\partial t} \tag{I}$$

schreiben, können wir sicher sein, daß wir damit auf keinen logischen Widerspruch stoßen, weil die Divergenz der linken und der rechten Seite überall gleich Null ist. Es muß jetzt nur noch festgestellt werden, ob die Verschiebungsstromdichte in Wirklichkeit auf eine der obigen Gleichung entsprechende Weise an der Erzeugung des Magnetfeldes teilnimmt. Obige von MAXWELL aufgestellte Gesetzmäßigkeit wurde durch Versuche tatsächlich weitgehend bestätigt. Danach gilt also — und gerade dies wurde von MAXWELL zur alten Theorie hinzugefügt —: *Die Verschiebungsstromdichte $\partial\boldsymbol{D}/\partial t$ besitzt ein magnetisches Feld der gleichen Form wie die Leitungsstromdichte.*

Wir können auch an Hand einer etwas allgemeineren Überlegung zu denselben Beziehungen gelangen, wenn wir von dem sehr speziellen Fall des bisher betrachteten Kondensators absehen.

In einem durch eine geschlossene Fläche abgegrenzten Raumteil ändert sich die elektrische Ladung, wenn die Ladungen, die in der Zeiteinheit durch die Fläche ein- und ausströmen, ungleich sind. Wir erhalten die Änderung der Ladung während dieser Zeiteinheit, wenn wir die Stromdichte über die Gesamtfläche summieren:

$$\oint_A \boldsymbol{J}\,\mathrm{d}\boldsymbol{A} = -\frac{\partial}{\partial t}\int_V \varrho\,\mathrm{d}V = -\int_V \frac{\partial \varrho}{\partial t}\,\mathrm{d}V. \tag{12}$$

ϱ bedeutet in dieser Gleichung die räumliche Ladungsdichte in As/m³. Die linke Seite dieser Gleichung kann mit Hilfe des Satzes von GAUSS umgeformt werden:

$$\oint_A \boldsymbol{J}\, \mathrm{d}\boldsymbol{A} = \int_V \operatorname{div} \boldsymbol{J}\, \mathrm{d}V = -\int_V \frac{\partial \varrho}{\partial t}\, \mathrm{d}V. \tag{13}$$

Da diese Beziehung für ein beliebiges Volumen gilt, folgt sofort

$$\operatorname{div} \boldsymbol{J} = -\frac{\partial \varrho}{\partial t}. \tag{14}$$

Dadurch wird der Ausdruck der Ladungserhaltung, die sogenannte Kontinuitätsgleichung,

$$\operatorname{div} \boldsymbol{J} + \frac{\partial \varrho}{\partial t} = 0. \tag{15}$$

Dies können wir auch folgendermaßen schreiben, wenn wir die Beziehung $\varrho = \operatorname{div} \boldsymbol{D}$ benutzen:

$$\operatorname{div} \boldsymbol{J} + \frac{\partial}{\partial t} \operatorname{div} \boldsymbol{D} = 0.$$

Kehren wir die Reihenfolge der räumlichen und zeitlichen Differentiation um, so ist

$$\operatorname{div} \boldsymbol{J} + \operatorname{div} \frac{\partial \boldsymbol{D}}{\partial t} = \operatorname{div} \left(\boldsymbol{J} + \frac{\partial \boldsymbol{D}}{\partial t}\right) = 0.$$

Obiger Ausdruck ergab bereits einen Vektor, dessen Divergenz überall gleich Null ist.

Auf Grund des eben Dargelegten wird also die erste Maxwellsche Gleichung in Differentialform lauten:

$$\operatorname{rot} \boldsymbol{H} = \boldsymbol{J} + \frac{\partial \boldsymbol{D}}{\partial t}, \tag{I}$$

oder in der Integralform, die dem Durchflutungsgesetz entspricht:

$$\oint_L \boldsymbol{H}\, \mathrm{d}\boldsymbol{l} = \int_A \left(\boldsymbol{J} + \frac{\partial \boldsymbol{D}}{\partial t}\right) \mathrm{d}\boldsymbol{A}. \tag{I'}$$

Die erste Maxwellsche Gleichung bringt die physikalische Tatsache zum Ausdruck, daß sowohl der Leitungsstrom als auch der Verschiebungsstrom eine magnetische Wirkung besitzt oder, mit anderen Worten, daß überall dort ein magnetisches Feld existiert, wo der Vektor der elektrischen Verschiebung oder der Vektor der damit in Zusammenhang stehenden elektrischen Feldstärke eine zeitliche Änderung erfährt. Dies stellt eine bedeutende Erweiterung des Biot-Savart-Gesetzes bzw. der Beziehung $\operatorname{rot} \boldsymbol{H} = \boldsymbol{J}$ dar. Der physikalische Inhalt der Gleichung ist aus Abb. 1.8 ersichtlich. Abbildung 1.8a zeigt den bereits besprochenen Fall, daß nur ein Leitungsstrom fließt und dieser allein die magnetische Feldstärke bestimmt. Der Abb. 1.8b kann der allgemeine Fall entnommen werden, bei dem Leitungs- und Verschiebungsstromdichte gemeinsam die magnetische Feldstärke erzeugen. Schließlich sehen wir in Abb. 1.8c den Fall, daß kein Leitungsstrom vorhanden ist, die Änderung der elektrischen Feldstärke jedoch eine magnetische Feldstärke erzeugt.

Seinerzeit war die Tatsache, daß die Änderung der elektrischen Feldstärke ein magnetisches Feld erzeugen kann, derart ungewohnt, daß man diese magnetisierende Wirkung unbedingt auf die Bewegung der Ladungen zurückführen wollte. In den Dielektrika finden mit der Änderung des Verschiebungsvektors tatsächlich auch Ladungsverschiebungen statt. Wir werden aber sehen, daß diese Ladungsverschiebung nur einen Teil der gesamten Verschiebungsstromdichte liefert und daß die

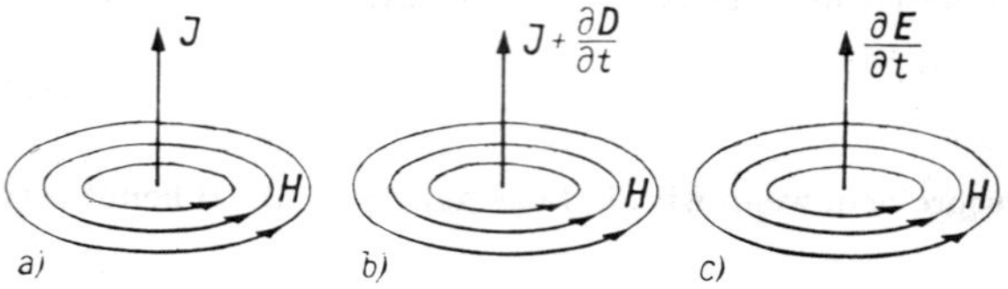

Abb. 1.8 Physikalischer Inhalt der ersten Maxwellschen Gleichung in verschiedenen Sonderfällen:
a) die magnetische Feldstärke wird nur durch den konduktiven Strom erzeugt;
b) die magnetische Feldstärke wird durch die Dichte des konduktiven Stromes und durch die Dichte des Verschiebungsstromes gemeinsam erzeugt;
c) die Änderung der elektrischen Feldstärke erzeugt im Vakuum ein magnetisches Feld

Änderung der elektrischen Feldstärke auch im Vakuum, wo es sich keinesfalls um eine Ladungsverschiebung handelt, ein magnetisches Feld erzeugt. Es kann also nicht erklärt werden, und wir müssen es als ein (auf kein anderes Gesetz zurückführbares) Grundgesetz akzeptieren, daß auch die zeitliche Änderung der elektrischen Feldstärke eine magnetische Feldstärke erzeugen kann.

1.2.3. Die II. Maxwellsche Gleichung

Zur zweiten Maxwellschen Gleichung können wir schon einfacher gelangen. Sie ist nämlich nur eine andere Form des Faradayschen Induktionsgesetzes.

Das Faradaysche Induktionsgesetz besagt: *Ändert sich zeitlich der von irgendeinem Leiter umschlossene magnetische Fluß, so entsteht in dieser Leitung eine der Flußänderung proportionale Spannung:*

$$u_i = -\frac{\partial \Phi}{\partial t}. \tag{16}$$

In dieser Gleichung bedeutet u_i die Spannung in Volt und Φ die Anzahl der magnetischen Kraftlinien oder den magnetischen Fluß in Vs (Abb. 1.9). Da die Spannung als Linienintegral der elektrischen Feldstärke ausgedrückt werden kann und der magnetische Fluß die Anzahl sämtlicher die aufgespannte Fläche durchflutenden Induktionslinien darstellt, also

$$u_i = \oint_L \boldsymbol{E}\,\mathrm{d}\boldsymbol{l}; \qquad \Phi = \int_A \boldsymbol{B}\,\mathrm{d}\boldsymbol{A}, \tag{17}$$

kann Beziehung (16) folgendermaßen geschrieben werden:

$$\oint_L \boldsymbol{E}\,\mathrm{d}\boldsymbol{l} = -\frac{\partial}{\partial t}\int_A \boldsymbol{B}\,\mathrm{d}\boldsymbol{A}. \tag{18}$$

Die magnetische Induktion $\boldsymbol{B}$ wird in $\mathrm{Vs/m^2}$, die elektrische Feldstärke $\boldsymbol{E}$ in V/m gemessen. Das auf der rechten Seite auftretende Vorzeichen bedeutet, daß die Richtung der im Leiter induzierten Spannung der Richtung der Flußänderung so

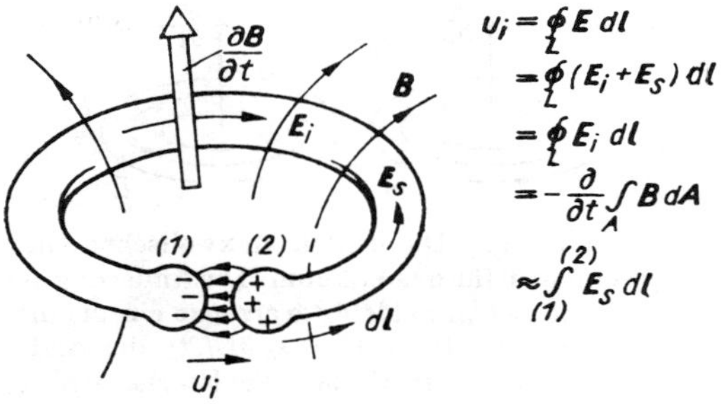

Abb. 1.9 Faradaysches Induktionsgesetz. Der in das elektrische Wirbelfeld eingebrachte fast geschlossene Leiter „integriert" für uns die induzierte Feldstärke $\boldsymbol{E}_i$ dadurch, daß $\boldsymbol{E}_i$ die Ladungen im Leiter trennt, bis das Gesamtfeld (die Summe aus dem statischen $\boldsymbol{E}_s$, hervorgerufen von den Ladungen, und dem induzierten $\boldsymbol{E}_i$) im Leiter Null wird.

zugeordnet ist wie die Drehrichtung einer linksgängigen Schraube zu deren Bewegungsrichtung.

Nun schreiben wir diese Gleichung mit Hilfe des Stokesschen Satzes um:

$$\oint_L \boldsymbol{E}\,\mathrm{d}\boldsymbol{l} = \int_A \mathrm{rot}\,\boldsymbol{E}\,\mathrm{d}\boldsymbol{A} = -\int_A \frac{\partial \boldsymbol{B}}{\partial t}\,\mathrm{d}\boldsymbol{A}. \tag{19}$$

Da diese Beziehung für eine beliebige geschlossene Linie und für alle von dieser geschlossenen Linie umgrenzten Flächen gilt, folgt hieraus, daß

$$\mathrm{rot}\,\boldsymbol{E} = -\frac{\partial \boldsymbol{B}}{\partial t}. \tag{II}$$

Damit haben wir die zweite Maxwellsche Gleichung erhalten, die also nichts anderes ist als das in Differentialform geschriebene Induktionsgesetz. Ihr physikalischer

Inhalt besagt, daß im Raume überall, wo die magnetische Induktion einer zeitlichen Veränderung unterliegt, eine elektrische Feldstärke auftritt (Abb. 1.10) und die Richtung ihrer Kraftlinien der magnetischen Induktionsänderung so zugeordnet ist wie die Drehrichtung einer Linksschraube zu deren Bewegungsrichtung.

In Abb. 1.11 sehen wir die für das Vakuum gültigen ersten beiden Maxwellschen Gleichungen nebeneinander und bemerken, daß sie in ihrem Aufbau eine sehr bedeutende Symmetrie aufweisen. Nach der ersten Gleichung erzeugt nämlich die zeitliche Veränderung der elektrischen Feldstärke ein magnetisches Feld, während auf Grund der zweiten Maxwellschen Gleichung die zeitliche Veränderung der magnetischen Feldstärke ein elektrisches Feld erzeugt. Diese Tatsache ermöglicht die Existenz elektrischer Wellen im Vakuum, fern von jeglichen Leitern, da zur Erzeugung des magnetischen Feldes offensichtlich kein Leiter und kein darin fließender Strom nötig sind. Die elektrische und die magnetische Feldstärke können, sich gegenseitig

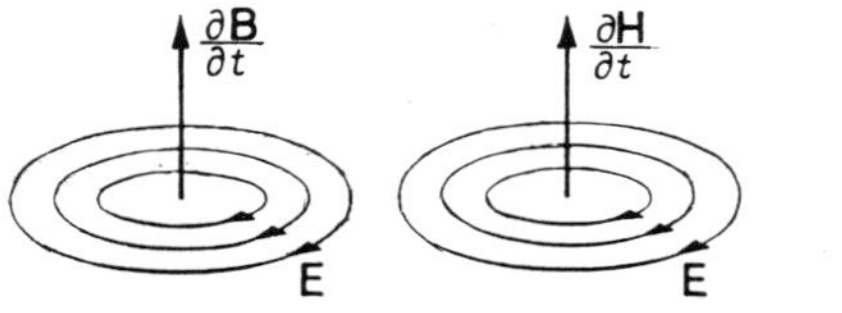

Abb. 1.10 Der physikalische Inhalt der zweiten Maxwellschen Gleichung. Die Änderung der magnetischen Induktion oder der magnetischen Feldstärke erzeugt ein elektrisches Feld

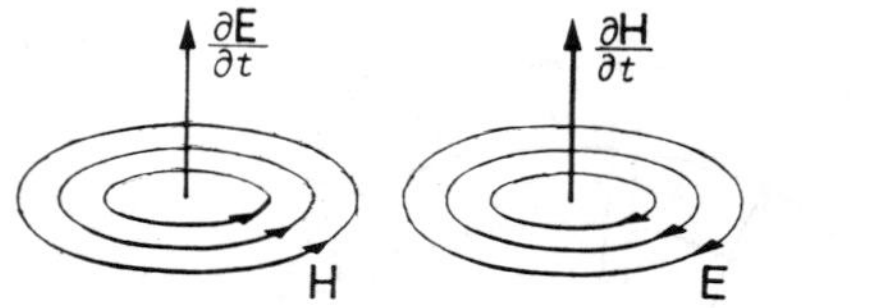

Abb. 1.11 Die beiden Maxwellschen Gleichungen für das Vakuum: Die Änderung der elektrischen Feldstärke erzeugt ein magnetisches Feld: rot $\boldsymbol{H} = \varepsilon_0\, \partial \boldsymbol{E}/\partial t$; die Änderung der magnetischen Feldstärke erzeugt ein elektrisches Feld: rot $\boldsymbol{E} = -\mu_0\, \partial \boldsymbol{H}/\partial t$

fördernd, auch so existieren. Hier ist qualitativ dargestellt, daß die elektromagnetischen Wellen ihr Dasein gerade der magnetisierenden Wirkung des Verschiebungsstromes verdanken.

1.3. Das vollständige System der Maxwellschen Gleichungen

Außer den bisher schon beschriebenen beiden grundlegenden Gleichungen, der ersten und der zweiten Maxwellschen Gleichung,

$$\text{rot}\, \boldsymbol{H} = \boldsymbol{J} + \frac{\partial \boldsymbol{D}}{\partial t} \tag{I}$$

und

$$\text{rot}\, \boldsymbol{E} = -\frac{\partial \boldsymbol{B}}{\partial t}, \tag{II}$$

bestehen noch gewisse zusätzliche Gleichungen, mit deren Hilfe wir ein elektromagnetisches Problem beliebiger Art bei gegebenen Anfangs- und Randbedingungen eindeutig lösen bzw. für die Messungen zugänglich machen können.

Bilden wir von beiden Seiten der II. Maxwellschen Gleichung die Divergenz. Mit Hilfe der schon wiederholt angewendeten Beziehung div rot $\boldsymbol{E} = 0$ ergibt sich, wenn wir die Reihenfolge der räumlichen und zeitlichen Differentiation umkehren, daß sich die Divergenz des Vektors der magnetischen Induktion zeitlich nicht ändert. Es ist also

$$\frac{\partial}{\partial t} \operatorname{div} \boldsymbol{B} = 0; \qquad \operatorname{div} \boldsymbol{B} = f(\boldsymbol{r}).$$

Die Divergenz von $\boldsymbol{B}$ könnte selbstverständlich noch vom Ort abhängen. Da sich aber auf Grund der Maxwellschen Gleichungen die Abhängigkeit von den räumlichen Koordinaten zeitlich nicht mehr ändert, spielt dies offensichtlich beim Verlauf der Erscheinungen keine Rolle. Die Erfahrung hat tatsächlich gezeigt, daß die Divergenz der magnetischen Induktion unter allen Umständen gleich Null ist:

$$\operatorname{div} \boldsymbol{B} = 0. \tag{III}$$

Dies ist die erste zusätzliche Gleichung und, wie wir sahen, gewissermaßen eine Folgerung aus der zweiten Gleichung. Im allgemeinen Sprachgebrauch wird sie die dritte Maxwellsche Gleichung genannt.

Definieren wir die Größe ϱ durch die Gleichung div $\boldsymbol{D} = \varrho$, so erhalten wir nachstehende Gleichung, wenn wir von beiden Seiten der ersten Maxwellschen Gleichung die Divergenz bilden:

$$\operatorname{div} \operatorname{rot} \boldsymbol{H} = 0 = \operatorname{div} \boldsymbol{J} + \operatorname{div} \frac{\partial \boldsymbol{D}}{\partial t} = \operatorname{div} \boldsymbol{J} + \frac{\partial}{\partial t} \operatorname{div} \boldsymbol{D} = \operatorname{div} \boldsymbol{J} + \frac{\partial \varrho}{\partial t}.$$

In dieser Gleichung können wir wieder die Kontinuitätsgleichung erkennen, nach welcher die zeitliche Veränderung der räumlichen Ladungsdichte die Divergenz der Stromdichte ergibt. Wir können also die vorher definierte Größe ϱ mit Recht als die räumliche Dichte der elektrischen Ladung ansehen. Diese Auslegung wird in der Elektrostatik eine noch bessere Bestätigung erfahren, wenn wir nachweisen, daß das räumliche Integral eben dieser Größe im Coulombschen Gesetz auftritt, d. h. mit der altbekannten Ladung identisch ist. Das vierte Glied im Gesamtsystem der Maxwellschen Gleichungen ist also die Gleichung

$$\operatorname{div} \boldsymbol{D} = \varrho, \tag{IV}$$

welche die Definitionsgleichung für ϱ darstellt.

Die bisherigen Beziehungen besitzen ganz allgemeine Gültigkeit; sie sind von der Beschaffenheit des Stoffes völlig unabhängig. Wie die Erfahrungen zeigen, bestehen außer ihnen auch verschiedene materialabhängige Beziehungen zwischen den Vektoren $\boldsymbol{D}$ und $\boldsymbol{E}$, $\boldsymbol{B}$ und $\boldsymbol{H}$ sowie $\boldsymbol{E}_e$, $\boldsymbol{E}$ und $\boldsymbol{J}$. So gilt z. B.

$$\boldsymbol{D} = \varepsilon \boldsymbol{E}; \qquad \boldsymbol{B} = \mu \boldsymbol{H}; \qquad \boldsymbol{J} = \gamma(\boldsymbol{E} + \boldsymbol{E}_e), \tag{V}$$

wobei ε, μ, γ für den Stoff charakteristische Konstanten sind, und zwar der Reihenfolge nach: die Dielektrizitätskonstante, die magnetische Permeabilität und die Leitfähigkeit. Im MKSA-System schreibt man gewöhnlich: $\varepsilon = \varepsilon_0 \varepsilon_r$, $\mu = \mu_0 \mu_r$, wobei $\varepsilon_0 = 8{,}8543 \cdot 10^{-12}$ As/Vm die Dielektrizitätskonstante des Vakuums und ε_r die auf das Vakuum bezogene relative Dielektrizitätskonstante ist; $\mu_0 = 1{,}2566 \cdot 10^{-6}$ Vs/Am ist die magnetische Permeabilität des Vakuums, μ_r die relative Permeabilität. ε_r und μ_r sind also dimensionslose Größen. Sie sind in allen Tabellen der Materialkonstanten zu finden. γ wird in A/Vm $= (\Omega\text{m})^{-1}$ gemessen. $\boldsymbol{E}_e$ ist die durch eine fremde elektromotorische Kraft erzeugte eingeprägte Feldstärke, die wir oft auch mit $\boldsymbol{E}_G$ bezeichnen werden.

In die Stromdichte $\boldsymbol{J}$ wird die Konvektionsstromdichte $\varrho \boldsymbol{v}$ manchmal einbegriffen, manchmal schreiben wir sie aber gesondert auf. Die einfache Form $\varrho \boldsymbol{v}$ kann nur dann angewendet werden, wenn nur eine Art Ladungsträger existiert. Im allgemeineren Fall wird die Gleichung

$$\boldsymbol{J}_{\text{konv}} = \varrho_+ \boldsymbol{v}_+ + \varrho_- \boldsymbol{v}_- \tag{1}$$

benutzt. Hier kann man natürlich nicht einfach mit der resultierenden Raumladungsdichte $\varrho = \varrho_+ + \varrho_-$ rechnen.

Im folgenden werden wir die Zusammenhänge (V) — in erster Linie wegen ihrer Einfachheit — am häufigsten benutzen. Von den komplizierteren, jedoch praktisch wichtigen weiteren, sogenannten *konstitutiven Beziehungen* wird später noch die Rede sein.

Die elektromagnetischen Feldstärken werden durch verschiedene Messungen festgestellt. Bei diesen Messungen wird ein Teil der Energie des elektromagnetischen Feldes in mechanische oder thermische Energie umgewandelt, und wir können auf Grund dieser Energie auf die elektrischen Größen rückschließen. Unsere bisherigen Gleichungen sind ausreichend, um den elektromagnetischen Zustand des Feldes eindeutig zu bestimmen. Einen physikalischen Sinn erhalten unsere Ergebnisse jedoch nur dadurch, daß wir die elektromagnetischen Größen mit mechanischen oder thermodynamischen Größen verbinden, da unsere Meßgeräte in der Regel nur auf die Einwirkung der letzteren reagieren. Dementsprechend müssen wir Beziehungen zwischen den Kennwerten des elektrischen Feldes und entweder dem Ausdruck der Kraft oder dem der Energie finden. Die Ergebnisse sämtlicher Messungen erscheinen dann als definiert, wenn wir als Postulat die Energiedichte des Feldes mit der elektrischen und magnetischen Feldstärke in folgendem Zusammenhang darstellen:

$$w = \frac{1}{2} \boldsymbol{E}\boldsymbol{D} + \frac{1}{2} \boldsymbol{H}\boldsymbol{B}. \tag{VI}$$

Dabei wird $\boldsymbol{E}$ in V/m, $\boldsymbol{H}$ in A/m, $\boldsymbol{D}$ in As/m² und $\boldsymbol{B}$ in Vs/m² gemessen, und wir erhalten den Wert von w in Ws/m³.

Wir können gleich hinzufügen, daß auch diese Gleichung nicht die allgemeinste Form der Beziehung darstellt. Der allgemeinste Fall, dem wir später noch begegnen werden, erfaßt auch die Möglichkeit, daß ε und μ im Raum veränderliche Materialkonstanten sind, die auch von den Feldstärken abhängen.

Die Gleichungen (I) bis (VI) bilden nunmehr ein System, mit dessen Hilfe das elektromagnetische Feld unter gegebenen Anfangsbedingungen für jeden späteren Zeitpunkt bestimmbar ist. Andererseits können die errechneten Ergebnisse durch Messungen kontrolliert werden.

Die Maxwellschen Gleichungen noch einmal zusammenfassend, schreiben wir:

$$\operatorname{rot} \boldsymbol{H} = \boldsymbol{J} + \frac{\partial \boldsymbol{D}}{\partial t}, \tag{I}$$

$$\operatorname{rot} \boldsymbol{E} = -\frac{\partial \boldsymbol{B}}{\partial t}, \tag{II}$$

$$\operatorname{div} \boldsymbol{B} = 0, \tag{III}$$

$$\operatorname{div} \boldsymbol{D} = \varrho, \tag{IV}$$

$$\boldsymbol{D} = \varepsilon \boldsymbol{E}, \qquad \boldsymbol{B} = \mu \boldsymbol{H}, \qquad \boldsymbol{J} = \gamma(\boldsymbol{E} + \boldsymbol{E}_{\mathrm{e}}). \tag{V}$$

$$w = \frac{1}{2} \boldsymbol{E}\boldsymbol{D} + \frac{1}{2} \boldsymbol{H}\boldsymbol{B}. \tag{VI}$$

Wir wollen diese Gleichungen auch im Gaußschen Maßsystem angeben, da man sie in der Physik auch heute noch häufig in dieser Form verwendet:

$$\operatorname{rot} \boldsymbol{H} = \frac{4\pi}{c} \left(\boldsymbol{J} + \frac{1}{4\pi} \frac{\partial \boldsymbol{D}}{\partial t} \right),$$

$$\operatorname{rot} \boldsymbol{E} = -\frac{1}{c} \frac{\partial \boldsymbol{B}}{\partial t},$$

$$\operatorname{div} \boldsymbol{B} = 0,$$

$$\operatorname{div} \boldsymbol{D} = 4\pi\varrho.$$

$$\boldsymbol{D} = \varepsilon \boldsymbol{E}, \qquad \boldsymbol{B} = \mu \boldsymbol{H}, \qquad \boldsymbol{J} = \gamma(\boldsymbol{E} + \boldsymbol{E}_{\mathrm{e}})$$

$$w = \frac{1}{8\pi} \boldsymbol{E}\boldsymbol{D} + \frac{1}{8\pi} \boldsymbol{H}\boldsymbol{B}.$$

Nachstehend geben wir die Maxwellschen Gleichungen schließlich auch in kartesischen Koordinaten an:

$$\left.\begin{aligned}\frac{\partial H_z}{\partial y} - \frac{\partial H_y}{\partial z} &= J_x + \frac{\partial D_x}{\partial t},\\ \frac{\partial H_x}{\partial z} - \frac{\partial H_z}{\partial x} &= J_y + \frac{\partial D_y}{\partial t},\\ \frac{\partial H_y}{\partial x} - \frac{\partial H_x}{\partial y} &= J_z + \frac{\partial D_z}{\partial t}.\end{aligned}\right\} \tag{I}$$

$$\left.\begin{aligned}\frac{\partial E_z}{\partial y} - \frac{\partial E_y}{\partial z} &= -\frac{\partial B_x}{\partial t},\\ \frac{\partial E_x}{\partial z} - \frac{\partial E_z}{\partial x} &= -\frac{\partial B_y}{\partial t},\\ \frac{\partial E_y}{\partial x} - \frac{\partial E_x}{\partial y} &= -\frac{\partial B_z}{\partial t}.\end{aligned}\right\} \tag{II}$$

$$\frac{\partial B_x}{\partial x} + \frac{\partial B_y}{\partial y} + \frac{\partial B_z}{\partial z} = 0, \tag{III}$$

$$\frac{\partial D_x}{\partial x} + \frac{\partial D_y}{\partial y} + \frac{\partial D_z}{\partial z} = \varrho. \tag{IV}$$

Von der V. Gleichungsgruppe schreiben wir lediglich eine auf:

$$\left.\begin{aligned}J_x &= \gamma(E_x + E_{ex}),\\ J_y &= \gamma(E_y + E_{ey}),\\ J_z &= \gamma(E_z + E_{ez}).\end{aligned}\right\} \tag{V}$$

$$w = \frac{1}{2}\,\varepsilon(E_x^2 + E_y^2 + E_z^2) + \frac{1}{2}\,\mu(H_x^2 + H_y^2 + H_z^2). \tag{VI}$$

Diese alle phänomenologischen elektromagnetischen Erscheinungen umfassenden und dabei doch so klaren, übersichtlichen Gleichungen von höchster ästhetischer Schönheit erwecken im Menschen eine Begeisterung, die prägnant in einem von Boltzmann angewandten Faust-Zitat zum Ausdruck kommt: „War es ein Gott, der diese Zeichen schrieb.“

Im weiteren werden wir alle unsere Behauptungen physikalischen Inhalts unter Zugrundelegung dieser Gleichungen ableiten. Bevor wir jedoch damit beginnen, setzen wir den physikalischen Inhalt dieser Gleichungen auseinander und bringen sie mit jenen Gesetzen in Zusammenhang, die wir zum Teil bereits auf den Oberschulen, zum Teil bei den praktischen Anwendungen kennenlernten.

1.4. Vereinfachte Formen der Maxwellschen Gleichungen

1.4.1. Die I. Maxwellsche Gleichung

Um zum Durchflutungsgesetz zurückzugelangen, vernachlässigen wir in der ersten Maxwellschen Gleichung die magnetisierende Wirkung des Verschiebungsstromes jetzt wieder und integrieren die sich so ergebende Gleichung rot $\boldsymbol{H} = \boldsymbol{J}$ über eine Fläche, die durch eine beliebige Linie begrenzt ist. Auf diese Weise gewinnen wir mit Hilfe des Stokesschen Satzes nachstehende Beziehung:

$$\oint_L \boldsymbol{H}\,\mathrm{d}\boldsymbol{l} = \int_A \boldsymbol{J}\,\mathrm{d}\boldsymbol{A}. \tag{1}$$

Wir folgen jetzt demselben Gedankengang in umgekehrter Richtung, den wir im vorigen Kapitel bereits kennengelernt haben. Nun wenden wir den Durchflutungssatz auf einen speziellen Fall, nämlich auf die in Abb. 1.12 dargestellte Linie 1—2—3—4—1

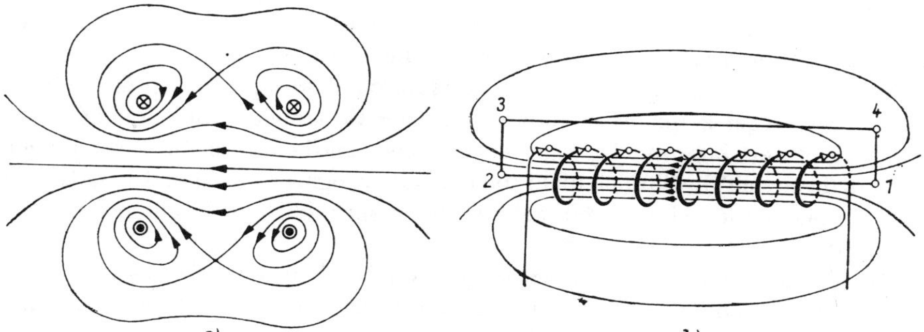

Abb. 1.12 Das Feld eines kurzen Solenoids ist kompliziert. Das Feld eines langen Solenoids kann dagegen auch in einer für quantitative Behandlung geeigneten Weise vereinfacht werden

und die durch sie aufgespannte Fläche, an, um dadurch die magnetische Feldstärke im Innern der Spule bestimmen zu können. Ist die Spule im Verhältnis zum Durchmesser lang genug, so kann man die Feldstärke außerhalb der Spule gegenüber derjenigen innerhalb der Spule vernachlässigen. Die Feldstärke im Innern der Spule kann dagegen als konstant angenommen werden, und das Linienintegral erhält somit die Form

$$\oint_L \boldsymbol{H}\,\mathrm{d}\boldsymbol{l} = \int_{12} \boldsymbol{H}\,\mathrm{d}\boldsymbol{l} + \int_{2341} \boldsymbol{H}\,\mathrm{d}\boldsymbol{l} \approx Hl + 0 = NI, \tag{2}$$

woraus sich

$$H = \frac{NI}{l} \tag{3}$$

ergibt. N stellt die Windungszahl der Spule, I den in der Leitung fließenden Strom dar. Die durch die Linie 1—2—3—4—1 aufgespannte Fläche wird von dem Leiter N-mal durchstoßen, und für das Flächenintegral ergibt sich der Wert NI.

Um dieses einfache und in der Praxis hinsichtlich der Genauigkeit häufig ausreichende Ergebnis zu erhalten, mußten wir die magnetisierende Wirkung des Verschiebungsstromes sowie die magnetische Feldstärke außerhalb der Spule vernachlässigen. Ferner mußten wir voraussetzen, daß die Kraftlinien im Innern des Solenoids parallel verlaufen. Zur Erreichung eines quantitativen Resultats war es also notwendig, die Lösung qualitativ im voraus zu kennen. Die Lösung eines Problems suchen wir in den meisten Fällen nicht über die durch entsprechende Randbedingungen gelösten Maxwellschen Gleichungen, weil dies bei den meisten praktischen Aufgaben ohnehin nicht gelingt. Unsere Hauptaufgabe besteht oft darin, die gegebene Frage derart zu vereinfachen, daß sie für die mathematische Behandlung zugänglich wird, die so erhaltene Lösung jedoch von der exakten Lösung nur wenig abweicht. Wir dürfen also bei der mathematischen Vereinfachung die physikalischen Bedingungen nur so wenig wie möglich verändern. Hierzu ist in erster Linie sehr viel Erfahrung und zum zweiten Phantasie erforderlich. Aus diesem Grund muß die Genauigkeit der so gewonnenen Ergebnisse stets durch Messungen überprüft werden. Es kann in der Regel keine Rede davon sein, die Genauigkeit der angenäherten Berechnungen unter Zugrundelegung der genauen mathematischen Beziehungen festzustellen, da es sich gewöhnlich nicht um ein Näherungsverfahren mathematischer Art handelt, sondern um eine Vereinfachung der ursprünglich zu lösenden physikalischen Aufgabe.

Wenden wir das Durchflutungsgesetz auf den in Abb. 1.13 dargestellten allgemeinen magnetischen Kreis an, in dem ein konstanter Fluß Φ vorhanden sei, und setzen voraus, daß die magnetische Feldstärke so lange konstant ist, wie der Querschnitt konstant bleibt, so gelangen wir zu nachstehender Beziehung

$$\oint_L \boldsymbol{H}\,\mathrm{d}\boldsymbol{l} = H_1 l_1 + H_2 l_2 + \cdots = NI, \tag{4}$$

woraus sich

$$NI = \frac{B_1}{\mu_1} l_1 + \frac{B_2}{\mu_2} l_2 + \cdots = \Phi \sum_i \frac{l_i}{A_i \mu_i} \tag{5}$$

ergibt. Diese Beziehung findet bei der Dimensionierung von Erregerspulen elektrischer Maschinen oder Transformatoren Verwendung. In der Praxis braucht man gewöhnlich die Permeabilität nicht explizit zu bestimmen, da aus der Magnetisierungskurve sofort der Wert $B_i/\mu_i = H_i$ abzulesen ist.

Wird in der Schule mit Hilfe des Biot-Savart-Gesetzes die magnetische Feldstärke eines stromdurchflossenen langen Leiters errechnet oder ermittelt der Radiobastler

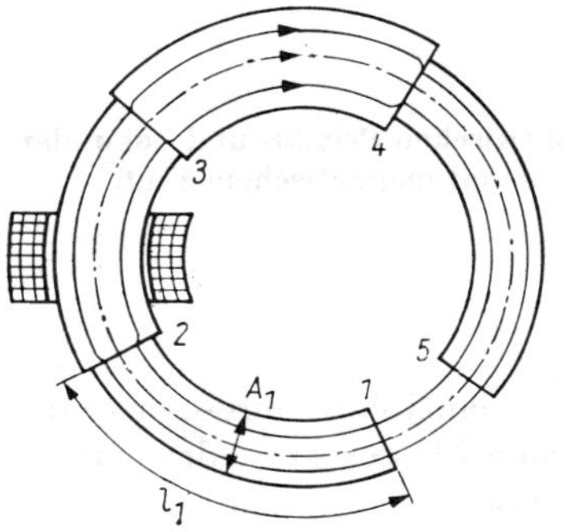

Abb. 1.13 Allgemeiner magnetischer Kreis

die im Innern seiner Magnetspule existierende magnetische Feldstärke nach der Beziehung $H = NI/l$ oder berechnet der Elektroingenieur die Konstruktionsparameter der Erregerwicklungen eines Elektromotors, so werden sie dazu stets die erste Maxwellsche Gleichung verwenden.

1.4.2. Die II. Maxwellsche Gleichung

Wie schon erwähnt, ist die zweite Maxwellsche Gleichung nichts anderes als eine geänderte Form des Faradayschen Induktionsgesetzes. Wenn wir also z. B. bei einem Transformator mit Hilfe der Beziehung

$$U = 4{,}44 f N B A \tag{6}$$

die durch einen rein sinusförmig wechselnden Fluß erzeugte Spannung berechnet haben, so bedienen wir uns der zweiten Maxwellschen Gleichung. In obiger Formel bedeutet f die Frequenz in s^{-1}, N die Windungszahl, A den Querschnitt des Eisenkerns in m^2, U den Effektivwert der Spannung in V und B den maximalen Wert der Induktion in Vs/m^2.

Bei einem Transformator erzeugt der in der Leitung fließende Strom den damit verketteten magnetischen Fluß. Die Änderung dieses magnetischen Flusses erzeugt wiederum die damit verkettete elektrische Feldstärke. Die quantitativen Verhältnisse der ersteren Beziehung werden durch die erste, die der letzteren durch die zweite Maxwellsche Gleichung dargestellt (Abb. 1.14). Diese gegenseitige Verkettung müssen wir immer suchen, und wir werden sie nicht nur im Falle quasistationärer Ströme finden, sondern auch in ganz allgemeinen Fällen, mit dem einzigen Unterschied, daß dann auch die zeitliche Veränderung der elektrischen Feldstärke eine magnetisierende Amperewindung, also eine Erregung, ergeben kann, sei es mit dem Leitungsstrom zusammen oder auch vollkommen selbständig. Wir können an dieser Stelle

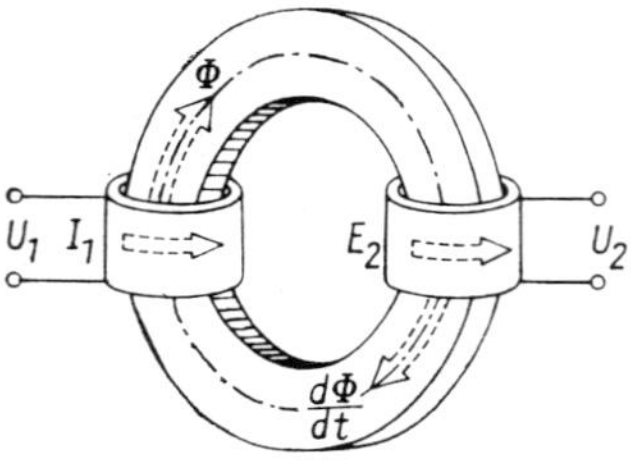

Abb. 1.14 Zusammenhang zwischen Primär- und Sekundärwicklung des Transformators und magnetischem Fluß

einstweilen nur auf Abb. 4.90 hinweisen, in der wir in einem Hohlraumresonator die Verkettung der „Erregerwicklung" und des magnetischen Flusses sowie der magnetischen Flußänderung und der elektrischen Feldstärke erkennen können.

1.4.3. Die Größenordnung des Verschiebungsstromes

Bei unseren bisherigen Beispielen wurde die Wirkung des Verschiebungsstromes vernachlässigt. Nachstehend werden wir untersuchen, weshalb nicht auch die magnetisierende Wirkung des Verschiebungsstromes zu berücksichtigen ist, wenn wir z. B.

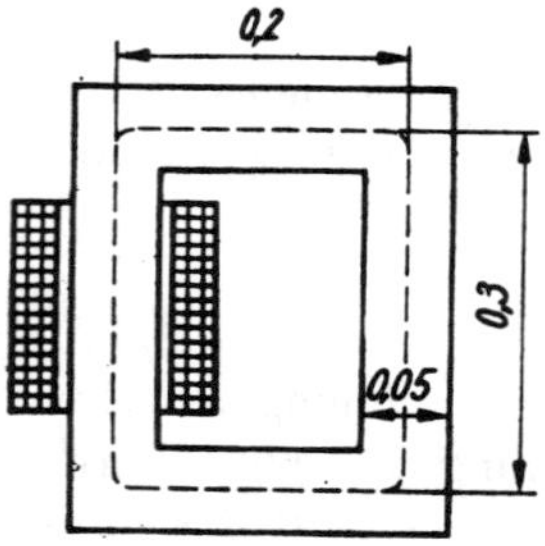

Abb. 1.15 Abmessungen des im Beispiel erwähnten Eisenkörpers. Querschnitt des Eisenkerns: $0{,}05 \cdot 0{,}05 = 0{,}25 \cdot 10^{-2}\ \text{m}^2$

die Konstruktionsparameter der Erregerspule eines Transformators für 50 Hz berechnen. Nun wollen wir die elektrische Feldstärke berechnen, die sich um den Eisenkern des in Abb. 1.15 dargestellten Transformators bildet. Setzen wir die Induktion wie üblich zu 1 Vs/m² an, so gilt für die Windungsspannung

$$U_w = 4{,}44 \cdot 50 \cdot 0{,}25 \cdot 10^{-2} \cdot 1 = 0{,}55\ \text{V}.$$

Diese Windungsspannung ergibt sich durch die Integration der Feldstärke entlang einer den Fluß umgebenden geschlossenen Linie. Da wir lediglich die Größenordnung bestimmen wollen, setzen wir voraus, daß diese geschlossene Linie kreisförmig sei und einen Radius von $r = 0{,}05$ m besitze. Wenn wir annehmen, daß die Feldstärke auf dem Umfang dieses Kreises konstant bleibt (was nur annähernd gilt), so erhalten wir für die Feldstärke angenähert

$$E_{\text{eff}} \approx \frac{U_{\text{w}}}{2\pi r} = \frac{0{,}55}{2\pi \cdot 0{,}05} = 1{,}7 \text{ V/m}.$$

Entsprechend beträgt der Verschiebungsvektor

$$D_{\text{eff}} = \varepsilon_0 E_{\text{eff}} = 8{,}86 \cdot 10^{-12} \cdot 1{,}7 = 1{,}5 \cdot 10^{-11} \text{ As/m}^2.$$

Dieser Verschiebungsvektor ändert sich mit der Frequenz des Netzstromes. Somit wird die Verschiebungsstromdichte

$$J_{\text{eff}} = \left(\frac{\partial D}{\partial t}\right)_{\text{eff}} = 2\pi f D_{\text{eff}} = 2\pi \cdot 50 \cdot 1{,}5 \cdot 10^{-11} = 4{,}72 \cdot 10^{-9} \text{ A/m}^2.$$

Wir erhalten selbst dann, wenn wir voraussetzen, daß das Fenster des Transformators durch diese Stromdichte vollkommen ausgefüllt ist, einen Erregerstrom $I = JA$ von nur 10^{-10} A. Das ist im Verhältnis zu dem Erregerstrom, der den Fluß von $2{,}5 \cdot 10^{-3}$ Vs erzeugt hat, verschwindend klein. Wenn wir berücksichtigen, daß — wie es der Magnetisierungskurve entnommen werden kann — der Induktion $B = 1$ Vs/m² eine magnetische Feldstärke von 280 A/m entspricht und die Länge der Kraftlinie $2(0{,}2 + 0{,}3) = 1$ m beträgt, so beläuft sich die zur Erzeugung eines Flusses von $2{,}5 \cdot 10^{-3}$ Vs notwendige Erregung auf 280 Amperewindungen. Eine derart kleine Differenz könnte selbst durch die genauesten Messungen der Elektrotechnik nicht nachgewiesen werden, die magnetisierende Wirkung des Verschiebungsstromes kann also bei Transformatoren vernachlässigt werden. Aus der Beziehung

$$J_{\text{eff}} = \varepsilon_0 2\pi f E_{\text{eff}} \tag{7}$$

ist aber sofort zu ersehen, wenn wir z. B. in der Luft bis zur größten zulässigen Feldstärke $E_{\text{max}} = 2{,}1 \cdot 10^6$ V/m gehen und die Frequenz von der Größenordnung 10^6 s^{-1} ist, daß die Verschiebungsstromdichte

$$J \approx 100 \text{ A/m}^2$$

beträgt, was schon einen bedeutenden Wert darstellt.

Unsere bisherigen Ausführungen müssen aber noch weiter ergänzt werden: Die Änderung des Verschiebungsvektors erzeugt die Strom*dichte* und nicht die Strom*stärke*. Demnach kann die resultierende Stromstärke und deren Wirkung bereits sehr groß sein, wenn die verhältnismäßig kleine Stromdichte in einem genügend großen Querschnitt auftritt. Wir können also sehen, daß bei der Entscheidung der Frage, ob die Dichte des Verschiebungsstromes vernachlässigt werden kann oder nicht, nicht nur die zeitliche Veränderung, sondern auch die räumliche Ausdehnung unseres Systems zu berücksichtigen ist. Es sei schon jetzt erwähnt, daß die Wirkung des Verschiebungsstromes dann vernachlässigt werden darf, wenn die Ausdehnung des gesamten untersuchten Systems im Verhältnis zur Wellenlänge, die durch die Gleichung $\lambda = c/f$ definiert wird, gering ist. c bedeutet hierbei die Lichtgeschwindigkeit: $3 \cdot 10^8$ m s^{-1} (s. Kap. 5.1.1.).

1.4.4. Die übrigen Gleichungen

Die Gleichung $\operatorname{div} \boldsymbol{B} = 0$ bringt einfach die Gesetzmäßigkeit zum Ausdruck, daß keine realen magnetischen Ladungen existieren. Gleichzeitig besagt die Gleichung $\operatorname{div} \boldsymbol{D} = \varrho$, daß elektrische Ladungen existieren und diese die Quellen und Senken der elektrischen Verschiebungslinien sind. Sie wird in der Integralform

$$\int_V \operatorname{div} \boldsymbol{D} \, \mathrm{d}V = \oint_A \boldsymbol{D} \, \mathrm{d}\boldsymbol{A} = \int_V \varrho \, \mathrm{d}V$$

zur Lösung einfacher elektrostatischer Aufgaben häufig angewendet. Diese Form ist als Gaußscher Satz der Elektrotechnik bekannt, der wie folgt ausgedrückt werden kann: Die Anzahl der durch eine geschlossene Fläche hindurchtretenden Verschiebungslinien, also der Verschiebungsfluß, ist gleich den von der Fläche umhüllten Ladungen. Beim Abzählen der Linien muß man auf das Vorzeichen achten; als positiv sind diejenigen Linien anzusehen, die aus dem von der Fläche umgebenen Raum heraustreten, und als negativ diejenigen, die hineinströmen.

Die Gleichung $\boldsymbol{J} = \gamma(\boldsymbol{E} + \boldsymbol{E}_\mathrm{e})$ ist das sogenannte Ohmsche Gesetz in Differentialform.

Zwischen der von uns geforderten elektrischen Energiedichte $w_\mathrm{e} = (1/2)\, \varepsilon E^2$ und dem von der Schule her bekannten Energieausdruck eines Plattenkondensators $W_\mathrm{e} = (1/2)\, CU^2$ finden wir folgenden Zusammenhang:

$$W_\mathrm{e} = \frac{1}{2} CU^2 = \frac{1}{2} \varepsilon \frac{A}{d} (Ed)^2 = \frac{1}{2} \varepsilon E^2 A d = \frac{1}{2} \varepsilon E^2 V = w_\mathrm{e} V. \tag{8}$$

Daraus können wir den von uns angenommenen Wert der Energiedichte sofort ablesen, da das Produkt dieses Wertes und des Volumens des Dielektrikums die Gesamtenergie des Kondensators bildet. In diesem Zusammenhang haben wir auch die nur für eine homogene Feldstärke gültige Beziehung $U = Ed$ sowie die Beziehung $C = \varepsilon A/d$ benutzt, wobei A die Fläche der Platten und d den gegenseitigen Abstand der Platten bedeutet.

Ähnlich können wir auch die Beziehung zwischen der magnetischen Energiedichte $w_m = (1/2)\,\mu H^2$ und der magnetischen Energie $(1/2)\,LI^2$ einer langen Zylinderspule finden. Es gilt nämlich:

$$W_m = \frac{1}{2}\,LI^2 = \frac{1}{2}\,LII = \frac{1}{2}\,N\Phi I = \frac{1}{2}\,\mu HAN\,\frac{l}{N}\,H = \frac{1}{2}\,\mu H^2 Al = w_m V. \tag{9}$$

Hier können wir sehen, daß der rechts stehende Ausdruck gerade das Produkt aus Energiedichte und Volumen des Solenoid-Innern darstellt. Der Energiewert wird also gleichermaßen durch den alten und den neuen Ausdruck angegeben. In unserer jetzigen Ableitung haben wir für die Selbstinduktion den Ausdruck

$$L = \frac{N\Phi}{I} \tag{10}$$

benutzt, ferner die Beziehungen $\Phi = \mu HA$ und $H = NI/l$. Dabei bedeutet L den Induktionskoeffizienten in Vs/A, l die Länge, A den Querschnitt und N die Windungszahl der Spule.

1.4.5. Die Maxwellschen Gleichungen bei sinusförmigem zeitlichem Verlauf

In der Praxis kommt es häufig vor, daß sich alle Erregergrößen (Spannungen, Ströme) in der Zeit sinusförmig verändern. In linearen Medien weisen dann auch alle Feldgrößen einen sinusförmigen zeitlichen Verlauf auf. Führen wir die komplexe Amplitude $\tilde{\boldsymbol{E}}(\boldsymbol{r})$ bzw. $\tilde{\boldsymbol{H}}(\boldsymbol{r})$ mit der folgenden Definition ein:

$$\boldsymbol{E}(\boldsymbol{r}, t) = \mathrm{Re}\,\tilde{\boldsymbol{E}}(\boldsymbol{r})\,\mathrm{e}^{j\omega t} \quad \text{oder} \quad \mathrm{Re}\,\sqrt{2}\,\tilde{\boldsymbol{E}}(\boldsymbol{r})\,\mathrm{e}^{j\omega t}, \tag{11}$$

$$\boldsymbol{H}(\boldsymbol{r}, t) = \mathrm{Re}\,\tilde{\boldsymbol{H}}(\boldsymbol{r})\,\mathrm{e}^{j\omega t} \quad \text{oder} \quad \mathrm{Re}\,\sqrt{2}\,\tilde{\boldsymbol{H}}(\boldsymbol{r})\,\mathrm{e}^{j\omega t}. \tag{12}$$

Da jetzt $\partial/\partial t = \mathrm{j}\omega$ ist, schreiben sich die I. und II. Maxwellsche Gleichung

$$\mathrm{rot}\,\tilde{\boldsymbol{H}} = \tilde{\boldsymbol{J}} + \mathrm{j}\omega\varepsilon\tilde{\boldsymbol{E}}; \qquad \mathrm{rot}\,\tilde{\boldsymbol{E}} = -\mathrm{j}\omega\mu\tilde{\boldsymbol{H}}. \tag{13}$$

Benutzen wir noch den Zusammenhang $\tilde{\boldsymbol{J}} = \gamma\tilde{\boldsymbol{E}}$, so vereinfacht sich die erste Gleichung zu

$$\mathrm{rot}\,\tilde{\boldsymbol{H}} = (\gamma + \mathrm{j}\omega\varepsilon)\,\tilde{\boldsymbol{E}}. \tag{14}$$

Führen wir auch die komplexe Dielektrizitätskonstante durch die Definitionsgleichung

$$\tilde{\varepsilon} = \varepsilon - \mathrm{j}\gamma/\omega = \varepsilon_r - \mathrm{j}\varepsilon_i$$

ein. Hier steht der imaginäre Teil ε_i in unmittelbarem Zusammenhang mit den dielektrischen Verlusten. Entsprechend kann die komplexe Permeabilität $\tilde{\mu} = \mu_r - j\mu_i$ eingeführt werden, wobei μ_i wieder den magnetischen Verlusten proportional ist. (ε_r und μ_r sind nicht zu verwechseln mit den entsprechenden relativen Größen.)

Mit der Einführung von $\tilde{\varepsilon}$ und $\tilde{\mu}$ lassen sich die Maxwellschen Gleichungen in folgende einfache Form bringen:

$$\text{rot}\,\tilde{\boldsymbol{H}} = j\omega\tilde{\varepsilon}\tilde{\boldsymbol{E}}; \qquad \text{rot}\,\tilde{\boldsymbol{E}} = -j\omega\tilde{\mu}\tilde{\boldsymbol{H}}. \tag{15}$$

Im weiteren werden die komplexen Feldgrößen nicht mehr besonders gekennzeichnet; die Tilde wird weggelassen. (Siehe auch Abschnitt 1.7.4.)

1.5. Kompliziertere Formen der Maxwellschen Gleichungen

1.5.1. Die konstitutiven Relationen im allgemeinen Fall

Im allgemeinen Fall treten an die Stelle der einfachen Zusammenhänge $\boldsymbol{D} = \varepsilon\boldsymbol{E}$ und $\boldsymbol{B} = \mu\boldsymbol{H}$ die folgenden:

$$\boldsymbol{D} = \varepsilon_0\boldsymbol{E} + \boldsymbol{P}; \quad \boldsymbol{B} = \mu_0\boldsymbol{H} + \boldsymbol{M}.$$

$\boldsymbol{P}$ und $\boldsymbol{M}$ heißen der elektrische bzw. magnetische Polarisationsvektor. Sie geben das elektrische bzw. das magnetische Dipolmoment der Volumeneinheit an. Durch diese Größen wird der Einfluß des Stoffes charakterisiert. Manchmal — z. B. bei sehr harten permanenten Magneten bzw. Elektreten — kann $\boldsymbol{P}$ bzw. $\boldsymbol{M}$ als von $\boldsymbol{E}$ bzw. $\boldsymbol{B}$ unabhängig betrachtet werden. In anderen Fällen ist $\boldsymbol{P}$ proportional $\boldsymbol{E}$ und $\boldsymbol{M}$ proportional $\boldsymbol{H}$, so daß wir wiederum zu unseren einfachen Beziehungen

$$\boldsymbol{D} = \varepsilon\boldsymbol{E}; \quad \boldsymbol{B} = \mu\boldsymbol{H}$$

gelangen.

Bei Ferromagneten und Ferroelektreten hängen $\boldsymbol{D}$ und $\boldsymbol{B}$ mit $\boldsymbol{E}$ bzw. $\boldsymbol{H}$ in sehr komplizierter Weise zusammen. Dieser Zusammenhang ist nicht einmal eindeutig. In solchen Fällen können die Funktionen $\boldsymbol{D} = \boldsymbol{D}(\boldsymbol{E})$ bzw. $\boldsymbol{B} = \boldsymbol{B}(\boldsymbol{H})$ nur graphisch oder tabellarisch angegeben werden.

Bei Kristallen tritt eine räumliche Anisotropie auf, genauer gesagt:

$$\boldsymbol{D} = \boldsymbol{\varepsilon}\boldsymbol{E}; \quad \boldsymbol{B} = \boldsymbol{\mu}\boldsymbol{H}, \tag{1}$$

wo $\boldsymbol{\varepsilon}$ und $\boldsymbol{\mu}$ symmetrische Tensoren sind, d. h., es ist

$$\varepsilon_{ik} = \varepsilon_{ki}; \quad \mu_{ik} = \mu_{ki}. \tag{2}$$

In jüngster Zeit haben gyromagnetische Stoffe große Bedeutung erlangt. Zu ihnen gehören z. B. die Ferrite. Die Leitfähigkeit dieser Stoffe ist so gering, daß sie als Isolatoren betrachtet werden können. Alle Effekte, die bei anderen ferromagnetischen Stoffen wegen der großen inneren Dämpfung nicht beobachtbar sind, können hier also mehr in den Vordergrund treten. Da die elementaren magnetischen Dipole des Stoffes auch einen mechanischen Drehimpuls besitzen, verhält sich solch ein elementarer magnetischer Dipol im homogenen Feld ähnlich wie ein Kreisel im Gravitationsfeld, d. h., er führt eine Kreisel- oder Präzessionsbewegung aus. Auf diese Weise entsteht zwischen $\boldsymbol{H}$ und $\boldsymbol{B}$ ein ganz neuartiger Zusammenhang.

In einem magnetischen Stoff werde eine homogene und konstante Vormagnetisierung $\boldsymbol{H}_0$ hervorgerufen. Die Richtung dieses magnetischen Feldes falle mit der positiven z-Achse eines kartesischen Koordinatensystems zusammen. Superponieren wir jetzt ein Hochfrequenzfeld $\boldsymbol{H}(H_x, H_y, H_z)$, so erhalten wir unter Berücksichtigung der oben erwähnten Präzessionsbewegung für die Hochfrequenzkomponenten des Induktionsvektors $\boldsymbol{B}$ folgende Gleichungen:

$$\begin{aligned} B_x &= \mu H_x - j\varkappa H_y, \\ B_y &= j\varkappa H_x + \mu H_y, \\ B_z &= \mu_z H_z. \end{aligned} \tag{3}$$

Durch Einführung des Permeabilitätstensors

$$\boldsymbol{\mu} = \begin{pmatrix} \mu & -j\varkappa & 0 \\ j\varkappa & \mu & 0 \\ 0 & 0 & \mu_z \end{pmatrix} \tag{4}$$

läßt sich das Gleichungssystem in die abgekürzte Form

$$\boldsymbol{B} = \boldsymbol{\mu}\boldsymbol{H} \tag{5}$$

überführen. Wie man sieht, ist der Permeabilitätstensor ein nichtsymmetrischer Tensor. Die Werte von μ und $\varkappa$ hängen von der Stärke des Vormagnetisierungsfeldes sowie von der Beschaffenheit der elementaren magnetischen Dipole des betreffenden gyromagnetischen Stoffes ab. (Siehe auch Abschnitt 4.4.)

Eine nichtsymmetrische Tensorrelation von ähnlicher Art verbindet die Größen $\boldsymbol{E}$ und $\boldsymbol{D}$ bzw. $\boldsymbol{E}$ und $\boldsymbol{J}$ in stark ionisierten Gasen, im sogenannten Plasma, miteinander. Hier spricht man also von einem Dielektrizitätstensor bzw. Leitungstensor von nichtsymmetrischem Aufbau.

1.5.2. Anschauliche Deutung des Materialeinflusses

Drücken wir $\boldsymbol{H}$ mit Hilfe der Gleichung $\boldsymbol{B} = \mu_0\boldsymbol{H} + \boldsymbol{M}$ aus und benutzen wir noch die Gleichung $\boldsymbol{D} = \varepsilon_0\boldsymbol{E} + \boldsymbol{P}$, so können wir $\boldsymbol{D}$ und $\boldsymbol{H}$ aus den vier Maxwellschen Gleichungen eliminieren:

$$\operatorname{rot} \boldsymbol{B} = \mu_0 \left(\boldsymbol{J} + \operatorname{rot} \frac{\boldsymbol{M}}{\mu_0} + \varepsilon_0 \frac{\partial \boldsymbol{E}}{\partial t} + \frac{\partial \boldsymbol{P}}{\partial t}\right), \tag{6}$$

$$\operatorname{rot} \boldsymbol{E} = -\frac{\partial \boldsymbol{B}}{\partial t}, \tag{7}$$

$$\operatorname{div} \boldsymbol{B} = 0, \tag{8}$$

$$\operatorname{div} \boldsymbol{E} = \frac{1}{\varepsilon_0} (\varrho - \operatorname{div} \boldsymbol{P}). \tag{9}$$

Zum Vergleich drücken wir auch die im Vakuum gültigen Gleichungen durch $\boldsymbol{E}$ und $\boldsymbol{B}$ aus:

$$\operatorname{rot} \boldsymbol{B} = \mu_0 \left(\boldsymbol{J} + \varepsilon_0 \frac{\partial \boldsymbol{E}}{\partial t}\right), \tag{10}$$

$$\operatorname{rot} \boldsymbol{E} = -\frac{\partial \boldsymbol{B}}{\partial t}, \tag{11}$$

$$\operatorname{div} \boldsymbol{B} = 0, \tag{12}$$

$$\operatorname{div} \boldsymbol{E} = \frac{\varrho}{\varepsilon_0}. \tag{13}$$

Für die Gleichungen (6) bis (9) besteht folgende Deutungsmöglichkeit. Die Induktion $\boldsymbol{B}$ kann in Anwesenheit von Materie ebenso berechnet werden wie im Vakuum, sofern die Größen $\operatorname{rot} \boldsymbol{M}/\mu_0$ und $\partial \boldsymbol{P}/\partial t$ als Stromdichten aufgefaßt werden können. Ferner müssen wir bei der Berechnung von $\boldsymbol{E}$ das hinzukommende Glied $-\operatorname{div} \boldsymbol{P}$ als eine Ladungsdichte betrachten.

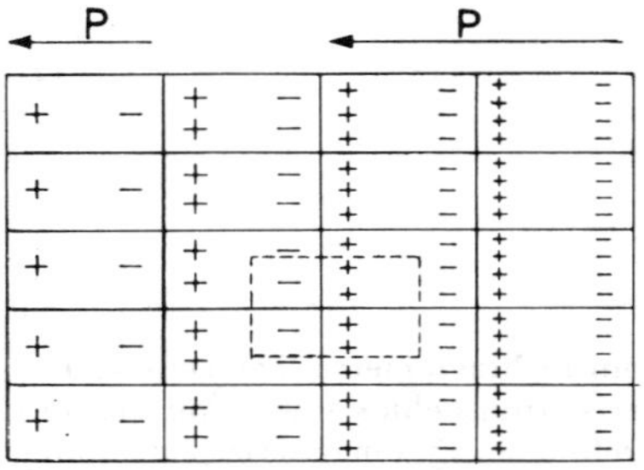

Abb. 1.16 Die Divergenz des Polarisationsvektors führt zu Raumladungen

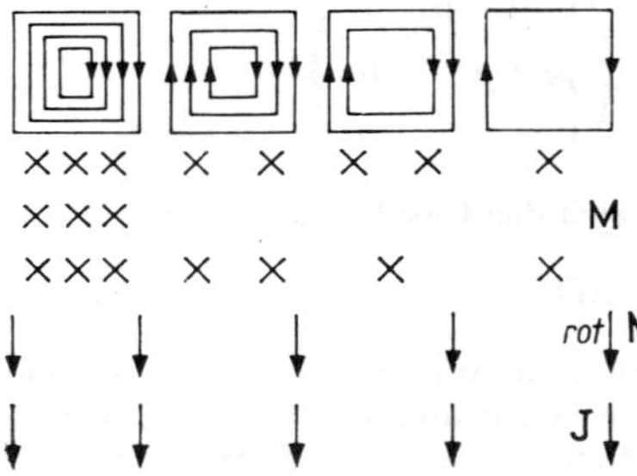

Abb. 1.17 Veranschaulichung der durch rot $\boldsymbol{M}$ verursachten Stromdichte

Abb. 1.16 zeigt anschaulich, wie die Divergenz von $\boldsymbol{P}$ eine räumliche Ladungsdichte verursacht: Die benachbarten Volumenelemente haben unterschiedliche Polarisation, daher heben sich die an den Grenzflächen erscheinenden Flächenladungen mit entgegengesetztem Vorzeichen nicht auf. Da diese Ladungen nicht frei beweglich sind (gebundene Ladungen), spielen sie bei der Entstehung der Stromdichte im konstanten Feld keine Rolle. Wenn sich aber $\boldsymbol{P}$ in der Zeit z. B. sinusförmig verändert, so verursachen die gegeneinander schwingenden positiven und negativen Ladungen eine Stromdichte, die ebenfalls zur Entstehung des magnetischen Feldes beiträgt.

Etwas schwieriger ist es, die Größe $\operatorname{rot} \boldsymbol{M}/\mu_0$ als Stromdichte anschaulich zu deuten. Wir nehmen als bekannt an — obgleich eine exakte Begründung erst später gegeben wird —, daß ein magnetischer Dipol vom magnetischen Moment $\boldsymbol{m}$ das gleiche Feld hervorruft wie ein Solenoid, soweit der Zusammenhang

$$\boldsymbol{m} = \mu_0 I \boldsymbol{A} \tag{14}$$

gilt. Um die Deutung der Größe $\operatorname{rot} \boldsymbol{M}/\mu_0$ anschaulich zu machen, nehmen wir das einfachste $\boldsymbol{M}$-Feld, das eine Rotation besitzt: Nach Abb. 1.17 seien die $\boldsymbol{M}$-Vektorlinien parallele Geraden, deren Dichte sich verändert. Solch ein $\boldsymbol{M}$-Feld kann durch parallele, mit unterschiedlichen

Wicklungen versehene Spulen verwirklicht werden. Wie ersichtlich, löschen sich die benachbarten Ströme gegenseitig nicht aus; es ergibt sich also eine zu rot $\boldsymbol{M}$ proportionale Stromdichte.

1.5.3. Bewegte Medien [1.13]

Wir untersuchen zuerst einen einfachen, aber sehr wichtigen Fall. Ein geschlossener Leiter bewege sich mit der Geschwindigkeit $|\boldsymbol{v}| < c$ in bezug auf ein Koordinatensystem, in welchem das Feld $\boldsymbol{B}(\boldsymbol{r}, t)$ gegeben ist. Das Faradaysche Gesetz lautet jetzt

$$\oint_L \boldsymbol{E}' \,\mathrm{d}\boldsymbol{l} = -\frac{\mathrm{d}}{\mathrm{d}t} \int_A \boldsymbol{B} \,\mathrm{d}\boldsymbol{A}. \tag{15}$$

Hier bedeutet $\boldsymbol{E}'$ die elektrische Feldstärke, gemessen in dem bewegten System; $\mathrm{d}/\mathrm{d}t$ bezieht sich auf die Gesamtveränderung des Induktionsflusses. Diese Veränderung besteht aus zwei Teilen. Der eine Teil, der auch beim ruhenden Leiter auftreten würde, ergibt sich aus der Gleichung

$$\frac{\partial}{\partial t} \int_A \boldsymbol{B} \,\mathrm{d}\boldsymbol{A} = \int_A \frac{\partial \boldsymbol{B}}{\partial t} \,\mathrm{d}\boldsymbol{A}. \tag{16}$$

Der Induktionsfluß verändert sich aber auch dadurch, daß der geschlossene Leiter sich bewegt. Diese Veränderung existiert auch dann, wenn $\boldsymbol{B}$ sich nur räumlich verändert, zeitlich jedoch konstant ist. Der Betrag dieser Veränderung kann mit Hilfe von Abb. 1.18 bestimmt

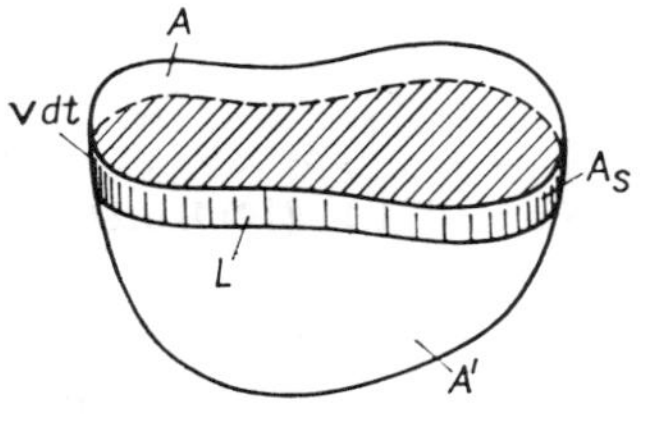

Abb. 1.18 Zur Berechnung der durch die Bewegung des Leiters verursachten Flußänderung

werden. Wir ergänzen die Fläche A durch eine Fläche A' zu einer geschlossenen Fläche. Die Linie L soll sich in dem Zeitelement $\mathrm{d}t$ um eine Strecke $v\,\mathrm{d}t$ verschieben. So entsteht eine neue geschlossene Fläche, die aus der Fläche A', der Seitenfläche A_s und der Fläche A in ihrer neuen Lage besteht. Nach dem Gaußschen Satz werden durch die Fläche $A' + A_s + A$ um die Größe

$$\int_A (\mathrm{div}\, \boldsymbol{B}) (\boldsymbol{v} \,\mathrm{d}t \,\mathrm{d}\boldsymbol{A}) \tag{17}$$

mehr Induktionslinien hindurchgehen als durch die ursprüngliche Fläche $A' + A$. Um die Allgemeinheit unserer Betrachtungen nicht zu beschränken, haben wir noch nicht die Tatsache benutzt, daß das $\boldsymbol{B}$-Feld divergenzfrei ist.

Da die Fläche A sich nicht verändert hat, treten durch die Fläche A in ihrer neuen Lage

$$\int_A (\operatorname{div} \boldsymbol{B})\, \boldsymbol{v}\, \mathrm{d}t\, \mathrm{d}\boldsymbol{A} - (\text{Induktionslinien durch } A_s) \tag{18}$$

neue Induktionslinien durch. Dieser zusätzliche Induktionsfluß kann — bezogen auf die Zeiteinheit — wie folgt geschrieben werden:

$$\int_A (\operatorname{div} \boldsymbol{B})\, \boldsymbol{v}\, \mathrm{d}\boldsymbol{A} - \oint_L (\mathrm{d}\boldsymbol{l} \times \boldsymbol{v})\, \boldsymbol{B} = \int_A (\operatorname{div} \boldsymbol{B})\, \boldsymbol{v}\, \mathrm{d}\boldsymbol{A} + \int_A \operatorname{rot} (\boldsymbol{B} \times \boldsymbol{v})\, \mathrm{d}\boldsymbol{A}. \tag{19}$$

Die Gesamtänderung des Flusses ergibt sich also zu

$$\frac{\mathrm{d}}{\mathrm{d}t} \int_A \boldsymbol{B}\, \mathrm{d}\boldsymbol{A} = \int_A \left(\frac{\partial \boldsymbol{B}}{\partial t} + \boldsymbol{v} \operatorname{div} \boldsymbol{B} + \operatorname{rot} (\boldsymbol{B} \times \boldsymbol{v}) \right) \mathrm{d}\boldsymbol{A}. \tag{20}$$

Berücksichtigen wir jetzt die Quellenfreiheit des $\boldsymbol{B}$-Feldes, so vereinfacht sich diese Gleichung zu

$$-\frac{\mathrm{d}}{\mathrm{d}t} \int_A \boldsymbol{B}\, \mathrm{d}\boldsymbol{A} = \oint_L \boldsymbol{E}'\, \mathrm{d}\boldsymbol{l} = -\int_A \left(\frac{\partial \boldsymbol{B}}{\partial t} + \operatorname{rot} (\boldsymbol{B} \times \boldsymbol{v}) \right) \mathrm{d}\boldsymbol{A} \tag{21}$$

bzw. in Differentialform:

$$\operatorname{rot} \boldsymbol{E}' = -\left(\frac{\partial \boldsymbol{B}}{\partial t} + \operatorname{rot} (\boldsymbol{B} \times \boldsymbol{v}) \right). \tag{22}$$

Wie schon erwähnt, bedeutet hier $\boldsymbol{E}'$ die Feldstärke, durch die der Strom in dem bewegten Leiter angetrieben wird, d. h.,

$$\boldsymbol{J} = \gamma \boldsymbol{E}'.$$

Die Beziehung (20) können wir auch auf andere Weise erhalten. Nach Gl. 1.14 (12) lautet die totale Änderung eines beliebigen Vektors

$$\frac{\mathrm{d}\boldsymbol{B}}{\mathrm{d}t} = \frac{\partial \boldsymbol{B}}{\partial t} + \mathbf{T}^{\mathrm{d}\boldsymbol{B}}_{\mathrm{d}\boldsymbol{r}} \frac{\mathrm{d}\boldsymbol{r}}{\mathrm{d}t} = \frac{\partial \boldsymbol{B}}{\partial t} + \operatorname{rot} (\boldsymbol{B} \times \boldsymbol{v}) + \boldsymbol{v} \operatorname{div} \boldsymbol{B}, \tag{23}$$

was mit (20) gleichwertig ist.

Gleichung (22) läßt sich noch wie folgt umschreiben:

$$\operatorname{rot} (\boldsymbol{E}' - \boldsymbol{v} \times \boldsymbol{B}) = \operatorname{rot} \boldsymbol{E} = -\frac{\partial \boldsymbol{B}}{\partial t}; \tag{24}$$

$\boldsymbol{E}$ ist die im ruhenden System gemessene Feldstärke.

Es bewege sich jetzt in unserem Raum ein Isolator mit der Geschwindigkeit $\boldsymbol{v}(\boldsymbol{r})$. Die relative Permeabilität soll $\mu_r = 1$ sein. Ein bewegter Isolator beeinflußt das magnetische Feld, im ruhenden System gemessen, auf zwei verschiedene Arten. Erstens haben wir es jetzt nicht nur mit der konvektiven Stromdichte $\varrho\boldsymbol{v}$, sondern mit der veränderten konvektiven Stromdichte $\boldsymbol{v}(\varrho - \operatorname{div}\boldsymbol{P})$ zu tun, zweitens müssen wir die Gesamtänderung des Polarisationsvektors

$$\frac{\mathrm{d}\boldsymbol{P}}{\mathrm{d}t} = \frac{\partial\boldsymbol{P}}{\partial t} + \operatorname{rot}(\boldsymbol{P}\times\boldsymbol{v}) + \boldsymbol{v}\operatorname{div}\boldsymbol{P} \tag{25}$$

berücksichtigen. So erhält die I. Maxwellsche Gleichung die Form

$$\operatorname{rot}\boldsymbol{H} = \boldsymbol{J} + \boldsymbol{v}(\varrho - \operatorname{div}\boldsymbol{P}) + \varepsilon_0\frac{\partial\boldsymbol{E}}{\partial t} + \frac{\partial\boldsymbol{P}}{\partial t} + \operatorname{rot}(\boldsymbol{P}\times\boldsymbol{v}) + \boldsymbol{v}\operatorname{div}\boldsymbol{P}$$

oder, ein wenig geordnet,

$$\operatorname{rot}\boldsymbol{H} = \boldsymbol{J} + \varrho\boldsymbol{v} + \varepsilon_0\frac{\partial\boldsymbol{E}}{\partial t} + \frac{\partial\boldsymbol{P}}{\partial t} + \operatorname{rot}(\boldsymbol{P}\times\boldsymbol{v}) \tag{26}$$

bzw.

$$\operatorname{rot}\boldsymbol{B} = \mu_0\left(\boldsymbol{J} + \varrho\boldsymbol{v} + \varepsilon_0\frac{\partial\boldsymbol{E}}{\partial t} + \frac{\partial\boldsymbol{P}}{\partial t} + \operatorname{rot}\frac{\boldsymbol{P}\times\boldsymbol{v}\mu_0}{\mu_0}\right). \tag{27}$$

Wenn wir diese Gleichung mit dem Ausdruck 1.5. (6) vergleichen, so bemerken wir, daß ein bewegter dielektrischer Stoff mit dem Polarisationsvektor $\boldsymbol{P}$ ein magnetisches Moment

$$\boldsymbol{M}_{\text{äqv}} = \mu_0\boldsymbol{P}\times\boldsymbol{v} \tag{28}$$

besitzt. Dies kann übrigens auch anschaulich gedeutet werden.

Um das vollständige Gleichungssystem für die Beschreibung des elektromagnetischen Feldes in Anwesenheit bewegter dielektrischer Stoffe zu erhalten, fügen wir zu (24) und (27) noch die folgenden Gleichungen hinzu:

$$\operatorname{div}\boldsymbol{D} = \varrho; \qquad \operatorname{div}\boldsymbol{B} = 0;$$

$$\boldsymbol{J} = \gamma(\boldsymbol{E} + \boldsymbol{v}\times\boldsymbol{B}); \qquad \boldsymbol{P} = (\varepsilon - \varepsilon_0)(\boldsymbol{E} + \boldsymbol{v}\times\boldsymbol{B}).$$

In Anwesenheit bewegter magnetischer Stoffe ($\mu_r \neq 1$) werden die richtigen Gleichungen selbst für den Fall $v \ll c$ nur durch die Relativitätstheorie geliefert (Kap. 5.2.).

1.6. Das Verhalten der Feldgrößen an der Grenzfläche von Volumenteilen mit verschiedenen Materialkonstanten

Auf Grund der Maxwellschen Gleichungen sind wir in der Lage zu bestimmen, wie sich die verschiedenen Feldgrößen auf den Grenzflächen der Isolatoren oder Leiter von unterschiedlichen Eigenschaften verhalten. Da sich unserer Voraussetzung gemäß ε, μ und γ auf diesen Flächen sprunghaft ändern, verändern sich nach Gleichungsgruppe V auch die mit ihnen verbundenen Vektoren sprunghaft. Zur Ermittlung der Sprünge der einzelnen Vektoren nehmen wir zunächst an, daß dieser Übergang nicht plötzlich, sondern durch eine bestimmte Schichtdicke kontinuierlich erfolgt. Wir verringern jedoch diese Schichtdicke immer mehr und setzen sie schließlich gleich Null. Entsprechend Abb. 1.19 seien die Kennwerte des einen Mediums ε_1, μ_1 und γ_1, die des anderen Mediums ε_2, μ_2 und γ_2. Wenden wir auf den Induktionsvektor $\boldsymbol{B}$ den Satz von Gauß an, wobei wir als geschlossene Fläche einen geraden Zylinder (in Abb. 1.19 im Schnitt eingezeichnet) wählen, so erhalten wir

$$\int_V \operatorname{div} \boldsymbol{B}\, \mathrm{d}V = 0 = \oint_A \boldsymbol{B}\, \mathrm{d}\boldsymbol{A} = B_{2\mathrm{n}}\, \Delta A - B_{1\mathrm{n}}\, \Delta A + \mathrm{d}\Phi .$$

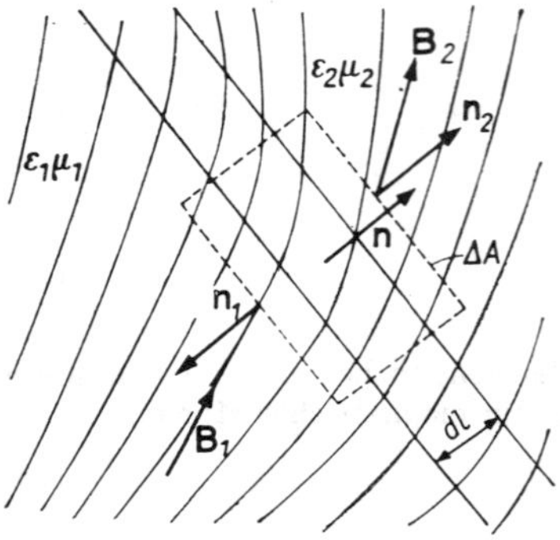

Abb. 1.19 Verhalten der Normalkomponente der Induktion an der Grenzfläche zweier Stoffe

Das letzte Glied der rechten Seite gibt an, wie viele Kraftlinien durch den Zylindermantel austreten. Es nähert sich Null, wenn wir die Zylinderhöhe über alle Grenzen verringern; mithin wird auch

$$B_{2\mathrm{n}}\, \Delta A - B_{1\mathrm{n}}\, \Delta A = 0,$$

woraus

$$B_{2\mathrm{n}} = B_{1\mathrm{n}} \tag{1}$$

folgt, d. h., die Normalkomponente der magnetischen Induktion besitzt an der Grenzfläche einen kontinuierlichen Übergang. Dies bedeutet mit anderen Worten, daß der Vektor $\boldsymbol{B}_2 - \boldsymbol{B}_1$ in die Grenzfläche fällt. Sein Skalarprodukt mit der Flächennormale ergibt also Null:

$$(\boldsymbol{B}_2 - \boldsymbol{B}_1)\, \boldsymbol{n} = 0. \tag{2}$$

Wenden wir jetzt den Satz von Gauss auf den elektrischen Verschiebungsvektor unter Zugrundelegung derselben Fläche an, so erhält unsere Gleichung die Form

$$\int_V \operatorname{div} \boldsymbol{D}\, \mathrm{d}V = \int_V \varrho\, \mathrm{d}V = \varrho\, \mathrm{d}l\, \Delta A = (D_{2\mathrm{n}} - D_{1\mathrm{n}})\, \Delta A + \mathrm{d}\Psi ,$$

wobei $d\Psi$ die Anzahl der auf der Seitenfläche austretenden Verschiebungslinien bedeutet, die sich mit verschwindender Zylinderhöhe dem Wert Null nähert. Der Ausdruck $\varrho\,\mathrm{d}l\,\Delta A$ gibt die Gesamtladung an, die sich im Volumenelement befindet. $\varrho\,\mathrm{d}l$ sollte mit der Abnahme der Schichtdicke konstant bleiben; so gelangen wir zum Begriff der Flächenladung:

$$\lim_{\mathrm{d}l \to 0} \varrho\,\mathrm{d}l \to \sigma. \tag{3}$$

Das Endresultat lautet also

$$D_{2\mathrm{n}} - D_{1\mathrm{n}} = \sigma, \tag{4}$$

d. h., die Normalkomponente des elektrischen Verschiebungsvektors ändert sich sprunghaft, wenn auf der Grenzfläche reale Ladungen existieren, und hat einen kontinuierlichen Übergang, wenn keine solchen Ladungen vorhanden sind. In einer Vektorgleichung dargestellt, gilt also

$$(\boldsymbol{D}_2 - \boldsymbol{D}_1)\,\boldsymbol{n} = \sigma. \tag{5}$$

$\boldsymbol{n}$ ist der von der Seite 1 zur Seite 2 weisende Normalenvektor.

Jetzt werden wir die I. Maxwellsche Gleichung bzw. das Durchflutungsgesetz auf die in Abb. 1.20 dargestellte Linie und die durch diese aufgespannte Fläche anwenden:

$$\oint_L \boldsymbol{H}\,\mathrm{d}\boldsymbol{l} = H_{1\mathrm{t}}l - H_{2\mathrm{t}}l + \mathrm{d}F = Jl\,\mathrm{d}l. \tag{6}$$

H_t ist die in der Fläche liegende und auf dem Stromdichtevektor senkrecht stehende Komponente von $\boldsymbol{H}$.

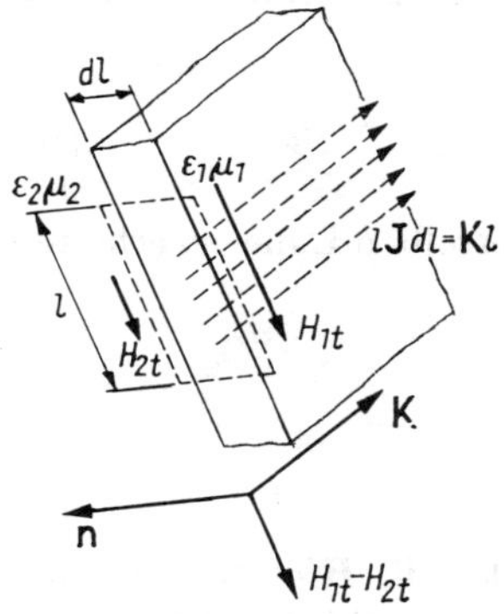

Abb. 1.20 Verhalten der Tangentialkomponente der magnetischen Feldstärke an der Grenzfläche zweier Stoffe

$\mathrm{d}F$ bedeutet den Wert des Linienintegrals, genommen auf den Linienelementen, die auf der Grenzfläche senkrecht stehen.

In dieser Gleichung nähert sich $\mathrm{d}F$ mit Verringerung der Schichtdicke dem Wert Null.

Hierbei wurde vorausgesetzt, daß in der Grenzschicht eine Stromdichte $\boldsymbol{J}$ existiert, die senkrecht zu der durch l und $\mathrm{d}l$ definierten Fläche fließt. Es wird weiter vorausgesetzt, daß bei einem Übergang zur Schichtdicke Null das Produkt $\boldsymbol{J}\,\mathrm{d}l$ konstant bleibt. So gelangen wir zum Begriff der Flächenstromdichte, die durch die Gleichung

$$\lim_{\mathrm{d}l\to 0} \boldsymbol{J}\,\mathrm{d}l = \boldsymbol{K} \tag{7}$$

definiert ist. Der Wert von $\boldsymbol{K}$ wird dabei in A/m gemessen. Die magnetisierende Wirkung des Verschiebungsstromes wurde vernachlässigt. Das kann ganz allgemein getan werden, da $\partial\boldsymbol{D}/\partial t$ sich nicht zu einer Oberflächenstromdichte verdichten kann, wenn nicht die Feldstärkenänderung unendlich schnell stattfindet oder die Feldstärke unendlich wird. (Diese Fälle können jedoch auch manchmal eine praktische Bedeutung haben.) So wird also

$$H_{1t} - H_{2t} = K. \tag{8}$$

Dies bedeutet, daß die tangentiale Komponente der magnetischen Feldstärke bei ihrem Übergang durch die Oberfläche nur in dem Fall einer Änderung unterliegt, wenn ein Oberflächenstrom fließt. Sonst gilt die einfache Gleichung

$$H_{1t} = H_{2t}, \tag{9}$$

d. h., die tangentiale Komponente der magnetischen Feldstärke zeigt auf der Grenzfläche einen kontinuierlichen Übergang. Die Tangentialkomponente des magnetischen Feldes ändert sich im allgemeineren Fall in einer zur Flächenstromdichte senkrechten Ebene. Die Tangentialkomponente des Vektors $\boldsymbol{H}_2 - \boldsymbol{H}_1$ steht also auf dem Normalvektor $\boldsymbol{n}$ und dem Vektor der Oberflächenstromdichte $\boldsymbol{K}$ senkrecht. Damit kann Gl. (8) durch folgende Vektorgleichung ersetzt werden:

$$\boldsymbol{n} \times (\boldsymbol{H}_2 - \boldsymbol{H}_1) = \boldsymbol{K}. \tag{10}$$

Bilden wir das Linienintegral der Feldstärke $\boldsymbol{E}$ entlang derselben Linie, so erhalten wir nach der II. Maxwellschen Gleichung

$$\int_A \operatorname{rot} \boldsymbol{E}\,\mathrm{d}\boldsymbol{A} = (E_{1t} - E_{2t})\,l = -\frac{\partial B}{\partial t}\,l\,\mathrm{d}l \to 0,$$

da im allgemeinen $\partial\boldsymbol{B}/\partial t$ nicht gegen Unendlich strebt, also $\mathrm{d}l\;\partial\boldsymbol{B}/\partial t$ beim Grenzübergang nicht als konstant angenommen werden kann. Einem wichtigen Ausnahmefall werden wir später begegnen.

Daraus ergibt sich

$$E_{1t} = E_{2t}. \tag{11}$$

Auf der Grenzfläche der verschiedenen Schichten besitzt also die Tangentialkomponente der elektrischen Feldstärke einen kontinuierlichen Übergang. Der Differenzvektor $\boldsymbol{E}_2 - \boldsymbol{E}_1$ besitzt an der Grenzfläche nur eine Normalkomponente, und mithin wird

$$\boldsymbol{n} \times (\boldsymbol{E}_2 - \boldsymbol{E}_1) = 0. \tag{12}$$

Abb. 1.21 zeigt den Durchgang der Kraftlinien der elektrischen Feldgrößen durch eine Grenzfläche für den Fall, daß auf der Fläche weder Ladung noch Strom vorhanden ist. Wir sehen, daß die Kraftlinien eine Brechung erleiden. Das Brechungsgesetz für die elektrischen Kraftlinien hat die Form

$$\frac{\tan \alpha_1}{\tan \alpha_2} = \frac{E_{1t}/E_{1n}}{E_{2t}/E_{2n}} = \frac{D_{1t}/D_{1n}}{D_{2t}/D_{2n}} = \frac{\varepsilon_1}{\varepsilon_2};$$

für die magnetischen Kraftlinien gilt entsprechend

$$\frac{\tan \alpha_1}{\tan \alpha_2} = \frac{\mu_1}{\mu_2}.$$

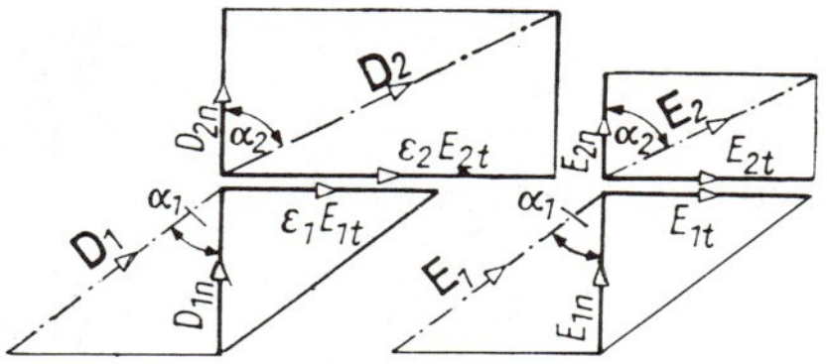

Abb. 1.21 Verhalten der elektrischen Feldgrößen an der Grenzfläche zweier Stoffe, die verschiedene Materialkonstanten besitzen

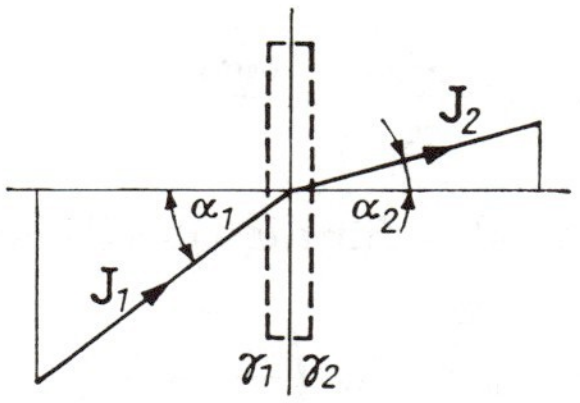

Abb. 1.22 Verhalten des Stromdichtevektors an der Grenzfläche zweier Stoffe, deren Leitfähigkeit verschieden ist

Das Verhalten der Feldkonstanten auf der Grenzfläche wird zusammenfassend durch folgende Gleichungen beschrieben:

$$\begin{aligned} &\boldsymbol{n}(\boldsymbol{B}_2 - \boldsymbol{B}_1) = 0; && \boldsymbol{n}(\boldsymbol{D}_2 - \boldsymbol{D}_1) = \sigma; \\ &\boldsymbol{n} \times (\boldsymbol{H}_2 - \boldsymbol{H}_1) = \boldsymbol{K}; && \boldsymbol{n} \times (\boldsymbol{E}_2 - \boldsymbol{E}_1) = 0. \end{aligned} \tag{13}$$

Bestimmen wir jetzt die Regeln für den Übergang der räumlichen Stromdichte.

Wenden wir auf die in Abb. 1.22 eingezeichnete Fläche die Beziehung für stationäre Strömung, div $\boldsymbol{J} = 0$, an, so ergibt sich auf die schon bekannte Weise der Zusammenhang

$$J_{1n} = J_{2n}.$$

Gleichzeitig wissen wir, daß

$$E_{1t} = E_{2t},$$

also folgt

$$J_{1t} = \gamma_1 E_{1t},$$

$$J_{2t} = \gamma_2 E_{2t} = \gamma_2 E_{1t}.$$

Somit ist das Brechungsgesetz der Stromdichtelinien von der Form

$$\frac{\tan \alpha_1}{\tan \alpha_2} = \frac{J_{1t}/J_{1n}}{J_{2t}/J_{2n}} = \frac{J_{1t}}{J_{2t}} = \frac{\gamma_1}{\gamma_2}. \tag{14}$$

Im allgemeinen Fall wird auf der Grenzfläche der beiden Leiter eine Oberflächenladung auftreten; die Normalkomponente von $\boldsymbol{D}$ weist keinen stetigen Übergang auf:

$$D_{1n} = \varepsilon_1 E_{1n} = \frac{\varepsilon_1 J_{1n}}{\gamma_1},$$

$$D_{2n} = \varepsilon_2 E_{2n} = \frac{\varepsilon_2 J_{2n}}{\gamma_2} = \frac{\varepsilon_2 J_{1n}}{\gamma_2}.$$

Wir können daher für die Oberflächendichte schreiben:

$$\sigma = D_{2n} - D_{1n} = J_{1n} \left(\frac{\varepsilon_2}{\gamma_2} - \frac{\varepsilon_1}{\gamma_1} \right). \tag{15}$$

σ ist nur dann Null, wenn zufällig die Beziehung

$$\frac{\varepsilon_1}{\gamma_1} = \frac{\varepsilon_2}{\gamma_2} \tag{16}$$

gilt.

Wollen wir die einschränkende Bedingung der Stationarität fallen lassen, so dürfen wir auch nicht mehr von der Gleichung $\operatorname{div} \boldsymbol{J} = 0$ ausgehen, sondern müssen

$$\operatorname{div} \left(\boldsymbol{J} + \frac{\partial \boldsymbol{D}}{\partial t} \right) = 0$$

zugrunde legen. Dann lautet die Grenzbedingung

$$J_{1n} + \left(\frac{\partial D}{\partial t} \right)_{1n} = J_{2n} + \left(\frac{\partial D}{\partial t} \right)_{2n}, \tag{17}$$

die bei sinusförmigem zeitlichem Verlauf in die Gleichung

$$J_{1n} + j\omega D_{1n} = J_{2n} + j\omega D_{2n}$$

übergeht. Durch Einführung der Materialkonstanten haben wir den folgenden Zusammenhang

$$(\gamma_1 + j\omega\varepsilon_1)\, E_{1n} = (\gamma_2 + j\omega\varepsilon_2)\, E_{2n}. \tag{18}$$

1.7. Energieumwandlungen im elektromagnetischen Feld

1.7.1. Allgemeine Beziehungen

Gehen wir von der I. und II. Maxwellschen Gleichung aus:

$$\operatorname{rot} \boldsymbol{H} = \boldsymbol{J} + \frac{\partial \boldsymbol{D}}{\partial t}, \tag{I}$$

$$\operatorname{rot} \boldsymbol{E} = -\frac{\partial \boldsymbol{B}}{\partial t}. \tag{II}$$

Wenn wir die erste Gleichung mit $(-\boldsymbol{E})$, die zweite mit $\boldsymbol{H}$ skalar multiplizieren und sodann beide Gleichungen addieren, erhalten wir folgende Beziehung:

$$\boldsymbol{H} \operatorname{rot} \boldsymbol{E} - \boldsymbol{E} \operatorname{rot} \boldsymbol{H} = -\boldsymbol{H} \frac{\partial \boldsymbol{B}}{\partial t} - \boldsymbol{E} \frac{\partial \boldsymbol{D}}{\partial t} - \boldsymbol{E}\boldsymbol{J}.$$

Aus der Vektoranalysis ist bekannt, daß

$$\operatorname{div} (\boldsymbol{E} \times \boldsymbol{H}) = \boldsymbol{H} \operatorname{rot} \boldsymbol{E} - \boldsymbol{E} \operatorname{rot} \boldsymbol{H}. \tag{1}$$

Nun setzen wir dies in die vorherige Gleichung ein:

$$\operatorname{div} (\boldsymbol{E} \times \boldsymbol{H}) = -\boldsymbol{H} \frac{\partial \boldsymbol{B}}{\partial t} - \boldsymbol{E} \frac{\partial \boldsymbol{D}}{\partial t} - \boldsymbol{E}\boldsymbol{J}. \tag{2}$$

Wir integrieren beide Seiten der Gleichung über ein Volumen V, das durch eine beliebige, geschlossene Fläche abgegrenzt wird. Für diesen Fall gilt:

$$\int_V \operatorname{div} (\boldsymbol{E} \times \boldsymbol{H})\, \mathrm{d}V = -\int_V \left(\boldsymbol{H} \frac{\partial \boldsymbol{B}}{\partial t} + \boldsymbol{E} \frac{\partial \boldsymbol{D}}{\partial t}\right) \mathrm{d}V - \int_V \boldsymbol{E}\boldsymbol{J}\, \mathrm{d}V. \tag{3}$$

Nach dem Satz von GAUSS ist

$$\int_V \operatorname{div}(\boldsymbol{E}\times\boldsymbol{H})\,\mathrm{d}V = \oint_A (\boldsymbol{E}\times\boldsymbol{H})\,\mathrm{d}\boldsymbol{A}.$$

Unter Berücksichtigung dieser Gleichung finden wir folgenden Zusammenhang:

$$-\int_V \left(\boldsymbol{E}\frac{\partial \boldsymbol{D}}{\partial t} + \boldsymbol{H}\frac{\partial \boldsymbol{B}}{\partial t}\right)\mathrm{d}V = \int_V \boldsymbol{E}\boldsymbol{J}\,\mathrm{d}V + \oint_A (\boldsymbol{E}\times\boldsymbol{H})\,\mathrm{d}\boldsymbol{A}. \tag{4}$$

Diese Gleichung kann als Energieerhaltungssatz gedeutet werden. Die linke Seite der Gleichung kann nämlich in die Form

$$\int_V \left(\boldsymbol{E}\frac{\partial \boldsymbol{D}}{\partial t} + \boldsymbol{H}\frac{\partial \boldsymbol{B}}{\partial t}\right)\mathrm{d}V = \frac{\partial}{\partial t}\int_V \left(\frac{1}{2}\,\varepsilon\boldsymbol{E}^2 + \frac{1}{2}\,\mu\boldsymbol{H}^2\right)\mathrm{d}V \tag{5}$$

umgestaltet werden, aus der die physikalische Bedeutung ersichtlich wird. Dieser Ausdruck stellt nichts anderes dar als die auf die Zeiteinheit bezogene Veränderung der im gesamten Volumen enthaltenen elektromagnetischen Energie. Die rechte Seite der Gl. (4) zeigt, warum die elektromagnetische Energie des Feldes eine Veränderung erfährt. Wir formen nun das erste Glied um, indem wir die eingeprägte Feldstärke einsetzen. Wir wissen bereits aus der Gleichungsgruppe V, daß

$$\boldsymbol{J} = \gamma(\boldsymbol{E} + \boldsymbol{E}_\mathrm{e}); \tag{6}$$

mithin gilt also:

$$\boldsymbol{J}\boldsymbol{E} = \frac{\boldsymbol{J}^2}{\gamma} - \boldsymbol{E}_\mathrm{e}\boldsymbol{J}. \tag{7}$$

Setzen wir dies in Gl. (4) ein, so wird

$$-\frac{\partial}{\partial t}\int_V \left(\frac{1}{2}\,\varepsilon\boldsymbol{E}^2 + \frac{1}{2}\,\mu\boldsymbol{H}^2\right)\mathrm{d}V = \int_V \frac{\boldsymbol{J}^2}{\gamma}\,\mathrm{d}V - \int_V \boldsymbol{E}_\mathrm{e}\boldsymbol{J}\,\mathrm{d}V + \oint_A (\boldsymbol{E}\times\boldsymbol{H})\,\mathrm{d}\boldsymbol{A}. \tag{8}$$

Die rechte Seite dieser Gleichung kann nunmehr wie folgt gedeutet werden: Die im Volumen eingeschlossene elektromagnetische Energie verringert sich, da der Leitungsstrom in dem Leiter je Volumeneinheit und je Zeiteinheit die Wärme $\boldsymbol{J}^2/\gamma$ entwickelt. Der Energieinhalt des betrachteten Volumens nimmt auch dann ab, wenn der Strom gegen die eingeprägte Feldstärke fließt. In diesem Falle wird nämlich das Produkt $\boldsymbol{E}_\mathrm{e}\boldsymbol{J}$ negativ, mithin wird der Wert des Integrals $-\int_V \boldsymbol{E}_\mathrm{e}\boldsymbol{J}\,\mathrm{d}V$ positiv, d. h., er verursacht eine Abnahme der elektromagnetischen Energie wegen des auf der anderen Gleichungsseite auftretenden negativen Vorzeichens. Leistet hingegen die eingeprägte Feldstärke dadurch eine Arbeit, daß der Strom mit ihr in derselben Richtung fließt, so nimmt die elektromagnetische Energie zu. Wir sehen aber auch, daß außer diesen Energieumwandlungen auf der rechten Seite der Gleichung noch ein drittes Glied auftritt. Diesen Term können wir als die in Form einer elektromagnetischen Strahlung auftretende Energie deuten, welche die Begrenzungsfläche von V während der Zeiteinheit durchflutet.

Demnach ist unsere obige Gleichung der Ausdruck für folgende Energiebilanz: die in einem Volumen aufgespeicherte elektromagnetische Energie nimmt deshalb ab, weil sich ein Teil von ihr in Joulesche Wärme verwandelt, ein anderer Teil zur Überwindung eingeprägter Kräfte verbraucht wird (z. B. zur Aufladung von Akkumulatoren) und schließlich ein letzter Teil das Volumen in Form von Strahlung verläßt. Dieser letztere Term kann auch negative Werte annehmen; dann erhöht sich entsprechend der Energieinhalt.

Die Beziehung (8) kann im Fall eines linearen Stromkreises sehr einfach umgeformt werden. Für den linearen Leiter können wir das Volumenelement in der Form $\mathrm{d}V = A\,\mathrm{d}l$ ansetzen, wobei A den Querschnitt des Leiters und $\mathrm{d}l$ die Länge eines Leiterelementes bedeutet. Die Richtung des Stromdichtevektors und die des Vektors $\mathrm{d}\boldsymbol{l}$ stimmen hierbei überein, sie können höchstens entgegengesetzten Richtungssinn besitzen. Das Produkt AJ liefert hingegen überall den konstanten Strom I. Damit wird

$$\int_V \frac{J^2}{\gamma}\,\mathrm{d}V = \oint_L \frac{I^2 A}{\gamma A^2}\,\mathrm{d}l = I^2 \oint_L \frac{\mathrm{d}l}{\gamma A} = I^2 R, \tag{9}$$

$$\int_V (\boldsymbol{E}_\mathrm{e}\boldsymbol{J})\,\mathrm{d}V = \int_L \boldsymbol{E}_\mathrm{e}\,\mathrm{d}\boldsymbol{l}\,JA = I\oint_L \boldsymbol{E}_\mathrm{e}\,\mathrm{d}\boldsymbol{l} = \pm U_\mathrm{e} I. \tag{10}$$

Für einen linearen Leiter lautet also Gl. (8)

$$-\frac{\partial}{\partial t}\int_V \left(\frac{1}{2}\,\varepsilon E^2 + \frac{1}{2}\,\mu H^2\right)\mathrm{d}V = I^2 R \pm U_\mathrm{e} I + \oint_A (\boldsymbol{E}\times\boldsymbol{H})\,\mathrm{d}\boldsymbol{A}. \tag{11}$$

Das gegen die Jouleschen Wärmen bzw. die eingeprägten Spannungen eine Arbeit leistende Glied kann hier noch klarer erkannt werden.

Wenn wir auf Gl. (4) zurückgreifen, sehen wir, daß auf der linken Seite die auf die Zeiteinheit bezogene Energieänderung steht. Damit ist zur Änderung der elektromagnetischen Energie während der Zeit $\mathrm{d}t$ im Volumen V die Energie

$$\mathrm{d}W = \mathrm{d}W_\mathrm{m} + \mathrm{d}W_\mathrm{e} = \int_V \boldsymbol{H}\,\mathrm{d}\boldsymbol{B}\,\mathrm{d}V + \int_V \boldsymbol{E}\,\mathrm{d}\boldsymbol{D}\,\mathrm{d}V \tag{12}$$

nötig. Zur Änderung der auf das Volumen bezogenen Energie, also zur Änderung der Energiedichte, muß die Energie

$$\mathrm{d}w = \mathrm{d}w_\mathrm{m} + \mathrm{d}w_\mathrm{e} = \boldsymbol{H}\,\mathrm{d}\boldsymbol{B} + \boldsymbol{E}\,\mathrm{d}\boldsymbol{D} \tag{13}$$

zugeführt werden.

Die Gleichungen (12) und (13) besitzen allgemeinere Gültigkeit als die von uns postulierte VI. Maxwellsche Gleichung: Sie gelten auch für ferromagnetische Stoffe. $\mathrm{d}w$ stellt im allgemeinen kein vollständiges Differential dar, die Dichte w kann also nicht in geschlossener Form dargestellt werden. Wird der Stoff von der Induktion B_0 bis zur Induktion B magnetisiert, so ist dazu eine Energiedichte

$$\Delta w_\mathrm{m} = \int_{B_0}^{B} \boldsymbol{H}\,\mathrm{d}\boldsymbol{B} \tag{14}$$

nötig. Diese Größe hängt selbstverständlich von der Form der Kurve $\boldsymbol{B} = \boldsymbol{B}(\boldsymbol{H})$ ab.

Es sei ausdrücklich betont, daß diese Energie *nicht* mit der Änderung der magnetischen Energie des Feldes identisch sein muß. Die zugeführte Energie kann sich auch zum Teil in Wärme oder in elastische Deformation umwandeln. (Siehe 1.7.5.)

Zum Schluß sei noch bemerkt, daß die physikalische Deutung der einzelnen Glieder der Gleichung (8) nicht eindeutig aus den Maxwellschen Gleichungen folgt. Im allgemeinsten Fall — in Anwesenheit von Stoffen — sind tatsächlich verschiedene physikalische Deutungen möglich, die auch von Zeit zu Zeit in der wissenschaftlichen Literatur auftauchen.

1.7.2. Der Poyntingsche Vektor

Der in dem Ausdruck

$$\oint_A (\boldsymbol{E} \times \boldsymbol{H})\,\mathrm{d}\boldsymbol{A} \tag{15}$$

auftretende Vektor

$$\boldsymbol{E} \times \boldsymbol{H} = \boldsymbol{S} \tag{16}$$

kann auch so gedeutet werden, daß er gerade diejenige Energie bestimmt, die in der Zeiteinheit durch die senkrecht zu $\boldsymbol{S}$ stehende Einheitsfläche hindurchströmt, d. h., er wird in $\mathrm{W/m^2}$ gemessen. Dieser Vektor hat also die Dimension Leistung/Fläche. Er wird Vektor der Energieströmung oder der Energiestrahlung oder einfach Poyntingscher Vektor genannt. Er steht also senkrecht sowohl zur Richtung von $\boldsymbol{E}$ als auch zu der von $\boldsymbol{H}$, sein Betrag ist nach der Regel der vektoriellen Multiplikation durch das Produkt aus den Absolutwerten von $\boldsymbol{E}$ und $\boldsymbol{H}$ und dem Sinus des eingeschlossenen Winkels gegeben. Die durch das Flächenelement $\mathrm{d}\boldsymbol{A}$ hindurchtretende Leistung beträgt $\boldsymbol{S}\,\mathrm{d}\boldsymbol{A}$ (Abb. 1.23).

Die Beziehung, durch die wir zum Begriff des Poyntingschen Vektors gelangten, kann experimentell nur in der Integralform nachgewiesen werden. Einen physikalischen Sinn besitzt nur das über eine geschlossene Fläche gebildete Integral

$$\oint_A \boldsymbol{S}\,\mathrm{d}\boldsymbol{A} = \oint_A (\boldsymbol{E}\times\boldsymbol{H})\,\mathrm{d}\boldsymbol{A}, \tag{17}$$

das auf Grund des vorher Gesagten eben diejenige Leistung ergibt, die sich aus dem gegebenen Volumen durch Strahlung entfernt. Aus diesem Ausdruck kann aber auf den Vektor der Energieströmung nicht eindeutig geschlossen werden. Addieren wir

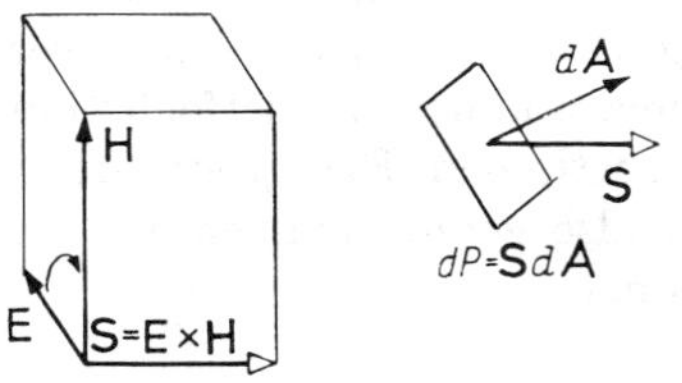

Abb. 1.23 Richtung des Poyntingschen Vektors; durch ein beliebiges Flächenelement hindurchgehende Leistung

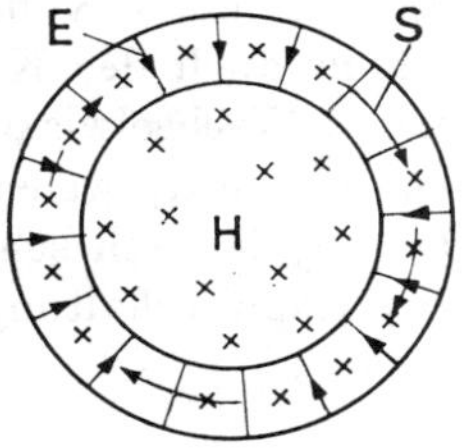

Abb. 1.24 Energieströmung in statischen Feldern

z. B. zum Vektor $\boldsymbol{S}$ einen beliebigen Vektor $\boldsymbol{v}$, dessen Divergenz überall Null ist, so können wir mit derselben Berechtigung den Vektor $\boldsymbol{S}+\boldsymbol{v}$ als Vektor der Energieströmung bezeichnen, denn es ist

$$\oint_A (\boldsymbol{S}+\boldsymbol{v})\,\mathrm{d}\boldsymbol{A} = \oint_A \boldsymbol{S}\,\mathrm{d}\boldsymbol{A} + \int_V \operatorname{div}\boldsymbol{v}\,\mathrm{d}V = \oint_A \boldsymbol{S}\,\mathrm{d}\boldsymbol{A} + 0. \tag{18}$$

Wir erhalten also in beiden Fällen die gleiche Energieströmung durch die geschlossene Fläche. Das Einfachste und Nächstliegende ist jedenfalls, wenn wir den Vektor $\boldsymbol{S}$ selbst streng als gleich der in der Zeiteinheit durch die Flächeneinheit hindurchströmenden Energie ansehen und ihm damit eine physikalische Realität beimessen.

Diese Auffassung stößt auf gewisse Schwierigkeiten. Die größte Schwierigkeit, die man dabei anzuführen pflegt, ist das Auftreten einer Energieströmung auch in den Fällen, in denen diese überhaupt keine physikalische Realität besitzt. Bringen wir z. B. den in Abb. 1.24 dargestellten zylindrischen Kondensator in ein homogenes, der Zylinderachse paralleles Magnetfeld, so zeigt der Vektor $\boldsymbol{S}$ im Kondensatorinnern überall einen von Null verschiedenen Wert, da $\boldsymbol{E}$ und $\boldsymbol{H}$ überall zueinander senkrecht sind. Zeichnen wir die Linien der Energieströmung ein, so erhalten wir geschlossene Kreise, d. h., die Divergenz des Vektors $\boldsymbol{S}$ ist überall gleich Null. Nach dem Satz von GAUSS erhalten wir aber für eine beliebige geschlossene Fläche keine Energieströmung. In der Integralform verletzen wir also das Prinzip der Energieerhaltung nicht. Sprechen wir jedoch dem Vektor einen physikalischen Sinn zu, so erhalten wir das obige überraschende Bild der Energieströmung. Im ersten Moment scheint diese Schwierigkeit dadurch noch erhärtet zu werden, daß nach der Relativitätstheorie zur Energieströmung eine ganz bestimmte Masse bzw. ein ganz bestimmter Impuls gehört, so daß obige Energieströmung eventuell nicht nur inhaltslos, sondern sogar falsch sein kann. Gerade durch Einbeziehung der Relativitätstheorie kommen wir jedoch schließlich zur Entscheidung dieser Frage. Mit ihrer Hilfe können wir nämlich nachweisen, daß unsere Annahme, die durch die Flächeneinheit hindurchflutende Leistung werde genau durch den Vektor $\boldsymbol{S}$ gegeben, unter gewissen Bedingungen die einzig mögliche ist. Insbesondere bestätigt sich, daß z. B. im obigen Fall der Entladung eines Kondensators, mit der die Aufhebung des elektrischen Feldes und damit auch der Kreisströmung der Energie verbunden ist, auf unser System wegen der Wechselwirkung des Entladungsstromes und des Magnetfeldes ein Impulsmoment einwirkt, welches dem der elektromagnetischen Energieströmung gleich ist. Das physikalisch scheinbar sinnlose Bild ist also gerade notwendig, um dem Gesetz der Impulserhaltung gerecht werden zu können.

1.7.3. Energieströmung in stationären Feldern

Die im vorstehenden Kapitel angegebene Gleichung für die Energieerhaltung gestaltet unser bisheriges Bild sowohl hinsichtlich der Lokalisation der Energie als auch in bezug auf die Energieströmung völlig um. Die Energie steht nämlich nicht mit dem Leiter und mit der darauf befindlichen elektrischen Ladung in Zusammenhang, sondern mit den elektromagnetischen Feldstärken, die speziell im Dielektrikum gemessen werden können. Gleichzeitig steht die Fortbewegung der Energie in keiner unmittelbaren Beziehung zur Stromstärke und Spannung, sondern hängt mit dem Poyntingschen Vektor der elektromagnetischen Strahlung, also mit den Feldstärken $\boldsymbol{E}$ und $\boldsymbol{H}$, eng zusammen. Nachstehend behandeln wir die von früher gut bekannten Energieströmungen etwas eingehender und untersuchen, in welcher Weise die oben entwickelte Ansicht über die Energieströmung korrigiert werden muß.

Zu diesem Zweck gehen wir von der Leiteranordnung aus, die in Abb. 1.25 zu sehen ist. Wir nehmen an, daß beide Leitungen in der zur Zeichenebene senkrechten Richtung verlaufen. Schalten wir nun an das Leiterende eine Belastung. Wie wir wissen, beträgt die vom Gleichstromgenerator dem Verbraucher in der Sekunde übermittelte Energie, also die Leistung,

$$P = UI. \tag{19}$$

Zwischen den beiden Leitern herrscht der Spannungsunterschied U. Mithin können wir, wenn der Abstand der beiden Leiter im Verhältnis zur Leiterbreite genügend klein ist, die Feldstärke zwischen den beiden Leitern überall als konstant annehmen. Demnach wird

$$E = \frac{U}{a}. \tag{20}$$

Wir wählen die Form der beiden Leiter in dieser in der Praxis nicht üblichen Art, um die Berechnungen möglichst einfach zu halten.

Von den magnetischen Feldlinien wissen wir bereits, daß sie jeweils den einen oder den anderen Leiter umgeben. Für eine solche Linie gilt

$$\oint_L \boldsymbol{H}\,\mathrm{d}\boldsymbol{l} = I. \tag{21}$$

Aus der geometrischen Anordnung folgt, daß sich die Feldlinien zwischen den beiden Leitern verdichten und dort als homogen betrachtet werden können. Dagegen kann die Feldstärke außerhalb der Leiter in erster Näherung vernachlässigt werden. Wir erhalten also für die magnetische Feldstärke mit den Bezeichnungen der Abb. 1.25 die Beziehung

$$I = \oint_L \boldsymbol{H}\,\mathrm{d}\boldsymbol{l} \approx Hb. \tag{22}$$

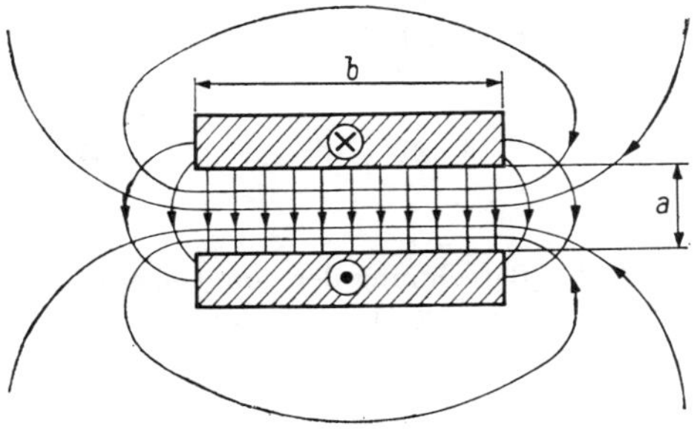

Abb. 1.25 Berechnung der Gleichstromleistung mit Hilfe des Poyntingschen Vektors

Die Richtung des Poyntingschen Vektors $\boldsymbol{S} = \boldsymbol{E} \times \boldsymbol{H}$ ist der Leitungsachse parallel und zeigt gegen den Verbraucher. Sein Betrag ergibt sich als Produkt der Absolutwerte der beiden Vektoren, da $\boldsymbol{E}$ senkrecht auf $\boldsymbol{H}$ ist. Kennen wir die Spannung bzw. die Stromstärke als Funktion der Feldstärken, so erhalten wir für die übertragene Leistung den Ausdruck

$$P = UI = Ea \cdot Hb = EH \cdot A, \tag{23}$$

wobei $A = ab$ gilt. Wir sehen daraus, daß sich die Leistung ebensogut mit Hilfe des Poyntingschen Vektors wie durch das Produkt UI ermitteln läßt. Wir betonen wieder, daß der Poyntingsche Vektor überall dort von dem Wert Null abweicht, wo weder die elektrische noch die magnetische Feldstärke Null ist und die Feldstärken auch nicht zufällig parallel zueinander sind, ferner daß die Integration bei der Berechnung der Energieströmung über eine geschlossene Fläche vorzunehmen ist. In obigem einfachem Fall wurde sowohl beim magnetischen als auch beim elektrischen Feld lediglich der zwischen den beiden Leitern liegende Teil berücksichtigt, oder genauer, wir verdichteten hierher die gesamte Feldstärke und konnten die gesamte umhüllende Fläche durch die Fläche ersetzen, welche sich zwischen den Leitungen befindet (Abb. 1.26).

Aus dem Produkt von Stromstärke und Spannung ergibt sich derselbe Leistungswert wie bei der Integration des Poyntingschen Vektors. UI ist also mathematisch mit dem Ausdruck EHA identisch, da diese gegenseitig ineinander umgewandelt werden können, wenigstens solange, wie wir es mit stationären Erscheinungen zu tun haben. Die zugehörigen physikalischen Bilder sind jedoch durchaus verschieden. Im ersten Fall stellen wir uns die Energieströmung etwa so vor wie die Energiebeförderung durch strömendes Wasser in einem Rohr. Im letzteren Fall dagegen findet die Energieströmung außerhalb der Leiter, also im Dielektrikum, statt. Bei idealer Leitung stehen die elektrischen Kraftlinien überall senkrecht auf der Leiteroberfläche; die unmittelbar auf der Oberfläche existierende Energieströmung ist also dem Leiter parallel. Im Innern eines metallischen Leiters hingegen existiert, wenn es sich um einen idealen Leiter handelt, keine Feldstärke, da in ihm sonst wegen der Beziehung $\boldsymbol{J} = \gamma \boldsymbol{E}$ ein unendlich großer Strom fließen müßte. Demzufolge ist auch der Vektor der Energieströmung im Innern des Leiters gleich Null.

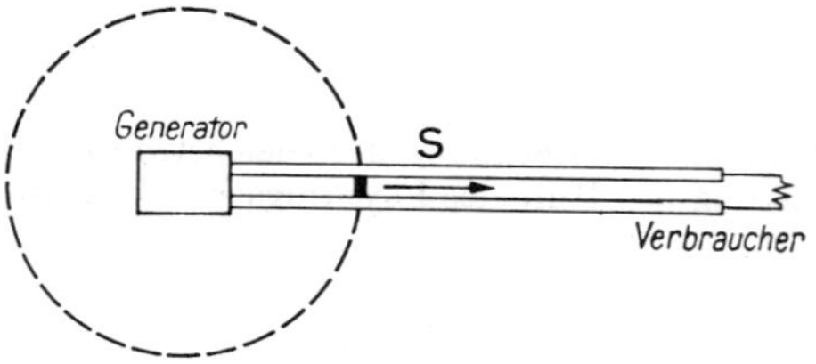

Abb. 1.26 Berechnung der vom Generator zum Verbraucher strömenden Leistung

Sofern wir die Leiter nicht als ideale Leiter ansehen, tritt in ihnen eine Feldstärke auf, die gerade der Beziehung $\boldsymbol{E} = \boldsymbol{J}/\gamma$ entspricht. In diesen Fällen stehen die elektrischen Kraftlinien nicht senkrecht auf der Oberfläche des Leiters, sondern sind in der Richtung der Energieströmung etwas nach vorn geneigt (Abb. 1.27). Untersuchen wir jetzt noch, welche Richtung die Energieströmung im Leiter besitzt, und bestimmen wir auch deren Wert. Der Vektor der magnetischen Feldstärke liegt in einer zu den Leiterachsen senkrechten Ebene. Der Vektor der elektrischen Feldstärke zeigt im Innern des Leiters in die Leitungsrichtung oder, genauer gesagt, in die Stromrichtung. Mithin wird der Vektor der Energieströmung, der sowohl auf $\boldsymbol{E}$ als auch auf $\boldsymbol{H}$ senkrecht steht, auch senkrecht zu der Leitungsachse sein und nach dem Leitungsinnern zeigen (Abb. 1.28). Für seinen Betrag gilt in dem besonders einfachen Fall eines sehr langen alleinstehenden Leiters, in dem die Feldstärken zu

$$E = \frac{J}{\gamma}; \qquad H = \frac{I}{2\pi r_0} \tag{24}$$

gegeben sind:

$$S = |\boldsymbol{E} \times \boldsymbol{H}| = EH = \frac{J}{\gamma} \frac{I}{2\pi r_0} = \frac{1}{\gamma} \frac{I}{A} \frac{I}{2\pi r_0} = \frac{1}{\gamma} \frac{I^2}{A 2\pi r_0}. \tag{25}$$

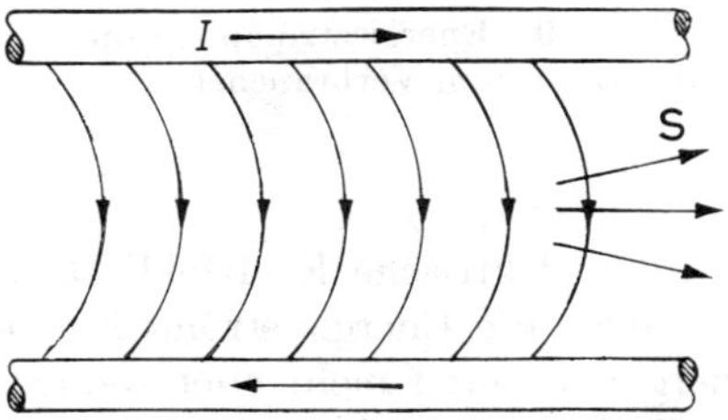

Abb. 1.27 Kraftlinien des elektrischen Feldes im Fall einer Leitung endlicher Leitfähigkeit

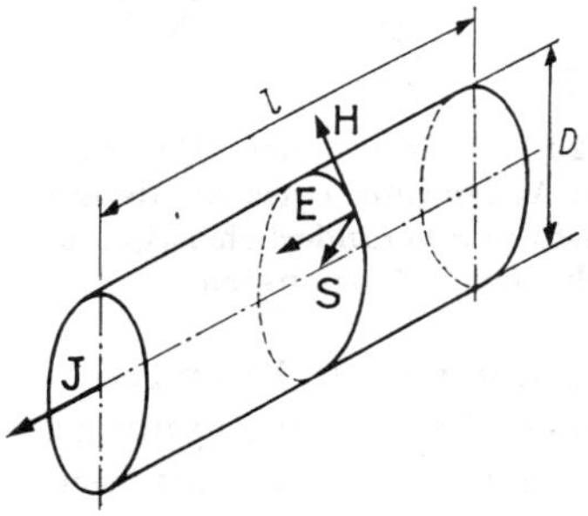

Abb. 1.28 Richtung des Poyntingschen Vektors an der Oberfläche einer Leitung endlicher Leitfähigkeit ($D = 2r_0$)

Das ist die durch eine Einheit der Leiteroberfläche in den Leiter einströmende Leistung. Durch die Oberfläche $2\pi r_0 l$ eines Leitungsabschnittes der Länge l strömt während der Zeiteinheit eine Energiemenge von

$$P = 2\pi r_0 l S = \frac{1}{\gamma} \frac{l}{A} I^2 = RI^2 \tag{26}$$

ein. Dies ist nichts anderes als die in einem Leiter von der Länge l entstandene Joulesche Wärme. Wir sehen also, daß durch den Leiterquerschnitt in axialer Richtung keinerlei Energie strömt, vielmehr bewegt sich diese im Dielektrikum fort. Selbst die zur Deckung des Energieverlustes der Leitung notwendige Energie strömt von außen, vom Dielektrikum zum Leiterinnern, senkrecht zur Richtung der Leiterachse, ein.

Ladung und Entladung eines Kondensators können ganz analog aufgefaßt werden (Abb. 1.29). Der Kondensator nimmt während der ersten Viertelperiode die Ladung auf, solange der Poyntingsche Vektor nach dem Innern des Kondensators zeigt. Während der folgenden Viertelperiode strömt die gesamte Energie in das Feld bzw. in die Stromquelle zurück.

Der Abb. 1.30 können wir die in der Umgebung einer Stromquelle, einer Fernleitung und eines Verbrauchers auftretende Energieströmung entnehmen. Im Generator trennt eine fremde eingeprägte elektromotorische Kraft, die sowohl menschliche Muskelkraft als auch aus chemischer oder aus thermischer Energie stammende

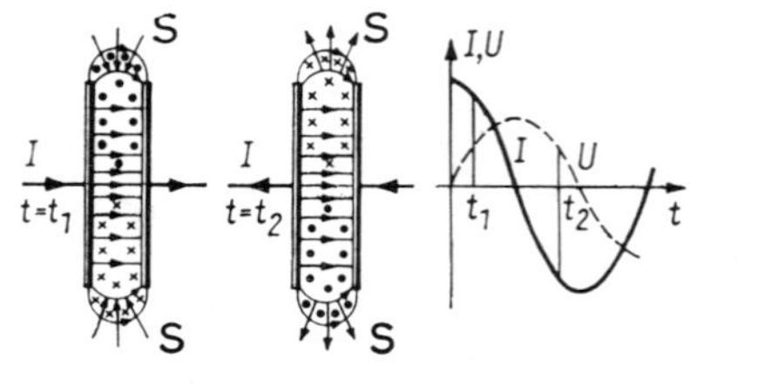

Abb. 1.29 Richtung der Energieströmung im Außenraum eines Kondensators bei sinusförmig veränderlicher Spannung in verschiedenen Zeitpunkten

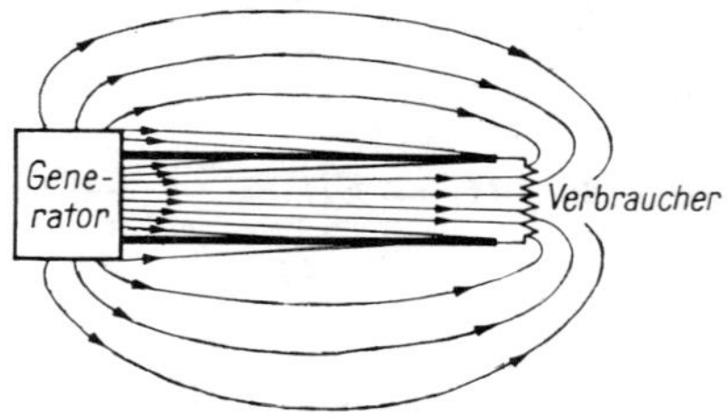

Abb. 1.30 Energieströmung vom Generator zum Verbraucher

Kraft sein kann, die Ladungen voneinander gegen das elektrische Kraftfeld. Dementsprechend zeigt der Poyntingsche Vektor nach außen, die Energie strömt in den Raum hinaus. Bei Fernleitungen verläuft die Energieströmung mehr oder weniger parallel zu den Leitungen, nur werden durch einen Teil der Energie die in der Fernleitung entstehenden Verluste gedeckt. Die verbleibende Energie strömt dann in den Verbraucher ein.

1.7.4. Die Energiegleichung bei sinusförmigem zeitlichem Verlauf

Man ist gewöhnt, mit komplexen skalaren Größen zu operieren. Man weiß insbesondere, daß zu der komplexen Spannung

$$\tilde{U} = U_\mathrm{r} + \mathrm{j}U_\mathrm{i} = |\tilde{U}|\,\mathrm{e}^{\mathrm{j}\varphi} \qquad \left(|\tilde{U}| \equiv U = \sqrt{U_\mathrm{r}^2 + U_\mathrm{i}^2};\quad \varphi = \arctan\,(U_\mathrm{i}/U_\mathrm{r})\right)$$

eine sich in der Zeit harmonisch ändernde reelle physikalische Größe nach der Zuordnung

$$u(t) = \mathrm{Re}\left(\tilde{U}\,\mathrm{e}^{\mathrm{j}\omega t}\right) = U_\mathrm{r}\cos\omega t - U_\mathrm{i}\sin\omega t = U\cos\,(\omega t + \varphi) \tag{27}$$

gehört. Man muß sich ebenso daran gewöhnen, daß sich hinter dem komplexen Vektor

$$\tilde{\boldsymbol{v}} = (v_{x\mathrm{r}} + \mathrm{j}v_{x\mathrm{i}})\,\boldsymbol{e}_x + (v_{y\mathrm{r}} + \mathrm{j}v_{y\mathrm{i}})\,\boldsymbol{e}_y + (v_{z\mathrm{r}} + \mathrm{j}v_{z\mathrm{i}})\,\boldsymbol{e}_z = |\tilde{v}_x|\,\mathrm{e}^{\mathrm{j}\varphi_x}\,\boldsymbol{e}_x + |\tilde{v}_y|\,\mathrm{e}^{\mathrm{j}\varphi_y}\,\boldsymbol{e}_y + |\tilde{v}_z|\,\mathrm{e}^{\mathrm{j}\varphi_z}\,\boldsymbol{e}_z \tag{28}$$

die physikalische Größe

$$\boldsymbol{v}(t) = \operatorname{Re}\,(\tilde{\boldsymbol{v}}\,e^{j\omega t}) = (v_{xr}\cos\omega t - v_{xi}\sin\omega t)\,\boldsymbol{e}_x + (v_{yr}\cos\omega t - v_{yi}\sin\omega t)\,\boldsymbol{e}_y$$
$$+ (v_{zr}\cos\omega t - v_{zi}\sin\omega t)\,\boldsymbol{e}_z = \boldsymbol{v}_r\cos\omega t - \boldsymbol{v}_i\sin\omega t \tag{29}$$

verbirgt, wo die *reellen* Vektoren $\boldsymbol{v}_r$ und $\boldsymbol{v}_i$ die folgenden (*reellen*) Komponenten besitzen: v_{xr}, v_{yr}, v_{zr} bzw. v_{xi}, v_{yi}, v_{zi}. Der Vektor $\boldsymbol{v}(t)$ liegt also in der durch $\boldsymbol{v}_r$ und $\boldsymbol{v}_i$ bestimmten Ebene, und sein Endpunkt beschreibt eine Ellipse.

So ist z. B. der komplexen elektrischen Feldstärke $\tilde{\boldsymbol{E}} = (E, jE, 0)$ die reelle Größe

$$\boldsymbol{E}(t) = E\cos\omega t\,\boldsymbol{e}_x - E\sin\omega t\,\boldsymbol{e}_y$$

zugeordnet. Der Endpunkt des Vektors beschreibt einen Kreis in der xy-Ebene, und zwar zur positiven z-Richtung links-schraubig zugeordnet.

Wie man dem Produkt solcher Größen einen physikalischen Sinn zuschreiben kann, muß näher untersucht werden.

Die Berechnung des Produktes ui mit Hilfe von $\tilde{u}$ und $\tilde{i}$ und den konjugiert komplexen Größen $\tilde{u}^*$ und $\tilde{i}^*$ wird folgendermaßen durchgeführt. Da

$$u = \frac{1}{2}(\tilde{u} + \tilde{u}^*); \qquad i = \frac{1}{2}(\tilde{i} + \tilde{i}^*)$$

ist, kann ui wie folgt geschrieben werden:

$$ui = \frac{1}{2}(\tilde{u} + \tilde{u}^*)\,\frac{1}{2}(\tilde{i} + \tilde{i}^*) = \frac{1}{4}[\tilde{u}\tilde{i} + (\tilde{u}\tilde{i})^*] + \frac{1}{4}[\tilde{u}\tilde{i}^* + (\tilde{u}\tilde{i}^*)^*]$$
$$= \frac{1}{2}\operatorname{Re}\tilde{u}\tilde{i} + \frac{1}{2}\operatorname{Re}\tilde{u}\tilde{i}^*.$$

Meistens interessiert der zeitliche Mittelwert solcher Produkte. Da

$$\tilde{u}\tilde{i} = \tilde{U}_m\tilde{I}_m\,e^{2j\omega t}; \qquad \tilde{u}\tilde{i}^* = \tilde{U}_m\tilde{I}_m^*$$

ist, wird der Mittelwert des reellen Teiles von $\tilde{u}\tilde{i}$ gleich Null; $\tilde{u}\tilde{i}^*$ ist von der Zeit unabhängig. Es wird also

$$\overline{ui}^t = \frac{1}{T}\int_0^T ui\,dt = \frac{1}{2}\operatorname{Re}\tilde{u}\tilde{i}^* = \frac{1}{2}\operatorname{Re}U_m I_m^* = \operatorname{Re}\tilde{U}_{\text{eff}}\tilde{I}_{\text{eff}}, \tag{30}$$

wo $\tilde{U}_{\text{eff}} = \tilde{U}_m/\sqrt{2}$ den komplexen Effektivwert bedeutet.

Ähnliche Zusammenhänge erhalten wir für den zeitlichen Mittelwert des Skalarproduktes von Vektoren. Es gilt nämlich

$$\boldsymbol{u}(t)\,\boldsymbol{v}(t) = \operatorname{Re}\tilde{\boldsymbol{u}}\,e^{j\omega t}\operatorname{Re}\tilde{\boldsymbol{v}}\,e^{j\omega t}$$
$$= \frac{\tilde{\boldsymbol{u}}\,e^{j\omega t} + \tilde{\boldsymbol{u}}^*\,e^{-j\omega t}}{2}\;\frac{\tilde{\boldsymbol{v}}\,e^{j\omega t} + \tilde{\boldsymbol{v}}^*\,e^{-j\omega t}}{2} = \frac{1}{2}\operatorname{Re}\tilde{\boldsymbol{u}}\tilde{\boldsymbol{v}}\,e^{2j\omega t} + \frac{1}{2}\operatorname{Re}\tilde{\boldsymbol{u}}\tilde{\boldsymbol{v}}^*. \tag{31}$$

Der zeitliche Mittelwert beträgt also

$$\overline{\boldsymbol{u}(t)\,\boldsymbol{v}(t)}^t = \frac{1}{2}\,\mathrm{Re}\,\tilde{\boldsymbol{u}}\,\tilde{\boldsymbol{v}}^* = \mathrm{Re}\,\frac{\tilde{\boldsymbol{u}}}{\sqrt{2}}\,\frac{\tilde{\boldsymbol{v}}^*}{\sqrt{2}} = \mathrm{Re}\,\tilde{\boldsymbol{u}}_{\mathrm{eff}}\,\tilde{\boldsymbol{v}}^*_{\mathrm{eff}}. \tag{32a}$$

Für den Absolutbetrag eines komplexen Vektors gilt also

$$|\tilde{\boldsymbol{u}}|^2 = \tilde{\boldsymbol{u}}\tilde{\boldsymbol{u}}^* = 2\overline{[\boldsymbol{u}^2(t)]}^t.$$

Ebenso gilt für das Vektorprodukt

$$\overline{\boldsymbol{u}(t)\times\boldsymbol{v}(t)}^t = \frac{1}{2}\,\mathrm{Re}\,\tilde{\boldsymbol{u}}\times\tilde{\boldsymbol{v}}^* = \mathrm{Re}\,\tilde{\boldsymbol{u}}_{\mathrm{eff}}\times\tilde{\boldsymbol{v}}^*_{\mathrm{eff}}. \tag{32b}$$

Wenn man in 1.4.5. (11) und (12) die zweite Zuordnung nimmt, fällt der Faktor 1/2 automatisch weg. In der Wellenlehre benutzen wir vorwiegend diese einfachere Bezeichnung.

Nun kehren wir zu den Maxwell-Gleichungen zurück. Multiplizieren wir die zur ersten Maxwellschen Gleichung konjugierte Gleichung

$$\mathrm{rot}\,\boldsymbol{H}^* = \boldsymbol{J}^* - \mathrm{j}\omega\varepsilon\boldsymbol{E}^*$$

mit $-\boldsymbol{E}$ und die zweite Maxwellsche Gleichung

$$\mathrm{rot}\,\boldsymbol{E} = -\mathrm{j}\omega\mu\boldsymbol{H}$$

mit $\boldsymbol{H}^*$, so gelangen wir, ähnlich wie weiter oben zur Gl. (8), nun zu der Beziehung

$$\frac{1}{2}\,\mathrm{j}\omega\int_V(\varepsilon\boldsymbol{E}\boldsymbol{E}^* - \mu\boldsymbol{H}\boldsymbol{H}^*)\,\mathrm{d}V = \frac{1}{2}\int_V\frac{\boldsymbol{J}\boldsymbol{J}^*}{\gamma}\,\mathrm{d}V - \frac{1}{2}\int_V\boldsymbol{E}_{\mathrm{G}}\boldsymbol{J}^*\,\mathrm{d}V + \oint_A\frac{1}{2}\,(\boldsymbol{E}\times\boldsymbol{H}^*)\,\mathrm{d}\boldsymbol{A}. \tag{33a}$$

Die hier vorkommende Größe $(1/2)\,\boldsymbol{E}\times\boldsymbol{H}^* = \boldsymbol{E}_{\mathrm{eff}}\times\boldsymbol{H}_{\mathrm{eff}}{}^*$ heißt komplexer Poyntingscher Vektor. Sein Realteil ist der zeitliche Mittelwert der Leistungsdichte.

Der Realteil der obigen Gleichung gibt einen Zusammenhang zwischen den Mittelwerten der verschiedenen Leistungen. Die linke Seite liefert dazu keinen Beitrag, da sie rein imaginär ist; das ist auch physikalisch zu erwarten, da der zeitliche Mittelwert der elektromagnetischen Energie eines Raumteiles bei harmonischer Erregung konstant bleibt.

Wir können also den Inhalt der Gleichung (33a) wie folgt zusammenfassen:

$$P_{\mathrm{Gen}} + \mathrm{j}Q_{\mathrm{Gen}} = P_{\mathrm{Joule}} + 2\mathrm{j}\omega(W_{\mathrm{m}} - W_{\mathrm{e}}) + P_{\mathrm{str}} + \mathrm{j}Q_{\mathrm{str}}. \tag{33b}$$

Wenn wir komplexe Materialkonstanten in der Form $\varepsilon = \varepsilon_{\mathrm{r}} - \mathrm{j}\varepsilon_{\mathrm{i}}$; $\mu = \mu_{\mathrm{r}} - \mathrm{j}\mu_{\mathrm{i}}$ berücksichtigen, erhalten wir statt (33a) — die Leistung der Generatoren auf der linken Seite schreibend —

$$\frac{1}{2}\int\limits_V \boldsymbol{E}_{\mathrm{G}}\boldsymbol{J}^*\,\mathrm{d}V = \frac{1}{2}\int\limits_V \frac{\boldsymbol{J}\boldsymbol{J}^*}{\gamma}\,\mathrm{d}V + \mathrm{j}\,\frac{\omega}{2}\int\limits_V (\mu_{\mathrm{r}}\boldsymbol{H}\boldsymbol{H}^* - \varepsilon_{\mathrm{r}}\boldsymbol{E}\boldsymbol{E}^*)\,\mathrm{d}V$$

$$+ \frac{\omega}{2}\int\limits_V (\varepsilon_{\mathrm{i}}\boldsymbol{E}\boldsymbol{E}^* + \mu_{\mathrm{i}}\boldsymbol{H}\boldsymbol{H}^*)\,\mathrm{d}V + \frac{1}{2}\oint (\boldsymbol{E}\times\boldsymbol{H}^*)\,\mathrm{d}\boldsymbol{A}, \qquad (34\,\mathrm{a})$$

was mit der folgenden Gleichung gleichwertig ist:

$$P_{\mathrm{Gen}} + \mathrm{j}Q_{\mathrm{Gen}} = P_{\mathrm{Joule}} + 2\mathrm{j}\omega(W_{\mathrm{m}} - W_{\mathrm{e}}) + P_{\varepsilon\text{-Verlust}} + P_{\mu\text{-Verlust}} + P_{\mathrm{str}} + \mathrm{j}Q_{\mathrm{str}}. \qquad (34\,\mathrm{b})$$

Die Verlust-Leistungsdichte im Dielektrikum beträgt also

$$p_{\varepsilon\text{-Verlust}} = \frac{\omega\varepsilon_{\mathrm{i}}}{2}\boldsymbol{E}\boldsymbol{E}^* = \omega\varepsilon_{\mathrm{i}}E_{\mathrm{eff}}^2 = \omega\,\frac{\varepsilon_{\mathrm{i}}}{\varepsilon_{\mathrm{r}}}\,\varepsilon_{\mathrm{r}}\,E_{\mathrm{eff}}^2 \approx \omega\varepsilon\tan\delta\,E_{\mathrm{eff}}^2. \qquad (35)$$

1.7.5. Einige weitere Energieumwandlungen

Wenn außer der Leitungsstromdichte $\boldsymbol{J}$ auch eine Konvektionsstromdichte $\varrho\boldsymbol{v}$ existiert, erhalten wir in der Energiegleichung (8) ein neues Glied:

$$\int\limits_V \varrho\boldsymbol{v}\boldsymbol{E}\,\mathrm{d}V. \qquad (36)$$

Da die Leistung durch „Kraft × Geschwindigkeit“ gegeben wird, können wir die Größe

$$\varrho\boldsymbol{E} = \boldsymbol{f}_{V\mathrm{e}} \qquad (37)$$

als räumliche Kraftdichte deuten. (Der Index V deutet an, daß es sich um räumliche Kraftdichte handelt, der Index e bezieht sich auf das Wort elektrisch.) Der Ausdruck (36) ergibt die Leistung, welche die sich bewegenden Ladungen von dem elektrischen Feld erhalten oder, umgekehrt, welche die Ladungen an das Feld abgeben. Die Leistung erscheint im allgemeinen als eine Veränderung der kinetischen Energie. Diese Energieumwandlung findet in den verschiedenen elektronischen Einrichtungen statt.

Ein Leiter bewege sich im magnetischen Feld. In diesem Falle lautet das Ohmsche Gesetz

$$\boldsymbol{J} = \gamma(\boldsymbol{E} + \boldsymbol{v}\times\boldsymbol{B}); \qquad \boldsymbol{E} = \frac{\boldsymbol{J}}{\gamma} - \boldsymbol{v}\times\boldsymbol{B}. \qquad (38)$$

In der Energiegleichung (8) erhalten wir wieder ein neues Glied:

$$-\int\limits_V (\boldsymbol{v}\times\boldsymbol{B})\,\boldsymbol{J}\,\mathrm{d}V = \int\limits_V (\boldsymbol{J}\times\boldsymbol{B})\,\boldsymbol{v}\,\mathrm{d}V. \qquad (39)$$

Analog kann hier die Größe

$$\boldsymbol{f}_{V\mathrm{m}} = \boldsymbol{J} \times \boldsymbol{B}$$

als räumliche Kraftdichte gedeutet werden. Wenn $\boldsymbol{v}$ und $\boldsymbol{J} \times \boldsymbol{B}$ die gleiche Richtung haben, wird das Integral positiv, wir erhalten also mechanische Energie auf Kosten der Feldenergie. Diese Energieumwandlung findet in den elektrischen Motoren statt.

Sind $\boldsymbol{v}$ und $\boldsymbol{J} \times \boldsymbol{B}$ einander entgegengerichtet, so bekommen wir elektrische Energie auf Kosten mechanischer Arbeit. Diese Umwandlung findet in Generatoren statt.

Zum Schluß seien in aller Kürze die einfachsten und grundlegenden Zusammenhänge zwischen den elektromagnetischen und den thermodynamischen Größen angegeben. Über die Joulesche Wärme wurde bereits gesprochen. Jetzt wollen wir die thermodynamischen Vorgänge bei der Magnetisierung untersuchen. Was hierzu gesagt wird, gilt — mutatis mutandis — auch für die Elektrisierung ferroelektrischer Stoffe.

Der erste Hauptsatz besagt, daß die innere Energie $\mathscr{E}$ eines von Materie erfüllten Raumteiles durch Zuführung einer Wärmemenge $\mathrm{d}Q$ und durch die Arbeit $\mathrm{d}A$, die von außen an der Materie geleistet wird, erhöht werden kann:

$$\mathrm{d}\mathscr{E} = \mathrm{d}Q + \mathrm{d}A, \tag{40}$$

wobei $\mathrm{d}A$ alle Arten von Arbeit (mechanische, elektromagnetische) umfaßt.

Nehmen wir an, daß nur magnetische Arbeit geleistet wird und die Größen auf die Volumeneinheit bezogen werden, so haben wir

$$\mathrm{d}\mathscr{E} = \mathrm{d}Q + \boldsymbol{H}\,\mathrm{d}\boldsymbol{B}. \tag{41}$$

Wir zählen hier zur inneren Energie des Systems auch den Teil der magnetischen Energie, der im Vakuum vorhanden wäre. Es ist aber üblich, aus der Gleichung

$$\boldsymbol{H}\,\mathrm{d}\boldsymbol{B} = \boldsymbol{H}(\mu_0\,\mathrm{d}\boldsymbol{H} + \mathrm{d}\boldsymbol{M}) = \mu_0\boldsymbol{H}\,\mathrm{d}\boldsymbol{H} + \boldsymbol{H}\,\mathrm{d}\boldsymbol{M}$$

das Glied $\mu_0\boldsymbol{H}\,\mathrm{d}\boldsymbol{H}$ abzusondern. Gleichung (41) drückt nur den Energieerhaltungssatz aus und gilt sowohl für reversible als auch für irreversible Zustandsänderungen.

Wenn das System nach Durchlaufen verschiedener Zustände in seinen Anfangszustand zurückkehrt, wenn es sich also um einen zyklischen Vorgang handelt, nimmt auch die innere Energie ihren ursprünglichen Wert wieder an, da sie eine Zustandsvariable ist. Es gilt also

$$\oint \mathrm{d}\mathscr{E} = 0 = \oint \mathrm{d}Q + \oint \boldsymbol{H}\,\mathrm{d}\boldsymbol{B},$$

woraus das wichtige Ergebnis folgt:

$$\oint \boldsymbol{H}\,\mathrm{d}\boldsymbol{B} = -\oint \mathrm{d}Q. \tag{42}$$

Diese Gleichung besagt, daß die Fläche der Hysteresisschleife die im System entstehende, also von dort abführbare Wärme darstellt.

Beschränken wir uns jetzt auf reversible Vorgänge. Es sei ferner die Änderung adiabatisch, d. h., $\mathrm{d}Q = 0$. Es wird also Wärme weder zu- noch abgeführt. In diesem Falle ist

$$\mathrm{d}\mathscr{E} = \boldsymbol{H}\,\mathrm{d}\boldsymbol{B}.$$

Im allgemeinen erhalten wir eine Temperaturerhöhung $\mathrm{d}T$, da die bei der Magnetisierung freiwerdende Wärme nicht abgeführt wird. Die innere Energie kann in zwei Teile zerlegt gedacht werden:

$$\mathrm{d}\mathscr{E} = \mathrm{d}\mathscr{E}_\mathrm{m} + \mathrm{d}\mathscr{E}_\mathrm{t} = \mathrm{d}\mathscr{E}_\mathrm{m} + c\delta\,\mathrm{d}T = \boldsymbol{H}\,\mathrm{d}\boldsymbol{B}.$$

$\mathscr{E}_\mathrm{m}$ bedeutet den magnetischen, $\mathscr{E}_\mathrm{t}$ den thermischen Anteil der inneren Energie, c ist die spezifische Wärme, δ die Dichte des Stoffes.

Für $\mathrm{d}\mathscr{E}_\mathrm{m}$ erhalten wir also

$$\mathrm{d}\mathscr{E}_\mathrm{m} = \boldsymbol{H}\,\mathrm{d}\boldsymbol{B} - c\delta\,\mathrm{d}T. \tag{43}$$

Alle Größen auf der rechten Seite können experimentell bestimmt werden. Es ergibt sich so die Abhängigkeit der inneren Energie von H oder B. Führt man die Messungen für verschiedene Temperaturen durch, so kann die Funktion $\mathscr{E} = \mathscr{E}(H, T)$ experimentell bestimmt werden.

Bei reversiblen — nicht adiabatischen — Prozessen kann $\mathrm{d}Q = T\,\mathrm{d}S$ geschrieben werden, wobei S die Entropie bedeutet. Es wird also:

$$\mathrm{d}\mathscr{E} = T\,\mathrm{d}S + \boldsymbol{H}\,\mathrm{d}\boldsymbol{B}. \tag{44}$$

Führen wir jetzt die freie Energie $\mathscr{F}$ mit der Definition $\mathscr{F} = \mathscr{E} - TS$ ein, so erhalten wir

$$\mathrm{d}\mathscr{F} = \mathrm{d}\mathscr{E} - T\,\mathrm{d}S - S\,\mathrm{d}T = -S\,\mathrm{d}T + \boldsymbol{H}\,\mathrm{d}\boldsymbol{B}. \tag{45}$$

Bei isothermen Zustandsänderungen ($\mathrm{d}T = 0$) erhalten wir:

$$\mathrm{d}\mathscr{F} = \boldsymbol{H}\,\mathrm{d}\boldsymbol{B}.$$

So kann die freie Energie als Zustandsgröße als Funktion von H und T, also $\mathscr{F}(H, T)$, bestimmt werden.

Die allgemeine Form der Energiegleichung (41) ist:

$$\mathrm{d}\mathscr{E} = \mathrm{d}Q + \boldsymbol{H}\,\mathrm{d}\boldsymbol{B} + \boldsymbol{E}\,\mathrm{d}\boldsymbol{D} + p\,\mathrm{d}v. \tag{46}$$

Dabei bedeutet p den mechanischen Druck, $\mathrm{d}v$ die Volumenänderung, bezogen auf die Volumeneinheit, und $p\,\mathrm{d}v$ die Arbeit, die an dem System geleistet wird.

Wir schreiben diese Gleichung nun in etwas abgeänderter Form. Wir nehmen $p\,\mathrm{d}v$ als positiv für die Arbeit, die von dem System geleistet wird, und beschränken uns auf ein elektrisches Feld. Es wird also

$$\mathrm{d}\mathscr{E} = \mathrm{d}Q + E\,\mathrm{d}(\varepsilon E) - p\,\mathrm{d}v. \tag{47}$$

Es hänge $\mathscr{E}$ von den drei Zustandsvariabeln ν, T und E ab. ε soll nur von ν und T abhängen, nicht aber von E. Hier bedeutet ν das spezifische Volumen (siehe auch Gl. 1.8. (25)). Es gilt also

$$\frac{\mathrm{d}\nu}{\nu} = \frac{\mathrm{d}V}{V} = \mathrm{d}v.$$

Für reversible Prozesse wird $\mathrm{d}Q = T\,\mathrm{d}S$; da

$$\mathrm{d}\mathscr{E} = \left(\frac{\partial \mathscr{E}}{\partial \nu}\right) \mathrm{d}\nu + \left(\frac{\partial \mathscr{E}}{\partial T}\right) \mathrm{d}T + \left(\frac{\partial \mathscr{E}}{\partial E}\right) \mathrm{d}E$$

und

$$E\,\mathrm{d}(\varepsilon E) = \varepsilon E\,\mathrm{d}E + E^2 \left(\frac{\partial \varepsilon}{\partial \nu}\,\mathrm{d}\nu + \frac{\partial \varepsilon}{\partial T}\,\mathrm{d}T\right) \tag{48}$$

ist, erhalten wir aus Gl. (47) für die Änderung der Entropie

$$\mathrm{d}S = \frac{1}{T}\left(\frac{\partial \mathscr{E}}{\partial \nu} + \frac{p}{\nu} - E^2 \frac{\partial \varepsilon}{\partial \nu}\right) \mathrm{d}\nu + \frac{1}{T}\left(\frac{\partial \mathscr{E}}{\partial E} - \varepsilon E\right) \mathrm{d}E + \frac{1}{T}\left(\frac{\partial \mathscr{E}}{\partial T} - E^2 \frac{\partial \varepsilon}{\partial T}\right) \mathrm{d}T. \tag{49}$$

Da dieser Ausdruck ein totales Differential darstellt, gelten die folgenden Gleichungen

$$\frac{\partial}{\partial E}\left(\frac{\partial S}{\partial \nu}\right) = \frac{\partial}{\partial \nu}\left(\frac{\partial S}{\partial E}\right); \qquad \frac{\partial}{\partial T}\left(\frac{\partial S}{\partial E}\right) = \frac{\partial}{\partial E}\left(\frac{\partial S}{\partial T}\right); \qquad \frac{\partial}{\partial \nu}\left(\frac{\partial S}{\partial T}\right) = \frac{\partial}{\partial T}\left(\frac{\partial S}{\partial \nu}\right).$$

Ausführlich ausgeschrieben lauten nun diese Gleichungen

$$\frac{\partial (p/\nu)}{\partial E} = E\,\frac{\partial \varepsilon}{\partial \nu}; \qquad \frac{\partial \mathscr{E}}{\partial E} = E\left(\varepsilon + T\,\frac{\partial \varepsilon}{\partial T}\right); \qquad \frac{p}{\nu} - T\,\frac{\partial (p/\nu)}{\partial T} = -\frac{\partial \mathscr{E}}{\partial \nu} + E^2\,\frac{\partial \varepsilon}{\partial \nu}. \tag{50a, b, c}$$

Wir benützen diese Gleichungen bei der Ableitung des Ausdruckes für die Striktionskraftdichte.

1.8. Kraftwirkungen im elektromagnetischen Feld

Die VI. Maxwellsche Gleichung verbindet die verschiedenen Teile der Physik durch den Begriff der Energiedichte. Für die Mechanik spielen die Kräfte bzw. Kraftdichten die Vermittlerrolle. Es ist uns bisher schon gelungen, $\varrho \boldsymbol{E}$ bzw. $\boldsymbol{J} \times \boldsymbol{B}$ oder $\varrho \boldsymbol{v} \times \boldsymbol{B}$ als Kraftdichten zu deuten. Daraus folgt sofort durch Integration der Lorentzsche Ausdruck der Kraft für eine Punktladung

$$\boldsymbol{F} = q\boldsymbol{E} + q\boldsymbol{v} \times \boldsymbol{B},$$

wobei q die Gesamtladung bedeutet. Es ist leicht einzusehen, daß durch ein homogenes elektrisches Feld auf einen Dipol mit dem Moment $\boldsymbol{p} = \boldsymbol{l}q$ keine Kraft ausgeübt wird; es entsteht aber ein Drehmoment von der Größe

$$\boldsymbol{N} = \boldsymbol{p} \times \boldsymbol{E}.$$

Im inhomogenen Feld wirkt auch eine Translationskraft:

$$\boldsymbol{F} = \mathbf{T}^{\mathrm{d}\boldsymbol{E}}_{\mathrm{d}\boldsymbol{r}}\boldsymbol{p}.$$

Im folgenden werden wir bei der Berechnung der Kraftwirkungen auch die Anwesenheit von Stoffen berücksichtigen, und schließlich geben wir der Kraftdichte eine neue Deutung durch die Einführung des elektromagnetischen Spannungstensors.

Aus dem Ausdruck für die Energiedichte können wir in zwei speziellen Fällen sehr einfach zum Ausdruck der Kraftdichte gelangen. Betrachten wir den senkrecht bzw. parallel zum Feld geschichteten Kondensator (Abb. 1.31 und 1.32). Im ersten Fall gilt

$$\boldsymbol{D}_1 = \varepsilon_1\boldsymbol{E}_1 = \boldsymbol{D}_2 = \varepsilon_2\boldsymbol{E}_2, \tag{1}$$

im zweiten dagegen

$$\frac{\boldsymbol{D}_1}{\varepsilon_1} = \frac{\boldsymbol{D}_2}{\varepsilon_2}. \tag{2}$$

In beiden Fällen greift eine gewisse Flächenkraftdichte an die Grenzfläche an, die wir bestimmen wollen. Im ersten Fall bewege sich die Trennfläche unter dem Einfluß dieser Kraft um eine Strecke dl. Dann ist die Arbeit der elektrostatischen Kräfte gleich der mit entgegen-

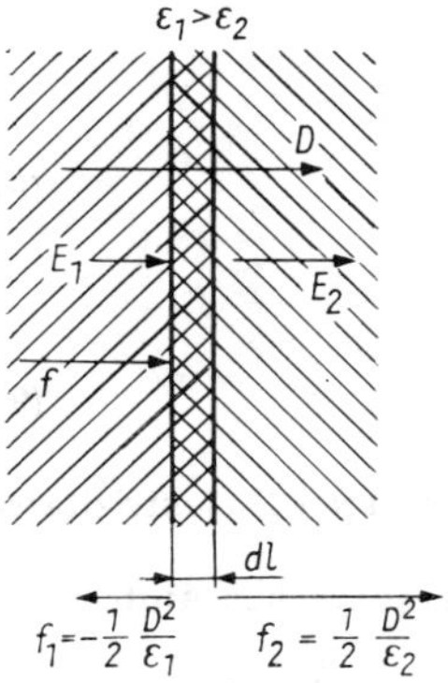

Abb. 1.31 Der elektrostatische Druck. Das elektrische Feld steht senkrecht auf der Grenzfläche

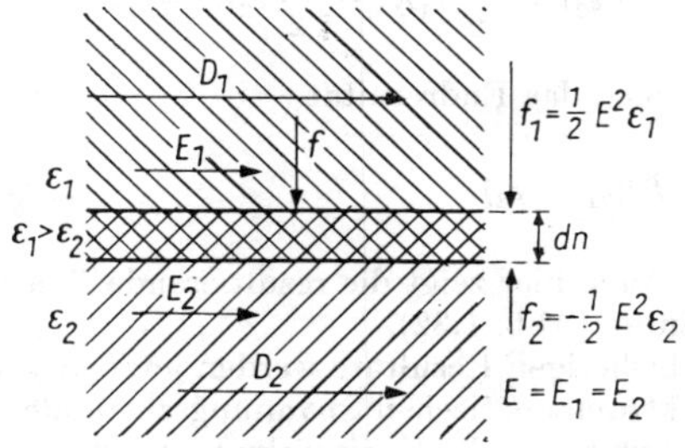

Abb. 1.32 Der elektrostatische Druck. Das elektrische Feld verläuft parallel zur Grenzfläche

gesetztem Vorzeichen genommenen Änderung der Feldenergie. Nehmen wir noch die Armaturen des Kondensators als vollständig isoliert an, so können wir Q und D als konstant betrachten. Es wird also

$$F\,\mathrm{d}l = fA\,\mathrm{d}l = -\left(\frac{1}{2}\,\varepsilon_1E_1^2A\,\mathrm{d}l - \frac{1}{2}\,\varepsilon_2E_2^2A\,\mathrm{d}l\right). \tag{3}$$

Die Flächenkraftdichte wird somit

$$f = -\left(\frac{1}{2}\,\varepsilon_1E_1^2 - \frac{1}{2}\,\varepsilon_2E_2^2\right). \tag{4}$$

Wegen $D = \varepsilon_1 E_1 = \varepsilon_2 E_2$ erhalten wir endgültig

$$f = -\frac{1}{2}\left(\frac{D^2}{\varepsilon_1} - \frac{D^2}{\varepsilon_2}\right) = \frac{1}{2} D^2 \left(\frac{1}{\varepsilon_2} - \frac{1}{\varepsilon_1}\right). \tag{5}$$

Wie ersichtlich, ist die resultierende Kraftdichte von dem Stoff mit der größeren Dielektrizitätskonstante zu dem mit der kleineren gerichtet (Abb. 1.31).

Beim parallel zum Feld geschichteten Kondensator ist die Verschiebung der Grenzfläche bei konstantem $\boldsymbol{E}$ mit einer Ladungsänderung verbunden: Die Armaturen des Kondensators seien jetzt an einen Spannungsgenerator angeschlossen. Infolgedessen muß in der Energiegleichung auch die vom Generator geleistete Arbeit erscheinen. Es ist also anzusetzen:

$$U\,\mathrm{d}Q = \mathrm{d}W_\mathrm{e} + F\,\mathrm{d}n \tag{6}$$

oder, ausführlich geschrieben,

$$El(\sigma_1 - \sigma_2)\, a\,\mathrm{d}n = \left(\frac{1}{2}\,\varepsilon_1 E^2 - \frac{1}{2}\,\varepsilon_2 E^2\right) la\,\mathrm{d}n + fal\,\mathrm{d}n. \tag{7}$$

Dabei bedeuten l die Länge der Grenzfläche in $\boldsymbol{E}$-Richtung, $\mathrm{d}n$ ihre Verschiebung senkrecht zu $\boldsymbol{E}$, a die Breite der Elektroden senkrecht zu $\boldsymbol{E}$ und $\mathrm{d}n$ und $\sigma_i (i = 1, 2)$ die Ladungsdichte an derjenigen Elektrodenfläche, die dem durch ε_i charakterisierten Stoff anliegt:

$$\sigma_i = \varepsilon_i E.$$

Es wird also

$$E(E\varepsilon_1 - E\varepsilon_2) = \frac{1}{2}\,\varepsilon_1 E^2 - \frac{1}{2}\,\varepsilon_2 E^2 + f, \tag{8}$$

woraus sich das Endresultat

$$f = \frac{1}{2}\,E^2(\varepsilon_1 - \varepsilon_2) \tag{9}$$

ergibt. Auch hier zeigt die resultierende Kraft zu dem Stoff mit der kleineren Dielektrizitätskonstanten (Abb. 1.32).

Die bisherigen Resultate werden jetzt so umgedeutet, daß wir zur Faradayschen Auffassung des elektromagnetischen Spannungszustandes kommen.

Die resultierende Kraftwirkung beim senkrecht zum E-Feld geschichteten Kondensator kann aus zwei Flächenspannungen zusammengesetzt gedacht werden. Beide Spannungen zeigen in das Innere des Dielektrikums, so daß die beiden Trennflächen voneinander wegstreben. Ist der Kondensator parallel zum Feld geschichtet, so bewirken die Flächenspannungen, daß sich die Flächen einander zu nähern suchen. Denken wir uns zwischen den Trennflächen Spiralfedern (Abb. 1.33 und 1.34) eingelegt, so werden diese im ersten Fall gedehnt, im zweiten gestaucht. Nach Faraday denken wir uns diesen Zustand auch dann als existierend, wenn die Spannungen gleich sind, wenn es sich also um einen homogenen Stoff oder um Vakuum handelt. Dieser Spannungszustand ist in Abb. 1.35 veranschaulicht. Man pflegt zu sagen, daß sich die Kraftlinien in Längsrichtung verkürzen, in Querrichtung aber verlängern wollen.

Wie es in der Spannungslehre der Mechanik üblich ist, schneiden wir ein kleines Volumenelement in Form eines Parallelepipeds aus, dessen Flächen senkrecht bzw. parallel zur Feldrichtung liegen. Um den Spannungszustand des ausgeschnittenen Volumenelements unverändert zu halten, lassen wir die von den angrenzenden Raumteilen ausgeübte Kraft als Zug- bzw. Druckspannung wirken (Abb. 1.36). Die Richtung der Kraftlinien sowie zwei auf diesen und aufeinander senkrechte Richtungen sind, wie man sieht, die Hauptrichtungen des Spannungstensors, da hier keine Schubspannungen auftreten. Der Spannungstensor wird in einem Koordinatensystem, dessen Achsen mit den Hauptrichtungen zusammenfallen, dargestellt durch

$$\mathbf{T}_e = \begin{pmatrix} \frac{1}{2}\varepsilon E^2 & 0 & 0 \\ 0 & -\frac{1}{2}\varepsilon E^2 & 0 \\ 0 & 0 & -\frac{1}{2}\varepsilon E^2 \end{pmatrix}. \tag{10}$$

In einem beliebigen Koordinatensystem ergeben sich die Komponenten des Spannungstensors durch eine geeignete Transformation. Es seien nämlich $\boldsymbol{e}_1$, $\boldsymbol{e}_2$, $\boldsymbol{e}_3$ die Einheitsvektoren der Hauptrichtungsachsen, dagegen $\boldsymbol{e}_1'$, $\boldsymbol{e}_2'$, $\boldsymbol{e}_3'$ die zu den Koordinaten x, y bzw. z gehörigen

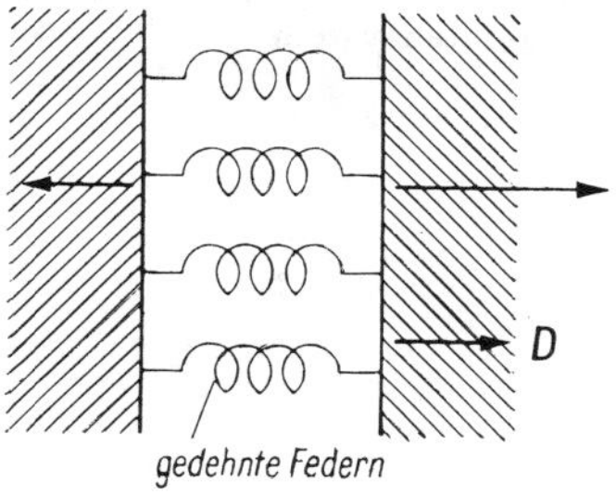

Abb. 1.33 Veranschaulichung der Kraftwirkung bei senkrechter Feldstärke

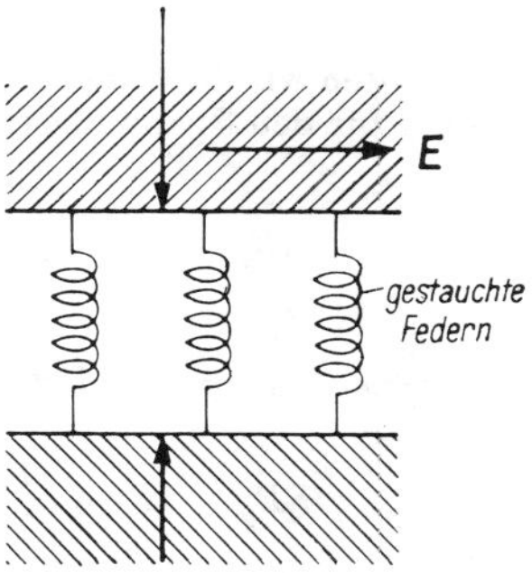

Abb. 1.34 Veranschaulichung der Kraftwirkung bei paralleler Feldstärke

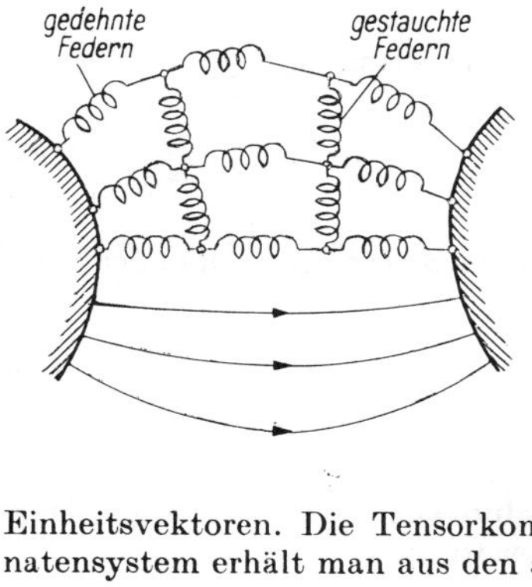

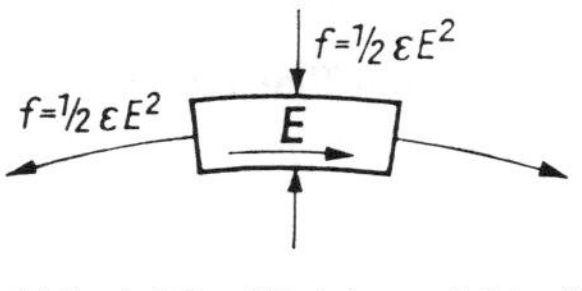

Abb. 1.36 Gleichgewicht eines herausgeschnittenen Raumteiles

Abb. 1.35 Spannungszustand des elektrischen Feldes

Einheitsvektoren. Die Tensorkomponenten in dem neuen, mit Strich bezeichneten Koordinatensystem erhält man aus den alten Komponenten durch die Gleichung

$$T'_{ik} = \sum_{l,m=1}^{3} a_{il} a_{km} T_{lm}, \tag{11}$$

wobei $a_{ik} = \boldsymbol{e}_i\boldsymbol{e}'_k$ ist. Ausführlicher geschrieben erhalten wir z. B. für T'_{11}:

$$T'_{11} = a_{11}a_{11}T_{11} + a_{12}a_{12}T_{22} + a_{13}a_{13}T_{33}$$

$$= a_{11}^2 \frac{1}{2} \varepsilon E^2 - a_{12}^2 \frac{1}{2} \varepsilon E^2 - a_{13}^2 \frac{1}{2} \varepsilon E^2$$

$$= a_{11}^2\varepsilon E^2 - \frac{1}{2} \varepsilon E^2(a_{11}^2 + a_{12}^2 + a_{13}^2) = \varepsilon(a_{11}E)^2 - \frac{1}{2} \varepsilon E^2.$$

Da aber

$$a_{11}E = \boldsymbol{e}_1\boldsymbol{e}'_1\boldsymbol{E} = (\boldsymbol{e}_1\boldsymbol{E})\,\boldsymbol{e}'_1 = E_x, \tag{12}$$

so folgt

$$T'_{11} = \varepsilon E_x^2 - \frac{1}{2} \varepsilon E^2.$$

Auf ähnliche Weise erhalten wir die übrigen Tensorkomponenten. Als Endergebnis bekommen wir folgenden Ausdruck für den Spannungstensor im neuen Koordinatensystem

$$\mathbf{T}_\mathrm{e} = \begin{bmatrix} \varepsilon E_x^2 - \frac{1}{2} \varepsilon E^2 & \varepsilon E_x E_y & \varepsilon E_x E_z \\ \varepsilon E_y E_x & \varepsilon E_y^2 - \frac{1}{2} \varepsilon E^2 & \varepsilon E_y E_z \\ \varepsilon E_z E_x & \varepsilon E_z E_y & \varepsilon E_z^2 - \frac{1}{2} \varepsilon E^2 \end{bmatrix} \tag{13}$$

Mit Hilfe des Spannungstensors kann die an ein beliebig orientiertes Flächenelement angreifende Kraft berechnet werden:

$$\mathrm{d}\boldsymbol{F} = \mathbf{T}_\mathrm{e}\,\mathrm{d}\boldsymbol{A} = \mathbf{T}_\mathrm{e}\boldsymbol{n}\,\mathrm{d}A. \tag{14}$$

Daraus erhalten wir für die Flächendichte der Kraft, d. h. für die Spannung

$$\boldsymbol{f}_\mathrm{e} = \frac{d\boldsymbol{F}}{dA} = \mathbf{T}_\mathrm{e}\boldsymbol{n}. \tag{15}$$

Durch Komponentenzerlegung läßt sich leicht beweisen, daß diese Spannung auch in der Form

$$\boldsymbol{f}_\mathrm{e} = \varepsilon\boldsymbol{E}(\boldsymbol{E}\boldsymbol{n}) - \frac{1}{2} \varepsilon \boldsymbol{E}^2\boldsymbol{n} \tag{16}$$

geschrieben werden kann (Abb. 1.37).

Jetzt kann man auch die resultierende Kraft, die an einen durch eine geschlossene Fläche A begrenzten Raumteil angreift, durch den Spannungstensor ausdrücken:

$$\boldsymbol{F} = \oint_A \mathbf{T}_\mathrm{e}\,\mathrm{d}\boldsymbol{A}. \tag{17}$$

Dieselbe Kraft erhalten wir natürlich auch durch Integrieren der räumlichen Kraftdichte:

$$\boldsymbol{F} = \oint_A \mathbf{T}_e \, d\boldsymbol{A} = \int_V \boldsymbol{f}_{Ve} \, dV. \tag{18}$$

Nach dem Gaußschen Gesetz ist

$$\boldsymbol{f}_{Ve} = \mathbf{div} \, \mathbf{T}_e. \tag{19}$$

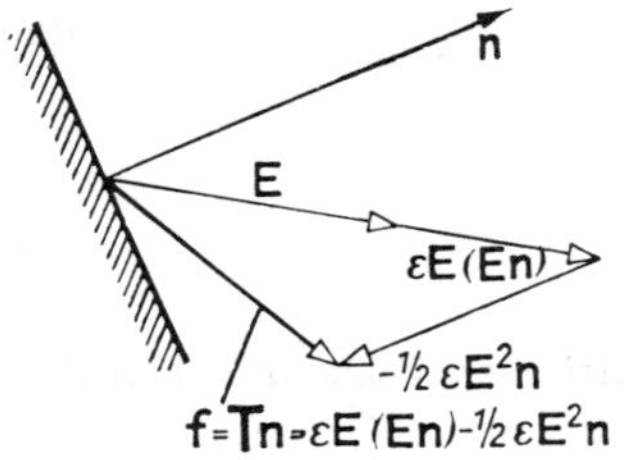

Abb. 1.37 Die pro Flächeneinheit angreifende Kraft im allgemeinen Fall

Da $\mathbf{T}_e$ bekannt ist, kann div $\mathbf{T}_e$ berechnet werden. Wenn wir noch den Zusammenhang div $\boldsymbol{D} = \varrho$ berücksichtigen, erhalten wir für die räumliche Kraftdichte

$$\boldsymbol{f}_{Ve} = \varrho \boldsymbol{E} - \frac{1}{2} \boldsymbol{E}^2 \operatorname{grad} \varepsilon. \tag{20}$$

Der hier eingeschlagene Weg, um zu einem Ausdruck für den Spannungstensor zu gelangen, ist übrigens nicht der übliche. Gemeinhin geht man von dem obigen Ausdruck für $\boldsymbol{f}_{Ve}$ aus, den man aus der Energiegleichung erhält, und sucht einen Tensor, dessen Divergenz eben diese Kraftdichte darstellt. Dieser Tensor kann dann als Spannungstensor gedeutet werden.

Auf ähnliche Weise kommen wir zum magnetischen Spannungstensor:

$$\mathbf{T}_m = \begin{bmatrix} \mu H_x^2 - \frac{1}{2}\mu H^2 & \mu H_x H_y & \mu H_x H_z \\ \mu H_y H_x & \mu H_y^2 - \frac{1}{2}\mu H^2 & \mu H_y H_z \\ \mu H_z H_x & \mu H_z H_y & \mu H_z^2 - \frac{1}{2}\mu H^2 \end{bmatrix} \tag{21}$$

Aus diesem Tensor ergibt sich die Flächenkraftdichte, d. h. die mechanische Spannung:

$$\boldsymbol{f}_m = \mu \boldsymbol{H}(\boldsymbol{H}\boldsymbol{n}) - \frac{1}{2} \mu \boldsymbol{H}^2 \boldsymbol{n}. \tag{22}$$

Unter Benutzung von div $\boldsymbol{B} = 0$ und rot $\boldsymbol{H} = \boldsymbol{J}$ bzw. rot $\boldsymbol{H} = \varrho \boldsymbol{v}$ erhalten wir

$$\boldsymbol{f}_{Vm} = \mathbf{div} \, \mathbf{T}_m = \boldsymbol{J} \times \boldsymbol{B} - \frac{1}{2} \boldsymbol{H}^2 \operatorname{grad} \mu = \varrho(\boldsymbol{v} \times \boldsymbol{B}) - \frac{1}{2} \boldsymbol{H}^2 \operatorname{grad} \mu. \tag{23}$$

In den Ausdrücken für die elektrische und die magnetische Kraftdichte tritt ein weiteres Glied auf, wenn die Dielektrizitätskonstante bzw. die magnetische Permeabilität von der Stoffdichte δ abhängt. Dieses Glied verursacht die Elektro- bzw. Magnetostriktion.

Zum Ausdruck der Elektrostriktions-Kraftdichte gelangen wir auf folgende Weise. Die Gleichung 1.7. (50a) kann nach $\boldsymbol{E}$ integriert werden, da ε und damit $\partial\varepsilon/\partial v$ nicht von $\boldsymbol{E}$ abhängen. Wir erhalten somit

$$p(v, T, E) - p(v, T, 0) = \frac{E^2}{2} \frac{\partial \varepsilon}{\partial v} v. \tag{24}$$

Da aber zwischen $\mathrm{d}v$ und der Veränderung der Stoffdichte δ der Zusammenhang

$$\frac{\delta v}{v} = -\frac{\mathrm{d}\delta}{\delta} \quad \left[v = \frac{1}{\delta}; \quad \mathrm{d}v = -\frac{1}{\delta^2}\,\mathrm{d}\delta\right] \tag{25}$$

besteht, schreibt sich die obige Gleichung

$$p(v, T, E) - p(v, T, 0) = -\frac{E^2}{2} \delta \frac{\partial \varepsilon}{\partial \delta}. \tag{26}$$

Die räumliche Kraftdichte, die von der Anwesenheit der elektrischen Feldstärke herrührt, lautet somit

$$\boldsymbol{f} = \operatorname{grad} \frac{1}{2} \boldsymbol{E}^2 \delta \frac{\partial \varepsilon}{\partial \delta}. \tag{27}$$

Endgültig haben wir die folgenden Ausdrücke für die räumliche elektrische bzw. magnetische Kraftdichte

$$\boldsymbol{f}_{V\mathrm{e}} = \varrho \boldsymbol{E} - \frac{1}{2} \boldsymbol{E}^2 \operatorname{grad} \varepsilon + \frac{1}{2} \operatorname{grad} \left(\boldsymbol{E}^2 \delta \frac{\partial \varepsilon}{\partial \delta}\right), \tag{28}$$

$$\boldsymbol{f}_{V\mathrm{m}} = \boldsymbol{J} \times \boldsymbol{B} - \frac{1}{2} \boldsymbol{H}^2 \operatorname{grad} \mu + \frac{1}{2} \operatorname{grad} \left(\boldsymbol{H}^2 \delta \frac{\partial \mu}{\partial \delta}\right). \tag{29}$$

Wir haben in Gl. (28) eine Kraftdichte in inhomogenen Isolierstoffen ohne Striktion von der Größe

$$\boldsymbol{f}_{V\mathrm{e}} = -\frac{1}{2} \boldsymbol{E}^2 \operatorname{grad} \varepsilon. \tag{30}$$

Physikalisch kann man das Zustandekommen der Kraftwirkung am einfachsten so veranschaulichen, daß auf die Volumeneinheit mit dem Dipolmoment $\boldsymbol{P}$ im inhomogenen Feld eine Kraft von der Größe

$$\boldsymbol{f}_{V\mathrm{e}} = \mathbf{T}^{\mathrm{d}\boldsymbol{E}}_{\mathrm{d}\boldsymbol{r}} \boldsymbol{P} \tag{31}$$

wirkt.

Unter Berücksichtigung der Zusammenhänge

$$\boldsymbol{P} = \varepsilon_0(\varepsilon_\mathrm{r} - 1)\,\boldsymbol{E}, \qquad \operatorname{rot} \boldsymbol{E} = 0 \tag{32}$$

kann diese Kraftdichte nach 1.14. (25) umgeschrieben werden:

$$\boldsymbol{f}_{V\mathrm{e}} = \frac{1}{2} \varepsilon_0(\varepsilon_\mathrm{r} - 1) \operatorname{grad} \boldsymbol{E}^2. \tag{33}$$

Wie man sieht, hat sich ein anderer Ausdruck als in Gl. (30) ergeben. Gleichung (31) gilt aber nur näherungsweise, da die auf einen elementaren Dipol wirkende Feldstärke nur in schwach polarisierten Stoffen mit der makroskopischen übereinstimmt. In solchen Stoffen sind der

Ausdruck (33) und der aus (28) entnommene tatsächlich gleich, aber nur unter Berücksichtigung der Striktionskraftdichte, d. h., es gilt

$$\frac{1}{2}\,\mathrm{grad}\left(\boldsymbol{E}^2\delta\,\frac{\partial\varepsilon}{\partial\delta}\right) - \frac{1}{2}\,\boldsymbol{E}^2\,\mathrm{grad}\,\varepsilon = \mathbf{T}^{\mathrm{d}\boldsymbol{E}}_{\mathrm{dr}}\boldsymbol{P}.$$

Es ist nämlich der Zusammenhang zwischen $\varepsilon - \varepsilon_0$ und der Stoffdichte in solchen Stoffen linear:

$$\varepsilon - \varepsilon_0 = \alpha\delta, \tag{34}$$

d. h.,

$$\frac{\partial\varepsilon}{\partial\delta} = \alpha, \qquad \delta\,\frac{\partial\varepsilon}{\partial\delta} = \alpha\delta = \varepsilon - \varepsilon_0. \tag{35}$$

Es wird also

$$\frac{1}{2}\,\mathrm{grad}\left(\boldsymbol{E}^2\delta\,\frac{\partial\varepsilon}{\partial\delta}\right) - \frac{1}{2}\,\boldsymbol{E}^2\,\mathrm{grad}\,\varepsilon = \frac{1}{2}\,\mathrm{grad}\,[\boldsymbol{E}^2(\varepsilon - \varepsilon_0)] - \frac{1}{2}\,\boldsymbol{E}^2\,\mathrm{grad}\,(\varepsilon - \varepsilon_0)$$

$$= \frac{1}{2}\,[(\varepsilon - \varepsilon_0)\,\mathrm{grad}\,\boldsymbol{E}^2 + \boldsymbol{E}^2\,\mathrm{grad}\,(\varepsilon - \varepsilon_0)] - \frac{1}{2}\,\boldsymbol{E}^2\,\mathrm{grad}\,(\varepsilon - \varepsilon_0) = \frac{1}{2}\,(\varepsilon - \varepsilon_0)\,\mathrm{grad}\,\boldsymbol{E}^2$$

$$= \frac{1}{2}\,\varepsilon_0(\varepsilon_r - 1)\,\mathrm{grad}\,\boldsymbol{E}^2. \tag{36}$$

1.9. Die eindeutige Lösbarkeit der Maxwellschen Gleichungen

Es ist unser Ziel, in diesem Kapitel nachzuweisen, daß das System der Maxwellschen Glei chungen vollständig ist. Mit Hilfe der Maxwellschen Gleichungen kann also das elektromagnetische Feld eindeutig bestimmt werden. Diese Feststellung ist von prinzipieller Bedeutung, da sie mit der physikalischen Kausalität zusammenhängt. Diese besagt: Die physikalischen Gesetze sind so beschaffen, daß mit ihrer Hilfe bei Kenntnis der gegenwärtigen Werte die zukünftigen eindeutig ermittelt werden können. Wir werden sehen, daß die Maxwellschen Gleichungen in diesem Sinne kausale Gesetze darstellen. Es gilt nämlich folgender Satz:

Kennen wir zu einem gegebenen Zeitpunkt $t = t_0$ die elektrische und die magnetische Feldstärke in jedem Punkt des durch eine beliebige Fläche begrenzten Volumens, so können wir mit Hilfe des Systems der Maxwellschen Gleichungen für eine beliebige Zeit t sämtliche uns interessierenden elektromagnetischen Größen berechnen, vorausgesetzt, daß wir die Tangentialkomponente von $\boldsymbol{E}$ *oder* von $\boldsymbol{H}$ in jedem Punkt der Begrenzungsfläche vom Anfangsmoment t_0 an bis zum Zeitpunkt t kennen. Ferner setzen wir voraus, daß die eingeprägten elektromotorischen Kräfte in Abhängigkeit von dem Ort und der Zeit gegeben sind.

Es mag manchem zunächst seltsam scheinen, daß zur Bestimmung des elektromagnetischen Feldes in dem betreffenden Volumen die Kenntnis der Feldgrößen nicht nur zu Anfang, sondern auf der Begrenzungsfläche auch zu jedem späteren Zeitpunkt benötigt wird. Das ist jedoch nicht erstaunlich, denn das herausgegriffene Volumen bildet kein abgeschlossenes System, und durch die Angabe des Wertes irgendeines Vektors auf der Begrenzungsfläche berücksichtigen wir gerade den Einfluß der zeitlichen Veränderung der Außenwelt.

Wir wollen im folgenden die Materialkonstanten, wie ε, μ, γ, als von der Zeit und von den Feldstärken unabhängig annehmen.

Zum Beweis gehen wir von der Annahme aus, daß es zwei verschiedene Lösungen gibt, die den gegebenen Bedingungen gerecht werden. Es wird sich herausstellen, daß diese beiden Lösungen identisch sind.

Nehmen wir also an, daß zwei solche Wertepaare $\boldsymbol{E}'$, $\boldsymbol{H}'$ bzw. $\boldsymbol{E}''$, $\boldsymbol{H}''$ existieren, die den oben bestimmten Bedingungen genügen, d. h. zum Zeitpunkt $t = t_0$ im gesamten Volumen gleich sind, und daß in allen Punkten der Grenzfläche und zu allen Zeitpunkten die Tangentialkomponenten von $\boldsymbol{E}'$, $\boldsymbol{E}''$ oder von $\boldsymbol{H}'$, $\boldsymbol{H}''$ mit den vorgeschriebenen Werten übereinstimmen. Im übrigen genügen die Vektoren selbstverständlich den Maxwellschen Gleichungen.

Wir bilden die Differenz dieser beiden Lösungen und erhalten die Vektoren $\boldsymbol{E}_0 = \boldsymbol{E}' - \boldsymbol{E}''$ bzw. $\boldsymbol{H}_0 = \boldsymbol{H}' - \boldsymbol{H}''$, die den Maxwellschen Gleichungen ebenfalls genügen, da diese ein System linearer Gleichungen sind. (Im Zeitpunkt $t = t_0$ gilt also: $\boldsymbol{E}_0 \equiv 0$; $\boldsymbol{H}_0 \equiv 0$.) Deshalb gilt auch für diese Lösung die Beziehung 1.7 (8):

$$-\frac{\partial}{\partial t}\int\limits_V \left(\frac{1}{2}\,\varepsilon \boldsymbol{E}_0^2 + \frac{1}{2}\,\mu \boldsymbol{H}_0^2\right) \mathrm{d}V = \int\limits_V \frac{\boldsymbol{J}_0^2}{\gamma}\,\mathrm{d}V - \int\limits_V \boldsymbol{E}_{e0}\boldsymbol{J}_0\,\mathrm{d}V + \oint\limits_A (\boldsymbol{E}_0 \times \boldsymbol{H}_0)\,\mathrm{d}\boldsymbol{A}. \tag{1}$$

In dieser Beziehung werden das zweite und das dritte Glied der rechten Seite zu Null, da die eingeprägte Feldstärke in allen Punkten und zu jeder Zeit unabhängig von der speziellen Lösung gegeben ist, da also $\boldsymbol{E}_{e0} = \boldsymbol{E}_e' - \boldsymbol{E}_e'' = 0$ ist. Dasselbe gilt auf der Oberfläche auch für die Tangentialkomponente der elektrischen (oder der magnetischen) Feldstärke. Somit besitzt der Vektor $\boldsymbol{S}_0$ nur eine zur Oberfläche tangentiale Komponente. Das gemischte Produkt

$$(\boldsymbol{E}_0 \times \boldsymbol{H}_0)\,\mathrm{d}\boldsymbol{A}$$

ist also in allen Punkten Null. Dementsprechend vereinfacht sich Gl. (1) zu

$$-\frac{\partial}{\partial t}\int\limits_V \left(\frac{1}{2}\,\varepsilon \boldsymbol{E}_0^2 + \frac{1}{2}\,\mu \boldsymbol{H}_0^2\right) \mathrm{d}V = \int\limits_V \frac{\boldsymbol{J}_0^2}{\gamma}\,\mathrm{d}V. \tag{2}$$

Die rechte Seite kann nie negativ werden; das folgt aus ihrer mathematischen Form. Demzufolge kann der Wert des auf der linken Seite hinter dem Differentiationszeichen befindlichen Ausdrucks im Zeitablauf nur geringer werden oder Null sein. Da er bereits zu Anfang Null war, negative Werte aber wegen seiner mathematischen Form nicht annehmen kann, muß er in dem betrachteten Zeitintervall stets Null sein, d. h.,

$$\int\limits_V \left(\frac{1}{2}\,\varepsilon \boldsymbol{E}_0^2 + \frac{1}{2}\,\mu \boldsymbol{H}_0^2\right) \mathrm{d}V = 0. \tag{3}$$

Demnach wird

$$\boldsymbol{E}_0 \equiv 0, \quad \boldsymbol{H}_0 \equiv 0$$

und folglich

$$\boldsymbol{E}' \equiv \boldsymbol{E}''; \quad \boldsymbol{H}' \equiv \boldsymbol{H}''. \tag{4}$$

Die als verschieden angenommenen beiden Lösungen sind also identisch.

Beziehen wir jetzt den gesamten Raum in unsere Berechnungen ein, schaffen also ein geschlossenes System, so genügt an Stelle der Grenzbedingung der Vorbehalt, daß die Vektoren

$\boldsymbol{E}$ und $\boldsymbol{H}$ im Unendlichen proportional $1/R^2$ abnehmen müssen. Wir erhalten Null, wenn wir für diesen Fall den Poyntingschen Vektor über eine unendliche Fläche integrieren, da

$$\lim_{R\to\infty} \oint_A (\boldsymbol{E}\times\boldsymbol{H})\,\mathrm{d}\boldsymbol{A} = \lim_{R\to\infty} \frac{k}{R^4} \oint_A \mathrm{d}A = \lim_{R\to\infty} \frac{k}{R^4}\, 4\pi R^2 = 0. \tag{5}$$

Somit ist die Eindeutigkeit auch für diesen Fall nachgewiesen. Es könnte aber noch die Frage auftauchen, ob wir die Funktionen $\boldsymbol{E}$ und $\boldsymbol{H}$ nicht zu sehr dadurch einschränken, daß wir verlangen, sie mögen im Unendlichen entsprechend $1/R^2$ abnehmen. Wir werden sehen, daß die Feldstärken in den elektrostatischen Feldern bzw. im Feld stationärer Ströme im Unendlichen zumindest mit $1/R^2$ abnehmen. Im Strahlungsfeld einer Antenne hingegen verringern sich die Feldstärken nur mit der ersten Potenz des Abstandes, verschwinden also entsprechend $1/R$, und somit ergibt ihr Integral über die unendliche Fläche einen endlichen Wert, da

$$\lim_{R\to\infty} \oint (\boldsymbol{E}\times\boldsymbol{H})\,\mathrm{d}\boldsymbol{A} = \lim_{R\to\infty} \frac{k}{R^2} \oint_A \mathrm{d}A = \lim_{R\to\infty} \frac{k}{R^2}\, 4\pi R^2 = 4\pi k. \tag{6}$$

Die Lage kann jedoch auf mannigfache Art gerettet und so die Eindeutigkeit auch auf diesen Fall ausgedehnt werden, z. B. indem wir berücksichtigen, daß sich die elektromagnetischen Feldstärken mit endlicher Geschwindigkeit fortpflanzen. Setzen wir voraus, daß zur Zeit $t = t_0$ die Feldstärken außerhalb des in einer Kugel mit endlichem Radius R_0 befindlichen Volumens überall Null oder statisch seien. Zeichnen wir zu einem späteren Zeitpunkt t mit einem Radius, der der Ungleichung

$$R > R_0 + c(t - t_0)$$

entspricht, eine Kugelfläche (c bedeutet die Fortpflanzungsgeschwindigkeit des Lichtes), so wird die Feldstärke auf dieser noch immer entweder Null oder statisch sein. Damit wird also das Integral des Poyntingschen Vektors bestimmt auch Null. Der Verlauf der Feldstärke innerhalb dieser Oberfläche kann also eindeutig bestimmt werden. Dies bedeutet mit anderen Worten, daß im Fall von Strahlungsfeldern die elektrischen und magnetischen Feldstärken zwar proportional $1/R$ abnehmen, wir jedoch die Fläche, über die zu integrieren ist, so weit hinausschieben können, daß das elektromagnetische Feld sie bis zum Zeitpunkt t nicht erreicht.

Später werden wir sehen, daß die Eindeutigkeit auch durch die Annahme einer endlichen, wenn auch sehr kleinen Leitfähigkeit des Raumes oder durch die Aufstellung der sogenannten Ausstrahlungsbedingungen gesichert werden kann (Kap. 4.40.).

1.10. Nahwirkung — Fernwirkung

In der Elektrotechnik wurde bis zur Mitte des vergangenen Jahrhunderts — und im Unterricht an den Schulen ist das selbst heute noch so — die Hauptrolle den auf den Leitern befindlichen Ladungen und den in den Leitungen fließenden Strömen zugeschrieben. Diese Ladungen und Ströme beeinflussen sich gegenseitig in Abhängigkeit von dem zwischen ihnen bestehenden Abstand. Das zwischen ihnen befindliche Medium spielt keine oder nur eine untergeordnete Rolle. Die Ladungen oder Ströme wirken also quasi aus der Ferne aufeinander (Fernwirkung). Den Prototyp dieser sogenannten Fernwirkungsgesetze stellt das Coulombsche Gesetz dar:

$$F = \frac{1}{4\pi\varepsilon} \frac{Q_1 Q_2}{r^2},$$

d. h., die Ladungen üben eine Kraft aufeinander aus, die proportional ihrer Größe und umgekehrt proportional dem Quadrat ihres Abstandes ist. Sowohl im Ausdruck der Kraft als auch in dem der Energie treten die Größen der Ladungen oder Ströme und die geometrischen Abmessungen der Leiter oder Leitungen auf. Bei dieser Auffassung besitzt sowohl der elektrische als auch der magnetische Teil des elektromagnetischen Feldes nur den Charakter einer Rechengröße. Die Maxwellschen Gleichungen sind in dieser Hinsicht von grundsätzlich anderer Natur. In ihnen stehen nämlich das elektrische und das magnetische Feld in direkter Beziehung zueinander und nicht die Ströme und die Ladungen. Ferner — und das ist für die Charakterisierung der Nahwirkung am wichtigsten — bestehen Zusammenhänge unter solchen Größen, die in demselben Punkt des Raumes zu demselben Zeitpunkt vorhanden sind. Die primäre Rolle fällt also den Feldstärken, dem elektromagnetischen Feld zu, und es scheint so, daß eher die Ladung und die Stromstärke einen die Berechnung vereinfachenden Hilfsbegriff darstellen als die Divergenz des elektrischen Feldes oder die Rotation des magnetischen Feldes. Auch die Energie ist nicht mit den Ladungen und Strömen direkt verknüpft, sondern ihr Sitz wird von den Leitern nach den Isolatoren verschoben, und wir stellen sie uns in den Isolatoren oder im Vakuum lokalisiert vor. Solange die zeitliche Änderung langsam stattfindet, wie wir es bei einer Selbstinduktionsspule und auch bei den Kondensatoren gesehen haben, sind die beiden Auffassungen mathematisch gleichwertig, und vom physikalischen Gesichtspunkt aus betrachtet ist es gleichgültig, welche Vorstellung wir mit den Erscheinungen verknüpfen.

Da wir jedoch unter Berücksichtigung der magnetisierenden Wirkung des Verschiebungsstromes zu den elektromagnetischen Wellen gelangen, kann die Richtigkeit der beiden verschiedenartigen Betrachtungsweisen schon endgültig entschieden werden. Im allgemeinen Fall kann das elektromagnetische Feld keineswegs als bloßes Rechenhilfsmittel aufgefaßt werden, andererseits ist aber auch die Auffassung, die die Ladung bzw. den Strom als eine Singularität des elektromagnetischen Feldes betrachtet, nicht stichhaltig. Zum Beweis des vorher Gesagten nehmen wir an, daß eine Radioantenne im Zeitintervall $t_0 \leqq t \leqq t_1$ ein Zeichen ausstrahle. Dieses Zeichen wird durch eine weit entfernt liegende Empfangsantenne im Zeitintervall $t_2 \leqq t \leqq t_3$ empfangen, wobei $t_2 > t_1$ ist. Also fließen in der Zwischenzeit $t_1 < t < t_2$, wenn der Sender die Sendung bereits beendet hat, der Empfänger jedoch noch nicht empfängt, weder in der Sendeantenne noch in Empfangsantenne und Apparat Ströme, und es sind keine Ladungen vorhanden. Wenn wir also dem Fernwirkungsgesetz entsprechend die Energie dort suchen, wo ein Strom bzw. eine Ladung existiert, so können wir während dieser Zeitspanne von keiner Energie sprechen. Nach den Gesetzen der Nahwirkung sind wir aber imstande, die durch die Antenne ausgestrahlte Energie aufzufinden, wenn wir jene Teile des Raumes suchen, in denen die elektrischen und magnetischen Feldgrößen von Null verschieden sind. Diese Energie ist bestimmt durch

$$\int_V \left(\frac{1}{2}\,\varepsilon \boldsymbol{E}^2 + \frac{1}{2}\,\mu \boldsymbol{H}^2\right) \mathrm{d}V.$$

Das elektromagnetische Feld nimmt also Energie auf bzw. befördert sie. Im Sinne der Relativitätstheorie bringt die bewegliche Energie stets einen Impuls mit sich, somit besitzt das elektromagnetische Feld als Energieträger bzw. als Impulsträger die gleiche Realität wie beispielsweise ein Teilchen.

Wir sind jedoch auch nicht berechtigt, zu behaupten, daß die elektrische Ladung oder der elektrische Strom nur reine Hilfsbegriffe seien. Wenn diese Auffassung auch zu keinem Widerspruch führen würde, so wäre doch schwer zu verstehen, daß elektrische Ladungen genau definierter Größe existieren, wie z. B. die Elektronen. Gerade die atomistische Struktur der Elektrizität weist darauf hin, daß auch die elektrische Ladung als physikalische Realität aufzufassen ist.

Die Sachlage kann also folgendermaßen zusammengefaßt werden: das elektromagnetische Feld wird letzten Endes durch die elektrischen Ladungen erzeugt. Wir messen sowohl den elektrischen Ladungen als auch dem elektrischen Feld Realität bei. Der Ladung deshalb, weil sie in diskreten Werten vorkommt und das Feld erzeugt, dem Feld, weil es der Träger der elektromagnetischen Energie und des elektromagnetischen Impulses ist.

1.11. Die Maßsysteme

Beim Aufbau der Maßsysteme offenbarte sich schon anfangs das Streben nach einem solchen System, in dem die mechanischen und elektrischen Einheiten ein zusammenhängendes Ganzes bilden, und zwar derart, daß auch die elektrischen Einheiten auf willkürlich definierte mechanische Grundeinheiten, nämlich auf die Grundeinheiten der Länge, der Masse und der Zeit zurückgeführt werden können. Je nachdem, welche der zwischen den mechanischen und elektromagnetischen Größen bestehenden Beziehungen und in welcher Form wir sie zum Ausgangspunkt wählen, können wir zu verschiedenen elektrischen Maßsystemen gelangen.

Die vier wichtigsten dieser Systeme werden wir im folgenden behandeln.

Das untenstehende Schema skizziert den Zusammenhang zwischen den mechanischen, elektrischen und magnetischen Größen.

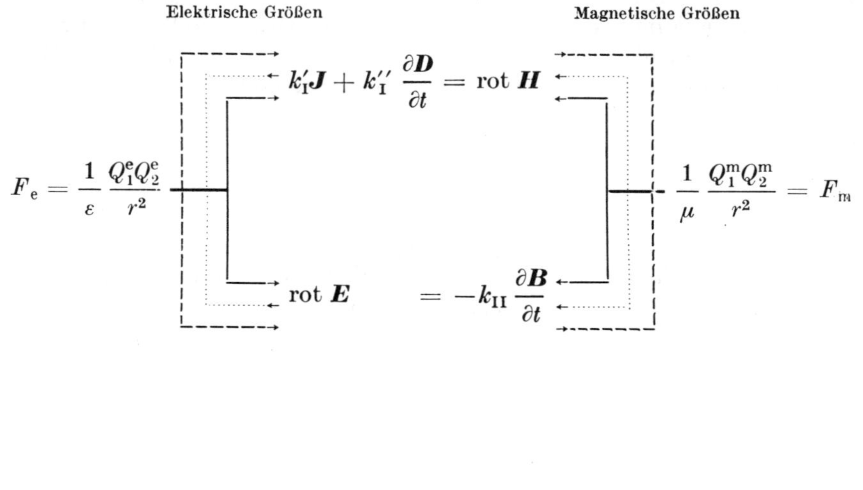

Wie schon erwähnt, können die elektromagnetischen Größen auf unterschiedliche Art mit den mechanischen Größen in Zusammenhang stehen. In der obigen Skizze haben wir lediglich das elektrische bzw. magnetische Coulombsche Gesetz angeführt.

Die elektrischen und magnetischen Größen sind über die ersten beiden Maxwellschen Gleichungen miteinander verknüpft.

Im *elektrostatischen Maßsystem* gehen wir vom elektrostatischen Coulombschen Gesetz aus. Die darin auftretende Konstante ε wählen wir dimensionslos und im Falle des Vakuums zu Eins, die Kraft messen wir in dyn. Durch diese Gleichung gelangen wir zur elektrostatischen Einheit der Ladung. Hiervon ausgehend erhalten wir entlang der gestrichelten Linie der Reihe nach die Einheiten der Stromstärke, der Stromdichte und der elektrischen Verschiebung. Die elektrische Feldstärke wird mit Hilfe der Beziehung

$$\boldsymbol{F} = Q\boldsymbol{E}$$

definiert. Aus der Feldstärke ergibt sich der Wert des Potentials durch den Ausdruck

$$U = -\int_L \boldsymbol{E}\,\mathrm{d}\boldsymbol{l},$$

wo L in cm gemessen wird.

Auf diese Art wurden die auf der linken Seite der Maxwellschen Gleichungen auftretenden elektrischen Größen bereits definiert. Die Dimensionen der auf der rechten Gleichungsseite stehenden magnetischen Größen sind davon abhängig, welche Dimension wir für die Konstanten k_{I}', k_{I}'' bzw. k_{II} der Maxwellschen Gleichungen wählen. Wir sind natürlich immer bestrebt, wenn in einer Beziehung nur eine Größe unbekannter Dimension vorkommt und wir über die Konstanten noch frei verfügen können, diese Konstanten als dimensionslose Zahl und evtl. gleich Eins zu wählen. Letzteres ist jedoch aus geometrischen Gründen nicht immer zweckmäßig. Im Fall des elektrostatischen Systems bestimmen wir die erwähnten Konstanten k zu dimensionslosen Größen. Wenn wir auf diese Art über die beiden Maxwellschen Gleichungen die Einheiten von $\boldsymbol{H}$ und $\boldsymbol{B}$ schon definiert haben, so ergibt sich durch Substitution der magnetischen Ladung im magnetischen Coulombschen Gesetz, daß die darin auftretende Konstante nicht gleich Eins und auch nicht dimensionslos ist. Ihr Wert und ihre Dimension ergeben sich für das Vakuum durch Messungen zu

$$\mu_0 \approx \frac{1}{9 \cdot 10^{20}}\ \mathrm{s^2/cm^2}.$$

Der Ausgangspunkt des *magnetostatischen Maßsystems* ist das magnetische Coulombsche Gesetz, in welchem die Konstante μ im Falle des Vakuums gleich Eins gewählt wird. Dieses Maßsystem definiert die magnetischen Größen in Richtung des punktierten Pfeiles, gelangt über die beiden Maxwellschen Gleichungen zu den elektrischen Größen und erfaßt schließlich die Größen des elektrischen Coulombschen Gesetzes. Jetzt wird selbstverständlich die in dieser Gleichung enthaltene Konstante ε selbst im Fall des Vakuums nicht gleich Eins sein und auch eine Dimension besitzen:

$$\varepsilon_0 \approx \frac{1}{9 \cdot 10^{20}} \, \mathrm{s^2/cm^2}.$$

Die beiden Maxwellschen Gleichungen erhalten wir sodann in der Form

$$\operatorname{rot} \boldsymbol{H} = 4\pi \left(\boldsymbol{J} + \frac{1}{4\pi} \frac{\partial \boldsymbol{D}}{\partial t} \right),$$

$$\operatorname{rot} \boldsymbol{E} = -\frac{\partial \boldsymbol{B}}{\partial t}.$$

Diese Maßsysteme haben heute nur noch historische Bedeutung. Das Gaußsche Maßsystem dagegen trifft man, vor allem in Lehrbüchern theoretischer Art, noch häufig an.

Das *Gaußsche Maßsystem* stellt eine Mischung des elektrostatischen und des elektromagnetischen Maßsystems dar und geht in unserem Schema in Richtung des ausgezogenen Pfeiles sowohl aus dem elektrischen als auch aus dem magnetischen Coulombschen Gesetz hervor, wobei die in diesen beiden Gesetzen auftretende Konstante als dimensionslos und gleich Eins gewählt wurde. Somit stimmen die Dimensionen der elektrischen Einheiten des Gaußschen Systems mit denen des elektrostatischen Systems überein und ebenso die Dimensionen der magnetischen Einheiten des Gaußschen mit denen des magnetostatischen Systems. Dadurch gelangen wir sowohl auf der linken als auch auf der rechten Seite der Maxwellschen Gleichung zu Einheiten mit ganz bestimmten Dimensionen. Das bedeutet, daß wir weder über den Zahlenwert noch über die Dimensionen der hier eingehenden Konstanten frei verfügen können.

Die vier Maxwellschen Gleichungen erhalten in diesem System folgende Form:

$$\operatorname{rot} \boldsymbol{H} = \frac{4\pi}{c} \left(\boldsymbol{J} + \frac{1}{4\pi} \frac{\partial \boldsymbol{D}}{\partial t} \right); \qquad \operatorname{div} \boldsymbol{B} = 0,$$

$$\operatorname{rot} \boldsymbol{E} = -\frac{1}{c} \frac{\partial \boldsymbol{B}}{\partial t}; \qquad \operatorname{div} \boldsymbol{D} = 4\pi\varrho.$$

Das untenstehende Schema zeigt in Einzelheiten, wie sich die Dimensionen der einzelnen Größen schrittweise ergeben. Der Zahlenwert der in den Maxwellschen

Gleichungen auftretenden Konstante c kann natürlich nur durch Messungen bestimmt werden. Er beträgt: $c = 3 \cdot 10^{10}$ cm/s.

$$\varepsilon_0 = 1 \qquad J = \frac{dI}{dA} \qquad\qquad\qquad\qquad\qquad \mu_0 = 1$$

$$I = \frac{dQ}{dt} \longrightarrow \frac{4\pi}{c}\left(\boldsymbol{J} + \frac{1}{4\pi}\frac{\partial \boldsymbol{D}}{\partial t}\right) = \text{rot } \boldsymbol{H} \leftarrow H \leftarrow mH = F_m$$

$$F_e = \frac{1}{\varepsilon}\frac{Q_1 Q_2}{r^2} \longrightarrow Q \quad D = \varepsilon E \qquad\qquad\qquad m \leftarrow \frac{1}{\mu}\frac{m_1 m_2}{r^2} = F_m$$

$$F_e = EQ \longrightarrow E \qquad\qquad\qquad \text{rot } \boldsymbol{E} = -\frac{1}{c}\frac{\partial \boldsymbol{B}}{\partial t} \longleftarrow B = \mu H$$

$$U = -\int_L \boldsymbol{E}\, d\boldsymbol{l}$$

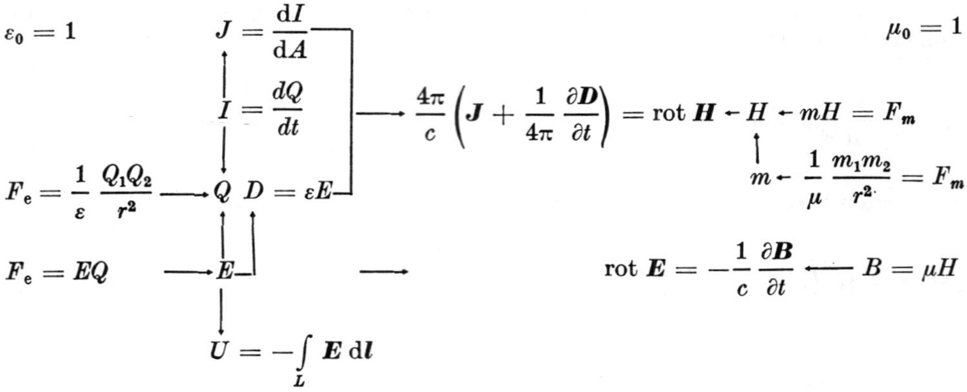

Das *Internationale System* (*SI*) wurde aus dem Giorgischen MKSA-System entwickelt. Bei den bisher besprochenen Maßsystemen bildete das Coulombsche Gesetz den Schwerpunkt. Seine Form war daher möglichst einfach anzusetzen. Dieses Streben wurde zuerst damit begründet, daß dieses Gesetz im Vordergrund der Untersuchungen stehe. Beim SI-System wurde der Schwerpunkt auf die Maxwellschen Gleichungen verlegt, da hier deren Form die denkbar einfachste ist: Alle darin auftretenden Konstanten haben den Wert Eins und sind dimensionslos. Dieses Maßsystem weicht von den bisherigen Systemen auch insofern ab, als für Länge und Masse die Einheiten Meter und Kilogramm statt der gewohnten Zentimeter und Gramm verwendet werden. Der wesentlichste Unterschied besteht jedoch darin, daß als Krafteinheit nicht das Kilogrammgewicht dient, d. h. die Kraft, die einer Masse von 1 kg eine Beschleunigung von $g = 9{,}81$ ms^{-2} erteilt, sondern daß eine neue Krafteinheit, das Newton, eingeführt wurde. Dieses stellt die Kraft dar, welche der Einheit der Masse (d. h. der Masse 1 kg) die Beschleunigung 1 ms^{-2} erteilt. Sein Wert beträgt

$$1\text{ N} = 10^3\text{ g} \cdot 10^2\text{ cm s}^{-2} = 10^5\text{ dyn.}$$

In diesem System tritt zu den drei mechanischen Einheiten Meter, Kilogramm und Sekunde als vierte unabhängige Einheit die des elektrischen Stromes, das Ampere. Die Einheiten aller anderen Größen werden in der Elektodynamik durch diese Grundeinheiten ausgedrückt. Die Definition des Ampere lautet:

In einem Leiter fließt die Einheit der Stromstärke, wenn dieser Leiter auf einen 1 m langen Abschnitt eines zu ihm parallelen, im Abstand von 1 m angeordneten anderen Leiters eine Kraftwirkung von $2 \cdot 10^{-7}$ N ausübt, vorausgesetzt, daß in diesem Leiter der gleiche Strom fließt. Beide Leiter sind dabei als unendlich lang angenommen.

Die Definition der Einheit der Spannung lautet dagegen:

Die Einheit der Spannung, d. h. eine Spannung von 1 V, tritt zwischen zwei Punkten dann auf, wenn eine Stromstärke von 1 A zwischen diesen beiden Punkten gerade 1 W oder, mit anderen Worten, 1 N m/s an Leistung liefert. Aus dem untenstehenden Schema kann entnommen werden, wie nach der Definition von Volt und Ampere die Dimensionen der übrigen elektromagnetischen Größen zu ermitteln sind.

$$
\begin{array}{c}
I\,[\mathrm{A}] \\
\downarrow \\
J = \dfrac{\mathrm{d}I}{\mathrm{d}A}\left[\dfrac{\mathrm{A}}{\mathrm{m}^2}\right] \\
\downarrow \\
Q = \int I\,\mathrm{d}t\,[\mathrm{As}] \\
\downarrow \\
D = \dfrac{\mathrm{d}Q}{\mathrm{d}A}\left[\dfrac{\mathrm{As}}{\mathrm{m}^2}\right] \\
\\
E = -\mathrm{grad}\,U\left[\dfrac{\mathrm{V}}{\mathrm{m}}\right] \\
\uparrow \\
U\,[\mathrm{V}]
\end{array}
\quad
J + \dfrac{\partial \boldsymbol{D}}{\partial t} = \mathrm{rot}\,\boldsymbol{H} \to \boldsymbol{H}\left[\dfrac{\mathrm{A}}{\mathrm{m}}\right]
$$

$$\dfrac{D}{E}\left[\dfrac{\mathrm{As}}{\mathrm{Vm}}\right] \qquad \mathrm{rot}\,\boldsymbol{E} = -\dfrac{\partial \boldsymbol{B}}{\partial t} \longrightarrow \boldsymbol{B}\left[\dfrac{\mathrm{Vs}}{\mathrm{m}^2}\right] \qquad \mu = \dfrac{B}{H}\left[\dfrac{\mathrm{Vs}}{\mathrm{Am}}\right]$$

$$\Phi = \int \boldsymbol{B}\,\mathrm{d}\boldsymbol{A}\,[\mathrm{Vs}]$$

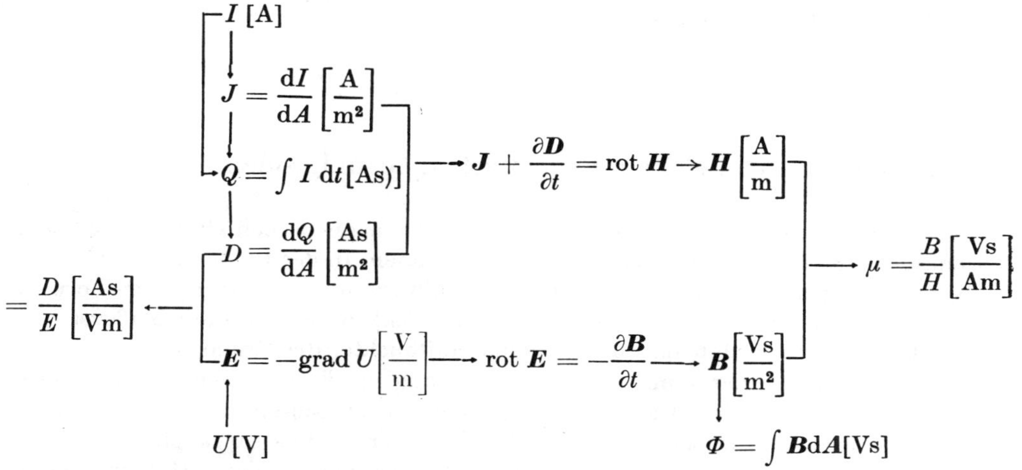

Da wir einerseits zu den Dimensionen der elektrischen Verschiebung, andererseits zu denen der magnetischen Feldstärke und der magnetischen Induktion auf verschiedenen Wegen gelangten, werden also die Verhältnisse $\varepsilon = D/E$ und $\mu = B/H$ selbst im Vakuum nicht den Wert Eins haben und auch nicht dimensionslos sein, sondern die im Schema eingetragenen Dimensionen besitzen. Wie sich aus den Messungen ergibt, erhalten wir im Fall des Vakuums für μ und ε die Werte

$$\mu_0 = 4\pi \cdot 10^{-7}\,\dfrac{\mathrm{Vs}}{\mathrm{Am}} \approx 1{,}2566 \cdot 10^{-6}\,\dfrac{\mathrm{Vs}}{\mathrm{Am}};$$

$$\varepsilon_0 = 8{,}8543 \cdot 10^{-12}\,\dfrac{\mathrm{As}}{\mathrm{Vm}} \approx \dfrac{1}{4\pi 9 \cdot 10^9}\,\dfrac{\mathrm{As}}{\mathrm{Vm}}.$$

Im elektromagnetischen und im elektrostatischen Maßsystem tritt auch der Faktor 4π in den Maxwellschen Gleichungen auf. Hingegen erscheint er in diesen Systemen nicht im Coulombschen Gesetz. Der Faktor 4π wurde im SI-System in den Maxwellschen Gleichungen vermieden, tritt aber dafür im Coulombschen

Gesetz auf. Das elektrische Coulombsche Gesetz im SI-System lautet:

$$F = \frac{1}{4\pi\varepsilon_0\varepsilon_r} \frac{Q_1Q_2}{r^2}.$$

Aus diesem Grunde ist die Anwendung des SI-Maßsystems pädagogisch etwas schwierig. Es ist bekanntlich zweckmäßig, bei den einführenden Vorträgen die elektrische Ladung als elektrischen Grundbegriff zum Ausgangspunkt zu wählen. Deren Definition ist gerade durch das Coulombsche Gesetz möglich. Gehen wir aber auf diese Weise vor, so können wir die Wahl der im Coulombschen Gesetz auftretenden Konstanten nicht befriedigend begründen.

1.12. Messung von elektromagnetischen Grundgrößen

Im vorigen Kapitel wurde gezeigt, daß die elektromagnetischen Grundgleichungen verschiedener Maßsysteme aufgestellt werden können. In der Praxis finden wir, daß die Gleichungen der Elektrotechnik in der Fachliteratur sehr verschiedene Formen besitzen, und zwar gerade wegen der Unterschiedlichkeit der gewählten Maßsysteme. Es ist verständlich, daß nun der Gedanke auftauchte, die Grundgleichungen der Elektrotechnik in einer vom Maßsystem unabhängigen Form zu schreiben. Dies ist auch tatsächlich möglich. Die Anwendung einer solchen Schreibweise erscheint aber in Lehrbüchern nicht sehr zweckmäßig. Zum Verständnis eines physikalischen Begriffes, zum Arbeiten mit ihm, gehört auch die Messung, mit deren Hilfe wir dieser Größe einen bestimmten Zahlenwert zuordnen können. Dieses Messen ist in den einzelnen Maßsystemen sehr unterschiedlich. Es ist wünschenswert, daß mit jedem elektromagnetischen Begriff unmittelbar die nötigen Anweisungen zu einer Messung verbunden sind. Das bedeutet wiederum, daß wir bei den Lehrbüchern, hauptsächlich bei Lehrbüchern einführenden Charakters, unbedingt an einem bestimmten Maßsystem festhalten müssen. Die vom Maßsystem unabhängige Schreibweise ist ein sehr geeignetes Hilfsmittel für jene, die mit den einzelnen Begriffen bereits vertraut sind.

Von diesem Gesichtspunkt aus betrachtet weist das SI-Maßsystem allen übrigen Systemen gegenüber einen sehr großen Vorteil auf: In jeder Definition eines physikalischen Begriffes ist grundsätzlich eine Vorschrift zur Messung des betreffenden Begriffs enthalten. Darüber hinaus wird in diesem System durch die Dimension der einzelnen Größen der Hinweis für die Messungen der betreffenden Größen mit Hilfe praktischer Grundeinheiten (Volt und Ampere) direkt angegeben. Nachstehend wollen wir kurz die Messung der beiden Grundgrößen und der Feldgrößen behandeln.

Die Einheit der Stromstärke (I) wurde von uns durch die gegenseitig ausgeübte Kraftwirkung der Ströme definiert. In der gleichen Weise kann auch eine Stromstärke in einem beliebigen Stromkreis gemessen werden, wenn wir die Abhängigkeit der Kraft von der Richtung der Leiterelemente und dem zwischen ihnen gemessenen Abstand kennen. Sehr genaue Messungen können im Laboratorium mit Hilfe einer Thomsonschen Waage vorgenommen werden (Abb. 1.38).

Die Einheit der Stromstärke kann ebenfalls mit einer solchen Waage festgestellt werden. Alle übrigen Meßgeräte können mit ihrer Hilfe geeicht werden.

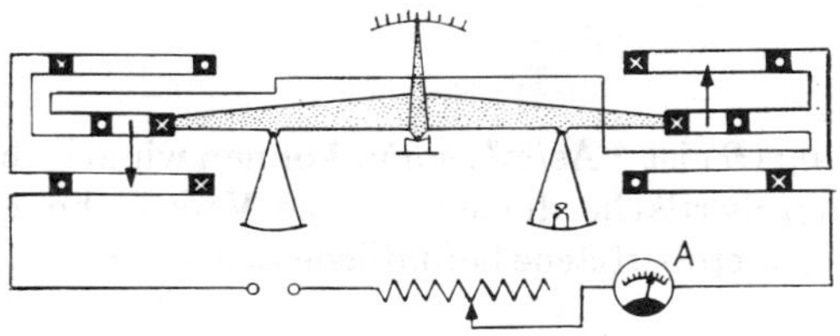

Abb. 1.38 Bestimmung der Einheit der Stromstärke mit Hilfe der Thomson-Waage

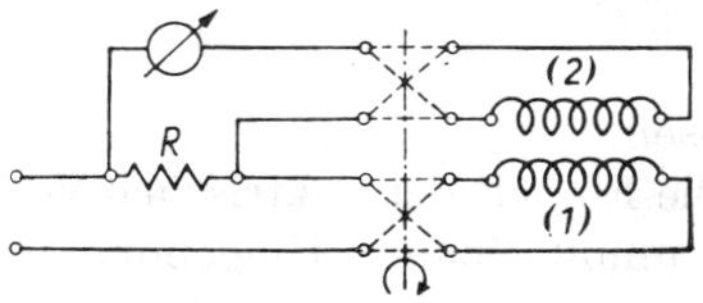

Abb. 1.39 Eichung eines Manganinwiderstandes mit Hilfe von Normalspulen. Der Induktionskoeffizient der Spulen wird rechnerisch ermittelt. Die durch periodische Umschaltung induzierte Spannung wird nach Gleichrichtung mit dem Spannungsabfall RI kompensiert

Die für die Spannung (U) gegebene Definition eignet sich für die praktische Ausführung von Messungen nicht. An ihrer Stelle arbeiten wir mit der im vorigen Kapitel gegebenen Definition der Stromstärke und wählen statt der Definition der Spannungseinheit die im vorangegangenen als Meßergebnis erhaltene Größe μ_0; entsprechend der im Vakuum geltenden Beziehung für die Permeabilität ist

$$\mu_0 = 4\pi \cdot 10^{-7}\ \text{Vs/Am}.$$

Mit ihrer Kenntnis sind wir bereits in der Lage, die Selbstinduktion einer Spule von beliebig gegebenen Abmessungen im Vakuum zu berechnen, da diese nur von der Permeabilität des Mediums und den geometrischen Abmessungen der Spule abhängt. Mit Hilfe der Stromstärke und der genau dimensionierten Normalinduktivität können wir nunmehr auch die Spannungseinheit definieren:

Die Einheit der Spannung, also 1 V, tritt dann zwischen den beiden Endpunkten einer Induktionsspule auf, wenn der Induktionskoeffizient der Spule, nach der vorher angeführten Art berechnet, gerade gleich der Einheit ist und sich der Strom in der Spule während einer Sekunde gleichmäßig um 1 A ändert. Für die praktische Ausführung dieser Messung wollen wir noch erwähnen, daß an Stelle einer Normalselbstinduktivität ein Spulenpaar Verwendung findet, das durch eine genau definierte, gegenseitige Induktionskonstante charakterisiert ist. Durch dieses Spulenpaar wird sodann ein Manganindrahtwiderstand geeicht. Die Spannung wird von den beiden Endpunkten dieses Drahtwiderstandes abgenommen (Abb. 1.39).

Die Maßeinheit der elektrischen Feldstärke (***E***) ist 1 V/m. Wir erhalten also die Feldstärke im homogenen Kraftfeld, wenn wir die Spannungsdifferenz zwischen zwei Punkten messen, deren Abstand 1 m beträgt. Im allgemeinen betrachten wir zwei nahe beieinander liegende Punkte und dividieren die gemessene Spannungsdifferenz durch den in Meter gemessenen Abstand (Abb. 1.40). Wir können übrigens ***E*** auch mit Hilfe der Beziehung

$$\boldsymbol{F} = Q\boldsymbol{E}$$

messen.

Die Einheit der elektrischen Verschiebung (***D***) ist 1 As/m^2; somit können wir also in der unmittelbaren Umgebung einer Leiteroberfläche die elektrische Verschiebung messen, wenn wir die auf einer Einheit der Leiteroberfläche befindliche Ladungsmenge

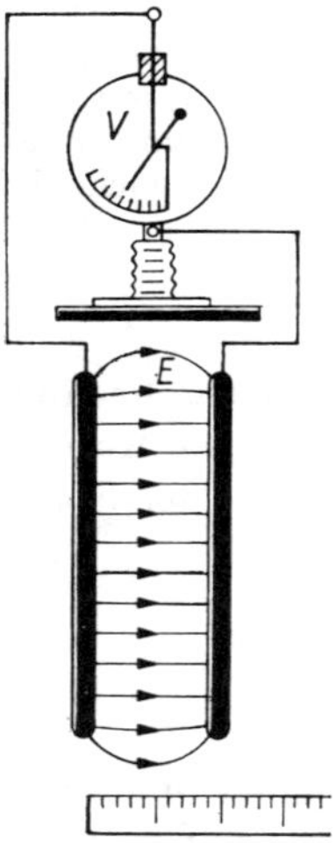

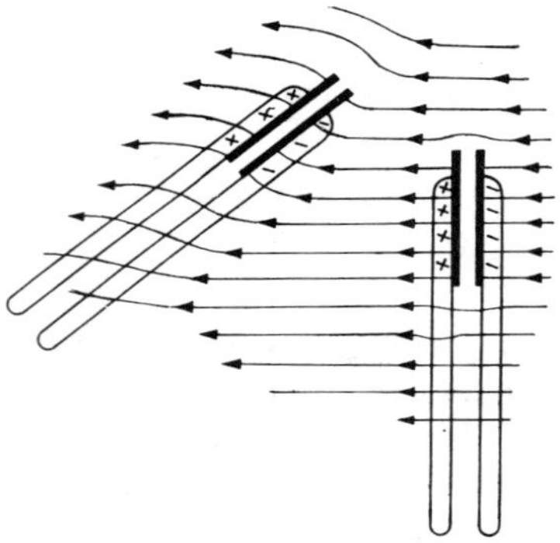

Abb. 1.41 Messung der elektrischen Verschiebung

Abb. 1.40 Die Messung der elektrischen Feldstärke ***E*** wird auf Spannungs- und Längenmessung zurückgeführt

bestimmen. In einem beliebigen Punkt des Raumes können wir diese durch die induzierte Ladung auf einem Plattenpaar messen, das wir isoliert an den betreffenden Raumpunkt bringen und dessen Platten zuerst in Kontakt gebracht, sodann auseinandergezogen werden. Wir können auch die Richtung des Verschiebungsvektors feststellen, wenn wir das Plattenpaar bei konstantem Plattenabstand so lange drehen, bis wir die maximale Ladung erhalten (Abb. 1.41). Die magnetische Feldstärke (***H***) besitzt die Maßeinheit 1 A/m. Wir führen auf dieser Grundlage die Messung der magnetischen Feldstärke auf die Messungen der Stromstärke und einer Länge zurück, z. B. derart, daß wir an dem betreffenden Punkt des Raumes (s. Abb. 1.42) eine kleine Spule anbringen, deren Länge groß ist im Verhältnis zum Durchmesser. Dann ändern wir ihre Orientierung und die darin fließende Stromstärke so lange, bis der in das

Spuleninnere eingebrachte Indikator, z. B. eine beliebige, aber empfindliche Magnetnadel, keine Feldstärke mehr anzeigt. Messen wir dann die Stromstärke und die Spulenlänge, so ergibt sich die Feldstärke, deren Richtung mit derjenigen der Solenoidachse identisch ist.

Die magnetische Induktion (**B**) hat die Maßeinheit 1 Vs/m². Man mißt sie in einem beliebigen Punkt des Feldes, indem man eine Spule von gegebener Oberfläche, die

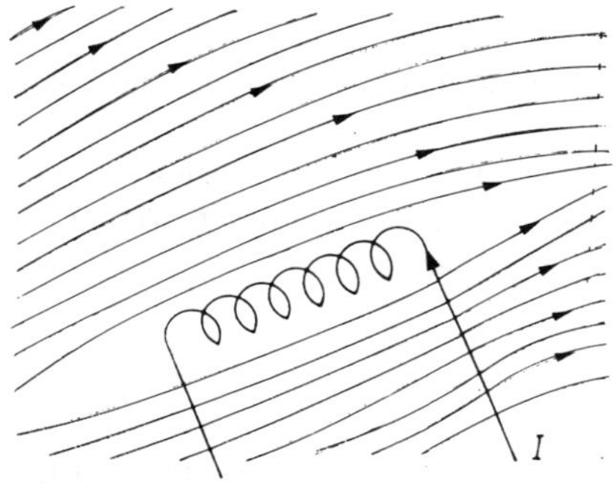

Abb. 1.42 Messung der magnetischen Feldstärke

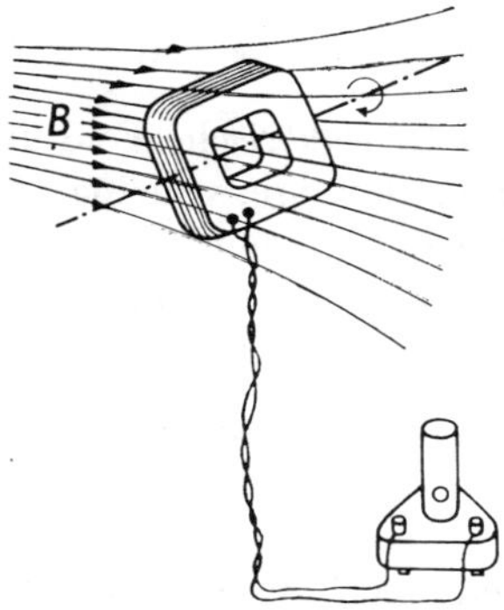

Abb. 1.43 Messung der Induktion

vorher senkrecht zur Kraftlinienebene angeordnet war, während einer kurzen Zeit in die Kraftlinienebene dreht und feststellt, welcher Spannungsstoß dabei auftritt (Abb. 1.43). Die Induktion berechnet man dann an Hand der gemessenen Größen.

1.13. Die Einteilung der Elektrodynamik

Unter Zugrundelegung der Maxwellschen Gleichungen können wir die gesamte Elektrodynamik in folgende Kapitel unterteilen:

Der einfachste Fall liegt vor, wenn keine zeitlichen Veränderungen auftreten und auch kein elektrischer Strom fließt, d. h., wenn

$$\frac{\partial}{\partial t} = 0; \qquad \boldsymbol{J} = 0.$$

In diesem Falle gelten die Grundgleichungen in den Formen:

$$\operatorname{rot} \boldsymbol{H} = 0, \qquad \operatorname{rot} \boldsymbol{E} = 0,$$

$$\operatorname{div} \boldsymbol{B} = 0, \qquad \operatorname{div} \boldsymbol{D} = \varrho,$$

$$\boldsymbol{B} = \mu_0 \boldsymbol{H} + \boldsymbol{M}, \qquad \boldsymbol{D} = \varepsilon_0 \boldsymbol{E} + \boldsymbol{P}.$$

Wir sehen sofort, daß die elektrischen und magnetischen Größen in keinerlei Beziehung zueinander stehen. Daher kann die *Elektrostatik* vollständig abgeschlossen für sich behandelt werden. Ihre Grundgleichungen lauten:

$$\operatorname{rot} \boldsymbol{E} = 0, \qquad \operatorname{div} \boldsymbol{D} = \varrho, \qquad \boldsymbol{D} = \varepsilon_0 \boldsymbol{E} + \boldsymbol{P}. \tag{1}$$

Dasselbe gilt auch für die *Magnetostatik*, deren Grundgleichungen wir nachstehend angeben:

$$\operatorname{rot} \boldsymbol{H} = 0, \qquad \operatorname{div} \boldsymbol{B} = 0, \qquad \boldsymbol{B} = \mu_0 \boldsymbol{H} + \boldsymbol{M}. \tag{2}$$

Das statische elektrische Feld und das statische magnetische Feld können also vollkommen unabhängig voneinander existieren.

Sehen wir von den zeitlichen Veränderungen jeglicher Art ab, berücksichtigen jedoch das magnetische Feld der zeitlich konstanten Ströme, so gelangen wir zu den Grundgleichungen der *Elektrodynamik der stationären Ströme:*

$$\begin{aligned} &\operatorname{rot} \boldsymbol{H} = \boldsymbol{J}, \qquad \operatorname{rot} \boldsymbol{E} = 0, \\ &\operatorname{div} \boldsymbol{B} = 0, \qquad \operatorname{div} \boldsymbol{D} = \varrho. \end{aligned} \tag{3}$$

In diesem Fall besteht bereits eine Verbindung zwischen den elektrischen und den magnetischen Größen über die Beziehungen:

$$\begin{aligned} \boldsymbol{J} &= \gamma(\boldsymbol{E} + \boldsymbol{E}_\mathrm{e}), \\ \operatorname{rot} \boldsymbol{H} &= \gamma(\boldsymbol{E} + \boldsymbol{E}_\mathrm{e}). \end{aligned} \tag{4}$$

Vernachlässigen wir noch immer die magnetisierende Wirkung des Verschiebungsstromes $\partial \boldsymbol{D}/\partial t$ und ziehen dennoch bereits die Änderung der magnetischen Feldstärke in Betracht, so gelangen wir zu den Grundgleichungen der *Elektrodynamik der beinahe stationären oder quasistationären Ströme*. Diese lauten:

$$\begin{aligned} &\operatorname{rot} \boldsymbol{H} = \boldsymbol{J}, \qquad \operatorname{div} \boldsymbol{B} = 0, \qquad \boldsymbol{B} = \mu \boldsymbol{H}, \qquad \boldsymbol{J} = \gamma(\boldsymbol{E} + \boldsymbol{E}_\mathrm{e}), \\ &\operatorname{rot} \boldsymbol{E} = -\frac{\partial \boldsymbol{B}}{\partial t}, \qquad \operatorname{div} \boldsymbol{D} = \varrho, \qquad \boldsymbol{D} = \varepsilon \boldsymbol{E}. \end{aligned} \tag{5}$$

Hier besteht zwischen den elektrischen und magnetischen Größen bereits eine ziemlich enge Verbindung.

Schließlich sind noch in einem ganz allgemeinen Fall die Grundgleichungen der elektromagnetischen Wellen zu erwähnen, wenn wir sämtliche zeitlichen Veränderungen berücksichtigen:

$$\begin{aligned} &\operatorname{rot} \boldsymbol{H} = \boldsymbol{J} + \frac{\partial \boldsymbol{D}}{\partial t}, \qquad \operatorname{div} \boldsymbol{B} = 0, \qquad \boldsymbol{B} = \mu \boldsymbol{H}, \qquad \boldsymbol{J} = \gamma(\boldsymbol{E} + \boldsymbol{E}_\mathrm{e}), \\ &\operatorname{rot} \boldsymbol{E} = -\frac{\partial \boldsymbol{B}}{\partial t}, \qquad \operatorname{div} \boldsymbol{D} = \varrho, \qquad \boldsymbol{D} = \varepsilon \boldsymbol{E}. \end{aligned} \tag{6}$$

Die Abgrenzung der quasistationären Erscheinungen von den die elektromagnetischen Wellen charakterisierenden Erscheinungen ist, wie wir bereits erwähnt haben, nicht leicht. Wir sahen, daß nicht so sehr der Betrag der Geschwindigkeit der zeitlichen Änderung, sondern eher die auf die Wellenlänge bezogenen Abmessungen der betreffenden Leiter maßgebend war. Dieselbe Erscheinung kann oft mit Hilfe der quasistationären Grundgleichungen und gleichzeitig unter Zugrundelegung der ganz allgemeinen Wellengleichungen behandelt werden.

1.14. Zusammenfassung der Grundbegriffe der Vektoranalysis

Wir setzen in unserem Buch voraus, daß die Vektoralgebra und die elementare Vektoranalysis im allgemeinen bekannt sind. In diesem Kapitel fassen wir die in diesem Buch angewandten und als bekannt vorausgesetzten Begriffe und Sätze der Vektoranalysis kurz zusammen, ohne den Inhalt der Begriffe näher zu erläutern. Wir werden die einzelnen Sätze nicht beweisen. Im nächsten Kapitel behandeln wir die Fragen der Umkehrung der elementaren Vektoroperationen etwas eingehender, da diese in den darauffolgenden Kapiteln wiederholt benutzt werden und ihre Kenntnis nicht allgemein vorauszusetzen sein dürfte.

1.14.1. Der Begriff der räumlichen Ableitung

Es sei eine Funktion $y = y(x)$ einer einzigen Veränderlichen x gegeben. Das Verhalten dieser Funktion wird in der nächsten Umgebung des beliebigen Punktes der Zahlengeraden durch die Ableitung y' charakterisiert. Die Ableitung y' ist durch die Gleichung

$$\mathrm{d}y = y'\,\mathrm{d}x \tag{1}$$

definiert. Diese Gleichung ist eine abgekürzte Form der Gleichung

$$\Delta y = y'\,\Delta x + r(\Delta x)\,\Delta x,$$

wobei $r(\Delta x) \to 0$, wenn $\Delta x \to 0$.

Ähnlich wird das Verhalten der jedem Punkt des dreidimensionalen Raumes zugeordneten skalaren Funktion $\varphi(\boldsymbol{r})$ in der nächsten Umgebung eines beliebigen Punktes durch den Vektor grad φ charakterisiert.

Der Vektor grad φ ist durch die Gleichung

$$\mathrm{d}\varphi = \operatorname{grad}\varphi\,\mathrm{d}\boldsymbol{n} \tag{2}$$

definiert (Abb. 1.44).

Diese Definitionsgleichung ist so zu verstehen, daß wir die Änderung der skalaren Größe $\varphi(\boldsymbol{r})$ erhalten, wenn wir vom Punkt $P(\boldsymbol{r})$ zum Punkt $Q(\boldsymbol{r} + \mathrm{d}\boldsymbol{n})$ übergehen, indem wir den Vektor $\mathrm{d}\boldsymbol{n}$ mit dem Vektor grad φ skalar multiplizieren. Wir schreiben die Gl. (2) nun in einer anderen Form:

$$\frac{\partial \varphi}{\partial n} = (\mathrm{grad}\, \varphi)_n = \mathrm{grad}_n\, \varphi\,. \tag{3}$$

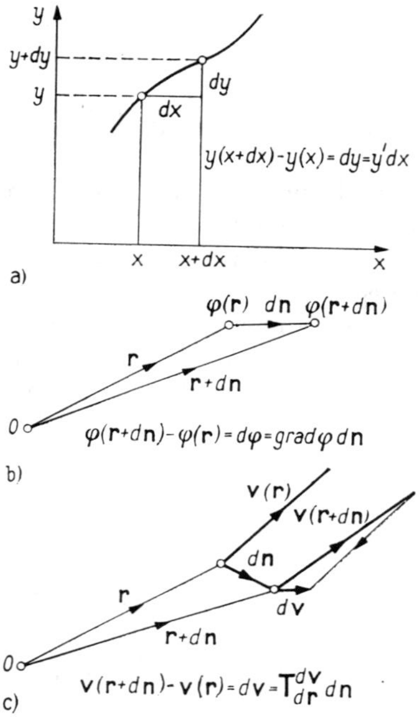

Abb. 1.44 Zum Begriff der räumlichen Ableitung

Die in einer beliebigen Richtung $\boldsymbol{n}$ angenommene, auf die Längeneinheit bezogene Änderung der skalaren Größe φ wird durch Projektion des Vektors grad φ auf die Richtung von $\boldsymbol{n}$ gegeben. In kartesischen Koordinaten gilt

$$\mathrm{grad}\, \varphi = \frac{\partial \varphi}{\partial x}\, \boldsymbol{e}_x + \frac{\partial \varphi}{\partial y}\, \boldsymbol{e}_y + \frac{\partial \varphi}{\partial z}\, \boldsymbol{e}_z\,,$$

wobei $\boldsymbol{e}_x$, $\boldsymbol{e}_y$, $\boldsymbol{e}_z$ die Koordinateneinheitsvektoren sind.

Das Verhalten der Vektorfunktion $\boldsymbol{v} = \boldsymbol{v}(\boldsymbol{r})$ in der Nähe eines Raumpunktes beschreibt der durch die Gleichung

$$\mathrm{d}\boldsymbol{v} = \mathbf{T}^{\mathrm{d}\boldsymbol{v}}_{\mathrm{d}\boldsymbol{r}}\, \mathrm{d}\boldsymbol{n} \tag{4}$$

definierte Tensor. Das Differential $\mathrm{d}\boldsymbol{v}$ der Funktion $\boldsymbol{v}(\boldsymbol{r})$ ist eine homogene lineare Funktion der Verschiebung $\mathrm{d}\boldsymbol{n}$.

Die Komponenten des Ableitungstensors lauten, wenn wir in kartesischen Koordinaten arbeiten,

$$\mathbf{T}_{\mathrm{d}\boldsymbol{r}}^{\mathrm{d}\boldsymbol{v}} = \begin{Bmatrix} \frac{\partial v_x}{\partial x} & \frac{\partial v_x}{\partial y} & \frac{\partial v_x}{\partial z} \\ \frac{\partial v_y}{\partial x} & \frac{\partial v_y}{\partial y} & \frac{\partial v_y}{\partial z} \\ \frac{\partial v_z}{\partial x} & \frac{\partial v_z}{\partial y} & \frac{\partial v_z}{\partial z} \end{Bmatrix} \tag{5}$$

Bezeichnen wir die Komponenten von $\mathrm{d}\boldsymbol{n}$ mit $\mathrm{d}x$, $\mathrm{d}y$, $\mathrm{d}z$, so hat unsere Gleichung in ausführlicher Form die Gestalt

$$\mathrm{d}v_x = \frac{\partial v_x}{\partial x}\,\mathrm{d}x + \frac{\partial v_x}{\partial y}\,\mathrm{d}y + \frac{\partial v_x}{\partial z}\,\mathrm{d}z,$$

$$\mathrm{d}v_y = \frac{\partial v_y}{\partial x}\,\mathrm{d}x + \frac{\partial v_y}{\partial y}\,\mathrm{d}y + \frac{\partial v_y}{\partial z}\,\mathrm{d}z,$$

$$\mathrm{d}v_z = \frac{\partial v_z}{\partial x}\,\mathrm{d}x + \frac{\partial v_z}{\partial y}\,\mathrm{d}y + \frac{\partial v_z}{\partial z}\,\mathrm{d}z.$$

Entsprechend verstehen wir unter dem Ausdruck $\mathbf{T}_{\mathrm{d}\boldsymbol{r}}^{\mathrm{d}\boldsymbol{v}}\boldsymbol{u}$ einen Vektor mit folgenden Komponenten:

$$\begin{aligned} (\mathbf{T}_{\mathrm{d}\boldsymbol{r}}^{\mathrm{d}\boldsymbol{v}}\boldsymbol{u})_x &= \frac{\partial v_x}{\partial x}\,u_x + \frac{\partial v_x}{\partial y}\,u_y + \frac{\partial v_x}{\partial z}\,u_z, \\ (\mathbf{T}_{\mathrm{d}\boldsymbol{r}}^{\mathrm{d}\boldsymbol{v}}\boldsymbol{u})_y &= \frac{\partial v_y}{\partial x}\,u_x + \frac{\partial v_y}{\partial y}\,u_y + \frac{\partial v_y}{\partial z}\,u_z, \\ (\mathbf{T}_{\mathrm{d}\boldsymbol{r}}^{\mathrm{d}\boldsymbol{v}}\boldsymbol{u})_z &= \frac{\partial v_z}{\partial x}\,u_x + \frac{\partial v_z}{\partial y}\,u_y + \frac{\partial v_z}{\partial z}\,u_z. \end{aligned} \tag{6}$$

Es sei noch bemerkt, daß in der Literatur die nachstehenden Bezeichnungen üblich sind:

$$\mathbf{T}_{\mathrm{d}\boldsymbol{r}}^{\mathrm{d}\boldsymbol{v}}\boldsymbol{u} \equiv (\boldsymbol{u}\,\mathrm{grad})\,v \equiv (\boldsymbol{u}\nabla)\,\boldsymbol{v} \equiv \frac{\mathrm{d}\boldsymbol{v}}{\mathrm{d}\boldsymbol{r}}\,\boldsymbol{u}. \tag{7}$$

Der Charakter eines Differentialquotienten wird durch die letzte Bezeichnung zum Ausdruck gebracht, während wir bemüht waren, mit unseren Bezeichnungen sowohl diesen als auch den Charakter eines Tensors zu unterstreichen.

1.14.2. Der Begriff der Divergenz und der Rotation eines Vektors

Bei Untersuchung der skalaren Funktionen wird stets der Vektor grad φ auftreten. Betrachten wir die Vektorfelder unter einem allgemeinen Gesichtspunkt, so spielt der Tensor $\mathbf{T}_{\mathrm{d}\boldsymbol{r}}^{\mathrm{d}\boldsymbol{v}}$ eine ganz ähnliche Rolle. Wir begnügen uns jedoch mit der Einführung zweier Funktionen, von rot $\boldsymbol{v}$ und div $\boldsymbol{v}$, die beide in einer unmittelbaren Beziehung zu den meßbaren physikalischen Größen stehen.

Die *Divergenz eines Vektors* wird folgendermaßen definiert:

$$\operatorname{div} \boldsymbol{v} = \lim_{\Delta V \to 0} \frac{\oint\limits_{A} \boldsymbol{v}\, \mathrm{d}\boldsymbol{A}}{\Delta V}. \tag{8}$$

Danach erhalten wir die Divergenz einer Vektorfunktion $\boldsymbol{v}(\boldsymbol{r})$ in einem beliebigen Punkt des Raumes auf folgende Weise: Wir umgeben den Punkt mit einer geschlossenen Fläche und bilden für diese das Flächenintegral des Vektors. Dieses dividieren wir durch das eingeschlossene Volumen, sodann betrachten wir den Grenzwert dieses Bruches für den Fall, daß die geschlossene Fläche auf einen Punkt zusammenschrumpft. Bei der Bildung des Flächenintegrals nehmen wir die vom Volumen nach außen gerichtete Normale als positiv an. Auf Grund dieser Definition gilt in kartesischen Koordinaten

$$\operatorname{div} \boldsymbol{v} = \frac{\partial v_x}{\partial x} + \frac{\partial v_y}{\partial y} + \frac{\partial v_z}{\partial z}. \tag{9}$$

Nebenbei bemerken wir noch, daß diese Größe die Summe der Hauptdiagonalkomponenten des Ableitungstensors darstellt und eine Invariante des Tensors ist.

Die Definition der *Rotation eines Vektors* $\boldsymbol{v}(\boldsymbol{r})$ lautet:

$$(\operatorname{rot} \boldsymbol{v})_n = \lim_{\Delta A \to 0} \frac{\oint\limits_{L} \boldsymbol{v}\, \mathrm{d}\boldsymbol{l}}{\Delta A}. \tag{10}$$

Die in einem Punkt des Raumes in einer beliebigen Richtung $\boldsymbol{n}$ betrachtete Komponente des Vektors rot $\boldsymbol{v}$ erhalten wir definitionsgemäß, wenn wir durch diesen Punkt eine zu der gegebenen Richtung senkrechte Ebene legen; in dieser Ebene bilden wir für eine um diesen Punkt beliebig gelegte Kurve das Linienintegral des Vektors und dividieren dieses durch jene Fläche, die durch die Kurve abgegrenzt wird. Dann betrachten wir den Grenzwert dieses Bruches für den Fall, daß die Kurve auf den Punkt zusammenschrumpft. Bei der Bildung des Linienintegrals ist der Umlaufsinn der Kurve der Richtung $\boldsymbol{n}$ in der gleichen Weise zugeordnet wie die Drehrichtung einer Rechtsschraube ihrer axialen Bewegung.

In kartesischen Koordinaten gilt

$$(\operatorname{rot} \boldsymbol{v})_x = \frac{\partial v_z}{\partial y} - \frac{\partial v_y}{\partial z},$$

$$(\operatorname{rot} \boldsymbol{v})_y = \frac{\partial v_x}{\partial z} - \frac{\partial v_z}{\partial x}, \tag{11}$$

$$(\operatorname{rot} \boldsymbol{v})_z = \frac{\partial v_y}{\partial x} - \frac{\partial v_x}{\partial y}.$$

Es kann nachgewiesen werden, daß die Grenzwerte div $\boldsymbol{v}$ bzw. rot $\boldsymbol{v}$ von der Form der Fläche bzw. der Kurve unabhängig sind — von diesen fordern wir nur, daß sie stückweise glatt seien —, wenn die nach x, y und z gebildeten partiellen Ableitungen der Komponenten des Vektors $\boldsymbol{v}$ existieren und stetig sind. Durch (8) und (10) haben wir eine von dem Koordinatensystem unabhängige Definition der Divergenz und Rotation angegeben.

Nebenbei bemerkt, stimmen die Komponenten der Rotation mit denen des antisymmetrischen Teiles des Tensors $\overline{\mathbf{T}}_{\mathrm{d}\boldsymbol{r}}^{\mathrm{d}\boldsymbol{v}}$ überein.

Der enge Zusammenhang der Größen rot $\boldsymbol{v}$ und div $\boldsymbol{v}$ mit $\mathbf{T}_{\mathrm{d}\boldsymbol{r}}^{\mathrm{d}\boldsymbol{v}}$ erhellt aus der leicht beweisbaren Identität

$$\mathrm{d}\boldsymbol{v} = \mathbf{T}_{\mathrm{d}\boldsymbol{r}}^{\mathrm{d}\boldsymbol{v}}\, \mathrm{d}\boldsymbol{n} = \operatorname{rot}(\boldsymbol{v} \times \mathrm{d}\boldsymbol{n}) + \mathrm{d}\boldsymbol{n} \operatorname{div} \boldsymbol{v}. \tag{12}$$

Es ist auch üblich, grad φ, div $\boldsymbol{v}$ und rot $\boldsymbol{v}$ durch die folgenden Definitionen einzuführen

$$\operatorname{grad} \varphi = \lim_{V \to 0} \frac{\oint \varphi\, \mathrm{d}\boldsymbol{A}}{V}; \qquad \operatorname{div} \boldsymbol{v} = \lim_{V \to 0} \frac{\oint \boldsymbol{v}\, \mathrm{d}\boldsymbol{A}}{V}; \qquad \operatorname{rot} \boldsymbol{v} = \lim_{V \to 0} \frac{\oint \mathrm{d}\boldsymbol{A} \times \boldsymbol{v}}{V}.$$

Mit ihrer Hilfe können die folgenden sehr nützlichen Integralsätze erhalten werden

$$\oint_A \varphi\, \mathrm{d}\boldsymbol{A} = \int_V \operatorname{grad} \varphi\, \mathrm{d}V; \qquad \oint_A \boldsymbol{v}\, \mathrm{d}\boldsymbol{A} = \int_V \operatorname{div} \boldsymbol{v}\, \mathrm{d}V; \qquad \oint_A \boldsymbol{v} \times \mathrm{d}\boldsymbol{A} = -\int_V \operatorname{rot} \boldsymbol{v}\, \mathrm{d}V.$$

Den zweiten Satz werden wir am häufigsten anwenden; zu seiner Besprechung kehren wir noch zurück.

1.14.3. Zusammengesetzte Vektoroperationen

Der Differentialoperator ∇ (Nabla) wird durch folgenden symbolischen Vektor definiert:

$$\nabla = \boldsymbol{e}_x \frac{\partial}{\partial x} + \boldsymbol{e}_y \frac{\partial}{\partial y} + \boldsymbol{e}_z \frac{\partial}{\partial z}. \tag{13a}$$

Mit Hilfe dieses Operators kann man schreiben:

$$\operatorname{grad} \varphi = \nabla \varphi, \qquad \operatorname{div} \boldsymbol{v} = \nabla \boldsymbol{v}, \qquad \operatorname{rot} \boldsymbol{v} = \nabla \times \boldsymbol{v}. \tag{13b}$$

Die Anwendung des Symbols ∇ erleichtert das Arbeiten mit zusammengesetzten Formeln. Bei seiner Anwendung ist jedoch Vorsicht geboten, da die erhaltenen Resultate von dem Koordinatensystem unabhängig zu sein scheinen, was im allgemeinen nicht der Fall ist.

Es sollen hier kurz einige nützliche Formeln aus der Vektoralgebra aufgeschrieben werden:

$$\boldsymbol{u}(\boldsymbol{v} \times \boldsymbol{w}) = \boldsymbol{w}(\boldsymbol{u} \times \boldsymbol{v}) = \boldsymbol{v}(\boldsymbol{w} \times \boldsymbol{u}), \tag{14}$$

$$\boldsymbol{u} \times (\boldsymbol{v} \times \boldsymbol{w}) = (\boldsymbol{u}\boldsymbol{w})\,\boldsymbol{v} - (\boldsymbol{u}\boldsymbol{v})\,\boldsymbol{w}, \tag{15}$$

$$(\boldsymbol{t} \times \boldsymbol{u})\,(\boldsymbol{v} \times \boldsymbol{w}) = \boldsymbol{t}[\boldsymbol{u} \times (\boldsymbol{v} \times \boldsymbol{w})], \tag{16}$$

$$(\boldsymbol{t} \times \boldsymbol{u}) \times (\boldsymbol{v} \times \boldsymbol{w}) = [(\boldsymbol{t} \times \boldsymbol{u})\boldsymbol{w}]\,\boldsymbol{v} - [(\mathbf{t} \times \boldsymbol{u})\boldsymbol{v}]\,\boldsymbol{w}. \tag{17}$$

Auf Grund des vorher Gesagten können die folgenden, für Produkte anzuwendenden Operationsregeln bewiesen werden:

$$\operatorname{div} \varphi\boldsymbol{v} = \varphi \operatorname{div} \boldsymbol{v} + \boldsymbol{v} \operatorname{grad} \varphi, \tag{18}$$

$$\operatorname{rot} \varphi\boldsymbol{v} = \varphi \operatorname{rot} \boldsymbol{v} + \operatorname{grad} \varphi \times \boldsymbol{v}, \tag{19}$$

$$\operatorname{div} (\boldsymbol{u} \times \boldsymbol{v}) = \boldsymbol{v} \operatorname{rot} \boldsymbol{u} - \boldsymbol{u} \operatorname{rot} \boldsymbol{v}. \tag{20}$$

Die wichtigsten Formen der im folgenden wiederholt angewendeten Operationen lauten:

$$\operatorname{rot} \operatorname{grad} \varphi = 0; \quad \operatorname{div} \operatorname{rot} \boldsymbol{v} = 0; \quad \operatorname{rot} \operatorname{rot} \boldsymbol{v} = \operatorname{grad} \operatorname{div} \boldsymbol{v} - \Delta \boldsymbol{v}. \tag{21a, b, c}$$

Erstere besagt, daß ein aus einem Skalar durch Gradientenbildung entstehendes Vektorfeld notwendigerweise wirbelfrei sein muß. Das sich aus einem Vektorfeld durch Rotationsbildung ergebende neue Vektorfeld ist hingegen immer quellenfrei. Für die dritte Beziehung müssen wir folgendes beachten: Unter dem Symbol $\Delta\varphi$ verstehen wir allgemein den Ausdruck für div grad φ. Dieser sogenannte Laplacesche Ausdruck in kartesischen Koordinaten hat die Form

$$\Delta\varphi = \frac{\partial^2\varphi}{\partial x^2} + \frac{\partial^2\varphi}{\partial y^2} + \frac{\partial^2\varphi}{\partial z^2}. \tag{22}$$

Der Ausdruck $\Delta\boldsymbol{v}$ bedeutet in kartesischen Koordinaten einen Vektor mit den folgenden Komponenten:

$$\begin{aligned} (\Delta\boldsymbol{v})_x &= \frac{\partial^2 v_x}{\partial x^2} + \frac{\partial^2 v_x}{\partial y^2} + \frac{\partial^2 v_x}{\partial z^2}, \\ (\Delta\boldsymbol{v})_y &= \frac{\partial^2 v_y}{\partial x^2} + \frac{\partial^2 v_y}{\partial y^2} + \frac{\partial^2 v_y}{\partial z^2}, \\ (\Delta\boldsymbol{v})_z &= \frac{\partial^2 v_z}{\partial x^2} + \frac{\partial^2 v_z}{\partial y^2} + \frac{\partial^2 v_z}{\partial z^2}. \end{aligned} \tag{23}$$

Im Falle eines anderen Koordinatensystems gilt für die Definition von $\Delta \boldsymbol{v}$ die Beziehung

$$\Delta \boldsymbol{v} = \operatorname{grad} \operatorname{div} \boldsymbol{v} - \operatorname{rot} \operatorname{rot} \boldsymbol{v}, \tag{24}$$

in der jedes einzelne Glied der rechten Seite bei der Verwendung jedes beliebigen Koordinatensystems erklärt ist.

Später werden wir uns auch der nachstehenden, etwas komplizierteren Regeln bedienen müssen:

$$\operatorname{grad} (\boldsymbol{u}\boldsymbol{v}) = \mathbf{T}_{\mathrm{d}\boldsymbol{r}}^{\mathrm{d}\boldsymbol{u}} \boldsymbol{v} + \mathbf{T}_{\mathrm{d}\boldsymbol{r}}^{\mathrm{d}\boldsymbol{v}} \boldsymbol{u} + \boldsymbol{u} \times \operatorname{rot} \boldsymbol{v} + \boldsymbol{v} \times \operatorname{rot} \boldsymbol{u}, \tag{25}$$

$$\operatorname{rot} (\boldsymbol{u} \times \boldsymbol{v}) = \mathbf{T}_{\mathrm{d}\boldsymbol{r}}^{\mathrm{d}\boldsymbol{u}} \boldsymbol{v} - \mathbf{T}_{\mathrm{d}\boldsymbol{r}}^{\mathrm{d}\boldsymbol{v}} \boldsymbol{u} + \boldsymbol{u} \operatorname{div} \boldsymbol{v} - \boldsymbol{v} \operatorname{div} \boldsymbol{u}. \tag{26}$$

1.14.4. Integralsätze

Mit Hilfe der Grunddefinition von div $\boldsymbol{v}$ und rot $\boldsymbol{v}$ sind die beiden in der Elektrotechnik häufig angewandten Sätze, die Sätze von GAUSS und STOKES, leicht nachzuweisen.

Der Gaußsche Satz lautet:

$$\int_V \operatorname{div} \boldsymbol{v} \, \mathrm{d}V = \oint_A \boldsymbol{v} \, \mathrm{d}\boldsymbol{A}. \tag{27}$$

Das über einem Volumen gebildete Integral der Divergenz eines Vektors ist gleich dem über der dieses Volumen umhüllenden Fläche gebildeten Flächenintegral. Bei der Integration nehmen wir die äußere Normale der Fläche als positiv an. Dieser Satz ist richtig, wenn die abgrenzende Fläche stückweise glatt und der Vektor $\boldsymbol{v}$ sowie seine ersten Ableitungen im Raum stetig sind. Auf der Grenzfläche genügt die Stetigkeit des Vektors $\boldsymbol{v}$ allein.

Der Stokessche Satz lautet:

$$\int_A \operatorname{rot} \boldsymbol{v} \, \mathrm{d}\boldsymbol{A} = \oint_L \boldsymbol{v} \, \mathrm{d}\boldsymbol{l}. \tag{28}$$

Das Flächenintegral der Rotation eines Vektors ist gleich dem Linienintegral dieses Vektors, genommen über den Umfang dieser Fläche.

Die Richtungsnormale der Fläche und die Richtung des Umlaufsinnes sind der Rechtsschraubenregel entsprechend zu wählen. Dieser Satz ist richtig, wenn die Linie stückweise glatt und der Vektor $\boldsymbol{v}$ sowie seine ersten Ableitungen stetig sind. Für die Linie genügt die Forderung der Stetigkeit des Vektors.

Wenden wir den Gaußschen Satz für den Vektor

$$\boldsymbol{u} = \psi \operatorname{grad} \varphi$$

an, wobei ψ und φ zwei beliebige skalare Funktionen des Ortes, d. h. von x, y, z, sind — jedoch mit der Einschränkung, daß sie die Eigenschaften besitzen, die wir von einer Funktion fordern müssen, wenn wir für ihren Gradienten den Gaußschen Satz anwenden wollen. Die Gradienten dieser skalaren Funktionen sollen also auf der Fläche stetig und im Rauminnern überall stetig differenzierbar sein. Unter Anwendung des Gaußschen Satzes wird

$$\int_V \operatorname{div}(\psi \operatorname{grad} \varphi)\,\mathrm{d}V = \oint_A \psi \operatorname{grad} \varphi\,\mathrm{d}\boldsymbol{A}.$$

Da aber im allgemeinen

$$\operatorname{div} \varphi\boldsymbol{v} = \varphi \operatorname{div} \boldsymbol{v} + \boldsymbol{v} \operatorname{grad} \varphi$$

ist, gilt also

$$\operatorname{div}(\psi \operatorname{grad} \varphi) = \psi \operatorname{div} \operatorname{grad} \varphi + \operatorname{grad} \varphi \operatorname{grad} \psi = \psi \Delta\varphi + \operatorname{grad} \varphi \operatorname{grad} \psi.$$

Setzen wir dies in den Gaußschen Satz ein, so ist

$$\int_V (\psi \Delta\varphi + \operatorname{grad} \varphi \operatorname{grad} \psi)\,\mathrm{d}V = \oint_A \psi \operatorname{grad} \varphi\,\mathrm{d}\boldsymbol{A}. \tag{29}$$

Vertauschen wir jetzt φ und ψ, so erhalten wir eine Gleichung ähnlicher Form wie die vorherige:

$$\int_V (\varphi \Delta\psi + \operatorname{grad} \varphi \operatorname{grad} \psi)\,\mathrm{d}V = \oint_A \varphi \operatorname{grad} \psi\,\mathrm{d}\boldsymbol{A}.$$

Subtrahieren wir die beiden letzten Gleichungen voneinander, so erhalten wir

$$\int_V (\varphi \Delta\psi - \psi \Delta\varphi)\,\mathrm{d}V = \oint_A \left(\varphi \frac{\partial\psi}{\partial n} - \psi \frac{\partial\varphi}{\partial n}\right) \mathrm{d}A. \tag{30}$$

Dies ist der Greensche Satz.

Für den Spezialfall $\varphi = \psi$ kann die Gl. (29) wie folgt geschrieben werden:

$$\int_V [\varphi \Delta\varphi + (\operatorname{grad} \varphi)^2]\,\mathrm{d}V = \oint_A \varphi \frac{\partial\varphi}{\partial n}\,\mathrm{d}A. \tag{31}$$

1.14.5. Der Greensche Satz für Vektorfunktionen

Nach STRATTON kann eine der Greenschen Formel analoge Gleichung für Vektorfunktionen angegeben werden. Es seien $\boldsymbol{u}$ und $\boldsymbol{v}$ in jedem Raumpunkt definierte Funktionen mit den verlangten Stetigkeitseigenschaften.

Wenden wir jetzt den Gaußschen Satz auf den Vektor $\boldsymbol{u} \times \operatorname{rot} \boldsymbol{v}$ an, so ergibt sich

$$\int_V \operatorname{div} (\boldsymbol{u} \times \operatorname{rot} \boldsymbol{v}) \, \mathrm{d}V = \oint_A (\boldsymbol{u} \times \operatorname{rot} \boldsymbol{v}) \, \mathrm{d}\boldsymbol{A}.$$

Nach Gleichung (20) ist aber

$$\operatorname{div} (\boldsymbol{u} \times \operatorname{rot} \boldsymbol{v}) = \operatorname{rot} \boldsymbol{u} \operatorname{rot} \boldsymbol{v} - \boldsymbol{u} \operatorname{rot} \operatorname{rot} \boldsymbol{v},$$

also

$$\int_V (\operatorname{rot} \boldsymbol{u} \operatorname{rot} \boldsymbol{v} - \boldsymbol{u} \operatorname{rot} \operatorname{rot} \boldsymbol{v}) \, \mathrm{d}V = \oint_A (\boldsymbol{u} \times \operatorname{rot} \boldsymbol{v}) \, \mathrm{d}\boldsymbol{A}. \tag{32}$$

Durch Vertauschen von $\boldsymbol{u}$ und $\boldsymbol{v}$ erhalten wir eine ähnliche Gleichung. Durch Subtraktion der beiden Gleichungen voneinander gelangen wir zu der Endformel

$$\int_V (\boldsymbol{u} \operatorname{rot} \operatorname{rot} \boldsymbol{v} - \boldsymbol{v} \operatorname{rot} \operatorname{rot} \boldsymbol{u}) \, \mathrm{d}V = \oint_A (\boldsymbol{v} \times \operatorname{rot} \boldsymbol{u} - \boldsymbol{u} \times \operatorname{rot} \boldsymbol{v}) \, \mathrm{d}\boldsymbol{A}. \tag{33}$$

1.15. Die Umkehrung der Vektoroperationen

1.15.1. Die Umkehrung der Gradientenbildung

Wir haben bisher folgende einfache Aufgabe gelöst: Es sei der Skalar $\varphi(\boldsymbol{r})$ gegeben; es ist der Vektor $\boldsymbol{v}(\boldsymbol{r}) = \operatorname{grad} \varphi$ zu suchen. Jetzt wollen wir folgende Aufgabe behandeln: Gegeben sei die Vektorfunktion $\boldsymbol{v}(\boldsymbol{r})$; es sei jener Skalar $\varphi(\boldsymbol{r})$ zu bestimmen, aus dem $\boldsymbol{v}$ durch Gradientenbildung ableitbar ist. Wie wir sofort nachweisen können, kann $\boldsymbol{v}$ nicht beliebig angegeben werden. Damit die Aufgabe überhaupt lösbar ist, muß $\operatorname{rot} \boldsymbol{v} = 0$ sein, da $\operatorname{rot} \operatorname{grad} \varphi \equiv 0$ ist. Diese Bedingung genügt — wie noch gezeigt werden wird — nur in einfach zusammenhängenden Bereichen zur eindeutigen Bestimmung. In solchen Fällen sagen wir, daß $\boldsymbol{v}$ aus dem skalaren Potential φ abgeleitet werden kann.

Durch die Angabe von $\boldsymbol{v}$ wird φ bis auf eine additive Konstante bestimmt. Es seien nämlich sowohl φ_1 als auch φ_2 die Lösungen der Gleichung $\boldsymbol{v} = \operatorname{grad} \varphi$, d. h. $\boldsymbol{v} = \operatorname{grad} \varphi_1 = \operatorname{grad} \varphi_2$. Dann wird

$$\operatorname{grad} (\varphi_1 - \varphi_2) = 0.$$

Hieraus folgt die Beziehung

$$\varphi_1 - \varphi_2 = \text{const}; \qquad \varphi_1 = \varphi_2 + \text{const}.$$

Nach diesen Vorbereitungen können wir uns leicht davon überzeugen, daß

$$\varphi = \int_{P_0}^{P} \boldsymbol{v}\, \mathrm{d}\boldsymbol{l} \tag{1}$$

eine Lösung der Gleichung $\boldsymbol{v} = \operatorname{grad} \varphi$ ist, wobei $\boldsymbol{v}$ gegeben und φ gesucht ist. P_0 bedeutet dabei einen beliebigen festen Punkt des Raumes. Alle anderen Lösungen unterscheiden sich von dieser nur durch eine Konstante.

Im Falle eines einfach zusammenhängenden Bereiches ist der Wert des Integrals (1) unabhängig vom Weg. Wenden wir nämlich den Stokesschen Satz auf die in Abb. 1.45 dargestellte Linie an, so ist

$$\oint_{P_0 k_1 P k_2 P_0} \boldsymbol{v}\, \mathrm{d}\boldsymbol{l} = \int_A \operatorname{rot} \boldsymbol{v}\, \mathrm{d}\boldsymbol{A} = 0,$$

d. h.,

$$\int_{P_0 k_1 P} \boldsymbol{v}\, \mathrm{d}\boldsymbol{l} = -\int_{P k_2 P_0} \boldsymbol{v}\, \mathrm{d}\boldsymbol{l} = \int_{P_0 k_2 P} \boldsymbol{v}\, \mathrm{d}\boldsymbol{l}.$$

Der Wert von $\varphi(\boldsymbol{r})$ ist also tatsächlich vom Integrationswege unabhängig. $\varphi(\boldsymbol{r})$ ist somit eine eindeutige Funktion der Koordinaten des Punktes P. In diesem Falle gilt

$$\mathrm{d}\varphi = \boldsymbol{v}\, \mathrm{d}\boldsymbol{l}.$$

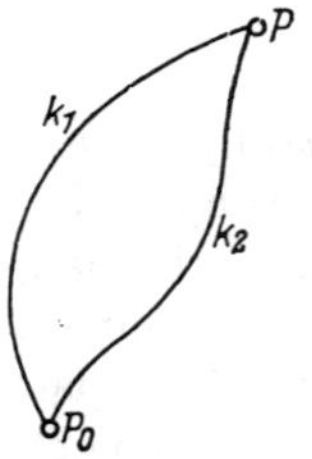

Abb. 1.45 Zum Beweis der Eindeutigkeit des Potentials

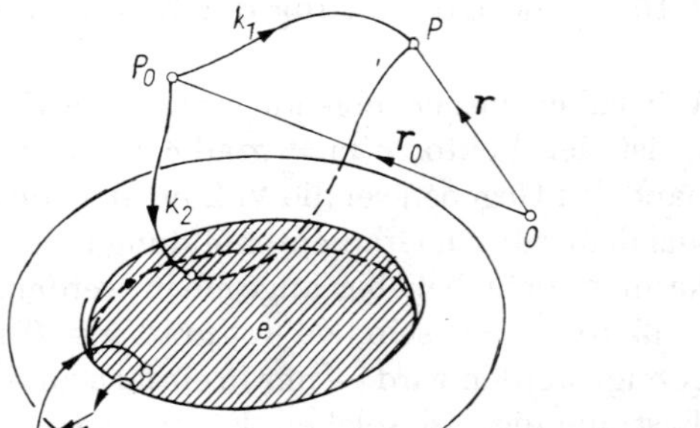

Abb. 1.46 Zyklisches Potential in zweifach zusammenhängenden Gebieten

Die Definition des Gradienten lautet aber

$$\mathrm{d}\varphi = \operatorname{grad} \varphi\, \mathrm{d}\boldsymbol{l}$$

für jedes beliebige $\mathrm{d}\boldsymbol{l}$, woraus sich tatsächlich die Beziehung $\boldsymbol{v} = \operatorname{grad} \varphi$ ergibt.

Nicht ganz so einfache Verhältnisse haben wir bei den mehrfach zusammenhängenden Bereichen. Abb. 1.46 veranschaulicht den äußeren Bereich eines Ringes.

Dieser hängt zweifach zusammen: Die Linien P_0k_1P und P_0k_2P können durch eine stetige Deformation nicht ineinander übergeführt werden. Es sei jetzt die Vektorfunktion $\boldsymbol{v}(\boldsymbol{r})$ gegeben, deren Rotation außerhalb des Ringes überall Null ist. Dabei ist es uninteressant, welcher Wert $\boldsymbol{v}$ im Ringinnern zukommt. Bereichen dieser Art werden wir später öfter begegnen; der Ring kann zum Beispiel einen Ringleiter darstellen, in welchem Strom fließt, und es soll das Magnetfeld dieses Stromes aus einem Potential abgeleitet werden. Durch die Ebene e kann unser Raum in einen einfach zusammenhängenden umgewandelt werden. Gehen wir durch diese Ebene nicht hindurch, da wir auch sie als eine Grenzfläche unseres Raumes ansehen, so können in dem so entstehenden Bereich alle beliebigen Kurven, die zwei beliebige Punkte verbinden, durch eine kontinuierliche Deformation ineinander übergeführt werden. Somit wird durch

$$\varphi_0(\boldsymbol{r}) = \int\limits_{P_0k_1P} \boldsymbol{v}\,\mathrm{d}\boldsymbol{l}$$

eine eindeutige Funktion φ_0 definiert, deren Gradient gerade das gegebene $\boldsymbol{v}$ ist. Wenn wir jetzt die Integration nach Abb. 1.46 in dem ursprünglichen Gebiet vornehmen, so gilt:

$$\varphi(\boldsymbol{r}) = \int\limits_{P_0k_2P} \boldsymbol{v}\,\mathrm{d}\boldsymbol{l} = \int\limits_{P_0k_1P} \boldsymbol{v}\,\mathrm{d}\boldsymbol{l} + \int\limits_{P(k_1+k_2)P} \boldsymbol{v}\,\mathrm{d}\boldsymbol{l} = \varphi_0(\boldsymbol{r}) + \int\limits_{P(k_1+k_2)P} \boldsymbol{v}\,\mathrm{d}\boldsymbol{l}. \tag{2}$$

Wie leicht einzusehen ist, hat das Integral über jede beliebige den Ring umgebende Linie stets den gleichen Wert.

Wenden wir nämlich den Stokesschen Satz auf die in Abb. 1.46 dargestellte Linie l an, so ist, da $\operatorname{rot} \boldsymbol{v} = 0$, unsere Behauptung schon bewiesen. Bezeichnen wir den Wert dieses Integrals mit I, so gilt in diesem Fall

$$\varphi(\boldsymbol{r}) = \varphi_0(\boldsymbol{r}) + I.$$

Für mehrmaligen Umlauf der Linie um den Ring erhalten wir

$$\varphi(\boldsymbol{r}) = \varphi_0(\boldsymbol{r}) + nI. \tag{3}$$

Dieses Potential wird *zyklisches Potential* genannt. In einem mehrfach zusammenhängenden Bereich erhalten wir demnach als Lösung der Gleichung $\boldsymbol{v} = \operatorname{grad} \varphi$ ein mehrwertiges Potential.

1.15.2. Die Umkehrung der Divergenz- und Rotationsbildung

Es sei die skalare Funktion $g(\boldsymbol{r})$ gegeben. Kann nun eine Vektorfunktion $\boldsymbol{v}(\boldsymbol{r})$ bestimmt werden, deren Divergenz gerade die gegebene $g(\boldsymbol{r})$ ist? Wir haben also die Gleichung $\operatorname{div} \boldsymbol{v} = g$ zu lösen, wenn g bekannt ist. Wenn $\boldsymbol{v}_0(\boldsymbol{r})$ eine Lösung darstellt, d. h., wenn $\operatorname{div} \boldsymbol{v}_0 = g$ gilt, ist auch $\boldsymbol{v}_0(\boldsymbol{r}) + \operatorname{rot} \boldsymbol{u}(\boldsymbol{r})$ eine Lösung, worin $\boldsymbol{u}$ eine beliebige Vektorfunktion bedeutet. Es gilt nämlich

$$\operatorname{div}(\boldsymbol{v}_0 + \operatorname{rot}\boldsymbol{u}) = \operatorname{div}\boldsymbol{v}_0 + \operatorname{div}\operatorname{rot}\boldsymbol{u} = g, \tag{4}$$

da die Divergenz der Rotation aller Vektoren identisch Null ist.

Mit der Angabe der Divergenz haben wir das Vektorfeld also nur sehr grob, d. h. nur bis auf die Rotation eines beliebigen Vektors, bestimmt.

Behandeln wir jetzt die Frage, ob durch die Angabe der Vektorfunktion $\boldsymbol{s}(\boldsymbol{r})$ das Feld $\boldsymbol{v}(\boldsymbol{r})$ bestimmt werden kann, aus welchem sich der Vektor $\boldsymbol{s}$ durch Rotationsbildung ergibt, d. h., ob die Gleichung

$$\operatorname{rot}\boldsymbol{v} = \boldsymbol{s}$$

für $\boldsymbol{v}$ gelöst werden kann, wenn $\boldsymbol{s}$ gegeben ist. Stellt $\boldsymbol{v}_0$ eine Lösung dar — woraus sich $\operatorname{rot}\boldsymbol{v}_0 = \boldsymbol{s}$ ergäbe —, so können wir sogleich feststellen, daß auch $\boldsymbol{v}_0 + \operatorname{grad}\psi$ eine Lösung darstellt, wobei $\psi(\boldsymbol{r})$ eine beliebige skalare Funktion ist. Es gilt nämlich

$$\operatorname{rot}(\boldsymbol{v}_0 + \operatorname{grad}\psi) = \operatorname{rot}\boldsymbol{v}_0 + \operatorname{rot}\operatorname{grad}\psi = \boldsymbol{s},$$

da $\operatorname{rot}\operatorname{grad}\psi \equiv 0$. Daraus sehen wir, daß die alleinige Kenntnis der Rotation eines Vektorfeldes zur eindeutigen Bestimmung ebenfalls nicht genügt.

Die Divergenz und die Rotation eines Vektorfeldes $\boldsymbol{v}(\boldsymbol{r})$ bestimmen das Feld jede für sich allein nicht, hingegen tun es beide zusammen. In dem endlichen Volumen V seien $g(\boldsymbol{r})$ und $\boldsymbol{s}(\boldsymbol{r})$, d. h. eine skalare und eine vektorielle Funktion, gegeben. Wir beweisen, daß die Gleichungen

$$\operatorname{div}\boldsymbol{v} = g(\boldsymbol{r}), \tag{5}$$

$$\operatorname{rot}\boldsymbol{v} = \boldsymbol{s}(\boldsymbol{r}), \tag{6}$$

sofern sie überhaupt lösbar sind, nur eine einzige Lösung besitzen, wenn wir noch auf der Grenzfläche des Bereiches den Wert der Normalkomponente des Vektors $\boldsymbol{v}(\boldsymbol{r})$ vorschreiben. Es sei also

$$v_n = h(\boldsymbol{r}_A) \tag{7}$$

gegeben, wobei $\boldsymbol{r}_A$ den Radiusvektor eines beliebigen Punktes an der Oberfläche bedeutet.

Setzen wir nämlich voraus, daß $\boldsymbol{v}_1(\boldsymbol{r})$ und $\boldsymbol{v}_2(\boldsymbol{r})$ zwei verschiedene Lösungen der Gleichungen (5), (6), (7) darstellen, so gilt für den Differenzvektor $\boldsymbol{v}_1 - \boldsymbol{v}_2$

$$\operatorname{div}(\boldsymbol{v}_1 - \boldsymbol{v}_2) = 0, \qquad \operatorname{rot}(\boldsymbol{v}_1 - \boldsymbol{v}_2) = 0$$

im Innern des Volumens und

$$(\boldsymbol{v}_1 - \boldsymbol{v}_2)_n = 0$$

auf der Grenzfläche. Da die Rotation von $(\boldsymbol{v}_1 - \boldsymbol{v}_2)$ gleich Null ist, kann der Differenzvektor als Gradient von einem Skalar φ abgeleitet werden, d. h., $\boldsymbol{v}_1 - \boldsymbol{v}_2 = \operatorname{grad} \varphi$. Die Divergenz des Vektors $\boldsymbol{v}_1 - \boldsymbol{v}_2$ ist ebenfalls Null, d. h., $\operatorname{div} \operatorname{grad} \varphi = \Delta\varphi = 0$. Unter Anwendung der Gleichung 1.14. (31)

$$\int_V [\varphi\, \Delta\varphi + (\operatorname{grad} \varphi)^2]\, \mathrm{d}V = \oint_A \varphi \frac{\partial\varphi}{\partial n}\, \mathrm{d}A$$

und unter Berücksichtigung, daß auf der Grenzfläche auch

$$(\boldsymbol{v}_1 - \boldsymbol{v}_2)_n = \partial\varphi/\partial n = 0,$$

ergibt sich folgende Beziehung:

$$\int (\operatorname{grad} \varphi)^2\, \mathrm{d}V = 0.$$

Dies kann nur gelten, wenn überall

$$\operatorname{grad} \varphi = \boldsymbol{v}_1 - \boldsymbol{v}_2 \equiv 0,$$

d. h.

$$\boldsymbol{v}_1 \equiv \boldsymbol{v}_2$$

ist.

Die als verschieden angenommenen beiden Lösungen sind also identisch. Soll das Gleichungssystem (5), (6), (7) überhaupt eine Lösung besitzen, so können die Funktionen $g(\boldsymbol{r})$, $\mathbf{s}(\boldsymbol{r})$ und $h(\boldsymbol{r})$ nicht beliebig angenommen werden. Erstens muß die Divergenz von $\mathbf{s}(\boldsymbol{r})$ gleich Null sein, da sich diese als Rotation eines anderen Vektors ergibt. Der Gaußsche Satz besagt nun

$$\int_V \operatorname{div} \boldsymbol{v}\, \mathrm{d}V = \oint_A v_n\, \mathrm{d}A.$$

Wenn wir die gegebenen Werte einsetzen, gilt

$$\int_V g\, \mathrm{d}V = \oint_A h\, \mathrm{d}A. \tag{8}$$

Diese wie auch die schon erwähnte Beziehung

$$\operatorname{div} \mathbf{s} = 0 \tag{9}$$

müssen die gegebenen Größen g, $\mathbf{s}$, h befriedigen, damit das Gleichungssystem lösbar ist.

Bisher sahen wir, daß das Gleichungssystem

$$\operatorname{div} \boldsymbol{v} = g, \tag{10}$$

$$\operatorname{rot} \boldsymbol{v} = \boldsymbol{s}, \tag{11}$$

$$v_n = h(\boldsymbol{r}_A) \tag{12}$$

nur eine einzige Lösung besitzen kann, wenn die Bedingungsgleichungen

$$\operatorname{div} \boldsymbol{s} = 0, \tag{13}$$

$$\int_V g(\boldsymbol{r}) \, \mathrm{d}V = \oint_A h(\boldsymbol{r}_A) \, \mathrm{d}A \tag{14}$$

gelten. Wir stellen nun die Aufgabe, diese Lösung zu finden.

1.15.3. Das wirbelfreie Quellenfeld

Vorerst lösen wir nachstehende einfachere Aufgabe:

$$\operatorname{div} \boldsymbol{v} = g, \tag{15}$$

$$\operatorname{rot} \boldsymbol{v} = 0 \tag{16}$$

für den gesamten Raum. Den Wert v_n haben wir für die unendlich ferne Fläche anzugeben, die den gesamten Raum umgibt. Diesen Wert setzen wir natürlich gleich Null an, werden jedoch erst später darüber sprechen, auf welche Weise v_n mit der Zunahme der Entfernungen gegen Null gehen soll.

Aus Gl. (16) folgt $\boldsymbol{v} = -\operatorname{grad} \varphi$, also ist $\boldsymbol{v}$ aus einem Potential ableitbar. Das negative Vorzeichen ist hier ganz unwesentlich und wurde nur zur Anpassung an die späteren Anwendungen eingeführt. Durch Einsetzen dieser Beziehung in Gleichung (15) erhalten wir zur Bestimmung des Potentials φ den Ausdruck

$$\operatorname{div} \operatorname{grad} \varphi = \Delta\varphi = -g. \tag{17}$$

In kartesischen Koordinaten lautet er

$$\frac{\partial^2\varphi}{\partial x^2} + \frac{\partial^2\varphi}{\partial y^2} + \frac{\partial^2\varphi}{\partial z^2} = -g(x, y, z). \tag{18}$$

Diese lineare partielle Differentialgleichung zweiter Ordnung wird Laplace-Poissonsche Gleichung genannt.

Wir ermitteln nun die Lösung der Laplace-Poissonschen Gleichung für den gesamten Raum, die sich im Endlichen überall regulär verhält und im Unendlichen auf eine später zu bestimmende Weise Null wird.

Diese Aufgabe lösen wir mit Hilfe des Greenschen Satzes. Wir grenzen ein Volumen durch eine geschlossene Fläche gegen den ganzen Raum ab und wenden die Beziehung

$$\int_V (\varphi\, \Delta\psi - \psi\, \Delta\varphi)\, \mathrm{d}V = \oint_A \left(\varphi \frac{\partial\psi}{\partial n} - \psi \frac{\partial\varphi}{\partial n}\right) \mathrm{d}A \tag{19}$$

auf die gesuchte Funktion des Potentials φ an, wobei wir die Funktion ψ in der speziellen Form

$$\psi = \frac{1}{r} = \frac{1}{\sqrt{(\xi - x)^2 + (\eta - y)^2 + (\zeta - z)^2}} \tag{20}$$

ansetzen. In diesem Ausdruck bedeuten ξ, η, ζ die Koordinaten des Laufpunktes Q; x, y, z dagegen sind die Koordinaten des Aufpunktes P, für die wir also den Wert des Potentials φ suchen. Der Aufpunkt liege im Innern des Volumens V. Es kann leicht bewiesen werden, daß $\Delta\psi$ im gesamten Raum gleich Null ist, mit Ausnahme des Aufpunktes, wo $x = \xi$, $y = \eta$, $z = \zeta$ und $r = 0$ ist.

Bei der Anwendung des Laplaceschen Operators werden jetzt nur die Koordinaten des Laufpunktes Q als Veränderliche angesehen, die Koordinaten des Aufpunktes dagegen festgehalten. Es ist üblich, diese Tatsache durch einen Index zu kennzeichnen: $\Delta_Q\psi$. Wo es zur Vermeidung von Zweideutigkeiten notwendig wird, werden wir diesen Index auch benutzen. Es gilt also

$$\Delta\psi = \Delta \frac{1}{r} = \operatorname{div} \operatorname{grad} \frac{1}{r} = 0; \qquad r \neq 0. \tag{21}$$

Es ist nämlich

$$\operatorname{grad} \frac{1}{r} = -\frac{\boldsymbol{r}^0}{r^2} = -\frac{\boldsymbol{r}}{r^3}.$$

Bei Anwendung der Beziehung 1.14.(18) wird:

$$\operatorname{div} \frac{\boldsymbol{r}}{r^3} = \frac{1}{r^3} \operatorname{div} \boldsymbol{r} + \boldsymbol{r} \operatorname{grad} \frac{1}{r^3}.$$

Da jedoch

$$\operatorname{grad} \frac{1}{r^3} = \frac{\mathrm{d}}{\mathrm{d}r} \frac{1}{r^3}\, \boldsymbol{r}^0 = -\frac{3}{r^4}\, \boldsymbol{r}^0,$$

gilt also

$$-\Delta \frac{1}{r} = \frac{1}{r^3} \operatorname{div} \boldsymbol{r} + \boldsymbol{r} \operatorname{grad} \frac{1}{r^3} = \frac{3}{r^3} - 3\frac{\boldsymbol{r}\boldsymbol{r}^0}{r^4} = 0.$$

Der Aufpunkt P ist ein singulärer Punkt. Er muß daher von dem Raum ausgeschlossen werden, auf den der Greensche Satz angewendet werden soll. Wir trennen ihn durch eine um P mit dem Radius r_0 beschriebene Kugelfläche vom betrachteten Volumen ab (Abb. 1.47). In dem so verbleibenden Volumen ist der Greensche Satz bereits anwendbar, und es wird überall $\Delta\psi = \Delta(1/r) = 0$. Das Flächenintegral ist

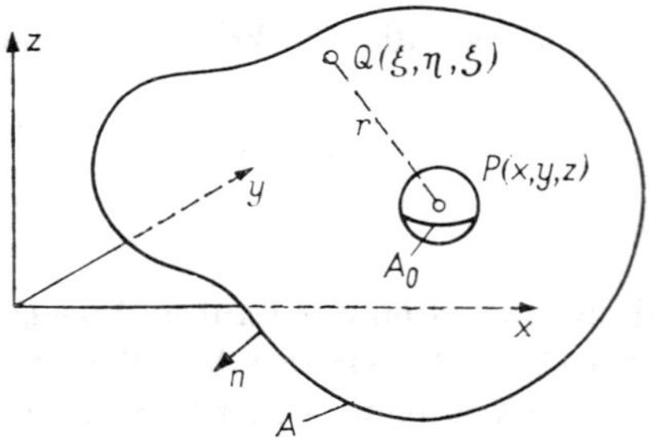

Abb. 1.47 Zur Herleitung der Beziehung (26)

jedoch nunmehr nicht nur über die das Volumen begrenzende Außenfläche A, sondern auch über die den Punkt $P(x, y, z)$ ausschließende Kugelfläche A_0 zu erstrecken, da diese jetzt auch eine Grenzfläche des gegebenen Volumens ist. Somit wird nach (19) und (21):

$$-\int\limits_{V-V_0} \frac{\Delta\varphi}{r}\,\mathrm{d}V = \oint\limits_{A} \left(\varphi \frac{\partial}{\partial n}\frac{1}{r} - \frac{1}{r}\frac{\partial\varphi}{\partial n}\right)\mathrm{d}A + \oint\limits_{A_0} \left(\varphi \frac{\partial}{\partial n}\frac{1}{r} - \frac{1}{r}\frac{\partial\varphi}{\partial n}\right)\mathrm{d}A. \tag{22}$$

Wir untersuchen nun, wie sich der Wert des über die Kugelfläche A_0 erstreckten Integrals ändert, wenn der Radius der Kugel gegen Null geht. Nach dem Mittelwertsatz der Integralrechnung ist

$$\oint\limits_{A_0} \frac{1}{r}\frac{\partial\varphi}{\partial n}\,\mathrm{d}A = \frac{1}{r_0}\oint\limits_{A_0} \frac{\partial\varphi}{\partial n}\,\mathrm{d}A = \frac{1}{r_0}\left(\frac{\partial\varphi}{\partial n}\right)_{\mathrm{m}} \oint\limits_{A_0} \mathrm{d}A = \left(\frac{\partial\varphi}{\partial n}\right)_{\mathrm{m}} 4\pi r_0 \to 0, \tag{23}$$

d. h., das zweite Glied des über die Kugelfläche erstreckten Flächenintegrals geht beim Zusammenschrumpfen der Kugelfläche gegen den Wert Null.

Bei der Berechnung des ersten Gliedes dieses Flächenintegrals erinnern wir uns der Tatsache, daß die Normale der Fläche A_0 in die Richtung des Kugelradius fällt und gegen den Mittelpunkt der Kugel zeigt. Bei der Anwendung des Gaußschen Satzes sehen wir nämlich die von dem umgrenzten Volumen nach außen zeigende Normale als positiv an. Somit wird

$$\oint\limits_{A_0} \varphi \frac{\partial}{\partial n}\frac{1}{r}\,\mathrm{d}A = -\oint\limits_{A_0} \varphi \frac{\partial}{\partial r}\frac{1}{r}\,\mathrm{d}A = -\oint\limits_{A_0} \varphi \left(-\frac{1}{r^2}\right)\mathrm{d}A = \frac{1}{r_0^2}\oint\limits_{A_0} \varphi\,\mathrm{d}A. \tag{24}$$

An dieser Stelle verwenden wir wieder den Mittelwertsatz der Integralrechnung

$$\frac{1}{r_0^2} \oint\limits_{A_0} \varphi \, \mathrm{d}A = \frac{1}{r_0^2} (\varphi)_\mathrm{m} \, 4\pi r_0^2 = (\varphi)_\mathrm{m} \, 4\pi \to 4\pi\varphi(x, y, z). \tag{25}$$

Der Mittelwert des Potentials geht nämlich auf der Kugelfläche genau gegen den Wert des Potentials, den dieses im Mittelpunkt der Kugel, also im Aufpunkt P, annimmt, wenn sich der Kugelradius über alle Grenzen dem Wert Null nähert. Mithin kann Gl. (22) in folgender Form geschrieben werden:

$$-\int\limits_V \frac{\Delta\varphi}{r} \, \mathrm{d}V = \oint\limits_A \left(\varphi \frac{\partial}{\partial n} \frac{1}{r} - \frac{1}{r} \frac{\partial\varphi}{\partial n}\right) \mathrm{d}A + 4\pi\varphi(x, y, z). \tag{26}$$

In dieser Form der Gleichung verbleibt als Flächenintegral nur das über die Außenfläche, während für das Integral über die den Aufpunkt ausschließende Fläche bereits der Ausdruck $4\pi\varphi(P)$ eingesetzt ist. Dagegen ist das Raumintegral $\int\limits_V (\Delta\varphi/r) \, \mathrm{d}V$ über den gesamten, durch die Außenfläche begrenzten Rauminhalt zu erstrecken. Es könnte nun der Verdacht auftauchen, daß dieses Raumintegral divergieren wird, weil im Nenner die Veränderliche r vorkommt, die sich im Aufpunkt dem Wert Null nähert und somit den Bruch $\Delta\varphi/r$ gegen Unendlich führt. Es ist aber leicht einzusehen, daß das Raumintegral endlich bleiben muß. Das außerhalb einer bestimmten kleinen Kugel mit dem Radius r_0 befindliche Raumintegral ergibt bestimmt einen endlichen Wert, da sowohl der Ausdruck $\Delta\varphi$ als auch die Veränderliche r endlich sind und letztere von Null verschieden ist. Für das über das Innere der kleinen Kugel mit dem Radius r_0 erstreckte Raumintegral können wir folgende Abschätzung vornehmen, wenn wir bei der Raumintegration Polarkoordinaten anwenden:

$$\int\limits_{V_0} \frac{\Delta\varphi}{r} \, \mathrm{d}V = \int\limits_{\vartheta=0}^{\pi} \int\limits_{\varphi=0}^{2\pi} \int\limits_{r=0}^{r_0} \frac{\Delta\varphi}{r} \, r^2 \sin\vartheta \, \mathrm{d}\vartheta \, \mathrm{d}\varphi \, \mathrm{d}r = \int\limits_0^{\pi} \int\limits_0^{2\pi} \int\limits_0^{r_0} \Delta\varphi \, r \sin\vartheta \, \mathrm{d}\vartheta \, \mathrm{d}\varphi \, \mathrm{d}r$$

$$\leqq (\Delta\varphi)_{\max} \int\limits_0^{\pi} \int\limits_0^{2\pi} \int\limits_0^{r_0} r \sin\vartheta \, \mathrm{d}\vartheta \, \mathrm{d}\varphi \, \mathrm{d}r = (\Delta\varphi)_{\max} \, 2 \cdot 2\pi \, \frac{r_0^2}{2} = (\Delta\varphi)_{\max} \, 2\pi r_0^2 .$$

Das über das gesamte Volumen erstreckte Raumintegral bleibt also endlich, obwohl die im Nenner auftretende Veränderliche r in einem Punkt des Raumes den Wert Null annimmt.

Ordnen wir Gl. (26) um, so wird

$$\varphi(x, y, z) = -\frac{1}{4\pi} \int\limits_A \frac{\Delta\varphi}{r} \, \mathrm{d}V - \frac{1}{4\pi} \oint\limits_A \left(\varphi \frac{\partial}{\partial n} \frac{1}{r} - \frac{1}{r} \frac{\partial\varphi}{\partial n}\right) \mathrm{d}A .$$

Wir finden selbstverständlich eine andere Beziehung, wenn der Punkt, in dem wir den Wert des Potentials ermitteln, nicht im Innern des Raumes, sondern auf der Grenzfläche oder außerhalb derselben liegt. Es kann leicht nachgewiesen werden, daß wir für den Wert des Potentials im Punkt P folgende Beziehungen erhalten:

$$-\int_V \frac{\Delta\varphi}{r}\,\mathrm{d}V - \oint_A \left(\varphi\,\frac{\partial}{\partial n}\frac{1}{r} - \frac{1}{r}\frac{\partial\varphi}{\partial n}\right)\mathrm{d}A = \begin{cases} 4\pi\varphi & \text{im Innern des Raumes,} \\ 2\pi\varphi & \text{auf der Fläche,} \\ 0 & \text{in einem äußeren Punkt.} \end{cases}$$

Im folgenden werden wir uns hauptsächlich mit der ersten dieser drei Beziehungen beschäftigen. Schreiben wir sie noch einmal ausführlicher auf, um die Rolle der Koordinaten des Aufpunktes und des Laufpunktes zu betonen:

$$\varphi(P) = -\frac{1}{4\pi}\int_V \frac{\Delta_Q\varphi(Q)}{r(P,Q)}\,\mathrm{d}V_Q - \frac{1}{4\pi}\oint_A \varphi(Q)\,\frac{\partial}{\partial n_Q}\,\frac{1}{r(P,Q)}\,\mathrm{d}A_Q + \frac{1}{4\pi}\oint_A \frac{1}{r(P,Q)}\,\frac{\partial\varphi(Q)}{\partial n_Q}\,\mathrm{d}A_Q. \tag{27}$$

Diese äußerst wichtige Beziehung besagt, daß der Wert einer skalaren Funktion in einem beliebigen inneren Punkt eines abgegrenzten Volumens berechnet werden kann, wenn wir den Wert des Ausdruckes $\Delta\varphi$ in jedem Punkt des Volumens kennen und wenn außerdem an der Grenzfläche die Werte von φ und $\partial\varphi/\partial n$ gegeben sind.

Weiter oben haben wir bewiesen, daß es für eine eindeutige Definition der Potentialfunktion genügt, wenn wir die Normalkomponente der Feldstärke, d. h. die Ableitung des Potentials nach der Normalen, entlang der Grenzfläche angeben. Hier sehen wir dagegen, daß wir auch den Potentialwert kennen müssen. Dies stellt natürlich keinen Widerspruch dar, sondern bedeutet lediglich, wenn wir den aus der Funktion φ gebildeten Ausdruck $\Delta\varphi$, den auf der Fläche angenommenen Wert der Funktion und ihre Ableitung nach der auf der Fläche genommenen Normalen kennen, daß wir für den Wert der Funktion in einem beliebigen Punkt eben den obigen Ausdruck erhalten. Dies bedeutet jedoch nicht, daß wir diese Werte auch willkürlich vorschreiben könnten. Die Ableitung nach der Normalen ist bereits eindeutig bestimmt, wenn wir den Ausdruck $\Delta\varphi$ in V und den Wert des Potentials φ auf der Fläche angegeben haben. Obige Beziehung ist also in dieser Form für die Ausrechnung von φ unbrauchbar. Wenn wir φ und $\partial\varphi/\partial n$ auf der Fläche willkürlich vorschreiben und so $\varphi(P)$ ausrechnen, so genügt diese im Innern der Laplace-Poissonschen Gleichung, ergibt jedoch auf der Fläche einen ganz anderen Wert, als dort vorgeschrieben war.

Nun wollen wir jedoch die Grenzfläche bis zum Unendlichen erstrecken, d. h., wir wollen in unsere Untersuchungen den ganzen Raum einbeziehen. Geht φ wenigstens wie $1/R^\lambda$ gegen Null — wobei λ eine beliebige positive Zahl und R die Entfernung des Aufpunktes von dem weit entfernt angenommenen Laufpunkt ist —, so wird $\partial\varphi/\partial n$ zumindest wie $1/R^{\lambda+1}$ verschwinden. Die Integranden sämtlicher Flächenintegrale werden mindestens mit $1/R^{\lambda+2}$ verschwinden. Also wird das über die gesamte unendliche Fläche erstreckte Integral Null ergeben. Wir gelangen somit zu dem Endresultat

$$\varphi(x, y, z) = -\frac{1}{4\pi}\int_V \frac{\Delta\varphi}{r}\,\mathrm{d}V. \tag{28}$$

Setzen wir hier den gegebenen Wert von $\Delta\varphi$ ein, so ist

$$\varphi(x, y, z) = \frac{1}{4\pi}\iiint_V \frac{g(\xi, \eta, \zeta)}{\sqrt{(\xi - x)^2 + (\eta - y)^2 + (\zeta - z)^2}}\,\mathrm{d}\xi\,\mathrm{d}\eta\,\mathrm{d}\zeta. \tag{29}$$

Damit haben wir bewiesen, daß die Lösung der Gl. (17) — falls überhaupt eine Lösung existiert, die sich im Unendlichen in der vorgeschriebenen Weise verhält — eben Gl. (29) ist. Es kann nachgewiesen werden, daß man bei Anwendung des Laplaceschen Operators auf den sich so ergebenden Wert φ gerade die Funktion g erhält: dies ist also tatsächlich die Lösung. Damit diese Lösung sich im Unendlichen dem Wert Null so nähert, wie wir es verlangten, also mit $1/R^\lambda$, ist es notwendig, daß g sich mit zunehmendem R rasch genug dem Wert Null nähert, nämlich mit $1/R^{2+\lambda}$, wo λ wieder irgendeine positive Zahl darstellt.

Bei der Ableitung der Gl. (27) haben wir für die Eigenschaften der Funktion φ gewisse Bedingungen angenommen. Nehmen wir an, daß diese Bedingungen an gewissen Flächen nicht erfüllt sind. In der Praxis kommen zwei Arten von Singularitäten vor:

Durch eine gegebene — offene oder geschlossene — Fläche A' geht φ kontinuierlich, dagegen $\partial\varphi/\partial n$ sprunghaft hindurch, d. h.,

$$\varphi_1 = \varphi_2; \qquad \left(\frac{\partial\varphi}{\partial n}\right)_1 \neq \left(\frac{\partial\varphi}{\partial n}\right)_2$$

Durch eine — offene oder geschlossene — Fläche A'' geht $\partial\varphi/\partial n$ kontinuierlich, aber φ sprunghaft hindurch, d. h.,

$$(\partial\varphi/\partial n)_1 = (\partial\varphi/\partial n)_2; \qquad \varphi_1 \neq \varphi_2.$$

Um unsere bisherigen Ergebnisse auch auf diese Fälle anwenden zu können, schließen wir die gegebenen Unstetigkeitsflächen durch eine sich eng anschmiegende Fläche aus unserem Raum aus (Abb. 1.48). Jetzt müssen aber diese neuen Flächen auch als Begrenzungsflächen des betrachteten Raumes behandelt werden, d. h., das Flächenintegral in Gl. (27) muß auf diese Flächen ausgedehnt werden. Wenn sich φ selbst stetig, $\partial\varphi/\partial n$ aber sprunghaft ändert, so wird das Flächenintegral

$$\frac{1}{4\pi}\int_{A'}\frac{1}{r}\left(\frac{\partial\varphi}{\partial n_1}+\frac{\partial\varphi}{\partial n_2}\right)\mathrm{d}A\,. \tag{30}$$

Hier weisen die Normalen n_1 bzw. n_2 nach außen, d. h. in Richtung auf die Singularitätsflächen. Da jetzt φ stetig und

$$\frac{\partial}{\partial n_1}\frac{1}{r}=-\frac{\partial}{\partial n_2}\frac{1}{r}$$

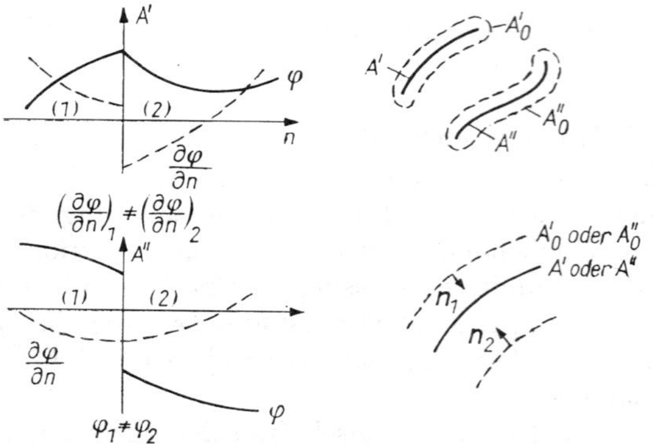

Abb. 1.48 Die zwei wichtigsten Arten der Singularitäten

ist, wird das zweite Flächenintegral Null. Wir erhalten für das Potential folgenden Ausdruck:

$$\varphi(x, y, z) = -\frac{1}{4\pi}\int_V\frac{\Delta\varphi}{r}\,\mathrm{d}V-\frac{1}{4\pi}\int_{A'}\frac{1}{r}\left(\frac{\partial\varphi}{\partial n_1}+\frac{\partial\varphi}{\partial n_2}\right)\mathrm{d}A\,. \tag{31}$$

Das negative Zeichen des zweiten Teils der rechten Seite ergibt sich dadurch, daß wir jetzt schon die Richtung der positiven Normalen umgekehrt, also die von der Fläche wegweisende als positive angenommen haben.

Ist jedoch φ sprunghaft und $\partial\varphi/\partial n$ stetig, so erhalten wir für das Flächenintegral folgenden Ausdruck:

$$-\frac{1}{4\pi}\int_{A''}(\varphi_1-\varphi_2)\,\frac{\partial}{\partial n_1}\frac{1}{r}\,\mathrm{d}A\,. \tag{32}$$

In beiden Gleichungen (31) und (32) sind die Flächenintegrale nicht an der anschmiegenden Fläche, sondern an der ursprünglichen Singularitätsfläche zu nehmen.

Wir bemerken schon hier, daß die physikalische Ursache der Unstetigkeit von $\partial\varphi/\partial n$ die Flächenladungsdichte, dagegen die des Sprunges von φ die elektrische Doppelschicht ist.

1.15.4. Das quellenfreie Wirbelfeld

Lösen wir als zweiten Schritt folgende Aufgabe:

$$\operatorname{rot} \boldsymbol{u} = \boldsymbol{s}, \tag{33}$$

$$\operatorname{div} \boldsymbol{u} = 0. \tag{34}$$

$\boldsymbol{s}$ sei dabei gegeben, $\boldsymbol{u}$ gesucht. $\boldsymbol{s}$ genügt der Bedingung $\operatorname{div} \boldsymbol{s} = 0$. Nun suchen wir die Lösung wieder für den gesamten Raum. Die Grenzbedingungen werden den vorherigen ähnlich bestimmt.

Die Gleichung (34) können wir durch die Annahme

$$\boldsymbol{u} = \operatorname{rot} \boldsymbol{A} \tag{35}$$

erfüllen, worin $\boldsymbol{A}$ einstweilen eine beliebige Vektorfunktion ist. Dadurch wird

$$\operatorname{div} \boldsymbol{u} = \operatorname{div} \operatorname{rot} \boldsymbol{A} = 0.$$

Diesen Vektor $\boldsymbol{A}$, aus dem sich $\boldsymbol{u}$ durch Rotationsbildung ergibt, nennt man *Vektorpotential.* Wie das wirbelfreie Feld aus einem skalaren Potential, so kann das quellenfreie Feld aus einem Vektorpotential abgeleitet werden. Zu seiner Bestimmung dient Gl. (33):

$$\operatorname{rot} \operatorname{rot} \boldsymbol{A} = \boldsymbol{s}. \tag{36}$$

Unter Anwendung der bekannten Beziehung 1.14. (21) der Vektoranalysis gilt:

$$\operatorname{grad} \operatorname{div} \boldsymbol{A} - \Delta \boldsymbol{A} = \boldsymbol{s}. \tag{37}$$

Da uns hier nur die Rotation von $\boldsymbol{A}$ interessiert, durch die jedoch $\boldsymbol{A}$ nicht eindeutig definiert wird, können wir seine Divergenz ohne Einschränkung der Allgemeinheit zu Null wählen, d. h., $\operatorname{div} \boldsymbol{A} = 0$. Somit wird unsere Gleichung

$$\Delta \boldsymbol{A} = -\boldsymbol{s}, \tag{38}$$

oder in kartesischen Koordinaten

$$\begin{aligned}
\frac{\partial^2 A_x}{\partial x^2} + \frac{\partial^2 A_x}{\partial y^2} + \frac{\partial^2 A_x}{\partial z^2} &= -s_x, \\
\frac{\partial^2 A_y}{\partial x^2} + \frac{\partial^2 A_y}{\partial y^2} + \frac{\partial^2 A_y}{\partial z^2} &= -s_y, \\
\frac{\partial^2 A_z}{\partial x^2} + \frac{\partial^2 A_z}{\partial y^2} + \frac{\partial^2 A_z}{\partial z^2} &= -s_z.
\end{aligned} \tag{39}$$

Für die Errechnung der einzelnen Komponenten des Vektorpotentials $\boldsymbol{A}$ erhalten wir also dieselbe Gleichung, die wir zur Ermittlung des skalaren Potentials φ fanden. Mithin ist die Lösung für einen Punkt, der sich innerhalb des durch die endliche Fläche a abgegrenzten Volumens V befindet,

$$\boldsymbol{A} = -\frac{1}{4\pi} \int_V \frac{\Delta \boldsymbol{A}}{r} \, \mathrm{d}V + \frac{1}{4\pi} \oint_a \frac{1}{r} \frac{\partial \boldsymbol{A}}{\partial n} \, \mathrm{d}a - \frac{1}{4\pi} \oint_a \boldsymbol{A} \frac{\partial}{\partial n} \frac{1}{r} \, \mathrm{d}a. \tag{40}$$

Hier wurde — wie es auch später in solchen Fällen sein wird — die Fläche durch den kleinen Buchstaben a anstatt A bezeichnet, um eine Verwechslung mit dem Vektorpotential zu verhindern.

Unter Ausdehnung der Grenzfläche ins Unendliche und unter Berücksichtigung des Verhaltens von $\boldsymbol{A}$ im Unendlichen gilt:

$$\boldsymbol{A} = -\frac{1}{4\pi} \int_V \frac{\Delta \boldsymbol{A}}{r} \, \mathrm{d}V = \frac{1}{4\pi} \int_V \frac{\boldsymbol{s}}{r} \, \mathrm{d}V. \tag{41}$$

Bisher haben wir nachgewiesen, daß, falls eine Lösung existiert, es nur die obige sein kann, die auch im Unendlichen die vorgeschriebenen Grenzbedingungen noch erfüllt. Wie sich zeigen läßt, ist die Divergenz des so erhaltenen Wertes von $\boldsymbol{A}$ tatsächlich gleich Null, außerdem erfüllt sie die Gleichung $\Delta \boldsymbol{A} = -\boldsymbol{s}$, stellt also die Lösung unserer Aufgabe dar. Das entsprechende Verhalten im Unendlichen wird durch folgenden auf $\boldsymbol{s}$ bezogenen Vorbehalt gewährleistet: Das Verschwinden finde entsprechend $1/R^{2+\lambda}$ statt, wobei λ eine positive Zahl ist.

1.15.5. Das quellen- und wirbelfreie Feld in einem endlichen Raumteil

Als dritte Aufgabe suchen wir jenes Vektorfeld, für welches

$$\operatorname{div} \boldsymbol{w} = 0, \tag{42}$$

$$\operatorname{rot} \boldsymbol{w} = 0 \tag{43}$$

gilt. Sind diese beiden Beziehungen für den ganzen Raum gültig und fordern wir im Unendlichen das bisher verlangte Verhalten, so existiert auf Grund des vorher Gesagten nur eine einzige Lösung: $\boldsymbol{w} \equiv 0$. Diese ist natürlich nicht von Interesse.

Es seien die Beziehungen (42), (43) für den gesamten durch die Fläche A begrenzten Bereich V gültig, und es sei die Funktion $w_n = h(\boldsymbol{r}_A)$ gegeben. Die Funktion $\boldsymbol{w}(\boldsymbol{r})$ ist in diesem Bereich zu suchen. Wegen (43) ist

$$\boldsymbol{w} = -\operatorname{grad} \varphi,$$

und somit wird nach Einsetzen in Gl. (42)

$$\Delta \varphi = 0.$$

Unsere Aufgabe besteht also darin, daß wir die für das Volumen V gültige Laplacesche Gleichung

$$\frac{\partial^2\varphi}{\partial x^2} + \frac{\partial^2\varphi}{\partial y^2} + \frac{\partial^2\varphi}{\partial z^2} = 0 \tag{44}$$

lösen, wenn auf der Grenzfläche die Beziehung

$$w_n = -\frac{\partial\varphi}{\partial n} = h(\boldsymbol{r}_A) \tag{45}$$

gegeben ist. Dies ist das Neumannsche Problem der Potentialtheorie. Wir können leicht nachweisen, daß die Aufgabe auch dann eindeutig gelöst werden kann, wenn auf der Grenzfläche der Wert von φ gegeben ist. (Dies ist das sogenannte Dirichletsche Problem.) Nehmen wir nämlich in diesem Fall zwei verschiedene Lösungen, φ_1 und φ_2, an, so gilt für die Differenz

$$\Delta(\varphi_1 - \varphi_2) = 0$$

überall innerhalb des Volumens, während an der Grenze $\varphi_1 - \varphi_2 = 0$ ist. So wird bei Anwendung der Beziehung 1.14. (31) grad $(\varphi_1 - \varphi_2) = 0$. Es ist also überall $\varphi_1 - \varphi_2 = \text{const.}$ An der Grenze ist jedoch $\varphi_1 = \varphi_2$, d. h., die Konstante wird Null sein.

Beim Neumannschen Problem ist $\boldsymbol{w}$ eindeutig bestimmt, also ist φ nur bis auf eine additive Konstante definiert.

Nachstehend behandeln wir sowohl das Dirichletsche als auch das Neumannsche Problem.

Wir gehen von der Beziehung

$$\varphi = -\frac{1}{4\pi}\int\limits_V \frac{\Delta\varphi}{r}\,\mathrm{d}V + \frac{1}{4\pi}\oint\limits_A \frac{1}{r}\frac{\partial\varphi}{\partial n}\,\mathrm{d}A - \frac{1}{4\pi}\oint\limits_A \varphi\frac{\partial}{\partial n}\frac{1}{r}\,\mathrm{d}A$$

aus. Nun ist $\Delta\varphi = 0$; somit wird für jeden beliebigen Punkt des Volumens V

$$\varphi = \frac{1}{4\pi}\oint\limits_A \frac{1}{r}\frac{\partial\varphi}{\partial n}\,\mathrm{d}A - \frac{1}{4\pi}\oint\limits_A \varphi\frac{\partial}{\partial n}\frac{1}{r}\,\mathrm{d}A \tag{46}$$

sein.

Wir wissen, daß es genügt, wenn wir an der Grenze die Werte von φ oder von $\partial\varphi/\partial n$ kennen, um den Wert von φ in einem beliebigen inneren Punkt berechnen zu können. Wir beschäftigen uns zunächst mit dem Dirichletschen Problem, also mit dem Fall, daß φ gegeben ist. Sofern es uns gelingt, aus Gl. (46) $\partial\varphi/\partial n$ zu eliminieren, haben wir unsere Aufgabe gelöst. Zu diesem Zweck suchen wir eine solche Funktion $g(x, y, z, \xi, \eta, \zeta) = g(P, Q)$, die als Funktion von (ξ, η, ζ) betrachtet einerseits sich im

Volumen V überall regulär verhält und die Laplacesche Gleichung erfüllt, andererseits auf der Fläche den Wert $(-1/r)$ annimmt. In diesem Fall genügt die sogenannte Greensche Funktion

$$G(x, y, z, \xi, \eta, \zeta) = \frac{1}{r} + g(x, y, z, \xi, \eta, \zeta)$$

der Laplaceschen Gleichung einerseits — mit Ausnahme des Aufpunktes — und ergibt andererseits auf der Fläche den Wert Null; also ist $G(\boldsymbol{r}_A) = 0$.

Bei Anwendung des Greenschen Satzes 1.14. (30) auf die Funktionen g und φ erhalten wir wegen $\Delta g = 0$, $\Delta \varphi = 0$:

$$\frac{1}{4\pi} \oint_A g \frac{\partial \varphi}{\partial n} \, \mathrm{d}A - \frac{1}{4\pi} \oint_A \varphi \frac{\partial g}{\partial n} \, \mathrm{d}A = 0 .$$

Wenn wir diese Gleichung zur Gl. (46) addieren, erhalten wir

$$\varphi = \frac{1}{4\pi} \oint_A \frac{\partial \varphi}{\partial n} \left(g + \frac{1}{r} \right) \mathrm{d}A - \frac{1}{4\pi} \oint_A \varphi \frac{\partial}{\partial n} \left(\frac{1}{r} + g \right) \mathrm{d}A .$$

Da der Wert von $(g + 1/r) = G$ auf der Fläche A gleich Null ist, gilt:

$$\varphi = -\frac{1}{4\pi} \oint_A \varphi \frac{\partial G}{\partial n} \, \mathrm{d}A .$$

Die gestellte Aufgabe wurde also auf die Bestimmung der zum Volumen V gehörenden Greenschen Funktion zurückgeführt. Diese erhalten wir, wenn wir die Lösung der Laplaceschen Gleichung

$$\Delta g = 0$$

suchen, welche den auf der gegebenen Fläche vorgeschriebenen, speziellen Wert $-1/r$ annimmt. Im Endresultat erhalten wir wiederum das Dirichletsche Problem, diesmal jedoch schon für einen ganz speziellen Fall. Daß damit tatsächlich eine Vereinfachung des Problems vorliegt, werden wir später bei den Anwendungen sehen (Kap. 2.38. und 2.39.).

Beim Neumannschen Problem ist dagegen $\partial \varphi / \partial n$ gegeben. Wir bemerken, daß selbst $\partial \varphi / \partial n$ nicht ganz willkürlich vorgeschrieben werden darf, denn nach dem Gaußschen Satz, angewendet auf grad φ, gilt, da $\Delta \varphi = 0$ überall in V,

$$\int_A \frac{\partial \varphi}{\partial n} \, \mathrm{d}A = 0 .$$

Zur Lösung des Neumannschen Problems muß φ eliminiert werden. Führen wir deshalb eine Funktion $K(P, Q)$ derart ein, daß die Funktion

$$k(P, Q) = K(P, Q) - \frac{1}{r}$$

als Funktion der Koordinaten des Punktes Q die Laplacesche Gleichung im gesamten Volumen V erfüllt und daß ferner die Beziehung

$$\frac{\partial K}{\partial n} = \frac{4\pi}{A_0}$$

gilt. Entlang der Fläche soll also die Normalableitung von $K(P, Q)$ konstant sein und zwar gerade $4\pi/A_0$ betragen, wobei A_0 die Größe der umhüllenden Fläche bedeutet. Wir haben also auch jetzt das Neumannsche Problem zu lösen, jedoch unter ganz speziellen Bedingungen. Die Funktion $K(P, Q)$ wird Greensche Funktion zweiter Art genannt. Wenn wir nun den Greenschen Satz auf die Funktionen k und φ anwenden, so ergibt sich

$$\frac{1}{4\pi} \oint_A k \frac{\partial \varphi}{\partial n} \, \mathrm{d}A - \frac{1}{4\pi} \oint_A \frac{\partial k}{\partial n} \varphi \, \mathrm{d}A = 0.$$

Diese Gleichung ergibt zusammen mit Gl. (46) folgende Beziehung:

$$\varphi(P) = \frac{1}{4\pi} \oint_A K(P, Q) \frac{\partial \varphi(Q)}{\partial n_Q} \, \mathrm{d}A_Q - \frac{1}{4\pi} \oint_A \frac{\partial K(P, Q)}{\partial n_Q} \varphi(Q) \, \mathrm{d}A_Q.$$

Das zweite Glied auf der rechten Seite dieser Gleichung ist nach der Bedingungsgleichung

$$\frac{1}{4\pi} \int \frac{\partial K(P, Q)}{\partial n_Q} \varphi(Q) \, \mathrm{d}A_Q = \frac{1}{A_0} \oint \varphi(Q) \, \mathrm{d}A_Q = \text{const},$$

d. h. von den Koordinaten x, y, z unabhängig. Demnach gilt:

$$\varphi(P) = \frac{1}{4\pi} \oint_A K(P, Q) \frac{\partial \varphi(Q)}{\partial n_Q} \, \mathrm{d}A_Q + C.$$

Wir haben also das Neumannsche Problem gelöst, wenn wir die Funktion $K(x, y, z, \xi, \eta, \zeta)$ kennen. Zur Bestimmung dieser Funktion haben wir die Laplacesche Gleichung

$$\Delta_Q k(P, Q) = 0$$

zu lösen, wenn die Werte von $\partial k/\partial n_Q$ an der Grenzfläche vorgeschrieben sind, und zwar

$$\frac{\partial k(P,Q)}{\partial n_Q} = \frac{4\pi}{A_0} - \frac{\partial}{\partial n_Q}\left(\frac{1}{r(P,Q)}\right).$$

Bei Kenntnis der Funktion $k(P, Q)$ ergibt sich die gesuchte Funktion $K(P, Q)$ durch die Gleichung

$$K(P,Q) = k(P,Q) + \frac{1}{r(P,Q)}.$$

Das allgemeine Neumannsche Problem wurde also auf einen Spezialfall des Neumannschen Problems zurückgeführt.

Die Lösung beider Probleme wurde auf die Bestimmung der betreffenden Greenschen Funktion zurückgeführt. Mit dieser Frage beschäftigen wir uns noch in den Abschnitten 2.38., 2.39. und 5.1.2.

1.15.6. Bestimmung des in einem endlichen Volumen definierten Vektorfeldes aus seinen Quellen und Wirbeln

Jetzt sind wir in der Lage, die zu Anfang aufgeworfene Frage zu beantworten. Es seien also in V die Funktionen g und $\mathbf{s}$ sowie auf der Fläche $t_n = h(Q)$ gegeben, die den Bedingungen

$$\operatorname{div} \mathbf{s} = 0; \quad \int_V g \, \mathrm{d}V = \oint_A h \, \mathrm{d}A$$

genügen. Gesucht wird die Funktion $\boldsymbol{t}(\boldsymbol{r})$, die folgende Gleichungen befriedigt:

$$\operatorname{rot} \boldsymbol{t} = \boldsymbol{s},$$

$$\operatorname{div} \boldsymbol{t} = g,$$

$$t_n = h(Q).$$

Stellen wir uns vor, g besitze innerhalb des Volumens V den gegebenen Wert, im gesamten übrigen Raum aber sei g gleich Null. Dann können wir nach 1.15.3. den Vektor $\boldsymbol{u}$ bestimmen, der die Beziehung $\operatorname{div} \boldsymbol{u} = g$ innerhalb von V überall erfüllt, wirbelfrei ist — d. h. die Beziehung $\operatorname{rot} \boldsymbol{u} = 0$ befriedigt — und im Unendlichen in der vorgeschriebenen Weise verschwindet. Auf der Grenzfläche A nimmt er selbstverständlich den vorgeschriebenen Wert von $h(Q)$ nicht an: $u_n \neq h(Q)$. Im gesamten Raum gilt also $\boldsymbol{u} = -\operatorname{grad} \frac{1}{4\pi} \int_V \frac{g}{r} \, \mathrm{d}V$. Wir können jedoch nicht annehmen, daß der Vektor **s** im Volumen V den gegebenen Wert besitzt, außerhalb von V aber gleich Null ist, da unsere Beziehungen nur dann gültig sind, wenn s_n auch an der eventuellen Unstetigkeitsstelle von **s** stetig ist, denn nur dadurch ist ja die Divergenzfreiheit von **s** für den gesamten Raum gewährleistet. Wir müssen also die Werte von **s** über die Grenzfläche hinaus derart fortsetzen, daß sich die Normalkomponente von **s** auf der Außenfläche stetig an die für innen angegebenen Werte anschließt. Das können wir folgendermaßen erreichen. Es soll **s** im Außenraum von einem Potential abgeleitet werden:

$$\mathbf{s} = -\operatorname{grad} \psi, \qquad \Delta\psi = 0,$$

wobei der Wert von $\partial\psi/\partial n$ auf der Grenzfläche gegeben ist. Auf der Fläche A sei $-\partial\psi/\partial n = s_n$; außerdem muß ψ im Unendlichen entsprechend $1/R^\lambda$ verschwinden. Damit haben wir im gesamten Raum einen Vektor **s** definiert, der in V mit dem gegebenen **s** identisch ist, im gesamten Raum divergenzfrei ist und im Unendlichen genügend rasch verschwindet.

Mit Hilfe des so definierten Vektorfeldes lösen wir nachstehende Gleichungen in der unter 1.15.4. behandelten Weise für den gesamten unendlichen Raum:

$$\operatorname{rot} \boldsymbol{v} = \mathbf{s},$$

$$\operatorname{div} \boldsymbol{v} = 0.$$

Es wird also ein divergenzfreier Vektor gesucht, dessen Rotation gleich **s** ist. Dieser Vektor ergibt sich nach 1.15.4. zu

$$\boldsymbol{v}(P) = \operatorname{rot}_P \left(\frac{1}{4\pi} \int\limits_V \frac{\mathbf{s}(Q)}{r(P,Q)} \, \mathrm{d}V_Q - \frac{1}{4\pi} \int\limits_{V'} \frac{\operatorname{grad}_Q \psi(Q)}{r(P,Q)} \, \mathrm{d}V_Q \right),$$

wobei sich das zweite Integral über den gesamten Raum außerhalb des Bereiches erstreckt. Der Wert der Normalkomponente des so definierten Vektors $\boldsymbol{v}$ möge auf der Grenzfläche v_n sein.

Die bisher berechnete Vektorfunktion $\boldsymbol{u} + \boldsymbol{v}$ erfüllt bereits die Beziehungen in V:

$$\operatorname{div} (\boldsymbol{u} + \boldsymbol{v}) = g,$$

$$\operatorname{rot} (\boldsymbol{u} + \boldsymbol{v}) = \mathbf{s}.$$

Es ist jedoch

$$(\boldsymbol{u} + \boldsymbol{v})_n \neq h(Q),$$

d. h., der für die Grenzfläche angenommene Wert stimmt mit dem vorgeschriebenen Wert noch nicht überein.

Tabelle 1.1 Zusammenfassung der wichtigsten Zusammenhänge des Kapitels 1.15.

Die zu lösenden Gleichungen	$\operatorname{div} \boldsymbol{v} = g$ $\operatorname{rot} \boldsymbol{v} = 0$	$\operatorname{rot} \boldsymbol{u} = \boldsymbol{s}$ $\operatorname{div} \boldsymbol{u} = 0$	$\operatorname{div} \boldsymbol{w} = 0$ $\operatorname{rot} \boldsymbol{w} = 0$	
Gültigkeitsgebiet	der ganze Raum	der ganze Raum	endlicher Raumteil, begrenzt durch die Fläche A	
Gegebene Größen	$g(\boldsymbol{r})$	$\boldsymbol{s}(\boldsymbol{r})$	$-\dfrac{\partial\varphi}{\partial n} = w_n = h(\boldsymbol{r}_A) \equiv h(Q)$ (Neumannsches Problem)	$\varphi(\boldsymbol{r}_A) \equiv \varphi(Q)$ (Dirichletsches Problem)
Bedingungen für die gegebenen Größen	$\underset{R\to\infty}{g} = \dfrac{\text{const}}{R^{\lambda+2}}$ $\lambda > 0$	$\underset{R\to\infty}{\lvert\boldsymbol{s}(\boldsymbol{r})\rvert} = \dfrac{\text{const}}{R^{\lambda+2}}$ $\lambda > 0$ $\operatorname{div} \boldsymbol{s} = 0$	$\oint\limits_A h(\boldsymbol{r}_A)\,\mathrm{d}A = 0$	—
Gesuchte Größen	$\boldsymbol{v}(\boldsymbol{r})$	$\boldsymbol{u}(\boldsymbol{r})$	$\boldsymbol{w}(\boldsymbol{r})$	
Lösung	$\boldsymbol{v} = -\operatorname{grad}\varphi$ wo $\varphi = \dfrac{1}{4\pi}\int\limits_V \dfrac{g}{r}\,\mathrm{d}V$	$\boldsymbol{u} = \operatorname{rot}\boldsymbol{A}$ wo $\boldsymbol{A} = \dfrac{1}{4\pi}\int\limits_V \dfrac{\boldsymbol{s}}{r}\,\mathrm{d}V$	$\boldsymbol{w} = -\operatorname{grad}\varphi$ wo $\varphi = \dfrac{1}{4\pi}\int\limits_A K\,\dfrac{\partial\varphi}{\partial n}\,\mathrm{d}A$ K ist die Lösung eines speziellen Neumannschen Problems	$\varphi = -\dfrac{1}{4\pi}\int\limits_A \varphi\,\dfrac{\partial G}{\partial n}\,\mathrm{d}A$ G ist die Lösung eines speziellen Dirichletschen Problems

Wenn wir jetzt mit Hilfe von 1.15.5. die Vektorfunktion $\boldsymbol{w}$ bestimmen, und zwar derart, daß im Raumteil V

$$\operatorname{rot} \boldsymbol{w} = 0, \qquad \operatorname{div} \boldsymbol{w} = 0$$

gilt, hingegen auf der Fläche die Beziehung

$$w_n = h(Q) - (\boldsymbol{u} + \boldsymbol{v})_n = -\frac{\partial \varphi}{\partial n}$$

besteht, so erfüllt die so definierte Vektorfunktion

$$\boldsymbol{t} = \boldsymbol{u} + \boldsymbol{v} + \boldsymbol{w}$$

sämtliche Bedingungen. Um $\boldsymbol{w}$ zu bestimmen, müssen wir das Neumannsche Problem der Potentialtheorie lösen, wie wir es schon im vorigen Punkt getan haben. $\boldsymbol{w}$ wird also

$$\boldsymbol{w}(P) = -\operatorname{grad}_P \frac{1}{4\pi} \oint\limits_A K(P, Q) \, [-h(Q) + (\boldsymbol{u} + \boldsymbol{v})_n] \, \mathrm{d}A_Q,$$

wobei $K(P, Q)$ eine Greensche Funktion zweiter Art ist. Die durch $\boldsymbol{t} = \boldsymbol{u} + \boldsymbol{v} + \boldsymbol{w}$ definierte Vektorfunktion genügt also den Gleichungen

$$\operatorname{div} \boldsymbol{t} = g, \qquad \operatorname{rot} \boldsymbol{t} = \boldsymbol{s}, \qquad t_n = h(Q).$$

Damit ist unsere Aufgabe gelöst.

In Tab. 1.1 sind die wichtigsten Ergebnisse des Kapitels 1.15. zusammengefaßt.

Zum Schluß soll ein Reziprozitätssatz abgeleitet werden. Es sei ein — eventuell durch mehrere Flächen abgegrenzter — endlicher Raumteil gegeben. In ihm seien zwei „Verteilungen“ g_a und g_b als Divergenzen zweier verschiedener rotationsfreier Vektorfelder bekannt. Es gelten also die folgenden Gleichungen:

$$\operatorname{div} \boldsymbol{v}_a = g_a; \quad \operatorname{rot} \boldsymbol{v}_a = 0, \quad \text{d. h.,} \quad \boldsymbol{v}_a = -\operatorname{grad} \varphi_a$$

$$\operatorname{div} \boldsymbol{v}_b = g_b; \quad \operatorname{rot} \boldsymbol{v}_b = 0, \quad \text{d. h.,} \quad \boldsymbol{v}_b = -\operatorname{grad} \varphi_b.$$

Bilden wir den Ausdruck $\operatorname{div} [\varphi_b \boldsymbol{v}_a - \varphi_a \boldsymbol{v}_b]$, so erhalten wir dafür

$$\begin{aligned} \operatorname{div} (\varphi_b \boldsymbol{v}_a - \varphi_a \boldsymbol{v}_b) &= \varphi_b \operatorname{div} \boldsymbol{v}_a + \boldsymbol{v}_a \operatorname{grad} \varphi_b - \varphi_a \operatorname{div} \boldsymbol{v}_b - \boldsymbol{v}_b \operatorname{grad} \varphi_a \\ &= \varphi_b g_a - \boldsymbol{v}_a \boldsymbol{v}_b - \varphi_a g_b + \boldsymbol{v}_b \boldsymbol{v}_a = g_a \varphi_b - g_b \varphi_a. \end{aligned}$$

Nach dem Gaußschen Satz gilt aber

$$\int\limits_V \operatorname{div} (\varphi_b \boldsymbol{v}_a - \varphi_a \boldsymbol{v}_b) \, \mathrm{d}V = \oint\limits_A (\varphi_b \boldsymbol{v}_a - \varphi_a \boldsymbol{v}_b) \, \mathrm{d}\boldsymbol{A}.$$

Wir erhalten also

$$\oint\limits_A (\varphi_b \boldsymbol{v}_a - \varphi_a \boldsymbol{v}_b) \, \mathrm{d}\boldsymbol{A} = \int\limits_V (g_a \varphi_b - g_b \varphi_a) \, \mathrm{d}V.$$

Wenn man hier als „Hilfsfeld“ $\boldsymbol{v}_b$ das Feld einer Punktladung wählt, so erhält man unmittelbar Gl. (27). Ein Reziprozitätsgesetz für Wirbelfelder siehe Abschnitt 4.13.

2. Statische und stationäre Felder

Im Abschnitt A behandeln wir den Zusammenhang zwischen Feld und Ladung. Hier begegnen wir auch einigen speziellen Anordnungen von Punktladungen, den Multipolen, die in der Theorie eine wichtige Rolle spielen. Mit den praktisch wichtigen Aufgaben der Randwertprobleme beschäftigen sich die Abschnitte B bis H. Im Abschnitt H wird schon der Einfluß der Materie auf das elektromagnetische Feld berücksichtigt. Endlich wird das magnetische Feld stationärer Ströme behandelt (J).

A. Bestimmung des elektrischen Feldes aus einer gegebenen Ladungsverteilung

2.1. Bestimmung des Feldes aus der räumlichen Ladungsdichte

Wir haben in Kapitel 1.13. die Grundgleichungen der Elektrostatik aufgestellt. Sie lauten

$$\operatorname{rot} \boldsymbol{E} = 0; \qquad \operatorname{div} \boldsymbol{D} = \varrho. \tag{1}$$

Beschränken wir uns auf den Fall des Vakuums, so gilt auch

$$\boldsymbol{D} = \varepsilon_0 \boldsymbol{E},$$

wobei $\varepsilon_0 = 8{,}854 \cdot 10^{-12}$ As/Vm ist.

Die Grundgleichungen nehmen also folgende Form an:

$$\operatorname{rot} \boldsymbol{E} = 0; \qquad \operatorname{div} \boldsymbol{E} = \frac{\varrho}{\varepsilon_0}. \tag{2}$$

Unsere Aufgabe besteht nunmehr darin, die elektrische Feldstärke zu ermitteln, wenn die Divergenz der Feldstärke gegeben ist. Wir wissen außerdem, daß die Rotation der Feldstärke überall Null ist. Diese Aufgabe wurde im Kapitel 1.15.3. behandelt. Wir hatten dort ein wirbelfreies Feld zu bestimmen, dessen Divergenz bekannt war. Bekanntlich kann die elektrische Feldstärke in solchen Fällen als der negative Gradient einer Potentialfunktion U angesehen werden. Es gilt also:

$$\boldsymbol{E} = -\operatorname{grad} U. \tag{3}$$

Für diese Potentialfunktion können wir unter Verwendung der Beziehung $\operatorname{div} \boldsymbol{E} = \varrho/\varepsilon_0$ nachstehende Differentialgleichung aufstellen:

$$-\operatorname{div} \boldsymbol{E} = \operatorname{div} \operatorname{grad} U \equiv \Delta U = -\frac{\varrho}{\varepsilon_0}. \tag{4}$$

Gibt man den Laplaceschen Ausdruck ΔU in kartesischen Koordinaten an, so erhält man

$$\frac{\partial^2 U}{\partial x^2} + \frac{\partial^2 U}{\partial y^2} + \frac{\partial^2 U}{\partial z^2} = -\frac{\varrho}{\varepsilon_0}. \tag{5}$$

Die Potentialfunktion U erfüllt also die Laplace-Poissonsche Gleichung. An den Stellen des Raumes, an denen keine räumliche Ladungsdichte vorhanden ist, gilt die einfachere Laplacesche Gleichung:

$$\Delta U = \frac{\partial^2 U}{\partial x^2} + \frac{\partial^2 U}{\partial y^2} + \frac{\partial^2 U}{\partial z^2} = 0. \tag{6}$$

Die Lösung der Gl. (5) ist bekannt. Durch die Beziehung 1.15.(28)

$$U = -\frac{1}{4\pi} \int_V \frac{\Delta U}{r} \, \mathrm{d}V \tag{7}$$

erhält man nämlich für das Potential in einem beliebigen Punkt $P(x, y, z)$ des Raumes

$$\begin{aligned} U(x, y, z) &= \frac{1}{4\pi\varepsilon_0} \iiint \frac{\varrho(\xi, \eta, \zeta)}{\sqrt{(\xi - x)^2 + (\eta - y)^2 + (\zeta - z)^2}} \, \mathrm{d}\xi \, \mathrm{d}\eta \, \mathrm{d}\zeta \\ &= \frac{1}{4\pi\varepsilon_0} \int_V \frac{\varrho}{r} \, \mathrm{d}V. \end{aligned} \tag{8}$$

Wir betrachten jetzt den Spezialfall eines begrenzten Volumens mit kleinen Abmessungen. Bis auf dieses Volumen sei ϱ im ganzen Raum gleich Null. In einem beliebigen Punkt des Raumes können wir den Wert des Potentials mit Hilfe von Gl. (8)

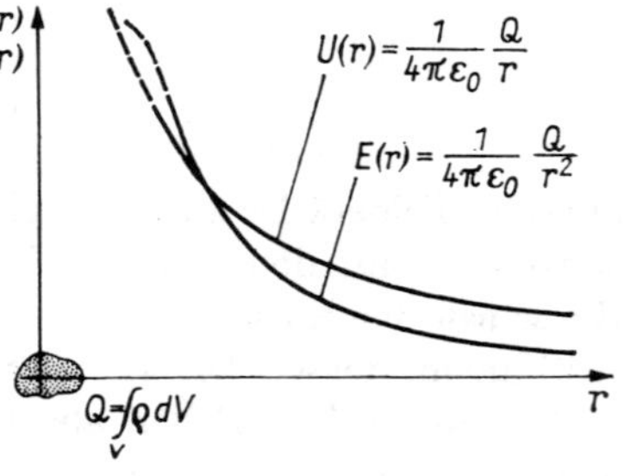

Abb. 2.1 Potentialberechnung einer Ladung, die sich in einem Volumen kleiner Dimensionen befindet

errechnen. Sind wir von diesem ladungserfüllten Volumen der Abb. 2.1 genügend weit entfernt, so werden die Abstände zwischen dem Aufpunkt und den einzelnen Raumelementen ungefähr gleich sein. Also kann der Wert r vor das Integralzeichen gesetzt werden, und damit wird

$$U \approx \frac{1}{4\pi\varepsilon_0} \frac{1}{r} \int_V \varrho \, \mathrm{d}V = \frac{1}{4\pi\varepsilon_0} \frac{Q}{r}. \tag{9}$$

In dieser Beziehung bezeichnen wir den Ausdruck $\int_V \varrho \, \mathrm{d}V$ mit Q und nennen ihn die Ladung. Es ist offensichtlich, daß Q dasselbe Potential aufbaut wie in der elementaren Elektrostatik die Punktladung. Da die Feldstärke als der negative Gradient des Potentials darstellbar ist, gilt:

$$\boldsymbol{E} = -\mathrm{grad}\, U = -\frac{Q}{4\pi\varepsilon_0} \frac{\mathrm{d}}{\mathrm{d}r} \frac{1}{r} \boldsymbol{r}_0 = \frac{Q}{4\pi\varepsilon_0} \frac{\boldsymbol{r}_0}{r^2}. \tag{10}$$

Während also das Potential der in einer Kugel von kleinem Radius untergebrachten Ladung dem Abstand umgekehrt proportional ist, ist die Feldstärke dem Quadrat des Abstandes umgekehrt proportional. In dieser Beziehung ist auch schon das Coulombsche Gesetz enthalten. Die auf eine Punktladung Q_2, welche von der Punktladung Q_1 um den Abstand r entfernt liegt, einwirkende Kraft beträgt

$$\boldsymbol{F} = Q_2 \boldsymbol{E} = \frac{1}{4\pi\varepsilon_0} \frac{Q_1 Q_2}{r^2} \boldsymbol{r}_0.$$

Wir ersehen daraus, daß die ausschließlich für die Feldstärke aufgestellten Maxwellschen Gleichungen auch das zwischen den Ladungen bestehende sogenannte Fernwirkungsgesetz richtig angeben. Hierbei bedienten wir uns auch des Ausdruckes der Kraftwirkung, der aus der Energiegleichung abgeleitet wurde.

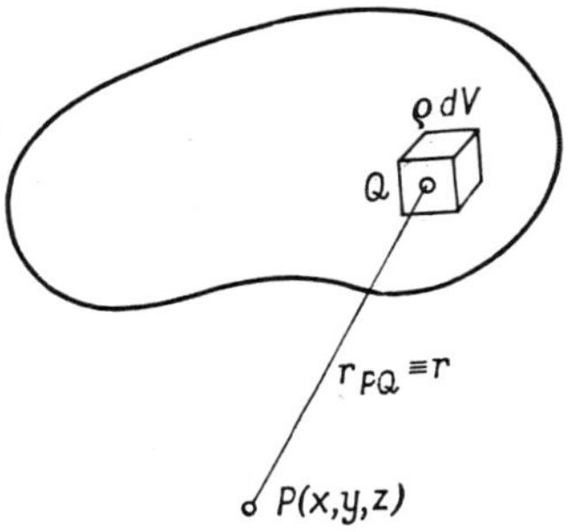

Abb. 2.2 Potentialberechnung in einem beliebigen Raumpunkt

Nachdem wir jetzt schon wissen, daß die Beziehung

$$U = \frac{1}{4\pi\varepsilon_0} \frac{Q}{r}$$

das Potential einer in einem kleinen Rauminhalt angebrachten Punktladung liefert, können wir Gl. (8) folgendermaßen auslegen:

In dem Volumen $\mathrm{d}V$ ist die Ladung $\varrho \, \mathrm{d}V$ vorhanden. Betrachten wir diese Ladung als eine Punktladung, so erhalten wir im Punkt P das Potentialelement

$$\mathrm{d}U = \frac{1}{4\pi\varepsilon_0} \frac{\varrho \, \mathrm{d}V}{r}. \tag{11}$$

Die Superposition dieser Potentialwerte liefert den Potentialwert (8) (Abb. 2.2).

2.2. Multipole

2.2.1. Der Dipol

Neben dem Feld der Punktladung spielt in der Praxis auch das Kraftfeld von zwei nahe beieinander liegenden gleich großen Ladungen entgegengesetzten Vorzeichens, des sogenannten Dipols, eine große Rolle. Bringen wir die Ladungen $-Q$ und $+Q$ wie in Abb. 2.3 im Punkte D nebeneinander an, so erhalten wir im Punkt P den Potentialwert

$$U(P) = \frac{1}{4\pi\varepsilon_0}\left(\frac{Q}{r_+} - \frac{Q}{r_-}\right) = \frac{Q}{4\pi\varepsilon_0}\left(\frac{1}{r_+} - \frac{1}{r_-}\right) = \frac{Q}{4\pi\varepsilon_0}\left(\frac{1}{|\boldsymbol{r}_- + \boldsymbol{l}|} - \frac{1}{|\boldsymbol{r}_-|}\right). \tag{1}$$

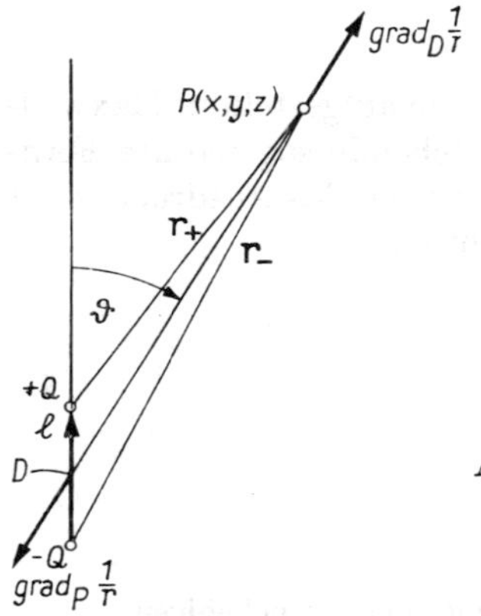

Abb. 2.3 Zum Begriff des Dipols

Nach der Definition des Gradienten gilt

$$\frac{1}{|\boldsymbol{r}_- + \boldsymbol{l}|} - \frac{1}{|\boldsymbol{r}_-|} \approx \boldsymbol{l}\,\mathrm{grad}_D\,\frac{1}{r},$$

wenn der Abstand $|\boldsymbol{l}|$ gegenüber dem Abstand $|\boldsymbol{r}|$ sehr klein ist. Mit dem Index D wird angedeutet, daß bei der Gradientenbildung nur die Koordinaten des Punktes D als Veränderliche angesehen werden. Mithin gilt

$$U(P) \approx \frac{Q\boldsymbol{l}}{4\pi\varepsilon_0}\,\mathrm{grad}_D\,\frac{1}{r}. \tag{2}$$

Bringen wir die beiden Ladungen einander immer näher, so nähert sich der Potentialwert im Punkt P dem Wert Null. Wenn wir aber Q inzwischen so vergrößern, daß das Produkt $Q\boldsymbol{l} = \boldsymbol{p}$ konstant bleibt, so bleibt auch der Wert des Potentials konstant (besser ausgedrückt: Obige Beziehung gibt den Potentialwert immer genauer an), und damit ergibt sich das Potential des Dipols zu

$$U = \frac{\boldsymbol{p}}{4\pi\varepsilon_0} \operatorname{grad}_D \frac{1}{r}. \tag{3}$$

$\boldsymbol{p}$ wird als elektrisches Dipolmoment bezeichnet.

Bei unserer bisherigen Ableitung differenzierten wir nach den Ortskoordinaten des Dipols. Wenn wir den Gradienten nach den Koordinaten des Punktes P bilden, so wird

$$U = -\frac{\boldsymbol{p}}{4\pi\varepsilon_0} \operatorname{grad}_P \frac{1}{r} = -\frac{p}{4\pi\varepsilon_0} \frac{\partial}{\partial z} \frac{1}{r}. \tag{4}$$

Es ist nämlich

$$\operatorname{grad}_D \frac{1}{r} = -\operatorname{grad}_P \frac{1}{r}. \tag{5}$$

Die Richtung des Vektors $\boldsymbol{p}$ wie die des Vektors $\boldsymbol{l}$ zeigt definitionsgemäß von der negativen zur positiven Ladung und fällt hier mit der $+z$-Richtung zusammen.

Das Potential des Dipols kann folgendermaßen umgeschrieben werden:

$$U = \frac{1}{4\pi\varepsilon_0} \frac{\boldsymbol{p}\boldsymbol{r}_0}{r^2} = \frac{1}{4\pi\varepsilon_0} \frac{p \cos\vartheta}{r^2}, \tag{6}$$

da $\operatorname{grad}_P \frac{1}{r} = -\frac{\boldsymbol{r}_0}{r^2}$ ist.

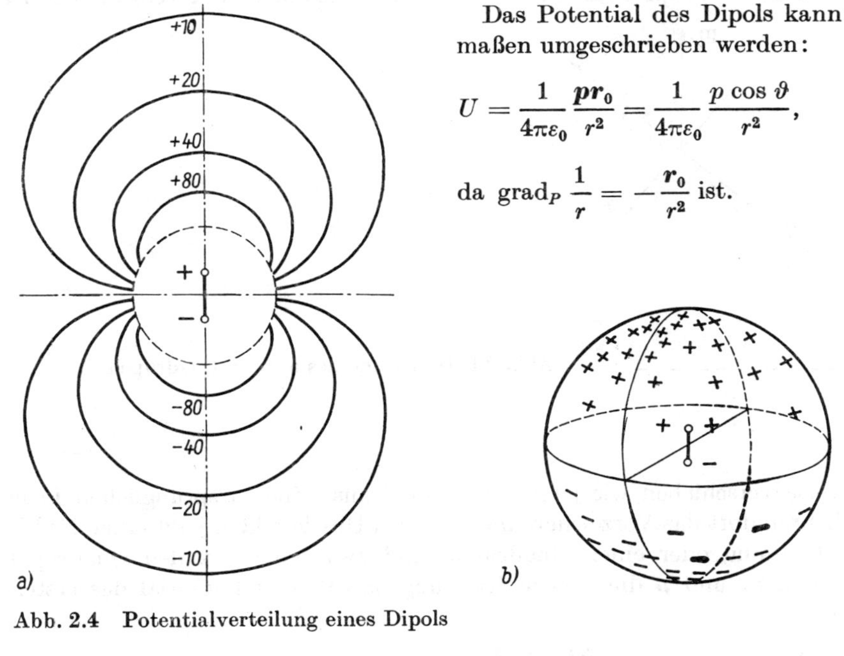

Abb. 2.4 Potentialverteilung eines Dipols

Diese Potentialverteilung ist aus Abb. 2.4 ersichtlich.

Die Feldstärke kann jetzt einfach berechnet werden:

$$E_r = -\frac{\partial U}{\partial r} = \frac{1}{2\pi\varepsilon_0} \frac{p \cos \vartheta}{\cdot r^3} = \frac{1}{4\pi\varepsilon_0} \frac{2\boldsymbol{p}\boldsymbol{r}_0}{r^3},$$

$$E_\vartheta = -\frac{1}{r} \frac{\partial U}{\partial \vartheta} = \frac{1}{4\pi\varepsilon_0} \frac{p \sin \vartheta}{r^3} = \frac{1}{4\pi\varepsilon_0} \frac{|\boldsymbol{r}_0 \times \boldsymbol{p}|}{r^3}, \tag{7}$$

$$E_\varphi = 0.$$

Diese drei skalaren Gleichungen können zu einer einzigen Vektorengleichung zusammengefaßt werden:

$$\boldsymbol{E} = \frac{1}{4\pi\varepsilon_0} \left[\frac{2(\boldsymbol{p}\boldsymbol{r}_0)}{r^3} \boldsymbol{r}_0 + \frac{\boldsymbol{r}_0 \times (\boldsymbol{r}_0 \times \boldsymbol{p})}{r^3} \right] = \frac{1}{4\pi\varepsilon_0} \left[\frac{3\boldsymbol{p}\boldsymbol{r}_0}{r^3} \boldsymbol{r}_0 - \frac{\boldsymbol{p}}{r^3} \right]. \tag{8}$$

2.2.2. Axiale Multipole

Zu einem Dipol oder „Multipol erster Ordnung“ gelangen wir dadurch, daß wir zwei gleich große, aber mit negativem bzw. positivem Vorzeichen versehene Punktladungen, d. h. zwei Multipole nullter Ordnung, gegeneinander um $\boldsymbol{l}$ verschieben. In

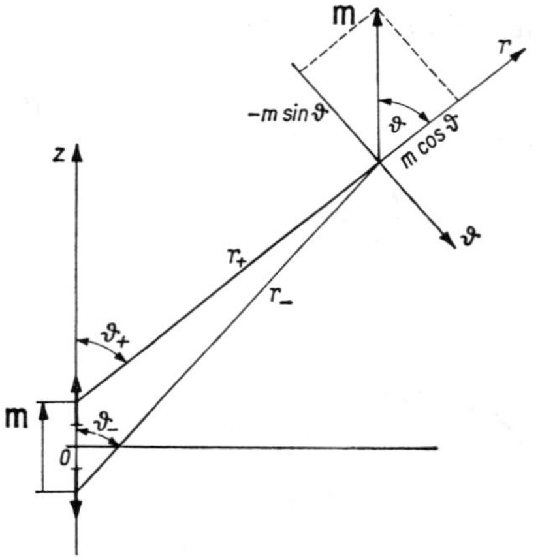

Abb. 2.5 Herleitung des axialen Quadrupols

ähnlicher Weise verschieben wir jetzt einen Dipol aus seiner ursprünglichen Lage um $\boldsymbol{m}$ und kehren dort das Vorzeichen um. Die zwei Dipole bilden jetzt einen Multipol zweiter Ordnung oder einen Quadrupol, und zwar einen axialen Quadrupol (Abb. 2.5), wenn $\boldsymbol{m}$ und $\boldsymbol{p}$ die gleiche Richtung haben. Das Potential des ersten Dipols lautet

$$U^{+(1)} = -\frac{\boldsymbol{p}}{4\pi\varepsilon_0} \operatorname{grad}_P \frac{1}{r_+} = -\frac{lQ}{4\pi\varepsilon_0} \frac{\partial}{\partial z} \frac{1}{r_+};$$

das Potential des zweiten Dipols wird

$$U^{-(1)} = \frac{lQ}{4\pi\varepsilon_0} \frac{\partial}{\partial z} \frac{1}{r_-}.$$

Das Potential des resultierenden Quadrupols wird also

$$U^{(2)} = U^{+(1)} + U^{-(1)} = \frac{lQ}{4\pi\varepsilon_0} \frac{\partial}{\partial z} \left(\frac{1}{r_-} - \frac{1}{r_+}\right). \tag{9}$$

Da

$$\frac{1}{r_-} - \frac{1}{r_+} = -\left(\frac{1}{|\boldsymbol{r}_- + \boldsymbol{m}|} - \frac{1}{|\boldsymbol{r}_-|}\right) \approx -\boldsymbol{m} \operatorname{grad}_D \frac{1}{r} = \boldsymbol{m} \operatorname{grad}_P \frac{1}{r} = m \frac{\partial}{\partial z} \frac{1}{r}$$

ist, schreibt sich das Potential

$$U^{(2)} = \frac{lQ}{4\pi\varepsilon_0} \frac{\partial}{\partial z} \frac{\partial}{\partial z} \frac{1}{r} m = \frac{mlQ}{4\pi\varepsilon_0} \frac{\partial^2}{\partial z^2} \frac{1}{r}. \tag{10}$$

Wenn wir die Abstände $|\boldsymbol{l}|$ und $|\boldsymbol{m}|$ gegen Null, dagegen Q gegen unendlich gehen lassen, und zwar so, daß das Produkt $2mlQ = p^{(2)}$ konstant bleibt, nennen wir die Größe $p^{(2)}$ das Moment des axialen Quadrupols. Wir erhalten also für das Potential

$$U^{(2)} = \frac{p^{(2)}}{4\pi\varepsilon_0} \frac{1}{2} \frac{\partial^2}{\partial z^2} \frac{1}{r}. \tag{11}$$

Das Miteinbeziehen des Faktors 2 in die Definition des Quadrupolmomentes ist natürlich erlaubt und, wie wir später sehen werden, sehr zweckmäßig. Schreiben wir jetzt das Potential des Quadrupols in Kugelkoordinaten auf:

$$U^{(2)} = U^{+(1)} + U^{-(1)} = \frac{lQ}{4\pi\varepsilon_0} \left(\frac{\cos\vartheta_+}{r_+^2} - \frac{\cos\vartheta_-}{r_-^2}\right). \tag{12}$$

Es ist

$$\frac{\cos\vartheta_+}{r_+^2} - \frac{\cos\vartheta_-}{r_-^2} \approx -\boldsymbol{m} \operatorname{grad}_P \frac{\cos\vartheta}{r^2}.$$

Die einzelnen Komponenten des Vektors $\operatorname{grad}_P (\cos\vartheta/r^2)$ lauten in Kugelkoordinaten:

$$\begin{aligned} &\operatorname{grad}_r \frac{\cos\vartheta}{r^2} = \frac{\partial}{\partial r} \frac{\cos\vartheta}{r^2} = -\frac{2\cos\vartheta}{r^3}, \\ &\operatorname{grad}_\vartheta \frac{\cos\vartheta}{r^2} = \frac{1}{r} \frac{\partial}{\partial\vartheta} \frac{\cos\vartheta}{r^2} = -\frac{\sin\vartheta}{r^3}, \qquad \operatorname{grad}_\varphi \frac{\cos\vartheta}{r^2} = 0. \end{aligned} \tag{13}$$

Nach Abb. 2.5 kann man die Komponenten des Vektors $\boldsymbol{m}$ bestimmen:

$$m_r = m \cos \vartheta; \qquad m_\vartheta = -m \sin \vartheta; \qquad m_\varphi = 0.$$

Für das Potential haben wir also den folgenden Ausdruck:

$$U^{(2)} = \frac{mlQ}{4\pi\varepsilon_0} \frac{3}{r^3} \left(\cos^2 \vartheta - \frac{1}{3}\right) = \frac{p^{(2)}}{4\pi\varepsilon_0} \frac{1}{r^3} \frac{3}{2} \left(\cos^2 \vartheta - \frac{1}{3}\right). \tag{14}$$

Die Äquipotentialflächen und die Potentialverteilung auf einer Kugelfläche sind in Abb. 2.6 und 2.7 dargestellt.

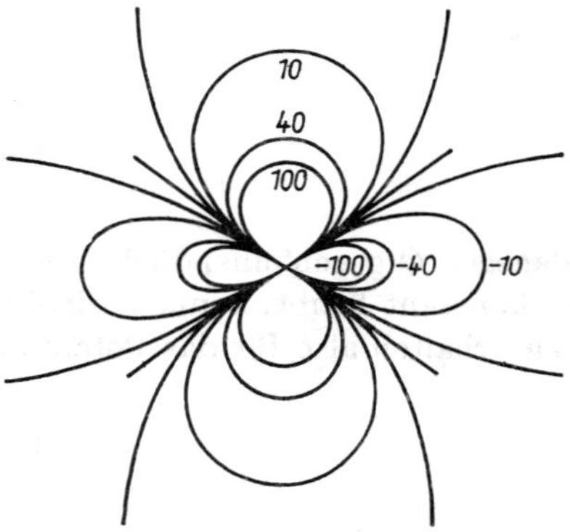

Abb. 2.6 Die Äquipotentialflächen eines axialen Quadrupols

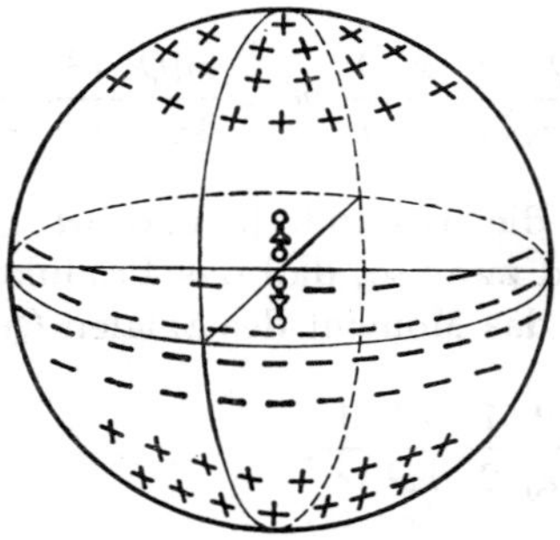

Abb. 2.7 Potentialverteilung eines axialen Quadrupols auf einer Kugelfläche

Auf ähnliche Weise können wir zum Begriff der axialen Multipole höherer Ordnung gelangen und ihre Potentiale bestimmen. So erhalten wir aus zwei verschobenen und mit entgegengesetzten Vorzeichen versehenen Quadrupolen den Oktopol. Das Potential des *Oktopols* lautet in kartesischen Koordinaten:

$$U^{(3)} = (-1)^3 \frac{p^{(3)}}{4\pi\varepsilon_0} \frac{1}{3!} \frac{\partial^3}{\partial z^3} \frac{1}{r} \tag{15a}$$

und in Kugelkoordinaten:

$$U^{(3)} = \frac{p^{(3)}}{4\pi\varepsilon_0} \frac{1}{r^4} \frac{1}{2} (5 \cos^3 \vartheta - 3 \cos \vartheta). \tag{15b}$$

In diesen Formeln bedeutet $p^{(3)} = 3p^{(2)}m_3$ das Moment des Oktopols, wo m_3 den Abstand der verschobenen Quadrupole bedeutet.

Jetzt erkennt man schon die Bildungsregel für den Ausdruck des Potentials eines Multipols i-ter Ordnung in kartesischen Koordinaten

$$U^{(i)}(x, y, z) = (-1)^i \frac{p^{(i)}}{4\pi\varepsilon_0} \frac{1}{i!} \frac{\partial^i}{\partial z^i} \frac{1}{r} \tag{16a}$$

und in Kugelkoordinaten

$$U^{(i)}(r, \vartheta) = \frac{p^{(i)}}{4\pi\varepsilon_0} \frac{1}{r^{i+1}} P_i(\cos\vartheta), \tag{16b}$$

wo $p^{(i)} = i p^{(i-1)} m_i$ das Moment des Multipols und $P_i(\cos\vartheta)$ ein Polynom i-ter Ordnung des Argumentes $\cos\vartheta$ — das sogenannte Legendresche Polynom — bedeutet. In Tab. 2.1 sind die Eigenschaften der axialen Multipole zusammengestellt.

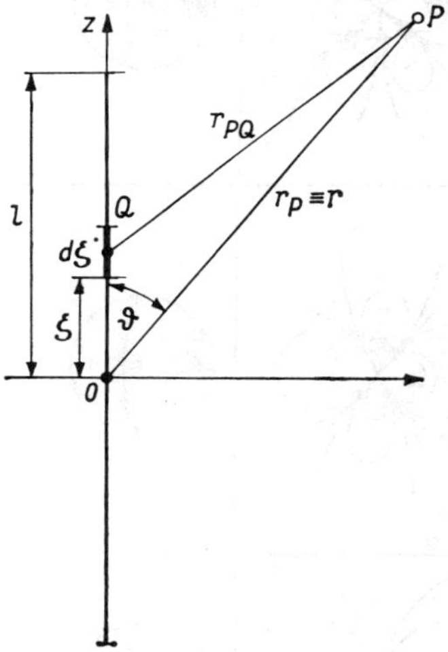

Abb. 2.8 Zur Bestimmung des Potentials einer Linienladung

Um die Zweckmäßigkeit der obigen Definition der Multipole einzusehen, bestimmen wir das Potential in einem beliebigen Punkt P, das von einer auf der z-Achse zwischen $z = -l$ und $z = +l$ gelegenen Linienladung mit der Ladungsdichte $q(\zeta)$ verursacht wird.

Das Potential der Elementarladung $\mathrm{d}Q = q(\zeta)\,\mathrm{d}\zeta$ wird

$$\mathrm{d}U = \frac{q(\zeta)}{4\pi\varepsilon_0 r_{PQ}}\,\mathrm{d}\zeta, \tag{17}$$

wobei die Bedeutung von r_{PQ} aus Abb. 2.8 zu ersehen ist. Das resultierende Potential wird also

$$U = \int_{-l}^{+l} \frac{q(\zeta)}{4\pi\varepsilon_0 r_{PQ}}\,\mathrm{d}\zeta. \tag{18}$$

Tabelle 2.1 Axiale Multipole

	Monopol (Punktladung)	Dipol	Quadrupol	Oktopol	Multipol i-ter Ordnung
Ordnung des Multipols	0	1	2	3	i
Anzahl der Punkt-ladungen	$2^0 = 1$	$2^1 = 2$	$2^2 = 4$	$2^3 = 8$	2^i
Potential in kartesischen Koordinaten	$\frac{Q}{4\pi\varepsilon_0}\frac{1}{r}$	$-\frac{p^{(1)}}{4\pi\varepsilon_0}\frac{\partial}{\partial z}\frac{1}{r}$	$\frac{p^{(2)}}{4\pi\varepsilon_0}\frac{1}{2!}\frac{\partial^2}{\partial z^2}\frac{1}{r}$	$-\frac{p^{(3)}}{4\pi\varepsilon_0}\frac{1}{3!}\frac{\partial^3}{\partial z^3}\frac{1}{r}$	$(-1)^i\frac{p^{(i)}}{4\pi\varepsilon_0}\frac{1}{i!}\frac{\partial^i}{\partial z^i}\frac{1}{r}$
Potential in Kugel-koordinaten	$\frac{Q}{4\pi\varepsilon_0}\frac{1}{r}$	$\frac{p^{(1)}}{4\pi\varepsilon_0}\frac{1}{r^2}\cos\vartheta$	$\frac{p^{(2)}}{4\pi\varepsilon_0}\frac{1}{r^3}\frac{3}{2}\left(\cos^2\vartheta - \frac{1}{3}\right)$	$\frac{p^{(3)}}{4\pi\varepsilon_0}\frac{1}{r^4}\frac{1}{2} \cdot (5\cos^3\vartheta - 3\cos\vartheta)$	$\frac{p^{(i)}}{4\pi\varepsilon_0}\frac{1}{r^{i+1}}P_i(\cos\vartheta)$
Äqui-potential-flächen	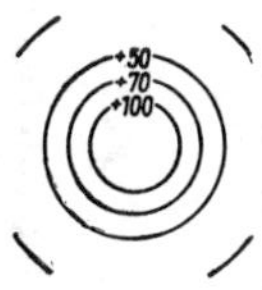		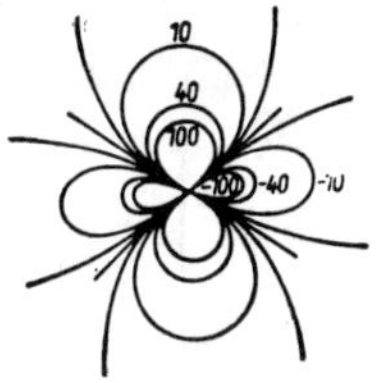		
Verteilung des Potentials auf einer Kugelfläche	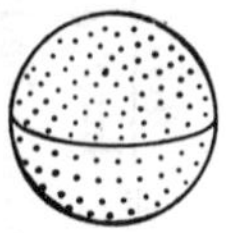	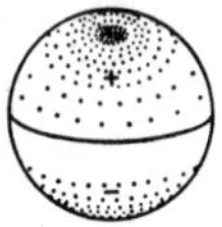	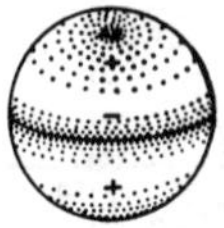		

Nehmen wir den Punkt P als fest an, so wird der Wert von

$$r_{PQ} = \sqrt{x^2 + y^2 + (z - \zeta)^2} \tag{19a}$$

nur von ζ abhängen. Die Funktion $f(\zeta) = \frac{1}{r_{PQ}}$ kann an der Stelle $\zeta = 0$ mit $f(0) = \frac{1}{r}$ in eine Taylor-Reihe entwickelt werden:

$$f(\zeta) = \frac{1}{r_{PQ}} = f(0) + \left(\frac{\partial f}{\partial \zeta}\right)_{\zeta=0} \zeta + \frac{1}{2!} \left(\frac{\partial^2 f}{\partial \zeta^2}\right)_{\zeta=0} \zeta^2 + \cdots; \quad r > |\zeta|; \quad |\zeta| < l.$$

Aus Gl. (19a) folgt:

$$\frac{\partial}{\partial \zeta} \frac{1}{r_{PQ}} = -\frac{\partial}{\partial z} \frac{1}{r_{PQ}};$$

es gilt also

$$f(\zeta) = \frac{1}{r_{PQ}} = \frac{1}{r} - \zeta \frac{\partial}{\partial z} \frac{1}{r} + \cdots + \zeta^n \frac{(-1)^n}{n!} \frac{\partial^n}{\partial z^n} \frac{1}{r} + \cdots. \tag{19b}$$

Das Potential der gesamten Linienladung kann also folgendermaßen geschrieben werden:

$$U(P) = \frac{1}{4\pi\varepsilon_0} \left[\frac{1}{r} \int_{-l}^{+l} q \, \mathrm{d}\zeta - \frac{\partial}{\partial z} \frac{1}{r} \int_{-l}^{+l} q\zeta \, \mathrm{d}\zeta + \frac{1}{2} \left(\frac{\partial^2}{\partial z^2} \frac{1}{r} \int_{-l}^{+l} q\zeta^2 \, \mathrm{d}\zeta - + \cdots \right]. \tag{20}$$

Diese Gleichung läßt folgende Deutung zu: Das Potential einer Linienladung kann in erster Näherung als das Potential einer Punktladung mit der Gesamtladung

$$Q = \int_{-l}^{+l} q(\zeta) \, \mathrm{d}\zeta$$

betrachtet werden. In zweiter Näherung muß man schon den Einfluß eines Dipols mit dem Moment

$$p^{(1)} = \int_{-l}^{+l} q(\zeta) \, \zeta \, \mathrm{d}\zeta \tag{21}$$

berücksichtigen. Das dritte Glied in Gl. (19b) entspricht dem Potential eines Quadrupols vom Moment

$$p^{(2)} = \int_{-l}^{+l} q(\zeta) \, \zeta^2 \, \mathrm{d}\zeta. \tag{22}$$

Die weiteren Glieder der Taylorschen Reihe geben die Potentiale der Multipole höherer Ordnung an.

Wenn es sich um Punktladungen handelt, die beliebig auf der z-Achse verteilt sind, erhalten wir für die Momente der Multipole:

$$p^{(0)} = Q = \sum_i Q_i; \qquad p^{(1)} = \sum_i Q_i z_i; \qquad p^{(2)} = \sum_i Q_i z_i^2. \tag{23}$$

Kehren wir wieder zu dem Fall der stetig verteilten Linienladung zurück. Der Abstand r_{PQ} kann nach Abb. 2.8 auch folgendermaßen geschrieben werden:

$$r_{PQ} = \sqrt{r^2 + \zeta^2 - 2r\zeta \cos\vartheta}. \tag{24}$$

Für das Potential erhalten wir damit

$$U = \frac{1}{4\pi\varepsilon_0} \int\limits_{-l}^{+l} \frac{1}{r_{PQ}}\, q(\zeta)\, \mathrm{d}\zeta = \frac{1}{4\pi\varepsilon_0} \int\limits_{-l}^{+l} \frac{1}{r} \left[1 + \left(\frac{\zeta}{r}\right)^2 - 2\,\frac{\zeta}{r} \cos\vartheta\right]^{-1/2} q(\zeta)\, \mathrm{d}\zeta. \tag{25}$$

Wir entwickeln jetzt $1/r_{PQ}$ in eine Binomialreihe:

$$\frac{1}{r_{PQ}} = \frac{1}{r}\left[1 + \left(\frac{\zeta}{r}\right)^2 - 2\,\frac{\zeta}{r}\cos\vartheta\right]^{-1/2} = \frac{1}{r} + \cos\vartheta\, \frac{1}{r^2}\,\zeta + \frac{3}{2}\left(\cos^2\vartheta - \frac{1}{3}\right)\frac{1}{r^3}\,\zeta^2$$
$$+ \cdots + P_n(\cos\vartheta)\,\frac{1}{r^{n+1}}\,\zeta^n + \cdots; \qquad r > l > |\zeta|. \tag{26}$$

Die hier vorkommenden Polynome $P_n(\cos\vartheta)$ sind definitionsgemäß die Legendreschen Polynome. Diese ergeben sich automatisch, wenn die Reihe nach den Potenzen von $1/r$ geordnet wird. Wir haben also endgültig

$$U = \frac{1}{4\pi\varepsilon_0}\left[\frac{1}{r}\int\limits_{-l}^{+l} q(\zeta)\,\mathrm{d}\zeta + \frac{1}{r^2}\cos\vartheta \int\limits_{-l}^{+l} q(\zeta)\,\zeta\,\mathrm{d}\zeta + \frac{1}{r^3}\,\frac{3}{2}\left(\cos^2\vartheta - \frac{1}{3}\right)\int\limits_{-l}^{+l} q(\zeta)\,\zeta^2\,\mathrm{d}\zeta\right.$$
$$\left. + \cdots + \frac{1}{r^{n+1}}\,P_n(\cos\vartheta)\int\limits_{-l}^{+l} q(\zeta)\,\zeta^n\,\mathrm{d}\zeta + \cdots\right]. \tag{27}$$

Hier haben wir die Potentiale der verschiedenen Multipole in Kugelkoordinaten erhalten.

Die Tatsache, daß man das Potential einer beliebigen Linienladung auf einer Kugelfläche als Summe der Potentiale von Multipolen verschiedener Ordnung darstellen kann, läßt einen sehr wichtigen mathematischen Satz vermuten: Eine beliebige axialsymmetrische Funktion, die gewisse, in der Praxis immer erfüllte mathematische Bedingungen befriedigt, kann auf der Fläche der Einheitskugel durch die Legendreschen Polynome dargestellt werden, ebenso wie eine periodische Funktion durch trigonometrische Funktionen in der Form einer Fourierschen Reihe dargestellt werden kann.

2.2.3. Allgemeine Multipole

Wenn wir einen parallel zur z-Achse gelegenen Dipol senkrecht zu dieser Richtung, z. B. in der Richtung der y-Achse verschieben und ihn dort umkehren (Abb. 2.9), erhalten wir einen allgemeineren, d. h. nichtaxialen Quadrupol mit dem Potential

$$U^{(2)} = \frac{p^{(2)}}{4\pi\varepsilon_0} \frac{1}{2} \frac{\partial^2}{\partial z\, \partial y} \frac{1}{r}. \tag{28}$$

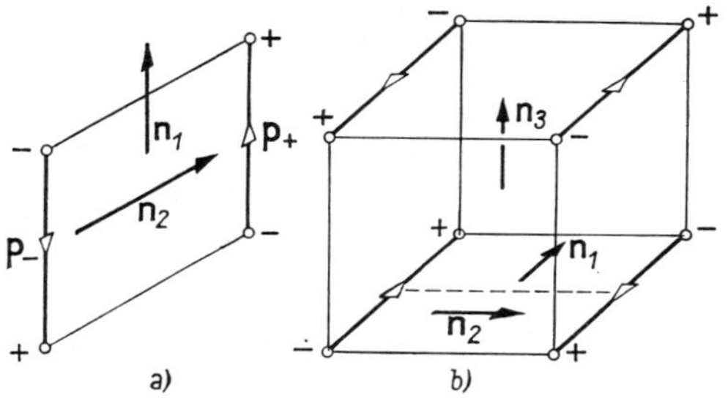

Abb. 2.9 a) Allgemeiner Quadrupol. b) Allgemeiner Oktopol

Ist $\boldsymbol{n}_1$ die Richtung des ursprünglichen Dipols und wird dieser Dipol in Richtung $\boldsymbol{n}_2$ verschoben, so haben wir das Potential des allgemeinen Quadrupols:

$$U^{(2)} = \frac{p^{(2)}}{4\pi\varepsilon_0} \frac{1}{2} \frac{\partial^2}{\partial n_1\, \partial n_2} \frac{1}{r}. \tag{29}$$

Entsprechend lautet das Potential des Oktopols

$$U^{(3)} = (-1)^3 \frac{p^{(3)}}{4\pi\varepsilon_0} \frac{1}{3!} \frac{\partial^3}{\partial n_1\, \partial n_2\, \partial n_3} \frac{1}{r} \tag{30}$$

bzw. des Multipols i-ter Ordnung

$$U^{(i)} = (-1)^i \frac{p^{(i)}}{4\pi\varepsilon_0} \frac{1}{i!} \frac{\partial^i}{\partial n_1\, \partial n_2 \dots \partial n_i} \frac{1}{r}, \tag{31}$$

wo

$$p^{(i)} = i p^{(i-1)} n_i .$$

Der Faktor $(-1)^i$ tritt deswegen auf, weil bei der Verschiebung des Multipols nach den Koordinaten des Multipols zu differenzieren ist, in der Endformel dagegen nach den Koordinaten des Aufpunktes, d. h. des Punktes, in welchem das Potential gesucht wird. Dieser Übergang bringt jedesmal den Faktor -1 mit sich. Die Potentiale der allgemeinen Multipole können auch in Kugelkoordinaten ausgedrückt werden. Da diese Potentiale keine Axialsymmetrie aufweisen, sind die entsprechenden Ausdrücke verwickelt. Der Einfachheit halber untersuchen wir das Potential eines Quadrupols, der durch Verschieben eines in die Richtung der $-z$-Achse zeigenden Dipols in der Richtung der x-Achse entsteht. Es wird nach Abb. 2.10:

$$4\pi\varepsilon_0 U^{(2)} = lQ\boldsymbol{m}\,\mathrm{grad}_D \frac{\cos\vartheta}{r^2}. \tag{32}$$

Die Komponenten des Vektors $\boldsymbol{m}$ sind:

$$m_\vartheta = m\cos\varphi\cos\vartheta; \qquad m_r = m\cos\varphi\sin\vartheta; \qquad m_\varphi = m\sin\varphi. \tag{33}$$

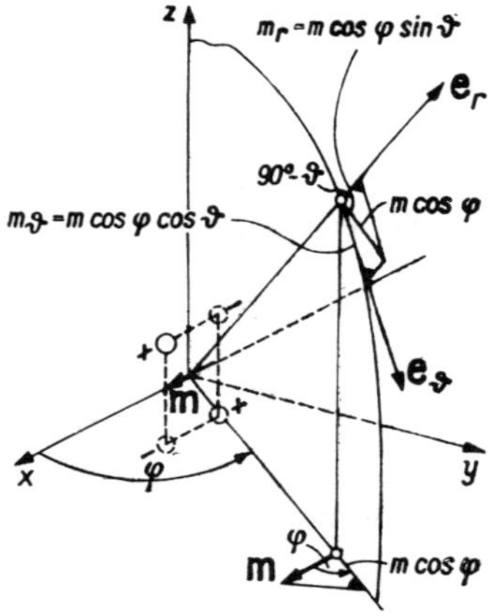

Abb. 2.10 Zur Ableitung des Potentials eines Quadrupols

Bei Berücksichtigung der Ausdrücke der Komponenten des Vektors grad $\dfrac{\cos\vartheta}{r^2}$ entsprechend Gl. (13) haben wir

$$4\pi\varepsilon_0 U^{(2)} = \frac{lmQ}{r^3}\left[2\cos\vartheta\sin\vartheta\cos\varphi + \cos\vartheta\sin\vartheta\cos\varphi\right] \tag{34}$$

oder

$$U^{(2)} = \frac{1}{4\pi\varepsilon_0}\,p^{(2)}\,\frac{1}{r^3}\,\frac{3}{2}\sin\vartheta\cos\vartheta\cos\varphi. \tag{35}$$

Die Potentialverteilung ist in Abb. 2.11 dargestellt.

Das Potential eines allgemeinen Multipols n-ter Ordnung hat in Kugelkoordinaten die Form

$$U^{(n)} = \frac{1}{4\pi\varepsilon_0} \frac{1}{r^{n+1}} \left[\sum_{m=0}^{n} (a_{nm} \cos m\varphi + b_{nm} \sin m\varphi)\, P_n^m(\cos\vartheta) \right], \tag{36}$$

wo $P_n^m(\cos\vartheta)$ die adjungierte Legendresche Funktion bedeutet.

Das Potential einer beliebigen räumlichen Ladungsverteilung kann als Summe der Potentiale von Multipolen verschiedener Ordnung dargestellt werden. Diese Multipole befinden sich alle im Ursprung des Koordinatensystems. Es ist nämlich nach Abb. 2.12

$$\mathrm{d}U = \frac{1}{4\pi\varepsilon_0} \frac{\varrho\,\mathrm{d}V}{r_{PQ}} = \frac{1}{4\pi\varepsilon_0} \frac{\varrho\,\mathrm{d}V}{\sqrt{(x-\xi)^2 + (y-\eta)^2 + (z-\zeta)^2}}. \tag{37}$$

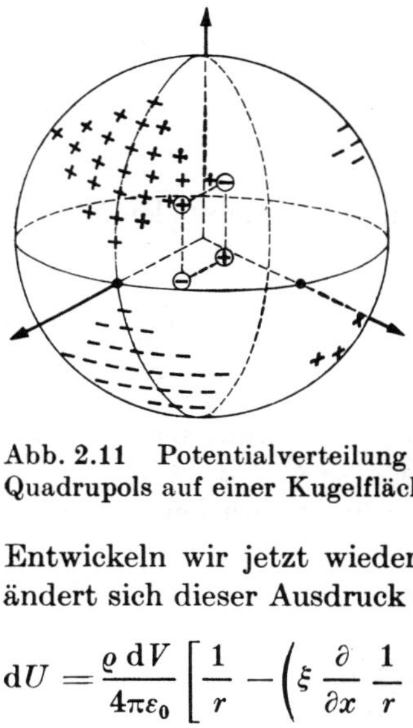

Abb. 2.11 Potentialverteilung eines Quadrupols auf einer Kugelfläche

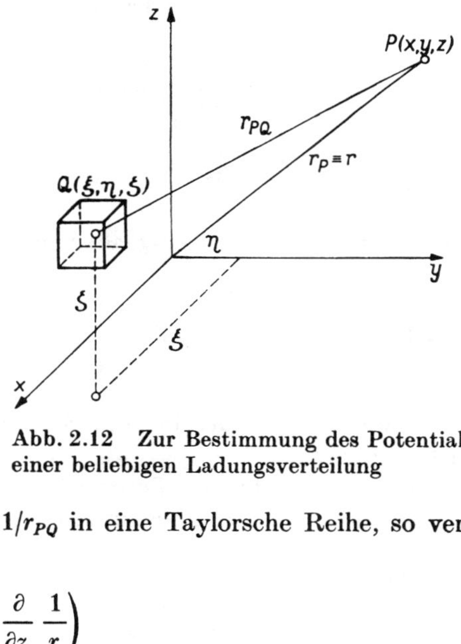

Abb. 2.12 Zur Bestimmung des Potentials einer beliebigen Ladungsverteilung

Entwickeln wir jetzt wieder die Funktion $1/r_{PQ}$ in eine Taylorsche Reihe, so verändert sich dieser Ausdruck zu

$$\begin{aligned} \mathrm{d}U = \frac{\varrho\,\mathrm{d}V}{4\pi\varepsilon_0} \Bigg[& \frac{1}{r} - \left(\xi \frac{\partial}{\partial x} \frac{1}{r} + \eta \frac{\partial}{\partial y} \frac{1}{r} + \zeta \frac{\partial}{\partial z} \frac{1}{r} \right) \\ & + \frac{1}{2} \left(\xi^2 \frac{\partial^2}{\partial x^2} \frac{1}{r} + \eta^2 \frac{\partial^2}{\partial y^2} \frac{1}{r} + \zeta^2 \frac{\partial^2}{\partial z^2} \frac{1}{r} + 2\xi\eta \frac{\partial^2}{\partial x\,\partial y} \frac{1}{r} + 2\xi\zeta \frac{\partial^2}{\partial x\,\partial z} \frac{1}{r} \right. \\ & \left. + 2\eta\zeta \frac{\partial^2}{\partial y\,\partial z} \frac{1}{r} \right) \pm \cdots \Bigg]. \end{aligned} \tag{38}$$

Die Reihe konvergiert, wenn

$$r > R > \sqrt{\xi^2 + \eta^2 + \zeta^2}, \tag{39}$$

wo R den endlichen Radius einer Kugel bedeutet, die alle Ladungen in sich einschließt. Um das Potential zu erhalten, haben wir nach den Koordinaten ξ, η, ζ zu integrieren. Das erste Glied wird:

$$U^{(0)} = \frac{1}{4\pi\varepsilon_0} \frac{1}{r} \int\limits_V \varrho \, \mathrm{d}V = \frac{1}{4\pi\varepsilon_0} \frac{Q}{r}. \tag{40}$$

Hier haben wir wieder das Potential einer Punktladung als erste Näherung.
Das zweite Glied entspricht dem Potential eines Dipols mit dem Moment

$$p_x^{(1)} = \int\limits_V \varrho\xi \, \mathrm{d}V; \quad p_y^{(1)} = \int\limits_V \varrho\eta \, \mathrm{d}V; \quad p_z^{(1)} = \int\limits_V \varrho\zeta \, \mathrm{d}V. \tag{41}$$

Das Quadrupolmoment der Ladungsverteilung wird durch die folgenden sechs Größen charakterisiert:

$$p_{xx}^{(2)} = \int\limits_V \varrho\xi^2 \, \mathrm{d}V; \quad p_{yy}^{(2)} = \int\limits_V \varrho\eta^2 \, \mathrm{d}V; \quad p_{zz}^{(2)} = \int\limits_V \varrho\zeta^2 \, \mathrm{d}V; \tag{42}$$

$$p_{xy}^{(2)} = \int\limits_V \varrho\xi\eta \, \mathrm{d}V; \quad p_{xz}^{(2)} = \int\limits_V \varrho\xi\zeta \, \mathrm{d}V; \quad p_{yz}^{(2)} = \int\limits_V \varrho\eta\zeta \, \mathrm{d}V.$$

Daraus folgt, daß sich das Quadrupolmoment durch einen Tensor darstellen läßt:

$$\mathbf{p} = \begin{pmatrix} p_{xx} & p_{xy} & p_{xz} \\ p_{yx} & p_{yy} & p_{yz} \\ p_{zx} & p_{zy} & p_{zz} \end{pmatrix} \quad \text{mit} \quad \begin{cases} p_{xy} = p_{yx}; \\ p_{xz} = p_{zx}; \\ p_{yz} = p_{zy}. \end{cases} \tag{43}$$

Die weiteren Glieder in Gl. (38) stellen die Potentiale von Multipolen höherer Ordnung dar.

Die Ausdrücke für das Potential der Multipole werden übersichtlicher, wenn wir folgende neue Bezeichnung einführen:

$$x \to x_1; \quad \xi \to \xi_1;$$

$$y \to x_2; \quad \eta \to \xi_2; \quad \sqrt{x^2 + y^2 + z^2} = r_P = r; \quad \sqrt{\xi^2 + \eta^2 + \zeta^2} = r_Q.$$

$$z \to x_3; \quad \zeta \to \xi_3;$$

Das Potential schreibt sich jetzt als Summe der Potentiale eines Monopols, eines Dipols, eines Quadrupols usw.:

$$U = U^{(0)} + U^{(1)} + U^{(2)} + \cdots,$$

wo die einzelnen Glieder der Reihe nach folgende Form haben:

$$U^{(0)} = \frac{\int\limits_V \varrho(r_Q)\, \mathrm{d}V}{4\pi\varepsilon_0} \frac{1}{r}; \tag{44}$$

$$U^{(1)} = -\sum_{i=1,2,3} \frac{\int\limits_V \varrho\xi_i\, \mathrm{d}V}{4\pi\varepsilon_0} \frac{\partial}{\partial x_i} \frac{1}{r}; \tag{45}$$

$$U^{(2)} = \sum_{\substack{i=1,2,3\\k=1,2,3}} \frac{\int\limits_V \varrho\xi_i\xi_k\, \mathrm{d}V}{4\pi\varepsilon_0} \frac{1}{2!} \frac{\partial^2}{\partial x_i\, \partial x_k} \frac{1}{r} = \sum_{i+j+k=2} \frac{\int\limits_V \varrho\xi_1^i\xi_2^j\xi_3^k\, \mathrm{d}V}{4\pi\varepsilon_0} \frac{1}{2!} \frac{\partial^2}{\partial x_1^i\, \partial x_2^j\, \partial x_3^k} \frac{1}{r}; \tag{46}$$

$$U^{(n)} = (-1)^n \sum_{i+j+k=n} \frac{\int\limits_V \varrho\xi_1^i\xi_2^j\xi_3^k\, \mathrm{d}V}{4\pi\varepsilon_0} \frac{1}{n!} \frac{\partial^n}{\partial x_1^i\, \partial x_2^j\, \partial x_3^k} \frac{1}{r}. \tag{47}$$

In den bisherigen Betrachtungen haben wir für den Tensor des Quadrupolmomentes den folgenden Ausdruck erhalten:

$$p_{ik} = \int\limits_V \varrho\xi_i\xi_k\, \mathrm{d}V. \tag{48}$$

Da die Funktion $1/r$ der Laplaceschen Gleichung genügt, d. h., da $\Delta 1/r = 0$ $(r \neq 0)$ ist, ändert sich das Potential des Quadrupols nicht, wenn zu dem Tensor $\mathbf{p}$ ein Tensor $\lambda\delta_{ik}$ addiert wird. Dann wird nämlich zum Potential der Wert

$$\lambda \sum \delta_{ik} \frac{\partial}{\partial x_i} \frac{\partial}{\partial x_k} \frac{1}{r} \equiv \lambda\Delta \frac{1}{r} = 0$$

addiert, was tatsächlich gleich Null ist. Wählen wir für λ den Wert $-\frac{1}{3} r_Q^2$, d. h., wählen wir den Momententensor in der Form

$$p_{ik} = \int\limits_V \varrho \left(\xi_i\xi_k - \frac{1}{3} r_Q^2\, \delta_{ik}\right) \mathrm{d}V, \tag{49}$$

dann erhalten wir für die Summe der Diagonalelemente den Wert Null:

$$\xi_2^1 + \xi_2^2 + \xi_3^2 - 3\,\frac{1}{3}\, r_Q^2 = 0. \tag{50}$$

Daraus erhellt die Verknüpfung der einzelnen Komponenten des Momententensors: Infolge der Symmetrie nimmt die Anzahl der Elemente von 9 auf 6 ab, und infolge der obigen Gleichung vermindert sie sich noch um 1, also insgesamt auf 5. Es sei bemerkt, daß in der Physik meist der Ausdruck

$$p_{ik} = \int_V \varrho(3\xi_i\xi_k - r_Q^2\delta_{ik})\,\mathrm{d}V \tag{51}$$

benutzt wird. In diesem Fall haben wir aber im Potential $U^{(2)}$ nicht mit dem Faktor $1/2!$, sondern mit $(1/2!)\,(1/3) = 1/6$ zu rechnen.

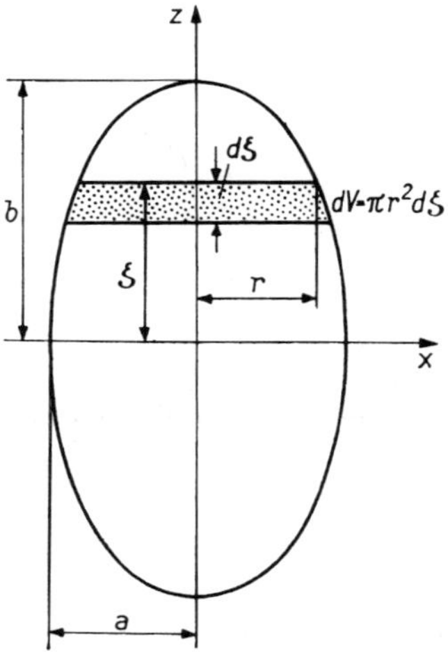

Abb. 2.13 Zur Bestimmung des Quadrupolmomentes eines homogen gefüllten Ellipsoids

Zum Schluß sei als Beispiel das Quadrupolmoment eines Rotationsellipsoids mit homogener Ladungsdichte berechnet (Abb. 2.13). Die Gleichung des Ellipsoids lautet

$$\frac{x^2}{a^2} + \frac{y^2}{a^2} + \frac{z^2}{b^2} = 1, \qquad b > a. \tag{52}$$

Aus Symmetriegründen gilt

$$p_{xy} = p_{xz} = p_{yz} = 0, \tag{53a}$$

dagegen

$$p_{zz}^{(2)} = \int_V \varrho\zeta^2\,\mathrm{d}V = \int_{-b}^{+b} \varrho\zeta^2\pi r^2\,\mathrm{d}\zeta. \tag{53b}$$

Da

$$x^2 + y^2 = r^2 = a^2\left(1 - \frac{z^2}{b^2}\right) \tag{54}$$

ist, gilt:

$$p_{zz}^{(2)} = 2\int_0^b \pi a^2 \varrho \zeta^2 \left(1 - \frac{\zeta^2}{b^2}\right) \mathrm{d}\zeta = \varrho \frac{4\pi a^2 b^3}{15} = \frac{4\pi}{3} a^2 b \varrho \frac{b^2}{5} = V\varrho \frac{b^2}{5} = Q \frac{b^2}{5}. \tag{55}$$

Ähnlich

$$p_{xx}^{(2)} = p_{yy}^{(2)} = \frac{Qa^2}{5}. \tag{56}$$

So erhalten wir den Momententensor

$$\mathbf{P} = \begin{bmatrix} \frac{Qa^2}{5} & 0 & 0 \\ 0 & \frac{Qa^2}{5} & 0 \\ 0 & 0 & \frac{Qb^2}{5} \end{bmatrix} = \begin{bmatrix} \frac{Qa^2}{5} & 0 & 0 \\ 0 & \frac{Qa^2}{5} & 0 \\ 0 & 0 & \frac{Qa^2}{5} \end{bmatrix} + \begin{bmatrix} 0 & 0 & 0 \\ 0 & 0 & 0 \\ 0 & 0 & \frac{Q(b^2 - a^2)}{5} \end{bmatrix}. \tag{57}$$

Wie wir schon früher bemerkt haben, ergibt das erste Glied den Potentialwert Null:

$$\frac{Qa^2}{5}\left(\frac{\partial^2}{\partial x^2}\frac{1}{r} + \frac{\partial^2}{\partial y^2}\frac{1}{r} + \frac{\partial^2}{\partial z^2}\frac{1}{r}\right) = \frac{Qa^2}{5} \Delta \frac{1}{r} = 0. \tag{58}$$

Das Potential, hervorgerufen durch das Quadrupolmoment des Rotationsellipsoids, ist also

$$U^{(2)} = \frac{1}{8\pi\varepsilon_0} \frac{Q(b^2 - a^2)}{5} \frac{\partial^2}{\partial z^2} \frac{1}{r}. \tag{59}$$

2.3. Bestimmung des Potentials der Flächenladungen und Doppelschichten

Es sei die Fläche A mit einer veränderlichen Flächenladungsdichte $\sigma(\boldsymbol{r}_A)$ versehen. Ein ausgeschnittenes Flächenelement $\mathrm{d}A$ besitzt die Ladung $\sigma\,\mathrm{d}A$, die als punktförmig betrachtet werden kann. Das Potential dieses Ladungselementes ist also

$$\mathrm{d}U = \frac{1}{4\pi\varepsilon_0} \frac{\sigma\,\mathrm{d}A}{r}.$$

Hier bedeutet r den Abstand zwischen dem Flächenelement $\mathrm{d}A$ und dem Aufpunkt P. Das resultierende Potential im Punkt P wird also

$$U = \frac{1}{4\pi\varepsilon_0} \int_A \frac{\sigma\,\mathrm{d}A}{r}. \tag{1}$$

Es ist leicht einzusehen, daß das Potential stetig durch die Fläche A geht, während $\partial U/\partial n$ sich sprunghaft ändert (Abb. 2.16a). Wenn wir nämlich den Gaußschen Satz auf die geschlossene Fläche in Abb. 2.14 anwenden, erhalten wir

$$\sigma\,\mathrm{d}A = -\varepsilon_0 \left(\frac{\partial U}{\partial n_2} + \frac{\partial U}{\partial n_1}\right) \mathrm{d}A = -\varepsilon_0 \left[\left(\frac{\partial U}{\partial n}\right)_2 - \left(\frac{\partial U}{\partial n}\right)_1\right] \mathrm{d}A .$$

Es wird also

$$\left(\frac{\partial U}{\partial n}\right)_1 = \frac{\sigma}{\varepsilon_0} + \left(\frac{\partial U}{\partial n}\right)_2 .$$

Untersuchen wir jetzt das Feld der Doppelschicht. Eine Doppelschicht entsteht dadurch, daß wir zwei dicht benachbarte Flächen mit einer Ladungsdichte von entgegengesetztem Vorzeichen versehen. Die gegenüberliegenden Punkte sollen Ladungen von gleichem Absolutbetrag besitzen, der sich aber entlang der Fläche ver-

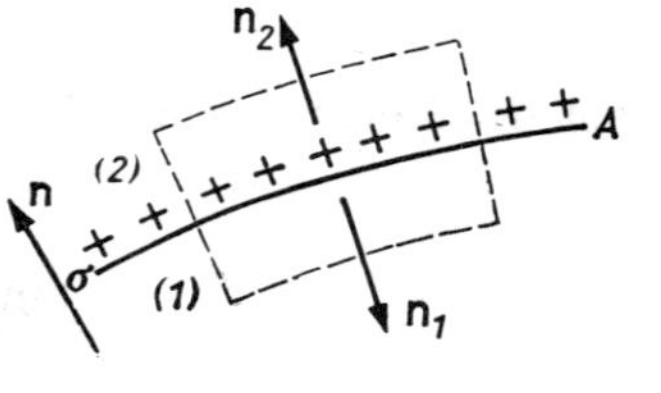

Abb. 2.14 Zur Bestimmung des Potentials einer Flächenladung

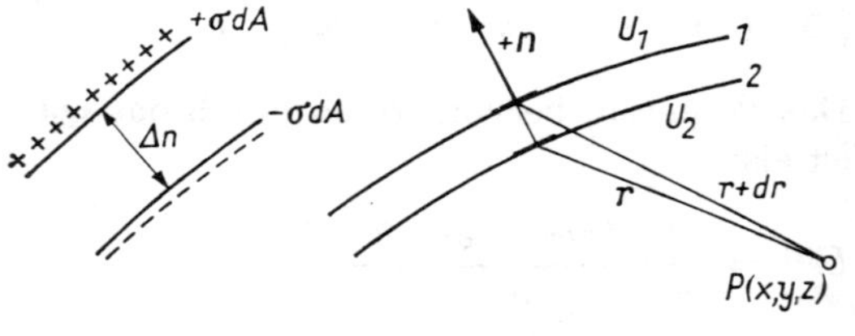

Abb. 2.15 Zur Bestimmung des Potentials einer Doppelschicht

ändern kann. Als Moment der Doppelschicht wird der Vektor $\boldsymbol{\nu} = \Delta n \sigma \boldsymbol{n}$ definiert.

Das Moment der Doppelschicht ist also gleich dem elektrischen Dipolmoment pro Flächeneinheit. Darin bedeutet Δn den unendlich kleinen Abstand der Fläche; σ die Ladungsdichte, die so über alle Grenzen wächst, daß $\Delta n \sigma$ endlich bleibt; $\boldsymbol{n}$ den auf beiden Flächen senkrecht stehenden Einheitsvektor, der von der negativ geladenen zur positiv geladenen Fläche zeigt. Nach Abb. 2.15 wird das Potential eines Elementes der Doppelschicht

$$\mathrm{d}U = \frac{1}{4\pi\varepsilon_0}\,\sigma\,\mathrm{d}A \left[\frac{1}{r + \mathrm{d}r} - \frac{1}{r}\right] = \frac{1}{4\pi\varepsilon_0}\,\sigma\,\mathrm{d}A\,\Delta n \boldsymbol{n}\,\mathrm{grad}\,\frac{1}{r} = \frac{1}{4\pi\varepsilon_0}\,\boldsymbol{\nu}\,\mathrm{grad}\,\frac{1}{r}\,\mathrm{d}A .$$

Es wird also

$$U = \frac{1}{4\pi\varepsilon_0} \int_A \boldsymbol{\nu} \operatorname{grad} \frac{1}{r} \, \mathrm{d}A = \frac{1}{4\pi\varepsilon_0} \int_A \nu \operatorname{grad} \frac{1}{r} \, \mathrm{d}\boldsymbol{A} = \frac{1}{4\pi\varepsilon_0} \int_A \nu \frac{\partial}{\partial n} \frac{1}{r} \, \mathrm{d}A \,. \qquad (2)$$

Die Doppelschicht hat einige interessante Eigenschaften: $\partial U/\partial n$ geht stetig hindurch, dagegen zeigt das Potential auf der Fläche einen Sprung (Abb. 2.16b). Durch Anwendung des Gaußschen Satzes erkennt man sofort, daß $\partial U/\partial n$ auf beiden Seiten den gleichen Wert haben muß, da die Gesamtladung jedes Elementes der Doppelschicht immer Null ist.

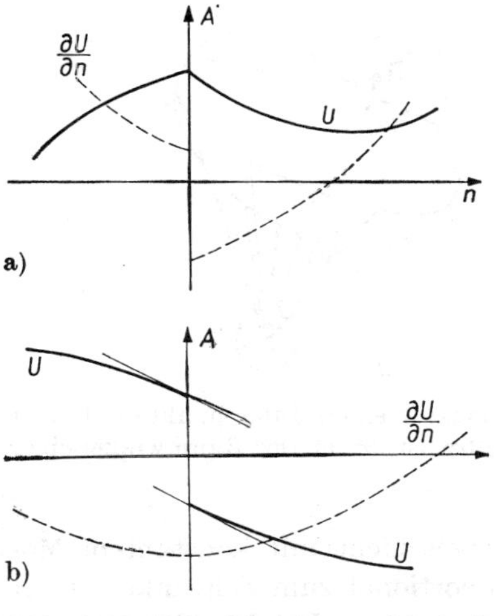

Abb. 2.16 Beim Durchgang durch die geladene Fläche verläuft das Potential stetig, die Feldstärke hingegen ändert sich sprunghaft (a); an der Doppelschicht springt das Potential, und die Feldstärke verläuft stetig (b)

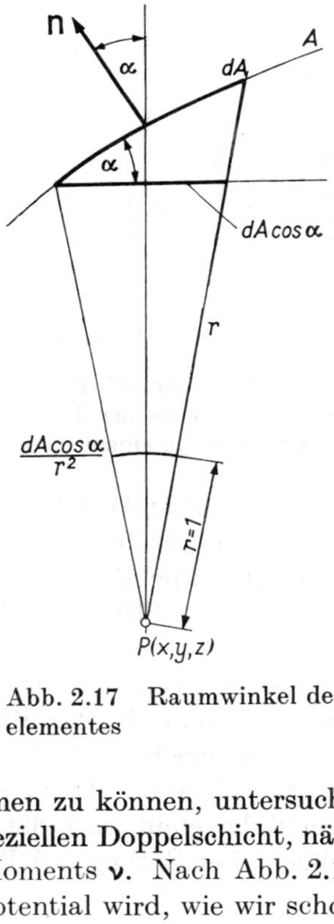

Abb. 2.17 Raumwinkel des Flächenelementes

Um die Größe des Potentialsprunges bestimmen zu können, untersuchen wir die geometrische Bedeutung des Potentials einer speziellen Doppelschicht, nämlich einer Doppelschicht mit konstantem Betrag ν des Moments $\boldsymbol{\nu}$. Nach Abb. 2.17 soll die Fläche A ein konstantes Moment haben. Das Potential wird, wie wir schon gesehen haben,

$$U(x, y, z) = \frac{1}{4\pi\varepsilon_0} \int_A \nu \frac{\partial}{\partial n} \frac{1}{r} \, \mathrm{d}A \,.$$

Aus Abb. 2.17 ist sofort ersichtlich, daß

$$\frac{\partial}{\partial n}\frac{1}{r}\,\mathrm{d}A = \operatorname{grad}\frac{1}{r}\,\mathrm{d}\boldsymbol{A} = -\frac{1}{r^2}\,\mathrm{d}A\cos\alpha = -\mathrm{d}\Omega .$$

Dies bedeutet aber nichts anderes als die Projektion des Flächenstückes dA auf die Einheitskugel, mit anderen Worten den Raumwinkel, unter dem das Flächenstück dA von dem Punkt aus gesehen wird, in welchem das Potential gesucht wird. Das resultierende Potential wird also

$$U = \frac{1}{4\pi\varepsilon_0}\,\nu\int\limits_A \frac{\partial}{\partial n}\frac{1}{r}\,\mathrm{d}A = -\frac{1}{4\pi\varepsilon_0}\,\nu\int\limits_A \frac{1}{r^2}\,\mathrm{d}A\cos\alpha = -\frac{\nu}{4\pi\varepsilon_0}\,\Omega . \tag{3}$$

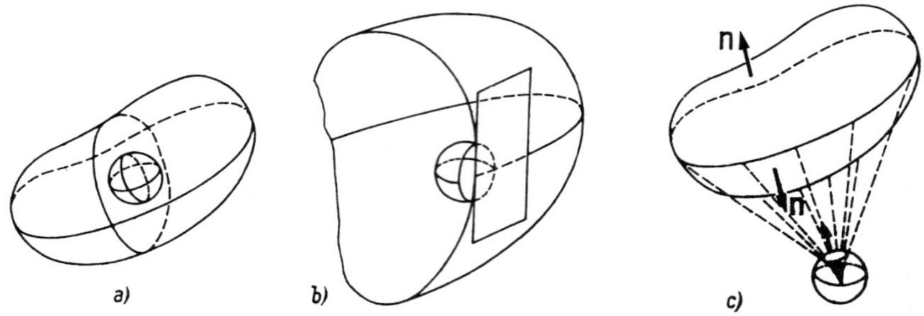

Abb. 2.18 a) Der Raumwinkel einer geschlossenen Fläche ist in einem Innenpunkt 4π. b) Der Raumwinkel einer geschlossenen Fläche an der Fläche selbst ist 2π. c) Der Raumwinkel einer geschlossenen Fläche ist in einem Außenpunkt 0.

In Worten ausgedrückt: Das Potential einer Doppelschicht mit konstantem Moment ν ist in einem beliebigen Raumpunkt P proportional zum Sehwinkel, unter welchem die Doppelschichtfläche vom Punkt P aus erscheint. Bei der Ableitung der Gl. (3) haben wir einem Flächenstück einen positiven Sehwinkel zugeschrieben, wenn sein Normalvektor von uns weggerichtet ist.

Aus den bisherigen Ergebnissen folgt sofort, daß eine geschlossene Doppelschicht in jedem inneren Punkt ein Potential $-\nu/\varepsilon_0$ verursacht, da der Sehwinkel einer geschlossenen Fläche gleich 4π ist. In einem äußeren Punkt ist der Sehwinkel dagegen gleich Null, da nach Abb. 2.18 die geschlossene Fläche durch die tangierenden Geraden in zwei Teile geteilt wird, die gleichen Sehwinkel mit entgegengesetztem Vorzeichen besitzen. Der Sprung des Potentials beim Durchgang durch die Fläche ist also

$$0 - (-\nu/\varepsilon_0) = +\nu/\varepsilon_0 ,$$

d. h.

$$U_1 - U_2 = \nu/\varepsilon_0 . \tag{4}$$

In einem Punkt auf der Fläche wird der Sehwinkel 2π; das Potential wird also $-\nu/2\varepsilon_0$, d. h., es nimmt gerade den Mittelwert des inneren und äußeren Potentials an.

Zwei parallele, sehr eng benachbarte und mit gleicher Ladung von entgegengesetztem Vorzeichen versehene Ebenen (Kondensator) können als eine Doppelschicht von konstantem Moment betrachtet werden, wenn das Feld in großem Abstand, d. h. das sogenannte Streufeld des Kondensators, untersucht wird. Das Moment der Doppelschicht hat den Wert $\nu = \varepsilon_0(U_1 - U_2)$. Danach erhalten wir das Potential für jeden beliebigen Punkt, wenn wir den Raumwinkel der Platten von diesem Punkt aus mit diesem Moment multiplizieren. So können wir z. B. feststellen, daß die Feldstärke in großer Entfernung von den Kondensatoren (also die Intensität des Streufeldes der Kondensatoren) mit der dritten Potenz der Entfernung ab-

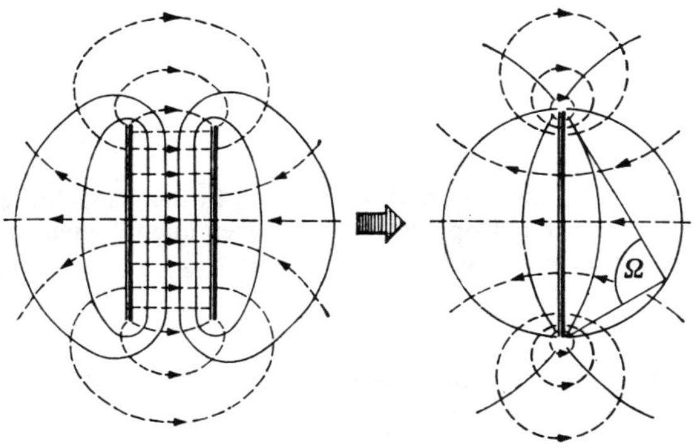

Abb. 2.19 Äquipotentialflächen des Streufeldes eines Kondensators

nehmen wird. Der Raumwinkel verkleinert sich nämlich mit der zweiten Potenz. Da man die Feldstärke aus der Ableitung des Raumwinkels nach der Entfernung erhält, ergibt sich die Veränderung mit der dritten Potenz. In der Ebene der beiden Kondensatorplatten, die als zusammenfallend betrachtet werden können, ist der Winkel überall gleich Null. Dies bedeutet natürlich nicht, daß hier auch die Feldstärke Null vorhanden ist, es bedeutet lediglich, daß die Feldstärke keine in diese Ebene fallende Komponente besitzt, d. h., daß die Feldstärke überall senkrecht zur Ebene der Kondensatorplatten steht. Wir können die Punkte, von welchen der Kondensator unter demselben Winkel erscheint, auch qualitativ bestimmen. Diese Punkte bilden die Äquipotentialflächen. Die Kraftlinien werden zu diesen überall senkrecht verlaufen. Auf diese Weise erhalten wir die Abb. 2.19.

Wir untersuchen jetzt die Potentialänderung entlang einer Geraden, die auf einer eine Doppelschicht mit konstantem Moment tragenden unendlichen Ebene senkrecht steht (Abb. 2.20). Der Raumwinkel der unendlichen Ebene beträgt in sämtlichen im Endlichen gelegenen Punkten 2π. Somit wird das Potential, solange wir uns links von der unendlichen Ebene befinden, überall den Wert $-\nu/2\varepsilon_0$ besitzen. Befinden wir uns auf der Ebene, so ist der Raumwinkel Null, da die Ebene dann aus der Einheitskugel den Umfang eines Kreises, also ein solches Gebilde ausschneidet, dessen Fläche Null beträgt. Nach Durchschreiten der Ebene wird der Raumwinkel -2π, weil jetzt das Moment der Doppelschicht die zur positiv angenommenen Normalen entgegengesetzte Richtung besitzt. Wir sehen, daß der Sprung des Potentials tatsächlich ν/ε_0 beträgt. Außerdem gilt auch hier, daß der Potentialwert auf der Fläche selbst der Mittelwert der für die eine und die andere Seite genommenen Grenzwerte sein wird, also

$$U_1 + \frac{U_r - U_1}{2} = U_m, \tag{5}$$

wobei U_1 bzw. U_r die auf der linken bzw. rechten Seite angenommenen Grenzwerte, U_m den Wert auf der Fläche bedeuten.

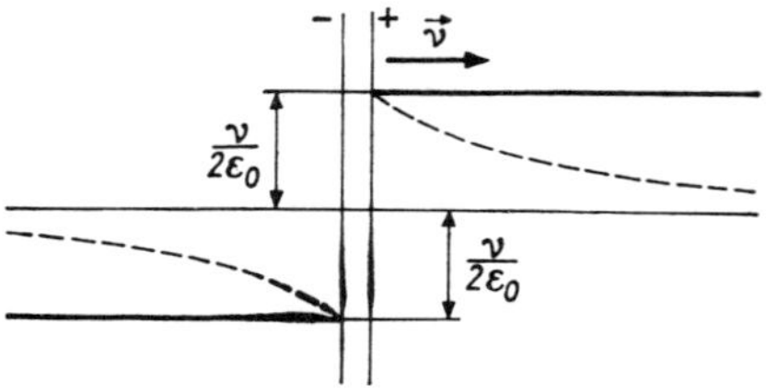

Abb. 2.20 Potentialänderung in der Umgebung einer mit Doppelschicht belegten unendlichen Ebene mit konstantem Moment

Bei einer endlichen Ebene verändern sich die Verhältnisse entsprechend Abb. 2.20 nur insofern, als der Potentialwert, während wir uns längs der Normalen der Ebene nähern, nicht konstant ist, sondern sich mit dem Anwachsen des Raumwinkels vergrößert oder verkleinert. Wir finden aber auch an dieser Stelle dieselbe Gesetzmäßigkeit wie im vorher betrachteten Fall. Der Potentialsprung wird also gerade ν/ε_0 sein. Außerdem wird der Wert auf der Fläche den Mittelwert der rechts- und linksseitigen Grenzwerte darstellen.

Der hier für einige Spezialfälle bewiesene Satz besitzt auch allgemeine Gültigkeit. Beim Durchschreiten einer Doppelschichtfläche in Richtung der positiven Normalen springt der Potentialwert um ν/ε_0, und für den auf der Innenseite angenommenen Grenzwert U_i und den auf der Außenseite angenommenen Grenzwert U_a sowie für den Wert auf der Fläche U_m gelten nachstehende Bedingungen:

$$U_i + \frac{U_a - U_i}{2} = U_m \quad \text{und} \quad U_a - U_i = \frac{\nu}{\varepsilon_0}, \tag{6}$$

also

$$U_i + \frac{\nu}{2\varepsilon_0} = U_m \qquad\qquad U_a - \frac{\nu}{2\varepsilon_0} = U_m, \tag{7}$$

d. h., daß der Potentialwert auf der Fläche den Mittelwert der Innen- und Außengrenzwerte bildet. Mit dem Beweis dieses Satzes befassen wir uns nicht, obgleich diese Beziehung später noch kurz verwendet wird.

2.4. Anschauliche Erklärung der sprunghaften Änderung des Potentials und der Feldstärke

Wir versuchen nachstehend zu veranschaulichen, wie der Feldstärkesprung bei einer Flächenladung zustande kommt, während das Potential stetig bleibt, und wie der Spannungssprung bei einer Doppelschicht entsteht, während die Feldstärke stetig durch die Fläche geht.

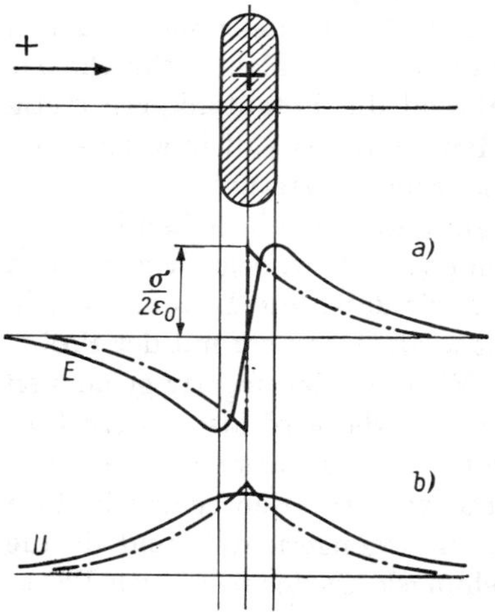

Abb. 2.21 Anschauliche Deutung des Feldstärkesprunges bei Flächenladungen

Gehen wir dazu von einem Kraftfeld aus, das durch die Ladungen in einem schichtartigen Gebiet erzeugt wird (Abb. 2.21). Wenn wir dieses Volumen immer schmaler machen, während wir die darin befindliche Ladung konstant halten, so gelangen wir zu einer ebenen Fläche und zu der Ladungsdichte auf dieser Fläche. Untersuchen wir nun qualitativ die Änderung der Feldstärke entlang einer auf dieser Ebene senkrechten Geraden. Wir denken uns in verschiedenen Punkten dieser Geraden eine Einheitsladung angebracht und untersuchen die auf sie wirkende Kraft. Die in der Abbildung angezeigte Richtung wählen wir als die positive Richtung. Das Kraftfeld wird immer stärker werden, je mehr wir uns mit der Einheitsladung der Fläche nähern. Das Maximum wird erreicht, wenn wir zur Grenzfläche des mit Ladung versehenen Volumens gelangen. Im Mittelpunkt des Volumens wird die Kraftwirkung verschwinden, weil die Probeladung von der rechten und der linken Seite durch gleich große Ladungen gleichen Vorzeichens beeinflußt wird. Jenseits des Mittelpunktes werden die positiven Ladungen unsere positive Einheitsladung abstoßen. Also wird jetzt die Richtung des Kraftfeldes mit der gewählten positiven Richtung übereinstimmen, d. h. positiv sein. Dementsprechend erhalten wir die aus Abb. 2.21a ersichtliche Kurve. Gleichzeitig gibt die Potentialdifferenz jene Arbeit an, die geleistet werden mußte, um die Einheitsladung aus dem Unendlichen an die betreffende Stelle zu bringen. Diese Arbeit nimmt zuerst zu. Sie besitzt ihren Maximalwert, wenn wir zur Mitte der Ladungen gelangen. Wenn wir uns danach entlang der betrachteten Geraden fortbewegen, wird das Kraftfeld eine Arbeit leisten, da es in der Fortbewegungsrichtung wirkt. Somit vermindert sich die geleistete Arbeit immer mehr, bis sie im Unendlichen wieder zu Null wird. So erhalten wir die Abb. 2.21b. Außerdem ergibt sich diese Kurve auch durch Integration der über ihr liegenden Feldstärkenkurve. Es ist offensichtlich, daß der Übergang vom positiven Wert der Feldstärke zum negativen bei Verringerung der Dicke immer steiler wird, bis wir im Fall der eine Flächenladung tragenden ebenen Platte die gestrichelt eingezeichneten Linien erhalten. Wie wir sehen, erhält die Feldstärke auf einer unendlich kleinen Strecke das entgegengesetzte Vorzeichen, d. h., sie springt, während die Potentialkurve stetig verläuft, aber einen Knick besitzt. Dieser Knick der Potentialkurve allein weist schon darauf hin, daß die Ableitung des Potentials an dieser Stelle unstetig ist.

Um auch die bei der Doppelschicht auftretenden Verhältnisse veranschaulichen zu können, bringen wir die in Abb. 2.22 gezeigten beiden positiv bzw. negativ geladenen ebenen Platten näher zueinander, und zwar so, daß wir dabei die Ladung in dem Verhältnis erhöhen, in dem der Abstand herabgesetzt wird. Gehen wir mit der Probeladung näher heran, so wird auf der linken Seite die Wirkung der negativ geladenen Platte stärker zur Geltung kommen, da diese näher liegt. Sie wird also unsere Einheitsprobeladung anziehen. Diese Anziehungskraft wird so lange anwachsen, solange wir die negative Platte nicht überschritten haben. Das zwischen den beiden Platten befindliche homogene Kraftfeld ist dem bisherigen entgegengerichtet, und da die Abstoßungskraft der positiven Platte und die Anziehungskraft der negativen Platte in derselben Richtung wirken, wird es viel größer sein als die Feldstärke außerhalb der Platten. Es ist annähernd konstant. Sobald wir aber die positiv geladene Platte überschritten haben, wird diese die Ladung abstoßen. Die Kraftwirkung besitzt also die gleiche Richtung wie zu Anfang. Außerdem nimmt die Feldstärke ständig ab. So bekommen wir die in Abb. 2.22 dargestellte Kurve.

Wir betrachten nun die Arbeit, die geleistet werden mußte, um unsere Probeladung in die verschiedenen Punkte des Raumes zu bringen. Diese Arbeit ist negativ und verringert sich, solange wir die negativ geladene Platte nicht überschritten haben. Bisher wurde also die Arbeit durch das Kraftfeld geleistet. Dann leisten wir die Arbeit, bis wir zur positiven Platte gelangt sind. Bringen wir die Ladung noch weiter nach rechts, so wird die Arbeit wieder durch das Kraftfeld geleistet, und im Unendlichen wird die durch uns geleistete Gesamtarbeit Null. So erhalten wir die in Abb. 2.22 gezeigte Potentialkurve. Würden wir jetzt die beiden Platten in der Weise einander nähern, daß wir die Ladung konstant halten, so bliebe die Feldstärke zwischen den Platten konstant. Die Spannungsdifferenz zwischen den beiden Platten würde dementsprechend immer mehr abnehmen, und so würden sich die Kurven, ihren qualitativen Verlauf beibehaltend, mit Ausnahme der Strecke AB der Kurve E, der Nullachse anschmiegen. Wenn wir aber die Ladung im selben Verhältnis vergrößern, wie

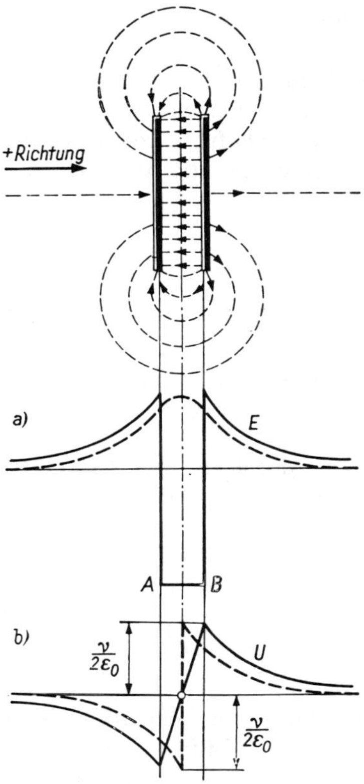

Abb. 2.22 Anschauliche Deutung des Potentialsprunges bei einer Doppelschicht [1.9]

der Abstand zwischen den beiden Platten verringert wird, so bleibt die Potentialdifferenz konstant. Der Abschnitt AB der Kurve E wächst über alle Grenzen an, und die Feldstärke zwischen den Platten geht gegen Unendlich. Wir gelangen schließlich im Grenzwert zur gestrichelten Kurve. Hieraus kann man ersehen, daß die Feldstärke einen stetigen, das Potential dagegen einen sprunghaften Übergang durch die Fläche besitzt. In der obigen Abbildung ist das stets anwachsende und im Grenzfall sich dem Unendlichen nähernde Kraftfeld, das sich zwischen den beiden Schichten der Doppelschicht befindet, nicht mehr zu finden.

Der mathematische Begriff der Doppelschicht bildet natürlich eine Abstraktion. In Wirklichkeit können sehr große Ladungen tragende, nahe beieinander liegende Schichten als Doppelschichten behandelt werden. Dann befindet sich natürlich zwischen den beiden Schichten der Doppelschicht ein sehr starkes Kraftfeld. Dies muß auch der Fall sein, weil der Sprung des Potentials bedeutet, daß wir entlang einer unendlich kleinen Strecke eine Arbeit zu leisten haben oder eine Arbeit gewinnen, während wir die endliche Ladung durch die betrachtete Fläche bewegen. Aber hierfür wird eine sehr große Kraft oder, mit anderen Worten, eine besonders große Feldstärke benötigt.

Es gilt also zusammenfassend: Im Fall einer Flächenladung weist das Potential U einen stetigen Übergang auf, die Ableitung nach der Flächennormalen, also die Normalkomponente der Feldstärke, ändert sich dagegen sprunghaft. Haben wir es mit einer Flächendoppelschicht zu tun, so springt das Potential, und die Ableitung des Potentials bleibt stetig.

2.5. Ersatz der Raumladungen durch eine Flächenladung tragende geschlossene Fläche und durch Doppelschichten

Im Kap. 1.15. konnten wir sehen, daß der Potentialwert durch die Werte von ΔU im Innern eines endlichen Bereiches, von U und $\partial U/\partial n$ an den Grenzen des Bereiches in folgender Form ausgedrückt werden kann:

$$U(x, y, z) = -\frac{1}{4\pi}\int_V \frac{\Delta U}{r}\,\mathrm{d}V - \frac{1}{4\pi}\oint_A U\frac{\partial}{\partial n}\frac{1}{r}\,\mathrm{d}A + \frac{1}{4\pi}\oint_A \frac{1}{r}\frac{\partial U}{\partial n}\,\mathrm{d}A. \tag{1}$$

Wie wir wissen, bedeutet dies nicht, daß das Potential in einem beliebigen Punkt des Bereiches so zu berechnen wäre, daß wir den Wert von ΔU für das Innere des Bereiches, die Werte von U und $\partial U/\partial n$ an der Grenzfläche angeben und diese Angaben in die obige Beziehung einsetzen. So viele Angaben können ohne die Gefahr eines Widerspruches nicht gemacht werden. Die obige Beziehung bedeutet lediglich, daß die aus den im ganzen Raum bekannten Werten von U berechenbaren Werte von ΔU, U und $\partial U/\partial n$, an den entsprechenden Stellen eingesetzt, auf der linken und der rechten Seite gleiche Werte ergeben. Zur Lösung der Aufgaben der Potentialtheorie konnte diese Gleichung in dieser Form nicht verwendet werden. Wir können für später jedoch eine wichtige physikalische Interpretation derselben geben.

Denken wir uns nämlich die Ladungsdichte ϱ, die sich im Unendlichen genügend rasch dem Wert Null nähert, für den gesamten Raum gegeben. Wir ermitteln nach

Abb. 2.23 in einem beliebigen Punkt P das Potential U aus der Beziehung

$$U(P) = \frac{1}{4\pi\varepsilon_0} \int\limits_V \frac{\varrho}{r}\,\mathrm{d}V\,, \qquad (P = P_\mathrm{i} \text{ oder } P_\mathrm{a})\,, \tag{2}$$

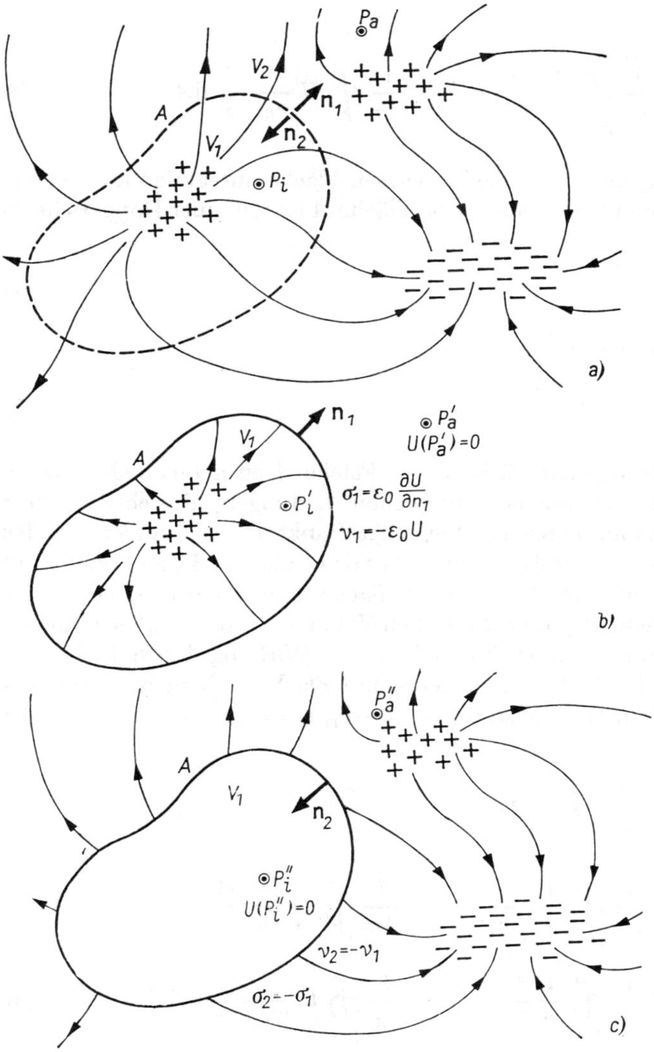

Abb. 2.23 Ersatz von Raumladungen durch Flächengrößen

wobei wir das Integral über den gesamten Raum zu erstrecken haben. Aus der Beziehung (1) erhalten wir denselben Wert für den Punkt $P = P'_\mathrm{i}$, wie wenn wir das Raumintegral nur über das durch eine beliebige Fläche A abgegrenzte Volumen V_1 erstrecken. Gleichzeitig müssen wir dann aber die Größen $-U(\partial/\partial n)(1/r)$ und $(1/r)\partial U/\partial n$ auch über die Fläche A integrieren. Es kann also geschrieben werden

$$U(P_{\mathrm{i}}') = \frac{1}{4\pi\varepsilon_0} \int_V \frac{\varrho}{r} \, \mathrm{d}V$$

$$= \frac{1}{4\pi\varepsilon_0} \int_{V_1} \frac{\varrho}{r} \, \mathrm{d}V + \frac{1}{4\pi} \oint_A \frac{1}{r} \frac{\partial U}{\partial n_1} \, \mathrm{d}A - \frac{1}{4\pi} \oint_A U \frac{\partial}{\partial n_1} \frac{1}{r} \, \mathrm{d}A\,, \tag{3}$$

wobei $\boldsymbol{n}_1$ die nach außen zeigende Normale ist. Diesen Flächenintegralen können wir auch einen physikalischen Sinn zuschreiben: Die Fläche A ist mit einer Doppelschicht mit dem Moment

$$\nu_1 = -\varepsilon_0 U \tag{4}$$

bzw. mit der Flächenladung der Größe

$$\sigma_1 = \varepsilon_0 \frac{\partial U}{\partial n_1} \tag{5}$$

zu versehen, wobei diese Größen natürlich an der Fläche A zu nehmen sind. Diese ersetzen die außerhalb des Volumens befindlichen Ladungen hinsichtlich ihrer Wirkung innerhalb des Rauminhaltes V_1. Liegt der Punkt $P = P_{\mathrm{a}}''$ außerhalb des Volumens V_1, so ist die Raumintegration von ϱ über das Volumen V_2 zu bilden, und die Flächenintegrale sind auch jetzt über die Grenzfläche A zu erstrecken, jedoch mit entgegengesetztem Vorzeichen, da jetzt die aus dem Volumen V_2 nach außen zeigende Normale $\boldsymbol{n}_2$ als positiv anzunehmen ist. Somit kann die Wirkung der in V_1 befindlichen Ladungen ebenfalls durch die auf A gebrachte Flächenladung bzw. Doppelschicht berücksichtigt werden. Es wird dabei $\sigma_2 = -\sigma_1$, $\nu_2 = -\nu_1$, und es kann also wieder geschrieben werden

$$U(P_{\mathrm{a}}'') = \frac{1}{4\pi\varepsilon_0} \int_{V_2} \frac{\varrho}{r} \, \mathrm{d}V + \frac{1}{4\pi\varepsilon_0} \int_{V_1} \frac{\varrho}{r} \, \mathrm{d}V$$

$$= \frac{1}{4\pi\varepsilon_0} \int_{V_2} \frac{\varrho}{r} \, \mathrm{d}V + \frac{1}{4\pi} \oint_A \frac{1}{r} \frac{\partial U}{\partial n_2} \, \mathrm{d}A - \frac{1}{4\pi} \oint_A U \frac{\partial}{\partial n_2} \frac{1}{r} \, \mathrm{d}A$$

$$= \frac{1}{4\pi\varepsilon_0} \int_{V_2} \frac{\varrho}{r} \, \mathrm{d}V - \frac{1}{4\pi} \oint_A \frac{1}{r} \frac{\partial U}{\partial n_1} \, \mathrm{d}A + \frac{1}{4\pi} \oint_A U \frac{\partial}{\partial n_1} \frac{1}{r} \, \mathrm{d}A\,. \tag{6}$$

Wir wissen aus den Beziehungen des Kapitels 1.15.3. daß sich das Potential des Punktes P zu Null ergibt, sofern wir den Punkt $P = P_{\mathrm{a}}'$ außerhalb des Volumens V_1

wählen, jedoch seine Werte aus der Beziehung (3) errechnen, indem wir die von dem Volumen V_1 nach außen zeigende Normale als positiv betrachten. Dies ist auch physikalisch klar. Im Punkt P'_a, der sich jetzt in V_2 befindet, errechnen wir einen Teil des Potentials aus den in V_2 befindlichen Ladungen ϱ, während der andere Teil *entweder* aus den in V_1 befindlichen räumlichen Ladungen *oder* aus den diese ersetzenden Flächenladungen bestimmt wird. Man kann also nach (6) für den Punkt P'_a schreiben:

$$\frac{1}{4\pi\varepsilon_0} \int\limits_{V_1} \frac{\varrho}{r} \, \mathrm{d}V = -\frac{1}{4\pi} \oint\limits_A \frac{1}{r} \frac{\partial U}{\partial n_1} \, \mathrm{d}A + \frac{1}{4\pi} \oint\limits_A U \frac{\partial}{\partial n_1} \frac{1}{r} \, \mathrm{d}A, \tag{7}$$

und so ergibt sich

$$\frac{1}{4\pi\varepsilon_0} \int\limits_{V_1} \frac{\varrho}{r} \, \mathrm{d}V + \frac{1}{4\pi} \oint\limits_A \frac{1}{r} \frac{\partial U}{\partial n_1} \, \mathrm{d}A - \frac{1}{4\pi} \oint\limits_A U \frac{\partial}{\partial n_1} \frac{1}{r} \, \mathrm{d}A = 0, \tag{8}$$

d. h. $U(P'_a) = 0$. Dies bedeutet, daß in einem abgegrenzten Volumen vorhandene Ladungen zusammen mit den Ersatz-Flächenladungen und Doppelschichten in jedem Punkte *außerhalb dieses Volumens* den Potentialwert Null ergeben.

Wir wählen für die Fläche A speziell eine Äquipotentialfläche des im ganzen Raum ausgedehnt gedachten Feldes. In diesem Fall kann der Wert von U in (3) vor das Integral gebracht werden,

$$-\frac{1}{4\pi} \oint\limits_A U \frac{\partial}{\partial n_1} \frac{1}{r} \, \mathrm{d}A = -\frac{U_F}{4\pi} \oint\limits_A \frac{\partial}{\partial n_1} \frac{1}{r} \, \mathrm{d}A = U_F, \tag{9}$$

da das über eine beliebige geschlossene Fläche erstreckte Integral des Gradienten von $1/r$ gerade (-4π) liefert, wenn der Punkt P in V_1 liegt. Mithin wird

$$U(x, y, z) = \frac{1}{4\pi\varepsilon_0} \int\limits_{V_1} \frac{\varrho}{r} \, \mathrm{d}V + \frac{1}{4\pi} \oint\limits_A \frac{1}{r} \frac{\partial U}{\partial n_1} \, \mathrm{d}A + U_F \tag{10}$$

für den im Volumen V_1 liegenden Punkt. Hingegen gilt für den im Volumen V_2 liegenden Punkt nach (6)

$$U(x, y, z) = \frac{1}{4\pi\varepsilon_0} \int\limits_{V_2} \frac{\varrho}{r} \, \mathrm{d}V - \frac{1}{4\pi} \oint\limits_A \frac{1}{r} \frac{\partial U}{\partial n_1} \, \mathrm{d}A, \tag{11}$$

da das Flächenintegral von grad $(1/r)$ für einen Aufpunkt außerhalb der geschlossenen Fläche gleich Null ist. Für die den ganzen Raum umhüllende unendliche Fläche verschwindet U_F.

Damit erhalten wir für die Volumina V_1 und V_2

$$U(x, y, z) - U_F = \frac{1}{4\pi\varepsilon_0} \int_{V_1} \frac{\varrho}{r} \, dV + \frac{1}{4\pi} \oint_A \frac{1}{r} \frac{\partial U}{\partial n_1} \, dA, \tag{12}$$

$$U(x, y, z) = \frac{1}{4\pi\varepsilon_0} \int_{V_2} \frac{\varrho}{r} \, dV - \frac{1}{4\pi} \oint_A \frac{1}{r} \frac{\partial U}{\partial n_1} \, dA. \tag{13}$$

Wenn wir also im ursprünglichen Feld eine Äquipotentialfläche als Umhüllungsfläche wählen, so können die Einflüsse der außerhalb dieser Fläche liegenden Ladungen durch die auf der Fläche angebracht gedachten Flächenladungen *ohne*

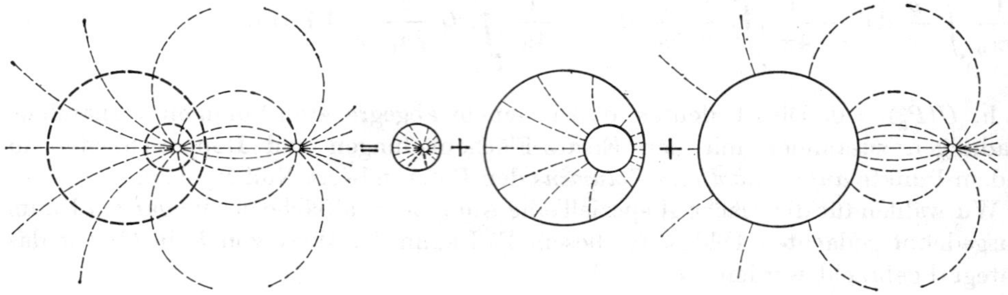

Abb. 2.24 Das Feld zweier Linienladungen ergibt zugleich eine ganze Reihe praktisch wichtiger Lösungen

Doppelschichten berücksichtigt werden. Diese Tatsache ist in der Praxis von großer Bedeutung. Es sei zum Beispiel nach Abb. 2.24 das Feld der Ladungen Q_1, Q_2 gegeben. Wir erhalten, wenn wir in sämtlichen Punkten einer beliebigen Äquipotentialfläche eine Flächenladungsdichte

$$\sigma = \varepsilon_0 \frac{\partial U}{\partial n_1}$$

annehmen, das ursprüngliche Feld dieser Ladungen im Innern des von den Äquipotentialflächen umhüllten Raumes. Dieses Feld steht senkrecht auf der Oberfläche, und außerhalb des Volumens besteht ein konstantes Potential, also ein kraftfreies Feld. Dies bedeutet, daß das Volumen V_2 mit Metall ausgefüllt werden kann, ohne daß sich die Feldverteilung im übrigen Raum ändert. Ähnlich kann nach Abb. 2.24 auch das Volumen V_1 mit Metall gefüllt werden. In dieser Weise können wir aus den einfachen Feldern von Punktladungen zu unzähligen anderen Lösungen gelangen, die bestimmte Grenzbedingungen erfüllen.

mit entgegengesetzter Ladung 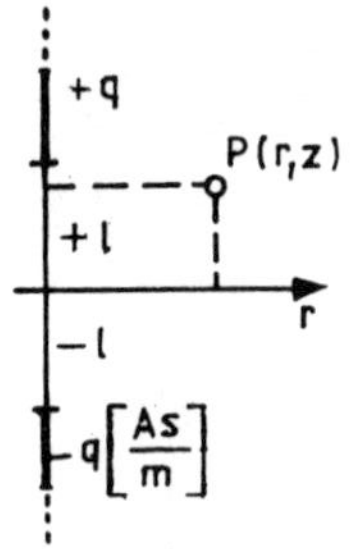 	$U_p = \frac{q}{4\pi\varepsilon_0} \ln \frac{l + z + \sqrt{r^2 + (l + z)^2}}{l - z + \sqrt{r^2 + (l - z)^2}}$	$\dots \frac{\dots}{4\pi\varepsilon_0} \ln \frac{\dots}{l - a}$ 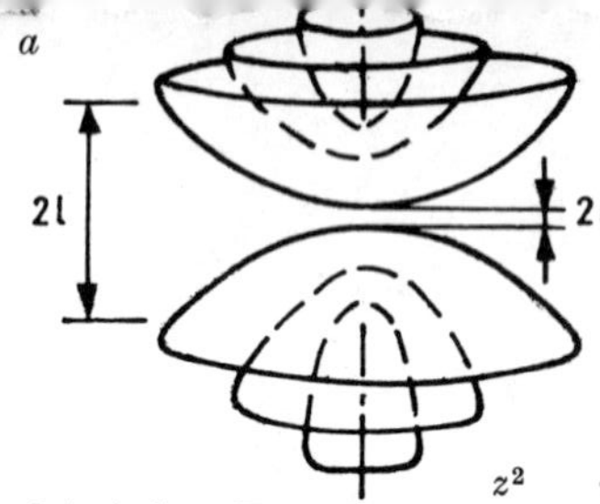 $U = 0$, wenn $a = 0$ (mittlere Ebene) $\frac{z^2}{a^2} - \frac{r^2}{b^2} = 1$ (konfokale Hyperboloide) $(l^2 = a^2 + b^2)$
Parallele Linienladungen 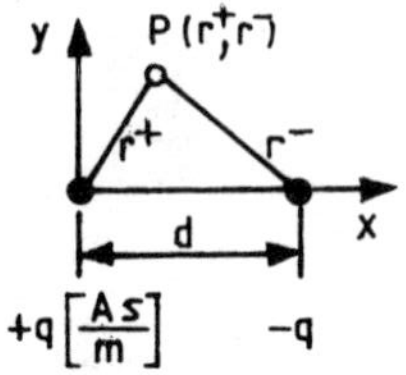 	$U_p = \frac{q}{2\pi\varepsilon_0} \ln \frac{r^-}{r^+}$ $= \frac{q}{2\pi\varepsilon_0} \ln \frac{\sqrt{(d - x)^2 + y^2}}{\sqrt{x^2 + y^2}}$	$r_0 = \frac{kd}{k^2 - 1}; \quad x_0 = -\frac{d}{k^2 - 1}$ $\left(x + \frac{d}{k^2 - 1}\right)^2 + y^2$ $k = \frac{r^-}{r^+} > 1$ $= \left(\frac{dk}{k^2 - 1}\right)^2$ 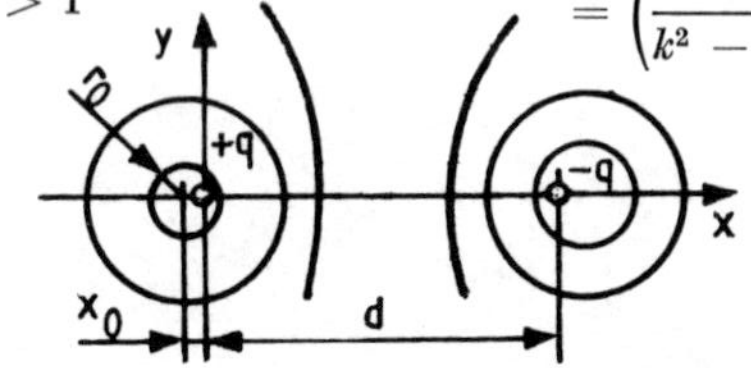 $U = 0$, wenn $r^- = r^+$ (exzentrische Kreiszylinder)
Punktladungen verschiedener Größe 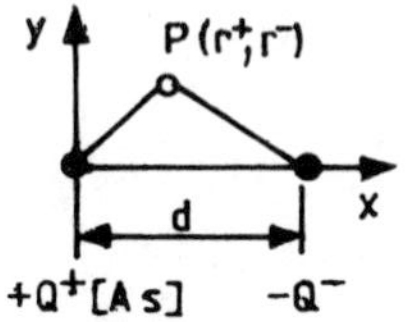 	$U_p = \frac{1}{4\pi\varepsilon_0} \left(\frac{Q^+}{r^+} - \frac{Q^-}{r^-}\right)$	Für $U_0 = 0$ $x_0 = -\frac{d}{k^2 - 1}$; $r_0 = \frac{dk}{k^2 - 1}$ $k > 1$ 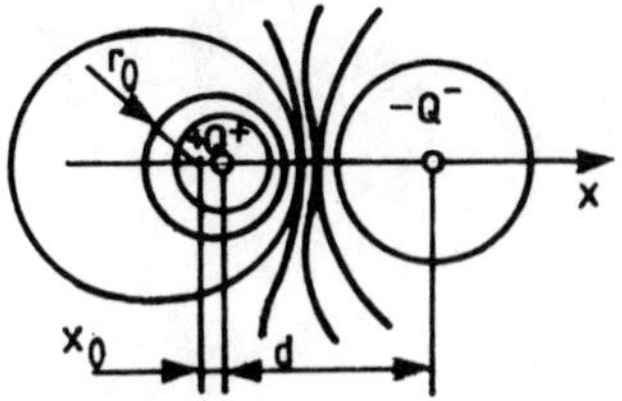 $U = 0$, wenn $k = r^-/r^+ = Q^-/Q^+$ (einzige Kugelfläche $= U_0 = 0$)

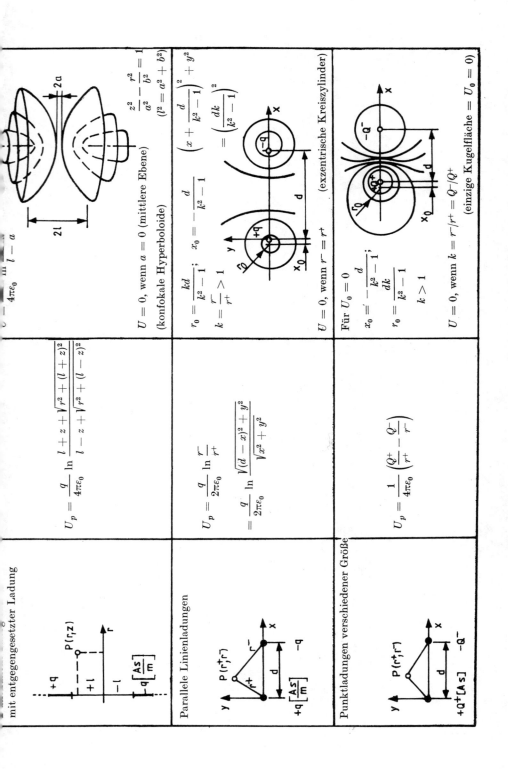

Tabelle 2.2 Einfache Ladungsverteilungen und die zugehörigen Äquipotentialflächen bzw. Elektrodenanordnungen

Ladungsverteilung	Potential	Äquipotentialflächen: Wert des Potentials	Geometrie der Äquipot.-Flächen	Gleichung der Äquipot.-Flächen
Punktladung 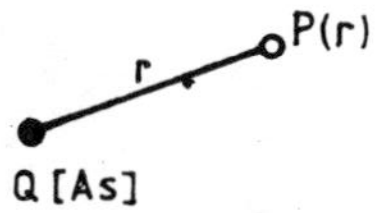	$U_p = \frac{Q}{4\pi\varepsilon_0} \frac{1}{r}$	$U = \frac{Q}{4\pi\varepsilon_0} \frac{1}{r_0}$ $U \to 0$, wenn $r \to \infty$		$r = r_0$ (konz. Kugel)
Linienladung endlicher Länge 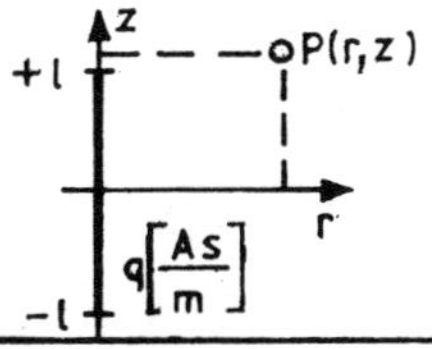	$U_p = \frac{q}{4\pi\varepsilon_0} \ln \frac{z + l + \sqrt{r^2 + (z+l)^2}}{z - l + \sqrt{r^2 + (z-l)^2}}$	$U = \frac{q}{4\pi\varepsilon_0} \ln \frac{a+l}{a-l}$ $U \to 0$, wenn $a \to \infty$ ($r \to \infty$ oder $z \to \infty$)	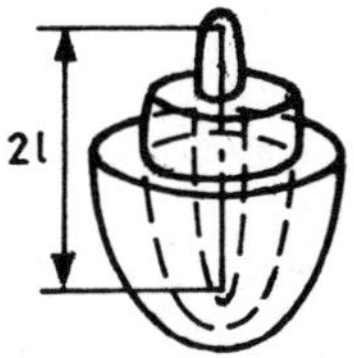	$\frac{z^2}{a^2} + \frac{r^2}{b^2} = 1$ $(l^2 = a^2 - b^2)$
Linienladung unendlicher Länge 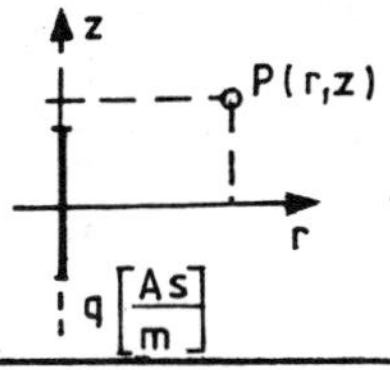	$U_p = \frac{q}{2\pi\varepsilon_0} \ln \frac{1}{r}$	$U = \frac{q}{2\pi\varepsilon_0} \ln \frac{1}{r_0}$ $U = 0$, wenn $r = 1$	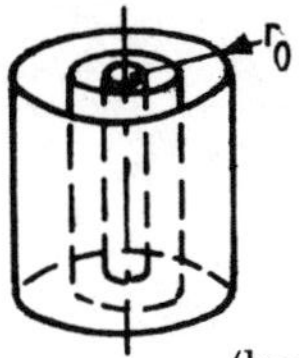	$r = r_0$ (koaxiale Zylinder)
Linienladung halbunendlich 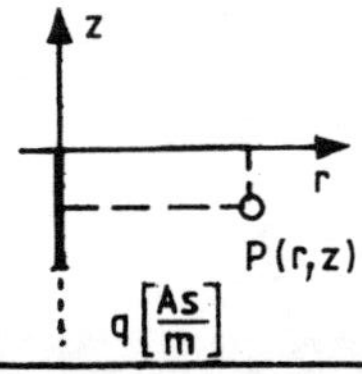	$U_p = -\frac{q}{4\pi\varepsilon_0} \ln \left(z + \sqrt{r^2 + z^2}\right)$	$U = \frac{-q}{4\pi\varepsilon_0} \ln a$ $U = 0$, wenn $a = 1$	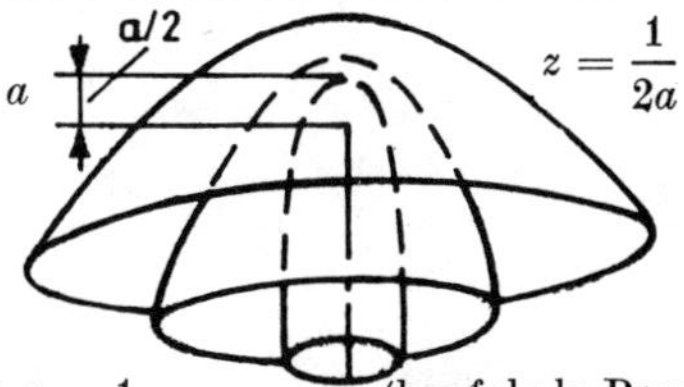	$z = \frac{1}{2a}(a^2 - r^2)$ (konfokale Paraboloide)

2.6. Praktische Bedeutung der bisherigen Ergebnisse

Unter Zugrundelegung unserer bisherigen Ergebnisse können wir nur einen ziemlich engen Kreis der in der Praxis vorkommenden elektrostatischen Aufgaben bewältigen. Es sind nämlich im allgemeinen weder die räumliche Ladungsdichte noch die Flächendichte oder das Moment der Doppelschicht gegeben. Nachstehend wollen wir jene Fälle kurz aufzählen, bei denen unsere bisherigen Ergebnisse unmittelbar angewendet werden können.

Mit Hilfe der Beziehung

$$U = \frac{1}{4\pi\varepsilon_0} \int\limits_V \frac{\varrho}{r} \, \mathrm{d}V$$

läßt sich das Feld jener Ladungen berechnen, die als Punkt- oder Linienladungen betrachtet werden können. Die Raumladungsdichte spielt beim Funktionieren der Elektronenröhren eine große Rolle. Daher können im Prinzip obige Gleichungen bei der Ermittlung von Röhrencharakteristiken Verwendung finden. Wir können sie auch bei den verschiedenen Gasentladungsproblemen verwenden.

Da sich die Ladungen im allgemeinen auf der Oberfläche der Leiter befinden, könnte die Beziehung

$$U = \frac{1}{4\pi\varepsilon_0} \int\limits_A \frac{\sigma}{r} \, \mathrm{d}A$$

bei der Berechnung des elektrischen Feldes, das durch die auf den Oberflächen vorhandenen Ladungen hervorgerufen wurde, prinzipiell benutzt werden. Dies ist aber nicht möglich, da die Verteilung der Flächenladungsdichte auf der Oberfläche von vornherein nicht gegeben ist. Das Potential wird nicht einmal in den Fällen direkt mit obiger Formel berechnet, in denen die Gleichmäßigkeit der Flächenladungsdichte durch die Geometrie der Anordnung gewährleistet ist, wie z. B. bei den Platten- und Kugelkondensatoren.

Wie schon erwähnt, kann das äußere sogenannte Streufeld eines Kondensators angenähert durch Anwendung der Beziehung

$$U = \frac{1}{4\pi\varepsilon_0} \int\limits_A \nu \frac{\partial}{\partial n} \frac{1}{r} \, \mathrm{d}A$$

ermittelt werden.

Die im letzten Kapitel behandelte Methode besitzt schon eine größere praktische Bedeutung. Wir erhalten die Lösung zahlreicher wichtiger Probleme der Praxis, wenn wir die Äquipotentialflächen einfach berechenbarer Felder durch Metalloberflächen ersetzen.

B. Bestimmung des Feldes aus gegebenen Randwerten in den einfachsten räumlichen Fällen

2.7. Fragen der praktischen Elektrostatik

In der Praxis ergeben sich meistens die folgenden beiden Aufgaben:

a) Die Abmessungen und die räumliche Lage der Leiter sind gegeben, außerdem kennen wir auf sämtlichen Flächen die Potentiale, deren Wert auf jeder Fläche konstant ist. Es ist das Potential bzw. die Feldstärke für sämtliche Raumpunkte zu bestimmen, wobei überall $\Delta U = 0$ gilt, d. h., es sind keine Raumladungen vorhanden.

b) Die Abmessungen, die räumliche Lage der Leiter und die Gesamtladung für jeden einzelnen Leiter sind gegeben. Wir haben für sämtliche Raumpunkte die Werte des Potentials und der Feldstärke zu bestimmen, wenn wieder überall $\Delta U = 0$ gilt.

In den folgenden Kapiteln werden wir uns mit der Lösung derartiger Aufgaben befassen. Die Ermittlung der allgemeinen räumlichen Lösung — wobei also diejenigen Flächen, auf welchen das Potential verschiedene konstante Werte besitzt, beliebige räumliche Formen haben können — ist eine sehr schwierige Aufgabe und kann in sehr vielen Fällen nur graphisch, durch einen Modellversuch oder mit Rechenmaschinen bestimmt werden. Das Problem läßt sich aber vielfach so vereinfachen, daß wir aus der geometrischen Anordnung der Elektroden auf den einfachen Aufbau der Kraftfelder schließen können. So zum Beispiel können wir den unendlich langen zylindrischen Leiter auf das ebene Problem zurückführen, das viel einfacher zu behandeln ist. Zeigt hingegen die Anordnung der Leiter eine axiale Symmetrie, so wird auch das Kraftfeld eine solche aufweisen, und das erleichtert das Suchen der Lösung schon wesentlich. Nachstehend behandeln wir diejenigen Lösungen eingehender, bei denen eine Leiteroberfläche so geformt ist, daß die Erfüllung der Grenzbedingungen keine besonderen Schwierigkeiten bereitet.

Wir schreiben zunächst die Begriffe der Vektoranalysis in verschiedene krummlinige Koordinaten um und stellen mit ihrer Hilfe die Maxwellschen Gleichungen ebenfalls in allgemeinen orthogonalen krummlinigen Koordinaten auf. Auf dieser

Grundlage können dann bereits die einfachen räumlichen Fälle, wie z. B. das Kraftfeld zylindrischer Elektroden oder das Kraftfeld der Kugelelektroden, erörtert werden. Diese Umformung gewährt uns aber weiterhin einerseits eine Hilfe bei der Lösung von verwickelteren Problemen und wird uns andererseits bei der Behandlung der Wellenerscheinungen nützlich sein.

2.8. Die Grundbegriffe der Vektoranalysis und die Maxwellschen Gleichungen im orthogonalen krummlinigen Koordinatensystem

2.8.1. Allgemeine Koordinaten, Koordinatenflächen und Koordinatenlinien. Das lokale kartesische Koordinatensystem

Wir charakterisieren einen beliebigen Raumpunkt wie üblich durch den Ortsvektor $\boldsymbol{r}$. Diesen Ortsvektor dachten wir bisher dadurch gegeben, daß wir den Projektionen dieses Vektors in die Richtungen der drei Koordinateneinheitsvektoren $\boldsymbol{e}_x$, $\boldsymbol{e}_y$ und $\boldsymbol{e}_z$ die Koordinaten x, y und z zuordneten. Dementsprechend können wir uns eine beliebige Skalar- oder Vektorfunktion, die eine Funktion des Ortes, also letzten Endes des Ortsvektors, ist, als eine Funktion der Koordinaten x, y und z vorstellen:

$$\boldsymbol{v}(\boldsymbol{r}) = v_x(x, y, z)\, \boldsymbol{e}_x + v_y(x, y, z)\, \boldsymbol{e}_y + v_z(x, y, z)\, \boldsymbol{e}_z .$$

Wir können aber die Lage eines beliebigen Punktes auch durch drei andere unabhängige Angaben kennzeichnen. Wir bezeichnen diese z. B. mit x_1, x_2 und x_3. Auf diese Weise wird der Ortsvektor eine Funktion von x_1, x_2 und x_3:

$$\boldsymbol{r} = \boldsymbol{r}(x_1, x_2, x_3) . \tag{1}$$

Dies bedeutet selbstverständlich auch, daß die kartesischen Komponenten des Ortsvektors ebenfalls Funktionen dieser drei Veränderlichen sind:

$$\left.\begin{aligned} x &= x(x_1, x_2, x_3) , \\ y &= y(x_1, x_2, x_3) , \\ z &= z(x_1, x_2, x_3) . \end{aligned}\right\} \tag{2}$$

Diese Gleichungen drücken eine Koordinatentransformation aus. Sie verbinden nämlich die neuen Koordinaten x_1, x_2 und x_3 mit den alten, kartesischen Koordinaten x, y und z. Um die Begriffe der vom kartesischen Koordinatensystem her gut bekannten Koordinatenebene und Koordinatenachse auch in einem allgemeinen Fall einführen zu können, betrachten wir die Veränderliche x_1 als konstant. Der Wert dieser Konstante sei x_1^0.

Wir untersuchen nun, wie die Gesamtheit sämtlicher Punkte im Raum gefunden werden kann, für die die Beziehung $x_1 = x_1^0$ gilt. Dies bedeutet also, daß der Koordinatenortsvektor nunmehr nicht eine Funktion von drei Veränderlichen, sondern eine solche von lediglich zwei Veränderlichen ist; mithin wird

$$\boldsymbol{r} = \boldsymbol{r}(x_1^0, x_2, x_3). \tag{3}$$

Die kartesischen Komponenten des Ortsvektors haben nun folgende Form:

$$\left.\begin{aligned} x &= x(x_1^0, x_2, x_3), \\ y &= y(x_1^0, x_2, x_3), \\ z &= z(x_1^0, x_2, x_3). \end{aligned}\right\} \tag{4}$$

Wenn wir unter Benutzung der ersten beiden Beziehungen x_2 und x_3 als Funktionen von x und y ausdrücken und in die letzte Gleichung einsetzen, so erhalten wir eine Beziehung zwischen x, y und z in folgender Form:

$$z = \varphi(x, y). \tag{5}$$

Aus dieser Gleichung ist sofort zu ersehen, daß sie eine Fläche im Raum kennzeichnet. Aber auch die vorangegangenen drei Gleichungen oder die Vektorgleichung $\boldsymbol{r} = \boldsymbol{r}(x_1^0, x_2, x_3)$ ergeben gerade das Parametergleichungssystem einer Fläche. Demnach bestimmt die Bedingung $x_1 = x_1^0$ eine Fläche, und zwar eine *Koordinatenfläche*.

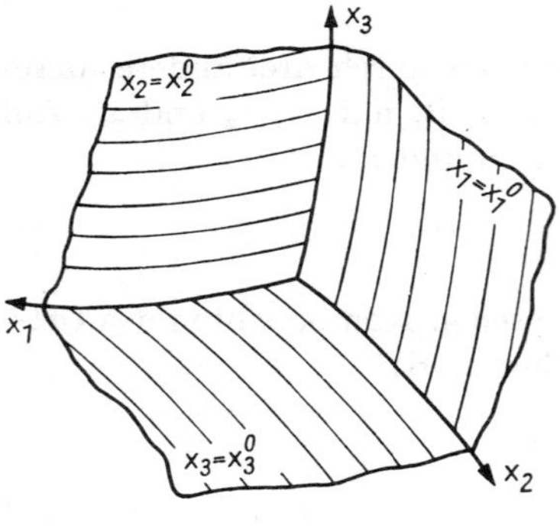

Abb. 2.25 Koordinatenachsen und Koordinatenflächen in einem durch allgemeine orthogonale Koordinaten charakterisierten Raum

Die Bedingungen $x_2 = x_2^0$ und $x_3 = x_3^0$ bestimmen ebenfalls solche Flächen. Damit können wir durch einen beliebigen Punkt des Raumes drei Koordinatenflächen legen (Abb. 2.25).

Dies entspricht vollkommen den im kartesischen Koordinatensystem in jedem beliebigen Punkt des Raumes auftragbaren drei zueinander senkrechten Ebenen, den Ebenen $x = x^0$, $y = y^0$ bzw. $z = z^0$.

Wenn wir jetzt die Koordinaten x_2 und x_3 als konstant wählen, so ergeben die Gleichungen

$$\boldsymbol{r} = \boldsymbol{r}(x_1, x_2^0, x_3^0) \tag{6}$$

bzw.

$$\left.\begin{aligned} x &= x(x_1, x_2^0, x_3^0), \\ y &= y(x_1, x_2^0, x_3^0), \\ z &= z(x_1, x_2^0, x_3^0) \end{aligned}\right\} \tag{7}$$

die Parameterform einer räumlichen Kurve. Diese Kurve stellt gleichzeitig auch die Schnittlinie der Koordinatenflächen $x_2 = x_2^0$ und $x_3 = x_3^0$ dar, da die Bedingungen $x_2 = x_2^0$ und $x_3 = x_3^0$ nur an dieser Linie zugleich erfüllt werden. So kommen wir auf die den Koordinatenachsen entsprechenden Koordinatenlinien, in diesem Fall auf die Achsenlinie x_1.

Wir müssen noch bemerken, daß die auf der Achse x_i aufgetragenen Größen im allgemeinen keinen von irgendeinem Punkt aufgetragenen Abstand bedeuten. Genauer gesagt, die Länge des zwischen den Punkten x_i und $x_i + \mathrm{d}x_i$ befindlichen Kurvenabschnitts beträgt nicht $\mathrm{d}x_i$, da x_i einen beliebigen Parameter bedeutet, welcher die Lage des Punktes bestimmt. Er kann z. B. ein Winkel sein.

2.8.2. Der Ausdruck für den elementaren Abstand

Im folgenden untersuchen wir, wie der Abstand zwischen zwei nahe beieinander liegenden Punkten P und Q mit Hilfe der krummlinigen Koordinaten dieser beiden Punkte ausgedrückt werden kann. Angenommen, (x_1, x_2, x_3) seien die Koordinaten

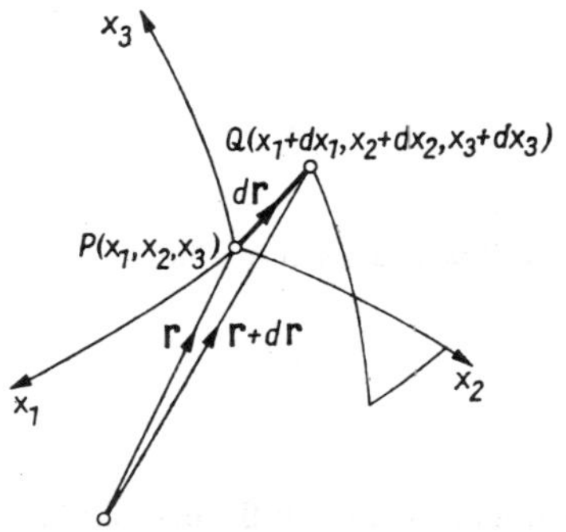

Abb. 2.26 Elementarabstand im allgemeinen orthogonalen Koordinatensystem

des Punktes P und $(x_1 + \mathrm{d}x_1, x_2 + \mathrm{d}x_2, x_3 + \mathrm{d}x_3)$ die des Punktes Q (Abb. 2.26). Es ist der Abstand dieser beiden Punkte zu suchen, den wir im folgenden mit $\mathrm{d}s$ bezeichnen. Der Ausdruck für $\mathrm{d}s^2$ lautet in kartesischen Koordinaten einfach

$$\mathrm{d}s^2 = \mathrm{d}x^2 + \mathrm{d}y^2 + \mathrm{d}z^2. \tag{8}$$

Diese Beziehung wird auch der räumliche pythagoreische Satz genannt. Im allgemeinen ist jedoch $\mathrm{d}s$ gleich dem Absolutwert der Änderung des Ortsvektors

$\boldsymbol{r}(x_1, x_2, x_3)$. Es wird also gelten:

$$ds^2 = d\boldsymbol{r}\, d\boldsymbol{r}: \tag{9}$$

Die Änderung des Ortsvektors ist:

$$d\boldsymbol{r} = \frac{\partial \boldsymbol{r}}{\partial x_1} dx_1 + \frac{\partial \boldsymbol{r}}{\partial x_2} dx_2 + \frac{\partial \boldsymbol{r}}{\partial x_3} dx_3, \tag{10}$$

woraus wir für den Abstand ds folgende Beziehung bekommen:

$$ds^2 = d\boldsymbol{r}\, d\boldsymbol{r} = \left(\frac{\partial \boldsymbol{r}}{\partial x_1} dx_1 + \frac{\partial \boldsymbol{r}}{\partial x_2} dx_2 + \frac{\partial \boldsymbol{r}}{\partial x_3} dx_3\right)^2 = \left(\frac{\partial \boldsymbol{r}}{\partial x_1}\right)^2 dx_1^2 + \left(\frac{\partial \boldsymbol{r}}{\partial x_2}\right)^2 dx_2^2$$
$$+ \left(\frac{\partial \boldsymbol{r}}{\partial x_3}\right)^2 dx_3^2 + 2\,\frac{\partial \boldsymbol{r}}{\partial x_1}\frac{\partial \boldsymbol{r}}{\partial x_2} dx_1\, dx_2 + 2\,\frac{\partial \boldsymbol{r}}{\partial x_1}\frac{\partial \boldsymbol{r}}{\partial x_3} dx_1\, dx_3 + 2\,\frac{\partial \boldsymbol{r}}{\partial x_2}\frac{\partial \boldsymbol{r}}{\partial x_3} dx_2\, dx_3. \tag{11}$$

Allgemein können wir also sagen, daß bei krummlinigen Koordinaten der elementare Abstand ein homogenquadratischer Ausdruck der Koordinatendifferentiale ist. Anschließend werden wir uns aber mit den allgemeinen Koordinaten nicht weiter befassen, sondern nur mit solchen krummlinigen Koordinaten, bei denen die durch einen Punkt gehenden Koordinatenlinien paarweise senkrecht aufeinander stehen. Die Tangenten der einzelnen Koordinatenlinien liefern die Vektoren

$$\frac{\partial \boldsymbol{r}}{\partial x_1}, \quad \frac{\partial \boldsymbol{r}}{\partial x_2}, \quad \frac{\partial \boldsymbol{r}}{\partial x_3}. \tag{12}$$

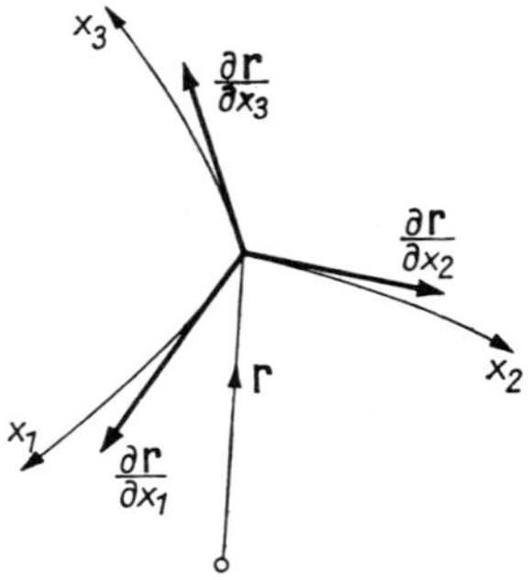

Abb. 2.27 Tangenten der Koordinatenachsen in einem beliebigen Raumpunkt

Dementsprechend gilt als Bedingung für die Orthogonalität, daß das skalare Produkt dieser Vektoren verschwindet (Abb. 2.27). Es gilt also:

$$\frac{\partial \boldsymbol{r}}{\partial x_1}\frac{\partial \boldsymbol{r}}{\partial x_2} = \frac{\partial \boldsymbol{r}}{\partial x_2}\frac{\partial \boldsymbol{r}}{\partial x_3} = \frac{\partial \boldsymbol{r}}{\partial x_3}\frac{\partial \boldsymbol{r}}{\partial x_1} = 0. \tag{13}$$

Somit nimmt der Ausdruck des elementaren Abstandes schließlich folgende Form an:

$$ds^2 = \left(\frac{\partial \boldsymbol{r}}{\partial x_1}\right)^2 dx_1^2 + \left(\frac{\partial \boldsymbol{r}}{\partial x_2}\right)^2 dx_2^2 + \left(\frac{\partial \boldsymbol{r}}{\partial x_3}\right)^2 dx_3^2 = g_1^2\, dx_1^2 + g_2^2\, dx_2^2 + g_3^2\, dx_3^2, \tag{14}$$

worin wir den Ausdruck $(\partial \boldsymbol{r}/\partial x_i)^2$, der also eine Skalarfunktion ist, mit g_i^2 bezeichnet haben. Dies bedeutet, daß im Fall von orthogonalen Koordinaten im Ausdruck des elementaren Abstandes kein gemischtes Produkt der Koordinatendifferentiale vorkommt. Die Funktionen g_1, g_2, g_3 sind natürlich im allgemeinen von allen drei Veränderlichen abhängig, d. h.,

$$g_1 = g_1(x_1, x_2, x_3); \qquad g_2 = g_2(x_1, x_2, x_3); \qquad g_3 = g_3(x_1, x_2, x_3).$$

Die Skalarfunktionen g_1, g_2, g_3 bezeichnet man als metrische Koeffizienten des krummlinigen Koordinatensystems.

Die geometrische Bedeutung dieser Größen können wir leicht erklären. Wenn wir auf der Koordinatenachse x_i um den Betrag dx_i weitergehen, wird der Abstand dieser Punkte von unserem Ausgangspunkt

$$ds_i = g_i \, dx_i; \qquad i = 1, 2, 3 \tag{15}$$

betragen, was selbstverständlich auch aus der allgemeinen Beziehung

$$ds^2 = g_1^2 \, dx_1^2 + g_2^2 \, dx_2^2 + g_3^2 \, dx_3^2$$

sofort folgt, wenn wir in dieser die Bedingungen $dx_2 = 0$ und $dx_3 = 0$ einführen. Im Endergebnis brachten wir auch hier den räumlichen pythagoreischen Satz durch die Differentiale der allgemeinen Koordinaten zum Ausdruck (Abb. 2.28).

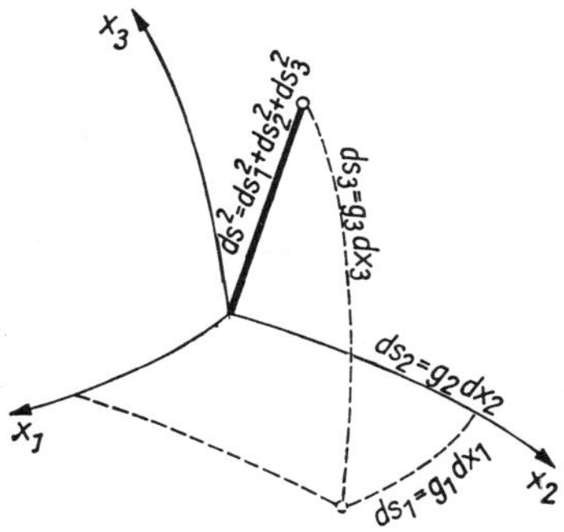

Abb. 2.28 Beim orthogonalen Koordinatensystem gilt im kleinen der pythagoreische Satz

Die orthogonalen krummlinigen Koordinaten sind gerade deshalb vorteilhaft, weil für kleine Entfernungen der pythagoreische Satz gilt, d. h., daß in der unmittelbaren Umgebung eines beliebigen Punktes das krummlinige Koordinatennetz mit einem kartesischen Koordinatennetz zusammenfällt. Unter den Komponenten $v_1(x_1, x_2, x_3)$, $v_2(x_1, x_2, x_3)$, $v_3(x_1, x_2, x_3)$ eines beliebigen Vektors $\boldsymbol{v}(x_1, x_2, x_3)$ im Punkte $P(x_1, x_2, x_3)$ verstehen wir die Projektionen dieses Vektors auf die Achsen dieses lokalen rechtwinkligen Koordinatensystems, das sich im Punkte $P(x_1, x_2, x_3)$ unserem krummlinigen Koordinatensystem anschmiegt. Die Koordinatenrichtungen dieses lokalen kartesischen Systems fallen mit den Richtungen

$$\frac{\partial \boldsymbol{r}}{\partial x_1}, \quad \frac{\partial \boldsymbol{r}}{\partial x_2}, \quad \frac{\partial \boldsymbol{r}}{\partial x_3}$$

zusammen. Für den Koordinateneinheitsvektor erhalten wir also

$$\frac{\partial \boldsymbol{r}}{\partial x_i} : \left| \frac{\partial \boldsymbol{r}}{\partial x_i} \right|. \tag{16}$$

Die Richtung dieser Einheitsvektoren verändert sich natürlich im allgemeinen von Punkt zu Punkt. So folgt für die i-te Komponente des Vektors $\boldsymbol{v}$:

$$v_i(x_1, x_2, x_3) = \frac{\boldsymbol{v}(x_1, x_2, x_3) \dfrac{\partial \boldsymbol{r}}{\partial x_i}}{\left| \dfrac{\partial \boldsymbol{r}}{\partial x_i} \right|}. \tag{17}$$

Der Ausdruck des elementaren Abstandes oder, genauer, die darin vorkommenden Funktionen g_1, g_2, g_3 spielen bei den verschiedenen vektoranalytischen Begriffen eine wichtige Rolle, wie wir sofort sehen werden. Falls wir also künftig zu einem krummlinigen Koordinatensystem übergehen wollen, werden wir zuerst den Ausdruck des elementaren Abstandes bestimmen.

2.8.3. Bildung des Gradienten

Um den Gradienten einer beliebigen Skalarfunktion im durch die allgemeinen Koordinaten x_1, x_2, x_3 gekennzeichneten Raum zu berechnen, wählen wir als Ausgangspunkt folgende Definition des Gradienten:

$$(\operatorname{grad} \varphi)_n = \lim_{\Delta n \to 0} \frac{\varphi(\boldsymbol{r} + \Delta \boldsymbol{n}) - \varphi(\boldsymbol{r})}{\Delta n}.$$

Dies besagt, daß wir die in einer beliebigen Richtung genommene Komponente des Vektors grad φ erhalten, indem wir, in dieser Richtung fortschreitend, zwischen zwei benachbarten Punkten die Differenz der Funktion bilden, diese Differenz durch den zwischen den beiden Punkten befindlichen Abstand dividieren und zum Grenzwert dieses Quotienten übergehen. Danach wird, wenn wir nach Abb. 2.29 die der Koordinatenachse x_1 entlang genommene Komponente von grad φ suchen,

$$(\operatorname{grad} \varphi)_1 = \lim_{\Delta s_1 \to 0} \frac{\varphi(x_1 + \Delta x_1, x_2, x_3) - \varphi(x_1, x_2, x_3)}{\Delta s_1}. \tag{18}$$

Wie wir aber wissen, ist $\mathrm{d}s_1 = g_1\,\mathrm{d}x_1$. Dies eingesetzt, erhalten wir

$$(\mathrm{grad}\,\varphi)_1 = \lim_{\Delta x_1 \to 0} \frac{\varphi(x_1 + \Delta x_1, x_2, x_3) - \varphi(x_1, x_2, x_3)}{g_1 \Delta x_1} = \frac{1}{g_1}\frac{\partial \varphi}{\partial x_1}. \tag{19}$$

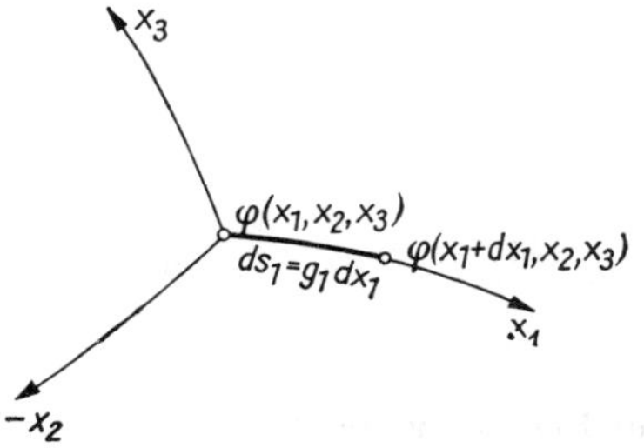

Abb. 2.29 Zur Herleitung von grad φ

Entsprechend ergeben sich die drei Komponenten des Gradienten von einem beliebigen Skalar $\varphi(x_1, x_2, x_3)$ in dem durch die Koordinaten x_1, x_2, x_3 bezeichneten Punkt:

$$(\mathrm{grad}\,\varphi)_1 = \frac{1}{g_1}\frac{\partial \varphi}{\partial x_1}; \quad (\mathrm{grad}\,\varphi)_2 = \frac{1}{g_2}\frac{\partial \varphi}{\partial x_2}; \quad (\mathrm{grad}\,\varphi)_3 = \frac{1}{g_3}\frac{\partial \varphi}{\partial x_3}. \tag{20}$$

Wir betonen nochmals, daß sich die Richtungen der Einheitsvektoren im krummlinigen Koordinatensystem im allgemeinen von Punkt zu Punkt ändern. Diese Komponenten bilden die Projektionen des Vektors grad φ auf diese verschieden gerichteten Einheitsvektoren.

2.8.4. Bildung der Divergenz

Zum Ausdruck der Divergenz eines beliebigen Vektors $\boldsymbol{v}$ gelangen wir, wenn wir als Ausgangspunkt die von dem Koordinatensystem unabhängige Definition des Divergenzbegriffes wählen. Wir wissen nämlich, daß

$$\mathrm{div}\,\boldsymbol{v} = \lim_{\Delta V \to 0} \frac{1}{\Delta V} \oint_A \boldsymbol{v}\,\mathrm{d}\boldsymbol{A}$$

ist, wobei der Grenzwert von der Form des angenommenen Volumens unabhängig ist. Diese Definition besagt also, daß wir die Divergenz eines Vektors in einem Punkt erhalten, wenn wir um diesen Punkt eine beliebige geschlossene Fläche zeichnen, das Flächenintegral des Vektors über diese geschlossene Fläche bilden, durch den Rauminhalt dividieren und von diesem Quotienten den Grenzwert bilden, d. h. die Fläche dem angenommenen Punkt beliebig nähern. Da dieser Grenzwert von der Form der Fläche unabhängig ist, wählen wir als Volumen nach Abb. 2.30 ein kleines Parallelepiped. In der ursprünglichen Definition der Divergenz muß bei der Bildung des Flächenintegrals überall die von dem Volumen nach außen gerichtete Normale als positiv betrachtet werden. Untersuchen wir jetzt den Wert des Flächenintegrals für zwei einander gegenüberliegende Seitenflächen.

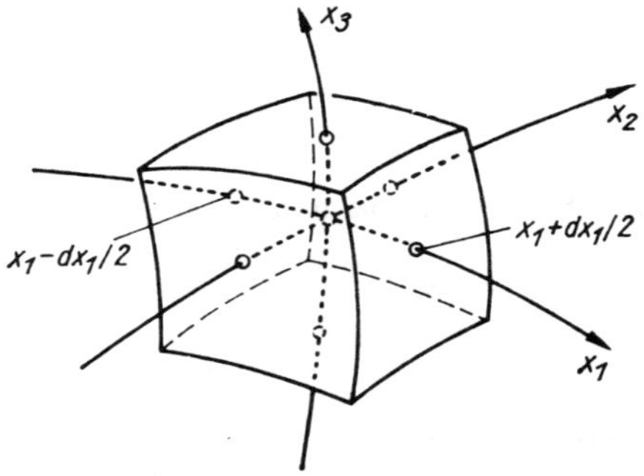

Abb. 2.30 Zur Herleitung von div $\boldsymbol{v}$

Im Punkt $P(x_1, x_2, x_3)$ gilt $\mathrm{d}s_2 = g_2\,\mathrm{d}x_2$ und $\mathrm{d}s_3 = g_3\,\mathrm{d}x_3$; somit wird die Fläche, welche durch P hindurchgeht und auf x_1 senkrecht steht, gleich $\mathrm{d}s_2\,\mathrm{d}s_3 = g_2 g_3\,\mathrm{d}x_2\,\mathrm{d}x_3$. Das Flächenintegral für diese Seite ergibt sich zu

$$v_1(x_1, x_2, x_3)\, g_2 g_3\,\mathrm{d}x_2\,\mathrm{d}x_3\,.$$

Die anderen Komponenten des Vektors tragen zu dem Wert des Flächenintegrals nichts bei, weil sie in der Fläche liegen.

Auf der hinteren Seitenfläche ändert sich der Wert des Flächenintegrals, und zwar nicht nur deshalb, weil die in diese Richtung fallende Komponente des Vektors sich verändert, sondern auch, weil die Ausdrücke g_2 und g_3 eine Änderung erfahren.

Somit ist der Wert des über diese Seitenfläche erstreckten Flächenintegrals

$$-\left(v_1 g_2 g_3 - \frac{\mathrm{d}x_1}{2}\,\frac{\partial v_1 g_2 g_3}{\partial x_1}\right)\mathrm{d}x_2\,\mathrm{d}x_3\,. \tag{21}$$

Das negative Vorzeichen ergibt sich dadurch, daß die positive Normale aus dem Raum nach außen gerichtet ist.

Einen entsprechenden Ausdruck erhalten wir für die vordere Seite, und so hat das über beide zu x_1 senkrechten Seitenflächen erstreckte Integral den Wert

$$-\left(v_1 g_2 g_3 - \frac{\partial v_1 g_2 g_3}{\partial x_1}\,\frac{\mathrm{d}x_1}{2}\right)\mathrm{d}x_2\,\mathrm{d}x_3 + \left(v_1 g_2 g_3 + \frac{\partial v_1 g_2 g_3}{\partial x_1}\,\frac{\mathrm{d}x_1}{2}\right)\mathrm{d}x_2\,\mathrm{d}x_3$$

$$= \frac{\partial v_1 g_2 g_3}{\partial x_1}\,\mathrm{d}x_1\,\mathrm{d}x_2\,\mathrm{d}x_3\,. \tag{22}$$

Führen wir die Berechnungen in derselben Weise auch für die beiden anderen Seitenflächenpaare durch, so erhalten wir das Flächenintegral für das gesamte Parallelepiped:

$$\oint_A \boldsymbol{v}\,\mathrm{d}\boldsymbol{A} = \left(\frac{\partial g_2 g_3 v_1}{\partial x_1} + \frac{\partial g_3 g_1 v_2}{\partial x_2} + \frac{\partial g_1 g_2 v_3}{\partial x_3}\right) \mathrm{d}x_1\,\mathrm{d}x_2\,\mathrm{d}x_3. \tag{23}$$

Da aber das Volumen ΔV den Wert

$$\Delta V \approx \mathrm{d}s_1\,\mathrm{d}s_2\,\mathrm{d}s_3 = g_1\mathrm{d}x_1\,g_2\mathrm{d}x_2\,g_3\mathrm{d}x_3 = g_1 g_2 g_3\,\mathrm{d}x_1\,\mathrm{d}x_2\,\mathrm{d}x_3 \tag{24}$$

besitzt, wird schließlich der Wert von div $\boldsymbol{v}$:

$$\operatorname{div}\boldsymbol{v} = \lim_{\Delta V\to 0}\frac{1}{\Delta V}\oint_A \boldsymbol{v}\,\mathrm{d}\boldsymbol{A} = \frac{1}{g_1 g_2 g_3}\left[\frac{\partial}{\partial x_1}(g_2 g_3 v_1) + \frac{\partial}{\partial x_2}(g_3 g_1 v_2) + \frac{\partial}{\partial x_3}(g_1 g_2 v_3)\right]. \tag{25}$$

2.8.5. Bildung der Rotation

Um den Ausdruck der Rotation eines beliebigen Vektors in allgemeinen Koordinaten zu erhalten, gehen wir von der Definition der Rotation aus, die vom Koordinatensystem unabhängig ist:

$$(\operatorname{rot}\boldsymbol{v})_n = \lim_{\Delta A\to 0}\frac{1}{\Delta A}\oint_L \boldsymbol{v}\,\mathrm{d}\boldsymbol{l}.$$

Diese Gleichung besagt, daß wir die in eine beliebige Richtung fallende Komponente der Rotation eines Vektors in einem Punkt P bekommen, wenn wir in einer zu dieser Richtung senkrechten Ebene eine beliebige Kurve um den Punkt P zeichnen, entlang

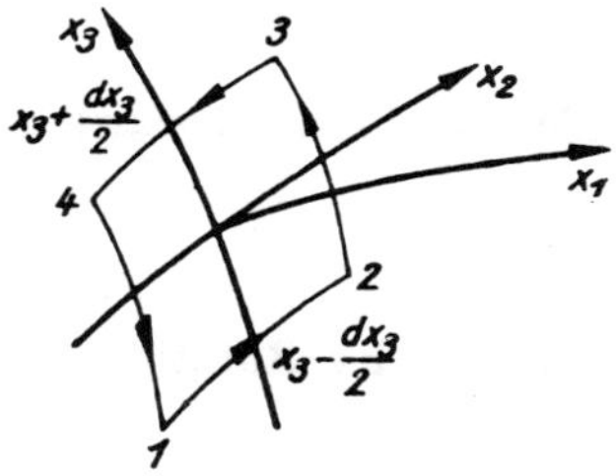

Abb. 2.31 Zur Herleitung von rot $\boldsymbol{v}$

dieser Kurve das Integral bilden, dieses durch die umschlossene Fläche dividieren und dann den Grenzwert dieses Quotienten bilden. Wir müssen aber auch hier darauf achten, daß als positive Richtung der Vektorkomponente diejenige angegeben wird, die beim Linienintegral (nach der Rechtsschraubenregel) als positiv gilt. Es wird auch jetzt wieder, wie schon vorher bei der Bestimmung der Divergenz, zuerst der Wert der über gegenüberliegende Seiten erstreckten Linienintegrale berechnet (s. Abb. 2.31).

Der Wert des Linienintegrals zwischen den Punkten (1) und (2) beträgt:

$$\int_{(1)}^{(2)} \boldsymbol{v}\, \mathrm{d}\boldsymbol{l} = v_2 g_2\, \mathrm{d}x_2 - \frac{\mathrm{d}x_3}{2} \frac{\partial v_2 g_2}{\partial x_3}\, \mathrm{d}x_2 .$$

Zwischen den Punkten (3) und (4) erhalten wir ein negatives Vorzeichen, da der Umlaufsinn auf diesem Abschnitt der positiven Richtung der Koordinatenachse entgegengesetzt ist. Außerdem ändert sich der Wert des Integrals gegenüber dem des ersten Abschnitts, weil sich die Komponente v_2 des Vektors $\boldsymbol{v}$ ändert. Schließlich erleidet auch der Wert des Ausdruckes g_2 eine Änderung

$$\int_{(3)}^{(4)} \boldsymbol{v}\, \mathrm{d}\boldsymbol{l} = -\left[v_2 g_2\, \mathrm{d}x_2 + \frac{\mathrm{d}x_3}{2} \frac{\partial v_2 g_2}{\partial x_3}\, \mathrm{d}x_2\right].$$

Im Endergebnis lautet der Wert des Linienintegrals für die Linienabschnitte 1 bis 2 bzw. 3 bis 4

$$\int_{(1)}^{(2)} \boldsymbol{v}\, \mathrm{d}\boldsymbol{l} + \int_{(3)}^{(4)} \boldsymbol{v}\, \mathrm{d}\boldsymbol{l} = -\frac{\partial}{\partial x_3} (g_2 v_2)\, \mathrm{d}x_2\, \mathrm{d}x_3 .$$

Für die Linienintegrale über die beiden anderen Seiten gilt:

$$\int_{(4)}^{(1)} \boldsymbol{v}\, \mathrm{d}\boldsymbol{l} + \int_{(2)}^{(3)} \boldsymbol{v}\, \mathrm{d}\boldsymbol{l} = +\frac{\partial}{\partial x_2} (g_3 v_3)\, \mathrm{d}x_2\, \mathrm{d}x_3 .$$

Also wird der Wert des gesamten Linienintegrals:

$$\oint_L \boldsymbol{v}\, \mathrm{d}\boldsymbol{l} = \frac{\partial}{\partial x_2} (g_3 v_3)\, \mathrm{d}x_2\, \mathrm{d}x_3 - \frac{\partial}{\partial x_3} (g_2 v_2)\, \mathrm{d}x_2\, \mathrm{d}x_3 . \tag{26}$$

Wenn wir diesen Ausdruck durch die von der Kurve umschlossene Fläche dividieren, deren Größe

$$\mathrm{d}A = \mathrm{d}s_2\, \mathrm{d}s_3 = g_2 g_3\, \mathrm{d}x_2\, \mathrm{d}x_3$$

ist, so bekommen wir die der Achse x_1 parallele Komponente der Rotation des Vektors $\boldsymbol{v}$:

$$(\mathrm{rot}\, \boldsymbol{v})_1 = \frac{1}{g_2 g_3}\left[\frac{\partial}{\partial x_2} (g_3 v_3) - \frac{\partial}{\partial x_3} (g_2 v_2)\right]. \tag{27}$$

Die Berechnung ist in derselben Weise vorzunehmen, wenn wir die in den Richtungen x_2 bzw. x_3 liegenden Komponenten der Rotation des Vektors $\boldsymbol{v}$ bestimmen wollen. Diese Operation brauchen wir gar nicht durchzuführen. Es genügt, wenn wir in unserem soeben erhaltenen Resultat die Indizes zyklisch vertauschen. Entsprechend erhalten wir die Komponenten der Rotation eines beliebigen Vektors im allgemeinen Koordinatensystem:

$$\begin{aligned}(\operatorname{rot} \boldsymbol{v})_1 &= \frac{1}{g_2 g_3}\left[\frac{\partial}{\partial x_2}(g_3 v_3) - \frac{\partial}{\partial x_3}(g_2 v_2)\right],\\ (\operatorname{rot} \boldsymbol{v})_2 &= \frac{1}{g_3 g_1}\left[\frac{\partial}{\partial x_3}(g_1 v_1) - \frac{\partial}{\partial x_1}(g_3 v_3)\right],\\ (\operatorname{rot} \boldsymbol{v})_3 &= \frac{1}{g_1 g_2}\left[\frac{\partial}{\partial x_1}(g_2 v_2) - \frac{\partial}{\partial x_2}(g_1 v_1)\right].\end{aligned} \tag{28}$$

2.8.6. Der Laplacesche Ausdruck in allgemeinen orthogonalen Koordinaten

Nach den obigen Rechnungen bereitet es uns keine Schwierigkeit, den Laplaceschen Operator einer beliebigen Skalarfunktion φ in allgemeinen orthogonalen krummlinigen Koordinaten auszudrücken. Den Laplaceschen Ausdruck $\operatorname{div}\operatorname{grad}\varphi \equiv \Delta\varphi$ erhalten wir, wenn wir in der für den Vektor $\boldsymbol{v}$ angegebenen Beziehung (25)

$$\operatorname{div} \boldsymbol{v} = \frac{1}{g_1 g_2 g_3}\left[\frac{\partial}{\partial x_1}(g_2 g_3 v_1) + \frac{\partial}{\partial x_2}(g_3 g_1 v_2) + \frac{\partial}{\partial x_3}(g_1 g_2 v_3)\right]$$

an Stelle der Komponenten v_1, v_2 und v_3 die Beziehungen

$$v_1 = \frac{1}{g_1}\frac{\partial\varphi}{\partial x_1}; \qquad v_2 = \frac{1}{g_2}\frac{\partial\varphi}{\partial x_2}; \qquad v_3 = \frac{1}{g_3}\frac{\partial\varphi}{\partial x_3}$$

einsetzen. Es gilt

$$\Delta\varphi = \frac{1}{g_1 g_2 g_3}\left[\frac{\partial}{\partial x_1}\left(\frac{g_2 g_3}{g_1}\frac{\partial\varphi}{\partial x_1}\right) + \frac{\partial}{\partial x_2}\left(\frac{g_3 g_1}{g_2}\frac{\partial\varphi}{\partial x_2}\right) + \frac{\partial}{\partial x_3}\left(\frac{g_1 g_2}{g_3}\frac{\partial\varphi}{\partial x_3}\right)\right]. \tag{29}$$

2.8.7. Die Maxwellschen Gleichungen in allgemeinen orthogonalen Koordinaten

Die Maxwellschen Gleichungen lassen sich mit Hilfe der Gleichungssysteme (25) und (28) ohne Schwierigkeit in allgemeinen krummlinigen orthogonalen Koordinaten angeben:

$$\left.\begin{aligned}\frac{1}{g_2 g_3}\left[\frac{\partial}{\partial x_2}(g_3 H_3) - \frac{\partial}{\partial x_3}(g_2 H_2)\right] &= J_1 + \frac{\partial D_1}{\partial t},\\ \frac{1}{g_3 g_1}\left[\frac{\partial}{\partial x_3}(g_1 H_1) - \frac{\partial}{\partial x_1}(g_3 H_3)\right] &= J_2 + \frac{\partial D_2}{\partial t},\\ \frac{1}{g_1 g_2}\left[\frac{\partial}{\partial x_1}(g_2 H_2) - \frac{\partial}{\partial x_2}(g_1 H_1)\right] &= J_3 + \frac{\partial D_3}{\partial t}.\end{aligned}\right\} \tag{I}$$

$$\left.\begin{aligned}\frac{1}{g_2g_3}\left[\frac{\partial}{\partial x_2}(g_3E_3)-\frac{\partial}{\partial x_3}(g_2E_2)\right]&=-\frac{\partial B_1}{\partial t},\\ \frac{1}{g_3g_1}\left[\frac{\partial}{\partial x_3}(g_1E_1)-\frac{\partial}{\partial x_1}(g_3E_3)\right]&=-\frac{\partial B_2}{\partial t},\\ \frac{1}{g_1g_2}\left[\frac{\partial}{\partial x_1}(g_2E_2)-\frac{\partial}{\partial x_2}(g_1E_1)\right]&=-\frac{\partial B_3}{\partial t}.\end{aligned}\right\}\tag{II}$$

$$\frac{1}{g_1g_2g_3}\left[\frac{\partial}{\partial x_1}(g_2g_3B_1)+\frac{\partial}{\partial x_2}(g_3g_1B_2)+\frac{\partial}{\partial x_3}(g_1g_2B_3)\right]=0.\tag{III}$$

$$\frac{1}{g_1g_2g_3}\left[\frac{\partial}{\partial x_1}(g_2g_3D_1)+\frac{\partial}{\partial x_2}(g_3g_1D_2)+\frac{\partial}{\partial x_3}(g_1g_2D_3)\right]=\varrho.\tag{IV}$$

$$\left.\begin{aligned}D_1&=\varepsilon E_1, & B_1&=\mu H_1, & J_1&=\gamma(E_1+E_{e1}),\\ D_2&=\varepsilon E_2, & B_2&=\mu H_2, & J_2&=\gamma(E_2+E_{e2}),\\ D_3&=\varepsilon E_3, & B_3&=\mu H_3, & J_3&=\gamma(E_3+E_{e3}).\end{aligned}\right\}\tag{V}$$

$$w=\frac{1}{2}\varepsilon(E_1^2+E_2^2+E_3^2)+\frac{1}{2}\mu(H_1^2+H_2^2+H_3^2).\tag{VI}$$

2.9. Lösung der Laplaceschen Gleichung für einige einfache räumliche Probleme

Wie wir sahen, bestehen die Aufgaben der Elektrostatik meistens darin, die Lösung der Laplaceschen Gleichung

$$\operatorname{div}\operatorname{grad} U \equiv \Delta U = 0 \tag{1}$$

unter der Bedingung zu suchen, daß auf den gegebenen Flächen das Potential konstant und im Raum keine elektrische Ladung vorhanden ist. In diesem Kapitel versuchen wir diese Aufgabe in der Weise zu lösen, daß wir ein solches krummliniges Koordinatensystem suchen, bei dem die eine Koordinatenfläche, z. B. die durch die Gleichung $x_1 = x_1^0$ gegebene, mit der Oberfläche unseres Leiters zusammenfällt. Unsere Aufgabe reduziert sich also auf das mathematische Problem, jene Lösung der schon in allgemeinen Koordinaten angegebenen Laplaceschen Gleichung zu suchen, die auf der Koordinatenfläche $x_1 = x_1^0$ einen konstanten Wert annimmt. Wenn es uns gelingt, eine solche Lösung der Laplaceschen Gleichung zu finden, die nur von dieser einzigen Koordinate abhängig ist, also

$$U = U(x_1). \tag{2}$$

so wird dieser Potentialwert ganz bestimmt konstant sein, falls wir die Veränderliche x_1 als konstant annehmen. Die Bedingung $x_1 = \text{const}$ ergibt aber gerade die Koordinatenfläche, und es kann durch die entsprechende Wahl der Konstanten erreicht werden, daß diese Koordinatenfläche mit der Oberfläche des Leiters zusammenfällt. Auf diese Weise fanden wir also jene Lösung der Laplaceschen Gleichung, die die vorgeschriebenen Randbedingungen erfüllt.

Im folgenden werden wir sehen, daß wir in ziemlich wenigen praktischen Fällen ein der Aufgabe entsprechendes Koordinatensystem finden können, d. h. ein solches, dessen Koordinatenfläche mit der Oberfläche des Leiters zusammenfällt. Vom praktischen Gesichtspunkt aus besitzt diese Methode jedoch auch ihre Vorteile. Wir sammeln die mit den verschiedenen krummlinigen Koordinatensystemen auswertbaren Fälle und versuchen, in einem gegebenen Fall die so erhaltenen Lösungen entweder genau oder aber näherungsweise für unsere Aufgabe zu verwenden.

Nachstehend behandeln wir kurz jene Fälle, für welche die oben geschilderte Methode leicht anwendbar ist.

2.9.1. Kartesische Koordinaten

In diesem Koordinatensystem hat die Laplacesche Gleichung, wie wir sahen, folgende Form:

$$\frac{\partial^2 U}{\partial x^2} + \frac{\partial^2 U}{\partial y^2} + \frac{\partial^2 U}{\partial z^2} = 0. \tag{3}$$

Hier bilden die einzelnen Koordinatenflächen unendliche Ebenen. Sie ergeben also Lösungen solcher physikalischer Probleme, bei denen die Oberfläche des Leiters ebenfalls aus einer unendlichen Ebene oder zumindest aus einer solchen Ebene

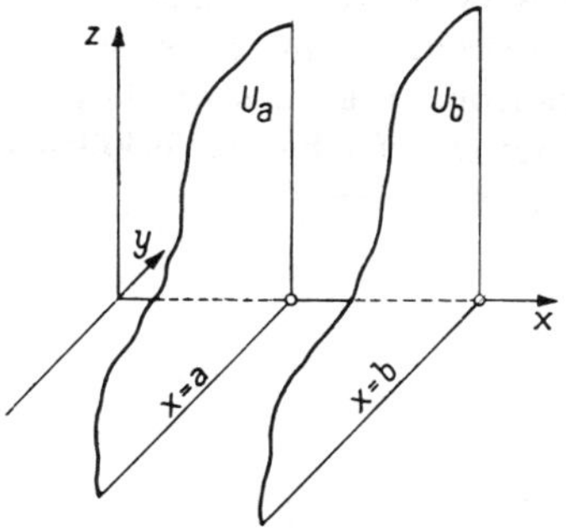

Abb. 2.32 Plattenkondensator unendlicher Ausdehnung

besteht, die in ziemlich guter Näherung als unendlich ausgedehnt betrachtet werden kann. Wir wählen die Ebenen $x = a$ und $x = b$ (Abb. 2.32) als Oberfläche des Leiters. Das Potential auf diesen Ebenen sei gegeben, und zwar mit den Werten von U_a und

U_b. Nach der allgemeinen Anweisung haben wir die Lösung der Laplaceschen Gleichung zu suchen, die nur von der Koordinate x abhängt, also $U = U(x)$. In diesem Fall sind $\partial U/\partial y$ und $\partial U/\partial z$ gleich Null, die Laplacesche Gleichung reduziert sich also auf folgende einfache Form:

$$\frac{d^2 U}{dx^2} = 0. \tag{4}$$

Die Lösung dieser Gleichung kann sofort angegeben werden:

$$U = Ax + B, \tag{5}$$

worin die Konstanten A, B mit Hilfe der gegebenen Randbedingungen bestimmt werden, und zwar:

$$x = a, \qquad U = U_a,$$

$$x = b, \qquad U = U_b,$$

woraus sich der Wert des Potentials zu

$$U = \frac{U_a - U_b}{a - b}\, x + \frac{aU_b - bU_a}{a - b} \tag{6}$$

ergibt.

Hieraus können wir ersehen, daß das Potential zwischen den beiden Flächen linear anwächst oder mit anderen Worten: die Feldstärke ist konstant, und zwar:

$$E = \left| -\frac{\partial U}{\partial z} \right| = \left| -\frac{U_a - U_b}{a - b} \right| = \frac{U}{d}. \tag{7}$$

Wir können also auch die Kapazität eines Plattenkondensators bestimmen, vorausgesetzt, daß die Feldstärkeverteilung im Innern des Plattenkondensators mit der für den Fall einer unendlichen Ebene erhaltenen Lösung übereinstimmt. Dies ist nur dann der Fall, wenn der Einfluß des an den Rändern des Kondensators auftretenden Streufeldes gering ist, wenn also die lineare Dimension der Oberfläche im Verhältnis zum Abstand der beiden Flächen sehr groß ist. In diesem Fall wird:

$$C = \frac{Q}{U} = \frac{\sigma A}{U} = \frac{\varepsilon E A}{E d} = \varepsilon\, \frac{A}{d}. \tag{8}$$

2.9.2. Zylinderkoordinaten

Charakterisieren wir jetzt einen beliebigen Raumpunkt durch den von einer beliebigen Achse gemessenen senkrechten Abstand r, durch den Abstand z des Lotpunktes der durch den Punkt hindurchgehenden, auf der Achse senkrecht stehenden Geraden von irgendeinem beliebigen Anfangspunkt 0 und durch den Winkel, den die durch den Punkt und durch die Achse z hindurchgehende Halbebene mit einer beliebigen, durch die Achse z gehenden feststehenden Halbebene bildet. Diese sollen in der folgenden Reihenfolge als Koordinaten

$$x_1 = r; \qquad x_2 = \varphi; \qquad x_3 = z \tag{9}$$

bezeichnet werden (Abb. 2.33). Eine von den im beliebigen Punkt angenommenen lokalen Koordinatenachsen, die Achse r, liegt in der Richtung des Radius, die Achse z ist parallel zu der ausgewählten Zylinderachse, während die Achse φ auf beiden senkrecht steht. Die durch $r = \text{const}$ gegebenen Koordinatenflächen sind hier koaxiale Zylinder, die Koordinatenflächen $\varphi = \text{const}$ sind durch die Achse hindurchgehende und die Koordinatenflächen $z = \text{const}$ zur Achse senkrechte Ebenen.

Wenn wir jetzt in Richtung der Achse r um den Betrag dr fortschreiten, ergibt das auch hier das Abstandselement. Es gilt daher:

$$\mathrm{d}s_1 = \mathrm{d}r; \qquad g_1 = 1. \tag{10}$$

Gehen wir dagegen entlang der Achse φ weiter, so wird das zum Öffnungswinkel dφ des Kreises mit dem Radius r gehörende Bogenelement den Abstand bilden, d. h.:

$$\mathrm{d}s_2 = r\,\mathrm{d}\varphi,$$

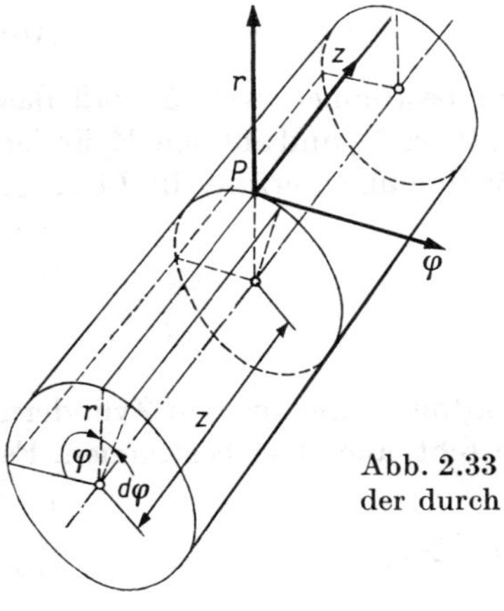

Abb. 2.33 Zylinderkoordinaten eines Raumpunktes und Tangenten der durch diesen Punkt verlaufenden Koordinatenlinien

woraus

$$g_2 = r \tag{11}$$

folgt. Wenn wir nun entlang der Achse z um den Betrag dz weitergehen, so erhalten wir wiederum den Abstand, also:

$$\mathrm{d}s_3 = dz; \qquad g_3 = 1. \tag{12}$$

Später werden wir die in Zylinderkoordinaten gegebene Form der Maxwellschen Gleichungen benötigen. Jetzt geben wir aber nur die Laplacesche Gleichung in Zylinderkoordinaten an:

$$\Delta U = \frac{1}{r}\left[\frac{\partial}{\partial r}\left(r\,\frac{\partial U}{\partial r}\right) + \frac{\partial}{\partial \varphi}\left(\frac{1}{r}\,\frac{\partial U}{\partial \varphi}\right) + \frac{\partial}{\partial z}\left(r\,\frac{\partial U}{\partial z}\right)\right] = 0. \tag{13}$$

Wir suchen jetzt die nur von r abhängige Lösung der obigen Gleichung. In diesem Fall gilt für sämtliche übrigen Differentialquotienten:

$$\frac{\partial}{\partial \varphi} = 0; \qquad \frac{\partial}{\partial z} = 0.$$

Daraus folgt für die Laplacesche Gleichung:

$$\frac{1}{r}\,\frac{\mathrm{d}}{\mathrm{d}r}\left(r\,\frac{\mathrm{d}U}{\mathrm{d}r}\right) = 0. \tag{14}$$

Es gilt weiterhin

$$r\,\frac{dU}{\mathrm{d}r} = A; \qquad \frac{\mathrm{d}U}{\mathrm{d}r} = \frac{A}{r}. \tag{15}$$

Die Lösung dieser Gleichung können wir sofort angeben:

$$U = A \ln r + B. \tag{16}$$

Die in dieser Gleichung vorkommenden Konstanten bestimmen wir so, daß das Potential auf dem Zylinder mit dem Radius $r = r_a$ den Wert U_a und auf dem Zylinder mit dem Radius $r = r_b$ den Wert U_b besitzt. Diese Bedingungen erfüllt die Lösung:

$$U = \frac{U_a - U_b}{\ln \dfrac{r_a}{r_b}} \ln r + \frac{U_b \ln r_a - U_a \ln r_b}{\ln \dfrac{r_a}{r_b}}. \tag{17}$$

Ebenso wie vorher können wir die Kapazität der Anordnung, die aus den Zylindern mit der Länge l und den Radien $r_a \ll l$ bzw. $r_b \ll l$ besteht, auch hier bestimmen. Es gilt nämlich:

$$Q = \int\limits_A \sigma\,\mathrm{d}A = \varepsilon\,\frac{U_b - U_a}{\ln \dfrac{r_a}{r_b}} \int\limits_A \frac{\partial \ln r}{\partial r}\,\mathrm{d}A = \varepsilon\,\frac{U_b - U_a}{\ln \dfrac{r_a}{r_b}}\,\frac{2\pi r_a l}{r_a}. \tag{18}$$

Somit wird

$$C = \varepsilon\,\frac{2\pi l}{\ln \dfrac{r_a}{r_b}}.$$

2.9.3. Kugelkoordinaten

Wir kennzeichnen nun nach Abb. 2.34 einen beliebigen Punkt des Raumes durch den vom Mittelpunkt gemessenen Abstand r, durch den von der z-Achse gemessenen Winkel ϑ und durch jenen Winkel φ, den die von der z-Achse und die von dem durch den Punkt hindurchgehenden Radiusvektor bestimmte Ebene mit einer beliebigen Geraden der xy-Ebene, sagen wir mit der x-Achse, einschließt.

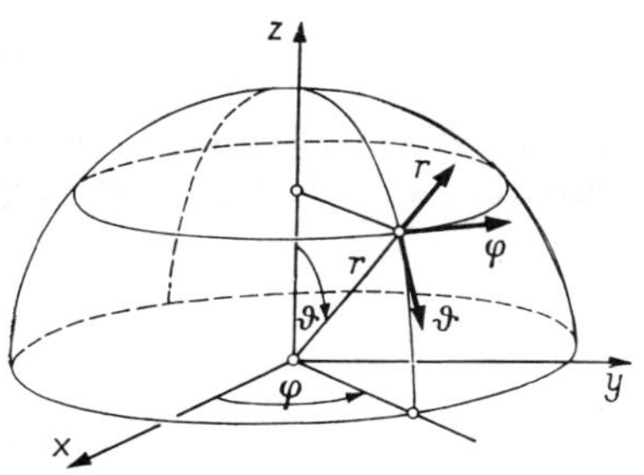

Abb. 2.34

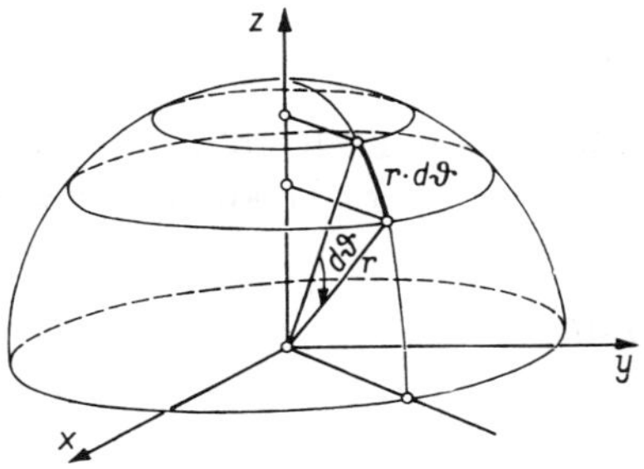

Abb. 2.35

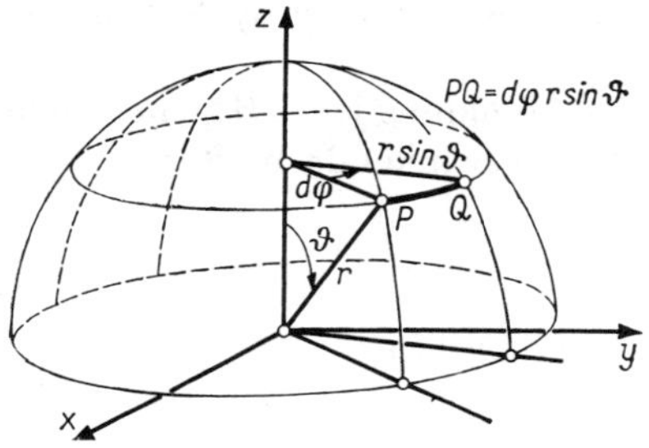

Abb. 2.36

Abb. 2.34 Kugelkoordinaten eines beliebigen Raumpunktes und Tangenten der durch diesen Punkt verlaufenden Koordinatenlinien

Abb. 2.35 Zur Herleitung von Gl. (21)

Abb. 2.36 Zur Herleitung von Gl. (23)

Die Winkelkoordinaten sind mit den Koordinaten identisch, mit denen wir auch einen beliebigen Punkt der Erdoberfläche angeben, mit den Längen- und Breitengraden. Die Bedingung $r = \text{const}$ wird auf Kugeloberflächen mit verschiedenen Radien erfüllt. Also ist die zu der Kugelkoordinate r gehörende Koordinatenflächenschar eine Kugelflächenschar. Die Gleichung $\vartheta = \text{const}$ bestimmt eine Kegelfläche, die eine mit der Koordinatenachse z übereinstimmende Achse und den Öffnungswinkel ϑ besitzt. Also sind die anderen Koordinatenflächen Kegelflächen. Schließlich bildet die Gleichung $\varphi = \text{const}$ die Gleichung einer durch die Achse z hindurchgehenden Ebene. Danach fällt eine Achse des lokalen Koordinatensystems in einem beliebigen Raumpunkt mit dem Radiusvektor zusammen, die Achse ϑ wird die Tangente des durch den Punkt hindurchgehenden Längenkreises, und die Achse φ

zeigt in Richtung der Tangente des durch den Punkt hindurchgehenden Breitenkreises, dem Anwachsen von ϑ bzw. φ entsprechend, mit dem in der Abbildung angedeuteten Sinn. Die Ausdrücke g_1, g_2 bzw. g_3 können wir ebenfalls leicht bestimmen. Sollen die einzelnen allgemeinen Koordinaten der Reihe nach

$$x_1 = r; \qquad x_2 = \vartheta; \qquad x_3 = \varphi \tag{19}$$

sein, so erhalten wir den Abstand zwischen zwei benachbarten Punkten, wenn wir uns entlang der r-Achse um den Betrag dr fortbewegen, d. h.,

$$\mathrm{d}s_1 = \mathrm{d}r; \qquad g_1 = 1. \tag{20}$$

Wenn wir uns nun nach Abb. 2.35 auf der ϑ-Achse um den kleinen Winkel dϑ fortbewegen, so wird der Abstand zwischen den beiden Punkten, wie aus der Abbildung ersichtlich,

$$\mathrm{d}s_2 = r\,\mathrm{d}\vartheta,$$

d. h.,

$$g_2 = r. \tag{21}$$

Bewegen wir uns jetzt entlang der φ-Achse um den kleinen Winkel dφ fort, so gelangen wir zum Punkt Q (Abb. 2.36).

Die Entfernung dieser beiden Punkte stellt nach der Abbildung jenes Bogenelement des Kreises mit dem Radius $r \sin \vartheta$ dar, das den Öffnungswinkel dφ besitzt.

Dadurch wird

$$\mathrm{d}s_3 = r \sin \vartheta \, \mathrm{d}\varphi, \tag{22}$$

d. h.,

$$g_3 = r \sin \vartheta. \tag{23}$$

Wir sehen also, daß bei den Kugelkoordinaten die in der Formel des elementaren Abstandes vorkommenden Ausdrücke sehr einfach sind. Daher haben auch die Ausdrücke des in Kugelkoordinaten gegebenen Gradienten, der Divergenz und der Rotation eine einfache Form. Wir wollen hier nur die Laplacesche Gleichung umformen. Wenn wir in die allgemeine Beziehung die Ausdrücke für g_1, g_2 und g_3 einsetzen, erhalten wir

$$\Delta U = \frac{1}{r^2}\frac{\partial}{\partial r}\left(r^2 \frac{\partial U}{\partial r}\right) + \frac{1}{r^2 \sin\vartheta}\frac{\partial}{\partial\vartheta}\left(\sin\vartheta \frac{\partial U}{\partial\vartheta}\right) + \frac{1}{r^2 \sin^2\vartheta}\frac{\partial^2 U}{\partial\varphi^2}. \tag{24}$$

Später werden wir uns auch mit der allgemeinen Lösung dieser Gleichung befassen. Jetzt interessiert uns ausschließlich die Lösung, die nur von der Koordinate r abhängig ist, also $U = U(r)$. In diesem Falle verschwinden sämtliche Ableitungen, die nach den übrigen Veränderlichen gebildet werden. Damit reduziert sich die Laplacesche Gleichung auf folgende Form:

$$\frac{1}{r^2}\frac{\mathrm{d}}{\mathrm{d}r}\left(r^2\frac{\mathrm{d}U}{\mathrm{d}r}\right) = 0.$$

Aus dieser Beziehung folgt sofort

$$\frac{\mathrm{d}}{\mathrm{d}r}\left(r^2\frac{\mathrm{d}U}{\mathrm{d}r}\right) = 0; \qquad r^2\frac{\mathrm{d}U}{\mathrm{d}r} = A; \qquad \frac{\mathrm{d}U}{\mathrm{d}r} = \frac{A}{r^2}. \tag{25}$$

Daraus folgt für das Potential

$$U = -\frac{A}{r} + B. \tag{26}$$

In dieser Gleichung bestimmen wir die Werte von A und B aus der Bedingung, daß einerseits der Potentialwert für den Radius $r = r_0$ mit dem vorgeschriebenen Wert von U_0 gerade übereinstimmt und andererseits der Potentialwert im Unendlichen verschwindet. Diese beiden Bedingungen erfüllt nachstehende Potentialfunktion:

$$U = U_0\frac{r_0}{r}. \tag{27}$$

Wir können natürlich als Randbedingung auch vorschreiben, daß der Potentialwert für den Radius $r = r_a$ gerade $U = U_a$, dagegen für den Radius $r = r_b$ gerade $U = U_b$ sei. Die Potentialfunktion

$$U = \frac{r_a r_b}{r_a - r_b}\frac{U_b - U_a}{r} + \frac{r_a U_a - r_b U_b}{r_a - r_b} \tag{28}$$

erfüllt diese Bedingungen.

Wie für den Plattenkondensator können wir jetzt auch die Kapazität des Kugelkondensators berechnen. Es gilt nämlich nach Definition der Kapazität:

$$C = \frac{Q}{U_b - U_a}.$$

Die Ladung dagegen beträgt:

$$Q = \oint_A \sigma\,\mathrm{d}A = -\varepsilon\oint_A \frac{\partial U}{\partial n}\,\mathrm{d}A = \varepsilon\frac{r_a r_b}{r_a - r_b}(U_b - U_a)\oint_A \frac{1}{r^2}\,\mathrm{d}A$$

$$= 4\pi\varepsilon\frac{r_a r_b}{r_a - r_b}(U_b - U_a);$$

dadurch wird der Wert der Kapazität:

$$C = 4\pi\varepsilon \frac{r_a r_b}{r_a - r_b}. \tag{29}$$

2.9.4. Konfokale Koordinaten

Im Fall von Kugelkoordinaten definiert man einen beliebigen Punkt des Raumes als gemeinsamen Schnittpunkt einer Kugelfläche, einer Kegelfläche und einer Ebene. Bei Zylinderkoordinaten ist ein beliebiger Punkt des Raumes als der gemeinsame Schnittpunkt eines Zylinders und zweier Ebenen gegeben. Mit ersteren gelang es uns, das Kraftfeld eines Leiters zu bestimmen, der eine Kugeloberfläche besitzt, mit den letzteren gelingt es für einen Leiter von zylindrischer Oberfläche. Im folgenden werden wir ein krummliniges Koordinatensystem behandeln, in dem ein Punkt des Raumes durch den Schnittpunkt eines dreiachsigen Ellipsoids, eines zweischaligen Hyperboloids und eines einschaligen Hyperboloids mit gemeinsamen Hauptachsen und Brennpunkten bestimmt wird. Mit der Anwendung dieses Koordinatensystems kann also z. B. das Kraftfeld eines geladenen Leiters, der die Form eines Ellipsoids besitzt, berechnet werden.

Nehmen wir zum Ausgangspunkt das durch die Gleichung

$$\frac{x^2}{a^2} + \frac{y^2}{b^2} + \frac{z^2}{c^2} = 1 \quad \text{mit} \quad a^2 > b^2 > c^2 \tag{30}$$

bestimmte Ellipsoid. Die Halbachsen a, b, c dieses sogenannten Grundellipsoids sollen verschieden sein. Wenn wir jetzt die Flächen von der Form

$$\frac{x^2}{a^2 + \xi} + \frac{y^2}{b^2 + \xi} + \frac{z^2}{c^2 + \xi} = 1. \tag{31}$$

untersuchen, so finden wir, daß diese mit unserem Grundellipsoid konfokal sind, da z. B. $f_1^2 = (a^2 + \xi) - (b^2 + \xi) = a^2 - b^2$ ist. Umgekehrt, wenn sich ξ von $-\infty$ bis $+\infty$ ändert, dann charakterisiert die obige Gleichung sämtliche, unserem Grundellipsoid konfokalen Flächen zweiter Ordnung, und zwar entsprechend Abb. 2.37.

Wir wollen jetzt untersuchen, wie viele konfokale Flächen dieser Art durch einen Punkt des Raumes, der durch die kartesischen Koordinaten (x, y, z) gekennzeichnet ist, hindurchgehen und wie ihre Gleichung lautet. Die gegebenen Werte von x, y, z sind in die Gleichungen der konfokalen Ellipsoide einzusetzen. Diese haben wir dann nach ξ aufzulösen. Wir erhalten so für ξ eine Gleichung dritten Grades. Bezeichnen wir die drei Werte von ξ, die bei den gegebenen Werten x, y, z die Gleichung (31) erfüllen, mit λ, μ und ν, so kann man leicht beweisen, daß alle drei Zahlen reell sind und im Intervall

$$\infty > \lambda > -c^2, \qquad -c^2 > \mu > -b^2, \qquad -b^2 > \nu > -a^2$$

liegen. Das bedeutet aber ebenso, daß durch jeden Punkt ein Ellipsoid, ein einschaliges Hyperboloid und ein zweischaliges Hyperboloid hindurchgehen (Abb. 2.38).

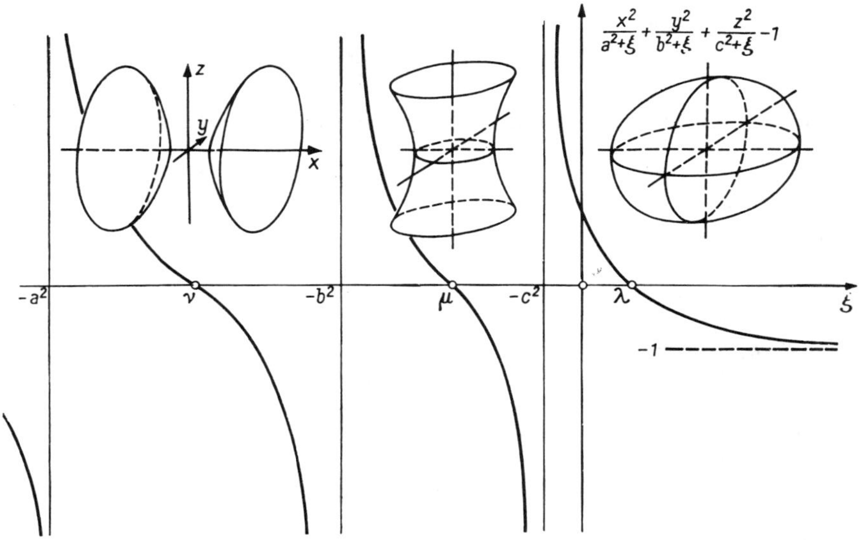

Abb. 2.37 Die zu verschiedenen ξ-Werten gehörenden Flächen zweiter Ordnung

Es ist auch die Funktion

$$\varphi(\xi) = \frac{x^2}{a^2+\xi} + \frac{y^2}{b^2+\xi} + \frac{z^2}{c^2+\xi} - 1$$

bei festgehaltenen (x, y, z)-Werten dargestellt. Die Nullstellen, d. h. die Schnittpunkte an der ξ-Achse dieser Funktion, ergeben die zu (x, y, z) gehörigen konfokalen Koordinaten (λ, μ, ν)

Zu jedem Zahlentripel x, y, z gehört also ein anderes Zahlentripel λ, μ, ν. Umgekehrt gehören zu jedem Zahlentripel λ, μ, ν insgesamt 8 Zahlentripel, die sich durch das Vorzeichen der einzelnen Glieder unterscheiden. Diese 8 Zahlentripel entsprechen den 8 Schnittpunkten der durch die Werte für λ, μ, ν gekennzeichneten Flächen. Um die umkehrbare Eindeutigkeit zu erhalten, müssen den verschiedenen Vorzeichen der Wurzel verschiedene Oktanten des kartesischen Raumes entsprechen. So wird ein Punkt des Raumes durch λ, μ, ν eindeutig charakterisiert.

Die entsprechenden Zahlentripel sind miteinander durch Gl. (31) verbunden. Aus dieser ergeben sich sofort die Gleichungen der Koordinatenflächen im kartesischen

Koordinatensystem:

$$\frac{x^2}{a^2+\lambda}+\frac{y^2}{b^2+\lambda}+\frac{z^2}{c^2+\lambda}=1, \quad \infty>\lambda>-c^2; \tag{32}$$

$$\frac{x^2}{a^2+\mu}+\frac{y^2}{b^2+\mu}+\frac{z^2}{c^2+\mu}=1, \quad -c^2>\mu>-b^2; \tag{33}$$

$$\frac{x^2}{a^2+\nu}+\frac{y^2}{b^2+\nu}+\frac{z^2}{c^2+\nu}=1, \quad -b^2>\nu>-a^2. \tag{34}$$

Hier bedeuten λ, μ, ν zwischen den angegebenen Grenzen liegende Zahlenwerte.

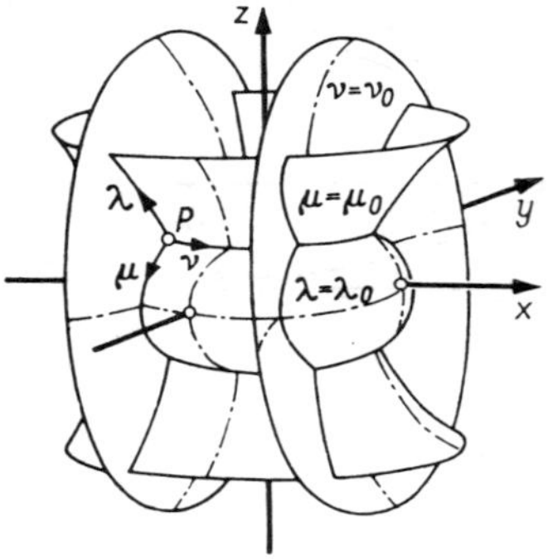

Abb. 2.38 Koordinatenflächen eines konfokalen Koordinatensystems

Wir wissen, daß bei allen krummlinigen Koordinatensystemen das Wichtigste die Bestimmung der im Ausdruck für den elementaren Abstand ds vorkommenden Ausdrücke g_1, g_2 bzw. g_3 ist. Untersuchen wir deshalb den Ausdruck

$$(a^2+\xi)(b^2+\xi)(c^2+\xi)\left[\frac{x^2}{a^2+\xi}+\frac{y^2}{b^2+\xi}+\frac{z^2}{c^2+\xi}-1\right]=f(\xi), \tag{35}$$

in dem x, y, z die gegebenen kartesischen Koordinaten eines betrachteten Punktes sind. Es ist offensichtlich, daß dieser Ausdruck eine ganze rationale Funktion dritten Grades von ξ ist. Wir sehen weiterhin, daß der Koeffizient von ξ^3 gerade -1 ist. Dieser Ausdruck besitzt Nullstellen für die Werte

$$\xi=\lambda, \mu, \nu,$$

da diese gerade so bestimmt waren, daß sie die Gl. (31) befriedigen. Deshalb ist also der obige Ausdruck identisch mit

$$-(\xi-\lambda)(\xi-\mu)(\xi-\nu),$$

d. h., es gilt

$$(a^2 + \xi)(b^2 + \xi)(c^2 + \xi)\left[\frac{x^2}{a^2 + \xi} + \frac{y^2}{b^2 + \xi} + \frac{z^2}{c^2 + \xi} - 1\right]$$

$$= -(\xi - \lambda)(\xi - \mu)(\xi - \nu). \tag{36}$$

Diese Beziehung gilt für alle beliebigen Werte von ξ, ist also auch für $\xi = -a^2$ richtig. Mit diesem Wert wird

$$x^2(b^2 - a^2)(c^2 - a^2) = (a^2 + \lambda)(a^2 + \mu)(a^2 + \nu).$$

Daraus folgt

$$x^2 = \frac{(a^2 + \lambda)(a^2 + \mu)(a^2 + \nu)}{(b^2 - a^2)(c^2 - a^2)}. \tag{37}$$

Ähnlich erhalten wir für die Werte y bzw. z:

$$y^2 = \frac{(b^2 + \lambda)(b^2 + \mu)(b^2 + \nu)}{(c^2 - b^2)(a^2 - b^2)}, \tag{38}$$

$$z^2 = \frac{(c^2 + \lambda)(c^2 + \mu)(c^2 + \nu)}{(a^2 - c^2)(b^2 - c^2)}. \tag{39}$$

Damit haben wir bereits die Koordinaten x, y, z eines beliebigen Punktes mit seinen neuen Koordinaten λ, μ, ν in Zusammenhang gebracht. Der nächste Schritt ist jetzt, die Größen $\mathrm{d}x$, $\mathrm{d}y$ und $\mathrm{d}z$ zu berechnen, wenn sich z. B. nur λ verändert und μ bzw. ν konstant bleiben. So erhalten wir mit Hilfe der Beziehung

$$\mathrm{d}s_1^2 = \mathrm{d}x^2 + \mathrm{d}y^2 + \mathrm{d}z^2 = g_1^2\,\mathrm{d}\lambda^2 \tag{40}$$

den Ausdruck für g_1 als eine Funktion von λ, μ und ν. Um dies zu erreichen, differenzieren wir alle drei Gleichungen nach dem Gesetz der logarithmischen Differentiation nach λ. Dadurch erhalten wir

$$2\,\frac{\mathrm{d}x}{x} = \frac{\mathrm{d}\lambda}{a^2 + \lambda}; \qquad 2\,\frac{\mathrm{d}y}{y} = \frac{\mathrm{d}\lambda}{b^2 + \lambda}; \qquad 2\,\frac{\mathrm{d}z}{z} = \frac{\mathrm{d}\lambda}{c^2 + \lambda}. \tag{41}$$

Der elementare Abstand zwischen zwei Punkten, bei denen nur die Koordinaten λ um den Betrag dλ voneinander verschieden sind, lautet dann

$$\mathrm{d}s_1^2 = \mathrm{d}x^2 + \mathrm{d}y^2 + \mathrm{d}z^2 = \frac{1}{4}\left[\frac{x^2}{(a^2+\lambda)^2} + \frac{y^2}{(b^2+\lambda)^2} + \frac{z^2}{(c^2+\lambda)^2}\right]\mathrm{d}\lambda^2$$
$$= \frac{1}{4}\left[\frac{(a^2+\mu)(a^2+\nu)}{(a^2+\lambda)(b^2-a^2)(c^2-a^2)} + \frac{(b^2+\mu)(b^2+\nu)}{(b^2+\lambda)(c^2-b^2)(a^2-b^2)}\right.$$
$$\left. + \frac{(c^2+\mu)(c^2+\nu)}{(c^2+\lambda)(a^2-c^2)(b^2-c^2)}\right]\mathrm{d}\lambda^2 = \frac{1}{4}\frac{(\lambda-\mu)(\lambda-\nu)}{(a^2+\lambda)(b^2+\lambda)(c^2+\lambda)}\,\mathrm{d}\lambda^2. \tag{42}$$

Es gilt also:

$$g_1^2 = \frac{1}{4}\frac{(\lambda-\mu)(\lambda-\nu)}{(a^2+\lambda)(b^2+\lambda)(c^2+\lambda)}, \tag{43}$$

wobei die Ausdrücke für g_2 bzw. g_3 durch zyklisches Vertauschen der Indizes bzw. von λ, μ, ν erhalten werden.

Nun führen wir folgende Bezeichnung ein:

$$g(\lambda) = \sqrt{(a^2+\lambda)(b^2+\lambda)(c^2+\lambda)} \tag{44}$$

und nehmen $g(\mu)$ und $g(\nu)$ als ähnlich an.

Dann erhält die Laplacesche Gleichung folgende Form:

$$\frac{\partial}{\partial\lambda}\left[(\mu-\nu)\frac{g(\lambda)}{g(\mu)\,g(\nu)}\frac{\partial U}{\partial\lambda}\right] + \frac{\partial}{\partial\mu}\left[(\nu-\lambda)\frac{g(\mu)}{g(\nu)\,g(\lambda)}\frac{\partial U}{\partial\mu}\right]$$
$$+ \frac{\partial}{\partial\nu}\left[(\lambda-\mu)\frac{g(\nu)}{g(\lambda)\,g(\mu)}\frac{\partial U}{\partial\nu}\right] = 0. \tag{45}$$

Dies kann auch wie folgt umgeformt werden:

$$(\mu-\nu)\,g(\lambda)\frac{\partial}{\partial\lambda}\left(g(\lambda)\frac{\partial U}{\partial\lambda}\right) + (\nu-\lambda)\,g(\mu)\frac{\partial}{\partial\mu}\left(g(\mu)\frac{\partial U}{\partial\mu}\right)$$
$$+ (\lambda-\mu)\,g(\nu)\frac{\partial}{\partial\nu}\left(g(\nu)\frac{\partial U}{\partial\nu}\right) = 0. \tag{46}$$

Mit der allgemeinen Lösung dieser Gleichung werden wir uns auch künftig nicht befassen. Wir beschränken uns auf eine Lösung, welche nur von einer Koordinate, sagen wir von λ, abhängt. In diesem Fall wird

$$\frac{\partial}{\partial\mu} = \frac{\partial}{\partial\nu} = 0.$$

Danach ergibt sich für das Potential folgende einfachere Differentialgleichung:

$$(\mu - \nu)\, g(\lambda) \frac{\mathrm{d}}{\mathrm{d}\lambda} \left(g(\lambda) \frac{\mathrm{d}U}{\mathrm{d}\lambda} \right) = 0. \tag{47}$$

Die Lösung dieser Gleichung lautet:

$$\frac{\mathrm{d}}{\mathrm{d}\lambda} \left(g(\lambda) \frac{\mathrm{d}U}{\mathrm{d}\lambda} \right) = 0, \qquad \frac{\mathrm{d}U}{\mathrm{d}\lambda} = \frac{A}{g(\lambda)}, \tag{48}$$

$$U = \int \frac{A}{g(\lambda)}\, \mathrm{d}\lambda + B. \tag{49}$$

Die in dieser Gleichung vorkommenden Konstanten bestimmen wir durch die Bedingung, daß der Wert der Spannung auf dem Ellipsoid $\lambda = \lambda_0$ gleich U_0, im Unendlichen gleich Null ist. Diese Bedingung wird durch die folgende Funktion erfüllt:

$$U = U_0 \frac{\int\limits_{\lambda}^{\infty} \frac{\mathrm{d}\lambda}{g(\lambda)}}{\int\limits_{\lambda_0}^{\infty} \frac{\mathrm{d}\lambda}{g(\lambda)}}. \tag{50}$$

Deren Wert wird U_0 für $\lambda = \lambda_0$, da Zähler und Nenner dann identisch sind. Für $\lambda = \infty$ wird U gleich Null.

Wenn das Grundellipsoid gerade die Spannung U_0 besitzt, haben wir

$$U = U_0 \frac{\int\limits_{\lambda}^{\infty} \frac{\mathrm{d}\lambda}{g(\lambda)}}{\int\limits_{0}^{\infty} \frac{\mathrm{d}\lambda}{g(\lambda)}}. \tag{51}$$

Es bedeutet nämlich $\lambda_0 = 0$ das Grundellipsoid.

Die λ-Komponente der Feldstärke wird

$$E_\lambda = -(\mathrm{grad}\ U)_\lambda = -\frac{1}{g_1} \frac{\partial U}{\partial \lambda} = \frac{\frac{U_0}{g_1} \frac{1}{g(\lambda)}}{\int\limits_{0}^{\infty} \frac{\mathrm{d}\lambda}{g(\lambda)}} = K \frac{U_0}{g_1} \frac{1}{g(\lambda)}, \tag{52}$$

wobei die Bedeutung von K einfach zu ersehen ist. Diese Gleichung kann unter Berücksichtigung der Gleichungen (43), (44) umgeformt werden in

$$E_\lambda = \frac{2KU_0}{\sqrt{(\lambda-\mu)(\lambda-\nu)}}. \tag{53}$$

Wir wollen jetzt die Konstante K durch die Ladung Q des Grundellipsoids ausdrücken. Um dies zu erreichen, untersuchen wir die Feldstärke E_λ in sehr großen Entfernungen vom Mittelpunkt. Für $\lambda \gg a^2 > b^2 > c^2$ gilt nach (32) folgende Näherungsformel

$$x^2 + y^2 + z^2 = r^2 \approx \lambda; \qquad (\lambda-\mu)(\lambda-\nu) \approx \lambda^2,$$

also

$$E_\lambda \approx \frac{2KU_0}{\lambda} \approx \frac{2KU_0}{r^2}. \tag{54}$$

Dieses Resultat war auch zu erwarten. Die Feldstärke verändert sich wie die der Punktladung — natürlich mit der Ladung Q, die unser Ellipsoid trägt:

$$E_\lambda \approx \frac{Q}{4\pi\varepsilon_0}\frac{1}{r^2} = \frac{2KU_0}{r^2}, \tag{55}$$

d. h.,

$$K \equiv \frac{1}{\int\limits_0^\infty \frac{\mathrm{d}\lambda}{g(\lambda)}} = \frac{Q}{8\pi\varepsilon_0}\frac{1}{U_0}. \tag{56}$$

Somit erhält unsere Gl. (51) die Form

$$U = \frac{Q}{8\pi\varepsilon_0}\int\limits_\lambda^\infty \frac{\mathrm{d}\lambda}{\sqrt{(a^2+\lambda)(b^2+\lambda)(c^2+\lambda)}}. \tag{57}$$

Damit haben wir das Problem endgültig gelöst und können jetzt weitere Fragen beantworten. Für die Flächenladungsdichte gilt z. B.:

$$\sigma = \varepsilon_0 E_\lambda\Big|_{\lambda=0} = \frac{Q}{4\pi\sqrt{\mu\nu}}. \tag{58}$$

Dies kann nach einiger Rechenarbeit umgeschrieben werden:

$$\sigma = \frac{Q}{4\pi abc}\left[\frac{x^2}{a^4} + \frac{y^2}{b^4} + \frac{z^2}{c^4}\right]^{-1/2}. \tag{59}$$

Man kann nachweisen, daß die berechnete Flächendichte in allen Punkten des Grundellipsoids dem senkrechten Abstand zwischen der Berührungsebene und dem Mittelpunkt (Abb. 2.39) proportional ist.

Man kann auch die Kapazität eines Ellipsoids angeben:

$$C = \frac{Q}{U} = \frac{8\pi\varepsilon_0}{\int\limits_0^\infty \frac{\mathrm{d}\lambda}{\sqrt{(a^2+\lambda)(b^2+\lambda)(c^2+\lambda)}}}. \tag{60}$$

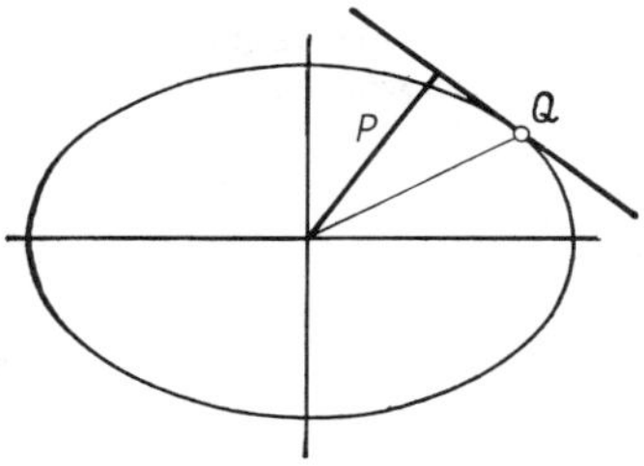

Abb. 2.39 Senkrechter Abstand zwischen der in einem Punkt Q der Fläche angenommenen Berührungsebene und dem Mittelpunkt

Die im Punkt Q befindliche Ladungsdichte ist diesem Abstand p proportional

Das hier vorkommende sogenannte elliptische Integral

$$\int \frac{\mathrm{d}x}{g(x)} = \int \frac{\mathrm{d}x}{\sqrt{(x+a^2)(x+b^2)(x+c^2)}} \tag{61}$$

kann nicht auf die elementaren transzendenten Funktionen zurückgeführt werden. Funktionen dieser Art werden wir später noch begegnen. Mit ihren Eigenschaften befassen wir uns ebenfalls später (Abschnitt 2.53).

Diese Überlegungen können mit einiger Vorsicht auch angewendet werden, wenn zwei Achsen des Grundellipsoids gleich groß sind. Es ist darauf zu achten, daß dann durch jeden Punkt nur zwei Flächen hindurchgehen, die zur eindeutigen Bestimmung des Punktes nicht genügen.

Fallen die zwei kleineren Achsen zusammen, so scheiden nach Abb. 2.37 die einschaligen Hyperboloide aus. Handelt es sich um die zwei größeren, so entfallen zweischalige Hyperboloide. Die Resultate können noch durch Limesbildung übernommen werden.

In der Praxis sind das Koordinatensystem, das durch die Rotation einer Ellipse um ihre große Hauptachse, und dasjenige, das durch die Rotation um ihre kleine Hauptachse entsteht, gleich wichtig. Es ist üblich, mit Hilfe des ersteren das Feld eines Stabes mit Hilfe des letzteren das Feld einer Kreisplatte zu berechnen (Abb. 2.40, 2.41).

Die elliptischen Integrale in den Gleichungen (57) und (60) reduzieren sich im ersteren Falle zu elementaren transzendenten Funktionen. So wird z. B.

$$U(\lambda) = \frac{Q}{8\pi\varepsilon_0} \int\limits_{\lambda}^{\infty} \frac{d\lambda}{(a^2 + \lambda)\sqrt{c^2 + \lambda}} = \frac{Q}{4\pi\varepsilon_0 \sqrt{a^2 - c^2}} \arctan \sqrt{\frac{a^2 - c^2}{c^2 + \lambda}}, \tag{62}$$

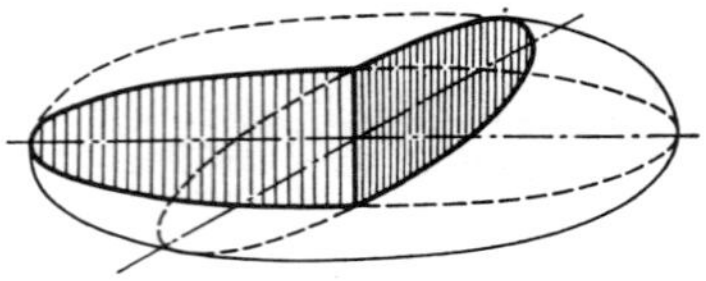

Abb. 2.41 Eine Kreisplatte kann durch ein abgeplattetes rotationssymmetrisches Ellipsoid ersetzt werden

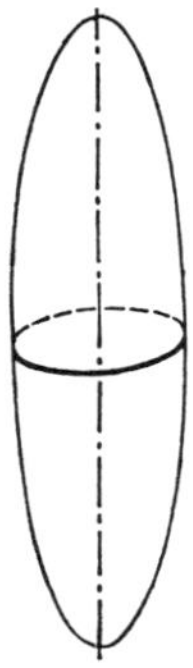

Abb. 2.40 Ein Stab kann durch ein gestrecktes rotationssymmetrisches Ellipsoid angenähert werden

und die Kapazität ergibt sich zu

$$C = \frac{4\pi\varepsilon_0 \sqrt{a^2 - c^2}}{\arctan \sqrt{(a/c)^2 - 1}}. \tag{63}$$

Wenn wir jetzt $c = 0$ annehmen, so haben wir den Fall der Kreisscheibe vor uns:

$$U = \frac{Q}{4\pi\varepsilon_0 a} \arctan \frac{a}{\sqrt{\lambda}}; \qquad C = 8\varepsilon_0 a; \quad \sigma = \frac{Q}{4\pi a} \frac{1}{\sqrt{a^2 - (x^2 + y^2)}}. \tag{64}$$

2.9.5. Leitendes Ellipsoid im homogenen Feld

Als eine andere Anwendung der bisherigen Ergebnisse können wir das Störungsfeld einer leitenden ellipsoidförmigen Elektrode in einem ursprünglich homogenen Feld betrachten. Die Potentialverteilung wird in solcher Weise verändert, daß die Randbedingungen befriedigt werden: Das Potential soll auf der Oberfläche des Ellipsoids konstant sein, und das Störfeld soll im Unendlichen verschwinden.

Ist die Richtung des homogenen Feldes identisch mit der Richtung der x-Achse, so wird das ursprüngliche Potential des homogenen Feldes

$$U_0 = -E_0 x = -E_0 \left[\frac{(\lambda + a^2)(\mu + a^2)(\nu + a^2)}{(b^2 - a^2)(c^2 - a^2)}\right]^{1/2}. \tag{65}$$

Hier haben wir die kartesische Koordinate x mit Hilfe von Gl. (37) durch die konfokalen Koordinaten ausgedrückt. Die Lösung der Laplaceschen Gleichung in konfokalen Koordinaten wird in folgender Form dargestellt:

$$U_0(\lambda, \mu, \nu) = C_1 F_1(\lambda)\, F_2(\mu)\, F_3(\nu). \tag{66}$$

Durch Vergleichen dieser beiden Gleichungen erhalten wir sofort folgende Ausdrücke:

$$C_1 = -\frac{E_0}{\sqrt{(b^2 - a^2)(c^2 - a^2)}},$$

$$F_1(\lambda) = \sqrt{\lambda + a^2}, \qquad F_2(\mu) = \sqrt{\mu + a^2}, \qquad F_3(\nu) = \sqrt{\nu + a^2}. \tag{67}$$

Das Störpotential $U_1(\lambda, \mu, \nu)$, das also den Einfluß des Ellipsoids beschreibt, wird im Unendlichen zu Null. Außerdem soll es in den Veränderlichen μ und ν das gleiche Verhalten zeigen wie U_0. In diesem Falle ist nämlich die Bedingung erfüllt, daß das Potential auf dem Grundellipsoid $\lambda = 0$ konstant sein soll. Es wird also

$$U_1(\lambda, \mu, \nu) = C_2 G_1(\lambda)\, F_2(\mu)\, F_3(\nu). \tag{68}$$

Das resultierende Potential lautet somit

$$\begin{aligned} U(\lambda, \mu, \nu) &= U_0 + U_1 = C_1 F_1(\lambda)\, F_2(\mu)\, F_3(\nu) + C_2 G_1(\lambda)\, F_2(\mu)\, F_3(\nu) \\ &= F_2(\mu)\, F_3(\nu)\, [C_1 F_1(\lambda) + C_2 G_1(\lambda)]. \end{aligned} \tag{69}$$

Bei entsprechender Wahl der Konstanten C_2 kann man den Wert des Potentials unabhängig von μ und ν zu Null machen. Die Bedingung dafür ist

$$C_1 F_1(0) + C_2 G_1(0) = 0$$

oder

$$C_2 = -C_1 \frac{F_1(0)}{G_1(0)}. \tag{70}$$

Um die Funktion $G_1(\lambda)$ zu bestimmen, setzen wir den Ausdruck (68) in die Laplacesche Gleichung (45) ein und erhalten so die folgende Gleichung

$$g(\lambda) \frac{\mathrm{d}}{\mathrm{d}\lambda} \left(g(\lambda) \frac{\mathrm{d}G_1(\lambda)}{\mathrm{d}\lambda} \right) - \left(\frac{b^2 + c^2}{4} + \frac{\lambda}{2} \right) G_1(\lambda) = 0. \tag{71}$$

Das ist eine Differentialgleichung zweiter Ordnung, und so besteht ihre allgemeine Lösung aus der linearen Kombination von zwei unabhängigen partikulären Lösungen. Eine Lösung ist schon bekannt, und zwar $F_1(\lambda)$. Mit ihrer Hilfe erhalten wir die zweite unabhängige Lösung nach der Methode der Variation der Konstanten. Es sei $y_1(x)$ eine Lösung der Differentialgleichung

$$y'' + p(x)\, y' + q(x)\, y = 0,$$

so wird die andere Lösung in der Form

$$y_2(x) = C(x)\, y_1(x)$$

gesucht. Durch Einsetzen dieser Funktion in die Differentialgleichung bekommen wir für die unbekannte Funktion $C(x)$ eine verhältnismäßig leicht lösbare Differentialgleichung. Das Endergebnis lautet

$$y_2(x) = y_1(x) \int \frac{\mathrm{e}^{-\int p \mathrm{d}x}}{[y_1(x)]^2}\, \mathrm{d}x.$$

Auf diese Weise erhalten wir für die Funktion $G_1(\lambda)$ folgenden Zusammenhang:

$$G_1(\lambda) = F_1(\lambda) \int \frac{\mathrm{d}\lambda}{[F_1(\lambda)]^2\, g(\lambda)}. \tag{72}$$

Wird von λ bis ∞ integriert, so verschwindet der Wert des Integrals im Unendlichen, wie es verlangt wurde. Das Störpotential des Ellipsoids wird also

$$U_1(\lambda, \mu, \nu) = C_2 G_1(\lambda)\, F_2(\mu)\, F_3(\nu) = C_2 F_1(\lambda) \int\limits_{\lambda}^{\infty} \frac{\mathrm{d}\lambda}{(\lambda + a^2)\, g(\lambda)}\, F_2(\mu)\, F_3(\nu)$$

$$= \frac{C_2}{C_1}\, U_0(\lambda, \mu, \nu) \int\limits_{\lambda}^{\infty} \frac{\mathrm{d}\lambda}{(\lambda + a^2)\, g(\lambda)}. \tag{73}$$

Als Summe des ursprünglichen Potentials und des Störpotentials ergibt sich

$$U(\lambda, \mu, \nu) = U_0(\lambda, \mu, \nu) + U_1(\lambda, \mu, \nu) = U_0(\lambda, \mu, \nu) \left[1 + \frac{C_2}{C_1} \int\limits_{\lambda}^{\infty} \frac{\mathrm{d}\lambda}{(\lambda + a^2)\, g(\lambda)}\right]. \tag{74}$$

Da

$$\frac{C_2}{C_1} = -\frac{F_1(0)}{G_1(0)} = -\frac{a}{a \displaystyle\int\limits_{0}^{\infty} \frac{\mathrm{d}\lambda}{(\lambda + a^2)\, g(\lambda)}} \tag{75}$$

ist, haben wir die folgenden Endergebnisse

$$U(\lambda, \mu, \nu) = U_0(\lambda, \mu, \nu) \left[1 - \frac{\int\limits_{\lambda}^{\infty} \mathrm{d}\lambda/(\lambda + a^2)\, g(\lambda)}{\int\limits_{0}^{\infty} \mathrm{d}\lambda/(\lambda + a^2)\, g(\lambda)} \right]$$

$$= U_0(\lambda, \mu, \nu) \left[\frac{\int\limits_{0}^{\infty} \mathrm{d}\lambda/(\lambda + a^2)\, g(\lambda) - \int\limits_{\lambda}^{\infty} \mathrm{d}\lambda/(\lambda + a^2)\, g(\lambda)}{\int\limits_{0}^{\infty} \mathrm{d}\lambda/(\lambda + a^2)\, g(\lambda)} \right]$$

$$= U_0(\lambda, \mu, \nu) \frac{\int\limits_{0}^{\lambda} \mathrm{d}\lambda/(\lambda + a^2)\, g(\lambda)}{\int\limits_{0}^{\infty} \mathrm{d}\lambda/(\lambda + a^2)\, g(\lambda)} = -E_0 x \frac{\int\limits_{0}^{\lambda} \mathrm{d}\lambda/(\lambda + a^2)\, g(\lambda)}{\int\limits_{0}^{\infty} \mathrm{d}\lambda/(\lambda + a^2)\, g(\lambda)}. \tag{76}$$

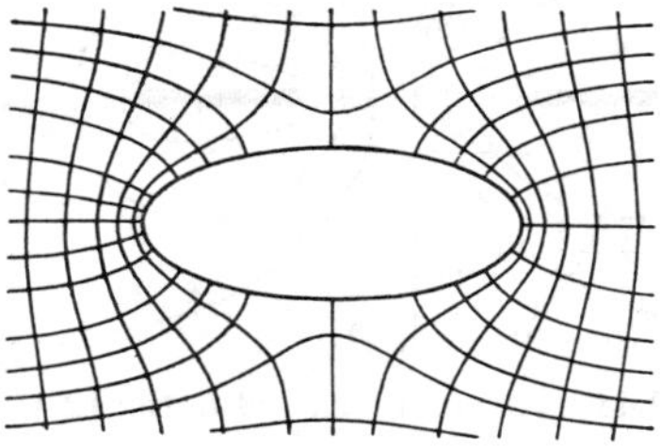

Abb. 2.42 Das resultierende Feld eines sich im ursprünglich homogenen Feld befindenden metallischen Ellipsoids

Aus der letzten Form des Ausdruckes für das resultierende Potential ist klar ersichtlich, daß in großen Entfernungen das ursprüngliche Potential erhalten bleibt (Abb. 2.42).

2.9.6. Weitere orthogonale Koordinatensysteme

Außer den bisher behandelten Ebenen-, Kreiszylinder-, Kugel- und Ellipsoidkoordinaten besitzen wir nur sehr wenige anwendbare orthogonale Koordinatensysteme. Ähnlich wie beim Kreiszylinder kann die Potentialfunktion bei den Zylinderkoordinaten mit elliptischer, hyperbolischer und parabolischer Grundkurve ebenfalls separiert werden (Abb. 2.43).

Außer den bisher erwähnten Fällen ist die Potentialgleichung auch bei den bipolaren — ebenen und axialsymmetrischen — Koordinaten durch Separierung lösbar. Das orthogonale Koordinatennetz dieses Koordinatensystems in einer bestimmten Ebene stimmt mit dem System der Kraftlinien und der Äquipotentiallinien zweier paralleler

Linienladungen mit entgegengesetzten Vorzeichen vollkommen überein. Dies sind aufeinander senkrechte Kreisscharen.

Die Annularkoordinaten, bei denen die Potentialfunktionen ebenfalls separierbar sind, sind auch von praktischer Bedeutung. Bei diesem Koordinatensystem geben wir den Winkel φ der durch die z-Achse gehenden Ebene und in einer Meridianebene die Koordinaten λ und μ an, die mit den Zylinderkoordinaten z, r durch bestimmte elliptische Funktionen zusammenhängen (Abb. 2.44). Dieses Koordinatensystem stimmt für $b = 0$ mit dem abgeplatteten sphäroidalen Koordinatensystem bzw. für $a = b$ mit dem toroidalen Koordinatensystem überein. Durch die Benutzung dieses Koordinatensystems können wir die Potentialverteilung für ringförmige Elektroden berechnen. Dieses System stellt den allgemeinsten Fall des axialsymmetrischen Koordinatensystems dar, in dem die Potentialgleichung separierbar ist. Die entarteten Fälle dieses Systems — einige wurden schon aufgezählt — werden aber gesondert betrachtet.

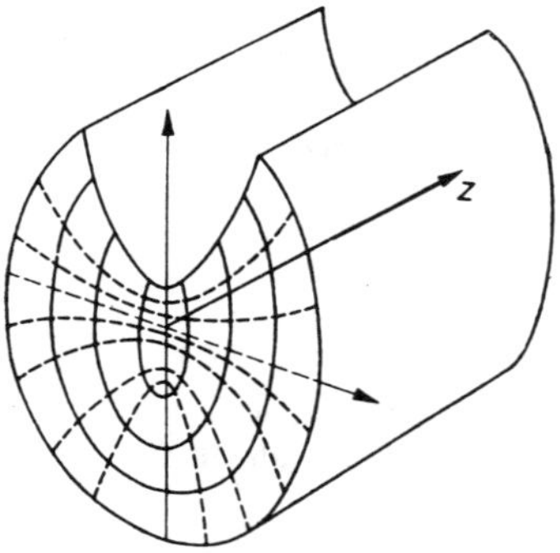

Abb. 2.43 Elliptische Zylinderkoordinaten

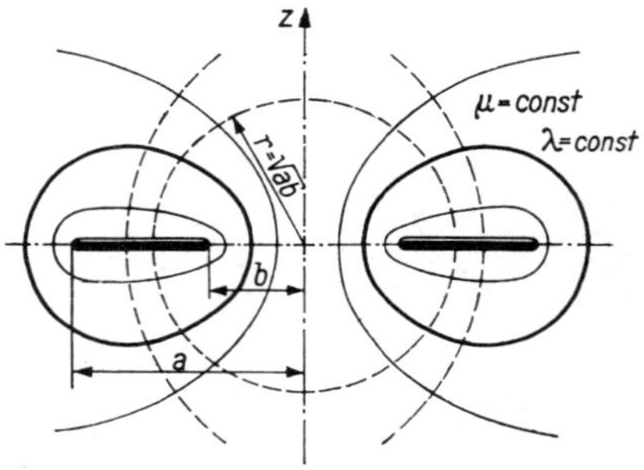

Abb. 2.44 Annulare Koordinaten [2.1]

Wenn wir nun noch ein Koordinatensystem, welches sich aus der Rotation des konfokalen Parabelsystems ergibt, angeben, dann haben wir im wesentlichen sämtliche Koordinatensysteme aufgezählt, bei welchen die Laplacesche Gleichung separierbar ist.

Es sei betont, daß die bisher mitgeteilten Lösungen ganz einfache Randbedingungen erfüllen. Das Potential nimmt entlang einer Koordinatenfläche einen konstanten Wert an. Im folgenden werden wir bei Zylinder- und Kugelkoordinaten die Lösungsmöglichkeiten der allgemeineren Fälle betrachten. An dieser Stelle genügt es zu bemerken, indem wir unsere bisherigen Ausführungen verallgemeinern, daß bei bekanntem Verlauf des Potentials entlang einer Fläche (wobei es aber nicht erforderlich ist, daß das Potential entlang dieser Fläche konstant ist) dasjenige Koordinatensystem zu wählen ist, dessen Koordinatenfläche mit der gegebenen Fläche übereinstimmt. In diesem Fall ist aber eine Lösung der Laplaceschen Gleichung erforderlich, die von allen drei Veränderlichen abhängt. Wir setzen unsere Lösung aus diesen zusammen. Die Art dieser Zusammensetzung wird eben durch die Randwerte bestimmt.

C. Lösung der Randwertaufgabe in der Ebene

2.10. Trennung der Variablen

Es kommt in der Praxis sehr häufig vor, daß die Elektrodenflächen als Zylinderflächen betrachtet werden können. Dabei kann die Form der Schnittfläche der Zylinder beliebig sein. Solche Anordnungen können z. B. der Abb. 2.45 entnommen werden. Die Abb. 2.45a stellt das Schema einer elektronenoptischen Einrichtung dar, wobei die einzelnen Elektroden als zur Zeichenebene senkrechte Platten zu denken sind und die Öffnungen nicht kreisförmig sind, sondern zur Zeichenebene senkrechte

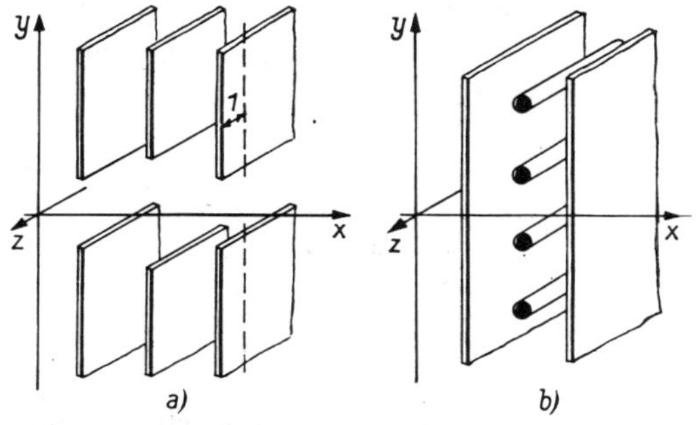

Abb. 2.45 In der Praxis übliche ebene Elektrodenkonfigurationen

Rechtecke darstellen. Aus der Abb. 2.45b ersehen wir den Querschnitt einer ebenen Katode, eines aus langen parallelen Stäben bestehenden Gitters und der ebenen Anode. In der Praxis kann sehr oft vorausgesetzt werden, daß die zur xy-Ebene senkrechten Abmessungen dieser Elektroden sehr groß sind. Mit anderen Worten kann mit einer guten Näherung behauptet werden, daß die Ausdehnung der Elektroden in der z-Richtung unendlich groß ist. In solchen Fällen finden wir in beliebigen zur Zylinderachse senkrechten Schnittebenen dieselbe Potential- bzw. Kraftlinienverteilung. Sind in der Wirklichkeit die Elektrodenenden von der betreffenden

Schnittebene genügend weit entfernt, so wird deren Einfluß entsprechend klein, und wir gelangen tatsächlich zu einer von der z-Koordinate unabhängigen Potentialverteilung.

Ist die Potentialverteilung von der z-Koordinate unabhängig, so reduziert sich unsere dreidimensionale Laplacesche Gleichung

$$\Delta U = \frac{\partial^2 U}{\partial x^2} + \frac{\partial^2 U}{\partial y^2} + \frac{\partial^2 U}{\partial z^2} = 0 \tag{1}$$

zu der folgenden zweidimensionalen Laplaceschen Gleichung:

$$\frac{\partial^2 U}{\partial x^2} + \frac{\partial^2 U}{\partial y^2} = 0. \tag{2}$$

Entsprechend wird die Spannung nur eine Funktion der Veränderlichen x und y sein, d. h., $U = U(x, y)$.

Obwohl wir in den nächsten Kapiteln verschiedene Probleme und Lösungen in der Ebene besprechen, denken wir immer daran, daß das Problem im Raum vorliegt. Wir sprechen von einer Linie in der Ebene und verstehen darunter eine Zylinderfläche, die die angegebene Linie zur Leitlinie hat. Diese Linie soll eine Gesamtladung q tragen. Das bedeutet im Raum: Eine Zylinderfläche der Länge l (in z-Richtung) trägt die Ladung ql. Eine Punktladung q in der Ebene bedeutet eine Linienladung in Richtung der z-Achse mit der Ladung q pro Längeneinheit.

Wir versuchen, Gl. (2) in der schon erwähnten Weise durch Trennung der Variablen zu lösen. Nehmen wir dazu an, daß die gesuchte Potentialfunktion als das Produkt von zwei solchen Funktionen dargestellt werden kann, von denen jede nur von der einen bzw. von der anderen Veränderlichen abhängt, d. h.,

$$U(x, y) = X(x)\, Y(y). \tag{3}$$

Diese Lösung setzen wir in unsere Gleichung ein:

$$Y \frac{\mathrm{d}^2 X}{\mathrm{d}x^2} + X \frac{\mathrm{d}^2 Y}{\mathrm{d}y^2} = 0. \tag{4}$$

Wenn wir diese Gleichung durch das Produkt XY dividieren, erhalten wir folgende Beziehung:

$$\frac{1}{X} \frac{\mathrm{d}^2 X}{\mathrm{d}x^2} = -\frac{1}{Y} \frac{\mathrm{d}^2 Y}{\mathrm{d}y^2}. \tag{5}$$

Wir bemerken, daß die eine Seite dieser Gleichung nur von der Veränderlichen x, die andere Seite nur von der Veränderlichen y abhängt. Also ist sowohl die eine als auch die andere Seite konstant. Beide Konstanten müssen den gleichen Wert besitzen. Unsere ursprüngliche partielle Differentialgleichung zerfällt in folgende zwei gewöhnlichen Differentialgleichungen zweiter Ordnung:

$$\frac{d^2X}{dx^2} = k^2X, \qquad \frac{d^2Y}{dy^2} = -k^2Y. \tag{6}$$

Die Lösung dieser Gleichungen kennen wir bereits:

$$X(x) = A \sinh kx + B \cosh kx; \qquad Y(y) = C \sin ky + D \cos ky.$$

Der Wert der sogenannten Separationskonstante k kann sowohl reell als auch imaginär oder komplex sein, und infolgedessen kann sich der Charakter der beiden aufgestellten Funktionen in Wirklichkeit umkehren. Wir erhalten die allgemeine Lösung der Laplaceschen Gleichung, wenn wir die so entstehenden Lösungen summieren, d. h.,

$$U(x, y) = \sum_k (A_k \sinh kx + B_k \cosh kx)(C_k \sin ky + D_k \cos ky). \tag{7}$$

Die Werte der hier vorkommenden Konstanten bestimmen wir mit Hilfe der Randbedingungen.

Wir können die zweidimensionale Laplacesche Gleichung auch in Polarkoordinaten aufstellen:

$$\frac{1}{r}\frac{\partial}{\partial r} r \frac{\partial U}{\partial r} + \frac{1}{r^2}\frac{\partial^2 U}{\partial \varphi^2} = 0. \tag{8}$$

Diese Beziehung erhalten wir aus der in räumlichen Zylinderkoordinaten gegebenen Laplaceschen Gleichung, wenn wir die z-Abhängigkeit vernachlässigen. Diese Gleichung wollen wir wieder durch die Separierung der Variablen lösen. Wir setzen an:

$$U(r, \varphi) = R(r)\,\Phi(\varphi). \tag{9}$$

Setzen wir diese Funktion in die Laplacesche Gleichung ein, so gelangen wir zu folgender Beziehung:

$$\frac{r}{R}\frac{d}{dr}\left(r\frac{dR}{dr}\right) + \frac{1}{\Phi}\frac{d^2\Phi}{d\varphi^2} = 0. \tag{10}$$

In vollständiger Analogie zum vorangehenden Fall führen wir die Separationskonstante k ein und erhalten:

$$\frac{R}{r}\frac{d}{dr}\left(r\frac{dR}{dr}\right) = k^2; \qquad \frac{1}{\Phi}\frac{d^2\Phi}{d\varphi^2} = -k^2. \tag{11}$$

Die Lösung der hier vorkommenden zweiten Differentialgleichung haben wir bereits gefunden. Die eine partikuläre Lösung der ersten Gleichung lautet $R = r^k$, die andere $R = r^{-k}$, wovon wir uns durch Einsetzen sofort überzeugen können.

Entsprechend erhalten wir als allgemeine, sich den beliebigen Randbedingungen anschmiegende Lösung der in Polarkoordinaten angegebenen Laplaceschen Gleichung

$$U(r, \varphi) = \sum_k \left(A_k r^k + \frac{B_k}{r^k}\right) (C_k \sin k\varphi + D_k \cos k\varphi). \tag{12}$$

2.11. Lösung durch Reihenentwicklung

Wir können wichtige Aufschlüsse bezüglich der Potentialverteilung im Raum erhalten, wenn eine Symmetrieebene existiert und wir die Potentialverteilung in dieser Symmetrieebene kennen. Eine solche Symmetrieebene ist in Abb. 2.45 bei beiden Anordnungen vorhanden: Es ist die xz-Ebene, d. h. die Ebene $y = 0$. Wir versuchen, eine Reihenentwicklung nach zunehmenden Potenzen der Veränderlichen y vorzunehmen. Da wegen der angenommenen Symmetrieebene das Potential für beliebige Werte von x an der Stelle $+y$ denselben Wert annimmt wie an der Stelle $-y$, werden bei der Reihenentwicklung nur die geraden Potenzen von y vorkommen. Die Potentialfunktion lautet demnach:

$$U(x, y) = \sum_{n=0}^{\infty} A_n(x)\, y^{2n}. \tag{1}$$

Setzen wir diese in die Laplacesche Gleichung ein, so folgt:

$$\sum_{n=0}^{\infty} [A_n''(x)\, y^{2n} + 2n(2n-1)\, A_n(x)\, y^{2n-2}] = 0. \tag{2}$$

Da diese Beziehung für sämtliche Werte von y gelten muß, müssen die zu beliebigen Potenzen von y gehörenden Koeffizienten verschwinden. Wir schreiben den Koeffizienten von y^{2n-2} in der Form

$$A_{n-1}''(x) + 2n(2n-1)\, A_n(x) = 0, \qquad A_n(x) = -\frac{A_{n-1}''(x)}{2n(2n-1)}. \tag{3}$$

Aus der ursprünglichen Reihenentwicklung können wir ersehen, daß der zur Nullpotenz von y gehörende Koeffizient, also die Funktion $A_0(x)$, die Potentialverteilung auf der Symmetrieachse angibt; es gilt daher

$$A_0(x) = U(x, 0) = u(x). \tag{4}$$

Bei ihrer Kenntnis können wir auch die übrigen Koeffizienten der Reihe nach bestimmen, und zwar

$$A_1(x) = -\frac{U''(x, 0)}{2 \cdot 1} = -\frac{u''(x)}{2!},$$

$$A_2(x) = -\frac{A_1''(x)}{4 \cdot 3} = \frac{u^{(4)}(x)}{4!}, \tag{5}$$

. . . .

$$A_n(x) = (-1)^n \frac{1}{(2n)!} u^{(2n)}(x).$$

Schließlich wird die Potentialverteilung folgende Form besitzen:

$$U(x, y) = u(x) - \frac{1}{2!} u''(x) y^2 + \frac{1}{4!} u^{(4)}(x) y^4 - + \cdots$$

$$= \sum_{n=0}^{\infty} (-1)^n \frac{1}{(2n)!} u^{(2n)}(x) y^{2n}. \tag{6}$$

Die Bedeutung dieser Reihenentwicklung besteht darin, daß sie in einem beliebigen Punkt der Ebene (x, y) den Potentialwert durch den auf der Symmetrieachse angenommenen Potentialwert bzw. durch dessen Differentialquotienten ausdrückt. Dies bedeutet mit anderen Worten, daß das Potential in der Symmetrieebene das Potential für den gesamten Raum eindeutig bestimmt.

Wir untersuchen jetzt, welche Form die Äquipotentialfläche in einem beliebigen Punkt dieser Symmetrieachse besitzen wird. Dazu entwickeln wir die Funktion $U(x, y)$ in der Umgebung des Punktes $x = x_0$, $y = 0$ in eine Reihe:

$$U(x, y) = U(x_0, 0) + (x - x_0) \left(\frac{\partial U}{\partial x}\right)_{x_0,0} + y \left(\frac{\partial U}{\partial y}\right)_{x_0,0} + \frac{1}{2} (x - x_0)^2 \left(\frac{\partial^2 U}{\partial x^2}\right)_{x_0,0}$$

$$+ (x - x_0) y \left(\frac{\partial^2 U}{\partial x \, \partial y}\right)_{x_0,0} + \frac{1}{2} y^2 \left(\frac{\partial^2 U}{\partial y^2}\right)_{x_0,0} + \cdots, \tag{7}$$

woraus sich mit Hilfe von Gl. (6) folgender Ausdruck ergibt:

$$U(x, y) \approx u(x_0) + (x - x_0) u'(x_0) + \frac{1}{2} (x - x_0)^2 u''(x_0) - \frac{1}{2} y^2 u''(x_0). \tag{8}$$

Die Gleichung der Äquipotentialfläche, die durch den Punkt $x = x_0$, $y = 0$ hindurchgeht, lautet $U(x, y) = u(x_0)$, d. h. nach Gl. (8)

$$(x - x_0) u'(x_0) + \frac{1}{2} (x - x_0)^2 u''(x_0) = \frac{1}{2} y^2 u''(x_0). \tag{9}$$

Dies ist die Gleichung einer Hyperbel.

Die Potentialfunktion zeigt ein interessantes Verhalten im Sattelpunkt. Die Potentialänderung im Sattelpunkt ist nämlich Null, daher geht die Hyperbelgleichung in die folgende Gleichung über:

$$\frac{1}{2}(x - x_0)^2 u''(x_0) = \frac{1}{2} y^2 u''(x_0); \qquad y^2 = (x - x_0)^2, \tag{10}$$

die die Gleichungen von zwei einander rechtwinklig schneidenden Geraden darstellt. Somit sind also die Äquipotentialflächen im Sattelpunkt des Kraftfeldes von langen zylindrischen Elektroden, die auch eine Symmetrieebene besitzen, zueinander senkrecht.

2.12. Elementare Eigenschaften der Funktion einer komplexen Veränderlichen. Die konforme Abbildung

Die Lehre von den komplexen Funktionen ist, wie wir im folgenden sehen werden, das wirksamste Hilfsmittel zur Lösung des Randwertproblems in der Ebene. Wir werden auch später noch einige Sätze der Funktionentheorie benötigen. Deshalb wollen wir jene Eigenschaften der komplexen Funktionen, auf die wir uns künftig berufen werden, kurz zusammenfassen.

Die unabhängige Veränderliche sei

$$z = x + \mathrm{j}y,$$

wobei x den reellen Teil, y den imaginären Teil darstellt. Der Wertebereich dieser unabhängigen Veränderlichen ist die gesamte, durch die Koordinaten x, y aufgespannte Ebene. Diese Ebene werden wir im folgenden z-Ebene nennen. Die komplexe Zahl z wird durch den Vektor dargestellt, der den Nullpunkt des Koordinatensystems mit dem beliebigen, durch die Koordinaten x, y gekennzeichneten Punkt dieser Ebene verbindet. Unter der Funktionsbeziehung

$$w = f(z) \tag{1}$$

verstehen wir, daß der komplexen Zahl $z = x + \mathrm{j}y$ irgendeine komplexe Zahl $w = u + \mathrm{j}v$ zugeordnet wird. Diese Zuordnung bedeutet also allgemein, daß sowohl der reelle Teil als auch der imaginäre Teil der komplexen Zahl von den Koordinaten x, y abhängig ist, also

$$u = u(x, y); \qquad v = v(x, y). \tag{2}$$

Die der komplexen Zahl z zugeordnete komplexe Zahl w kann selbstverständlich auch in derselben Ebene dargestellt werden. Unsere Darstellung wird jedoch viel übersichtlicher, wenn wir die komplexe Zahl w in einer anderen Ebene, in der durch die Achsen u, v aufgespannten Ebene, darstellen. Diese werden wir stets w-Ebene nennen. Also stellt die Funktionsbezeichnung $w = f(z)$ einen Zusammenhang zwischen den Punkten der z-Ebene und der w-Ebene her. Dies können wir auch so ausdrücken, daß die Beziehung $w = f(z)$ die z-Ebene (oder einen Teil derselben) auf die w-Ebene (oder auf einen Teil von ihr) abbildet. Wir können natürlich nicht allgemein behaupten, daß diese Beziehung auch umkehrbar eindeutig ist.

Im folgenden werden wir uns ausschließlich mit solchen Funktionsbeziehungen befassen, bei denen die Zuordnung $w = f(z)$ eindeutig ist und die ferner differenzierbar sind. Es existiert also der Grenzwert

$$\lim_{\Delta z \to 0} \frac{f(z + \Delta z) - f(z)}{\Delta z} = f'(z) \tag{3}$$

unabhängig davon, in welcher Weise Δz gegen Null geht. Die geometrische Deutung des Differentialquotienten sehen wir in Abb. 2.46. Es sei durch die Funktion $w = f(z)$ ein beliebiger Punkt z_0 der z-Ebene auf den Punkt w_0 der w-Ebene abgebildet. Dann wird der dem Punkt $z_0 + \Delta z$ entsprechende Punkt in der w-Ebene durch die komplexe Zahl $w_0 + \Delta w$ charakterisiert. Wird die Differenz Δz sehr klein, so können wir angenähert schreiben:

$$\frac{\Delta w}{\Delta z} = \frac{f(z_0 + \Delta z) - f(z_0)}{\Delta z} \approx f'(z_0); \qquad \Delta w \approx f'(z_0)\, \Delta z. \tag{4}$$

Im allgemeinen ist auch der Differentialquotient eine komplexe Zahl. Multiplizieren wir eine komplexe Zahl mit einer anderen, so ergibt sich eine neue komplexe Zahl, deren Absolutwert durch Multiplikation der beiden Absolutwerte und deren Argument durch Addieren der beiden Argumente gebildet wird. Wenn wir also den Wert

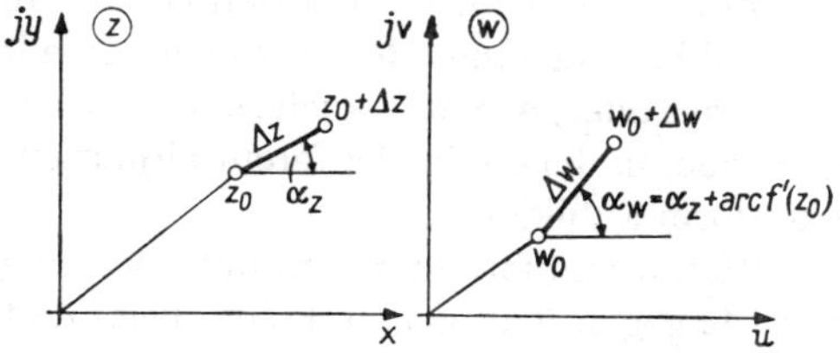

Abb. 2.46 Abbildung von zwei einander sehr nahe liegenden Punkten

des Differentialquotienten in einem Punkt kennen, so bestimmt dieser die Länge und den Neigungswinkel der Verschiebung Δw im Punkte w_0, welcher der kleinen Verschiebung Δz entspricht. Der Differentialquotient zeigt also, wie stark bei der Abbildung ein Linienelement zu strecken oder zu kürzen bzw. zu drehen ist. Hieraus können wir bereits einen sehr interessanten Schluß ziehen, wenn in dem betreffenden Punkt der Wert des Differentialquotienten nicht Null ist. Wir nehmen an, daß in einem beliebigen Punkt der z-Ebene, der durch z_0 charakterisiert ist, entsprechend Abb. 2.47 zwei Kurven zusammentreffen und der durch die Tangenten dieser beiden Kurven im Punkt z_0 eingeschlossene Winkel α sei. Nun bilden wir die z-Ebene mit Hilfe der differenzierbaren Funktion $w = f(z)$ auf die w-Ebene ab. In diesem Fall entsprechen den beiden Kurven der z-Ebene zwei Kurven in der w-Ebene. Diese beiden Kurven werden sich selbstverständlich in der w-Ebene in einem ihrem in der

z-Ebene befindlichen Schnittpunkt entsprechenden Punkt w schneiden. Vom Schnittpunkt ausgehend, betrachten wir ein sehr kleines Kurvenelement der einen Kurve und ebenso ein Kurvenelement der anderen Kurve. Nach dem eben Gesagten wird der für

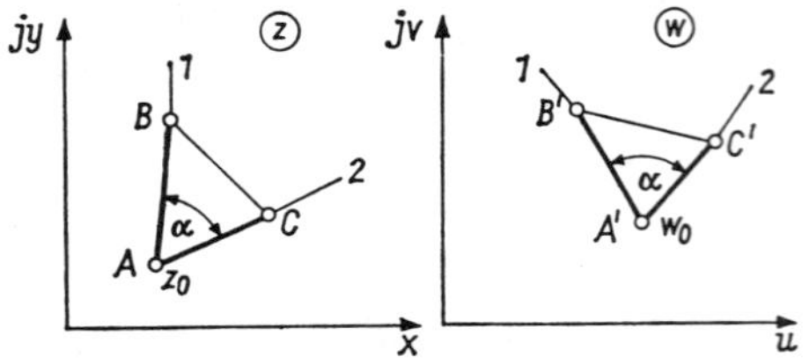

Abb. 2.47 Konforme (winkeltreue und im kleinen verhältnistreue) Abbildung

diesen Punkt bestimmte Differentialquotient zeigen, um wieviel dieses Kurvenelement im Verhältnis zu seiner ursprünglichen Lage zu verdrehen und um welches Maß es zu strecken ist. Wir haben aber selbstverständlich auch das an der anderen Kurve angenommene Kurvenelement um ebensoviel zu verdrehen und zu strecken. Also geht das in der z-Ebene angenommene Dreieck ABC in ein dem Argument des Differentialquotienten entsprechend verdrehtes, dem vorherigen jedoch ähnliches Dreieck über. Die Abbildung wird also in den kleinen Teilen ähnlich. Dies bedeutet, daß die in der einen Ebene angenommenen sich schneidenden Kurven sich in der anderen Ebene unter demselben Winkel schneiden, ferner, daß die, von einem beliebigen Punkt der z-Ebene ausgehend, klein angenommenen Kurvenelemente in demselben Maße länger werden oder zusammenschrumpfen. Wie auch aus der Ableitung hervorgeht, besteht diese Ähnlichkeit nur in der nächsten Umgebung eines Punktes und ferner nur dann, wenn der Differentialquotient von Null verschieden ist. Die in den kleinsten Teilen ähnliche und winkeltreue Abbildung eines Bereiches nennen wir konforme Abbildung. Also wird die differenzierbare oder, wie man auch sagt, reguläre Funktion $w = f(z)$ sämtliche Bereiche der z-Ebene, in denen der Differentialquotient nicht Null $\big(f'(z) \neq 0\big)$ ist, auf die w-Ebene konform abbilden.

Gerade die Forderung, daß der Wert des Differentialquotienten von der Richtung unabhängig sei, während wir den Betrag von Δz gegen Null gehen lassen, bestimmt die Beziehungen zwischen dem reellen und dem imaginären Teil der Funktion w, die die Lösung des Problems in der Ebene in der Elektrostatik ermöglichen. Wir nähern uns zunächst dem Punkt, in dem wir den Wert des Differentialquotienten bestimmen wollen, parallel zur reellen Achse. In diesem Fall ist der Wert des Differentialquotienten

$$\begin{aligned} f'(z) &= \lim_{\Delta x \to 0} \frac{f(z + \Delta x) - f(z)}{\Delta x} \\ &= \lim_{\Delta x \to 0} \left(\frac{u(x + \Delta x, y) - u(x, y)}{\Delta x} + \mathrm{j}\, \frac{v(x + \Delta x, y) - v(x, y)}{\Delta x} \right) \\ &= \frac{\partial u}{\partial x} + \mathrm{j}\, \frac{\partial v}{\partial x}. \end{aligned} \tag{5}$$

Nähern wir uns dem betrachteten Punkt dagegen parallel zur imaginären Achse, so wird $\Delta z = \mathrm{j}\, \Delta y$, und somit gilt für den Wert des Differentialquotienten

$$f'(z) = -\mathrm{j}\,\frac{\partial u}{\partial y} + \frac{\partial v}{\partial y}. \tag{6}$$

Da nach unserer Annahme der Wert des Differentialquotienten vom Weg, den wir in Richtung auf den untersuchten Punkt zurückgelegt haben, unabhängig ist, sind die beiden Werte gleich, also

$$\frac{\partial u}{\partial x} + \mathrm{j}\,\frac{\partial v}{\partial x} = -\mathrm{j}\,\frac{\partial u}{\partial y} + \frac{\partial v}{\partial y}. \tag{7}$$

Dies kann nur bestehen, wenn sowohl die reellen als auch die imaginären Teile für sich gleich sind, d. h.

$$\frac{\partial u}{\partial x} = \frac{\partial v}{\partial y}; \qquad \frac{\partial v}{\partial x} = -\frac{\partial u}{\partial y}. \tag{8}$$

Diese Beziehungen werden die Cauchy-Riemannschen Differentialgleichungen genannt. Wie wir sehen, sind diese notwendig, damit die Funktion in einem gegebenen Punkt einen Differentialquotienten besitzt. Es kann umgekehrt bewiesen werden, daß der Differentialquotient existiert, wenn der reelle und der imaginäre Teil der Funktion w die obige Differentialgleichung erfüllen.

Differenzieren wir die erste Cauchy-Riemannsche Differentialgleichung nochmals nach x, die zweite nochmals nach y, dann erhalten wir

$$\frac{\partial^2 u}{\partial x^2} = \frac{\partial^2 v}{\partial x\, \partial y}; \qquad \frac{\partial^2 v}{\partial x\, \partial y} = -\frac{\partial^2 u}{\partial y^2}.$$

Addieren wir die beiden so gewonnenen Gleichungen, so gelangen wir zu folgender Beziehung:

$$\frac{\partial^2 u}{\partial x^2} + \frac{\partial^2 u}{\partial y^2} = 0. \tag{9}$$

Jetzt differenzieren wir die erste der Gleichungen (8) nach y, die zweite nach x und erhalten nach Addition die folgende Gleichung:

$$\frac{\partial^2 v}{\partial x^2} + \frac{\partial^2 v}{\partial y^2} = 0. \tag{10}$$

Wir sehen also, daß sowohl der *reelle Teil als auch der imaginäre Teil einer beliebigen regulären Funktion die Laplacesche Gleichung erfüllt.* In dieser Tatsache liegt die große Bedeutung der Lehre von den Funktionen mit einer komplexen Veränderlichen in der Elektrostatik begründet. Wir können nämlich unendlich viele Funktionen angeben, die die zweidimensionale Laplacesche Gleichung erfüllen, wir brauchen nur den reellen oder imaginären Anteil einer Funktion mit einer komplexen Veränderlichen zu nehmen. Die Schwierigkeit besteht im allgemeinen darin, die sich den vorgeschriebenen Randbedingungen anschmiegenden Lösungen der Laplaceschen Gleichung zu finden. Da wir aber eine große Anzahl von Lösungen kennen, läßt sich in vielen Fällen eine der jeweiligen konkreten Aufgabe entsprechende Lösung doch ohne große Mühe finden.

2.13. Lösung des ebenen Problems mit Hilfe komplexer Funktionen

Wir sahen eben, daß die zweidimensionale Laplacesche Gleichung sowohl durch den reellen als auch durch den imaginären Teil einer beliebigen regulären komplexen Funktion erfüllt wird. Untersuchen wir jetzt die Potentialverhältnisse für den allgemeinen Fall etwas näher. Wir nehmen an, die Funktion

$$w = f(z)$$

bilde die z-Ebene auf die w-Ebene ab. Dann entspricht dem durch die Koordinaten x, y gekennzeichneten Punkt der z-Ebene in der w-Ebene der durch die Koordinaten

$$u(x, y), \qquad v(x, y)$$

charakterisierte Punkt. Nach unseren bisherigen Ausführungen wird die Potentialverteilung für sämtliche Punkte der Ebene durch die Funktion $u(x, y)$ dargestellt. Wir hätten natürlich ebensogut auch den imaginären Teil für die Darstellung des Potentials wählen können. Die Leitlinien der räumlichen äquipotentiellen Zylinder ergeben in den Ebenen x, y die Kurven

$$u(x, y) = u_0 = \text{const}. \tag{1}$$

Diese sind in Abb. 2.48 dargestellt. Damit erhalten wir die Lösung von solchen physikalischen Aufgaben, bei denen die Grundlinien der Elektroden mit den Grundlinien der Äquipotentialflächen zusammenfallen. In diesem Fall erhalten wir auf diese Weise z. B. das Kraftfeld der in der Abbildung schraffiert eingezeichneten Elektrodenformen. In der Ebene w entspricht den Kurven $u(x, y) = u_i$ nach der Gleichung $u_i = \text{const}$ eine der imaginären Achse parallele Gerade. Die Abbildung $w = f(z)$ bildet also die Leitlinien der aufeinanderfolgenden Äquipotentialflächen auf die der imaginären Achse parallele Geradenschar ab. Betrachten wir nun, welche Kurven in der w-Ebene den Kurven $v(x, y) = \text{const}$ entsprechen. Es sind die der reellen Achse parallelen Geraden. Da die Abbildung winkeltreu ist und in der w-Ebene die Geraden $u = \text{const}$ bzw. $v = \text{const}$ das kartesische Koordinatennetz liefern, so ergeben die Kurven $u(x, y) = u_i$ bzw. $v(x, y) = v_i$ in der z-Ebene ebenfalls ein aufeinander senkrechtes, jedoch krummliniges Netz. Die Kurven $v(x, y) = \text{const}$ stehen überall senkrecht auf den Kurven $u(x, y) = \text{const}$. Die Kurven $v(x, y) = \text{const}$ geben, mit anderen Worten, in allen Punkten die Richtung der Kraftlinien an, fallen also mit den Kraftlinien zusammen.

Das gleiche Problem liegt vor, wenn wir einen Plattenkondensator betrachten, der in der w-Ebene liegt; seine Äquipotentiallinien und die dazugehörigen Kraftlinien seien gegeben. Dieses die Laplacesche Gleichung offenbar erfüllende Potential- und Kraftfeld bilden wir auf die z-Ebene ab. Der Abbildung entsprechend, erhalten wir für die Äquipotentialflächen und für die Kraftlinien ein neues System, durch welches aber — wie wir bereits sahen — die Laplacesche Gleichung gleichfalls erfüllt wird. Es ist deshalb zweckmäßig, diese Tatsache in dieser Form auszudrücken, weil sie

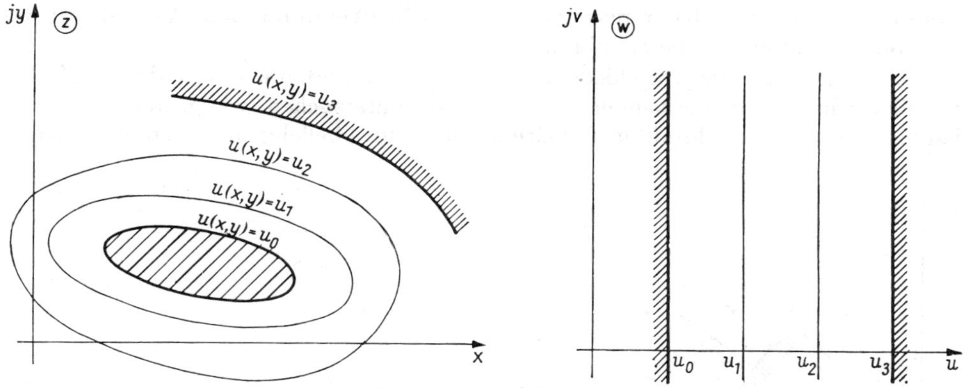

Abb. 2.48 Äquipotentialflächen werden in der z-Ebene durch die der imaginären Achse der w-Ebene parallelen Geraden erzeugt

allgemein gültig ist. Kennen wir nämlich in einem beliebigen Bereich die gewisse Randbedingungen erfüllende Lösung der Laplaceschen Gleichung, so gehen bei der Abbildung dieses Bereiches mit Hilfe einer beliebigen regulären Funktion die Äquipotentialflächen wieder in Äquipotentialflächen, die Kraftlinien wieder in Kraftlinien über, und die Laplacesche Gleichung wird auch durch diese neue Potentialverteilung erfüllt.

Wenn wir das Potential in allen Punkten der Ebene kennen, so sind wir in der Lage, für die Feldstärke folgende Beziehungen anzugeben:

$$E_x = -\frac{\partial u}{\partial x}; \qquad E_y = -\frac{\partial u}{\partial y}. \tag{2}$$

Damit ergibt sich für die Feldstärke

$$E = \sqrt{E_x^2 + E_y^2} = \sqrt{\left(\frac{\partial u}{\partial x}\right)^2 + \left(\frac{\partial u}{\partial y}\right)^2}. \tag{3}$$

Setzen wir in diese Beziehung die aus der Cauchy-Riemannschen Beziehung 2.12.(8) folgende Gleichung

$$\left(\frac{\partial u}{\partial y}\right)^2 = \left(\frac{\partial v}{\partial x}\right)^2 \tag{4}$$

ein, so erhalten wir

$$E = \sqrt{\left(\frac{\partial u}{\partial x}\right)^2 + \left(\frac{\partial v}{\partial x}\right)^2} = \left|\frac{\partial u}{\partial x} + \mathrm{j}\,\frac{\partial v}{\partial x}\right| = |f'(z)|, \tag{5}$$

woraus wir ersehen, daß der Betrag der Feldstärke überall mit dem Absolutwert des Differentialquotienten übereinstimmt.

Bevor wir noch die verschiedenen Abbildungen und die durch diese gelösten physikalischen Probleme behandeln, wollen wir untersuchen, wie groß die Gesamtladung zwischen zwei Punkten der Grundkurve eines beliebigen Leiters ist. Hierfür

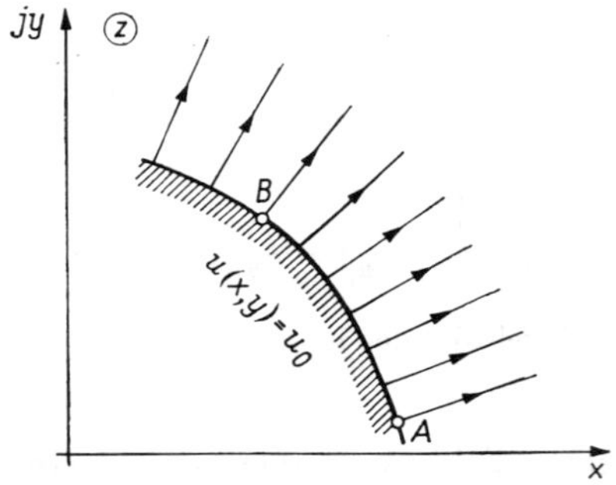

Abb. 2.49 Zur Berechnung der Flächenladungsdichte

können wir eine sehr einfache Beziehung aufstellen. Die Oberfläche des Leiters sei gemäß Abb. 2.49 mit der Äquipotentialfläche, die den Wert $u(x, y) = u_0$ besitzt, identisch. Durch Integration des Verschiebungsvektors zwischen den Punkten A und B erhalten wir die auf die Längeneinheit in z-Richtung entfallende Ladungsmenge

$$q = \int_A^B \varepsilon_0 E_n \,\mathrm{d}s = \varepsilon_0 \int_A^B E_n \,\mathrm{d}s = -\varepsilon_0 \int_A^B \frac{\partial u}{\partial n}\,\mathrm{d}s. \tag{6}$$

Der Ausdruck $|\partial u/\partial n|$ ist nichts anderes als der Absolutwert des Differentialquotienten in jedem Punkt der Fläche, da wir gesehen haben, daß die Feldstärke dem Absolutwert des Differentialquotienten gleich ist. Wir können dies aber auch direkt sehen. Bewegen wir uns nämlich senkrecht zu den Flächen $u(x, y)$, so ändert sich der Wert der Veränderlichen v nicht, $\partial u/\partial n$ gibt also die gesamte Änderung an. Wir erhalten aber denselben Wert auch dann, wenn wir uns in der Fläche $u = \text{const}$ senkrecht zu den Kurven $v(x, y) = \text{const}$ bewegen. In diesem Fall gibt die Änderung $\partial v/\partial s$ die Gesamtänderung der Funktion w an. Damit wird

$$f'(z) = \frac{\partial u}{e^{j\varphi}\,\partial n} = j\,\frac{\partial v}{e^{j\left(\varphi+\frac{\pi}{2}\right)}\,\partial s}, \quad \text{d. h.} \quad \frac{\partial u}{\partial n} = \frac{\partial v}{\partial s}. \tag{7}$$

Dies ist übrigens die erste Cauchy-Riemannsche Gleichung, aufgeschrieben für die Richtungen (n, s). Die Ladung kann also wie folgt geschrieben werden:

$$q = -\varepsilon_0 \int_A^B \frac{\partial v}{\partial s}\,\mathrm{d}s = \varepsilon_0(v_A - v_B). \tag{8}$$

Wir können somit eine zwischen zwei Punkten befindliche Ladung sehr einfach ablesen, wenn wir lediglich die zu den Grenzpunkten gehörenden Funktionswerte v_A, v_B kennen.

Die Verhältnisse mögen vielleicht übersichtlicher erscheinen, wenn wir uns von der komplexen z-Ebene befreien und in den Raum mit den Koordinatenachsen $\boldsymbol{e}_x$, $\boldsymbol{e}_y$ und $\boldsymbol{e}_z$ zurückkehren. Die Funktionen $u = u(x, y)$ bzw. $v = v(x, y)$ mit den Eigenschaften, die die Cauchy-Riemann-Gleichungen verlangen, seien gegeben. Dann gelten:

$$\operatorname{grad} u = \frac{\partial u}{\partial x}\boldsymbol{e}_x + \frac{\partial u}{\partial y}\boldsymbol{e}_y; \quad \operatorname{grad} v = \frac{\partial v}{\partial x}\boldsymbol{e}_x + \frac{\partial v}{\partial y}\boldsymbol{e}_y.$$

Bilden wir das Vektorprodukt $\boldsymbol{e}_z \times \operatorname{grad} u$, so erhalten wir

$$\boldsymbol{e}_z \times \operatorname{grad} u = \frac{\partial u}{\partial x}\boldsymbol{e}_z \times \boldsymbol{e}_x + \frac{\partial u}{\partial y}\boldsymbol{e}_z \times \boldsymbol{e}_y = \frac{\partial u}{\partial x}\boldsymbol{e}_y - \frac{\partial u}{\partial y}\boldsymbol{e}_x = \frac{\partial v}{\partial x}\boldsymbol{e}_x + \frac{\partial v}{\partial y}\boldsymbol{e}_y = \operatorname{grad} v,$$

d. h., grad u und grad v stehen senkrecht zueinander und haben den gleichen Betrag.

2.14. Beispiele für die Anwendung von Funktionen einer komplexen Veränderlichen

Im folgenden werden wir nicht für eine gegebene physikalische Aufgabe die entsprechende Abbildung suchen, sondern umgekehrt die verschiedenen Abbildungen angeben und jene physikalischen Aufgaben suchen, die mit Hilfe dieser Abbildung gelöst werden können. In der Praxis versuchen wir dann aus der Vielzahl der so entstandenen Lösungen diejenige auszuwählen, welche der gegebenen Aufgabe am besten entspricht.

1. Beispiel. Wir untersuchen die Funktion $w = \ln z$. Da

$$z = x + jy = r\,e^{j\varphi}$$

ist, gilt die Beziehung

$$u + jv = \ln z = \ln r\, e^{j\varphi} = \ln r + j\varphi, \tag{1}$$

und damit sind der reelle bzw. imaginäre Teil der Funktion w gegeben zu

$$u = \ln \sqrt{x^2 + y^2}; \qquad v = \varphi = \arctan \frac{y}{x}. \tag{2}$$

Als Potentialfunktion wählen wir die Funktion

$$u = \ln \sqrt{x^2 + y^2}. \tag{3}$$

Die Gleichung der Äquipotentiallinien, also der durch die Gleichung $u = \text{const}$ bestimmten Linien, ist:

$$\ln \sqrt{x^2 + y^2} = \text{const}; \qquad x^2 + y^2 = \text{const}. \tag{4}$$

Dies sind also konzentrische Kreise. Auf diese Weise erhalten wir das Feld der geladenen sehr langen Leiter mit Kreisquerschnitt. Die auf der Längeneinheit eines beliebigen Leiters mit Kreisquerschnitt befindliche Ladung ist auf Grund der Gl. 2.13.(8)

$$q_0 = \varepsilon_0(v_A - v_B) = \varepsilon_0(0 - 2\pi) = -2\pi\varepsilon_0. \tag{5}$$

Gehört zur Ladung $q_0 = -2\pi\varepsilon_0$ die Funktion

$$u = \ln \sqrt{x^2 + y^2}, \tag{6}$$

so wird der Ladung q die Funktion

$$u = -\frac{q}{2\pi\varepsilon_0} \ln \sqrt{x^2 + y^2} = -\frac{q}{2\pi\varepsilon_0} \ln r = \frac{q}{2\pi\varepsilon_0} \ln \frac{1}{r} \tag{7}$$

entsprechen. Da weiterhin $\ln 1 = 0$ ist, wird das Potential an der Stelle $r = 1$ Null sein. Wenn wir erreichen wollen, daß der Potentialwert nicht am Zylinder mit dem Einheitsradius, sondern an einer beliebigen Stelle $r = r_0$ gleich Null ist, so ergibt sich folgende Gleichung:

$$u = -\frac{q}{2\pi\varepsilon_0} \ln \frac{r}{r_0} = \frac{q}{2\pi\varepsilon_0} \ln \frac{r_0}{r}. \tag{8}$$

Wenn wir also als Potential die Funktion u wählen, so gelangen wir zum Kraftfeld der elektrischen Linie, des Zylinders von endlichem Radius oder des konzentrischen Zylinders (Abb. 2.50).

Jetzt wählen wir die Funktion

$$v = \varphi = \arctan \frac{y}{x} \tag{9}$$

als Potentialfunktion. Dann erhalten wir das Potentialfeld der Halbebenen, die miteinander einen gegebenen Winkel bilden und verschiedene Potentiale besitzen (Abb. 2.51). Die Äquipotentialflächen sind hier vom Mittelpunkt ausgehende Geraden

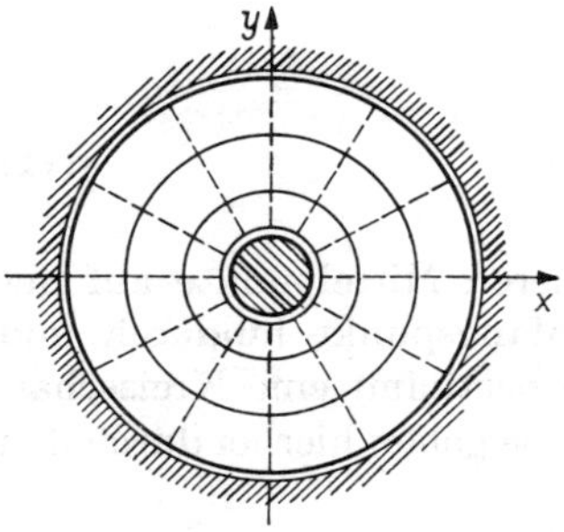

Abb. 2.50 System der Äquipotentialflächen und Kraftlinien, das der Abbildung $w = \ln z$ zugeordnet ist. Als Potentialfunktion wurde die Funktion u gewählt

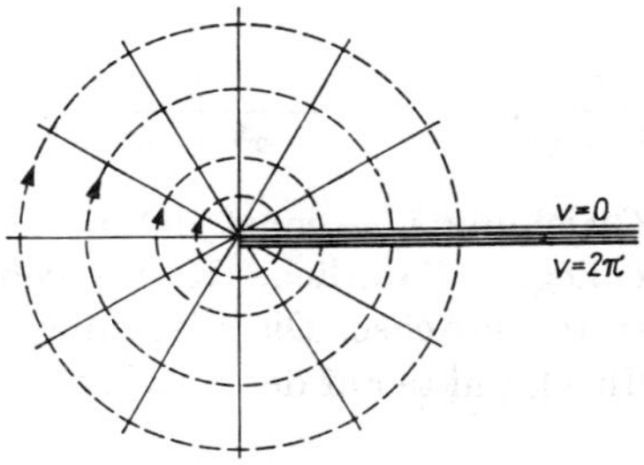

Abb. 2.51 System der Äquipotentialflächen und Kraftlinien, das der Abbildung $w = \ln z$ zugeordnet ist. Als Potentialfunktion wurde die Funktion v gewählt

(im Raum Ebenen). Die Kraftlinien ergeben die den Äquipotentialflächen des vorherigen Beispiels entsprechenden Kreise. So können wir z. B. in Abb. 2.51 das elektrische Kraftfeld von zwei sehr nahe beieinander liegenden, verschiedene Potentiale besitzenden Halbebenen sehen (z. B. den Rand eines Kondensators). Unsere Abb. 2.52 zeigt wiederum das Kraftfeld von zwei nebeneinandergelegten Halbebenen mit verschiedenen Potentialen. Wir beachten bei dieser Abbildung, daß die Transformation $w = \ln z$ die übereinander befindlichen Geraden $v = 0$ bzw. $v = \pi$ der w-Ebene in der z-Ebene nebeneinandergleiten läßt. Auf dieses Ergebnis kommen wir an späterer Stelle noch zurück.

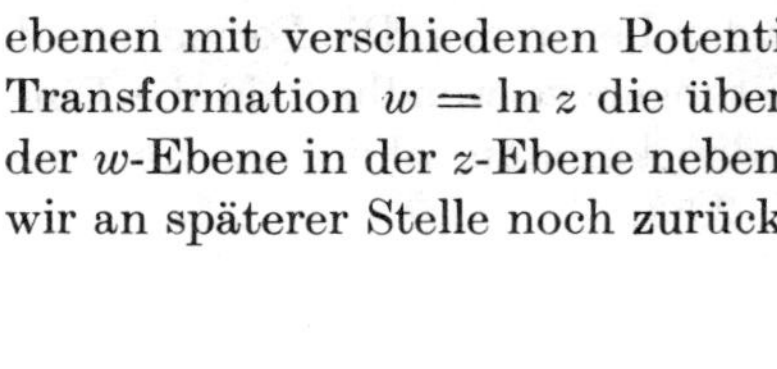

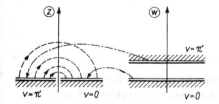

Abb. 2.52 Die Abbildung $w = \ln z$ überführt die Gerade $v = 0$ der w-Ebene in die positive reelle Achse der z-Ebene, die Gerade $v = \pi$ hingegen in die negative reelle Achse der z-Ebene und bildet somit das Kraftfeld des Kondensators auf das Kraftfeld zweier nebeneinanderliegender Halbebenen ab, die verschiedene Spannungen besitzen

2. Beispiel. Wir untersuchen die Transformation

$$w = \frac{1}{z}. \tag{10}$$

Diese lautet in ausführlicher Schreibweise:

$$u + \mathrm{j}v = \frac{1}{x + \mathrm{j}y} = \frac{x - \mathrm{j}y}{x^2 + y^2}.$$

Daraus folgt:

$$u = \frac{x}{x^2 + y^2}; \qquad v = -\frac{y}{x^2 + y^2}. \tag{11}$$

Die Gleichung $u = \text{const}$ definiert eine Kreisschar, deren Mittelpunkte auf der x-Achse liegen. Sämtliche Kreise gehen durch den Anfangspunkt hindurch und berühren die y-Achse. Die Gleichung $v = \text{const}$ dagegen bestimmt eine Kreisschar, deren Mittelpunkte auf der y-Achse liegen. Sämtliche Kreise gehen hierbei durch den

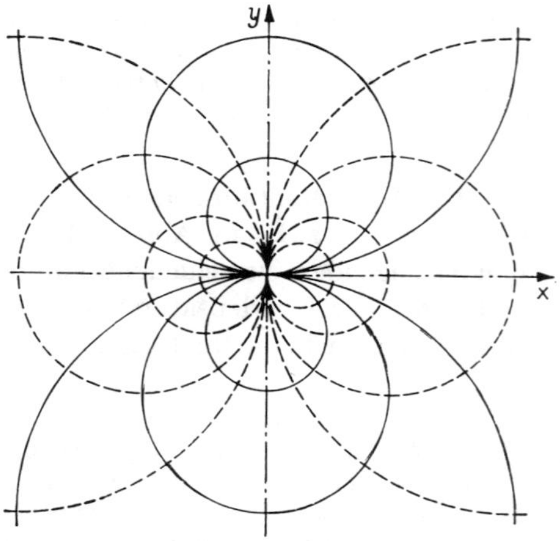

Abb. 2.53 Die Abbildung $w = 1/z$ ergibt das Kraftfeld eines Liniendipols mit dem Moment $2\pi\varepsilon_0$

Anfangspunkt hindurch und berühren die x-Achse. Dies ist das Kraftfeld von sehr nahe beieinander liegenden elektrischen Linien mit entgegengesetzten Ladungen, also eines Liniendipols. Diese Abbildung eignet sich für die Darstellung des Kraftfeldes einer Paralleldrahtleitung in großer Entfernung von den Leitungen. Die Formeln sind bei der Berechnung des Störkraftfeldes von Fernleitungen verwendbar, da die Einrichtungen, die durch die Fernleitung gestört werden könnten, ohnedies von der Fernleitung weit entfernt angebracht werden (Abb. 2.53).

Daß diese Kurven tatsächlich das Kraftfeld eines sogenannten Liniendipols darstellen, können wir aus Abb. 2.54 leicht ersehen. Wir denken uns im Abstand $l/2$ über und unter dem Nullpunkt elektrische Linien mit einer auf die Längeneinheit entfallenden Ladung $\pm q$ angebracht. Das Potential wird in einem beliebigen Punkt der Ebene, falls die beiden elektrischen Linien unendlich nahe beieinander liegen, folgenden Wert haben:

$$U = \frac{q}{2\pi\varepsilon_0}\left[\ln\frac{1}{r + \mathrm{d}r} - \ln\frac{1}{r}\right] = \frac{q}{2\pi\varepsilon_0}\,\boldsymbol{l}\,\mathrm{grad}_0 \ln\frac{1}{r} = +\frac{q}{2\pi\varepsilon_0}\,\boldsymbol{l}\boldsymbol{r}_0\,\frac{1}{\boldsymbol{r}}$$

$$= \frac{ql}{2\pi\varepsilon_0}\,\frac{y}{x^2 + y^2} = \frac{p}{2\pi\varepsilon_0}\,\frac{y}{x^2 + y^2}. \tag{12}$$

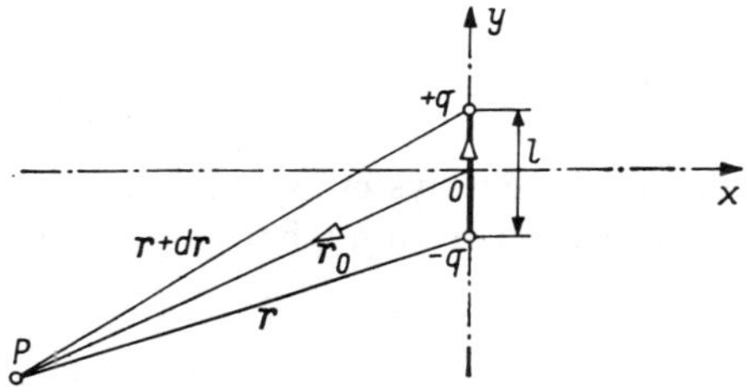

Abb. 2.54 Zur Ableitung des Kraftfeldes eines Liniendipols

Wenn wir hingegen die elektrische Achse nicht auf der y-Achse, sondern auf der x-Achse anbringen, so ist der Potentialwert:

$$U = \frac{p}{2\pi\varepsilon_0}\,\frac{x}{x^2 + y^2}. \tag{13}$$

Vergleichen wir die Gleichungen (12) und (13) mit Gl. (11), so sehen wir, daß letztere das Kraftfeld eines Liniendipols darstellt, dessen Moment $2\pi\varepsilon_0$ ist, und in die Richtung der negativen y-Achse bzw. der positiven x-Achse zeigt.

3. Beispiel. Nun untersuchen wir die folgende Abbildung:

$$z = k \cosh w. \tag{14}$$

Für diese gilt, durch reelle und imaginäre Anteile ausgedrückt:

$$x + \mathrm{j}y = k \cosh (u + \mathrm{j}v). \tag{15}$$

Aus den Beziehungen für die hyperbolischen Cosinusfunktionen erhält man

$$\cosh (u + \mathrm{j}v) = \cosh u \cos v + \mathrm{j} \sinh u \sin v. \tag{16}$$

Somit gelangen wir durch Gleichsetzen der reellen und imaginären Teile zu den Beziehungen

$$x = k \cosh u \cos v; \qquad y = k \sinh u \sin v. \tag{17}$$

Lösen wir diese Beziehungen nach $\cos v$ bzw. $\sin v$ auf,

$$\cos v = \frac{x}{k \cosh u}; \qquad \sin v = \frac{y}{k \sinh u}, \tag{18}$$

so folgt nach Quadrieren und Addieren:

$$1 = \frac{x^2}{k^2 \cosh^2 u} + \frac{y^2}{k^2 \sinh^2 u}. \tag{19}$$

Hiervon können wir ablesen, daß diese Abbildung die Gerade $u = \text{const}$ in eine Ellipse überführt, deren Brennweite

$$f = \sqrt{k^2 \cosh^2 u - k^2 \sinh^2 u} = k \tag{20}$$

konstant ist. Den verschiedenen u-Werten entspricht also ein System von konfokalen Ellipsen. Lösen wir die Gleichungen (17) nach den Ausdrücken $\sinh u$ bzw. $\cosh u$ auf

$$\cosh u = \frac{x}{k \cos v}; \qquad \sinh u = \frac{y}{k \sin v}, \tag{21}$$

so gelangen wir nach Quadrieren und Subtrahieren zu der Beziehung

$$1 = \frac{x^2}{k^2 \cos^2 v} - \frac{y^2}{k^2 \sin^2 v}. \tag{22}$$

Dies wiederum ergibt eine konfokale Hyperbelschar, wenn wir für v nacheinander verschiedene Werte einsetzen. Somit geht das kartesische Netz der w-Ebene in konfokale, aufeinander senkrechte Ellipsen- und Hyperbelscharen über (Abb. 2.55). Diese Abbildung ist für die Darstellung solcher zylindrischen Felder geeignet, deren Grundkurven Ellipsen oder Hyperbeln bilden. Aus den Entartungsfällen ergeben sich die Lösungen nachstehender physikalischer Probleme.

Sollen die zueinander senkrechten Ebenen gemäß Abb. 2.56 im angegebenen Abstand voneinander verschiedene Spannungen besitzen, so wird die Potentialverteilung durch den Imaginärteil der Abbildung $z = k \cosh w$ geliefert. Mit der Spiegelung dieses Bildes können wir das Kraftfeld von zwei einander in einem bestimmten Abstand gegenüberliegenden Halbebenen erhalten (Abb. 2.57). Als Potentialfunktion wählen wir auch hier den Imaginärteil.

Das Kraftfeld eines im Raum alleinstehenden Streifens ist in Abb. 2.58 aufgezeichnet. Hierbei wird die Potentialfunktion durch den Realteil der Abbildung gegeben.

Als konkretes Beispiel sollen das Feld und die Kapazität eines Zylinder-Konden-

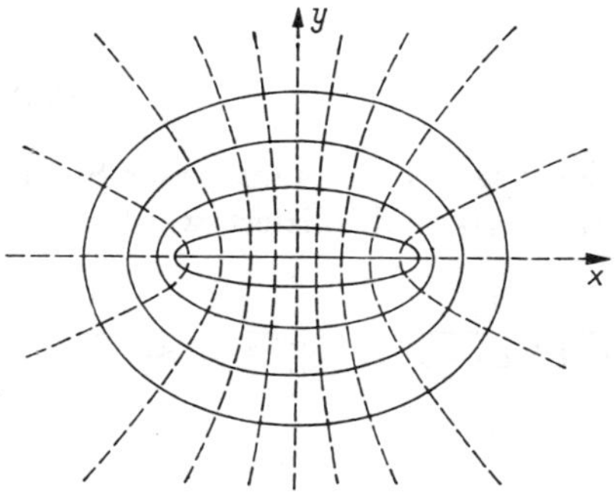

Abb. 2.55 System der Äquipotentialflächen und Kraftlinien der Abbildung $z = k \cosh w$

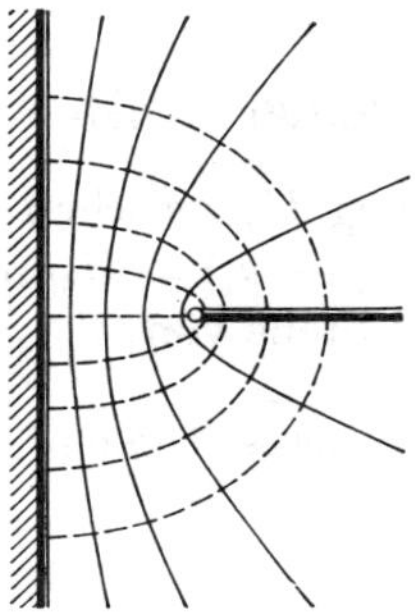

Abb. 2.56 Die einer unendlichen Ebene gegenüberliegende Kante kann durch die Abbildung $z = k \cosh w$ angenähert werden

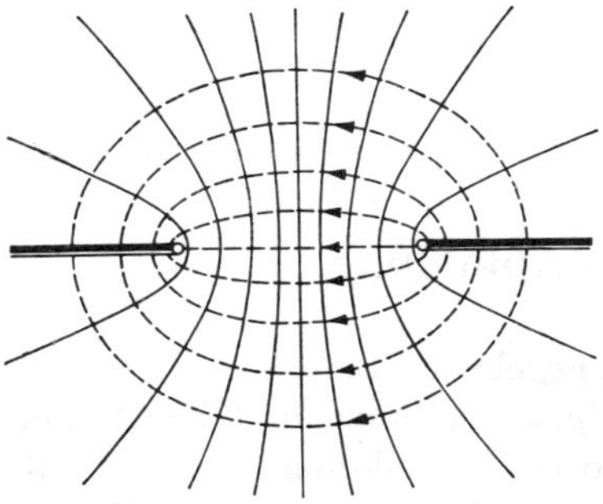

Abb. 2.57 Kraftfeld und System der Äquipotentialflächen des Spaltes, der sich zwischen zwei in einer Ebene liegenden Halbebenen befindet. Auch sie kann man mit Hilfe der Abbildung $z = k \cosh w$ erhalten

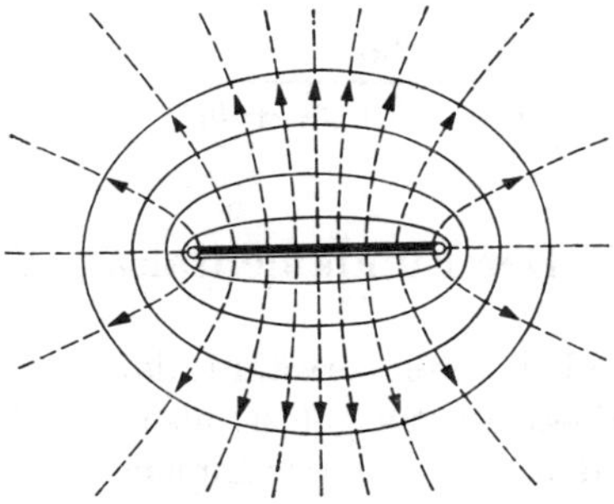

Abb. 2.58 Kraftfeld eines unendlich langen Metallbandes mit einer auf eine sehr weit entfernt liegende Zylinderoberfläche bezogenen Spannungsdifferenz. Es kann ebenfalls mit Hilfe der Abbildung $z = k \cosh w$ ermittelt werden

sators bestimmt werden, wenn die Leitkurven der Elektroden konfokale Ellipsen mit den Halbachsen a_1, b_1 (für die innere Elektrode) bzw. a_2, b_2 (für die äußere Elektrode) sind. Zwischen diesen Größen besteht wegen der Konfokalität der Zusammenhang $a_1^2 - b_1^2 = a_2^2 - b_2^2 = k^2 = f^2$. Das Potential u_1 der inneren Elektrode ergibt sich aus Gl. (19) durch Einsetzen der Werte $x = a_1$; $y = 0$:

$$a_1 = f \cosh u_1; \qquad u_1 = \operatorname{arcosh} \frac{a_1}{f} = \ln \left[\frac{a_1}{f} + \sqrt{\left(\frac{a_1}{f}\right)^2 - 1} \right] = \ln \frac{a_1 + b_1}{f}.$$

Auf ähnliche Weise erhalten wir:

$$a_2 = f \cosh u_2; \qquad u_2 = \operatorname{arcosh} a_2/f = \ln [(a_2 + b_2)/f].$$

Es wird also:

$$u_2 - u_1 = \ln [(a_2 + b_2)/(a_1 + b_1)]. \tag{23}$$

Wenn die Spannung U_0 zwischen den Elektroden gegeben ist, muß jeder Spannungswert mit $U_0/(u_2 - u_1) = U_0/\ln [(a_2 + b_2)/(a_1 + b_1)]$ multipliziert werden. So erhalten wir z. B. an Stelle von

$$E = |\mathrm{d}w/\mathrm{d}z| = 1/|\mathrm{d}z/\mathrm{d}w| = 1/|k \sinh w| = 1/|k \sqrt{\cosh^2 w - 1}| = 1/|\sqrt{z^2 - f^2}|$$

den Wert

$$E = \frac{U_0}{\ln [(a_2 + b_2)/(a_1 + b_1)]} \frac{1}{|\sqrt{z^2 - f^2}|}.$$

Die Kapazität der Längeneinheit ergibt sich nach Gl. 2.13.(8) und Gl. (23) zu

$$C = \frac{2\pi\varepsilon}{\ln [(a_2 + b_2)/(a_1 + b_1)]}.$$

2.15. Der Fundamentalsatz der konformen Abbildung

Wir haben bereits erwähnt, daß, sofern wir für einen gegebenen Bereich das Problem der Elektrostatik gelöst, also das System der Äquipotentiallinien und Kraftlinien gefunden haben, dieses Liniensystem bei einer konformen Abbildung wieder in aufeinander senkrechte Systeme der Äquipotential- und Kraftlinien übergeht. Daraus folgt natürlich auch die Lösung eines anderen physikalischen Problems. Die Grundkurve der zylindrischen Elektrode wird jetzt auf irgendeine Linie dieses neuen Systems der Äquipotentiallinien abgebildet. Unsere Aufgabe spezifiziert sich also dahingehend, daß wir einen bekannten Bereich — z. B. das Innere eines Zylinders, dessen Grundkurve der Einheitskreis ist — auf einen beliebigen, durch die Grundkurve der gegebenen zylindrischen Elektrode bestimmten Bereich abbilden müssen. Ist dies aber immer möglich? Nach dem Riemannschen Fundamentalsatz der konformen Abbildung kann man jeden beliebigen einfach zusammenhängenden Bereich mit mindestens zwei Randpunkten umkehrbar eindeutig auf das Innere des Einheitskreises konform abbilden. Hieraus folgt natürlich sofort, daß jeder beliebige einfach zusammenhängende Bereich ebenfalls auf einen anderen beliebigen einfach zusammenhängenden Bereich abgebildet werden kann. Die Abbildung wird eindeutig, wenn wir dabei einen zum gegebenen Innenpunkt gehörenden Bildpunkt und eine zur in jenem Punkt angenommenen Richtung gehörende Richtung angeben. An Stelle dieser Angaben ist auch die Angabe von beliebigen anderen drei reellen einander entsprechenden Zahlen hinreichend. Da die Punkte der Randkurve durch je eine Angabe vollständig bestimmt sind, können wir also die Lage von drei auf dem Rande des Bereiches liegenden Punkten ohne die Gefahr einer Überbestimmtheit im Bild angeben.

Das praktische Auffinden der Abbildungen ist im allgemeinen Fall eine sehr schwierige Aufgabe. Für einzelne Spezialfälle dienen besondere Methoden, wie wir im folgenden Kapitel sehen werden. Bei diesen Aufgaben bereitet die Sonderstellung des unendlich fernen Punktes oft eine Schwierigkeit. Wir werden z. B. über den Neigungswinkel der dort zusammentreffenden Geraden sprechen. Es ist dann zweckmäßig, die Riemannsche Zahlenkugel einzuführen. Statt in der komplexen Zahlen-

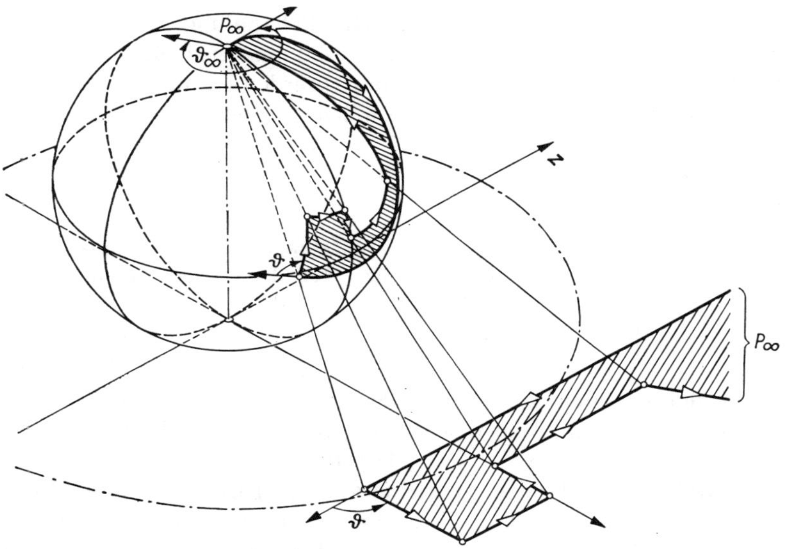

Abb. 2.59 Polygonales Gebiet auf der Riemannschen Zahlenkugel

ebene stellen wir die komplexen Zahlen auf einer auf den Nullpunkt gestellten Kugel (Abb. 2.59) so dar, daß wir den in der Zahlenebene angenommenen Punkt z mit dem über dem Nullpunkt liegenden „Nordpolpunkt“ P_∞ der Kugel verbinden. Wo diese Gerade die Kugel schneidet, liegt das Bild des Punktes z auf der Kugel. So entspricht dem unendlich fernen Punkt der Ebene der Punkt P selbst. Einem in der Zahlenebene angenommenen Bereich entspricht auch auf der Kugel ein Bereich. Die Sonderstellung des unendlich fernen Punktes ist auf der Kugel aufgehoben. Damit ist gleichzeitig auch jener scharfe Unterschied aufgehoben, der zwischen dem Innern und dem Äußern eines Bereiches bestand. Die Kugeloberfläche wird durch jede doppelpunktfreie geschlossene Linie in zwei einfach zusammenhängende Bereiche unterteilt, zwischen denen nur der unwesentliche Unterschied zu verzeichnen ist, daß der unendlich ferne Punkt in dem einen enthalten, im anderen nicht enthalten ist.

Die Relation zwischen der Kugel und der Zahlenebene ist übrigens — wie leicht nachweisbar — winkeltreu. Zwei Kurven schneiden sich in der Ebene unter dem gleichen Winkel wie deren Bilder auf der Kugel. Im folgenden werden wir diese Eigenschaften benutzen.

2.16. Das Feld von Elektroden mit polygonaler Grundkurve

Wir begegnen in der Praxis häufig eckigen Elektroden. Diese können durch Zylinder mit polygonaler Grundkurve angenähert werden. Die Behandlung von Aufgaben dieses Typs wird durch die Schwarz-Christoffelsche Abbildung ermöglicht, mit der eine Halbebene in einen polygonalen Bereich überführt werden kann. Bevor wir die Abbildung selbst behandeln, untersuchen wir, von welcher Abbildung wir die Über-

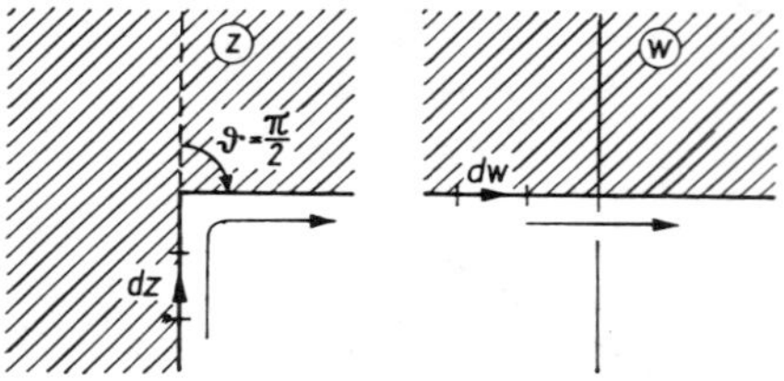

Abb. 2.60 Die Abbildung $z = w^{3/2}$ bildet einen sektorförmigen Teil der z-Ebene auf die obere Hälfte der w-Ebene ab

führung einer unendlichen Geraden, z. B. der reellen u-Achse der w-Ebene, in eine gebrochene Linie erwarten können. Wir wissen, daß durch die Abbildung $z = w^n$ ein Sektor der w-Ebene, der durch den Winkel α_w bestimmt ist, auf einen Sektor mit dem Winkel $n\alpha_w$ vergrößert ($n > 1$) bzw. verkleinert ($n < 1$) wird. Somit wird die obere Hälfte der w-Ebene, deren Grenzlinie die reelle u-Achse ist, ebenfalls in einen Sektor, also in einen polygonalen Bereich, umgeformt. Als Beispiel untersuchen wir die Abbildung

$$z = w^{3/2}. \tag{1}$$

Der Verschiebung dw in der w-Ebene (Abb. 2.60) entspricht in der z-Ebene die Verschiebung

$$\mathrm{d}z = \frac{3}{2}\, w^{1/2}\, \mathrm{d}w. \tag{2}$$

Die Abbildung führt die positive Hälfte der reellen u-Achse in die positive Hälfte der reellen x-Achse, die negative Hälfte von u, da $\alpha_w = \pi$ ist, in eine um $\alpha_z = (3/2)\,\pi$ geneigte Gerade und die obere Hälfte der w-Ebene in den aus der Abbildung ersichtlichen schraffierten Bereich über. Bewegen wir uns jetzt entlang der (reellen) u-Achse von $-\infty$ nach $+\infty$, so wird der Winkel der so ausgeführten elementaren Bewegung dw

stets Null sein, und damit wird der zu dz gehörige Winkel durch die Gleichung

$$\text{arc } dz = \frac{1}{2} \text{ arc } w + \text{arc } dw = \frac{1}{2} \text{ arc } w \tag{3}$$

bestimmt sein.

Da wir uns entlang der u-Achse fortbewegen, ist der Winkel von w gleich π, solange u und damit w negativ bleibt, und er wird Null, wenn w positiv ist. Damit ergibt sich der Winkel der zur negativen reellen Achse gehörenden Verschiebung dz aus der Beziehung

$$\text{arc } dz = \frac{1}{2} \pi ,$$

was wir bereits früher feststellen konnten. Wenn wir den Winkel von dieser letzteren Seite ab rechnen, so erhalten wir den Außenwinkel des sich nach obiger einfachen Abbildung ergebenden zweiseitigen Polygons:

$$\vartheta = -\frac{\pi}{2} .$$

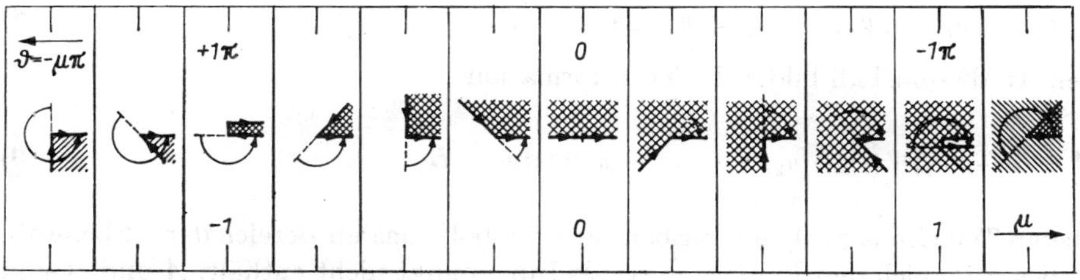

Abb. 2.61 Verschiedenen μ- und ϑ-Werten entsprechende Abbildungen

Aus Abb. 2.61 ersehen wir, welche Abbildungen mit Hilfe der Beziehung

$$dz = w^{\mu}\, dw ; \qquad z = \frac{w^{\mu+1}}{\mu + 1} \tag{4}$$

zu verwirklichen sind.

Wie nun leicht einzusehen ist, wird durch den Differentialquotienten

$$dz = (w - u_1)^{\mu}\, dw , \tag{5}$$

der die reelle Zahl u_1 enthält, eine Abbildung definiert, bei der die u-Achse an der Stelle u_1 unter dem der Abb. 2.61 entsprechenden Winkel „bricht". Die Abbildung

$$dz = A(w - u_1)^{\mu}\, dw , \tag{6}$$

bei der A eine beliebige komplexe Zahl darstellt, verdreht die Spitze des Polygons, und wir können über die Abbildung, die sich nach der Integration der vorherigen zu

$$z = \frac{A(w - u_1)^{\mu+1}}{\mu + 1} + B \tag{7}$$

ergibt, sagen, daß diese die obere Hälfte der w-Ebene in einen sektorförmigen, also polygonalen Bereich der z-Ebene überführt, an dessen Spitze der Außenwinkel

$$\vartheta = -\mu\pi$$

auftritt. Die Lage der einzelnen Seiten hängt in bezug auf die reelle bzw. die imaginäre Achse der z-Ebene von A und B ab.

Nach diesen Ausführungen können wir auch die auf die polygonalen Bereiche bezogene Schwarz-Christoffelsche Abbildung leicht verstehen. Unter einem polygonalen Bereich verstehen wir hier einen Bereich, der von beliebigen Geradenstücken endlicher Anzahl begrenzt wird. Diese Stücke können beliebige Geradenstücke endlicher Länge oder sogar unendliche Geraden sein. So umfaßt dieser Begriff auch die Halbebene, den parallelen Streifen, das Innere oder das Äußere eines Quadrats. Der Schwarz-Christoffelsche Abbildungssatz lautet für diese wie folgt: Auf der reellen Achse der w-Ebene sei das System der reellen Zahlen

$$u_1, u_2, u_3, \ldots, u_r, \ldots, u_n, \qquad u_1 < u_2 < \cdots < u_n \tag{8}$$

gegeben. In diesem Fall bildet die Transformation

$$z = A \int_c^w (w - u_1)^{\mu_1} (w - u_2)^{\mu_2} \cdots (w - u_n)^{\mu_n} \, dw + B \tag{9}$$

den oberen Teil (Im $w > 0$) der w-Ebene auf den polygonalen Bereich der z-Ebene ab, wobei dieser Bereich den Punkt $z = \infty$ als Innenpunkt nicht enthält. A und B sind hier beliebige Konstanten; $\mu_1, \mu_2, \mu_3, \ldots, \mu_n$ sind reelle Zahlen, die einstweilen keinen Einschränkungen unterliegen. Aus den Punkten $u_1, u_2, u_3, \ldots, u_n$ und eventuell $w = \infty$ ergeben sich die Eckpunkte $z_1, z_2, \ldots, z_n$ des Polygons. Zu jedem Eckpunkt gehört ein Außenwinkel $-\mu_r\pi$. Zu dem $w = \infty$ entsprechenden Eckpunkt gehört der Winkel

$$(2 + \sum \mu_r)\, \pi. \tag{10}$$

Wenn dieser Null ist, d. h., wenn

$$-\mu_1 - \mu_2 - \mu_3 \cdots - \mu_n = 2 \tag{11}$$

ist, entspricht dem im Unendlichen befindlichen Punkt kein Eckpunkt, sondern ein Punkt, der auf irgendeiner Seite liegt.

Wir werden nachstehend beweisen, daß obige Abbildung die reelle Achse der w-Ebene tatsächlich in eine gebrochene Linie der z-Ebene überführt. Die Endpunkte der z-Ebene entsprechen den Bildern von $u_1, u_2, \ldots, u_n$, und die Außenwinkel der einander folgenden Polygonseiten sind, in der positiven Richtung gemessen, gleich $-\mu_r\pi$.

Der Differentialquotient der Transformation lautet:

$$\frac{dz}{dw} = A(w - u_1)^{\mu_1} (w - u_2)^{\mu_2} \cdots (w - u_n)^{\mu_n}. \tag{12}$$

Nun bewegen wir uns entlang der reellen Achse der w-Ebene von $-\infty$ nach $+\infty$. Wir stellen fest, welche Verschiebung dz in der z-Ebene der Verschiebung dw auf der reellen Achse der w-Ebene entspricht.

Wir können sofort sagen, daß

$$dz = A(w - u_1)^{\mu_1} (w - u_2)^{\mu_2} \cdots (w - u_n)^{\mu_n}\, dw \tag{13}$$

gilt, und wissen, daß der Winkel der Verschiebung dw, da diese jetzt eine positive reelle Zahl darstellt, stets gleich Null ist, also:

$$\operatorname{arc} dw = 0.$$

Da der Winkel eines Produktes durch Addition der Winkel der Faktoren, der einer Potenz durch Multiplikation des Winkels der Basis mit dem Exponenten bestimmt wird, ergibt sich für den Winkel von dz

$$\operatorname{arc} dz = \operatorname{arc} A + \mu_1 \operatorname{arc} (w - u_1) + \mu_2 \operatorname{arc} (w - u_2) + \cdots + \mu_n \operatorname{arc} (w - u_n). \tag{14}$$

Zu berücksichtigen ist noch, daß das Argument der Differenz $(w - u_r)$ so lange Null bleibt, wie wir uns mit dem Laufpunkt w rechts von dem betreffenden Punkt u_r befinden. So lange ist nämlich $(w - u_r)$ eine positive Zahl; dadurch verschwindet deren Argument. Dagegen wird das Argument von $(w - u_r)$ gleich π, wenn wir uns links von dem Punkt u_r befinden, weil in diesem Fall $(w - u_r)$ eine negative Zahl ist, deren Argument gerade π beträgt. Wir können also schreiben:

$$\operatorname{arc} (w - u_r) = \begin{cases} 0, & \text{wenn} \quad w > u_r, \\ \pi, & \text{wenn} \quad w < u_r. \end{cases} \tag{15}$$

Das Argument von dz bezeichnen wir mit φ_r für den Fall, daß für den Laufpunkt folgende Ungleichung besteht:

$$u_r < w < u_{r+1}.$$

Wir bewegen uns also auf dem in Abb. 2.62b dick eingezeichneten Abschnitt. Auf Grund unserer bisherigen Überlegungen können wir sagen, daß folgendes gilt:

$$\varphi_r = \operatorname{arc} A + \pi(\mu_{r+1} + \mu_{r+2} + \cdots + \mu_n). \tag{16}$$

Es entfallen natürlich sämtliche Werte von $(w - u_i)$, bei denen u_i links vom Laufpunkt liegt. Der Neigungswinkel φ_r ist durch das gesamte Intervall $u_r < w < u_{r+1}$ hindurch konstant. Somit geht dieses Intervall tatsächlich in ein Geradenstück über.

Wenn wir jetzt den Wert von φ_{r+1} angeben, wobei φ_{r+1} das Argument von dz für den Fall bedeutet, daß $u_{r+1} < w < u_{r+2}$ ist, so erhalten wir eine der vorherigen ganz ähnliche Beziehung

$$\varphi_{r+1} = \operatorname{arc} A + \pi(\mu_{r+2} + \cdots + \mu_n). \tag{17}$$

Die Differenz der beiden beträgt:

$$\varphi_{r+1} - \varphi_r = \vartheta_{r+1} = -\pi\mu_{r+1}. \tag{18}$$

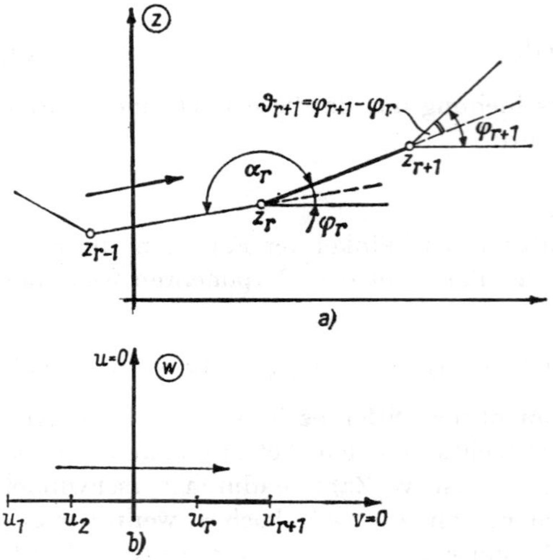

Abb. 2.62 Zur Ableitung der Schwarz-Christoffelschen Formel

Dieser ϑ_{r+1}-Wert ergibt gerade den in der positiven Richtung gemessenen Außenwinkel.

Die Potenzen μ_r können wir auch mit Hilfe der Innenwinkel ausdrücken. Die Summe des Außen- und Innenwinkels beträgt nämlich π. Dadurch wird

$$\alpha_r - \pi\mu_r = \pi, \tag{19}$$

woraus

$$\mu_r = \frac{\alpha_r}{\pi} - 1 \tag{20}$$

folgt.

Wir sehen also, daß die Transformation (9) die einzelnen Intervalle u_r, u_{r+1} in der z-Ebene tatsächlich in Geradenstücke überführt und die durch die einander folgenden Geradenstücke gebildeten Winkel gerade $-\mu_r\pi$ betragen, wie wir es behauptet haben.

Die Bedingung dafür, daß dieses Polygon geschlossen ist, lautet, daß die Summe der Außenwinkel 2π beträgt, d. h.,

$$-\mu_1\pi - \mu_2\pi - \cdots - \mu_n\pi = 2\pi \tag{21}$$

oder noch einfacher geschrieben,

$$-\sum_{r=1}^{n} \mu_r = 2. \tag{22}$$

Besteht diese Gleichung nicht, so wird auch der Punkt $w = \infty$, wie wir es hier ohne Beweis angeben, in einen Eckpunkt mit dem Außenwinkel

$$\left(2 + \sum_{r=1}^{n} \mu_r\right) \pi \tag{23}$$

überführt.

Drücken wir den Differentialquotienten der Abbildung durch die Innenwinkel aus, so gilt

$$\frac{\mathrm{d}z}{\mathrm{d}w} = A(w - u_1)^{\frac{\alpha_1}{\pi}-1} (w - u_2)^{\frac{\alpha_2}{\pi}-1} \cdots (w - u_n)^{\frac{\alpha_n}{\pi}-1}. \tag{24}$$

Daraus folgt:

$$z = A \int_{c}^{w} (w - u_1)^{\frac{\alpha_1}{\pi}-1} (w - u_2)^{\frac{\alpha_2}{\pi}-1} \cdots (w - u_n)^{\frac{\alpha_n}{\pi}-1} \,\mathrm{d}w + B. \tag{25}$$

Für die untere Grenze der Integration können wir einen beliebigen Punkt in der oberen Hälfte der w-Ebene wählen. Der Integrationsweg soll aber ganz in der oberen Hälfte der w-Ebene liegen. Die eventuellen singulären Punkte der Abbildung liegen auf der reellen Achse gerade in den bezeichneten Eckpunkten, und somit hängt der Wert eines Linienintegrals in der oberen Halbebene nur von der oberen Grenze ab.

Wir berechnen jetzt die Anzahl der in der Abbildung vorkommenden Konstanten unter der Voraussetzung, daß diese ein geschlossenes Polygon ergeben. Die Anzahl der u_i sei n, die Anzahl der μ_i sei $n - 1$ (infolge der Bedingungsgleichung (22) verringert sich deren Anzahl um 1). Da ferner A und B komplexe Zahlen sind, erhalten wir also vier reelle Konstanten. Dies ergibt insgesamt $n + n - 1 + 4 = 2n + 3$ Konstanten. Zur Eindeutigkeit der Transformation können wir drei beliebig angeben. Es verbleiben $2n$ unabhängige Bestimmungsparameter, gerade so viel, um die Lage eines n-seitigen Polygons in der z-Ebene eindeutig anzugeben.

Die Bestimmung der Konstanten stößt in konkreten Fällen auf Schwierigkeiten. Die Eckpunkte des Polygons sind in der z-Ebene gegeben. Aus den gegebenen Außen- oder Innenwinkeln können wir auch den Wert von μ_i ablesen. Von den zu den

Eckpunkten gehörenden u_i-Werten können wir aber höchstens drei frei wählen. Die übrigen Konstanten, auch die Konstanten A und B, ergeben sich zwangsläufig, aber gerade bei der Bestimmung dieser nichtwählbaren Konstanten stoßen wir auf die erwähnten Schwierigkeiten.

2.17. Beispiele für die Anwendung der Schwarz-Christoffelschen Abbildung

Im folgenden werden wir einige Spezialfälle der Schwarz-Christoffelschen Abbildung behandeln.

1. Beispiel. Wir bestimmen die Abbildung, die das in der z-Ebene liegende rechtwinklige Parallelogramm in die reelle Achse der w-Ebene überführt (Abb. 2.63).

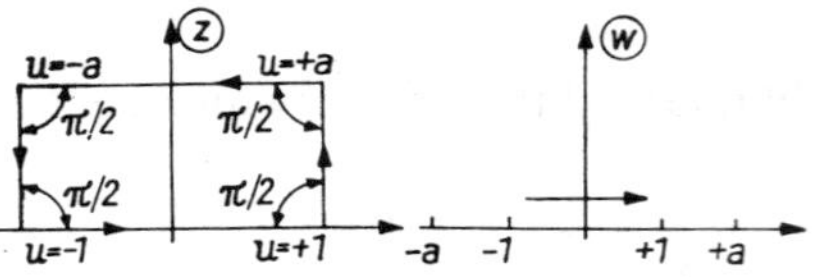

Abb. 2.63 Abbildung eines rechtwinkligen Parallelogramms mit Hilfe der Schwarz-Christoffelschen Formel auf die reelle Achse der w-Ebene

Die symmetrische Anordnung des Parallelogramms macht die Annahme plausibel, daß die den einzelnen Eckpunkten entsprechenden Punkte u_i um den Nullpunkt der reellen Achse symmetrische Lagen einnehmen. Wir können die beiden Innenpunkte ohne jede Einschränkung der Allgemeinheit zu -1 und $+1$ wählen. Der Innenwinkel wird überall

$$\alpha_i = \frac{\pi}{2} \qquad (i = 1, 2, 3, 4)$$

sein. Damit ist die gesuchte Transformation, da $\frac{\alpha_i}{\pi} - 1 = -\frac{1}{2}$, die folgende:

$$z = A \int_c^w (w + a)^{-1/2} (w + 1)^{-1/2} (w - 1)^{-1/2} (w - a)^{-1/2} \, \mathrm{d}w + B. \tag{1}$$

Sie kann auch in folgender Form geschrieben werden:

$$z = A \int_c^w \frac{\mathrm{d}w}{\sqrt{(w^2 - a^2)(w^2 - 1)}} + B = \frac{A}{a} \int_c^w \frac{\mathrm{d}w}{\sqrt{(1 - w^2)\left(1 - \frac{1}{a^2} w^2\right)}} + B. \tag{2}$$

Wir können sehen, daß die gesuchte Abbildung durch ein elliptisches Integral ausgeführt wird.

Wir wollen nun untersuchen, welches elektrostatische Problem mit ihr gelöst wird, d. h., für welche Ladungsanordnung die Kurven $u = \text{const}$ und $v = \text{const}$ die Äquipotential- bzw. Kraftlinien darstellen. Die physikalischen Überlegungen fördern auch die Lösungen von mathematischen Problemen und umgekehrt. Das Netz $u = \text{const}$ und $v = \text{const}$ der oberen Hälfte der w-Ebene ist das Feld einer im unendlich fernen Punkt angebrachten Ladung. Der unendlich ferne Punkt wurde aus Symmetriegründen in den Schnittpunkt der oberen Kante mit der y-Achse transformiert. Die Linien $u = \text{const}$ und $v = \text{const}$ gingen in der w-Ebene durch den unendlich fernen Punkt, gehen jetzt also durch den Bildpunkt des unendlichen fernen Punktes. Es ist im ersten Moment erstaunlich, daß die Potentiallinien verschiedener Werte in einem Punkt zusammentreffen, aber noch erstaunlicher, daß auch die Kraftlinien sich im selben Punkt schneiden. Dieser Tatsache sind wir aber schon begegnet. Das Feld des Dipols (ganz gleich, ob ein Punkt-, ein Linien- oder Flächendipol) besitzt die gleiche Eigenschaft. Obige Aufgabe ergibt also das Feld einer der Mitte der oberen Seite unendlich nahe gebrachten Linienladung.

Die praktische Anwendung dieser Abbildung werden wir bei der Spiegelung sehen, wenn wir im Innern eines rechtwinkligen Zylinders eine Linienladung anbringen. Mit Hilfe von solchen Abbildungen kann das elektrische Feld einer beliebigen Anode polygonaler Form und der darin untergebrachten Katode behandelt werden.

2. Beispiel. Wir betrachten weiterhin die Abbildung des durch die Linie $ABCDE$ dargestellten Polygons gemäß Abb. 2.64 auf die w-Ebene. Wegen der Symmetrieanordnung ist es naheliegend, daß die Punkte B und D auf der reellen Achse der w-Ebene symmetrisch liegen.

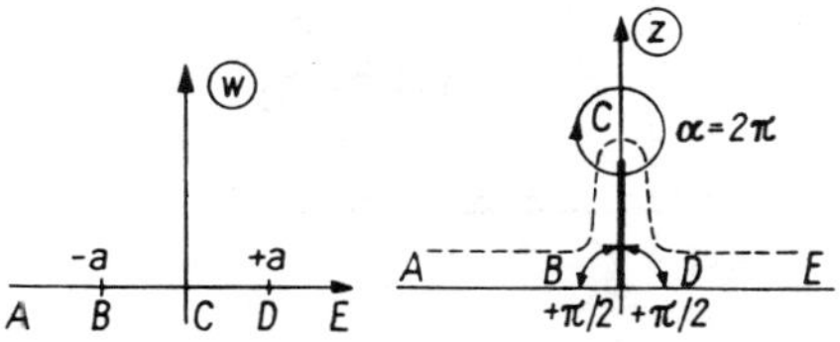

Abb. 2.64 Ermittlung der Abbildung, die das Kraftfeld einer aus der unendlichen Ebene herausragenden Kante darstellt, mit Hilfe der Schwarz-Christoffelschen Formel

Die Innenwinkel sind der Reihe nach

$$\alpha_B = +\frac{\pi}{2}; \qquad \alpha_C = +2\pi; \qquad \alpha_D = +\frac{\pi}{2}. \tag{3}$$

Also wird die Abbildung

$$\frac{dz}{dw} = A(w + a)^{-1/2}\, w(w - a)^{-1/2} \tag{4}$$

sein. Daraus folgt

$$z = A \int\limits_{c}^{w} \frac{w \, \mathrm{d}w}{\sqrt{w^2 - a^2}} + B = A' \sqrt{w^2 - a^2} + B'. \tag{5}$$

Dieses Integral kann also explicite ausgewertet werden.

Diese Lösung kann angewendet werden, wenn aus einer Ebene von konstantem Potential eine Kante herausragt. Deren Kraftfeld ist aus Abb. 2.65 ersichtlich.

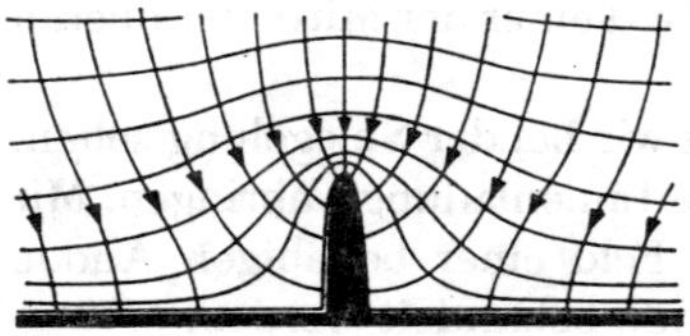

Abb. 2.65 System der Äquipotentialflächen und Kraftlinien bei einer aus der unendlichen Ebene herausragenden Kante

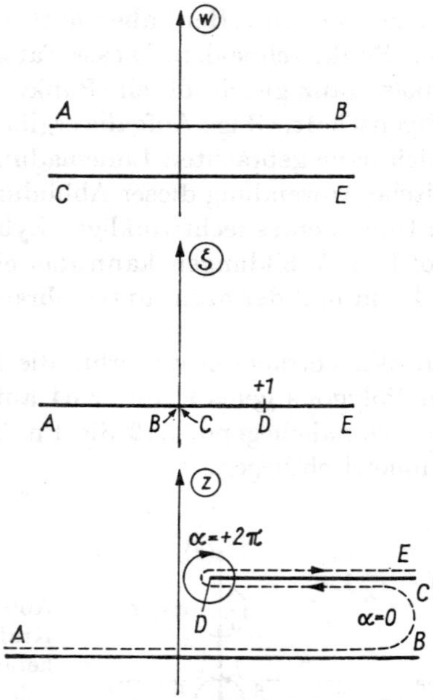

Abb. 2.66 Ermittlung der Abbildung zur angenäherten Berechnung eines am Kondensatorrand auftretenden Streufeldes

3. Beispiel. Als letztes Beispiel bilden wir in der z-Ebene die in Abb. 2.66 dargestellte gebrochene Linie $ABCDE$ auf die reelle Achse der ξ-Ebene ab. Dabei sollen den Punkten B, C der Punkt $\xi = 0$, dem Punkt D der Punkt $\xi = 1$ entsprechen. Die Innenwinkel sind der Reihe nach

$$\alpha_{BC} = 0; \quad \alpha_D = 2\pi,$$

damit wird die Transformation

$$\frac{\mathrm{d}z}{\mathrm{d}\xi} = A\xi^{-1}(\xi - 1) = A\left(1 - \frac{1}{\xi}\right) \tag{6}$$

sein. Diese kann integriert werden, und das Ergebnis lautet:

$$z = A(\xi - \ln \xi) + B. \tag{7}$$

Wir müssen uns nun noch erinnern, daß durch die Abbildung

$$w = \ln \xi; \qquad \xi = e^w \tag{8}$$

die Gerade $v = \pi$ der w-Ebene in die negative Hälfte der reellen Achse der ξ-Ebene, die Gerade $v = 0$ hingegen in die positive Hälfte überführt wird. Wenn wir also die Abbildungen

$$z = A(\xi - \ln \xi) + B, \qquad w = \ln \xi \tag{9}$$

der Reihe nach anwenden, so werden schließlich die Gerade $v = \pi$ der w-Ebene in die Gerade DE der z-Ebene und die Gerade $v = 0$ in die Gerade AB transformiert. Also stellt der Imaginärteil der Abbildung

$$z = A(e^w - w) + B$$

jenes elektrische Feld dar, das durch eine Ebene mit dem Potential Null und durch eine über dieser in gegebenem Abstand befindliche Halbebene mit dem Potential π

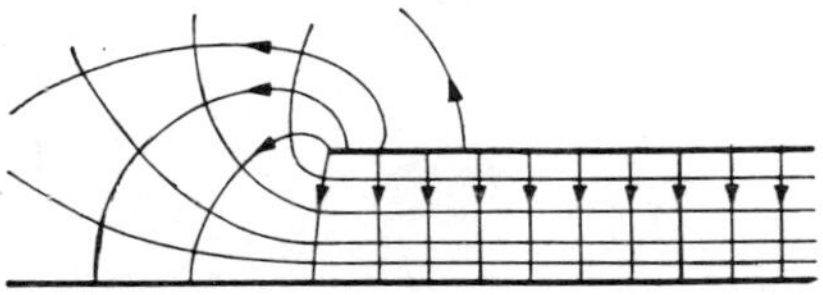

Abb. 2.67 Am Kondensatorrand auftretendes System der Äquipotentialflächen und Kraftlinien

erzeugt wird. Der qualitative Verlauf dieses Kraftfeldes ist aus Abb. 2.67 ersichtlich. Konstruieren wir dessen Spiegelbild, so erhalten wir die Feldstärken- bzw. Spannungsverhältnisse, die am Rand der Platten eines in der anderen Richtung unendlich ausgedehnten Plattenkondensators herrschen. Wir bemerken hier nur noch, daß die genaue Behandlung des Plattenkondensators endlichen Ausmaßes selbst im einfachsten kreissymmetrischen Fall auf große Schwierigkeiten stößt.

D. Zylindersymmetrische Felder

2.18. Berechnung des elektrostatischen Feldes zylindersymmetrischer Elektrodenanordnungen durch Trennung der Variablen

Wenn die Elektroden zylindersymmetrisch angeordnet sind, ist es zweckmäßig, Zylinderkoordinaten einzuführen. In diesen Fällen ist nämlich zu erwarten, daß auch das Feld zylindersymmetrisch sein wird, also nicht vom Winkel φ abhängt. Dies bedeutet eine beträchtliche Vereinfachung der Laplaceschen Gleichung. Wie wir wissen, besitzt die Laplacesche Gleichung in Zylinderkoordinaten folgende Form:

$$\frac{1}{r}\frac{\partial}{\partial r}\left(r\frac{\partial U}{\partial r}\right)+\frac{1}{r^2}\frac{\partial^2 U}{\partial \varphi^2}+\frac{\partial^2 U}{\partial z^2}=0. \tag{1}$$

Als Symmetrieachse wählen wir natürlich die z-Achse. Da die Spannungsverteilung nicht vom Winkel φ abhängt, also $\partial/\partial\varphi = 0$ ist, wird die Laplacesche Gleichung die folgende Form besitzen:

$$\frac{1}{r}\frac{\partial}{\partial r}\left(r\frac{\partial U}{\partial r}\right)+\frac{\partial^2 U}{\partial z^2}=\frac{\partial^2 U}{\partial r^2}+\frac{1}{r}\frac{\partial U}{\partial r}+\frac{\partial^2 U}{\partial z^2}=0. \tag{2}$$

In dieser Gleichung ist das Potential U nur noch eine Funktion von r und z, d. h.:

$$U = U(r, z). \tag{3}$$

Die zylindersymmetrische Laplacesche Gleichung können wir am zweckmäßigsten durch Trennung der Variablen lösen, obgleich wir später noch andere Lösungsmethoden kennenlernen werden. Diese Methode, die bei der Lösung von partiellen Differentialgleichungen eine große Rolle spielt, besteht — wie wir schon wissen — darin, daß die Lösung als Produkt von zwei Funktionen angenommen wird, von denen jede nur von einer Veränderlichen abhängt. Also gilt:

$$U(r, z) = R(r)\, Z(z)\,. \tag{4}$$

Durch Einsetzen dieser Funktion in die Laplacesche Gleichung erhält man

$$Z \frac{\mathrm{d}^2R}{\mathrm{d}r^2} + \frac{1}{r} Z \frac{\mathrm{d}R}{\mathrm{d}r} + R \frac{\mathrm{d}^2Z}{\mathrm{d}z^2} = 0\,. \tag{5}$$

Dividieren wir durch $R(r)\, Z(z)$, so ergibt sich

$$\frac{1}{R} \frac{\mathrm{d}^2R}{\mathrm{d}r^2} + \frac{1}{r} \frac{1}{R} \frac{\mathrm{d}R}{\mathrm{d}r} = -\frac{1}{Z} \frac{\mathrm{d}^2Z}{\mathrm{d}z^2}\,. \tag{6}$$

Auf der linken Seite dieser Gleichung stehen lediglich Größen, die von der Koordinate r abhängen, während auf der rechten Seite alle Größen von z abhängen. Die beiden Seiten können einander nur gleich sein, wenn sowohl die eine als auch die andere Seite konstant ist, wenn also beide denselben konstanten Wert besitzen:

$$\frac{1}{Z} \frac{\mathrm{d}^2Z}{\mathrm{d}z^2} = k^2; \qquad \frac{1}{R} \frac{\mathrm{d}^2R}{\mathrm{d}r^2} + \frac{1}{r} \frac{1}{R} \frac{\mathrm{d}R}{\mathrm{d}r} = -k^2\,. \tag{7}$$

Damit erhalten wir zwei gewöhnliche Differentialgleichungen zur Bestimmung der unbekannten Funktionen $Z(z)$ und $R(r)$.

Die Lösung der ersten Differentialgleichung kennen wir bereits:

$$Z(z) = A\, \mathrm{e}^{kz} + B\, \mathrm{e}^{-kz}\,. \tag{8}$$

Ist k reell, so ist es manchmal zweckmäßig, die Lösung in folgender Form anzugeben:

$$Z(z) = A \cosh kz + B \sinh kz\,. \tag{9}$$

Ist k hingegen imaginär, also $k^2 = -\varkappa^2$, wobei $\varkappa$ reell ist, so wird

$$Z(z) = A \cos \varkappa z + B \sin \varkappa z\,. \tag{10}$$

Wir müssen noch hinzufügen, daß bei beliebigen k-Werten die allgemeine Lösung in einer beliebigen Form dieser drei Gleichungen aufgeschrieben werden kann, nur werden die Konstanten dann entsprechend anders gewählt.

Die zur Bestimmung der Funktion $R(r)$ dienende Differentialgleichung kommt ebenso wie die zur Bestimmung von $Z(z)$ dienende Gleichung bei sehr vielen Problemen der Physik vor. Die Lösungen der vorhergehenden Differentialgleichung untersuchte zuerst Bessel. Deshalb wird diese Differentialgleichung die *Besselsche Differentialgleichung* genannt, während ihre Lösungen als *Besselsche Funktionen* bezeichnet werden. Eine partikuläre Lösung der obigen Differentialgleichung ist die

Besselsche Funktion nullter Ordnung: Diese wird im allgemeinen mit J_0 bezeichnet. Ihr Argument ist in der obigen Differentialgleichung kr. Also lautet die Lösung $J_0(kr)$. Um die vollständige Lösung zu erhalten, müssen wir noch eine von dieser unabhängige Lösung finden. Dies ist die *Neumannsche Funktion* nullter Ordnung, ebenfalls mit dem Argument kr. Ihre Bezeichnung ist: $N_0(kr)$. Damit wird die allgemeine Lösung unserer zur Bestimmung von $R(r)$ dienenden Differentialgleichung

$$R(r) = CJ_0(kr) + DN_0(kr). \tag{11}$$

Sofern k rein imaginär ist, also $k^2 = -\varkappa^2$, wird die Lösung $J_0(kr) = J_0(\mathrm{j}\varkappa r)$ sein. Diese Funktion ist, wie wir im nächsten Kapitel sehen werden, ebenfalls reell.

Nach dem eben Gesagten gilt für die Potentialverteilung die Lösung

$$U(z, r) = Z(z)\, R(r) = [A \cosh kz + B \sinh kz]\, [CJ_0(kr) + DN_0(kr)]. \tag{12}$$

Dies ist die Lösung unserer ursprünglichen Gl. (2) im Fall beliebiger Konstanten k. Wir stoßen auf die verschiedensten Lösungen, wenn wir die Werte von k verschieden wählen. Eine Lösungsart der Probleme ist die, den Wert von k beliebig anzunehmen und zu untersuchen, auf welchen Flächen die sich ergebende Lösung einen konstanten Potentialwert annimmt. Damit können wir auch feststellen, für welche Elektrodenanordnungen diese Lösung verwendbar ist.

Wir wissen, daß die Laplacesche Gleichung eine lineare Gleichung ist. Haben wir also zwei Lösungen gefunden, so wird auch deren Summe eine Lösung sein. Wollen wir eine allgemeine zylindersymmetrische Lösung mit den vorgeschriebenen Randbedingungen erhalten, so müssen wir diese unter den Lösungen

$$U(z, r) = \sum_k [A_k \cosh kz + B_k \sinh kz]\, [C_k J_0(kr) + D_k N_0(kr)] \tag{13}$$

suchen und die in dieser Summe vorkommenden Werte von k und $A_k \cdots D_k$ mit Hilfe der Grenzbedingungen bestimmen.

Die Werte von k bilden sehr oft keine diskrete Zahlenmenge, sondern verteilen sich stetig. Wir werden die Lösung also in der Form

$$U(z, r) = \int_k [A(k) \cosh kz + B(k) \sinh kz]\, [C(k)\, J_0(kr) + D(k)\, N_0(kr)]\, \mathrm{d}k \tag{14}$$

oder, falls $k^2 = -\varkappa^2$,

$$U(z, r) = \int_\varkappa [A(\varkappa) \cos \varkappa z + B(\varkappa) \sin \varkappa z]\, [C(\varkappa)\, J_0(\mathrm{j}\varkappa r) + D(\varkappa)\, N_0(\mathrm{j}\varkappa r)]\, \mathrm{d}\varkappa \tag{15}$$

erhalten.

Bevor wir aber die bisherigen Lösungen auf konkrete praktische Aufgaben anwenden, werden wir im folgenden Kapitel kurz die Eigenschaften der Besselschen Funktionen erklären, wie wir sie für die Lösung dieser Probleme sowie für die Behandlung von späteren Aufgaben benötigen.

2.19. Die Lösung der Besselschen Differentialgleichung. Eigenschaften der Besselschen Funktionen [1. 23, 24]

2.19.1. Bestimmung der Reihen der Besselschen Funktionen erster und zweiter Art

Wir suchen die zylindersymmetrischen Lösungen der in Zylinderkoordinaten gegebenen Laplaceschen Gleichung. Dazu betrachten wir die folgende Differentialgleichung:

$$\frac{d^2R}{dr^2} + \frac{1}{r}\frac{dR}{dr} + k^2R = 0. \tag{1}$$

Unter Einführung der durch die Gleichung $\varrho = kr$ definierten neuen unabhängigen Veränderlichen und unter Berücksichtigung, daß

$$r = \frac{\varrho}{k}; \quad dr = \frac{d\varrho}{k},$$

erhalten wir folgende Gleichung:

$$\frac{d^2R(\varrho)}{d\varrho^2} + \frac{1}{\varrho}\frac{dR(\varrho)}{d\varrho} + R(\varrho) = 0. \tag{2}$$

Diese Differentialgleichung bildet einen Spezialfall der folgenden sogenannten Besselschen Differentialgleichung:

$$\frac{d^2y}{dx^2} + \frac{1}{x}\frac{dy}{dx} + \left(1 - \frac{n^2}{x^2}\right) y = 0. \tag{3}$$

Es ist üblich, diese Gleichung auch in nachstehender Form zu schreiben:

$$x^2\frac{d^2y}{dx^2} + x\frac{dy}{dx} + (x^2 - n^2)\, y = 0 \tag{4}$$

oder, noch anders,

$$x\frac{d}{dx}\left(x\frac{dy}{dx}\right) + (x^2 - n^2)\, y = 0. \tag{5}$$

Da wir es später auch mit den Lösungen dieser allgemeineren Form zu tun haben werden, ist es notwendig, uns auch mit dieser zu befassen. n bedeutet hier vorläufig eine reelle positive, nicht notwendig ganze Zahl.

Wir versuchen nun, unsere Differentialgleichung mit Hilfe der folgenden unendlichen Reihe zu befriedigen:

$$y = x^s \sum_{\lambda=0}^{\infty} a_\lambda x^\lambda . \tag{6}$$

In dieser Beziehung haben wir vorausgesetzt, daß $a_0 \neq 0$.

Wenn wir die vorgeschriebenen Operationen vornehmen, erhalten wir nach Einsetzen der Identitäten

$$x \frac{\mathrm{d}}{\mathrm{d}x} x^\lambda = \lambda x^\lambda ; \qquad x^2 \frac{\mathrm{d}^2}{\mathrm{d}x^2} x^\lambda = \lambda(\lambda - 1) x^\lambda \tag{7}$$

in die Differentialgleichung folgende Gleichung:

$$\sum_{\lambda=0}^{\infty} [(\lambda + s)^2 + (x^2 - n^2)] a_\lambda x^{\lambda+s} = 0 . \tag{8}$$

Da die linke Seite für alle Werte von x Null ist, folgt, daß sämtliche Koeffizienten der unendlichen Reihe für sich gleich Null sein müssen. So erhalten wir z. B. für den Koeffizienten der Potenz $(\lambda + s)$ folgende Beziehung:

$$a_\lambda[(\lambda + s)^2 - n^2] + a_{\lambda-2} = 0 \qquad (\lambda = 0, 1, 2, \ldots) . \tag{9}$$

Diese Beziehung ist für sämtliche Werte von λ richtig. Damit haben wir eine Rekursionsformel zur Bestimmung der einzelnen Koeffizienten, unter Berücksichtigung, daß

$$a_{-1} = a_{-2} = 0 ,$$

gefunden. Für den Koeffizienten a_0 gilt, da jetzt $\lambda = 0$ ist,

$$a_0(s^2 - n^2) = 0 , \tag{10}$$

und daraus folgt

$$s = \pm n , \tag{11}$$

da nach Voraussetzung $a_0 \neq 0$.

Die zur Bestimmung des zweiten Koeffizienten dienende Gleichung lautet:

$$a_1[(1 + s)^2 - n^2] = 0 , \tag{12}$$

woraus die Beziehung $a_1 = 0$ folgt. Aus der letzteren Tatsache ist auch ersichtlich, daß wegen der Gültigkeit der Rekursionsformel sämtliche Glieder mit ungeraden Indizes verschwinden müssen.

Wählen wir zuerst den Wert von s zu $+n$, dann wird die Rekursionsformel folgende Form besitzen:

$$a_\lambda[(\lambda + n)^2 - n^2] + a_{\lambda-2} = 0; \qquad a_\lambda = -\frac{a_{\lambda-2}}{\lambda(2n + \lambda)}. \tag{13}$$

Aus dieser Beziehung können die Werte der einzelnen Koeffizienten ermittelt werden, da wegen

$$a_0 = a_0, \qquad a_4 = \frac{a_0}{4(2n+4)\,2(2n+2)}, \tag{14}$$

$$a_2 = -\frac{a_0}{2(2n+2)}, \qquad a_6 = -\frac{a_0}{6(2n+6)\,4(2n+4)\,2(2n+2)}$$

die Lösung der Differentialgleichung gegeben ist zu

$$y = a_0\left[x^n - \frac{x^{n+2}}{2^2(n+1)} + \frac{x^{n+4}}{2^4(n+1)\,(n+2)\,2!} + \cdots + \frac{(-1)^\lambda\, x^{n+2\lambda}}{2^{2\lambda}(n+1)\,(n+2)\cdots(n+\lambda)\,\lambda!} + \cdots\right]. \tag{15}$$

Damit der Wert der Funktion vollständig definiert wird, ist es üblich, den Wert von a_0 folgendermaßen zu wählen:

$$a_0 = \frac{1}{2^n\,\Pi(n)}, \tag{16}$$

wobei $\Pi(n)$ die Gaußsche Π-Funktion (Fakultätfunktion) darstellt, deren Wert, wenn n eine positive ganze Zahl ist,

$$\Pi(n) = n! \tag{16a}$$

beträgt, also mit der gewöhnlichen Fakultät übereinstimmt. Bei einer solchen Wahl der Konstante a_0 kann die eine partikuläre Lösung der Besselschen Differentialgleichung folgendermaßen angegeben werden:

$$J_n(x) = \sum_{\lambda=0}^{\infty} \frac{(-1)^\lambda}{\Pi(\lambda)\,\Pi(n+\lambda)}\left(\frac{x}{2}\right)^{n+2\lambda}. \tag{17}$$

Diese Reihe ist für sämtliche Werte von x konvergent und ergibt die *Besselsche Funktion n-ter Ordnung und erster Art.*

Unsere Überlegungen bleiben auch richtig, wenn wir den anderen durch Gl. (11) definierten Wert von s, also $-n$, nehmen. So gelangen wir zur anderen partikulären

Lösung der Besselschen Differentialgleichung

$$J_{-n}(x) = \sum_{\lambda=0}^{\infty} \frac{(-1)^\lambda}{\Pi(\lambda)\,\Pi(\lambda - n)} \left(\frac{x}{2}\right)^{2\lambda - n}. \tag{18}$$

Es kann leicht bewiesen werden, daß diese beiden Lösungen linear unabhängig sind, wenn n keine ganze Zahl ist. Also erhalten wir in diesem Fall die allgemeine Lösung der Besselschen Differentialgleichung in folgender Form:

$$y = C_1 J_n(x) + C_2 J_{-n}(x). \tag{19}$$

Falls n eine ganze Zahl ist, kommt in den ersten n Gliedern der Reihe der Funktion $J_{-n}(x)$ der Ausdruck

$$\frac{1}{\Pi(\lambda - n)}, \qquad \lambda = 0, 1, 2, \ldots, n - 1 \tag{20}$$

vor, der den Kehrwert der bei negativen ganzen Zahlen angenommenen Werte der Fakultätsfunktion bildet und als solcher verschwindet. Somit wird

$$J_{-n}(x) = \sum_{\lambda=n}^{\infty} \frac{(-1)^\lambda}{\Pi(\lambda)\,\Pi(\lambda - n)} \left(\frac{x}{2}\right)^{2\lambda - n}. \tag{21}$$

Führen wir in diese Beziehung die Bezeichnung $\mu = \lambda - n$ ein, so bekommen wir folgende Beziehung:

$$J_{-n}(x) = \sum_{\mu=0}^{\infty} \frac{(-1)^{\mu+n}}{\Pi(\mu + n)\,\Pi(\mu)} \left(\frac{x}{2}\right)^{2\mu + n} = (-1)^n J_n(x), \tag{22}$$

woraus wir sofort sehen, daß die beiden partikulären Lösungen der Besselschen Differentialgleichung voneinander nicht unabhängig sind.

Wenn also der in der Differentialgleichung vorkommende Parameter n eine ganze Zahl ist, muß neben der partikulären Lösung $J_n(x)$ auch noch eine andere partikuläre Lösung gesucht werden, die von dieser linear unabhängig ist. Untersuchen wir deshalb nachstehende Funktion:

$$N_\nu(x) = \frac{\cos \nu\pi \cdot J_\nu(x) - J_{-\nu}(x)}{\sin \nu\pi}. \tag{23}$$

Sofern ν keine ganze Zahl ist, wird diese Funktion ebenfalls eine Lösung der Gleichung ν-ter Ordnung sein, da sie eine lineare Kombination der beiden voneinander unabhängigen partikulären Lösungen der Besselschen Differentialgleichung darstellt. Wir erhalten jedoch einen unbestimmten Wert, falls $\nu = n$ eine ganze Zahl ist. Dann wird nämlich

$$J_n(x) = (-1)^n J_{-n}(x),$$

also

$$\cos n\pi \cdot J_n(x) = J_{-n}(x) \quad \text{und} \quad \sin n\pi = 0,$$

und somit nimmt die Funktion $N_n(x)$ die unbestimmte Form 0/0 an. Deren Wert erhalten wir in der gewohnten Weise durch die nach ν vorgenommene Differentiation des Zählers und Nenners. Dabei gilt also:

$$N_n(x) = \left(\frac{-\pi \sin \nu\pi \cdot J_\nu(x) + \cos \nu\pi \dfrac{\partial J_\nu(x)}{\partial \nu} - \dfrac{\partial J_{-\nu}(x)}{\partial_\nu}}{\pi \cos \nu\pi} \right)_{\nu=n}$$

$$= \frac{1}{\pi} \left(\frac{\partial J_\nu(x)}{\partial \nu} \right)_{\nu=n} - \frac{(-1)^{n+1}}{\pi} \left(\frac{\partial J_\nu(x)}{\partial \nu} \right)_{\nu=-n} \tag{24}$$

Führen wir nun die bezeichneten Differentiationsoperationen durch, die bei Kenntnis der Reihenentwicklung von $J_\nu(x)$ keine prinzipiellen Schwierigkeiten bereiten, aber eine sehr langwierige und komplizierte Rechnung erfordern, so gelangen wir zu folgender Beziehung:

$$N_n(x) = \frac{2}{\pi} \left[\ln \frac{\gamma x}{2} \right] J_n(x) - \frac{1}{\pi} \sum_{\lambda=0}^{\infty} \frac{(-1)^\lambda}{\Pi(\lambda)\,\Pi(n+\lambda)} \left(\frac{x}{2} \right)^{n+2\lambda}$$
$$\cdot \left[1 + \frac{1}{2} + \cdots + \frac{1}{\lambda} + 1 + \frac{1}{2} + \cdots + \frac{1}{n+\lambda} \right]$$
$$- \frac{1}{\pi} \sum_{\lambda=0}^{n-1} \frac{\Pi(n-1-\lambda)}{\Pi(\lambda)} \left(\frac{x}{2} \right)^{-n+2\lambda}, \tag{25}$$

wobei der Wert der hier vorkommenden Euler-Mascheronischen Konstante

$$\ln \gamma = \lim_{n\to\infty} \left(1 + \frac{1}{2} + \frac{1}{3} + \cdots + \frac{1}{n} - \ln n \right) = 0{,}57722$$

wird. Die Funktion $N_n(x)$ wird Besselsche Funktion zweiter Art oder Neumannsche Funktion genannt. Damit erhalten wir die allgemeine Lösung der Besselschen Differentialgleichung für den Fall, daß n eine ganze Zahl ist:

$$y = C_1 J_n(x) + C_2 N_n(x). \tag{26}$$

Die Ordnung n der Besselschen Funktion haben wir vorläufig als positiv angenommen. Aber — wie wir schon wissen — ist durch die Reihe (17) $J_n(x)$ für beliebige reelle n definiert. Es sei nebenbei bemerkt, daß $J_n(x)$ im Punkt $x = 0$ für beliebige positive n, dagegen nur für ganze negative n endlich bleibt.

Die durch die Reihe (17) definierte Funktion stellt für beliebige n, reell oder komplex, und für beliebige x, reell oder komplex, eine reguläre Funktion dar, mit Ausnahme der eventuell in $x = 0$ und $x = \infty$ vorhandenen Singularitäten.

Im folgenden werden wir den Spezialfall $n = 0$ sehr oft benötigen. Die Differentialgleichung ist dann in folgender Form gegeben:

$$\frac{\mathrm{d}^2 y}{\mathrm{d}x^2} + \frac{1}{x}\frac{\mathrm{d}y}{\mathrm{d}x} + y = 0. \tag{27}$$

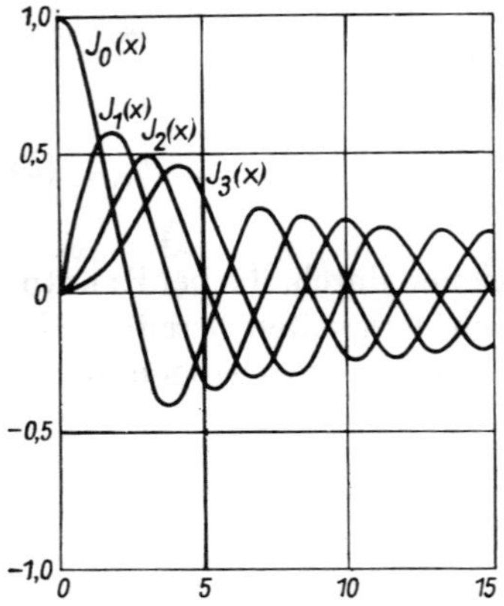

Abb. 2.68 Bessel-Funktionen erster Art mit ganzzahligem Index [1.24]

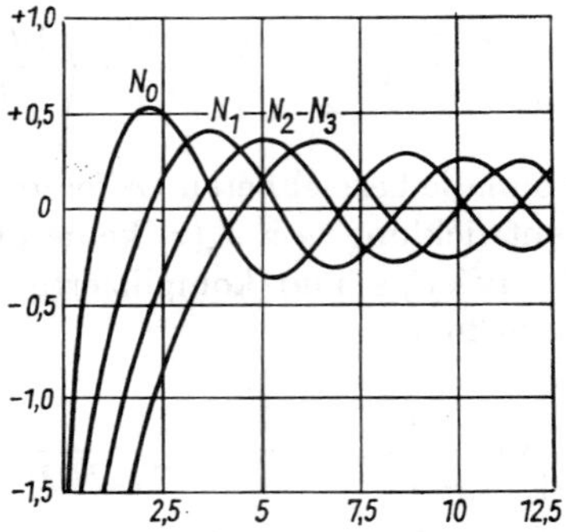

Abb. 2.69 Bessel-Funktionen zweiter Art mit ganzzahligem Index oder Neumannsche Funktionen [1.24]

Die eine partikuläre Lösung dieser Gleichung ist die Besselsche Funktion erster Art und nullter Ordnung $J_0(x)$, während die andere partikuläre Lösung eine Besselsche Funktion zweiter Art und nullter Ordnung darstellt. Die Reihen dieser Funktionen in expliziter Schreibweise lauten:

$$J_0(x) = 1 - \frac{x^2}{2^2} + \frac{x^4}{(2 \cdot 4)^2} - \frac{x^6}{(2 \cdot 4 \cdot 6)^2} + - \cdots \tag{28}$$

bzw.

$$N_0(x) = \frac{2}{\pi} \left\{ \left[\ln \frac{\gamma x}{2} \right] J_0(x) + \left(\frac{x}{2}\right)^2 - \frac{1 + \frac{1}{2}}{(2!)^2} \left(\frac{x}{2}\right)^4 + \frac{1 + \frac{1}{2} + \frac{1}{3}}{(3!)^2} \left(\frac{x}{2}\right)^6 - + \cdots \right\}. \tag{29}$$

In Abb. 2.68 können wir das Verhalten der Besselschen Funktionen erster Art mit positiven ganzen Zahlen als Indizes, in Abb. 2.69 hingegen das Verhalten der Besselschen Funktionen zweiter Art mit ebenfalls positiven Indizes sehen.

2.19.2. Das Verhalten der Besselschen Funktionen bei kleinen und großen Argumenten

Es wird in der Folge ebenfalls sehr oft erforderlich sein, die Werte der hier vorkommenden Funktionen für sehr große oder sehr kleine x-Werte zu untersuchen. Für kleine x-Werte können wir bei Benutzung der Reihenentwicklung sofort folgende Näherung angeben:

$$J_n(x) \approx \frac{x^n}{2^n \Pi(n)}, \qquad J_0(x) \approx 1, \qquad |x| \ll 1 \tag{30}$$

bzw.

$$N_0(x) \approx \frac{2}{\pi}\left[\ln \frac{\gamma x}{2}\right], \qquad |x| \ll 1, \tag{31}$$

$$N_n(x) \approx -\frac{2^n(n-1)!}{\pi x^n}, \qquad |x| \ll 1, \tag{32}$$

wenn n eine positive ganze Zahl ist.

Um das Verhalten der Besselschen Funktionen auch bei sehr großen x-Werten bestimmen zu können, führen wir in unsere Differentialgleichung (3) die durch die Gleichung

$$y = \frac{u}{\sqrt{x}} \tag{33}$$

definierte neue Veränderliche $u(x)$ ein. Für diese neue Veränderliche gilt folgende Differentialgleichung:

$$\frac{d^2u}{dx^2} + \left[1 - \frac{n^2 - \frac{1}{4}}{x^2}\right] u = 0. \tag{34}$$

Bei sehr großen x-Werten geht Gl. (34) in die bekannte Differentialgleichung

$$\frac{d^2u}{dx^2} + u = 0 \tag{35}$$

über, deren Lösung

$$u(x) = \sqrt{x}y(x) = C_1 \cos x + C_2 \sin x \tag{36}$$

ist. Somit besitzen bei sehr großen x-Werten auch die allgemeinen Lösungen der Besselschen Gleichung folgende Form:

$$y(x) = C_1 \frac{\cos x}{\sqrt{x}} + C_2 \frac{\sin x}{\sqrt{x}}. \tag{37}$$

Die genaueren Betrachtungen ergeben sowohl die Werte der hier vorkommenden Konstanten C_1 und C_2 als auch die Zuordnung der Sinus- bzw. Cosinusfunktionen zu den entsprechenden partikulären Lösungen:

$$J_n(x) \approx \sqrt{\frac{2}{\pi x}} \cos\left(x - \frac{\pi}{4} - n\,\frac{\pi}{2}\right), \qquad |x| \gg 1 \tag{38}$$

bzw.

$$N_n(x) \approx \sqrt{\frac{2}{\pi x}} \sin\left(x - \frac{\pi}{4} - n\,\frac{\pi}{2}\right), \qquad |x| \gg 1. \tag{39}$$

Vollkommen analog dazu, wie wir aus den Funktionen mit reellen Argumenten $\cos x$ bzw. $\sin x$ die komplexen Funktionen

$$\mathrm{e}^{\mathrm{j}x} = \cos x + \mathrm{j}\sin x; \qquad \mathrm{e}^{-\mathrm{j}x} = \cos x - \mathrm{j}\sin x$$

gebildet haben, können wir aus den Funktionen mit reellen Argumenten $J_n(x)$ bzw. $N_n(x)$ die komplexen Funktionen

$$H_n^{(1)}(x) = J_n(x) + \mathrm{j}N_n(x), \tag{40}$$

$$H_n^{(2)}(x) = J_n(x) - \mathrm{j}N_n(x) \tag{41}$$

bilden. Es ist bei den Anwendungen oft sehr vorteilhaft, die Berechnungen mit den so eingeführten neuen Funktionen vorzunehmen. Diese werden *Hankelsche Funktionen* erster bzw. zweiter Art genannt. Für die Näherungswerte dieser Funktionen bei sehr großen x-Werten können wir auf Grund der bisherigen Überlegungen folgende einfache Beziehungen ermitteln:

$$H_n^{(1)}(x) \approx \sqrt{\frac{2}{\pi x}}\, \mathrm{e}^{\mathrm{j}\left(x - n\frac{\pi}{2} - \frac{\pi}{4}\right)}, \qquad H_n^{(2)}(x) \approx \sqrt{\frac{2}{\pi x}}\, \mathrm{e}^{-\mathrm{j}\left(x - n\frac{\pi}{2} - \frac{\pi}{4}\right)}, \qquad |x| \gg 1. \tag{42}$$

2.19.3. Die modifizierten Besselschen Funktionen

In der Praxis gelangen wir nicht unmittelbar zu den Gleichungen (3), (4), (5), sondern müssen im allgemeinen die Differentialgleichung nachstehender Form lösen, wie wir es schon gesehen haben:

$$\frac{\mathrm{d}^2 y}{\mathrm{d}x^2} + \frac{1}{x}\frac{\mathrm{d}y}{\mathrm{d}x} + \left(k^2 - \frac{n^2}{x^2}\right) y = 0. \tag{43}$$

Durch Einführung der neuen Veränderlichen

$$z = kx \tag{44}$$

gelangen wir zu unserer ursprünglichen Differentialgleichung zurück. Wir können also die allgemeine Lösung dieser Gleichung folgendermaßen schreiben:

$$y = C_1 J_n(kx) + C_2 J_{-n}(kx) \tag{45}$$

bzw.

$$y = C_1 J_n(kx) + C_2 N_n(kx)\,. \tag{46}$$

Wir betrachten jetzt die Differentialgleichung

$$\frac{\mathrm{d}^2 y}{\mathrm{d}x^2} + \frac{1}{x}\frac{\mathrm{d}y}{\mathrm{d}x} + \left(-1 - \frac{n^2}{x^2}\right) y = 0\,. \tag{47}$$

Diese Gleichung hat dieselbe Form wie Gl. (43). Es gilt nur dabei $k^2 = -1$. Die partikuläre Lösung dieser Differentialgleichung ist $J_n(\mathrm{j}x)$. Es ist allgemein üblich, die Funktion

$$I_n(x) = \mathrm{j}^{-n} J_n(\mathrm{j}x) \tag{48}$$

als die Grundlösung dieser Differentialgleichung zu nehmen. Die in dieser Weise definierte Funktion ist eine reelle Funktion und wird die *modifizierte Besselsche Funktion erster Art* genannt. Zur anderen partikulären Lösung derselben Gleichung gelangen wir durch die Definition

$$K_n(x) = \frac{\pi}{2\sin n\pi}\,[I_{-n}(x) - I_n(x)]\,. \tag{49}$$

Mit diesen partikulären Lösungen wird die allgemeine Lösung die folgende sein:

$$y = C_1 I_n(x) + C_2 K_n(x)\,. \tag{50}$$

Während die Besselschen Funktionen erster und zweiter Art in ihrem Verhalten den die gedämpften Schwingungsprozesse charakterisierenden Funktionen ähnlich waren, was sich auch schon darin zeigte, daß sie bei sehr großen Argumenten durch eine Sinus- bzw. Cosinusfunktion mit abnehmender Amplitude ersetzt werden konnten, verhalten sich die modifizierten Besselschen Funktionen ähnlich wie Exponentialfunktionen (Abb. 2.70). Für sehr große x-Werte können die modifizierten Funktionen durch folgende Näherung ersetzt werden:

$$I_0(x) \approx \frac{\mathrm{e}^x}{\sqrt{2\pi x}}\,; \qquad K_0(x) \approx \sqrt{\frac{\pi}{2x}}\,\mathrm{e}^{-x}\,; \qquad |x| \gg 1\,. \tag{51}$$

Für kleine x-Werte hingegen gilt

$$I_n(x) \approx \frac{x^n}{n!\,2^n}, \qquad |x| \ll 1. \tag{52}$$

$$K_0(x) \approx -\left[\ln \frac{\gamma x}{2}\right]; \qquad K_n(x) \approx \frac{(n-1)!\,2^{n-1}}{x^n}; \qquad n \neq 0; \qquad |x| \ll 1. \tag{53}$$

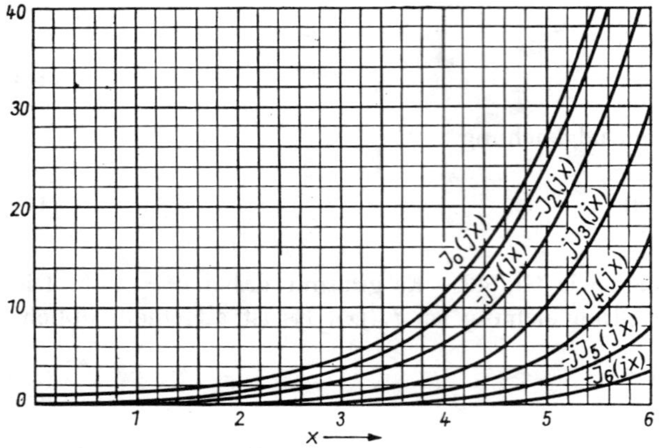

Abb. 2.70 Modifizierte Bessel-Funktionen erster Art [1.24]

Neben den Besselschen Funktionen mit rein reellen oder rein imaginären Argumenten begegnen wir auch Funktionen mit den Argumenten $j^{1/2}x$ bzw. $j^{3/2}x$. Diese ergeben im allgemeinen komplexe Werte. Betrachten wir die Reihenentwicklung der Besselschen Funktionen erster Art

$$J_n(x) = \sum_{\lambda=0}^{\infty} \frac{(-1)^\lambda}{\Pi(\lambda)\,\Pi(n+\lambda)} \left(\frac{x}{2}\right)^{n+2\lambda}, \tag{54}$$

so sind die Multiplikatoren der der Reihe nach durch λ charakterisierten einzelnen Glieder bei den Argumenten von $j^{1/2}x$ bzw. $j^{3/2}x$ im Fall einer Besselschen Funktion nullter Ordnung

$$\begin{array}{lcrrrrrr} \lambda & = & 1 & 2 & 3 & 4 & 5 & 6 \\ (j^{1/2})^{2\lambda} & = & +j & -1 & -j & +1 & +j & -1, \\ (j^{3/2})^{2\lambda} & = & -j & -1 & +j & +1 & -j & -1. \end{array} \tag{55}$$

Wir sehen also, daß die Realteile von $J_0(j^{1/2}x)$ und $J_0(j^{3/2}x)$ übereinstimmen, während die Imaginärteile entgegengesetzte Vorzeichen besitzen. Also ergibt sich

$$J_0(j^{3/2}x) = \operatorname{Re} J_0(j^{1/2}x) - j \operatorname{Im} J_0(j^{1/2}x). \tag{56}$$

Wegen ihrer praktischen Bedeutung besitzen die Real- und Imaginärteile von $J_0(j^{3/2}x)$ besondere Benennungen:

$$\operatorname{Re} J_0(j^{3/2}x) = \operatorname{Re} J_0(j^{1/2}x) = \operatorname{ber} x, \tag{57}$$

$$\operatorname{Im} J_0(j^{3/2}x) = -\operatorname{Im} J_0(j^{1/2}x) = \operatorname{bei} x. \tag{58}$$

Der Verlauf der Funktionen $-\operatorname{bei} x$ und $\operatorname{ber} x$ ist aus Abb. 2.71 ersichtlich.

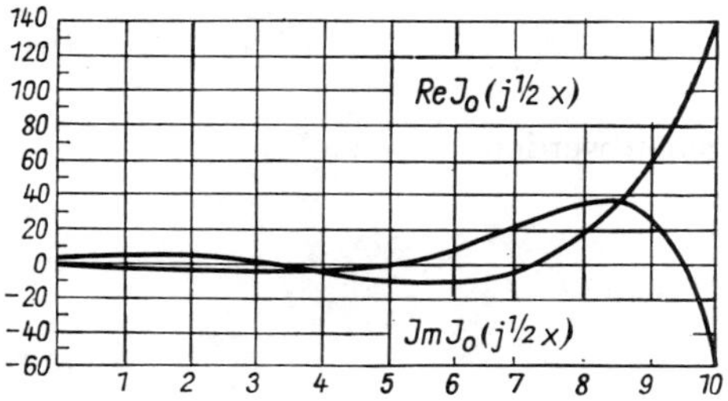

Abb. 2.71 Die Funktionen ber x und $-$bei x

Nun wenden wir auf die Funktion $J_0(j^{3/2}x)$ die für die modifizierten Besselschen Funktionen angegebene Näherungsformel

$$J_0(jx) = I_0(x) \approx \frac{e^x}{\sqrt{2\pi x}}, \qquad |x| \gg 1 \tag{59}$$

an. Es sei $x = j^{1/2}z$, dann wird

$$J_0(j^{3/2}z) \approx \frac{e^{j^{1/2}z}}{\sqrt{2\pi j^{1/2}z}}, \qquad |z| \gg 1. \tag{60}$$

Diese Formel werden wir bei der Behandlung des Skineffektes benutzen.

2.19.4. Beziehungen zwischen den Besselschen Funktionen verschiedener Ordnung

Die engen Beziehungen, die zwischen den Besselschen Funktionen verschiedener Ordnung bestehen, erscheinen in den durch die Reihenentwicklung nachweisbaren zahlreichen Zusammenhängen, von welchen als Beispiel angegeben werden soll:

$$\frac{d}{dx} J_0(x) = \frac{d}{dx}\left[1 - \left(\frac{x}{2}\right)^2 + \frac{1}{(2!)^2}\left(\frac{x}{2}\right)^4 - \frac{1}{(3!)^2}\left(\frac{x}{2}\right)^6 + - \cdots\right]$$

$$= -\left[\frac{x}{2} - \frac{1}{1!\,2!}\left(\frac{x}{2}\right)^3 + \frac{1}{2!\,3!}\left(\frac{x}{2}\right)^5 - + \cdots\right] = -J_1(x), \tag{61}$$

d. h.,

$$J_0'(x) = -J_1(x). \tag{62}$$

Es kann noch allgemeiner in ganz ähnlicher Weise bewiesen werden, daß folgende Beziehungen für beliebige Besselsche Funktionen $Z_n(x)$ gültig sind:

$$\frac{d}{dx}\,[x^{-n}Z_n(x)] = -x^{-n}Z_{n+1}(x), \tag{63}$$

und ferner

$$\frac{d}{dx}\,[x^{n}Z_n(x)] = x^{n}Z_{n-1}(x). \tag{64}$$

Dies kann auch in der folgenden Form angegeben werden:

$$\int x^n Z_{n-1}\,dx = x^n Z_n(x). \tag{65}$$

Als Spezialfall dieser Gleichung erhält man

$$\int xJ_0(x)\,dx = xJ_1(x). \tag{66}$$

Wir werden weiterhin die Beziehung

$$\frac{2n}{x} Z_n = Z_{n-1} + Z_{n+1} \tag{67}$$

benötigen, die aus zwei bekannten, aufeinanderfolgenden Besselschen Funktionen die Berechnung einer Besselschen Funktion einer um 1 höheren Ordnung ermöglicht.

Die Beziehung (63) kann auch in folgender Form geschrieben werden:

$$Z_n' = \frac{n}{x} Z_n - Z_{n+1}.$$

Diesen Zusammenhang werden wir für die Besselsche Funktion erster Art beweisen. Da

$$J_n = \sum_{\lambda=0}^{\infty} \frac{(-1)^\lambda}{\Pi(\lambda)\,\Pi(n+\lambda)} \left(\frac{x}{2}\right)^{n+2\lambda} \tag{68}$$

ist, gilt also

$$\begin{aligned} xJ_n' &= x\sum_{\lambda=0}^{\infty} \frac{(-1)^\lambda\,(n+2\lambda)}{\Pi(\lambda)\,\Pi(n+\lambda)}\,\frac{1}{2}\left(\frac{x}{2}\right)^{n+2\lambda-1} = \sum_{\lambda=0}^{\infty} \frac{(-1)^\lambda\,(n+2\lambda)}{\Pi(\lambda)\,\Pi(n+\lambda)}\left(\frac{x}{2}\right)^{n+2\lambda} \\ &= \sum_{\lambda=0}^{\infty} \frac{(-1)^\lambda\,n}{\Pi(\lambda)\,\Pi(n+\lambda)}\left(\frac{x}{2}\right)^{n+2\lambda} + \sum_{\lambda=0}^{\infty} \frac{(-1)^\lambda 2\lambda}{\Pi(\lambda)\,\Pi(n+\lambda)}\left(\frac{x}{2}\right)^{n+2\lambda} \\ &= nJ_n + x\sum_{\lambda=1}^{\infty} \frac{(-1)^\lambda}{\Pi(\lambda-1)\,\Pi(n+\lambda)}\left(\frac{x}{2}\right)^{n+2\lambda-1}. \end{aligned} \tag{69}$$

Es wird nämlich für $\lambda = 0$

$$\frac{1}{\Pi(-1)} = 0.$$

Wenn wir nun den neuen Index

$$\mu = \lambda - 1$$

einführen, so gilt

$$xJ'_n = nJ_n + x \sum_{\mu=0}^{\infty} \frac{(-1)\,(-1)^{\mu}}{\Pi(\mu)\,\Pi(n+1+\mu)} \left(\frac{x}{2}\right)^{n+1+2\mu} = nJ_n - xJ_{n+1}, \tag{70}$$

woraus folgt:

$$J'_n = \frac{n}{x} J_n - J_{n+1}. \tag{71}$$

Von hier aus gelangen wir zu einer weiteren interessanten Beziehung. Durch Differenzieren erhalten wir aus Gl. (71)

$$J''_n = \frac{n}{x} J'_n - \frac{n}{x^2} J_n - J'_{n+1}. \tag{72}$$

Wenn wir in diese Beziehung den Wert J'_n aus Gl. (71) einsetzen, so ergibt sich

$$J''_n = \frac{n^2}{x^2} J_n - \frac{n}{x} J_{n+1} - \frac{n}{x^2} J_n - J'_{n+1}. \tag{73}$$

Hingegen ergibt sich nach Gl. (64)

$$J'_n = -\frac{n}{x} J_n + J_{n-1}.$$

Diese lautet für $n + 1$:

$$-\frac{(n+1)}{x} J_{n+1} - J'_{n+1} = -J_n \tag{74}$$

oder, umgeschrieben,

$$-\frac{n}{x} J_{n+1} - J'_{n+1} = -J_n + \frac{1}{x} J_{n+1}. \tag{75}$$

So wird endlich aus Gl. (73)

$$J''_n = \left(\frac{n(n-1)}{x^2} - 1\right) J_n + \frac{J_{n+1}}{x}. \tag{76}$$

2.19.5. Besselsche Funktionen mit Indizes in der Form $\dfrac{2k+1}{2}$

Wir benutzen unsere bisherigen Beziehungen, um mit ihrer Hilfe die zum Argument

$$n = \cdots, \quad -\frac{5}{2}, \quad -\frac{3}{2}, \quad -\frac{1}{2}, \quad \frac{1}{2}, \quad \frac{3}{2}, \quad \frac{5}{2}, \cdots$$

gehörenden Besselschen Funktionen durch elementare Funktionen auszudrücken. Es gilt nämlich nach der allgemeinen Definition

$$J_{1/2}(x) = \sum_{\lambda=0}^{\infty} \frac{(-1)^{\lambda}}{\Pi(\lambda)\, \Pi\left(\lambda + \frac{1}{2}\right)} \left(\frac{x}{2}\right)^{2\lambda+1/2}. \tag{77}$$

Unter Berücksichtigung der allgemeinen Eigenschaft der Fakultätsfunktion, daß

$$\Pi(r) = r\Pi(r-1) \tag{78}$$

und mithin

$$\Pi\left(1 + \frac{1}{2}\right) = \Pi\left(\frac{3}{2}\right) = \frac{3}{2}\,\Pi\left(\frac{1}{2}\right) \tag{79}$$

ist, folgt

$$\Pi\left(2 + \frac{1}{2}\right) = \Pi\left(\frac{5}{2}\right) = \frac{5}{2}\,\Pi\left(\frac{3}{2}\right) = \frac{5}{2}\,\frac{3}{2}\,\Pi\left(\frac{1}{2}\right). \tag{80}$$

Wenn wir weiterhin noch berücksichtigen, daß

$$\Pi(\lambda) = \lambda! \tag{81}$$

(da λ eine ganze Zahl ist), kann der Ausdruck $J_{1/2}$ in folgender Form geschrieben werden:

$$J_{1/2}(x) = \frac{x^{1/2}}{2^{1/2}\,\Pi\left(\frac{1}{2}\right)} \left(1 - \frac{x^2}{3!} + \frac{x^4}{5!} - + \cdots\right). \tag{82}$$

Unter Verwendung der bekannten Reihenentwicklung

$$\frac{\sin x}{x} = 1 - \frac{x^2}{3!} + \frac{x^4}{5!} - + \cdots \tag{83}$$

erhält man für die Besselsche Funktion der Ordnung 1/2:

$$J_{1/2}(x) = \frac{1}{\Pi\left(\frac{1}{2}\right)} \frac{1}{\sqrt{2x}} \sin x. \tag{84}$$

Den Wert von $\Pi\left(\frac{1}{2}\right)$ können wir mit Hilfe der Beziehung

$$\Gamma(x+1) = \Pi(x) = \int_0^\infty t^x\, \mathrm{e}^{-t}\, \mathrm{d}t, \tag{85}$$

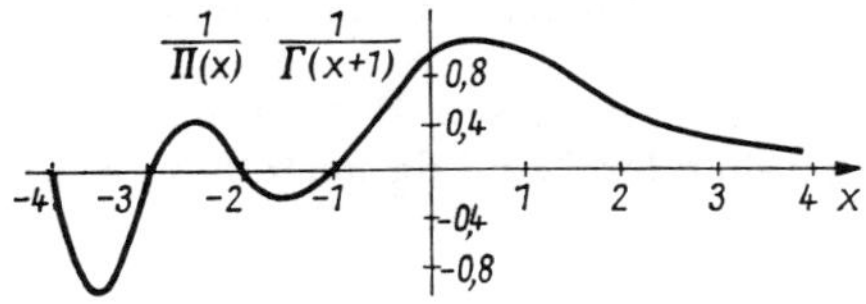

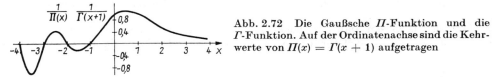

Abb. 2.72 Die Gaußsche Π-Funktion und die Γ-Funktion. Auf der Ordinatenachse sind die Kehrwerte von $\Pi(x) = \Gamma(x+1)$ aufgetragen

die die Fakultätsfunktion für jedes (nicht nur ganzzahlige) $x > -1$ definiert, bestimmen (Abb. 2.72). Dieses Integral ergibt für die ganzzahligen Werte von $x = n$ den Wert $n!$. Bilden wir das Integral mit dem Wert $x = 1/2$, so erhalten wir folgenden Wert:

$$\Pi\left(\frac{1}{2}\right) = \int_0^\infty \sqrt{t}\, \mathrm{e}^{-t}\, \mathrm{d}t = \frac{\sqrt{\pi}}{2}. \tag{86}$$

Schließlich erhalten wir

$$J_{1/2}(x) = \sqrt{\frac{2}{\pi x}} \sin x. \tag{87}$$

Auf ganz ähnliche Weise gelangen wir zu folgender Beziehung:

$$J_{-1/2}(x) = \sqrt{\frac{2}{\pi x}} \cos x. \tag{88}$$

Unter Zugrundelegung der Rekursionsformel (67) finden wir für die Besselsche Funktion der Ordnung 3/2 folgende Beziehung:

$$J_{3/2}(x) = \frac{1}{x} J_{1/2}(x) - J_{-1/2}(x), \tag{89}$$

die unter Berücksichtigung der beiden vorhergehenden Gleichungen wie folgt geschrieben werden kann:

$$J_{3/2}(x) = \sqrt{\frac{2}{\pi x}} \left(\frac{\sin x}{x} - \cos x \right). \tag{90}$$

Wir sehen also, daß die Besselschen Funktionen, falls deren Ordnungszahl ein ungerades Vielfaches von 1/2 ist, mit Hilfe der elementaren trigonometrischen Funktionen und der negativen Potenzen von x mit ganzzahligen und nichtganzzahligen Exponenten in geschlossener Form ausgedrückt werden können.

2.19.6. Die Reihenentwicklung beliebiger Funktionen nach Besselschen Funktionen. Beweis der Orthogonalitätsrelation

Es läßt sich beweisen, daß eine beliebige Funktion, die gewissen Bedingungen genügt, z. B. stückweise differenzierbar ist, in nachstehender Form dargestellt werden kann:

$$f(x) = \sum_{\nu=1}^{\infty} a_\nu J_n(\xi_\nu x), \qquad 0 \leqq x \leqq 1, \tag{91}$$

d. h. als die Summe unendlich vieler Besselscher Funktionen n-ter Ordnung. In diesem Ausdruck sind die der Größe nach geordneten Wurzeln der Funktion $J_n(\xi)$: $\xi_1, \xi_2, \ldots, \xi_\nu, \ldots$ $(n > -1)$ enthalten. Die Werte der einzelnen Koeffizienten finden wir in der gewohnten Weise, indem wir beide Seiten der Gleichung mit einer solchen Funktion multiplizieren, daß auf der rechten Seite der Gleichung im Bereich $0 \leqq x \leqq 1$ gliedweise integrierend nur der Wert eines einzigen Integrals von Null verschieden ist. Damit kann der Wert des zu diesem Glied gehörenden Koeffizienten bestimmt werden.

Dieses Vorgehen ist tatsächlich möglich. Wir werden nachstehend beweisen, daß die Funktionen

$$\sqrt{x} J_n(\xi_1 x), \quad \sqrt{x} J_n(\xi_2 x), \quad \ldots, \quad \sqrt{x} J_n(\xi_\nu x), \quad \ldots \qquad 0 \leqq x \leqq 1 \tag{92}$$

im Bereich $0 \leqq x \leqq 1$ eine orthogonale Funktionenfolge bilden. Dies bedeutet die Gültigkeit der Relationen

$$\int_0^1 \sqrt{x} J_n(\xi_i x) \sqrt{x} J_n(\xi_k x) \, \mathrm{d}x = \int_0^1 x J_n(\xi_i x) J_n(\xi_k x) \, \mathrm{d}x = 0, \qquad i \neq k. \tag{93}$$

Um dies einsehen zu können, untersuchen wir die Lösung der Differentialgleichung

$$\frac{\mathrm{d}^2 u}{\mathrm{d}x^2} + \left(\alpha^2 - \frac{n^2 - \frac{1}{4}}{x^2} \right) u = 0. \tag{94}$$

Diese Gleichung unterscheidet sich von Gl. (34) nur dadurch, daß an Stelle der Veränderlichen x die Veränderliche αx steht. Die Lösung dieser Differentialgleichung lautet also

$$u = \sqrt{x}\, J_n(\alpha x). \tag{95}$$

Analog ergibt sich die Lösung der Differentialgleichung

$$\frac{\mathrm{d}^2 v}{\mathrm{d}x^2} + \left(\beta^2 - \frac{n^2 - \dfrac{1}{4}}{x^2}\right) v = 0 \tag{96}$$

zu

$$v = \sqrt{x}\, J_n(\beta x). \tag{97}$$

Multiplizieren wir die erste Differentialgleichung mit v, die zweite mit u und subtrahieren, so gelangen wir zu folgender Beziehung:

$$(\beta^2 - \alpha^2)\, uv = v \frac{\mathrm{d}^2 u}{\mathrm{d}x^2} - u \frac{\mathrm{d}^2 v}{\mathrm{d}x^2}. \tag{98}$$

Nun integrieren wir beide Seiten dieser Gleichung:

$$(\beta^2 - \alpha^2) \int\limits_0^x uv\, \mathrm{d}x = \int\limits_0^x \left(v \frac{\mathrm{d}^2 u}{\mathrm{d}x^2} - u \frac{\mathrm{d}^2 v}{\mathrm{d}x^2}\right) \mathrm{d}x. \tag{99}$$

Da aber

$$v \frac{\mathrm{d}^2 u}{\mathrm{d}x^2} - u \frac{\mathrm{d}^2 v}{\mathrm{d}x^2} = \frac{\mathrm{d}}{\mathrm{d}x}\left[v \frac{\mathrm{d}u}{\mathrm{d}x} - u \frac{\mathrm{d}v}{\mathrm{d}x}\right] \tag{100}$$

ist, folgt daraus

$$(\beta^2 - \alpha^2) \int\limits_0^x uv\, \mathrm{d}x = \int\limits_0^x \frac{\mathrm{d}}{\mathrm{d}x}\left[v \frac{\mathrm{d}u}{\mathrm{d}x} - u \frac{\mathrm{d}v}{\mathrm{d}x}\right] \mathrm{d}x = \left[v \frac{\mathrm{d}u}{\mathrm{d}x} - u \frac{\mathrm{d}v}{\mathrm{d}x}\right]_0^x. \tag{101}$$

Setzen wir die Werte von u bzw. v ein, so erhalten wir

$$(\beta^2 - \alpha^2) \int\limits_0^x x J_n(\alpha x)\, J_n(\beta x)\, \mathrm{d}x = x[\alpha J_n(\beta x)\, J'_n(\alpha x) - \beta J_n(\alpha x)\, J'_n(\beta x)]_0^x. \tag{102}$$

Wenn wir in diesem Ausdruck die Integration zwischen den Grenzen 0 und 1 vornehmen, finden wir folgende Beziehung:

$$(\beta^2 - \alpha^2) \int_0^1 x J_n(\alpha x)\, J_n(\beta x)\, \mathrm{d}x = \alpha J_n(\beta)\, J'_n(\alpha) - \beta J_n(\alpha)\, J'_n(\beta). \tag{103}$$

Die rechte Seite dieses Ausdruckes wird Null, wenn α und β die beiden Wurzeln der Gleichung

$$J_n(\xi) = 0$$

sind, d. h. $\alpha = \xi_i$; $\beta = \xi_k$. In diesem Fall wird also

$$(\xi_i^2 - \xi_k^2) \int_0^1 x J_n(\xi_i x)\, J_n(\xi_k x)\, \mathrm{d}x = 0, \tag{104}$$

woraus wir zu der Orthogonalitätsrelation

$$\int_0^1 x J_n(\xi_i x)\, J_n(\xi_k x)\, \mathrm{d}x = 0, \qquad i \neq k \tag{105}$$

gelangen.

Mit Hilfe von Gl. (102) können wir auch den Wert des Ausdruckes

$$\int_0^1 \sqrt{x} J_n(\xi_i x) \sqrt{x} J_n(\xi_i x)\, \mathrm{d}x = \int_0^1 x J_n^2(\xi_i x)\, \mathrm{d}x \tag{106}$$

bestimmen.

Gleichung (102) kann auch in der Form geschrieben werden:

$$\int_0^x x J_n(\alpha x)\, J_n(\beta x)\, \mathrm{d}x = \left\{\frac{x}{\beta^2 - \alpha^2} [\alpha J_n(\beta x)\, J'_n(\alpha x) - \beta J_n(\alpha x)\, J'_n(\beta x)]\right\}_0^x. \tag{107}$$

An der Stelle $\alpha = \beta$ besitzt die rechte Seite die Form 0/0. Indem wir Zähler und Nenner nach β differenzieren und dann den Wert $\beta = \alpha$ einsetzen, gelangen wir zu

$$\int_0^x x J_n(\alpha x)\, J_n(\beta x)\, \mathrm{d}x$$

$$= \frac{x}{2\beta} [\alpha x J'_n(\beta x)\, J'_n(\alpha x) - J_n(\alpha x)\, J'_n(\beta x) - \beta x J_n(\alpha x)\, J''_n(\beta x)]_0^x, \tag{108}$$

und so wird

$$\int_0^x x J_n^2(\alpha x)\, \mathrm{d}x = \frac{x}{2\alpha} \left\{\alpha x J_n'^2(\alpha x) - J_n(\alpha x)\, [J'_n(\alpha x) + \alpha x J''_n(\alpha x)]\right\}. \tag{109}$$

Wenn wir in den Ausdruck

$$J'_n(\alpha x) + \alpha x J''_n(\alpha x) \tag{110}$$

die bereits abgeleiteten Beziehungen (71) und (76)

$$J'_n(\alpha x) = \frac{n}{\alpha x} J_n(\alpha x) - J_{n+1}(\alpha x),$$

$$J''_n(\alpha x) = \left[n \frac{n-1}{(\alpha x)^2} - 1\right] J_n(\alpha x) + \frac{J_{n+1}(\alpha x)}{\alpha x}$$

einsetzen, erhalten wir

$$J'_n(\alpha x) + \alpha x J''_n(\alpha x) = \alpha x \left[\frac{n^2}{(\alpha x)^2} - 1\right] J_n(\alpha x). \tag{111}$$

Hiermit wird unser Endresultat

$$\int_0^x x J_n^2(\alpha x)\,\mathrm{d}x = \frac{x^2}{2}\left[J_n'^2(\alpha x) + \left(1 - \frac{n^2}{(\alpha x)^2}\right) J_n^2(\alpha x)\right] \tag{112}$$

sein. Dieser Beziehung werden wir uns künftig noch öfter bedienen.

Wenn wir nun zwischen den Grenzen 0 und 1 integrieren, dann den Wert $\alpha x = \xi_i x$ einsetzen, gilt

$$\int_0^1 x J_n^2(\xi_i x)\,\mathrm{d}x = \frac{1}{2} J_n'^2(\xi_i), \tag{113}$$

weil

$$J_n(1\xi_i) = 0.$$

Schließlich erhalten wir die einzelnen Koeffizienten der Reihenentwicklung

$$f(x) = a_1 J_n(\xi_1 x) + a_2 J_n(\xi_2 x) + \cdots + a_\nu J_n(\xi_\nu x) + \cdots \tag{114}$$

auf folgende Weise. Wir multiplizieren beide Seiten dieser Gleichung mit der Funktion $x J_n(\xi_\nu x)$ und integrieren gliedweise auf beiden Seiten im Bereich zwischen 0 und 1. Berücksichtigt man die durch Gl. (105) ausgedrückte Orthogonalitätsrelation, so werden bis auf ein Glied sämtliche Glieder der rechten Seite verschwinden. Wir gelangen also zu folgendem Ausdruck:

$$\int_0^1 f(x)\, x J_n(\xi_\nu x)\,\mathrm{d}x = a_\nu \int_0^1 x J_n^2(\xi_\nu x)\,\mathrm{d}x = \frac{1}{2} a_\nu J_n'^2(\xi_\nu), \tag{115}$$

woraus sich der ν-te Koeffizient der Reihenentwicklung zu

$$a_\nu = \frac{2}{J_n'^2(\xi_\nu)} \int_0^1 f(x)\, x J_n(\xi_\nu x)\, \mathrm{d}x \tag{116}$$

ergibt.

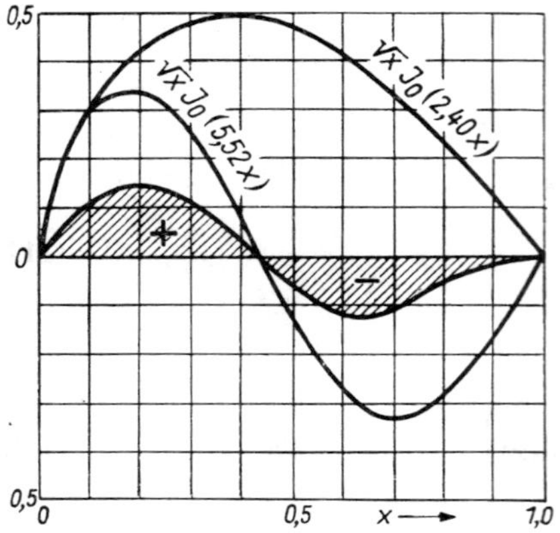

Abb. 2.73 Veranschaulichung der Orthogonalität der Funktionen $\sqrt{x}J_0\,(2{,}40x)$ und $\sqrt{x}J_0(5{,}52x)$

Zur Illustration der Orthogonalitätsrelation wurde in Abb. 2.73 die Funktion $\sqrt{x}J_0(2{,}40x)$ und die „zu dieser senkrechte" Funktion $\sqrt{x}J_0(5{,}52x)$ im Intervall $0 \leqq x \leqq 1$ eingezeichnet. Den Wert von

$$\int_0^1 xJ_0(2{,}4x)\, J_0(5{,}52x)\, \mathrm{d}x \tag{117}$$

veranschaulicht die schraffierte Fläche, er ist offensichtlich gleich Null. (Die erste bzw. zweite Nullstelle der Funktion $J_0(x)$ ist, wie aus Abb. 2.68 ersichtlich, bei $\xi_1 = 2{,}4$ und $\xi_2 = 5{,}52$.)

2.20. Beispiele für die Bestimmung zylindersymmetrischer Kraftfelder

Wir sahen bereits, daß die allgemeine Lösung der Laplaceschen Gleichung die Form

$$U(z, r) = \sum_k [A_k \cosh kz + B_k \sinh kz]\,[C_kJ_0(kr) + D_kN_0(kr)] \tag{1}$$

bzw.

$$U(z, r) = \sum_k [A_k \cos kz + B_k \sin kz]\,[C_kJ_0(\mathrm{j}kr) + D_kN_0(\mathrm{j}kr)] \tag{2}$$

besitzt, wobei wir die Werte von k und A_k, B_k, C_k, D_k aus den Randwerten bestimmen konnten.

1. Beispiel. Als erstes Beispiel wollen wir untersuchen, welches elektrotechnische Problem wir unter Annahme eines bestimmten k-Wertes erhalten. Wir nehmen eine reelle Zahl $k = k_0$ an und untersuchen die Lösung

$$U(z, r) = A \sinh k_0 z \cdot J_0(k_0 r). \tag{3}$$

Diese wird auf der Ebene $z = 0$ und auf dem Zylinder mit dem Radius r_0, für den $k_0 r_0 = 2{,}4$ ist (wenn also $k_0 r_0$ mit der ersten oder einer beliebigen Wurzel der Besselschen Funktion der Ordnung Null übereinstimmt), verschwinden. Den Wert der Konstanten A ermitteln wir, indem wir für den Punkt $z = z_0$, $r = 0$ den Wert des Potentials angeben:

$$U(z_0, 0) = U_0 = A \sinh k_0 z_0, \tag{4}$$

$$A = \frac{U_0}{\sinh k_0 z_0}. \tag{5}$$

Also können wir die Lösung auch wie folgt schreiben:

$$U(z, r) = \frac{U_0}{\sinh k_0 z_0} \sinh k_0 z \cdot J_0(k_0 r). \tag{6}$$

Die Äquipotentialfläche $U = 0$ kennen wir bereits. Wir wollen jetzt feststellen, auf welcher Fläche das konstante Potential $U(z, r) = U_0$ herrscht. Die Meridiankurve dieser Äquipotentialfläche ist

$$U(z, r) = \frac{U_0}{\sinh k_0 z_0} \sinh k_0 z \cdot J_0(k_0 r) = U_0. \tag{7}$$

Aus dieser Gleichung folgt

$$\frac{\sinh k_0 z}{\sinh k_0 z_0} J_0(k_0 r) = 1. \tag{8}$$

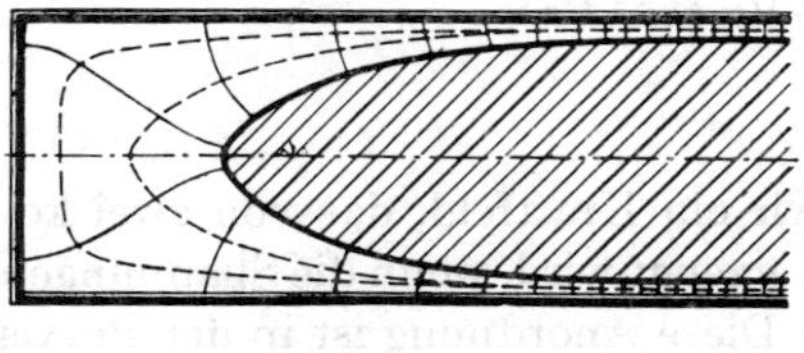

Abb. 2.74 Durch den Ansatz $U = A \sinh k_0 z \cdot J_0(k_0 r)$ gelöstes elektrostatisches Problem

Bei Kenntnis des angenommenen Wertes von k_0 erhalten wir diese Äquipotentialfläche, wenn wir die entsprechenden r,z-Werte mit Hilfe von Tabellen ausrechnen (Abb. 2.74). Damit erhalten wir das Feld eines unter Spannung stehenden Stabes in einem geerdeten Zylinder.

Ähnlich kann auch eine zu einer beliebigen anderen speziellen Lösung gehörende Elektrodenanordnung ermittelt werden. Wie schon eingangs erwähnt, hat es wirklich einen Sinn, diese Lösungen zu berechnen, da wir auf diese Weise aus den gelösten physikalischen Problemen eine Sammlung zusammenstellen können, aus der wir dann im konkreten Fall wählen können.

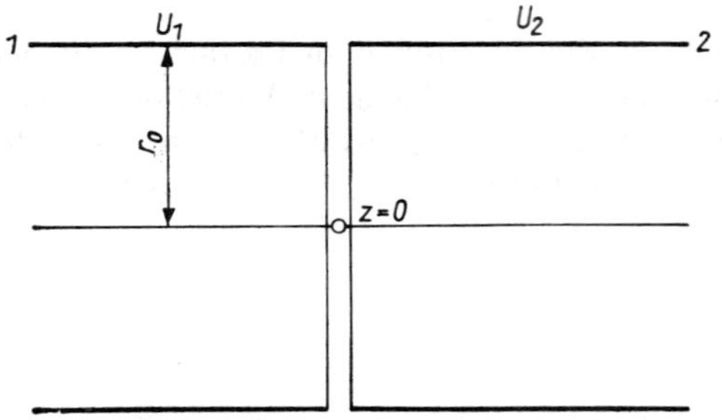

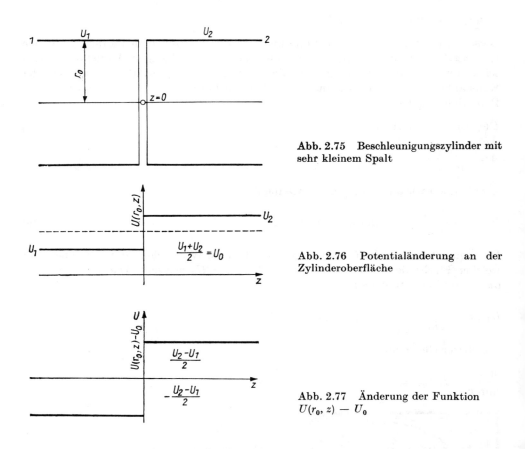

Abb. 2.75 Beschleunigungszylinder mit sehr kleinem Spalt

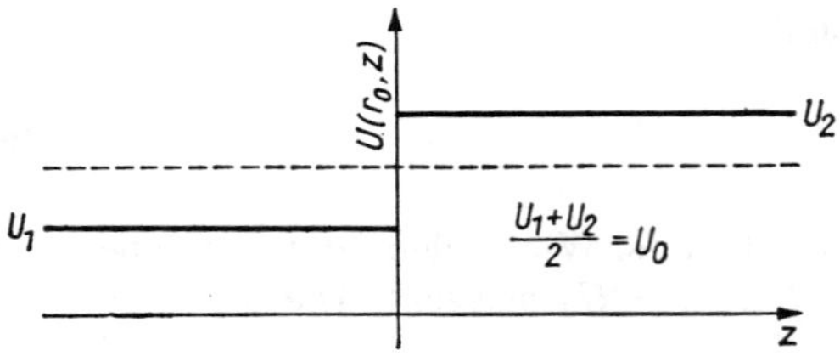

Abb. 2.76 Potentialänderung an der Zylinderoberfläche

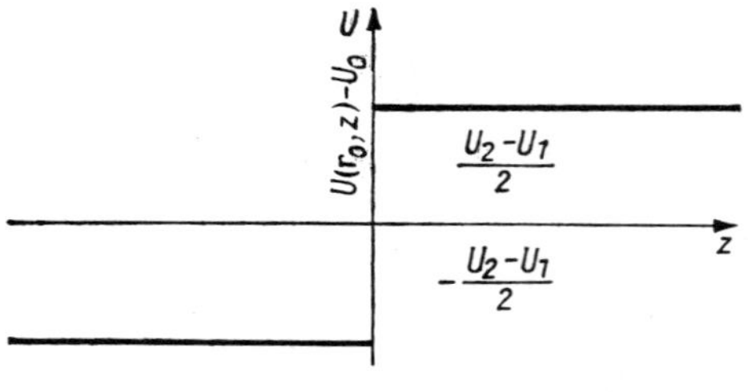

Abb. 2.77 Änderung der Funktion $U(r_0, z) - U_0$

2. Beispiel. Als nächstes Beispiel betrachten wir ein Kraftfeld, das von zwei koaxialen Zylindern mit gleichen Radien (Abb. 2.75) erzeugt wird, wenn die Spannungen der beiden Zylinder verschieden sind (Abb. 2.76). Diese Anordnung ist in der Praxis beinahe in allen Elektronen- und Ionenbeschleunigern bzw. Fokussierungseinrichtungen zu finden. Die Aufgabe können wir wie folgt formulieren. Es ist das zylindersymmetrische elektrische Feld zu suchen, welches an dem mit 1 bezeichneten Zylinder das konstante Potential U_1 und an dem mit 2 bezeichneten Zylinder das konstante Potential U_2 besitzt. In der Grenzebene zwischen diesen beiden Zylindern, die wir gerade als $z = 0$-Ebene wählen, ist die Spannung überall gleich:

$$U_{z=0} = \frac{1}{2}(U_1 + U_2) = U_0.$$

Die allgemeine Lösung lautet:

$$U(z, r) - U_0 = \int_0^\infty [A(k) \sin kz + B(k) \cos kz] [C(k) J_0(jkr) + D(k) N_0(jkr)] \, dk. \tag{9}$$

Es ist natürlich ohne besondere Bedeutung, daß wir die Spannung U_0 gesondert geschrieben haben. Wir stellen also eigentlich die Spannung $U(z, r) - U_0$ mit Hilfe der partikulären Lösungen dar. In dieser Form werden die Randbedingungen einfacher. Da $U(z, r) - U_0$ in der Ebene $z = 0$ (unabhängig von der Veränderlichen r) gleich Null ist, muß der Koeffizient des den Cosinus enthaltenden Gliedes Null sein, d. h., $B(k) = 0$. Ferner muß, da der Wert der Neumannschen Funktion N_0 für $r = 0$, also entlang der Symmetrieachse, unendlich groß ist, $D(k) = 0$ sein. Also wird unsere Lösung nachstehende Form besitzen:

$$U(z, r) - U_0 = \int_0^\infty A(k) \sin kz \cdot J_0(jkr) \, dk. \tag{10}$$

In der hier auftretenden Konstanten $A(k)$ sind die Konstanten $C(k)$ und $D(k)$ enthalten. $A(k)$ besitzt also jetzt eine andere Bedeutung als vorher.

Wir haben unsere Aufgabe gelöst, wenn wir die Funktion $A(k)$ bestimmt haben. Dies kann folgendermaßen durchgeführt werden. Der Radius des Zylinders betrage $r = r_0$. Wenn wir jetzt die obige Beziehung für die Zylinderoberfläche anschreiben, gilt:

$$U(z, r_0) - U_0 = \int_0^\infty A(k) \sin kz \cdot J_0(jkr_0) \, dk. \tag{11}$$

Die Änderung der Funktion $U(z, r_0) - U_0$, d. h. die Potentialänderung an der Zylinderoberfläche, ist in Abhängigkeit von der Koordinate z gegeben, und der Verlauf dieser Funktion kann aus Abb. 2.77 entnommen werden. Der Spannungswert ist also vom Unendlichen bis zum Anfangspunkt U_1. Also beträgt der Wert des Spannungsunterschiedes $U_1 - U_0$:

$$U_1 - \frac{U_1 + U_2}{2} = \frac{U_1 - U_2}{2}. \tag{12}$$

Die Spannung weist im Anfangspunkt einen Sprung auf, und zwar vom Wert U_1 auf den Wert U_2. Dann bleibt die Spannung konstant, und zwar gleich U_2. Also ergibt sich der Wert von $U(r_0, z) - U_0$ zu

$$U_2 - \frac{U_1 + U_2}{2} = \frac{U_2 - U_1}{2}. \tag{13}$$

Diese Funktion können wir mit Hilfe des Fourier-Integrals darstellen, d. h., wir können diese Funktion aus unendlich vielen, verschiedene Amplituden besitzenden Sinusschwingungen zusammensetzen. Es ist bekannt, daß eine periodische Funktion als die Summe von unendlich vielen solcher Schwingungen gebildet werden kann,

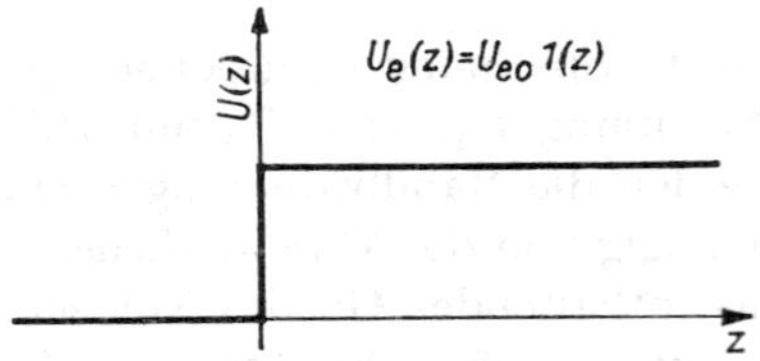

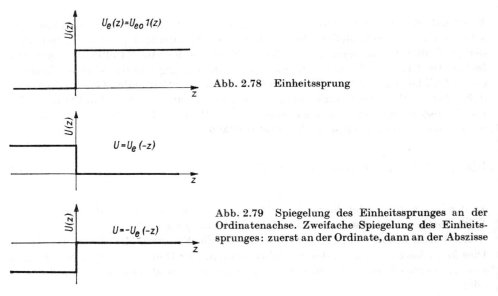

Abb. 2.78 Einheitssprung

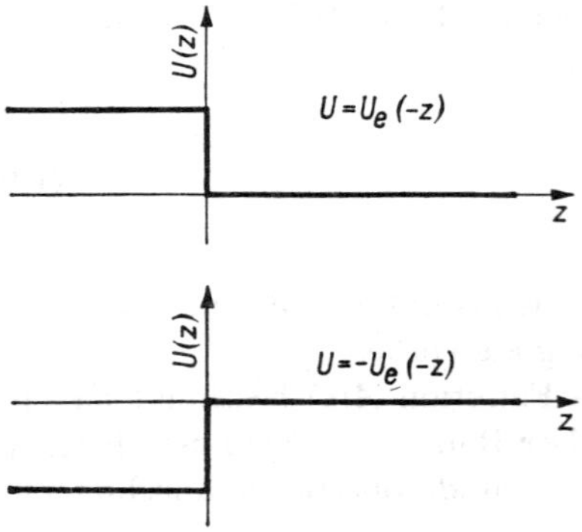

Abb. 2.79 Spiegelung des Einheitssprunges an der Ordinatenachse. Zweifache Spiegelung des Einheitssprunges: zuerst an der Ordinate, dann an der Abszisse

die diskrete Frequenzen und verschiedene Amplituden aufweisen. Ist die Funktion nicht periodisch, wie die Funktion $U(r_0, z) - U_0$, so können wir sie aus unendlich vielen Schwingungen verschiedener Amplituden und stetig veränderlicher Frequenzen zusammensetzen.

Der in Abb. 2.78 dargestellte sogenannte Einheitssprung $1(z)$ wird später bei den instationären Erscheinungen sehr oft vorkommen, und wir behandeln ihn daher dort eingehend. Dieser Sprung entspricht dem Einschalten eines Gleichstroms. Sein Fourier-Integral ist, wie wir in Kapitel 3.5.2. sehen werden,

$$U_e(z) = U_{e0} \left[\frac{1}{2} + \frac{1}{\pi} \int_0^\infty \frac{\sin kz}{k} \, dk \right]. \tag{14}$$

Kennen wir dieses, so können wir das Fourier-Integral der Funktion $U(z, r_0) - U_0$ leicht bestimmen. Letzteres kann nämlich aus einer solchen Funktion, die von $-\infty$ bis zum Anfangspunkt einen negativen Wert besitzt und dann Null wird, und aus einer Funktion, die bei $z > 0$ einen positiven Wert ergibt, zusammengesetzt werden (Abb. 2.77). Das *Fouriersche Spektrum* der ersten Funktion erhalten wir, wenn wir die Gleichung der Funktion nach Abb. 2.79 — also des auf die U-Achse bezogenen Spiegelbildes des Einheitssprunges — angeben und mit negativem Vorzeichen versehen. Die Fouriersche Darstellung des Spiegelbildes eines Einheitssprunges erhalten wir, wenn wir in dem Fourier-Integral des Einheitssprunges $+z$ durch $-z$ ersetzen. Damit wird

$$U_e(-z) = U_{e0}\left[\frac{1}{2} - \frac{1}{\pi}\int_0^\infty \frac{\sin kz}{k}\,\mathrm{d}k\right]. \tag{15}$$

Also kann das Fourier-Integral unserer Funktion $U(z, r_0) - U_0$ auch folgendermaßen geschrieben werden:

$$U(z, r_0) - U_0 = U_e(z) - U_e(-z) = \frac{U_2 - U_1}{2}\,\frac{2}{\pi}\int_0^\infty \frac{\sin kz}{k}\,\mathrm{d}k. \tag{16}$$

Die Funktion $U(z, r_0) - U_0$ können wir nach Gl. (10) bzw. (16) in den beiden Formen

$$U(z, r_0) - U_0 = \int_0^\infty A(k)\, J_0(\mathrm{j}kr_0) \sin kz\,\mathrm{d}k \tag{17}$$

und

$$U(z, r_0) - U_0 = \frac{U_2 - U_1}{\pi}\int_0^\infty \frac{\sin kz}{k}\,\mathrm{d}k \tag{18}$$

darstellen. Wie ein Vergleich zeigt, gilt für die gesuchte Funktion $A(k)$

$$\frac{U_2 - U_1}{\pi}\,\frac{1}{k} = A(k)\, J_0(\mathrm{j}kr_0), \text{ woraus } A(k) = \frac{U_2 - U_1}{\pi}\,\frac{1}{kJ_0(\mathrm{j}kr_0)} \tag{19}$$

folgt.

Setzen wir diesen Wert in unsere Ausgangsgleichung ein, so gelangen wir zu folgender Beziehung:

$$U(z, r) = \frac{U_2 + U_1}{2} + \frac{U_2 - U_1}{\pi}\int_0^\infty \frac{J_0(\mathrm{j}kr)}{J_0(\mathrm{j}kr_0)}\,\frac{\sin kz}{k}\,\mathrm{d}k. \tag{20}$$

Wenn wir zur Bestimmung des Potentials in einem beliebigen Punkt die betreffenden Werte für r und z im Integranden einsetzen, so ist dieser nur noch eine Funktion von k. Die Integration kann ausgeführt werden, und das bestimmte Integral ergibt eine Zahl, deren Kenntnis das Potential bereits bestimmt. Die Durchführung der Integration ist keine einfache Aufgabe und meist nur auf numerischem oder graphischem Wege möglich. Die Potential- bzw. Feldstärkeverteilung ist aus Abb. 2.80 ersichtlich.

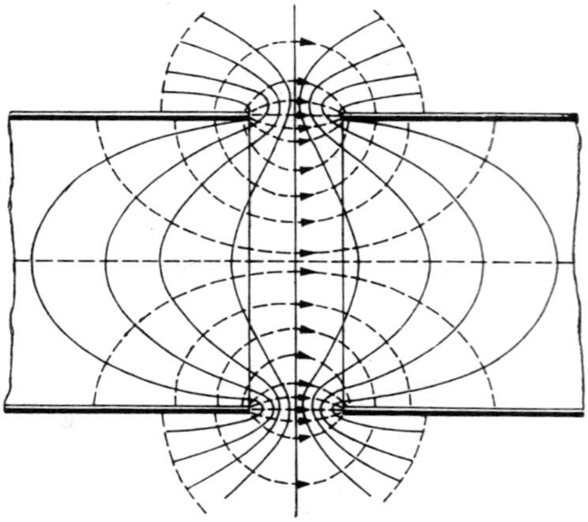

Abb. 2.80 Verlauf von Feldstärke und Potential in der Nähe des Spaltes

Die Spannungsverteilung entlang der Achse, also in den durch die Gleichung $r = 0$ charakterisierten Punkten, wird oft benötigt. Da $J_0(0) = 1$ ist, wird die Spannungsverteilung entlang der Achse durch die Beziehung

$$U(z, 0) = \frac{U_2 + U_1}{2} + \frac{U_2 - U_1}{\pi} \int\limits_0^\infty \frac{1}{J_0(\mathrm{j}kr_0)} \frac{\sin kz}{k} \,\mathrm{d}k \tag{21}$$

gekennzeichnet.

Bei der Lösung dieser Aufgabe haben wir vorausgesetzt, daß der zwischen den beiden Zylindern bestehende Spalt vernachlässigbar schmal ist. In Wirklichkeit ist der Abstand der beiden Zylinder endlich. Um die in der Lösung vorkommende Funktion $A(k)$ bestimmen zu können, müssen wir die Funktion $U(z, r_0)$ im Abstand r_0 von der Achse überall kennen. Dies bedeutet, daß wir auch die Spannungsänderung zwischen den beiden Zylindern im Abstand $r = r_0$ kennen müssen. Wir können in erster Näherung voraussetzen, daß die Spannung sich hier von einem Wert zum anderen linear mit z ändert, und damit die Funktion schon bestimmen. Ein genaues Ergebnis erhalten wir, wenn wir das Feld zwischen den beiden Zylindern längs einer mit den Erzeugenden der Zylinder übereinstimmenden Linie ausmessen, was mit Hilfe eines elektrolytischen Trogs geschehen kann. Es genügt schon eine einzige Meßreihe längs einer kurzen Strecke, um den Verlauf des Kraftfeldes im Raum überall genau berechnen zu können.

3. Beispiel. Als nächstes Beispiel bestimmen wir die Verteilung des elektrischen Feldes bzw. des Potentials in dem in Abb. 2.82 dargestellten Fall, wobei das Potential auf einem Zylinder der Länge l konstant ist und die beiden Enden des Zylinders durch je eine Ebene mit dem Potential Null abgeschlossen sind (Abb. 2.81).

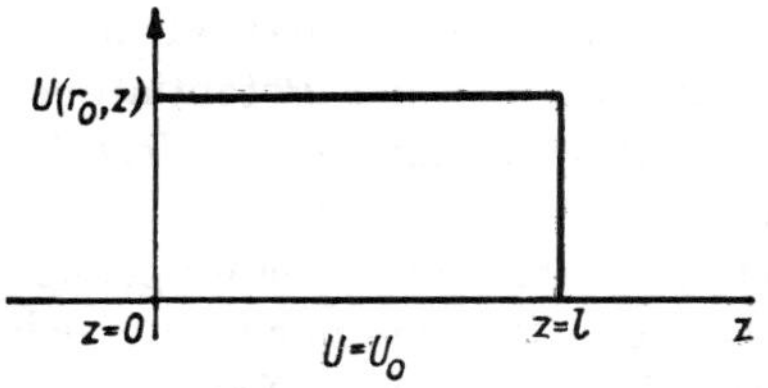

Abb. 2.81 Gegebene Randwerte des Potentials für die Anordnung in Abb. 2.82

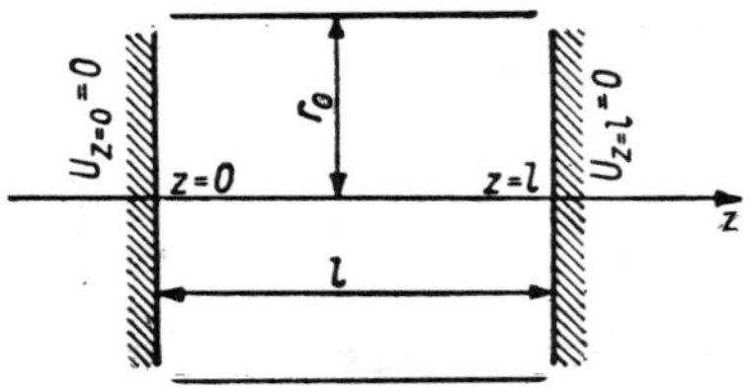

Abb. 2.82 Zur Berechnung des Innenfeldes eines Zylinders mit konstantem Potential, der an beiden Enden durch geerdete Platten begrenzt ist

Den zwischen dem Zylinder und der Ebene befindlichen Spalt nehmen wir im Verhältnis zu sämtlichen anderen Dimensionen als vernachlässigbar klein an. Da der Spannungswert unabhängig von der Koordinate r an den Stellen $z = 0$ bzw. $z = l$ gleich Null sein muß, wählen wir die Abhängigkeit von z in der Form

$$Z = C_1 \sin kz = C_1 \sin m \frac{\pi}{l} z, \tag{22}$$

worin m eine beliebige ganze Zahl ist. Diese Funktion ergibt für beliebige ganzzahlige Werte von m an den beiden ebenen Grenzflächen tatsächlich Null. Dadurch ist $k = m\pi/l$ definiert, und so ist die Abhängigkeit von r in folgender Form zu wählen:

$$R = C_2 J_0(\mathrm{j}kr) = C_2 J_0\left(\mathrm{j}\frac{m\pi}{l} r\right). \tag{23}$$

Aus diesem Grunde ist die Lösung, die die Randbedingung erfüllt, als die lineare Kombination folgender Lösungen darzustellen:

$$U_m(z, r) = C_m \sin m \frac{\pi}{l} z \cdot J_0\left(\mathrm{j}m \frac{\pi}{l} r\right). \tag{24}$$

Die Lösung lautet also

$$U(z, r) = C_1 \sin \frac{\pi}{l} z \cdot J_0 \left(\mathrm{j} \frac{\pi}{l} r \right) + C_2 \sin 2 \frac{\pi}{l} z \cdot J_0 \left(\mathrm{j}\, 2 \frac{\pi}{l} r \right) + \cdots$$

$$= \sum_{m=1}^{\infty} C_m J_0 \left(\mathrm{j} m \frac{\pi}{l} r \right) \sin m \frac{\pi}{l} z. \tag{25}$$

Die auftretenden Koeffizienten C_m müssen so bestimmt werden, daß auch die noch nicht erfüllten Randbedingungen erfüllt werden, daß also der Potentialwert im Intervall $0 < z < l$ an der Zylinderoberfläche überall dem gegebenen Wert U_0 gleich wird, in den Ebenen $z = 0$ und $z = l$ dagegen verschwindet. Uns interessiert das elektrische Kraftfeld nur in dem Raum zwischen den Elektroden. Daher genügt es, den Verlauf der Potentiale in Abhängigkeit von z an den Grenzen nur im Bereich von $z = 0$ bis $z = l$ mit Hilfe einer Fourier-Reihe richtig darzustellen. Nehmen wir einen periodischen Verlauf mit der Periode $2l$ an, so können wir diese Funktion, wie leicht nachzuweisen ist, durch folgende Fourier-Reihe darstellen:

$$U(z, r_0) = \frac{4U_0}{\pi} \sum_{n=1}^{\infty} \frac{1}{2n - 1} \sin (2n - 1) \frac{\pi}{l} z. \tag{26}$$

Diese Reihe ist mit Gl. (25) zu vergleichen. Setzen wir dort $r = r_0$ ein, so erhalten wir folgende Beziehung:

$$U(z, r_0) = \sum_{m=1}^{\infty} C_m J_0 \left(\mathrm{j} m \frac{\pi}{l} r_0 \right) \sin m \frac{\pi}{l} z. \tag{27}$$

Da diese Beziehung für beliebige z-Werte gültig sein muß, müssen die beiden Reihen auch gliedweise übereinstimmen. Die einzelnen Glieder vergleichend, erhalten wir

$$m = 2n - 1$$

und für die Amplitude:

$$C_m J_0 \left(\mathrm{j} m \frac{\pi}{l} r_0 \right) = \frac{4U_0}{\pi} \frac{1}{m}, \qquad m = 1, 3, 5, \ldots . \tag{28}$$

Daraus folgt für die Amplitude

$$C_m = \frac{4U_0}{\pi m J_0 \left(\mathrm{j} m \frac{\pi}{l} r_0 \right)}, \qquad m = 1, 3, 5, \ldots \tag{29}$$

und für die gesuchte Potentialverteilung

$$U(z, r) = \frac{4U_0}{\pi}\left[\frac{J_0\left(\mathrm{j}\frac{\pi}{l}r\right)}{J_0\left(\mathrm{j}\frac{\pi}{l}r_0\right)}\sin\frac{\pi}{l}z + \frac{J_0\left(\mathrm{j}\,3\frac{\pi}{l}r\right)}{3J_0\left(\mathrm{j}\,3\frac{\pi}{l}r_0\right)}\sin 3\frac{\pi}{l}z + \cdots\right] \tag{30}$$

oder

$$U(z, r) = \frac{4U_0}{\pi}\sum_{n=1}^{\infty}\frac{1}{2n-1}\,\frac{J_0\left(\mathrm{j}\frac{2n-1}{l}\pi r\right)}{J_0\left(\mathrm{j}\frac{2n-1}{l}\pi r_0\right)}\sin\frac{2n-1}{l}\pi z. \tag{31}$$

Die aus dieser Gleichung folgende Potentialverteilung entlang der Symmetrieachse können wir aus Abb. 2.83 ersehen.

4. Beispiel. Bei unseren bisherigen Beispielen konnten wir die Randbedingungen erfüllen, indem wir in Abhängigkeit von z die an einer bestimmten Fläche bekannte Änderung der Potentialfunktion in eine Fourier-Reihe oder in ein Fourier-Integral

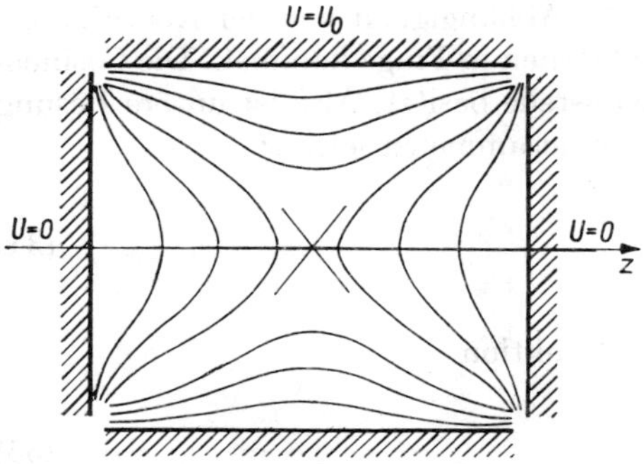

Abb. 2.83 Äquipotentialflächen zu der in Abb. 2.82 dargestellten Anordnung

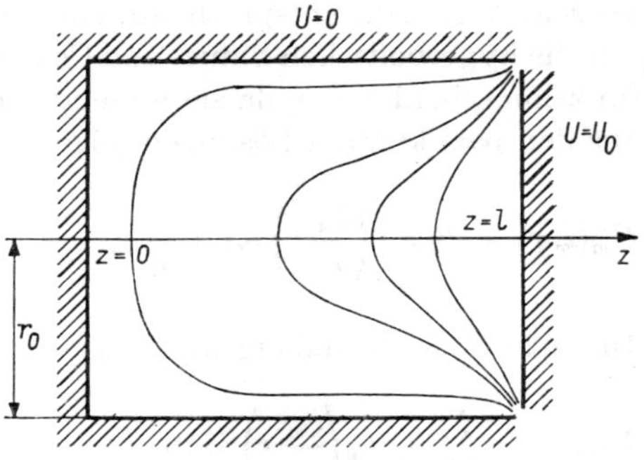

Abb. 2.84 Zur Berechnung des im Innern eines Zylinders auftretenden Kraftfeldes, dessen Mantel und eine Abschlußfläche Erdpotential besitzen, dessen anderes Ende jedoch durch eine Platte mit konstanter Spannung abgeschlossen ist

entwickelten. Bei der Erfüllung der Randbedingungen war es wichtig, daß die vorkommenden Funktionen als die Summen von diskreten Sinus- bzw. Cosinusfunktionen verschiedener Amplituden oder von solchen stetiger Frequenz dargestellt werden konnten. Im folgenden Beispiel benutzen wir die Tatsache, daß die Funktionen, wie wir es im vorherigen Kapitel sahen, auch als unendliche Reihen von Besselschen Funktionen mit entsprechend gewählten Koeffizienten dargestellt werden können.

Wir gehen von der aus Abb. 2.84 ersichtlichen Aufgabe aus. Das Potential des am Ende abgeschlossenen Zylinders sei überall Null. Das andere Ende des Zylinders denken wir uns durch eine ebene Scheibe abgeschlossen, deren Spannung den konstanten Wert $U = U_0$ besitzt, natürlich so, daß zwischen dem Zylinder und der Ebene ein Spalt vorhanden ist. Dieser Spalt kann jedoch im Vergleich zu den übrigen Dimensionen vernachlässigt werden. Da der im Intervall zwischen $z = 0$ und $z = l$ von dem Wert z unabhängige Potentialwert an der durch $r = r_0$ definierten Zylinderoberfläche verschwindet, müssen wir die Abhängigkeit von r in folgender Form wählen:

$$R(r) = CJ_0(kr) = CJ_0\left(\frac{\xi_m}{r_0} r\right), \tag{32}$$

wobei wir die m-te Nullstelle der Besselschen Funktion mit ξ_m bezeichnen. In diesem Fall wird nämlich der Wert der Funktion an der Stelle $r = r_0$ tatsächlich

$$R(r_0) = CJ_0\left(\frac{\xi_m}{r_0} r_0\right) = CJ_0(\xi_m) = 0. \tag{33}$$

Diesem Argument entsprechend, können für die Abhängigkeit von der Koordinate z nur die hyperbolischen Sinus- und Cosinusfunktionen in Frage kommen. Die Cosinusfunktion scheidet aus, da sie nirgends eine Nullstelle besitzt. Also ist unsere Lösung aus den partikulären Lösungen folgender Form zusammenzusetzen:

$$U_m(z, r) = B_m J_0\left(\frac{\xi_m}{r_0} r\right) \sinh \frac{\xi_m}{r_0} z. \tag{34}$$

Die Spannungsverteilung wird also durch die Funktion

$$U(z, r) = \sum_{m=1}^{\infty} B_m J_0\left(\frac{\xi_m}{r_0} r\right) \sinh \frac{\xi_m}{r_0} z \tag{35}$$

dargestellt. Jetzt ist nur noch die Erfüllung der einen Bedingung übrig, daß die Spannung für den Wert $z = l$ auf dem Zylinder Null und für sämtliche anderen Werte von r konstant ist, d. h.:

$$U(l, r_0) = 0, \qquad U(l, r) = U_0.$$

Der Spannungsverlauf in Abhängigkeit von r an der Stelle $z = l$ ist der Abb. 2.85 zu entnehmen. Diese Funktion entwickeln wir jetzt in eine Reihe nach Besselschen Funktionen und finden

$$U(l, r) = \sum_{m=1}^{\infty} b_m J_0\left(\frac{\xi_m}{r_0} r\right). \tag{36}$$

Die Werte der Koeffizienten b_m ergeben sich aus 2.19.(116) zu

$$b_m = \frac{2}{r_0^2 J_0'^2(\xi_m)} \int_0^{r_0} U(l, r)\, r J_0\left(\frac{\xi_m}{r_0} r\right) \mathrm{d}r = \frac{2U_0}{\xi_m J_1(\xi_m)}. \tag{37}$$

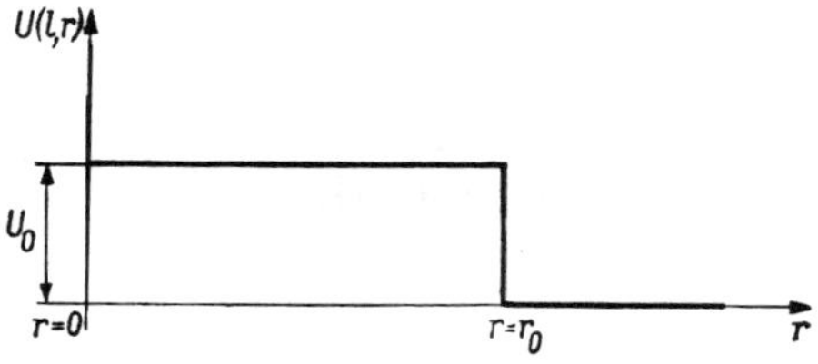

Abb. 2.85 Verlauf der Spannung an der rechten Abschlußplatte des Zylinders

Zur Aufstellung dieser Formel benutzten wir die bereits bekannten Beziehungen

$$\int x J_0(x)\, \mathrm{d}x = x J_1(x) \tag{38}$$

bzw.

$$\frac{\mathrm{d}}{\mathrm{d}x} J_0(x) = -J_1(x). \tag{39}$$

Daher gilt nach (36)

$$U(l, r) = 2U_0 \sum_{m=1}^{\infty} \frac{1}{\xi_m J_1(\xi_m)} J_0\left(\frac{\xi_m}{r_0} r\right). \tag{40}$$

Setzen wir dagegen in Gl. (35) die Koordinate $z = l$ ein, so wird

$$U(l, r) = \sum_{m=1}^{\infty} B_m \sinh \frac{\xi_m}{r_0} l \cdot J_0\left(\frac{\xi_m}{r_0} r\right). \tag{41}$$

Da auch diese beiden Beziehungen für alle Werte von r gültig sind, kann ein gliedweiser Vergleich vorgenommen werden. So erhalten wir für die einzelnen Koeffizienten folgenden Ausdruck:

$$B_m \sinh \frac{\xi_m}{r_0} l = \frac{2U_0}{\xi_m J_1(\xi_m)}, \tag{42}$$

woraus wir die endgültige Lösung gewinnen, indem wir die Werte von B_m in Gl. (35) einsetzen:

$$U(z, r) = \sum_{m=1}^{\infty} \frac{2U_0}{\xi_m J_1(\xi_m) \sinh \frac{\xi_m l}{r_0}} \sinh \frac{\xi_m}{r_0} z \cdot J_0\left(\frac{\xi_m}{r_0} r\right). \tag{43}$$

Die Aufgaben, bei denen der Spannungswert in der durch $z = l$ gehenden Ebene nicht konstant, sondern als eine Funktion von r gegeben ist, können ganz analog gelöst werden. Dabei ist natürlich die so entstandene Funktion nach den Besselschen Funktionen in eine Reihe zu entwickeln und das Ergebnis der Reihenentwicklung im Sinne des oben beschriebenen Verfahrens zu verwenden.

2.21. Berechnung des Potentials bei bekannter Potentialverteilung entlang der Symmetrieachse

Wie bereits mehrmals betont, kommt der Potentialverteilung entlang der Symmetrieachse zylindersymmetrischer Anordnungen besondere Bedeutung zu. Es ist daher wichtig, diejenige Lösung der Laplaceschen Gleichung zu kennen, die den Potentialwert in einem beliebigen Punkt des Raumes mit den Werten des Potentials entlang der Symmetrieachse verbindet.

Wie wir weiter unten sehen werden, kann die allgemeine Lösung der Differentialgleichung

$$\frac{\partial^2 U}{\partial z^2} + \frac{1}{r} \frac{\partial}{\partial r} r \frac{\partial U}{\partial r} = 0 \tag{1}$$

in folgender Form geschrieben werden:

$$U(z, r) = \frac{1}{2\pi} \int_0^{2\pi} u(z + \mathrm{j} r \sin \alpha) \, \mathrm{d}\alpha . \tag{2}$$

Setzen wir den Wert $r = 0$ in diese Beziehung ein, so erhalten wir:

$$U(z, 0) = \frac{1}{2\pi} \int_0^{2\pi} u(z) \, \mathrm{d}\alpha = u(z) . \tag{3}$$

Dies bedeutet, daß $u(z)$ die Potentialverteilung entlang der Symmetrieachse darstellt. Ist diese bekannt, z. B. durch Messungen, so kann der Potentialwert für einen beliebigen Punkt des Raumes durch obige Formel ermittelt werden. Diese Beziehung kann aber auch in folgender Weise benutzt werden. Wir nehmen entlang der Achse plausible Verteilungen an und untersuchen, nachdem wir die Potentialverteilung mit Hilfe obiger Beziehung errechnet haben, auf welchen Flächen diese Verteilung einen konstanten Wert ergibt. Auf diese Weise können wir die Sammlung unserer Beispiele, denen die gegebenen konkreten Aufgaben unter Umständen angepaßt werden können, bereichern.

Daß die obige Lösung die axialsymmetrische Laplacesche Gleichung tatsächlich erfüllt, können wir leicht einsehen.

Da nämlich α von z und r unabhängig ist, können wir den Laplaceschen Ausdruck unter dem Integrationszeichen auf die Funktion $u(z + \mathrm{j}r \sin \alpha)$ anwenden. Wir schreiben die Ableitungen nach r und z mit Hilfe der Ableitungen nach α auf. Unter Berücksichtigung der Periodizität von u in α bekommen wir sofort:

$$\Delta U = \frac{1}{2\pi} \int_0^{2\pi} \Delta u(z + \mathrm{j}r \sin \alpha) \, \mathrm{d}\alpha = 0. \tag{4}$$

Die Darstellung

$$U(z, r) = \frac{1}{2\pi} \int_0^{2\pi} u(z + \mathrm{j}r \sin \alpha) \, \mathrm{d}\alpha$$

wenden wir nur auf zwei einfache Fälle an.

Die Verteilung entlang der Achse besitze die Form $U(z, 0) = C/z$. Wir berechnen nun die Potentialverteilung an beliebigen Stellen des Raumes

$$U(z, r) = \frac{1}{2\pi} \int_0^{2\pi} \frac{C}{z + \mathrm{j}r \sin \alpha} \, \mathrm{d}\alpha. \tag{5}$$

Dieses Integral kann einfach gelöst werden, und zwar zu

$$U(z, r) = \frac{C}{\sqrt{z^2 + r^2}}. \tag{6}$$

Aus dieser Gleichung ist zu ersehen, daß die Niveauflächen der Gleichungen

$$\frac{C}{\sqrt{z^2 + r^2}} = \text{const}; \qquad z^2 + r^2 = \text{const} \tag{7}$$

entsprechend Kugelflächen sein werden. Wir erhalten also das Potential einer Punktladung.

Das Potentialfeld eines geladenen Ringes kann analog berechnet werden. In diesem Fall führt zwar auch die direkte Methode zum Erfolg, es ist aber einfacher, den Potentialwert in einem beliebigen Punkt der Symmetrieachse zu bestimmen, unter der Annahme, daß die Verteilung der Ladung auf der Fläche des dünn gedachten

Ringes aus Symmetriegründen gleichmäßig ist. Die Potentialverteilung auf der Achse hat den Wert

$$U(z, 0) = k \frac{1}{\sqrt{r_0^2 + z^2}}, \tag{8}$$

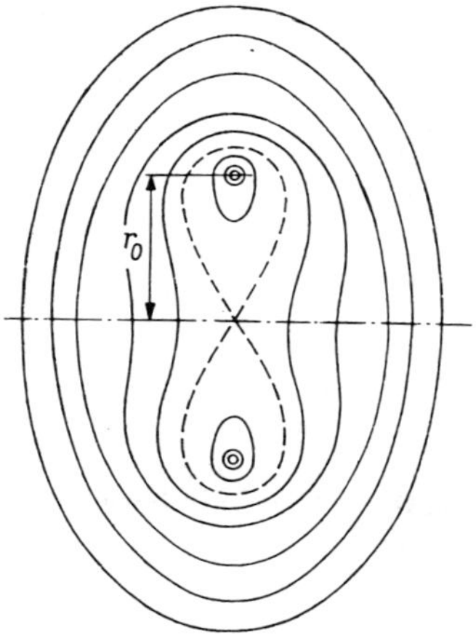

Abb. 2.86
Elektrostatisches Feld eines aufgeladenen Kreisringes

woraus sich die Potentialverteilung in einem beliebigen Punkt des Raumes wie folgt ergibt:

$$U(z, r) = \frac{k}{2\pi} \int_0^{2\pi} \frac{d\alpha}{\sqrt{r_0^2 + (z + jr \sin \alpha)^2}}. \tag{9}$$

Die entsprechende Potentialverteilung ist in Abb. 2.86 dargestellt.

2.22. Die Lösung der zylindersymmetrischen Gleichung durch Reihenentwicklung

Wir versuchen jetzt, die zylindersymmetrische Laplacesche Gleichung 2.18.(2) durch die Reihe

$$U(z, r) = \sum_{n=0}^{\infty} A_n(z) \, r^{2n} \tag{1}$$

zu befriedigen. Wir berücksichtigen dabei, daß

$$\frac{\partial^2 U}{\partial z^2} = \sum_{n=0}^{\infty} A_n''(z)\, r^{2n} \tag{2}$$

und

$$\frac{\partial U}{\partial r} = \sum_{n=0}^{\infty} 2n A_n(z)\, r^{2n-1} \tag{3}$$

gilt. Wir multiplizieren den letzten Ausdruck mit r

$$r \frac{\partial U}{\partial r} = \sum_{n=0}^{\infty} 2n A_n(z)\, r^{2n} \tag{4}$$

und differenzieren die so gewonnene Beziehung:

$$\frac{\partial}{\partial r} r \frac{\partial U}{\partial r} = \sum_{n=0}^{\infty} (2n)^2 A_n(z)\, r^{2n-1}. \tag{5}$$

Für das auf der linken Seite der Laplaceschen Gleichung vorkommende zweite Glied finden wir also die Beziehung

$$\frac{1}{r} \frac{\partial}{\partial r} r \frac{\partial U}{\partial r} = \sum_{n=0}^{\infty} (2n)^2 A_n(z)\, r^{2n-2} \tag{6}$$

und für die Laplacesche Gleichung selbst

$$\sum_{n=0}^{\infty} A_n''(z)\, r^{2n} + \sum_{n=0}^{\infty} (2n)^2 A_n(z)\, r^{2n-2} = 0. \tag{7}$$

Da diese Beziehung auch für einen beliebigen Wert von r gelten muß, müssen die Koeffizienten, die auf der linken Seite zu einer beliebigen Potenz von r gehören, Null sein. Betrachten wir von beiden Summen die zu den $(2n-2)$-ten Potenzen der Veränderlichen r gehörenden Koeffizienten, so finden wir die Gleichung

$$A_{n-1}''(z) + (2n)^2 A_n(z) = 0. \tag{8}$$

Wir wissen aber aus unserer ursprünglichen Reihenentwicklung, daß der Wert des zur Nullpotenz von r gehörenden Koeffizienten gerade die Potentialverteilung an der Symmetrieachse ergibt; mit anderen Worten

$$U(0, z) = A_0(z) = u(z). \tag{9}$$

Durch Anwendung der vorstehenden Gleichung können wir auch die übrigen Koeffizienten der Reihe nach bestimmen. Der Wert des zur zweiten Potenz von r gehörenden Koeffizienten $A_1(z)$ ist

$$A_1(z) = -\frac{u''(z)}{2^2}. \tag{10}$$

Der Wert der zur vierten Potenz gehörenden Funktion $A_2(z)$ wird

$$A_2(z) = -\frac{A_1''(z)}{(2 \cdot 2)^2} = \frac{u^{(4)}(z)}{2^2 \cdot (2 \cdot 2)^2} = \frac{u^{(4)}(z)}{64}. \tag{11}$$

Allgemein beträgt der Wert der zur $2n$-ten Potenz gehörenden Funktion $A_n(z)$:

$$A_n(z) = \frac{1}{2^{2n}} \frac{(-1)^n}{(n!)^2} u^{(2n)}(z). \tag{12}$$

Also gilt für die Reihe

$$U(z, r) = \sum_{n=0}^{\infty} \frac{(-1)^n}{(n!)^2} u^{(2n)}(z) \left[\frac{r}{2}\right]^{2n}. \tag{13}$$

Wir haben also die Potentialverteilung für den ganzen Raum gefunden, falls wir den Verlauf des Potentials an der Achse kennen.

Diese Reihenentwicklung wenden wir jetzt an, um über den allgemeinen Verlauf der Äquipotentialflächen an der Symmetrieachse ein Bild zu gewinnen und um das Verhalten der Äquipotentialflächen im Sattelpunkt bestimmen zu können. Berücksichtigen wir die ersten beiden Glieder obiger nach r entwickelten Reihe, entwickeln diese in der Umgebung des Punktes $z = z_0$ in eine Reihe und vernachlässigen die Glieder höherer Ordnung, so gelangen wir zu folgender Beziehung:

$$U(z, r) = u(z_0) + u'(z_0)[z - z_0] + \frac{1}{2} u''(z_0)[z - z_0]^2 - \frac{1}{4} u''(z_0) r^2. \tag{14}$$

Die Gleichung der Fläche, auf der das Potential überall gleich dem Potential im Punkt $z = z_0$, $r = 0$ ist, wird in unmittelbarer Nähe der Achse

$$U(z, r) = u(z_0) \tag{15}$$

oder, ausführlicher geschrieben,

$$u(z_0) + u'(z_0)[z - z_0] + \frac{1}{2} u''(z_0)[z - z_0]^2 - \frac{1}{4} u''(z_0) r^2 = u(z_0). \tag{16}$$

Hieraus erhalten wir für die Gleichung der Fläche folgende Beziehung:

$$\frac{1}{4}\, u''(z_0)\, r^2 = u'(z_0)\,[z - z_0] + \frac{1}{2}\, u''(z_0)\,[z - z_0]^2. \tag{17}$$

Dies ist die Gleichung einer Hyperbel. Aus ihr können wir in der bekannten Weise den Krümmungsradius dieser Hyperbel in dem mit der Symmetrieachse gebildeten Schnittpunkt bestimmen:

$$\varrho = 2\, \frac{u'(z_0)}{u''(z_0)}. \tag{18}$$

Die Potentialänderung ist im Sattelpunkt Null: $u'(z_0) = 0$. Dadurch reduziert sich die Gleichung der Äquipotentialfläche auf folgende Form:

$$\frac{1}{4}\, u''(z_0)\, r^2 = \frac{1}{2}\, u''(z_0)\,[z - z_0]^2, \tag{19}$$

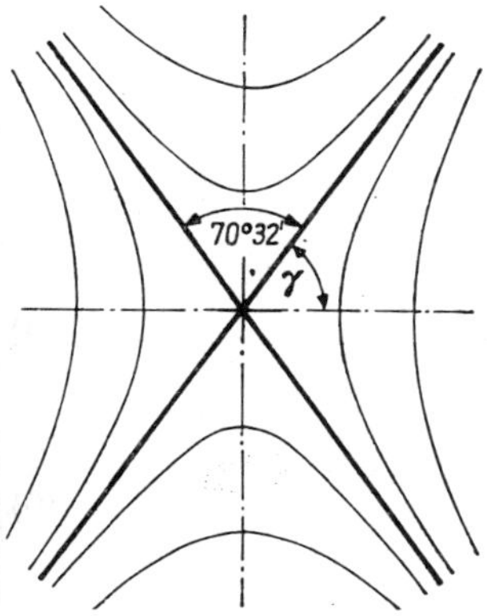

Abb. 2.87
Öffnungswinkel der Niveauflächen, die sich im singulären Punkt des zylindersymmetrischen Kraftfeldes schneiden

woraus wir ersehen, daß die Hyperbel zu einem Geradenpaar entartet ist. Für den durch das Geradenpaar und die Symmetrieachse gebildeten Winkel gilt die Beziehung

$$\tan^2 \gamma = \frac{r^2}{(z - z_0)^2} = 2, \qquad \gamma = 54^\circ\, 44' \tag{20}$$

(Abb. 2.87). Wir sehen also, daß im Sattelpunkt der Verlauf der Äquipotentialflächen, von der weiteren Gestalt des Feldes unabhängig, immer gleich ist. Diese überraschende Tatsache wurde auch experimentell nachgewiesen.

2.23. Die allgemeine Lösung der Laplaceschen Gleichung in Zylinderkoordinaten

Wie schon erwähnt, ist die Anwendung von Zylinderkoordinaten unbedingt zweckmäßig, wenn die Spannungsverteilung auf einem Zylinder bekannt ist. Die Zylindersymmetrie besteht aber im allgemeinen Fall natürlich nicht. Die Laplacesche Gleichung lautet:

$$\frac{1}{r}\frac{\partial}{\partial r}\left(r\frac{\partial U}{\partial r}\right)+\frac{1}{r^2}\frac{\partial^2 U}{\partial \varphi^2}+\frac{\partial^2 U}{\partial z^2}=0. \tag{1}$$

Nun versuchen wir, diese Gleichung durch die Lösung

$$U = R(r)\,Z(z)\,\Phi(\varphi) \tag{2}$$

zu befriedigen. Nach Einsetzen und Dividieren ergibt sich

$$\frac{1}{R}\frac{1}{r}\frac{\mathrm{d}}{\mathrm{d}r}\left(r\frac{\mathrm{d}R}{\mathrm{d}r}\right)+\frac{1}{\Phi}\frac{1}{r^2}\frac{\mathrm{d}^2\Phi}{\mathrm{d}\varphi^2}+\frac{1}{Z}\frac{\mathrm{d}^2 Z}{\mathrm{d}z^2}=0. \tag{3}$$

Das letzte Glied kann ohne weiteres separiert werden:

$$\frac{1}{Z}\frac{\mathrm{d}^2 Z}{\mathrm{d}z^2}=m^2, \qquad m \neq 0\,. \tag{4}$$

Die allgemeine Lösung dieser Gleichung lautet

$$Z = A_1 \cosh mz + A_2 \sinh mz. \tag{5}$$

Für R und Φ bleibt uns folgende Gleichung:

$$\frac{1}{R}\frac{1}{r}\frac{\mathrm{d}}{\mathrm{d}r}\left(r\frac{\mathrm{d}R}{\mathrm{d}r}\right)+\frac{1}{\Phi}\frac{1}{r^2}\frac{\mathrm{d}^2\Phi}{\mathrm{d}\varphi^2}+m^2=0, \tag{6}$$

die wir mit r^2 multiplizieren:

$$\frac{r}{R}\frac{\mathrm{d}}{\mathrm{d}r}\left(r\frac{\mathrm{d}R}{\mathrm{d}r}\right)+m^2r^2+\frac{1}{\Phi}\frac{\mathrm{d}^2\Phi}{\mathrm{d}\varphi^2}=0. \tag{7}$$

Diese Gleichung kann wieder separiert werden:

$$\frac{1}{\Phi}\frac{\mathrm{d}^2\Phi}{\mathrm{d}\varphi^2}=-n^2, \qquad n \neq 0 \tag{8}$$

Ihre allgemeine Lösung ist

$$\Phi = B_1 \sin n\varphi + B_2 \cos n\varphi\,. \tag{9}$$

Wir gewinnen schließlich für die Funktion $R(r)$ die Gleichung

$$\frac{1}{r}\frac{\mathrm{d}}{\mathrm{d}r}\left(r\frac{\mathrm{d}R}{\mathrm{d}r}\right)+\left(m^2-\frac{n^2}{r^2}\right)R=0, \tag{10}$$

deren allgemeine Lösung schon bekannt ist:

$$R(r)=C_1J_n(mr)+C_2N_n(mr). \tag{11}$$

Durch die spezielle Wahl von n und m können wir sowohl den zylindersymmetrischen Fall als auch das Problem in der Ebene erhalten.

Wählen wir $m=0$, so bedeutet dies, daß die Potentialverteilung in Richtung z nach Gl. (4) durch

$$Z(z)=A_1z+A_2$$

beschrieben werden kann. Die Gleichung für $R(r)$ besitzt jetzt die Lösung

$$R(r)=C_1r^n+C_2r^{-n}.$$

Sind n und m Null, so finden wir auch für Φ einen linearen Zusammenhang:

$$\Phi=(B_1\varphi+B_2)\quad\text{und}\quad R(r)=C_1\ln r+C_2.$$

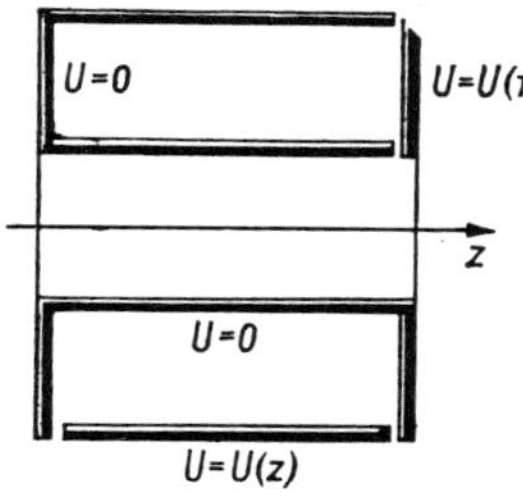

Abb. 2.88 Probleme, die durch Gl. (12) behandelt werden können

Also gilt für die Lösung der Laplaceschen Gleichung

$$U(r,\varphi,z)=(A_1\cosh mz+A_2\sinh mz)\,(B_1\sin n\varphi+B_2\cos n\varphi)\,[C_1J_n(mr)+C_2N_n(mr)], \tag{12}$$

$$U(r,\varphi,z)=(A_1z+A_2)\,(B_1\sin n\varphi+B_2\cos n\varphi)\,(C_1r^n+C_2r^{-n});\qquad(m=0), \tag{13}$$

$$U(r,\varphi,z)=(A_1z+A_2)\,(B_1\varphi+B_2)\,(C_1\ln r+C_2);\qquad m=n=0. \tag{14}$$

Die im Innern eines zylindrischen Ringes auftretende Potentialfunktion kann z. B. durch die Superposition dieser Lösungen berechnet werden. Der äußere oder innere Mantel und die Stirnseite des Ringes können verschiedene Spannungen besitzen (Abb. 2.88).

E. Lösung der Laplaceschen Gleichung in Kugelkoordinaten

2.24. Behandlung der zylindersymmetrischen Felder mit Hilfe der Kugelfunktionen

Besitzen wir eine Angabe über die Potentialverteilung an einer Kugeloberfläche und ist außerdem bekannt, daß wir es mit einem zylindersymmetrischen Feld zu tun haben, so ist es zweckmäßig, die Laplacesche Gleichung in Kugelkoordinaten anzuschreiben. Eine solche Aufgabe ist in Abb. 2.89 dargestellt, in der zwei durch einen unendlich kleinen Spalt voneinander getrennte Halbkugeln auf den konstanten

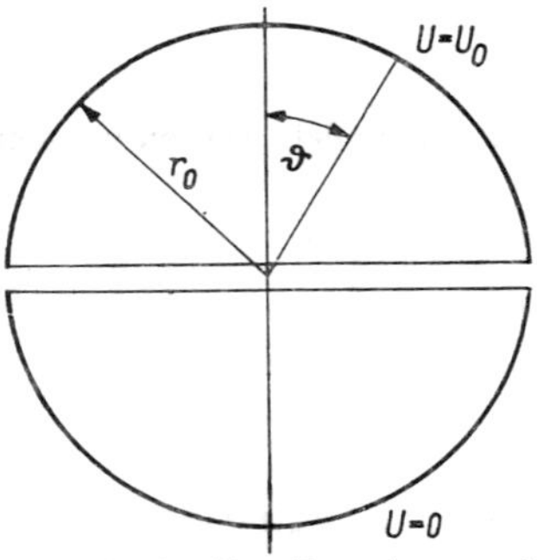

Abb. 2.89 Zur Berechnung des elektrischen Feldes von zwei Halbkugeln

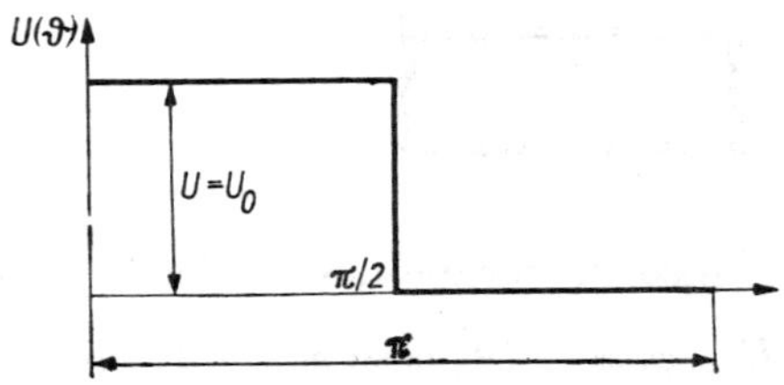

Abb. 2.90 Spannungsverlauf an der Kugeloberfläche gemäß Abb. 2.89

Spannungen $U = 0$ und $U = U_0$ gehalten werden. Die auf der Spaltebene senkrecht stehende Achse ist die Symmetrieachse. Gesucht ist das Feld innerhalb oder außerhalb der Kugel. Da das Feld nicht von der Koordinate φ abhängt, nimmt die in Kugelkoordinaten geschriebene Laplacesche Gleichung folgende Form an:

$$\frac{\partial}{\partial r}\left(r^2 \frac{\partial U}{\partial r}\right) + \frac{1}{\sin\vartheta}\frac{\partial}{\partial\vartheta}\left(\sin\vartheta \frac{\partial U}{\partial\vartheta}\right) = 0. \tag{1}$$

Wir versuchen wiederum, die Variablen zu trennen. Die Lösung habe folgende Form:

$$U(r, \vartheta) = R(r)\, \Theta(\vartheta). \tag{2}$$

Setzen wir diese in die Gleichung ein, so gelangen wir zu

$$\frac{1}{R}\frac{\mathrm{d}}{\mathrm{d}r}\left(r^2\frac{\mathrm{d}R}{\mathrm{d}r}\right) = -\frac{1}{\Theta}\frac{1}{\sin\vartheta}\frac{\mathrm{d}}{\mathrm{d}\vartheta}\left(\sin\vartheta\frac{\mathrm{d}\Theta}{\mathrm{d}\vartheta}\right). \tag{3}$$

Wir können nach der schon bekannten Argumentation, nach der die linke Seite dieser Gleichung nur von r, die rechte Seite nur von ϑ abhängt, auch hier schließen, daß die Werte der beiden Seiten nur konstant sein können. Damit zerfällt die Gleichung in zwei gewöhnliche Differentialgleichungen:

$$\frac{1}{R}\frac{\mathrm{d}}{\mathrm{d}r}\left(r^2\frac{\mathrm{d}R}{\mathrm{d}r}\right) = k, \tag{4}$$

$$\frac{1}{\Theta\sin\vartheta}\frac{\mathrm{d}}{\mathrm{d}\vartheta}\left(\sin\vartheta\frac{\mathrm{d}\Theta}{\mathrm{d}\vartheta}\right) = -k. \tag{5}$$

Die partikuläre Lösung der Gl. (4) können wir sofort angeben. Sie lautet $R = r^m$. Setzen wir nämlich diese Funktion in (4) ein, so folgt

$$r^{-m}[r^2 m(m-1)\, r^{m-2} + 2rmr^{m-1}] = k. \tag{6}$$

Daraus erhalten wir für die Konstante k einen bestimmten Wert

$$m(m+1) = k. \tag{7}$$

Schreiben wir diese Beziehung in

$$k = (-m)(-m-1) = (-m-1)(-m-1+1) \tag{8}$$

um, so sehen wir, daß Gl. (4) auch durch die Funktion

$$R = r^{-m-1} \tag{9}$$

erfüllt wird. Somit haben wir eine weitere, von der vorherigen linear unabhängige partikuläre Lösung gefunden. Die allgemeine Lösung wird also folgende Form besitzen:

$$R = Ar^m + \frac{B}{r^{m+1}}. \tag{10}$$

Da wir den Wert von k kennen, können wir unsere zur Bestimmung der Funktion $\Theta(\vartheta)$ dienende Differentialgleichung (5) entsprechend umschreiben:

$$\frac{1}{\Theta\sin\vartheta}\frac{\mathrm{d}}{\mathrm{d}\vartheta}\left(\sin\vartheta\frac{\mathrm{d}\Theta}{\mathrm{d}\vartheta}\right) + m(m+1) = 0. \tag{11}$$

Diese ist die Legendresche Differentialgleichung, und ihre partikulären Lösungen sind, wenn m ganzzahlig ist, die Legendreschen Polynome. Dem Index m entspricht das Legendresche Polynom m-ter Ordnung. Dessen Wert beträgt, wie wir im folgenden Kapitel sehen werden,

$$P_m(\cos\vartheta) = \frac{1}{2^m m!}\left[\frac{d^m}{d(\cos\vartheta)^m}(\cos^2\vartheta - 1)^m\right]. \tag{12}$$

Die so gewonnenen Polynome bilden eine partikuläre Lösung der Legendreschen Differentialgleichung. Wir benötigen hier, ebenso wie bei der Lösung der Besselschen Differentialgleichung, noch eine weitere Funktion, um die allgemeine Lösung angeben zu können. Bei den Besselschen Differentialgleichungen wurde diese durch die Neumannsche Funktion $N_m(kr)$ gegeben. Es kann bewiesen werden, daß diese andere Lösung auch hier in sämtlichen Punkten, in denen $\vartheta = 0$ ist, d. h. entlang der Symmetrieachse, unendlich wird. Sie kann also immer ausgeschlossen werden, wenn in dem untersuchten Bereich die Symmetrieachse vorhanden ist. Die Funktion $P_m(\cos\vartheta)$ heißt zonale Kugelfunktion.

Wenn wir den allgemeinen Verlauf der Funktion $R(r)$ betrachten, so sehen wir, daß ihr Wert sowohl an der Symmetrieachse als auch im Unendlichen unendlich groß ist. Daher müssen wir, wenn wir die Lösung im Innern unseres Bereiches untersuchen, um den unendlichen Wert des Potentials zu vermeiden, für die Konstante B den Wert Null wählen. Untersuchen wir aber das äußere Feld des Bereiches, so ist die Konstante A gleich Null zu setzen. Somit wird die Potentialverteilung im Innern des Raumes durch die Funktion

$$U(r,\vartheta) = \sum_{m=0}^{\infty} A_m r^m P_m(\cos\vartheta) \tag{13}$$

und außerhalb der Kugelfläche durch die Funktion

$$U(r,\vartheta) = \sum_{m=0}^{\infty} B_m r^{-(m+1)} P_m(\cos\vartheta) \tag{14}$$

gegeben.

Unsere Aufgabe ist gelöst, wenn wir die in diesen Beziehungen vorkommenden Koeffizienten bestimmt haben. Dies wird mit Hilfe der vorgeschriebenen Randbedingungen durchgeführt. Der Potentialwert auf der Kugeloberfläche sei als Funktion des Winkels gegeben, d. h.,

$$U(r_0,\vartheta) = U(\vartheta). \tag{15}$$

Wir entwickeln die so gegebene Funktion in eine Reihe nach den Kugelfunktionen. Im folgenden Kapitel sehen wir, daß wir analog zu Fourier-Reihen ansetzen können:

$$\begin{aligned} U(r_0,\vartheta) = U(\vartheta) &= a_0 P_0(\cos\vartheta) + a_1 P_1(\cos\vartheta) + \cdots + a_n P_n(\cos\vartheta) + \cdots \\ &= \sum_{m=0}^{\infty} a_m P_m(\cos\vartheta), \end{aligned} \tag{16}$$

wobei

$$a_m = \frac{2m+1}{2} \int_0^\pi U(\vartheta)\, P_m(\cos\vartheta) \sin\vartheta \, d\vartheta \tag{17}$$

ist. Unsere ursprüngliche Reihenentwicklung (13) bzw. (14) ergibt für denselben Potentialwert:

$$U(r_0, \vartheta) = A_0 P_0(\cos\vartheta) + A_1 r_0 P_1(\cos\vartheta) + \cdots = \sum_{m=0}^{\infty} A_m r_0^m P_m(\cos\vartheta) \tag{18}$$

und außerhalb des Bereiches:

$$U(r_0, \vartheta) = U(\vartheta) = \frac{B_0}{r_0} P_0(\cos\vartheta) + \frac{B_1}{r_0^2} P_1(\cos\vartheta) + \cdots$$

$$= \sum_{m=0}^{\infty} B_m r_0^{-(m+1)} P_m(\cos\vartheta). \tag{19}$$

Da die beiden Reihen für sämtliche $P_m(\cos\vartheta)$-Werte übereinstimmen müssen, müssen sie auch gliedweise gleich sein. Wir erhalten für die einzelnen Koeffizienten folgende Beziehungen:

$$A_m r_0^m = a_m; \qquad A_m = \frac{a_m}{r_0^m} = \frac{2m+1}{2r_0^m} \int_0^\pi U(\vartheta)\, P_m(\cos\vartheta) \sin\vartheta \, d\vartheta \tag{20}$$

bzw.

$$B_m r_0^{-(m+1)} = a_m; \qquad B_m = a_m r_0^{m+1} = r_0^{m+1} \frac{2m+1}{2} \int_0^\pi U(\vartheta)\, P_m(\cos\vartheta) \sin\vartheta \, d\vartheta. \tag{21}$$

Sind diese Koeffizienten bekannt, dann kann der Potentialwert sowohl im Innern als auch außerhalb des Bereiches angeschrieben werden.

Als Beispiel lösen wir die in Abb. 2.89 dargestellte und schon erwähnte Aufgabe. Die Potentialverteilung in Abhängigkeit von der Veränderlichen ϑ ist aus Abb. 2.90 ersichtlich. Wir gelangen, wenn wir die einzelnen Koeffizienten der Reihenentwicklung nach der allgemeinen Methode bestimmen, zu folgendem Ergebnis:

$$A_m = \frac{2m+1}{2r_0^m} U_0 \int_0^{\pi/2} P_m(\cos\vartheta) \sin\vartheta \, d\vartheta. \tag{22}$$

Also gilt für die Potentialverteilung innerhalb der Kugel mit Berücksichtigung der Gleichungen 2.25.(2) und 2.25.(11)

$$U(r, \vartheta) = U_0 \left[\frac{1}{2} + \frac{3}{4} \frac{r}{r_0} P_1(\cos\vartheta) - \frac{7}{8} \frac{1}{2} \frac{r^3}{r_0^3} P_3(\cos\vartheta) + - \cdots\right], \quad r < r_0 \tag{23}$$

und außerhalb der Kugel

$$U(r, \vartheta) = U_0 \left[\frac{r_0}{2r} + \frac{3}{4}\frac{r_0^2}{r^2} P_1(\cos\vartheta) - \frac{7}{8}\frac{1}{2}\frac{r_0^4}{r^4} P_3(\cos\vartheta) + - \cdots\right], \quad r > r_0. \tag{24}$$

Die in den Beziehungen (18) und (19) auftretenden Koeffizienten können wir sehr einfach bestimmen, wenn wir die Potentialverteilung entlang der Symmetrieachse kennen. Diese kann in vielen Fällen, wie wir es auch bisher vorausgesetzt haben, durch Messung oder Berechnung ermittelt werden.

Setzen wir voraus, daß es uns gelang, mit der z-Achse als Symmetrieachse das Potential in der Nähe des Punktes $z = 0$ in der Form

$$u(z) = \sum_{m=0}^{\infty} b_m z^m, \qquad z < r_0 \tag{25}$$

in eine Reihe zu entwickeln. Nun wählen wir die Symmetrieachse als Achse des sphärischen Koordinatensystems. Die Werte von z fallen für $\vartheta = 0$ mit den Werten von r zusammen. Da in diesem Fall

$$\cos\vartheta = 1; \qquad P_m(1) = 1, \tag{26}$$

ergibt sich also aus der Reihenentwicklung nach den Legendreschen Funktionen folgende Beziehung:

$$u(z) \equiv U(r, 0) = \sum_{m=0}^{\infty} A_m r^m. \tag{27}$$

Wir sehen, daß diese beiden letzten Reihenentwicklungen bei sämtlichen r-Werten den gleichen Wert liefern. Das ist nur möglich, wenn auch die Koeffizienten übereinstimmen, d. h., wenn

$$A_m = b_m,$$

und somit ist der Potentialwert in einem beliebigen Punkt

$$U(r, \vartheta) = \sum_{m=0}^{\infty} b_m r^m P_m(\cos\vartheta), \qquad r < r_0. \tag{28}$$

Suchen wir hingegen die Lösung außerhalb des Bereiches $r < r_0$, so bemühen wir uns, die Spannungsverteilung auf der Achse durch folgende Reihe darzustellen:

$$u(z) = \sum_{m=0}^{\infty} c_m z^{-(m+1)}, \qquad z > r_0. \tag{29}$$

In diesem Fall liefert die nach den Legendreschen Funktionen vorgenommene Reihenentwicklung die Beziehung

$$U(r, 0) = \sum_{m=0}^{\infty} B_m r^{-(m+1)}. \tag{30}$$

Diese beiden Reihen vergleichend, erhalten wir

$$c_m = B_m.$$

Daher muß die Spannungsverteilung in einem beliebigen Punkt des Raumes folgende Form besitzen:

$$U(r, \vartheta) = \sum_{m=0}^{\infty} c_m P_m(\cos\vartheta)\, r^{-(m+1)}, \qquad r > r_0. \tag{31}$$

2.25. Die Eigenschaften der Legendreschen Polynome

Im vorangegangenen Kapitel fanden wir folgende Differentialgleichung:

$$\frac{1}{\Theta \sin\vartheta} \frac{\mathrm{d}}{\mathrm{d}\vartheta}\left(\sin\vartheta \frac{\mathrm{d}\Theta}{\mathrm{d}\vartheta}\right) + n(n+1) = 0. \tag{1}$$

Führen wir die neuen Veränderlichen

$$x = \cos\vartheta, \qquad \mathrm{d}x = -\sin\vartheta\, \mathrm{d}\vartheta, \qquad \Theta = y \tag{2}$$

ein, so geht unsere Differentialgleichung in folgende Form über:

$$\frac{\mathrm{d}}{\mathrm{d}x}\left[(1-x^2)\, y'\right] + n(n+1)\, y = (1-x^2)\frac{\mathrm{d}^2 y}{\mathrm{d}x^2} - 2x\frac{\mathrm{d}y}{\mathrm{d}x} + n(n+1)\, y = 0. \tag{3}$$

Diese Differentialgleichung wird in der Literatur allgemein die Legendresche Differentialgleichung genannt. Wir versuchen, sie mit Hilfe einer unendlichen Reihe zu lösen. Die unendliche Reihe laute

$$y = x^m \sum_{r=0}^{\infty} a_r x^r = \sum_{r=0}^{\infty} a_r x^{m+r}. \tag{4}$$

Wir differenzieren sie gliedweise, setzen sie in die Differentialgleichung ein und suchen die zu gleichen Potenzen gehörenden Koeffizienten. Diese müssen alle gleich Null sein, da unsere ursprüngliche Gleichung für sämtliche x-Werte gilt. Der Koeffizient der Potenz x^{m+r-2} ergibt sich zu

$$(m+r)(m+r-1)\, a_r + (n-m-r+2)(n+m+r-1)\, a_{r-2} = 0. \tag{5}$$

Wenn wir in diese Beziehung den Wert $r = 0$ einsetzen und berücksichtigen, daß alle Koeffizienten mit einem negativen Index Null ergeben, gelangen wir zu folgender Beziehung:

$$n(m-1)\,a_0 = 0. \tag{6}$$

Setzen wir hingegen den Wert $r = 1$ ein, so gilt

$$(m+1)\,m a_1 = 0. \tag{7}$$

Aus der vorherigen Gleichung (6) ergeben sich bei beliebigem a_0 die Werte $m = 0$ bzw. $m = 1$. Wählen wir für m den Wert 0, so kann die letztere Gleichung bei einem beliebigen a_1-Koeffizienten erfüllt werden. Bei der Wahl eines solchen m-Wertes lautet die zur Bestimmung der Koeffizienten dienende Rekursionsformel:

$$r(r-1)\,a_r + (n-r+2)\,(n+r-1)\,a_{r-2} = 0, \tag{8}$$

$$a_r = -\frac{(n-r+2)\,(n+r-1)}{r(r-1)}\,a_{r-2}. \tag{9}$$

Durch ihre Anwendung gelangen wir, vom Wert der Konstante a_0 bzw. a_1 ausgehend, zu folgender unendlichen Reihe:

$$y = a_0\left[1 - \frac{n(n+1)}{2!}\,x^2 + \frac{n(n-2)\,(n+1)\,(n+3)}{4!}\,x^4 - + \cdots\right]$$
$$+ a_1\left[x - \frac{(n-1)\,(n+2)}{3!}\,x^3 + \frac{(n-1)\,(n-3)\,(n+2)\,(n+4)}{5!}\,x^5 - + \cdots\right]. \tag{10}$$

Es kann leicht nachgewiesen werden, daß im Intervall zwischen -1 und 1 beide Reihen konvergieren. Da in diesem Ausdruck zwei beliebige Konstanten a_0 und a_1 vorkommen, liefert diese Lösung die allgemeine Lösung der Legendreschen Differentialgleichung. Wir können sofort ersehen, daß sowohl die erste als auch die zweite unendliche Reihe für sich allein eine Lösung darstellt. Gleichzeitig können wir sehen, daß die erste unendliche Reihe sich zu einem endlichen Polynom reduziert, falls n eine gerade Zahl ist. Im Fall eines ungeraden n reduziert sich die zweite unendliche Reihe zu einem Polynom. Die so entstandenen Polynome werden Legendresche Polynome genannt. Ihre Werte sind aus der Reihenentwicklung bestimmbar, wenn wir noch den Wert der Konstanten so wählen, daß bei $x = 1$ auch $P_n(1) = 1$ wird:

$$\left.\begin{aligned} &P_0(x) = 1, && P_1(x) = x, \\ &P_2(x) = \frac{1}{2}\,(3x^2 - 1), && P_3(x) = \frac{1}{2}\,(5x^3 - 3x), \\ &P_4(x) = \frac{1}{8}\,(35x^4 - 30x^2 + 3), && P_5(x) = \frac{1}{8}\,(63x^5 - 70x^3 + 15x). \end{aligned}\right\} \tag{11}$$

Diese Polynome können in folgender Form geschrieben werden:

$$P_n(x) = \sum_r (-1)^r \frac{(2n-2r)!}{2^n r!(n-r)!\,(n-2r)!} x^{n-2r}, \tag{12}$$

wobei die Summation, wenn n eine gerade Zahl ist, von Null bis $n/2$, wenn n eine ungerade Zahl ist, von 0 bis $(n-1)/2$ vorgenommen werden muß. In Abb. 2.91 sehen wir die Werte der Legendreschen Polynome im Intervall -1 bis $+1$.

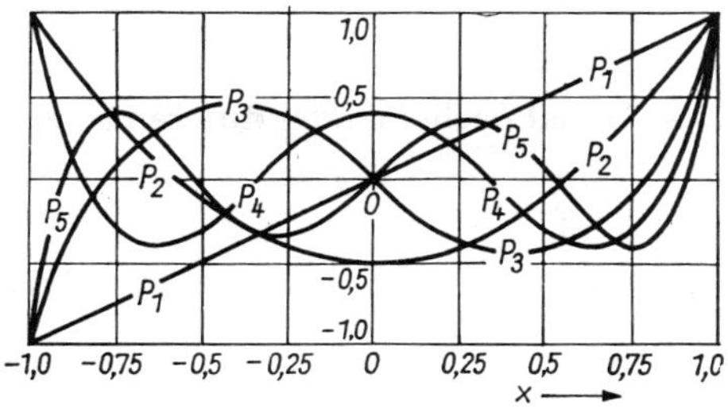

Abb. 2.91 Legendresche Polynome

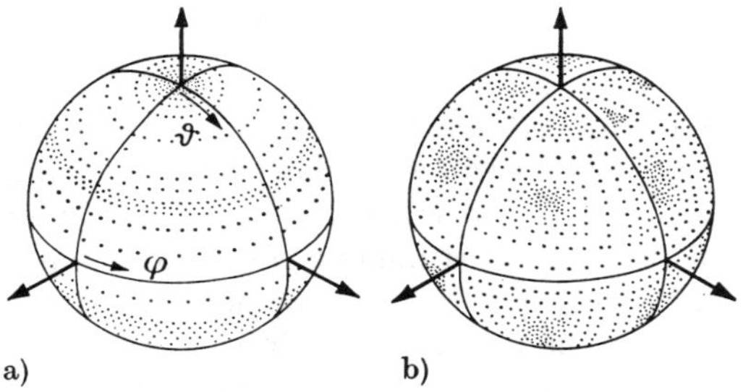

Abb. 2.92
a) Die zonale Funktion $P_3(\cos\vartheta)$. b) Die tesserale Kugelfunktion $P_6^3(\cos\vartheta)\sin 3\varphi$

Die allgemeine Lösung der Legendreschen Differentialgleichung können wir wie folgt schreiben

$$y = AP_n(x) + BQ_n(x), \tag{13}$$

wobei A und B beliebige Konstanten und $Q_n(x)$ die Legendreschen Funktionen zweiter Art sind. Wenn wir nur den Bereich $(-1, +1)$ betrachten, können wir auch die Werte dieser Funktionen angeben. Die hier vorkommende Funktion $Q_n(x)$ ist, wenn n eine gerade Zahl ist, die zweite unendliche Reihe von Gl. (10), wenn n eine ungerade Zahl ist, die erste unendliche Reihe derselben Gleichung.

Es ist üblich, die Legendreschen Polynome auch in einer anderen Form zuschreiben. Dazu untersuchen wir die Funktion:

$$u = (x^2 - 1)^n, \tag{14}$$

die wir nach x differenzieren:

$$\frac{\mathrm{d}u}{\mathrm{d}x} = 2nx(x^2 - 1)^{n-1}, \tag{15}$$

woraus sich der Ausdruck

$$(1 - x^2)\frac{\mathrm{d}u}{\mathrm{d}x} + 2nxu = 0 \tag{16}$$

ergibt. Wenn wir diese Differentialgleichung $(n+1)$-mal nacheinander differenzieren, gelangen wir zu folgender Beziehung:

$$(1 - x^2)\frac{\mathrm{d}^2}{\mathrm{d}x^2}\frac{\mathrm{d}^n u}{\mathrm{d}x^n} - 2x\frac{\mathrm{d}}{\mathrm{d}x}\frac{\mathrm{d}^n u}{\mathrm{d}x^n} + (n+1)\,n\frac{\mathrm{d}^n u}{\mathrm{d}x^n} = 0, \tag{17}$$

woraus wir sehen, daß durch die Funktion

$$\frac{\mathrm{d}^n u}{\mathrm{d}x^n} = \frac{\mathrm{d}^n}{\mathrm{d}x^n}(x^2 - 1)^n \tag{18}$$

ebenfalls die Legendresche Differentialgleichung erfüllt wird. Dieser Ausdruck ist ein Polynom n-ten Grades, und da die Legendresche Differentialgleichung nur eine solche Lösung besitzt, kann sich dieser Ausdruck von der Legendreschen Funktion $P_n(x)$ nur durch eine Konstante unterscheiden. Die Bestimmung dieser Konstante ergibt sich am einfachsten aus dem Vergleich des Legendreschen Polynoms $P_n(x)$ mit einem zur gleichen Potenz gehörenden Koeffizienten obigen Ausdrucks. Auf diese Art gelangen wir zur sogenannten Rodriguezschen Darstellung der Legendreschen Polynome:

$$P_n(x) = \frac{1}{2^n n!}\frac{\mathrm{d}^n}{\mathrm{d}x^n}(x^2 - 1)^n. \tag{19}$$

Die Bedeutung der Legendreschen Polynome besteht nicht nur darin, daß sie die Lösung einer in der Physik oft vorkommenden Differentialgleichung ergeben, sondern die Funktionen $P_0(x)$, $P_1(x)$, …, $P_n(x)$ bilden außerdem im Intervall von -1 bis $+1$ ein orthogonales Funktionensystem, d. h.

$$\int_{-1}^{+1} P_m(x)\,P_n(x)\,\mathrm{d}x = 0 \quad \text{für} \quad m \neq n. \tag{20}$$

Mit ihrer Hilfe kann in diesem Bereich jede beliebige Funktion, die gewissen, nicht zu strengen mathematischen Bedingungen genügt, in eine Reihe entwickelt werden.

Später (Kap. 28.) werden wir sehen, daß wir zu den Legendreschen Polynomen auch durch die Reihenentwicklung der Funktion

$$\frac{1}{\sqrt{1-2xu+u^2}} \tag{21}$$

gelangen können. Es gilt nämlich

$$\frac{1}{\sqrt{1-2xu+u^2}} = \sum_{n=0}^{\infty} P_n(x)\, u^n \tag{22}$$

und

$$\frac{1}{\sqrt{1-2xv+v^2}} = \sum_{n=0}^{\infty} P_n(x)\, v^n \tag{23}$$

für die Veränderlichen u bzw. v. Wir multiplizieren beide Seiten der beiden Gleichungen miteinander und integrieren im Bereich zwischen -1 und $+1$:

$$\int_{-1}^{+1} \frac{dx}{\sqrt{1-2xu+u^2}\,\sqrt{1-2xv+v^2}} = \sum_{m=0}^{\infty}\sum_{n=0}^{\infty} \int_{-1}^{+1} P_m(x)\, P_n(x)\, dx\, u^m v^n . \tag{24}$$

Die Integration auf der linken Seite kann ohne Schwierigkeiten durchgeführt werden und ergibt folgendes Resultat:

$$\int_{-1}^{+1} \frac{dx}{\sqrt{1-2xu+u^2}\,\sqrt{1-2xv+v^2}} = \frac{1}{\sqrt{uv}} \ln \frac{1+\sqrt{uv}}{1-\sqrt{uv}} . \tag{25}$$

Die so gewonnene Funktion kann nach Potenzen von uv in eine Reihe entwickelt werden, und wir erhalten als Ergebnis

$$\frac{1}{\sqrt{uv}} \ln \frac{1+\sqrt{uv}}{1-\sqrt{uv}} = \sum_{n=0}^{\infty} \frac{2}{2n+1}\, u^n v^n . \tag{26}$$

Wenn wir dies in die Gl. (24) einsetzen, erhalten wir

$$\sum_{m=0}^{\infty}\sum_{n=0}^{\infty} \int_{-1}^{+1} P_m(x)\, P_n(x)\, dx\, u^m v^n = \sum_{n=0}^{\infty} \frac{2}{2n+1}\, u^n v^n .$$

Wir sehen, daß auf der linken Seite der Gleichung alle Glieder verschwinden müssen, wenn $m \neq n$, d. h.,

$$\int_{-1}^{+1} P_m(x)\, P_n(x)\, dx = 0 , \tag{27}$$

und weiterhin, daß

$$\int_{-1}^{+1} [P_n(x)]^2 \, \mathrm{d}x = \frac{2}{2n+1}. \tag{28}$$

Nach diesen Überlegungen können wir nunmehr die Koeffizienten der nach den Legendreschen Polynomen vorgenommenen Reihenentwicklung angeben. Es läßt sich nämlich beweisen, daß, falls $f(x)$ im Intervall $(-1, +1)$ stückweise stetig ist und in diesem Intervall auch die Ableitung stückweise stetig ist, diese Funktion folgendermaßen dargestellt werden kann:

$$f(x) = a_0 P_0(x) + a_1 P_1(x) + a_2 P_2(x) + \cdots + a_n P_n(x) + \cdots = \sum_{n=0}^{\infty} a_n P_n(x). \tag{29}$$

Multiplizieren wir beide Seiten dieser Gleichung mit $P_n(x)$ und integrieren im Intervall $(-1, +1)$, so gilt nach (27) und (28)

$$\int_{-1}^{+1} f(x) \, P_n(x) \, \mathrm{d}x = a_n \int_{-1}^{+1} [P_n(x)]^2 \, \mathrm{d}x = a_n \frac{2}{2n+1}. \tag{30}$$

Entsprechend folgt der Wert eines beliebigen Koeffizienten zu

$$a_n = \frac{2n+1}{2} \int_{-1}^{+1} f(x) \, P_n(x) \, \mathrm{d}x. \tag{31}$$

2.26. Die allgemeine Lösung der Laplaceschen Gleichung in Kugelkoordinaten

Im vorangegangenen Kapitel suchten wir die von φ unabhängigen Lösungen der in Kugelkoordinaten gegebenen Laplaceschen Gleichung und erhielten die zonalen Kugelfunktionen $P_n(\cos\vartheta)$. Jetzt suchen wir die von allen drei Veränderlichen abhängige Lösung der Laplaceschen Gleichung

$$\frac{1}{r^2} \frac{\partial}{\partial r}\left(r^2 \frac{\partial U}{\partial r}\right) + \frac{1}{r^2 \sin\vartheta} \frac{\partial}{\partial\vartheta}\left(\sin\vartheta \frac{\partial U}{\partial\vartheta}\right) + \frac{1}{r^2 \sin^2\vartheta} \frac{\partial^2 U}{\partial\varphi^2} = 0. \tag{1}$$

Wir betrachten die Lösung

$$U = R(r) \, S(\varphi, \vartheta). \tag{2}$$

Setzen wir diese Lösung in die Laplacesche Gleichung ein, so gelangen wir zu folgender Beziehung:

$$S\,\frac{\partial}{\partial r}\left(r^2\,\frac{\partial R}{\partial r}\right) + R\,\frac{1}{\sin\vartheta}\,\frac{\partial}{\partial\vartheta}\left(\sin\vartheta\,\frac{\partial S}{\partial\vartheta}\right) + R\,\frac{1}{\sin^2\vartheta}\,\frac{\partial^2 S}{\partial\varphi^2} = 0. \tag{3}$$

Wenn wir die Gleichung durch das Produkt RS dividieren, so erhalten wir als Ergebnis die Beziehung

$$\frac{1}{R}\,\frac{\partial}{\partial r}\left(r^2\,\frac{\partial R}{\partial r}\right) + \frac{1}{S\sin\vartheta}\,\frac{\partial}{\partial\vartheta}\left(\sin\vartheta\,\frac{\partial S}{\partial\vartheta}\right) + \frac{1}{S\sin^2\vartheta}\,\frac{\partial^2 S}{\partial\varphi^2} = 0. \tag{4}$$

Hierbei hängen das erste Glied nur von r, die restlichen Glieder nur von den Winkeln φ und ϑ ab. Ihre Summe kann selbstverständlich nur dann verschwinden, wenn beide Teile konstant und entgegengesetzt gleich sind. Also spaltet sich unsere obige Gleichung in folgende zwei Gleichungen auf:

$$\frac{1}{R}\,\frac{\mathrm{d}}{\mathrm{d}r}\left(r^2\,\frac{\mathrm{d}R}{\mathrm{d}r}\right) = K, \tag{5}$$

$$\frac{1}{S\sin\vartheta}\,\frac{\partial}{\partial\vartheta}\left(\sin\vartheta\,\frac{\partial S}{\partial\vartheta}\right) + \frac{1}{S\sin^2\vartheta}\,\frac{\partial^2 S}{\partial\varphi^2} = -K. \tag{6}$$

Die allgemeine Lösung der ersten Gleichung kennen wir schon aus Kapitel 24:

$$R = Ar^n + \frac{B}{r^{n+1}}. \tag{7}$$

Durch die zu dieser Lösung gehörende Funktion S wird die Differentialgleichung

$$\frac{1}{\sin\vartheta}\,\frac{\partial}{\partial\vartheta}\left(\sin\vartheta\,\frac{\partial S}{\partial\vartheta}\right) + \frac{1}{\sin^2\vartheta}\,\frac{\partial^2 S}{\partial\varphi^2} + n(n+1)\,S = 0 \tag{8}$$

befriedigt.

Bezeichnen wir die Lösung mit S_n, so wird die Laplacesche Gleichung durch die folgende Funktion gelöst:

$$U = RS_n = \left(Ar^n + \frac{B}{r^{n+1}}\right) S_n. \tag{9}$$

Die Benennungen für die hier vorkommenden Funktionen sind folgende:

Alle Lösungen der Laplaceschen Gleichungen nennen wir *harmonische Funktionen*. Die Lösung der Laplaceschen Gleichung, die in kartesischen Koordinaten x, y, z homogen n-ter Ordnung ist, also die Form

$$U = \sum A_{rst} x^r y^s z^t, \qquad r + s + t = n \tag{10}$$

besitzt, nennen wir *sphärische harmonische Funktion* oder *räumliche Kugelfunktion n-ter Ordnung*. Ihre Form ist stets $r^n F(\vartheta, \varphi)$, da r sowohl in x als auch in y und z als ein Multiplikator in erster Potenz vorkommt, also vor die Summe gezogen werden kann. $F(\vartheta, \varphi)$ ist dagegen eine Lösung der Differentialgleichung für $S_n(\vartheta, \varphi)$, also ist $F(\vartheta, \varphi)$ mit $S_n(\vartheta, \varphi)$ identisch.

Die Funktion $S_n(\vartheta, \varphi)$ wird *Kugelflächenfunktion n-ter Ordnung* genannt. Zu dieser gehört nicht nur $r^n S_n(\vartheta, \varphi)$, sondern auch $r^{-n-1} S_n(\vartheta, \varphi)$ als räumliche Kugelfunktion.

Separieren wir Gl. (8) noch weiter durch die Lösung

$$S = \Theta(\vartheta)\, \Phi(\varphi), \tag{11}$$

so erhalten wir

$$\frac{1}{\Theta} \frac{1}{\sin\vartheta} \frac{\mathrm{d}}{\mathrm{d}\vartheta}\left(\sin\vartheta \frac{\mathrm{d}\Theta}{\mathrm{d}\vartheta}\right) + \frac{1}{\sin^2\vartheta} \frac{1}{\Phi} \frac{\mathrm{d}^2\Phi}{\mathrm{d}\varphi^2} + n(n+1) = 0. \tag{12}$$

Mit $\sin^2\vartheta$ multipliziert, folgt daraus

$$\frac{1}{\Theta} \sin\vartheta \frac{\mathrm{d}}{\mathrm{d}\vartheta}\left(\sin\vartheta \frac{\mathrm{d}\Theta}{\mathrm{d}\vartheta}\right) + n(n+1)\sin^2\vartheta + \frac{1}{\Phi} \frac{\mathrm{d}^2\Phi}{\mathrm{d}\varphi^2} = 0. \tag{13}$$

Dies kann wieder separiert werden:

$$\frac{1}{\Phi} \frac{\mathrm{d}^2\Phi}{\mathrm{d}\varphi^2} = -m^2, \tag{14}$$

$$\Phi = C \cos m\varphi + D \sin m\varphi. \tag{15}$$

Zur Bestimmung von Θ benutzen wir die Gleichung

$$\frac{1}{\sin\vartheta} \frac{\mathrm{d}}{\mathrm{d}\vartheta}\left(\sin\vartheta \frac{\mathrm{d}\Theta}{\mathrm{d}\vartheta}\right) + \left[n(n+1) - \frac{m^2}{\sin^2\vartheta}\right]\Theta = 0. \tag{16}$$

Ihre stetige und endliche Lösung an der Einheitskugel ist die *zugeordnete Legendresche Funktion*

$$\Theta = P_n^m(\cos\vartheta). \tag{17}$$

Diese reduziert sich für $m = 0$ auf eine gewöhnliche Legendresche Funktion. Damit gilt also

$$S_n(\vartheta, \varphi) = (C \cos m\varphi + D \sin m\varphi)\, P_n^m(\cos\vartheta). \tag{18}$$

Wir können ohne Beweis hinzufügen, daß die allgemeine Kugelflächenfunktion n-ter Ordnung in folgender Form dargestellt werden kann:

$$S_n(\vartheta, \varphi) = \sum_{k=0}^{n} (C_k \cos k\varphi + D_k \sin k\varphi) P_n^k(\cos \vartheta). \tag{19}$$

Die Kugelflächenfunktionen

$$\cos m\varphi P_n^m(\cos \vartheta), \qquad \sin m\varphi P_n^m(\cos \vartheta) \tag{20}$$

nennt man *tesserale Kugelfunktionen* (Abb. 2.92b).

Es kann also behauptet werden, daß jede Kugelflächenfunktion n-ter Ordnung durch eine endliche Summe aus *tesseralen Kugelfunktionen* ausgedrückt werden kann.

Die allgemeine Lösung der Laplaceschen Gleichung in Kugelkoordinaten wird sich aus folgenden Lösungen zusammensetzen:

$$U_n(r, \vartheta, \varphi) = \left(A r^n + \frac{B}{r^{n+1}}\right) \sum_{k=0}^{n} (C_k \cos k\varphi + D_k \sin k\varphi) P_n^k(\cos \vartheta). \tag{21}$$

Mit den Eigenschaften der zugeordneten Legendreschen Funktionen befassen wir uns im nächsten Kapitel.

2.27. Eigenschaften der zugeordneten Legendreschen Funktionen

Im vorigen Kapitel erhielten wir zur Bestimmung der Funktion Θ folgende Differentialgleichung:

$$\frac{1}{\sin \vartheta} \frac{d}{d\vartheta}\left(\sin \vartheta \frac{d\Theta}{d\vartheta}\right) + \left[n(n+1) - \frac{m^2}{\sin^2 \vartheta}\right] \Theta = 0. \tag{1}$$

Führen wir die neue Veränderliche

$$x = \cos \vartheta; \qquad dx = -\sin \vartheta \, d\vartheta$$

ein, so gilt

$$(1 - x^2) \frac{d^2\Theta(x)}{dx^2} - 2x \frac{d\Theta(x)}{dx} + \left[n(n+1) - \frac{m^2}{1 - x^2}\right] \Theta = 0. \tag{2}$$

Um die Lösung dieser Differentialgleichung zu finden, gehen wir von Gl. 2.25.(3), der Legendreschen Differentialgleichung, aus:

$$\frac{d}{dx}\left[(1 - x^2) \frac{dP_n(x)}{dx}\right] + n(n+1) P_n(x) = 0. \tag{3}$$

Die Lösung dieser Differentialgleichung ist, wie bereits erwähnt, das Legendresche Polynom n-ter Ordnung. Differenzieren wir obige Gleichung ν-mal, so erhalten wir folgende Beziehung:

$$(1 - x^2) \frac{d^2}{dx^2} P_n^{(\nu)}(x) - 2x(\nu + 1) \frac{d}{dx} P_n^{(\nu)}(x) + [n(n + 1) - \nu(\nu + 1)] P_n^{(\nu)}(x) = 0, \quad (4)$$

wobei

$$P_n^{(\nu)}(x) = \frac{d^\nu}{dx^\nu} P_n(x). \quad (5)$$

Führen wir jetzt die durch die Gleichung

$$P_n^\nu(x) = (1 - x^2)^{\nu/2} P_n^{(\nu)}(x); \qquad P_n^{(\nu)}(x) = \frac{P_n^\nu(x)}{(1 - x^2)^{\nu/2}}$$

definierte Funktion $P_n^\nu(x)$ ein, so geht unsere Differentialgleichung (4) in folgende Form über:

$$(1 - x^2) \frac{d^2 P_n^\nu(x)}{dx^2} - 2x \frac{dP_n^\nu(x)}{dx} + \left[n(n + 1) - \frac{\nu^2}{1 - x^2}\right] P_n^\nu(x) = 0. \quad (6)$$

Wir sehen, daß diese Gleichung eine mit der Differentialgleichung (2) identische Form besitzt. Die Lösung der Gl. (6) lautet:

$$P_n^\nu(x) = (1 - x^2)^{\nu/2} \frac{d^\nu P_n(x)}{dx} \qquad \text{bzw.} \qquad P_n^\nu(x) = (1 - x^2)^{|\nu|/2} \frac{d^{|\nu|} P_n(x)}{dx^{|\nu|}}. \quad (7)$$

Diese $P_n^\nu(x)$-Funktionen werden die *zugeordneten Legendreschen Funktionen* genannt.

Untersuchen wir nun den Fall $\nu = 1$ ein wenig ausführlicher:

$$P_n^1(x) = \sqrt{1 - x^2} \frac{dP_n(x)}{dx}. \quad (8)$$

Führen wir durch die Beziehungen

$$x = \cos\vartheta; \qquad \sqrt{1 - x^2} = \sin\vartheta$$

die neue Veränderliche ϑ ein, so lautet die Lösung der Differentialgleichung

$$\Theta(\vartheta) = P_n^1(\cos\vartheta) = \sin\vartheta \frac{dP_n(\cos\vartheta)}{d\cos\vartheta} = -\frac{dP_n(\cos\vartheta)}{d\vartheta}. \quad (9)$$

Aus Abschnitt 2.25. kennen wir schon die Ausdrücke der einzelnen Legendreschen Funktionen. Mit deren Hilfe finden wir für die Werte der zugeordneten Legendreschen Funktionen verschiedener Ordnung folgende Beziehungen:

$$
\begin{aligned}
P_0^1(\cos\vartheta) &= 0,\\
P_1^1(\cos\vartheta) &= \sin\vartheta,\\
P_2^1(\cos\vartheta) &= 3\sin\vartheta\cos\vartheta,\\
P_3^1(\cos\vartheta) &= \frac{3}{2}\sin\vartheta(5\cos^2\vartheta - 1),\\
P_4^1(\cos\vartheta) &= \frac{5}{2}\sin\vartheta(7\cos^3\vartheta - 3\cos\vartheta).
\end{aligned}
\tag{10}
$$

Aus diesen Ausdrücken können wir folgendes ersehen: Die Funktion $P_n^1(\cos\vartheta)$ ist an den Stellen $\vartheta = 0$ und $\vartheta = \pi$ Null. Ist n eine gerade Zahl, so verschwindet der Wert der Funktion auch an der Stelle $\vartheta = \pi/2$. Ist n jedoch eine ungerade Zahl, so besitzt die Funktion an der Stelle $\vartheta = \pi/2$ ein Maximum. Aus (8) können wir auch die Differentiationsregel erkennen:

$$\frac{\mathrm{d}}{\mathrm{d}\vartheta}[P_n^1(\cos\vartheta)] = \frac{1}{\sin\vartheta}[nP_{n+1}^1(\cos\vartheta) - (n+1)\cos\vartheta P_n^1(\cos\vartheta)]. \tag{11}$$

Es kann — ähnlich wie schon bei den Legendreschen Polynomen gezeigt — bewiesen werden, daß

$$\int_{-1}^{+1} P_m^\nu(x)\, P_n^\nu(x)\,\mathrm{d}x = 0 \qquad \text{für} \qquad m \neq n \tag{12}$$

bzw.

$$\int_{-1}^{+1} P_n^\nu(x)\, P_n^\nu(x)\,\mathrm{d}x = \frac{(n+\nu)!}{(n-\nu)!}\,\frac{2}{2n+1} \tag{13}$$

ist. Wenn wir die Veränderliche $x = \cos\vartheta$ einführen, geht dieser Ausdruck für $\nu = 1$ in folgende Form über:

$$\int_0^\pi P_n^1(\cos\vartheta)\, P_m^1(\cos\vartheta)\sin\vartheta\,\mathrm{d}\vartheta = 0 \tag{14}$$

bzw.

$$\int_0^\pi [P_n^1(\cos\vartheta)]^2 \sin\vartheta\,\mathrm{d}\vartheta = \frac{2n(n+1)}{2n+1}. \tag{15}$$

In dieser Weise kann also eine in dem Bereich $(0, \pi)$ definierte, weitgehend beliebige Funktion genauso wie mit Legendreschen Polynomen auch mit zugeordneten Legendreschen Polynomen in folgender Form dargestellt werden:

$$f(\vartheta) = \sum_{n=1}^{\infty} a_n P_n^1(\cos\vartheta), \tag{16}$$

wobei wir die Koeffizienten a_n nach der Orthogonalitätsrelation erhalten, indem wir beide Seiten der Gleichung (16) mit $P_n^1(\cos\vartheta)\sin\vartheta$ multiplizieren und im Intervall $(0, \pi)$ integrieren. Auf diese Weise werden die Werte der einzelnen Koeffizienten

$$a_n = \frac{2n+1}{2n(n+1)} \int_0^{\pi} f(\vartheta)\, P_n^1(\cos\vartheta)\sin\vartheta\, d\vartheta \tag{17}$$

sein. Auf der rechten Seite sind nämlich die Multiplikatoren sämtlicher Koeffizienten a_m $(m \neq n)$ gleich Null. Den Wert des zum Koeffizienten a_n gehörenden Integrals liefert Gleichung (15).

2.28. Entwicklung der Funktion $1/r$ nach Kugelflächenfunktionen

Wir gelangen zu einer sehr wichtigen Klasse der Kugelflächenfunktionen n-ter Ordnung auf folgende Weise:

Wie wir bereits wissen, wird die Laplace-Gleichung durch die Funktion $U = 1/r$ erfüllt, d. h.,

$$\Delta \frac{1}{r} = \Delta \frac{1}{\sqrt{(x-x_0)^2 + (y-y_0)^2 + (z-z_0)^2}} = 0, \qquad r \neq 0. \tag{1}$$

Wir schreiben diese Funktion $1/r$ in Kugelkoordinaten an, wobei wir den Abstand r von einem durch die Koordinaten ϱ', ϑ', φ' bestimmten Punkt Q aus rechnen. Die Koordinaten des veränderlichen Punktes P, für den wir den Potentialwert berechnen wollen, sind ϱ, ϑ, φ. Aus Abb. 2.93 kann durch Anwendung des Cosinussatzes sofort entnommen werden, daß

$$r^2 = \varrho^2 + \varrho'^2 - 2\varrho\varrho'\cos\gamma \tag{2}$$

ist, wobei γ der durch die Geraden OQ und OP gebildete Winkel ist. Aus Abb. 2.93 können wir auch $\cos\gamma$ leicht bestimmen. Der in die Richtung von OP zeigende Einheitsvektor kann nämlich wie folgt geschrieben werden:

$$\boldsymbol{r}_P^0 = \sin\vartheta\cos\varphi\, \boldsymbol{e}_x + \sin\vartheta\sin\varphi\, \boldsymbol{e}_y + \cos\vartheta\, \boldsymbol{e}_z. \tag{3}$$

Der nach OQ gerichtete Einheitsvektor ist vollständig analog:

$$\boldsymbol{r}_Q^0 = \sin\vartheta' \cos\varphi' \, \boldsymbol{e}_x + \sin\vartheta' \sin\varphi' \, \boldsymbol{e}_y + \cos\vartheta' \, \boldsymbol{e}_z. \tag{4}$$

Der Cosinus des durch diese Vektoren eingeschlossenen Winkels ergibt sich als das skalare Produkt der beiden zu

$$\begin{aligned}\cos\gamma &= \sin\vartheta \cos\varphi \sin\vartheta' \cos\varphi' + \sin\vartheta \sin\vartheta' \sin\varphi \sin\varphi' + \cos\vartheta \cos\vartheta' \\ &= \sin\vartheta \sin\vartheta' (\cos\varphi \cos\varphi' + \sin\varphi \sin\varphi') + \cos\vartheta \cos\vartheta' \\ &= \cos\vartheta \cos\vartheta' + \sin\vartheta \sin\vartheta' \cos(\varphi - \varphi').\end{aligned} \tag{5}$$

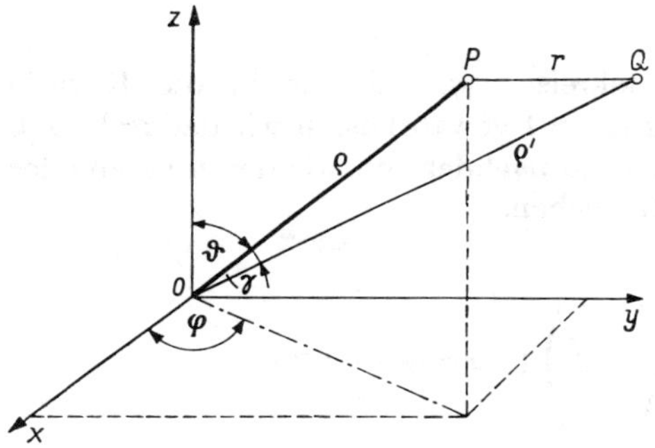

Abb. 2.93 Zur Herleitung von Gl. (2)

Nach unseren bisherigen Ausführungen können wir die Funktion $1/r$ auf folgende Weise schreiben:

$$\frac{1}{r} = \frac{1}{\sqrt{\varrho^2 - 2\varrho\varrho' \cos\gamma + \varrho'^2}}. \tag{6}$$

Wir klammern aus dem Nenner ϱ' aus, so daß

$$\frac{1}{r} = \frac{1}{\varrho' \sqrt{1 - 2\dfrac{\varrho}{\varrho'} \cos\gamma + \left(\dfrac{\varrho}{\varrho'}\right)}} \tag{7}$$

wird, und führen die Bezeichnungen

$$u = \cos\gamma \quad \text{und} \quad \frac{\varrho}{\varrho'} = q \tag{8}$$

ein. In diesem Fall gilt

$$\frac{1}{r} = \frac{1}{\varrho' \sqrt{1 - 2qu + q^2}}. \tag{9}$$

Nun entwickeln wir mit Hilfe des binomischen Satzes den Ausdruck

$$\frac{1}{\sqrt{1 - 2qu + q^2}} \tag{10}$$

in eine Reihe. Fassen wir diesen Ausdruck als eine Funktion der komplexen Veränderlichen q auf, so hat diese ihre singulären Stellen bei den Wurzeln der Gleichung $1 - 2qu + q^2 = 0$, d. h. an den Stellen

$$q = \frac{2u \pm \sqrt{4u^2 - 4}}{2} = \cos\gamma \pm \mathrm{j}\sin\gamma = \mathrm{e}^{\pm \mathrm{j}\gamma}. \tag{11}$$

Dies bedeutet, daß innerhalb des Einheitskreises $|q| = 1 = |\mathrm{e}^{\pm \mathrm{j}\gamma}|$ die Reihenentwicklung konvergent ist. Die Bedingung $|q| < 1$ gewährleisten wir dadurch, daß wir für q den Ausdruck ϱ/ϱ' bzw. ϱ'/ϱ wählen, je nachdem ob wir den inneren oder äußeren Raum der Kugel des Radius ϱ' untersuchen.

Wir wissen, daß

$$(1 - x)^{-1/2} = \begin{pmatrix} -\frac{1}{2} \\ 0 \end{pmatrix} + \begin{pmatrix} -\frac{1}{2} \\ 1 \end{pmatrix} (-x)^1 + \begin{pmatrix} -\frac{1}{2} \\ 2 \end{pmatrix} (-x)^2 + \cdots$$
$$+ \begin{pmatrix} -\frac{1}{2} \\ n \end{pmatrix} (-x)^n + \cdots \tag{12}$$

gilt. Dies kann auch in folgender Weise geschrieben werden:

$$(1 - x)^{-1/2} = 1 + \frac{1}{2}x + \frac{1 \cdot 3}{2 \cdot 4}x^2 + \cdots + \frac{1 \cdot 3 \cdots (2n-1)}{2 \cdot 4 \cdots 2n}x^n + \cdots. \tag{13}$$

Daraus folgt

$$\frac{1}{\sqrt{1 - (2qu - q^2)}} = 1 + \frac{1}{2}(2qu - q^2) + \frac{1 \cdot 3}{2 \cdot 4}(2qu - q^2)^2 + \cdots$$
$$+ \frac{1 \cdot 3 \cdot 5 \cdots (2n-1)}{2 \cdot 4 \cdots 2n}(2qu - q^2)^n + \cdots. \tag{14}$$

Wenn wir diese Beziehung nach wachsenden Potenzen von q ordnen, so gelangen wir zu nachstehender Beziehung:

$$\frac{1}{\sqrt{1 - (2qu - q^2)}} = P_0(u) + P_1(u)\,q + P_2(u)\,q^2 + \cdots + P_n(u)\,q^n + \cdots$$

mit

$$P_0(u) = 1, \qquad P_2(u) = \frac{3}{2}\left(u^2 - \frac{1}{3}\right),$$
$$P_1(u) = u, \qquad P_3(u) = \frac{5}{2}\left(u^3 - \frac{3}{5}\,u\right). \tag{15}$$

Die einzelnen Glieder der Reihenentwicklung stimmen also mit den uns schon bekannten Legendreschen Polynomen überein.

Wir können also auf Grund der bisherigen Ausführungen schreiben:

$$\frac{1}{r} = \sum_{n=0}^{\infty} P_n(\cos\gamma)\,\frac{\varrho^n}{\varrho'^{\,n+1}} \qquad \text{für} \qquad \varrho < \varrho' \tag{16}$$

und

$$\frac{1}{r} = \sum_{n=0}^{\infty} P_n(\cos\gamma)\,\frac{\varrho'^{\,n}}{\varrho^{n+1}} \qquad \text{für} \qquad \varrho > \varrho'. \tag{17}$$

Setzen wir jetzt die vorstehenden Beziehungen in die Laplacesche Gleichung ein und führen wir die vorgeschriebenen Operationen durch, so gewinnen wir folgende Beziehung:

$$\sum_{n=0}^{\infty} \frac{\varrho^n}{\varrho'^{\,n+1}}\left[\frac{1}{\sin\vartheta}\,\frac{\partial}{\partial\vartheta}\left(\sin\vartheta\,\frac{\partial P_n(\cos\gamma)}{\partial\vartheta}\right) + \frac{1}{\sin^2\vartheta}\,\frac{\partial^2 P_n(\cos\gamma)}{\partial\varphi^2}\right.$$
$$\left. + \, n(n+1)\,P_n(\cos\gamma)\right] = 0. \tag{18}$$

Da dies für alle Werte von $\varrho^n/\varrho'^{\,n+1}$ gilt, muß der in der eckigen Klammer befindliche Ausdruck verschwinden, d. h.,

$$\frac{1}{\sin\vartheta}\,\frac{\partial}{\partial\vartheta}\left(\sin\vartheta\,\frac{\partial P_n(\cos\gamma)}{\partial\vartheta}\right) + \frac{1}{\sin^2\vartheta}\,\frac{\partial^2 P_n(\cos\gamma)}{\partial\varphi^2} + n(n+1)\,P_n(\cos\gamma) = 0, \tag{19}$$

woraus wir ersehen, daß die erhaltenen $P_n(\cos\gamma)$-Funktionen tatsächlich Kugelflächenfunktionen n-ter Ordnung sind. Die Größen φ, ϑ und φ', ϑ' kommen in der Funktion $P_n(\cos\gamma)$ symmetrisch vor, d. h., daß Gl. (19) auch in bezug auf φ' und ϑ' durch $P_n(\cos\gamma)$ befriedigt wird.

Die Differentialgleichung der $P_n(u)$-Funktionen von einer Veränderlichen, also der Legendreschen Polynome, erhalten wir so, indem wir in Gl. (19) den Winkel γ als Funktion einer einzigen Veränderlichen betrachten, d. h. $\partial/\partial\varphi = 0$ nehmen. Weiterhin gilt $\vartheta' = 0$, d. h., $\cos\gamma = \cos\vartheta$. In diesem Fall lautet die Laplacesche Gleichung:

$$\frac{1}{\sin\vartheta}\frac{\mathrm{d}}{\mathrm{d}\vartheta}\left(\sin\vartheta\,\frac{\mathrm{d}P_n(\cos\vartheta)}{\mathrm{d}\vartheta}\right) + n(n+1)\,P_n(\cos\vartheta) = 0. \tag{20}$$

Wenn wir in dieser Gleichung die Substitutionen

$$\cos\vartheta = x; \qquad \mathrm{d}x = -\sin\vartheta\,\mathrm{d}\vartheta \tag{21}$$

vornehmen, finden wir die bekannte Legendresche Differentialgleichung

$$\frac{\mathrm{d}}{\mathrm{d}x}\left[(1 - x^2)\,P_n'(x)\right] + n(n+1)\,P_n(x) = 0. \tag{22}$$

In dieser Weise können wir die enge Verbindung einsehen, die zwischen den Legendreschen Polynomen und den Kugelfunktionen besteht.

Im vorigen Kapitel haben wir gesehen, daß jede Kugelflächenfunktion n-ter Ordnung als die lineare Kombination der tesseralen Kugelflächenfunktionen dargestellt werden kann, also auch die Funktion

$$S_n(\varphi, \vartheta) \equiv P_n(\cos\gamma) \equiv P_n[\cos\vartheta\cos\vartheta' + \sin\vartheta\sin\vartheta'\cos(\varphi - \varphi')]. \tag{23}$$

Es gilt nämlich das sogenannte *Legendresche Additionstheorem*, das wir hier ohne Beweis angeben wollen:

$$P_n(\cos\gamma) = P_n(\cos\vartheta)\,P_n(\cos\vartheta') + 2\sum_{k=1}^{n}\frac{(n-k)!}{(n+k)!}\,P_n^k(\cos\vartheta)\,P_n^k(\cos\vartheta')\cos k(\varphi - \varphi'). \tag{24}$$

2.29. Reihenentwicklung mit Hilfe der Kugelflächenfunktionen

Wir sahen an Hand einer ganzen Reihe von Beispielen, daß die Lösung eines konkreten elektrostatischen Problems dadurch ermöglicht wurde, daß es uns gelang, eine gegebene Funktion mit Hilfe der Lösungen der betrachteten Differentialgleichung in eine Reihe zu entwickeln. So benutzten wir die Lösungen der Differentialgleichung

$$\frac{\mathrm{d}^2 y}{\mathrm{d}x^2} = -k^2 y \tag{1}$$

in der Form $y = a\cos kx + b\sin kx$, um eine Funktion einer Veränderlichen in der Form

$$f(x) = \sum_{n=0}^{\infty} (a_n \cos nx + b_n \sin nx)\,; \qquad (0 \leqq x \leqq 2\pi) \tag{2}$$

darzustellen.

Wir benutzten weiterhin die Lösungen $J_n(x)$ bzw. $P_n(x)$ der Differentialgleichung

$$\frac{\mathrm{d}^2y}{\mathrm{d}x^2} + \frac{1}{x}\frac{\mathrm{d}y}{\mathrm{d}x} + \left(1 - \frac{n^2}{x^2}\right) y = 0$$

bzw.

$$(1 - x^2)\frac{\mathrm{d}^2y}{\mathrm{d}x^2} - 2x\frac{\mathrm{d}y}{\mathrm{d}x} + n(n+1)\,y = 0, \tag{3}$$

um eine Funktion, die bestimmte Bedingungen erfüllt, in der Form

$$f(x) = \sum_{\nu=0}^{\infty} a_\nu J_n(\xi_\nu x)\,; \qquad (0 \leqq x \leqq 1)\,;$$

$$f(x) = \sum_{n=0}^{\infty} a_n P_n(x)\,; \qquad (-1 \leqq x \leqq +1) \tag{4}$$

darzustellen. Diese Funktionen bilden nämlich vollständige Orthogonalsysteme. Nachstehend wollen wir die Lösungen der nach den Veränderlichen φ, ϑ separierten Form der Laplaceschen Gleichung, die Kugelflächenfunktion, dazu benutzen, um eine beliebige, an der Oberfläche der Einheitskugel definierte Funktion in ähnlicher Form darstellen zu können.

Wir beweisen zuerst, daß die Orthogonalitätsrelation auch hier besteht, d. h., daß das über die Fläche A_0 der Einheitskugel erstreckte Integral zweier Kugelflächenfunktionen verschiedener Ordnung Null ergibt, also

$$\oint_{A_0} S_l S_k \,\mathrm{d}A = 0. \tag{5}$$

Diese Beziehung beweisen wir mit Hilfe des *Greenschen Satzes,* obwohl wir durch Anwendung der Orthogonalitätsrelation der trigonometrischen bzw. der zugeordneten Legendreschen Funktionen schneller zum Ziel gelangen würden. Die hier verfolgte Methode ist aber des öfteren anwendbar. Wählen wir nämlich im Ausdruck

$$\int_{V_0} (U\,\Delta V - V\,\Delta U)\,\mathrm{d}v = \oint_{A_0} \left(U\frac{\partial V}{\partial n} - V\frac{\partial U}{\partial n}\right)\mathrm{d}A \tag{6}$$

die Funktionen

$$U = r^l S_l; \quad V = r^k S_k \quad \text{für} \quad k \neq l, \tag{7}$$

dann wird, da diese die Lösungen der Laplaceschen Gleichung darstellen,

$$\Delta U = \Delta V = 0.$$

Ferner gilt

$$\frac{\partial U}{\partial n} = \frac{\partial U}{\partial r} = l r^{l-1} S_l; \quad \frac{\partial V}{\partial n} = k r^{k-1} S_k. \tag{8}$$

Das Raumintegral verschwindet, und wir erhalten folgende Beziehung:

$$\oint_{A_0} (k r^{k+l-1} S_l S_k - l r^{k+l-1} S_l S_k)\, \mathrm{d}A = 0, \tag{9}$$

und da nach unserer Bedingung $l \neq k$,

$$(l r^{k+l-1} - k r^{l+k-1}) \oint_{A_0} S_l S_k\, \mathrm{d}A = 0, \text{ d. h.,}$$

$$\oint_{A_0} S_l S_k\, \mathrm{d}A = 0. \tag{10}$$

Die Orthogonalitätsrelation gilt also für die Kugelflächenfunktionen verschiedener Ordnung; ausführlicher geschrieben:

$$\int_0^{2\pi} \int_0^{\pi} S_n(\vartheta, \varphi)\, S_m(\vartheta, \varphi) \sin \vartheta\, \mathrm{d}\vartheta\, \mathrm{d}\varphi = 0; \quad (n \neq m). \tag{11}$$

Nach den bisherigen Betrachtungen ist leicht einzusehen, daß die folgende Gleichung gilt:

$$\oint_{A_0} P_n(\cos \gamma)\, S_n(\vartheta', \varphi')\, \mathrm{d}A' = \frac{4\pi}{2n+1} S_n(\vartheta, \varphi). \tag{12}$$

Setzen wir nämlich für $P_n(\cos \gamma)$ den sich aus dem Additionstheorem ergebenden Wert ein und drücken $S_n(\vartheta, \varphi)$ durch tesserale Kugelflächenfunktionen aus, so ergibt sich obige Beziehung als Folge der Orthogonalitätsrelation der trigonometrischen und zugeordneten Legendreschen Funktionen.

Die für die Einheitskugel definierte Funktion $f(\vartheta, \varphi)$ kann nunmehr als eine unendliche Reihe von Kugelfunktionen dargestellt werden:

$$f(\vartheta, \varphi) = \sum_{n=0}^{\infty} S_n(\vartheta, \varphi). \tag{13}$$

Multiplizieren wir sowohl die rechte als auch die linke Seite dieser Gleichung mit $P_n(\cos \gamma)$ und integrieren über die Einheitskugel, so wird wegen der Orthogonalitätsrelation (11) und der Gl. (12)

$$S_n(\vartheta, \varphi) = \frac{2n+1}{4\pi} \oint_{A_0} f(\vartheta', \varphi')\, P_n(\cos\gamma)\, \mathrm{d}A'. \tag{14}$$

Damit gilt also

$$f(\vartheta, \varphi) = \frac{1}{4\pi} \sum_{n=0}^{\infty} (2n+1) \int_0^{2\pi} \mathrm{d}\varphi' \int_0^{\pi} f(\vartheta', \varphi')\, P_n(\cos\gamma) \sin\vartheta'\, \mathrm{d}\vartheta'. \tag{15}$$

Wenn man $S_n(\vartheta, \varphi)$ durch die tesseralen Kugelflächenfunktionen in der Form

$$S_n(\vartheta, \varphi) = \sum_{m=0}^{n} (A_{nm} \cos m\varphi + B_{nm} \sin m\varphi)\, P_n^m(\cos\vartheta) \tag{16}$$

ausdrückt, so findet man mit Hilfe der Gl. (14) und des Additionstheorems 2.28. (24) die Werte der Koeffizienten A_{nm}, B_{nm}:

$$A_{n0} = \frac{2n+1}{4\pi} \oint_{A_0} f(\vartheta', \varphi')\, P_n(\cos\vartheta')\, \mathrm{d}A', \tag{17}$$

$$A_{nm} = \frac{2n+1}{2\pi} \frac{(n-m)!}{(n+m)!} \oint_{A_0} f(\vartheta', \varphi')\, P_n^m(\cos\vartheta') \cos m\varphi'\, \mathrm{d}A', \tag{18}$$

$$B_{nm} = \frac{2n+1}{2\pi} \frac{(n-m)!}{(n+m)!} \oint_{A_0} f(\vartheta', \varphi')\, P_n^m(\cos\vartheta') \sin m\varphi'\, \mathrm{d}A'. \tag{19}$$

Mit diesen Werten kann die Reihenentwicklung von $f(\varphi, \vartheta)$ wie folgt geschrieben werden:

$$f(\vartheta, \varphi) = \sum_{n=0}^{\infty} \left[\sum_{m=0}^{n} (A_{nm} \cos m\varphi + B_{nm} \sin m\varphi)\, P_n^m(\cos\vartheta) \right]. \tag{20}$$

2.30. Anwendung der Kugelfunktionen zur Lösung elektrostatischer Probleme [II]

Durch Verwendung der Kugelfunktionen lassen sich vor allem solche Probleme der Elektrostatik lösen, bei denen die Elektrodenoberflächen zum Teil oder ganz mit der Oberfläche einer Kugel zusammenfallen. Gesucht sei z. B. jene Lösung der Laplaceschen Gleichung, die auf einer Kugel vom Radius r_0 die gegebenen Werte von $U_\mathrm{k}(\vartheta, \varphi)$ annimmt. Das ist die erste Randwertaufgabe der mathematischen Potentialtheorie für eine Kugel. Entwickeln wir die gegebenen Funktionen $U_\mathrm{k}(\vartheta, \varphi)$ nach Kugelflächenfunktionen in eine Reihe, so gilt

$$U_\mathrm{k}(\vartheta, \varphi) = \sum_{n=0}^{\infty} S_n(\vartheta, \varphi). \tag{1}$$

In diesem Fall beträgt die gesuchte Potentialfunktion im Innern der Kugel

$$U(r, \vartheta, \varphi) = \sum_{n=0}^{\infty} \left(\frac{r}{r_0}\right)^n S_n(\vartheta, \varphi), \qquad r < r_0 \tag{2}$$

und außerhalb der Kugel

$$U(r, \vartheta, \varphi) = \sum_{n=0}^{\infty} \left(\frac{r_0}{r}\right)^{n+1} S_n(\vartheta, \varphi), \qquad r > r_0. \tag{3}$$

An der Stelle $r = r_0$ ergibt sowohl die eine als auch die andere Reihe gerade den vorgegebenen Wert. Gleichzeitig wird die Laplacesche Gleichung sowohl durch die eine als auch durch die andere Reihe erfüllt, da $r^n S_n(\vartheta, \varphi)$ und $r^{-(n+1)} S_n(\vartheta, \varphi)$ Lösungen der Laplaceschen Gleichung sind. Das Potential besitzt auf der Fläche einen stetigen Übergang, aber die Ableitung nach der Normalen hat einen Sprung. Somit treten auf der Kugeloberfläche Flächenladungen auf. Ihre Größe beträgt:

$$\sigma = -\varepsilon_0 \left(\frac{\partial U_\mathrm{a}}{\partial r} - \frac{\partial U_\mathrm{i}}{\partial r}\right)_{r=r_0} = \varepsilon_0 \sum_{n=0}^{\infty} \left[\frac{n+1}{r} \left(\frac{r_0}{r}\right)^{n+1} + \frac{n}{r} \left(\frac{r}{r_0}\right)^n\right]_{r=r_0} S_n(\vartheta, \varphi)$$
$$= \frac{\varepsilon_0}{r_0} \sum_{n=0}^{\infty} (2n+1)\, S_n(\vartheta, \varphi). \tag{4}$$

Dieses Ergebnis ist sehr interessant. Nehmen wir an, daß der Potentialwert auf der Kugel vom Radius r_0 durch die Kugelflächenfunktion $S_n(\vartheta, \varphi)$ dargestellt wird, d. h.,

$$U_\mathrm{k}(\vartheta, \varphi) \equiv S_n(\vartheta, \varphi). \tag{5}$$

Aus unserer vorherigen Beziehung folgt, daß die Flächenladungsdichte auf der Kugeloberfläche, die zu diesem Potential gehört, oder die Ladungsdichte, die dieses Potential erzeugt, von einem Zahlenfaktor abgesehen, mit dem Potential übereinstimmt. Der trivialste Fall ist, daß die auf die Kugeloberfläche gebrachte konstante Ladungsdichte auf der Kugel ein konstantes Potential erzeugt und umgekehrt.

Es ist auch leicht einzusehen, daß unsere Lösung im Unendlichen wenigstens mit $1/r$ verschwindet.

Die Störwirkung einer leitenden Kugel, die in ein Kraftfeld eingebracht wird, kann ebenfalls nach dieser Methode berechnet werden. Dazu entwickeln wir das ungestörte Potential an der Kugeloberfläche bzw. in deren Umgebung in eine Reihe nach Kugelflächenfunktionen. Das Einbringen der Kugel verändert das Feld so, daß der Potentialwert an der Kugeloberfläche nun entweder verschwindet (wenn die Kugel geerdet ist) oder irgendeinen anderen konstanten Wert annimmt. War die Reihenentwicklung der ursprünglichen Funktion

$$U_{\mathrm{u}} = U_0 + U_1 + U_2 + \cdots = \sum_{n=0}^{\infty} r^n S_n(\vartheta, \varphi), \tag{6}$$

so kann das durch die Kugel verursachte Potential in folgender Form ausgedrückt werden:

$$U_{\mathrm{k}} = -U_0 \left(\frac{r_0}{r}\right) - U_1 \left(\frac{r_0}{r}\right)^3 - U_2 \left(\frac{r_0}{r}\right)^5 - \cdots. \tag{7}$$

Dies ergibt mit dem ursprünglichen Potential zusammen an der Stelle $r = r_0$ tatsächlich Null. Wieder haben wir die Potentialfunktion durch Kugelflächenfunktionen n-ter Ordnung ausgedrückt. Während in der vorangegangenen Reihenentwicklung das n-te Glied

$$U_n = r^n S_n \tag{8}$$

lautete, gilt nun die Beziehung

$$U_n \frac{r_0^{2n+1}}{r^{2n+1}} = r^n S_n \frac{r_0^{2n+1}}{r^{2n+1}}, \tag{9}$$

die ebenfalls eine harmonische Funktion darstellt. Das Potential wird also in der Umgebung der Kugel

$$U = U_0 \left[1 - \frac{r_0}{r}\right] + U_1 \left[1 - \left(\frac{r_0}{r}\right)^3\right] + U_2 \left[1 - \left(\frac{r_0}{r}\right)^5\right] + \cdots. \tag{10}$$

Danach können wir die Verteilung der Ladungsdichte auf unserer Kugeloberfläche bereits angeben:

$$\frac{\sigma}{\varepsilon_0} = \left(\frac{\partial U}{\partial r}\right)_{r_1 \to r_0} - \left(\frac{\partial U}{\partial r}\right)_{r_a \to r_0} = 0 - \sum_{n=0}^{\infty} S_n(\vartheta, \varphi) \frac{\partial}{\partial r} \left[r^n \frac{r_0^{2n+1}}{r^{n+1}}\right]_{r=r_0} \tag{11}$$

Dies ergibt den folgenden Wert:

$$\frac{\sigma}{\varepsilon_0} = -r_0^{n-1} \sum_{n=0}^{\infty} (2n+1)\, S_n(\vartheta, \varphi) = -\frac{1}{r_0} \sum_{n=0}^{\infty} (2n+1)\, U_n(r_0, \vartheta, \varphi). \tag{12}$$

F. Besondere Lösungsmethoden

2.31. Elektrische Spiegelung

Die bisher behandelten analytischen Lösungen sind nur in einer beschränkten Zahl von praktischen Fällen anwendbar. Einen neuen Lösungsweg bietet die Tatsache, daß das elektrostatische Feld eindeutig definiert ist, wenn wir an der Oberfläche der Leiter den Potentialwert angeben und fordern, daß die Laplace-Poissonsche Gleichung durch das Potential überall erfüllt ist. Wir können behaupten, wenn wir irgendwie eine solche Lösung finden, daß diese die einzige Lösung ist.

Dieses Verfahren zeigen wir an Hand eines konkreten Beispiels: eine Punktladung stehe einer unendlichen Leitungsebene gegenüber (Abb. 2.94). Die Punktladung und die Ladung eines Leiters seien gegeben; sie sind gleich groß, haben jedoch entgegen-

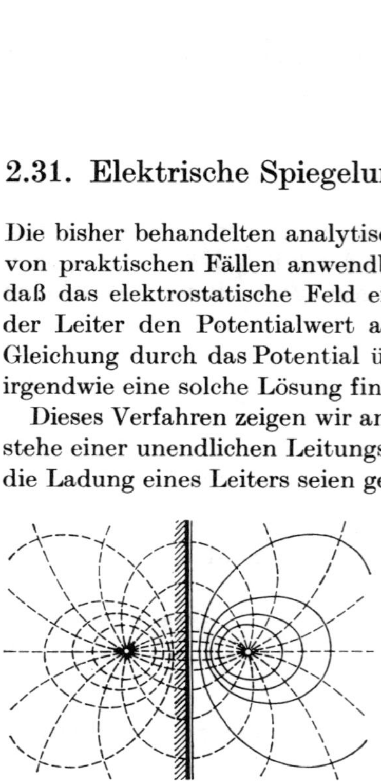

Abb. 2.94 Ermittlung des Kraftfeldes einer der unendlichen Ebene gegenüberliegenden Punktladung durch Spiegelung

gesetztes Vorzeichen. Somit ist die Aufgabe eindeutig bestimmt. Auf der ebenen Fläche ist das Potential konstant. Wir zeichnen das auf die Fläche der Leitungsebene bezogene Spiegelbild der Punktladung ein, d. h., wir bringen im gleichen Abstand von der Fläche des Leiters eine Ladung gleicher Größe, jedoch mit entgegengesetztem Vorzeichen an. Wenn wir jetzt das bekannte Kraftliniensystem dieser Anordnung und die Äquipotentialflächen einzeichnen, entsteht Abb. 2.94. Dabei denken wir uns die beiden Ladungen als im Vakuum befindlich und lassen die metallische Leitungsebene völlig außer acht. Die Verbindungsgerade der beiden Punktladungen wird durch die Spiegelungsebene, die eine Äquipotentialfläche ist, halbiert. Wenn wir jetzt die rechte Seite des Bildes durch einen Metalleiter ausgefüllt denken, so erfüllt die verbleibende linke Seite sämtliche Forderungen, erfüllt also überall im Raum die Laplace-Poissonsche Gleichung. Die Metalloberfläche ist eine Äquipotentialfläche, und ihre Ladung besitzt die gleiche Größe wie die Punktladung. Damit haben wir unsere Aufgabe gelöst.

Die Methode der räumlichen Spiegelung können wir auch etwas allgemeiner ansetzen. Die Ebene $z = 0$ sei ein unendlich guter Leiter, ihr Potential also konstant. Wir nehmen außerdem an, daß in dem Halbraum $z > 0$ eine beliebige Ladungsverteilung herrsche. In diesem Fall suchen wir zuerst eine solche Lösung der Laplace-Poissonschen Differentialgleichung

$$\Delta U_0 = -\frac{\varrho(x, y, z)}{\varepsilon_0}, \tag{1}$$

die im Unendlichen den Wert Null liefert, die aber der Grenzbedingung, daß in der Ebene $z = 0$ ein konstanter Potentialwert resultieren müßte, nicht genügt. Wir bilden jetzt das Spiegelbild der Ladungen mit entgegengesetzten Vorzeichen. Dies bedeutet, daß wir die in den Punkten $x, y, +z$ befindliche Ladung oder Ladungsdichte mit entgegengesetzten Vorzeichen in die Punkte $x, y, -z$ bringen. Für diese Ladungsverteilung gilt die Gleichung

$$\Delta U_1 = + \frac{\varrho(x, y, -z)}{\varepsilon_0}. \tag{2}$$

Ihre Lösung lautet

$$U_1(x, y, z) = -U_0(x, y, -z). \tag{3}$$

Wir mußten in unserer Ausgangsgleichung nur die Vertauschungen $+z \to -z$ und $+\varrho \to -\varrho$ vornehmen.

Die Gleichung

$$U = U_0 + U_1 \tag{4}$$

ergibt an der Stelle $z = 0$ Null, da $U_1(x, y, 0) = -U_0(x, y, 0)$ gilt. In dem Halbraum $z > 0$ erfüllt also dieser Potentialwert die Laplace-Poissonsche Gleichung mit der ursprünglich gegebenen Ladungs- bzw. Ladungsdichteverteilung, da in diesem Raum keine fiktive, d. h. gespiegelte Ladung vorhanden ist. Die Gleichung für das Potential erfüllt auch die entsprechende Grenzbedingung, d. h., der Potentialwert ist in der Ebene $z = 0$ gleich Null.

Wollen wir auf einer beliebigen Fläche den Potentialwert durch Spiegelung als Null oder gleich einem konstanten Wert setzen, so bedeutet dies im allgemeinen, daß wir zwei solche Potentialfunktionen finden sollen, die auf der Fläche gerade entgegengesetzte Vorzeichen besitzen und von denen die eine nur in einem, die andere aber nur im anderen Raumteil Quellen aufweist. Die Lösung für eine Ebene haben wir bereits betrachtet. Für eine Kugel können die Werte dieser Potentiale explicite angegeben werden. Die Lösung kann aber im allgemeinen Fall — wenigstens. im räumlichen Fall — in dieser Weise nur schwer durchgeführt werden.

Die Abb. 2.95 und 2.96 zeigen einfache Fälle, die durch Spiegelung lösbar sind. In der Praxis sind z. B. die über der Erde entweder nebeneinander, übereinander oder in verschiedenen Höhen nebeneinander angeordneten zylindrischen Leitungen als solche Fälle anzusprechen. In dieser Weise können auch die durch unendliche Ebenen begrenzte Ecke oder die in Abb. 2.97 gezeigten zwei parallelen ebenen Flächen mit zwischen ihnen angebrachter Punktladung behandelt werden. Wenn wir die Spiegelung in diesem Fall für eine Ebene durchführen, erreichen wir auf dieser

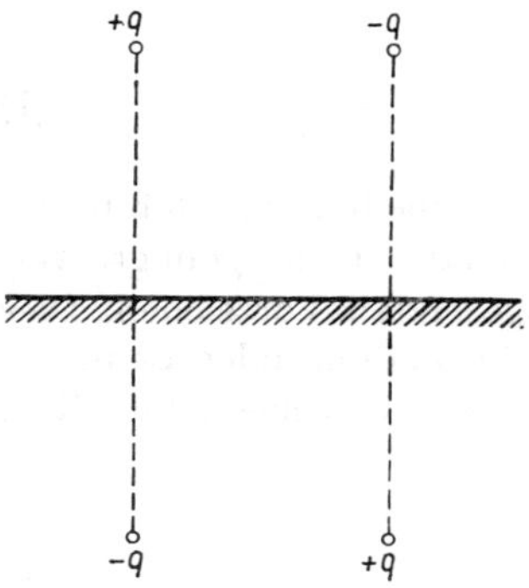

Abb. 2.95 Ermittlung des Kraftfeldes von parallelen Leitungen, die in einer zur unendlichen Ebene parallelen Ebene liegen, durch Spiegelung

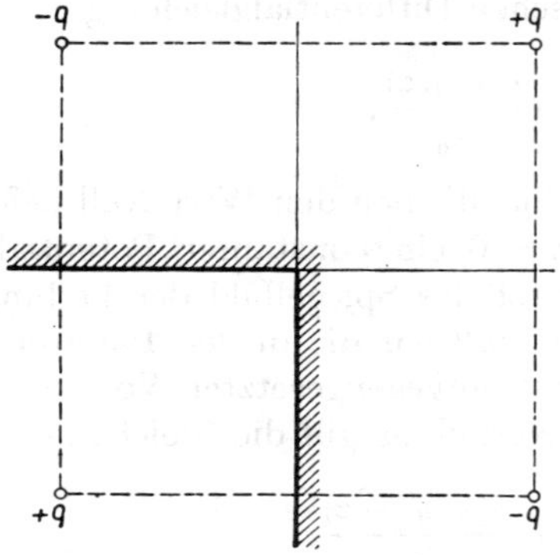

Abb. 2.96 Ermittlung des Kraftfeldes einer Leitung, die in einer von zwei aufeinander senkrecht stehenden unendlichen Ebenen gebildeten Ecke liegt, durch Spiegelung

tatsächlich ein konstantes Potential. Gleichzeitig wird aber der Potentialwert auf der anderen Ebene veränderlich sein. Also müssen sowohl die wirkliche Ladung als auch deren Spiegelbild an der zweiten Ebene gespiegelt werden. Damit erhalten wir auf dieser einen konstanten Potentialwert, komplizieren aber gleichzeitig die Verhältnisse auf der ersten Ebene. Dieses Verfahren können wir ad infinitum fortsetzen; es ist nachweislich konvergent und führt schließlich auf den Potentialwert, der auf beiden Ebenen tatsächlich konstant ist. Der Wert des Potentials im Punkt (ϱ, z), wo ϱ den senkrechten Abstand von der eingezeichneten Achse bedeutet, ergibt sich zu

$$4\pi\varepsilon_0 U = Q \sum_{n=-\infty}^{+\infty} \frac{1}{\sqrt{\varrho^2 + (z - h + 2nc)^2}} - Q \sum_{n=-\infty}^{+\infty} \frac{1}{\sqrt{\varrho^2 + (z + h + 2nc)^2}}. \tag{5}$$

Ebenso wie die Lösung der Probleme in der Ebene durch die Einführung der komplexen Funktionen im Vergleich zu den räumlichen Problemen sehr stark erleichtert wurde, können wir auch das Prinzip der Spiegelung mit Hilfe der komplexen Funktionen viel allgemeiner formulieren und lösen. Das Schwergewicht liegt auch hier, wie bei der allgemeinen Behandlung, auf der gegenseitigen Abbildung gewisser komplexer Bereiche.

In der z-Ebene sei nach Abb. 2.98 eine beliebige Kurve (Schnittlinie eines Metallzylinders mit der komplexen Zahlenebene) gegeben, in deren Innern eine Punktladung (Linienladung im Raum) vorhanden sei. Unsere Aufgabe ist es jetzt, das Potentialfeld dieser Punktladung für den Fall zu suchen, daß das Potential auf der gegebenen Kurve überall den Wert Null hat. Wir setzen eine Funktion

$$w = u + \mathrm{j}v = f(z)$$

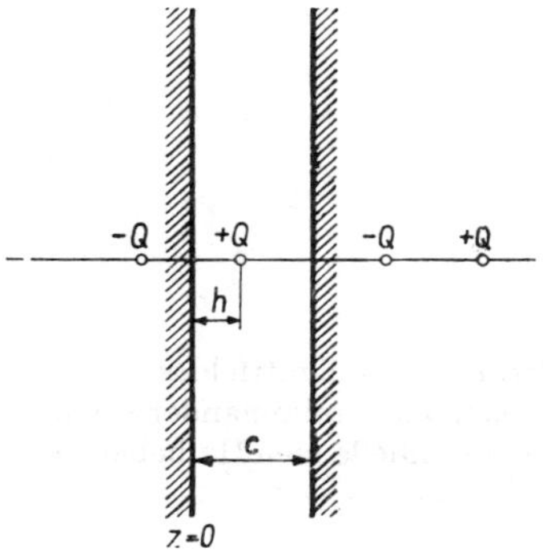

Abb. 2.97 Ermittlung des Kraftfeldes einer zwischen zwei parallelen Ebenen befindlichen Punktladung durch Serienspiegelung

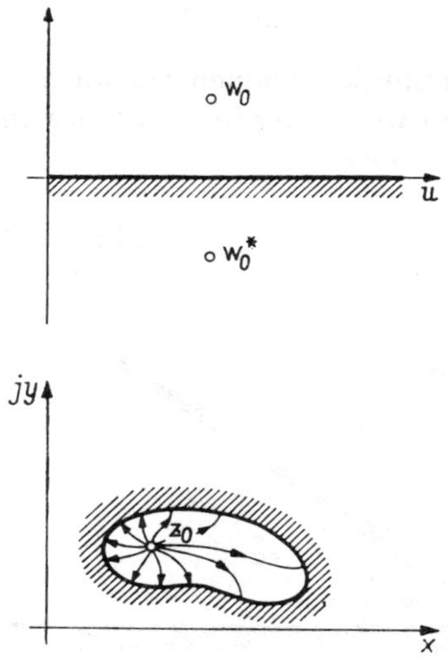

Abb. 2.98 Ermittlung des Kraftfeldes einer Leitung, die in einem beliebigen Metallzylinder verläuft, durch Spiegelung

als gegeben voraus, die den von der Kurve umschlossenen Bereich in die obere Hälfte der w-Ebene, also in die durch die Gleichung $\mathrm{Im}\,(w) > 0$ charakterisierte Hälfte, überführt, während die Randkurve in die reelle Achse übergeht. Diese Abbildung überführe den Punkt z_0, in dem wir unsere Punktladung angebracht haben, entsprechend unserer Abbildung in den Punkt w_0 der w-Ebene. In diesem Fall können wir unsere Aufgabe wie folgt lösen. Wir suchen — nun bereits in der w-Ebene — die Potentialfunktion, die auf der reellen Achse dieser Ebene einen konstanten Wert, und zwar den Wert Null, besitzt. Das Potential soll lediglich an der Stelle w_0 einen singulären Punkt aufweisen. In diesem einfachsten Fall einer durch Spiegelung lösbaren Aufgabe ist das Ergebnis leicht zu finden. Das gesuchte Potential erhalten wir durch Superposition des Potentials der im Punkt w_0 befindlichen Ladung $+q$

und der im Spiegelungspunkt w_0^* befindlichen Ladung $-q$:

$$2\pi\varepsilon_0 W = -q \ln \frac{w - w_0}{w - w_0^*}. \tag{6}$$

Wir rechnen hier mit dem „komplexen“ Potential und gehen erst später zum Realteil über. Transformieren wir nun die so gefundene Potentialfunktion auf die z-Ebene zurück, so haben wir die gesuchte, die Grenzbedingungen erfüllende Potentialverteilung:

$$2\pi\varepsilon_0 W = -q \ln \frac{f(z) - f(z_0)}{f(z) - f^*(z_0)}. \tag{7}$$

Diese Funktion können wir auch so schreiben, daß der Einfluß des Randes oder — sagen wir — der in dem Spiegelbild angebrachten Ladung offensichtlicher wird. Es ist nämlich

$$2\pi\varepsilon_0 W = -q \ln (z - z_0) - q \ln \frac{f(z) - f(z_0)}{(z - z_0)\,[f(z) - f^*(z_0)]}. \tag{8}$$

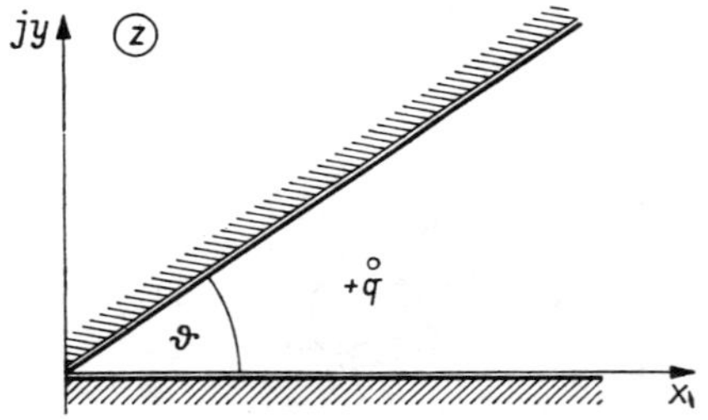

Abb. 2.99 Ermittlung des Kraftfeldes einer Leitung, die zwischen zwei miteinander einen gegebenen Winkel einschließenden Halbebenen liegt, durch Spiegelung

Gleichzeitig sehen wir auch, wo wir die gespiegelte Ladung anzubringen haben, wie viele anzubringen sind und ob es überhaupt möglich ist, diese Aufgabe als eine Spiegelungsaufgabe aufzufassen.

Als erste Aufgabe wollen wir die in Abb. 2.99 dargestellte Ecke und die darin untergebrachte Ladung betrachten und untersuchen, wie sich in diesem Fall das Potential verteilt. Wir haben bereits gesehen, daß der wesentliche Teil der Lösung dieser Aufgabe das Auffinden der Funktion ist, die die gegebene Kurve in die reelle Achse der w-Ebene überführt. Diese Funktion lautet in unserem Fall

$$w = z^n = \varrho^n \, e^{jn\varphi}. \tag{9}$$

Wir wählen n so, daß

$$n\vartheta = \pi; \quad n = \frac{\pi}{\vartheta} \tag{10}$$

gilt. Diese Funktion läßt die eine Seite unberührt, dreht dagegen die andere Seite in den negativen Teil der reellen Achse der w-Ebene, während die durch die beiden Geraden eingeschlossene Fläche in die obere Hälfte der w-Ebene übergeht. Damit ergibt sich der gesuchte Potentialwert

$$2\pi\varepsilon_0 W = -q \ln \frac{w - w_0}{w - w_0^*} = -q \ln \frac{z^n - z_0^n}{z^n - z_0^{*n}} \tag{11}$$

und dessen Realteil zu

$$2\pi\varepsilon_0 U = -\frac{1}{2} q \ln \frac{\varrho^{2n} - 2\varrho^n \varrho_0^n \cos n(\varphi - \varphi_0) + \varrho_0^{2n}}{\varrho^{2n} - 2\varrho^n \varrho_0^n \cos n(\varphi + \varphi_0) + \varrho_0^{2n}}. \tag{12}$$

Für zueinander senkrechte Geraden, für die $\vartheta = \pi/2$ und somit $n = 2$ ist, gilt also

$$2\pi\varepsilon_0 W = -q \ln \frac{z^2 - z_0^2}{z^2 - z_0^{*2}} = -q \ln \frac{(z - z_0)(z + z_0)}{(z - z_0^*)(z + z_0^*)}. \tag{13}$$

Dies bedeutet, daß wir in diesem Fall das entstandene Potential tatsächlich als das gemeinsame Potential der ursprünglichen Ladung und der drei in den Punkten $-z_0$, z_0^* und $-z_0^*$ angebrachten Ladungen $+q$, $-q$ und $-q$ auffassen können.

Dies ist aber nicht immer möglich. Ist n eine ganze Zahl, so gilt für diesen Fall

$$z^n - z_0^n = (z - z_0)(z - z_0 e^{2j\vartheta})(z - z_0 e^{4j\vartheta}) \cdots (z - z_0 e^{2(n-1)j\vartheta}). \tag{14}$$

Daher kann das Potential als das Potential der Ladung und der $(2n - 1)$ Spiegelbilder dargestellt werden. Ist n keine ganze Zahl, so ist eine solche Darstellung nicht möglich. Wenn wir z. B. eine Ladung über einer Halbebene anordnen, die als ein Keil betrachtet werden kann, dessen Winkel gerade 2π beträgt, d. h. $n = 1/2$, so folgt der Potentialwert

$$2\pi\varepsilon_0 W = -q \ln \frac{\sqrt{z} - \sqrt{z_0}}{\sqrt{z} - \sqrt{z_0^*}} \tag{15}$$

und dessen Realteil

$$2\pi\varepsilon_0 U = -\frac{1}{2} q \ln \frac{\varrho - 2\sqrt{\varrho\varrho_0} \cos \frac{1}{2}(\varphi - \varphi_0) + \varrho_0}{\varrho - 2\sqrt{\varrho\varrho_0} \cos \frac{1}{2}(\varphi + \varphi_0) + \varrho_0}. \tag{16}$$

In dieser Weise kann auch eine in einen beliebigen, von Ebenen umgebenen Raumteil gebrachte Ladung behandelt werden. Die geeignete Transformation liefert die

Schwarz-Christoffelsche Formel. Wir wissen, daß die Abbildung

$$z = A \int_0^w \frac{1}{\sqrt{(1 - w^2)\left(1 - \frac{w^2}{a^2}\right)}} \, dw \tag{17}$$

die obere Hälfte der w-Ebene in den rechteckigen Bereich der z-Ebene überführt. Die gleiche Transformation bildet die untere Hälfte der w-Ebene auf den in Abb. 2.100 gezeigten, ebenfalls rechteckigen Bereich ab. Wir zählen nach Abb. 2.100 die u-Achse in der w-Ebene als Leitlinie eines Metall-„Zylinders" mit dem Potential Null und

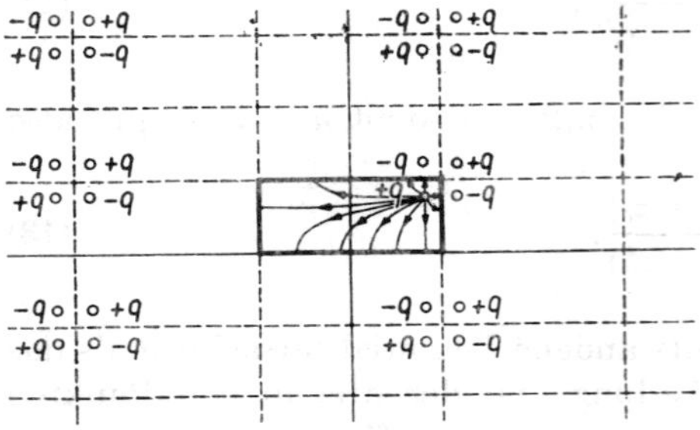

Abb. 2.100 Linienladung in einem rechteckigen metallischen Hohlzylinder

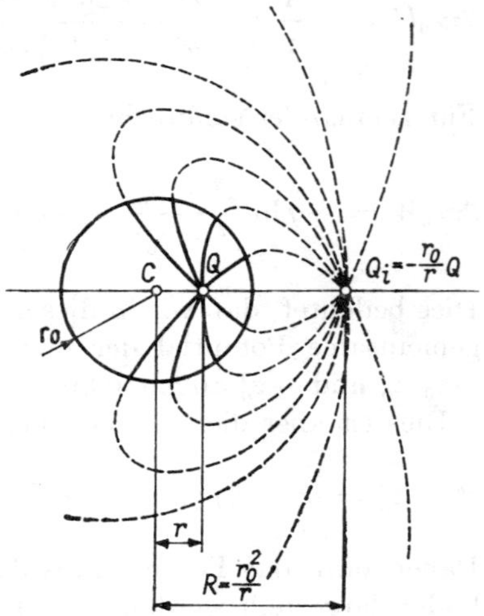

Abb. 2.101 Spiegelung an einer Kugelfläche

bringen irgendwo in der Ebene eine Punktladung an. Dann können wir das sich so ergebende Problem durch Spiegelung lösen. Dieses Kraftlinienfeld wird durch die Transformation (17) in das Kraftfeld einer in einem solchen Metallzylinder angebrachten Linienladung, dessen Grundkurve durch ein rechtwinkliges Viereck gebildet wird, überführt. Diese Abbildung ist mehrwertig: zu einem w-Wert gehören unendlich viele z-Werte. Es kann bewiesen werden, daß die so gewonnene Lösung als aus den in Abb. 2.100 gezeichneten unendlich vielen Spiegelbildern entstanden angesehen werden kann.

Im Raum haben wir bisher nur die Spiegelung an einer Ebene betrachtet. In der Praxis hat auch die Spiegelung an einer Kugel eine Bedeutung (Abb. 2.101). Es sei eine Punktladung in einer Kugel mit metallischer Fläche gegeben. Gesucht wird die Feldverteilung. Es kann leicht bewiesen werden, daß die ursprüngliche Ladung mit ihrem Spiegelbild der Größe

$$Q_i = -\frac{r_0}{r} Q \tag{18}$$

in einer Entfernung $R = r_0^2/r$ auf der Oberfläche der Kugel gerade den konstanten Potentialwert Null ergibt. r_0 bedeutet hier den Radius der Kugel.

2.32 Ermittlung der zu den gegebenen Ladungsverteilungen gehörenden Äquipotentialflächen

Wir betrachten eine beliebige Ladungsverteilung mit einem leicht berechenbaren Potential, z. B. eine Punktladung, zwei Punktladungen mit gleichen oder entgegengesetzten Vorzeichen, eine auf einer geraden Linie endlicher Länge angebrachte Ladung oder eine auf einem Kreisumfang angebrachte Ladung. Wir berechnen das Kraftfeld dieser Ladungsverteilung sowie die Äquipotentialflächen. Die so erhaltenen verschiedenen Arten der Äquipotentialflächen können wir dann mit praktischen Elektrodenformen vergleichen. Wenn wir eine solche Äquipotentialfläche als Fläche eines Leiters wählen oder, mit anderen Worten, das Innere der Äquipotentialfläche mit leitendem Material ausfüllen, so wird sich das Kraftfeld außerhalb des Leiters nicht ändern. Wir beherrschen also die Lösung jener Leiterform, welche die angegebene Gesamtladung besitzt. In dieser Weise kann man z. B. das Kraftfeld eines geladenen gestreckten Rotationsellipsoids und zugleich dessen Kapazität bestimmen. Es kann nämlich leicht bewiesen werden, daß die Äquipotentialfläche eines geladenen Linienabschnittes endlicher Länge ein solches Rotationsellipsoid darstellt. Wenn also eine entsprechende Äquipotentialfläche mit der gegebenen Metalloberfläche zusammenfällt, so wird außerhalb dieser das elektrische Feld mit dem elektrischen Feld des endlichen Linienabschnittes übereinstimmen. Ebenso wenden wir auch oft das bei der Spiegelungsmethode bereits erwähnte Kraftfeld zweier Punktladungen zur Berechnung des Kraftfeldes von zwei sich gegenüberliegenden Kugeln verschiedener oder gleicher Radien an.

2.33. Numerisches Näherungsverfahren in der Ebene

Ein numerisches Näherungsverfahren ist die Liebmannsche Methode. In der Ebene sei eine beliebige geschlossene Kurve sowie die Potentialverteilung entlang dieser Kurve gegeben. Wir verlangen also nicht, daß der Potentialwert entlang dieser Kurve konstant sei. Wir versehen die von dieser Kurve begrenzte Fläche (Abb. 2.102a) mit einem rechtwinkligen Netz und wählen fünf beieinanderliegende beliebige Punkte, deren Abstände gleich dem Abstand d zwischen den Netzlinien sind. Wir können leicht einsehen, daß

$$\frac{U_1 - U_0}{d} - \frac{U_0 - U_3}{d} \approx \left(\frac{\partial U}{\partial x}\right)_{10} - \left(\frac{\partial U}{\partial x}\right)_{03} \approx d\left(\frac{\partial^2 U}{\partial x^2}\right)_0 \tag{1}$$

und

$$\frac{U_2 - U_0}{d} - \frac{U_0 - U_4}{d} \approx \left(\frac{\partial U}{\partial y}\right)_{20} - \left(\frac{\partial U}{\partial y}\right)_{04} \approx d\left(\frac{\partial^2 U}{\partial y^2}\right)_0 \tag{2}$$

gilt, unter der Voraussetzung, daß d sehr klein ist. Die Addition der rechten bzw. linken Seiten dieser beiden Gleichungen führt zu

$$\frac{1}{d}\left[U_1 + U_2 + U_3 + U_4 - 4U_0\right] = d\left\{\frac{\partial^2 U}{\partial x^2} + \frac{\partial^2 U}{\partial y^2}\right\}_0. \tag{3}$$

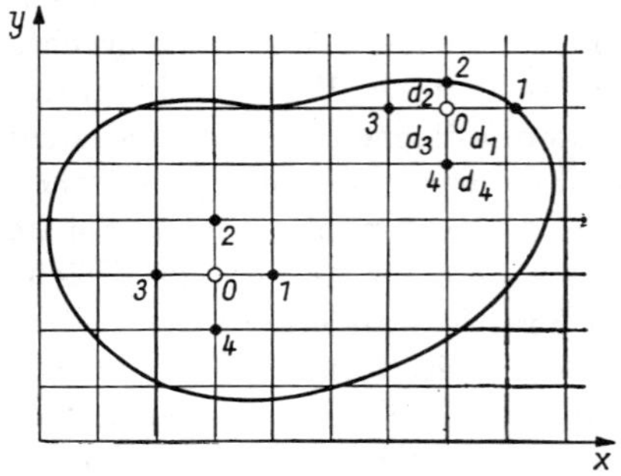

Abb. 2.102a Numerische Methode von LIEBMANN

Da nach der Laplaceschen Gleichung

$$\frac{\partial^2 U}{\partial x^2} + \frac{\partial^2 U}{\partial y^2} = 0 \tag{4}$$

gilt, finden wir also

$$U_0 = \frac{1}{4}\left[U_1 + U_2 + U_3 + U_4\right]. \tag{5}$$

Sind die von dem betrachteten Punkt gemessenen Abstände einander nicht gleich (dies muß bei der Potentialermittlung der Randpunkte ebenfalls untersucht werden), so gilt

$$U_0 = \frac{d_1 d_2 d_3 d_4}{d_1 d_3 + d_2 d_4}\left\{\frac{1}{d_1 + d_3}\left(\frac{U_1}{d_1} + \frac{U_3}{d_3}\right) + \frac{1}{d_2 + d_4}\left(\frac{U_2}{d_2} + \frac{U_4}{d_4}\right)\right\}. \tag{6}$$

Wir haben also wie folgt zu verfahren. Wir nehmen in sämtlichen Punkten des Netzes den gegebenen Umfangswerten entsprechende, sonst beliebige Potentialwerte an und korrigieren dann mit Hilfe des erwähnten Verfahrens die in den einzelnen Punkten angenommenen Potentialwerte. Dadurch finden wir eine neue Potentialverteilung. Jetzt korrigieren wir diese neuen Werte weiter, bis die geänderten Werte von den ursprünglichen Werten nur so wenig abweichen, daß diese Abweichung innerhalb der gewünschten Genauigkeitsgrenze liegt. Diese Methode eignet sich zur Programmierung auf Rechenmaschinen.

Die Potentiale der einzelnen Gitterpunkte werden durch ein Netzwerkmodell automatisch eingestellt. Schalten wir nämlich identische Widerstände entsprechend Abb. 2.102b zusammen, so gilt nach dem Knotenpunktgesetz für ein herausgegriffenes Element:

$$\frac{U_1 - U_0}{R} + \frac{U_2 - U_0}{R} + \frac{U_3 - U_0}{R} + \frac{U_4 - U_0}{R} = 0 \tag{7}$$

oder

$$U_0 = \frac{1}{4}\,(U_1 + U_2 + U_3 + U_4). \tag{8}$$

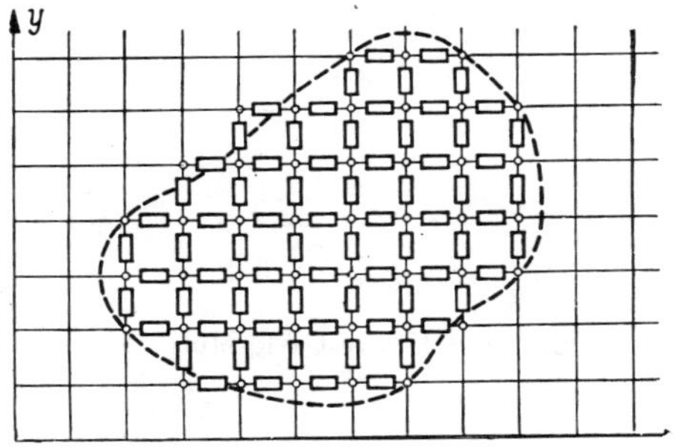

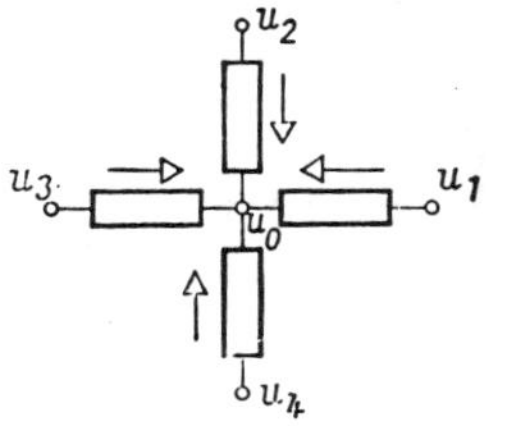

Abb. 2.102b Bestimmung des Potentials mit Hilfe eines Gleichstromnetzwerkes. Ein herausgegriffenes Element des Netzwerkes

Wenn die Randwerte durch Generatoren festgelegt werden, befriedigen die gemessenen Potentiale der Gitterpunkte die Laplace-Gleichung mit den gegebenen Randwerten, stellen also die richtige Lösung dar.

2.34. Die Monte-Carlo-Methode

Wie schon der Name andeutet, hängt die „Monte-Carlo"-Methode mit der Wahrscheinlichkeitsrechnung zusammen. In der letzten Zeit hat sich diese Methode sehr verbreitet und wurde für verschiedene Probleme angewendet. Die Methode wird am Beispiel der Laplaceschen Gleichung mit gegebenen Randbedingungen erläutert.

Wir beschränken uns einfachheitshalber auf ebene Probleme. In den Randpunkten ξ_i, η_i eines durch eine gegebene Linie begrenzten ebenen Gebietes sei das Potential $U(\xi_i, \eta_i)$ gegeben. Es soll das Potential in einem beliebigen inneren Punkt x, y bestimmt werden (Abb. 2.102c). In diesen Punkt stellen wir eine Puppe. Verwirklichen wir jetzt irgendwie vier Möglichkeiten mit der gleichen Wahrscheinlichkeit 1/4, z. B. durch Würfe mit zwei Münzen, wobei die elementaren Ereignisse Kopf-Kopf, Kopf-Schrift, Schrift-Schrift, Schrift-Kopf die gleiche Wahrscheinlichkeit haben, oder durch Würfeln mit einem Tetraeder. Den vier Möglichkeiten ordnen wir der Reihe nach die Richtungen $+x$, $-x$, $+y$, $-y$ zu und verschieben die Puppe entsprechend dem jeweils eintretenden Ereignis um eine Einheit in der betreffenden Richtung, bis wir in irgendeinem Punkt des Randes ankommen. Dann stellen wir die Puppe zurück in den Punkt x, y und werfen oder würfeln aufs neue, bis wir wieder zu einem Randpunkt gelangen. Im allgemeinen wird das natürlich ein anderer Randpunkt sein. Dieses Spiel wiederholen wir viele Male.

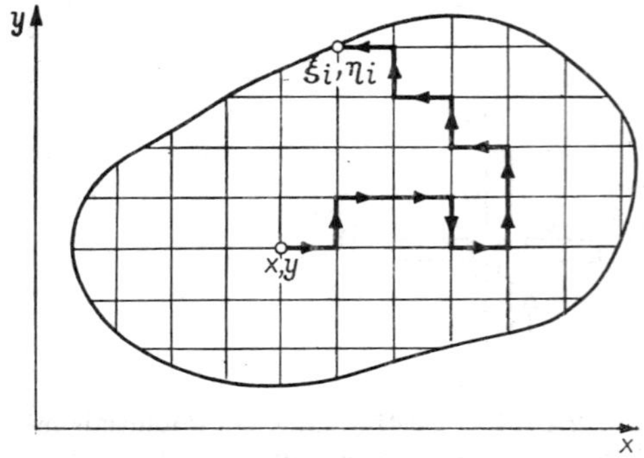

Abb. 2.102c Zur Monte-Carlo-Methode

Wenn wir insgesamt N-mal (wobei N eine große Zahl bedeutet) von dem Punkt x, y ausgehen, gelangen wir n_1-mal zum Randpunkt ξ_1, η_1; n_2-mal zum Randpunkt ξ_2, η_2; ... n_i-mal zum Randpunkt ξ_i, η_i. Dabei ist

$$n_1 + n_2 + \cdots n_i + \cdots = N.$$

Die Wahrscheinlichkeit dafür, daß wir vom Punkt x, y ausgehend auf den Randpunkt ξ_i, η_i treffen, ist

$$p(x, y; \xi_i, \eta_i) = \frac{n_i}{N}.$$

Jetzt können wir schon den interessanten Satz aufstellen: das Potential $U(x, y)$ des Punktes x, y wird durch den gewichteten Mittelwert der Randwerte gegeben, wobei als Gewichte die entsprechenden Wahrscheinlichkeiten zu nehmen sind, d. h.

$$U(x, y) = \frac{1}{N} [n_1 U(\xi_1, \eta_1) + n_2 U(\xi_2, \eta_2) + \cdots + n_i U(\xi_i, \eta_i) + \cdots]$$
$$= \sum_i p(x, y; \xi_i, \eta_i) \, U(\xi_i, \eta_i).$$

Um das einzusehen, genügt es zu zeigen, daß das so erhaltene Potential $U(x, y)$ die Laplacesche Gleichung näherungsweise befriedigt. Man kann leicht zeigen, daß das Potential im Punkt x, y das arithmetische Mittel der Potentiale der vier Nachbarpunkte ist. Dies folgt aus der Tatsache, daß die Puppe aus dem Punkte x, y mit gleicher Wahrscheinlichkeit einen der Punkte

$$(x + d, y); \quad (x, y + d); \quad (x - d, y); \quad (x, y - d)$$

erreichen kann. Es wird also

$$\sum_i n(x + d, y; \xi_i, \eta_i) = \sum_i n(x, y + d; \xi_i, \eta_i) = \cdots = \frac{N}{4}.$$

Dabei bedeutet $n(x + d, y; \xi_i, \eta_i)$ beispielsweise die Anzahl der Spaziergänge, die ausgehend von dem Punkt x, y durch $x + d, y$ zum Randpunkt ξ_i, η_i führen. Es kann also das Potential des Punktes x, y wie folgt geschrieben werden:

$$\begin{aligned} U(x, y) &= \frac{1}{N} \sum_i n(x, y; \xi_i, \eta_i)\, U(\xi_i, \eta_i) = \frac{1}{N} \sum_i [n(x + d, y; \xi_i, \eta_i) \\ &\quad + n(x, y + d; \xi_i, \eta_i) + n(x - d, y; \xi_i, \eta_i) + n(x, y - d; \xi_i, \eta_i)]\, U(\xi_i, \eta_i) \\ &= \frac{\sum_i n(x + d, y; \xi_i, \eta_i)\, U(\xi_i, \eta_i)}{4 \sum_i n(x + d, y; \xi_i, \eta_i)} + \frac{\sum_i n(x, y + d; \xi_i, \eta_i)\, U(\xi_i, \eta_i)}{4 \sum_i n(x, y + d; \xi_i, \eta_i)} \\ &\quad + \frac{\sum_i n(x - d, y; \xi_i, \eta_i)\, U(\xi_i, \eta_i)}{4 \sum_i n(x - d, y; \xi_i, \eta_i)} + \frac{\sum_i n(x, y - d; \xi_i, \eta_i)\, U(\xi_i, \eta_i)}{4 \sum_i n(x, y - d; \xi_i, \eta_i)} \\ &= \frac{1}{4} [U(x + d, y) + U(x, y + d) + U(x - d, y) + U(x, y - d)]. \end{aligned}$$

Diese Gleichung kann umgeformt werden in:

$$\frac{1}{d} \left[\frac{U(x + d, y) - U(x, y)}{d} - \frac{U(x, y) - U(x - d, y)}{d} \right]$$

$$+ \frac{1}{d} \left[\frac{U(x, y + d) - U(x, y)}{d} - \frac{U(x, y) - U(x, y - d)}{d} \right] = 0,$$

was eine Näherung der Laplaceschen Gleichung $\Delta U = 0$ darstellt.

2.35. Graphische Ermittlung ebener und zylindersymmetrischer Kraftfelder

Wir erwähnen die graphische Methode, weil sie in der Praxis sehr häufig zur vorläufigen Orientierung verwendet wird. Mit ihrer Hilfe kann man ebene Kraftfelder verhältnismäßig leicht ermitteln; etwas schwieriger, aber durchaus noch brauchbar ist sie bei zylindersymmetrischen Feldern.

Wir nehmen an, daß wir das ebene Kraftfeld zylindrischer Elektroden, welche die in Abb. 2.103 dargestellte Grundkurve besitzen, schon so eingezeichnet haben, daß zwischen sämtlichen Äquipotentialflächen der gleiche Spannungsunterschied besteht. Gleichzeitig setzen wir voraus, daß die Anzahl der Kraftlinien, d. h. der elektrische Kraftlinienfluß $\Delta\Psi$, in dem Rohr, das durch die eingezeichneten, neben-

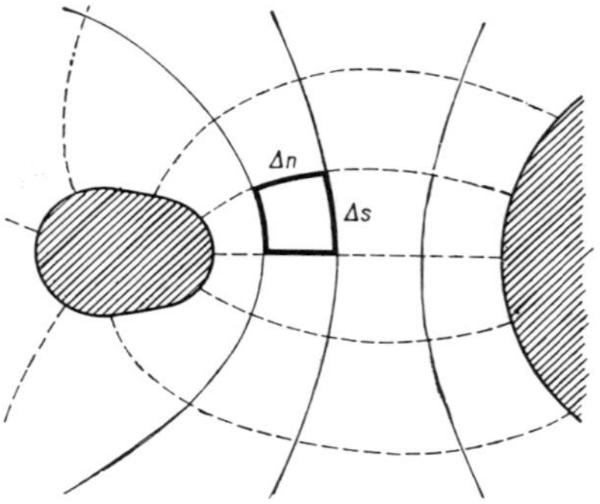

Abb. 2.103 Ermittlung des ebenen Kraftfeldes zylindrischer Leiter durch ein graphisches Verfahren

einanderliegenden Kraftlinien und durch die beiden zur Papierebene senkrechten, im Abstand von 1 m eingezeichneten Kraftlinien umgrenzt wird, überall gleich ist. Wir können also die Feldstärke auf zwei Arten erhalten, als Gradienten des Potentials und als den Quotienten von Kraftlinienfluß und Fläche, also

$$E = \frac{\Delta U}{\Delta n} = \frac{\Delta \Psi}{\Delta s \cdot 1}. \tag{1}$$

Da ΔU und $\Delta\Psi$ überall konstant sind, folgt, daß auch das Verhältnis $\Delta n/\Delta s$ konstant ist. Zur Vereinfachung der Konstruktion ist es am zweckmäßigsten, dieses Verhältnis gerade gleich 1 zu wählen, d. h. so, daß sämtliche kleinen Flächen, die sich aus dem durch die Äquipotentiallinien und die Kraftlinien gebildeten krummlinigen Koordinatennetz ergeben, annähernd quadratisch werden. Das können wir natürlich nur durch langes Probieren erreichen. Wir nehmen zuerst eine der Leitungsoberfläche naheliegende, sich an diese anschmiegende Äquipotentialfläche an, zeichnen die Kraftlinien auf beiden Flächen senkrecht ein, so daß wir ein quadratisches Netz erhalten. Dann deformieren wir die Äquipotentialflächen in der Weise, daß diese sich schließlich dem anderen Leiter oder eventuell auch den übrigen Leitern anschmiegen. Gleichzeitig zeichnen wir auch die Kraftlinien. Wir sehen schon nach der ersten Annahme, wo die Zeichnung zu ändern ist. Das Aufzeichnen des quadratischen Netzes, und damit die richtige Lösung der Aufgabe, gelingt selbst bei einer verhältnismäßig einfachen Elektrodenanordnung nur nach langwierigen Versuchen. Aus dem Bild des so konstruierten ebenen Kraftfeldes können wir folgendes ersehen:

Dort, wo die Äquipotentialflächen dicht sind, ist das Kraftfeld stark, wo sie voneinander weit entfernt sind, ist das Kraftfeld entsprechend schwächer. Dasselbe gilt auch für die Kraftlinien. Die Dichte der eingezeichneten Kraftlinien ergibt in allen Punkten die Feldstärke.

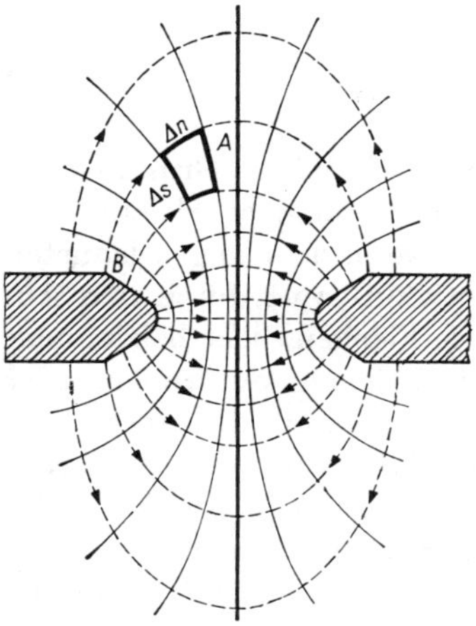

Abb. 2.104 Konstruktion rotationssymmetrischer Kraftfelder

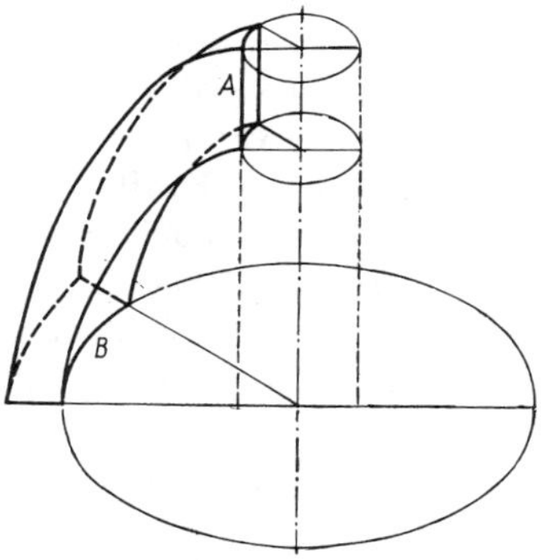

Abb. 2.105 Ausgewähltes Kraftrohr des rotationssymmetrischen Kraftfeldes

Bei einem rotationssymmetrischen Kraftfeld ist weder das Konstruieren noch das Auswerten des Bildes einfach.

Wir zeichnen wie in Abb. 2.104 in einem zylindersymmetrischen Kraftfeld die Äquipotentialflächen so ein, daß ihr Unterschied ΔU überall konstant ist. Für ein ebenes Kraftfeld war die andere Ausdehnung des durch zwei Kraftlinien bestimmten Kraftrohres, nämlich die auf der Papierebene senkrecht stehende Ausdehnung, überall konstant. Dies gilt aber bei einem zylindrischen Kraftfeld nicht. Hier wächst die Ausdehnung des Kraftrohres in der Richtung, die zur Papierebene senkrecht steht, dem von der Symmetrieachse des Kraftfeldes gemessenen Abstand proportional an (Abb. 2.105). Während wir vorher den Kraftlinienfluß des Kraftrohres, das durch zwei andere, im Abstand von 1 m befindliche Kraftlinien umgrenzt wird, für sämtliche Kraftrohre als konstant betrachtet haben, nehmen wir jetzt den Fluß als konstant an, der in dem Kraftrohr existiert, das durch die in der Papierebene dargestellten zwei Kraftlinien und durch zwei Kraftlinien derselben Form, aber um einen bestimmten Winkel gedreht, bestimmt wird. Dieser Winkel kann sowohl 1 als auch 2π sein, d. h., wir können den Kraftlinienfluß der Fläche, die sich aus der Umdrehung der in der Papierebene angenommenen beiden Kraftlinien ergibt, als konstant annehmen. Die Feldstärke ergibt sich daher zu

$$E = \frac{\Delta U}{\Delta n} = \frac{\Delta \Psi}{\Delta s\, 2\pi r}, \tag{2}$$

da der Kraftlinienfluß $\Delta\Psi$, wie der Abbildung zu entnehmen ist, durch die Fläche $\Delta s \cdot 2\pi r$ hindurchgeht. Aus dieser Beziehung folgt

$$\frac{\Delta n}{\Delta s} = 2r\pi \frac{\Delta U}{\Delta \Psi} = \text{const} \cdot r, \tag{3}$$

woraus zu ersehen ist, daß sich im richtig gezeichneten Kraftfeld die Grundflächen der einzelnen Elemente des senkrechten Koordinatennetzes mit dem Abstand von der Symmetrieachse verändern. Wir erhalten die Feldstärke in dem so gezeichneten zylindersymmetrischen Kraftfeld, wenn wir die Potentialdifferenz durch den Abstand der Äquipotentialflächen dividieren. Wo also diese Flächen dicht beieinander liegen, dort wird die Feldstärke groß sein, wo aber die Flächen weit voneinander entfernt sind, dort ist die Feldstärke kleiner. Für die Kraftlinien gilt dies aber nicht. Zwar liefert die Dichte der Kraftlinien überall die Feldstärke, aber wir betrachten die räumliche Dichte der Kraftlinien. So ist z. B. in Abb. 2.105 im Punkt A der Oberfläche der in der Symmetrieachse befindlichen zylindrischen Elektrode die Feldstärke größer als im Punkt B der äußeren Elektrode, obwohl in der Zeichnung die Kraftlinien im letzteren Punkt dichter verlaufen. Würden wir die Dichte der Kraftlinien im Raum betrachten, so würden wir tatsächlich finden, daß diese im Punkt A größer ist als im Punkt B. Wenn wir uns in der zur Papierebene senkrechten Richtung im Punkt A um einen kleinen Betrag fortbewegen, finden wir neue Kraftlinien, während wir im Punkt B diese Kraftlinien nur dann finden, wenn wir uns dem von der Drehachse gemessenen Radius proportional weiter fortbewegen.

2.36. Theorie des Gummimodells

Können wir in der Elektrostatik ein Problem mit den bisherigen Methoden nicht lösen, so untersuchen wir die Möglichkeit der Lösung durch die verschiedenen Modellversuche. Leider führen auch diese besonderen Methoden in erster Linie nur in Spezialfällen zum Erfolg, z. B. bei Problemen, für die wir auch ziemlich brauchbare analytische und numerische Methoden kennen. Bei komplizierteren ebenen Elektrodenanordnungen ist das Gummimodell jedoch sehr erfolgreich anwendbar.

Die Brauchbarkeit des Gummimodells beruht auf der Tatsache, daß die Fläche $z = U(x, y)$ einer ausgespannten elastischen Membran in der Ruhelage folgende Differentialgleichung erfüllt:

$$\frac{\partial^2 U}{\partial x^2} + \frac{\partial^2 U}{\partial y^2} = 0. \tag{1}$$

Dies ist nichts anderes als die Laplacesche Gleichung.

Um dies einsehen zu können, untersuchen wir zuerst die auf eine aus ihrer Gleichgewichtslage ausgelenkte Saite wirkenden Kräfte.

Die Saite wurde in ihrer Ruhelage durch die Zugkraft F gespannt. Ihre Auslenkung aus der Ruhelage sei jedoch so klein, daß die dabei auftretende Dehnung nur eine vernachlässigbare Kraftänderung hervorruft.

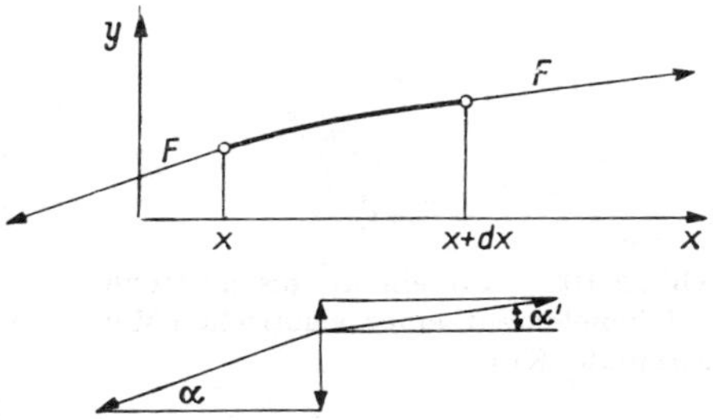

Abb. 2.106 Auf eine aus der Gleichgewichtslage ausgelenkte Saite wirkende Kraft

Die Zugkraft wirkt auf der gesamten Länge der Saite. Ein kleines herausgegriffenes Saitenelement $\mathrm{d}x$ wird (näherungsweise) durch die Kraft

$$F \frac{\mathrm{d}y}{\mathrm{d}x} = F \tan \alpha \tag{2}$$

nach unten und durch die Kraft

$$F \tan \alpha' = F \left[\frac{\mathrm{d}y}{\mathrm{d}x} + \frac{\mathrm{d}}{\mathrm{d}x}\left(\frac{\mathrm{d}y}{\mathrm{d}x}\right) \mathrm{d}x\right] \tag{3}$$

nach oben gezogen (Abb. 2.106). Die Resultierende in der Vertikalebene ergibt sich zu

$$F \frac{\mathrm{d}y}{\mathrm{d}x} - F \left[\frac{\mathrm{d}y}{\mathrm{d}x} + \frac{\mathrm{d}}{\mathrm{d}x}\left(\frac{\mathrm{d}y}{\mathrm{d}x}\right) \mathrm{d}x\right] = -F \frac{\mathrm{d}^2 y}{\mathrm{d}x^2} \mathrm{d}x. \tag{4}$$

Wirkt nur die Zugkraft der Saite, so kann die Saite nicht in dieser Lage verharren, sondern wird sich mit der durch die Beziehung

$$-F\,\frac{\partial^2 y}{\partial x^2}\,\mathrm{d}x = -\delta\,\mathrm{d}x\,\frac{\partial^2 y}{\partial t^2}, \tag{5}$$

$$\frac{\partial^2 y}{\partial x^2} = \frac{\delta}{F}\,\frac{\partial^2 y}{\partial t^2} \tag{6}$$

bestimmten Beschleunigung bewegen; δ ist die Masse pro Längeneinheit.

Wegen der starken und gleichmäßigen Vorspannung besteht in sämtlichen Punkten der Oberfläche der elastischen Membran eine ebenfalls gleichverteilte Spannung. Wir bezeichnen die auf die Linieneinheit entfallende Zugkraft mit T. Nun schneiden wir aus der Membran das aus Abb. 2.107 zu ersehende Flächenstückchen aus und unter-

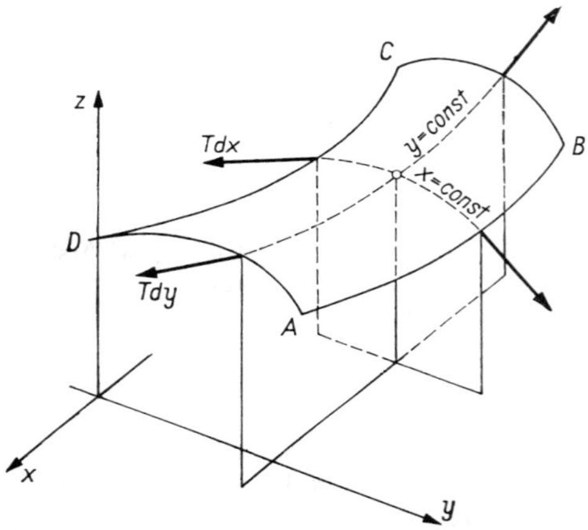

Abb. 2.107 Auf ein ausgeschnittenes Flächenelement einer elastischen Membran wirkende Kräfte

suchen, wie die Bedingung seiner Gleichgewichtslage lautet. Die Resultierende der auf der Seite AD wirkenden Zugkraft und der an der Linie BC wirkenden Zugkraft wird, wenn die Gleichung der Membran als einer Fläche $U(x, y) = z$ lautet:

$$T\,\mathrm{d}y\left[\frac{\partial U}{\partial x} - \left(\frac{\partial U}{\partial x} + \frac{\partial^2 U}{\partial x^2}\,\mathrm{d}x\right)\right] = -T\,\mathrm{d}x\,\mathrm{d}y\,\frac{\partial^2 U}{\partial x^2}. \tag{7}$$

Ganz analog können wir auch die auf die Seiten AB bzw. CD wirkenden Kräfte bzw. die Resultierende dieser beiden berechnen. Als Resultierende finden wir den Ausdruck

$$-T\,\mathrm{d}x\,\mathrm{d}y\,\frac{\partial^2 U}{\partial y^2}. \tag{8}$$

Wollen wir jetzt erreichen, daß unser Flächenstückchen sich in Ruhe befindet, so müssen diese beiden Kräfte entgegengesetzt gleich sein:

$$-T\,dx\,dy\,\frac{\partial^2 U}{\partial x^2} - T\,dx\,dy\,\frac{\partial^2 U}{\partial y^2} = 0;$$

$$\frac{\partial^2 U}{\partial x^2} + \frac{\partial^2 U}{\partial y^2} = 0. \tag{9}$$

Die Laplacesche Differentialgleichung wird durch die Funktion $U(x, y) = z$, also durch die Gleichung der elastischen Membran, tatsächlich befriedigt. Diese Beziehung bedeutet übrigens auch, daß die Gaußsche Krümmung in sämtlichen Punkten der Membran negativ sein muß. Das ist auch verständlich, wenn wir in Verbindung mit Abb. 2.107 den Kräfteverlauf betrachten.

Die hier festgestellten Tatsachen können wir zur Lösung elektrostatischer Probleme folgendermaßen verwenden. Wir spannen eine elastische Gummimembran in einen Rahmen ein und betrachten den Potentialwert dieses Rahmens als Null. Ist

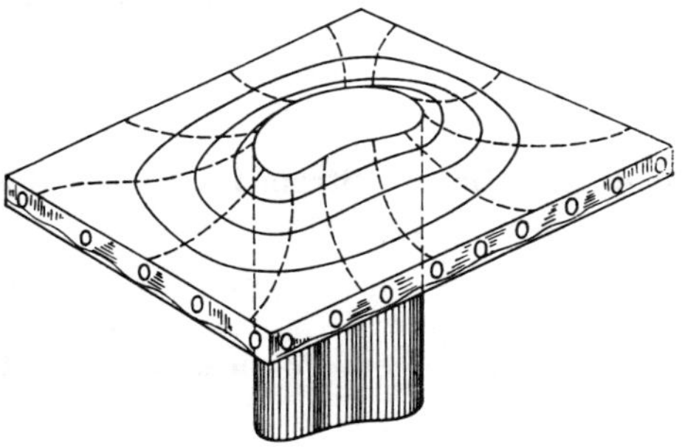

Abb. 2.108 Bestimmung des Kraftfeldes mit Hilfe eines Gummimodells

der Rahmen genügend groß, so können wir annehmen, daß der Potentialwert im Unendlichen Null ist. Nun fertigen wir den beim ebenen Problem angegebenen Zylinder mit konstantem Potential auch wirklich an und drücken mit ihm die Gummimembran an einer entsprechenden Stelle bis zu der Höhe hoch oder drücken sie bis zu der Tiefe ein, die dem gegebenen konstanten Zylinderpotential gerade entspricht. Damit haben wir schon die von uns benötigte Lösung der Laplaceschen Gleichung, da die Höhe des Gummimodells den Potentialwert für alle Punkte angibt. Außerdem werden durch diese auch die vorgeschriebenen Grenzbedingungen erfüllt (Abb. 2.108).

Diese Methode ist auch deshalb sehr nützlich, weil die Elektrodenanordnungen zumeist zur Elektronenbeschleunigung dienen. Wenn wir unseren Gummirahmen horizontal anordnen und auf ihn kleine Metallkugeln (z. B. Lagerkugeln) legen, so bewegen sich diese auf der gegebenen Fläche ähnlich wie die Elektronen im elektrostatischen Feld. Daher können durch die Herstellung des Modells auch die Elektronenbahnen experimentell untersucht werden. Wenn wir aber gleichzeitig die die

Elektronen ersetzenden Metallkugeln während ihrer Bewegung mit Glimmröhren beleuchten — diese Röhren besitzen nämlich eine impulsartige Lichtemission — und die Bahn des Metallkügelchens photographieren, so ergibt sich eine gestrichelte Linie. Die Längen der einzelnen Linienstückchen sind dann den augenblicklichen Geschwindigkeiten der Metallkügelchen direkt proportional. So erhalten wir also sofort die Bahnen und die Geschwindigkeiten.

2.37. Der elektrolytische Trog

Füllen wir einen Trog mit einem Elektrolyten, bringen die Elektroden in der dem gegebenen elektrostatischen Problem entsprechenden räumlichen Anordnung an und legen an diese eine Spannung, so fließt zwischen den Elektroden ein Strom durch den Elektrolyten. Die so in jedem Punkt des Elektrolyten meßbare Spannung — sie kann prinzipiell mit einem Voltmeter gemessen werden — ist der in dem Punkt entstandenen elektrostatischen Spannung direkt proportional. Wie wir wissen, ist die Stromdichte in allen Punkten

$$\boldsymbol{J} = \gamma \boldsymbol{E}, \tag{1}$$

wobei γ die Leitfähigkeit des Elektrolyten bedeutet. Da der Strom im Innern des Elektrolyten überall quellenfrei ist, gilt

$$\operatorname{div} \boldsymbol{J} = 0. \tag{2}$$

Wir wissen, daß das elektrische Kraftfeld auch hier von einem Potential abgeleitet werden kann, d. h.,

$$\boldsymbol{E} = -\operatorname{grad} U, \tag{3}$$

woraus

$$\operatorname{div} \boldsymbol{J} = \operatorname{div} \gamma \boldsymbol{E} = -\gamma \operatorname{div} \operatorname{grad} U = 0, \tag{4}$$

d. h.

$$\Delta U = 0 \tag{5}$$

folgt. Dies bedeutet, daß der Spannungsabfall die Laplacesche Gleichung tatsächlich erfüllt. Gleichzeitig ist die Spannung an den Elektroden konstant und gerade gleich der vorgeschriebenen Konstanten, erfüllt also auch die vorgeschriebenen Grenzbedingungen. Daß die Stromdichtevektoren auf den Elektrodenoberflächen senkrecht stehen, folgt aus dem Brechungsgesetz dieser Vektoren

$$\frac{J_{1t}}{J_{2t}} = \frac{\gamma_1}{\gamma_2}. \tag{6}$$

Beachtet man, daß die Leitfähigkeit der Metallelektrode die Leitfähigkeit des Elektrolyten vielfach übertrifft, so bedeutet dies tatsächlich einen senkrechten Austritt.

Der Einfluß der Wandung, des Bodens und des Deckels des Gefäßes, also der den Elektrolyten umgebenden Flächen, erfordert eine besondere Überlegung. Bestünden sie aus einem Material mit guter Leitfähigkeit, so würde dies für das elektrische Feld eine ganz bestimmte Randbedingung bedeuten. Diese Wände würden nämlich außer den gegebenen Elektroden ebenfalls die Rolle von Elektroden spielen. Die aus Isolierstoffen hergestellten Grenzflächen stellen aber ebenfalls bestimmte Grenzbedingungen dar. In der unmittelbaren Nähe dieser Ebenen kann der Strom offenbar nur parallel zu diesen Ebenen fließen. Also werden die Äquipotentialflächen senkrecht zu den Gefäßwänden verlaufen. Wenn wir uns dieses Einflusses der Wandungen entledigen

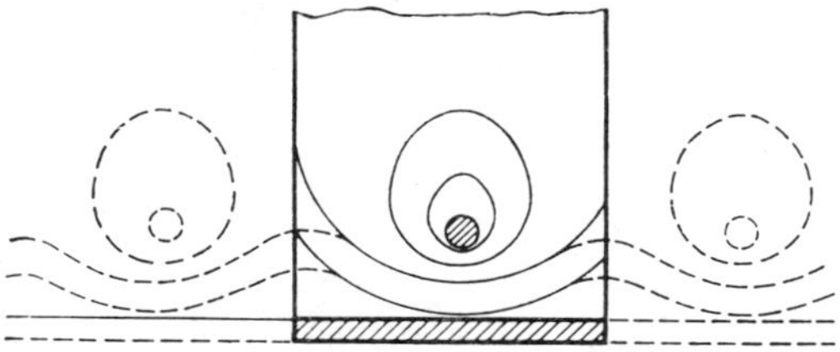

Abb. 2.109 Einfluß der Wände eines elektrolytischen Troges auf den Verlauf der Äquipotentialflächen

wollen, so müssen wir die Elektrodendimensionen im Verhältnis zu den Dimensionen des Gefäßes klein halten.

Dieser Einfluß der Wände kann auch dazu benutzt werden, mit einfachen Mitteln zusammengesetzte elektrostatische Felder zu erzeugen. So bewirken z. B. bei einem ebenen Problem bei der Berechnung des Feldes der mit vertikal stehenden Achsen in das Gefäß eingebrachten zylindrischen Elektroden die unteren und oberen Grenzflächen (die obere Grenzfläche ist der Elektrolytpegel), daß die zylindrischen Elektroden endlicher Länge sowohl nach oben als auch nach unten in das Unendliche verlängert werden.

Wenn wir die Abb. 2.109 betrachten, können wir gleichzeitig sehen, wie sich die aus bekannten Kreiszylindern bestehenden Äquipotentialflächen des über die unendliche Ebene gesetzten Zylinders durch die Wirkung der Wandungen deformieren. Es kann konstatiert werden, daß dies die Lösung des Problems ist, bei dem wir nicht nur in einer Richtung, sondern in beiden Richtungen unendlich viele parallele Zylinder über die unendliche Ebene legen. In dieser Weise bewirken also die Trogwandungen, daß wir mit Hilfe eines elektrolytischen Troges mit kleinen Dimensionen auch die in beiden Richtungen bis ins Unendliche sich erstreckenden elektrostatischen Felder messen können.

Der elektrolytische Trog hat dem Gummimodell gegenüber den Vorteil, daß wir mit ihm auch räumliche Probleme lösen können, während das Gummimodell sich nur zur Behandlung der ebenen Probleme eignet.

Der elektrolytische Trog hat noch einen weiteren Vorteil: Durch die Messung des Widerstandes zwischen zwei Elektroden kann die Kapazität dieser Elektroden berechnet werden. Es gilt nämlich

$$C = \frac{Q}{U} = \frac{\oint \boldsymbol{D}\,\mathrm{d}\boldsymbol{A}}{U} = \frac{\oint \varepsilon \boldsymbol{E}\,\mathrm{d}\boldsymbol{A}}{U} = \frac{\frac{\varepsilon}{\gamma} \oint \boldsymbol{J}\,\mathrm{d}\boldsymbol{A}}{U} = \frac{\varepsilon}{\gamma} \frac{I}{U} = \frac{\varepsilon}{\gamma} \frac{1}{R}$$

oder, anders geschrieben:

$$RC = \varepsilon \varrho .$$

Hier bedeutet ϱ den spezifischen Widerstand.

G. Randwertaufgaben der mathematischen Potentialtheorie

2.38. Die Greensche Funktion im Raum

Bei unseren bisherigen Aufgaben suchten wir die Lösungen der Laplaceschen Gleichung für das Innere eines Volumens, wenn der Potentialwert an den diesen Raumteil begrenzenden Metalloberflächen gegeben war. Das Potential besitzt dann auf den einzelnen Flächen einen konstanten Wert.

Dieses Problem wird durch die mathematische Potentialtheorie allgemeiner formuliert.

Die erste Randwertaufgabe oder das *Dirichletsche Problem* lautet wie folgt: Es ist die Lösung der Laplaceschen Gleichung

$$\Delta U = \frac{\partial^2 U}{\partial x^2} + \frac{\partial^2 U}{\partial y^2} + \frac{\partial^2 U}{\partial z^2} = 0 \tag{1}$$

in einem Volumen zu suchen, wobei der Potentialwert U_F an den begrenzenden Flächen für alle Punkte gegeben ist.

Die zweite Randwertaufgabe oder das *Neumannsche Problem* lautet: Es ist die Lösung der Laplaceschen Gleichung

$$\Delta U = \frac{\partial^2 U}{\partial x^2} + \frac{\partial^2 U}{\partial y^2} + \frac{\partial^2 U}{\partial z^2} = 0 \tag{2}$$

zu suchen, wenn die normale Ableitung des Potentials, also der Ausdruck $\left(\frac{\partial U}{\partial n}\right)_F$, auf der Grenzfläche überall gegeben ist.

Die dritte Randwertaufgabe oder *das Problem der Wärmeleitung* lautet: Es ist die Laplacesche Gleichung zu lösen, wenn an der Grenzfläche der Wert des Ausdruckes

$\left(U + k\dfrac{\partial U}{\partial n}\right)_F$ gegeben ist. Diese letztere Aufgabe ist vom Gesichtspunkt der Elektrotechnik uninteressant.

Nachstehend beschreiben wir die allgemeinen Lösungen der ersten und zweiten Randwertaufgabe.

In Kap. 1.15.5. haben wir die prinzipielle Lösung des Neumannschen und des Dirichletschen Problems bereits kennengelernt. Zur Lösung des letzteren müssen wir z. B. die Funktion $g(x, y, z, \xi, \eta, \zeta)$ suchen, durch die hinsichtlich der Veränderlichen ξ, η, ζ die Laplacesche Gleichung überall im Gebiet V erfüllt wird und die an der Grenze des Bereiches den Wert

$$-\frac{1}{r} = -\frac{1}{\sqrt{(x-\xi)^2 + (y-\eta)^2 + (z-\zeta)^2}} \tag{3}$$

besitzt.

Wir haben also ein spezielles Dirichletsches Problem zu lösen. Die so bestimmte Greensche Funktion

$$G = \frac{1}{r} + g \tag{4}$$

verschwindet an der Grenzfläche. Im Punkt $P = Q$ weist sie eine Singularität wie $1/r$ auf (P fest, Q variabel). Mit ihrer Hilfe kann das Potential in einem beliebigen Punkt des Raumes zu

$$U(x, y, z) = -\frac{1}{4\pi} \oint_A \frac{\partial G}{\partial n}\, U_F(\xi, \eta, \zeta)\, \mathrm{d}A \tag{5}$$

bestimmt werden, wobei der Differentialquotient von G nach den Koordinaten des Punktes $Q(\xi, \eta, \zeta)$ zu bilden ist.

Daß die Einführung der Greenschen Funktion das Problem wirklich vereinfacht, können wir an Hand eines einfachen Beispiels ersehen. U_F sei auf einer Kugeloberfläche beliebig gegeben (Abb. 2.110). Wir wollen also die erste Randwertaufgabe für die Kugel lösen. Die Greensche Funktion $G(x, y, z, \xi, \eta, \zeta)$ ist jetzt eine Potentialfunktion, die im Punkt $P = Q$ eine Singularität wie $1/r$ aufweist und an der Kugeloberfläche verschwindet. Ein derartiges Potential ist uns aus der Elektrostatik bekannt. Es ist das Potential der in dem Punkt P angebrachten Ladung $4\pi\varepsilon_0$ und ihres auf die Kugel bezogenen Spiegelbildes (2.31.(18)). Wir können

$$G(P, Q) = \frac{1}{r} - \frac{r_0}{R}\frac{1}{r^*} \tag{6}$$

oder

$$G(x, y, z, \xi, \eta, \zeta) = \frac{1}{\sqrt{(x-\xi)^2 + (y-\eta)^2 + (z-\zeta)^2}} - \frac{r_0}{\sqrt{x^2+y^2+z^2}} \frac{1}{\sqrt{(x^*-\xi)^2 + (y^*-\eta)^2 + (z^*-\zeta)^2}} \tag{7}$$

schreiben, wobei

$$x^* = \frac{r_0^2 x}{x^2+y^2+z^2}; \qquad y^* = \frac{r_0^2 y}{x^2+y^2+z^2}; \quad z^* = \frac{r_0^2 z}{x^2+y^2+z^2} \tag{8}$$

gilt (es ist nämlich $RR^* = r_0^2$).

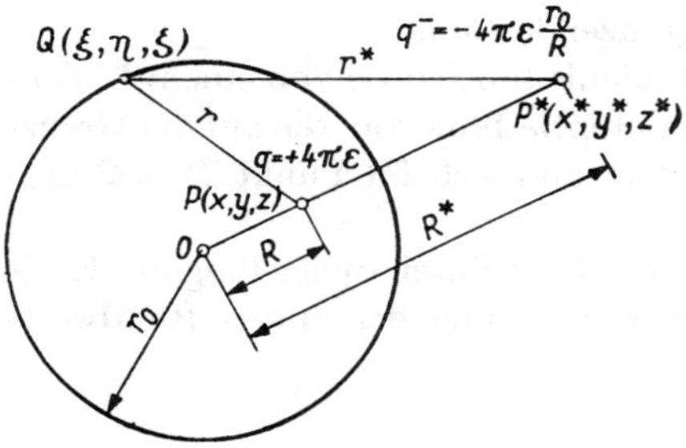

Abb. 2.110
Die Greensche Funktion für eine Kugel

Nach Berechnung der Größe

$$\frac{\partial G}{\partial n} = \boldsymbol{n} \operatorname{grad}_Q G = -\frac{r_0^2 - R^2}{r_0 r^3} \tag{9}$$

— was prinzipiell keine Schwierigkeit bietet — kann unser Endresultat bereits angegeben werden:

$$U = \frac{r_0^2 - R^2}{4\pi r_0} \oint_A \frac{U_F \, \mathrm{d}A}{r^3}. \tag{10}$$

Damit haben wir die erste Randwertaufgabe für das Innere der Kugel vollkommen gelöst (siehe auch Kap. 5.1.2.).

2.39. Die Greensche Funktion in der Ebene

Beim ebenen Problem können wir ganz analog verfahren, indem wir von der Beziehung

$$U = \frac{1}{2\pi} \int\limits_A \Delta U \ln r \, \mathrm{d}A - \frac{1}{2\pi} \oint\limits_L \ln r \frac{\partial U}{\partial n} \, \mathrm{d}l + \frac{1}{2\pi} \oint\limits_L \frac{\boldsymbol{r}^0 \boldsymbol{n}}{r} U \, \mathrm{d}l \tag{1}$$

ausgehen. Diese Gleichung tritt an die Stelle der Gleichung

$$U = -\frac{1}{4\pi} \int\limits_V \Delta U \frac{1}{r} \, \mathrm{d}V + \frac{1}{4\pi} \oint\limits_A \frac{1}{r} \frac{\partial U}{\partial n} \, \mathrm{d}A - \frac{1}{4\pi} \oint\limits_A \left(\frac{\partial}{\partial n} \frac{1}{r} \right) U \, \mathrm{d}A . \tag{2}$$

L bedeutet hier die den (ebenen) Bereich A begrenzende Linie.

Hierbei können wir von einer Flächen- bzw. Linienladung sowie von einem Liniendipol sprechen. Die Greensche Funktion ist eine Potentialfunktion, die auf der Grenzkurve des Bereiches den Potentialwert Null liefert und sich im Punkt $P = Q$ proportional zu $\ln r$ verhält.

Eine solche Potentialfunktion kann man für den Kreis durch Spiegelung am Kreis erhalten. Durch ihre Anwendung gelangt man zur Lösung der ersten Randwertaufgabe für den Kreis

$$U(r, \varphi) = \frac{1}{2\pi} \int\limits_0^{2\pi} U_{\mathrm{K}}(\varphi') \frac{r_0^2 - r^2}{r_0^2 + r^2 - 2r_0 r \cos(\varphi - \varphi')} \, \mathrm{d}\varphi' . \tag{3}$$

Wir wissen aber, daß das beste Hilfsmittel zur Lösung der ebenen Probleme durch die Lehre von den komplexen Funktionen gegeben ist. Deshalb behandeln wir auch das erste Randwertproblem in dieser Weise. Hier erhält auch die Greensche Funktion eine andere Deutung. Wir suchen also die Funktion $U(x, y)$, durch die die Laplacesche Gleichung

$$\Delta U = \frac{\partial^2 U}{\partial x^2} + \frac{\partial^2 U}{\partial y^2} = 0 \tag{4}$$

erfüllt wird und die entlang einer gegebenen Kurve die vorgeschriebenen U-Werte besitzt. Wir wissen, daß der Real- oder Imaginärteil einer beliebigen analytischen Funktion die Laplacesche Gleichung erfüllt. Die Schwierigkeit besteht nur darin, daß wir unter den vielen Lösungen diejenige finden müssen, die an der gegebenen Kurve gerade die vorgeschriebenen Werte besitzt. In der mathematischen Potentialtheorie ändern sich die vorgeschriebenen Randwerte von Punkt zu Punkt und sind nicht konstant, wie wir es in der praktischen Potentialtheorie oft, jedoch nicht immer, anzunehmen pflegen.

Der *Satz von Cauchy* stellt zwischen den Werten, die eine in einem gegebenen Gebiete reguläre Funktion im Innern des Gebietes und an der Randkurve besitzt, eine Beziehung her. Es gilt nämlich nach 3.11. (6)

$$f(z) = \frac{1}{2\pi j} \oint_L f(\zeta) \frac{1}{\zeta - z} \, d\zeta, \tag{5}$$

wobei das Integral über die Randkurve zu erstrecken ist. Wir möchten nun diese Formel so umformen, daß sie bei einer regulären analytischen Funktion eine Beziehung zwischen dem Realteil des in einem beliebigen Punkt des Bereiches angenommenen Wertes der Funktion und dem an der Randkurve angenommenen Wert dieses

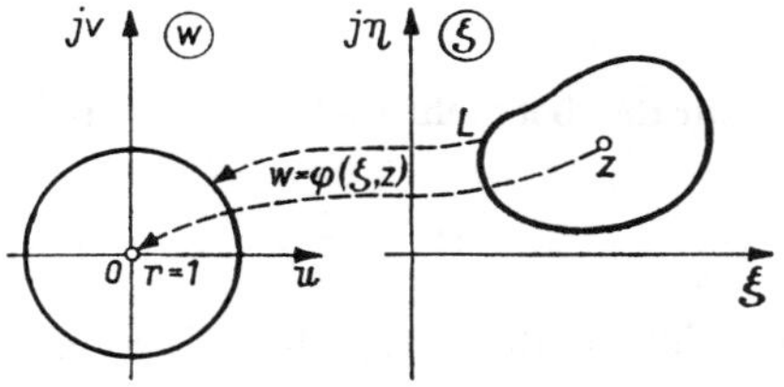

Abb. 2.111 Zur Einführung der Greenschen Funktion in der Ebene

Realteils herstellt. Wir betrachten daher in der Ebene $\zeta = \xi + j\eta$ einen von der Kurve L umgebenen einfach zusammenhängenden Bereich, der durch die Funktion

$$w = \varphi(\zeta, z) \tag{6}$$

auf die Ebene $w = u + jv$ so abgebildet wird, daß durch diese Abbildung der Punkt $\zeta = z$ in den Punkt $w = 0$, der von der Kurve umgebene Bereich in das Innere des Einheitskreises und die Kurve in den Einheitskreis übergeht (Abb. 2.111). Wenn wir diese Funktion an der Stelle $\zeta = z$ in eine Reihe entwickeln, so wird unter Berücksichtigung, daß hier $w = 0$ ist,

$$\varphi(\zeta, z) = a_1(\zeta - z) + a_2(\zeta - z)^2 + \cdots; \qquad a_1 \neq 0. \tag{7}$$

Daher gilt

$$\frac{\varphi'(\zeta, z)}{\varphi(\zeta, z)} = \frac{1}{\zeta - z} + \varphi_1(\zeta, z), \tag{8}$$

wobei $\varphi_1(\zeta, z)$ nun sowohl im ganzen Gebiet als auch auf der Randkurve eine reguläre Funktion von ζ ist. Nach dieser Beziehung wird

$$\frac{1}{\zeta - z} = \frac{\varphi'(\zeta, z)}{\varphi(\zeta, z)} - \varphi_1(\zeta, z). \tag{9}$$

Setzen wir diese Gleichung nun in die für $f(z)$ gültige Formel von Cauchy ein, so gelangen wir zu folgender Beziehung:

$$f(z) = \frac{1}{2\pi j} \oint_L f(\zeta) \frac{\varphi'(\zeta, z)}{\varphi(\zeta, z)} d\zeta - \frac{1}{2\pi j} \oint_L f(\zeta) \varphi_1(\zeta, z) d\zeta, \tag{10}$$

in der aber das zweite Glied der rechten Seite nach Cauchy gleich Null ist. Also gilt

$$f(z) = \frac{1}{2\pi j} \oint_L f(\zeta) \frac{\varphi'(\zeta, z)}{\varphi(\zeta, z)} d\zeta. \tag{11}$$

Nun führen wir durch die Beziehung

$$\ln \varphi(\zeta, z) = -(g + jh) \tag{12}$$

die Funktion g ein, die wir die Greensche Funktion für das betrachtete Gebiet nennen. Da

$$g = -\ln |\varphi(\zeta; z)|, \tag{13}$$

wird also an der Grenze des Bereiches $g = 0$. Dort ist nämlich $|\varphi(\zeta, z)| = 1$. Es gilt nach (12)

$$\frac{\varphi'}{\varphi} d\zeta = -\left(\frac{\partial g}{\partial s} + j \frac{\partial h}{\partial s}\right) ds, \tag{14}$$

wobei $\partial/\partial s$ die Differentiation nach dem Bogen bedeutet. Die Bogenlänge wächst in der Richtung an, in der wir den positiven Umlaufsinn gewählt haben. Da aber g konstant ist, wird $\partial g/\partial s = 0$, und da nach der Cauchy-Riemannschen Beziehung

$$\frac{\partial g}{\partial n} = -\frac{\partial h}{\partial s}$$

ist, wird

$$\frac{\varphi'}{\varphi} d\zeta = j \frac{\partial g}{\partial n} ds. \tag{15}$$

Für Gl. (11) erhalten wir daher

$$f(z) = \frac{1}{2\pi} \oint_L f(\zeta) \frac{\partial g}{\partial n} ds. \tag{16}$$

Wenn wir in dieser Beziehung den Realteil vom Imaginärteil trennen, so gelangen wir zu folgender Beziehung:

$$u(x, y) = \frac{1}{2\pi} \oint_L u(\xi, \eta) \frac{\partial g}{\partial n} \, ds. \tag{17}$$

Dies ist die schon bekannte Greensche Formel, mit deren Hilfe wir eine Potentialfunktion durch ihre an den Grenzen des Bereiches angenommenen Werte ausdrücken können. Umgekehrt kann man auch nachweisen, wenn wir die an der Grenze angenommenen Werte beliebig vorschreiben, daß sich innerhalb der Grenze des Bereiches eine Potentialfunktion ergibt, die an der Grenze tatsächlich in diese vorgegebenen Werte übergeht.

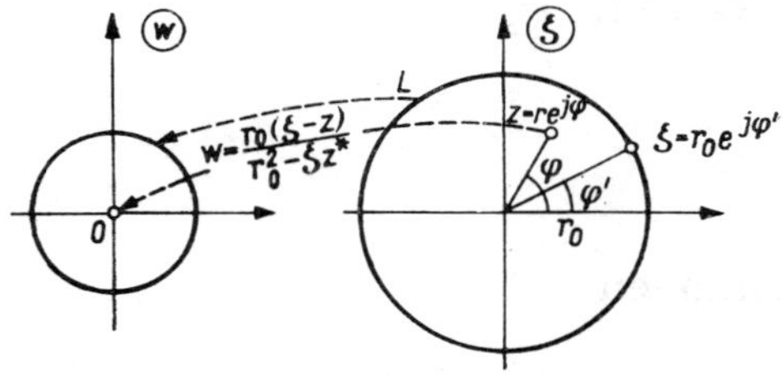

Abb. 2.112 Zur Einführung der Greenschen Funktion für einen Kreis

Wir untersuchen jetzt einen Spezialfall, der in der mathematischen Potentialtheorie eine sehr große Rolle spielt. Der zu betrachtende Bereich und dessen Grenze bestehen aus einem Kreis mit dem Radius r_0 und der von diesem umgebenen Fläche (Abb. 2.112). Hier können wir die Funktion $\varphi(\zeta, z)$ gleich explizit angeben. Es gilt nämlich

$$w = \varphi(\zeta, z) = \frac{r_0(\zeta - z)}{r_0^2 - \zeta z^*}. \tag{18}$$

Diese Abbildung überführt den Punkt $\zeta = z$ tatsächlich in den Punkt $w = 0$ und den Umfang des Kreises vom Radius r_0 in den Einheitskreis. Wenn wir die Beziehungen $\zeta = r_0 e^{j\varphi'}$ und $z = re^{j\varphi}$ einführen, finden wir

$$\begin{aligned} \frac{\varphi'(\zeta, z)}{\varphi(\zeta, z)} \, d\zeta &= \frac{j\zeta}{\zeta - z} \, d\varphi' + \frac{z^* j\zeta}{r_0^2 - \zeta z^*} \, d\varphi' \\ &= \left(\frac{r_0 e^{j\varphi'}}{r_0 e^{j\varphi'} - r e^{j\varphi}} + \frac{r e^{-j\varphi}}{r_0 e^{-j\varphi'} - r e^{-j\varphi}} \right) j \, d\varphi' = \frac{r_0^2 - r^2}{r_0^2 + r^2 - 2rr_0 \cos(\varphi - \varphi')} \, j \, d\varphi' \end{aligned} \tag{19}$$

und nach (15)

$$\frac{\partial g}{\partial n} = \frac{r_0^2 - r^2}{r_0^2 + r^2 - 2rr_0 \cos(\varphi - \varphi')} \frac{1}{r_0}. \tag{20}$$

Daher gilt

$$u(r, \varphi) = \frac{1}{2\pi} \int_0^{2\pi} u(\varphi') \frac{r_0^2 - r^2}{r_0^2 + r^2 - 2rr_0 \cos(\varphi - \varphi')} \, d\varphi', \tag{21}$$

wobei $u(\varphi')$ die an der Grenze angenommenen Werte der Potentialfunktion bedeutet. Diese Gleichung stimmt natürlich mit Gl. (3) überein. Diese Spezialform des Greenschen Satzes wird die Poissonsche Formel genannt. Die Poissonsche Formel liefert also die Lösung des ersten Problems der Potentialtheorie für den Kreis. Es wäre natürlich auch hier noch nachzuweisen, daß die sich so ergebende Potentialfunktion an der Grenze wirklich die vorgeschriebenen Werte besitzt. Wie beim allgemeinen Fall wollen wir auch für diesen Spezialfall auf Beweise verzichten.

Über die Greensche Funktion siehe auch Kap. 5.1.

2.40. Die Methode der Integralgleichungen

Wir versuchen jetzt, die Randbedingungen bei der ersten Randwertaufgabe dadurch zu erfüllen, daß wir die Fläche überall mit einer elektrischen Doppelschicht beladen, die ein unbekanntes und später zu bestimmendes Moment ν besitzt. In diesem Fall können wir das Potential überall im Raum mit Hilfe der nachstehenden Beziehung berechnen:

$$U(x, y, z) = \frac{1}{4\pi\varepsilon_0} \oint_A \nu \frac{\partial}{\partial n} \frac{1}{r} \, dA. \tag{1}$$

Die Laplacesche Gleichung $\Delta U = 0$ wird durch dieses Potential überall erfüllt. Daß dies so ist, werden wir hier nicht mathematisch beweisen, sondern aus der physikalischen Natur dieses Ausdruckes folgern. Wir wollen das Feld nur in dem Raum außerhalb der Grenzfläche bestimmen. Nähern wir uns von außen der gegebenen Fläche, so gehen die äußeren Spannungswerte selbstverständlich stetig in die an der Fläche geltenden Werte des Potentials über. Dieser äußere Grenzwert $U_a = U_F$ ist aber bei der ersten Randwertaufgabe gerade gegeben. Wie wir wissen, ist das Potential der Doppelschicht U_F^ν auf der Fläche selbst diesem Grenzwert nicht gleich, sondern es besteht zwischen dem äußeren Grenzwert und dem Wert auf der Fläche die Beziehung

$$U_a - \frac{\nu}{2\varepsilon_0} = U_F^\nu, \quad \text{also} \quad U_F = \frac{\nu}{2\varepsilon_0} + \frac{1}{4\pi\varepsilon_0} \oint_A \nu \frac{\partial}{\partial n} \frac{1}{r} \, dA. \tag{2}$$

Hierbei bedeutet U_F^ν den Wert, den das durch die Doppelschicht erzeugte Potential auf der Fläche selbst annimmt. $U_a = U_F$ bedeutet den Grenzwert des Potentials, wenn wir uns der Fläche von außen nähern. Dies ist der Wert, den wir als für das Potential unserer Fläche gegeben annehmen. Die unbekannte Funktion $\nu(\boldsymbol{r}_A)$ kann aus Gl. (2) bestimmt werden. Setzt man das gefundene ν in Gl. (1) ein, so ergibt sich die Potentialfunktion, die einerseits der Laplaceschen Gleichung, andererseits den vorgeschriebenen Randbedingungen genügt.

In Gl. (2), die zur Bestimmung der unbekannten Funktion ν, d. h. des Momentes der Doppelschicht, dient, steht ν auch unter dem Integralzeichen. Gleichungen dieser Art nennen wir Integralgleichungen. Die obige Form ist eine lineare inhomogene Integralgleichung zweiter Art. Ihre Form ist für eine Veränderliche

$$\varphi(x) + \lambda \int_a^b K(\xi, x)\, \varphi(\xi)\, \mathrm{d}\xi = f(x), \tag{3}$$

wobei $\varphi(x)$ die zu bestimmende Funktion, $K(\xi, x)$ der sogenannte Kern der Integralgleichung, $f(x)$ eine gegebene Funktion und λ eine Konstante ist. Die Bedingungen der eindeutigen Lösbarkeit der Integralgleichungen wurden in der Mathematik eingehend untersucht. Daher kann auch die eindeutige Lösbarkeit der Randwertaufgabe der Potentialtheorie leicht entschieden werden. Auf diese Weise gelang es, die erste Randwertaufgabe auf eine Integralgleichung zurückzuführen.

Das zweite Randwertproblem der Potentialtheorie kann ganz analog auf eine Integralgleichung zurückgeführt werden. In diesem Falle denken wir uns jedoch die Potentialfunktion, die die gegebenen Randbedingungen erfüllt, durch die an der Grenzfläche angebrachte Flächenladungsdichte verwirklicht:

$$U(x, y, z) = \frac{1}{4\pi\varepsilon_0} \oint_A \frac{\sigma}{r}\, \mathrm{d}A, \tag{4}$$

wobei die unbekannte Ladungsdichte σ gerade durch die Bedingung bestimmt wird, daß die Potentialfunktion U, die die Laplacesche Gleichung überall im Raum erfüllt, auch die vorgeschriebenen Randbedingungen erfüllen kann.

Wir wissen, daß beim Durchgang durch eine Schicht, die eine Flächenladung besitzt, die Feldstärke um σ/ε_0 springt, während sie an der Fläche selbst den arithmetischen Mittelwert von Außen- und Innenwert annimmt. Also können wir für die Ladungsdichte folgende Integralgleichung anschreiben:

$$-\frac{1}{4\pi\varepsilon_0} \oint_A \frac{\partial}{\partial n} \frac{\sigma}{r}\, \mathrm{d}A + \frac{\sigma}{2\varepsilon_0} = -\left(\frac{\partial U}{\partial n}\right)_F, \tag{5}$$

deren erstes Glied den Wert der aus der Ladungsdichte errechenbaren Feldstärke an der Fläche selbst ergibt. Dieser Wert ist gerade um $\sigma/2\varepsilon_0$ kleiner als der Grenzwert der Feldstärke, wenn wir uns der Fläche von außen her nähern. Wenn wir also diesen

Wert zur aus der Flächenladungsdichte errechenbaren Feldstärke addieren, erhalten wir den äußeren Grenzwert der Feldstärke, welcher gerade mit der gegebenen Feldstärke identisch ist. Wie wir sehen, erhalten wir zur Bestimmung der unbekannten Flächenladungsdichte eine Integralgleichung desselben Typs wie bei der Lösung der ersten Randwertaufgabe, also eine inhomogene lineare Integralgleichung.

Der prinzipiell erfolgreichen Methode der Integralgleichung kommt heute mit der Verbreitung der Rechenmaschinen immer größere praktische Bedeutung zu. Über Integralgleichungen siehe auch Kap. 5.1.2.

H. Verallgemeinerung des Kapazitätsbegriffes

2.41. Der Begriff der Teilkapazität

Wir haben uns bisher das Ziel gesetzt, bei einer gegebenen Elektrodenanordnung das Potential und die Feldstärke aus den Elektrodenpotentialen für sämtliche Punkte des Raumes bestimmen zu können. Aus diesen lassen sich natürlich auch alle übrigen uns interessierenden Werte, wie Ladungsdichte der Elektrodenoberfläche, Gesamtladung der einzelnen Elektroden usw., berechnen.

Es kommt sehr oft vor, daß wir nicht sämtliche Werte benötigen. Manchmal interessieren wir uns für die maximale Feldstärke, manchmal dagegen nur für die Gesamtladung der einzelnen Leiter. Jetzt werden wir die letztere Frage eingehend behandeln.

Unsere Aufgabe ist also folgende: Die Anzahl der im Raum gegebenen Leiter sei n. Wir kennen den Potentialwert eines jeden, gesucht wird die Gesamtladung der einzelnen Leiter; oder umgekehrt: es sind die Gesamtladungen sämtlicher Leiter gegeben, gesucht wird das Potential der Leiter. Der Potentialwert an den übrigen Stellen des Raumes interessiert uns nicht.

Auf den Leiter (1) bringen wir die Ladung $Q_1 = 1$. Die übrigen Ladungen sollen Null sein. Wir nehmen an, daß wir die Aufgabe vollständig gelöst haben und die Potentialwerte für sämtliche Punkte kennen. Das Potential soll durch die Funktion $U_1(x, y, z)$ dargestellt werden, die natürlich an den Oberflächen sämtlicher n Leiter einen konstanten Wert ergibt. Für die Ladungen gilt

$$-\varepsilon_0 \oint\limits_{A_1} \frac{\partial U_1}{\partial n} \, \mathrm{d}A = 1; \qquad -\varepsilon_0 \oint\limits_{A_k} \frac{\partial U_1}{\partial n} \, \mathrm{d}A = 0, \qquad k \neq 1.$$

Wählen wir jetzt an Stelle der Ladung 1 eine beliebige Ladung Q, so wird auch das Potential in allen Punkten des Raumes auf das Q-fache steigen, da die Laplacesche Gleichung linear ist. Wenn wir den k-ten Leiter mit der Ladung 1 aufladen, so sei das Potential $U_k(x, y, z)$; bei einer Ladung Q_k wird der Potentialwert $Q_k U_k(x, y, z)$ sein. Auf Grund unserer bisherigen Darlegungen wird die Laplacesche Gleichung durch die Funktion

$$U(x, y, z) = Q_1 U_1(x, y, z) + Q_2 U_2(x, y, z) + \cdots + Q_n U_n(x, y, z)$$

erfüllt, da sie durch sämtliche Glieder erfüllt wird. Auch diese Funktion nimmt an den Oberflächen der Leiter konstante Werte an. Ferner gilt für die Ladung jedes Leiters

$$-\varepsilon_0 \oint_{A_i} \frac{\partial U}{\partial n} \, \mathrm{d}A = Q_i .$$

Diese Potentialfunktion $U(x, y, z)$ ist also die Lösung für den Fall, daß die Ladungen der einzelnen Elektroden in der Reihenfolge $Q_1, \ldots, Q_n$ gegeben sind. Wenn wir jetzt den Potentialwert auf der Oberfläche irgendeines Leiters suchen, so können wir folgendes lineares Gleichungssystem angeben:

$$\begin{aligned} U_1 &= p_{11} Q_1 + p_{12} Q_2 + \cdots + p_{1n} Q_n , \\ U_2 &= p_{21} Q_1 + p_{22} Q_2 + \cdots + p_{2n} Q_n , \\ &\vdots \\ U_n &= p_{n1} Q_1 + p_{n2} Q_2 + \cdots + p_{nn} Q_n . \end{aligned}$$

Hier können wir auch den physikalischen Sinn der einzelnen Koeffizienten p_{ik} angeben. Es sei

$$Q_l = 0 \quad \text{für} \quad l \neq k \quad \text{und} \quad Q_l = 1 \quad \text{für} \quad l = k .$$

Daraus folgt $U_i = p_{ik}$. Wir sehen, daß p_{ik} numerisch das Potential ist, das wir an dem Leiter i dann finden, wenn wir den Leiter k mit der Einheitsladung versehen, während die Ladungen der übrigen Leiter Null sind.

Lösen wir das Gleichungssystem nach den Ladungen auf, so gewinnen wir folgendes Gleichungssystem:

$$\begin{aligned} Q_1 &= c_{11} U_1 + c_{12} U_2 + \cdots + c_{1n} U_n , \\ Q_2 &= c_{21} U_1 + c_{22} U_2 + \cdots + c_{2n} U_n , \\ &\vdots \\ Q_n &= c_{n1} U_1 + c_{n2} U_2 + \cdots + c_{nn} U_n , \end{aligned} \tag{1}$$

wobei c_{ik} numerisch die Ladung des Leiters i für den Fall bedeutet, daß die Spannung des Leiters k gerade 1 ist, während die übrigen Leiter die Spannung Null besitzen.

Wir können sowohl für die Konstante p_{ik} als auch für die Konstante c_{ik} den von Gauss stammenden Reziprozitätssatz beweisen:

$$p_{ik} = p_{ki} \quad \text{und} \quad c_{ik} = c_{ki} . \tag{2}$$

Die Potentiale an den einzelnen Leitern sollen $U_1, U_2, \ldots, U_n$ betragen, wenn die Ladungen an den einzelnen Leitern durch $Q_1, Q_2, \ldots, Q_n$ gegeben sind. In einem anderen Fall sollen die Potentiale in der Reihenfolge $U'_1, U'_2, \ldots, U'_n$ gegeben sein, während die Ladungen die Werte $Q'_1, Q'_2, \ldots, Q'_n$ haben. Nun bilden wir die Summen $\sum_m Q_m U'_m$ bzw. $\sum_m Q'_m U_m$, d. h., wir multiplizieren für je einen Leiter die nichtzusammengehörenden Ladungen und Potentiale und summieren diese Produkte.

Wenn man im Reziprozitätsgesetz (Abschnitt 1.15.6.) berücksichtigt, daß $\varphi_a = U$, $\varphi_b = U'$ an den einzelnen Elektroden konstant bleibt und $\oint_{A_m} \boldsymbol{D}\, \mathrm{d}\boldsymbol{A} = Q_m$ ist, so ergibt sich $\sum_m U'_m \oint_{A_m} \boldsymbol{D}\, \mathrm{d}\boldsymbol{A} = \sum_m U_m \oint_{A_m} \boldsymbol{D}'\, \mathrm{d}\boldsymbol{A}$, was zu der Beziehung

$$\sum_m U'_m Q_m = \sum_m U_m Q'_m \tag{3}$$

führt.

Wir wählen jetzt folgende spezielle Anordnung:

$$\left.\begin{array}{lllllll}
\text{Die Numerierung der Elektroden sei} & 1, & 2, & 3, & \ldots i & \ldots k & \ldots n \\
\text{Die Ladungen seien} & 0, & 0, & 0, & \ldots 1 & \ldots 0 & \ldots 0 \\
\text{Die Spannungen seien} & U_1, & U_2, & U_3, & \ldots U_i & \ldots U_k & \ldots U_n \\
\text{Dann wählen wir für die Ladungen} & 0, & 0, & 0, & \ldots 0 & \ldots 1 & \ldots 0 \\
\text{und für die Spannungen} & U'_1, & U'_2, & U'_3, & \ldots U'_i & \ldots U'_k & \ldots U'_n.
\end{array}\right\}.$$

Durch Anwendung von Gl. (3) ergibt sich $U_k = U'_i$. Das bedeutet: Die auf den Leiter i gebrachte Einheitsladung erzeugt auf dem Leiter k das gleiche Potential wie die auf den Leiter k gebrachte Einheitsladung auf dem Leiter i. Diese Aussage ist unserer Behauptung (Gl. (2)), es sei $p_{ik} = p_{ki}$, äquivalent.

Halten wir hingegen das Potential des Leiters i auf dem Einheitswert, während die Potentiale der übrigen Leiter Null sind, und wählen in einem anderen Fall das Potential des Leiters k zu 1, während die Potentiale sämtlicher übrigen Leiter Null sind, so wird in diesem letzteren Fall die Ladung auf dem Leiter i von derselben Größe sein, wie im vorherigen Fall die Ladung des Leiters k war. Davon können wir uns wiederum durch Einsetzen in die allgemeine Gleichung

$$\sum_m Q_m U'_m = \sum_m Q'_m U_m$$

überzeugen. Dies bedeutet also, daß auch die Beziehung $c_{ik} = c_{ki}$ gilt.

Jetzt wählen wir als Ausgangspunkt die Beziehung (1). Wir addieren zur rechten Seite der ersten Gleichung den Wert Null in folgender Form:

$$0 = c_{12}U_1 + c_{13}U_1 + \cdots + c_{1n}U_1 - c_{12}U_1 - c_{13}U_1 - \cdots - c_{1n}U_1$$

und zur i-ten Gleichung

$$0 = c_{i1}U_i + c_{i2}U_i + \cdots + c_{i,i-1}U_i + c_{i,i+1}U_i + \cdots + c_{in}U_i - c_{i1}U_i - \cdots - c_{in}U_i.$$

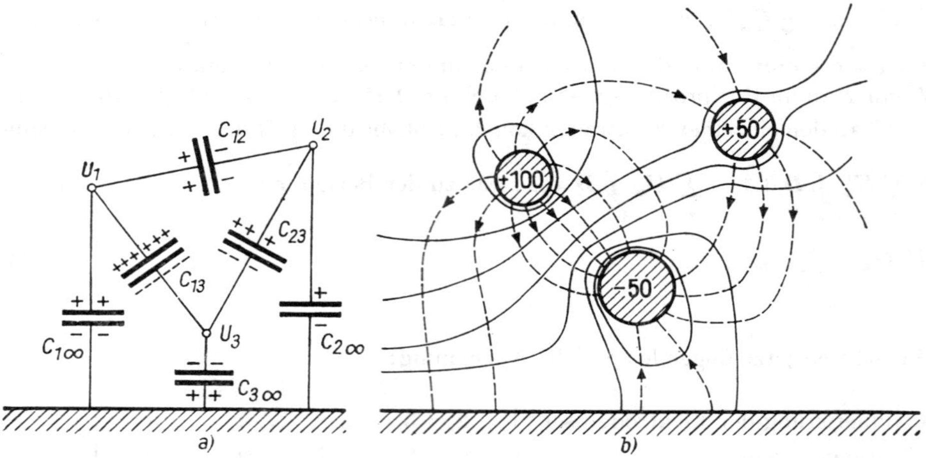

Abb. 2.113 Drei in Erdnähe angeordnete Leitungen unterschiedlicher Spannung
a) Ersatzschaltung mit Hilfe der Teilkapazitäten b) System der Äquipotentialflächen und Kraftlinien

Auf diese Weise erhalten wir das Gleichungssystem

$$\begin{aligned} Q_1 &= C_{1\infty}U_1 + C_{12}(U_1 - U_2) + \cdots + C_{1n}(U_1 - U_n), \\ Q_2 &= C_{21}(U_2 - U_1) + C_{2\infty}U_2 + \cdots + C_{2n}(U_2 - U_n), \\ &\vdots \\ Q_n &= C_{n1}(U_n - U_1) + C_{n2}(U_n - U_2) + \cdots + C_{n\infty}U_n, \end{aligned} \qquad (4)$$

wobei die einzelnen Koeffizienten folgende Werte haben:

$$C_{i\infty} = c_{i1} + c_{i2} + \cdots + c_{ii} + \cdots + c_{in},$$
$$C_{nk} = -c_{nk}, \quad \text{wenn} \quad n \neq k.$$

Wir erkennen sofort, daß die Beziehung $C_{nk} = C_{kn}$ auch hier gültig ist. Es ergibt sich also die Möglichkeit, eine Leiteranordnung mit Hilfe der Teilkapazitäten C_{ik} darzustellen (Abb. 2.113). Die Anzahl der unabhängigen Kapazitätskoeffizienten kann wie folgt bestimmt werden. Die n Leiter können auf

$$\binom{n}{2} = \frac{n(n-1)}{2}$$

Arten verbunden werden. Dazu kommen noch die Verbindungen mit der Erde (oder mit dem unendlich fernen Punkt). Somit haben wir insgesamt

$$\frac{n(n-1)}{2} + n = \frac{n(n+1)}{2} = \binom{n+1}{2}$$

Teilkapazitäten. Dieses Ergebnis kann auch einfach so gedeutet werden, daß die Erde zu unserem Elektrodensystem gerechnet werden muß; wir haben also $(n+1)$ Leiter.

In Abb. 2.114 a, c ist ein gewöhnlicher Kondensator mit zwei Platten dargestellt. Diesen können wir durch das in Abb. 2.114 b, d dargestellte Kondensatorsystem ersetzen. Diese letzteren Kondensatoren weichen von den den Gegenstand unserer Untersuchung bildenden Kondensatoren darin ab, daß sie kein Streufeld besitzen, d. h., die Endpunkte sämtlicher von dem einen ausgehenden Kraftlinien liegen tatsächlich auf dem anderen. Also kann jeder reale Kondensator als eine Kombination von drei Kondensatoren betrachtet werden. Diese letzteren Kapazitätswerte $C_{1\infty}$ bzw. $C_{2\infty}$ nennen wir Streukapazitäten. In der Praxis sind die Werte dieser letzteren im Vergleich zu C_{12} klein und spielen deshalb eine untergeordnete Rolle. In Abb. 2.114 a, c sehen wir das Kraftlinienbild der gesamten Anordnung, aus dem wir sofort ablesen können, weshalb die Streukapazität so klein ist: Die Anfangspunkte des größten Teiles der Kraftlinien liegen nämlich auf der einen Platte und die Endpunkte auf der anderen. Auf der Erde befinden sich die Endpunkte von sehr wenigen Kraftlinien.

Das Gleichungssystem (4) gibt auch eine Anweisung dafür, wie die einzelnen Teilkapazitäten C_{ik} gemessen werden können. Wählen wir z. B. die Potentiale sämtlicher Leiter zu Null, bis auf den Leiter (1), dann lassen sich unsere Gleichungen wie folgt aufschreiben:

$$\begin{aligned} Q_1 &= C_{1\infty}U_1 + C_{12}U_1 + \cdots + C_{1n}U_1, \\ Q_2 &= -C_{12}U_1, \\ &\vdots \\ Q_n &= -C_{1n}U_1 \end{aligned}$$

In diesem Fall liegen die Endpunkte der von einem Leiter ausgehenden $\boldsymbol{D}$-Linien proportional zu den einzelnen Teilkapazitäten auf den übrigen Leitern. Wenn wir mit Ausnahme von (1) sämtliche Leiter erden und die Ladung Q_i eines beliebigen Leiters i messen, kann die Teilkapazität aus der Beziehung $C_{1i} = -Q_i/U_1$ bestimmt werden.

Nun wenden wir unsere allgemeine Gleichung $\sum Q_m U'_m = \sum Q'_m U_m$ auf folgende zwei Fälle an. Zuerst sollen die Ladungen sämtlicher Leiter $Q_1, Q_2, \ldots, Q_n$ und deren

Potentiale $U_1, U_2, \ldots, U_n$ sein. Als nächsten Fall betrachten wir, daß die Ladungen sämtlicher Leiter im Verhältnis zu den vorherigen eine kleine Änderung erfahren haben. Die Ladungen sollen also $Q_1 + \mathrm{d}Q_1, Q_2 + \mathrm{d}Q_2, \ldots$, die Potentiale $U_1 + \mathrm{d}U_1$,

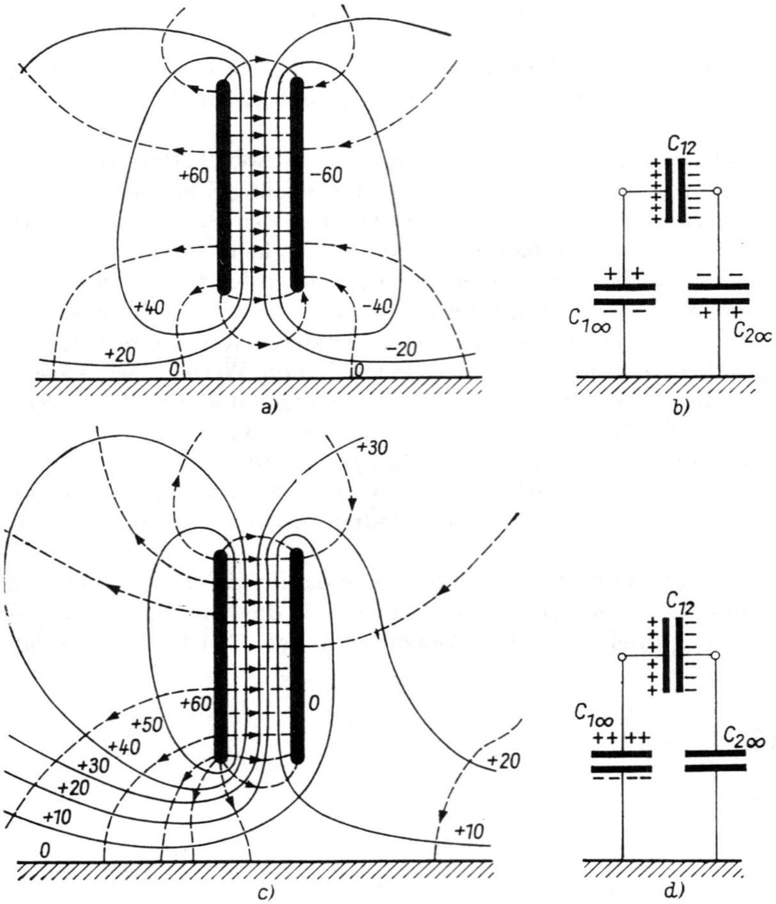

Abb. 2.114 Anordnung der Äquipotentialflächen und Kraftlinien sowie Ersatzschaltung eines realen, d. h. ein Streufeld besitzenden Kondensators unter Berücksichtigung der Anwesenheit der Erde

a) Die Kondensatorplatten haben entgegengesetzt gleiche Spannung gegen Erde
b) Ersatzschaltung zu a)
c) Eine der Kondensatorplatten wird auf das Erdpotential gebracht (in diesem Fall verhält sich die Anzahl der Kraftlinien, deren Endpunkte an der Platte vom Erdpotential liegen, zur Anzahl der Kraftlinien, deren Endpunkte an der Erde selbst liegen, wie die Hauptkapazität des Kondensators zur Streukapazität)
d) Ersatzschaltung zu c)

$U_2 + \mathrm{d}U_2, \ldots$ sein. Durch die Anwendung der allgemeinen Beziehung finden wir

$$\sum_m Q_m(U_m + \mathrm{d}U_m) = \sum_m (Q_m + \mathrm{d}Q_m)\, U_m\,,$$

woraus wir sofort

$$\sum_m Q_m\, \mathrm{d}U_m = \sum_m U_m\, \mathrm{d}Q_m$$

erhalten.

Spezialisieren wir nun unseren Fall dahingehend, daß nur $\mathrm{d}U_i \neq 0$ ist, während alle übrigen Potentiale unverändert bleiben, so gilt

$$Q_i\, \mathrm{d}U_i = U_1\, \mathrm{d}Q_1 + U_2\, \mathrm{d}Q_2 + \cdots + U_n\, \mathrm{d}Q_n$$

oder, da alle übrigen Potentiale konstant sind,

$$Q_i = \frac{\partial Q_1}{\partial U_i}\, U_1 + \frac{\partial Q_2}{\partial U_i}\, U_2 + \cdots + \frac{\partial Q_n}{\partial U_i}\, U_n\,.$$

Als Endresultat sehen wir also, daß wir den Koeffizienten c_{ik} erhalten, indem wir die Ladung des Leiters k nach dem Potential des Leiters i differenzieren.

2.42. Die Energie des elektrostatischen Feldes

Wir haben den Ausdruck der elektromagnetischen Energiedichte

$$w = \frac{1}{2}\, \varepsilon \boldsymbol{E}^2 + \frac{1}{2}\, \mu \boldsymbol{H}^2 \tag{1}$$

zu den grundlegenden Maxwellschen Gleichungen berechnet. Wenn kein magnetisches Feld vorhanden ist, besitzt er nachstehende Form:

$$w_\mathrm{e} = \frac{1}{2}\, \varepsilon \boldsymbol{E}^2\,. \tag{2}$$

Mithin wird also die Energie des gesamten elektrostatischen Feldes

$$W_\mathrm{e} = \int\limits_V \frac{1}{2}\, \varepsilon \boldsymbol{E}^2\, \mathrm{d}V = \int\limits_V \frac{1}{2}\, \boldsymbol{E}\boldsymbol{D}\, \mathrm{d}V\,. \tag{3}$$

Diese Beziehung formen wir jetzt um, damit die in der praktischen Elektrotechnik üblichen Begriffe wie Ladung, Kapazität und Spannung im Ausdruck der Energie vorkommen, und erhalten

$$W_e = \frac{1}{2}\int_V \boldsymbol{E}\boldsymbol{D}\,\mathrm{d}V = -\frac{1}{2}\int_V \boldsymbol{D}\,\mathrm{grad}\,U\,\mathrm{d}V$$

$$= \frac{1}{2}\int_V U\,\mathrm{div}\,\boldsymbol{D}\,\mathrm{d}V - \frac{1}{2}\int_V \mathrm{div}\,U\boldsymbol{D}\,\mathrm{d}V, \tag{4}$$

da

$$\mathrm{div}\,U\boldsymbol{D} = U\,\mathrm{div}\,\boldsymbol{D} + \boldsymbol{D}\,\mathrm{grad}\,U. \tag{5}$$

Nun gilt aber

$$\int_V \mathrm{div}\,U\boldsymbol{D}\,\mathrm{d}V = \oint_A U\boldsymbol{D}\,\mathrm{d}\boldsymbol{A}, \tag{6}$$

und so gelangen wir zu folgender Beziehung:

$$W_e = \frac{1}{2}\int_V U\,\mathrm{div}\,\boldsymbol{D}\,\mathrm{d}V - \frac{1}{2}\oint_A U\boldsymbol{D}\,\mathrm{d}\boldsymbol{A}. \tag{7}$$

Hier müssen wir das Flächenintegral einerseits über die im Unendlichen befindliche Fläche erstrecken, was den Betrag Null ergibt, andererseits aber über die Flächen, die die eventuell vorhandenen Diskontinuitäten ausschließen. Wir nehmen an, daß alle in unserem Feld vorhandenen Diskontinuitäten Flächenladungen tragen. Wenn wir das rechtsseitige Integral über diese erstrecken, gilt

$$-\frac{1}{2}\oint_A U\boldsymbol{D}\,\mathrm{d}\boldsymbol{A} = \frac{1}{2}\int_{A'} U(D_{1n} - D_{2n})\,\mathrm{d}A. \tag{8}$$

Setzen wir diese Beziehung in Gl. (7) ein, wobei wir div $\boldsymbol{D}$ durch ϱ ersetzen, so erhalten wir:

$$W_e = \frac{1}{2}\int_V U\varrho\,\mathrm{d}V + \frac{1}{2}\int_{A'} U\sigma\,\mathrm{d}A. \tag{9}$$

In dieser Gleichung kommen schon keine Feldstärken mehr vor; statt dessen treten Ladungen und Potentiale auf. Mit ihrer Hilfe können wir z. B. die Energie eines Plattenkondensators berechnen. Da hier keine Raumladungen vorhanden sind, wird diese Energie

$$W_e = \frac{1}{2}\oint_A U\sigma\,\mathrm{d}A \tag{10}$$

betragen. Die Integration müssen wir für beide Plattenoberflächen vornehmen. Die Spannung ist sowohl an der einen als auch an der anderen Fläche konstant. Nehmen wir diese Spannungen zu U_2 und U_1 an, so erhalten wir:

$$W_e = \frac{1}{2} U_2 \sigma A - \frac{1}{2} U_1 \sigma A = \frac{1}{2} (U_2 - U_1) \sigma A = \frac{1}{2} U \sigma A . \tag{11}$$

Das Produkt σA liefert die Gesamtladung der Platte. Damit beträgt also die Energie des Kondensators:

$$W_e = \frac{1}{2} UQ = \frac{1}{2} CU^2 = \frac{1}{2} \frac{Q^2}{C} . \tag{12}$$

Aus Gl. (7) können wir auch auf die Energie der Doppelschicht schließen. Die Doppelschicht kann nämlich als ein Kondensator aufgefaßt werden, der eine endliche Oberfläche, einen endlichen Potentialunterschied und eine unendlich große Ladung, also eine unendlich große Kapazität, besitzt. Nach Gl. (12) ist daher auch seine Energie unendlich groß. Die Energie des äußeren Raumes der Doppelschicht ist aber endlich und kann mit Hilfe von Gl. (7) bzw. Gl. (10) ermittelt werden. Man muß lediglich berücksichtigen, daß die Werte von U jetzt auf den beiden Seiten der Doppelschicht verschieden sind:

$$W_e = \frac{1}{2} \int\limits_A (U_1 - U_2) D_n \, dA . \tag{13}$$

Der hier auftretende Wert D_n hat aber mit dem Wert σ, der auf der einen Schicht der Doppelschicht vorkommt, nichts zu tun. Er ist in allen Punkten der Oberfläche nach der Formel

$$D_n = -\varepsilon_0 \left(\frac{\partial U}{\partial n} \right) \tag{14}$$

zu errechnen, wobei die Beziehung

$$U = \frac{1}{4\pi\varepsilon_0} \int\limits_A \nu \frac{\partial \frac{1}{r}}{\partial n} \, dA \tag{15}$$

mit

$$\nu = \varepsilon_0 (U_1 - U_2) \tag{16}$$

gilt.

Mit Gl. (10) können wir die Energie auch im Fall eines aus n Leitern bestehenden Systems unter Zugrundelegung der Koeffizienten c_{ik} bestimmen:

$$W_e = \frac{1}{2} \sum_{m=1}^{n} \int_{A_m} U_m \sigma_m \, dA_m = \frac{1}{2} \sum_{m=1}^{n} U_m \int_{A_m} \sigma_m \, dA_m = \frac{1}{2} \sum_{m=1}^{n} U_m Q_m . \tag{17}$$

Wenn wir in obiger Beziehung den Wert von Q_m aus dem Gleichungssystem: 2.41. (1) einsetzen, so erhalten wir

$$W_e = \frac{1}{2} \sum_{m=1}^{n} U_m \sum_{i=1}^{n} c_{mi} U_i = \frac{1}{2} \sum_{m=1}^{n} \sum_{i=1}^{n} c_{mi} U_i U_m . \tag{18}$$

2.43. Das elektrostatische Feld in Isolatoren

Die Gleichungen des elektrostatischen Feldes lauten hier

$$\operatorname{rot} \boldsymbol{E} = 0; \qquad \operatorname{div} \boldsymbol{D} = \varrho; \qquad \boldsymbol{D} = \varepsilon \boldsymbol{E}. \tag{1}$$

Ziemlich einfach liegen die Dinge, wenn der gesamte Raum durch ein homogenes Dielektrikum ausgefüllt wird, d. h., wenn $\varepsilon = \text{const}$ ist. In diesem Fall, dem auch praktische Bedeutung zukommt, können wir unsere Grundgleichungen in folgender Form aufstellen:

$$\operatorname{rot} \boldsymbol{E} = 0; \qquad \operatorname{div} \boldsymbol{E} = \frac{\varrho}{\varepsilon}.$$

Wir sehen, daß diese mit den im Vakuum gültigen Grundgleichungen vollständig übereinstimmen bis auf den Unterschied, daß an Stelle der sogenannten wahren Ladungsdichte ϱ die Feldstärke aus der kleineren „freien Ladungsdichte" ϱ/ε_r zu berechnen ist. Das Einbringen des Dielektrikums in ein Feld gegebener Ladungen verringert also auch die Feldstärke und so auch die Spannung proportional zu $1/\varepsilon_r$.

Es sei jetzt ε im Raume veränderlich: $\varepsilon = \varepsilon(x, y, z)$. In erster Linie interessiert uns auch im allgemeinen Fall die Feldstärke $\boldsymbol{E}$; wir wollen diese ermitteln. Da das Feld von $\boldsymbol{E}$ wirbelfrei ist, kann die Feldstärke demnach als Gradient des Skalars U abgeleitet werden. Wir können also schreiben:

$$\boldsymbol{E} = -\operatorname{grad} U.$$

Die zur Bestimmung von U dienende Gleichung lautet:

$$U = -\frac{1}{4\pi} \int_V \frac{\Delta U}{r} \, dV - \frac{1}{4\pi} \int_A \frac{1}{r} \left(\frac{\partial U}{\partial n_1} + \frac{\partial U}{\partial n_2} \right) dA . \tag{2}$$

Dabei muß das Raumintegral über den gesamten Raum erstreckt werden, dagegen das Flächenintegral über sämtliche Flächen, bei denen die Normalkomponente der Feldstärke $\boldsymbol{E}$ einen Sprung aufweist. Obige Gleichung kann auch in der Form

$$U = \frac{1}{4\pi}\int\limits_V \frac{\operatorname{div}\boldsymbol{E}}{r}\,\mathrm{d}V + \frac{1}{4\pi}\int\limits_A \frac{E_{1n}+E_{2n}}{r}\,\mathrm{d}A \tag{3}$$

geschrieben werden. Leider ist aber div $\boldsymbol{E}$ nicht gegeben. Wir können nicht einmal behaupten, daß die Quellen von $\boldsymbol{E}$ dort wären, wo sich die Quellen des Verschiebungsvektors befinden. Die Beziehung

$$\operatorname{div}\boldsymbol{D} = \operatorname{div}\varepsilon\boldsymbol{E} = \boldsymbol{E}\operatorname{grad}\varepsilon + \varepsilon\operatorname{div}\boldsymbol{E} = \varrho \tag{4}$$

weist darauf hin, daß sich die Quellen der Feldstärke $\boldsymbol{E}$ von den Quellen von $\boldsymbol{D}$ an allen solchen Stellen unterscheiden, an denen sich die Dielektrizitätskonstante vom Ort abhängig ändert. Dies ist z. B. an der Grenzfläche von zwei Stoffen der Fall, welche verschiedene Dielektrizitätskonstanten besitzen. Im Rahmen unserer Untersuchungsmethode werden wir unser Feld so betrachten, als sei es einerseits aus den wahren Ladungen $\varrho = \operatorname{div}\boldsymbol{D}$ aufgebaut und als bestände andererseits noch eine zusätzliche, durch die Gegenwart von Isolatoren erzeugte Feldstärke. Nach dieser Auffassung können wir den gesuchten Potentialwert in der Form

$$U = \frac{1}{4\pi}\int\limits_V \frac{\operatorname{div}\boldsymbol{E}}{r}\,\mathrm{d}V + \frac{1}{4\pi\varepsilon_0}\int\limits_V \frac{\operatorname{div}\boldsymbol{D}}{r}\,\mathrm{d}V - \frac{1}{4\pi\varepsilon_0}\int\limits_V \frac{\operatorname{div}\boldsymbol{D}}{r}\,\mathrm{d}V$$
$$- \frac{1}{4\pi\varepsilon_0}\int\limits_A \frac{D_{1n}+D_{2n}}{r}\,\mathrm{d}A + \frac{1}{4\pi}\int\limits_A \frac{E_{1n}+E_{2n}}{r}\,\mathrm{d}A \tag{5}$$

darstellen.

Die Gleichung haben wir aus Gl. (3) gewonnen, indem wir zur rechten Seite zweimal Null addierten. Es ist offensichtlich, daß das zweite und dritte Glied der rechten Seite Null liefert. Der Wert des vierten Gliedes wird dann Null sein, wenn an der Fläche A keine wahren Ladungen vorhanden sind. Dies wird von uns ausdrücklich vorausgesetzt. Dann geht aber die Normalkomponente von D stetig über, und es gilt

$$D_{1n} + D_{2n} = D_{1n} - D_{1n} = 0. \tag{6}$$

Unsere Beziehung (5) kann noch in folgender Form dargestellt werden:

$$U = \frac{1}{4\pi\varepsilon_0}\int\limits_V \frac{\operatorname{div}\boldsymbol{D}}{r}\,\mathrm{d}V - \frac{1}{4\pi\varepsilon_0}\int\limits_V \frac{\operatorname{div}(\boldsymbol{D}-\varepsilon_0\boldsymbol{E})}{r}\,\mathrm{d}V$$
$$- \frac{1}{4\pi\varepsilon_0}\int\limits_A \frac{(D_{1n}+D_{2n})-\varepsilon_0(E_{1n}+E_{2n})}{r}\,\mathrm{d}A. \tag{7}$$

Führen wir durch die Gleichung

$$\boldsymbol{D} - \varepsilon_0 \boldsymbol{E} = \boldsymbol{P} \tag{8}$$

den Vektor der dielektrischen Polarisation $\boldsymbol{P}$ ein, so können wir auch

$$U = \frac{1}{4\pi\varepsilon_0} \int\limits_V \frac{\operatorname{div} \boldsymbol{D}}{r} \, \mathrm{d}V - \frac{1}{4\pi\varepsilon_0} \int\limits_V \frac{\operatorname{div} \boldsymbol{P}}{r} \, \mathrm{d}V - \frac{1}{4\pi\varepsilon_0} \int\limits_A \frac{P_{1n} + P_{2n}}{r} \, \mathrm{d}A \tag{9}$$

schreiben. Das erste Glied der rechten Seite der Gleichung

$$\frac{1}{4\pi\varepsilon_0} \int\limits_V \frac{\operatorname{div} \boldsymbol{D}}{r} \, \mathrm{d}V = \frac{1}{4\pi\varepsilon_0} \int\limits_V \frac{\varrho}{r} \, \mathrm{d}V \tag{10}$$

ergibt das Potential der wahren Ladungen, als wenn sie im Vakuum wären. Die beiden anderen Glieder berücksichtigen den Einfluß der Isolatoren. Um deren physikalische Bedeutung erkennen zu können, gestalten wir das zweite Glied der rechten Seite auf Grund folgender vektoranalytischer Beziehung um:

$$\operatorname{div} \frac{\boldsymbol{P}}{r} = \frac{\operatorname{div} \boldsymbol{P}}{r} + \boldsymbol{P} \operatorname{grad} \frac{1}{r}. \tag{11}$$

Daraus folgt:

$$\int\limits_V \frac{\operatorname{div} \boldsymbol{P}}{r} \, \mathrm{d}V = \int\limits_V \operatorname{div} \frac{\boldsymbol{P}}{r} \, \mathrm{d}V - \int\limits_V \boldsymbol{P} \operatorname{grad} \frac{1}{r} \, \mathrm{d}V, \tag{12}$$

wobei die Integration über den gesamten Raum zu erstrecken ist. Nun formen wir das erste Glied der rechten Seite mit Hilfe des Gaußschen Satzes um. Das Flächenintegral ist jetzt nicht nur über die sich ins Unendliche erstreckende Fläche zu nehmen (der Wert wäre gleich Null), sondern auch über jene Flächen, welche die Sprungstellen von $\boldsymbol{P}$ von dem übrigen Raum ausschließen. Auf diese Weise wird also

$$\int\limits_V \operatorname{div} \frac{\boldsymbol{P}}{r} \, \mathrm{d}V = \int\limits_A \frac{P_{1n} + P_{2n}}{r} \, \mathrm{d}A. \tag{13}$$

Dabei haben wir an beiden Seiten der Fläche die gegen die Fläche gerichtete Normale als positiv angenommen.

Wenn wir dies berücksichtigen und Gl. (12) in Gl. (9) einsetzen, wenn wir ferner in Gl. (13) die von der Fläche wegzeigenden Normalen als positiv annehmen, so erhalten wir:

$$U = \frac{1}{4\pi\varepsilon_0} \int\limits_V \frac{\operatorname{div} \boldsymbol{D}}{r} \, \mathrm{d}V + \frac{1}{4\pi\varepsilon_0} \int\limits_V \boldsymbol{P} \operatorname{grad} \frac{1}{r} \, \mathrm{d}V. \tag{14}$$

Führen wir noch die Beziehung div $\boldsymbol{D} = \varrho$ ein, so finden wir nachstehende Gleichung:

$$U = \frac{1}{4\pi\varepsilon_0} \int\limits_V \frac{\varrho}{r} \, \mathrm{d}V + \frac{1}{4\pi\varepsilon_0} \int\limits_V \boldsymbol{P} \operatorname{grad} \frac{1}{r} \, \mathrm{d}V. \tag{15}$$

Den Einfluß des Isolators deuten wir unter Zugrundelegung von Gl. (9) bzw. (15). Das zweite Glied der rechten Seite der letzteren besagt, daß die Volumeneinheit V des Isolators ein elektrisches Moment $\boldsymbol{P}$ besitzt und das Feld dieser elektrischen Dipole das Feld der wahren Ladungen verändert. Wir haben das Potential des Dipols in der Form $\boldsymbol{P}$ grad $1/r$ gefunden. Das Dipolmoment der Volumeneinheit können wir uns am einfachsten derart vorstellen, daß an den beiden gegenüberliegenden Seitenflächen eines Würfels von der Kantenlänge 1 eine Ladung von der Größe $\pm\sigma \doteq \pm |\boldsymbol{P}|$ vorhanden ist (Abb. 2.115). Das Moment dieses Dipols stimmt in Betrag und Richtung mit dem Vektor $\boldsymbol{P}$ überein.

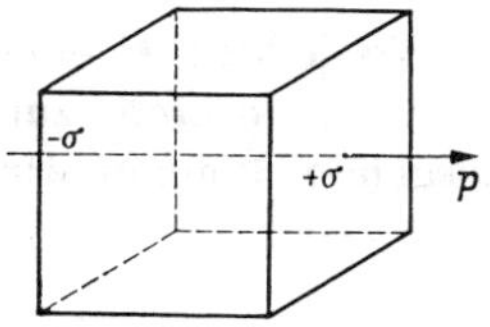

Abb. 2.115 Zur Deutung des Polarisationsvektors

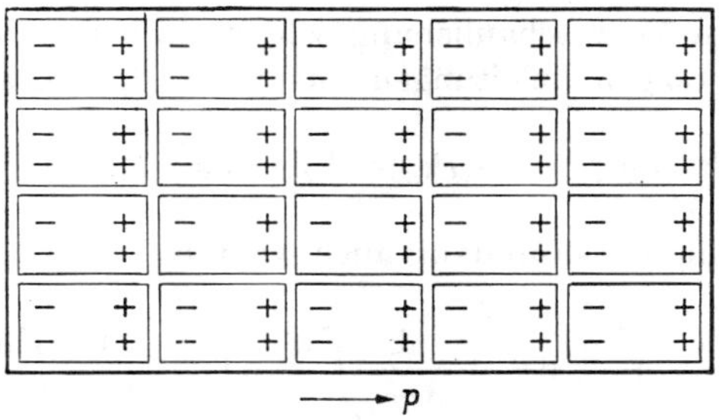

Abb. 2.116 Homogene Polarisation

Die durch das Kraftfeld bewirkte Polarisation des ursprünglich neutralen Isolierstoffes kommt so zustande, daß das Außenfeld entweder die im Isolator vorhandenen kleinen Elementardipole ordnet oder aber in den Molekülen bzw. Atomen die positiven und negativen Ladungen, die ursprünglich einen gemeinsamen Schwerpunkt besaßen, verschiebt.

Aus Abb. 2.116 ist zu entnehmen, daß bei homogenem $\boldsymbol{P}$ im Innern des Isolators wegen dieser Polarisation nirgends eine Raumladung existiert, während eben an der Grenzfläche des Isolators, wo die Kraftlinien des Polarisationsvektors ihre Anfangspunkte besitzen, eine negative Ladungsdichte, dort jedoch, wo diese heraustreten, eine positive Ladungsdichte auftritt, deren Größe etwas allgemeiner

$$\sigma' = -(P_{1n} + P_{2n}) \tag{16}$$

lautet.

Ist hingegen die Divergenz von $\boldsymbol{P}$ nicht Null, d. h., wächst das Maß der Polarisation im Unterschied zu Abb. 2.116 stets an, dann weist die Ladung auch eine räumliche Dichte auf, da sich die Ladungen entgegengesetzten Vorzeichens der aneinander anschließenden Dipole gegenseitig nicht aufheben. Wenn wir einen der aufeinanderfolgenden elementaren Dipole aufzeichnen, so sind an seinem Ende so viele positive Ladungen vorhanden, wie **P**-Linien in das Innere eines Würfels vom Einheitsvolumen eindringen. An der Berührungsfläche finden wir dagegen ebensoviele negative Ladungen, wie **P**-Linien aus unserem Würfel heraustreten. Die darin befindliche Ladung liefert also die Divergenz der eintretenden und austretenden Kraftlinien. Diese Kraftlinienzahl, die in unserem Fall auf das Einheitsvolumen bezogen wurde, ergibt gleichzeitig definitionsgemäß die Divergenz von **P**. Damit wird also die Ladungsdichte gegeben zu

$$\varrho' = -\operatorname{div} \boldsymbol{P}. \tag{17}$$

Das negative Vorzeichen ergibt sich, da die Richtung von **P** von der negativen zur positiven Ladung zeigt.

Wir sehen also, daß sich eine Flächenladungsdichte ergibt. Wo jedoch **P** eine Divergenz hat, ergibt sich die Raumladungsdichte. Wenn wir über unseren, zur besseren Veranschaulichung sehr einfach gewählten Fall hinausgehen, können wir Gl. (9), obigen Ableitungen entsprechend, ganz allgemein deuten:

$$-\operatorname{div} \boldsymbol{P} = \varrho'; \qquad -(P_{1n} + P_{2n}) = \sigma'. \tag{18}$$

Gleichung (9) kann dann auch wie folgt

$$U = \frac{1}{4\pi\varepsilon_0} \int\limits_V \frac{\varrho}{r}\, \mathrm{d}V + \frac{1}{4\pi\varepsilon_0} \int\limits_V \frac{\varrho'}{r}\, \mathrm{d}V + \frac{1}{4\pi\varepsilon_0} \int\limits_A \frac{\sigma'}{r}\, \mathrm{d}A \tag{19}$$

oder als

$$U = \frac{1}{4\pi\varepsilon_0} \int\limits_V \frac{\varrho + \varrho'}{r}\, \mathrm{d}V + \frac{1}{4\pi\varepsilon_0} \int\limits_A \frac{\sigma'}{r}\, \mathrm{d}A \tag{20}$$

geschrieben werden. Diese Gleichung besagt, daß durch das Einbringen eines Isolators wegen dessen Polarisation eine scheinbare Raum- bzw. Flächenladungsdichte (ϱ' bzw. σ') auftritt, die sich zur ursprünglichen wahren Ladungsdichte addiert und mit dieser gemeinsam die sogenannte freie Ladung ergibt.

Wir bemerken noch, daß der Polarisationsvektor **P** auch in nachstehender Weise geschrieben werden kann:

$$\boldsymbol{P} = \boldsymbol{D} - \varepsilon_0 \boldsymbol{E} = \varepsilon_0 \varepsilon_r \boldsymbol{E} - \varepsilon_0 \boldsymbol{E} = \varepsilon_0(\varepsilon_r - 1)\, \boldsymbol{E} = \varepsilon_0 \varkappa \boldsymbol{E}. \tag{21}$$

P ist also der elektrischen Feldstärke proportional. Der Proportionalitätsfaktor $\varkappa$ ist die elektrische Suszeptibilität.

Die wichtigste Feldgröße des elektrischen Feldes ist die Feldstärke $\boldsymbol{E}$, die mit der Kraftwirkung in engem Zusammenhang steht. Wir haben auch dem Vektor $\boldsymbol{P}$ einen physikalischen Sinn zuerkannt. $\boldsymbol{D}$ jedoch ist auch hier eher ein Hilfsmittel für die Berechnung mit der angenehmen Eigenschaft, daß $\operatorname{div} \boldsymbol{D} = \varrho$.

Jetzt können wir bereits erklären, worin die Schwierigkeit bei der Bestimmung des elektrostatischen Feldes in Anwesenheit von Isolatoren liegt. Ein Vektorfeld kann aus seiner Divergenz und Rotation bestimmt werden. Weder im Fall von $\boldsymbol{E}$ noch von $\boldsymbol{D}$ sind diese beiden Größen gegeben. Im Falle von $\boldsymbol{E}$ ist die Rotation zwar einfach

$$\operatorname{rot} \boldsymbol{E} = 0, \tag{22}$$

dagegen ist nach Gl. (4)

$$\operatorname{div} \boldsymbol{E} = \frac{\varrho}{\varepsilon} - \frac{1}{\varepsilon} \boldsymbol{E} \operatorname{grad} \varepsilon. \tag{23}$$

Im Falle von $\boldsymbol{D}$ kann dagegen die Divergenz einfach angegeben werden:

$$\operatorname{div} \boldsymbol{D} = \varrho. \tag{24}$$

Dafür ist $\boldsymbol{D}$ nicht wirbelfrei. Es ist nämlich

$$\operatorname{rot} \boldsymbol{E} = 0 = \operatorname{rot} \frac{\boldsymbol{D}}{\varepsilon} = \frac{1}{\varepsilon} \operatorname{rot} \boldsymbol{D} - \boldsymbol{D} \times \operatorname{grad} \frac{1}{\varepsilon},$$

also

$$\operatorname{rot} \boldsymbol{D} = \varepsilon \boldsymbol{D} \times \operatorname{grad} \frac{1}{\varepsilon}. \tag{25}$$

2.44. Das statische magnetische Feld

Die Grundgleichungen der Magnetostatik lauten

$$\operatorname{rot} \boldsymbol{H} = 0; \qquad \operatorname{div} \boldsymbol{B} = 0, \qquad \boldsymbol{B} = \mu_0 \boldsymbol{H} + \boldsymbol{M}. \tag{1}$$

Da $\boldsymbol{H}$ wirbelfrei ist, kann es als der Gradient einer Skalarfunktion U_{m} abgeleitet werden, wenn wir die Divergenz von $\boldsymbol{H}$ im Feld überall kennen. Da

$$\operatorname{div} \boldsymbol{B} = \operatorname{div} (\mu_0 \boldsymbol{H} + \boldsymbol{M}) = \mu_0 \operatorname{div} \boldsymbol{H} + \operatorname{div} \boldsymbol{M} = 0, \tag{2}$$

ergibt sich also die Divergenz von $\boldsymbol{H}$ zu

$$\operatorname{div} \boldsymbol{H} = -\frac{1}{\mu_0} \operatorname{div} \boldsymbol{M}. \tag{3}$$

Damit gilt also

$$U_\mathrm{m} = \frac{1}{4\pi} \int\limits_V \frac{\operatorname{div} \boldsymbol{H}}{r} \, \mathrm{d}V + \frac{1}{4\pi} \int\limits_A \frac{H_{1n} + H_{2n}}{r} \, \mathrm{d}A\,; \qquad \boldsymbol{H} = -\operatorname{grad} U_\mathrm{m}. \tag{4}$$

Die mathematische Umformung wird in ähnlicher Weise durchgeführt, wie wir es schon in der Elektrostatik getan haben, mit dem Unterschied, daß jetzt keine wahren Ladungen bestehen und dadurch der dem ersten Glied auf der rechten Seite von Gl. 2.43. (9) entsprechende Ausdruck fehlt. Es wird dann

$$U_\mathrm{m} = -\frac{1}{4\pi\mu_0} \int\limits_V \frac{\operatorname{div} \boldsymbol{M}}{r} \, \mathrm{d}V - \frac{1}{4\pi\mu_0} \int\limits_A \frac{M_{1n} + M_{2n}}{r} \, \mathrm{d}A\,. \tag{5}$$

Das zweite Glied kann hier unter der Annahme abgeleitet werden, daß die Normalkomponente des Vektors $\boldsymbol{B}$ an den Grenzflächen von Stoffen mit verschiedenen Permeabilitäten einen stetigen Übergang besitzt. Damit ist

$$U_\mathrm{m} = \frac{1}{4\pi\mu_0} \int\limits_V \boldsymbol{M} \operatorname{grad} \frac{1}{r} \, \mathrm{d}V\,, \tag{6}$$

d. h., der Magnetisierungsvektor ist gleich dem magnetischen Moment der Volumeneinheit. Zur anschaulichen Deutung können wir Abb. 2.116 benutzen.

Ist der Vektor $\boldsymbol{M}$ gegeben, so kann das Feld auch durch $\boldsymbol{B}$ dargestellt werden. Es ist nämlich

$$\operatorname{rot} \boldsymbol{B} = \mu_0 \operatorname{rot} \boldsymbol{H} + \operatorname{rot} \boldsymbol{M} = \operatorname{rot} \boldsymbol{M}. \tag{7}$$

Da die Divergenz von $\boldsymbol{B}$ Null ist, können wir $\boldsymbol{B}$ aus einem Vektorpotential ableiten; $\boldsymbol{B} = \operatorname{rot} \boldsymbol{A}$, und $\boldsymbol{A}$ wird

$$\boldsymbol{A} = \frac{1}{4\pi} \int\limits_V \frac{\operatorname{rot} \boldsymbol{M}}{r} \, \mathrm{d}V\,. \tag{8}$$

Die für die Vektoren $\boldsymbol{B}$ und $\boldsymbol{H}$ gefundenen Beziehungen scheinen sehr brauchbar zu sein, besitzen jedoch in Wirklichkeit lediglich eine theoretische Bedeutung, da $\boldsymbol{M}$ im allgemeinen nicht gegeben ist. Nachstehend behandeln wir qualitativ lediglich zur Begriffserklärung den Fall, daß $\boldsymbol{M}$ in einem bestimmten Volumen konstant und außerhalb dieses Volumens überall gleich Null ist (Abb. 2.117).

Praktisch kann dieser Fall mehr oder weniger annähernd durch einen Permanentmagneten verwirklicht werden, der eine sehr große Koerzitivfeldstärke besitzt. Die magnetische Feldstärke $\boldsymbol{H}$ können wir leicht konstruieren. $\boldsymbol{H}$ ist nämlich wirbelfrei, und seine Quellen befinden sich dort, wo sich auch die von $\boldsymbol{M}$ befinden, jedoch mit entgegengesetztem Vorzeichen. Wo also die Ausgangspunkte von $\boldsymbol{M}$ sind, dort besitzen die Linien von $\boldsymbol{H}$ ihre Endpunkte und umgekehrt. Die Verteilung der Feldstärke $\boldsymbol{H}$ wird also dem Kraftfeld zweier gegenüberliegender gleichmäßig geladener Plattenflächen ähnlich sein. Dies ist uns bereits aus der Elektrostatik bekannt. Das Kraftfeld hat nicht genau die gleiche Form wie das Kraftfeld eines Kondensators, der einen großen Plattenabstand, d. h. ein großes Streufeld, besitzt. Die beiden gegenüberliegenden ebenen Flächen sind jetzt keine Äquipotentialflächen, da die Ladungsdichte auf den Äquipotentialflächen nicht konstant ist. Das Kraftlinienbild ist den-

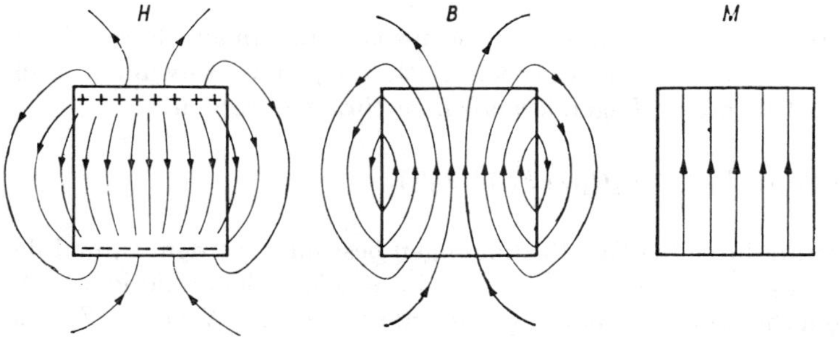

Abb. 2.117 Magnetische Kraft- und Induktionslinien eines homogen magnetisierten Dauermagneten. In einem solchen Fall ist im Stoffinnern $\boldsymbol{B}$ nicht parallel zu $\boldsymbol{H}$

noch jenem sehr ähnlich. Von dieser Vorstellung gehen wir so zum Feld von $\boldsymbol{B}$ über, daß wir außerhalb des magnetischen Mediums das Feld $\mu_0\boldsymbol{H}$ einfach als mit dem Feld von $\boldsymbol{B}$ identisch ansehen, weil $\boldsymbol{B} = \mu_0\boldsymbol{H} + \boldsymbol{M}$ und $\boldsymbol{M} = 0$. Gegen das Innere des magnetischen Mediums setzen sich diese Kraftlinien fort, denn es ist $\operatorname{div} \boldsymbol{B} = 0$. $\boldsymbol{B}$ besitzt keine Quellen, dafür aber Wirbel dort, wo auch $\boldsymbol{M}$ Wirbel hat: am Zylindermantel. Hier werden also die Kraftlinien von $\boldsymbol{B}$ eine Brechung erleiden, jedoch selbstverständlich die Gleichung $\operatorname{div} \boldsymbol{B} = 0$ stets erfüllen. Aus Abb. 2.117 können wir ersehen, daß $\boldsymbol{B}$ und $\boldsymbol{H}$ keinesfalls dieselbe Richtung besitzen müssen: Sie können im Stoffinnern auch genau entgegengesetzt oder unter einem beliebigen Winkel zueinander verlaufen.

2.45. Beispiele für die Berechnung statischer elektrischer und magnetischer Felder in Anwesenheit von Stoffen

1. Bei der Lösung elektrostatischer Probleme wird verlangt, daß das Potential und die Normalkomponente des Vektors $\boldsymbol{D}$ stetig durch die Trennfläche der Isolatoren von verschiedener Dielektrizitätskonstante hindurchgehen, d. h.,

$$U_1 = U_2; \qquad \varepsilon_2 \left(\frac{\partial U}{\partial n}\right)_2 = \varepsilon_1 \left(\frac{\partial U}{\partial n}\right)_1. \tag{1}$$

Lösen wir jetzt das folgende nicht ganz triviale Problem. Legen wir ein Ellipsoid aus einem Isolator mit der Dielektrizitätskonstanten ε_1 in ein ursprünglich homogenes Feld. Das Feld soll in die x-Richtung zeigen. Um die Randbedingungen befriedigen zu können, wählen wir das Störpotential von ähnlicher Gestalt, wie wir es schon beim metallischen Ellipsoid genommen haben, und zwar

$$CG(\lambda)\, F_2(\mu)\, F_3(\nu). \tag{2}$$

Die Funktion $G(\lambda)$ hat natürlich im Innern des Ellipsoids eine andere Form als im äußeren Raum. Da das Störpotential in großen Entfernungen verschwinden muß, kann das Potential im Außenraum folgendermaßen geschrieben werden:

$$U_\mathrm{a}(\lambda, \mu, \nu) = C_1 F_1(\lambda)\, F_2(\mu)\, F_3(\nu) + C_2 G_1(\lambda)\, F_2(\mu)\, F_3(\nu). \tag{3}$$

Die Konstante C_2 kann durch die Randbedingungen bestimmt werden. C_1 und die Funktionen G_1, F_1, F_2, F_3 sind mit den Funktionen für das Metallellipsoid identisch. Im Innern des Ellipsoids hängt das Potential von μ und ν in gleicher Weise ab. Für die Funktion $G(\lambda)$ haben wir als allgemeine Lösung

$$G_\mathrm{i}(\lambda) = AG_1(\lambda) + BF_1(\lambda), \tag{4}$$

da G_1 und F_1 zwei unabhängige Lösungen der Differentialgleichung für G darstellen. Im inneren Raum gilt $-c^2 \leqq \lambda \leqq 0$, es wird aber G bei $\lambda = -c^2$ unendlich (s. 2.9.(44) und 2.9.(72)). Wir erhalten also die Lösung für den Innenraum

$$U_\mathrm{i}(\lambda, \mu, \nu) = C_3 F_1(\lambda)\, F_2(\mu)\, F_3(\nu). \tag{5}$$

Das Potential geht stetig durch die Fläche $\lambda = 0$, d. h., durch die Grenzfläche des Dielektrikums. Es gilt also

$$U_\mathrm{a} = U_\mathrm{i} \quad \text{bei} \quad \lambda = 0 \tag{6}$$

oder, ausführlich geschrieben,

$$C_1 F_1(0)\, F_2(\mu)\, F_3(\nu) + C_2 G_1(0)\, F_2(\mu)\, F_3(\nu) = C_3 F_1(0)\, F_2(\mu)\, F_3(\nu). \tag{7}$$

Es folgt also

$$F_1(0)\, C_3 = C_1 F_1(0) + C_2 G_1(0); \qquad C_3 = C_1 + C_2 \frac{G_1(0)}{F_1(0)}. \tag{8}$$

Da die Normalkomponente von $\boldsymbol{D}$ ebenfalls stetig ist, gilt

$$\varepsilon_2 \frac{1}{g_1} \left(\frac{\partial U_\mathrm{a}}{\partial \lambda}\right)_{\lambda=0} = \varepsilon_1 \frac{1}{g_1} \left(\frac{\partial U_\mathrm{i}}{\partial \lambda}\right)_{\lambda=0}, \tag{9}$$

was mit Berücksichtigung der Gleichungen (3) und (5) zur Gleichung

$$C_2 = \frac{abc}{2} \frac{\varepsilon_2 - \varepsilon_1}{\varepsilon_2} C_3 \tag{10}$$

führt. Das Potential im Innern läßt sich also in folgender Form schreiben:

$$U_i = \frac{C_3}{C_1} C_1 F_1(\lambda) F_2(\mu) F_3(\nu) = \frac{C_3}{C_1} U_0. \tag{11}$$

U_0 bedeutet das ungestörte Potential. Aus Gl. (8) und (10) erhalten wir für das Verhältnis C_3/C_1

$$\frac{C_3}{C_1} = \frac{1}{1 - \dfrac{C_2 G_1(0)}{C_3 F_1(0)}} = \frac{1}{1 + \dfrac{abc}{2\varepsilon_2} (\varepsilon_1 - \varepsilon_2) \dfrac{G_1(0)}{F_1(0)}}, \tag{12}$$

wo

$$\frac{G_1(0)}{F_1(0)} \equiv A_1 = \int\limits_0^\infty \frac{ds}{(s + a^2)\, g(s)}. \tag{13}$$

Das innere Feld wird also

$$E_{xi} = \frac{C_3}{C_1} E_{x0} = \frac{1}{1 + \dfrac{abc}{2\varepsilon_2} (\varepsilon_1 - \varepsilon_2) \dfrac{G_1(0)}{F_1(0)}} E_{x0}. \tag{14}$$

Wenn das ursprüngliche Feld mit der y- bzw. z-Achse parallel ist, so ergibt sich für das innere Feld analog

$$E_{yi} = \frac{1}{1 + \dfrac{abc}{2\varepsilon_2} (\varepsilon_1 - \varepsilon_2) A_2} E_{y0}; \quad E_{zi} = \frac{1}{1 + \dfrac{abc}{2\varepsilon_2} (\varepsilon_1 - \varepsilon_2) A_3} E_{z0}, \tag{15}$$

wo

$$A_2 = \int\limits_0^\infty \frac{ds}{(s + b^2)\, g(s)}; \qquad A_3 = \int\limits_0^\infty \frac{ds}{(s + c^2)\, g(s)}. \tag{16}$$

Wenn das ursprüngliche Feld eine Komponente zu jeder Hauptachse des Ellipsoids besitzt, so werden natürlich die soeben berechneten Komponenten des inneren Feldes superponiert. Das innere Feld bleibt auch in diesem Fall homogen, verläuft aber im allgemeinen nicht parallel zum ursprünglichen Feld, da die Integrale A_1, A_2, A_3 nicht gleich sind (Abb. 2.118).

2. Die Ergebnisse des vorigen Beispiels benutzen wir zur Lösung eines wichtigen praktischen Problems. Stellen wir nämlich ein Rotationsellipsoid aus homogenem

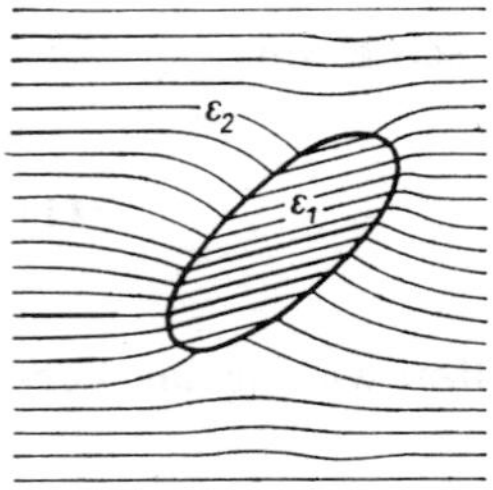

Abb. 2.118 Störung eines ursprünglich homogenen Feldes durch ein Ellipsoid aus dielektrischem Material

magnetischem Stoff mit der Permeabilität μ in das homogene Feld einer Spule, so können wir schon das innere Feld aufschreiben:

$$H_i = \frac{H_0}{1 + \frac{ab^2}{2} (\mu_r - 1) A_1}. \tag{17}$$

Der Magnetisierungsvektor lautet jetzt:

$$M_i = \mu_0(\mu_r - 1) H_i. \tag{18}$$

Es ist üblich, das innere Feld in folgender Form zu schreiben:

$$H_i = H_0 - N \frac{M_i}{\mu_0}. \tag{19}$$

Die hier vorkommende Größe N wird Entmagnetisierungsfaktor genannt. Sein Wert ist

$$N = \frac{\mu_0(H_0 - H_i)}{M_i} = \frac{\mu_0(H_0 - H_i)}{\mu_0(\mu_r - 1) H_i} = \frac{1}{\mu_r - 1} \left[\frac{H_0}{H_i} - 1\right]. \tag{20}$$

Nach Gl. (17) wird aber

$$\frac{H_0}{H_i} = 1 + \frac{ab^2}{2} (\mu_r - 1) A_1, \tag{21}$$

und so gilt

$$N = \frac{ab^2}{2} A_1 = \frac{ab^2}{2} \int_0^\infty \frac{ds}{(s + a^2) \sqrt{s + a^2} (s + b^2)}. \tag{22}$$

Das Integral läßt sich in geschlossener Form darstellen:

$$N = \frac{1}{p^2 - 1}\left[\frac{p}{\sqrt{p^2 - 1}} \ln\left(p + \sqrt{p^2 - 1}\right) - 1\right], \tag{23}$$

wo

$$p = a/b.$$

Wird das innere Induktionsfeld $B_i = \mu_0 H_i + M_i$ durch eine Induktionsspule beim Einschalten gemessen und wird auch das ursprüngliche Feld H_0 gemessen oder berechnet, so können nach der Ausrechnung von M_i die zusammengehörigen Werte H_i, B_i, M_i bestimmt und die Magnetisierungskurve aufgezeichnet werden.

3. Als drittes Beispiel soll das Feld im Innern einer Kugelschale aus magnetischem Material mit einer sehr großen Permeabilität berechnet werden. Damit werden wir das Problem der magnetischen Abschirmung lösen. Wir benutzen ein Kugelkoordinatensystem. Das homogene Feld soll in die Richtung der z-Achse zeigen. Die Lösung wird axialsymmetrisch sein, d. h., sie hängt nicht von φ ab. Das Potential des ursprünglichen Feldes lautet in Kugelkoordinaten:

$$U_0 = -H_0 z = -H_0 r \cos\vartheta. \tag{24}$$

In größeren Entfernungen soll das neue Potential auch diese Gestalt haben, da das Störpotential im Unendlichen verschwinden muß. Da das resultierende Potential eine Lösung der axialsymmetrischen Laplaceschen Gleichung darstellt, muß es folgende Form haben:

$$\sum \frac{P_n(\cos\vartheta)}{r^{n+1}}. \tag{25}$$

Dieser Bedingung genügt im äußeren Raum das Potential

$$U_a = -H_0 r \cos\vartheta - \frac{A\cos\vartheta}{r^2} = -\left(H_0 r + \frac{A}{r^2}\right)\cos\vartheta. \tag{26}$$

Im Innern des Stoffes, d. h. in der Schale, wird das Potential

$$U_{sch} = -\left(Br + \frac{C}{r^2}\right)\cos\vartheta. \tag{27}$$

Die Abhängigkeit von ϑ muß in beiden Fällen identisch sein, sonst wäre die Randbedingung auf der äußeren Kugelfläche ($r = r_a$), Gleichheit des Potentials auf beiden Seiten dieser Grenzfläche, nicht gesichert.

Im inneren Raum ($r \leqq r_i$) wird die einzig mögliche zu $\cos\vartheta$ proportionale Lösung

$$U_i = -Dr\cos\vartheta, \tag{28}$$

da die übrigen Lösungen bei $r = 0$ unendlich werden. Um die unbekannten Konstanten A, B, C, D zu bestimmen, schreiben wir die Bedingung für die Stetigkeit des Potentials und für die der Normalkomponente des Induktionsvektors an der Außen- bzw. Innenfläche der Schale auf. So erhalten wir

für $r = r_a$:

$$\left.\begin{aligned} U_a = U_{sch} &\to H_0 r_a + \frac{A}{r_a^2} = B r_a + \frac{C}{r_a^2}, \\ \frac{\partial U_a}{\partial r} = \mu_r \frac{\partial U_{sch}}{\partial r} &\to H_0 - \frac{2A}{r_a^3} = \mu_r B - \frac{2\mu_r C}{r_a^3}; \end{aligned}\right\} \tag{29}$$

für $r = r_i$:

$$\left.\begin{aligned} U_{sch} = U_i &\to B r_i + \frac{C}{r_i^2} = D r_i, \\ \mu_r \frac{\partial U_{sch}}{\partial r} = \frac{\partial U_i}{\partial r} &\to \mu_r B - \frac{2\mu_r C}{r_i^3} = D. \end{aligned}\right\} \tag{30}$$

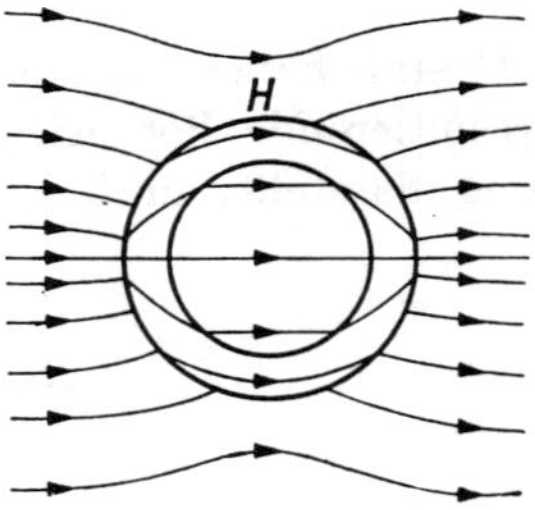

Abb. 2.119 Magnetostatische Abschirmung

Wir haben hier vier Gleichungen mit vier Unbekannten. Uns interessiert in erster Linie die Konstante D in der Gleichung

$$U_i = -Dr \cos \vartheta = -Dz.$$

Diese Konstante ergibt das homogene innere, d. h. abgeschirmte Feld. Durch Lösung des Gleichungssystems (29), (30) ergibt sich der Wert

$$H_i \equiv D = \frac{H_0}{1 + \frac{2}{9}\left[1 - \left(\frac{r_i}{r_a}\right)^3\right]\left[\frac{1}{\mu_r} + \mu_r - 2\right]}. \tag{31}$$

Mit Hilfe dieser Gleichung kann die Wirksamkeit der Abschirmung genau beurteilt werden. Abb. 2.119 zeigt den qualitativen Verlauf der H-Linien.

4. Mit Hilfe der Ergebnisse des ersten Beispiels können wir eine prinzipielle Methode angeben, wie die Größen E, D, H, B im Innern des Stoffes gemessen werden können.

Nehmen wir an, daß im Innern eines Dielektrikums ein homogenes Feld $E_0 \equiv E_{0z}$ herrscht. Schneiden wir jetzt einen Hohlraum von der Form eines abgeplatteten Rotationsellipsoids mit den Achsen a, b, c hinein, wobei $a = b$ und $c \to 0$, dann haben wir nach Gl. (16)

$$A_\mathrm{i} = \int\limits_0^\infty \frac{\mathrm{d}s}{(s + a^2)\,(s + c^2)^{3/2}} \to \frac{2}{a^2}\,\frac{1}{c}\,. \tag{32}$$

Nach Gl. (15) wird

$$E_{\mathrm{i}z} = \frac{E_0}{1 + \dfrac{a^2 c}{2\varepsilon_2}\,\dfrac{2}{a^2}\,\dfrac{1}{c}\,(\varepsilon_0 - \varepsilon_2)} = \frac{\varepsilon_2 E_0}{\varepsilon_0} = \frac{D_0}{\varepsilon_0}.$$

Wir erhalten somit das interessante Resultat, daß der Verschiebungsvektor D in diesem Hohlraum mit dem Verschiebungsvektor des ursprünglichen Feldes identisch ist. Ebenso läßt sich beweisen, daß das E-Feld in einem Hohlraum von der Form eines gestreckten Rotationsellipsoids mit dem ursprünglichen E-Feld identisch ist.

Ähnliche Zusammenhänge gelten auch für das magnetische Feld.

5. Wie uns die Methode der Integralgleichungen in komplizierten Fällen aushilft, soll an Hand des folgenden Beispiels gezeigt werden. Es sei ein Isolierstoff beliebiger Gestalt mit der Dielektrizitätskonstanten ε_2 in ein Feld $\boldsymbol{E}_0$ hineingebracht. Der ganze äußere Raum sei mit einem Isolierstoff der Dielektrizitätskonstanten ε_1 ausgefüllt. Es soll das Feld $\boldsymbol{E}$ bestimmt werden. Wir nehmen $\boldsymbol{E}$ als die Summe von $\boldsymbol{E}_0$ und von dem „Störfeld" $\boldsymbol{e}$, d. h. $\boldsymbol{E} = \boldsymbol{E}_0 + \boldsymbol{e}$. Die Randbedingung lautet:

$$\begin{aligned} 0 &= \boldsymbol{n}(\boldsymbol{D}_1 - \boldsymbol{D}_2) = \boldsymbol{n}(\varepsilon_0 \boldsymbol{E}_0 + \varepsilon_0 \boldsymbol{e}_1 + \boldsymbol{P}_1 - \varepsilon_0 \boldsymbol{E}_0 - \varepsilon_0 \boldsymbol{e}_2 - \boldsymbol{P}_2) \\ &= \varepsilon_0(\boldsymbol{n}\boldsymbol{e}_1) - \varepsilon_0(\boldsymbol{n}\boldsymbol{e}_2) - \sigma\,. \end{aligned}$$

Wir erhalten also für die Flächenladung:

$$\frac{\sigma}{\varepsilon_0} = \boldsymbol{n}\boldsymbol{e}_1 - \boldsymbol{n}\boldsymbol{e}_2\,. \tag{33}$$

Die Randbedingung kann aber auch folgendermaßen umgeformt werden:

$$0 = \boldsymbol{n}(\boldsymbol{D}_1 - \boldsymbol{D}_2) = \boldsymbol{n}(\varepsilon_1 \boldsymbol{E}_1 - \varepsilon_2 \boldsymbol{E}_2) = \boldsymbol{n}[\varepsilon_1(\boldsymbol{E}_0 + \boldsymbol{e}_1) - \varepsilon_2(\boldsymbol{E}_0 + \boldsymbol{e}_2)]\,.$$

Es gilt also

$$\varepsilon_1(\boldsymbol{n}\boldsymbol{e}_1) - \varepsilon_2(\boldsymbol{n}\boldsymbol{e}_2) = (\varepsilon_2 - \varepsilon_1)\,(\boldsymbol{n}\boldsymbol{E}_0)\,. \tag{34}$$

Aus (33) und (34) folgt

$$\boldsymbol{n}\boldsymbol{e}_1 + \boldsymbol{n}\boldsymbol{e}_2 = \frac{\varepsilon_2 + \varepsilon_1}{\varepsilon_2 - \varepsilon_1} \frac{\sigma}{\varepsilon_0} - 2(\boldsymbol{n}\boldsymbol{E}_0). \tag{35}$$

An der Grenzfläche selbst wird

$$\frac{\boldsymbol{e}_1 + \boldsymbol{e}_2}{2} = \frac{1}{4\pi\varepsilon_0} \int \frac{\sigma}{r^2} \boldsymbol{r}_0 \, \mathrm{d}A. \tag{36}$$

Durch Multiplikation mit $\boldsymbol{n}$ erhalten wir unter Berücksichtigung der Gl. (35) unser Endresultat, die Robinsche Integralgleichung, für die Unbekannte σ:

$$\frac{\varepsilon_2 + \varepsilon_1}{\varepsilon_2 - \varepsilon_1} \sigma = 2\varepsilon_0(\boldsymbol{n}\boldsymbol{E}_0) + \frac{1}{2\pi} \int\limits_A \frac{\cos \alpha}{r^2} \sigma \, \mathrm{d}A. \tag{37}$$

$\varepsilon_1 = \varepsilon_0$; $\varepsilon_2 = \mathrm{const}$ gibt die Lösung für Vakuum und Isolierstoff; $\varepsilon_1 = \mathrm{const}$; $\varepsilon_2 \to \infty$ gibt die Lösung für ein Metallstück im Isolierstoff.

J. Das magnetische Feld stationärer Ströme

2.46. Berechnung des magnetischen Feldes mit Hilfe des Vektorpotentials

Die Grundgleichungen des magnetischen Feldes stationärer Ströme lauten wie folgt:

$$\left.\begin{aligned} \operatorname{rot} \boldsymbol{H} &= \boldsymbol{J}, \\ \operatorname{div} \boldsymbol{B} &= 0. \end{aligned}\right\} \tag{1}$$

$$\boldsymbol{B} = \mu \boldsymbol{H}, \tag{2}$$

also

$$\operatorname{rot} \boldsymbol{B} = \mu \boldsymbol{J},$$

wenn μ überall im Raum einen konstanten Wert besitzt.

Das mathematische Problem ist zwar einfach: Ein quellenloses Wirbelfeld muß aus seinen Wirbeln bestimmt werden. Unser Verfahren entspricht dem in 1.15.4. besprochenen: Die Gleichung $\operatorname{div} \boldsymbol{B} = 0$ ermöglicht uns, $\boldsymbol{B}$ aus einem Vektorpotential abzuleiten:

$$\boldsymbol{B} = \operatorname{rot} \boldsymbol{A}. \tag{3}$$

Es ist auch üblich, den Vektor $\boldsymbol{H}$ aus einem Vektorpotential abzuleiten. Es ist aber logischer, jetzt den hier eingeschlagenen Weg zu verfolgen. Die Gleichung $\operatorname{div} \boldsymbol{B} = 0$ besitzt nämlich allgemeine Gültigkeit, während $\operatorname{div} \boldsymbol{H} = 0$ nur bei homogenen isotropen Stoffen gilt. Man darf dabei jedoch nicht vergessen, daß $\boldsymbol{A}$ eine Hilfsgröße ist. Man wählt sie zweckmäßig so, daß die Rechnung möglichst einfach wird. Wir werden aus solchen Gründen auch öfter die Gleichung $\boldsymbol{H} = \operatorname{rot} \boldsymbol{A}$ benutzen.

$\boldsymbol{A}$ selbst kann aus der Beziehung $\operatorname{rot} \boldsymbol{B} = \mu \boldsymbol{J}$ ermittelt werden:

$$\operatorname{rot} \operatorname{rot} \boldsymbol{A} = \operatorname{grad} \operatorname{div} \boldsymbol{A} - \Delta \boldsymbol{A} = \mu \boldsymbol{J}. \tag{4}$$

Nehmen wir div $\boldsymbol{A} = 0$ an, so wird

$$\Delta \boldsymbol{A} = -\mu \boldsymbol{J}. \tag{5}$$

Suchen wir die Lösung für ein endliches Volumen, so ist nach 1.15.(40)

$$\boldsymbol{A} = -\frac{1}{4\pi}\int\limits_V \frac{\Delta \boldsymbol{A}}{r}\,\mathrm{d}V + \frac{1}{4\pi}\int\limits_a \frac{\partial \boldsymbol{A}}{\partial n}\frac{1}{r}\,\mathrm{d}a - \frac{1}{4\pi}\int\limits_a \boldsymbol{A}\frac{\partial}{\partial n}\frac{1}{r}\,\mathrm{d}a. \tag{6}$$

Verschwinden $\boldsymbol{A}$ und seine Komponenten genügend schnell im Unendlichen, so ist

$$\boldsymbol{A} = \frac{\mu}{4\pi}\int\limits_V \frac{\boldsymbol{J}}{r}\,\mathrm{d}V; \qquad \boldsymbol{A}(P) = \frac{\mu}{4\pi}\int\limits_V \frac{\boldsymbol{J}(Q)}{r(P,Q)}\,\mathrm{d}V_Q. \tag{7}$$

Diese Gleichung entspricht der Gleichung

$$U = \frac{1}{4\pi\varepsilon_0}\int\limits_V \frac{\varrho}{r}\,\mathrm{d}V.$$

Für das so bestimmte Vektorpotential $\boldsymbol{A}$ gilt auch die Beziehung

$$\operatorname{div} \boldsymbol{A} = 0. \tag{8}$$

Ist nun von linearen Leitern oder einfach von Leitungen die Rede, d. h. von solchen Leitern, deren lineare Querschnittsabmessungen gegenüber der Länge vernachlässigbar sind, so kann das Volumenelement dV als Produkt von Längsverschiebung und Querschnitt dargestellt werden (Abb. 2.120). Das Produkt von Querschnitt und Stromdichte liefert uns aber die Gesamtstromstärke. Es ist also

$$\boldsymbol{A} = \frac{\mu}{4\pi}\int\limits_V \frac{\boldsymbol{J}}{r}\,\mathrm{d}V = \frac{\mu}{4\pi}\oint\limits_L \frac{JA}{r}\,\mathrm{d}\boldsymbol{l} = \frac{\mu}{4\pi} I \oint\limits_L \frac{\mathrm{d}\boldsymbol{l}}{r} = \frac{\mu}{4\pi} I \oint\limits_L \frac{\mathrm{d}\boldsymbol{l}_Q}{r(P,Q)} = \boldsymbol{A}(P). \tag{9}$$

Die Berechnung des magnetischen Feldes geschieht also im Fall von gegebenen Leitungsströmen auf folgende Weise: Aus der obigen Gleichung wird das Vektorpotential $\boldsymbol{A}$ bestimmt; danach liefert die Bildung der Rotation die Induktion $\boldsymbol{B}$.

Es ist leicht einzusehen, daß die so berechnete Feldstärke der auf Grund des Biot-Savartschen Gesetzes berechneten Feldstärke gleich wird. Es gilt nämlich

$$\boldsymbol{H} = \frac{\boldsymbol{B}}{\mu} = \frac{1}{\mu}\operatorname{rot}_P \boldsymbol{A} = \operatorname{rot}_P \frac{1}{4\pi} I \oint\limits_L \frac{\mathrm{d}\boldsymbol{l}_Q}{r} = \frac{I}{4\pi}\oint\limits_L \operatorname{rot}_P \frac{\mathrm{d}\boldsymbol{l}_Q}{r}, \tag{10}$$

wobei die Operationen der Integration und der Rotationsbildung vertauscht wurden, weil die Integration nach dem Bogenelement d$\boldsymbol{l}_Q$ geschieht, die Rotationsbildung aber durch die Ableitung nach den Koordinaten des Punktes P erfolgt. Nun ist aber bekannt, daß

$$\operatorname{rot}(\varphi \boldsymbol{v}) = \operatorname{grad} \varphi \times \boldsymbol{v} + \varphi \operatorname{rot} \boldsymbol{v},$$

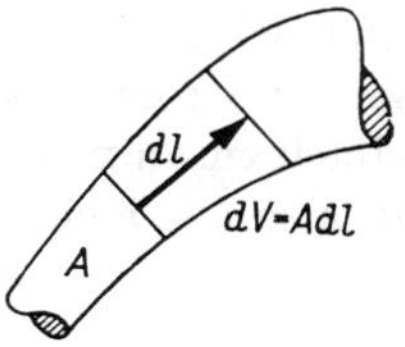

Abb. 2.120 Volumenelement eines linearen Leiters

woraus in unserem Fall die Beziehung

$$\operatorname{rot} \frac{\mathrm{d}\boldsymbol{l}}{r} = \operatorname{grad} \frac{1}{r} \times \mathrm{d}\boldsymbol{l} + \frac{1}{r} \operatorname{rot} \mathrm{d}\boldsymbol{l} = \operatorname{grad} \frac{1}{r} \times \mathrm{d}\boldsymbol{l} \tag{11}$$

folgt, weil $\operatorname{rot} \mathrm{d}\boldsymbol{l}_Q = 0$ ist, da $\mathrm{d}\boldsymbol{l}_Q$ für die Rotationsbildung nach P als konstant angesehen werden kann. Durch Einführung dieses Ausdruckes in Gl. (10) erhält man

$$\boldsymbol{H} = \frac{I}{4\pi} \oint_L \operatorname{rot}_P \frac{\mathrm{d}\boldsymbol{l}_Q}{r} = \frac{I}{4\pi} \oint_L \operatorname{grad}_P \frac{1}{r} \times \mathrm{d}\boldsymbol{l} = \frac{I}{4\pi} \oint_L \frac{\mathrm{d}\boldsymbol{l} \times \boldsymbol{r}^0}{r^2}, \tag{12}$$

was eben das Biot-Savartsche Gesetz darstellt.

Mit Hilfe des Vektorpotentials $\boldsymbol{A}$ kann der von einer beliebigen geschlossenen Linie umgebene Induktionsfluß einfacher berechnet werden. Es gilt nämlich

$$\Phi = \int_a \boldsymbol{B}\, \mathrm{d}\boldsymbol{a} = \int_a \operatorname{rot} \boldsymbol{A}\, \mathrm{d}\boldsymbol{a}. \tag{13}$$

Nach dem Stokesschen Satz ist

$$\int_a \operatorname{rot} \boldsymbol{A}\, \mathrm{d}\boldsymbol{a} = \oint_L \boldsymbol{A}\, \mathrm{d}\boldsymbol{l}, \tag{14}$$

so daß

$$\Phi = \oint_L \boldsymbol{A}\, \mathrm{d}\boldsymbol{l} \tag{15}$$

wird.

Das über eine geschlossene Linie erstreckte Linienintegral des Vektorpotentials ist also dem umschlossenen Fluß gleich.

2.47. Die Ableitung des magnetischen Feldes aus einem zyklischen Potential

Das magnetische Feld eines Stromkreises ist kein wirbelfreies Feld, kann also nicht aus einem Skalarpotential abgeleitet werden. Die Rotation des magnetischen Feldes ist aber nur dort nicht gleich Null, wo ein Strom fließt. Wird also der Stromkreis aus unserem Raum ausgeschlossen, so ist im zurückbleibenden, zweifach zusammenhängenden Bereich überall die Gleichung rot $\boldsymbol{H} = 0$ gültig. $\boldsymbol{H}$ kann also aus einem

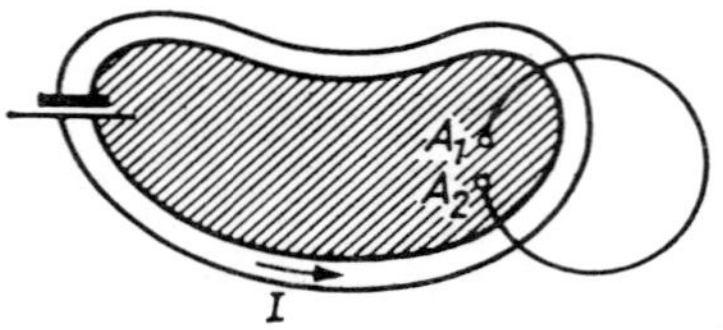

Abb. 2.121 Zur Ableitung des magnetischen Feldes eines Stromkreises aus einem skalaren Potential

zyklischen Potential abgeleitet werden. Um dieses Potential zu bestimmen, soll eine Ebene nach Abb. 2.121 ins Innere der (ebenen) Stromschleife gelegt werden, wodurch unser Bereich in einen einfach zusammenhängenden Bereich umgewandelt wird. In dem so erhaltenen Raum ist U_m bereits einwertig und

$$\boldsymbol{H} = -\mathrm{grad}\, U_\mathrm{m}. \tag{1}$$

Bilden wir nun das Linienintegral der Feldstärke $\boldsymbol{H}$ von dem an der einen Flächenseite liegenden Punkt A_1 bis zum Punkt A_2 an der anderen Seite, so gelangen wir zu der Formel

$$\int_{A_1}^{A_2} \boldsymbol{H}\, \mathrm{d}\boldsymbol{l} = \int_a \boldsymbol{J}\, \mathrm{d}\boldsymbol{a} = I. \tag{2}$$

Der Wert von U_m an einer Seite der Fläche ist also dem an der anderen Seite gültigen nicht gleich: Im Wert von U_m ist also entlang der Fläche ein Sprung festzustellen, dessen Größe durch die Gleichung

$$U_\mathrm{m}^{(1)} - U_\mathrm{m}^{(2)} = I \tag{3}$$

bestimmt wird.

Die Lösung dieses Problems kennen wir. Das Potential U_m genügt überall der Laplaceschen Gleichung, mit Ausnahme einer Fläche, wo es gegebene Sprünge besitzt. Der Wert des Potentials wird also nach Kap. 2.3.

$$U_\mathrm{m} = \frac{1}{4\pi} \int_a (U_\mathrm{m}^{(1)} - U_\mathrm{m}^{(2)}) \frac{\partial}{\partial n} \frac{1}{r}\, \mathrm{d}a = \frac{1}{4\pi\mu} \int_a \mu I \frac{\partial}{\partial n} \frac{1}{r}\, \mathrm{d}a. \tag{4}$$

Wenn wir dies mit dem Ausdruck

$$U = \frac{1}{4\pi\varepsilon} \int_a \nu \frac{\partial}{\partial n} \frac{1}{r} \,\mathrm{d}a \tag{5}$$

vergleichen, können wir Gl. (4) folgendermaßen interpretieren: Die über den Stromkreis gespannte Fläche ist mit einer magnetischen Doppelschicht belegt, welche die Flächendichte $|\boldsymbol{m}| = \mu I$ besitzt.

Die Feldstärke $\boldsymbol{H}$ ergibt sich also zu

$$\boldsymbol{H} = -\mathrm{grad} \frac{1}{4\pi\mu} \int_a \mu I \frac{\partial}{\partial n} \frac{1}{r} \,\mathrm{d}a = \frac{I}{4\pi} \mathrm{grad}\, \Omega. \tag{6}$$

Hier bedeutet Ω den Sehwinkel der Stromschleife vom Aufpunkt P aus. Diese Tatsache kann also folgendermaßen formuliert werden: Jeder Stromkreis kann durch eine magnetische Doppelschicht ersetzt werden, deren Dipolmoment je Flächeneinheit $\nu_m = \mu I$ beträgt. Im besonderen kann ein ebener Stromkreis von der Fläche a in großer Entfernung durch einen magnetischen Dipol mit dem Moment

$$\boldsymbol{m} = \mu I \boldsymbol{a} \tag{7}$$

ersetzt werden, da hier

$$\boldsymbol{H} = -\mathrm{grad}\, U_m \tag{8}$$

geschrieben werden kann, wo

$$U_m = -\frac{1}{4\pi\mu} \boldsymbol{m}\, \mathrm{grad} \frac{1}{r} = +\frac{1}{4\pi\mu} \frac{\boldsymbol{m}\boldsymbol{r}^0}{r^2}. \tag{9}$$

Es soll nun das Vektorpotential derselben kleinen Stromschleife oder desselben Magnetdipols bestimmt werden. Es wird also jener Vektor $\boldsymbol{A}$ gesucht, für welchen die Gleichung

$$\boldsymbol{H} = \frac{\boldsymbol{B}}{\mu} = \frac{1}{\mu} \mathrm{rot}\, \boldsymbol{A} = -\mathrm{grad}\, U_m = -\frac{1}{4\pi\mu} \mathrm{grad} \frac{\boldsymbol{m}\boldsymbol{r}^0}{r^2} \tag{10}$$

ihre Gültigkeit bewahrt. Es wird behauptet, daß der Vektor

$$\boldsymbol{A} = \frac{1}{4\pi} \frac{\boldsymbol{m} \times \boldsymbol{r}^0}{r^2} = -\frac{1}{4\pi} \boldsymbol{m} \times \mathrm{grad} \frac{1}{r} \tag{11}$$

eine Lösung obiger Gleichung bedeutet, daß also

$$\frac{1}{4\pi} \operatorname{rot}\left(\boldsymbol{m} \times \operatorname{grad} \frac{1}{r}\right) = \frac{1}{4\pi} \operatorname{grad} \frac{\boldsymbol{m}\boldsymbol{r}^0}{r^2} \tag{12}$$

gilt. Der angegebene Vektor $\boldsymbol{A}$ kann also als Vektorpotential des Dipols angesehen werden. Es ist nämlich nach den Gleichungen 1.14.(25) und 1.14.(26)

$$\operatorname{rot}\left(\boldsymbol{m} \times \frac{\boldsymbol{r}^0}{r^2}\right) = -\mathbf{T}_{\mathrm{d}\boldsymbol{r}}^{\mathrm{d}\boldsymbol{r}^0/r^2} \boldsymbol{m}, \tag{13}$$

$$\operatorname{grad}\left(\boldsymbol{m} \frac{\boldsymbol{r}^0}{r^2}\right) = \mathbf{T}_{\mathrm{d}\boldsymbol{r}}^{\mathrm{d}\boldsymbol{r}^0/r^2} \boldsymbol{m} = -\operatorname{rot}\left(\boldsymbol{m} \times \frac{\boldsymbol{r}^0}{r^2}\right) = \operatorname{rot}\left(\boldsymbol{m} \times \operatorname{grad} \frac{1}{r}\right). \tag{14}$$

Da $\boldsymbol{m}$ konstant ist, gilt $\mathbf{T}_{\mathrm{d}\boldsymbol{r}}^{\mathrm{d}\boldsymbol{m}} = 0$.

Hieraus kann die Richtigkeit unserer Behauptung ersehen werden. Das Vektorpotential des durch sein Moment $\boldsymbol{m}$ bestimmten Magnetdipols beträgt also

$$\boldsymbol{A} = -\frac{1}{4\pi} \boldsymbol{m} \times \operatorname{grad}_P \frac{1}{r} = \frac{1}{4\pi} \boldsymbol{m} \times \operatorname{grad}_Q \frac{1}{r}. \tag{15}$$

In dieser Gleichung bedeutet, wie bisher immer, P den Aufpunkt, für den wir also den Wert der betreffenden Größen berechnen wollen (hier den Vektor $\boldsymbol{A}$), und Q den Laufpunkt, d. h. in diesem Fall den Punkt, in dem sich der Dipol $\boldsymbol{m}$ befindet.

Wir beweisen nun, daß das magnetische Feld einer beliebigen stationären, im Endlichen liegenden Stromverteilung in erster Näherung mit dem Feld eines Dipols identisch ist.

Wir entwickeln den Ausdruck $1/r(P, Q)$ in Gl. 2.46.(9) unter Verwendung der symmetrischen Koordinaten $P(x_1, x_2, x_3)$, $Q(\xi_1, \xi_2, \xi_3)$ in eine Taylorsche Reihe (Abb. 2.122)

$$\frac{1}{r_{PQ}} = \frac{1}{r_P} - \sum_{i=1}^{3} \xi_i \frac{\partial}{\partial x_i} \frac{1}{r_P} + \frac{1}{2!} \sum_{i,k=1}^{3} \xi_i \xi_k \frac{\partial^2}{\partial x_i\, \partial x_k} \frac{1}{r_P} \pm \cdots \tag{16}$$

Das Vektorpotential wird also

$$\boldsymbol{A}(\boldsymbol{r}) = \boldsymbol{A}^0 + \boldsymbol{A}^{(1)} + \boldsymbol{A}^{(2)} + \cdots, \tag{17}$$

wo

$$\boldsymbol{A}^0 = \frac{1}{4\pi} \frac{1}{r_P} \int_V \boldsymbol{J}(\boldsymbol{r}_Q)\, \mathrm{d}V, \tag{18}$$

$$\boldsymbol{A}^{(1)} = -\frac{1}{4\pi} \int_V \left[\boldsymbol{r}_Q \operatorname{grad} \frac{1}{r_P}\right] \boldsymbol{J}(\boldsymbol{r}_Q)\, \mathrm{d}V \quad \text{usw.} \tag{19}$$

ist. Es ist leicht zu beweisen, daß $\boldsymbol{A}^0$ gleich Null ist, denn der Raum kann wegen div $\boldsymbol{J} = 0$ in geschlossene $\boldsymbol{J}$-Röhren aufgeteilt werden, die alle den Wert Null liefern.

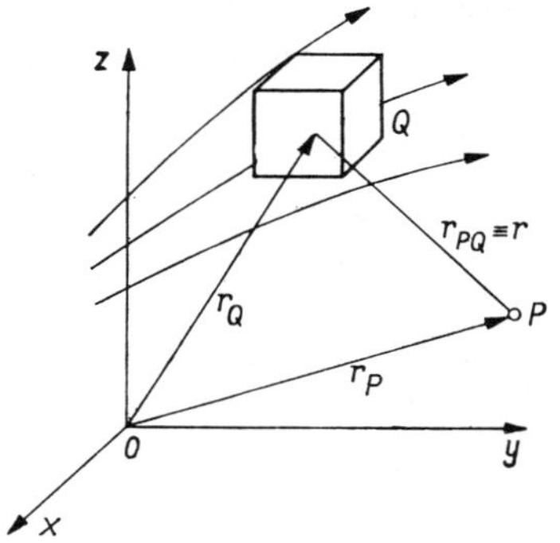

Abb. 2.122 Zur Deutung der Gl. (20)

Mit Hilfe umständlicher Umformungen erhalten wir für $\boldsymbol{A}^{(1)}$ den Ausdruck

$$\boldsymbol{A}^{(1)} = \frac{1}{4\pi} \int_V \frac{(\boldsymbol{r}_Q \times \boldsymbol{J}) \times \boldsymbol{r}_0}{2r_P^2} \, \mathrm{d}V. \tag{20}$$

Führen wir jetzt das magnetische Dipolmoment des ganzen Strömungsfeldes durch die Definition

$$\boldsymbol{m} = \frac{1}{2} \int_V (\boldsymbol{r}_Q \times \boldsymbol{J}) \, \mathrm{d}V$$

ein, so erhalten wir für das Vektorpotential $\boldsymbol{A}^{(1)}$

$$\boldsymbol{A}^{(1)} = \frac{1}{4\pi} \boldsymbol{m} \times \frac{\boldsymbol{r}_0}{r_P^2} = -\frac{1}{4\pi} \boldsymbol{m} \times \operatorname{grad} \frac{1}{r_P}; \qquad r_P \gg r_{Q\max}.$$

Damit haben wir für $\boldsymbol{A}^{(1)}$ einen Ausdruck gefunden, welcher mit (11) identisch ist (siehe auch Kap. 4.9. und [1.13]).

2.48. Einige Beispiele zur Bestimmung des Vektorpotentials

Wie bereits bewiesen wurde, spielt das Vektorpotential $\boldsymbol{A}$ im Magnetfeld prinzipiell dieselbe Rolle wie das Skalarpotential U im elektrostatischen Feld. In der Praxis begegnet man jedoch dem Vektorpotential viel seltener. Dies kann man damit erklären, daß zur Messung der Potentialdifferenz U ein besonderes Meßgerät zur Verfügung steht und daß diese Potentialdifferenz auch bei der Bestimmung des Energieverbrauches — eines in der Praxis äußerst wichtigen Faktors — unmittelbar mitwirkt. Dem Vektorpotential kommt auch in den theoretischen Berechnungen eine weniger wichtige Rolle zu. In den praktischen Aufgaben werden nämlich die Rand-

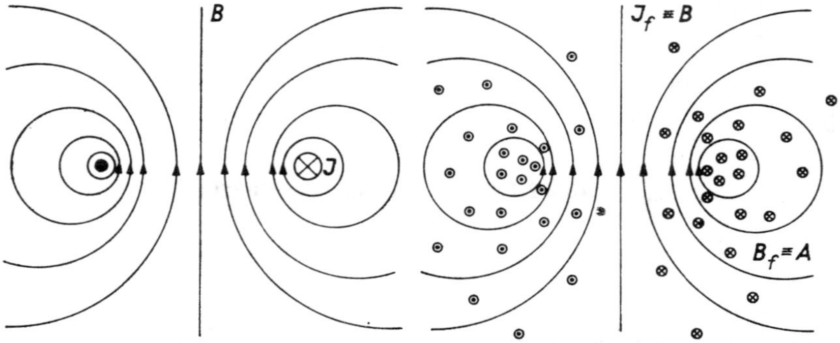

Abb. 2.123 Zur qualitativen Bestimmung des Vektorpotentials $\boldsymbol{A}$. Das $\boldsymbol{B}$-Feld wird als fiktives Stromdichte-Feld betrachtet. Die dieser Stromdichte entsprechende fiktive Induktion ergibt den Vektor $\boldsymbol{A}$

werte von U unmittelbar und sehr einfach angegeben, während im magnetischen Feld die für $\boldsymbol{A}$ geltenden Bedingungen erst durch die Randwerte von $\boldsymbol{H}$ und $\boldsymbol{B}$ aufgestellt werden können.

Über den allgemeinen Verlauf des Vektorpotentials $\boldsymbol{A}$ können wir erst dann ein Bild erhalten, wenn wir genügend praktische Übung haben, uns das qualitative Bild des magnetischen Feldes einer gegebenen Stromverteilung vorzustellen.

Schreiben wir nämlich die zwischen der magnetischen Feldgröße $\boldsymbol{B}$ und der Stromdichte $\boldsymbol{J}$ bestehende Beziehung und die Gleichungen zwischen dem Vektorpotential $\boldsymbol{A}$ und der magnetischen Induktion $\boldsymbol{B}$ nebeneinander auf, so wird

$$\begin{aligned} \operatorname{rot} \boldsymbol{B} &= \mu_0 \boldsymbol{J}, \qquad & \operatorname{rot} \boldsymbol{A} &= \boldsymbol{B}, \\ \operatorname{div} \boldsymbol{B} &= 0, & \operatorname{div} \boldsymbol{A} &= 0. \end{aligned} \tag{1}$$

Wir sehen also, wenn wir die einer gegebenen Stromverteilung entsprechende magnetische Feldverteilung als eine fiktive Stromverteilung ansehen, daß dann das dieser fiktiven Stromverteilung entsprechende fiktive magnetische Feld mit dem gesuchten Vektorpotential übereinstimmt (Abb. 2.123). Es taucht natürlich die Frage auf, warum dieses Vektorpotential nötig ist, nachdem uns das magnetische Feld bereits bekannt ist. Es sei betont, daß hier nur qualitative Ausgangskenntnisse vorausgesetzt werden und nur ein qualitatives Resultat erhalten wird. Zur Bestimmung quantitativer Resultate ist jedoch meist die vorherige qualitative Kenntnis der Lösung nötig.

1. Das Feld eines unendlich langen geraden Leiters. Da sämtliche Leiterelemente im gegebenen Fall die $+z$-Richtung aufweisen (Abb. 2.124), kann $\boldsymbol{A}$ auch nur eine Komponente in z-Richtung besitzen:

$$A_z = \frac{\mu_0}{4\pi} I \int_{-L}^{L} \frac{\mathrm{d}l}{R} = \frac{\mu_0}{4\pi} I \int_{-L}^{L} \frac{\mathrm{d}z}{\sqrt{r^2 + z^2}}. \tag{2}$$

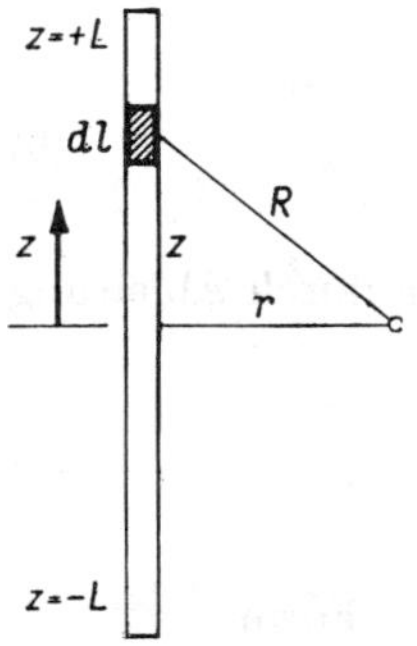

Abb. 2.124
Zur Berechnung des Vektorpotentials einer geraden Leitung

Wächst L über alle Grenzen, so wird das Integral divergent. Bekanntlich kann eine unendlich lange Linienladung, auf einen Punkt im Unendlichen bezogen, kein endliches Potential im Endlichen besitzen. Entsprechend ist es hier: Ein Vektorpotential, das im Unendlichen verschwindet, ist nicht möglich.

Die einzige Komponente des Magnetfeldes ist durch

$$H_\varphi = -\frac{1}{\mu_0} \frac{\partial A_z}{\partial r} = \frac{Ir}{4\pi} \int_{-L}^{+L} \frac{\mathrm{d}z}{(r^2 + z^2)^{3/2}} \tag{3}$$

gegeben. Dieser Ausdruck hat bereits einen endlichen Wert für $L \to \infty$ und liefert auch die bekannte Beziehung

$$H_\varphi = \frac{Ir}{4\pi} \int_{-\infty}^{\infty} \frac{\mathrm{d}z}{(r^2 + z^2)^{3/2}} = \frac{I}{2\pi r}. \tag{4}$$

2. Im Feld von zwei parallelen, von gegenläufigen Strömen durchfluteten unendlich langen Leitern existiert ein endliches Vektorpotential $\boldsymbol{A}$. Dieses kann auch

diesmal nur eine Komponente in der z-Richtung haben; sie lautet:

$$A_z = \mu_0 \frac{I}{4\pi} \int_{-L}^{+L} \frac{dz}{\sqrt{z^2 + r_1^2}} - \mu_0 \frac{I}{4\pi} \int_{-L}^{+L} \frac{dz}{\sqrt{z^2 + r_2^2}} \tag{5}$$

$$= \mu_0 \frac{I}{4\pi} \left[\ln \frac{z + \sqrt{z^2 + r_1^2}}{z + \sqrt{z^2 + r_2^2}} \right]_{-L}^{+L} = \mu_0 \frac{I}{4\pi} \ln \left(\frac{L + \sqrt{L^2 + r_1^2}}{L + \sqrt{L^2 + r_2^2}} \cdot \frac{-L + \sqrt{L^2 + r_2^2}}{-L + \sqrt{L^2 + r_1^2}} \right).$$

Hieraus ergibt sich durch den Grenzübergang $L \to \infty$

$$A_z = \mu_0 \frac{I}{2\pi} \ln \frac{r_2}{r_1}. \tag{6}$$

Aus dieser Beziehung können die beiden Feldstärkekomponenten durch Ableitung erhalten werden:

$$H_x = \frac{1}{\mu_0} \frac{\partial A_z}{\partial y}; \qquad H_y = -\frac{1}{\mu_0} \frac{\partial A_z}{\partial x}. \tag{7}$$

Es ist bekannt, daß die Gleichung der magnetischen Kraftlinien die Form

$$\frac{dx}{dy} = \frac{H_x}{H_y} \qquad \text{bzw.} \qquad -H_y\, dx + H_x\, dy = 0 \tag{8}$$

hat. Durch Einführung der Ausdrücke (7) für die Komponenten H_x und H_y erhält man

$$\frac{\partial A_z}{\partial x} dx + \frac{\partial A_z}{\partial y} dy = dA_z = 0. \tag{9}$$

Folglich fallen die durch $dA_z = 0$ oder $A_z = \text{const}$ bestimmten Kurven mit den Kraftlinien $\boldsymbol{H}$ zusammen. Diese Kraftlinien sind nach Gl. (6) Kreise, in voller Analogie zu den Kreisen $U = \text{const}$, die man dann erhält, wenn die beiden Leiter mit Ladungen gleichen Betrages, aber entgegengesetzten Vorzeichens belegt sind. Das Potential zweier Linienladungen ist nämlich

$$U = \frac{q}{2\pi\varepsilon_0} \ln \frac{r_2}{r_1}. \tag{10}$$

Aus diesen Betrachtungen folgt noch, daß die $\boldsymbol{H}$- und $\boldsymbol{E}$-Linien aufeinander senkrecht stehen, da die $\boldsymbol{E}$-Linien senkrecht zu den Kurven $U = \text{const}$ verlaufen, letztere aber mit den Linien $A_z = \text{const}$ zusammenfallen und diese gerade die $\boldsymbol{H}$-Linien liefern.

Ein ähnliches Verhältnis zwischen $\boldsymbol{E}$ und $\boldsymbol{H}$ wird sich auch bei den elektromagnetischen Wellen herausstellen.

3. Auf Grund der eingangs besprochenen Analogie wird das Vektorpotential einer einzigen kreisförmigen Stromschleife nur eine, nämlich die φ-Komponente, aufweisen. A_φ hängt von φ natürlich nicht ab: Die ganze Anordnung ist zylindersymmetrisch. Wir können deshalb einen Punkt P mit den Zylinderkoordinaten $(z, r, 0)$ in

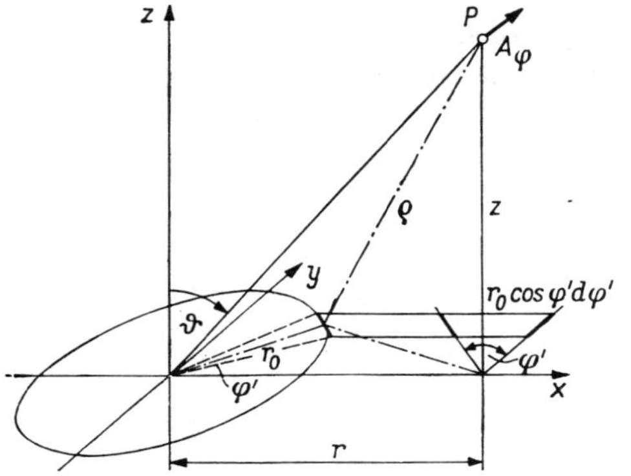

Abb. 2.125 Zur Berechnung des Vektorpotentials eines Kreisringes

der (x, z)-Ebene wählen und A_φ in diesem ausgewählten Punkte bestimmen. Die bei der Berechnung benutzten Zusammenhänge sind aus Abb. 2.125 ohne weiteres ablesbar.

Es wird also

$$A_\varphi = \frac{\mu_0 I}{4\pi} \oint_L \frac{dl \cos\varphi'}{\varrho} = \frac{\mu_0 I r_0}{4\pi} \int_0^{2\pi} \frac{\cos\varphi' \, d\varphi'}{\varrho} = \frac{\mu_0 I r_0}{4\pi} \int_0^{2\pi} \frac{\cos\varphi' \, d\varphi'}{\sqrt{z^2 + r^2 + r_0^2 - 2 r_0 r \cos\varphi'}}. \tag{11}$$

Durch Einführung der neuen Veränderlichen $\beta = \dfrac{\pi - \varphi'}{2}$ und durch Umordnung der Gleichung wird

$$\left.\begin{aligned} A_\varphi &= \frac{\mu_0 I}{2\pi} \frac{1}{r} \frac{z^2 + r^2 + r_0^2}{\sqrt{z^2 + (r + r_0)^2}} \int_0^{\pi/2} \frac{d\beta}{\sqrt{1 - k^2 \sin^2\beta}} \\ &\quad - \frac{\mu_0 I}{2\pi r} \sqrt{z^2 + (r + r_0)^2} \int_0^{\pi/2} \sqrt{1 - k^2 \sin^2\beta} \, d\beta \\ &= \frac{\mu_0 I}{2\pi} \frac{1}{r} \sqrt{z^2 + (r + r_0)^2} \left[F\left(\frac{\pi}{2}, k\right) - E\left(\frac{\pi}{2}, k\right) \right] \\ &\quad - \frac{\mu_0 I r_0}{\pi} \frac{1}{\sqrt{z^2 + (r + r_0)^2}} F\left(\frac{\pi}{2}, k\right), \end{aligned}\right\} \tag{12}$$

wobei

$$k^2 = \frac{4r_0 r}{z^2 + (r + r_0)^2} \tag{13}$$

gilt.

Hier sind $F(\pi/2, k)$ und $E(\pi/2, k)$ — die häufig auch mit $K(k)$ bzw. $E(k)$ bezeichnet werden — die auch in Tabellen enthaltenen vollständigen elliptischen Integrale erster und zweiter Art, die durch

$$F\left(\frac{\pi}{2}, k\right) = \int_0^{\pi/2} \frac{\mathrm{d}\beta}{\sqrt{1 - k^2 \sin^2 \beta}},$$

$$E\left(\frac{\pi}{2}, k\right) = \int_0^{\pi/2} \sqrt{1 - k^2 \sin^2 \beta}\, \mathrm{d}\beta$$

definiert sind. Von den Eigenschaften elliptischer Integrale wird später die Rede sein. Somit kann A_φ in folgender Form geschrieben werden:

$$A_\varphi = \frac{\mu_0 I}{2\pi r} [z^2 + (r_0 + r)^2]^{1/2} \left[\left(1 - \frac{k^2}{2}\right) F\left(\frac{\pi}{2}, k\right) - E\left(\frac{\pi}{2}, k\right)\right]. \tag{14}$$

Wird nun hier die für kleine k-Werte gültige Reihenentwicklung von $F(\pi/2, k)$ und $E(\pi/2, k)$ angewandt, nämlich

$$\frac{2}{\pi} F\left(\frac{\pi}{2}, k\right) = 1 + 2\frac{k^2}{8} + 9\left(\frac{k^2}{8}\right)^2 + \cdots, \tag{15}$$

$$\frac{2}{\pi} E\left(\frac{\pi}{2}, k\right) = 1 - 2\frac{k^2}{8} - 3\left(\frac{k^2}{8}\right)^2 - \cdots, \tag{16}$$

so kommt man mit $[z^2 + (r + r_0)^2]^{1/2} \approx R$ und $r/R = \sin\vartheta$ zu folgender Beziehung:

$$\begin{aligned} A_\varphi &\approx \frac{\mu_0 I}{2\pi} \frac{R}{r} \frac{\pi}{2} \left\{\left(1 - \frac{k^2}{2}\right)\left[1 + 2\frac{k^2}{8} + 9\left(\frac{k^2}{8}\right)^2\right] - \left[1 - 2\frac{k^2}{8} - 3\left(\frac{k^2}{8}\right)^2\right]\right\} \\ &\approx \frac{\mu_0 I}{4} \frac{R}{r} \frac{k^4}{16} \approx \frac{\mu_0 I}{4} \sin\vartheta \frac{r_0^2}{R^2} = \frac{1}{4\pi} \frac{\mu_0 I r_0^2 \pi \sin\vartheta}{R^2} = \frac{1}{4\pi}\left(\boldsymbol{m} \times \operatorname{grad}\frac{1}{R}\right)_\varphi. \end{aligned} \tag{17}$$

Dieser Ausdruck zeigt volle Übereinstimmung mit Gl. 2.47.(15).

Dieselbe Aufgabe kann auch in einer anderen Weise gelöst werden. Nach Gl. (11) ist

$$A_\varphi = \frac{\mu_0 I}{4\pi} \oint_L \frac{\mathrm{d}l \cos\varphi'}{\varrho} = \frac{\mu_0 I r_0}{4\pi} \int_0^{2\pi} \frac{\cos\varphi' \,\mathrm{d}\varphi'}{\varrho}. \tag{18}$$

Die Funktion $1/\varrho$ kann entsprechend Kap. 2.28 in folgende Reihe entwickelt werden:

$$\frac{1}{\varrho} = \frac{1}{R} \frac{1}{\sqrt{1 - \frac{2r_0}{R}\cos\gamma + \left(\frac{r_0}{R}\right)^2}} = \sum P_n(\cos\gamma) \frac{r_0^n}{R^{n+1}} = \frac{1}{R} + \frac{r_0 \cos\varphi' \sin\vartheta}{R^2} + \cdots, \tag{19}$$

wobei für den Punkt P die Beziehung $\cos\gamma = \cos\varphi' \sin\vartheta$ gilt. Brechen wir hier beim zweiten Glied ab, so wird

$$A_\varphi = \mu_0 \frac{I r_0^2}{4\pi} \int_0^{2\pi} \frac{\cos^2\varphi' \sin\vartheta}{R^2} \,\mathrm{d}\varphi' = \mu_0 \frac{I r_0^2 \pi}{4\pi} \frac{\sin\vartheta}{R^2}. \tag{20}$$

Dieser Ausdruck stimmt selbstverständlich mit den für große Abstände gültigen Beziehungen Gl. (17) bzw. Gl. 2.47 (15) überein.

2.49. Berechnung des zylindersymmetrischen magnetischen Feldes

2.49.1. Das Feld einer beliebigen Spule

Wir bestimmen zunächst das axiale magnetische Feld einer Spule, die nur aus einer Windung besteht, und benutzen dieses Ergebnis zur Berechnung des axialen Magnetfeldes einer beliebigen Spule. Fließt in einem kreisförmigen Leiter mit dem Radius r ein Strom I, so kann die magnetische Feldstärke in einem beliebigen Punkte z der Achse nach dem Biot-Savartschen Gesetz

$$H_z(z) = \frac{I}{4\pi} \int_0^{2r\pi} \frac{\mathrm{d}l}{r^2 + z^2} \cos\alpha = \frac{I}{4\pi} \int_0^{2r\pi} \frac{\mathrm{d}l}{(r^2 + z^2)} \frac{r}{\sqrt{r^2 + z^2}} \tag{1}$$

berechnet werden (Abb. 2.126). Es ist also

$$H_z(z) = \frac{I}{2} \frac{r^2}{(r^2 + z^2)^{3/2}}. \tag{2}$$

Die magnetische Feldstärke hat also in der Leiterebene ihr Maximum und nimmt links und rechts von dieser ab.

Betrachten wir nun entsprechend Abb. 2.127 eine durch eine beliebige Innenkurve $r = r_i(z)$ bzw. Außenkurve $r = r_a(z)$ begrenzte Spule. Die Windungszahl dieser Spule, auf die Querschnittsflächeneinheit bezogen, sei n. Nun sei (Abb. 2.127) ein Kreisring von der Dicke $\mathrm{d}z_0$ und der Breite $\mathrm{d}r$ — also mit dem Querschnitt $\mathrm{d}z_0\,\mathrm{d}r$ — ausgeschnitten. Darin fließt ein Strom von

$$\mathrm{d}^2 I = n\,\mathrm{d}z_0\,\mathrm{d}r\,I_0, \tag{3}$$

wobei I_0 die Stromstärke in einer einzigen Windung bedeutet. Dieser Kreisring erzeugt in einem beliebigen Punkt der Achse die magnetische Feldstärke

$$\mathrm{d}^2 H(z) = \frac{n\,\mathrm{d}z_0\,\mathrm{d}r\,I_0}{2}\,\frac{r^2(z_0)}{[r^2(z_0) + (z - z_0)^2]^{3/2}}. \tag{4}$$

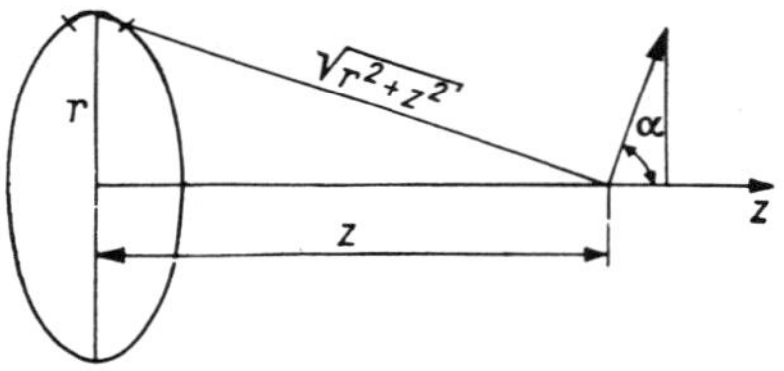

Abb. 2.126 Berechnung des Magnetfeldes eines Kreisleiters längs der Achse

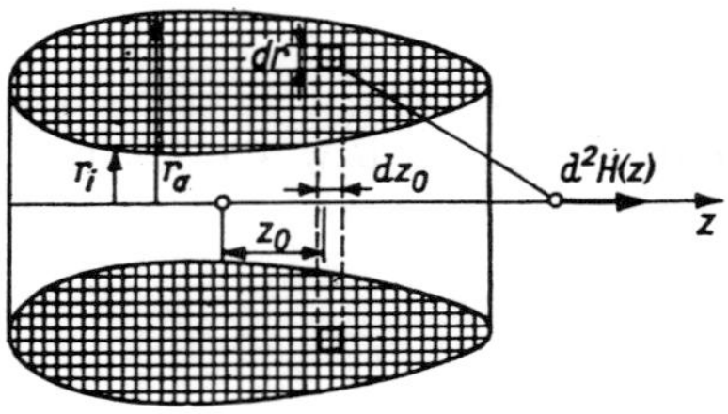

Abb. 2.127 Berechnung des magnetischen Feldes einer beliebigen Spule längs der Achse

Die Feldstärke, die eine zwischen der Innen- und der Außengrenze liegende flache scheibenförmige Spule von der Breite $\mathrm{d}z_0$ im Punkt $P(z)$ erzeugt, erhalten wir durch Integration dieser Beziehung zwischen den beiden Grenzen $r_i(z_0)$ und $r_a(z_0)$. Es ist also

$$\mathrm{d}H(z) = \frac{nI_0}{2}\,\mathrm{d}z_0 \int\limits_{r_i(z_0)}^{r_a(z_0)} \frac{r^2\,\mathrm{d}r}{[r^2 + (z - z_0)^2]^{3/2}}. \tag{5}$$

Die magnetische Feldstärke der vollen Spule im Punkt $P(z)$ kann wiederum durch Integration dieses Ausdruckes über z_0 bestimmt werden, d. h.,

$$H(z) = \frac{nI_0}{2} \int\limits_{-\infty}^{\infty} \mathrm{d}z_0 \int\limits_{r_i(z_0)}^{r_a(z_0)} \frac{r^2\,\mathrm{d}r}{[r^2 + (z - z_0)^2]^{3/2}}. \tag{6}$$

Diese Beziehung liefert uns im Falle einer unendlich langen, gleichmäßig verteilten Spule konstanten Querschnittes die bekannte Formel

$$H = \frac{NI_0}{l}, \tag{7}$$

worin N die zur Länge l gehörende Windungszahl bedeutet.

2.49.2. Berechnung des zylindersymmetrischen Feldes mit Hilfe des Vektorpotentials

In der Elektronen- und Ionenoptik spielen die rotationssymmetrischen magnetischen Felder eine ebenso große Rolle wie die rotationssymmetrischen elektrischen Felder. Sie müssen deshalb etwas ausführlicher untersucht werden. Stellen wir uns vor, ein Magnetfeld werde durch eine rotationssymmetrische stromdurchflossene Spule von beliebigem Querschnitt erzeugt. Aus der Rotationssymmetrie folgt sofort, daß das Feld vom Winkel φ unabhängig ist, daß also $\partial/\partial\varphi = 0$. Es ist auch $H_\varphi = 0$, da kein Spulenring ein Feld dieser Richtung liefert. Ferner ist die Richtung der in der Spule fließenden Ströme stets senkrecht zur z-Achse, so daß auch das Vektorpotential

$$\boldsymbol{A} = \frac{\mu}{4\pi} \int \frac{\boldsymbol{J}}{r} \, \mathrm{d}V \tag{8}$$

überall senkrecht zur z-Achse verläuft, d. h. überall $A_z = 0$ gilt.

Beachten wir die Beziehungen $\partial/\partial\varphi = 0$ und $A_z = 0$, so kann $\boldsymbol{B} = \mu\boldsymbol{H} = \operatorname{rot} \boldsymbol{A}$ in folgender Form geschrieben werden:

$$\left.\begin{aligned} \mu H_z &= \frac{1}{r} \frac{\partial}{\partial r} (r A_\varphi), \\ \mu H_r &= -\frac{\partial A_\varphi}{\partial z}, \\ \mu H_\varphi &= \frac{\partial A_r}{\partial z} = 0. \end{aligned}\right\} \tag{9}$$

Die Gleichung $\operatorname{div} \boldsymbol{A} = 0$ kann in der Form

$$\frac{\partial A_z}{\partial z} + \frac{1}{r} \frac{\partial}{\partial r} (r A_r) + \frac{1}{r} \frac{\partial A_\varphi}{\partial \varphi} = 0 \tag{10}$$

geschrieben werden. Diese Gleichung vereinfacht sich wegen $A_z = 0$ und $\partial/\partial\varphi = 0$ zu

$$\frac{1}{r}\frac{\partial}{\partial r}(rA_r) = 0$$

und führt zu der Lösung:

$$A_r = \frac{c}{r}, \tag{11}$$

da A_r wegen $H_\varphi = 0$ nach Gl. (9) nur von r abhängig ist. Die Komponente A_r hat an der Stelle $r = 0$, d. h. an der Symmetrieachse der Spule, eine Singularität, was physikalisch nicht möglich ist. Aus diesem Grunde muß $A_r = 0$ sein. Das Vektorpotential $\boldsymbol{A}$ eines rotationssymmetrischen magnetischen Feldes besitzt also nur die Komponente A_φ. Zu ihrer Bestimmung dient die Gleichung

$$\mu \operatorname{rot} \boldsymbol{H} = \operatorname{rot}\operatorname{rot} \boldsymbol{A} = 0. \tag{12}$$

Für uns ist nämlich der Bereich des Feldes von Interesse, der in der Nähe der Achse liegt, der aber nicht von der Spule eingenommen wird. Folglich kann hier auch kein Strom fließen, und es muß rot $\boldsymbol{H} = 0$ sein. Zwei Komponenten des Vektors rot rot $\boldsymbol{A}$ sind identisch Null, die dritte liefert für A_φ die Bestimmungsgleichung

$$\frac{\partial^2 A_\varphi}{\partial z^2} + \frac{\partial^2 A_\varphi}{\partial r^2} + \frac{\partial}{\partial r}\left(\frac{A_\varphi}{r}\right) = 0. \tag{13}$$

Hierzu sei noch bemerkt, daß rot rot $\boldsymbol{A}$ in der Regel mit Hilfe der Beziehung

$$\operatorname{rot}\operatorname{rot} \boldsymbol{A} = \operatorname{grad}\operatorname{div} \boldsymbol{A} - \Delta\boldsymbol{A} \quad (= -\Delta\boldsymbol{A}, \text{ wenn } \operatorname{div} \boldsymbol{A} = 0) \tag{14}$$

berechnet wird, wobei die Komponenten des Vektors $\Delta\boldsymbol{A}$ der Reihe nach ΔA_x, ΔA_y, ΔA_z sind. Die Abhängigkeit dieses Ausdrucks vom Koordinatensystem erkennen wir daraus, daß Gl. (13) nicht der in Zylinderkoordinaten aufgeschriebenen Gleichung

$$\Delta A_\varphi = \operatorname{div}\operatorname{grad} A_\varphi = 0 \tag{15}$$

entspricht. Später wird noch gezeigt werden, daß im Falle von Zylinderkoordinaten die Ausdrücke div grad A und (rot rot $\boldsymbol{A})_z$ nur für den Vektor $\boldsymbol{A}(A_z, 0, 0)$ identisch sind.

Greifen wir auf Gl. (13) zurück. Wir wollen hier einen Zusammenhang zwischen den an der Achse angenommenen Werten von $\boldsymbol{A}$ und $\boldsymbol{H}$ und den Werten dieser Größen in einem beliebigen Raumpunkt finden, wie es auch beim elektrischen Feld der Fall war. Wir entwickeln die Funktion $A_\varphi(z, r)$ in eine Reihe nach r. Da $H_r(z, r)$ eine ungerade Funktion von r darstellt — wenn wir nämlich im Koordinatensystem (z, r) an Stelle von r den negativen Wert $(-r)$ setzen, wird wegen der Rotationssymmetrie auch H_r sein Vorzeichen ändern —, muß entsprechend $\mu H_r = -\partial A_\varphi/\partial z$ auch A_φ eine ungerade Funktion von r bleiben. Die Reihe kann also folgende Glieder enthalten:

$$A_\varphi(z, r) = r f_1(z) + r^3 f_3(z) + \cdots. \tag{16}$$

Nach Durchführung der angedeuteten Differentiationen und nach Einführung der so gewonnenen Beziehungen in Gl. (13) erhält man durch Vergleich der verschiedenen Potenzen von r folgende Bestimmungsgleichungen für die Funktionen $f_i(z)$:

$$f_3(z) = -\frac{f_1''(z)}{2 \cdot 4}; \qquad f_5(z) = \frac{f_1^{(4)}(z)}{2 \cdot 4^2 \cdot 6}. \tag{17}$$

Es ist also

$$A_\varphi(z, r) = r f_1(z) - \frac{r^3}{2 \cdot 4} f_1''(z) + \frac{r^5}{2 \cdot 4^2 \cdot 6} f_1^{(4)}(z) + \cdots. \tag{18}$$

Nun ist es möglich, auch für H_z bzw. H_r diese Gleichung aufzuschreiben. So ist z. B.

$$\mu H_z(z, r) = \frac{1}{r} \frac{\partial r A_\varphi}{\partial r} = 2 f_1(z) - \frac{r^2}{2} f_1''(z) + \cdots. \tag{19}$$

Aus dieser Beziehung kann zugleich auch die physikalische Bedeutung von $f_1(z)$ festgestellt werden. Entlang der Achse, also im Fall $r = 0$, gilt nämlich

$$\mu H_z(z, 0) = 2 f_1(z). \tag{20}$$

Deswegen gilt weiter

$$f_1(z) = \frac{\mu H_z(z, 0)}{2}. \tag{21}$$

Letzten Endes können also $A_\varphi(z, r)$ und auch $H_r(z, r)$ sowie $H_z(z, r)$ berechnet werden, sobald der Wert von H entlang der Achse mit Hilfe von Gl. (6) bestimmt worden ist

$$H_r(z, r) = -\frac{1}{\mu} \frac{\partial A_\varphi(z, r)}{\partial z} = \sum_{n=0}^{\infty} \frac{(-1)^{n+1}}{n!\,(n+1)!} H_z^{(2n+1)}(z) \left(\frac{r}{2}\right)^{2n+1}. \tag{22}$$

2.49.3. Die Berechnung des Magnetfeldes einer Helmholtzschen Spule

Die eben abgeleiteten Beziehungen werden in erster Linie in der Elektronenoptik angewendet. Wir wollen sie nun jedoch zur Berechnung der günstigsten Bedingungen einer zum Aufbau eines homogenen Kraftfeldes dienenden Helmholtz-Spule gebrauchen.

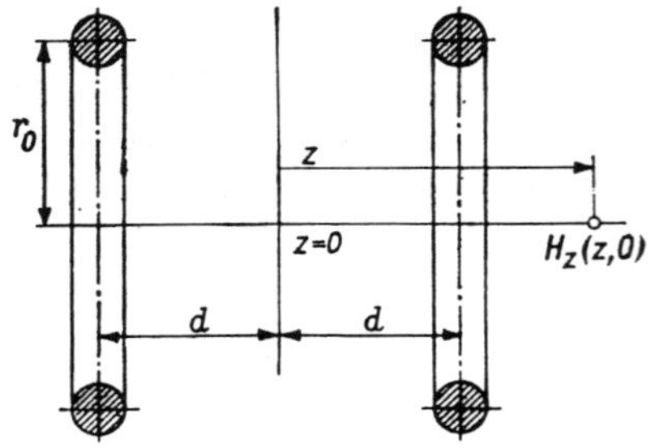

Abb. 2.128
Zur Berechnung des Feldes einer Helmholtz-Spule

Wir betrachten zwei Spulen (Abb. 2.128). Das Feld dieser Spulen entlang der Achse sei durch

$$H_z(z, 0) = \frac{1}{2} r_0^2 I \left[\frac{1}{[r_0^2 + (d+z)^2]^{3/2}} + \frac{1}{[r_0^2 + (d-z)^2]^{3/2}}\right]$$

$$= \frac{r_0^2 I}{2(r_0^2 + d^2)^{3/2}} \left[\left(1 + \frac{z(z+2d)}{r_0^2 + d^2}\right)^{-3/2} + \left(1 + \frac{z(z-2d)}{r_0^2 + d^2}\right)^{-3/2}\right] \tag{23}$$

beschrieben. Dem binomischen Satz zufolge kann eine Reihenentwicklung in der Form

$$(1 + u)^{-3/2} = 1 - \frac{3}{2} u + \frac{15}{8} u^2 - + \cdots$$

angewendet werden.

In unserem Fall lautet die Reihe

$$H_z(z, 0) = \frac{r_0^2 I}{2(r_0^2 + d^2)^{3/2}} [2 + C_2 z^2 + C_4 z^4 + \cdots], \tag{24}$$

wobei

$$C_2 = \frac{15d^2 - 3(r_0^2 + d^2)}{(r_0^2 + d^2)^2}$$

ist.

Bilden wir noch die zweite Ableitung von $H_z(z, 0)$

$$H_z''(z, 0) = \frac{r_0^2 I}{2(r_0^2 + d^2)^{3/2}} (2C_2 + 4 \cdot 3 \cdot C_4 z^2 + \cdots) \approx \frac{r_0^2 I}{(r_0^2 + d^2)^{3/2}} C_2, \tag{25}$$

so kann jetzt der Wert von $H_z(z, r)$ nach Gl. (19) und Gl. (21) angegeben werden. Sind z und r genügend klein, so gilt

$$H_z(z, r) \approx H_z(z, 0) - H_z''(z, 0) \left(\frac{r}{2}\right)^2 \approx H_z(z, 0) - \frac{r_0^2 I}{(r_0^2 + d^2)^{3/2}} C_2 \left(\frac{r}{2}\right)^2. \tag{26}$$

Durch zweckmäßige Wahl der geometrischen Verhältnisse kann erreicht werden, daß

$$C_2 = \frac{15d^2 - 3(r_0^2 + d^2)}{(r_0^2 + d^2)^2} = 0 \tag{27}$$

ist. Diese Bedingung ist offensichtlich durch

$$r_0 = 2d \tag{28}$$

erfüllt. In diesem Fall kann das Magnetfeld zwischen den beiden Spulen als homogen betrachtet werden:

$$H_z(z, r) \approx H_z(z, 0). \tag{29}$$

Mit einer ähnlichen Annäherung gilt auch $H_r(z, r) \approx 0$. Die obige Anordnung ermöglicht also die Erzeugung eines homogenen magnetischen Feldes.

2.50. Die Energie des magnetischen Feldes

Die Möglichkeit der Umformung

$$W_e = \frac{1}{2} \int_V \boldsymbol{E}\boldsymbol{D} \, \mathrm{d}V = \frac{1}{2} \int_V \varrho U \, \mathrm{d}V \tag{1}$$

wurde in der Elektrostatik bereits bewiesen: Man kann also aus einer der Nahwirkungsauffassung entsprechenden Energiebeziehung eine der Fernwirkungsauffassung entsprechende Gleichung ableiten. Im folgenden sei nun gezeigt, daß ähnliche Zusammenhänge auch bezüglich der magnetischen Energie gewonnen werden können. Ist nämlich

$$W_m = \frac{1}{2}\int\limits_V \boldsymbol{HB}\,\mathrm{d}V = \frac{1}{2}\int\limits_V \boldsymbol{H}\,\mathrm{rot}\,\boldsymbol{A}\,\mathrm{d}V, \tag{2}$$

so kann Gl. (2) unter Berücksichtigung von

$$\mathrm{div}\,(\boldsymbol{H}\times\boldsymbol{A}) = \boldsymbol{A}\,\mathrm{rot}\,\boldsymbol{H} - \boldsymbol{H}\,\mathrm{rot}\,\boldsymbol{A} \tag{3}$$

in folgender Form geschrieben werden:

$$W_m = \frac{1}{2}\int\limits_V \boldsymbol{A}\,\mathrm{rot}\,\boldsymbol{H}\,\mathrm{d}V - \frac{1}{2}\int\limits_V \mathrm{div}\,(\boldsymbol{H}\times\boldsymbol{A})\,\mathrm{d}V. \tag{4}$$

Das letzte Glied dieser Gleichung liefert bei Integration über das gesamte Feld den Wert Null, was durch Umformung des Volumenintegrals in ein Flächenintegral mit Hilfe des Gaußschen Satzes leicht einzusehen ist. Es gilt nämlich

$$\int\limits_V \mathrm{div}\,(\boldsymbol{H}\times\boldsymbol{A})\,\mathrm{d}V = \oint\limits_a (\boldsymbol{H}\times\boldsymbol{A})\,\mathrm{d}\boldsymbol{a}. \tag{5}$$

In einem geschlossenen Stromkreis kann nun die magnetische Feldstärke aus dem Potential einer Doppelschicht abgeleitet werden. In genügend großer Entfernung ist das magnetische Potential dem Sehwinkel, d. h. dem Quadrat der Entfernung, proportional. Die magnetische Feldstärke nimmt also mit der dritten Potenz der Entfernung und das Vektorpotential entsprechend mindestens mit $1/r^2$ im Unendlichen ab. Das Produkt der beiden Größen verschwindet also mindestens proportional $1/r^5$, und das Integral liefert uns, über die im Unendlichen liegende Kugelfläche erstreckt, den Wert Null. Die Gleichung nimmt also die folgende einfache Form an:

$$W_m = \frac{1}{2}\int\limits_V \boldsymbol{A}\,\mathrm{rot}\,\boldsymbol{H}\,\mathrm{d}V = \frac{1}{2}\int\limits_V \boldsymbol{AJ}\,\mathrm{d}V. \tag{6}$$

Dieser Ausdruck ist völlig dem Ausdruck $W_e = \frac{1}{2}\int \varrho U\,\mathrm{d}V$ analog; an Stelle der Ladungsdichte tritt jedoch hier die Stromdichte und an Stelle des Skalarpotentials das Vektorpotential auf.

Ebenso ist uns aus der Elektrostatik der Ausdruck $W_e = \frac{1}{2}CU^2$ für die elektrostatische Energie bekannt. Sein Analogon kann sofort für mehrere Leiter aufgestellt werden. Wenn wir nämlich in die vorher abgeleitete Formel der magnetischen Energie den Ausdruck

$$A = \frac{\mu}{4\pi} \sum_{k=1}^{n} I_k \oint_{L_k} \frac{\mathrm{d}\boldsymbol{l}_k}{r} \tag{7}$$

für das Vektorpotential einführen, so erhalten wir

$$W_\mathrm{m} = \frac{\mu}{8\pi} \int_V \sum_{k=1}^{n} I_k \oint_{L_k} \frac{\mathrm{d}\boldsymbol{l}_k}{r} \boldsymbol{J} \,\mathrm{d}V . \tag{8}$$

Wird nun die Integration im Raume mit Hilfe der schon öfter angewandten Beziehung $\mathrm{d}V_i = a_i \,\mathrm{d}l_i$ durchgeführt, so gelangt man zu folgender Gleichung:

$$W_\mathrm{m} = \frac{\mu}{8\pi} \sum_{i=1}^{n} \sum_{k=1}^{n} I_i I_k \oint_{L_i} \oint_{L_k} \frac{\mathrm{d}\boldsymbol{l}_k \,\mathrm{d}\boldsymbol{l}_i}{r_{ik}} = \sum_{i=1}^{n} \sum_{k=1}^{n} \frac{1}{2} L_{ik} I_i I_k , \tag{9}$$

in die wir bereits den Ausdruck für die Induktivitäten (siehe Kap. 2.51.) eingesetzt haben.

Im Fall eines einzigen Leiters ergibt sich für die magnetische Energie in voller Analogie zur elektrostatischen Energie

$$W_\mathrm{m} = \frac{1}{2} L I^2 ; \tag{10}$$

sie ist also der Selbstinduktivität und dem Quadrat der Stromstärke proportional. Im Fall von zwei Leitern wird

$$\begin{aligned} W_\mathrm{m} &= \frac{1}{2} [L_{11} I_1^2 + L_{12} I_1 I_2 + L_{21} I_2 I_1 + L_{22} I_2^2] \\ &= \frac{1}{2} [L_{11} I_1^2 + 2 L_{12} I_1 I_2 + L_{22} I_2^2] . \end{aligned} \tag{11}$$

2.51. Der Begriff der Induktionskoeffizienten

Gemäß Abb. 2.129 seien n verschiedene Stromkreise in einer beliebigen, willkürlichen geometrischen Konfiguration gegeben. Die Ströme seien mit $i_1, i_2, \ldots, i_n$ bezeichnet. Die einzelnen Kreise seien dabei mit den magnetischen Flüssen $\Phi_1, \Phi_2, \ldots, \Phi_n$ verkettet. Es wird also

$$\Phi_k = \int_{a_k} \boldsymbol{B} \,\mathrm{d}\boldsymbol{a} . \tag{1}$$

Da $\boldsymbol{B} = \operatorname{rot} \boldsymbol{A}$ ist, kann diese Gleichung wie folgt umgeschrieben werden:

$$\Phi_k = \int_{a_k} \operatorname{rot} \boldsymbol{A} \, \mathrm{d}\boldsymbol{a}. \tag{2}$$

Durch Anwendung des Stokesschen Satzes erhalten wir

$$\Phi_k = \oint_{C_k} \boldsymbol{A} \, \mathrm{d}\boldsymbol{l}_k. \tag{3}$$

$\boldsymbol{A}$ kann folgendermaßen berechnet werden:

$$\boldsymbol{A} = \frac{\mu}{4\pi} \int_V \frac{\boldsymbol{J}}{r} \, \mathrm{d}V = \mu \sum_{l=1}^{n} \frac{i_l}{4\pi} \oint_{C_l} \frac{\mathrm{d}\boldsymbol{l}_l}{r}. \tag{4}$$

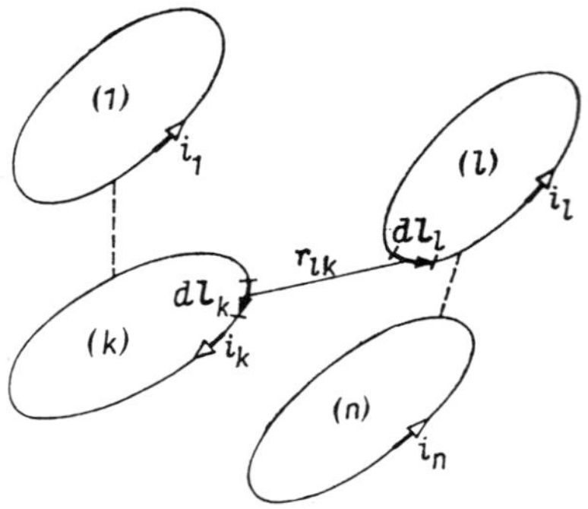

Abb. 2.129 Stromkreise zur Berechnung der Induktionskoeffizienten

Hier ist die Integration über alle Raumteile zu erstrecken, in denen die Stromdichte von Null verschieden ist, also über sämtliche Leiter. Diesen Ausdruck wieder in die vorherige Formel einführend, erhalten wir:

$$\Phi_k = \int_{C_k} \boldsymbol{A} \, \mathrm{d}\boldsymbol{l}_k = \mu \oint_{C_k} \sum_{l=1}^{n} \frac{i_l}{4\pi} \oint_{C_l} \frac{\mathrm{d}\boldsymbol{l}_l}{r_{kl}} \, \mathrm{d}\boldsymbol{l}_k. \tag{5}$$

Wir wollen nun die folgenden Bezeichnungen einführen:

$$L_{lk} = L_{kl} = \frac{\mu}{4\pi} \oint_{C_l} \oint_{C_k} \frac{\mathrm{d}\boldsymbol{l}_l \, \mathrm{d}\boldsymbol{l}_k}{r_{kl}}, \tag{6}$$

und kommen dann zur Gleichung

$$\Phi_k = \sum_{l=1}^{n} L_{kl} i_l. \tag{7}$$

Die Größen L_{kl} und L_{lk} nennen wir gegenseitige Induktionskoeffizienten. Der symmetrische Bau der Formel für L_{kl} zeigt die Gleichheit der beiden Koeffizienten

$$L_{kl} = L_{lk}.$$

Gleichung (6) kann zur Berechnung der Selbstinduktionskoeffizienten, also für die Ausdrücke der Form L_{kk}, nicht verwendet werden, da in diesem Falle auch der Wert $r = 0$ auftreten würde, durch den das ganze Integral divergent würde. Man darf jetzt vom räumlichen Integral nicht zum Linienintegral übergehen. Aus der Gleichung

$$\frac{1}{2} L_{kk} i_k^2 = \frac{1}{2} \int_V \boldsymbol{A}\boldsymbol{J}\, \mathrm{d}V = \frac{1}{2}\frac{\mu_0}{4\pi} \int_{V_k} \left(\int_{V_k'} \frac{\boldsymbol{J}_k'}{r}\, \mathrm{d}V' \right) \boldsymbol{J}_k\, \mathrm{d}V$$

folgt sofort

$$L_{kk} = \frac{\mu_0}{4\pi} \frac{1}{i_k^2} \int_{V_k} \int_{V_k'} \frac{\boldsymbol{J}_k \boldsymbol{J}_k'}{r}\, \mathrm{d}V\, \mathrm{d}V'. \tag{8}$$

2.52. Berechnungsmethoden für Selbstinduktivität und Gegeninduktivität

Im vorigen Kapitel ermittelten wir in geschlossener Form die Gegeninduktivität zweier Leiter und die Selbstinduktivität eines einzelnen Leiters. Für praktische Berechnungen ist es jedoch häufig zweckmäßiger, entweder die Beziehung

$$W_\mathrm{m} = \int_V \frac{\mu}{2} H^2\, \mathrm{d}V = \frac{1}{2} L I^2 \tag{1}$$

oder aber den Ausdruck

$$\Phi_i = \int_{a_i} \mu \boldsymbol{H}\, \mathrm{d}\boldsymbol{a} = \sum_{k=1}^{n} L_{ik} I_k \tag{2}$$

zu verwenden.

Dabei kann der Induktionsfluß eventuell aus der Beziehung

$$\Phi_i = \oint_{C_i} \boldsymbol{A}\, \mathrm{d}\boldsymbol{l}_i \tag{3}$$

berechnet werden. Die einzelnen Methoden werden oft miteinander kombiniert angewandt.

Als praktische Anwendung der Bestimmungsgleichung

$$L_{12} = \frac{\mu}{4\pi} \oint_{C_1} \oint_{C_2} \frac{\mathrm{d}\boldsymbol{l}_1\, \mathrm{d}\boldsymbol{l}_2}{\varrho_{12}} \tag{4}$$

sei hier die gegenseitige Induktion zweier koaxialer Kreisringe mit parallelen Ebenen untersucht. Entsprechend Abb. 2.130 können hier die im Kap. 2.48 abgeleiteten Zusammenhänge angewandt werden. Es ist also

$$L_{12} = \frac{\mu}{4\pi} \oint_{C_1} \mathrm{d}l_1 \oint_0^{2\pi} \frac{r_2 \cos\varphi'\, \mathrm{d}\varphi'}{\sqrt{z^2 + r_1^2 + r_2^2 - 2r_1 r_2 \cos\varphi'}}. \tag{5}$$

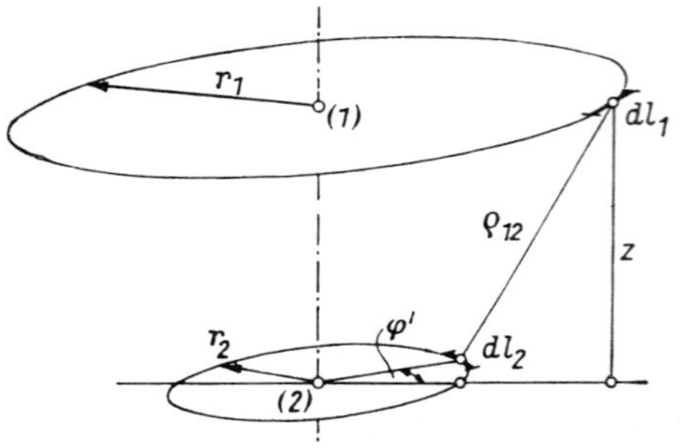

Abb. 2.130 Zur Berechnung der Gegeninduktivität zweier Kreisringe

Da aber

$$\oint_{C_1} \mathrm{d}l_1 = 2r_1\pi, \tag{6}$$

folgt

$$L_{12} = \mu \sqrt{z^2 + (r_1 + r_2)^2} \left[\left(1 - \frac{k^2}{2}\right) F\left(\frac{\pi}{2}, k\right) - E\left(\frac{\pi}{2}, k\right)\right]. \tag{7}$$

Dabei ist

$$k^2 = \frac{4r_1 r_2}{z^2 + (r_1 + r_2)^2}. \tag{8}$$

2.53. Die elliptischen Integrale und die elliptischen Funktionen

Die elliptischen Funktionen können durch zwei Problemkreise auf ganz verschiedenen Wegen erreicht werden. Im vorliegenden Buch haben wir beide Wege eingeschlagen.

Historisch sind zuerst die elliptischen Integrale bei der Auswertung einiger bestimmter Integrale aufgetaucht und die elliptischen Funktionen als deren Umkehrfunktionen eingeführt worden. Andererseits können die elliptischen Funktionen durch ihre funktionentheoretischen Eigenschaften, nämlich durch die Doppelperiodizität und ihre Singularitäten, charakterisiert werden. Durch die elliptischen Funktionen können also, wie wir schon gesehen haben, parallelogrammartige Bereiche abgebildet werden. Die Verwandtschaft der elliptischen und trigonometrischen Funktionen tritt immer deutlich hervor. Die letzteren können als entartete elliptische Funktionen angesehen werden.

2.53.1. Die elliptischen Integrale

Es ist uns bekannt, daß sich die Integration von Ausdrücken der Form

$$\int R\left(x, \sqrt{ax^2 + bx + c}\right) \mathrm{d}x,$$

wobei $R\left(x, \sqrt{ax^2 + bx + c}\right)$ eine rationale Funktion von x und $\sqrt{ax^2 + bx + c}$ bedeutet, durch Substitutionen auf die Integration von rationalen Funktionen von x und auf einfache Integrale, wie zum Beispiel

$$\int \frac{\mathrm{d}x}{\sqrt{1 - x^2}},$$

also auf die Integration rationaler und elementarer transzendenter Funktionen, zurückführen läßt.

Auf ähnliche Weise kann der Ausdruck

$$\int R\left(x, \sqrt{\alpha x^4 + \beta x^3 + \gamma x^2 + \delta x + \varepsilon}\right) \mathrm{d}x$$

auf die Integrale

$$F = \int_0^x \frac{\mathrm{d}x}{\sqrt{(1 - x^2)\,(1 - k^2x^2)}}, \tag{1}$$

$$E = \int_0^x \sqrt{\frac{1 - k^2x^2}{1 - x^2}}\, \mathrm{d}x, \tag{2}$$

$$\Pi = \int_0^x \frac{\mathrm{d}x}{(1 + nx^2)\sqrt{(1 - x^2)\,(1 - k^2x^2)}} \tag{3}$$

zurückgeführt werden. Diese werden *Legendresche Normalintegrale* erster, zweiter bzw. dritter Gattung genannt.

Elliptisch werden diese Integrale deswegen genannt, weil sie zuerst zur Bestimmung der Ellipsenbogenlänge verwendet wurden. Wir wollen uns hier nur mit solchen der ersten und zweiten Gattung befassen, von denen die ersteren die wichtigeren sind.

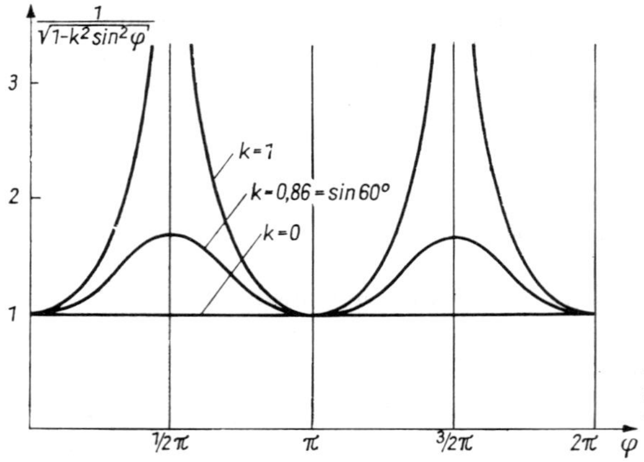

Abb. 2.131 Der Integrand im Ausdruck des elliptischen Integrals

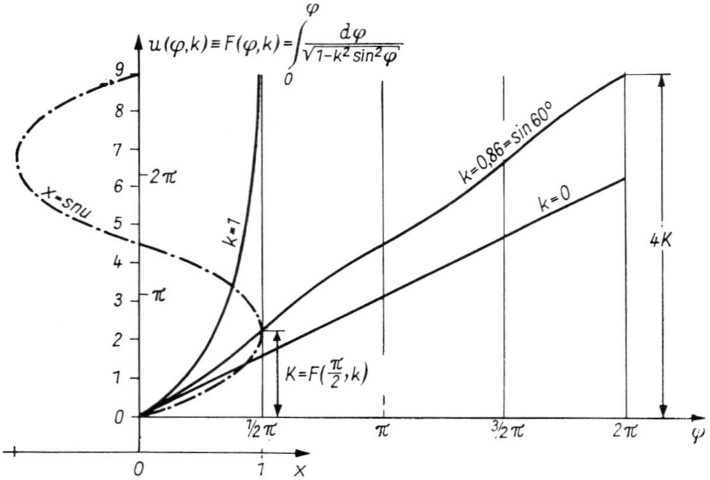

Abb. 2.132 Das elliptische Integral erster Gattung und seine Umkehrfunktion, die elliptische Funktion

Durch Einführung der Veränderlichen $x = \sin\varphi$ erhält man die folgende (tabellierte) Form der elliptischen Integrale:

$$F(\varphi, k) = \int_0^{\varphi} \frac{d\varphi}{\sqrt{1 - k^2 \sin^2 \varphi}}, \tag{4}$$

$$E(\varphi, k) = \int_0^{\varphi} \sqrt{1 - k^2 \sin^2 \varphi}\, d\varphi. \tag{5}$$

Diese Funktionen F und E können durch keine einfacheren Funktionen ausgedrückt werden. Ihre Eigenschaften können bei verschiedenen Werten des Moduls k; z. B. durch ihre Reihenentwicklungen, beurteilt werden.

Die Abb. 2.132 zeigt uns den Verlauf der Funktion $F(\varphi, k)$.

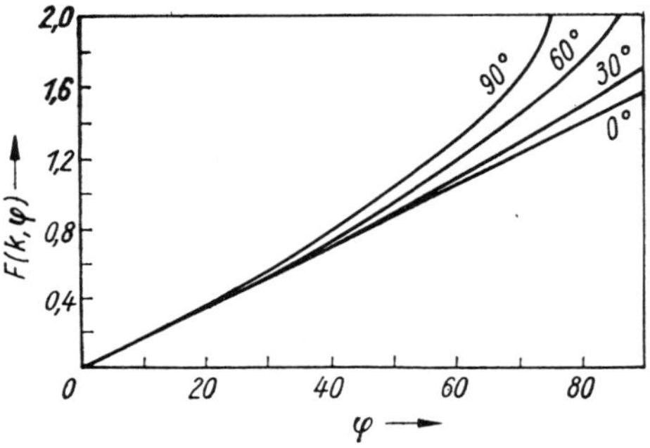

Abb. 2.133 Elliptisches Integral erster Gattung

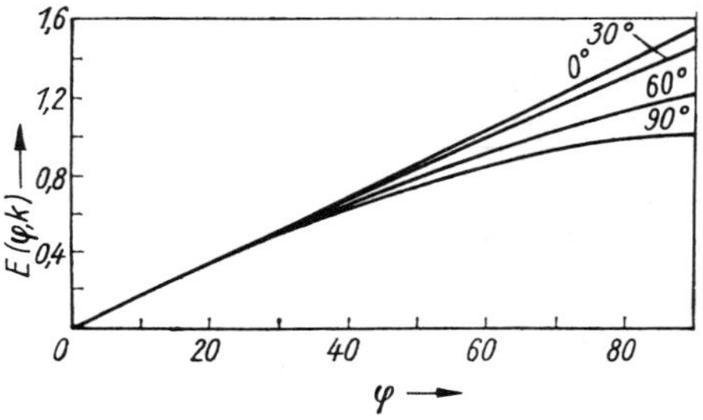

Abb. 2.134 Elliptisches Integral zweiter Gattung. Die eingeschriebenen Winkelwerte hängen mit k durch die Gleichung $k = \sin \vartheta$ zusammen

Es wurde also zuerst die Funktion

$$\frac{1}{\sqrt{1 - k^2 \sin^2 \varphi}}$$

für die Modulwerte $k = 0$, 0,86, 1, gezeichnet (Abb. 2.131). In der Abb. 2.132 sind dann die durch Integration erhaltenen Funktionen

$$u(\varphi, k) \equiv F(\varphi, k) = \int_0^{\varphi} \frac{d\varphi}{\sqrt{1 - k^2 \sin^2 \varphi}} \tag{6}$$

eingetragen. Für die Kurvenabschnitte zwischen 0 und $\pi/2$ wurden in Abb. 2.133 die entsprechenden Kurven mehrerer Modulwerte k eingezeichnet. Diese Kurven findet man übrigens in den verschiedenen Funktionentabellen.

Auf ähnliche Weise erhalten wir die Funktionskurven $E(\varphi, k)$, deren Verlauf in Abb. 2.134 wiedergegeben ist.

Erstreckt sich die Integration zwischen den Grenzen 0 und $\pi/2$, so erhält man die sogenannten vollständigen elliptischen Integrale

$$K(k) = F\left(\frac{\pi}{2}, k\right); \qquad E(k) = E\left(\frac{\pi}{2}, k\right). \tag{7}$$

Ihr Wert ist nur vom Modul k abhängig. Die numerischen Werte können den Abb. 2.133—134 entnommen werden.

Wie man von der Form 2.9. (61) ausgehend zur Normalform gelangt, soll jetzt in aller Kürze gezeigt werden. Wir schreiben unser Integral ein wenig um:

$$I = \int \frac{d\lambda}{\sqrt{(\lambda + c^2)(\lambda + b^2)(\lambda + a^2)}} = \int \frac{d\lambda}{\sqrt{(\lambda - \alpha_1)(\lambda - \alpha_2)(\lambda - \alpha_3)}}; \qquad \alpha_1 > \alpha_2 > \alpha_3 .$$

Wir führen eine neue Veränderliche durch die Definitionsgleichung

$$\lambda = \frac{\alpha_1 - \alpha_2 x^2}{1 - x^2}; \qquad x^2 = \frac{\lambda - \alpha_1}{\lambda - \alpha_2}$$

ein. So erhalten wir für $d\lambda$

$$d\lambda = \frac{-\alpha_2(1 - x^2) + \alpha_1 - \alpha_2 x^2}{(1 - x^2)^2}\, d(x^2) = \frac{\alpha_{12}}{(1 - x^2)^2}\, d(x^2) .$$

Wir führen die Abkürzung $\alpha_{ik} = \alpha_i - \alpha_k$ ein. Damit wird

$$I = \int \frac{1}{\sqrt{\left(\frac{\alpha_1 - \alpha_2 x^2}{1 - x^2} - \alpha_1\right)\left(\frac{\alpha_1 - \alpha_2 x^2}{1 - x^2} - \alpha_2\right)\left(\frac{\alpha_1 - \alpha_2 x^2}{1 - x^2} - \alpha_3\right)}}\, \frac{\alpha_{12}}{(1 - x^2)^2}\, d(x^2)$$

$$= \int \frac{\alpha_{12}}{\sqrt{\alpha_{12} x^2 \alpha_{12}(\alpha_{32} x^2 + \alpha_{13})}}\, \frac{1}{\sqrt{1 - x^2}}\, d(x^2) = \frac{1}{\sqrt{\alpha_{13}}} \int \frac{1}{x\sqrt{1 - x^2}\sqrt{1 - \frac{\alpha_{23}}{\alpha_{13}} x^2}}\, 2x\, dx$$

$$= \frac{2}{\sqrt{\alpha_{13}}} \int \frac{dx}{\sqrt{(1 - x^2)(1 - k^2 x^2)}} = \frac{2}{\sqrt{\alpha_{13}}} \int \frac{d\varphi}{\sqrt{1 - k^2 \sin^2 \varphi}} .$$

Als Beispiel soll z. B. die Kapazität einer ellipsoidförmigen Elektrode mit den Hauptachsen $a = 0{,}5$ m, $b = 0{,}4$ m, $c = 0{,}3$ m bestimmt werden. Da jetzt $\alpha_1 = -(0{,}3)^2$; $\alpha_2 = -(0{,}4)^2$; $\alpha_3 = -(0{,}5)^2$ ist, ergibt sich $k^2 = (\alpha_2 - \alpha_3)/(\alpha_1 - \alpha_3) = 0{,}562$ bzw. $k = 0{,}75$ und schließlich $\arcsin 0{,}75 \approx 48{,}5^0 = \vartheta$.

Die Integrationsgrenzen lauten für λ: $0 \to \infty$; für x: $\sqrt{\alpha_1/\alpha_2} \to 1$ und für φ: $\arcsin \sqrt{\alpha_1/\alpha_2} = \arcsin (3/4) \approx 48{,}5° \to \pi/2$.

Wir erhalten also

$$\int_0^\infty \frac{d\lambda}{\sqrt{(\lambda + a^2)(\lambda + b^2)(\lambda + c^2)}} = \frac{2}{\sqrt{\alpha_{13}}} \int_{\arcsin\sqrt{\alpha_1/\alpha_2}}^{\pi/2} \frac{d\varphi}{\sqrt{1 - k^2 \sin^2 \varphi}} = \frac{2}{\sqrt{\alpha_{13}}} \left[\int_0^{\pi/2} - \int_0^{\arcsin\sqrt{\alpha_1/\alpha_2}} \right]$$

$$= 2/\sqrt{\alpha_{13}}\, [F(\pi/2; 0{,}75) - F(48{,}5^0; 0{,}75)] \approx 5[1{,}91 - 0{,}90] \approx 5 .$$

Die Kapazität wird also

$$C = \frac{8\pi\varepsilon_0}{\int\limits_0^\infty \frac{d\lambda}{(\lambda + a^2)(\lambda + b^2)(\lambda + c^2)}} \approx \frac{8\pi\, 8{,}85 \cdot 10^{-12}}{5} \approx 45 \text{ pF} .$$

Es ist ein durch die spezielle Wahl der Konstanten a, b, c bedingter Zufall, daß die Integrationsgrenze φ und der zu k durch die Gleichung $\vartheta = \arcsin k$ zugeordnete Winkel identische Werte besitzen. Es gilt nämlich jetzt $(\alpha_2 - \alpha_3)/(\alpha_1 - \alpha_3) = \alpha_1/\alpha_2$.

2.53.2. Die elliptischen Funktionen als Umkehrfunktionen der elliptischen Integrale

Zu den einfachsten elliptischen Funktionen gelangt man über das elliptische Integral erster Gattung auf folgende Weise:

In Abb. 2.132 wurden die Werte von u als Funktionen von φ gezeigt. Sehen wir jetzt u als unabhängige Veränderliche an, so erhalten wir die Umkehrfunktion der Funktion

$$u = u(\varphi, k) = \int_0^{\varphi} \frac{\mathrm{d}\varphi}{\sqrt{1 - k^2 \sin^2 \varphi}}. \tag{8}$$

Diese Funktion wird mit

$$\varphi = \operatorname{am} u$$

bezeichnet und heißt Amplitude von u. Sie interessiert uns hier jedoch nicht. Trägt man aber entsprechend Abb. 2.132 über dem gegebenen u nicht den dazugehörigen φ-Wert, sondern dessen Sinus auf, so erhalten wir folgende Funktion von u:

$$x = \sin \varphi = \sin \operatorname{am} u = \operatorname{sn} u.$$

Kehren wir mit Hilfe der Beziehung $x = \sin \varphi$ zur Veränderlichen x zurück, so kann als Umkehrfunktion von

$$u = u(x, k) = \int_0^{x} \frac{\mathrm{d}x}{\sqrt{(1 - x^2)(1 - k^2x^2)}} \tag{9}$$

die Funktion

$$x = \operatorname{sn} u \tag{10}$$

erhalten werden. Den Verlauf dieser Funktion (Sinus amplitudinis von u) für reelle Werte zeigt uns die Abb. 2.132. Wir sehen, daß die Funktion eine reelle Periode von $4K$ besitzt. Aus der Definition folgt — was aus Abb. 2.135 abgelesen werden kann —, daß sie außerdem eine Imaginärperiode von $2\mathrm{j}K\left(\sqrt{1 - k^2}\right)$ besitzt. Neben der elliptischen Sinusfunktion $\operatorname{sn} u$ spielen auch die durch die Gleichungen $\cos \operatorname{am} u = \operatorname{cn} u$ und $\sqrt{1 - k^2 \operatorname{sn}^2 u} \equiv \operatorname{dn} u$ definierten Jacobischen elliptischen Funktionen (Cosinus amplitudinis u bzw. Delta amplitudinis u) eine Rolle.

Die elliptischen Funktionen können durch die obengenannten Eigenschaften gekennzeichnet werden: elliptische Funktionen werden im allgemeinen solche doppeltperiodischen Funktionen genannt, die in der gesamten komplexen Ebene nur Pole als Singularitäten aufweisen.

Bei konformer Abbildung spielt die durch Umkehrung der Funktion

$$z = z(w) = \int_0^w \frac{dw}{\sqrt{(1 - w^2)(1 - k^2w^2)}} \tag{11}$$

erhaltene komplexe Funktion

$w = \operatorname{sn} z$

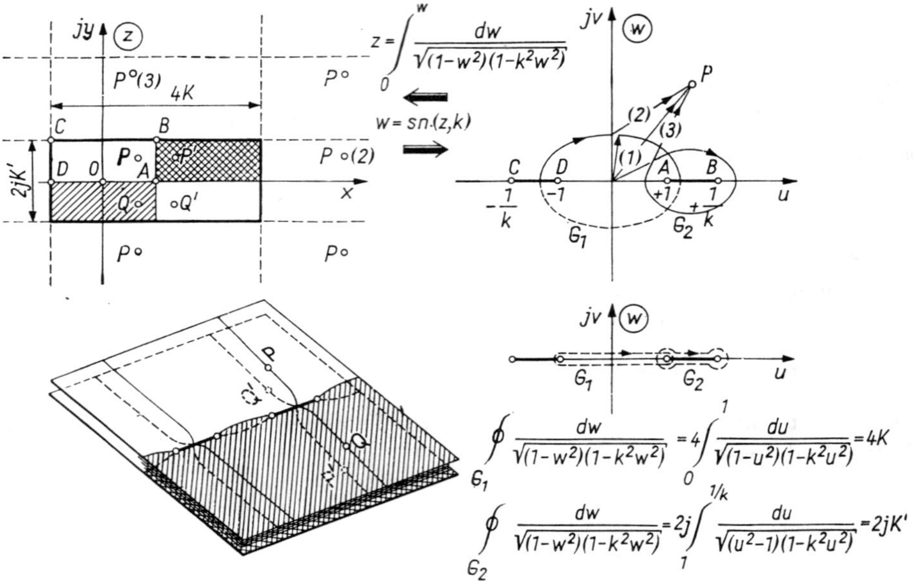

Abb. 2.135 Abbildung durch die elliptische Funktion $w = \operatorname{sn} z$. Die entsprechenden Gebiete sind durch gleiche Schraffierung gekennzeichnet. Die verschiedenen Bildpunkte eines Punktes $w(P)$ unterscheiden sich im Integrationsweg auf der Riemannschen Fläche des Integranden. Die Kurvenintegrale auf G_1 und G_2 ergeben also die Perioden

eine grundlegende Rolle. Sie ist eine elliptische Funktion zweiter Ordnung, da sie zwei einfache Pole im Grundgebiet als Singularität hat.

Durch die Funktion $w = \operatorname{sn} z$ wird einem beliebigen Punkt der z-Ebene ein einziger Punkt der w-Ebene zugeordnet. Zugleich entsprechen aber einem einzigen w-Punkt unendlich viele z-Punkte, je nachdem, wie man den Integrationsweg zwischen 0 und w wählt.

Bei spezieller Wahl des Moduls k gelangen wir zu verschiedenen Entartungsfällen. Für $k = 0$ wird — wie man leicht auf Grund der Gl. (9) sieht —

$$u = \arc\sin x; \qquad x = \sin u.$$

Im Komplexen wird also

$$w = \sin z.$$

Hierin sieht man auch die Ursache, warum die Umkehrfunktion eingeführt wurde. Ebenso wie $u = \arc\sin x$ ist auch $u = u(x, k)$ eine vieldeutige Funktion. Die Umkehrfunktion $x = \sin u$ oder $x = \operatorname{sn} u$ oder im Komplexen $w = \operatorname{sn} z$ ist bereits eindeutig.

Die Abbildung $w = \operatorname{sn}(z, k)$ bildet nach Abb. 2.135 die obere Hälfte der w-Ebene auf das rechteckige Gebiet $ABCD$ in der z-Ebene ab. Die Seitenlänge $DA = CB = 2OA$ des Rechteckes ergibt sich aus folgender Beziehung:

$$x_{(+1)} = \int_0^1 \frac{\mathrm{d}u}{\sqrt{(1 - u^2)(1 - k^2u^2)}} = F\left(\frac{\pi}{2}, k\right) = K(k). \tag{12}$$

Die Seitenlänge AB ergibt sich dagegen zu

$$\mathrm{j}y_{(+1/k)} = \int_1^{1/k} \frac{\mathrm{d}u}{\sqrt{(1 - u^2)(1 - k^2u^2)}}. \tag{13}$$

Wenn wir jetzt die neue Veränderliche

$$t^2 = \frac{1 - k^2u^2}{1 - k^2}$$

einführen, so ergibt sich:

$$\mathrm{j}y_{(+1/k)} = \mathrm{j}\int_0^1 \frac{\mathrm{d}t}{\sqrt{(1 - t^2)[1 - (1 - k^2)t^2]}} = \mathrm{j}F\left(\frac{\pi}{2}, \sqrt{1 - k^2}\right) = \mathrm{j}K'(k). \tag{14}$$

Das in Abb. 2.135 in der z-Ebene dick ausgezogene Rechteck wird durch die Funktion $w = \operatorname{sn} z$ auf eine zweiblättrige Riemannsche Fläche der w-Ebene abgebildet. Durch Verschiebung dieses „Grundgebietes" um $z = n4K + \mathrm{j}m2K'$ entstandene neue Gebiete werden ebenso abgebildet. Die Funktion $w = \operatorname{sn}(z, k)$ besitzt also die reelle Periode $4K$ und die imaginäre Periode $2\mathrm{j}K'$.

2.54. Singularitäten im magnetischen Feld

2.54.1. Singularitäten im stationären Feld

Es wurde bereits gezeigt, daß der Potentialsprung oder der Sprung der Ableitung des Potentials im elektrostatischen Feld zu den Begriffen elektrische Doppelschicht und Flächenladungsdichte geführt haben. Diese beiden physikalischen Begriffe waren u. a. dazu brauchbar, der für den endlichen Raum aufgestellten mathematischen Beziehung

$$U = -\frac{1}{4\pi}\int\limits_V \frac{\Delta U}{r}\,\mathrm{d}V - \frac{1}{4\pi}\int\limits_a U\frac{\partial}{\partial n}\frac{1}{r}\,\mathrm{d}a + \frac{1}{4\pi}\int\limits_a \frac{1}{r}\frac{\partial U}{\partial n}\,\mathrm{d}a \tag{1}$$

eine physikalische Bedeutung zuzuschreiben: Die Wirkung der außerhalb eines geschlossenen Volumens liegenden Ladungen konnte durch die Flächenladungsdichte und die Doppelschicht ersetzt werden.

Es soll nun auf ähnliche Weise untersucht werden, ob auch die Flächenintegrale der für das Vektorpotential gültigen Beziehung

$$\boldsymbol{A} = -\frac{1}{4\pi}\int\limits_V \frac{\Delta \boldsymbol{A}}{r}\,\mathrm{d}V - \frac{1}{4\pi}\int\limits_a \boldsymbol{A}\frac{\partial}{\partial n}\frac{1}{r}\,\mathrm{d}a + \frac{1}{4\pi}\int\limits_a \frac{1}{r}\frac{\partial \boldsymbol{A}}{\partial n}\,\mathrm{d}a \tag{2}$$

eine physikalische Deutung erhalten können. Diese Gleichung drückt den Wert des Vektorpotentials durch $\Delta\boldsymbol{A}$-Werte in dem betreffenden Volumen und durch die Werte von $\boldsymbol{A}$ und $\partial\boldsymbol{A}/\partial n$ an der umhüllenden Fläche des Volumens aus. Können diese durch Flächenströme oder Doppelflächenströme irgendeiner Art ersetzt werden? Die praktische Wichtigkeit dieser Fragen wurde durch die Arbeiten von STRATTON und SCHELKUNOFF bewiesen.

Der Ausgangspunkt sei diesmal entgegengesetzt zum vorigen: Wir betrachten die physikalische Singularität als bereits gegeben und wollen daraus das Verhalten des Feldes $\boldsymbol{H}$ und des Vektorpotentials $\boldsymbol{A}$ feststellen.

Der Begriff der Flächenstromdichte ist uns bereits bekannt: Wenn wir die Dicke $\mathrm{d}l$ jener Schicht, in der der Strom fließt, gegen Null gehen lassen, unter der Voraussetzung, daß der Strom $\mathrm{d}l \cdot 1 \cdot \boldsymbol{J}$ konstant bleibt, dann nennen wir den Grenzwert von $\mathrm{d}l\boldsymbol{J}$ die Flächenstromdichte $\boldsymbol{K}$. Ihr Betrag gibt den Strom an, der durch die senkrecht zu $\boldsymbol{K}$, also in Richtung der nach $\boldsymbol{n}\times\boldsymbol{K}$ genommenen Längeneinheit fließt. In Kap. 1.6. wurde bereits festgestellt, daß nach dem Erregungsgesetz die Tangentialkomponente von $\boldsymbol{H}$ beim Durchgang durch die Fläche einen Sprung besitzt; dabei ändert jedoch nur die zu $\boldsymbol{K}$ senkrechte Flächenkomponente ihren Wert unstetig. Beträgt also die Feldstärke an einer Seite der Fläche $\boldsymbol{H}_1$ und an der anderen Seite $\boldsymbol{H}_2$, so liegt der Unterschied $\boldsymbol{H}_1 - \boldsymbol{H}_2$ in der Fläche und zugleich senkrecht zu $\boldsymbol{K}$, also

$$\boldsymbol{n}\times(\boldsymbol{H}_1 - \boldsymbol{H}_2) = \boldsymbol{K}. \tag{3}$$

Dabei zeigt die Normale von der Seite (2) nach der Seite (1) (Abb. 2.136).

Das Vektorpotential ist diesmal nach der Beziehung

$$\boldsymbol{A} = \frac{\mu}{4\pi} \int_a \frac{\boldsymbol{K}\,\mathrm{d}a}{r} \tag{4}$$

zu berechnen. Ebenso wie das aus σ berechenbare Potential

$$U = \frac{1}{4\pi\varepsilon} \int_a \frac{\sigma}{r}\,\mathrm{d}a \tag{5}$$

stetig durch die Fläche verläuft, die Normalkomponente seiner Ableitung jedoch einen Sprung σ/ε erleidet, ist auch der Übergang von $\boldsymbol{A}$ stetig. Seine Ableitung besitzt hier jedoch in Richtung der Normalen einen Sprung, entsprechend der Beziehung

$$\left(\frac{\partial \boldsymbol{A}}{\partial n}\right)_2 - \left(\frac{\partial \boldsymbol{A}}{\partial n}\right)_1 = \boldsymbol{K}\mu\,. \tag{6}$$

Da $\boldsymbol{K}$ in der Berührungsebene der Fläche liegt, folgt, daß

$$\left(\frac{\partial \boldsymbol{A}_\mathrm{t}}{\partial n}\right)_2 - \left(\frac{\partial \boldsymbol{A}_\mathrm{t}}{\partial n}\right)_1 = \boldsymbol{K}\mu\,, \tag{7}$$

d. h., nur die Tangentialkomponente von $\partial \boldsymbol{A}/\partial n$ besitzt einen Sprung, seine Normalkomponente geht jedoch stetig durch die betrachtete Fläche hindurch.

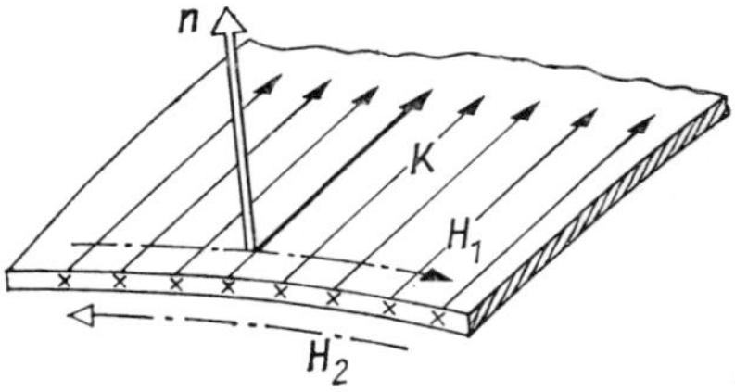

Abb. 2.136 Flächenströme verursachen einen Sprung der Tangentialkomponente der magnetischen Feldstärke

Betrachten wir nun an Hand der Abb. 2.137 das Feld der Flächenströme zweier einander sehr nahe liegender Flächen (Abstand $\mathrm{d}l$), wobei der Betrag der Flächenströme in jedem Punkt der Fläche übereinstimmt, ihre Richtung jedoch entgegengesetzt ist. Das Vektorpotential lautet dann

$$\mathrm{d}\boldsymbol{A} = \frac{\mu}{4\pi}\left(\frac{\boldsymbol{K}\,\mathrm{d}a}{r + \mathrm{d}r}\right) - \left(\frac{\boldsymbol{K}\,\mathrm{d}a}{r}\right) = \mu\,\mathrm{d}a\,\frac{\mathrm{d}l\boldsymbol{K}}{4\pi}\left(\boldsymbol{n}\,\mathrm{grad}_Q\,\frac{1}{r}\right), \tag{8}$$

so daß zuletzt

$$\boldsymbol{A} = \frac{\mu}{4\pi} \int\limits_a \mathrm{d}l\boldsymbol{K} \left(\boldsymbol{n} \operatorname{grad} \frac{1}{r}\right) \mathrm{d}a \tag{9}$$

wird.

Der Abbildung entsprechend, kann bei konstantem $\boldsymbol{K}$ die Doppelschicht aus kleinen Stromkreisen, d. h. aus magnetischen Dipolen, zusammengesetzt sein. Die Größe des Momentes eines elementaren Dipols beträgt

$$|\boldsymbol{m}| = |\mu\, \mathrm{d}l \cdot b \cdot a\boldsymbol{K}|, \tag{10}$$

wobei $a\boldsymbol{K}$ den im Stromkreis fließenden Strom und $\mathrm{d}l \cdot b$ die Stromkreisfläche bedeuten. Die Richtung von $\boldsymbol{M}$ verläuft senkrecht zu $\boldsymbol{K}$ und zur Normalen $\boldsymbol{n}$. Das auf

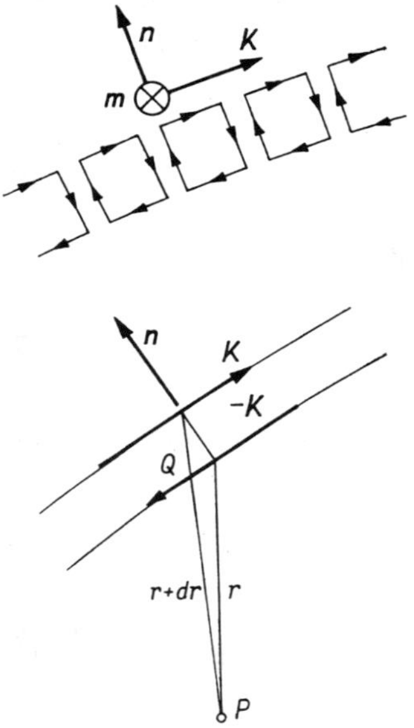

Abb. 2.137 Doppelschichtströme sind magnetischen Dipolen äquivalent

die Flächeneinheit bezogene magnetische Moment ist

$$|\boldsymbol{v}_\mathrm{m}| = \left|\frac{\boldsymbol{m}}{ab}\right| = |\mu\, \mathrm{d}l\boldsymbol{K}|. \tag{11}$$

Die Stromdichte $\boldsymbol{K}$ wird so erhöht, daß das Produkt $|\mu\, \mathrm{d}l\boldsymbol{K}|$ konstant bleibt. Dadurch gelangt man zu Flächendipolen, die einer Doppelschicht äquivalent sind. Die Achse dieser Dipole liegt nicht senkrecht zur Fläche, sondern in der Fläche. Aus der Abbildung ist die Gültigkeit von

$$\mu\, \mathrm{d}l\boldsymbol{K} = \boldsymbol{v}_\mathrm{m} \times \boldsymbol{n} \tag{12}$$

zu ersehen. Damit ergibt sich für das Vektorpotential

$$\boldsymbol{A} = \frac{1}{4\pi} \int_a \boldsymbol{\nu}_{\mathrm{m}} \times \boldsymbol{n} \frac{\partial}{\partial n} \frac{1}{r} \, \mathrm{d}a. \tag{13}$$

Für den Fall einer elektrischen Doppelschicht wurde bereits gezeigt, daß das Potential

$$U = \frac{1}{4\pi\varepsilon} \int_a \nu \frac{\partial}{\partial n} \frac{1}{r} \, \mathrm{d}a \tag{14}$$

beim Durchgang durch die Fläche einen Sprung aufweist:

$$U_1 - U_2 = \frac{\nu}{\varepsilon}. \tag{15}$$

Auf ähnliche Weise erhalten wir hier einen Sprung von der Größe

$$\boldsymbol{A}_1 - \boldsymbol{A}_2 = \boldsymbol{\nu}_{\mathrm{m}} \times \boldsymbol{n}. \tag{16}$$

Da $\boldsymbol{m} \times \boldsymbol{n}$ in der Fläche liegt, kann also nur die Tangentialkomponente von $\boldsymbol{A}$ eine Unstetigkeit besitzen, die Normalkomponente muß jedoch stetig übergehen.

Damit haben wir physikalische Umstände gezeigt, unter denen sich die Tangentialkomponente von $\boldsymbol{A}$ bzw. die von $\partial \boldsymbol{A}/\partial n$ beim Durchgang durch die Fläche sprunghaft ändert. Die Normalkomponente verläuft jedoch stetig. Durch Flächenströme und Doppelschichtströme oder magnetische Dipole, die in der Fläche liegen, können solche Sprünge erklärt werden.

Die den Doppelschichtströmen entsprechenden magnetischen Momente sind von einer speziellen Art: Sie können infolge ihrer Herkunft nur eine Divergenz, jedoch keine Rotation besitzen.

Es soll nun, ein wenig allgemeiner, eine beliebige Fläche mit Dipolen beliebiger Orientierung belegt werden.

Das Vektorpotential dieser Fläche wird nach Gl. 2.47.(15) bestimmt zu

$$\boldsymbol{A} = \frac{1}{4\pi} \int_a \boldsymbol{\nu}_{\mathrm{m}} \times \operatorname{grad} \frac{1}{r} \, \mathrm{d}a. \tag{17}$$

Wie wird sich jetzt der Vektor $\boldsymbol{A}$ beim Durchgang durch die Fläche verhalten? Um dies zu untersuchen, erinnern wir uns daran, daß der Vektor $\boldsymbol{A}$ nach Gl. (4) aus der Flächenstromdichte $\boldsymbol{K}$ folgendermaßen berechnet werden konnte:

$$\boldsymbol{H} = \frac{1}{\mu} \operatorname{rot} \boldsymbol{A} = \operatorname{rot} \frac{1}{4\pi} \int_a \frac{\boldsymbol{K} \, \mathrm{d}a}{r} = \frac{1}{4\pi} \int_a \boldsymbol{K} \times \operatorname{grad} \frac{1}{r} \, \mathrm{d}a. \tag{18}$$

Wir wissen auch, daß der so berechnete Vektor $\boldsymbol{H}$ beim Durchgang durch die Fläche einen Sprung der Größe

$$\boldsymbol{H}_1 - \boldsymbol{H}_2 = \boldsymbol{K} \times \boldsymbol{n} \tag{19}$$

macht. Daraus folgern wir, daß aus der ähnlich gebauten Gleichung ein Sprung des Vektors $\boldsymbol{A}$ von der Größe

$$\boldsymbol{A}_1 - \boldsymbol{A}_2 = \boldsymbol{\nu}_{\mathrm{m}} \times \boldsymbol{n} \tag{20}$$

folgt.

Der Differenzvektor $\boldsymbol{A}_1 - \boldsymbol{A}_2$ liegt als Vektorprodukt von $\boldsymbol{n}$ mit dem beliebig orientierten $\boldsymbol{m}$ in der Fläche. Das bedeutet mit anderen Worten: Nur die Tangentialkomponente von $\boldsymbol{A}$ macht in diesem allgemeinen Fall einen Sprung, die Normalkomponente geht stetig durch die Fläche.

2.54.2. Der Begriff der magnetischen Ströme

Wir sahen schon vorher, daß das über eine geschlossene Kurve erstreckte Linienintegral des Vektorpotentials den von der geschlossenen Kurve umgebenen Fluß liefert. Zeigt also entlang der Fläche a die Tangentialkomponente von $\boldsymbol{A}$ einen Sprung, so ergibt das über eine Kurve L — welche die unendlich schmale Fläche a_0 umrandet — gebildete Linienintegral einen endlichen Wert. Also wird auch der ein-

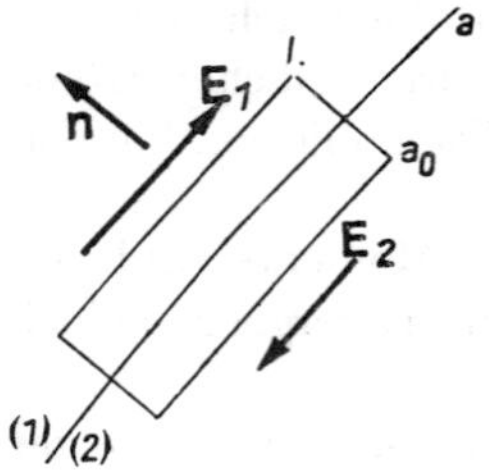

Abb. 2.138 Magnetische Ströme verursachen einen Sprung der Tangentialkomponente der elektrischen Feldstärke

geschlossene Fluß endlich sein (Abb. 2.138). Das kann nur dann gelten, wenn gleichzeitig die magnetische Induktion unendlich groß ist. Dies folgt selbstverständlich auch schon daraus, daß das Produkt $\boldsymbol{K}\,\mathrm{d}l$ in solchen Fällen eine endliche Größe darstellt. $\boldsymbol{K}$ und damit $\boldsymbol{B}$ besitzen innerhalb der Doppelschicht einen unendlich großen Wert.

Setzen wir voraus, daß sich die Flächenstromdichte und somit auch das magnetische Moment $\boldsymbol{\nu}_{\mathrm{m}}$ zeitlich entsprechend $e^{j\omega t}$ ändert. In diesem Fall ist das über die Kurve L erstreckte Linienintegral der elektrischen Feldstärke $\boldsymbol{E}$ im Sinne des Induktionsgesetzes von Null verschieden, d. h., die Tangentialkomponente von $\boldsymbol{E}$ weist einen Sprung auf. Da

$$\oint \boldsymbol{A}\,\mathrm{d}\boldsymbol{l} = \Phi, \tag{21}$$

dagegen

$$\oint \boldsymbol{E}\,\mathrm{d}\boldsymbol{l} = -\frac{\partial \Phi}{\partial t}, \tag{22}$$

wird also

$$\oint \boldsymbol{E}\,\mathrm{d}\boldsymbol{l} = -\oint \frac{\partial \boldsymbol{A}}{\partial t}\,\mathrm{d}\boldsymbol{l}. \tag{23}$$

Wenden wir dies auf die in Abb. 2.138 dargestellte Kurve an, so finden wir

$$\boldsymbol{n} \times (\boldsymbol{E}_1 - \boldsymbol{E}_2) = -\mathrm{j}\omega\boldsymbol{n} \times (\boldsymbol{A}_1 - \boldsymbol{A}_2). \tag{24}$$

Aus Gl. (16) konnten wir sehen, daß $\boldsymbol{n} \times (\boldsymbol{A}_1 - \boldsymbol{A}_2)$ gerade das magnetische Moment pro Flächeneinheit liefert. Somit kann also unsere Gleichung in der Form

$$\boldsymbol{n} \times (\boldsymbol{E}_1 - \boldsymbol{E}_2) = -\mathrm{j}\omega\boldsymbol{v}_\mathrm{m} = -\frac{\partial \boldsymbol{v}_\mathrm{m}}{\partial t} \tag{25}$$

geschrieben werden.

Hieraus können wir für später den wichtigen Schluß ziehen, daß die zeitliche Änderung des magnetischen Momentes an der Oberfläche den Sprung des elektrischen Feldes erzeugt. Diese Gleichung können wir noch anschaulicher deuten.

Der magnetische Dipol $\boldsymbol{m}$ der Flächeneinheit kann als das Produkt des in die Richtung $\boldsymbol{m}$ zeigenden Einheitsvektors $\boldsymbol{l}_0$ und der magnetischen Ladung q_m pro Flächeneinheit angesehen werden. Daher können wir obige Gl. (25) in folgender Form schreiben:

$$\boldsymbol{n} \times (\boldsymbol{E}_1 - \boldsymbol{E}_2) = -\boldsymbol{l}_0 \frac{\partial q_\mathrm{m}}{\partial t}. \tag{26}$$

$\partial q_\mathrm{m}/\partial t$ ist dabei die durch die Längeneinheit tretende magnetische Ladung, d. h. die magnetische Stromdichte an der Oberfläche: $\boldsymbol{l}_0\dot{q}_\mathrm{m} = \boldsymbol{K}_\mathrm{m}$. Mithin lautet unser Endergebnis:

$$\boldsymbol{n} \times (\boldsymbol{E}_1 - \boldsymbol{E}_2) = -\boldsymbol{K}_\mathrm{m}. \tag{27}$$

Der Sprung der Tangentialkomponente des elektrischen Feldes wird durch magnetische Oberflächenstromdichten erzeugt, ebenso wie die elektrische Oberflächenstromdichte den Sprung der Tangentialkomponente des magnetischen Feldes im Sinne der Beziehung

$$\boldsymbol{n} \times (\boldsymbol{H}_1 - \boldsymbol{H}_2) = \boldsymbol{K}_\mathrm{e} \tag{28}$$

verursacht. Diese magnetischen Ströme sind natürlich fiktiv. Sie werden jedoch heute immer häufiger verwendet, da sie eine anschauliche Deutung abstrakter mathematischer Gleichungen ermöglichen. Der Vorteil dieser Begriffe wird erst in der Theorie der elektromagnetischen Wellen zum Ausdruck kommen (siehe z. B. Kap. 4.40.2.).

Es sei bemerkt, daß manche Autoren Ia und nicht μIa als Moment des magnetischen Dipols definieren. Damit erhält man keine symmetrischen Ausdrücke für $\boldsymbol{K}_e$ und $\boldsymbol{K}_m$.

2.55. Das magnetische Feld stationärer Ströme in Gegenwart ferromagnetischer Substanzen

Sind in unserem Feld auch ferromagnetische Substanzen vorhanden, so lauten die Grundgleichungen der stationären Ströme:

$$\operatorname{rot} \boldsymbol{H} = \boldsymbol{J}; \qquad \operatorname{div} \boldsymbol{B} = \operatorname{div} (\mu_0 \boldsymbol{H} + \boldsymbol{M}) = 0. \tag{1}$$

Um dieses Gleichungssystem zu lösen, suchen wir zuerst jenes magnetische Feld, welches in einem von allen magnetischen Medien freien Raum allein durch die makroskopischen Ströme hervorgerufen wird. Dann überlagern wir diesem dasjenige Feld, welches durch die (wegen der Divergenz von $\boldsymbol{M}$) entstandenen Quellen erzeugt wird. Wir haben also letzten Endes unser Gleichungssystem in zwei aus je zwei Gleichungen bestehende Gleichungssysteme zerlegt:

$$\left.\begin{aligned} \operatorname{rot} \boldsymbol{H}_w &= \boldsymbol{J}, & \operatorname{rot} \boldsymbol{H}_Q &= 0, \\ \operatorname{div} \boldsymbol{H}_w &= 0, & \operatorname{div} \boldsymbol{H}_Q &= -\frac{1}{\mu_0} \operatorname{div} \boldsymbol{M}. \end{aligned}\right\} \tag{2}$$

$\boldsymbol{H}_w$ ist das Wirbelfeld, $\boldsymbol{H}_Q$ das Quellenfeld. Es gilt

$$\boldsymbol{H} = \boldsymbol{H}_w + \boldsymbol{H}_Q. \tag{3}$$

Wir müssen uns darüber im klaren sein, daß diese Zerlegung nur in Gedanken möglich ist, da der Magnetisierungsvektor $\boldsymbol{M}$ von dem resultierenden magnetischen Feld $\boldsymbol{H}$ abhängig ist. Lediglich für den Sonderfall, daß $\boldsymbol{M}$ in einem gegebenen Volumen konstant ist, ist diese Zerlegung tatsächlich möglich.

Die in dem leeren Raum durch die Ströme hervorgerufene Feldstärke sei jetzt homogen. Nun bringen wir in dieses homogene Feld eine magnetische Substanz ein, wobei dieser magnetische Stoff ein magnetisch weicher Stoff sein soll. Die Magnetisierung sei also proportional zur magnetischen Feldstärke. Das ursprüngliche magnetische Feld magnetisiert unsere Substanz, und wir setzen voraus, daß wir die in Abb. 2.139 dargestellte homogene Magnetisierung erhalten. Das dieser Magnetisierung entsprechende magnetische Feld ist uns bereits bekannt. Dies ist aus Abb. 2.117

ersichtlich. Die Resultierende der beiden Felder ergibt das resultierende magnetische Feld. Wir können sehen, daß die magnetische Feldstärke $\boldsymbol{H}$ sich an der Vorder- und Rückseite des magnetischen Stoffes stark verdichtet; innen nimmt das magnetische

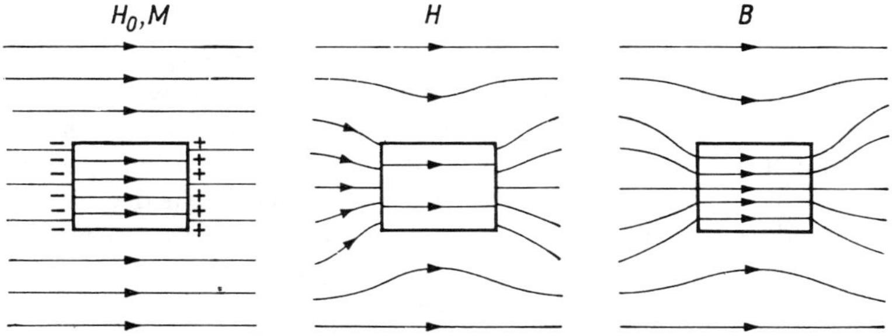

Abb. 2.139 Magnetisches Moment, magnetische Feldstärke und Induktion eines Weicheisenzylinders in einem homogenen Feld

Feld $\boldsymbol{H}$ im Verhältnis zum ursprünglichen ab. Dies wird Entmagnetisierung durch induzierte magnetische Ladungen genannt. Das Feld der magnetischen Induktion erhalten wir, indem wir in der Luft $\boldsymbol{B}$ als mit $\mu_0 \boldsymbol{H}$ identisch und die Kraftlinien von $\boldsymbol{B}$ sich im Stoff fortsetzend annehmen.

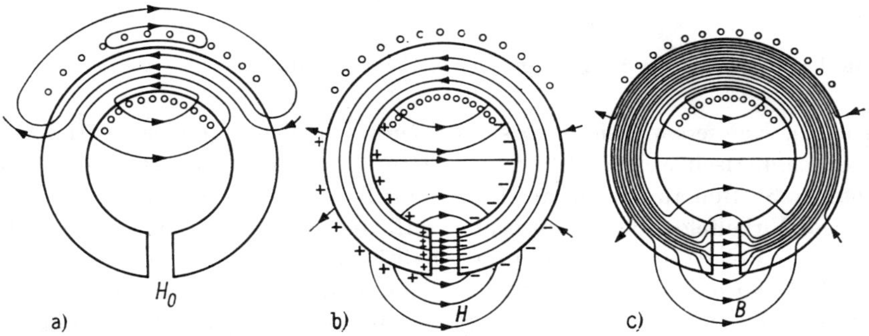

Abb. 2.140 Magnetische Kraftlinien eines einfachen magnetischen Eisenringes mit Spule

a) wenn der Raum des magnetischen Eisenkörpers als luftgefüllt angenommen wird
b) die tatsächliche Feldstärke
c) die Induktionslinien

In Verbindung mit Abb. 2.140 wollen wir nun die Verhältnisse im Falle einer in der Praxis häufig verwandten Anordnung, für den mit einer Spule versehenen, einen Luftspalt besitzenden magnetischen Kreis untersuchen. An der Grenze zwischen Eisen und Luft treten überall, wo magnetische Kraftlinien aus dem Eisen austreten, scheinbare magnetische Ladungen auf. Diese magnetischen Ladungen sowie die Spule erzeugen die resultierende magnetische Feldstärke $\boldsymbol{H}$. Der Verlauf der Induktionslinien $\boldsymbol{B}$ wird im Außenraum mit den Linien $\mu_0 \boldsymbol{H}$ identisch sein, im Innenraum sind $\boldsymbol{B}$ und $\boldsymbol{H}$ parallel (einen magnetisch weichen Stoff vorausgesetzt); die $\boldsymbol{H}$-Feldlinien sind jedoch im Verhältnis von $1/\mu_0\mu_r$ seltener.

Unsere bisherigen Ergebnisse können wir zusammenfassen: In Gegenwart von ferromagnetischen Substanzen setzt sich das magnetische Feld $\boldsymbol{H}$ aus zwei Anteilen zusammen: einmal aus dem Feld, das der durch die Spule fließende Strom hervorrufen würde, wenn kein magnetischer Stoff vorhanden wäre (dies ist ein quellenfreies Wirbelfeld), andererseits aus dem Anteil, den die an der Oberfläche des magnetischen Stoffes auftretenden magnetischen Ladungen erzeugen (dies ist ein wirbel-

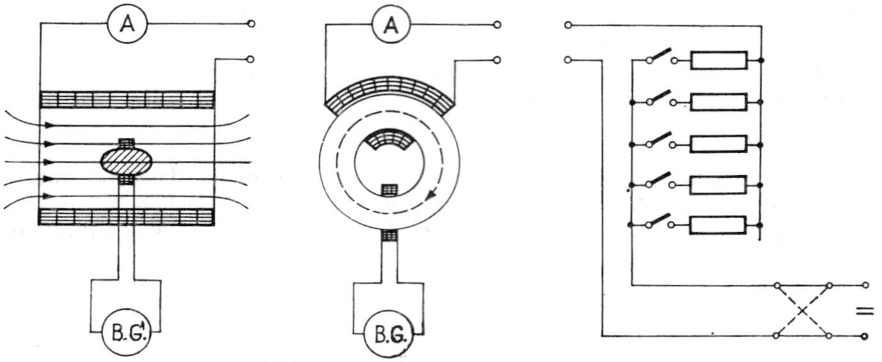

Abb. 2.141 Methoden zur Messu-- der magnetischen Eigenschaften

freies Quellenfeld). Kennen wir diese, so konstruieren wir die magnetischen Induktionslinien, bei magnetisch weichen Stoffen auf Grund der Beziehung $\boldsymbol{B} = \mu \boldsymbol{H}$, bei magnetisch harten Stoffen auf Grund der Beziehung $\boldsymbol{B} = \mu_0 \boldsymbol{H} + \boldsymbol{M}$. Dies ist immer ein quellenfreies Wirbelfeld. Die Behauptung, daß die magnetische Feldstärke $\boldsymbol{H}$ jene Feldstärke ist, welche die Ströme in dem Fall hervorrufen würden, wenn kein magnetischer Stoff vorhanden wäre, ist also nicht allgemein gültig, sondern nur dann, wenn an der Grenze des magnetischen Stoffes nirgends magnetische Ladungen entstehen. Dies gilt z. B. annähernd bei einem vollständig geschlossenen Kreisring. In diesem Fall verändert das Einbringen eines ferromagnetischen Stoffes in das Spuleninnere die magnetische Feldstärke $\boldsymbol{H}$ nicht, erhöht aber die magnetische Induktion auf das μ_r-fache.

Das $\boldsymbol{H}$-Feld unterscheidet sich also im allgemeinen von dem Feld, das bei Abwesenheit von Stoffen auftritt. Wenn man aber eine solche Anordnung wählt, bei der keine magnetischen Pole auftreten, wo also $\boldsymbol{M}$ und auch $\boldsymbol{H}$ keine Divergenz aufweisen, kann das $\boldsymbol{H}$-Feld so berechnet werden, als wenn keine Stoffe vorhanden wären.

Eine gute Annäherung dieser Anordnung besteht aus einem ferromagnetischen Ring (natürlich ohne Luftspalt) mit gleichmäßig verteilter Erregerwicklung. Auf Grund der Gleichungen

$$\operatorname{rot} \boldsymbol{H} = \boldsymbol{J}; \qquad \operatorname{div} \boldsymbol{H} = \operatorname{div} \frac{\boldsymbol{B}}{\mu_0} - \operatorname{div} \frac{\boldsymbol{M}}{\mu_0} = 0$$

kann $\boldsymbol{H}$ näherungsweise zu $H = NI/l$ berechnet werden. Durch Messung der $\boldsymbol{B}$-Werte (z. B. beim Einschalten mit Hilfe eines ballistischen Galvanometers) können die zusammengehörigen $\boldsymbol{H}, \boldsymbol{B}$-Wertepaare, d. h. die Magnetisierungskurve, bestimmt werden.

Abb. 2.141 zeigt zwei Methoden zur Messung der magnetischen Eigenschaften der Stoffe: Man schafft entweder Verhältnisse, bei denen die Änderung des $\boldsymbol{H}$-Feldes im Innern des Stoffes leicht nachzurechnen ist, oder solche, bei denen das $\boldsymbol{H}$-Feld durch den Stoff überhaupt nicht beeinflußt wird.

Zur ersten Methode beachte man Kap. 2.45., Beispiel 2. Bei der zweiten Methode werden I und B gemessen (letzteres mit ballistischem Galvanometer), H wird nach der Formel $H = NI/l$ berechnet.

3. Quasistationäre Vorgänge

Die Kirchhoffschen Gleichungen werden aus den Maxwellschen Gleichungen deduziert. Unter Zugrundelegung dieser Gleichungen wird der Problemkreis der Netzwerkanalyse behandelt: der eingeschwungene Zustand, die Einschaltvorgänge. Die Gesetze der parametrischen und nichtlinearen Netzwerke werden nur erwähnt (A). Dann folgen die Gesetze der räumlichen Strömung, die Untersuchung der Anwendungsmöglichkeit von Netzwerkparametern (B). Endlich wird im Unterteil (C) das einfachste und wichtigste Netzwerk mit verteilten Parametern, die Lecher-Leitung, beschrieben. Damit haben wir schon eine Art Wellenerscheinung vor uns, und so dient dieser Unterabschnitt als eine Brücke zwischen den quasistationären und den Wellenvorgängen.

A. Analyse der Netzwerke

3.1. Die Kirchhoffschen Gleichungen

3.1.1. Gleichstrom-Netzwerke

Die Grundgleichungen der stationären Strömung lauten in homogenen isotropen Stoffen:

$$\mathrm{rot}\,\boldsymbol{E} = 0, \qquad \boldsymbol{J} = \gamma(\boldsymbol{E} + \boldsymbol{E}_\mathrm{e}). \tag{1}$$

Dazu kommt noch die Gleichung

$$\mathrm{div}\,\boldsymbol{J} = 0, \tag{2}$$

die einfach die Kontinuitätsgleichung für die stationäre Strömung darstellt. Im folgenden schreiben wir an Stelle von $\boldsymbol{E}_\mathrm{e}$ oft $\boldsymbol{E}_\mathrm{G}$, wobei der Index G „Generator“

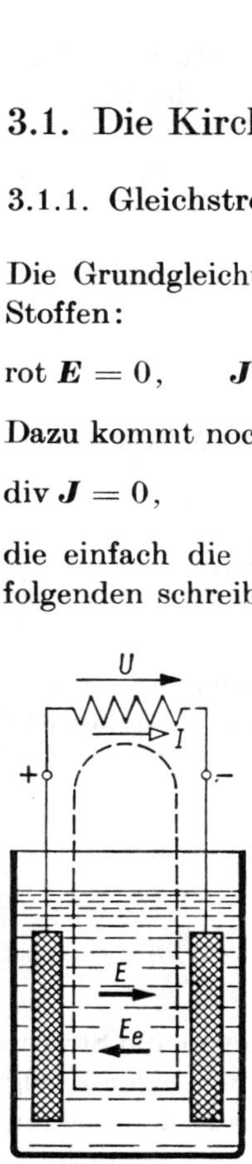

Abb. 3.1 Zur Ableitung des Ohmschen Gesetzes

bedeutet. Da das $\boldsymbol{E}$-Feld rotationsfrei ist, kann es gemäß der Gleichung $\boldsymbol{E} = -\mathrm{grad}\,U$ aus einem Potential abgeleitet werden.

Integrieren wir jetzt entsprechend der Abb. 3.1 die beiden Seiten der Gleichung $\boldsymbol{J}/\gamma = \boldsymbol{E} + \boldsymbol{E}_\mathrm{e}$ längs der gestrichelt gezeichneten Linie:

$$\oint_L \boldsymbol{E}\,\mathrm{d}\boldsymbol{l} + \oint_L \boldsymbol{E}_\mathrm{e}\,\mathrm{d}\boldsymbol{l} = \oint_L \frac{\boldsymbol{J}}{\gamma}\,\mathrm{d}\boldsymbol{l}. \tag{3}$$

Da rot $\boldsymbol{E} = 0$ ist, verschwindet das erste Integral. Die Gl. (3) kann also wie folgt vereinfacht werden:

$$\oint_L \boldsymbol{E}_\mathrm{e}\,\mathrm{d}\boldsymbol{l} = \oint_L \frac{\boldsymbol{J}}{A\gamma} A\,\mathrm{d}\boldsymbol{l} = I \oint_L \frac{\mathrm{d}l}{A\gamma} = IR. \tag{4}$$

Hier bedeutet A den eventuell kontinuierlich veränderlichen Querschnitt des Leiters. Die linke Seite ergibt die eingeprägte Spannung. Endgültig erhalten wir das Ohmsche Gesetz:

$$U = IR. \tag{5}$$

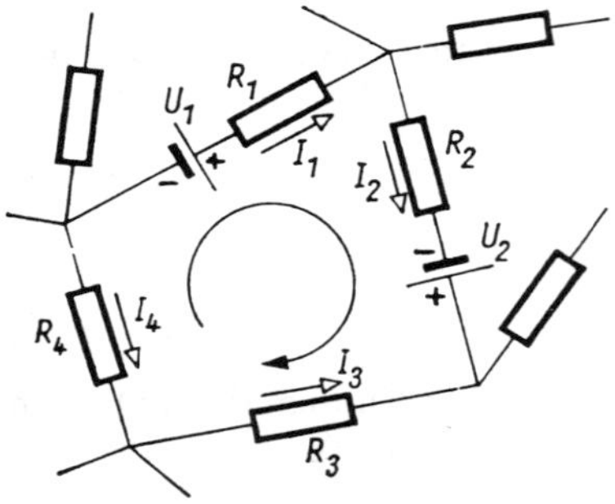

Abb. 3.2 Zur Veranschaulichung des Maschensatzes

Integrieren wir jetzt längs einer geschlossenen Masche eines beliebigen Netzwerkes, so erhalten wir das zweite Kirchhoffsche Gesetz, den Kirchhoffschen Maschensatz (Abb. 3.2). Es ist nämlich

$$\oint \boldsymbol{E}_\mathrm{G}\,\mathrm{d}\boldsymbol{l} = \sum_k U_k; \qquad \oint \frac{\boldsymbol{J}}{\gamma}\,\mathrm{d}\boldsymbol{l} = \sum_k I_k R_k,$$

und so erhalten wir

$$\sum_k U_k = \sum_k I_k R_k. \tag{6}$$

Das richtige Vorzeichen kann bei Kenntnis der eingeprägten Spannungen und Ströme leicht bestimmt werden: Wenn die Richtung des Stromes in einem beliebigen Zweig mit der gewählten Integrationsrichtung übereinstimmt, wird IR auf der rechten Seite positiv. Auf der linken Seite wird U positiv, wenn die gewählte Integrationsrichtung mit der Richtung des eingeprägten Feldes übereinstimmt, d. h. vom negativen Pol zum positiven Pol zeigt.

Den ersten Kirchhoffschen Satz oder den Knotenpunktsatz erhält man auf Grund der Gleichung

$$\operatorname{div} \boldsymbol{J} = 0 .$$

Wenden wir nämlich den Gaußschen Satz auf den Knotenpunkt in Abb. 3.3 an, dann erhalten wir folgenden Zusammenhang:

$$\int_V \operatorname{div} \boldsymbol{J} \, \mathrm{d}V = \oint_A \boldsymbol{J} \, \mathrm{d}\boldsymbol{A} = I_1 + I_2 - I_3 = \sum_k I_k . \tag{7}$$

Da das $\boldsymbol{J}$-Feld quellenfrei ist, wird

$$\sum_{k=1}^{n} I_k = 0 . \tag{8}$$

Die Summe der sich in einem Knotenpunkt treffenden Ströme ist gleich Null. Bei der Summenbildung werden die dem Knotenpunkt zufließenden Ströme mit negativem, die abfließenden Ströme mit positivem Vorzeichen versehen.

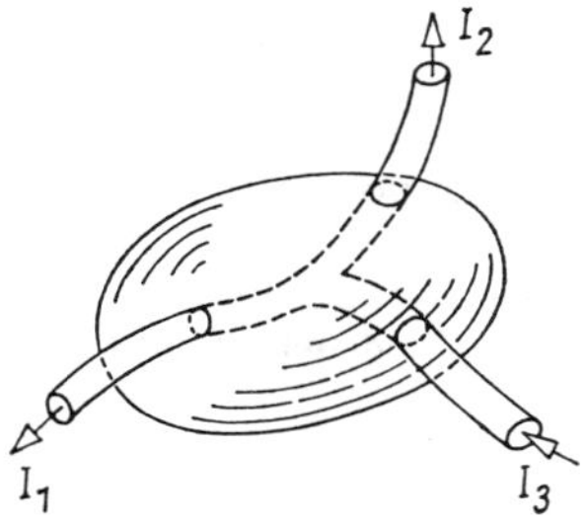

Abb. 3.3 Zur Ableitung des Knotenpunktsatzes

Bisher haben wir angenommen, daß das Netzwerk durch Spannungsgeneratoren gespeist oder erregt wird. Spannungsgenerator wird eine solche Einrichtung genannt, die eine konstante, von der Belastung unabhängige eingeprägte Spannung besitzt. Der Generator wird als ideal betrachtet, wenn er keinen inneren Widerstand besitzt. Im allgemeinen tritt bei der Belastung ein Spannungsabfall auf, der durch einen in Reihe geschalteten Widerstand berücksichtigt wird.

Ein Netzwerk kann auch mit einem Stromgenerator gespeist oder erregt werden. Ein Stromgenerator liefert einen konstanten, vom Belastungszustand unabhängigen Strom, den Generatorstrom. Ein Teil dieses Generatorstromes fließt in den parallelgeschalteten inneren Widerstand ab (Abb. 3.4). Beim Spannungsgenerator ändert sich der Strom entsprechend dem Belastungszustand, beim Stromgenerator hängt dagegen die Spannung vom Belastungswiderstand ab.

Der Stromgenerator kann in Gl. (1) durch eine von der Feldstärke unabhängige Stromdichte berücksichtigt werden:

$$\boldsymbol{J} = \gamma(\boldsymbol{E} + \boldsymbol{E}_{\mathrm{G}}) + \boldsymbol{J}_{\mathrm{G}} . \tag{9}$$

Bei Spannungsgeneratoren hat das Linienintegral von $\boldsymbol{E}_{\mathrm{G}}$, bei Stromgeneratoren das Flächenintegral von $\boldsymbol{J}_{\mathrm{G}}$ einen unmittelbar der Messung zugänglichen Wert.

Der Parallelwiderstand des Stromgenerators und der Reihenwiderstand des Spannungsgenerators gehören zu den Netzwerkelementen. Die eingeprägte Spannung des Spannungsgenerators wird in den Maschensatz, der Strom des Stromgenerators dagegen in den Knotenpunktsatz eingesetzt. Trennen wir die Generatorströme von den Zweigströmen in Gl. (8), so ergibt sich:

$$\sum I = -\sum I_G . \tag{10}$$

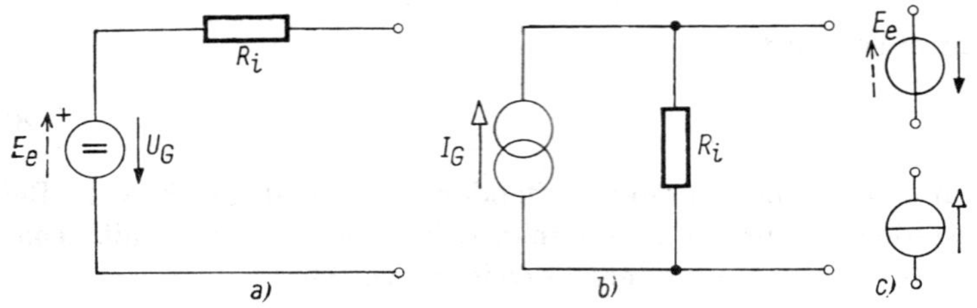

Abb. 3.4 a) Spannungsgenerator. b) Stromgenerator,
c) neuere Symbole für ideale Spannungs- und Stromgeneratoren

Hier werden auf beiden Seiten die abfließenden Ströme positiv genommen.

Zur Illustration des bisher Gesagten untersuchen wir das einfache Netzwerk in Abb. 3.5: zwei Spannungsgeneratoren mit verschiedenen Spannungen und verschiedenen Innenwiderständen sollen zwei parallelgeschaltete Verbraucher speisen.

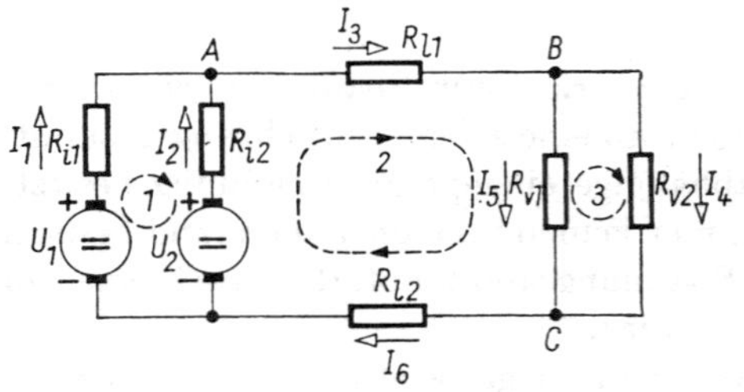

Abb. 3.5 Einfaches Netzwerk zur Herleitung der Kirchhoffschen Gleichungen

Wenden wir jetzt den Maschensatz auf die Maschen (1), (2) und (3) an:

$$U_1 - U_2 = I_1 R_{i1} - I_2 R_{i2}, \tag{1}$$

$$U_2 = I_2 R_{i2} + I_3 R_{l1} + I_5 R_{v1} + I_6 R_{l2}, \tag{2}$$

$$0 = -I_5 R_{v1} + I_4 R_{v2}. \tag{3}$$

Die Knotenpunktgleichungen für die Knotenpunkte A, B, C sind:

$$-I_1 - I_2 + I_3 = 0, \qquad (A)$$

$$I_4 + I_5 - I_3 = 0, \qquad (B)$$

$$-I_5 - I_4 + I_6 = 0. \qquad (C)$$

Wir bemerken vorläufig, daß wir für die eindeutige Bestimmung der sechs Unbekannten I_1, I_2, I_3, I_4, I_5, I_6 genau die nötigen sechs unabhängigen Gleichungen haben. Im folgenden Kapitel werden wir sehen, daß eine durch die Netzwerkgeometrie bestimmte Beziehung zwischen der Anzahl der Maschenzweige und den Knotenpunkten besteht, wodurch immer eine genügende Anzahl von Gleichungen für die Unbekannten gesichert ist. Für einfache Stromkreise lassen sich die nötigen Gleichungen leicht aufschreiben. Schon hier müssen wir aber betonen, daß nur $N_k - 1$ unabhängige Knotenpunktgleichungen gefunden werden können. Wenn diese nämlich addiert werden, ergibt sich eben die Knotenpunktgleichung für den letzten, N_k-ten Knoten. Alle Ströme kommen in zwei Gleichungen vor, und zwar mit entgegengesetztem Vorzeichen. Sie fallen also bei Addition aus, und es verbleiben nur die im letzten Knoten zusammentreffenden Ströme.

3.1.2. Netzwerke bei beliebigem zeitlichem Verlauf

Das Feld $\boldsymbol{E}$ ist jetzt nicht mehr rotationsfrei. Die Grundgleichungen lauten:

$$\operatorname{rot} \boldsymbol{E} = -\frac{\partial \boldsymbol{B}}{\partial t}, \qquad \boldsymbol{J} = \gamma(\boldsymbol{E} + \boldsymbol{E}_\mathrm{e}). \tag{11}$$

Es sei jetzt ein durch einen Spannungsgenerator mit zeitabhängiger Generatorspannung erregter Stromkreis gegeben. Wir bilden das Flächenintegral der zweiten Maxwellschen Gleichung über eine Fläche, die durch den Stromkreis aufgespannt wird:

$$\int_A \operatorname{rot} \boldsymbol{E}\,\mathrm{d}\boldsymbol{A} = -\int_A \frac{\partial \boldsymbol{B}}{\partial t}\,\mathrm{d}\boldsymbol{A} = -\frac{\partial}{\partial t}\int_A \boldsymbol{B}\,\mathrm{d}\boldsymbol{A} = -\frac{\partial \Phi}{\partial t}. \tag{12}$$

Mit Hilfe des Stokesschen Satzes formen wir diese Gleichung um:

$$\int_A \operatorname{rot} \boldsymbol{E}\,\mathrm{d}\boldsymbol{A} = \oint_L \boldsymbol{E}\,\mathrm{d}\boldsymbol{l} = -\frac{\partial \Phi}{\partial t}. \tag{13}$$

Unter Benutzung der Gleichung $\boldsymbol{J} = \gamma(\boldsymbol{E} + \boldsymbol{E}_\mathrm{e})$ kann diese Gleichung auch folgendermaßen geschrieben werden:

$$\oint_L \frac{\boldsymbol{J}}{\gamma}\,\mathrm{d}\boldsymbol{l} - \oint_L \boldsymbol{E}_\mathrm{e}\,\mathrm{d}\boldsymbol{l} = \oint_L \frac{\boldsymbol{J}A_0}{\gamma A_0}\,\mathrm{d}\boldsymbol{l} - \oint_L \boldsymbol{E}_\mathrm{e}\,\mathrm{d}\boldsymbol{l}$$

$$= I\oint_L \frac{\mathrm{d}l}{\gamma A_0} - u = iR - u = -\frac{\partial \Phi}{\partial t}. \tag{14}$$

Es folgt also

$$u(t) = i(t)\,R + \frac{\partial \Phi}{\partial t}. \tag{15}$$

Wenn der Induktionsfluß Φ nur durch den Strom i hervorgerufen wird, kann $\Phi = Li$ gesetzt werden. Es wird also

$$u = iR + L\,\frac{\mathrm{d}i}{\mathrm{d}t} \tag{16}$$

oder umgeformt:

$$-u + iR + L\,\frac{\mathrm{d}i}{\mathrm{d}t} = 0. \tag{17}$$

Untersuchen wir jetzt den allgemeinen Fall von n induktiv gekoppelten Leitern (Abb. 3.6). Wenn wir die soeben angewandte Methode auf den k-ten Stromkreis anwenden, erhalten wir:

$$i_k R_k - u_k = -\frac{\partial \Phi_k}{\partial t}. \tag{18}$$

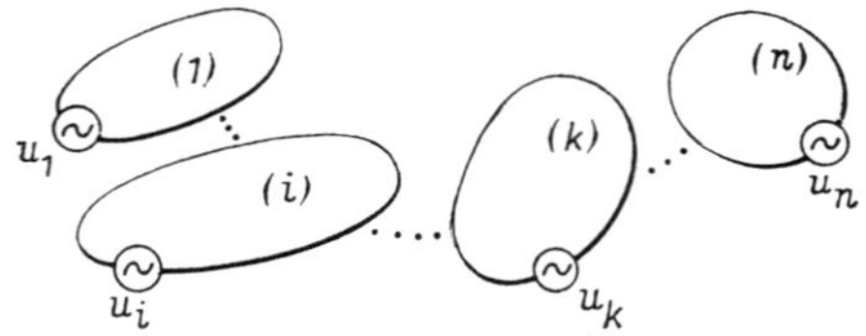

Abb. 3.6 Induktiv gekoppelte Stromkreise

Der Induktionsfluß Φ_k wird aber jetzt durch alle Ströme hervorgerufen. Es wird also

$$\Phi_k = \sum_{j=1}^{n} L_{kj} i_j. \tag{19}$$

Aus Gl. (18) wird also:

$$i_k R_k - u_k = -\sum_{j=1}^{n} L_{kj}\,\frac{\mathrm{d}i_j}{\mathrm{d}t}. \tag{20}$$

Diese Gleichung kann noch in der folgenden endgültigen Form geschrieben werden:

$$u_k = i_k R_k + \sum_{j=1}^{n} L_{kj}\,\frac{\mathrm{d}i_j}{\mathrm{d}t}. \tag{21}$$

Es seien jetzt auch Kondensatoren in die Stromkreise eingeschaltet. Dann kann das Linienintegral der Feldstärke wie folgt aufgeteilt werden:

$$\oint \boldsymbol{E}\,\mathrm{d}\boldsymbol{l} = \int\limits_{\substack{\text{Leiter}+\\ \text{Generator}}} \varrho \boldsymbol{J}\,\mathrm{d}\boldsymbol{l} - \int\limits_{\text{Generator}} \boldsymbol{E}_\mathrm{e}\,\mathrm{d}\boldsymbol{l} + \int\limits_{\text{Kondensator}} \boldsymbol{E}\,\mathrm{d}\boldsymbol{l}, \text{ wobei } \varrho = 1/\gamma \text{ ist.} \tag{22}$$

Das letzte Glied läßt sich wie folgt schreiben:

$$\int\limits_{\text{Kondensator}} \boldsymbol{E}\,\mathrm{d}\boldsymbol{l} = u_C = \frac{q}{C} = u_C^0 + \frac{1}{C}\int\limits_0^t i\,\mathrm{d}t. \tag{23}$$

Der zweite Kirchhoffsche Satz lautet also für die Masche k:

$$u_k = i_k R_k + \frac{1}{C_k}\int\limits_0^t i_k\,\mathrm{d}t + u_{C_k}^0 + \sum_{j=1}^{n} L_{kj}\frac{\mathrm{d}i_j}{\mathrm{d}t}. \tag{24}$$

Die Netzwerke können in der Praxis dadurch noch komplizierter werden, daß die induktiv gekoppelten Kreise auch noch durch Ohmsche Widerstände oder Kondensatoren miteinander gekoppelt sind. Die induktive Koppelung ist aber im allgemeinen einfach, da diese durch Spulen verwirklicht ist; es sind also meist nur zwei Zweige miteinander gekoppelt.

Die Gleichung $\operatorname{div}\boldsymbol{J} = 0$ gilt für jeden Zeitpunkt und für jeden Knotenpunkt. Es gelten also die Knotenpunktgleichungen:

$$\sum_i i_{ik} = 0, \qquad k = 1, 2, \ldots, N_k - 1. \tag{25}$$

Hier ist k der Index des betreffenden Knotenpunktes, i der Index des in den k-ten Knotenpunkt treffenden Zweiges.

Die Energiegleichung 1.7. (8) kann für Netzwerke ohne Koppelung einfach aufgeschrieben werden, da

$$\frac{\partial}{\partial t}\int\limits_V \left(\frac{1}{2}\boldsymbol{ED}\right)\mathrm{d}V = \frac{\mathrm{d}}{\mathrm{d}t}\sum\frac{1}{2}Cu^2;$$

$$\frac{\partial}{\partial t}\int\limits_V \left(\frac{1}{2}\boldsymbol{HB}\right)\mathrm{d}V = \frac{\mathrm{d}}{\mathrm{d}t}\sum\frac{1}{2}Li^2;$$

$$\int\limits_V \frac{\boldsymbol{J}^2}{\gamma}\,\mathrm{d}V = \sum i^2 R;$$

$$\int\limits_V \boldsymbol{E}_{\mathrm{G}}\boldsymbol{J}\,\mathrm{d}V = \sum u_{\mathrm{G}} i;$$

$$\oint (\boldsymbol{E}\times\boldsymbol{H})\,\mathrm{d}\boldsymbol{A} \to 0.$$

Die letzte Gleichung wird dadurch Null, daß wir die Begrenzungsfläche so weit hinausschieben, bis $\boldsymbol{E}\times\boldsymbol{H}$ genügend stark gegen Null geht. Die Energiegleichung lautet also:

$$\sum i^2 R + \frac{\mathrm{d}}{\mathrm{d}t}\left[\sum\frac{1}{2}Li^2 + \sum\frac{1}{2}Cu^2\right] - \sum u_{\mathrm{G}} i = 0.$$

3.1.3. Praktische Gesichtspunkte zur Anwendung der Kirchhoffschen Sätze

Die Aufgabe der Netzwerkanalyse lautet: Gegeben sind der geometrische Aufbau der Netzwerke, d. h. Knotenpunkte und Zweige, ferner die in die Zweige eingeschalteten Elemente, wie Widerstände, Kondensatoren, Selbst- und Gegeninduktivitäten und schließlich die Generatorspannungen oder Generatorströme als Funktionen der Zeit. Gesucht werden die Zweigströme, die Spannungen der Knotenpunkte, die Ströme der einzelnen Netzwerkelemente oder die Spannung der Elemente.

Alles dies kann mit Hilfe der Kirchhoffschen Gleichungen berechnet werden. Es erheben sich aber die folgenden Fragen:

1. Erhält man durch die Knotenpunkt- und Maschensätze eine hinreichende Anzahl von Gleichungen, um die Unbekannten eindeutig bestimmen zu können?

2. Wie können wir die Grundgleichungen mit den richtigen Vorzeichen aufschreiben, wenn die Richtungen der Ströme nicht von vornherein bekannt sind?

3. Welche elektrischen Kenngrößen des Netzwerkes sollen als Unbekannte gewählt werden, um die kleinste Anzahl von Ausgangsgleichungen zu erhalten?

Wie wir schon erwähnt haben und im späteren auch beweisen werden, besteht zwischen der Anzahl der Zweige (b), der unabhängigen Maschen (l) und derjenigen der Knoten (n) die grundlegende Gleichung:

$$b = l + n - 1; \tag{26}$$

d. h., wir haben so viele Gleichungen wie Unbekannte, wenn die Zweigströme als Unbekannte gewählt werden. Damit haben wir die erste Frage beantwortet.

Auf die zweite Frage können wir die folgende Antwort geben. Wenn wir die Kirchhoffschen Gleichungen mit den richtigen Vorzeichen aufschreiben wollen, haben wir zu beachten:

a) Wir bezeichnen zuerst die Polarität der Generatoren. Wir haben darüber schon bei Gleichstromnetzen gesprochen. Wenn ein ganz allgemeiner zeitlicher Verlauf der Generatorspannungen oder der Generatorströme vorliegt, so bedeutet die eingezeichnete positive Richtung nur soviel, daß die Richtung des äußeren Feldes mit der eingezeichneten Richtung zusammenfällt, wenn die Generatorspannung als Funktion der Zeit in einem bestimmten Zeitpunkt einen positiven Wert aufweist. Mit anderen Worten: Die analytischen Ausdrücke der Generatorspannungen werden entsprechend der angedeuteten positiven Richtung angegeben.

b) Wir versehen jeden Zweig mit einer beliebigen positiven Richtung, mit der Meßrichtung. Die tatsächliche Richtung des Stromes fällt mit dieser Richtung zusammen, wenn die Rechnung diesem Strom einen positiven Wert zuschreibt.

c) Wir nehmen in jeder Masche einen beliebigen Umlaufsinn an. Dieser kann in jeder Masche unabhängig von den anderen gewählt werden.

d) Wir schreiben die Maschengleichungen in etwas geänderter Form auf:

$$\sum_i (u_{Gki} + \mathscr{Z}_{ki} i_{ki}) = 0, \qquad k = 1, 2, \ldots, l, \tag{27}$$

$$\sum_i (u_{Gki} + u_{Rki} + u_{Cki} + u_{Lki}) = 0, \qquad k = 1, 2, \ldots, l. \tag{28}$$

Die Bedeutung der Glieder $\mathscr{Z}_{ki} i_{ki}$ ergibt sich aus den Gleichungen:

$$u_R = iR, \qquad u_C = \frac{1}{C}\int_0^t i\,\mathrm{d}t + U_{C0}, \qquad u_L = L\frac{\mathrm{d}i}{\mathrm{d}t}, \tag{29}$$

d. h.,

$$\mathscr{Z}_{ki} = R_{ki} + L_{ki}\frac{\mathrm{d}}{\mathrm{d}t} + \frac{1}{C_{ki}}\int^t \cdots \mathrm{d}t.$$

k bezieht sich hier auf die Masche, i auf den Zweig.

Es muß betont werden, daß die Gleichungen (29) mit positiven Vorzeichen nur dann gelten, wenn die Meßrichtung der Ströme und der Spannungen nach Abb. 3.7 gleichsinnig gewählt wird.

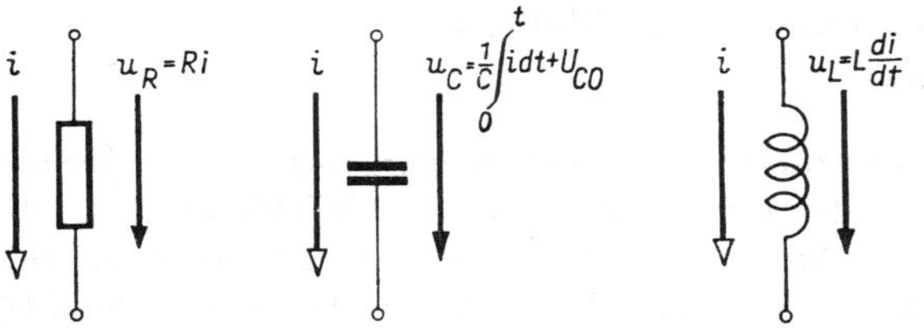

Abb. 3.7 Zusammengehörigkeit der Strom- und Spannungsrichtungen

Mit besonderer Vorsicht muß man bei der Bestimmung des Vorzeichens der induzierten Spannung in induktiv gekoppelten Kreisen vorgehen. Die zusammengehörigen Spulenenden, d. h. jene Enden, von denen ausgehend der Fluß im gleichen Sinn umfangen wird, bezeichnen wir mit + oder mit •. Zur positiven Meßrichtung des Stromes in einem Kreis haben wir die positive Meßrichtung in dem anderen Kreis entsprechend dieser Bezeichnung zu wählen oder aber mit negativem Vorzeichen zu versehen (Abb. 3.8).

In der Maschengleichung (28) nehmen wir alle Spannungen, deren Meßrichtung mit dem Umlaufsinn zusammenfällt, mit positivem, alle anderen mit negativem Vorzeichen. Von den Gegeninduktivitäten sehen wir hier und im nächstfolgenden ab.

e) In den Knotenpunktgleichungen wählen wir alle Ströme positiv, deren Meßrichtung von dem Knotenpunkt wegweist, alle anderen negativ.

Nach dieser Vereinbarung über die Vorzeichen ergibt sich die von dem betreffenden Schaltelement *aufgenommene* (verzehrte oder gespeicherte) elektrische Leistung als positiv. Die Leistung der Generatoren ergibt sich als negativ, wenn die Generatoren tatsächlich elektrische Leistung abgeben. „Negative aufgenommene Leistung“ ist ja nichts anderes als abgegebene Leistung.

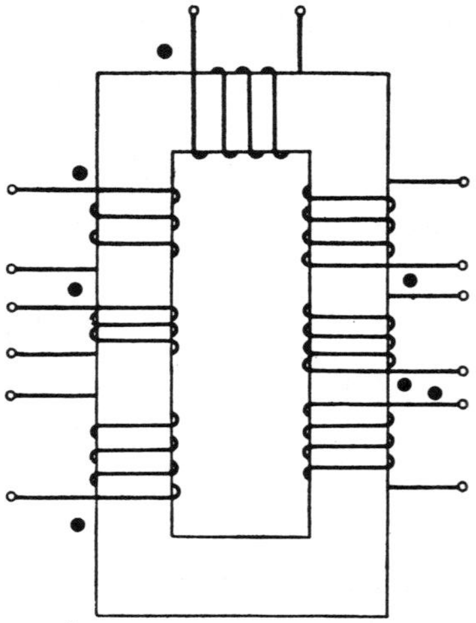

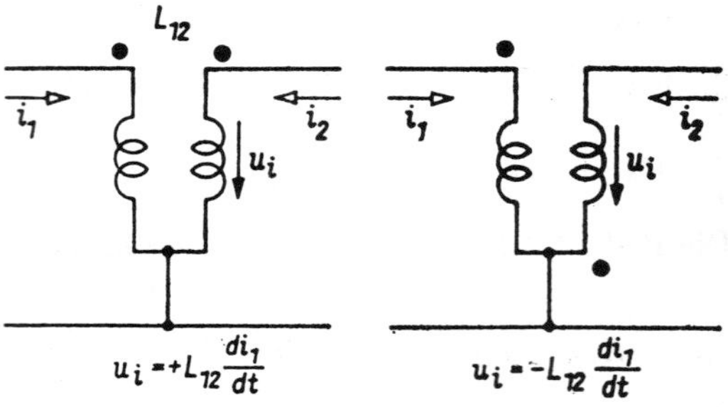

Abb. 3.8 Zur Bestimmung der Spannungsrichtung bei induktiv gekoppelten Kreisen

3.1.4. Die Methode der Maschenströme und die Methode der Knotenpunktpotentiale

Zur dritten Frage ist zu sagen, daß es tatsächlich nicht zweckmäßig ist, die Zweigströme als Unbekannte zu wählen. Es gibt nämlich zwei Möglichkeiten, durch geschickte Wahl der Unbekannten die Anzahl der Gleichungen stark zu vermindern. Dies sind die Methode der Maschenströme und die Methode der Knotenpunktpotentiale.

Bei der Methode der Maschenströme nehmen wir als Unbekannte die Maschenströme

$$j_1, j_2, \ldots, j_l. \tag{30}$$

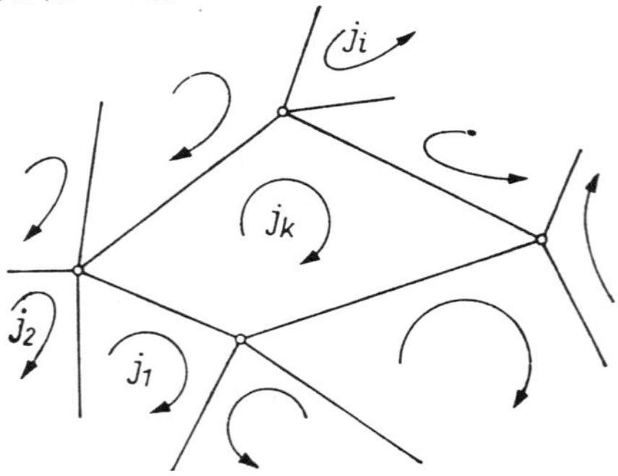

Abb. 3.9 Zur Methode der Maschenströme

Stellen wir uns nach Abb. 3.9 vor, daß in jeder Masche ein sie vollständig durchlaufender Strom, der Maschenstrom, fließt. Die Zweigströme ergeben sich aus den in dem betreffenden Zweig fließenden Maschenströmen. Die Berechtigung der Annahme von Maschenströmen und die Vorteile dieser Methode ergeben sich aus dem Folgenden.

Schreiben wir jetzt die Kirchhoffschen Maschengleichungen mit Hilfe der Maschenströme, so haben wir l Gleichungen für die l Unbekannten, d. h., die Maschenströme können eindeutig bestimmt werden. Insgesamt vermindert sich die Anzahl der Unbekannten und die Anzahl der Gleichungen um $n - 1$. Mit der Annahme der Maschenströme lassen sich die Knotenpunktgleichungen automatisch befriedigen: In jedem Knotenpunkt treffen sich nur Maschenströme, d. h., jeder Strom, der dem Knotenpunkt zufließt, fließt auch ab. Die Zweigströme, die mit Hilfe der Maschenströme bestimmt werden können, befriedigen natürlich auch die Maschengleichungen. Wie schon erwähnt wurde, ergibt sich jeder Zweigstrom als die Summe der Maschenströme — mit den entsprechenden Vorzeichen versehen. Beim Aufschreiben der Maschengleichungen haben wir aber die Summe der Spannungen, die von den einzelnen Maschenströmen hervorgerufen wurden, d. h. die durch die Zweigströme hervorgerufenen Spannungen, berücksichtigt.

Damit sind auch für die Zweigströme alle Kirchhoffschen Gleichungen befriedigt. Wir haben also die richtige Lösung gefunden.

Die Maschengleichung lautet nun für die k-te Masche:

$$u_{Gk} + \mathcal{Z}_{k1}\mathfrak{j}_1 + \mathcal{Z}_{k2}\mathfrak{j}_2 + \cdots + \mathcal{Z}_{kl}\mathfrak{j}_l = 0, \qquad k = 1, 2, \ldots, l. \tag{31}$$

Dabei bedeuten u_{Gk} die Summe der Generatorspannungen in der Masche k und $\mathfrak{j}_1, \ldots, \mathfrak{j}_l$ die unbekannten Maschenströme. $\mathcal{Z}_{ki}$ bedeutet einen Operator für den gemeinsamen Zweig der k-ten und der i-ten Masche:

$$\mathcal{Z}_{ki}\mathfrak{j}_i = R_{ki}\mathfrak{j}_i + L_{ki}\frac{\mathrm{d}\mathfrak{j}_i}{\mathrm{d}t} + \frac{1}{C_{ki}}\int^t \mathfrak{j}_i\,\mathrm{d}t. \tag{32}$$

$\mathcal{Z}_{kk}$ bezieht sich auf alle Zweige der k-ten Masche. Ausführlich lautet nun das Gleichungssystem:

$$\begin{aligned}
\mathcal{Z}_{11}\mathfrak{j}_1 + \mathcal{Z}_{12}\mathfrak{j}_2 + \cdots + \mathcal{Z}_{1l}\mathfrak{j}_l &= -u_{G1},\\
\mathcal{Z}_{21}\mathfrak{j}_1 + \mathcal{Z}_{22}\mathfrak{j}_2 + \cdots + \mathcal{Z}_{2l}\mathfrak{j}_l &= -u_{G2},\\
\vdots \qquad\quad \vdots \qquad\qquad\quad \vdots \qquad &\quad \vdots\\
\mathcal{Z}_{l1}\mathfrak{j}_1 + \mathcal{Z}_{l2}\mathfrak{j}_2 + \cdots + \mathcal{Z}_{ll}\mathfrak{j}_l &= -u_{Gl}.
\end{aligned} \tag{33}$$

Aus der Bedeutung des Operators $\mathcal{Z}_{ik}$ folgt sofort, daß die Determinante dieses Gleichungssystems symmetrisch ist, d. h. $\mathcal{Z}_{ik} = \mathcal{Z}_{ki}$. Es ist natürlich $\mathcal{Z}_{ik} \equiv 0$, wenn die i-te und k-te Masche keinen gemeinsamen Zweig besitzen.

Die andere Methode zur Verminderung der Ausgangsgleichungen besteht in folgendem. Wählen wir als Unbekannte die Potentiale $v_1, v_2, \ldots, v_{n-1}$ der $n - 1$ Knotenpunkte. Das Potential eines beliebigen Knotenpunktes kann willkürlich gleich Null gewählt werden.

Um die Gleichungen in möglichst einfacher Form zu erhalten, nehmen wir an, daß das Netzwerk mit Stromgeneratoren gespeist wird. Zwischen den Knotenpunktpotentialen und den Zweigströmen bestehen nach Abb. 3.10 die folgenden einfachen Zusammenhänge:

$$i_{ik} = G_{ik}\,(v_i - v_k), \qquad i_{ik} = \frac{1}{L_{ik}} \int^{t} (v_i - v_k)\,\mathrm{d}t, \qquad i_{ik} = C_{ik}\,\frac{\mathrm{d}(v_i - v_k)}{\mathrm{d}t} \tag{34}$$

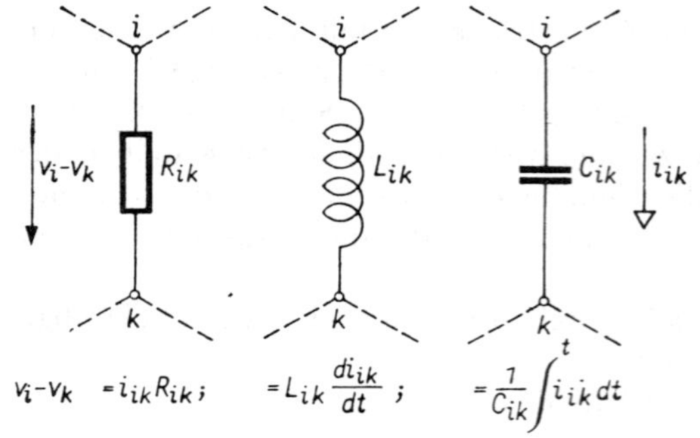

Abb. 3.10 Zur Methode der Knotenpunktpotentiale

Jetzt können die Kirchhoffschen Knotenpunktgleichungen aufgeschrieben werden. Wählen wir den i-ten Knotenpunkt aus, und schreiben wir die entsprechende Knotenpunktgleichung auf. Die Summe der Ströme — die Generatorströme inbegriffen — ist gleich Null, d. h.,

$$\sum_{k=1}^{n-1} \mathscr{Y}_{ik}(v_i - v_k) = -i_{Gi}, \qquad i = 1, 2, \ldots, n-1, \tag{35}$$

wobei $\mathscr{Y}_{ik}$ den folgenden Operator bedeutet:

$$\mathscr{Y}_{ik} = G_{ik} + \frac{1}{L_{ik}} \int^{t} \mathrm{d}t + C_{ik}\,\frac{\mathrm{d}}{\mathrm{d}t}. \tag{36}$$

Den Generatorstrom haben wir auf der rechten Seite getrennt geschrieben. $-i_{Gi}$ bedeutet also die Summe der Generatorströme, die in den Knotenpunkt eingespeist werden.

Schreiben wir jetzt noch einmal die Maschengleichungen mit Hilfe der Maschenströme und die Knotenpunktgleichungen mit Hilfe der Knotenpunktpotentiale auf:

$$\sum_{k=1}^{l} \mathscr{Z}_{ik} j_k = -u_{Gi}, \qquad i = 1, 2, \ldots, l, \tag{37}$$

$$\sum_{k=0}^{n-1} \mathscr{Y}_{ik}(v_i - v_k) = -i_{Gi}, \qquad i = 1, 2, \ldots, n-1. \tag{38}$$

Wir sehen, daß die beiden Gleichungssysteme einen sehr ähnlichen Aufbau zeigen. Es bestehen die folgenden Analogien:

$$\mathscr{Z}_{ik} \to \mathscr{Y}_{ik} \qquad j_i \to v_i - v_k, \qquad u_{Gi} \to i_{Gi}. \tag{39}$$

Den Impedanzoperatoren entsprechen Admittanzoperatoren, den Maschenströmen entsprechen Knotenpunktpaarspannungen, und den Spannungsgeneratoren entsprechen Stromgeneratoren.

Später werden wir noch sehen, daß eine äquivalente Umwandlung eines Spannungsgenerators in einen Stromgenerator und umgekehrt möglich ist: Wir können also jedes Netzwerk als nur von Spannungsgeneratoren oder nur von Stromgeneratoren gespeist betrachten.

3.1.5. Beispiel für die Aufstellung der Grundgleichungen

1. Als Beispiel nehmen wir das Netzwerk in Abb. 3.11. Wir haben das Netzwerk zuerst mit den nötigen Meßrichtungen zu versehen und auch die Knotenpunkte und die Maschen zu numerieren oder zu bezeichnen. Die $n - 1 = 6 - 1 = 5$ Knotenpunktgleichungen lauten:

$$i_1 - i_3 - i_{10} = 0, \tag{A}$$
$$-i_1 - i_2 + i_3 + i_5 = 0, \tag{B}$$
$$i_2 - i_4 + i_6 = 0, \tag{C}$$
$$i_4 - i_5 - i_6 + i_7 = 0, \tag{D}$$
$$-i_7 + i_8 + i_9 = 0. \tag{E}$$

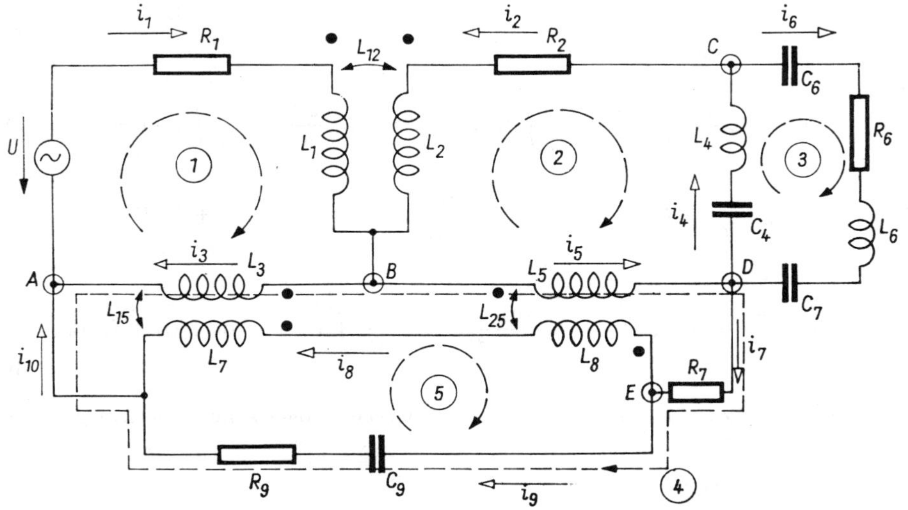

Abb. 3.11 Beispiel eines komplizierten Netzwerkes zur Anwendung der Kirchhoffschen Gleichungen

Die $l = 5$ Maschengleichungen lauten:

$$-u + i_1 R_1 + L_1 \frac{di_1}{dt} + L_{12} \frac{di_2}{dt} + L_3 \frac{di_3}{dt} + L_{15} \frac{di_8}{dt} = 0, \tag{1}$$

$$-L_2 \frac{di_2}{dt} - L_{12} \frac{di_1}{dt} - i_2 R_2 - L_4 \frac{di_4}{dt} - \frac{1}{C_4} \int^t i_4 \, dt - L_5 \frac{di_5}{dt} - L_{25} \frac{di_8}{dt} = 0, \tag{2}$$

$$\frac{1}{C_4} \int^t i_4 \, dt + L_4 \frac{di_4}{dt} + \frac{1}{C_6} \int^t i_6 \, dt + i_6 R_6 + L_6 \frac{di_6}{dt} + \frac{1}{C_7} \int^t i_6 \, dt = 0, \tag{3}$$

$$-L_3 \frac{di_3}{dt} - L_{15} \frac{di_8}{dt} + L_5 \frac{di_5}{dt} + L_{25} \frac{di_8}{dt} + i_7 R_7 + \frac{1}{C_9} \int^t i_9 \, dt + i_9 R_9 = 0, \tag{4}$$

$$-L_7 \frac{di_8}{dt} - L_{15} \frac{di_3}{dt} - L_8 \frac{di_8}{dt} - L_{25} \frac{di_5}{dt} + \frac{1}{C_9} \int^t i_9 \, dt + i_9 R_9 = 0. \tag{5}$$

Damit haben wir zehn Gleichungen für die zehn unbekannten Zweigströme.

Mit Hilfe der Maschenströme können wir die folgenden fünf Gleichungen aufschreiben:

$$j_1 R_1 + L_1 \frac{dj_1}{dt} - L_{12} \frac{dj_2}{dt} + L_3 \frac{d(j_1 - j_4)}{dt} - L_{15} \frac{dj_5}{dt} = u, \tag{1}$$

$$L_2 \frac{dj_2}{dt} - L_{12} \frac{dj_1}{dt} + j_2 R_2 + L_4 \frac{d(j_2 - j_3)}{dt} + \frac{1}{C_4} \int^t (j_2 - j_3) \, dt$$
$$+ L_5 \frac{d(j_2 - j_4)}{dt} + L_{25} \frac{dj_5}{dt} = 0, \tag{2}$$

$$\frac{1}{C_4} \int^t (j_3 - j_2) \, dt + L_4 \frac{d(j_3 - j_2)}{dt} + \frac{1}{C_6} \int^t j_3 \, dt + j_3 R_6 + L_6 \frac{dj_3}{dt} + \frac{1}{C_7} \int^t j_3 \, dt = 0, \tag{3}$$

$$L_3 \frac{d(j_4 - j_1)}{dt} + L_{15} \frac{dj_5}{dt} + L_5 \frac{d(j_4 - j_2)}{dt} - L_{25} \frac{dj_5}{dt} + j_4 R_7 + \frac{1}{C_9} \int^t (j_4 + j_5) \, dt$$
$$+ (j_4 + j_5) R_9 = 0, \tag{4}$$

$$L_7 \frac{dj_5}{dt} + L_{15} \frac{d(j_4 - j_1)}{dt} + L_8 \frac{dj_5}{dt} - L_{25} \frac{d(j_4 - j_2)}{dt} + \frac{1}{C_9} \int^t (j_4 + j_5) \, dt + (j_4 + j_5) R_9 = 0. \tag{5}$$

Mit Hilfe der durch diese Gleichungen bestimmten Maschenströme können die Zweigströme leicht ausgedrückt werden:

$$i_1 = j_1, \quad i_2 = -j_2, \quad i_3 = j_1 - j_4,$$

$$i_4 = j_3 - j_2, \quad i_5 = j_4 - j_2, \quad i_6 = j_3,$$

$$i_7 = j_4, \quad i_8 = -j_5, \quad i_9 = j_4 + j_5, \quad i_{10} = j_4.$$

2. Für die Anwendung der Methode der Knotenpunktpotentiale schreiben wir die Grundgleichungen für das Netzwerk in Abb. 3.12; für den Knotenpunkt 1

$$G_1 v_1 + \frac{1}{L_1} \int^t v_1 \, dt + C_1 \frac{dv_1}{dt} + C_2 \frac{d(v_1 - v_2)}{dt} = i_{G1},$$

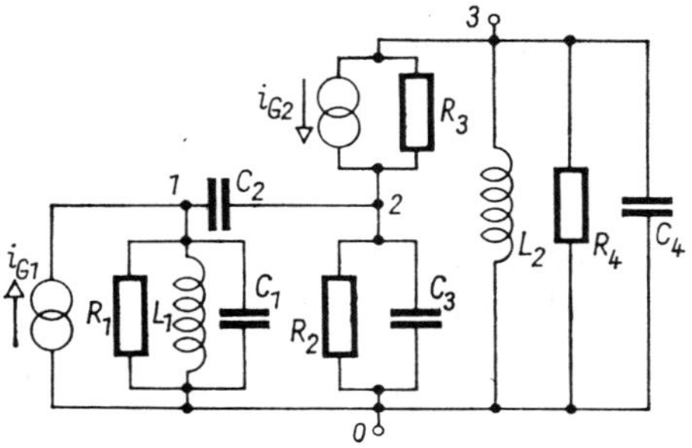

Abb. 3.12 Netzwerk zur Anwendung der Methode der Knotenpunktpotentiale

für den Knotenpunkt 2

$$C_2 \frac{d(v_2 - v_1)}{dt} + G_2 v_2 + C_3 \frac{dv_2}{dt} + G_3(v_2 - v_3) = i_{G2},$$

für den Knotenpunkt 3

$$G_3(v_3 - v_2) + \frac{1}{L_2} \int^t v_3 \, dt + v_3 G_4 + C_4 \frac{dv_3}{dt} = -i_{G2}.$$

3.1.6. Die allgemeinen Methoden zur Lösung der Grundgleichungen

Nachdem die Kirchhoffschen Gleichungen aufgestellt sind, haben wir ein System von linearen Integrodifferentialgleichungen für die unbekannten Größen. Wenn das Netzwerk keinen Kondensator besitzt, haben wir ein System linearer Differentialgleichungen erster Ordnung zu lösen. Im allgemeinen Fall, nach Differentiation beider Seiten aller Gleichungen des Gleichungssystems, gelangen wir zu einem System von linearen Differentialgleichungen zweiter Ordnung mit konstanten Koeffizienten. Wenn die Anfangswerte, d. h. die Spannungen der Kondensatoren und die Ströme der Induktivitäten im Zeitpunkt $t = 0$, bekannt sind, können die Zeitfunktionen der unbekannten Größen bestimmt werden. Selbst aus dem Aufbau der Differentialgleichungen können schon wichtige Folgerungen gezogen werden. Aus der Tatsache, daß das System linear ist, folgt schon das Superpositionsprinzip. Dieses lautet für die Netzwerke: Sei ein Netzwerk gegeben. Zu einer Erregergröße gehöre in diesem Netzwerk ein gewisser elektrischer Zustand. Zu einer anderen Erregergröße gehöre in demselben Netzwerk ein anderer Zustand. Nach dem Superpositionsprinzip gehört zur gleichzeitigen Wirkung der Erregergrößen die Summe der einzelnen Zustände.

Mögen zu den Generatorspannungen $u_{Gk}^{(i)}$ die Zweigströme $i_k^{(i)}$ gehören. (Hier bezieht sich der Index k auf die Masche, der Index i auf den Zweig.) Die Größen befriedigen die Maschengleichung:

$$\sum_i (u_{Gk}^{(i)} + \mathscr{Z}_k^{(i)} i_k^{(i)}) = 0. \tag{40}$$

Zu den Generatorspannungen $u_{Gk}^{*(i)}$ gehören die Zweigströme $i_k^{*(i)}$. Auch hier gilt die Maschengleichung:

$$\sum_i (u_{Gk}^{*(i)} + \mathscr{Z}_k^{(i)} i_k^{*(i)}) = 0. \tag{41}$$

(Der Stern soll hier nur eine andere reelle Zeitfunktion andeuten.)
Durch Addieren der Gleichungen (40) und (41) ergibt sich

$$\sum [(u_{Gk}^{(i)} + u_{Gk}^{*(i)}) + \mathscr{Z}_k^{(i)}(i_k^{(i)} + i_k^{*(i)})] = 0. \tag{42}$$

Damit erhalten wir wieder die Kirchhoffschen Gleichungen für das zusammengesetzte System. Auf diese Weise folgt aus

$$\sum i = 0 \quad \text{und} \quad \sum i^* = 0$$

auch die Gleichung

$$\sum (i + i^*) = 0.$$

Diese einfache Tatsache, die in dem Superpositionsprinzip ausgedrückt wird, liegt der Methode der Berechnung der elektrischen Kenngrößen von allgemeinem zeitlichem Verlauf zugrunde. Es wird nämlich das Verhalten der Netzwerke bei einfachen Erregergrößen ausführlich untersucht. Danach zerlegen wir die Erregergröße von allgemeinem zeitlichem Verlauf in solche elementaren Erregergrößen. Ihre Wirkung wird durch Superposition erhalten.

Die Netzwerke mit sinusförmigem zeitlichem Verlauf können ziemlich einfach behandelt werden. Die Untersuchung der Netzwerke mit sinusförmigem zeitlichem Verlauf ist an sich ein sehr wichtiges Problem, da solche Netzwerke in der Praxis häufig vorkommen. Wir wissen aber, und später werden wir uns damit ausführlich beschäftigen, daß beliebige periodische Funktionen durch Fourier-Reihen, nichtperiodische durch Fouriersche Integrale dargestellt, d. h. aus sinusförmigen Funktionen zusammengesetzt werden können. Wir bestimmen also die Sinuskomponenten der ursprünglichen Spannung und die von ihnen hervorgerufenen Ströme. Durch Addition dieser Ströme erhalten wir den resultierenden Strom.

Eine Funktion kann auf sehr verschiedene Weise in Teilfunktionen zerlegt werden. In der mathematischen Analysis ist es häufig üblich, die Funktion als Summe von Impulsfunktionen darzustellen (Abb. 3.13). Man kann aber auch mit Sprungfunktionen operieren. Da die Impulstechnik einen wichtigen und ausgearbeiteten Teil der modernen Fernmeldetechnik darstellt, ist es durchaus nicht verwunderlich, daß die Lösung mit Hilfe von Impulsspannungen in den Vordergrund rückt.

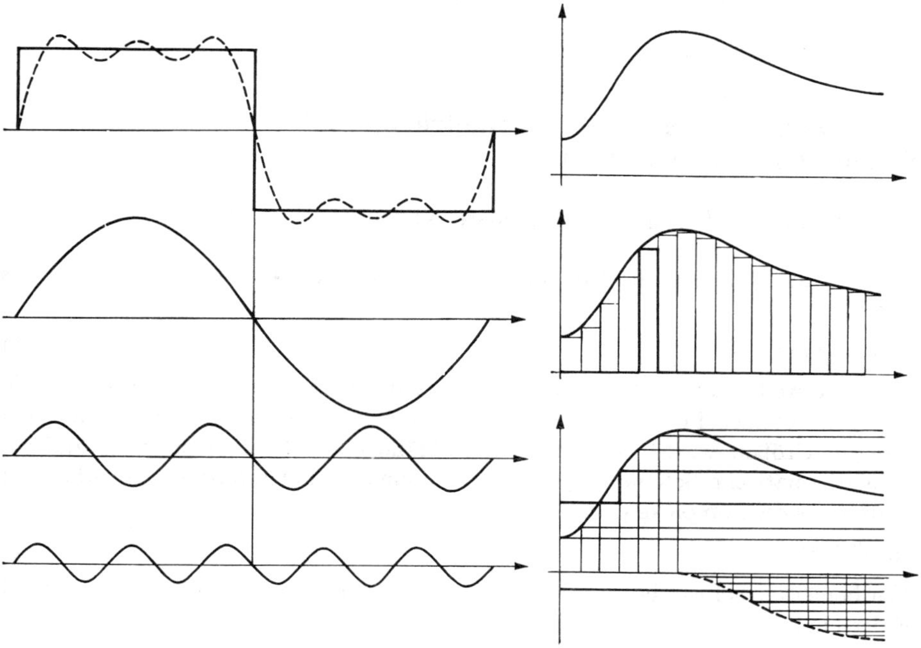

Abb. 3.13 Eine Zeitfunktion kann auf mannigfache Art in „elementare" Funktionen zerlegt werden: Periodische Funktionen können aus Sinus- und Cosinusfunktionen zusammengesetzt werden; allgemeinere Funktionen werden zweckmäßig aus Sprung- oder Impulsfunktionen zusammengesetzt

Die beiden erwähnten Methoden werden durch eine aus den elektrotechnischen Problemen entstandene Methode, nämlich durch die Lösung von Differentialgleichungen mit Hilfe der Laplace-Transformation, synthetisiert. Alle diese Methoden werden der Reihe nach ausführlich von uns besprochen.

Die Analyse allgemeiner Netzwerke ist natürlich kompliziert. Die Lösung wird einfacher, wenn wir uns

a) auf einfache Zeitfunktionen,
b) auf einfache Geometrie,
c) auf einfache Zielsetzung

beschränken.

Unter den einfachsten Zeitfunktionen sind vielleicht die sinusförmigen die wichtigsten. Wie wir schon erwähnt haben, ist das Problem der Netzwerke mit sinusförmigem zeitlichem Verlauf auch an sich wichtig. Wichtig ist weiter die Sinusfunktion als elementare Erregerfunktion. Es wird sich herausstellen, daß die hier gewonnenen Kenntnisse auch bei der zur allgemeinen Lösung geeigneten Laplace-Transformation nützlich sind.

3.2. Netzwerke mit einfacher Geometrie und mit einfachem zeitlichem Verlauf

3.2.1. Sinusförmige Erregung. Einfachste Kreise

Nehmen wir an, daß sich alle Erregergrößen in der Zeit sinusförmig verändern. Es sei z. B.

$$u(t) = \hat{U} \cos (\omega t + \varphi) . \tag{1}$$

Nehmen wir weiter an, daß die Kreisfrequenz der Generatoren identisch ist. Die Spannungen unterscheiden sich also in Amplituden und in Phasen. Dann werden sich alle erregten Größen, wie Ströme, Spannungsabfälle, ebenfalls sinusförmig verändern. Da die mathematische Behandlung und Darstellung der Sinusfunktionen umständlich ist, führen wir die komplexe Spannung

$$u = \hat{U} \, \mathrm{e}^{\mathrm{j}(\omega t + \varphi)} \tag{2}$$

ein. Wir bemerken sofort, daß diese Spannung mit der reellen Spannung entsprechend der Eulerschen Relation,

$$\hat{U} \, \mathrm{e}^{\mathrm{j}(t\omega + \varphi)} = \hat{U}[\cos (\omega t + \varphi) + \mathrm{j} \sin (\omega t + \varphi)] , \tag{3}$$

in folgendem Verhältnis steht:

$$\mathrm{Re} \, \hat{U} \, \mathrm{e}^{\mathrm{j}(t\omega + \varphi)} = \hat{U} \cos (\omega t + \varphi) . \tag{4}$$

Da die Bildung der Realteile von Funktionen der Form (2) und die Addition sowie Multiplikation mit einer reellen Zahl vertauschbar sind, gilt die Gleichung

$$\mathrm{Re} \, (a u_1 + b u_2) = a \, \mathrm{Re} \, u_1 + b \, \mathrm{Re} \, u_2 .$$

Die Bildung des Realteiles und die Operationen des Differenzierens und Integrierens sind ebenfalls vertauschbar; somit gilt

$$\frac{\mathrm{d}}{\mathrm{d}t} \mathrm{Re} \, \hat{U} \, \mathrm{e}^{\mathrm{j}(\omega t + \varphi)} = \mathrm{Re} \frac{\mathrm{d}}{\mathrm{d}t} \hat{U} \, \mathrm{e}^{\mathrm{j}(\omega t + \varphi)} \tag{5}$$

bzw.

$$\int \mathrm{Re} \, \hat{U} \, \mathrm{e}^{\mathrm{j}(\omega t + \varphi)} \, dt = \mathrm{Re} \int \hat{U} \, \mathrm{e}^{\mathrm{j}(\omega t + \varphi)} \, \mathrm{d}t . \tag{6}$$

Die Richtigkeit dieser Gleichungen kann sofort mit Hilfe der Eulerschen Relation bestätigt werden. Da in den Kirchhoffschen Gleichungen nur die erwähnten Operationen vorkommen, können wir mit den komplexen Größen rechnen und brauchen nur das Endresultat in das Reelle zu transformieren. Den Gleichungen

$$u_R = Ri, \qquad u_L = L\frac{\mathrm{d}i}{\mathrm{d}t}, \qquad u_C = \frac{1}{C}\int i\,\mathrm{d}t \tag{7}$$

entsprechen der Reihe nach:

$$\hat{U}_R = R\hat{I}, \qquad \hat{U}_L = \mathrm{j}\omega L\hat{I}, \qquad \hat{U}_C = \frac{1}{\mathrm{j}\omega C}\hat{I} \tag{8}$$

oder

$$\frac{\hat{U}_R}{\hat{I}} = R, \qquad \frac{\hat{U}_L}{\hat{I}} = \mathrm{j}\omega L, \qquad \frac{\hat{U}_C}{\hat{I}} = \frac{1}{\mathrm{j}\omega C}, \tag{9}$$

Hier bedeuten $\hat{U}$ und $\hat{I}$ die komplexe Spannungs- bzw. Stromamplitude. In der Praxis rechnet man meist nicht mit diesen, sondern mit den durch $\sqrt{2}$ dividierten Werten. $U = \hat{U}/\sqrt{2}$ bzw. $I = \hat{I}/\sqrt{2}$ werden komplexe effektive Spannung bzw. komplexer effektiver Strom genannt. Das Verhältnis dieser Größen, also in den obigen einfachsten Fällen die Größen

$$\frac{U}{I} = R, \qquad \mathrm{j}\omega L, \qquad \frac{1}{\mathrm{j}\omega C}.$$

werden Impedanzen, deren Kehrwerte Admittanzen genannt. Für eine gemeinsame Benennung wird häufig der Ausdruck *Immittanz* gebraucht.

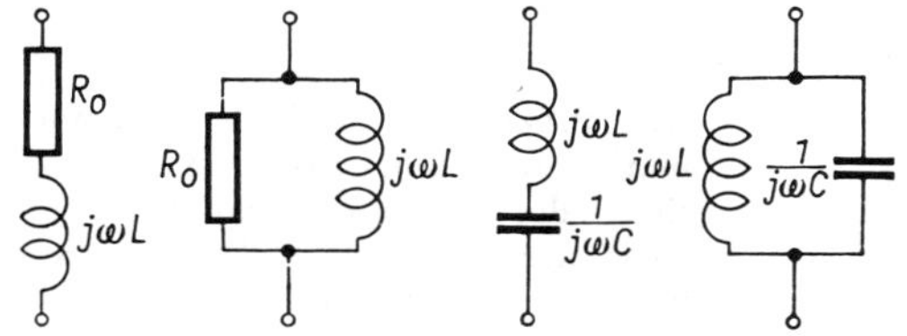

Abb. 3.14a Einfachste Kreise zur Berechnung der resultierenden Impedanzen

Wir können also nach dem bisher Gesagten mit diesen Größen genauso rechnen, als ob sie Gleichstromwiderstände wären. Wir erhalten z. B. für die einfachsten Schaltungen in Abb. 3.14a die folgenden Impedanzen:

$$Z_{RL}^{\text{Reihe}} = R + \mathrm{j}\omega L, \qquad Z_{RL}^{\text{Parallel}} = R \times \mathrm{j}\omega L = \frac{R\mathrm{j}\omega L}{R + \mathrm{j}\omega L} \tag{10a}$$

bzw.

$$Z_{LC}^{\text{Reihe}} = \mathrm{j}\omega L + \frac{1}{\mathrm{j}\omega C}, \qquad Z_{LC}^{\text{Parallel}} = \mathrm{j}\omega L \times \frac{1}{\mathrm{j}\omega C} = \frac{L/C}{\mathrm{j}\omega L + \dfrac{1}{\mathrm{j}\omega C}}. \tag{10b}$$

Haben wir die Kirchhoffschen Sätze angeschrieben, so erhalten wir ein lineares Gleichungssystem, in dem im allgemeinen Fall sämtliche gegebenen Größen komplex sind. Die gesuchten Größen ergeben sich ebenfalls als komplexe Zahlen. Mit Hilfe eines Vektordiagramms lassen sich die Verhältnisse meistens übersichtlich darstellen. Wir haben die komplexe Methode aber erst dann völlig verstanden, wenn wir den

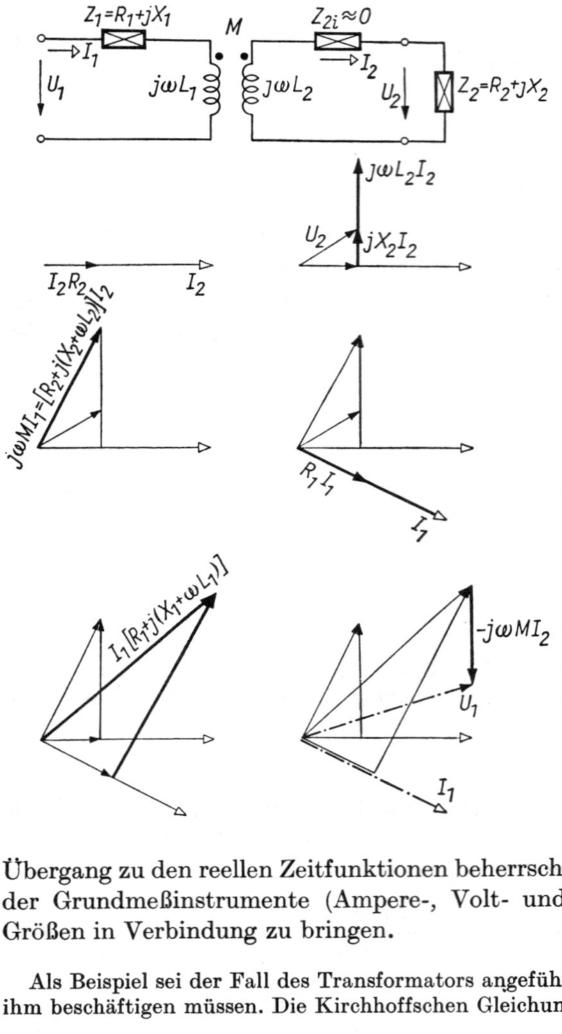

Abb. 3.14b Schaltbild des Transformators und schrittweise Konstruktion des Vektordiagramms. Als Ausgangspunkt der Konstruktion wurde der Sekundärstrom gewählt

Übergang zu den reellen Zeitfunktionen beherrschen und imstande sind, die Anzeigen der Grundmeßinstrumente (Ampere-, Volt- und Wattmeter) mit den komplexen Größen in Verbindung zu bringen.

Als Beispiel sei der Fall des Transformators angeführt, da wir uns später ohnehin noch mit ihm beschäftigen müssen. Die Kirchhoffschen Gleichungen lauten nach Abb. 3.14b

$$[R_1 + \mathrm{j}(X_1 + \omega L_1)]\, I_1 - \mathrm{j}\omega M I_2 = U_1$$

$$-\mathrm{j}\omega M I_1 + [R_{2i} + R_2 + \mathrm{j}(X_{2i} + X_2 + \omega L_2)]\, I_2 = 0 .$$

Um unnötige Komplikationen zu vermeiden, wählen wir $Z_{2i} = R_{2i} + \mathrm{j}X_{2i} = 0$.

Das Gleichungssystem kann z. B. für I_1 gelöst werden:

$$I_1 = \frac{U_1[R_2 + \mathrm{j}(X_2 + \omega L_2)]}{[R_1 + \mathrm{j}(X_1 + \omega L_1)]\,[R_2 + \mathrm{j}(X_2 + \omega L_2)] + \omega^2 M^2}$$

$$= \frac{U_1}{R_1 + \dfrac{\omega^2 M^2}{R_2^2 + (X_2 + \omega L_2)^2} R_2 + \mathrm{j}\left(X_1 + \omega L_1 - \dfrac{\omega^2 M^2}{R_2^2 + (X_2 + \omega L_2)^2}(X_2 + \omega L_2)\right)}.$$

Führen wir jetzt weitere Vereinfachungen ein. Es sei $Z_1 = 0$. Außerdem seien die Spulen eng gekoppelt, d. h., es gelten folgende Zusammenhänge:

$$L_1 = N_1^2 L_0; \qquad L_2 = N_2^2 L_0; \qquad M = N_1 N_2 L_0.$$

Hier bedeuten N_1 und N_2 die Windungszahl der primären bzw. der sekundären Spule. Dann gelten folgende Näherungsformeln:

$$\frac{U_1}{U_2} = \frac{U_1}{Z_2 I_2} = \frac{\mathrm{j}\omega L_1 I_1 - \mathrm{j}\omega M I_2}{-\mathrm{j}\omega L_2 I_2 + \mathrm{j}\omega M I_1} = \frac{L_1 I_1 - M I_2}{-L_2 I_2 + M I_1} = \frac{N_1^2 I_1 - N_1 N_2 I_2}{N_1 N_2 I_1 - N_2^2 I_2}$$

$$= \frac{N_1}{N_2}\,\frac{N_1 I_1 - N_2 I_2}{N_1 I_1 - N_2 I_2} = \frac{N_1}{N_2}.$$

Wenn wir auch die Belastungsimpedanz der Bedingung $|Z_2| \ll \omega L_2$ unterwerfen, so haben wir

$$\frac{I_2}{I_1} = \frac{\mathrm{j}\omega M}{Z_2 + \mathrm{j}\omega L_2} \approx \frac{M}{L_2} = \frac{N_1}{N_2}.$$

Ein Transformator, bei dem die Zusammenhänge $U_1/U_2 = N_1/N_2 = 1/n$, $I_2/I_1 = N_2/N_1 = n$ gelten, heißt ein idealer Transformator.

3.2.2. Energieverhältnisse bei sinusförmigem zeitlichem Verlauf

Wenn ein Schaltelement eine Spannung $u = \hat{U}\cos(\omega t + \varphi_u)$ und eine Stromstärke $i = \hat{I}\cos(\omega t + \varphi_i)$ aufweist, so ändert sich die aufgenommene Leistung als Funktion der Zeit:

$$p(t) = ui = \hat{U}\hat{I}\cos(\omega t + \varphi_u)\cos(\omega t + \varphi_i).$$

$p(t)$ heißt Momentanleistung. Der Mittelwert von $p(t)$ heißt Wirkleistung:

$$P = \frac{1}{T}\int_0^T p\,\mathrm{d}t = \frac{1}{T}\int_0^T \hat{U}\hat{I}\cos(\omega t + \varphi_u)\cos(\omega t + \varphi_i)\,\mathrm{d}t.$$

Eine elementare Rechnung ergibt:

$$P = \frac{\hat{U}\hat{I}}{2}\cos(\varphi_u - \varphi_i) = U_{\mathrm{eff}} I_{\mathrm{eff}} \cos\varphi; \qquad U_{\mathrm{eff}} = \frac{\hat{U}}{\sqrt{2}}; \qquad I_{\mathrm{eff}} = \frac{\hat{I}}{\sqrt{2}}.$$

Es sei jetzt $u(t) = \mathrm{Re}\,\hat{U}\,\mathrm{e}^{\mathrm{j}\omega t}$; $i(t) = \mathrm{Re}\,\hat{I}\,\mathrm{e}^{\mathrm{j}\omega t}$, und es sei die Phase in den komplexen Amplituden $\hat{U}$ bzw. $\hat{I}$ miteinbegriffen. Wir wissen schon (siehe Kap. 1.7.4.), daß P auf folgende Weise berechnet werden kann:

$$P = \frac{1}{2}\,\mathrm{Re}\,\hat{U}\hat{I}^* = \mathrm{Re}\,UI^*.$$

Die Größe UI^* wird komplexe Leistung genannt.

$$UI^* = S = U_{\mathrm{eff}}\,\mathrm{e}^{\mathrm{j}\varphi_u} I_{\mathrm{eff}}\,\mathrm{e}^{-\mathrm{j}\varphi_i} = U_{\mathrm{eff}} I_{\mathrm{eff}} \cos\varphi + \mathrm{j} U_{\mathrm{eff}} I_{\mathrm{eff}} \sin\varphi = P + \mathrm{j}Q,$$

$U_{\mathrm{eff}} I_{\mathrm{eff}}$ heißt Scheinleistung, $P = U_{\mathrm{eff}} I_{\mathrm{eff}} \cos\varphi$ Wirkleistung und Q Blindleistung. Da das momentane Kraftmoment zwischen zwei ineinandergelegten Spulen — die eine von einem der Spannung proportionalen Strom, die andere vom Verbraucherstrom durchflossen — proportional der momentanen Leistung ist, schlägt die Drehspule eines Wattmeters proportional dem Mittelwert der momentanen Leistung aus, also

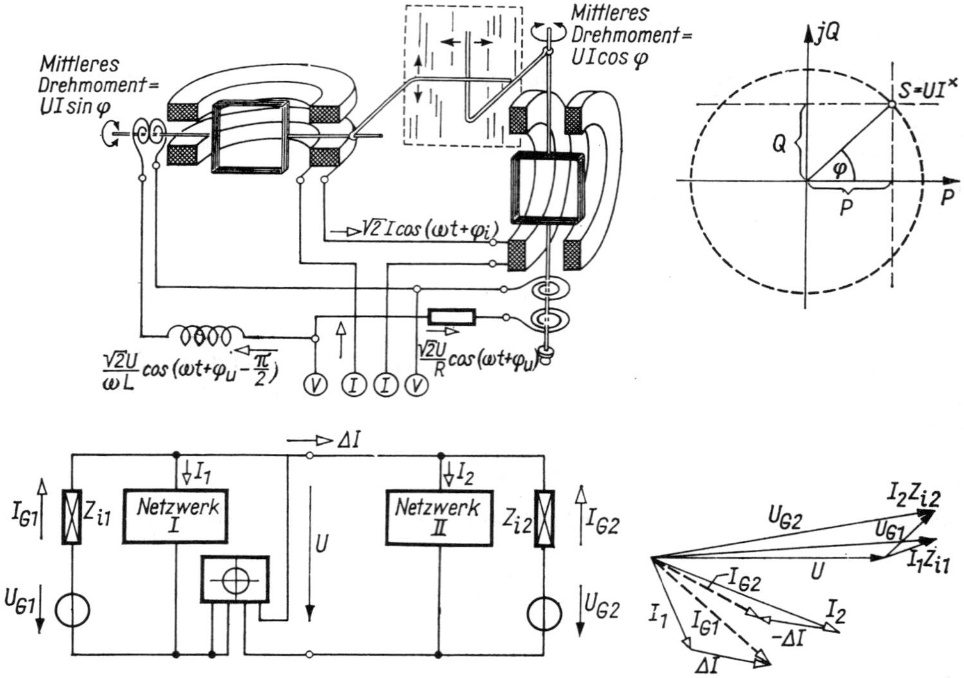

Abb. 3.14c Anordnung zur Messung der komplexen Leistung $P + \mathrm{j}Q = UI\cos\varphi + \mathrm{j}\,UI\sin\varphi$. Damit werden zugleich Wirk-, Blind- und Scheinleistung sowie der Phasenwinkel gemessen. In der Schaltung mißt das Instrument die nach rechts (bei +-Ausschlag) oder nach links (bei —-Ausschlag) strömende Leistung

$\sim U_{\text{eff}} I_{\text{eff}} \cos \varphi$. Wird der Strom der Spannungsspule durch eine Induktivität um $\pi/2$ verschoben, so ist der Ausschlag proportional der Blindleistung:

$$U_{\text{eff}} I_{\text{eff}} \cos \left(\varphi - \frac{\pi}{2} \right) = U_{\text{eff}} I_{\text{eff}} \sin \varphi .$$

Zwei solche Instrumente kombiniert ergeben ein Meßgerät für $S = P + \mathrm{j}Q$ (Abb. 3.14c).

3.2.3. Die Methode der Knotenpunktpotentiale und der Maschenströme bei sinusförmigem zeitlichem Verlauf

Mit Hilfe der Knotenpunktpotentiale kann der Strom in dem Zweig zwischen den Knotenpunkten i und k folgendermaßen ausgedrückt werden (Abb. 3.15):

$$V_i - V_k = I_{ik} Z_{ik} - U_{ik} . \tag{11}$$

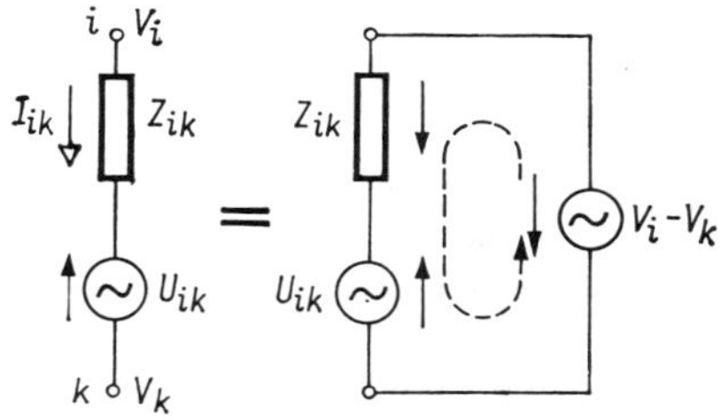

Abb. 3.15 Die Methode der Knotenpunktpotentiale in Wechselstromkreisen

Daraus folgt:

$$I_{ik} = \frac{V_i - V_k}{Z_{ik}} + \frac{U_{ik}}{Z_{ik}} . \tag{12}$$

Die Knotenpunktgleichung für den Knotenpunkt i lautet also:

$$\sum_k I_{ik} = 0 = \sum_k \frac{U_{ik}}{Z_{ik}} + V_i \sum_k \frac{1}{Z_{ik}} - \sum_k \frac{V_k}{Z_{ik}}, \tag{13}$$

$$i = 1, 2, \ldots, n - 1 .$$

Die Summation bezieht sich auf alle mit dem i-ten Knotenpunkt in Verbindung stehenden Knotenpunkte. Diese Gleichung kann durch Einführung der vereinfachenden Bezeichnung,

$$-\sum_k \frac{1}{Z_{ik}} = \frac{1}{Z_{ii}},$$

auch in folgender Form geschrieben werden:

$$\sum \frac{V_k}{Z_{ik}} = \sum \frac{U_{Gik}}{Z_{ik}} \qquad (i = 1, 2, \ldots, n-1). \tag{14}$$

Wir haben also endgültig

$$\frac{V_1}{Z_{11}} + \frac{V_2}{Z_{12}} + \cdots + \frac{V_i}{Z_{1i}} + \cdots + \frac{V_{n-1}}{Z_{1,n-1}} = \sum \frac{U_{G1k}}{Z_{1k}},$$

$$\frac{V_1}{Z_{21}} + \frac{V_2}{Z_{22}} + \cdots + \frac{V_i}{Z_{2i}} + \cdots + \frac{V_{n-1}}{Z_{2,n-1}} = \sum \frac{U_{G2k}}{Z_{2k}},$$

$$\vdots$$

$$\frac{V_1}{Z_{n-1,1}} + \frac{V_2}{Z_{n-1,2}} + \cdots + \frac{V_i}{Z_{n-1,i}} + \cdots + \frac{V_{n-1}}{Z_{n-1,n-1}} = \sum \frac{U_{G_{n-1,k}}}{Z_{n-1,k}}.$$

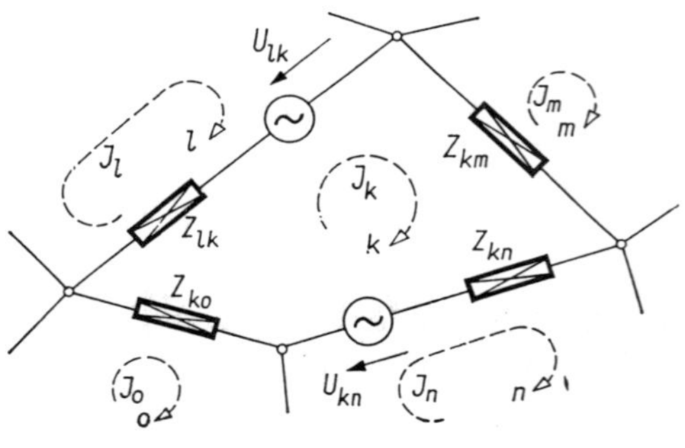

Abb. 3.16 Die Methode der Maschenströme in Wechselstromkreisen

Hier wird allen Impedanzen, die zu solchen Knotenpunktpaaren gehören, die nicht unmittelbar miteinander verbunden sind, der Wert Unendlich zugeschrieben.

Bei der Methode der Maschenströme nehmen wir nach Abb. 3.16 eine allgemeine Masche in dem Netzwerk; wir schreiben die Maschengleichung auf. Diese wird z. B. für die Masche k in Abb. 3.16

$$J_k(Z_{kl} + Z_{km} + Z_{kn} + Z_{ko}) - J_l Z_{kl} - J_m Z_{km} - J_n Z_{kn} - J_o Z_{ko} = U_{lk} - U_{kn}.$$

Im allgemeinen erhält man für die Maschengleichungen

$$J_1 Z_{11} + J_2 Z_{12} + J_3 Z_{13} + \cdots + J_l Z_{1l} = -U_{G1},$$

$$J_1 Z_{21} + J_2 Z_{22} + J_3 Z_{23} + \cdots + J_l Z_{2l} = -U_{G2},$$

$$\vdots$$

$$J_1 Z_{l1} + J_2 Z_{l2} + J_3 Z_{l3} + \cdots + J_l Z_{ll} = -U_{Gl}$$

oder einfacher

$$\sum_{i=1}^{l} J_i Z_{ki} = -U_{Gk}, \qquad k = 1, 2, \ldots, l.$$

Hier bedeuten $Z_{ik} = Z_{ki}$ die gemeinsamen Impedanzen der i-ten und k-ten Masche, Z_{kk} die Impedanz der k-ten Masche (in Abb. 3.16):

$$-Z_{kk} = Z_{kl} + Z_{km} + Z_{kn} + Z_{ko}. \tag{15}$$

U_{Gk} bedeutet die Summe der Spannungen der Generatoren in der k-ten Masche.

Der Wert der k-ten Maschenstromstärke kann also sofort angegeben werden:

$$J_k = \sum_i (-U_{Gi}) \frac{D_{ik}}{D}. \tag{16}$$

Hier bedeutet D die Determinante des Gleichungssystems (14), D_{ik} die durch die Streichung der i-ten Reihe und der k-ten Spalte entstehende Unterdeterminante. Da $Z_{ik} = Z_{ki}$ ist, wird die Determinante D symmetrisch; es gilt also auch $D_{ik} = D_{ki}$.

3.2.4. Beispiele für die Anwendung der Methoden der Knotenpunktpotentiale und der Maschenströme

1. Schreiben wir die Kirchhoffschen Gleichungen mit Hilfe der Maschenströme für die Schaltung in Abb. 3.17. Die drei Spulen seien auf demselben Kern aufgewickelt, also miteinander gekoppelt. Die zwei Maschengleichungen lauten:

$$U_1 = J_1 \mathrm{j}\omega \left(L_1^* + L_2^* - 2L_{12}^* + \frac{Z_1}{\mathrm{j}\omega}\right) - J_2 \mathrm{j}\omega \left(-L_{12}^* + L_2^* + L_{13}^* - L_{23}^* + \frac{Z_1}{\mathrm{j}\omega}\right),$$

$$0 = -J_1 \mathrm{j}\omega \left(-L_{12}^* + L_2^* + L_{13}^* - L_{23}^* + \frac{Z_1}{\mathrm{j}\omega}\right) + J_2 \mathrm{j}\omega \left(L_2^* + L_3^* - 2L_{23}^* + \frac{Z_1 + Z_2}{\mathrm{j}\omega}\right). \tag{17}$$

Wenn wir diese Gleichungen mit den Gleichungen für die Schaltung auf der rechten Seite der Abb. 3.17 vergleichen, so sehen wir die Äquivalenz der zwei Schaltungen. Es wird nämlich für diese zweite Schaltung:

$$U_1 = J_1 \mathrm{j}\omega \left(L_1 + L_2 + \frac{Z_1}{\mathrm{j}\omega}\right) - J_2 \mathrm{j}\omega \left(L_2 + \frac{Z_1}{\mathrm{j}\omega}\right),$$

$$0 = -J_1 \mathrm{j}\omega \left(L_2 + \frac{Z_1}{\mathrm{j}\omega}\right) + J_2 \mathrm{j}\omega \left(L_2 + L_3 + \frac{Z_1 + Z_2}{\mathrm{j}\omega}\right). \tag{18}$$

Um völlige Äquivalenz zu erreichen, müssen die folgenden Gleichungen gelten:

$$\begin{aligned} L_1 + L_2 &= L_1^* + L_2^* - 2L_{12}^*, \\ L_2 &= -L_{12}^* + L_2^* + L_{13}^* - L_{23}^*, \\ L_2 + L_3 &= L_2^* + L_3^* - 2L_{23}^*. \end{aligned} \tag{19}$$

Bei spezieller Wahl der Parameter der ersten Schaltung kann sich in der Äquivalenzschaltung eine Spule mit negativem Induktionskoeffizienten ergeben. Die Realisierung einer solchen Schaltung spielt in der Synthese vorgeschriebener Netzwerke eine große Rolle. Wir erhalten einfache Zusammenhänge im Fall idealer enger Kopplung:

$$\begin{aligned} &L_1^* = kN_1^2, \quad L_2^* = kN_2^2, \quad L_3^* = kN_3^2, \\ &L_{12}^* = kN_1N_2, \quad L_{23}^* = kN_2N_3, \quad L_{13}^* = kN_1N_3. \end{aligned} \tag{20}$$

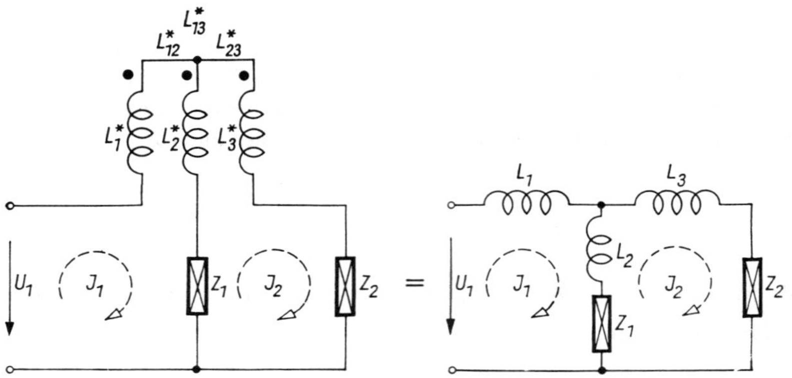

Abb. 3.17 Anwendung der Methode der Maschenströme auf ein Netzwerk, das zu einem Ersatznetzwerk mit negativem Induktionskoeffizienten führt

Dabei bedeuten N_1, N_2, N_3 die Wicklungszahlen der einzelnen Spulen. Es wird also

$$\begin{aligned} L_1 + L_2 &= k(N_1 - N_2)^2, \\ L_2 &= k(N_2 - N_1)(N_2 - N_3), \\ L_2 + L_3 &= k(N_2 - N_3)^2. \end{aligned} \tag{21}$$

Wie durch einfache Ausrechnung bestätigt werden kann, besteht zwischen den Induktionskoeffizienten für Äquivalenzschaltung der folgende Zusammenhang:

$$L_1L_2 + L_2L_3 + L_3L_1 = 0. \tag{22}$$

Man sieht, daß tatsächlich wenigstens einer der Koeffizienten einen negativen Wert haben muß.

2. Als einfache und praktisch wichtige Anwendung der Methode der Knotenpunktpotentiale beweisen wir den Millmannschen Satz. Die Generatoren, die ein System von Dreiphasen-

generatoren bilden, seien in einer Sternschaltung (Abb. 3.18) angeordnet, ebenso die Belastungswiderstände. Die inneren Widerstände seien vernachlässigbar.

Die Nullpunkte seien über die Impedanz Z_0 miteinander verbunden. Da in dieser Schaltung nur zwei Knotenpunkte existieren, führt die Anwendung der Knotenpunktmethode sofort zu dem Resultat:

$$\Sigma\, U_0 Y_i = \Sigma\, U_{Gi} Y_i \tag{23}$$

bzw.

$$U_0 = \frac{\Sigma\, U_{Gi} Y_i}{\Sigma\, Y_i}. \tag{24}$$

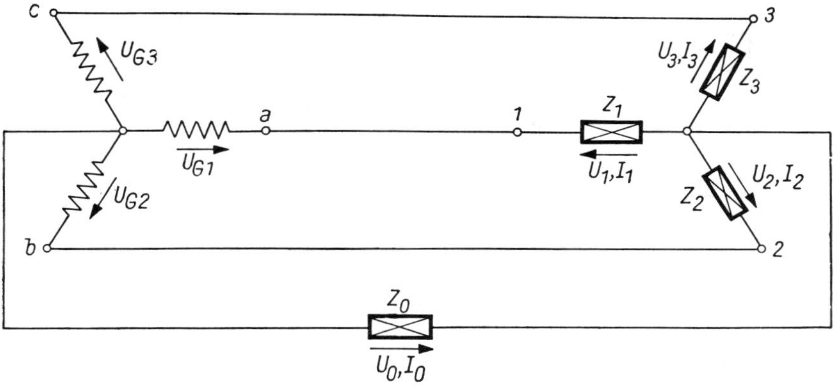

Abb. 3.18 Zur Ableitung des Millmannschen Satzes

Die Phasenströme erhalten wir aus den Gleichungen

$$I_i = (U_{Gi} - U_0)\, Y_i; \qquad I_0 = Y_0 U_0. \tag{25}$$

Bei Dreiphasenströmen sind die Generatorspannungen die folgenden

$$U_{G1} = U_{G1}; \quad U_{G2} = a^2 U_{G1}; \quad U_{G3} = a U_{G1}; \quad a = e^{j\frac{2\pi}{3}}. \tag{26}$$

Es wird also

$$U_0 = U_{G1} \frac{Y_1 + a^2 Y_2 + a Y_3}{Y_1 + Y_2 + Y_3 + Y_0}. \tag{27}$$

3. Ein wichtiges Gesetz für Netzwerke, die aus R, L und C aufgebaut sind, ist das Reziprozitätsgesetz. Seine Tragweite und Gültigkeitsgrenzen werden später (Abschnitt 4.13) allgemein behandelt. Der Satz lautet: Wenn ein Netzwerk einen einzigen Generator im i-ten Zweig besitzt und dadurch im k-ten Zweig eine Stromstärke verursacht wird, verursacht derselbe Generator, in den k-ten Zweig eingeschaltet, dieselbe Stromstärke im i-ten Zweig, sofern der innere Widerstand des Generators Null ist (Abb. 3.19).

Wenn nämlich der Zweig i zu einer einzigen Masche, der Masche i, gehört, dann wird der Maschenstrom mit dem Zweigstrom identisch. Ähnlich soll der k-te Zweig nur zur k-ten Masche gehören, d. h., auch hier werden Zweigstrom und Maschenstrom identisch. Daß eine solche Wahl immer möglich ist, ist nicht selbstverständlich. Vorläufig genüge die Behauptung ohne Beweis. Es sei jetzt in dem i-ten Zweig eine einzige Spannung wirksam. Dann erhalten wir für den Strom im k-ten Zweig

$$J_k \equiv I_k = -U_i \frac{D_{ik}}{D}. \tag{28}$$

Für den Strom im i-ten Zweig, wenn die Spannung im k-ten wirkt, wird

$$J_i \equiv I_i = -U_k \frac{D_{ki}}{D}. \tag{29}$$

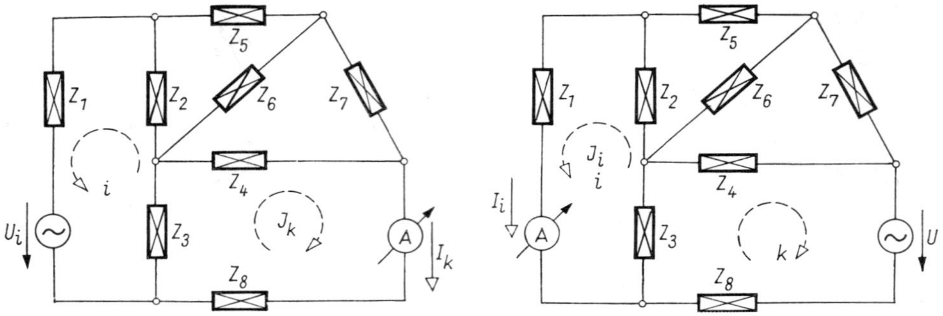

Abb. 3.19 Zur Ableitung des Reziprozitätsgesetzes

Unter Benutzung der Gleichung $D_{ik} = -D_{ki}$ erhalten wir

$$\frac{U_k}{I_i} = \frac{U_i}{I_k}. \tag{30}$$

Wenn jetzt noch die Gleichheit der zwei Spannungen $U_k = U_i$ gilt, haben wir das Endresultat

$$I_i = I_k. \tag{31}$$

Hier bemerken wir, daß die Größe $U_k/I_i = -D/D_{ki}$ also nur von den Netzwerkelementen und von der Netzwerkgeometrie abhängt und die Dimension einer Impedanz besitzt, die Transferimpedanz oder Übertragungsimpedanz heißt. Ihr Kehrwert heißt Transferadmittanz. Die Bezeichnung weist auf die Tatsache hin, daß durch diese Größen die Übertragung der Wirkung einer Erregungsgröße von einem Zweig in einen anderen Zweig charakterisiert wird.

3.2.5. Der n-Pol

Die Grundzusammenhänge. Wenn ein Netzwerk oder ein herausgegriffener Teil eines Netzwerkes durch n ausgeführte Klemmen erregt oder belastet werden kann, sprechen wir von einem (passiven) n-Pol (Abb. 3.20). Die Spannungen der Pole, gemessen von einem gemeinsamen Bezugspunkt, seien der Reihe nach V_1, V_2, V_3, ..., V_n. Die entsprechenden Ströme seien I_1, I_2, I_3, ..., I_n. Da das Netzwerk ein lineares Netzwerk ist, gilt das Superpositionsprinzip. Es bestehen zwischen den angeführten Größen die folgenden Gleichungen:

$$\begin{aligned} I_1 &= Y_{11}V_1 + Y_{12}V_2 + \cdots + Y_{1n}V_n, \\ I_2 &= Y_{21}V_1 + Y_{22}V_2 + \cdots + Y_{2n}V_n, \\ \vdots \quad & \quad \vdots \qquad\quad \vdots \qquad\qquad\quad \vdots \\ I_n &= Y_{n1}V_1 + Y_{n2}V_2 + \cdots + Y_{nn}V_n \end{aligned} \tag{32}$$

oder in Matrizen-Schreibweise

$$\mathbf{I} = \mathbf{YV}. \tag{33}$$

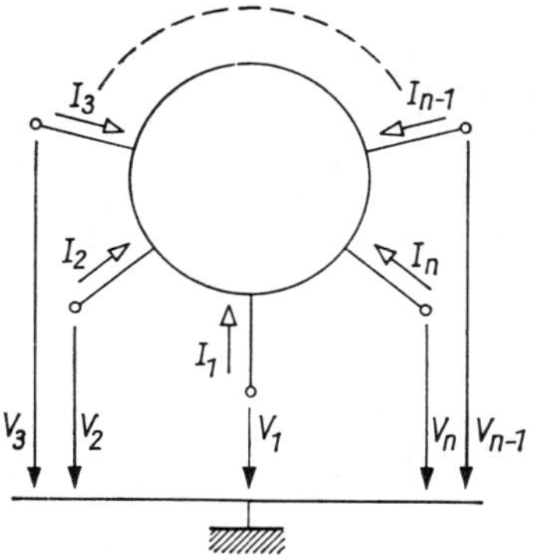

Abb. 3.20 Der passive n-Pol

Die Matrix **Y** heißt die indefinite Admittanzmatrix. Die physikalische Bedeutung der Koeffizienten Y_{ik} erhalten wir aus dem Gleichungssystem (32) zu

$$Y_{ik} = \left(\frac{I_i}{V_k}\right)_{V_s=0}, \quad s = 1, 2, \ldots, n; \quad s \neq k. \tag{34}$$

Es ist leicht einzusehen, daß diese Koeffizienten nicht voneinander unabhängig sind. Da das ganze Netzwerk als ein großer Knotenpunkt betrachtet werden kann, wo elektrische Ladungen nicht aufgespeichert werden können, gilt

$$\sum_{i=1}^{n} I_i = 0 \tag{35}$$

oder, ausführlich geschrieben,

$$V_1 \sum_{i=1}^{n} Y_{i1} + V_2 \sum_{i=1}^{n} Y_{i2} + \cdots + V_n \sum_{i=1}^{n} Y_{in} = 0. \tag{36}$$

Da diese Gleichung bei beliebigen V-Werten gelten muß, ist sie auch für $V_k \neq 0$; $V_s = 0$; $s \neq k$ gültig, d. h.,

$$\sum_{i=1}^{n} Y_{ik} = 0, \qquad k = 1, 2, \ldots, n. \tag{37}$$

Dies bedeutet aber, daß die Summe der Elemente auf jeder Zeile Null werden muß. Da die Werte der Ströme nicht davon abhängen dürfen, wie wir den Bezugspunkt der Spannungen wählen, muß der Ausdruck für einen Strom, sagen wir für I_i, ungeändert bleiben, wenn zu jeder Spannung der gleiche Wert addiert wird, d. h.,

$$I_i = \sum_{k=1}^{n} Y_{ik} V_k = \sum_{k=1}^{n} Y_{ik}(V_k \pm V_0) = \sum_{k=1}^{n} Y_{ik} V_k \pm V_0 \sum_{k=1}^{n} Y_{ik}. \tag{38}$$

Daraus folgt

$$\sum_{k=1}^{n} Y_{ik} = 0. \tag{39}$$

Es wird also die Summe der in einer Spalte stehenden Elemente auch Null. Somit bleiben von den n^2 Elementen nur $(n-1)^2$ unabhängig. Das Reziprozitätsgesetz schreibt die Symmetrie der $\mathbf{Y}$-Matrix vor. Wegen dieser Symmetrie bedeuten die obigen Beschränkungen nur n Bedingungsgleichungen, da eine Bedingung für eine Spalte automatisch dieselbe Bedingung für eine Zeile bedeutet. Es gibt $n(n-1)/2$ Symmetriebedingungen; dazu kommen noch die n Bedingungen für das Nullwerden der Koeffizienten in jeder Reihe. So erhalten wir insgesamt

$$n^2 - \left[n + \frac{n(n-1)}{2}\right] = \frac{n(n-1)}{2} \tag{40}$$

unabhängige Elemente in der Admittanzmatrix eines reziproken n-Pols.

Grundschaltungen. Untersuchen wir jetzt, was geschieht, wenn wir einige elementare Schaltungen verwirklichen.

Erden wir den j-ten Punkt, d. h., verbinden wir ihn mit dem Bezugspunkt, so wird $U_j = 0$; dann ist die j-te Zeile der $\mathbf{Y}$-Matrix also mit Null zu multiplizieren. Diese Zeile kann demnach weggelassen werden. Die j-te Spalte kann ebenfalls gestrichen werden, da I_j sich als Summe der anderen Ströme mit negativem Vorzeichen ergibt. Das erhaltene Netzwerk kann also durch eine Matrix von $n-1$ Zeilen und $n-1$ Spalten charakterisiert werden, die durch das Streichen der j-ten Zeile und der j-ten Spalte der ursprünglichen $\mathbf{Y}$-Matrix entsteht. Die Elemente der so erhaltenen Matrix sind alle unabhängig voneinander.

Bei reziproken Netzwerken vermindert sich die Zahl der unabhängigen Elemente auf

$$(n-1)^2 - \frac{(n-1)(n-2)}{2} = \frac{n(n-1)}{2},$$

d. h. auf die gleiche Anzahl, die die indefinite Admittanzmatrix $\mathbf{Y}$ besitzt.

Nach dem bisher Gesagten gelangen wir dadurch am einfachsten zur indefiniten Admittanzmatrix, daß wir einen Pol erden; dann schreiben wir den Zusammenhang

$$\mathbf{I}^{(n-1)} = \mathbf{Y}^{(n-1)} \mathbf{V}^{(n-1)} .$$

Damit erhalten wir die Matrix $\mathbf{Y}^{(n-1)}$, deren sämtliche Elemente unabhängig sind. Diese Matrix wird dann zu einer Matrix mit n Spalten und n Zeilen ergänzt. Die Elemente in der neuen Zeile bzw. Spalte werden durch die Bedingung festgelegt, daß die Summe der Elemente in jeder einzelnen Zeile bzw. Spalte Null sein muß.

Als eine neue elementare Schaltung lassen wir einen Pol, sagen wir den n-ten Pol, frei, also unbelastet. Die Gleichungen lauten jetzt

$$\begin{aligned} I_1 &= Y_{11}V_1 + \cdots + Y_{1n}V_n, \\ I_2 &= Y_{21}V_1 + \cdots + Y_{2n}V_n, \\ &\vdots \\ 0 &= Y_{n1}V_1 + \cdots + Y_{nn}V_n. \end{aligned} \tag{41}$$

Aus der letzten Gleichung folgt:

$$V_n = -\frac{1}{Y_{nn}}\left(Y_{n1}V_1 + Y_{n2}V_2 + \cdots + Y_{n(n-1)}V_{n-1}\right). \tag{42}$$

Setzen wir diesen Ausdruck in die anderen Gleichungen ein, so gelangen wir zu einer indefiniten Admittanzmatrix mit $n-1$ Spalten und $n-1$ Zeilen. Die Elemente dieser Matrix sind natürlich nicht unabhängig voneinander. Wenn die ursprüngliche indefinite Matrix auf folgende Weise unterteilt wird

$$\begin{array}{cc} (n-1) & 1 \\ \text{Spalten} & \text{Spalte} \end{array}$$

$$\mathbf{Y}^{(n)} = \begin{pmatrix} \mathbf{Y}_{11} & \mathbf{Y}_{12} \\ \mathbf{Y}_{21} & \mathbf{Y}_{22} \end{pmatrix} \begin{array}{l} (n-1) \text{ Zeilen} \\ 1 \text{ Zeile,} \end{array} \tag{43}$$

erhalten wir nach einfacher Rechnung die indefinite Matrix für die neue Schaltung:

$$\mathbf{Y}^{(n-1)} = \mathbf{Y}_{11} - \mathbf{Y}_{12}\mathbf{Y}_{22}^{-1}\mathbf{Y}_{21}. \tag{44}$$

Als nächste Schaltung verbinden wir zwei Klemmen, z. B. Klemme (1) und (2), miteinander. Bezeichnen wir die gemeinsame Spannung mit V_0, so erhalten wir als Gleichungssystem

$$\begin{aligned} I_1 &= (Y_{11} + Y_{12})\,V_0 + Y_{13}V_3 + \cdots + Y_{1n}V_n, \\ I_2 &= (Y_{21} + Y_{22})\,V_0 + Y_{23}V_3 + \cdots + Y_{2n}V_n, \\ I_3 &= (Y_{31} + Y_{32})\,V_0 + Y_{33}V_3 + \cdots + Y_{3n}V_n, \\ &\vdots \\ I_n &= (Y_{n1} + Y_{n2})\,V_0 + Y_{n3}V_3 + \cdots + Y_{nn}V_n. \end{aligned} \tag{45}$$

Da $I_1 + I_2 = I_0$ gilt, erhalten wir nach Addition der ersten zwei Gleichungen

$$\begin{aligned} I_0 &= (Y_{11} + Y_{12} + Y_{21} + Y_{22})\,V_0 + (Y_{13} + Y_{23})\,V_3 + \cdots + (Y_{1n} + Y_{2n})\,V_n, \\ I_3 &= (Y_{31} + Y_{32})\,V_0 + Y_{33}V_3 + \cdots + Y_{3n}V_n, \\ &\vdots \\ I_n &= (Y_{n1} + Y_{n2})\,V_0 + Y_{n3}V_3 + \cdots + Y_{nn}V_n. \end{aligned} \tag{46}$$

Wir bekommen also die indefinite Admittanzmatrix des so entstandenen $(n-1)$-Pols, wenn die den zusammengeschalteten Polen entsprechenden Zeilen bzw. Spalten addiert werden.

Der Zweipol. Unter Berücksichtigung der Bedingungsgleichungen zwischen den Elementen der indefiniten Admittanzmatrizen ergeben sich die Grundgleichungen des Zweipols

$$\begin{aligned} I_1 &= Y_{11}V_1 + Y_{12}V_2 = Y_{11}V_1 - Y_{11}V_2 = Y_{11}(V_1 - V_2), \\ I_2 &= Y_{21}V_1 + Y_{22}V_2 = -Y_{11}V_1 + Y_{11}V_2 = -Y_{11}(V_1 - V_2) = -I_1. \end{aligned} \tag{47}$$

Es stellt sich heraus, daß der Zweipol, wie uns schon bekannt ist, durch einen einzigen Admittanzwert charakterisiert werden kann.

Der Dreipol. Die Anzahl der unabhängigen Elemente ist jetzt $n(n-1)/2 = 3$. Der Dreipol kann also mit drei Impedanzen charakterisiert werden, die natürlich im Dreieck oder im Stern geschaltet werden können. Als Beispiel bestimmen wir die Admittanzmatrix bei Deltaschaltung (Abb. 3.21). Erden wir den Pol (3), so erhalten wir

$$\begin{aligned} I_1 &= Y_3V_1 + Y_1(V_1 - V_2) = (Y_1 + Y_3)\,V_1 - Y_1V_2, \\ I_2 &= Y_2V_2 + Y_1(V_2 - V_1) = -Y_1V_1 + (Y_1 + Y_2)\,V_2. \end{aligned} \tag{48}$$

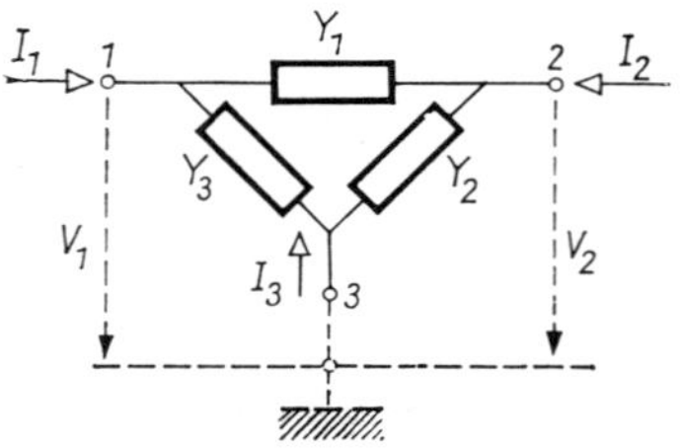

Abb. 3.21 Zur Ableitung der Grundgleichungen des Dreipols

Wenn wir die zu diesen Gleichungen gehörende Matrix aufschreiben und mit einer neuen Spalte und Zeile ergänzen, die die entsprechenden Summen zu Null macht, erhalten wir die indefinite Admittanzmatrix des Dreipols:

$$\mathbf{Y} = \begin{pmatrix} Y_1 + Y_3 & -Y_1 & -Y_3 \\ -Y_1 & Y_1 + Y_2 & -Y_2 \\ -Y_3 & -Y_2 & Y_3 + Y_2 \end{pmatrix}. \tag{49}$$

Der Vierpol. Die Anzahl der unabhängigen Elemente wird $4 \cdot 3/2 = 6$. Er kann also z. B. mit sechs Admittanzen verwirklicht werden, die in Form eines geschlossenen Vierecks geschaltet sind. Dieser Vierpol ist nicht identisch mit dem, was nach dem allgemeinen Sprachgebrauch Vierpol (oder besser: Zweitor) genannt wird; wir werden ihn daher als eingebetteten Vierpol bezeichnen. Der Unterschied besteht darin, daß beim Vierpol (Zweitor) angenommen wird, daß keine äußere Verbindung zwischen Primär- und Sekundärseite besteht.

3.2.6. Der $2n$-Pol oder das n-Tor

Wir sprechen von einem $2n$-Pol oder vom n-Tor dann, wenn die Gleichheit von zufließendem und abfließendem Strom an jedem Klemmenpaar gesichert ist: Die Generatoren oder die Belastungen sind auf je ein Klemmenpaar geschaltet, diese werden aber außen nicht miteinander verbunden (Abb. 3.22). Zwischen den Klemmenspannungen und den Strömen besteht der Zusammenhang

$$\mathbf{I} = \mathbf{Y}\mathbf{U}, \quad \mathbf{U} = \mathbf{Z}\mathbf{I}. \tag{50}$$

$\mathbf{Y}$ bzw. $\mathbf{Z}$ ist eine symmetrische Matrix mit n Zeilen und n Spalten. Die Elemente der Matrix sind, abgesehen von den Symmetriebedingungen, unabhängig voneinander. So kann ein n-Tor mit $n(n+1)/2$ Angaben charakterisiert werden. Der früher behandelte „Vierpol", genauer Zweitor, kann also insgesamt mit $2 \cdot 3/2 = 3$ Impedanzen charakterisiert werden. Die Verminderung der charakteristischen Parameter folgt aus der Tatsache, daß wir jetzt den Vierpol nicht als einen herausgegriffenen Teil eines Netzwerkes betrachten können.

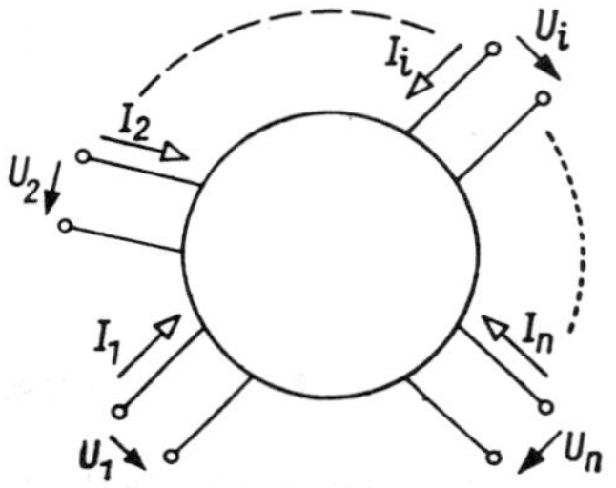

Abb. 3.22 Der $2n$-Pol oder das n-Tor

Für die Charakterisierung der n-Tore kann man neben den $\mathbf{Z}$- und $\mathbf{Y}$-Matrizen auch andere Matrizen verwenden, die nicht zwischen den n Stromwerten und zwischen den n Spannungswerten einen Zusammenhang ausdrücken, sondern gemischte Größen, z. B. n Strom- und Spannungswerte mit anderen n Strom- und Spannungswerten, in Beziehung setzen. Nach einer neueren Methode wird die Summe eines Spannungswertes und eines Stromwertes mit Hilfe der Differenz dieser Größen ausgedrückt. Führen wir also die charakteristischen Größen

$$\mathbf{V}_i = \frac{1}{2}(\mathbf{U}^0 + \mathbf{I}^0) \tag{51}$$

ein, wo eine jede Größe eine einzeilige Matrix bedeutet. Der Index 0 weist darauf hin, daß diese sogenannte normierte Größen sind. Die Spannung U_k^0 und der Strom I_k^0 stehen in folgender Beziehung mit der tatsächlichen Spannung U_k und dem Strom I_k

$$U_k^0 = \frac{U_k}{\sqrt{r_{0k}}}, \quad I_k^0 = I_k \sqrt{r_{0k}}. \tag{52}$$

Der hier vorkommende Koeffizient r ist ein Normierungskoeffizient mit der Dimension eines Widerstandes. Die Dimensionen von U_k^0 und I_k^0 werden identisch $(\mathrm{VA})^{1/2}$.

Wenn wir jetzt die Diagonalmatrizen $\mathbf{R}_0^{-1}$ und $\mathbf{R}_0$ von den Dimensionen $n \times n$ einführen, deren Diagonalelemente die folgenden sind:

$$1/\sqrt{r_{01}}, \quad 1/\sqrt{r_{02}}, \ \ldots \quad \text{bzw.} \quad \sqrt{r_{01}}, \quad \sqrt{r_{02}}, \ \ldots,$$

so kann Gl. (52) folgendermaßen geschrieben werden:

$$\mathbf{U}^0 = \mathbf{R}_0^{-1}\mathbf{U}; \quad \mathbf{I}^0 = \mathbf{R}_0\mathbf{I}. \tag{53}$$

Es wird also

$$\mathbf{V}_i = \frac{1}{2}(\mathbf{U}^0 + \mathbf{I}^0) = \frac{1}{2}(\mathbf{R}_0^{-1}\mathbf{U} + \mathbf{R}_0\mathbf{I}). \tag{54}$$

Die andere Veränderliche wird

$$\mathbf{V}_r = \frac{1}{2}(\mathbf{U}^0 - \mathbf{I}^0) = \frac{1}{2}(\mathbf{R}_0^{-1}\mathbf{U} - \mathbf{R}_0\mathbf{I}). \tag{55}$$

Die Indizes i bzw. r deuten auf die Wörter „incident" bzw. „reflected" hin. Diese Bezeichnung hat bei Fernleitungsanschluß einen unmittelbaren physikalischen Sinn (siehe Abschnitt 4.31.4.).

Die Gleichungen (54) und (55) können in folgender Weise umgestaltet werden:

$$\mathbf{U}^0 = \mathbf{V}_i + \mathbf{V}_r; \qquad \mathbf{I}^0 = \mathbf{V}_i - \mathbf{V}_r \tag{56}$$

bzw.

$$\mathbf{U} = \mathbf{R}_0(\mathbf{V}_i + \mathbf{V}_r); \qquad \mathbf{I} = \mathbf{R}_0^{-1}(\mathbf{V}_i - \mathbf{V}_r). \tag{57}$$

Berücksichtigt man die Beziehungen

$$\mathbf{U} = \mathbf{Z}\mathbf{I}; \qquad \mathbf{U}^0 = \mathbf{R}_0^{-1}\mathbf{U}; \qquad \mathbf{I}^0 = \mathbf{R}_0\mathbf{I}, \tag{58}$$

so sieht man sofort, daß das Ohmsche Gesetz auch zwischen den normierten Größen besteht:

$$\mathbf{U}^0 = \mathbf{Z}_0\mathbf{I}^0, \tag{59}$$

wo $\mathbf{Z}_0 = \mathbf{R}_0^{-1}\mathbf{Z}\mathbf{R}_0^{-1}$ ist.

Wir gelangen zu einem wichtigen neuen Begriff, dem der Streumatrix, wenn wir den Zusammenhang zwischen $\mathbf{V}_i$ und $\mathbf{V}_r$ aufstellen. Es gilt nämlich

$$\mathbf{V}_i = \frac{1}{2}(\mathbf{Z}_0 + \mathbf{1})\,\mathbf{I}^0; \quad \frac{1}{2}\,\mathbf{I}^0 = (\mathbf{Z}_0 + \mathbf{1})^{-1}\,\mathbf{V}_i. \tag{60}$$

Es wird also

$$\mathbf{V}_r = \frac{1}{2}(\mathbf{Z}_0 - \mathbf{1})\,\mathbf{I}^0 = (\mathbf{Z}_0 - 1)\,(\mathbf{Z}_0 + 1)^{-1}\mathbf{V}_i. \tag{61}$$

Daraus folgt

$$\mathbf{V}_r = (\mathbf{Z}_0 - \mathbf{1})\,(\mathbf{Z}_0 + \mathbf{1})^{-1}\,\mathbf{V}_i = \mathbf{S}\mathbf{V}_i. \tag{62}$$

Durch diese Gleichung wird die Streumatrix

$$\mathbf{S} = (\mathbf{Z}_0 - \mathbf{1})\,(\mathbf{Z}_0 + \mathbf{1})^{-1} \tag{63}$$

definiert.

Diese Matrix läßt sich umformen:

$$\begin{aligned}\mathbf{S} &= (\mathbf{R}_0^{-1}\mathbf{Z}\mathbf{R}_0^{-1} - \mathbf{1})\,(\mathbf{R}_0^{-1}\mathbf{Z}\mathbf{R}_0^{-1} + \mathbf{1})^{-1} \\ &= \mathbf{R}_0^{-1}(\mathbf{Z} - \mathbf{R}_0^2)\,(\mathbf{Z} + \mathbf{R}_0^2)^{-1}\,\mathbf{R}_0.\end{aligned} \tag{64}$$

Hier haben wir

$$(\mathbf{AB})^{-1} = \mathbf{B}^{-1}\mathbf{A}^{-1} \tag{65}$$

benutzt. Setzen wir

$$\mathbf{R}_0 = R_0\mathbf{1}\,, \tag{66}$$

so erhalten wir

$$\mathbf{S} = (\mathbf{Z} - \mathbf{R}_0^2)\,(\mathbf{Z} + \mathbf{R}_0^2)^{-1} = (\mathbf{Z} + \mathbf{R}_0^2)^{-1}\,(\mathbf{Z} - \mathbf{R}_0^2)\,. \tag{67}$$

Es ist zweckmäßig, als Normierungswiderstände diejenigen zu nehmen, die mit den Erregungsquellen in Reihe geschaltet sind. Bei Fernleitungsanschlüssen nimmt man die Wellenwiderstände als Normierungswiderstände.

Die durch ein n-Tor aufgenommene Leistung kann mit Hilfe der $\mathbf{S}$-Matrix ausgedrückt werden. Es ist nämlich (Gl. 3.12. (41))

$$P = \operatorname{Re} \mathbf{I}^{*\dagger}\mathbf{U}\,. \tag{68}$$

Unter Berücksichtigung der Zusammenhänge (57) und (62) erhalten wir nach einiger Rechnung

$$\tilde{P} = \mathbf{V}_{\mathrm{i}}^{*\dagger}\mathbf{V}_{\mathrm{i}} - \mathbf{V}_{\mathrm{r}}^{*\dagger}\mathbf{V}_{\mathrm{r}} = \mathbf{V}_{\mathrm{i}}^{*\dagger}\mathbf{V}_{\mathrm{i}} - (\mathbf{S}\mathbf{V}_{\mathrm{i}})^{*\dagger}\mathbf{V}_{\mathrm{r}} = \mathbf{V}_{\mathrm{i}}^{*\dagger}(\mathbf{1} - \mathbf{S}^{*\dagger}\mathbf{S})\,\mathbf{V}_{\mathrm{i}}\,. \tag{69}$$

Die durch die Gleichung

$$\mathbf{D} = \mathbf{1} - \mathbf{S}^{*\dagger}\mathbf{S} \tag{70}$$

definierte Matrix wird auch Dissipationsmatrix genannt. Der Index † bezeichnet die transponierte Matrix, bei welcher also die Spalten und Zeilen vertauscht sind.

3.2.7. Das Zweitor oder der Vierpol

Wegen ihrer Wichtigkeit werden die Zweitore (Vierpole) eingehender untersucht. Bei den Zweitoren sind die vier Größen U_1, I_1, U_2, I_2 durch drei unabhängige Parameter

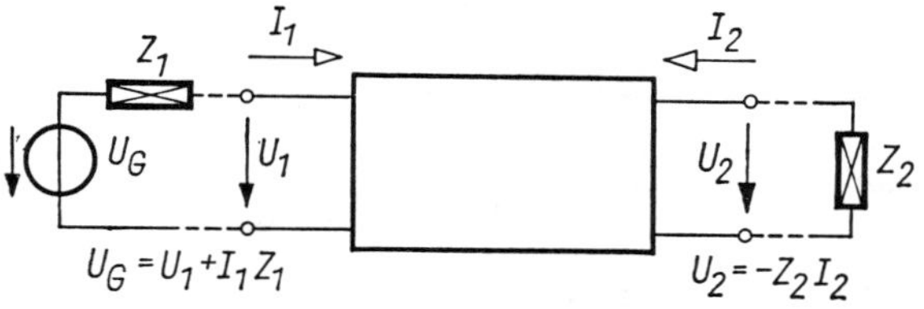

Abb. 3.23 Der Vierpol oder das Zweitor. Alle Formeln beziehen sich auf die hier angedeuteten Strom- und Spannungsrichtungen

verknüpft (Abb. 3.23). Folgende Darstellungen sind üblich: Durch das Gleichungssystem

$$U_1 = Z_{11}I_1 + Z_{12}I_2\,; \tag{71}$$

$$U_2 = Z_{21}I_1 + Z_{22}I_2 \tag{72}$$

sind die Widerstandsparameter, durch das System

$$I_1 = Y_{11}U_1 + Y_{12}U_2; \tag{73}$$

$$I_2 = Y_{21}U_1 + Y_{22}U_2 \tag{74}$$

die Admittanzparameter definiert. Die Parameter in dem Gleichungssystem

$$U_1 = A_{11}U_2 - A_{12}I_2; \tag{75}$$

$$I_1 = A_{21}U_2 - A_{22}I_2 \tag{76}$$

heißen Kettenparameter. Es wird auch das Mischsystem

$$U_1 = H_{11}I_1 + H_{12}U_2; \tag{77}$$

$$I_2 = H_{21}I_1 + H_{22}U_2 \tag{78}$$

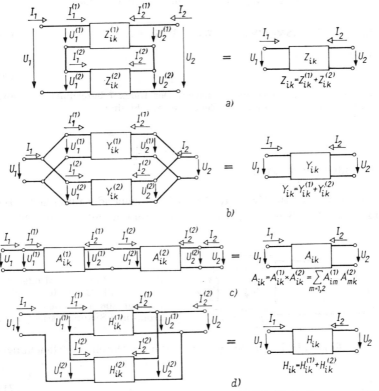

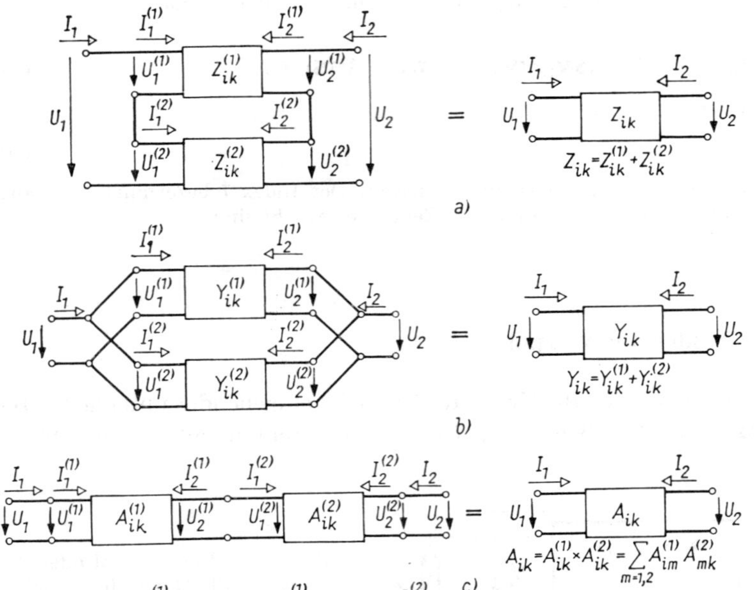

Abb. 3.24 Die Reihen-, Parallel-, Ketten- und Hybridschaltung von Vierpolen. Es ist auch angegeben, welche Matrix man am zweckmäßigsten benutzt

benutzt. Entsprechend werden die Widerstandsmatrix **Z**, die Admittanzmatrix **Y**, die Kettenmatrix **A** und die gemischte Matrix **H** eingeführt. In Abb. 3.24 sieht man, wie sich in den verschiedenen Schaltungen die resultierende Matrix aus der Matrix der einzelnen Vierpole zusammensetzt. Der Beweis ergibt sich ohne Schwierigkeit, indem man die entsprechenden Grundgleichungen anschreibt.

Als Beispiel sei der Fall der Reihen-Parallel-Schaltung angeführt. Es gelten also die folgenden Gleichungen

$$\begin{aligned} U_1^{(1)} &= H_{11}^{(1)} I_1^{(1)} + H_{12}^{(1)} U_2^{(1)}, \\ I_2^{(1)} &= H_{21}^{(1)} I_1^{(1)} + H_{22}^{(1)} U_2^{(1)}; \end{aligned} \tag{79}$$

$$\begin{aligned} U_1^{(2)} &= H_{11}^{(2)} I_1^{(2)} + H_{12}^{(2)} U_2^{(2)}, \\ I_2^{(2)} &= H_{21}^{(2)} I_1^{(2)} + H_{22}^{(2)} U_2^{(2)}. \end{aligned} \tag{80}$$

Aus Abb. 3.24 liest man sofort die Zusammenhänge ab:

$$\begin{aligned} U_1 &= U_1^{(1} + U_1^{(2)}; \\ I_2 &= I_2^{(1)} + I_2^{(2)}; \\ I_1 &= I_1^{(1)} = I_1^{(2)}; \\ U_2 &= U_2^{(1)} = U_2^{(2)}. \end{aligned} \tag{81}$$

Durch Addieren der Gleichungen (79) und (80) erhalten wir

$$\begin{aligned} U_1 &= U_1^{(1)} + U_1^{(2)} = H_{11}^{(1)} I_1^{(1)} + H_{11}^{(2)} I_1^{(2)} + H_{12}^{(1)} U_2^{(1)} + H_{12}^{(2)} U_2^{(2)}; \\ I_2 &= I_2^{(1)} + I_2^{(2)} = H_{21}^{(1)} I_1^{(1)} + H_{21}^{(2)} I_1^{(2)} + H_{22}^{(1)} U_2^{(1)} + H_{22}^{(2)} U_2^{(2)}. \end{aligned}$$

Wenn auch noch die Gleichungsgruppe (81) berücksichtigt wird, ergibt sich

$$\begin{pmatrix} U_1 \\ I_2 \end{pmatrix} = \begin{pmatrix} H_{11}^{(1)} + H_{11}^{(2)} & H_{12}^{(1)} + H_{12}^{(2)} \\ H_{21}^{(1)} + H_{21}^{(2)} & H_{22}^{(1)} + H_{22}^{(2)} \end{pmatrix} \begin{pmatrix} I_1 \\ U_2 \end{pmatrix}. \tag{82}$$

Bei der Ableitung haben wir vorausgesetzt, daß die zufließende und die abfließende Stromstärke, also $I_1^{(1)}$ und $I_2^{(2)}$, gleich sind, was durchaus nicht so sein muß. Die Gleichheit ist durch die äußere Schaltung nur dann gesichert, wenn Primär- und Sekundärseite nur durch das Zweitor zusammenhängen, was hier nicht der Fall ist. Wenn durch den inneren Aufbau der Zweitore bzw. durch die Art der Zusammenschaltung gesichert ist, daß die Zweitore auch nach dem Zusammenschalten noch als Zweitore betrachtet werden können, so sagen wir, die Vierpole genügen der Regularitätsbedingung. Abb. 3.25 zeigt, wie sich bei gleichem Aufbau eine reguläre bzw. irreguläre Schaltung ergibt. Im allgemeinen Fall müssen wir die Zweitore als (eingebettete) Vierpole betrachten. Dann genügen die drei Matrizenelemente nicht.

Als Anwendung bestimmen wir die **A**-Matrix eines durch einen idealen Transformator gespeisten Zweitores (Abb. 3.26). Für den Transformator gilt

$$U_1^{(t)} = \frac{1}{n} U_2^{(t)}; \qquad I_1^{(t)} = -nI_2^{(t)} \tag{83}$$

oder in Matrizenschreibweise

$$\begin{pmatrix} U_1^{(t)} \\ I_1^{(t)} \end{pmatrix} = \begin{pmatrix} \frac{1}{n} & 0 \\ 0 & n \end{pmatrix} \begin{pmatrix} U_2^{(t)} \\ -I_2^{(t)} \end{pmatrix}. \tag{84}$$

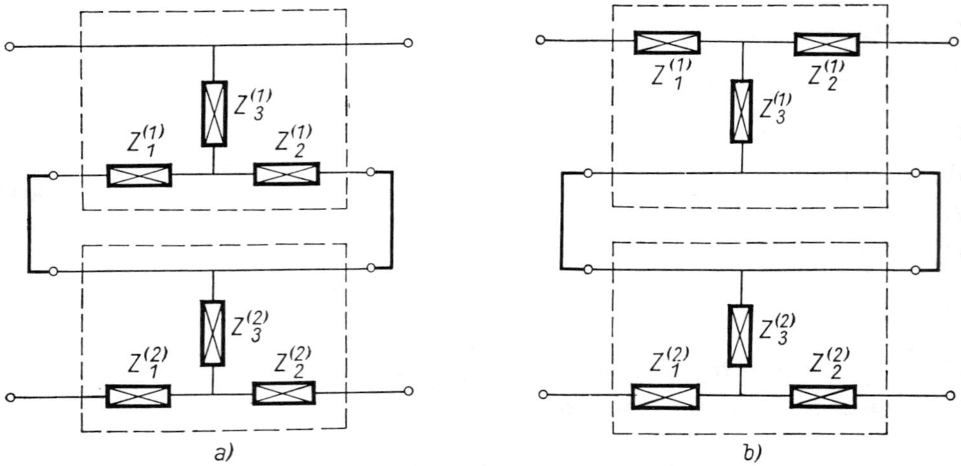

Abb. 3.25 Bei der Schaltung a) führt die Matrixaddition zu einem falschen Resultat. Die Schaltung b), mit demselben Vierpol ausgeführt, genügt der Regularitätsbedingung

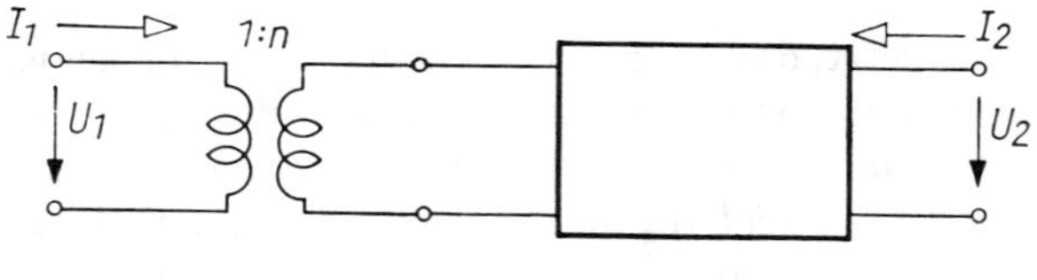

Abb. 3.26 Kettenschaltung eines idealen Transformators mit einem Vierpol

Es wird also

$$\begin{pmatrix} U_1 \\ I_1 \end{pmatrix} = \begin{pmatrix} \frac{1}{n} & 0 \\ 0 & n \end{pmatrix} \begin{pmatrix} A_{11} & A_{12} \\ A_{21} & A_{22} \end{pmatrix} \begin{pmatrix} U_2 \\ -I_2 \end{pmatrix} = \begin{pmatrix} \frac{1}{n} A_{11} & \frac{1}{n} A_{12} \\ n\, A_{21} & n\, A_{22} \end{pmatrix} \begin{pmatrix} U_2 \\ -I_2 \end{pmatrix}. \tag{85}$$

Wir geben noch die Widerstandsmatrix an:

$$Z = \begin{pmatrix} \frac{1}{n^2} Z_{11} & \frac{1}{n} Z_{12} \\ \frac{1}{n} Z_{21} & Z_{22} \end{pmatrix}. \tag{86}$$

In Tabelle 3.1 sind die Umrechnungsformeln der Vierpolmatrizen angeführt. Hier findet man auch die Bedingungen, denen die vier Parameter genügen müssen, da ein reziproker Vierpol durch drei Größen charakterisiert werden kann. Am einfachsten

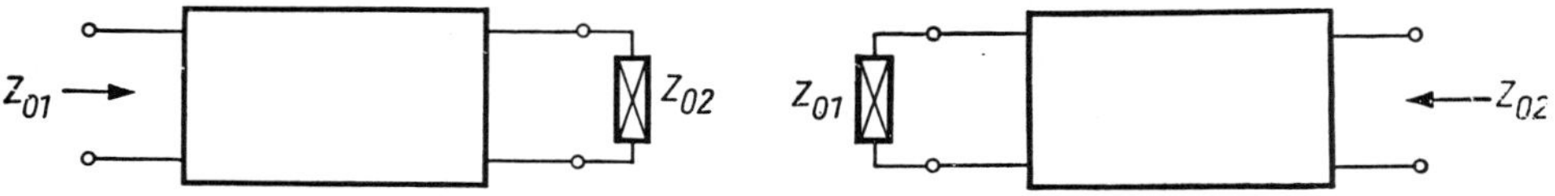

Abb. 3.27 und 3.28 Zur Bestimmung der Wellenparameter

läßt sich die Bedingung bei den Parametern Z_{ik} und Y_{ik} angeben. Das Reziprozitätsgesetz fordert nämlich die Symmetrie dieser Matrizen. Es gilt also

$$Z_{12} = Z_{21}; \qquad Y_{12} = Y_{21}.$$

Daraus folgen schon mit Hilfe der Umrechnungsformel die weiteren angeführten Bedingungsgleichungen. Wir haben auch die Bedingungen für die Symmetrie in bezug auf das Ein- und Ausgangsklemmenpaar angegeben.

Wegen ihrer großen Bedeutung müssen auch die Wellenparameter erwähnt werden. Ein Vierpol kann auch durch die folgenden drei unabhängigen Größen charakterisiert werden: durch die Wellenimpedanzen Z_{01} und Z_{02} und den Übertragungsfaktor g_0. Zum Begriff der Wellenimpedanzen gelangen wir auf folgende Weise. Wir schließen die Sekundärseite mit Z_{02} und messen an der Primärseite den Eingangswiderstand Z_{01}. Als Wellenimpedanzen werden die Größen Z_{01} und Z_{02} dann bezeichnet, wenn bei Schließung der primären Seite durch Z_{01} an der sekundären Seite der Eingangswiderstand Z_{02} gemessen wird (Abb. 3.27). Es können also die folgenden Definitionsgleichungen aufgestellt werden:

$$Z_{01} = \frac{A_{12} + A_{11}Z_{02}}{A_{22} + A_{21}Z_{02}}, \tag{87}$$

$$Z_{02} = \frac{A_{12} + A_{22}Z_{01}}{A_{11} + A_{21}Z_{01}}. \tag{88}$$

Tabelle 3.1 Die Zusammenhänge zwischen den verschiedenen Parametern eines Zweitors. Die Formeln beziehen sich auf die symmetrischen Bezugsrichtungen.

Gegeben → / Gesucht ↓		$\begin{bmatrix} U_1 \\ U_2 \end{bmatrix} = \begin{bmatrix} Z_{11} & Z_{12} \\ Z_{21} & Z_{22} \end{bmatrix} \begin{bmatrix} I_1 \\ I_2 \end{bmatrix}$		$\begin{bmatrix} I_1 \\ I_2 \end{bmatrix} = \begin{bmatrix} Y_{11} & Y_{12} \\ Y_{21} & Y_{22} \end{bmatrix} \begin{bmatrix} U_1 \\ U_2 \end{bmatrix}$	
Z_{11}	Z_{12}		$Z_{12} = Z_{21}$	$\frac{Y_{22}}{\lvert Y\rvert}$	$-\frac{Y_{12}}{\lvert Y\rvert}$
Z_{21}	Z_{22}	$Z_{11} = Z_{22}$		$-\frac{Y_{21}}{\lvert Y\rvert}$	$\frac{Y_{11}}{\lvert Y\rvert}$
Y_{11}	Y_{12}	$\frac{Z_{22}}{\lvert Z\rvert}$	$-\frac{Z_{12}}{\lvert Z\rvert}$		$Y_{12} = Y_{21}$
Y_{21}	Y_{22}	$-\frac{Z_{21}}{\lvert Z\rvert}$	$\frac{Z_{11}}{\lvert Z\rvert}$	$Y_{11} = Y_{22}$	
A_{11}	A_{12}	$\frac{Z_{11}}{Z_{21}}$	$\frac{\lvert Z\rvert}{Z_{21}}$	$-\frac{Y_{22}}{Y_{21}}$	$-\frac{1}{Y_{21}}$
A_{21}	A_{22}	$\frac{1}{Z_{21}}$	$\frac{Z_{22}}{Z_{21}}$	$-\frac{\lvert Y\rvert}{Y_{21}}$	$-\frac{Y_{11}}{Y_{21}}$
A^i_{11}	A^i_{12}	$\frac{Z_{22}}{Z_{12}}$	$-\frac{\lvert Z\rvert}{Z_{12}}$	$-\frac{Y_{11}}{Y_{12}}$	$\frac{1}{Y_{12}}$
A^i_{21}	A^i_{22}	$-\frac{1}{Z_{12}}$	$\frac{Z_{11}}{Z_{12}}$	$\frac{\lvert Y\rvert}{Y_{12}}$	$-\frac{Y_{22}}{Y_{12}}$
H_{11}	H_{12}	$\frac{\lvert Z\rvert}{Z_{22}}$	$\frac{Z_{12}}{Z_{22}}$	$\frac{1}{Y_{11}}$	$-\frac{Y_{12}}{Y_{11}}$
H_{21}	H_{22}	$-\frac{Z_{21}}{Z_{22}}$	$\frac{1}{Z_{22}}$	$\frac{Y_{21}}{Y_{11}}$	$\frac{\lvert Y\rvert}{Y_{11}}$
Z_{10}	Z_{20}	$\sqrt{\frac{Z_{11}}{Z_{22}}\lvert Z\rvert}$	$\sqrt{\frac{Z_{22}}{Z_{11}}\lvert Z\rvert}$	$\sqrt{\frac{Y_{22}}{Y_{11}\lvert Y\rvert}}$	$\sqrt{\frac{Y_{11}}{Y_{22}\lvert Y\rvert}}$
g_0		$\ln \frac{1}{Z_{21}} \left(\sqrt{\lvert Z\rvert} + \sqrt{Z_{11}Z_{22}}\right)$		$\ln \frac{1}{Y_{21}} \left(\sqrt{\lvert Y\rvert} + \sqrt{Y_{11}Y_{22}}\right)$	

An den ersten fünf diagonalen Stellen sind die Reziprozitätsbedingungen (oben) und die Bedingungen für die Symmetrie (unten) angegeben. $|Z|$, $|Y|$ usw. bedeuten die Determinanten, gebildet von den entsprechenden Parametern.

$\begin{bmatrix} U_1 \\ I_1 \end{bmatrix} = \begin{bmatrix} A_{11} & A_{12} \\ A_{21} & A_{22} \end{bmatrix} \begin{bmatrix} U_2 \\ -I_2 \end{bmatrix}$	$\begin{bmatrix} U_2 \\ -I_2 \end{bmatrix} = \begin{bmatrix} A^{i}_{11} & A^{i}_{12} \\ A^{i}_{21} & A^{i}_{22} \end{bmatrix} \begin{bmatrix} U_1 \\ I_1 \end{bmatrix}$	$\begin{bmatrix} U_1 \\ I_2 \end{bmatrix} = \begin{bmatrix} H_{11} & H_{12} \\ H_{21} & H_{22} \end{bmatrix} \begin{bmatrix} I_1 \\ U_2 \end{bmatrix}$
$\begin{matrix} \frac{A_{11}}{A_{21}} & \frac{\lvert A\rvert}{A_{21}} \\ \frac{1}{A_{21}} & \frac{A_{22}}{A_{21}} \end{matrix}$	$\begin{matrix} -\frac{A^{i}_{22}}{A^{i}_{21}} & -\frac{1}{A^{i}_{21}} \\ -\frac{\lvert A^{i}\rvert}{A^{i}_{21}} & -\frac{A^{i}_{11}}{A^{i}_{21}} \end{matrix}$	$\begin{matrix} \frac{\lvert H\rvert}{H_{22}} & \frac{H_{12}}{H_{22}} \\ -\frac{H_{21}}{H_{22}} & \frac{1}{H_{22}} \end{matrix}$
$\begin{matrix} \frac{A_{22}}{A_{12}} & -\frac{\lvert A\rvert}{A_{12}} \\ -\frac{1}{A_{12}} & \frac{A_{11}}{A_{12}} \end{matrix}$	$\begin{matrix} -\frac{A^{i}_{11}}{A^{i}_{12}} & \frac{1}{A^{i}_{12}} \\ \frac{\lvert A^{i}\rvert}{A^{i}_{12}} & -\frac{A^{i}_{22}}{A^{i}_{12}} \end{matrix}$	$\begin{matrix} \frac{1}{H_{11}} & -\frac{H_{12}}{H_{11}} \\ \frac{H_{21}}{H_{11}} & \frac{\lvert H\rvert}{H_{11}} \end{matrix}$
$A_{11}A_{22} - A_{12}A_{21} = \lvert A\rvert = 1$ $A_{22} = A_{11}$	$\begin{matrix} \frac{A^{i}_{22}}{\lvert A^{i}\rvert} & -\frac{A^{i}_{12}}{\lvert A^{i}\rvert} \\ -\frac{A^{i}_{21}}{\lvert A^{i}\rvert} & \frac{A^{i}_{11}}{\lvert A^{i}\rvert} \end{matrix}$	$\begin{matrix} -\frac{\lvert H\rvert}{H_{21}} & -\frac{H_{11}}{H_{21}} \\ -\frac{H_{22}}{H_{21}} & -\frac{1}{H_{21}} \end{matrix}$
$\begin{matrix} \frac{A_{22}}{\lvert A\rvert} & -\frac{A_{12}}{\lvert A\rvert} \\ -\frac{A_{21}}{\lvert A\rvert} & \frac{A_{11}}{\lvert A\rvert} \end{matrix}$	$A^{i}_{11}A^{i}_{22} - A^{i}_{12}A^{i}_{21} = \lvert A^{i}\rvert = 1$ $A^{i}_{11} = A^{i}_{22}$	$\begin{matrix} \frac{1}{H_{12}} & -\frac{H_{11}}{H_{12}} \\ -\frac{H_{22}}{H_{12}} & \frac{\lvert H\rvert}{H_{12}} \end{matrix}$
$\begin{matrix} \frac{A_{12}}{A_{22}} & \frac{\lvert A\rvert}{A_{22}} \\ -\frac{1}{A_{22}} & \frac{A_{21}}{A_{22}} \end{matrix}$	$\begin{matrix} -\frac{A^{i}_{12}}{A^{i}_{11}} & \frac{1}{A^{i}_{11}} \\ -\frac{\lvert A^{i}\rvert}{A^{i}_{11}} & -\frac{A^{i}_{21}}{A^{i}_{11}} \end{matrix}$	$H_{21} = -H_{12}$ $H_{11}H_{22} - H_{12}H_{21} = \lvert H\rvert = 1$
$\sqrt{\frac{A_{11}A_{12}}{A_{21}A_{22}}} \quad \sqrt{\frac{A_{22}A_{12}}{A_{21}A_{11}}}$ $\ln\left(\sqrt{A_{12}A_{21}} + \sqrt{A_{11}A_{22}}\right)$	$\sqrt{\frac{A^{i}_{22}A^{i}_{12}}{A^{i}_{21}A^{i}_{11}}} \quad \sqrt{\frac{A^{i}_{11}A^{i}_{12}}{A^{i}_{21}A^{i}_{22}}}$ $\ln \frac{1}{\lvert A^{i}\rvert}\left(\sqrt{A^{i}_{12}A^{i}_{21}} + \sqrt{A^{i}_{11}A^{i}_{22}}\right)$	$\sqrt{\lvert H\rvert \frac{H_{11}}{H_{22}}} \quad \sqrt{\frac{H_{11}}{H_{22}\lvert H\rvert}}$ $\ln \frac{1}{H_{21}}\left(\sqrt{H_{11}H_{22}} + \sqrt{\lvert H\rvert}\right)$

Als wichtige Zusammenhänge sollen noch die folgenden angeführt werden:

$A_{11} = \sqrt{Z_{10}/Z_{20}} \cosh g_0$; $\quad A_{12} = \sqrt{Z_{10}Z_{20}} \sinh g_0$; $\quad A_{21} = \left(1/\sqrt{Z_{10}Z_{20}}\right) \sinh g_0$;
$A_{22} = \sqrt{Z_{20}/Z_{10}} \cosh g_0$.

Aus diesen Gleichungen erhalten wir ohne Schwierigkeit:

$$Z_{01} = \sqrt{\frac{A_{11}A_{12}}{A_{21}A_{22}}}. \tag{89}$$

$$Z_{02} = \sqrt{\frac{A_{22}A_{12}}{A_{21}A_{11}}}. \tag{90}$$

Schließen wir jetzt den Vierpol mit den Wellenwiderständen nach Abb. 3.23 ab, wobei $Z_1 = Z_{01}$, $Z_2 = Z_{02}$ wird, so erhalten wir für U_2/U_1 bzw. I_2/I_1:

$$\frac{U_2}{U_1} = \sqrt{\frac{A_{22}}{A_{11}}} \left(\sqrt{A_{11}A_{22}} - \sqrt{A_{12}A_{21}}\right); \quad \frac{I_2}{I_1} = \sqrt{\frac{A_{11}}{A_{22}}} \left(\sqrt{A_{11}A_{22}} - \sqrt{A_{12}A_{21}}\right). \tag{91}$$

Der Übertragungsfaktor g_0 wird wie folgt definiert:

$$\frac{U_2}{U_1}\frac{I_2}{I_1} = \mathrm{e}^{-2g_0} = \left(\sqrt{A_{11}A_{12}} - \sqrt{A_{12}A_{21}}\right)^2, \quad \text{d. h.,}$$

$$g_0 = \ln\left(\sqrt{A_{11}A_{22}} - \sqrt{A_{12}A_{21}}\right)^{-1} = \ln\left(\sqrt{A_{11}A_{22}} + \sqrt{A_{12}A_{21}}\right) = a_0 + \mathrm{j}b_0. \tag{92}$$

Mit Hilfe der Größen Z_{01}, Z_{02} und g_0 können z. B. die Kettenparameter ausgedrückt werden. Diese sind auch in der Tabelle zu finden.

Die Eingangsimpedanz im allgemeinen Fall wird

$$Z_1 = Z_{01} \frac{Z_2 \cosh g_0 + Z_{02} \sinh g_0}{Z_{02} \cosh g_0 + Z_2 \sinh g_0}. \tag{93}$$

Daraus ergeben sich also z. B. die Eingangswiderstände, wenn die sekundäre Seite kurzgeschlossen bzw. offengelassen wird:

$$Z_1^{(\mathrm{k})} = Z_{01} \tanh g_0; \qquad Z_1^{(\mathrm{o})} = \frac{Z_{01}}{\tanh g_0}. \tag{94}$$

Aus diesen Gleichungen erhalten wir

$$Z_{01} = \sqrt{Z_1^{(\mathrm{k})} Z_1^{(\mathrm{o})}}; \qquad \tanh g_0 = \sqrt{\frac{Z_1^{(\mathrm{k})}}{Z_1^{(\mathrm{o})}}}; \quad \text{bzw.} \quad Z_{02} = \sqrt{Z_2^{(\mathrm{k})} Z_2^{(\mathrm{o})}}; \quad \tanh g_0 = \sqrt{\frac{Z_2^{(\mathrm{k})}}{Z_2^{(\mathrm{o})}}}. \tag{95}$$

Diese Zusammenhänge ermöglichen eine Messung der Größen Z_{01}, Z_{02} und $\tanh g_0$.

Bei symmetrischen Vierpolen, d. h. bei Vierpolen, bei denen die primäre und sekundäre Seite vertauscht werden können, vereinfachen sich alle unsere Formeln. Insbesondere wird $Z_{01} = Z_{02} = Z_0$; $Z_{11} = Z_{22}$.

Bei symmetrischen Vierpolen mit Abschluß durch die Wellenimpedanzen läßt sich die Streumatrix

$$\mathbf{S} = (\mathbf{Z} + \mathbf{R}_0^2)^{-1}(\mathbf{Z} - \mathbf{R}_0^2)$$

unter Verwendung von

$$\mathbf{Z} = \begin{bmatrix} Z_{11} & Z_{12} \\ Z_{12} & Z_{11} \end{bmatrix} \tag{96}$$

und

$$\mathbf{R}_0^2 = \begin{bmatrix} Z_0 & 0 \\ 0 & Z_0 \end{bmatrix}$$

durch eine ziemlich langwierige, aber einfache Rechnung in folgende Form bringen:

$$\begin{aligned} \mathbf{S} &= \begin{bmatrix} Z_{11} + Z_0 & Z_{12} \\ Z_{12} & Z_{11} + Z_0 \end{bmatrix}^{-1} \begin{bmatrix} Z_{11} - Z_0 & Z_{12} \\ Z_{12} & Z_{11} - Z_0 \end{bmatrix} \\ &= \frac{1}{(Z_{11} + Z_0)^2 - Z_{12}^2} \begin{bmatrix} 0 & 2Z_0Z_{12} \\ 2Z_0Z_{12} & 0 \end{bmatrix} \\ &= \begin{bmatrix} 0 & \dfrac{2Z_0Z_{12}}{(Z_{11} + Z_0)^2 - Z_{12}^2} \\ \dfrac{2Z_0Z_{12}}{(Z_{11} + Z_0)^2 - Z_{12}^2} & 0 \end{bmatrix} = \begin{bmatrix} 0 & \dfrac{1}{\Gamma_0} \\ \dfrac{1}{\Gamma_0} & 0 \end{bmatrix} = \begin{bmatrix} 0 & \mathrm{e}^{-g_0} \\ \mathrm{e}^{-g_0} & 0 \end{bmatrix}. \end{aligned} \tag{97}$$

3.2.8. Das aktive n-Tor

Bei aktiven n-Toren, die also (unabhängige) Generatoren im Innern haben, treten auch dann Spannungen zwischen den Klemmenpaaren auf, wenn sie von außen nicht erregt und nicht belastet werden: die sogenannten Leerlaufspannungen. Wir erhalten also folgendes Gleichungssystem:

$$\begin{aligned} U_1 &= Z_{11}I_1 + Z_{12}I_2 + \cdots + Z_{1n}I_n + U_{01} \\ U_2 &= Z_{21}I_1 + Z_{22}I_2 + \cdots + Z_{2n}I_n + U_{02} \\ &\vdots \\ U_n &= Z_{n1}I_1 + Z_{n2}I_2 + \cdots + Z_{nn}I_n + U_{0n}. \end{aligned} \tag{98}$$

Wir sehen tatsächlich, daß sich im Falle $I_1 = I_2 = \cdots = 0$ die Klemmenspannungen U_{01}, $U_{02}, \ldots, U_{0n}$ ergeben. In Matrizenschreibweise:

$$\mathbf{U} = \mathbf{ZI} + \mathbf{U}_0. \tag{99}$$

Es seien jetzt die Klemmen durch die Impedanzen $Z_{a1}, Z_{a2}, \ldots$ belastet. Dann gilt für die Klemmenspannungen

$$\mathbf{U} = -\mathbf{Z}_a\mathbf{I}. \tag{100}$$

Damit erhalten wir an Stelle des obigen Gleichungssystems

$$-\mathbf{Z}_a\mathbf{I} = \mathbf{Z}\mathbf{I} + \mathbf{U}_0 \quad \text{bzw.} \quad -(\mathbf{Z}_a + \mathbf{Z})\,\mathbf{I} = \mathbf{U}_0. \tag{101}$$

Daraus ergibt sich für den Strom

$$\mathbf{I} = -(\mathbf{Z}_a + \mathbf{Z})^{-1}\,\mathbf{U}_0 \tag{102}$$

oder, wenn wir die Meßrichtungen der Spannung und des Stromes für $\mathbf{Z}_a$ gleichsinnig wählen,

$$\mathbf{I} = (\mathbf{Z}_a + \mathbf{Z})^{-1}\,\mathbf{U}_0. \tag{103}$$

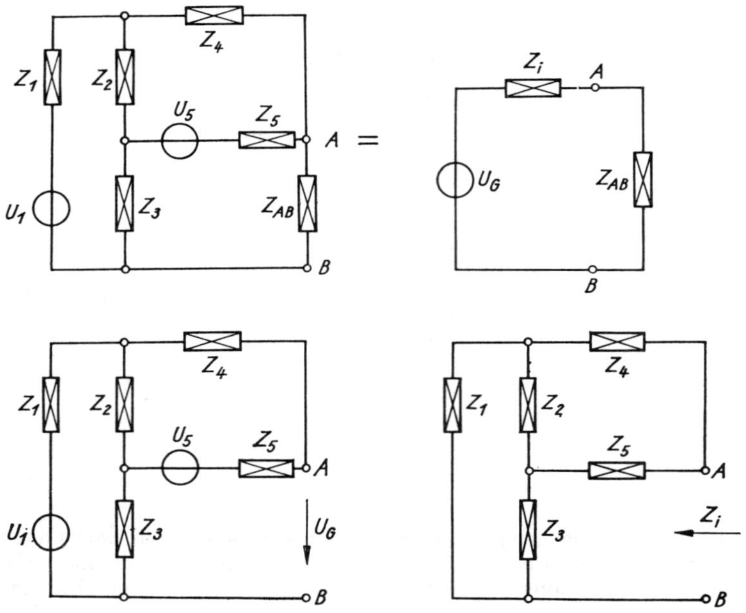

Abb. 3.29 Der Théveninsche Satz

Bei $\mathbf{Z}_a = \mathbf{0}$ ergibt sich für den Kurzschlußstrom $\mathbf{I}_0$ aus Gl. (101)

$$\mathbf{U}_0 = -\mathbf{Z}\mathbf{I}_0.$$

Gl. (102) läßt sich nun folgendermaßen umformen:

$$\mathbf{I} = (\mathbf{Z}_a + \mathbf{Z})^{-1}\,\mathbf{Z}\mathbf{I}_0. \tag{104}$$

Das bisher Gesagte ist für aktive Zweipole in dem Théveninschen und dem Nortonschen Satz zusammengefaßt.

Der Théveninsche Satz besagt, daß ein aktiver Zweipol durch einen Spannungsgenerator mit einem in Reihe geschalteten inneren Widerstand ersetzt werden kann.

Die Spannung des Generators ist mit der Leerlaufspannung des aktiven Zweipols, der innere Widerstand mit der Impedanz des Zweipols — bezogen auf die Ausgangsklemmen nach dem Kurzschließen aller Spannungsquellen und Abtrennung aller Stromquellen — identisch.

Der Nortonsche Satz sagt aus, daß jeder aktive Zweipol durch einen Stromgenerator mit parallel geschaltetem Widerstand ersetzt werden kann. Der Generatorstrom ist mit dem Kurzschlußstrom des aktiven Zweipols, die Parallelimpedanz mit der schon oben definierten Impedanz identisch.

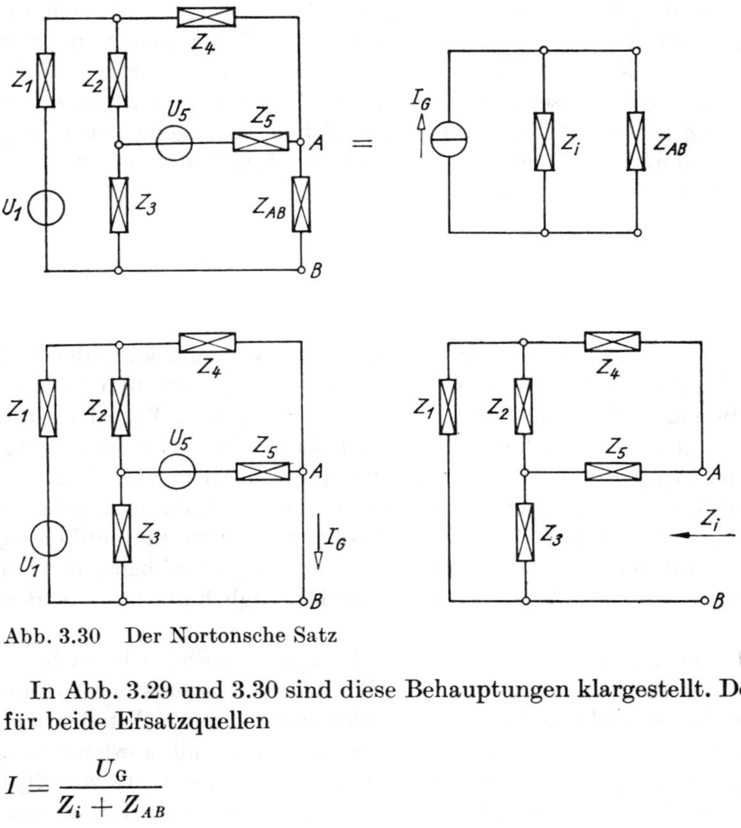

Abb. 3.30 Der Nortonsche Satz

In Abb. 3.29 und 3.30 sind diese Behauptungen klargestellt. Der Strom ergibt sich für beide Ersatzquellen

$$I = \frac{U_{\mathrm{G}}}{Z_{\mathrm{i}} + Z_{AB}} \tag{105}$$

bzw.

$$I = \frac{Z_{\mathrm{i}}}{Z_{AB} + Z_{\mathrm{i}}} I_{\mathrm{G}} = \frac{Z_{\mathrm{i}}}{Z_{AB} + Z_{\mathrm{i}}} \frac{U_{\mathrm{G}}}{Z_{\mathrm{i}}} = \frac{U_{\mathrm{G}}}{Z_{\mathrm{i}} + Z_{AB}}. \tag{106}$$

Auf den Théveninschen bzw. den Nortonschen Satz kommen wir später noch einmal zurück. Dann wird auch der Gültigkeitsbereich erweitert.

3.3. Netzwerkanalyse für die Netzwerksynthese

3.3.1. Einführung der komplexen Frequenzebene

Für die Behandlung der Netzwerke mit allgemeinem zeitlichem Verlauf ist die Kenntnis des Verhaltens des Netzwerkes für verschiedene sinusförmige Erregung nötig, da z. B. bei der Methode der Fourier-Zerlegung der Einfluß der einzelnen Komponenten nur dadurch bestimmt werden kann. Daraus folgt, daß auch die Kenntnis der Abhängigkeit der Admittanz oder Impedanz als Funktion der Frequenz nötig ist. Es wird also das Netzwerk mit Erregergrößen von der Form $u = \hat{U}\,\mathrm{e}^{\mathrm{j}\omega t}$ erregt, wobei die Größe ω oder besser $\mathrm{j}\omega$ verändert wird. Wir möchten also das Verhalten der Funktionen $Z(\mathrm{j}\omega)$ bzw. $Y(\mathrm{j}\omega)$ kennenlernen. Wir beschränken uns vorläufig auf Impedanzfunktionen und untersuchen die Übertragungsfunktionen später.

Wenn wir für die Erregerspannung die Form

$$u = \hat{U}\,\mathrm{e}^{pt}$$

wählen, wo $p = \alpha + \mathrm{j}\omega$ eine beliebige komplexe Zahl bedeutet, dann kann der Fall der sinusförmigen Erregung durch Einsetzen des Wertes $p = \mathrm{j}\omega$ erhalten werden. Wir haben also in diesem Fall die komplexen Funktionen $Z(p)$ bzw. $Y(p)$ der komplexen Veränderlichen p zu untersuchen. Geometrisch kann dieser Zusammenhang als eine Abbildung der komplexen p-Ebene auf die komplexe Z-Ebene oder Y-Ebene gedeutet werden. Tatsächlich interessiert uns nur das Bild der imaginären Achse der p-Ebene, d. h. das Bild der $\mathrm{j}\omega$-Achse. Das Bild der $\mathrm{j}\omega$-Achse, d. h. die Endpunkte der komplexen Impedanz auf der entsprechenden komplexen Immittanzebene, nennen wir das *Nyquist-Diagramm* für das betreffende Netzwerk bezüglich der betreffenden Immittanz.

Es erhebt sich die Frage, warum wir die ganze komplexe p-Ebene betrachten, wenn uns nur die Werte für $p = \mathrm{j}\omega$ interessieren. Wir wissen aber aus der Theorie der komplexen Funktionen, daß eine komplexe Funktion aus ihren Nullstellen und Polen bis auf eine additive oder multiplikative Konstante bestimmt werden kann. Diese p-Werte hängen mit $Z(p)$ eng zusammen, bestimmen also die Werte von $Z(p)$ auch auf der $\mathrm{j}\omega$-Achse. Es ist zu erwarten, daß das Verhalten einer Immittanzfunktion am einfachsten durch die Nullstellen und Pole charakterisiert werden kann.

Wenn man die physikalische Seite betrachtet, so deutet man die Erregergröße $\hat{U}\,\mathrm{e}^{pt} = \hat{U}\,\mathrm{e}^{(\alpha+\mathrm{j}\omega)t}$ in der Weise, daß die Generatoren nicht nur sinusförmige, sondern auch abklingende oder anwachsende Spannungen aufweisen. Für später ist es wichtig zu bemerken, welcher zeitliche Verlauf von e^{pt} den verschiedenen p-Werten entspricht (Abb. 3.31).

Untersuchen wir jetzt die Eigenschaften der $Z(p)$-Funktionen einiger einfacher Schaltungen.

1. RL-Reihenkreis. Die Impedanz wird

$$Z(p) = R_0 + Lp = L\left(p + \frac{R_0}{L}\right). \tag{1}$$

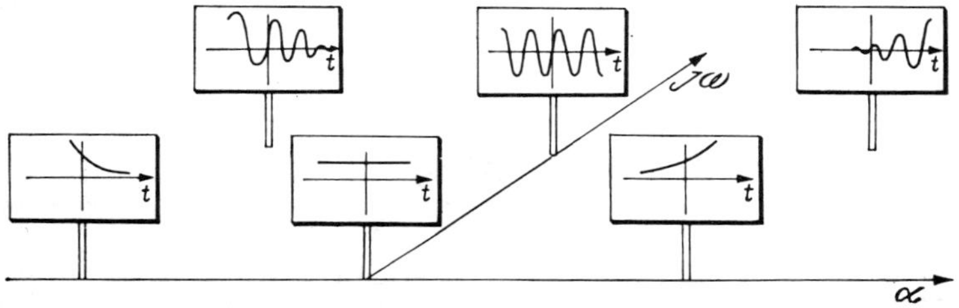

Abb. 3.31 Physikalische Bedeutung der verschiedenen p-Werte

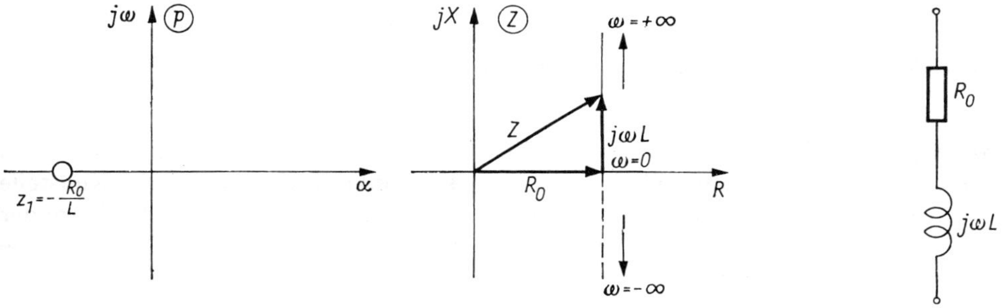

Abb. 3.32 Die Abbildung $Z(p) = L(p + R_0/L)$

Führen wir jetzt mit der Bezeichnung $z_1 = -R_0/L$ die Nullstelle ein, so wird

$$Z(p) = L(p - z_1). \tag{2}$$

In Abb. 3.32 sind die p- und Z-Ebene nebeneinander gezeichnet. In der p-Ebene wurde die Nullstelle $z_1 = -R_0/L$ eingezeichnet. Hier wird der Wert von $Z(p)$ gleich Null. Das Bild der imaginären Achse wird

$$Z(\mathrm{j}\omega) = R_0 + \mathrm{j}\omega L, \tag{3}$$

was eine gerade Linie bedeutet. Wird diese Gerade mit den ω-Werten als Parameterwerten versehen, so können wir den Wert von $Z(\mathrm{j}\omega)$ für jeden ω-Wert ablesen. Charakteristisch ist für diese Schaltung die einzige Nullstelle.

2. In Abb. 3.33 sehen wir die entsprechenden Größen für einen parallel geschalteten RL-Kreis. Die Impedanz wird

$$Z(p) = \frac{R_0 pL}{R_0 + pL}, \tag{4}$$

was in der folgenden Form geschrieben werden kann:

$$Z(p) = R_0 \frac{p}{p - p_1}, \tag{5}$$

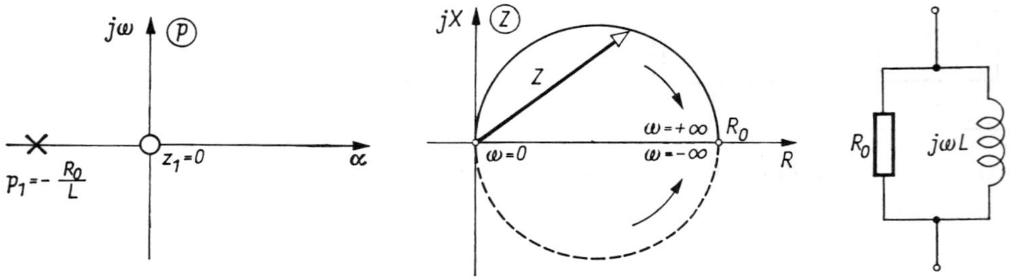

Abb. 3.33 Die Eigenschaften der zu einem parallelen RL-Kreis gehörenden Abbildung

wobei $p_1 = -R_0/L$ die Nullstelle des Nenners, also einen Pol von $Z(p)$ bedeutet. Außer dieser Singularitätsstelle hat die Impedanzfunktion $Z(p)$ auch eine Nullstelle bei $z_1 = 0$. Das Bild der imaginären Achse wird jetzt ein Kreis, wie aus der Form der Gleichung (4) zu ersehen ist. Diese Schaltung wird also durch einen Pol und eine Nullstelle charakterisiert.

3. Schalten wir jetzt einen Ohmschen Widerstand in Reihe mit dem parallelen RL-Kreis, so ergibt sich $Z(p)$ zu

$$Z(p) = R_m + \frac{R_0 p}{p + \frac{R_0}{L}} = \frac{R_m p + \frac{R_m R_0}{L} + R_0 p}{p + \frac{R_0}{L}} = (R_0 + R_m) \frac{p - z_1}{p - p_1}, \tag{6}$$

wobei

$$p_1 = -\frac{R_0}{L}, \quad z_1 = -\frac{R_0 R_m}{R_0 + R_m} \frac{1}{L}. \tag{7}$$

Wir bemerken also, daß die Lage des Pols sich nicht verändert hat, dagegen die Nullstelle entlang der negativen reellen Achse verschoben wurde (Abb. 3.34).

4. Die Impedanz des parallelen RC-Kreises wird

$$Z(p) = \frac{\dfrac{R_0}{pC}}{R_0 + \dfrac{1}{pC}} = \frac{R_0}{R_0pC + 1} = \frac{1}{C}\,\frac{1}{p - p_1}, \tag{8}$$

wobei $p_1 = -\dfrac{1}{R_0C}$

bedeutet. Diese Schaltung ist durch einen einzigen Pol charakterisiert.

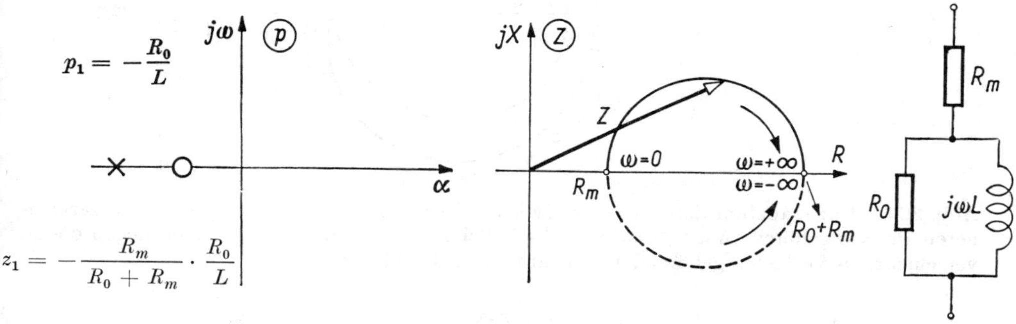

Abb. 3.34 Die Eigenschaften der Abbildung eines parallelen RL-Kreises, wenn noch ein Widerstand in Reihe geschaltet wird

5. In Abb. 3.35 ist der Fall des Schwingungskreises dargestellt. Die Impedanz wird im verlustfreien Fall

$$Z(p) = \frac{\dfrac{L}{C}}{Lp + \dfrac{1}{Cp}} = \frac{p/C}{p^2 + \dfrac{1}{LC}} = \frac{1}{C}\,\frac{p}{(p - p_1)(p - p_2)}, \tag{9}$$

wobei

$$p_1 = +\mathrm{j}\,\frac{1}{\sqrt{LC}}, \quad p_2 = -\mathrm{j}\,\frac{1}{\sqrt{LC}}. \tag{10}$$

Ist der Schwingungskreis nicht verlustfrei, so ergibt sich für die Impedanz

$$Z(p) = \frac{\dfrac{1}{Cp}(R_0 + Lp)}{R_0 + Lp + \dfrac{1}{Cp}} = \frac{R_0 + Lp}{LCp^2 + R_0Cp + 1} = \frac{1}{C}\,\frac{p - z_1}{(p - p_2)(p - p_3)}, \tag{11}$$

$$\text{wobei} \qquad z_1 = -\frac{R_0}{L}, \quad p_{2,3} = -\frac{R_0}{2L} \pm \mathrm{j}\sqrt{\frac{1}{LC} - \frac{R_0^2}{4L^2}}\,. \tag{12}$$

Diese Schaltung wird also durch eine Nullstelle und zwei Pole charakterisiert. Die Pole sind zueinander konjugiert.

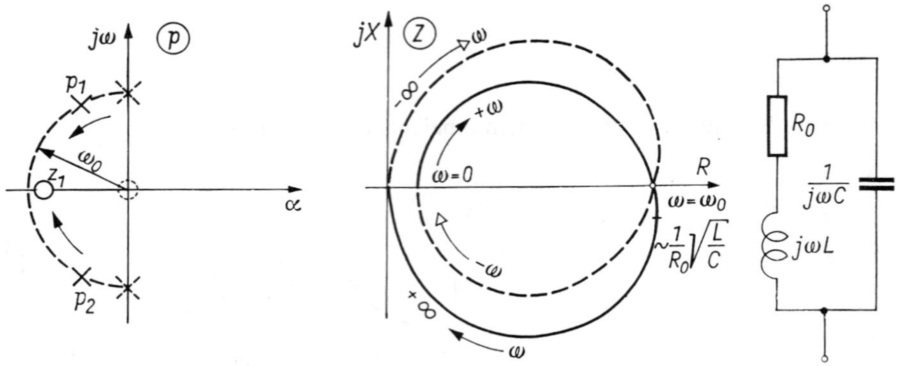

Abb. 3.35 Impedanzfunktion eines parallelen Schwingungskreises. Die gestrichelt gezeichneten Punkte gehören zum verlustfreien Fall. Bei gegebenen L- und C-Werten liegen die zu verschiedenen Verlusten gehörenden Pole auf einem Halbkreis

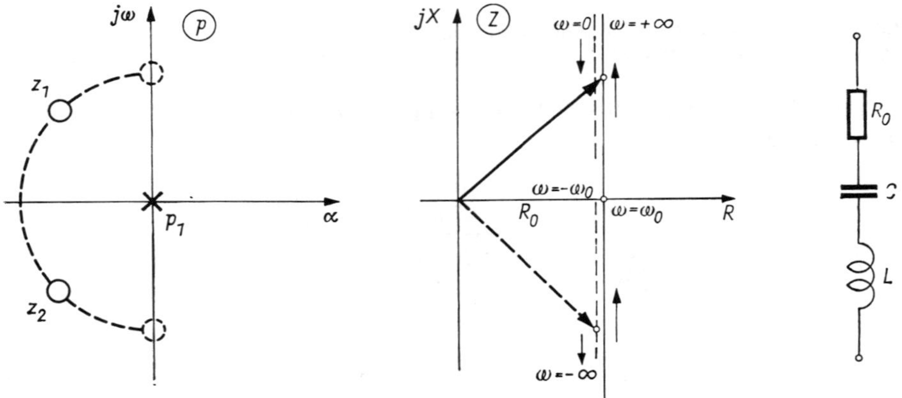

Abb. 3.36 Impedanzfunktion eines Reihenschwingkreises

6. In Abb. 3.36 sind die Verhältnisse für einen in Reihe geschalteten RLC-Kreis dargestellt. Die Impedanz wird

$$Z(p) = R_0 + Lp + \frac{1}{Cp} = L\,\frac{(p - z_1)\,(p - z_2)}{p}, \tag{13}$$

wo für die Größen z_1 und z_2 die Gleichungen (12) für p_2, p_3 gelten. Diese Werte bedeuten aber jetzt die Nullstellen. Außerdem haben wir einen Pol an der Stelle $p_1 = 0$. Diese Schaltung wird also durch einen Pol und zwei Nullstellen charakterisiert. Die Nullstellen sind zueinander konjugiert.

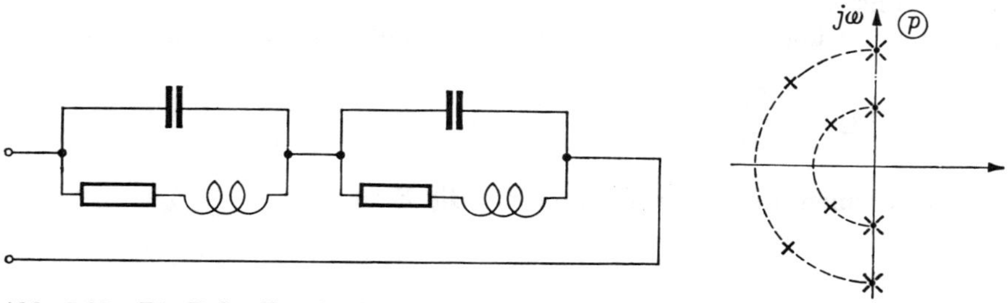

Abb. 3.37 Die Polstellen der in Reihe geschalteten Parallelschwingkreise

Wenn jetzt entsprechend Abb. 3.37 parallele Schwingungskreise in Reihe geschaltet werden, so haben wir für den verlustfreien Fall

$$Z(p) = \sum_i \frac{1}{C_i} \frac{p}{(p - p_{i1})(p - p_{i2})}. \tag{14}$$

Die Pole sind jetzt wieder zueinander konjugiert. Ein Schwingungskreis kann zu einer Induktivität oder zu einer einzigen Kapazität entarten. Der entsprechende Pol oder die entsprechende Nullstelle liegt im Unendlichen. Dann haben wir den folgenden Ausdruck für die Impedanz:

$$Z(p) = p \sum_i L_i + \sum_i \frac{1}{C_i} \frac{p}{(p - p_{i1})(p - p_{i2})} + \frac{1}{p} \sum_i \frac{1}{C_i}. \tag{15}$$

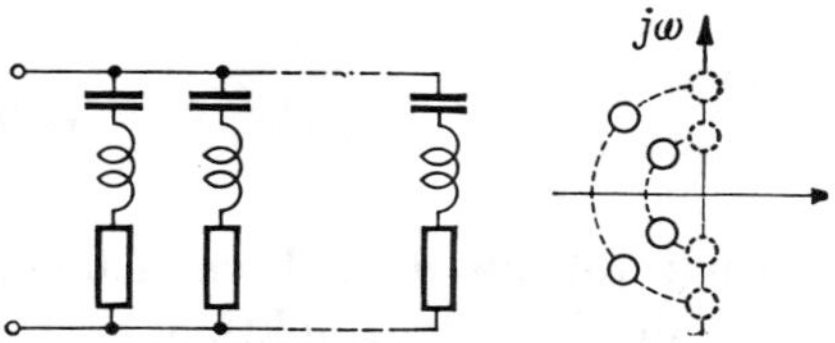

Abb. 3.38 Die Nullstellen parallelgeschalteter Reihenschwingkreise

Bei den parallelgeschalteten Reihenschwingungskreisen sind diese Behauptungen für die Nullstellen gültig (Abb. 3.38). Die angeführten Beispiele lassen die folgenden Gesetzmäßigkeiten vermuten.

a) Die Pole und Nullstellen liegen *links* von der jω-Achse oder *auf* der jω-Achse — im letzteren Falle müssen sie einfach sein —, aber nie in der rechten Halbebene.

b) Die Pole und Nullstellen liegen entweder auf der reellen Achse oder kommen in konjugierten Paaren vor.

c) Der Unterschied zwischen der Anzahl der Pole und der der Nullstellen kann höchstens 1 sein.

3.3.2. Pole und Nullstellen

Jetzt beweisen wir in aller Kürze die im vorigen Kapitel angeführten Eigenschaften der Immittanzfunktionen.

Wir haben schon früher einen Ausdruck für die Immittanzfunktionen in der Form

$$Z(p) = \frac{D}{D_{kk}}; \qquad Y(p) = \frac{D_{kk}}{D} \tag{16}$$

erhalten. Jedes Element der Determinanten hat die Form

$$R + Lp + \frac{1}{Cp}. \tag{17}$$

Die Determinante besteht also aus Produkten solcher Größen. Daraus folgt, daß D/D_{kk} und D_{kk}/D solche Brüche darstellen, in deren Nenner und Zähler positive und auch negative Potenzen von p vorkommen. Wenn wir also mit einer geeigneten hohen positiven Potenz von p den Zähler und den Nenner multiplizieren, erhalten wir einen Bruch, dessen Zähler und Nenner keine negative Potenz von p mehr enthält, d. h., wir erhalten die Immittanzfunktion als den Quotienten zweier Polynome:

$$Z(p) = \frac{A_0 p^m + A_1 p^{m-1} + \cdots + A_m}{B_0 p^n + B_1 p^{n-1} + \cdots + B_n}. \tag{18}$$

Da ein Polynom n-ter Ordnung gerade n Wurzeln hat, können die Polynome in Faktoren zerlegt werden:

$$Z(p) = k\,\frac{(p - z_1)(p - z_2)\cdots(p - z_m)}{(p - p_1)(p - p_2)\cdots(p - p_n)}. \tag{19}$$

Wir haben mit den Buchstaben z und p die Nullstellen (zero) bzw. die Pole bezeichnet. Es sind nämlich die Nullstellen des Nenners die Pole der Impedanzfunktion.

Wir bemerken sofort, daß alle Koeffizienten A_i und B_i im Zähler und Nenner reell sind, da diese aus den reellen RLC-Werten zusammengesetzt sind. Diese Tatsache hat schon eine interessante Folge: Wenn zu einem Wert p der Wert Z gehört, gehört zu p^* der Wert Z^*, d. h., zur Konjugierten von p gehört die konjugierte Impedanz. Daraus folgt sofort, daß zu $\mathrm{j}\omega$ und zu $-\mathrm{j}\omega$ Impedanzen mit den gleichen Realteilen, aber mit entgegengesetzten Imaginärteilen gehören, d. h.,

$$Z(\mathrm{j}\omega) = Z^*(-\mathrm{j}\omega); \tag{20}$$

$$\operatorname{Re} Z(\mathrm{j}\omega) = \operatorname{Re} Z(-\mathrm{j}\omega); \qquad \operatorname{Im} Z(\mathrm{j}\omega) = -\operatorname{Im} Z(-\mathrm{j}\omega).$$

Daraus folgt, daß das Nyquist-Diagramm symmetrisch zur reellen Achse ist. Diese Tatsache kann für die speziellen Fälle in den Abb. 3.32—3.36 festgestellt werden.

Die Tatsache, daß die Koeffizienten der Polynome reell sind, hat noch eine andere Folge. Die Wurzeln, d. h. die Nullstellen und Pole, können nur reell sein oder in konjugierten Paaren vorkommen. In beiden Fällen liegen die Wurzeln symmetrisch zur reellen Achse.

Um zu zeigen, daß die Pole und Nullstellen nicht auf der rechten p-Halbebene verstreut sein können, beweisen wir zuerst, daß diese mit den Eigenschwingungen des Netzwerkes in engstem Zusammenhang stehen. Schalten wir nach Abb. 3.39 einen Generator mit der Spannung $U\,e^{pt}$ an die Klemmen der Impedanz. Jetzt haben wir die Gleichung

$$U = IZ(p); \qquad I = U/Z(p) \tag{21}$$

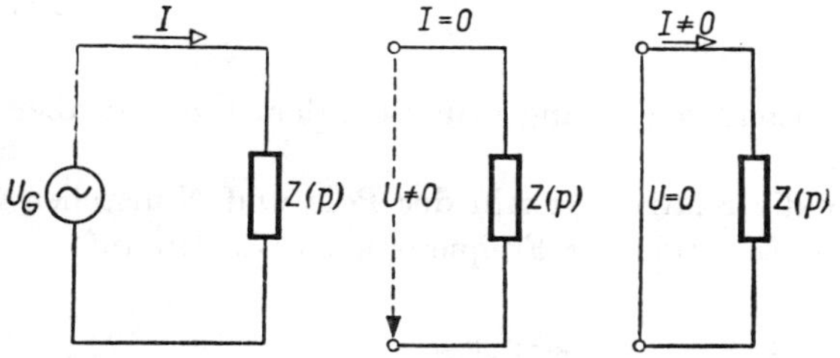

Abb. 3.39 Zur Bestimmung der Eigenschwingungen eines Zweipolnetzwerkes

zwischen den Strom- und Spannungsamplituden. Wenn wir außer der trivialen Lösung $U \equiv 0$, $I \equiv 0$ eine Lösung erhalten wollen, benötigen wir im allgemeinen den Spannungsgenerator. Wir können aber eine endliche Spannung bei dem Strom Null erhalten, wenn $Z(p)$ unendlich wird. Wir können auch endlichen Strom bei dem Spannungswert $U \equiv 0$ erhalten, wenn $Z(p)$ Null ist. Im ersten Fall können wir also den Generator abschalten, da kein Strom in den Leitungen fließt; es bleibt dennoch eine Spannung zwischen den Klemmen bestehen. Es sind aber nur solche Zeitfunktionen von der Form e^{pt} möglich, für welche $Z(p)$ unendlich ist. Wir wissen jedoch, daß $Z(p)$ nur an den Polen unendlich wird. Wir haben also für den Zweipol mit offengelassenen Klemmen folgende Eigenlösung

$$u = U\,e^{p_i t}. \tag{22}$$

Da die Eigenlösungen eines passiven Netzwerkes unbedingt einen abklingenden Schwingungsvorgang beschreiben müssen (Energie wird nur verzehrt), müssen die Realteile der Pole einen negativen Wert haben, d. h., es liegen alle Pole in der linken Halbebene. Im verlustfreien Fall können sie höchstens auf der jω-Achse liegen.

Betrachten wir den zweiten Fall. Wenn $Z(p) = 0$ ist und wenn zwischen den Polen keine Spannung auftritt, kann der Generator kurzgeschlossen werden. Hier haben wir aber nur dann eine nichttriviale Lösung, wenn die Lösung von der Form

$$i = I\, e^{z_i t} \tag{23}$$

ist, wobei z_i eine Nullstelle der Impedanz, also eine Nullstelle des Zählers, bedeutet. Jetzt haben wir wieder abklingende Vorgänge, d. h. der Realteil der Nullstellen muß auch negativ sein.

Bei verlustfreien Netzwerken können wir dauernde Schwingungen erhalten. Das bedeutet, daß die Nullstellen und Pole gerade auf der imaginären Achse liegen. Diese Stellen müssen aber unbedingt einfach sein. Nehmen wir nämlich an, daß $j\omega_i$ einen zweifachen Pol oder eine zweifache Nullstelle darstellt, dann haben wir für die Lösung

$$A\, e^{j\omega_i t} + Bt\, e^{j\omega_i t}, \tag{24}$$

was wieder einen mit der Zeit anwachsenden Vorgang bedeutet; derartiges ist aber bei passiven Netzwerken unmöglich.

Wir beweisen jetzt den Satz über die relative Anzahl der Pole und Nullstellen. Schreiben wir die Impedanz $Z(j\omega)$ als Funktion der Frequenz nach Gl. (19) auf:

$$Z(j\omega) = k\,\frac{(j\omega - z_1)(j\omega - z_2)\cdots(j\omega - z_m)}{(j\omega - p_1)(j\omega - p_2)\cdots(j\omega - p_n)} = k\,\frac{v_{z1}v_{z2}\cdots v_{zm}}{v_{p1}v_{p2}\cdots v_{pn}}. \tag{25}$$

Daraus folgt unmittelbar

$$|Z(j\omega)| = Z(\omega) = \left|k\,\frac{(j\omega - z_1)(j\omega - z_2)\cdots(j\omega - z_m)}{(j\omega - p_1)(j\omega - p_2)\cdots(j\omega - p_n)}\right| = \left|k\,\frac{v_{z1}v_{z2}\cdots v_{zm}}{v_{p1}v_{p2}\cdots v_{pn}}\right|. \tag{26}$$

$$\varphi(\omega) = \operatorname{arc} Z(j\omega) = \operatorname{arc} k + \sum_{i=1}^{m} \varphi_{z_i} - \sum_{i=1}^{n} \varphi_{p_i}.$$

Aus physikalischen Gründen folgt sofort, daß der Realteil der Impedanz für alle ω-Werte positiv sein muß, da i^2R bei jeder Frequenz den Jouleschen Verlust bedeutet, welcher positiv sein muß. Negatives R würde eine erzeugte und nicht verbrauchte Leistung bedeuten. Die Bedingung $R \geqq 0$ besagt aber

$$-\frac{\pi}{2} \leqq \operatorname{arc} Z(j\omega) \leqq +\frac{\pi}{2}. \tag{27}$$

Wir sehen aber aus Abb. 3.40, daß für sehr große Werte von ω alle Winkel φ_z und φ_p gegen $\pi/2$ streben. Es wird also

$$-\frac{\pi}{2} \leqq \operatorname{arc} k + m\,\frac{\pi}{2} - n\,\frac{\pi}{2} \leqq +\frac{\pi}{2}. \tag{28}$$

Wir haben bisher über die Konstante k noch nicht gesprochen. Die Konstante k muß unbedingt reell sein; das folgt einfach daraus, daß alle Koeffizienten des Zählers und Nenners reell sind. Nehmen wir jetzt weiter an, daß k positiv, d. h. $\operatorname{arc} k = 0$, ist, dann haben wir für $R \geqq 0$ bei $\omega \to +\infty$ die Bedingung

$$-\frac{\pi}{2} \leqq m\,\frac{\pi}{2} - n\,\frac{\pi}{2} \leqq +\frac{\pi}{2}; \qquad -1 \leqq m - n \leqq +1. \qquad (29), (30)$$

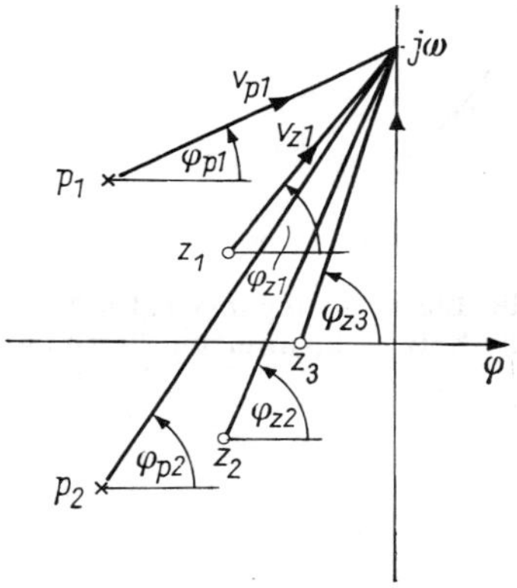

Abb. 3.40 Zur Bestimmung des Phasenwinkels der Impedanzfunktion (statt φ lies α)

Da die Funktion $R(\omega)$ eine gerade Funktion ist, muß die Beziehung $R \geqq 0$ auch bei $\omega \to -\infty$ gelten:

$$-\frac{\pi}{2} \leqq -\left(m\,\frac{\pi}{2} - n\,\frac{\pi}{2}\right) \leqq +\frac{\pi}{2}; \qquad -1 \leqq n - m \leqq +1. \qquad (31), (32)$$

Wenn wir k negativ annehmen, wenn also $\operatorname{arc} k = \pi$ ist, erhalten wir aus den obigen Gleichungen für $\omega \to +\infty$ und für $\omega \to -\infty$

$$-\frac{\pi}{2} \leqq \pi \pm \left(m\,\frac{\pi}{2} - n\,\frac{\pi}{2}\right) \leqq \frac{\pi}{2}; \quad -3 \leqq m - n \leqq -1 \quad \text{bzw.} \quad 1 \leqq m - n \leqq +3. \qquad (33), (34)$$

Wir sehen sofort, daß wir k positiv wählen müssen, wenn wir nicht zu einem Widerspruch kommen wollen.

Damit haben wir also unsere Behauptung für die relative Anzahl der Pole und Nullstellen bewiesen.

Die Abb. 3.41 soll die wichtige Rolle unterstreichen, die die Pole und Nullstellen einer Immittanzfunktion spielen.

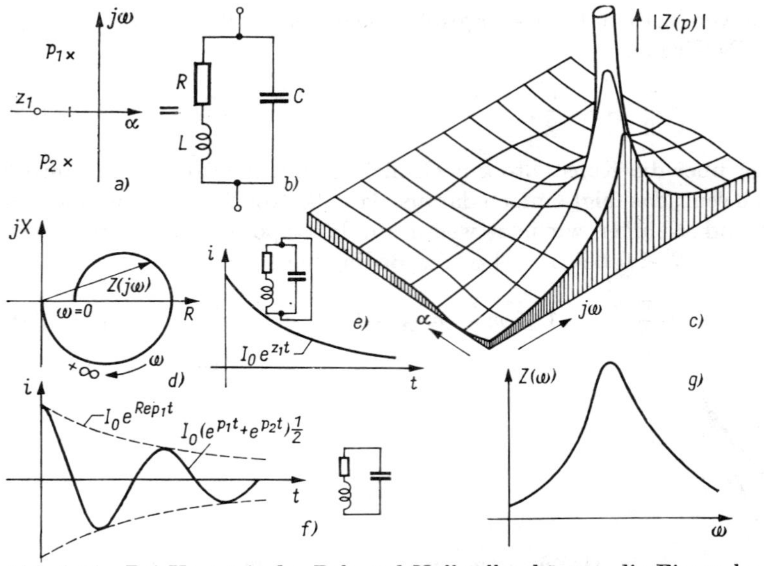

Abb. 3.41 Bei Kenntnis der Pol- und Nullstellen können die Eigenschwingungen des Netzwerkes, die Impedanzfunktion, die Resonanzkurve und die Netzwerkparameter bestimmt werden

3.3.3. Die Stabilität aktiver Netzwerke

Wenn das Netzwerk aktiv ist, wird natürlich auch der einschwingende Zustand möglich, d. h., die Amplitude kann exponentiell anwachsen. In solchen Fällen rückt der Pol oder die Nullstelle in die rechte Halbebene. Bei den Stabilitätsuntersuchungen haben wir nachzuforschen, ob Nullstellen oder Pole in der rechten Halbebene vorhanden sind oder nicht. Die Bestimmung der Anzahl der Pole und Nullstellen kann nach Kapitel 3.11. folgendermaßen durchgeführt werden: Wir zeichnen das Nyquist-Diagramm auf. Wenn dieses Diagramm den Nullpunkt umschlingt, wird die Differenz zwischen der Anzahl der Pole und Nullstellen sicher nicht Null sein, d. h., das Netzwerk wird instabil. Wenn das Diagramm den Nullpunkt nicht umschlingt, können wir weitere Schlüsse nur dann ziehen, wenn z. B. physikalische Betrachtungen die Existenz entweder der Pole oder der Nullstellen ausschließen.

3.3.4. Nullstellen und Pole auf der jω-Achse

Wir haben schon bewiesen, daß die Nullstellen und Pole der Immittanzfunktion passiver Netzwerke auf der jω-Achse einfach sind. Jetzt beweisen wir, daß die Residuen der Pole reell und positiv sind. Es sei $p_0 = \mathrm{j}\omega$ ein Pol der Impedanz $Z(p)$;

dann schreibt sich die Taylor-Laurent-Reihe:

$$Z(p) = \frac{a_{-1}}{p - p_0} + a_0 + a_1(p - p_0) + \cdots. \tag{35}$$

Es sei jetzt $p_0 = j\omega_0$ eine Nullstelle der Impedanz $Z(p)$, dann ist

$$Z(p) = b_1(p - p_0) + b_2(p - p_0)^2 + \cdots. \tag{36}$$

In unmittelbarer Nähe des Punktes $p_0 = j\omega_0$ kann die Impedanz also wie folgt geschrieben werden:

$$Z(p) = \frac{a_{-1}}{p - p_0}$$

bzw.

$$Z(p) = b_1(p - p_0). \tag{37}$$

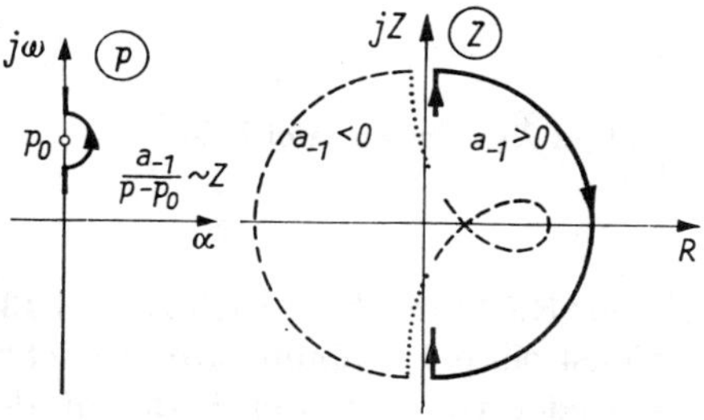

Abb. 3.42 Zur Bestimmung des Vorzeichens des Residuums a_{-1} (statt jZ lies jX)

Da das Vorzeichen des Wertes von $p - p_0 = j(\omega - \omega_0)$ wechselt, wenn wir — bei komplexem a_{-1} bzw. b_1 — von unten durch den Punkt ω_0 gehen, wechselt auch das Vorzeichen des reellen Teiles von $Z(p)$. Damit würde sich ein negativer reeller Teil ergeben, was unmöglich ist. Folglich können a_{-1} und b_1 nur reell sein. Daß sie positiv sind, können wir aus dem Nyquistschen Stabilitätskriterium folgern: Wir zeichnen das zu $Z(p)$ gehörende Nyquistsche Diagramm. Die rechte p-Halbebene grenzen wir entsprechend Abb. 3.42 ab und zeichnen die zu dieser Grenzlinie gehörende $Z(j\omega)$-Kurve in der Z-Ebene. Den Pol $p_0 = j\omega$ umgehen wir wie gewohnt auf einem kleinen Halbkreis, damit $Z(p)$ auf der Grenzlinie überall analytisch bleibt. Bei der Abbildung $Z = Z(p)$ geht dieser kleine Halbkreis entsprechend der Gleichung

$$Z(p) \approx \frac{a_{-1}}{p - p_0} \tag{38}$$

in einen großen Halbkreis über. Wir sehen in der Abbildung, daß bei positivem a_{-1} ein Halbkreis in der rechten Halbebene, bei negativem a_{-1} dagegen ein Halbkreis in der linken Halbebene entsteht. Die anderen Punkte des Nyquist-Diagramms liegen irgendwo symmetrisch auf der R-Achse in der rechten Halbebene. Wenn dieser Teil mit dem in der linken Halbebene liegenden Halbkreis zusammengefügt würde, wäre der Nullpunkt umschlungen, d. h., es lägen Nullstellen oder Pole von $Z(p)$ in der rechten Halbebene, was unmöglich ist, da es sich um passive Netzwerke handelt.

3.3.5. Die Eigenschaften der verlustfreien Netzwerke

Wir wissen schon, daß die Pole und Nullstellen der verlustfreien Netzwerke auf der jω-Achse liegen, in konjugierten Paaren vorkommen und einfach sind. Der Fostersche Satz besagt noch mehr: Die Pole und die Nullstellen folgen abwechselnd auf der jω-Achse. Nehmen wir nämlich den umgekehrten Fall an, so kommen wir zu

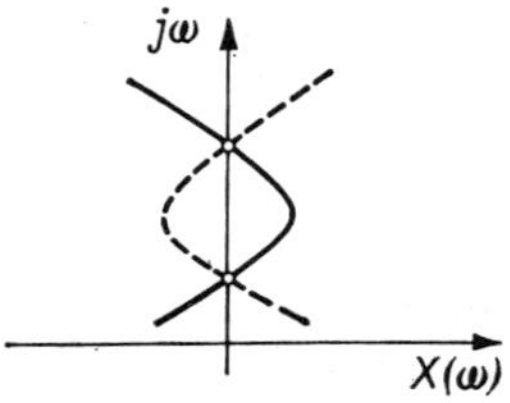

Abb. 3.43 Verlauf der Funktion $X(\omega)$, wenn zwei Pole nebeneinander liegen würden

einem Widerspruch. Dann wird nämlich die Form der Reaktanz $X(\omega)$ nach Abb. 3.43 die folgende: Von einer Nullstelle ausgehend, wächst sie (oder nimmt ab), erreicht ein Maximum (oder Minimum) und wird dann wieder zu Null. Der Differentialquotient $\mathrm{d}X/\mathrm{d}\omega$ wird in der einen Nullstelle positiv, in der anderen negativ oder umgekehrt. Der Verlauf von $Z(p)$ wird in der Nähe von $p = p_0$ durch die Gleichung

$$Z(p) \approx b_1(p - p_0) = \mathrm{j}b_1(\omega - \omega_0) \tag{39}$$

beschrieben. Wir sehen also, daß der durch die Gleichung $Z(\mathrm{j}\omega) = \mathrm{j}X(\omega)$ definierte Ausdruck für $X(\omega)$ an der Stelle $\omega = \omega_0$ den folgenden Differentialquotienten hat

$$\left.\frac{\mathrm{d}X(\omega)}{\mathrm{d}\omega}\right|_{\omega=\omega_0} = b_1. \tag{40}$$

Früher haben wir bewiesen, daß b_1 immer positiv sein muß. $X(\omega)$ muß also beim Durchgang durch die Nullstelle immer wachsen. Das ist aber nur dann möglich, wenn zwischen den zwei Nullstellen ein Pol liegt.

Schreiben wir jetzt $Z(p)$ mit Hilfe der Pole und Residuen:

$$Z(p) = \frac{k_0}{p} + \sum_s \frac{k_s p}{p^2 + \omega_s^2} + k_\infty p. \tag{41}$$

Wir bemerken sofort, daß in dem Fall, wenn $p = 0$ kein Pol ist, d. h. das Glied k_0/p wegfällt, der Wert von $Z(p)$ an der Stelle $p = 0$ gleich Null wird. $X(\omega)$ hat also an der Stelle $\omega = 0$ entweder eine Nullstelle oder einen Pol. Dann folgen abwechselnd die Pole und die Nullstellen. An der Stelle $p = \infty$ kann $Z(p)$ Null oder Unendlich sein. Die möglichen Formen von $X(\omega)$ ersieht man aus Abb. 3.44. Es ist auffallend, daß die Kurve überall monoton wächst. Das ergibt sich aus der folgenden Gleichung:

$$Z(\mathrm{j}\omega) = \mathrm{j}X(\omega) = \frac{k_0}{\mathrm{j}\omega} + \sum_s \frac{\mathrm{j}k_s\omega}{\omega_s^2 - \omega^2} + \mathrm{j}k_\infty\omega \tag{42}$$

oder

$$X(\omega) = -\frac{k_0}{\omega} + \sum_s \frac{k_s\omega}{\omega_s^2 - \omega^2} + k_\infty\omega\,. \tag{43}$$

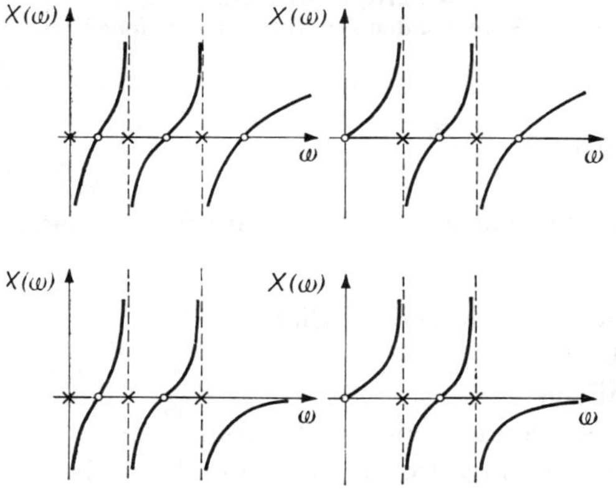

Abb. 3.44
Die möglichen $X(\omega)$-Funktionen

So wird also

$$\frac{\mathrm{d}X(\omega)}{\mathrm{d}\omega} = \frac{k_0}{\omega^2} + \sum_s \frac{k_s(\omega_s^2 + \omega^2)}{(\omega_s^2 - \omega^2)^2} + k_\infty > 0\,, \tag{44}$$

da alle hier vorkommenden k-Werte, wie wir es bewiesen haben, positiv sind.

Aus Gl. (41) folgt sofort, daß ein reaktiver Zweipol durch die Reihenschaltung paralleler Schwingungskreise realisiert werden kann (Abb. 3.45).

Einige Schwingungskreise können dabei in eine Induktivität oder in eine Kapazität entarten.

Wenn wir die Admittanz $Y(p) = 1/Z(p)$ untersuchen, können wir zu einer anderen Darstellung der reaktiven Zweipole gelangen: Ein reaktiver Zweipol kann immer durch die Parallelschaltung von Reihenschwingungskreisen verwirklicht werden. Die Schwingungskreise können auch hier zu einer Induktivität oder zu einer Kapazität entarten (Abb. 3.46).

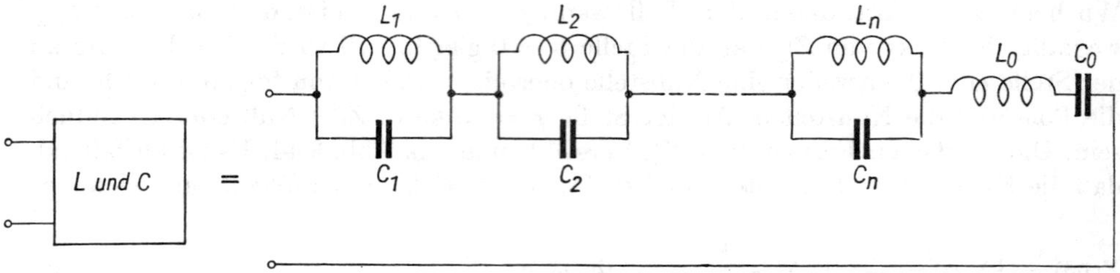

Abb. 3.45 Realisierung eines reaktiven Netzwerkes mit parallelen Schwingkreisen

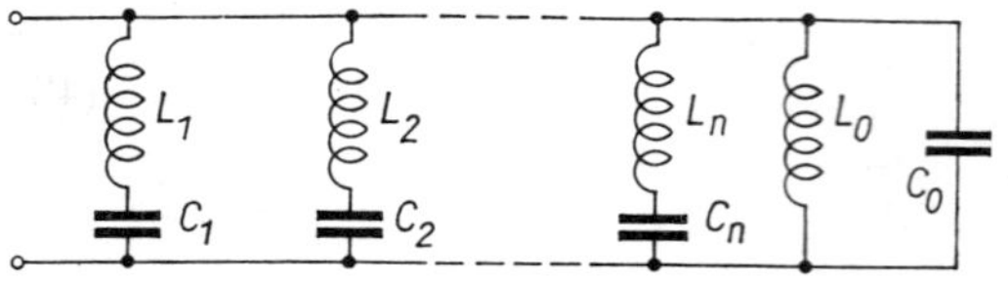

Abb. 3.46 Realisierung eines reaktiven Netzwerkes mit Reihenschwingkreisen. Wenn ein bestimmtes Netzwerk einmal gemäß Abb. 3.45, ein anderes Mal gemäß Abb. 3.46 realisiert wird, so haben die entsprechenden L und C verschiedene Werte.

3.3.6. Die Immittanzfunktion als PR-Funktion

Die Immittanzfunktion hat nach dem bisher Gesagten die folgenden grundlegenden Eigenschaften:

1. $Z(p)$ ist eine rationale Funktion der komplexen Veränderlichen p.
2. Für reelle p-Werte ist auch $Z(p)$ reell.
3. $Z(p)$ ist analytisch in der rechten Halbebene.
4. Der Realteil von $Z(p)$ entlang der jω-Achse kann nie negativ sein.
5. Die Pole auf der jω-Achse sind einfach und ihre Residuen reell und positiv.

Diese Bedingungen können anders formuliert werden. Nach einem Satz der Funktionentheorie nimmt eine komplexe Funktion ihr Maximum und Minimum an der Grenze ihres Regularitätsgebietes an, wenn die Funktion auf der Grenzkurve selbst regulär ist. Nehmen wir an, daß $Z(p)$ auf der jω-Achse keinen Pol besitzt. Dann können wir diese Achse als die Grenzlinie des Regularitätsgebietes, d. h. der rechten Halbebene, betrachten. Da auf dieser Grenzkurve $\mathrm{Re}\, Z(p) \geqq 0$ gilt, muß der Realteil von $Z(p)$ in der ganzen rechten Halbebene positiv oder Null sein. Wenn $Z(p)$ an der jω-Achse Pole hat, werden diese mit Hilfe eines kleinen Halbkreises umgangen. Da die Residuen positiv sind, bleibt die Bedingung $\mathrm{Re}\, Z(p) \geqq 0$ auch an dieser neuen Grenzkurve erhalten, d. h., die Behauptung bleibt auch jetzt gültig. Die Eigenschaften der Impedanzfunktion in ihrer neuen Formulierung lauten also:

1. $Z(p)$ ist eine rationale Funktion der komplexen Veränderlichen p.
2. Für reelle p-Werte bleibt auch $Z(p)$ reell.
3. $\mathrm{Re}\, Z(p) \geqq 0, \quad \text{wenn} \quad \mathrm{Re}\, p \geqq 0.$

Eine Funktion, die die Eigenschaften 2. und 3. besitzt, heißt eine positiv reelle oder abgekürzt eine PR-Funktion.

Unsere bisherigen Resultate können also in einem einzigen Satz zusammengefaßt werden: Die Immittanzfunktion eines linearen passiven Netzwerkes mit konzentrierten Parametern ist eine rationale PR-Funktion der komplexen Veränderlichen p.

Die Eigenschaften der Transferfunktionen. In der Praxis sind die Transferfunktionen wichtiger als die Immittanzfunktionen. Die Untersuchung der Transfer-

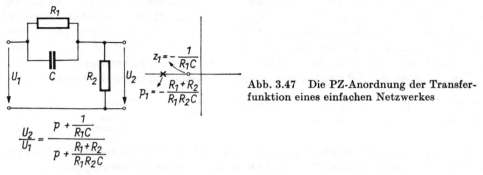

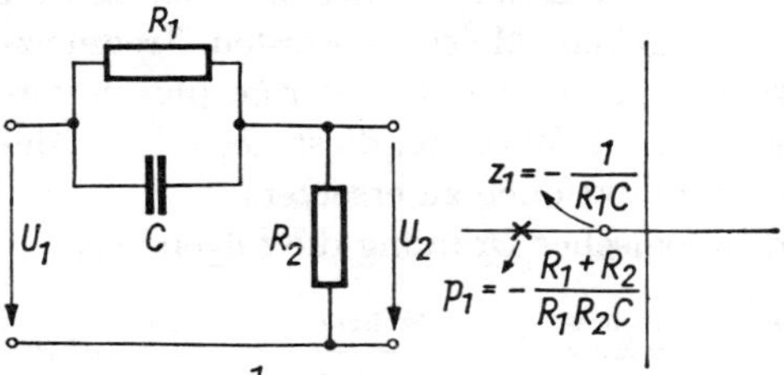

$$\frac{U_2}{U_1} = \frac{p + \frac{1}{R_1 C}}{p + \frac{R_1 + R_2}{R_1 R_2 C}}$$

Abb. 3.47 Die PZ-Anordnung der Transferfunktion eines einfachen Netzwerkes

funktionen kann aber häufig auf die Untersuchung der Immittanzfunktionen zurückgeführt werden. Wir bemerken nur, daß auch die Transferfunktionen analytisch in der rechten Halbebene sein müssen, hier also keine Pole aufweisen können. Es ist nämlich entsprechend der Definition einer Transferfunktion:

Gesuchte Größe = Transferfunktion × Erregung.

Ist die Erregung gleich Null, so können wir dann eine von Null abweichende Größe erhalten, wenn die Transferfunktion Unendlich wird. Die Pole der Transferfunktion bedeuten also die Eigenlösung eines passiven Netzwerkes und können als solche nur abklingende sein. Da sämtliche Koeffizienten der Transferfunktion reell sind, kommen alle Nullstellen und Pole in konjugierten Paaren vor, oder sie sind reell. In Abb. 3.47 sind ein einfaches Netzwerk, eine Transferfunktion und die dazugehörende Pole-Nullstellen-Anordnung dargestellt.

3.3.7. Die Grundprobleme der Netzwerksynthese

Wir wollen uns mit der Netzwerksynthese nicht beschäftigen. Wir formulieren jedoch die Grundprobleme. Das unmittelbare Problem der Synthese lautet folgendermaßen:

Es sei die Immittanz- oder Transferfunktion gegeben. Es ist ein Netzwerk zu realisieren, welches eben zu dieser Funktion führt. Zuerst muß entschieden werden, ob zu der gegebenen Funktion überhaupt ein Netzwerk gefunden werden kann, d. h., ob diese Funktion alle oben angegebenen Bedingungen erfüllt.

In manchen Fällen kann das sehr leicht entschieden werden, besonders im negativen Sinne, d. h., wenn zu der Funktion kein realisierbares Netzwerk gehört. Der nächste Schritt besteht darin, daß wir zu der gegebenen Funktion das Netzwerk oder die Netzwerke auffinden. Hier tritt das Äquivalenzproblem in den Vordergrund. Äquivalent werden jene Netzwerke genannt, die die gleiche Immittanz- oder Transferfunktion besitzen. Unter den äquivalenten Netzwerken können wir unter Berücksichtigung praktischer Gesichtspunkte das richtige auswählen.

Bisher haben wir die Immittanz- oder Transferfunktion als gegeben betrachtet. In der Praxis sind sie aber nie unmittelbar gegeben. Meistens werden Frequenzcharakteristiken mit den zugelassenen Abweichungen numerisch oder graphisch vorgeschrieben. Unter Approximation verstehen wir die Methode, diese gegebenen Bedingungen möglichst genau durch realisierbare Funktionen zu ersetzen.

Die Aufgaben der Netzwerksynthese sind in logischer Ordnung die folgenden:

Gegebene Bedingungen	Approximation →	Realisierbare Systemfunktionen	Synthese →	Mögliche Netzwerke	Weitere praktische Gesichtspunkte →	Tatsächliches Netzwerk

Die hier angedeuteten Schritte sind je ein komplexer Problemkreis; sie bilden zusammen einen selbständigen Wissenschaftszweig, eben die Netzwerksynthese.

3.4. Netzwerke mit allgemeinem zeitlichem Verlauf

3.4.1. Die klassische Methode

In Kapitel 3.1. haben wir schon die Kirchhoffschen Gleichungen bei beliebigem zeitlichem Verlauf kennengelernt. Die klassische Methode der Lösung dieser Gleichungen besteht darin, daß zuerst das homogene Gleichungssystem gelöst wird. Diese Lösung gibt die Eigenschwingungen des Netzwerkes, die — wie wir schon wissen — aus abklingenden Vorgängen bestehen. Zu der allgemeinen Lösung des homogenen Gleichungssystems fügen wir eine partikuläre Lösung des inhomogenen Gleichungssystems hinzu. So erhalten wir die allgemeine Lösung des inhomogenen Gleichungssystems, woraus bei entsprechender Wahl der Konstanten zu gegebenen Anfangsbedingungen die richtige Lösung erhalten werden kann. Wenn es sich um Netzwerke mit Gleichstrom- oder sinusförmiger Erregung handelt, haben wir die partikuläre Lösung des inhomogenen Systems sofort vor uns: es sind die schon in den früheren Kapiteln behandelten eingeschwungenen Zustände. Die allgemeine Lösung wird also

$$i(t) = i_{\mathrm{h}}(t) + i_{\mathrm{ih}}(t), \tag{1}$$

wobei $i_{\mathrm{h}}(t)$ die Lösung der homogenen, $i_{\mathrm{ih}}(t)$ die Lösung der inhomogenen Gleichung bedeutet. Zur Illustrierung sei das folgende Beispiel angeführt.

Schalten wir nach Abb. 3.48 zur Zeit $t = t_0$ eine Spannung

$$u = \hat{U} \sin (\omega t - \varphi_u) \tag{2}$$

an den Reihenschwingungskreis. Die Differentialgleichung lautet nun

$$Ri + L \frac{\mathrm{d}i}{\mathrm{d}t} + \frac{1}{C} \int_0^t i \, \mathrm{d}t + U_c^0 = \hat{U} \sin (\omega t - \varphi_u). \tag{3}$$

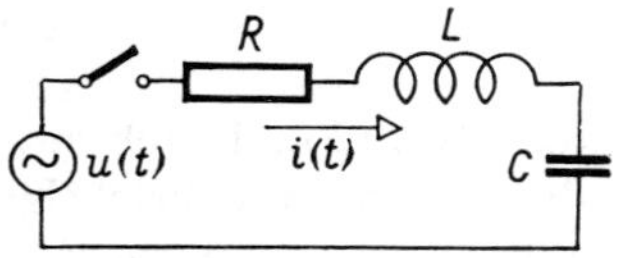

Abb. 3.48 Zur Bestimmung der transienten Vorgänge in einem Reihen-*LRC*-Kreis

Nach Differentiation und Division durch L erhalten wir:

$$\frac{\mathrm{d}^2 i}{\mathrm{d}t^2} + \frac{R}{L} \frac{\mathrm{d}i}{\mathrm{d}t} + \frac{i}{LC} = \frac{\hat{U}\omega}{L} \cos (\omega t - \varphi_u). \tag{4}$$

Die Lösung der homogenen Gleichung ist

$$i_{\mathrm{h}} = K_1 \, \mathrm{e}^{p_1 t} + K_2 \, \mathrm{e}^{p_2 t} = K_1 \, \mathrm{e}^{-\alpha t} \, \mathrm{e}^{\mathrm{j}\omega_k t} + K_2 \, \mathrm{e}^{-\alpha t} \, \mathrm{e}^{-\mathrm{j}\omega_k t}. \tag{5}$$

Hier bedeutet

$$p_{1,2} = -\frac{R}{2L} \pm \sqrt{\left(\frac{R}{2L}\right)^2 - \frac{1}{LC}} = -\alpha \pm \sqrt{\alpha^2 - \omega_{k0}^2} = -\alpha \pm \mathrm{j}\omega_k. \tag{6}$$

Die Lösung wird manchmal auch in der folgenden Form geschrieben:

$$i_{\mathrm{h}} = \mathrm{e}^{-\alpha t} \left[(K_1 + K_2) \cos \omega_k t + \mathrm{j}(K_1 - K_2) \sin \omega_k t\right]. \tag{7}$$

Führen wir jetzt die Bezeichnungen

$$K_1 + K_2 = M \qquad \text{und} \qquad \mathrm{j}(K_1 - K_2) = N \tag{8}$$

ein, dann wird

$$i_{\mathrm{h}} = \mathrm{e}^{-\alpha t}(M \cos \omega_k t + N \sin \omega_k t) = I_0 \, \mathrm{e}^{-\alpha t} \sin (\omega_k t + \varphi). \tag{9}$$

Die partikuläre Lösung kann ohne weiteres aufgeschrieben werden:

$$i_{\mathrm{ih}} = \hat{I} \sin(\omega t - \varphi_u - \varphi_i), \tag{10}$$

wobei

$$\hat{I} = \frac{\hat{U}}{\sqrt{R^2 + \left(\omega L - \dfrac{1}{\omega C}\right)^2}}, \quad \varphi_i = \arccos \frac{R}{\sqrt{R^2 + \left(\omega L - \dfrac{1}{\omega C}\right)^2}}. \tag{11}$$

Es wird also endgültig

$$i(t) = i_{\mathrm{h}}(t) + i_{\mathrm{ih}}(t) = I_0 \, \mathrm{e}^{-\alpha t} \sin(\omega_{\mathrm{k}} t + \varphi) + \hat{I} \sin(\omega t - \varphi_u - \varphi_i). \tag{12}$$

Wir haben in dieser Lösung zwei frei verfügbare Konstanten: I_0 und φ. Durch entsprechende Wahl dieser Größen können die Anfangsbedingungen berücksichtigt werden. ω_{k} bedeutet die Eigenfrequenz des Schwingungskreises, ω dagegen die Frequenz des Generators. In Abhängigkeit vom Verhältnis dieser Größen zueinander und zum Dämpfungskoeffizienten α erhalten wir viele spezielle Formen der Stromkurve.

Im allgemeinen Fall erhalten wir die Lösung folgendermaßen: Mit Hilfe der Kirchhoffschen Gleichungen können für die erregten Größen $g_1, g_2, g_3 \ldots g_n$ der Erregungsfunktionen $f_1, f_2, f_3 \ldots f_n$ n lineare Gleichungen aufgestellt werden, welche die Funktionen g_i, $\dot{g}_i$ und $\int^t g_i \, \mathrm{d}t$ enthalten. Nach einer Differentiation erhalten wir

$$\begin{aligned}
&a_{11} g_1 + \cdots + a_{1n} g_n + a'_{11} \dot{g}_1 + \cdots + a'_{1n} \dot{g}_n + a''_{11} \ddot{g}_1 + \cdots = f'_1(t),\\
&a_{21} g_1 + \cdots + a_{2n} g_n + \cdots \qquad\qquad\qquad\qquad\qquad\quad = f'_2(t),\\
&\vdots \qquad\qquad \vdots \qquad\qquad\qquad\qquad\qquad\qquad\qquad\qquad\quad \vdots\\
&a_{n1} g_1 + \cdots \qquad\qquad\qquad\qquad\qquad\qquad\qquad\qquad\;\; = f'_n(t).
\end{aligned} \tag{13}$$

Hier bedeuten die $f'_i(t)$ die Differentialquotienten irgendeiner linearen Kombination der Erregungsfunktionen.

Wenn das Gleichungssystem $(2n - 2)$-mal differenziert wird, erhalten wir insgesamt

$$(2n - 2)\, n + n = 2n^2 - n$$

Gleichungen. Aus $2n^2 - n - 1$ Gleichungen können wir mit Hilfe der uns interessierenden Funktionen $g_i, \dot{g}_i, \ldots, g_i^{(2n)}$ die anderen Funktionen ausdrücken und in die noch nicht benutzte Gleichung einsetzen. Auf diese Weise erhalten wir eine einzige Differentialgleichung, die nur die Funktion $g_i(t)$ und ihre Ableitungen enthält:

$$A_{2n} \frac{\mathrm{d}^{(2n)} g_i}{\mathrm{d}t^{2n}} + A_{2n-1} \frac{\mathrm{d}^{(2n-1)} g_i}{\mathrm{d}t^{(2n-1)}} + \cdots + A_1 \frac{\mathrm{d}g_i}{\mathrm{d}t} + A_0 = f(t). \tag{14}$$

Die Lösung setzt sich wieder aus der allgemeinen Lösung der homogenen Gleichung und einer partikulären Lösung der inhomogenen Gleichung zusammen. Die Lösung des homogenen Systems lautet

$$g_h(t) = \sum_{i=1}^{2n} C_i \, e^{\lambda_i t}; \qquad h = 1, 2, \ldots, n, \tag{15}$$

wobei λ_i eine (einfache) Wurzel der charakteristischen Gleichung

$$A_{2n}\lambda^{2n} + A_{2n-1}\lambda^{2n-1} + \cdots + A_0 = 0 \tag{16}$$

ist. Die Lösung des homogenen Systems ergibt die Eigenschwingungen des Netzwerkes. Dementsprechend ergibt die partikuläre Lösung des inhomogenen Systems die erregte Schwingung. In der Praxis können diese meist durch physikalische Betrachtungen bestimmt werden. Sonst müssen wir zur mathematischen Methode der Variation der Konstanten greifen.

Als Anfangsbedingungen werden meist die Spannungen der Kondensatoren und die Ströme der Induktivitäten angegeben. Für diese gelten

$$u_C(-0) = u_C(+0), \qquad i_L(-0) = i_L(+0). \tag{17}$$

Das bedeutet, daß sich die Spannung des Kondensators bzw. der Strom einer Spule durch Einschalten, Umschalten oder Ausschalten nicht sprunghaft verändern kann, wenn wir uns auf Generatoren beschränken, die keine unendliche Leistung liefern können. Dagegen können der Strom des Kondensators und die Spannung der Spule einen diskontinuierlichen Verlauf aufweisen.

3.4.2. Die Methode der Übergangsfunktion und der Gewichtsfunktion

Wie wir schon früher gesehen haben, besteht eine praktische Methode zur Lösung der Probleme mit allgemeinem zeitlichem Verlauf darin, daß wir die gegebenen Erregungsfunktionen auf gewisse Elementarfunktionen verteilen und die Lösung als Superposition der Antwortfunktionen dieser elementaren Erregungsfunktionen erhalten. Wie wir schon erwähnt haben, spielen die Sinusfunktionen und die Sprung- und Impulsfunktionen die Rolle der Elementarfunktionen. Der Einheitssprung $1(t)$ wird folgendermaßen definiert (Abb. 3.49):

$$1(t) = \begin{cases} 0, & \text{wenn } t < 0 \\ 1, & \text{wenn } t > 0. \end{cases} \tag{18}$$

Die zum Einheitssprung gehörende Antwortfunktion heißt Übergangsfunktion und wird mit $y(t)$ bezeichnet. Es ist sofort zu ersehen, daß zur Erregung $1(t - t_0)$ die Antwort $y(t - t_0)$ gehört. Der Einheitsimpuls, oder die Diracsche Deltafunktion, wird in anschaulicher Weise, aber unexakt, folgendermaßen definiert. Die Diracsche Funktion ist überall Null außer im Punkt $t = 0$, wo sie in der Weise unendlich wird, daß das Integral

$$\int_{-\infty}^{+\infty} \delta(t) \, dt = 1 \tag{19}$$

wird, also endlich bleibt. Aus dieser Definition folgt offensichtlich die Tatsache:

$$\int_{-\infty}^{t} \delta(t)\,\mathrm{d}t = 1(t). \tag{20}$$

Es ist nämlich $\delta(t)$ von $t = -\infty$ bis $t = 0$ überall Null, d. h., das Integral ergibt auch Null. Wenn wir aber den Punkt $t = 0$ durchschreiten, wird der Wert des Integrals gleich 1 und bleibt es bis $t = \infty$. Die obige Gleichung kann auch in der folgenden Form geschrieben werden:

$$\delta(t) = 1'(t). \tag{21}$$

Die grundlegende Eigenschaft der Diracschen Funktion ist die folgende:

$$\int_{-\infty}^{+\infty} f(t)\,\delta(t-a)\,\mathrm{d}t = f(a). \tag{22}$$

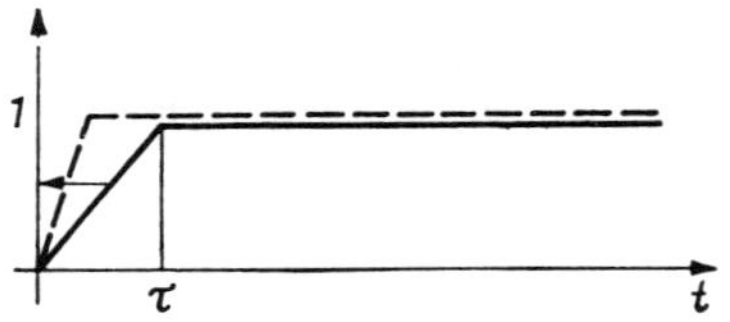

Abb. 3.49 Die Sprungfunktion. Bei dieser Herleitung kann $1(0) = 0$ geschrieben werden

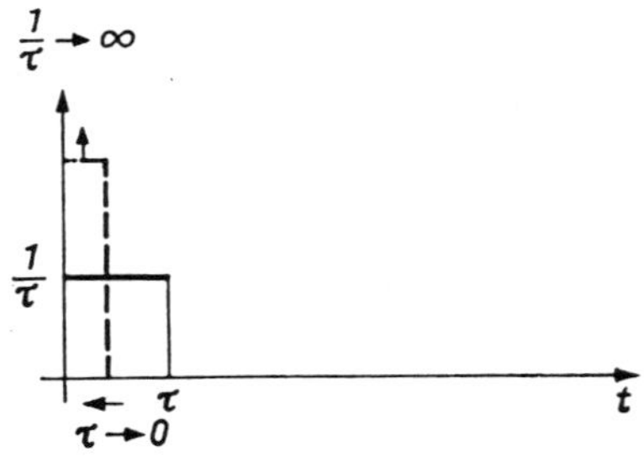

Abb. 3.50 Zur Veranschaulichung der Dirac-Funktion. Bei dieser (asymmetrischen) Herleitung kann $\int_{-\infty}^{+\infty} \delta(t)\,\mathrm{d}t = \int_{0}^{\infty} \delta(t)\,\mathrm{d}t = 1$ gesetzt werden

Hier bedeutet $\delta(t-a)$ jene Funktion, die außer im Punkt $t = a$ überall Null ist. Gleichung (22) kann so gedeutet werden, daß die Funktion als konstant betrachtet werden kann, wo $\delta(t-a)$ von Null verschieden ist. Dieser konstante Wert der Funktion $f(t)$ ist $f(a)$ und kann vor das Integralzeichen geschrieben werden:

$$\int_{-\infty}^{+\infty} f(t)\,\delta(t-a)\,\mathrm{d}t = f(a)\int_{-\infty}^{+\infty} \delta(t-a)\,\mathrm{d}t = f(a). \tag{23}$$

Absichtlich haben wir bisher Ausdrücke wie ,,veranschaulichen" und ,,deuten" anstatt ,,beweisen" benutzt. Die Diracsche Deltafunktion ist im strengen mathematischen Sinn keine Funktion. Ihre Eigenschaften, ihre Rechenregeln, werden durch die Distributionstheorie gegeben bzw. bewiesen. Wir nehmen die Sprungfunktion $1(t)$ als eine sehr steile, aber sich nicht sprunghaft ändernde Funktion an; ihre Ableitung, die Dirac-Funktion, kann also als ein sehr schmaler und sehr hoher, aber nicht unendlich hoher Impuls mit dem Flächeninhalt 1 betrachtet werden (Abb. 3.50, asymmetrische Herleitung von $\delta(t)$ bzw. $1(t)$).

Die Antwortfunktion der Dirac-Funktion heißt Gewichtsfunktion und wird mit $h(t)$ bezeichnet. Da sich ein Impuls von der Höhe h_τ und der Breite τ in der Form

$$h_\tau[1(t) - 1(t - \tau)] \tag{24}$$

darstellen läßt, kann die Antwortfunktion in der Form

$$h_\tau[y(t) - y(t - \tau)] = h_\tau \tau \frac{y(t) - y(t - \tau)}{\tau} \tag{25}$$

erhalten werden. Wegen der Eigenschaften der Dirac-Funktion gelten die Beziehungen:

$$\tau \to 0; \qquad h_\tau \tau \to 1;$$

es wird also

$$h(t) \to \frac{1}{\tau} \frac{\mathrm{d}y}{\mathrm{d}t} \tau = \frac{\mathrm{d}y}{\mathrm{d}t}. \tag{26}$$

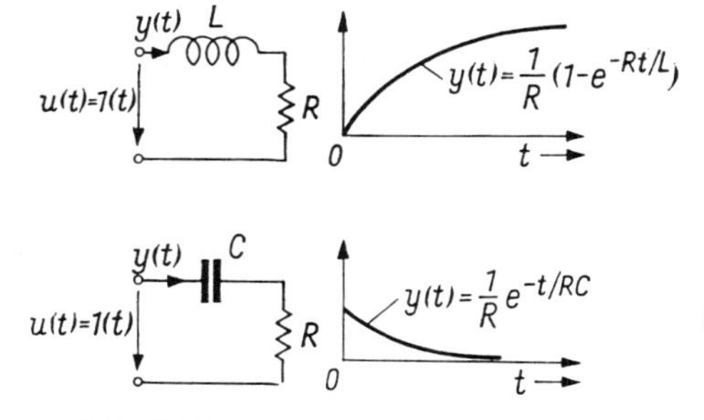

Abb. 3.51
Übergangsfunktionen einfacher Netzwerke

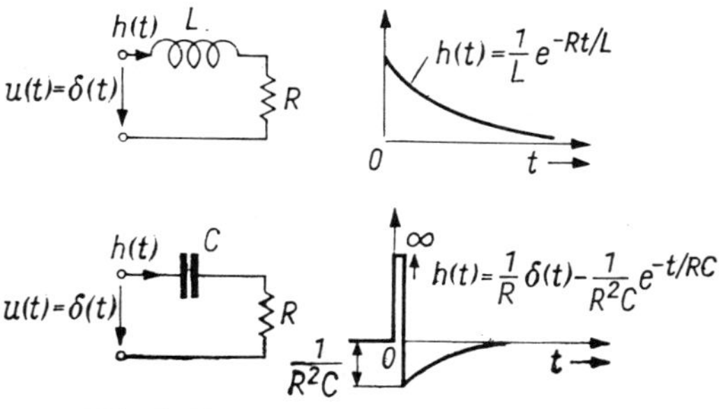

Abb. 3.52
Gewichtsfunktionen einfacher Netzwerke

Die Gewichtsfunktion ergibt sich also durch Differentiation der Übergangsfunktion. In Abb. 3.51 und 3.52 sieht man einige einfache Kreise und die dazugehörigen Übergangs- bzw. Gewichtsfunktionen.

Stellen wir uns nun vor, daß sich eine beliebige Spannung (Abb. 3.53) aus nacheinander eingeschalteten kleinen Gleichspannungen zusammensetzt. Die zur Zeit $t = \tau$ eingeschaltete kleine Gleichspannung sei Δu_τ. Wegen ihrer Wirkung wird der zeitliche Verlauf der Stromstärke $\Delta u_\tau y(t - \tau)$ sein. Wir erhalten den vollständigen zeitlichen Verlauf der Stromstärke, wenn wir die Einschaltwirkungen sämtlicher kleinen Gleichspannungen summieren. Es gilt also

$$i(t) \approx u(0)\, y(t) + \sum_{\tau=0}^{t} \Delta u_\tau y(t-\tau) \approx u(0)\, y(t) + \sum_{\tau=0}^{t} \frac{du}{d\tau} \Delta\tau y(t-\tau).$$

Aus der Abbildung können wir auch ablesen, daß unsere Näherung $\Delta u_\tau \approx \frac{du}{d\tau}\Delta\tau$ um so genauer wird, je kleiner wir das Intervall $\Delta\tau$ wählen.

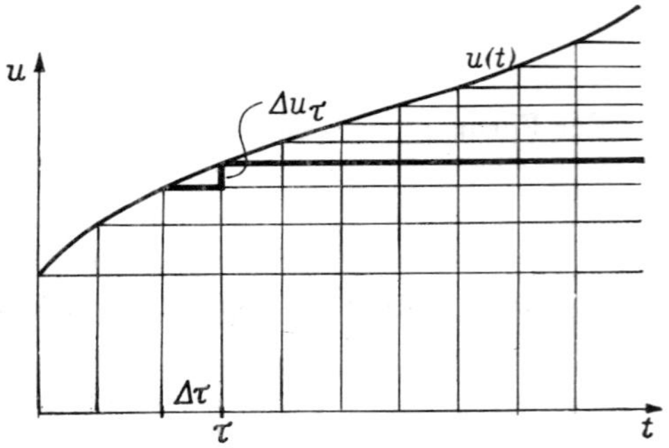

Abb. 3.53 Annäherung einer beliebigen Erregerfunktion durch Einheitssprünge

Im Grenzfall geht die Summierung in ein Integral über, es wird also

$$i(t) = u(0)\, y(t) + \int_0^t \frac{du(\tau)}{d\tau} y(t-\tau)\, d\tau. \tag{27}$$

Dieser Ausdruck kann mit Hilfe einer partiellen Integration umgeformt werden. Wir können schreiben:

$$\int_0^t \frac{du}{d\tau} y(t-\tau)\, d\tau = [u(\tau)\, y(t-\tau)]_0^t - \int_0^t u(\tau) \frac{dy(t-\tau)}{d\tau} d\tau$$

$$= y(0)\, u(t) - u(0)\, y(t) + \int_0^t u(\tau) \frac{dy(t-\tau)}{dt} d\tau. \tag{28}$$

Setzen wir dies in den Ausdruck der Stromstärke ein, so gelangen wir zu folgender Endformel:

$$i(t) = y(0)\, u(t) + \int_0^t u(\tau) \frac{dy(t-\tau)}{dt} d\tau. \tag{29}$$

Wenden wir die Differentiation nach der oberen Grenze an, nach der

$$\frac{d}{dx} \int_0^x \varphi(x, z)\, dz = \varphi(x, x) + \int_0^x \frac{d\varphi(x, z)}{dx} dz \tag{30}$$

gilt, so kann die für den Wert der Stromstärke gewonnene Gleichung (29) auch wie folgt geschrieben werden:

$$i(t) = \frac{\mathrm{d}}{\mathrm{d}t} \int_0^t u(\tau)\, y(t - \tau)\, \mathrm{d}\tau\,. \tag{31}$$

Dies ist dem Ausdruck

$$i(t) = \frac{\mathrm{d}}{\mathrm{d}t} \int_0^t u(t - \tau)\, y(\tau)\, \mathrm{d}\tau \tag{32}$$

äquivalent. Diese Beziehung wird auch Duhamelscher Satz genannt.

Der Beziehung (29) können wir auch eine andere physikalische Deutung geben. Wir sind bisher von der Überlegung ausgegangen, daß wir die Spannung $u(t)$ in die Summe der im Zeitpunkt τ eingeschalteten Spannungssprünge Δu_τ zerlegt und deren

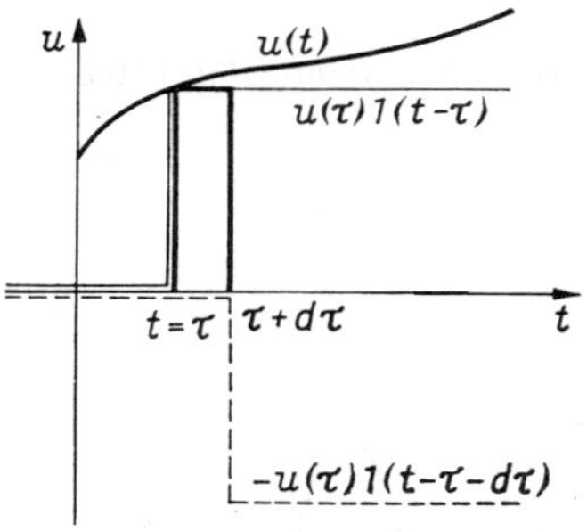

Abb. 3.54 Eine allgemeine Erregerfunktion kann aus Impulsen zusammengesetzt werden

einzelne Wirkungen summiert haben. Zerlegen wir diese jetzt in Impulse von kurzer Dauer $\mathrm{d}\tau$, entsprechend Abb. 3.54. Ein einziger Impuls kann aus der im Zeitpunkt τ eingeschalteten Sprungspannung $u(\tau)\, 1(t - \tau)$ und aus der im Zeitpunkt $\tau + \mathrm{d}\tau$ eingeschalteten Sprungspannung $-u(\tau)\, 1(t - \tau - \mathrm{d}\tau)$ zusammengesetzt werden. Deren gemeinsame Wirkung ist gegeben zu

$$\begin{aligned} \mathrm{d}i(t) &= u(\tau)\, y(t - \tau) - u(\tau)\, y(t - \tau - \mathrm{d}\tau) \\ &= -u(\tau)\, \frac{\mathrm{d}y(t - \tau)}{\mathrm{d}\tau}\, \mathrm{d}\tau = u(\tau)\, \frac{\mathrm{d}y(t - \tau)}{\mathrm{d}t}\, \mathrm{d}\tau\,. \end{aligned} \tag{33}$$

Summieren wir jetzt die Wirkungen dieser Impulse und berücksichtigen, daß im Zeitpunkt $\tau = t$ die Spannung $u(t)$ wirkt, so gilt

$$i(t) = u(t)\, y(0) + \int_0^t u(\tau)\, \frac{\mathrm{d}y(t - \tau)}{\mathrm{d}t}\, \mathrm{d}\tau\,. \tag{34}$$

Darin ist das erste Glied der an der Stelle $t = \tau$ angenommene Wert des Ausdruckes $u(\tau)\, y(t - \tau)$. Somit gelangten wir über eine andere physikalische Deutung ebenfalls zur Beziehung (29).

Nachstehend wenden wir diese Beziehung als Beispiel bei der Bestimmung der Stromstärke des in Abb. 3.55 dargestellten Kreises an, wenn wir an den Kreis im Zeitpunkt $t = 0$ eine sich rein sinusförmig ändernde Spannung anlegen. Die Funktion $y(t)$ ist uns für diesen Kreis bereits bekannt. Nach Abb. 3.51 ist

$$y(t) = \frac{1}{R}\left(1 - e^{-\frac{R}{L}t}\right). \tag{35}$$

Diese Funktion ergibt gerade den Verlauf der Stromstärke in diesem Kreis, wenn wir an die Klemmen im Zeitpunkt $t = 0$ eine Gleichspannung von der Größe Eins anlegen. Wenden wir unsere vorherige Endformel (34) an, so gilt

$$i(t) = \frac{U_0}{L}\int_0^t \sin\omega\tau\, e^{-\frac{R}{L}(t-\tau)}\, d\tau = \frac{U_0}{L}\, e^{-\frac{R}{L}t}\int_0^t \sin\omega\tau\, e^{\frac{R}{L}\tau}\, d\tau \tag{36}$$

mit Rücksicht darauf, daß $y(0) = 0$. Der Wert des in diesem Ausdruck auftretenden Integrals kann mit Hilfe der partiellen Integration leicht bestimmt werden. Es ist

$$\int \sin ax\, e^{bx}\, dx = \frac{e^{bx}}{a^2 + b^2}\,[b \sin ax - a \cos ax].$$

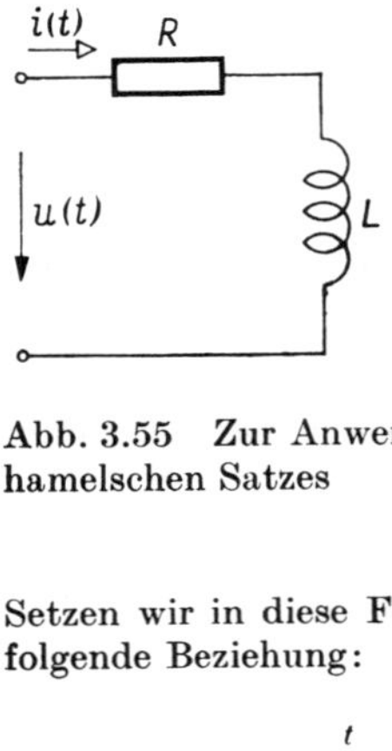

Abb. 3.55 Zur Anwendung des Duhamelschen Satzes

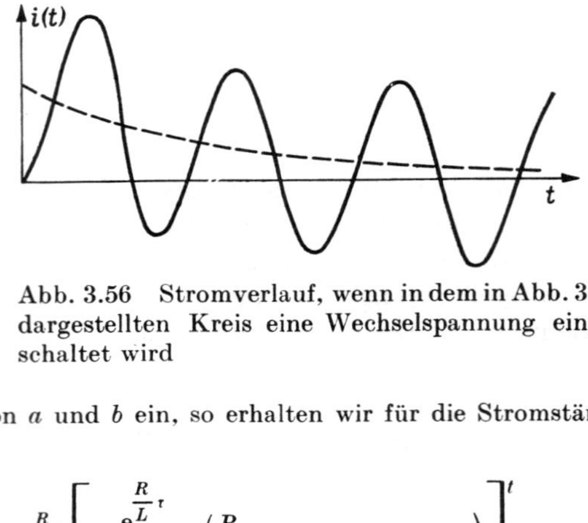

Abb. 3.56 Stromverlauf, wenn in dem in Abb. 3.55 dargestellten Kreis eine Wechselspannung eingeschaltet wird

Setzen wir in diese Formel die Werte von a und b ein, so erhalten wir für die Stromstärke folgende Beziehung:

$$i(t) = \frac{U_0}{L}\, e^{-\frac{R}{L}t}\int_0^t \sin\omega\tau\, e^{\frac{R}{L}\tau}\, d\tau = \frac{U_0}{L}\, e^{-\frac{R}{L}t}\left[\frac{e^{\frac{R}{L}\tau}}{\omega^2 + \frac{R^2}{L^2}}\left(\frac{R}{L}\sin\omega\tau - \omega\cos\omega\tau\right)\right]_0^t$$

$$= \frac{U_0\, e^{-\frac{R}{L}t}}{R^2 + \omega^2 L^2}\left[e^{\frac{R}{L}t}\,(R\sin\omega t - \omega L\cos\omega t) + \omega L\right]. \tag{37}$$

Somit wird also der Wert der Stromstärke im Endergebnis durch

$$i(t) = \frac{U_0}{R^2 + \omega^2 L^2} [R \sin \omega t - \omega L \cos \omega t] + U_0 \frac{\omega L}{R^2 + \omega^2 L^2} e^{-\frac{R}{L}t} \tag{38}$$

gegeben sein. Die ersten beiden Glieder dieser Ausdrücke sind uns bekannt, sie bilden gerade den Wert der Stromstärke im stationären Zustand. Die Stromstärke besitzt eine der Spannung phasengleiche Komponente und eine der Spannung um 90° nacheilende Komponente, d. h. einen Ohmschen und einen induktiven Anteil. Gleichzeitig existiert aber auch ein Glied, welches exponentiell mit der Zeit abnimmt. Dies bedeutet, daß sich die Mittellinie der Sinusschwingungen der Achse t exponentiell nähert. Der Verlauf der Kurve ist der Abb. 3.56 zu entnehmen. Der Wert der Stromstärke ist im Anfangsaugenblick Null, wie es auch sein muß, und wie es durch Einsetzen in den Ausdruck für $i(t)$ auch bewiesen werden kann. Ist der Widerstand R klein, so ist die Dämpfung ziemlich gering. Eine halbe Periode später wird sich der Wert von $e^{-\frac{R}{L}t}$ von 1 kaum unterscheiden. Gleichzeitig wird eine halbe Periode später $\omega t = \frac{2\pi}{T}\frac{T}{2} = \pi$; mithin wird $\cos \omega \frac{T}{2} = \cos \pi = -1$, d. h.,

$$i\left(\frac{T}{2}\right) \approx -U_0 \frac{\omega L}{R^2 + \omega^2 L^2} \cos \omega \frac{T}{2} + U_0 \frac{\omega L}{R^2 + \omega^2 L^2} e^{-\frac{R}{L}\frac{T}{2}} \approx 2 \frac{U_0}{\omega L}. \tag{39}$$

Dies bedeutet, daß die Stromstärke eine halbe Periode später fast das Doppelte des Wertes erreicht, den die Stromstärke im stationären Zustand besitzt. Der Verlauf der Kurve ist übrigens in starkem Maße davon abhängig, in welcher Phase wir die Wechselspannung einschalten. So wird sich z. B. im Falle $R = 0$ die Stromstärke, wenn die Spannung im Zeitpunkt ihres Maximalwertes eingeschaltet wird, sofort dem stationären Zustand entsprechend ändern, wie leicht bewiesen werden kann.

3.5. Lösung des Einschaltproblems, wenn das Frequenzspektrum der Erregungsfunktion bekannt ist

3.5.1. Die Fourier-Reihe und das Fourier-Integral

Im vorigen Kapitel konnten wir den Verlauf der Stromstärke oder des Spannungsabfalls, die in einem bestimmten Zweig eines linearen Netzes wegen der Wirkung einer beliebigen Spannung auftreten, ohne jede Schwierigkeit angeben, wenn uns der zeitliche Verlauf dieser Größen unter der Wirkung des Einschaltens der Sprungspannung bekannt war.

Im folgenden werden wir voraussetzen, daß die Stromstärke oder der Spannungsabfall in einem beliebigen Zweig eines linearen Netzes bekannt ist, wenn wir an das Netz vorher eine rein sinusförmige Spannung angelegt haben, d. h. die Einschaltvorgänge sich bereits abgespielt haben, mit anderen Worten: daß uns die Größe der rein sinusförmigen Stromstärke oder des rein sinusförmigen Spannungsabfalls unter dem Einfluß einer rein sinusförmigen Spannung bekannt ist. Diese können wir weit einfacher berechnen als die beim Einschalten der Spannung auftretenden Erscheinungen. Wir brauchen nur unter Anwendung der Kirchhoffschen Gesetze den für den betreffenden Zweig charakteristischen komplexen Widerstand zu suchen, durch welchen die Spannung dividiert unmittelbar die Stromstärke ergibt. Zum Beispiel wissen wir im Falle der in Abb. 3.55 dargestellten Schaltung, daß die Stromstärke unter der Wirkung der Spannung $u = U_0 \sin \omega t$ folgenden Verlauf aufweisen wird:

$$i = \frac{U_0}{R^2 + \omega^2 L^2} [R \sin \omega t - \omega L \cos \omega t] = \frac{U_0}{\sqrt{R^2 + \omega^2 L^2}} \sin (\omega t - \varphi), \tag{1}$$

wobei

$$\varphi = \operatorname{arc} \tan \frac{\omega L}{R}. \tag{2}$$

Kennen wir die Ströme, die durch rein sinusförmige Spannungen verschiedener Frequenzen hervorgerufen wurden, so können wir den zeitlichen Verlauf der gesuchten Größe unter der Wirkung einer beliebigen periodischen oder nichtperiodischen Spannung folgendermaßen bestimmen. Alle periodischen Funktionen — die gewissen mathematischen Bedingungen genügen — können in Fourier-Reihen entwickelt werden. Wir können also diese als Summe diskreter, rein sinus- und cosinusförmiger Schwingungen von ganz bestimmter Frequenz darstellen. Sei die Periode der Funktion T, so treten die Grundschwingung der Frequenz $\omega_1 = 2\pi/T$ sowie allgemein harmonische Oberschwingungen der Frequenz $\omega_2 = 2\omega_1, \omega_3 = 3\omega_1, \ldots, \omega_n = n\omega_1, \ldots$ auf. Es ist also verständlich, daß bei Kenntnis des zeitlichen Verlaufes der gesuchten Größe für jede einzelne harmonische Oberschwingung dann auch der zeitliche Verlauf ihrer Summe für den Fall einer beliebigen periodischen Erregung bekannt ist.

Aus dieser Tatsache allein können wir bei der Behandlung der Einschalterscheinungen noch nicht viel Nutzen ziehen, doch können wir auch hier auf diesem Weg zu einer Lösung kommen. Vergrößern wir die Periode einer beliebigen periodischen Funktion immer mehr, so gelangen wir zu den nichtperiodischen Funktionen. Es kann gleichfalls mathematisch bewiesen werden, daß ebenso wie eine periodische Funktion als Summe von Sinusschwingungen diskreter Frequenz und verschiedener Amplituden dargestellt werden kann, auch eine nichtperiodische Funktion als Integral solcher Sinusschwingungen darstellbar ist, die eine stetig veränderliche Schwingungszahl und eine sich stetig ändernde Amplitudendichte besitzen. Die periodischen Funktionen besitzen also ein diskretes Frequenzspektrum. Das Frequenzspektrum der nichtperiodischen Funktionen ist dagegen kontinuierlich, entweder von Null bis zum Unendlichen oder nur in einem bestimmten Bereich. Gelingt es uns in dieser Weise, eine beliebige nichtperiodische Funktion, wie z. B. die bei der Einschaltaufgabe auftretende Spannung, durch ein Fourier-Integral darzustellen, d. h., können wir angeben, welche Sinusschwingungen mit welchen Amplituden in dieser Funktion auftreten, so können wir bei Kenntnis des zeitlichen Verlaufes unserer Größe unter dem Einfluß der rein sinusförmigen Spannungen sogleich auch den zeitlichen Verlauf derselben Größe unter dem Einfluß einer beliebig veränderlichen Spannung angeben. Nachstehend werden wir das vorher Gesagte quantitativ durchführen.

Wir wissen also, daß die Fourier-Reihe einer periodischen Funktion mit der Periode T in dem Intervall $-T/2 < t < T/2$

$$\begin{aligned} f(t) &= A_0 + A_1 \cos \frac{2\pi}{T} t + A_2 \cos 2 \frac{2\pi}{T} t + \cdots + A_n \cos n \frac{2\pi}{T} t + \cdots \\ &\quad + B_1 \sin \frac{2\pi}{T} t + B_2 \sin 2 \frac{2\pi}{T} t + \cdots + B_n \sin n \frac{2\pi}{T} t + \cdots \\ &= \sum_{n=0}^{\infty} \left(A_n \cos n \frac{2\pi}{T} t + B_n \sin n \frac{2\pi}{T} t \right) = \sum_{n=0}^{\infty} (A_n \cos n\, \omega_1 t + B_n \sin n\, \omega_1 t) \end{aligned} \tag{3}$$

ist, wobei die einzelnen Koeffizienten auf folgende Weise bestimmt werden können:

$$A_n = \frac{2}{T} \int_{-T/2}^{+T/2} f(t) \cos n \frac{2\pi}{T} t \, dt, \qquad n = 1, 2, 3, \ldots \tag{4}$$

$$B_n = \frac{2}{T} \int_{-T/2}^{+T/2} f(t) \sin n \frac{2\pi}{T} t \, dt, \qquad n = 1, 2, 3, \ldots \tag{5}$$

$$A_0 = \frac{1}{T} \int_{-T/2}^{+T/2} f(t) \, dt \qquad \text{und} \qquad \omega_1 = \frac{2\pi}{T}. \tag{6}$$

Für die nichtperiodischen Funktionen kann ganz analog folgende Zerlegung angegeben werden:

$$f(t) = \int_0^{\infty} a(\omega) \cos \omega t \, d\omega + \int_0^{\infty} b(\omega) \sin \omega t \, d\omega. \tag{7}$$

Dabei können für die Amplitudendichten $a(\omega)$ bzw. $b(\omega)$ entsprechend den bei der Fourier-Reihe gefundenen Formeln folgende Beziehungen aufgestellt werden:

$$a(\omega) = \frac{1}{\pi} \int_{-\infty}^{+\infty} f(u) \cos \omega u \, du; \qquad b(\omega) = \frac{1}{\pi} \int_{\infty}^{+\infty} f(u) \sin \omega u \, du. \tag{8}$$

Die Koeffizienten A_n und B_n bestimmen in der Fourier-Reihe die Amplitude der n-ten harmonischen Oberschwingung. Beim Fourier-Integral gibt $a(\omega)$ bzw. $b(\omega)$ nicht die zur Frequenz ω gehörende Amplitude, sondern nur die Amplitudendichte an, d. h. die auf das Einheitsfrequenzintervall entfallende Amplitude. Ist nämlich das Spektrum kontinuierlich, so kann eine Schwingung, die zu einer ganz bestimmten Frequenz gehört, keine endliche Amplitude besitzen, da in einer beliebigen Nähe dieser Frequenz auch unendlich viele andere Frequenzen auftreten und deren Amplituden in die Größenordnung der vorherigen fallen. Dadurch würde eine unendlich große Resultante erzeugt. Ein endlicher Amplitudenwert entspricht einem endlichen Frequenzband.

Wir können auch sagen, daß durch die Summe der Sinus- bzw. Cosinusschwingungen

$$a(\omega)\,\mathrm{d}\omega\cos\omega t \qquad \text{bzw.} \qquad b(\omega)\,\mathrm{d}\omega\sin\omega t \tag{9}$$

unsere nichtperiodische Funktion um so genauer dargestellt wird, je feiner wir die Unterteilung $\mathrm{d}\omega$ wählen.

Es ist üblich, die Fourier-Reihe bzw. das Fourier-Integral auch in komplexer Form zu schreiben. Nun drücken wir in Gl. (3) mit Hilfe der Eulerschen Relation die Sinus- und Cosinusfunktionen durch eine Exponentialfunktion aus:

$$f(t) = \sum_{n=0}^{\infty} A_n \frac{\mathrm{e}^{\mathrm{j}n\omega_1 t} + \mathrm{e}^{-\mathrm{j}n\omega_1 t}}{2} + \sum_{n=0}^{\infty} B_n \frac{\mathrm{e}^{\mathrm{j}n\omega_1 t} - \mathrm{e}^{-\mathrm{j}n\omega_1 t}}{2\mathrm{j}}. \tag{10}$$

Durch eine leichte Umformung wird

$$f(t) = \sum_{n=0}^{\infty} \left(\frac{A_n + \mathrm{j}B_n}{2}\,\mathrm{e}^{-\mathrm{j}n\omega_1 t} + \frac{A_n - \mathrm{j}B_n}{2}\,\mathrm{e}^{\mathrm{j}n\omega_1 t} \right). \tag{11}$$

Führen wir nun die Bezeichnung

$$\frac{A_n - \mathrm{j}B_n}{2} = C_n, \tag{12}$$

$$\frac{A_n + \mathrm{j}B_n}{2} = C_{-n} = C_n^*; \qquad \operatorname{Re} C_n = \frac{A_n}{2}; \qquad \operatorname{Im} C_n = -\frac{B_n}{2} \tag{13}$$

ein, so kann obige Gleichung auch in der Form

$$f(t) = \sum_{n=-\infty}^{+\infty} C_n\,\mathrm{e}^{\mathrm{j}n\omega_1 t} \tag{14}$$

geschrieben werden.

Kennen wir die Funktion $f(t)$, so können die komplexen Koeffizienten C_n unmittelbar gefunden werden: Multiplizieren wir die zweite Gleichung der Gleichungsgruppe (4), (5) mit $\pm$j und addieren wir diese zur ersten, so sehen wir sogleich, daß

$$C_n = \frac{1}{T} \int_{-T/2}^{+T/2} f(u)\, \mathrm{e}^{-\mathrm{j}n\frac{2\pi}{T}u}\, \mathrm{d}u = \frac{\omega_1}{2\pi} \int_{-T/2}^{+T/2} f(u)\, \mathrm{e}^{-\mathrm{j}n\omega_1 u}\, \mathrm{d}u. \tag{15}$$

Zur komplexen Form der Fourier-Integrale gelangen wir folgendermaßen: Setzen wir den Wert von C_n in den Ausdruck (14) ein, so gilt

$$f(t) = \sum_{n=-\infty}^{+\infty} \frac{\omega_1}{2\pi} \int_{-T/2}^{+T/2} f(u)\, \mathrm{e}^{\mathrm{j}n\omega_1(t-u)}\, \mathrm{d}u. \tag{16}$$

Diese Darstellung gilt, wenn $f(t)$ periodisch ist. Wir suchen nun eine ähnliche Darstellung für den Fall, daß $f(t)$ nichtperiodisch ist. Wenn wir die Schwingungsdauer T über alle Grenzen erhöhen, so gelangen wir zu nichtperiodischen Funktionen. Es sei nun T sehr groß. Die Grundfrequenz ist dann sehr klein, und wir bezeichnen sie mit $\mathrm{d}\omega$. Mit dieser Bezeichnung wird

$$f(t) = \frac{1}{2\pi} \sum_{n=-\infty}^{+\infty} \mathrm{d}\omega \int_{-T/2}^{+T/2} f(u)\, \mathrm{e}^{\mathrm{j}n\mathrm{d}\omega(t-u)}\, \mathrm{d}u. \tag{17}$$

Dieser Ausdruck kann folgendermaßen gedeutet werden: Nehmen wir einen ganz bestimmten Zeitpunkt t an, so ist der Wert des Integrals nur von der Größe $n\,\mathrm{d}\omega$ abhängig. Nun wählen wir eine ω-Achse und bezeichnen auf dieser der Reihe nach die Punkte $\mathrm{d}\omega$, $2\mathrm{d}\omega$, $\ldots$, $n\,\mathrm{d}\omega = \omega$. Dann bestimmen wir in diesen Punkten die Funktion

$$\int_{-T/2}^{+T/2} f(u)\, \mathrm{e}^{\mathrm{j}\omega(t-u)}\, \mathrm{d}u \equiv \varphi(\omega, t) \tag{18}$$

(wobei t die Rolle des Parameters spielt). Die Summe

$$\sum_{n=-\infty}^{+\infty} \mathrm{d}\omega\varphi(\omega, t)$$

wird nun um so genauer durch das Integral angenähert, je feiner die Unterteilung $\mathrm{d}\omega$ ist, je größer also die Periode T wird. Für den Grenzfall $T \to \infty$, d. h., wenn $f(t)$ nichtperiodisch ist, gilt

$$f(t) = \frac{1}{2\pi} \int_{-\infty}^{+\infty} \left(\int_{-\infty}^{+\infty} f(u)\, \mathrm{e}^{\mathrm{j}\omega(t-u)}\, \mathrm{d}u \right) \mathrm{d}\omega. \tag{19}$$

An Hand eines speziellen Beispieles werden wir noch eingehend zeigen, wie die Grundfrequenz mit der Erhöhung der Schwingungsdauer abnimmt, wie sich die auftretenden Frequenzen entsprechend verdichten, bis wir schließlich zu einem stetigen Frequenzspektrum gelangen.

Der Ausdruck (19) kann noch umgeformt werden:

$$f(t) = \frac{1}{2\pi} \int_{-\infty}^{+\infty} \left[\int_{-\infty}^{+\infty} f(u)\, e^{-j\omega u}\, du \right] e^{j\omega t}\, d\omega . \tag{20}$$

Führen wir die komplexe Amplitudendichte oder das komplexe Spektrum durch die Beziehung

$$S(\omega) = \frac{1}{2\pi} \int_{-\infty}^{+\infty} f(u)\, e^{-j\omega u}\, du \tag{21}$$

ein, dann können wir die Funktion $f(t)$ auch folgendermaßen schreiben:

$$f(t) = \int_{-\infty}^{+\infty} S(\omega)\, e^{j\omega t}\, d\omega . \tag{22}$$

Von der Beziehung (20) können wir zum reellen Fourier-Integral übergehen:

$$f(t) = \frac{1}{2\pi} \int_{-\infty}^{+\infty} \int_{-\infty}^{+\infty} f(u)\, e^{j\omega(t-u)}\, du\, d\omega ; \tag{23}$$

$$f(t) = \frac{1}{2\pi} \int_{-\infty}^{+\infty} \int_{-\infty}^{+\infty} f(u) \cos \omega(t-u)\, du\, d\omega + \frac{j}{2\pi} \int_{-\infty}^{+\infty} \int_{-\infty}^{+\infty} f(u) \sin \omega(t-u)\, du\, d\omega . \tag{24}$$

Da nun

$$\int_{-\infty}^{+\infty} f(u) \cos \omega(t-u)\, du = \int_{-\infty}^{+\infty} f(u) \cos(-\omega[t-u])\, du , \tag{25}$$

$$\int_{-\infty}^{+\infty} f(u) \sin \omega(t-u)\, du = - \int_{-\infty}^{+\infty} f(u) \sin(-\omega[t-u])\, du , \tag{26}$$

ist das erste Integral der Gl. (24) als Funktion von ω gerade, das zweite hingegen ungerade, d. h., das Integral des letzteren ergibt von $-\infty$ bis $+\infty$ Null, während für das erste

$$\int_{-\infty}^{+\infty} \int_{-\infty}^{+\infty} f(u) \cos \omega(t-u)\, du\, d\omega = 2 \int_{0}^{\infty} \int_{-\infty}^{+\infty} \cos \omega(t-u)\, du\, d\omega \tag{27}$$

gilt. Somit wird das Endergebnis lauten

$$f(t) = \frac{1}{\pi} \int\limits_0^{\infty} \int\limits_{-\infty}^{+\infty} f(u) \cos \omega(t-u) \, du \, d\omega. \tag{28}$$

Nun können wir leicht wieder zur Gl. (7) kommen, wenn wir den Ausdruck $\cos \omega(t-u)$ einsetzen:

$$f(t) = \frac{1}{\pi} \int\limits_0^{\infty} \int\limits_{-\infty}^{+\infty} f(u) \cos \omega u \cos \omega t \, du \, d\omega + \frac{1}{\pi} \int\limits_0^{\infty} \int\limits_{-\infty}^{+\infty} f(u) \sin \omega u \sin \omega t \, du \, d\omega. \tag{29}$$

Daraus ist sofort der Wert von $a(\omega)$ bzw. $b(\omega)$ abzulesen. Aus der Beziehung (21) kann man auch ersehen, daß zwischen dem Real- und Imaginärteil eines komplexen Spektrums sowie den vorher eingeführten Funktionen $a(\omega)$ und $b(\omega)$ folgende Beziehung gilt:

$$\operatorname{Re} S(\omega) = \frac{1}{2} a(\omega), \tag{30}$$

$$\operatorname{Im} S(\omega) = -\frac{1}{2} b(\omega), \tag{31}$$

also

$$S(\omega) = \frac{a(\omega)}{2} - \mathrm{j} \frac{b(\omega)}{2}. \tag{32}$$

Kennen wir die Amplitudendichten $a(\omega)$ bzw. $b(\omega)$, so sind wir in der Lage, die in Wärme umgewandelte Gesamtleistung in dem vom Strom $i(t)$ durchflossenen Leiter leicht zu berechnen. Es ist

$$i(t) = \int\limits_0^{\infty} a(\omega) \cos \omega t \, d\omega + \int\limits_0^{\infty} b(\omega) \sin \omega t \, d\omega. \tag{33}$$

Die Arbeit oder Energie ist dem Zeitintegral des Stromquadrats proportional. Dessen Wert aber beträgt

$$\begin{aligned} \int\limits_{-\infty}^{+\infty} i^2(t) \, dt &= \int\limits_{-\infty}^{+\infty} i(t) \left[\int\limits_0^{\infty} a(\omega) \cos \omega t \, d\omega \right] dt + \int\limits_{-\infty}^{+\infty} i(t) \left[\int\limits_0^{\infty} b(\omega) \sin \omega t \, d\omega \right] dt \\ &= \int\limits_0^{\infty} a(\omega) \int\limits_{-\infty}^{+\infty} i(t) \cos \omega t \, dt \, d\omega + \int\limits_0^{\infty} b(\omega) \int\limits_{-\infty}^{\infty} i(t) \sin \omega t \, dt \, d\omega. \end{aligned} \tag{34}$$

Hingegen ist

$$\int_{-\infty}^{+\infty} i(t) \cos \omega t \, dt = \pi a(\omega) , \tag{35}$$

$$\int_{-\infty}^{+\infty} i(t) \sin \omega t \, dt = \pi b(\omega) . \tag{36}$$

Als Endergebnis finden wir also

$$\int_{-\infty}^{+\infty} i^2(t) \, dt = \pi \int_{0}^{\infty} [a^2(\omega) + b^2(\omega)] \, d\omega . \tag{37}$$

3.5.2. Das Fourier-Integral der Sprungfunktion $1(t)$

Nachstehend wollen wir die Funktion $1(t)$ durch ein Fourier-Integral darstellen. Wir können jedoch nicht die Endformel (8) anwenden, da deren Anwendbarkeit in Verbindung mit der Funktion $f(t)$ von Bedingungen abhängt, die von der Funktion $1(t)$ nicht erfüllt werden. Es muß nämlich $f(t)$ absolut integrierbar, d. h.

$$\int_{-\infty}^{+\infty} |f(t)| \, dt < k$$

sein. Wir werden die Fourier-Reihe der in Abb. 3.57 dargestellten periodischen Funktion berechnen. Kennen wir sie, so können wir die Fourier-Reihe der in Abb. 3.58 angegebenen Funktion leicht bestimmen. Erhöhen wir dann deren Periode über alle Grenzen, so erhalten wir das Fourier-Integral der Funktion gemäß Abb. 3.49. Da unsere Funktion $f_1(t)$ eine ungerade Funktion ist, werden in ihrer Fourier-Reihe die Werte sämtlicher Faktoren A_n Null sein. Gleichzeitig gilt

$$\begin{aligned} B_n &= \frac{2}{T} \int_0^T f_1(t) \sin n \frac{2\pi}{T} t \, dt = \frac{4}{T} \int_0^{T/2} \sin n \frac{2\pi}{T} t \, dt \\ &= -\frac{4}{T} \left[\frac{T}{2\pi n} \cos n \frac{2\pi}{T} t \right]_0^{T/2} = -\frac{4}{T} \frac{T}{2\pi n} [\cos n\pi - 1] \\ &= \begin{cases} \dfrac{4}{\pi} \dfrac{1}{n}, & n = 2\nu + 1 , \\ 0, & n = 2\nu . \end{cases} \end{aligned} \tag{38}$$

Also ist

$$B_{2\nu+1} = \frac{4}{\pi}\,\frac{1}{2\nu+1},$$

und $B_{2\nu}$ ist 0. Mithin lautet also die Fourier-Reihe der in Abb. 3.57 dargestellten Funktion

$$f_1(t) = \frac{4}{\pi}\left[\sin\omega_1 t + \frac{1}{3}\sin 3\omega_1 t + \cdots + \frac{1}{2\nu+1}\sin(2\nu+1)\,\omega_1 t + \cdots\right]. \tag{39}$$

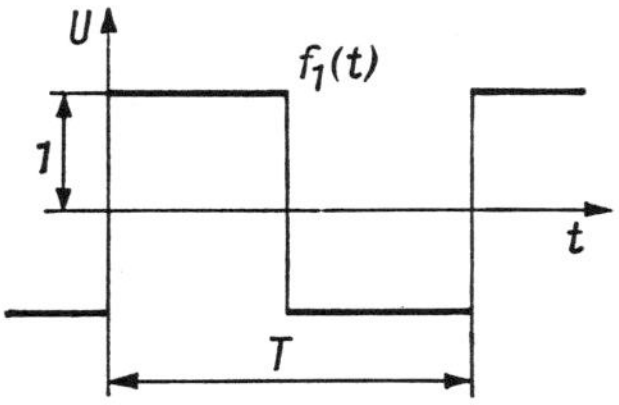

Abb. 3.57 Unsere Ausgangsfunktion zur Herleitung des Fourierschen Integrals des Einheitssprunges

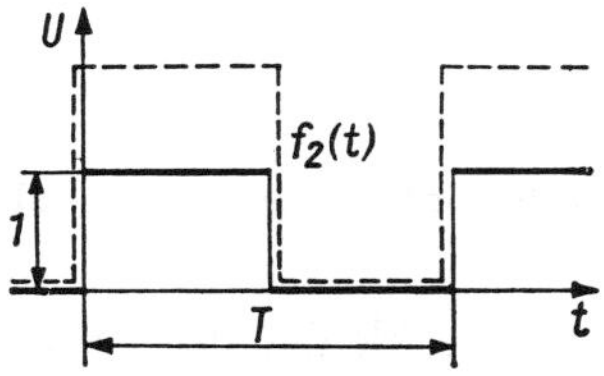

Abb. 3.58 Die Ordinatenwerte der in Abb. 3.57 angegebenen Funktion wurden um eine Einheit erhöht (gestrichelte Linie) und sämtliche Ordinatenwerte danach halbiert

Die Funktion $f_2(t)$ erhalten wir aus der Funktion $f_1(t)$, wenn wir die letztere um eine Einheit erhöhen und dann die Hälfte aller Amplituden betrachten. Entsprechend wird die Fourier-Reihe dieser Funktion

$$f_2(t) = \frac{1}{2}\,[1 + f_1(t)] = \frac{1}{2} + \frac{2}{\pi}\sum_{\nu=0}^{\infty}\frac{\sin(2\nu+1)\,\omega_1 t}{2\nu+1}. \tag{40}$$

Nun führen wir mit Hilfe der Gleichung

$$(2\nu+1)\,\omega_1 = \omega; \qquad \frac{1}{2\nu+1} = \frac{\omega_1}{\omega} \tag{41}$$

eine neue Veränderliche ω ein. Damit wird unsere Funktion zu

$$f_2(t) = \frac{1}{2} + \frac{2}{\pi}\sum_{\omega=\omega_1}^{\infty}\frac{\sin\omega t}{\omega}\,\omega_1. \tag{42}$$

Tragen wir die Funktion $(\sin \omega t)/\omega$ gemäß Abb. 3.59 für einen beliebigen t-Wert auf, so wird der Wert des Ausdruckes

$$2 \sum_{\omega=\omega_1}^{\infty} \frac{\sin \omega t}{\omega} \omega_1, \tag{43}$$

wie aus der Abbildung ersichtlich, gerade jene Fläche sein, welche der durch diese Kurve und die ω-Achse eingeschlossenen Fläche angenähert ist. Wir müssen bei den Abszissenwerten ω_1, $3\omega_1$, $5\omega_1$ usw. das Produkt $\frac{2 \sin \omega t}{\omega} \omega_1$ bilden; dabei sind sämtliche Glieder dieser Summe solche kleinen Rechtecke, deren Grundlinien $2\omega_1$ und deren Höhen $(\sin \omega t)/\omega$ sind. Die Summe dieser Flächen ist also um so genauer gleich jener Fläche, welche unter der Kurve liegt und durch den Ausdruck

$$\int_0^{\infty} \frac{\sin \omega t}{\omega} \mathrm{d}\omega \tag{44}$$

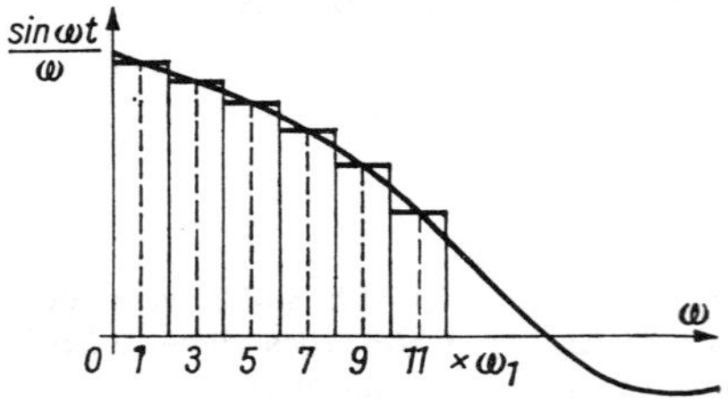

Abb. 3.59 Geometrische Bedeutung der Gl. (43)

gewonnen werden kann, je feiner die Unterteilung ist, also je kleiner die Grundfrequenz ω_1 wird, was gleichzeitig auch bedeutet, daß die Periode groß ist. Wenn es sich um eine sehr große Periode handelt, d. h., wenn wir gerade unsere gesuchte Funktion $1(t)$ erhalten, so stimmt der Wert dieser Summe mit der Fläche genau überein. Wir können also schreiben:

$$1(t) = \frac{1}{2} + \frac{1}{\pi} \int_0^{\infty} \frac{\sin \omega t}{\omega} \mathrm{d}\omega. \tag{45}$$

Damit haben wir das Fourier-Integral des Einheitssprunges gefunden. Seine Amplitudendichte beträgt

$$b(\omega) = \frac{1}{\pi\omega}; \tag{46}$$

$a(\omega) = \delta(\omega)$ wegen

$$\int_0^{\infty} \delta(\omega) \cos \omega t \,\mathrm{d}\omega = \frac{1}{2} \int_{-\infty}^{+\infty} \delta(\omega) \cos \omega t \,\mathrm{d}\omega = \frac{1}{2} \cos 0 \int_{-\infty}^{+\infty} \delta(\omega) \,\mathrm{d}\omega = \frac{1}{2}.$$

$b(\omega)$ ist in Abb. 3.60 dargestellt. Dort kann abgelesen werden, daß im Spektrum des Einheitssprunges von Null bis Unendlich alle Frequenzen auftreten, wenn auch nicht alle mit der gleichen Intensität: Mit zunehmender Frequenz nimmt die Amplitudendichte ab. Der Gleichstromanteil ist durch eine unendlich große Amplitudendichte vertreten.

Wissen wir jetzt von einem beliebigen Zweig eines linearen Netzes, daß darin unter dem Einfluß einer reinen Sinusspannung $u = U_0 \sin \omega t$ ein um $\varphi(\omega)$ phasenverschobener Strom mit der Amplitude $I_0 = \frac{U_0}{|Z(j\omega)|}$ fließt (wobei $Z(j\omega)$ der

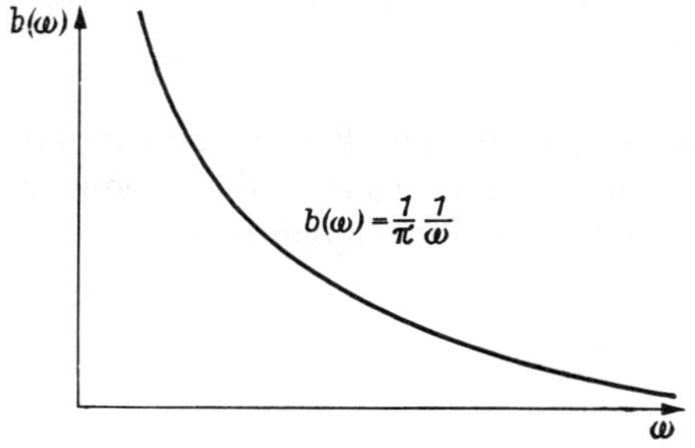

Abb. 3.60
Amplitudendichte des Einheitssprunges

komplexe Widerstand ist und sowohl Z als auch φ von der Frequenz abhängig sind), so können wir diese Tatsache einfach durch die Schreibweise

$$U_0 \sin \omega t \to \frac{U_0}{|Z(j\omega)|} \sin [\omega t - \varphi(\omega)] \tag{47}$$

darstellen und weiterhin schreiben, daß

$$\frac{1}{\pi} \frac{d\omega}{\omega} \sin \omega t \to \frac{1}{\pi} \frac{d\omega}{\omega} \frac{1}{|Z(j\omega)|} \sin [\omega t - \varphi(\omega)]. \tag{48}$$

Mithin ist der Verlauf der Stromstärke unter dem Einfluß des Einheitssprunges gegeben durch

$$i(t) = \frac{1}{2} \frac{1}{|Z(0)|} + \frac{1}{\pi} \int_0^\infty \frac{\sin [\omega t - \varphi(\omega)]}{\omega \, |Z(j\omega)|} \, d\omega. \tag{49}$$

Wir können dies auch allgemeiner formulieren, wenn wir wissen, daß

$$U_0 \sin \omega t \to \frac{U_0}{|Z(j\omega)|} \sin [\omega t - \varphi(\omega)] \tag{50}$$

und

$$U_0 \cos \omega t \to \frac{U_0}{|Z(j\omega)|} \cos [\omega t - \varphi(\omega)]. \tag{51}$$

Kennen wir außerdem die Amplitudendichten $a(\omega)$ und $b(\omega)$ einer beliebigen nichtperiodischen Spannung, so hat der zeitliche Verlauf der Stromstärke unter dem Einfluß dieser beliebigen Spannung die Form

$$i(t) = \int_0^\infty \frac{a(\omega)}{|Z(j\omega)|} \cos [\omega t - \varphi(\omega)]\, d\omega + \int_0^\infty \frac{b(\omega)}{|Z(j\omega)|} \sin [\omega t - \varphi(\omega)]\, d\omega. \tag{52}$$

Wir sehen also, welche Bedeutung der Kenntnis des stetigen Frequenzspektrums einer beliebigen Spannung zukommt. Deshalb wollen wir im folgenden das Frequenzspektrum einiger in der Praxis häufig vorkommenden Zeitfunktionen berechnen.

3.5.3. Das Fourier-Integral einiger praktisch wichtiger Funktionen

Der in Abb. 3.61a dargestellte Impuls kann aus einer im Zeitpunkt $t = -\tau/2$ eingeschalteten Sprungspannung und aus einer im Zeitpunkt $t = +\tau/2$ eingeschalteten

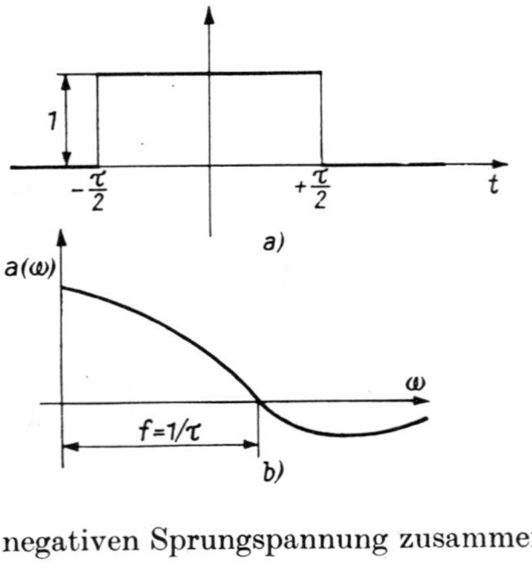

Abb. 3.61 a) Gleichstromimpuls.
b) Amplitudendichte des Gleichstromimpulses

negativen Sprungspannung zusammengesetzt werden. Dementsprechend wird

$$d(t) = 1\left(t + \frac{\tau}{2}\right) - 1\left(t - \frac{\tau}{2}\right). \tag{53}$$

Setzen wir hierin das vorher erhaltene Fourier-Integral der Funktion $1(t)$ ein, so gilt

$$d(t) = \frac{1}{\pi} \int_0^\infty \frac{\sin \omega \left(t + \frac{\tau}{2}\right) - \sin \omega \left(t - \frac{\tau}{2}\right)}{\omega} \, d\omega = \frac{2}{\pi} \int_0^\infty \frac{\sin \omega \frac{\tau}{2} \cos \omega t}{\omega} \, d\omega. \quad (54)$$

Hieraus können wir entnehmen, daß die Amplitudendichte eines Impulses der Dauer τ

$$a(\omega) = \frac{2}{\pi} \frac{\sin \omega \frac{\tau}{2}}{\omega} \quad (55)$$

ist. Deren Bild können wir in Abb. 3.61b betrachten. Wir sehen, daß von Null bis Unendlich sämtliche Frequenzen, mit Ausnahme einiger diskreter Frequenzwerte, auftreten. Die größten Amplituden sind jedoch in dem Intervall aufzufinden, das zwischen Null und dem durch die Beziehung

$$\omega \frac{\tau}{2} = \pi \quad \text{bzw.} \quad 2\pi f \frac{\tau}{2} = \pi \quad \text{bzw.} \quad f\tau = 1 \quad (56)$$

bestimmten Wert liegt. Die außerhalb dieses Intervalls liegenden Frequenzen können vernachlässigt werden. Entsprechend wird die Bandbreite

$$\Delta f = \frac{1}{\tau}. \quad (57)$$

Je kürzer also der untersuchte Impuls ist, um so größer wird die Bandbreite, es treten also um so größere Frequenzen beim Aufbau des Impulses auf. Dies bedeutet z. B., wenn wir mit einem Apparat einen Gleichstromimpuls von 1/1000 Sekunde Dauer empfangen wollen, daß dieser Apparat in der Lage sein muß, alle Frequenzen zwischen Null und $\frac{1}{1/1000} = 1000 \text{ s}^{-1}$ zu empfangen.

Ein endlicher Sinusverlauf wird mit Hilfe der allgemeinen Methode gelöst (Abb. 3.62a).

$$a(\omega) = \frac{1}{\pi} \int_{-\infty}^{+\infty} f(u) \cos \omega u \, du = \frac{1}{\pi} \int_{-\tau/2}^{+\tau/2} \cos \omega_0 u \cos \omega u \, du, \quad (58)$$

$$b(\omega) = \frac{1}{\pi} \int_{-\tau/2}^{+\tau/2} \cos \omega_0 u \sin \omega u \, du. \quad (59)$$

Da der Cosinus eine gerade, der Sinus eine ungerade Funktion ist, wird der Wert von $b(\omega)$ gleich Null und der Wert der Funktion $a(\omega)$

$$a(\omega) = \frac{1}{\pi} \int\limits_{-\tau/2}^{+\tau/2} \cos \omega_0 u \cos \omega u \, du = \frac{1}{\pi} \int\limits_{0}^{\tau/2} [\cos (\omega + \omega_0) u + \cos (\omega - \omega_0) u] \, du$$

$$= \frac{1}{\pi} \frac{1}{\omega + \omega_0} [\sin (\omega + \omega_0) u]_0^{\tau/2} + \frac{1}{\pi} \frac{1}{\omega - \omega_0} [\sin (\omega - \omega_0) u]_0^{\tau/2}$$

$$= \frac{1}{\pi} \frac{\sin (\omega + \omega_0) \frac{\tau}{2}}{\omega + \omega_0} + \frac{1}{\pi} \frac{\sin (\omega - \omega_0) \frac{\tau}{2}}{\omega - \omega_0}. \tag{60}$$

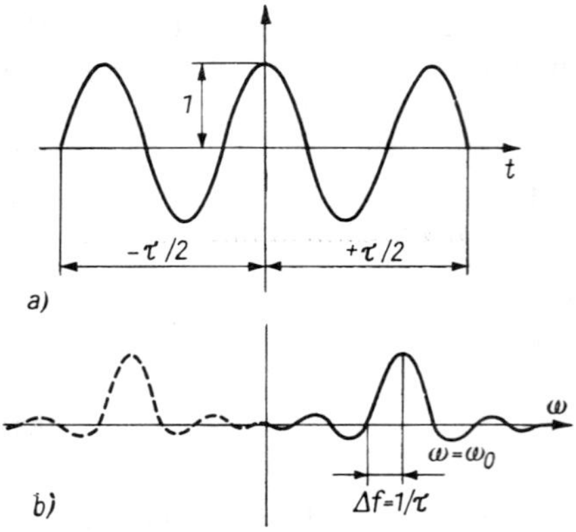

Abb. 3.62 a) Wellenzug endlicher Länge. b) Amplitudendichte des Wellenzuges endlicher Länge

Hieraus folgt, daß wir dieselbe Amplitudendichteverteilung wie im Fall des Gleichstromimpulses bekommen, jetzt jedoch nicht in der Umgebung der Nullfrequenz, sondern in der Umgebung von $\omega = \omega_0$ bzw. in der von $\omega = -\omega_0$ (Abb. 3.62b).

Für die Hälfte der Bandbreite können wir auch hier behaupten, daß

$$2\pi \Delta f \frac{\tau}{2} = \pi; \quad \Delta f \tau = 1; \quad \Delta f = \frac{1}{\tau}. \tag{61}$$

Je länger also ein Wellenzug dauert, um so schmaler wird das Band, um so mehr dominiert die Frequenz ω_0. Im Fall eines unendlich langen Wellenzuges schrumpft das Frequenzband auf die Frequenz $\omega = \omega_0$ zusammen. Gleichzeitig wird das Frequenzband eines kurzen, nur aus einigen Wellen bestehenden Wellenverlaufes sehr breit sein. Es ist zu merken, daß bei der Darstellung der ursprünglichen Funktion die Integration im Frequenzbereich von 0 bis ∞ durchzuführen ist. Dementsprechend ist von der in der Umgebung der Frequenz $\omega = -\omega_0$ aufgetragenen Amplitudendichte kein Einfluß wahrzunehmen. Dieses Amplitudenspektrum kann bei einer kleinen Frequenz ω_0 oder bei einem kurzen Wellenverlauf derart flach und breit sein, daß es in den Bereich $\omega > 0$ übergehen kann. In solchen Fällen sind natürlich auch diese Werte zu berücksichtigen.

Schließlich behandeln wir noch das Spektrum der gedämpften Schwingungen mit Hilfe eines komplexen Fourier-Integrals. Es sei

$$f(t) = \begin{cases} 0, & t < 0; \\ U_0 \, e^{-\alpha t} \cos \omega_0 t, & t > 0. \end{cases} \tag{62}$$

Diese Gleichung kann auch als

$$f(t) = 1(t) \, U_0 \, e^{-\alpha t} \cos \omega_0 t, \tag{63}$$

dargestellt werden. In diesem Fall wird

$$\begin{aligned} S(\omega) &= \frac{1}{2\pi} \int_0^\infty U_0 \, e^{-\alpha u} \cos \omega_0 u \, e^{-j\omega u} \, du = \frac{U_0}{2\pi} \int_0^\infty e^{-(\alpha + j\omega)u} \cos \omega_0 u \, du \\ &= \frac{U_0}{2\pi} \frac{\alpha + j\omega}{(\alpha + j\omega)^2 + \omega_0^2} \\ &= \frac{U_0}{2\pi} \left[\frac{\alpha(\alpha^2 + \omega_0^2 - \omega^2) + 2\omega^2\alpha}{(\alpha^2 + \omega_0^2 - \omega^2)^2 + 4\omega^2\alpha^2} + j \, \frac{\omega(\alpha^2 + \omega_0^2 - \omega^2) - 2\omega\alpha^2}{(\alpha^2 + \omega_0^2 - \omega^2)^2 + 4\omega^2\alpha^2} \right]. \end{aligned} \tag{64}$$

Hierbei sind folgende Nebenfälle von Interesse:

a) $\alpha = 0$, $\omega_0 = 0$; dies ist der Fall des Einschaltens einer Gleichspannung:

$$S(\omega) = \frac{U_0}{2\pi} \frac{1}{j\omega}. \tag{65}$$

b) $\alpha = 0$, aber $\omega_0 \neq 0$; dies ist der Fall des Einschaltens eines ungedämpften Sinusverlaufes:

$$S(\omega) = \frac{U_0}{2\pi} \, j \, \frac{\omega}{\omega_0^2 - \omega^2}. \tag{66}$$

c) $\alpha \neq 0$, aber $\omega_0 = 0$; dies ist der Fall einer exponentiell abnehmenden Spannung:

$$S(\omega) = \frac{U_0}{2\pi} \left(\frac{\alpha}{\alpha^2 + \omega^2} - j \, \frac{\omega}{\alpha^2 + \omega^2} \right). \tag{67}$$

In den Fällen (a) und (b) sind die Funktionen nicht absolut integrierbar. Die Limesbildung im ω-Bereich kann nicht ohne weiteres vollzogen werden. Tatsächlich wird sich später herausstellen (im Fall (a) haben wir es schon gesehen), daß die richtigen Formeln wie folgt lauten ($U_0 = 1$):

$$S(\omega) = \frac{1}{2}\,\delta(\omega) + \frac{1}{2\pi j\omega}; \tag{65*}$$

$$S(\omega) = \frac{1}{4}\,\delta(\omega - \omega_0) + \frac{1}{2\pi}\,\frac{j\omega}{\omega_0^2 - \omega^2}. \tag{66*}$$

3.5.4. Die Fourier-Transformation

Es ist auch üblich, das komplexe Spektrum anstatt durch Gl. (21) in folgender Weise zu definieren:

$$F(j\omega) = \int_{-\infty}^{+\infty} f(t)\,e^{-j\omega t}\,dt. \tag{68}$$

Der Faktor $1/2\pi$ kommt jetzt in der Gleichung

$$f(t) = \frac{1}{2\pi}\int_{-\infty}^{+\infty} F(j\omega)\,e^{j\omega t}\,d\omega \qquad (F(j\omega) = 2\pi S(\omega)) \tag{69}$$

vor. Die auf solche Weise der Funktion $f(t)$ zugeordnete Funktion $F(j\omega)$ heißt die Fourier-Transformierte der Funktion $f(t)$, die Zuordnung selbst heißt Fourier-Transformation. Aus $F(j\omega)$ erhalten wir die Funktion $f(t)$ mit Hilfe der durch die folgende Gleichung definierten inversen Fourier-Transformation:

$$F(j\omega) = \mathscr{F} f(t); \qquad f(t) = \mathscr{F}^{-1} F(j\omega). \tag{70}$$

Die Fourier-Transformation hat einige aus der Definition folgende interessante Eigenschaften. Es ist nicht nötig, uns hier mit diesen Eigenschaften ausführlich zu beschäftigen, da, wie wir später sehen werden, ein enger Zusammenhang zwischen der Laplace-Transformation und der Fourier-Transformation besteht. Diese Eigenschaften werden dann in einem neuen Licht erscheinen. Wir erwähnen nur die folgenden. Es sei $\mathscr{F} f(t) = F(j\omega)$ bekannt; dann gelten die folgenden Gleichungen:

$$\mathscr{F} f(t - t_0) = F(j\omega)\,e^{-j\omega t_0}, \tag{71}$$

$$\mathscr{F} f(t)\,e^{j\omega_0 t} = F[j(\omega - \omega_0)], \tag{72}$$

$$\mathscr{F}\,\frac{d^n f}{dt^n} = (j\omega)^n\,F(j\omega). \tag{73}$$

Das Verhalten eines linearen Systems wird durch die Systemfunktion oder Transferfunktion

$$H(\mathrm{j}\omega) = A(\omega)\,\mathrm{e}^{-\mathrm{j}\Theta(\omega)} \tag{74}$$

beschrieben. Dies bedeutet soviel, daß die Antwortfunktion der Erregungsfunktion $K_0\,\mathrm{e}^{\mathrm{j}\omega t}$ durch den Ausdruck

$$K_0 H(\mathrm{j}\omega)\,\mathrm{e}^{\mathrm{j}\omega t} \tag{75}$$

erhalten werden kann. Es sei jetzt das Spektrum $F(\mathrm{j}\omega)$ der Erregungsfunktion $f(t)$ bekannt. Das bedeutet, daß die Antwortfunktion der Erregungsfunktion $\frac{1}{2\pi}\,F(\mathrm{j}\omega)\,\mathrm{d}\omega$ die folgende wird:

$$\mathrm{d}g(t) = \frac{1}{2\pi}\,F(\mathrm{j}\omega)\,\mathrm{d}\omega H(\mathrm{j}\omega)\,\mathrm{e}^{\mathrm{j}\omega t}. \tag{76}$$

Die volle Antwortfunktion lautet also

$$g(t) = \frac{1}{2\pi}\int\limits_{-\infty}^{+\infty} F(\mathrm{j}\omega)\,H(\mathrm{j}\omega)\,\mathrm{e}^{\mathrm{j}\omega t}\,\mathrm{d}\omega. \tag{77}$$

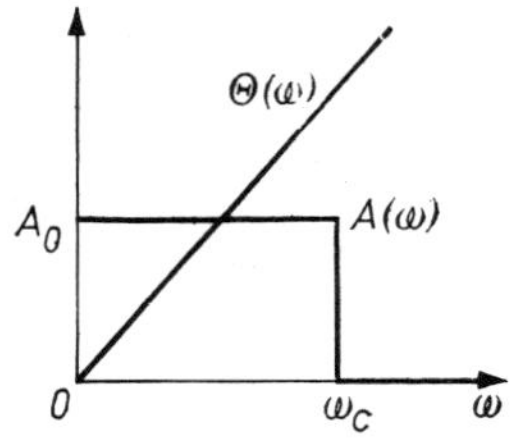

Abb. 3.63 Amplituden- und Phasencharakteristik einer idealen Siebschaltung

Es ist ersichtlich, daß das Spektrum der Antwortfunktion

$$G(\mathrm{j}\omega) = F(\mathrm{j}\omega)\,H(\mathrm{j}\omega) \tag{78}$$

wird. Man sieht leicht ein, daß das Spektrum der Diracschen Funktion $\mathscr{F}\delta(t) = 1$ ist. Es ist nämlich

$$\mathscr{F}\delta(t) = \int\limits_{-\infty}^{+\infty} \delta(t)\,\mathrm{e}^{-\mathrm{j}\omega t}\,\mathrm{d}t = (\mathrm{e}^{-\mathrm{j}\omega t})_{t=0}\int\limits_{-\infty}^{+\infty} \delta(t)\,\mathrm{d}t = 1. \tag{79}$$

Wenn aber $F(\mathrm{j}\omega) = 1$ ist, wird das Spektrum der Antwort mit der Systemfunktion nach Gl. (78) identisch. Die Systemfunktion ist also nichts anderes als die Fourier-Transformierte der Antwortfunktion der Dirac-Funktion, d. h. die Fourier-Transformierte der Gewichtsfunktion:

$$\mathscr{F}h(t) \equiv H(\mathrm{j}\omega). \tag{80}$$

Als Beispiel untersuchen wir eine ideale Siebschaltung, deren Charakteristiken in Abb. 3.63 zu sehen sind. Die Systemfunktion wird also

$$H(\mathrm{j}\omega) = A(\omega)\,\mathrm{e}^{-\mathrm{j}\Theta(\omega)}, \tag{81}$$

wobei

$$A(\omega) = \begin{cases} A_0, & \text{wenn} \quad |\omega| < \omega_c, \\ 0, & \text{wenn} \quad |\omega| > \omega_c; \end{cases} \tag{82}$$

weiter gilt

$$\Theta(\omega) = \omega t_0 . \tag{83}$$

Die Gewichtsfunktion wird durch die inverse Fourier-Transformierte der Systemfunktion $H(\mathrm{j}\omega)$ gegeben. In unserem Fall wird also:

$$h(t) = \frac{1}{2\pi} \int\limits_{-\infty}^{+\infty} A(\omega)\, \mathrm{e}^{-\mathrm{j}\omega t_0} \mathrm{e}^{\mathrm{j}\omega t}\, \mathrm{d}\omega = \frac{1}{2\pi} \int\limits_{-\omega_c}^{+\omega_c} A_0\, \mathrm{e}^{\mathrm{j}\omega(t-t_0)}\, \mathrm{d}\omega . \tag{84}$$

Das Endresultat kann explizit angegeben werden:

$$h(t) = \frac{A_0 \sin \omega_c(t - t_0)}{\pi(t - t_0)} . \tag{85}$$

Die Übergangsfunktion ergibt sich nach Gl. (65*) und (69) zu

$$y(t) = \frac{1}{2\pi} \int\limits_{-\omega_c}^{+\omega_c} \left(\pi\delta(\omega) + \frac{1}{\mathrm{j}\omega}\right) A_0\, \mathrm{e}^{-\mathrm{j}\omega t_0}\, \mathrm{e}^{\mathrm{j}\omega t}\, \mathrm{d}\omega . \tag{86}$$

Unter Benutzung der Beziehungen

$$\int\limits_{-\omega_c}^{+\omega_c} = \int\limits_{-\omega_c}^{0} + \int\limits_{0}^{\omega_c} \quad \text{und} \quad \int\limits_{-\omega_c}^{0} = -\int\limits_{0}^{-\omega_c} = -\int\limits_{0}^{+\omega_c} \frac{\mathrm{e}^{-\mathrm{j}\omega(t-t_0)}}{-\mathrm{j}\omega}\, \mathrm{d}(-\omega) \tag{87}$$

erhalten wir

$$y(t) = \frac{A_0}{2} + \frac{A_0}{\pi} \int\limits_{0}^{\omega_c(t-t_0)} \frac{\sin \omega(t - t_0)}{\omega(t - t_0)}\, \mathrm{d}\omega(t - t_0) . \tag{88}$$

Nach Definition der Funktion Si x (Integralsinus) wird aber

$$\mathrm{Si}\, x = \int\limits_{0}^{x} \frac{\sin z}{z}\, \mathrm{d}z .$$

Es wird endgültig

$$y(t) = \frac{A_0}{2} + \frac{A_0}{\pi} \mathrm{Si}\, \omega_c(t - t_0) . \tag{89}$$

Die Funktionen $y(t)$ und $h(t)$ sind in Abb. 3.64 und 3.65 zu sehen. Die Erregungsfunktionen $1(t)$ und $\delta(t)$ beginnen ihre Wirkung zur Zeit $t = 0$. Dagegen sehen wir aber, daß die Antwortfunktion schon vor diesem Zeitpunkt, also bereits bei $t < 0$, einen von Null abweichenden

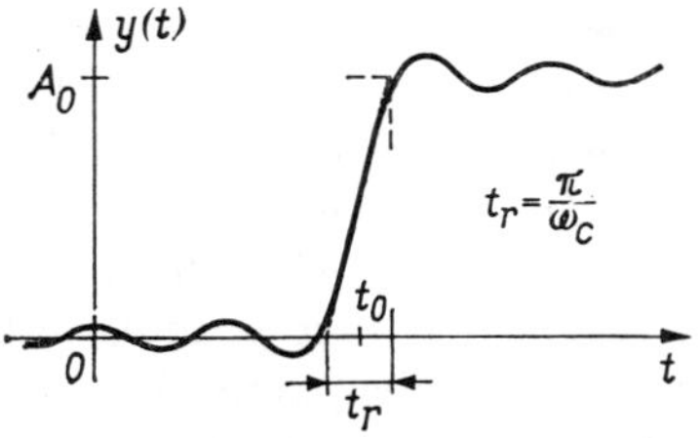

Abb. 3.64 Übergangsfunktion der Siebschaltung in Abb. 3.63

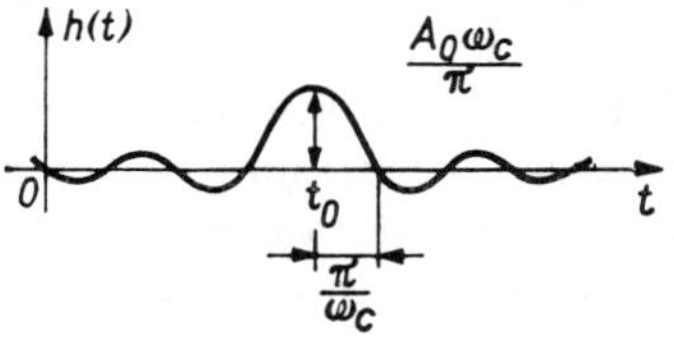

Abb. 3.65 Gewichtsfunktion der Siebschaltung in Abb. 3.63

Wert aufweist. Das ist physikalisch absurd. Das absurde Ergebnis folgt aus den absurden Annahmen: Eine Siebschaltung mit den angegebenen Charakteristiken ist nicht realisierbar; also können eine solche Schaltung und solche Charakteristiken nicht existieren.

3.6. Die Laplace-Transformation

Es sei eine Funktion $f(t)$ einer reellen Veränderlichen t gegeben. Diese Veränderliche wird bei uns in der Regel die Zeit sein. Die Funktion $f(t)$ selbst kann reell oder komplex sein. Der Wert dieser Funktion ist zur Zeit $t < 0$ im allgemeinen, aber nicht immer, gleich Null. Dies bedeutet z. B. physikalisch, daß wir die durch die Funktion $f(t)$ dargestellte Spannung im Zeitpunkt $t = 0$ an das Netz schalten. Unter der Laplace-Transformierten der so bestimmten Funktion $f(t)$ verstehen wir folgenden Ausdruck:

$$\mathscr{L}f(t) = F(p) = \int_0^\infty f(t)\, \mathrm{e}^{-pt}\, \mathrm{d}t, \tag{1}$$

wobei p eine komplexe Zahl ist. Das Integral bilden wir nach der Veränderlichen t. Dementsprechend ist die Laplace-Transformierte von $f(t)$ die Funktion $F(p)$, d. h. nur eine Funktion dieser komplexen Veränderlichen p. Der Realteil dieser komplexen Veränderlichen sei σ, der Imaginärteil τ:

$$p = \sigma + \mathrm{j}\tau. \tag{2}$$

Damit die Funktion $F(p)$ überhaupt existieren kann, ist es notwendig, daß das auf der rechten Seite stehende Integral existiert. Mit der Konvergenz dieses Integrals befassen wir uns nicht. Wir können jedoch sehen, daß der Absolutwert des Ausdruckes e^{-pt} im Unendlichen exponentiell verschwindet, wenn der reelle Teil der komplexen Zahl p positiv ist. Da die exponentielle Abnahme stärker ist als die Zunahme einer Potenz mit dem beliebig hohen, aber endlichen Exponenten n, existiert obige Funktion $F(p)$ bestimmt, wenn $f(t)$ gemäß t^n anwächst (wobei n eine beliebig große, aber endliche Zahl ist) oder wenn $f(t)$ zwar mit $e^{\alpha t}$ zunimmt, aber $\alpha < \sigma$ ist. Dies bedeutet, daß der die Zunahme bestimmende Faktor kleiner ist als der Realteil der komplexen Zahl p, welcher die Abnahme des hinter dem Integralzeichen stehenden zweiten Gliedes bestimmt. Auf Grund des bisher Gesagten können wir behaupten: Wenn der in Gl. (1) auftretende Integrand bei einem gegebenen Wert p_0 integriert werden kann, so kann er bei sämtlichen p-Werten integriert werden, deren Realteil größer als der des gegebenen p-Wertes ist. Rechts von der durch die Gleichung $\sigma = \sigma_0$ definierten Geraden kann also das Integral absolut integriert werden, und mithin existiert die Funktion $F(p)$. Dies bedeutet also auch, daß der Definitionsbereich der Funktion $F(p)$ eine unendliche Halbebene ist, die rechts von einer der imaginären Achse parallelen Geraden liegt. Es kann bewiesen werden, daß die Funktion $F(p)$ in dieser Halbebene überall differenzierbar ist, und zwar derart, daß wir die Differentiation nach p hinter dem Integralzeichen vornehmen können. Die Funktion ist also in dem so definierten Bereich regulär.

Um die Methode der Laplace-Transformation bei den einfachsten Problemen der Elektrotechnik anwenden und gleichzeitig auch die Notwendigkeit der Umkehrung dieser Transformation einsehen zu können, leiten wir einige elementare Eigenschaften dieser Transformation ab.

Ist die Funktion $f(t)$ identisch Null, so wird die Laplace-Transformierte ebenfalls Null, also $F(p) \equiv 0$, wovon man sich durch Einsetzen unmittelbar überzeugen kann.

Der Wert der Funktion $f(t)$ sei jetzt vom Zeitpunkt Null ab überall konstant und gleich Eins, d. h.: $f(t) \equiv 1$. In diesem Fall lautet die Laplace-Transformation

$$F(p) = \int_0^\infty 1 \cdot e^{-pt}\,dt = \frac{1}{p} \qquad (\mathrm{Re}\, p > 0). \tag{3}$$

Suchen wir nun die Laplace-Transformierte der Funktion

$$f(t) = e^{\alpha t}. \tag{4}$$

Durch Einsetzen in die ursprüngliche Definition erhalten wir

$$F(p) = \int_0^\infty e^{\alpha t}\, e^{-pt}\,dt = \int_0^\infty e^{-(p-\alpha)t}\,dt = \frac{-1}{p-\alpha}\,[e^{-(p-\alpha)t}]_0^\infty = \frac{1}{p-\alpha}, \tag{5}$$

wobei $\mathrm{Re}\, p > \mathrm{Re}\, \alpha$.

Wir setzen voraus, daß an der Stelle $t = \infty$ der Wert von $e^{-(p-\alpha)t}$ gleich Null ist. Dies trifft zu, wenn der Realteil von p schon größer als der Realteil der gegebenen Konstanten α ist.

Nehmen wir an, daß wir die Laplace-Transformierte von $f(t)$ kennen. Diese sei

$$\mathscr{L}f(t) = F(p). \tag{6}$$

Suchen wir die Laplace-Transformierte der nach der Zeit differenzierten Funktion $f(t)$. Wenn wir den Ausdruck $\mathrm{d}f/\mathrm{d}t$ in Gl. (1) einsetzen, wird

$$\mathscr{L}\,\frac{\mathrm{d}f}{\mathrm{d}t} = \int\limits_0^\infty \frac{\mathrm{d}f}{\mathrm{d}t}\,e^{-pt}\,\mathrm{d}t. \tag{7}$$

Nun integrieren wir die rechte Seite der Gleichung partiell:

$$\mathscr{L}\,\frac{\mathrm{d}f}{\mathrm{d}t} = [f(t)\,e^{-pt}]_0^\infty + p\int\limits_0^\infty f(t)\,e^{-pt}\,\mathrm{d}t = pF(p) - f(0). \tag{8}$$

Wie wir sehen, erhalten wir die Laplace-Transformierte der Ableitung einer Funktion, indem wir die Laplace-Transformierte der Funktion selbst mit p multiplizieren und von der so gewonnenen Funktion den Wert der Funktion $f(t)$ im Zeitnullpunkt subtrahieren. Ist der im Zeitpunkt Null angenommene Wert der Funktion $f(t)$ gleich Null, so ist das Ergebnis besonders einfach: Wir erhalten die Laplace-Transformierte der Ableitung, wenn wir die Laplace-Transformierte der Funktion mit p multiplizieren. Durch wiederholte Anwendung dieser Regel können wir die Transformierte einer Ableitung beliebiger Ordnung

$$\mathscr{L}\,\frac{\mathrm{d}^n f}{\mathrm{d}t^n} = p^n F(p) - p^{n-1}f'(0) - p^{n-2}f''(0) - \cdots - f^{(n-1)}(0) \tag{9}$$

erhalten, worin $f'(0), f''(0), \ldots, f^{(n-1)}(0)$ die im Zeitnullpunkt angenommenen Werte der nach der Zeit gebildeten Ableitungen entsprechender Ordnung von der Funktion $f(t)$ bedeuten.

Ermitteln wir die Laplace-Transformierte der Funktion

$$\Phi(t) = \int\limits_0^t f(\xi)\,\mathrm{d}\xi, \tag{10}$$

wenn wir die Laplace-Transformierte der Funktion $f(t)$ kennen. Es ist

$$\mathscr{L}f(t) = F(p). \tag{11}$$

Durch Einsetzen in die ursprüngliche Definitionsgleichung erhalten wir

$$\mathscr{L}\Phi(t) = \int\limits_0^\infty \Phi(t)\,e^{-pt}\,\mathrm{d}t. \tag{12}$$

Integrieren wir die rechte Seite partiell unter Einführung folgender Bezeichnungen:

$$u = \Phi(t) = \int_0^t f(\xi)\,\mathrm{d}\xi; \qquad v' = \mathrm{e}^{-pt},$$

so wird

$$u' = f(t); \qquad v = -\frac{\mathrm{e}^{-pt}}{p}.$$

Der Wert des Integrals beträgt also

$$\mathscr{L}\Phi(t) = \left[-\frac{\mathrm{e}^{-pt}}{p}\int_0^t f(\xi)\,\mathrm{d}\xi\right]_0^\infty + \frac{1}{p}\int_0^\infty f(t)\,\mathrm{e}^{-pt}\,\mathrm{d}t. \tag{13}$$

Das erste Glied der rechten Seite verschwindet sowohl an der unteren als auch an der oberen Grenze, und somit gelangen wir zu nachstehender Beziehung:

$$\mathscr{L}\int_0^t f(\xi)\,\mathrm{d}\xi = \frac{1}{p}\int_0^\infty f(t)\,\mathrm{e}^{-pt}\,\mathrm{d}t = \frac{1}{p}\,F(p). \tag{14}$$

Dies bedeutet also, daß wir die Laplace-Transformierte des Integrals einer beliebigen Funktion erhalten, wenn wir die Laplace-Transformierte der Funktion durch p teilen. Durch wiederholte Anwendung dieser Regel erhalten wir folgende Beziehung:

$$\mathscr{L}\left(\int_0^t \mathrm{d}\xi_1 \int_0^{\xi_1} \mathrm{d}\xi_2 \cdots \int_0^{\xi_{n-1}} f(\xi_n)\,\mathrm{d}\xi_n\right) = \frac{1}{p^n}\,F(p). \tag{15}$$

Das n-malige Integrieren im Bereich der Veränderlichen t entspricht also einer Division durch p^n im Bereich der Veränderlichen p.

3.7. Anwendung der Laplace-Transformation bei einfachen Stromkreisen

Mit Hilfe der Laplace-Transformation können im allgemeinen lineare Differentialgleichungen mit konstanten Koeffizienten sehr leicht gelöst werden. Unterziehen wir beide Seiten der Differentialgleichung einer Laplace-Transformation, so erhalten wir für die Laplace-Transformierte der zu bestimmenden Funktion eine gewöhnliche algebraische Gleichung. Dieses allgemeine Verfahren führen wir nun bei einigen speziellen Fällen an Hand konkreter Probleme der Elektrotechnik vor.

Zwischen der an den Klemmen eines Kondensators meßbaren Spannung und der Stromstärke gilt in einem ganz allgemeinen Fall die Beziehung

$$u_C = \frac{1}{C} \int_0^t i(\xi)\, \mathrm{d}\xi, \tag{1}$$

wenn $u_C(0) = 0$, also der Kondensator im Zeitpunkt $t = 0$ ungeladen war. Multiplizieren wir beide Seiten dieser Beziehung mit dem Ausdruck e^{-pt} und integrieren wir ebenfalls beide Seiten von Null bis Unendlich, so wird

$$\int_0^\infty u_C(t)\, \mathrm{e}^{-pt}\, \mathrm{d}t = \frac{1}{C} \int_0^\infty \left[\int_0^t i(\xi)\, \mathrm{d}\xi \right] \mathrm{e}^{-pt}\, \mathrm{d}t. \tag{2}$$

Dies bedeutet mit anderen Worten, daß wir die Laplace-Transformation auf beiden Gleichungsseiten anwenden. Entsprechend gilt also

$$U_C(p) = \frac{I(p)}{pC}. \tag{3}$$

Wir erhalten also die Laplace-Transformierte der Spannung, wenn wir die Laplace-Transformierte der Stromstärke mit dem Ausdruck $1/pC$ multiplizieren. Wenden wir nun die Laplace-Transformation auf die Beziehung zwischen dem an den beiden Enden einer Selbstinduktionsspule meßbaren Strom und der dort meßbaren Spannung

$$u_L(t) = L \frac{\mathrm{d}i}{\mathrm{d}t} \tag{4}$$

an, so gelangen wir zu dem Ausdruck

$$U_L(p) = pLI(p). \tag{5}$$

Wir müssen aber bemerken, daß diese Beziehung nur dann gilt, wenn der Wert der Stromstärke im Zeitpunkt Null gerade Null war. Es ist ohne weiteres klar, daß wir im Fall eines rein Ohmschen Widerstandes die Laplace-Transformierte der Stromstärke dadurch erhalten, daß wir die Laplace-Transformierte der Spannung durch den Ohmschen Widerstand dividieren. Aus den Gleichungen (3) bzw. (5) ersehen wir, daß im Bereich der Veränderlichen p zwischen der Stromstärke und der Spannung dieselbe Beziehung gilt wie im Bereich der Veränderlichen t zwischen den Amplituden rein sinusförmiger Ströme und Spannungen in komplexer Schreibweise. Somit können wir also die Ausdrücke $1/pC$ bzw. pL auch Operatorimpedanzen nennen und mit ihnen im Bereich der Veränderlichen p ebenso rechnen wie mit den Impedanzen $1/\mathrm{j}\omega C$ bzw. $\mathrm{j}\omega L$. So gelten z. B. die Kirchhoffschen Gesetze auch für diese, wie wir aus der Laplace-Transformation der im Bereich der Veränderlichen t aufgestellten Kirchhoffschen Sätze schließen können. Entsprechend ist die Berechnungsart der in Reihe bzw. parallelgeschalteten Operatorimpedanzen mit den bei der Berechnung der Resultante gewöhnlicher Impedanzen angewandten Arten vollkommen identisch.

Man muß jedoch dabei sehr vorsichtig verfahren: Die Einführung und das Rechnen mit den Operatorimpedanzen ist nur dann berechtigt, wenn im Zeitpunkt $t = 0$ sowohl $i_L(0)$ als auch $u_C(0)$ gleich Null ist, wenn also in dem betrachteten Netz weder elektrische noch magnetische Energie vorhanden ist. In allen anderen Fällen müssen wir immer von den originalen Kirchhoffschen Gesetzen ausgehen.

Bestimmen wir nun z. B. den zeitlichen Verlauf der Stromstärke im Fall des in Abb. 3.55 dargestellten Kreises, wenn wir an ihn im Zeitpunkt $t = 0$ eine Spannung mit beliebigem zeitlichem Verlauf schalten. Die Differentialgleichung des Kreises lautet

$$Ri(t) + L\,\frac{\mathrm{d}i(t)}{\mathrm{d}t} = u(t). \tag{6}$$

Bilden wir die Laplace-Transformation von beiden Seiten dieser Gleichung, so gelangen wir zu dem Ausdruck

$$RI(p) + pLI(p) - Li(0) = U(p). \tag{7}$$

Die der unbekannten Stromstärke zugeordnete Funktion $I(p)$ kann aus dieser Beziehung als aus einer gewöhnlichen algebraischen Gleichung bestimmt werden:

$$I(p) = \frac{U(p) + Li(0)}{R + pL}. \tag{8}$$

Ist $i(0) = 0$, so wird

$$I(p) = \frac{U(p)}{R + pL}. \tag{9}$$

Dies kann auch sofort mit Hilfe der in Reihe geschalteten Operatorimpedanzen R und pL aufgeschrieben werden.

Unsere Aufgabe besteht jetzt darin, jene Funktion $i(t)$ zu finden, deren Laplace-Transformierte gerade die hier aufgestellte Funktion $I(p)$ ist.

Das Vorgehen beim Lösen eines Einschaltproblems in der Elektrotechnik ist also auf Grund unserer bisherigen Betrachtungen folgendes (Abb. 3.66):

1. Wir schreiben die Differentialgleichung des Stromkreises oder der Stromkreise in der gewohnten Weise und erhalten so eine Beziehung zwischen den Funktionen und den Ableitungen der Spannung und der Stromstärke im t-Bereich.

2. Wir wenden die Laplace-Transformation auf beide Seiten der so gewonnenen Differentialgleichung oder Differentialgleichungen an. So erhalten wir eine gewöhnliche algebraische Gleichung zwischen den Laplace-Transformierten der Stromstärken und Spannungen, d. h., wir finden einfachere Beziehungen im p-Bereich.

3. Aus der erhaltenen algebraischen Gleichung berechnen wir die Laplace-Transformierte der unbekannten Stromstärke bzw. Stromstärken.

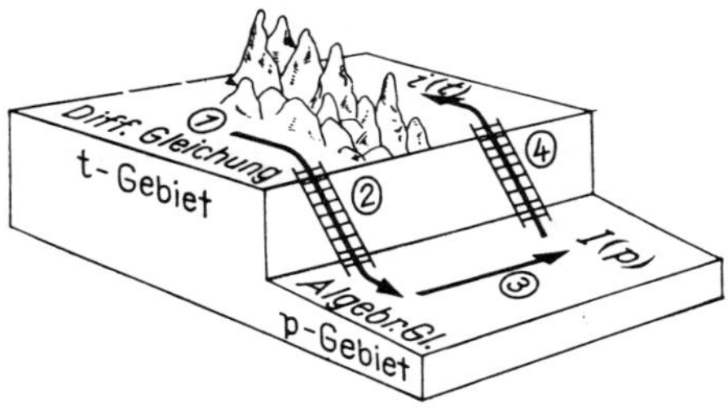

Abb. 3.66 Veranschaulichung der einzelnen Schritte der Lösung eines Problems mit Hilfe der Laplaceschen Transformation

4. Dies ist der schwerste Schritt; die unbekannte Zeitfunktion oder die unbekannten Zeitfunktionen sind aus der Laplace-Transformierten des unbekannten Stromes oder aus den Laplace-Transformierten der unbekannten Ströme zu bestimmen.

Wir müssen also vom p-Bereich wieder in den t-Bereich zurückkehren, d. h., wir müssen die Operation

$$\mathscr{L}f(t) = F(p) \tag{10}$$

umkehren: $F(p)$ ist gegeben, gesucht wird $f(t)$. Die Umkehrung der Laplace-Transformation wird wie folgt bezeichnet:

$$f(t) = \mathscr{L}^{-1}F(p). \tag{11}$$

In unserem vorigen Beispiel sind wir bis zu diesem vierten Punkt gelangt. Als Ergebnis erhielten wir für die Laplace-Transformierte der unbekannten Stromstärke die Gl. (9). Die zugeordnete Zeitfunktion können wir mit unseren bisherigen Kenntnissen schon bestimmen, zumindest in dem Fall, wenn wir an den Kreis eine konstante Spannung geschaltet haben. Die Laplace-Transformierte der konstanten Spannung lautet nämlich:

$$\mathscr{L}[U_0 1(t)] = \frac{U_0}{p}. \tag{12}$$

Die Laplace-Transformierte der gesuchten Stromstärke wird also

$$I(p) = \frac{U_0}{p} \frac{1}{R + pL}. \tag{13}$$

Dieser Ausdruck kann auch in folgender Form geschrieben werden:

$$I(p) = \frac{U_0}{R} \left[\frac{1}{p} - \frac{1}{p + \frac{R}{L}} \right]. \tag{14}$$

Dies kann ganz einfach dadurch bewiesen werden, daß wir die Brüche gleichnamig machen. Wir wissen, daß nach der Beziehung 3.6.(3) der Funktion $1/p$ als Zeitfunktion gerade die Sprungspannung von der Höhe Eins zugeordnet ist, der Funktion $\frac{1}{p + R/L}$ entspricht aber nach Gleichung 3.6.(5) $e^{-\frac{R}{L}t}$. Somit gilt für unsere Lösung

$$i(t) = \frac{U_0}{R} \left[1 - e^{-\frac{R}{L}t} \right], \qquad t > 0. \tag{15}$$

Bei der Herleitung unseres Ergebnisses haben wir von der einfach beweisbaren Tatsache, daß die Laplace-Transformation eine lineare Operation darstellt, die Laplace-Transformierte der Summe also gleich der Summe der Laplace-Transformierten der Glieder ist, sowie davon, daß die Laplace-Transformierte einer mit einer Konstanten multiplizierten Funktion gleich dem Produkt der Laplace-Transformierten der Funktion mit derselben Konstanten ist, Gebrauch gemacht.

Bei den Schaltvorgängen verursacht die Bestimmung der richtigen Anfangswerte häufig Schwierigkeiten. In vielen Fällen sind nämlich die Werte im Moment *vor* dem Einschalten, d. h. im Zeitpunkt $t = -0$, anders als im Moment *nach* dem Einschalten, d. h. im Zeitpunkt $t = +0$. Die ersteren können Ausgangswerte, die letzteren Anfangswerte genannt werden. Diese letzteren sind als Anfangswerte in der Formel der Laplace-Transformation einzusetzen. Als Beispiel soll der einfache Fall eines Reihen-RC-Kreises betrachtet werden. Vor dem Einschalten der konstanten Spannung U ist der Strom $i(-0) = 0$, nach dem Einschalten wird aber $i(+0) = U/R$.

Die Ausgangswerte sind meistens unmittelbar gegeben, dagegen müssen die Anfangswerte eventuell aus physikalischen Betrachtungen bestimmt werden. Eine bessere Methode besteht darin, daß wir eine solche Größe als zu bestimmende Größe wählen, deren Werte kontinuierlich durch den Zeitpunkt $t = 0$ hindurchgehen. Solche Größen sind die Spannungen der Kondensatoren und die Ströme der Induktivitäten. Sprunghafte Änderung dieser Größen verlangt Generatoren unendlich hoher Leistungen, die nicht realisierbar sind. Netzwerke mit überidealisierten Annahmen bieten besondere Probleme, die nur vereinzelt gelöst werden können.

Die Anfangswerte können mit Hilfe von Generatoren mit bestimmten Erregungsgrößen berücksichtigt werden. Es gelten nämlich im Zeitgebiet:

$$u_C(t) = \frac{1}{C}\int\limits_0^t i\,\mathrm{d}t + u_C(+0); \qquad u_L(t) = L\,\frac{\mathrm{d}i}{\mathrm{d}t}$$

und im p-Gebiet

$$U_C(p) = \frac{I(p)}{Cp} + \frac{u_C(+0)}{p}; \qquad U_L(p) = LpI(p) - Li(+0)$$

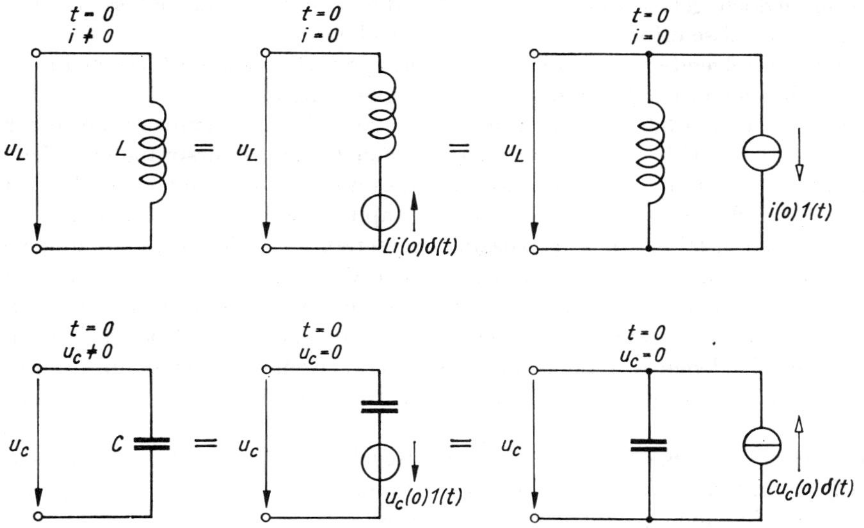

Abb. 3.67 Die Anfangswerte können durch bestimmte Generatoren ersetzt werden

oder umgeordnet:

$$U_C(p) - \frac{u_C(+0)}{p} = \frac{1}{Cp}\,I(p); \qquad U_L(p) + Li(+0) = LpI(p).$$

Diese Gleichungen können auch so gedeutet werden, daß nach Abb. 3.67 ein Spannungsgenerator mit der Spannung $u_C(+0)\,1(t)$ bzw. $Li(+0)\,\delta(t)$ mitwirkt. Die Laplace-Transformation ergibt nämlich in diesem Fall gerade die obige Gleichung. In Abb. 3.67

sieht man auch die Ersatzschaltung mit Stromgeneratoren. Wenn die Anfangswerte in dieser Weise mit Generatoren berücksichtigt sind, können wir im weiteren mit den Operatorimpedanzen rechnen.

3.8. Die Umkehrung der Laplace-Transformation auf elementarem Wege

Im vorigen Kapitel haben wir gesehen, daß wir den Ausdruck der Transformierten der unbekannten Stromstärke oder Spannung verhältnismäßig leicht finden können. Es ist weitaus schwieriger, aus diesem Ausdruck die unbekannte Zeitfunktion zu bestimmen. In einem späteren Kapitel werden wir eine ganz allgemeine Methode kennenlernen. Diese allgemeine Methode benutzt aber Sätze der Funktionentheorie, die wir bisher noch nicht behandelt haben. Eine Vielzahl der Aufgaben in der Elektrotechnik kann jedoch gelöst werden, ohne von diesen Sätzen, die höhere mathematische Vorkenntnisse erfordern, Gebrauch zu machen.

Wir werden im folgenden die Laplace-Transformierte von möglichst vielen Funktionen ermitteln, indem wir $f(t)$ in die Definitionsgleichung 3.6. (1) einsetzen. In den Gleichungen 3.6. (3) und 3.6. (5) stehen uns bereits zwei Laplace-Transformierte zur Verfügung. Mit deren Hilfe kann also in zahlreichen Fällen die ursprüngliche Zeitfunktion ohne weiteres angegeben werden, wie dies auch in dem einfachen Beispiel des vorigen Kapitels geschehen ist. In diesem Kapitel bestimmen wir weitere Beziehungen, mit deren Hilfe wir eine zusammengesetzte Funktion $F(p)$ in einfache Funktionen zerlegen, deren Umkehrung wir kennen. Wir werden also im allgemeinen folgende Fragen beantworten: Wenn wir die einigen Laplace-Transformierten zugeordneten Ausgangsfunktionen schon kennen, welche Ausgangsfunktionen können wir mit den verschiedenen Kombinationen dieser Transformierten, wie z. B. mit der Addition, Multiplikation, der linearen Transformation der Veränderlichen p usw., erhalten?

Im vorangegangenen Kapitel haben wir die Regel bereits benutzt, und ein Einsetzen in die Definitionsgleichung überzeugt uns unmittelbar davon, daß die Laplace-Transformation eine homogene lineare Operation ist, d. h.,

$$\begin{aligned}\mathscr{L}[c_1 f_1(t) + c_2 f_2(t) + \cdots] &= c_1 \mathscr{L} f_1(t) + c_2 \mathscr{L} f_2(t) + \cdots \\ &= c_1 F_1(p) + c_2 F_2(p) + \cdots. \end{aligned} \tag{1}$$

3.8.1. Der Verschiebungssatz

Die Laplace-Transformierte $F(p)$ der Funktion $f(t)$ sei

$$F(p) = \int_0^\infty f(t)\, \mathrm{e}^{-pt}\, \mathrm{d}t. \tag{2}$$

Untersuchen wir jetzt die Laplace-Transformierte folgender Funktion:

$$1(t - \tau)\, f(t - \tau). \tag{3}$$

Das ist jene Funktion, die hinsichtlich ihrer Form mit der Funktion $f(t)$ übereinstimmt, jedoch zeitlich um τ verschoben ist (Abb. 3.68). Bilden wir die Laplace-Transformierte von dieser, so wird

$$\mathscr{L}[1(t - \tau)\, f(t - \tau)] = \int_{\tau}^{\infty} f(t - \tau)\, e^{-pt}\, dt. \tag{4}$$

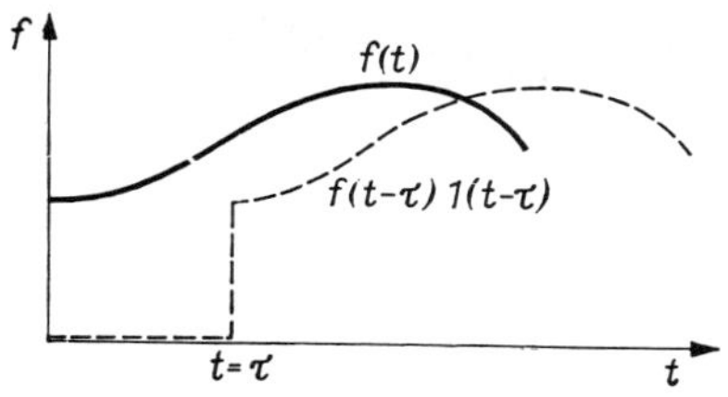

Abb. 3.68 Zur Herleitung des Verschiebungssatzes

Setzen wir die neue Veränderliche $t - \tau = \xi$ ein, so gewinnen wir nachstehende Beziehung:

$$\mathscr{L}[1(t - \tau)\, f(t - \tau)] = \int_{0}^{\infty} f(\xi)\, e^{-p(\xi+\tau)}\, d\xi = e^{-p\tau} \int_{0}^{\infty} f(\xi)\, e^{-p\xi}\, d\xi. \tag{5}$$

Hieraus ergibt sich die Endformel

$$\mathscr{L}[1(t - \tau)\, f(t - \tau)] = e^{-p\tau} F(p). \tag{6}$$

Umgekehrt bedeutet dies selbstverständlich, wenn wir die der Laplace-Transformierten $F(p)$ zugeordnete Funktion $f(t)$ kennen, daß der Funktion $e^{-p\tau} F(p)$ die Funktion $1(t - \tau)\, f(t - \tau)$ zugeordnet ist.

Wollen wir jetzt für die Funktion

$$e^{-\lambda t} f(t) \tag{7}$$

die Laplace-Transformierte untersuchen, so finden wir

$$\mathscr{L}[e^{-\lambda t} f(t)] = \int_{0}^{\infty} e^{-\lambda t} f(t)\, e^{-pt}\, dt = \int_{0}^{\infty} f(t)\, e^{-(p+\lambda)t}\, dt = F(p + \lambda). \tag{8}$$

Dies bedeutet, daß der Funktion $F(p + \lambda)$ die Ausgangsfunktion $e^{-\lambda t} f(t)$ zugeordnet ist, wenn die zur Funktion $F(p)$ gehörige Ausgangsfunktion $f(t)$ lautet.

3.8.2. Der Ähnlichkeitssatz

Führen wir nun bei der Funktion $f(t)$ anstatt der Veränderlichen t die Veränderliche t/τ ein. Die Laplace-Transformierte der somit erhaltenen Funktion $f(t/\tau)$ wird

$$\mathscr{L}\left[f\left(\frac{t}{\tau}\right)\right] = \int_0^\infty f\left(\frac{t}{\tau}\right) e^{-pt}\, dt = \tau \int_0^\infty f\left(\frac{t}{\tau}\right) e^{-p\tau\frac{t}{\tau}}\, d\left(\frac{t}{\tau}\right) = \tau F(p\tau) \tag{9}$$

sein. Umgekehrt dagegen, wenn wir die Ausgangsfunktion $f(t)$ der Funktion $F(p)$ kennen, ist der Funktion $F(p\tau)$ als Ausgangsfunktion $\frac{1}{\tau} f\left(\frac{t}{\tau}\right)$ zugeordnet.

3.8.3. Der Faltungssatz

Nehmen wir an, daß wir die Laplace-Transformierten von zwei Funktionen $f_1(t)$ und $f_2(t)$ kennen:

$$F_1(p) = \int_0^\infty f_1(t)\, e^{-pt}\, dt; \qquad F_2(p) = \int_0^\infty f_2(t)\, e^{-pt}\, dt. \tag{10}$$

Es kann bewiesen werden — mit diesem Beweis wollen wir uns jedoch weder hier noch in einem späteren Kapitel befassen —, daß dem Produkt der Laplace-Transformierten der beiden Funktionen folgende Funktion als Ausgangsfunktion zugeordnet ist:

$$f(t) = \int_0^t f_1(\tau)\, f_2(t-\tau)\, d\tau \equiv f_1 * f_2. \tag{11}$$

Es ist also

$$\mathscr{L}[f(t)] = F(p) = F_1(p)\, F_2(p). \tag{12}$$

Diese Beziehung wird Faltungssatz genannt. Da der nach der Zeit gebildeten Ableitung die Multiplikation mit p entspricht, wird also

$$\mathscr{L}\left[\frac{d}{dt}\int_0^t f_1(\tau)\, f_2(t-\tau)\, d\tau\right] = pF_1(p)\, F_2(p). \tag{13}$$

Von dieser Beziehung werden wir bei der einfachen Herleitung eines schon angewendeten Satzes, des Duhamelschen Satzes, Gebrauch machen.

3.8.4. Der Entwicklungssatz

Bei der Lösung der einfachen Aufgaben der Elektrotechnik leistet der sogenannte Entwicklungssatz eine große Hilfe. Dieser Satz ermöglicht es, wenn die Laplace-Transformierte der unbekannten Funktion die Form eines rationalen Bruches besitzt, die ursprüngliche Zeitfunktion zu bestimmen. Wir wollen also folgende Gleichung nach der unbekannten Funktion $f(t)$ auflösen:

$$\int_0^\infty f(t)\, e^{-pt}\, dt = \frac{G(p)}{H(p)}. \tag{14}$$

Setzen wir voraus, daß hier $G(p)$ und $H(p)$ Polynome der Veränderlichen p sind und daß der Zähler von geringerem Grad ist als der Nenner. Wir setzen ferner voraus, daß der Nenner nur einfache Wurzeln besitzt. Die Reihenfolge dieser Wurzeln sei $p_1, p_2, \ldots, p_n$. Die Tatsache, daß nur einfache Wurzeln vorhanden sind, kann auch wie folgt ausgedrückt werden:

$$H(p_i) = 0; \qquad H'(p_i) \neq 0. \tag{15}$$

Wie bekannt, können wir in einem solchen Fall den Bruch in Teilbrüche zerlegen:

$$\frac{G(p)}{H(p)} = \frac{C_1}{p - p_1} + \frac{C_2}{p - p_2} + \cdots + \frac{C_n}{p - p_n} = \sum_{i=1}^{n} \frac{C_i}{p - p_i}. \tag{16}$$

In diesem Ausdruck sind $C_1, C_2, \ldots, C_n$ Konstanten, $p_1, p_2, \ldots, p_n$ hingegen die Wurzel des Nenners. Die Konstanten C_i können bekanntlich auf folgende Weise bestimmt werden. Multiplizieren wir die Beziehung (16) mit $(p - p_i)$, dann gelangen wir zu dem Ausdruck

$$(p - p_i)\frac{G(p)}{H(p)} = C_i + (p - p_i) \sum_{\substack{k=1 \\ k \neq i}}^{n} \frac{C_k}{p - p_k}. \tag{17}$$

Untersuchen wir den Wert der rechten bzw. der linken Seite an der Stelle $p = p_i$. Sämtliche Glieder der rechten Seite werden Null, es bleibt allein der Koeffizient C_i. Die linke Seite hingegen wird eine unbestimmte Form besitzen, weil an der Stelle $p = p_i$ sowohl der Zähler als auch der Nenner Null werden. Der Wert der linken Seite kann mit Hilfe der l'Hospitalschen Regel bestimmt werden:

$$\lim_{p=p_i} (p - p_i)\frac{G(p)}{H(p)} = \left.\frac{\dfrac{d}{dp}[(p - p_i)\, G(p)]}{\dfrac{d}{dp} H(p)}\right|_{p=p_i} = \frac{G(p_i)}{H'(p_i)}. \tag{18}$$

Die Gleichung (17) kann demnach als

$$C_i = \frac{G(p_i)}{H'(p_i)} \tag{19}$$

geschrieben werden. Wir wissen aber aus Gl. 3.6. (5), daß der Funktion $C_i/(p - p_i)$ die Zeitfunktion $C_i \mathrm{e}^{p_i t}$ zugeordnet ist:

$$\int_0^\infty C_i \mathrm{e}^{p_i t} \mathrm{e}^{-pt} \,\mathrm{d}t = \frac{C_i}{p - p_i}. \tag{20}$$

Die gesuchte Funktion $f(t)$ wird also durch die Summe dieser Zeitfunktionen gegeben:

$$f(t) = \sum_{i=1}^{n} \frac{G(p_i)}{H'(p_i)} \mathrm{e}^{p_i t}. \tag{21}$$

Setzen wir jetzt voraus, daß die Laplace-Transformierte der unbekannten Funktion $f(t)$ von der Form

$$F(p) = \frac{G(p)}{pN(p)} \tag{22}$$

ist. $G(p)$ und $N(p)$ bedeuten wiederum Polynome, und der Grad von $G(p)$ kann höchstens so groß wie der Grad der Funktion $N(p)$ sein. Außerdem setzen wir noch voraus, daß $p = 0$ keine Wurzel der Funktion $N(p)$ darstellt. Wir lösen jetzt eigentlich die vorherige Aufgabe für den Fall, daß $p = 0$ eine einfache Wurzel des dort auftretenden Polynoms $H(p)$ ist. Auf diese Weise kann also p aus dem Polynom ausgeklammert werden, und das restliche Polynom besitzt keine Wurzel mit dem Wert Null mehr, da wir vorher angenommen haben, daß alle Wurzeln einfach sind: Setzen wir dies entsprechend in Gl. (21) ein, so erhalten wir für die unbekannte Funktion $f(t)$ folgende Lösung:

$$f(t) = \sum_{i=1}^{n} \frac{G(p_i)}{\frac{\mathrm{d}}{\mathrm{d}p} [pN(p)]|_{p=p_i}} \mathrm{e}^{p_i t}. \tag{23}$$

Dabei ist die Summation über sämtliche Wurzeln des Polynoms

$$H(p) = pN(p)$$

einschließlich der Wurzel Null durchzuführen. Der Nenner der rechten Seite von Gl. (23) kann auch wie untenstehend geschrieben werden:

$$\frac{\mathrm{d}}{\mathrm{d}p} [pN(p)]_{p=p_i} = N(p_i) + p_i N'(p_i). \tag{24}$$

Das erste Glied der rechten Seite dieses Ausdruckes wird überall mit Ausnahme der Stelle $p = 0$ gleich Null sein. Das zweite Glied nimmt ausschließlich an der Stelle $p = 0$ den Wert Null an. Nennen wir die Wurzel $p = 0$ die erste Wurzel, so kann Gl. (23) auch in folgender Form geschrieben werden, wenn wir den der ersten Wurzel zugeordneten Ausdruck aus der Summation ausklammern:

$$\mathscr{L}^{-1}\left[\frac{G(p)}{pN(p)}\right] = f(t) = \frac{G(0)}{N(0)} + \sum_{i=2}^{n} \frac{G(p_i)}{p_i N'(p_i)}\, e^{p_i t}. \tag{25}$$

Die Summation erstreckt sich hierbei von der zweiten Wurzel des Ausdruckes $pN(p)$ bis auf seine n-te Wurzel. Dies bedeutet, daß die Summation über sämtliche Wurzeln der Funktion $N(p)$ vorzunehmen ist.

3.8.5. Der Entwicklungssatz für mehrfache Wurzeln

Der Zähler besitze auch weiterhin einen geringeren Grad als der Nenner; der Nenner besitze jedoch mehrfache Wurzeln:

$$H(p) = (p - p_1)^{m_1} (p - p_2)^{m_2} \cdots (p - p_n)^{m_n}. \tag{26}$$

Der Bruch kann in diesem Fall in folgender Form geschrieben werden:

$$\begin{aligned}\frac{G(p)}{H(p)} &= \frac{C_{11}}{(p - p_1)} + \frac{C_{12}}{(p - p_1)^2} + \cdots + \frac{C_{1m_1}}{(p - p_1)^{m_1}} + \cdots + \frac{C_{n1}}{(p - p_n)} \\ &+ \frac{C_{n2}}{(p - p_n)^2} + \cdots + \frac{C_{nm_n}}{(p - p_n)^{m_n}} = \sum_{i=1}^{n} \sum_{j=1}^{m_i} \frac{C_{ij}}{(p - p_i)^j}.\end{aligned} \tag{27}$$

Um die unbekannten Konstanten C_{ij} zu bestimmen, multiplizieren wir die Gleichung mit $(p - p_i)^{m_i}$. Untersuchen wir die damit gewonnene Beziehung an der Stelle $p = p_i$, so ergibt sich C_{im_i}, da der Multiplikator $(p - p_i) = 0$ in allen übrigen Gliedern der rechten Seite auftritt. Damit wird

$$C_{im_i} = \left.\frac{(p - p_i)^{m_i} G(p)}{H(p)}\right|_{p=p_i} = m_i!\, \frac{G(p_i)}{H^{(m_i)}(p_i)}. \tag{28}$$

Multiplizieren wir jetzt Gl. (27) mit $(p - p_i)^{m_i}$ und differenzieren die rechte wie auch die linke Seite der Gleichung j-mal, dann werden bei $p = p_i$ alle Glieder der rechten Seite außer $j!\, C_{i,m_i-j}$ Null. Es ergibt sich also für C_{i,m_i-j}

$$C_{i,m_i-j} = \frac{1}{j!} \frac{d^j}{dp^j} \left.\frac{(p - p_i)^{m_i} G(p)}{H(p)}\right|_{p=p_i} \tag{29}$$

Jetzt braucht nur noch die Rücktransformation des Ausdruckes $\dfrac{1}{(p - p_i)^{m_i}}$ vorgenommen zu werden.

Wie wir wissen, ist nach Gl. 3.6.(15)

$$\mathscr{L}^{-1}\frac{1}{p^n} = \frac{1}{(n-1)!}\,t^{n-1}.$$

Gemäß Gl. (8) gilt

$$\mathscr{L}^{-1}\frac{1}{(p-p_i)^n} = \frac{1}{(n-1)!}\,t^{n-1}\,e^{p_i t}. \tag{30}$$

Somit wird also

$$\mathscr{L}^{-1}\frac{C_{ij}}{(p-p_i)^j} = \frac{C_{ij}}{(j-1)!}\,t^{j-1}\,e^{p_i t}. \tag{31}$$

Die Summation dieser Ausdrücke ergibt die Ausgangsfunktion des Ausdruckes $G(p)/H(p)$.

Tabelle 3.2 faßt die wichtigsten Eigenschaften der Laplace-Transformation zusammen. Die Zusammenhänge in den Reihen 10 und 11

$$\begin{aligned} \lim_{t\to 0} f(t) &= \lim_{p\to\infty} pF(p), \\ \lim_{t\to\infty} f(t) &= \lim_{p\to 0} pF(p) \end{aligned} \tag{32}$$

heißen Anfangswert-Theoreme. Der strenge Beweis ist kompliziert, aber sie können folgendermaßen plausibel gemacht werden. Wir gehen von der Gleichung

$$\int_0^\infty f'(t)\,e^{-pt}\,dt = pF(p) - f(0) \tag{33}$$

aus. Wenn p in der Weise gegen Unendlich geht, daß auch der Realteil unendlich wird, wird die linke Seite bei den praktisch vorkommenden Funktionen Null, es wird also

$$0 = \lim_{p\to\infty}[pF(p) - f(0)],$$

und unter Berücksichtigung der Gleichung $f(0) = \lim_{t\to 0} f(t)$ gelangen wir zur Gl. (32).

Die zweite Gleichung kann in ähnlicher Weise plausibel gemacht werden:

$$\begin{aligned} \lim_{p\to 0}\int_0^\infty f'(t)\,e^{-pt}\,dt &= \lim_{p\to 0}[pF(p) - f(0)], \\ \lim_{p\to 0}\int_0^\infty f'(t)\,e^{-pt}\,dt &= \int_0^\infty f'(t)\,dt = \lim_{t\to\infty}\int_0^t f'(t)\,dt = \lim_{t\to\infty}[f(t) - f(0)]. \end{aligned} \tag{34}$$

Tabelle 3.2 Zusammenstellung der wichtigsten Ober- und Unterfunktionen

	$f(t)$	$F(p) = \int_0^\infty e^{-pt} f(t)\, dt$	Bemerkungen
1.	$c_1 f_1(t) + c_2 f_2(t)$	$c_1 F_1(p) + c_2 F_2(p)$	
2.	$f^{(n)}(t)$	$p^n F(p) - p^{n-1} f(0) - p^{n-2} f'(0) - \cdots - f^{(n-1)}(0)$	
3.	$\int_0^t d\xi \int_0^\xi d\xi_1 \cdots \int_0^{\xi_{n-2}} f(\xi_{n-1})\, d\xi_{n-1}$	$\frac{F(p)}{p^n}$	
4.	$1(t-\tau)\, f(t-\tau)$	$e^{-\tau p} F(p)$	
5.	$e^{-\lambda t} f(t)$	$F(p+\lambda)$	
6.	$f\left(\frac{t}{\tau}\right)$	$\tau F(\tau p)$	
7.	$f_1(t) * f_2(t) = \int_0^t f_1(\tau)\, f_2(t-\tau)\, d\tau$	$F_1(p)\, F_2(p)$	
8.	$\sum_{i=1}^n \frac{G(p_i)}{H'(p_i)} e^{p_i t}$	$\frac{G(p)}{H(p)}$	$p_1 \dots p_n$ sind einfache Wurzeln
9.	$\frac{\partial}{\partial a} f(t, a)$	$\frac{\partial}{\partial a} F(p, a)$	a von p und t unabhängig
10.	$\lim_{t\to\infty} f(t) = \lim_{p\to 0} pF(p)$		
11.	$\lim_{t\to 0} f(t) = \lim_{p\to\infty} pF(p)$		
12.	$1(t)$	$\frac{1}{p}$	$1(t) \begin{cases} = 0 & t < 0 \\ = 1 & t > 0 \end{cases}$
13.	$\delta(t)$	1	$\delta(t) = 1'(t)$
14.	t	$\frac{1}{p^2}$	
15.	t^α	$\frac{\Gamma(\alpha+1)}{p^{\alpha+1}}$	$\operatorname{Re}(\alpha) > -1$
16.	$\frac{1}{\sqrt{\pi t}}$	$\frac{1}{p}\sqrt{p}$	
17.	$\frac{2}{\sqrt{\pi}} \sqrt{t}$	$\frac{1}{p\sqrt{p}}$	

Tabelle 3.2 (Fortsetzung)

	$f(t)$	$F(p) = \int_0^\infty e^{-pt} f(t) dt$	Bemerkungen
18.	$e^{\pm \alpha t}$	$\frac{1}{p \pm \alpha}$	$\mathrm{Re}\, p > \mathrm{Re}\, \alpha$
19.	$t^{\alpha} e^{\beta t}$	$\frac{\Gamma(\alpha + 1)}{(p - \beta)^{\alpha+1}}$	$\mathrm{Re}\, (\alpha) > -1$
20.	$\frac{t^{n-1}}{(n-1)!} e^{-\alpha t}$	$\frac{1}{(p + \alpha)^n}$	n ganzzahlig
21.	$\frac{e^{-\alpha_1 t} - e^{-\alpha_2 t}}{\alpha_2 - \alpha_1}$	$\frac{1}{(p + \alpha_1)(p + \alpha_2)}$	
22.	$\sin \alpha t$	$\frac{\alpha}{p^2 + \alpha^2}$	
23.	$\cos \alpha t$	$\frac{p}{p^2 + \alpha^2}$	
24.	$\sinh \alpha t$	$\frac{\alpha}{p^2 - \alpha^2}$	
25.	$\cosh \alpha t$	$\frac{p}{p^2 - \alpha^2}$	
26.	$\cos^2 t$	$\frac{1}{p} \frac{p^2 + 2}{p^2 + 4}$	
27.	$\sin^2 t$	$\frac{1}{p} \frac{2}{p^2 + 4}$	
28.	$e^{-\beta t} \cos \alpha t$	$\frac{p + \beta}{(p + \beta)^2 + \alpha^2}$	
29.	$e^{-\beta t} \sin \alpha t$	$\frac{\alpha}{(p + \beta)^2 + \alpha^2}$	
30.	$\frac{(\alpha_3 - \alpha_2) e^{-\alpha_1 t} + (\alpha_1 - \alpha_3) e^{-\alpha_2 t} + (\alpha_2 - \alpha_1) e^{-\alpha_3 t}}{(\alpha_1 - \alpha_2)(\alpha_2 - \alpha_3)(\alpha_3 - \alpha_1)}$	$\frac{1}{(p + \alpha_1)(p + \alpha_2)(p + \alpha_3)}$	
31.	$\ln t$	$\frac{\Gamma'(1)}{p} - \frac{\ln p}{p}$	$\Gamma'(1) = -\ln \gamma$ $= -0{,}57722$
32.	$1 - \Phi\left(\frac{\alpha}{2\sqrt{t}}\right)$	$\frac{1}{p} e^{-\alpha\sqrt{p}}$	$\Phi(x) = \frac{2}{\sqrt{\pi}} \int_0^x e^{-u^2} du$

Tabelle 3.2 (Fortsetzung)

	$f(t)$	$F(p) = \int_0^\infty e^{-pt} f(t)\, dt$	Bemerkungen
33.	$1 + e^t\left[\Phi\left(\sqrt{t}\right) - 1\right]$	$\frac{1}{p\left(1 + \sqrt{p}\right)}$	
34.	$e^t\left(1 - \Phi\left(\sqrt{t}\right)\right)$	$\frac{\sqrt{p}}{p\left(1 + \sqrt{p}\right)}$	
35.	$J_0(t)$	$\frac{1}{\sqrt{1 + p^2}}$	
36.	$J_0(j\alpha t)$	$\frac{1}{\sqrt{p^2 - \alpha^2}}$	
37.	$J_0(\alpha t)$	$\frac{1}{\sqrt{p^2 + \alpha^2}}$	
38.	$f(t) = \begin{cases} 0 & (0 < t < \alpha) \\ J_0\left(x\sqrt{t^2 - \alpha^2}\right) & (t \geqq \alpha \geqq 0) \end{cases}$	$\frac{e^{-\alpha\sqrt{p^2 + x^2}}}{\sqrt{p^2 + x^2}}$	$\alpha \geqq 0$ x beliebig
39.	$\operatorname{ber}\left(2\sqrt{t}\right)$	$\frac{1}{p} \cos \frac{1}{p}$	$J_0\left(2\sqrt{-jt}\right) = \operatorname{ber}\left(2\sqrt{t}\right)$ $+ j \operatorname{bei}\left(2\sqrt{t}\right)$
40.	$\operatorname{bei}\left(2\sqrt{t}\right)$	$\frac{1}{p} \sin \frac{1}{p}$	
41.	$e^{-\alpha t} L_n(\alpha t) = \frac{d^n}{dt^n}\left[\frac{t^n}{n!} e^{-\alpha t}\right]$	$\frac{1}{p}\left(\frac{p}{p + \alpha}\right)^{n+1}$	$L_n(\alpha t)$ $= \sum_0^n (-1)^\nu \binom{n}{\nu} \frac{(\alpha t)^\nu}{\nu!}$ $= e^{\alpha t} \frac{d^n}{dt^n}\left[\frac{t^n}{n!} e^{-\alpha t}\right]$
42.	$L_n(\alpha t)$	$\frac{1}{p}\left(\frac{p - \alpha}{p}\right)^n$	
43.	$e^{-\alpha t} L_n(2\alpha t)$	$\frac{1}{p + \alpha}\left(\frac{p - \alpha}{p + \alpha}\right)^n$	
44.	$\operatorname{Si} t$	$\frac{1}{p} \operatorname{arc\,cot} p$	$\operatorname{Si} t = \int_0^t \frac{\sin x}{x}\, dx$
45.	$\operatorname{Ci} t$	$\frac{1}{p} \ln \frac{1}{\sqrt{1 + p^2}}$	$\operatorname{Ci} t = -\int_t^\infty \frac{\cos x}{x}\, dx$

Mit Hilfe dieser Theoreme können $f(0)$ bzw. $f(\infty)$ ohne die tatsächliche Ausführung der inversen Laplace-Transformation — also nur bei Kenntnis von $F(p)$ — bestimmt werden.

Wir führen jetzt einige Beispiele für die Anwendung der Laplace-Transformation an.

1. Beispiel: Es sei die Erregungsfunktion $f(t)$ für die Werte $t > 0$ periodisch mit der Periode T, d. h., $f(t)$ wird durch die Verschiebung einer Funktion $f_T(t)$ um T, $2T$ ..., nT ... gebildet, welche nur im Intervall $0 \ldots T$ einen von Null verschiedenen Wert hat. Wenn $F_T(p)$ die Laplace-Transformierte der Funktion $f_T(t)$ ist, erhalten wir nach dem Verschiebungssatz

$$\mathscr{L}f(t) = F(p) = F_T(p) + F_T(p)\,e^{-pT} + F_T(p)\,e^{-2pT} + \cdots + F_T(p)\,e^{-npT} + \cdots = \frac{F_T(p)}{1 - e^{-pT}}. \tag{35}$$

Es wird z. B. für eine Sägezahnkurve

$$f_T(t) = [1(t) - 1(t - T)]\frac{t}{T}. \tag{36}$$

Die Laplace-Transformierte von $1(t)\; t/T$ kann aus der Tabelle entnommen werden; sie lautet

$$\frac{1}{T}\frac{1}{p^2}.$$

Das zweite Glied ergibt nach der Definitionsgleichung

$$\frac{1}{T}\int\limits_T^\infty t\,e^{-pt}\,dt = \frac{1}{T}\left[-\frac{t\,e^{-pt}}{p}\right]_T^\infty + \frac{1}{Tp}\int\limits_T^\infty e^{-pt}\,dt.$$

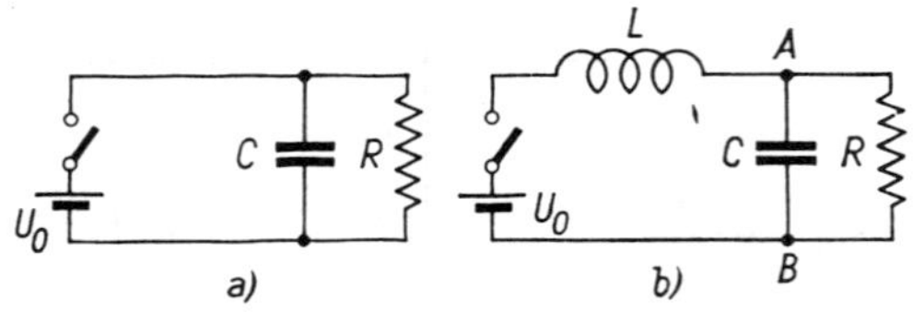

Abb. 3.69 Stromkreis für das Beispiel 2

Es wird also

$$F_T(p) = \frac{1 - e^{-pT}(1 + pT)}{p^2 T}, \tag{37}$$

und so wird

$$F(p) = \frac{1 - e^{-pT}(1 + pT)}{Tp^2(1 - e^{-pT})}. \tag{38}$$

2. Beispiel: Wir schalten einen Kondensator parallel zu einem Widerstand und legen an die Klemmen im Zeitpunkt $t = 0$ eine Gleichspannung U_0 (Abb. 3.69a). Es ist die Stromstärke $i(t)$ zu bestimmen.

Im Augenblick des Einschaltens ist die Spannung des Kondensators Null, und im Kreis ist nirgends ein Strom vorhanden.

Da im Sinn der Anfangsbedingungen der Stromkreis im Augenblick des Einschaltens energiefrei ist, brauchen wir die Differentialgleichung nicht hinzuschreiben, sondern können mit den Impedanzen rechnen. Die Impedanz des Stromkreises beträgt

$$Z(p) = \frac{R \frac{1}{pC}}{R + \frac{1}{pC}} = \frac{1}{C} \frac{1}{p + \frac{1}{RC}}. \tag{39}$$

Der Strom im Bereich von p beträgt

$$I(p) = \frac{U(p)}{Z(p)}. \tag{40}$$

Die Laplace-Transformierte der konstanten Spannung wird

$$U(p) = \mathcal{L} U_0 = \frac{U_0}{p}. \tag{41}$$

Damit ist die Laplace-Transformierte des Stromes

$$I(p) = \frac{U_0}{p} C \left(p + \frac{1}{RC}\right) = C U_0 \left(1 + \frac{\alpha}{p}\right), \tag{42}$$

wobei

$$\alpha = \frac{1}{RC}.$$

Wir können den Ausdruck für den Strom gliedweise rücktransformieren. Es wird also

$$\mathcal{L}^{-1}\, 1 = \delta(t); \qquad \mathcal{L}^{-1} \frac{\alpha}{p} = \alpha. \tag{43}$$

Für die Stromstärke gewinnen wir so die folgende Zeitfunktion:

$$i(t) = C U_0[\delta(t) + \alpha] = U_0 \left[C\, \delta(t) + \frac{1}{R}\right]. \tag{44}$$

Unser Resultat ergibt also, daß wir im Augenblick $t = 0$ einen unendlich großen Stromimpuls erhalten; für die Werte $t > 0$ gilt $i = U_0/R$. Wollen wir im Augenblick des Einschaltens den Strom nicht untersuchen, so kann dieses Resultat als befriedigend angesehen werden.

Wird aber z. B. gerade die Größe des Stromimpulses gesucht, so ist dieses Resultat offensichtlich sinnlos. Es können nämlich unendlich schnelle Stromänderungen deshalb nicht auftreten, weil diese an der stets bestehenden Induktivität eine unendlich große Spannung erzeugen würden. Der Widerspruch unseres Resultates ist eben darauf zurückzuführen, daß wir die Induktivität außer acht ließen. Wir haben unser Schaltschema deshalb gerade so gestaltet, daß wir eine Induktivität mit unserer Parallelschaltung in Reihe legen, welche die Induktivität der Zuleitungen repräsentieren soll.

Ermitteln wir jetzt also den zeitlichen Verlauf des Stromes, welcher in dem in Abb. 3.69b dargestellten Stromkreis fließt, wenn wir an ihn eine konstante Spannung schalten. Der Einfachheit halber führen wir unsere Berechnung auch hier mit den Operatorimpedanzen durch und schreiben die für die Zeitfunktionen gültigen Differentialgleichungen nicht hin. Die Impedanz zwischen den Punkten A und B beträgt

$$Z_{AB} = \frac{1}{C} \frac{1}{p + \dfrac{1}{RC}} = \frac{R}{pCR + 1}. \tag{45}$$

Damit ist die Selbstinduktionsspule, die eine Operatorimpedanz vom Betrag pL besitzt, in Reihe geschaltet. Somit wird der Gesamtwiderstand

$$Z = pL + \frac{R}{pCR + 1} = \frac{p^2LCR + pL + R}{pCR + 1}. \tag{46}$$

Mithin ergibt sich die Laplace-Transformierte der gesuchten Stromstärke zu

$$I(p) = \frac{U(p)}{Z(p)} = \frac{U_0}{p} \frac{pCR + 1}{p^2LCR + pL + R} = \frac{U_0}{L} \frac{p + \dfrac{1}{RC}}{p\left(p^2 + p\dfrac{1}{RC} + \dfrac{1}{LC}\right)}. \tag{47}$$

Wir haben jetzt die Ausgangsfunktion dieser Funktion nach der im vorigen Kapitel festgelegten Methode zu bestimmen. Dies ist mit Hilfe des Entwicklungssatzes möglich. Um diesen anwenden zu können, müssen wir die Wurzeln des Nenners kennen. Der Nenner kann wie folgt geschrieben werden:

$$p^2 + p\frac{1}{RC} + \frac{1}{LC} = (p - p_1)(p - p_2); \tag{48}$$

p_1 und p_2 sind die Wurzeln der Gleichung

$$p^2 + p\frac{1}{RC} + \frac{1}{LC} = 0.$$

Es gilt also

$$p_{1,2} = -\frac{1}{2RC} \pm \sqrt{\left(\frac{1}{2RC}\right)^2 - \frac{1}{LC}} = -\alpha \pm \beta. \tag{49}$$

Die Laplace-Transformierte der Stromstärke wird dadurch zu

$$I = \frac{U_0}{L} \frac{p + 2\alpha}{p(p - p_1)(p - p_2)}. \tag{50}$$

Nach dem Entwicklungssatz ist

$$i(t) = \frac{U_0}{L}\left[\frac{G(0)}{N(0)} + \sum_{i=1}^{2} \frac{G(p_i)}{p_i N'(p_i)} e^{p_i t}\right]. \tag{51}$$

In unserem Falle gilt

$$\left.\begin{aligned} G(p) &= p + 2\alpha; \qquad G(p_i) = (-\alpha \pm \beta) + 2\alpha = \alpha \pm \beta, \\ N(p) &= (p - p_1)(p - p_2). \end{aligned}\right\} \tag{52}$$

Aus diesen letzteren Beziehungen folgt sofort, daß

$$G(0) = 2\alpha; \qquad N(0) = p_1 p_2 = \alpha^2 - \beta^2 = \frac{1}{LC}. \tag{53}$$

Wenn wir den Ausdruck $N'(p_i)$ berechnen, finden wir

$$N'(p_1) = [(p - p_2) + (p - p_1)]_{p=p_1} = p_1 - p_2 = 2\beta \tag{54}$$

und

$$N'(p_2) = p_2 - p_1 = -2\beta.$$

Setzen wir diese Beziehungen wieder ein, so wird

$$\begin{aligned} i &= \frac{U_0}{L}\left[\frac{2\alpha}{\frac{1}{LC}} + \frac{\alpha + \beta}{(-\alpha + \beta)\, 2\beta}\, \mathrm{e}^{(-\alpha+\beta)t} - \frac{\alpha - \beta}{(-\alpha - \beta)\, 2\beta}\, \mathrm{e}^{(-\alpha-\beta)t}\right] \\ &= \frac{U_0}{R}\left\{1 - \mathrm{e}^{-\alpha t}\left[\cosh \beta t + \frac{\alpha^2 + \beta^2}{2\alpha\beta} \sinh \beta t\right]\right\}. \end{aligned} \tag{55}$$

Dieser Ausdruck kann in dem Fall gut angewandt werden, wenn $\alpha^2 > 1/LC$, d. h. $\beta^2 > 0$, weil dann sämtliche vorkommenden Größen reell sind. Ist dagegen $\alpha^2 < 1/LC$, so wird β imaginär. Führen wir dann die Bezeichnung $\beta = \mathrm{j}\omega$ ein, wobei also

$$\omega = \sqrt{\frac{1}{LC} - \alpha^2},$$

so erhalten wir nachstehende Beziehung:

$$i(t) = \frac{U_0}{R}\left[1 - \mathrm{e}^{-\alpha t}\left(\cos \omega t + \frac{\alpha^2 - \omega^2}{2\alpha\omega} \sin \omega t\right)\right]. \tag{56}$$

Stellt L die Induktivität der Zuleitungen dar, so wird $\omega L \ll R$. Deshalb müssen wir von der zweiten Lösung Gebrauch machen. Dabei vernachlässigen wir α gegenüber $1/\sqrt{LC}$

$$\left.\begin{aligned} i(t) &\approx \frac{U_0}{R}\left[1 - \mathrm{e}^{-\alpha t}\left(\cos \omega t - \frac{R}{\omega L} \sin \omega t\right)\right], \\ \omega &\approx \frac{1}{\sqrt{LC}}. \end{aligned}\right\} \tag{57}$$

3. Beispiel: Mit Hilfe der Laplaceschen Transformation läßt sich die Begründung der komplexen Behandlungsweise harmonisch erregter Netzwerke leicht angeben. Wir bringen sie hier nur für einen passiven Zweipol. Es sei also

$$I(p) = \frac{U(p)}{Z(p)}.$$

Da $u(t) = U_0 \cos(\omega t + \varphi) = \operatorname{Re} U_0 \, e^{j\varphi} e^{j\omega t} = \operatorname{Re} U_m \, e^{j\omega t} = 1/2[U_m \, e^{j\omega t} + U_m^* \, e^{-j\omega t}]$ ist, wird die Laplace-Transformation

$$\mathscr{L}u(t) = \frac{1}{2} \frac{U_m}{p - j\omega} + \frac{1}{2} \frac{U_m^*}{p + j\omega}. \tag{58}$$

Es sei weiter $Z(p) = H(p)/G(p)$; dann wird die Antwortfunktion im p-Gebiet für das erste Glied:

$$\frac{1}{2} \frac{U_m}{p - j\omega} \frac{1}{Z(p)} = \frac{1}{2} U_m \frac{G(p)}{(p - j\omega)(p - p_1) \cdots (p - p_n)}.$$

(p_i sind die — als einfach angenommenen — Wurzeln von $H(p)$ und $p_0 \equiv j\omega$.) Wird diese Antwortfunktion in Teilbrüche zerlegt, so ergibt sich

$$\frac{1}{2} U_m \left[\frac{C_0}{p - j\omega} + \frac{C_1}{p - p_1} + \cdots + \frac{C_n}{p - p_n}\right].$$

Nach (23) erhalten wir für die zu diesem ersten Glied gehörende Zeitfunktion

$$i_1(t) = \frac{1}{2} U_m \sum_{i=0}^{n} \frac{G(p_i)}{\frac{d}{dp} [(p - j\omega) H(p)]_{\substack{p=j\omega \\ p=p_i}}} e^{p_i t} = \frac{1}{2} U_m \sum_{i=0}^{n} \frac{G(p_i)}{[(p - j\omega) H'(p) + H(p)]_{\substack{p=j\omega \\ p=p_i}}} e^{p_i t}$$

$$= \frac{1}{2} U_m \frac{G(j\omega)}{H(j\omega)} e^{j\omega t} + \frac{1}{2} U_m \sum_{i=1}^{n} \frac{G(p_i)}{(p_i - j\omega) H'(p_i)} e^{p_i t}.$$

Alle Glieder hinter dem Summationszeichen ergeben abklingende Schwingungen. Im eingeschwungenen Zustand bleibt also nur das erste Glied.

Die Antwortfunktion für das zweite Glied der Gleichung (58) ergibt sich entsprechend — im eingeschwungenen Zustand — zu

$$\frac{1}{2} U_m^* \frac{G(-j\omega)}{H(-j\omega)} e^{-j\omega t}.$$

Wir erhalten also für die Stromstärke im t-Gebiet

$$i(t) = \frac{1}{2} \frac{U_m}{Z(j\omega)} e^{j\omega t} + \frac{1}{2} \frac{U_m^*}{Z(-j\omega)} e^{-j\omega t} = \frac{1}{2} \left[\frac{U_m e^{j\omega t}}{Z(j\omega)} + \left(\frac{U_m e^{j\omega t}}{Z(j\omega)}\right)^*\right] = \operatorname{Re} \frac{U_m}{Z(j\omega)} e^{j\omega t}.$$

Damit haben wir unsere Behauptung bewiesen.

4. Beispiel: Untersuchen wir jetzt die einfachsten Differenzier- und Integrierschaltungen. Wir suchen also solche Vierpole, deren Ausgangsspannung den Differentialquotienten oder das Integral der Eingangsspannung darstellt. Es muß also eine der folgenden Gleichungen gelten:

$$U_2(p) = ApU_1(p),$$

$$U_2(p) = \frac{AU_1(p)}{p}.$$

A bedeutet hier eine beliebige Konstante.

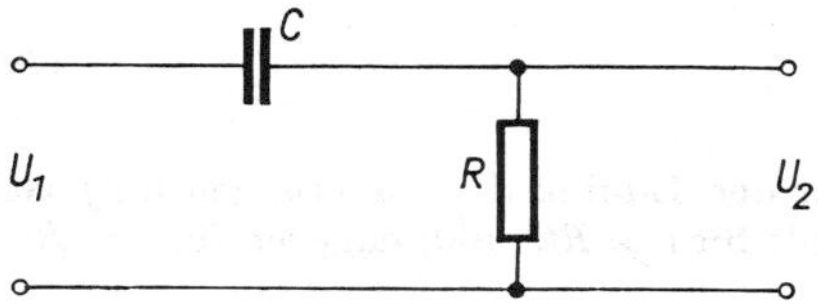

Abb. 3.70 Die einfachste Differenzierschaltung

Für die Schaltung in Abb. 3.70 gelten die folgenden Beziehungen:

$$U_2(p) = \frac{R}{1/pC + R}\, U_1(p) = \frac{CRp}{1 + CRp}\, U_1(p).$$

Wenn jetzt noch die Relationen

$$\left|\frac{1}{pC}\right| \gg R \quad \text{bzw.} \quad 1 \gg |RpC|$$

gelten, so wird:

$$U_2(p) \approx RCpU_1(p),$$

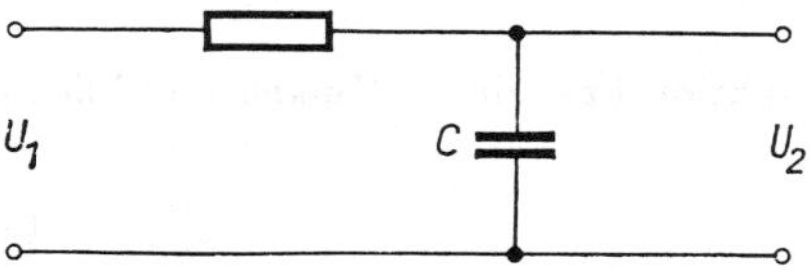

Abb. 3.71 Die einfachste Integrierschaltung

was in den t-Bereich transformiert lautet:

$$u_2(t) \approx RC\,\frac{\mathrm{d}u_1}{\mathrm{d}t}. \tag{59}$$

Für die Schaltung in Abb. 3.71 wird

$$U_2(p) = \frac{1/pC}{R + 1/pC}\, U_1(p) = \frac{1}{RCp + 1}\, U_1(p).$$

Wenn noch

$$R \gg \left|\frac{1}{Cp}\right| \quad \text{bzw.} \quad |RCp| \gg 1$$

angenommen werden kann, erhalten wir

$$U_2(p) \approx \frac{1}{RC}\,\frac{1}{p}\,U_1(p)\,.$$

Wieder in den t-Bereich transformiert, wird daraus

$$u_2(t) = \frac{1}{RC}\int^{t} u_1(t)\,\mathrm{d}t\,. \tag{60}$$

Mit Hilfe der Anfangswert-Theoreme (32) können wir den Einfluß der Näherungen im p-Gebiet auf die Funktionen im t-Gebiet beurteilen: (59) gilt für $t \gg RC$, (60) dagegen für $t \ll RC$.

3.9. Die Umkehrung der Laplace-Transformation

In Kapitel 3.5. haben wir das Fourier-Integral kennengelernt. Wir haben gesehen, daß der nichtperiodischen Funktion $f(t)$ das kontinuierliche Spektrum

$$F(\mathrm{j}\omega) = \int_{-\infty}^{+\infty} f(t)\,\mathrm{e}^{-\mathrm{j}\omega t}\,\mathrm{d}t \tag{1}$$

zugeordnet ist. Mit seiner Hilfe kann $f(t)$ in folgender Form dargestellt werden:

$$f(t) = \frac{1}{2\pi}\int_{-\infty}^{+\infty} F(\mathrm{j}\omega)\,\mathrm{e}^{\mathrm{j}\omega t}\,\mathrm{d}\omega\,. \tag{2}$$

Wir können also die Fourier-Transformierte der Funktion bzw. deren Umkehrung bilden:

$$\left.\begin{aligned} F(\mathrm{j}\omega) &= \mathscr{F} f(t)\,,\\ f(t) &= \mathscr{F}^{-1} F(\mathrm{j}\omega)\,. \end{aligned}\right\} \tag{3}$$

Die Bildung dieser Transformation ist möglich, wenn die Funktion $f(t)$ absolut integriert werden kann, d. h. also, wenn das Integral

$$\int_{-\infty}^{+\infty} |f(t)|\,\mathrm{d}t \tag{4}$$

einen endlichen Wert besitzt. Diese Bedingung schränkt die Anwendungsmöglichkeiten sehr ein.

Zur Laplace-Transformation gelangen wir über eine Verallgemeinerung der Fourier-Transformation. Wir multiplizieren nämlich die Funktion $f(t)$ mit einem Glied, das im positiven

Unendlichen schnell genug verschwindet, damit unser so gebildetes Produkt absolut integrierbar ist, z. B. mit e^{-ct}, wobei c eine positive reelle Zahl darstellt. Damit können wir natürlich im negativen Unendlichen in Schwierigkeiten geraten. Um diesen Schwierigkeiten zu entgehen, nehmen wir im Bereich $t < 0$ die Funktion $f(t)$ zu Null an und brauchen dann nur die Existenz des Integrals

$$\int_0^\infty |f(t)|\, e^{-ct}\, dt \tag{5}$$

zu fordern. σ_a sei jene Zahl, bei welcher für $c > \sigma_a$ obiges Integral schon existiert. Wir können also die Fourier-Transformation der Funktion $f(t)\, e^{-ct}$ bilden:

$$F(c + j\omega) = \int_0^\infty f(t)\, e^{-ct}\, e^{-j\omega t}\, dt, \quad \text{wenn} \quad c > \sigma_a, \tag{6a}$$

$$f(t)\, e^{-ct} = \frac{1}{2\pi} \int_{-\infty}^{+\infty} F(c + j\omega)\, e^{j\omega t}\, d\omega, \quad \text{wenn} \quad t \geqq 0. \tag{6b}$$

Auf diese Weise können wir für solche Funktionen, wie z. B. den Einheitssprung, für den die Transformation wegen der Divergenz des Integrals nicht direkt angewendet werden kann, die Fourier-Transformierte ermitteln: Wenn wir im Spektrum $F(c + j\omega)$ den Grenzübergang $c \to 0$ bilden (was nicht immer möglich ist), so erhalten wir das Spektrum der Funktion $f(t)$.

Die einfache Umformung obiger Gleichungen führt uns bereits zu der Laplace-Transformation und zu deren Umkehrung. Gleichung (6a) kann auch wie folgt geschrieben werden:

$$F(c + j\omega) = \int_0^\infty f(t)\, e^{-(c+j\omega)t}\, dt. \tag{7}$$

Multiplizieren wir beide Seiten von Gl. (6b) mit e^{ct}, so wird

$$f(t) = \frac{1}{2\pi} \int_{-\infty}^{+\infty} F(c + j\omega)\, e^{(c+j\omega)t}\, d\omega. \tag{8}$$

Bei Einführung der neuen Veränderlichen $c + j\omega$ gilt dann

$$f(t) = \frac{1}{2\pi j} \int_{c-j\infty}^{c+j\infty} F(c + j\omega)\, e^{(c+j\omega)t}\, d(c + j\omega). \tag{9}$$

Führen wir die Bezeichnung $c + j\omega = p$ ein, so erhalten wir

$$F(p) = \int_0^\infty f(t)\, e^{-pt}\, dt, \qquad \operatorname{Re} p > \sigma_a, \tag{10a}$$

$$f(t) = \frac{1}{2\pi j} \int_{c-j\infty}^{c+j\infty} F(p)\, e^{pt}\, dp, \qquad t \geqq 0. \tag{10b}$$

Der Integrationsweg ist in letzterer Gleichung eine zur imaginären Achse parallele beliebige Gerade, für welche $c > \sigma_a$. Dieser Satz ist als Fourier-Mellinscher Satz bekannt.

Man kann hieraus folgern, wenn wir die Funktion $F(p)$ nach Gl. (10a) bestimmen, d. h. die Laplace-Transformierte der Funktion bilden, daß diese Funktion selbst mit Hilfe der Laplace-Transformierten durch Gl. (10b) gegeben ist. Dieser Ausdruck muß auch bei negativen t-Werten den Funktionswert, d. h. Null, liefern. Hieraus kann man schon feststellen, wie der Integrationsweg zu wählen ist. Bisher war nur davon die Rede, daß als Integrationsweg eine zur imaginären Achse parallele Gerade zu wählen ist. Wegen dieser letzteren Forderung muß dieser

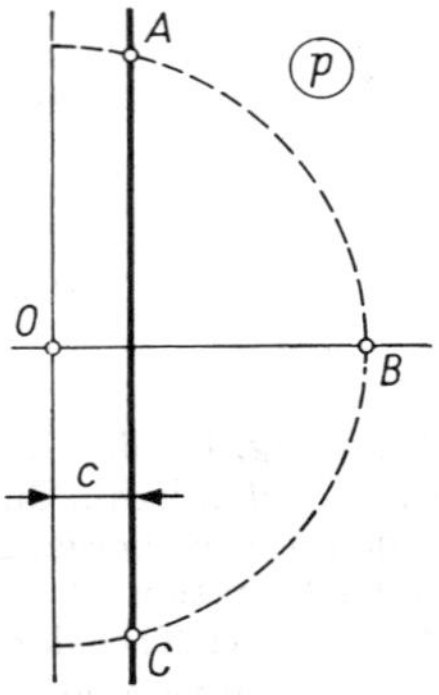

Abb. 3.72

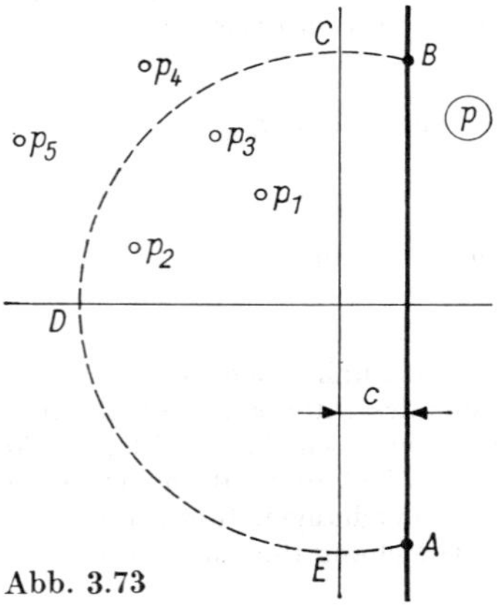

Abb. 3.73

Abb. 3.72 Wahl der Integrationsstrecke bei der Bestimmung der Funktion ($t < 0$)

Abb. 3.73 Bestimmung der Funktion $f(t) = \mathcal{L}^{-1}F(p)$ mit Hilfe des Residuensatzes ($t > 0$)

Integrationsweg aber auch so gewählt werden, daß die Funktion $F(p)$ rechts von dieser Geraden keinen singulären Punkt besitzt. Besitzt nämlich die Funktion $F(p)$ rechts von dieser Geraden tatsächlich keinen singulären Punkt, so besitzt auch die Funktion $F(p)\,e^{pt}$ keinen, weil die Funktion e^{pt} nirgends einen singulären Punkt besitzt. So wird also, wenn wir (gemäß Abb. 3.72) die Gerade mit einem vom Nullpunkt nach rechts fallenden Halbkreis abschließen, der Grenzwert des darüber erstreckten Integrals im Sinne des Jordanschen Satzes Null sein (s. Kap. 3.11.). Dagegen wird im Sinne des Satzes von Cauchy das über die gesamte geschlossene Kurve erstreckte Integral gleich Null, da die Funktion $F(p)\,e^{pt}$ rechts keinen singulären Punkt besitzt. Damit wird $f(t)$ bei negativen t-Werten tatsächlich gleich Null.

Im allgemeinen Fall erhalten wir die Umkehrung der Laplace-Transformation, also die Ausgangsfunktion $f(t)$, mittels einer Integration auf die in Gl. (10b) angegebene Weise. Dieses Linienintegral kann man sehr häufig (jedoch nicht immer) mit Hilfe des Residuensatzes bestimmen. Angenommen, die Funktion $F(p)$ besitzt nur Pole erster Ordnung. Diese singulären Punkte mögen sich links von dem nach Abb. 3.73 gewählten Integrationsweg befinden. Ergänzen wir das über eine der imaginären Achse parallele Gerade erstreckte Linienintegral unserer Abbildung entsprechend mit einem links vom Anfangspunkt liegenden Halbkreis und vergrößern wir den Halbmesser dieses Halbkreises über alle Grenzen, so wird das über die geschlossene Kurve $ABCDEA$ erstreckte Linienintegral dem Grenzwert des über die Strecke AB erstreckten Linienintegrals gleich, da das über die Strecke CDE erstreckte Linienintegral nach dem Jordanschen Satz Null sein wird. Die über die Strecken BC und AE erstreckten Integrale werden gleichfalls Null sein, weil die Funktion $F(p)$ bei zunehmenden $|p|$-Werten gegen Null strebt. (Diese Bedingung wird ausdrücklich angenommen.) Die Länge dieser Integrationswege bleibt endlich. Gleichzeitig bleibt auch die Funktion e^{pt} endlich. Auf diese Weise stimmt also der Grenzwert des über die geschlossene Kurve *ABCDEA* erstreckten Integrals mit dem Wert des gesuchten Ausdruckes

$$\int_{c-j\infty}^{c+j\infty} F(p)\, e^{pt}\, dp \tag{11}$$

überein. Andererseits ist nach dem Residuensatz (siehe Kap. 3.11.) das über die geschlossene Kurve erstreckte Integral gleich der Summe der Residuen von jenen singulären Punkten, die innerhalb dieser geschlossenen Kurve liegen. Es gilt also

$$f(t) = \frac{1}{2\pi j} \int_{c-j\infty}^{c+j\infty} F(p)\, e^{pt}\, dt = \sum_{i=1}^{\infty} a_{-1}^{(i)}. \tag{12}$$

Speziell in dem Fall, in dem die Funktion $F(p)$ in der Form

$$F(p) = \frac{G(p)}{H(p)} \tag{13}$$

geschrieben werden kann, wobei $H(p)$ die einfachen Wurzeln $p_1, p_2, \ldots, p_i, \ldots$ besitzt, werden sich die Werte der einzelnen Residuen nach Gl. 3.11.(22) wie folgt gestalten:

$$a_{-1}^{(i)} = \frac{G(p_i)}{H'(p_i)}. \tag{14}$$

Das Residuum der Funktion $F(p)\, e^{pt}$ wird zu

$$a_{-1}^{(i)} = \frac{G(p_i)}{H'(p_i)}\, e^{p_i t}. \tag{15}$$

Somit lautet also die gesuchte Funktion $f(t)$:

$$f(t) = \sum_{i=1}^{\infty} \frac{G(p_i)}{H'(p_i)}\, e^{p_i t}. \tag{16}$$

Wir können diese Beziehung, auch wenn der Punkt $p_0 = 0$ ebenfalls eine Nullstelle des Nenners ist, folgendermaßen schreiben:

$$f(t) = \frac{G(0)}{N(0)} + \sum_{i=1}^{\infty} \frac{G(p_i)}{p_i N'(p_i)}\, e^{p_i t}. \tag{17}$$

Damit erhielten wir gerade den Heavisideschen Entwicklungssatz.

Der Fourier-Mellinsche Satz besagt mehr als der Entwicklungssatz. Er kann auch dann Verwendung finden, wenn letzterer nicht benutzt werden kann; so z. B. bei der Umkehrung von mehrwertigen Funktionen. Die Auswertung des Linienintegrals in der komplexen Zahlenebene ist im allgemeinen, selbst bei verhältnismäßig einfachen Fällen, eine sehr schwere und komplizierte Aufgabe. Bei praktischen Aufgaben braucht man heute diese Integration nur selten durchzuführen, weil ausgearbeitete und zusammenfassende Tabellen zur Verfügung stehen. Die am häufigsten auftretenden Funktionen und die diesen zugeordneten Laplace-Transformierten können der Tabelle 3.2. entnommen werden.

Ein Teil von ihnen wurde durch die Beziehung

$$F(p) = \int_0^\infty f(t)\, e^{-pt}\, dt,$$

durch welche die Laplace-Transformation definiert wird, bestimmt, wobei die Funktion $f(t)$ als Ausgangspunkt gewählt wurde. Ein anderer Teil wurde hingegen durch Anwendung des Satzes

$$f(t) = \frac{1}{2\pi j} \int_{c-j\infty}^{c+j\infty} F(p)\, e^{pt}\, dt$$

gefunden, wobei von der Funktion $F(p)$ ausgegangen wurde.

3.10. Die wechselseitigen Beziehungen zwischen den charakteristischen Funktionen eines linearen Netzwerkes

Zur Charakterisierung eines linearen Netzwerkes benutzten wir die folgenden Funktionen:

Die Gewichtsfunktion $h(t)$ ist die Antwortfunktion der Erregungsfunktion $\delta(t)$.

Die Übergangsfunktion $y(t)$ ist die Antwortfunktion der Erregungsfunktion $1(t)$. Zwischen diesen beiden Funktionen besteht der Zusammenhang $h(t) = dy/dt$. Mit ihrer Hilfe kann die Antwort einer beliebigen Erregungsfunktion $u(t)$ ausgedrückt werden:

$$i(t) = \frac{d}{dt} \int_0^t u(\tau)\, y(t-\tau)\, d\tau, \tag{1}$$

oder in anderer Form:

$$i(t) = u(t)\, y(0) + \int_0^t u(\tau)\, h(t-\tau)\, d\tau. \tag{2}$$

Die Transferfunktion $H(p)$ ist die Laplace-Transformierte der Gewichtsfunktion $h(t)$. $H(j\omega)$ ist die Fourier-Transformierte von $h(t)$. Bezeichnet $F(p)$ bzw. $F(j\omega)$ die Laplace- bzw. Fourier-Transformierte einer Erregungsfunktion, dann ist im allgemeinen die Laplace- bzw. Fourier-Transformation der Antwortfunktion dieser Erregungsfunktion:

$$G(p) = H(p)\, F(p), \tag{3}$$

$$G(j\omega) = H(j\omega)\, F(j\omega).$$

Wenn $f(t) = \delta(t)$ ist, dann wird

$$F(p) = F(j\omega) = 1,$$

und daraus folgt

$$G(p) \equiv H(p), \quad (4)$$
$$G(j\omega) \equiv H(j\omega).$$

Wenn $f(t) = 1(t)$ ist, dann wird

$$G(p) = H(p)\,\frac{1}{p}. \quad (5)$$

Da jetzt

$$\mathscr{L}y(t) = Y(p), \quad (6)$$

wird

$$H(p) = pY(p). \quad (7)$$

Es wird also endgültig

$$G(p) = pY(p)\,F(p). \quad (8)$$

Die inverse Transformation der Gleichungen (8) und (3) führt durch Anwendung des Faltungssatzes beim Anfangswert Null zu:

$$g(t) = \frac{d}{dt}\int_0^t f(\tau)\,y(t-\tau)\,d\tau \quad (9)$$

bzw.

$$g(t) = \int_0^t f(\tau)\,h(t-\tau)\,d\tau. \quad (10)$$

In der nachstehenden Tabelle fassen wir die wechselseitigen Relationen zusammen:

Erregungsfunktion	$\delta(t)$	$1(t)$	$e^{j\omega t}$
Antwortfunktion im t-Gebiet	$h(t) = \frac{dy}{dt}$	$y(t)$	$H(j\omega)\,e^{j\omega t}$
Antwortfunktion im p-Gebiet	$H(p)$	$\frac{H(p)}{p}$	$\frac{H(j\omega)}{p - j\omega}$.

Zum Schluß untersuchen wir noch den Zusammenhang zwischen $H(p)$ und $H(j\omega)$ oder allgemeiner zwischen der Laplace-Transformierten und der Fourier-Transformierten einer Funktion. Da

$$F(j\omega) = \int_0^\infty f(t)\, e^{-j\omega t}\, dt \tag{11}$$

ist, wird diese Gleichung in solchen Fällen, wo das Konvergenzgebiet der Funktion $F(p)$ die $j\omega$-Achse enthält, einen speziellen Fall der Gleichung

$$F(p) = \int_0^\infty f(t)\, e^{-pt}\, dt \tag{12}$$

darstellen. In diesem Fall wird also

$$F(j\omega) = F(p)_{p=j\omega}. \tag{13}$$

Dies bedeutet, daß man die Fourier-Transformierte aus der Laplace-Transformierten durch Einsetzen von $p = j\omega$ erhält.

Wenn die $j\omega$-Achse außerhalb des Konvergenzbereiches liegt, wird das Integral (11) divergent, d. h., es gibt keine Fourier-Transformierte.

Wenn der Konvergenzbereich durch die $j\omega$-Achse begrenzt wird, auf der Achse aber Pole existieren, wird der Zusammenhang zwischen $F(p)$ und $F(j\omega)$ ein wenig komplizierter. Es sei z. B.

$$F(p) = \frac{1}{p - j\omega_0}. \tag{14}$$

Dann wird, wie wir schon wissen,

$$f(t) = \mathcal{L}^{-1}F(p) = 1(t)\, e^{j\omega_0 t}. \tag{15}$$

Wir kennen auch die Fourier-Transformierte

$$\mathcal{F}\ 1(t)\, e^{j\omega_0 t} = \pi\delta(\omega - \omega_0) + \frac{1}{j(\omega - \omega_0)}. \tag{16}$$

In diesem speziellen Fall wird also

$$F(j\omega) = \pi\delta(\omega - \omega_0) + F(p)_{p=j\omega}. \tag{17}$$

Nehmen wir jetzt den allgemeineren Fall

$$F(p) = F_0(p) + \sum_{m=1}^{n} \frac{a_m}{p - j\omega_m}, \tag{18}$$

wo die Funktion $F_0(p)$ weder in der rechten Halbebene noch auf der $j\omega$-Achse Singularitäten besitzt. Die zu dieser Funktion gehörende Fourier-Transformierte wird also

$$F_0(j\omega) = F_0(p)_{p=j\omega}.$$

Auf diese Weise wird:

$$F(j\omega) = F_0(p)|_{p=j\omega} + \sum_{m=1}^{n} \frac{a_m}{p - j\omega_m}\bigg|_{p=j\omega} + \pi \sum_{m=1}^{n} a_m\delta(\omega - \omega_m)$$

$$= F(p)|_{p=j\omega} + \pi \sum_{m=1}^{n} a_m\delta(\omega - \omega_m). \quad (19)$$

3.11. Weitere Sätze der Funktionentheorie

Es sei eine beliebige geschlossene Kurve g in der z-Ebene gegeben; weiter nehmen wir an, daß die Funktion $f(z)$ in dem von g begrenzten Gebiet und auf der Grenzlinie g selbst regulär ist. Dann gilt der Hauptsatz der Theorie der komplexen Funktionen, der Cauchysche Satz:

$$\oint_g f(z)\,dz = 0.$$

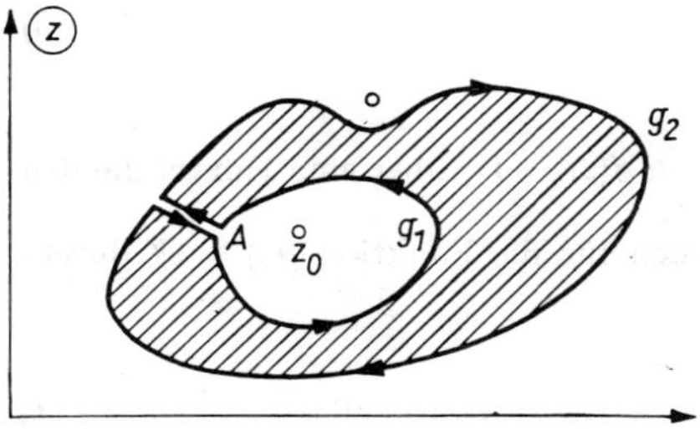

Abb. 3.74 Der Wert eines Integrals über eine geschlossene Kurve, die einen singulären Punkt umgibt, hängt nicht von der Form der Kurve ab, solange diese keinen weiteren singulären Punkt umgibt (Punkt B liegt gegenüber A)

Aus diesem Satz folgt sofort, daß der Wert des Linienintegrals

$$\int_{z_1}^{z_2} f(z)\,dz$$

für alle Linien, die durch solche stetigen Deformationen ineinander übergeführt werden können, bei welchen keine Singularitätsstelle überstrichen wird, der gleiche bleibt.

Nehmen wir jetzt an, die Funktion $f(z)$ sei im Punkt $z = z_0$ (Abb. 3.74) nicht differenzierbar, z_0 sei also ein singulärer Punkt der Funktion. Wie man leicht sieht, hängt das Integral über die diesen Punkt umgebende Kurve — obgleich es im allgemeinen nicht Null ergibt — nicht von deren Form ab, sofern sie keinen weiteren singulären Punkt umschließt. Um dies zu zeigen, zerschneiden wir z. B. die in der Abbildung dargestellten beiden geschlossenen Kurven derart, daß wir eine geschlossene Kurve erhalten, innerhalb der die Funktion $f(z)$ überall regulär ist. Der Satz von CAUCHY kann also angewendet werden, und es wird

$$\oint f(z)\,dz = \oint_{g_1} f(z)\,dz + \int_{AB} f(z)\,dz + \oint_{g_2} f(z)\,dz + \int_{BA} f(z)\,dz = 0. \tag{1}$$

Die Integrale über AB bzw. BA sind vom gleichen Betrag, haben aber entgegengesetztes Vorzeichen; sie ergeben zusammen also Null. Es verbleibt

$$\oint_{g_1} f(z)\,dz = -\oint_{g_2} f(z)\,dz = \oint_{g_2} f(z)\,dz. \tag{2}$$

Dies besagt, daß das Linienintegral über eine Kurve, die einen singulären Punkt umhüllt, von der Kurvenform unabhängig ist.

Berechnen wir als Beispiel den Wert des Integrals

$$\oint \frac{1}{z}\,dz$$

über die den Punkt $z_0 = 0$ umhüllende Kurve. Da $z_0 = 0$ der singuläre Punkt der Funktion ist, kann der Satz von CAUCHY für alle jene Kurven nicht angewendet werden, die den Anfangspunkt des Koordinatensystems umgeben. Das Linienintegral sämtlicher übrigen geschlossenen Kurven ergibt Null. Wir können aber auf Grund unserer bisherigen Untersuchungen den Integralwert für eine beliebige den Mittelpunkt umgebende Kurve berechnen. Wir wissen nämlich, daß der Wert dieses Integrals von der Wahl der Kurve nicht abhängt, und wählen also für den Weg des Integrals den Einheitskreis. In diesem einfachen Fall ist

$$\oint_k \frac{1}{z}\,dz = \int_0^{2\pi} \frac{1}{e^{j\varphi}}\, j e^{j\varphi}\, d\varphi = \int_0^{2\pi} j\, d\varphi = 2\pi j. \tag{3}$$

Wir stellen also fest, daß das Linienintegral der Funktion $f(z) = 1/z$ über eine Kurve, die den Anfangspunkt einmal beliebig umschließt, gleich $2\pi j$ ist.

Wir können obige Integration etwas allgemeiner auch für die Funktion $f(z) = z^n$ durchführen, wenn wir voraussetzen, daß $n \neq -1$ ist:

$$\oint_k z^n\,dz = \int_0^{2\pi} e^{jn\varphi} j e^{j\varphi}\,d\varphi = \frac{1}{n+1}\left[e^{j(n+1)2\pi} - 1\right] = 0 \qquad (n \text{ ist ganzzahlig}). \tag{4}$$

Dies bedeutet, daß das Linienintegral von z^n über eine den Mittelpunkt umschließende beliebige Kurve bei sämtlichen n-Werten, ausgenommen $n = -1$, den Wert Null ergibt.

Wir gelangen zu denselben Werten, wenn wir das Linienintegral der Funktion $f(z) = (z - z_0)^n$ einer geschlossenen Kurve untersuchen, die den Punkt $z = z_0$ umgibt. Es ist

$$\oint_L \frac{dz}{(z - z_0)^n} = \begin{Bmatrix} 0, & n \neq 1, \\ 2\pi j, & n = 1. \end{Bmatrix} \tag{5}$$

Diese Beziehung werden wir im folgenden anwenden.

An Hand unseres Beispieles und des Integralsatzes von Cauchy können wir sofort feststellen: Ist die Funktion in einem Bereich regulär, so gilt für sämtliche Punkte innerhalb der in diesem Bereich liegenden geschlossenen Kurve

$$f(z) = \frac{1}{2\pi j} \oint_L \frac{f(\zeta)}{\zeta - z} \, d\zeta . \tag{6}$$

Der Wert der Funktion kann also aus ihren am Rande angenommenen Werten berechnet werden. Es ist nämlich

$$\frac{1}{2\pi j} \oint_L \frac{f(\zeta)}{\zeta - z} \, d\zeta = \frac{1}{2\pi j} \oint_L \frac{f(z)}{\zeta - z} \, d\zeta + \frac{1}{2\pi j} \oint_L \frac{f(\zeta) - f(z)}{\zeta - z} \, d\zeta . \tag{7}$$

Hierbei kann der Wert des ersten Gliedes der rechten Seite nach der Beziehung (5) durch

$$\frac{1}{2\pi j} \oint_L \frac{f(z)}{\zeta - z} \, d\zeta = \frac{f(z)}{2\pi j} \oint_L \frac{d\zeta}{\zeta - z} = f(z) \tag{8}$$

dargestellt werden.

Der Wert des zweiten Gliedes ist gleich Null. Das Linienintegral in der Umgebung des einzigen singulären Punktes $\zeta = z$ kann durch Integration über einen beliebig kleinen Kreis vom Radius r ersetzt werden. Ist r derart klein, daß $|f(\zeta) - f(z)| < \varepsilon$, dann gilt

$$\left| \frac{1}{2\pi j} \oint_L \frac{f(\zeta) - f(z)}{\zeta - z} \, d\zeta \right| \leqq \frac{1}{2\pi} \frac{\varepsilon}{r} 2\pi r = \varepsilon \to 0 . \tag{9}$$

Damit haben wir unsere Beziehung (6) bewiesen.

Ebenso wie die reelle Funktion in der Umgebung eines beliebigen x_0-Wertes nach zunehmenden Potenzen von $(x - x_0)$ in eine Reihe entwickelt werden kann, läßt sich auch die im Punkt $z = z_0$ und in dessen Umgebung reguläre Funktion in der komplexen Zahlenebene in eine Taylor-Reihe entwickeln. Sie kann also als eine unendliche Reihe zunehmender positiver ganzzahliger Potenzen von $(z - z_0)$ dargestellt werden:

$$f(z) = a_0 + a_1(z - z_0) + a_2(z - z_0)^2 + \cdots + a_n(z - z_0)^n + \cdots = \sum_{n=0}^{\infty} a_n(z - z_0)^n . \tag{10}$$

Ist dagegen der Punkt $z = z_0$ der singuläre Punkt der Funktion $f(z)$, so kann die Funktion in der Umgebung dieses Punktes in die sogenannte Laurentsche Reihe entwickelt werden:

$$f(z) = \cdots + \frac{a_{-n}}{(z - z_0)^n} + \cdots + \frac{a_{-2}}{(z - z_0)^2} + \frac{a_{-1}}{z - z_0} + a_0 + a_1(z - z_0) + \cdots = \sum_{n=-\infty}^{+\infty} a_n (z - z_0)^n . \tag{11}$$

In dieser Reihe treten neben den positiven Potenzen des Ausdruckes $(z - z_0)^n$ auch negative Potenzen auf. Je nachdem, ob die Laurentsche Reihe der Funktion eine endliche oder unendliche Anzahl von Gliedern mit negativen Exponenten enthält, besitzt die Funktion an der Stelle $z = z_0$ eine unwesentliche Singularität, d. h. einen Pol, oder eine wesentliche Singularität. Die Ordnung des Pols wird durch die Anzahl der Glieder bestimmt, die in der Laurentschen Reihe mit negativen Exponenten auftreten. Der Wert der Funktion an den Polen ist demnach unendlich groß. Dagegen verhält sich die Funktion in wesentlich singulären Punkten ganz eigenartig: Sie kann, je nachdem aus welcher Richtung wir uns einem solchen wesentlich singulären Punkt nähern, gegen jeden beliebigen Wert streben.

In den folgenden Kapiteln werden wir sehen, daß man viele Probleme der Elektrotechnik mit Hilfe eines über eine geschlossene Kurve erstreckten Linienintegrals lösen kann. Es ist daher erwünscht, den Wert derartiger Integrale auch dann ermitteln zu können, wenn die betreffende Funktion in dem von der Kurve umschlossenen Bereich nicht regulär ist. Auf welche Weise dies möglich ist, soll im folgenden untersucht werden. Angenommen, die Funktion $f(z)$ besitze im Innern des von der geschlossenen Kurve L umgebenen Bereiches (Abb. 3.75)

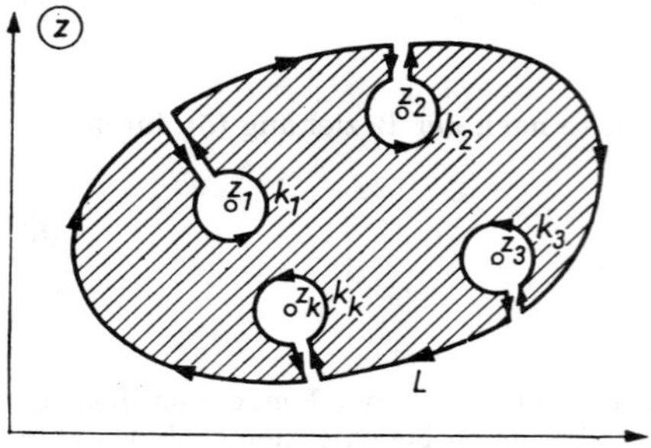

Abb. 3.75 Berechnung eines über eine geschlossene Kurve erstreckten Integrals, wenn die Kurve singuläre Punkte umgibt

singuläre Punkte. Wählen wir nun den Integrationsweg der Abbildung entsprechend, so ist $f(z)$ im Innern des von der Kurve umgebenen Bereiches überall regulär, da wir die singulären Punkte ausgeschlossen haben. Es kann also wieder der Satz von Cauchy angewandt werden:

$$\oint_L + \oint_{k_1} + \oint_{k_2} + \cdots + \oint_{k_k} + \int_{\rightleftarrows} = 0. \tag{12}$$

Berücksichtigen wir aber, daß wir das Integral der Verbindungslinien der einzelnen Kurven einmal in der einen Richtung, sodann in der entgegengesetzten Richtung zu bilden haben, so gelangen wir zu folgender Beziehung:

$$\oint_L f(z)\,\mathrm{d}z = \oint_{k_1} f(z)\,\mathrm{d}z + \oint_{k_2} f(z)\,\mathrm{d}z + \cdots + \oint_{k_k} f(z)\,\mathrm{d}z. \tag{13}$$

Wir erhalten also das Integral der Funktion längs einer geschlossenen Kurve, wenn wir die längs der die einzelnen singulären Punkte umgebenden kleinen Kreise gebildeten Linienintegrale k_i summieren.

Wir bilden nun in der Umgebung des singulären Punktes $z = z_i$ die Laurentsche Reihe der Funktion $f(z)$:

$$f(z) = \cdots + \frac{a_{-2}^{(i)}}{(z - z_i)^2} + \frac{a_{-1}^{(i)}}{z - z_i} + a_0^{(i)} + a_1^{(i)}(z - z_i) + a_2^{(i)}(z - z_i)^2 + \cdots. \tag{14}$$

Wir integrieren die rechte und die linke Seite dieser Beziehung über den Kreis, der den Punkt $z = z_i$ umgibt. Wir wissen, daß nach Gl. (5) sämtliche Glieder gleich Null werden, mit Ausnahme des Gliedes, dessen Exponent $n = -1$ ist. Das Integral dieses Gliedes aber ist $2\pi j$. Das Integral der Funktion, das wir über den kleinen Kreis erstrecken, der den Pol z_i ausschließt, hat also den Wert

$$\oint_{k_i} f(z)\,dz = 2\pi j a_{-1}^{(i)}. \tag{15}$$

Der Koeffizient a_{-1} der Laurentschen Reihe wird als Residuum bezeichnet. Diese Beziehung gilt selbstverständlich für sämtliche singulären Punkte. Damit ist also das über eine geschlossene Kurve erstreckte Linienintegral gegeben zu

$$\oint_L f(z)\,dz = 2\pi j[a_{-1}^{(1)} + a_{-1}^{(2)} + \cdots + a_{-1}^{(k)}] = 2\pi j \sum_{i=1}^{k} a_{-1}^{(i)}. \tag{16}$$

Dieser Satz wird der Residuensatz genannt. Er besagt, daß wir das über eine beliebige geschlossene Kurve erstreckte Linienintegral erhalten, wenn wir das Residuum jener singulären Punkte, welche in dem von dieser Kurve umgebenen Bereich liegen (also die in der Reihenentwicklung der Potenz $n = -1$ zugeordnete Konstante), mit $2\pi j$ multiplizieren. Dieser Satz leistet uns bei der numerischen Berechnung der Linienintegrale eine sehr große Hilfe, weil das in Rede stehende Glied der um die einzelnen singulären Punkte gebildeten Reihenentwicklungen sehr oft einfach bestimmt werden kann.

Es besitze z. B. die Funktion $f(z)$ an der Stelle $z = z_0$ einen Pol erster Ordnung, d. h., ihre Laurentsche Reihe habe folgende Form:

$$f(z) = \frac{a_{-1}}{z - z_0} + a_0 + a_1(z - z_0) + \cdots. \tag{17}$$

Multiplizieren wir beide Seiten dieser Gleichung mit $(z - z_0)$, so erhalten wir

$$(z - z_0)\,f(z) = a_{-1} + (z - z_0)\,[a_0 + a_1(z - z_0) + \cdots]. \tag{18}$$

Setzen wir nun in diese Beziehung den Wert $z = z_0$ ein, so werden auf der rechten Seite bis auf das erste Glied sämtliche Glieder zu Null. Auf der linken Seite erhalten wir jedoch eine unbestimmte Form, weil an dieser Stelle $f(z)$ gegen Unendlich, $(z - z_0)$ aber gegen Null strebt. Den Wert dieser unbestimmten Form können wir also anstatt durch unmittelbares Einsetzen durch eine Limesbildung finden. Es wird also

$$a_{-1} = \lim_{z\to z_0} (z - z_0)\,f(z). \tag{19}$$

Nehmen wir an, daß die auftretende Funktion $f(z)$ in der Form

$$f(z) = \frac{G(z)}{H(z)} \tag{20}$$

geschrieben werden kann und daß z_0 eine einfache Nullstelle der Funktion $H(z)$ ist. Die Funktion $G(z)$ sei dagegen in der Umgebung dieser Stelle regulär. Den Wert des Ausdruckes

$$a_{-1} = \lim_{z\to z_0} (z - z_0)\,f(z) = \lim_{z\to z_0} (z - z_0)\,\frac{G(z)}{H(z)} \tag{21}$$

können wir in diesem Fall nach der l'Hospitalschen Regel bestimmen:

$$a_{-1} = \lim_{z \to z_0} \frac{\frac{d}{dz} [(z - z_0)\, G(z)]}{\frac{d}{dz}\, H(z)} = \frac{G(z_0)}{H'(z_0)}. \tag{22}$$

Umgibt die betrachtete Kurve k einfache Wurzeln des Nenners, so beträgt der Wert des Linienintegrals

$$\oint_L f(z)\, dz = 2\pi j \sum_{i=1}^{k} \frac{G(z_i)}{H'(z_i)}. \tag{23}$$

Dieser Ausdruck ist der rechten Seite des Heavisideschen Entwicklungssatzes schon sehr ähnlich und liefert — wie wir sehen — dessen strengen Beweis.

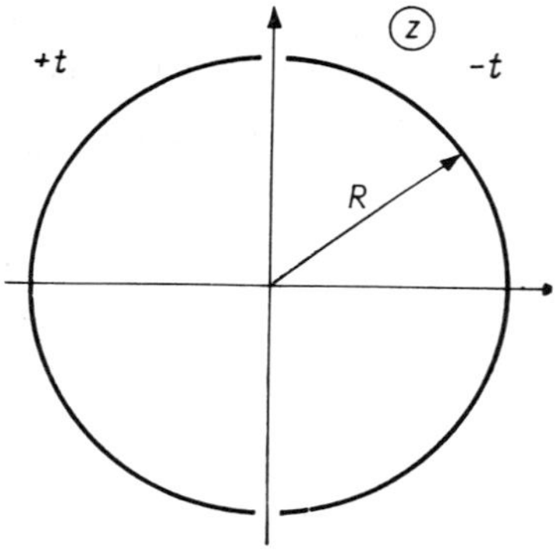

Abb. 3.76
Integrationsbereich des Jordanschen Hilfssatzes

In Kap. 3.9. haben wir einen Hilfssatz von JORDAN angewandt, dessen Inhalt wir hier ohne Beweis angeben. Gegeben sei die analytische Funktion $\Phi(z)$, die bei zunehmendem $|z|$-Wert gleichmäßig gegen Null konvergiert. Hierfür gilt der Jordansche Hilfssatz

$$\lim_{R \to \infty} \int_L \Phi(z)\, e^{zt}\, dz = 0. \tag{24}$$

Die Integration bei negativen t-Werten ist über einen Halbkreis zu erstrecken, dessen Halbmesser R beträgt und der rechts vom Anfangspunkt liegt. Bei positiven t-Werten dagegen müssen wir über einen solchen Halbkreis vom Radius R integrieren, der links vom Anfangspunkt liegt (Abb. 3.76).

Auf Grund des Residuensatzes können wir einfach die Differenz der Anzahl der Pole und Nullstellen einer Funktion $f(z)$ in einem beliebigen durch eine geschlossene Kurve abgegrenzten Gebiet bestimmen. Untersuchen wir nun das Linienintegral der Funktion

$$\frac{dw}{dz} = \frac{d}{dz}(u + jv) = \frac{d}{dz} \ln f(z). \tag{25}$$

Es wird dann

$$\oint_C \mathrm{d}w = \oint_C \frac{\mathrm{d}w}{\mathrm{d}z}\,\mathrm{d}z = \oint_C \left(\frac{\mathrm{d}u}{\mathrm{d}z} + \mathrm{j}\,\frac{\mathrm{d}v}{\mathrm{d}z}\right)\mathrm{d}z = \oint_C \frac{f'(z)}{f(z)}\,\mathrm{d}z. \tag{26}$$

Um den Residuensatz anwenden zu können, müssen wir die Pole der Funktion $f'(z)/f(z)$ kennen. Es sei z_0 eine Nullstelle oder ein Pol n-ter Ordnung der Funktion $f(z)$. Dies bedeutet, daß die Funktion in der Form

$$f(z) = (z - z_0)^n\, g(z) \tag{27}$$

geschrieben werden kann, wo n positiv ist, wenn z_0 eine Nullstelle, und negativ, wenn z_0 ein Pol ist. Die Funktion $g(z)$ hat weder Nullstellen noch Pole in der Nähe von z_0. Da

$$f'(z) = n(z - z_0)^{n-1}\, g(z) + (z - z_0)^n\, g'(z), \tag{28}$$

wird also

$$\frac{f'(z)}{f(z)} = \frac{n}{z - z_0} + \frac{g'(z)}{g(z)}. \tag{29}$$

Die Funktion $f'(z)/f(z)$ besitzt einen Pol an der Stelle $z = z_0$, dessen Residuum positiv wird, wenn z_0 eine Nullstelle, und negativ, wenn z_0 ein Pol ist. Der Wert des Residuums ist mit der Ordnung der Nullstelle bzw. des Pols identisch. Es wird also

$$\oint_C \frac{f'(z)}{f(z)}\,\mathrm{d}z = 2\pi\mathrm{j}(P - N), \tag{30}$$

wobei P die Anzahl aller Pole, N die Anzahl aller Nullstellen bedeutet. Somit haben wir einen Zusammenhang mit der Differenz der Anzahl der Pole und der Nullstellen. Eine genaue Angabe über die Anzahl der Pole erhalten wir nur dann, wenn die Anzahl der Nullstellen irgendwie bekannt ist.

Der Gl. (30) kann eine anschauliche Bedeutung zugeschrieben werden. Da wir das Integral eines totalen Differentials bestimmt haben, kann Gl. (30) auch in folgender Form geschrieben werden:

$$\oint_C \mathrm{d}w = \oint_C \frac{f'(z)}{f(z)}\,\mathrm{d}z = 2\pi\mathrm{j}(P - N) = w|_1^2. \tag{31}$$

Dies ist so zu verstehen, daß wir von einem bestimmten Punkt z_1 auf der Kurve C ausgegangen sind. Dem Punkt z_1 entspreche der Punkt w_1. Wenn wir nach Durchlaufen der geschlossenen Kurve C wieder zum Ausgangspunkt z_1 zurückgekehrt sind, sind wir zu dem Punkt w_2 in der w-Ebene gelangt. Der Wert des Integrals wird also

$$w|_1^2 = w_2 - w_1. \tag{32}$$

Dies kann noch in die folgende Form gebracht werden:

$$w|_1^2 = u|_1^2 + \mathrm{j}v|_1^2 = 2\pi\mathrm{j}(P - N). \tag{33}$$

Da die rechte Seite rein imaginär ist, wird $u|_1^2 = 0$. Es wird also

$$v|_1^2 = 2\pi(P - N). \tag{34}$$

Wir wissen aber, daß

$$\ln f(z) = \ln |f(z)| + \mathrm{j} \operatorname{arc} f(z) \tag{35}$$

ist. Es wird also

$$\operatorname{arc} f(z)|_1^2 = 2\pi(P - N). \tag{36}$$

Die geometrische Bedeutung dieser Beziehung ist die folgende. Gehen wir wieder von dem Punkt z_1 der geschlossenen Kurve C aus. Beim Durchlaufen dieser Kurve C beschreiben die Punkte $w = f(z)$ eine andere Kurve. Wenn durch diese Kurve der Punkt $w = 0$ einmal umschlungen wird, ändert sich arc $f(z)$ um 2π. Gleichung (36) besagt also, daß bei einem vollen Umlauf entlang der Kurve C die Kurve $f(z)$ sooft den Punkt $w = 0$ umschlingt, wie die Differenz zwischen der Anzahl der Pole und der der Nullstellen angibt. Diesen Satz haben wir schon bei der Untersuchung der Stabilität der Netzwerke benutzt.

3.12. Die allgemeinste Formulierung der Grundgleichungen linearer Netzwerke mit konzentrierten Parametern

3.12.1. Die Grundlagen der Netzwerktopologie

Das Netzwerk wird topologisch durch seinen Graphen charakterisiert. Wir erhalten den Graphen eines Netzwerkes, indem wir die Zweige durch einfache Linien ersetzen; die Generatoren werden ausgeschaltet: ein idealer Spannungsgenerator wird durch einen kurzgeschlossenen, ein idealer Stromgenerator durch einen offenen Zweig ersetzt.

Ein Graph besteht also aus Knotenpunkten und Zweigen, die diese Knotenpunkte verbinden. Ein beliebig herausgegriffener Teil des Graphen heißt Untergraph oder Subgraph. Er besteht also aus Elementen (Knotenpunkten, Zweigen) des Originalgraphen.

Wenn man von einem beliebigen Knotenpunkt des Graphen längs aneinander *anschließender* Zweige zu jedem anderen Knotenpunkt gelangen kann, spricht man von einem *zusammenhängenden* Graphen. Andernfalls besteht der Graph aus mehreren Teilgraphen, deren jeder nur in sich zusammenhängend ist. Solche separate Untergraphen erhält man in Netzwerken mit induktiv gekoppelten Teilen (Abb. 3.77). Die elektrische Seite des Problems macht es meistens möglich, je einen Punkt der Teilgraphen zu einem gemeinsamen Punkt zu vereinigen (z. B. durch Erdung), so daß ein zusammenhängender Graph entsteht.

Ein Zweig, der nur in einem seiner Endpunkte an den Graphen anschließt, heißt Endzweig. Wir beschäftigen uns nur mit solchen Graphen, die keine Endzweige enthalten.

Im weiteren werden die folgenden drei Untergraphen die Hauptrolle spielen: die Masche, der Baum und der Schnitt.

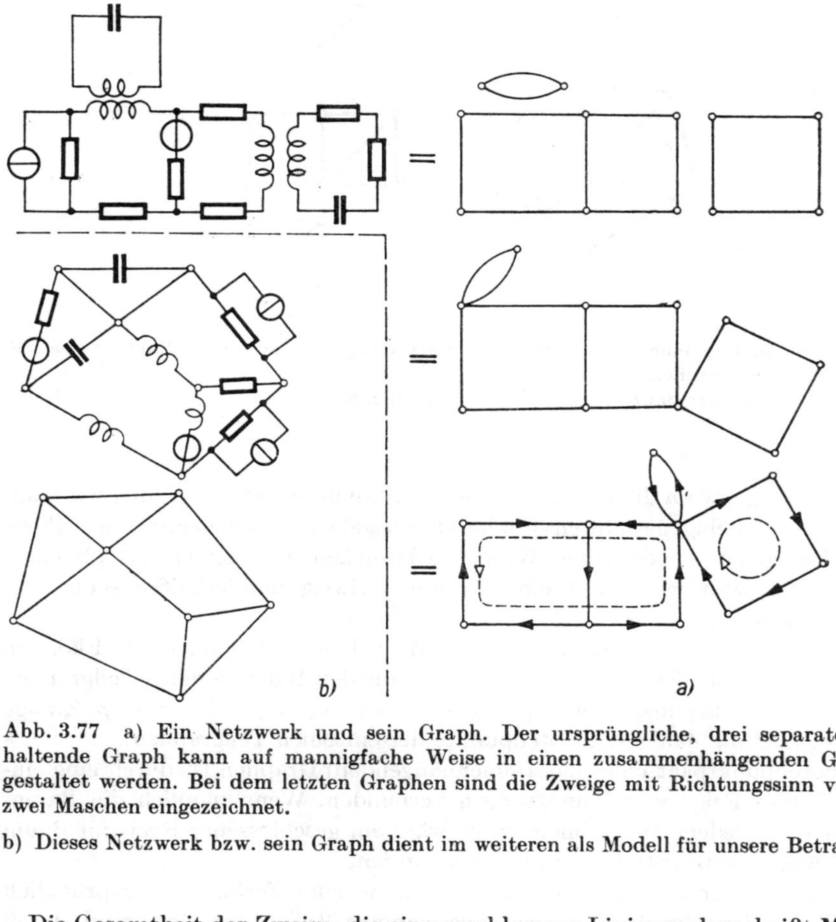

Abb. 3.77 a) Ein Netzwerk und sein Graph. Der ursprüngliche, drei separate Teile enthaltende Graph kann auf mannigfache Weise in einen zusammenhängenden Graphen umgestaltet werden. Bei dem letzten Graphen sind die Zweige mit Richtungssinn versehen und zwei Maschen eingezeichnet.

b) Dieses Netzwerk bzw. sein Graph dient im weiteren als Modell für unsere Betrachtungen

Die Gesamtheit der Zweige, die eine geschlossene Linie ergeben, heißt Masche. Dabei wird angenommen, daß jeder Zweig nur einmal vorkommt und keine Doppelpunkte existieren. Zur Masche gehört auch eine Umlaufrichtung (Abb. 3.77).

Ein Untergraph eines zusammenhängenden Graphen wird ein (vollständiger) Baum genannt, wenn jeder Knotenpunkt mit jedem anderen Knotenpunkt des Graphen durch aneinander anschließende Zweige dieses Teilgraphen so verbunden ist, daß dabei keine Masche entsteht. Die nicht zum Baum gehörigen Zweige heißen Brückenzweige oder einfach Brücken (Abb. 3.78). (Zu einem Graphen gehört im allgemeinen eine außerordentlich große Zahl von Bäumen: in einem vollständigen n-Eck können n^{n-2} verschiedene Bäume gezeichnet werden! Wir beschäftigen uns aber meistens mit einem einzigen, zweckmäßig ausgewählten Baum.) Ein vollständiger Baum hat

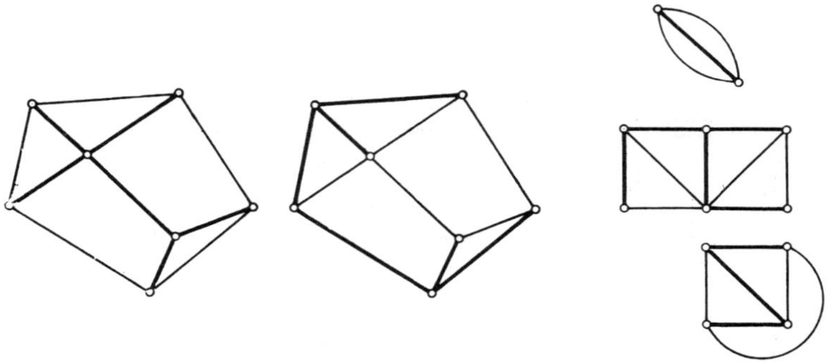

Abb. 3.78 Zwei Bäume eines zusammenhängenden Graphen und der „Wald" eines unzusammenhängenden Graphen
Stark ausgezogene Linien: Baumzweige; dünne Linien: Brücken

immer $n - 1$ Zweige, wo n die Zahl der Knotenpunkte bedeutet. Verbinden wir nämlich von einem beliebig gewählten Punkt (1) ausgehend, nacheinander sämtliche Knotenpunkte in der angegebenen Weise, so brauchen wir von (1) bis (2) einen Zweig, für jeden weiteren Punkt einen weiteren Zweig und erhalten schließlich $n - 1$ Baumzweige.

Der Graph bestehe aus p separaten Teilen. Zu jedem unabhängigen Teil können wir einen Baum konstruieren. Dieser „Wald" — aus den Bäumen der p Teilgraphen bestehend — hat also insgesamt $n_1 - 1 + n_2 - 1 + \cdots n_p - 1 = n - p$ Zweige ($n_1, n_2, \ldots, n_p$ sind die Zahl der Knotenpunkte der einzelnen Teilgraphen).

Jedes Knotenpunktpaar eines (zusammenhängenden) Graphen ist durch eine eindeutig bestimmte Folge von Baumzweigen verbunden. Wenn nämlich die Baumzweige zwei verschiedene Wege bildeten, so wäre ein geschlossener Kreis im Baum vorhanden, was dem Begriff des Baumes widerspricht.

Die Gesamtheit der Zweige, deren Herausnahme zum Zerfall des ursprünglich zusammenhängenden Graphen in zwei unabhängige Teile führt, während durch Wiedereinfügen eines einzigen dieser Zweige bereits wieder ein zusammenhängender Graph entsteht, heißt ein Schnitt (cut-set) (Abb. 3.79). Auch der Schnitt wird mit einer Richtung versehen, die von dem einen unabhängigen Teil zum anderen zeigt.

In einen Graphen können viele Maschen und viele Schnitte eingezeichnet werden. Besondere Bedeutung besitzen das fundamentale Maschensystem bzw. das fundamentale Schnittsystem. Beide sind mit Hilfe eines (beliebig gewählten) vollständigen Baumes zu konstruieren.

Es sei ein System von Maschen gegeben, die alle zu demselben Graphen gehören. Wir nennen die Maschen unabhängig, wenn jede Masche mindestens einen Zweig enthält, der in keiner anderen Masche vorkommt. Haben wir einen beliebigen Baum des Graphen gezeichnet und legen nun einen Brückenzweig an, so entsteht eine Masche, da die Endpunkte des Brückenzweiges auch durch den Baum verbunden sind. Die so entstandene Masche besteht also aus einem Brückenzweig und aus einem oder mehreren, aber eindeutig bestimmten Baumzweigen.

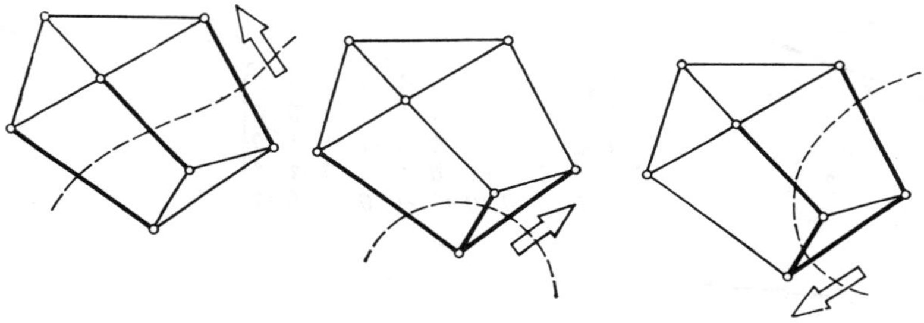

Abb. 3.79 Ein Graph und einige Schnitte

Legen wir der Reihe nach alle Brückenzweige wieder an, so entstehen $l = b - (n - 1)$ Maschen, wobei b die Anzahl der Zweige des ursprünglichen Graphen bedeutet. Die so erhaltenen Maschen sind unabhängig voneinander, da jede einen neuen Zweig, den Brückenzweig, enthält.

Weitere (in dem oben angegebenen Sinn) unabhängige Maschen gibt es nicht, da alle Zweige ausgeschöpft sind: Die Brückenzweige haben wir Stück für Stück verwendet, und daß auch jeder Baumzweig bereits in irgendeiner Masche enthalten ist, läßt sich leicht veranschaulichen. Machen wir nämlich einen Schnitt, der nur einen einzigen Baumzweig durchtrennt, so trifft der Schnitt notwendig (mindestens) einen Brückenzweig. Der Baumzweig bildet also einen Teil mindestens einer Masche. Es ist auch zu sehen, daß ein Baumzweig genau zu so vielen Maschen gehört, wie der zu diesem Baumzweig gehörende Schnitt Brückenzweige enthält (siehe z. B. 3.82a und b).

Die Zahl der Zweige (b), der Knotenpunkte (n) und der unabhängigen Maschen (l) sind also der folgenden grundlegenden Bedingung unterworfen:

$$b = l + n - 1. \tag{1}$$

Für Graphen, die aus p unabhängigen Teilen bestehen, gilt die Gleichung

$$b = l + n - p. \tag{2}$$

Das auf die oben angegebene Weise erhaltene Maschensystem heißt fundamentales Maschensystem (Abb. 3.80a). Es ist zweckmäßig (aber nicht notwendig), die Umlaufrichtung der Maschen entsprechend der Richtung des bestimmenden Brückenzweiges zu wählen.

Ein System der Schnitte eines Graphen wird als System unabhängiger Schnitte bezeichnet, wenn jeder Schnitt mindestens einen Zweig zertrennt, der von keinem anderen Schnitt getroffen wird. Ein solches fundamentales (unabhängiges) System läßt sich wieder mit Hilfe eines Baumes konstruieren. Führen wir nämlich Schnitte,

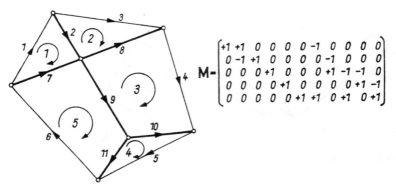

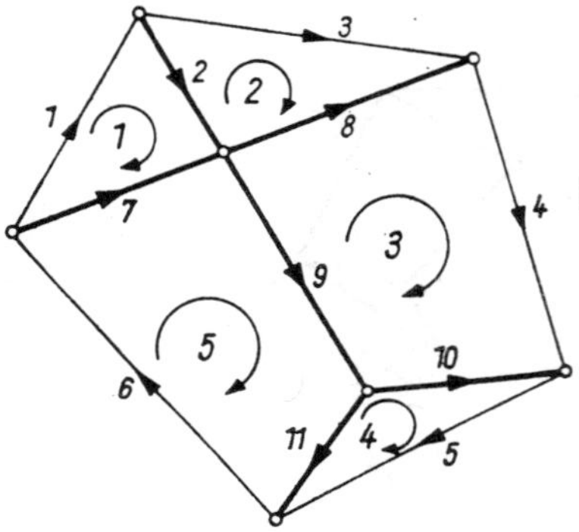

$$
\mathbf{M} = \begin{pmatrix}
+1 & +1 & 0 & 0 & 0 & 0 & -1 & 0 & 0 & 0 & 0 \\
0 & -1 & +1 & 0 & 0 & 0 & 0 & -1 & 0 & 0 & 0 \\
0 & 0 & 0 & +1 & 0 & 0 & 0 & +1 & -1 & -1 & 0 \\
0 & 0 & 0 & 0 & +1 & 0 & 0 & 0 & 0 & +1 & -1 \\
0 & 0 & 0 & 0 & 0 & +1 & +1 & 0 & +1 & 0 & +1
\end{pmatrix}
$$

Abb. 3.80a Ein fundamentales Maschensystem und die dazugehörige Masche-Zweig-Matrix. Die Maschenrichtungen sind entsprechend den Brückenzweigen gewählt

deren jeder nur einen einzigen Baumzweig trifft (Abb. 3.80b), so erhalten wir $n-1$ unabhängige Schnitte, da jeder einen Baumzweig besitzt, den die anderen nicht enthalten. Die Anschauung lehrt uns, daß es immer möglich ist, einen Schnitt zu finden, der nur einen Baumzweig durchschneidet.

Ein solcher Schnitt geht durch eindeutig bestimmte Brückenzweige. Es gibt also keine zwei solchen Schnitte, die den gleichen Baumzweig enthalten, aber sich in einem oder mehreren Brückenzweigen unterscheiden (Abb. 3.80c).

Da wir sämtliche Zweige erschöpft haben, können wir keine weiteren (im obigen Sinne) unabhängigen Schnitte finden. Tatsächlich wurden bereits alle Brückenzweige verwendet, diese bildeten ja gerade die Grundlage für unser Schnittsystem. Betrachten wir aber beliebige Brückenzweige in Abb. 3.80b. Jeder wird von eindeutig definierten Baumzweigen zu einer Masche ergänzt. Jetzt ist klar, daß der betreffende Brückenzweig genau so viele Schnitte aufweisen wird, wie Baumzweige in der zu diesem Brückenzweig gehörenden Masche vorkommen, da jeder Schnitt, der diese Baumzweige trifft, notwendig auch den Brückenzweig schneidet. Es bleiben also keine „freien" Zweige übrig, um einen neuen unabhängigen Schnitt zu konstruieren.

Jeder Schnitt ist mit einer Richtung zu versehen. Es ist zweckmäßig (aber nicht notwendig), die Richtung entsprechend der Baumzweigrichtung zu wählen.

Zum Schluß sei noch bemerkt, daß der vollständige Baum nicht die einzige Möglichkeit für die Konstruktion fundamentaler Systeme darstellt. In einfachen Netz-

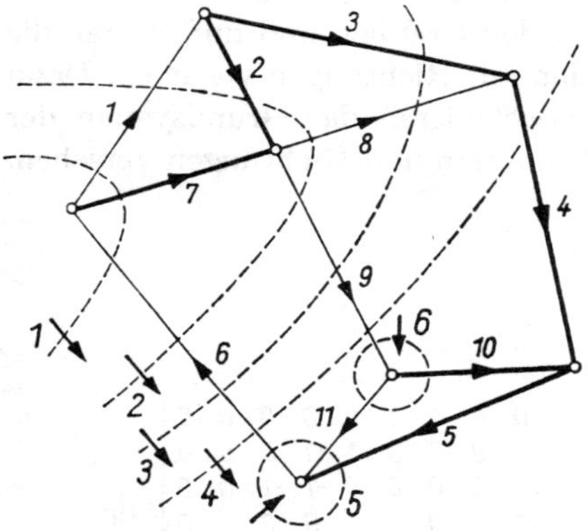

$$\mathbf{Q}=\begin{pmatrix} +1 & 0 & 0 & 0 & 0 & -1 & +1 & 0 & 0 & 0 & 0 \\ +1 & -1 & 0 & 0 & 0 & -1 & 0 & +1 & +1 & 0 & 0 \\ 0 & 0 & +1 & 0 & 0 & -1 & 0 & +1 & +1 & 0 & 0 \\ 0 & 0 & 0 & +1 & 0 & -1 & 0 & 0 & +1 & 0 & 0 \\ 0 & 0 & 0 & 0 & +1 & -1 & 0 & 0 & 0 & 0 & +1 \\ 0 & 0 & 0 & 0 & 0 & 0 & 0 & 0 & +1 & -1 & -1 \end{pmatrix}$$

Abb. 3.80b Ein fundamentales Schnittsystem und die dazugehörige **Q**-Matrix. Die Schnittrichtungen sind unabhängig von den Baumzweigrichtungen gewählt

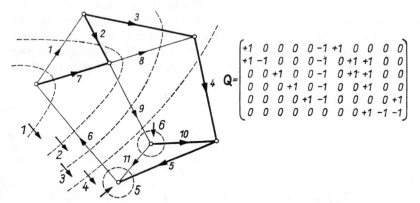

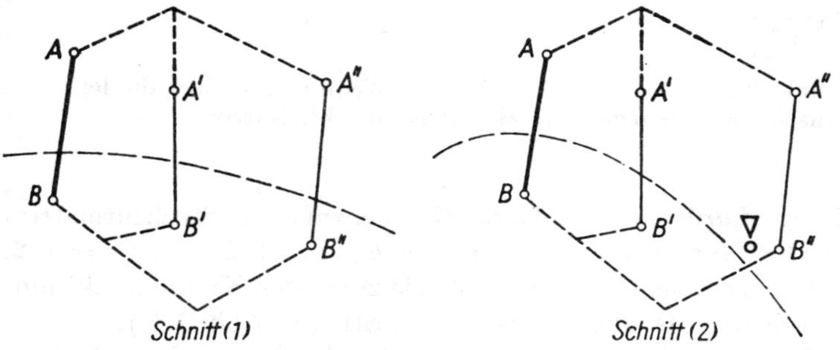

Abb. 3.80c Die Knotenpunkte, die auf der einen (A) bzw. der anderen Seite (B) des Schnittes liegen, sind untereinander durch Baumzweige verbunden. Wenn zum Baumzweig AB zwei Schnitte gehörten, von denen der zweite einen Brückenzweig, z. B. $A''B''$, nicht enthält, so müßte dieser Schnitt notwendig einen weiteren Baumzweig enthalten, was wir ausgeschlossen haben

werken können, wie schon erwähnt, die unabhängigen Maschen intuitiv bestimmt werden. Ein wichtiges unabhängiges Schnittsystem entsteht z. B. dadurch, daß die einzelnen Knotenpunkte der Reihe nach abgetrennt werden. Ein Schnitt trifft also alle die Zweige, die sich in einem Knotenpunkt treffen; $n - 1$ solche Schnitte bilden ein fundamentales Schnittsystem.

3.12.2. Die topologischen Matrizen eines Netzwerkes

Die Graphen dienen zur Veranschaulichung der geometrischen (topologischen) Verhältnisse; die Matrizen dienen zur quantitativen Beschreibung dieser Verhältnisse. Zur Aufstellung der Matrizen zeichnen wir zuerst den Graphen und numerieren die Knotenpunkte und Zweige. Diese letzteren werden mit Richtungen versehen. Dann legen wir die Gestalt eines Baumes fest und konstruieren das Grundsystem der Maschen und Schnitte. Auch diese werden mit Nummern und Richtungen versehen.

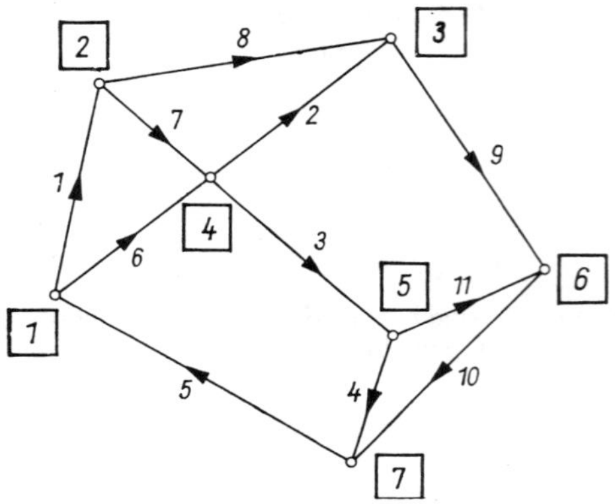

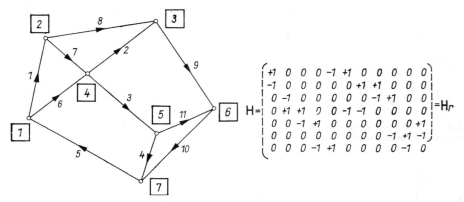

$$\mathbf{H}=\left(\begin{array}{c}\left.\begin{array}{ccccccccccc}+1 & 0 & 0 & 0 & -1 & +1 & 0 & 0 & 0 & 0 & 0\\ -1 & 0 & 0 & 0 & 0 & 0 & +1 & +1 & 0 & 0 & 0\\ 0 & -1 & 0 & 0 & 0 & 0 & 0 & -1 & +1 & 0 & 0\\ 0 & +1 & +1 & 0 & 0 & -1 & -1 & 0 & 0 & 0 & 0\\ 0 & 0 & -1 & +1 & 0 & 0 & 0 & 0 & 0 & 0 & +1\\ 0 & 0 & 0 & 0 & 0 & 0 & 0 & 0 & -1 & +1 & -1\end{array}\right\}=\mathbf{H}_r\\ \begin{array}{ccccccccccc}0 & 0 & 0 & -1 & +1 & 0 & 0 & 0 & 0 & -1 & 0\end{array}\end{array}\right)$$

Abb. 3.81 Die Knotenpunkt-Zweig-Matrix oder **H**-Matrix. Wenn eine — hier die letzte — Reihe gestrichen wird, erhalten wir die reduzierte **H**-Matrix oder $\mathbf{H}_r$-Matrix

Die *Knotenpunkt-Zweig-Matrix* oder **H**-Matrix (Inzidenzmatrix, Strukturmatrix) ist wie folgt definiert: Der Wert des Matrixelementes h_{ij} ($i = 1, 2, \ldots, n$; $j = 1, 2, \ldots, b$) ist -1, $+1$ oder 0, je nachdem, ob der j-te Zweig zum i-ten Knotenpunkt hinzeigt (-1), von ihm wegzeigt ($+1$) oder ihn gar nicht trifft (0) (Abb. 3.81).

Wenn eine beliebige Zeile der Matrix gestrichen wird, erhalten wir die reduzierte Matrix $\mathbf{H}_r$. Durch die reduzierte Matrix $\mathbf{H}_r$ wird die **H**-Matrix selbst (und dadurch die Struktur des Graphen) eindeutig bestimmt. In jeder Spalte der **H**-Matrix muß nämlich einmal $+1$ und einmal -1 stehen. (Ein Zweig geht von einem Knotenpunkt aus und trifft den anderen.) Wir müssen also die Spalten der $\mathbf{H}_r$-Matrix entsprechend durch $+1$, -1 oder 0 ergänzen, um **H** zu erhalten.

Die Matrix **H** hat n Zeilen und b Spalten; $\mathbf{H}_r$ hat $n-1$ Zeilen und b Spalten.

Die *Masche-Zweig-Matrix* oder **M**-Matrix wird folgendermaßen definiert: Der Wert des Matrixelementes m_{ij} ($i = 1, 2, \ldots, l$; $j = 1, 2, \ldots, b$) wird $+1$, -1 oder 0, je nachdem, ob die i-te Masche den j-ten Zweig mit gleicher oder entgegengesetzter Richtung oder gar nicht enthält. Die **M**-Matrix hat l Zeilen und b Spalten.

Das *Schnittmatrixelement* q_{ij} $(i = 1, 2, \ldots, n-1;\ j = 1, 2, \ldots, b)$ wird $+1$, -1 oder 0, je nachdem, ob der i-te Schnitt den j-ten Zweig mit gleicher Richtung, mit entgegengesetzter Richtung oder gar nicht trifft. Die Schnittmatrix **Q** hat $n-1$ Zeilen und b Spalten.

In den Abbildungen 3.80a und b sind die **M**- und die **Q**-Matrix sowie der jeweils zugrunde gelegte Baum dargestellt. Die Richtungen sind willkürlich gewählt.

In den Abbildungen 3.82a und 3.82b sieht man die zu einem bestimmten Baum gehörenden **M**- und **Q**-Matrizen. Im Gegensatz zu Abb. 3.80 liegt hier den beiden

$$\mathbf{M} = \begin{pmatrix} +1 & 0 & 0 & 0 & 0 & -1 & +1 & 0 & 0 & 0 & 0 \\ 0 & +1 & 0 & 0 & 0 & 0 & +1 & -1 & 0 & 0 & 0 \\ 0 & 0 & +1 & 0 & 0 & 0 & +1 & -1 & -1 & 0 & +1 \\ 0 & 0 & 0 & +1 & 0 & 0 & 0 & 0 & 0 & -1 & -1 \\ 0 & 0 & 0 & 0 & +1 & +1 & -1 & +1 & +1 & +1 & 0 \end{pmatrix} \qquad \mathbf{Q} = \begin{pmatrix} +1 & 0 & 0 & 0 & -1 & +1 & 0 & 0 & 0 & 0 & 0 \\ -1 & -1 & -1 & 0 & +1 & 0 & +1 & 0 & 0 & 0 & 0 \\ 0 & +1 & +1 & 0 & -1 & 0 & 0 & +1 & 0 & 0 & 0 \\ 0 & 0 & +1 & 0 & -1 & 0 & 0 & 0 & +1 & 0 & 0 \\ 0 & 0 & 0 & +1 & -1 & 0 & 0 & 0 & 0 & +1 & 0 \\ 0 & 0 & -1 & +1 & 0 & 0 & 0 & 0 & 0 & 0 & +1 \end{pmatrix}$$

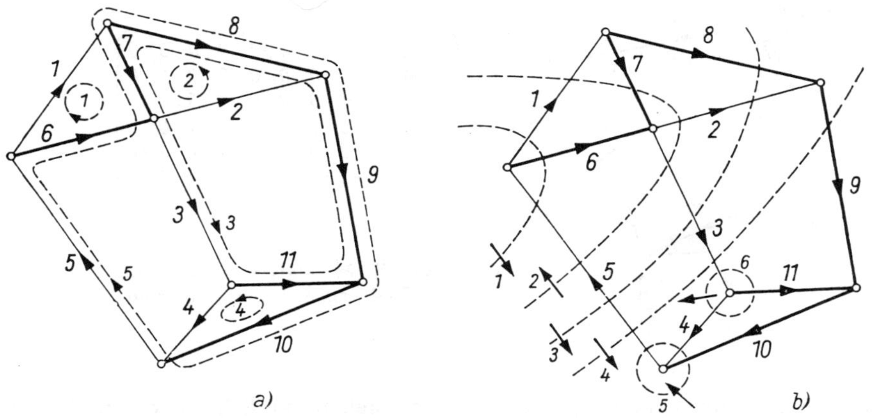

Abb. 3.82 a) Diese **M**-Matrix hat eine spezielle Form, da die Numerierung der Zweige und Maschen speziell gewählt wurde.

b) Zur Bestimmung dieser **Q**-Matrix wurde derselbe Baum und dieselbe Numerierung zugrunde gelegt wie für die **M**-Matrix. Man beachte die Einheitsmatrizen

Matrizen derselbe Baum zugrunde. Durch eine spezielle Numerierung der Maschen und Schnitte erhalten wir eine sehr zweckmäßige Form der Matrizen.

Wir numerieren zuerst die Brückenzweige: Sie gehen von 1 bis l. Dann folgen die Baumzweige von $l+1$ bis b. Die Maschen werden entsprechend den Brückenzweigen numeriert, als Umlaufrichtung wählen wir die jeweilige Brückenrichtung. Die Schnitte werden in der Reihenfolge der Baumzweige von 1 bis $n-1$ numeriert; die Schnittrichtungen entsprechen den Baumzweigrichtungen. Wie wir sofort sehen, beginnt die **M**-Matrix mit einer Einheitsmatrix von der Dimension $l \times l$, während die **Q**-Matrix mit der Einheitsmatrix von der Dimension $(n-1) \times (n-1)$ endet. Das ist durchaus verständlich. Nehmen wir zum Beispiel ein Element m_{ij} $(i, j \leqq l)$, so ist der i-te Zweig in der i-ten Masche mit übereinstimmender Richtung enthalten. Bis l steht an jeder anderen Stelle der Wert Null, denn die anderen Zweige der i-ten Masche sind Baumzweige, haben also Nummern, die größer als l sind. Ähnlich ist das Auftreten der Einheitsmatrix in der **Q**-Matrix zu verstehen. Wenn die Restmatrix von der Dimension $l \times (n-1)$ der **M**-Matrix mit **F** bezeichnet wird, so beginnt die **Q**-Matrix mit $-\mathbf{F}^{\dagger}$. Diese Tatsache wird uns später noch beschäftigen; hier sei jedoch schon gesagt, daß sie sich ohne weiteres aus der Anschauung ergibt.

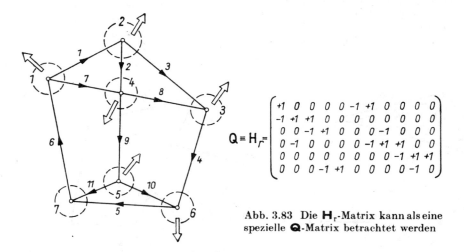

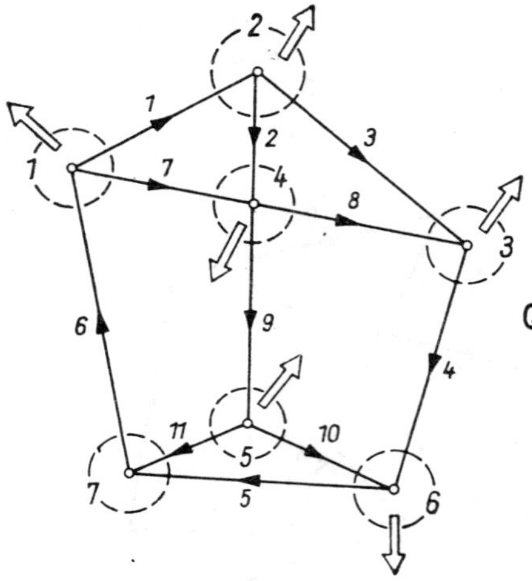

$$\mathbf{Q} \equiv \mathbf{H}_r = \begin{pmatrix} +1 & 0 & 0 & 0 & 0 & -1 & +1 & 0 & 0 & 0 & 0 \\ -1 & +1 & +1 & 0 & 0 & 0 & 0 & 0 & 0 & 0 & 0 \\ 0 & 0 & -1 & +1 & 0 & 0 & 0 & -1 & 0 & 0 & 0 \\ 0 & -1 & 0 & 0 & 0 & 0 & -1 & +1 & +1 & 0 & 0 \\ 0 & 0 & 0 & 0 & 0 & 0 & 0 & 0 & -1 & +1 & +1 \\ 0 & 0 & 0 & -1 & +1 & 0 & 0 & 0 & 0 & -1 & 0 \end{pmatrix}$$

Abb. 3.83 Die $\mathbf{H}_r$-Matrix kann als eine spezielle **Q**-Matrix betrachtet werden

Die Elemente der i-ten Zeile $(i \leqq l)$ der **F**-Matrix geben nämlich an, welche Baumzweige den i-ten Brückenzweig zu einer Masche ergänzen. Andererseits finden wir in der i-ten Spalte der **Q**-Matrix $(i \leqq l)$ die Schnitte, die den i-ten Brückenzweig treffen. Diese beiden Bestimmungen sind — bis auf den Vorzeichenwechsel, der auch aus der Abbildung ablesbar ist — einander äquivalent.

Es sind also folgende Aufteilungen möglich:

$$\mathbf{M} = (\mathbf{1}_l \mid \mathbf{F}); \qquad \mathbf{Q} = (-\mathbf{F}^{\dagger} \mid \mathbf{1}_{n-1}). \tag{3}$$

Die $\mathbf{H}_r$-Matrix stellt eine spezielle Schnittmatrix dar. In dem Schnittsystem, bei dem die Knotenpunkte der Reihe nach entfernt werden, wird, wenn jeder Schnitt von dem Punkt wegzeigt, die **Q**-Matrix mit der $\mathbf{H}_r$-Matrix identisch (Abb. 3.83). Das Element h_{ij} gibt nämlich an, ob der j-te Zweig den i-ten Knotenpunkt trifft oder nicht. q_{ij} besagt, ob der j-te Zweig zum i-ten Schnitt gehört oder nicht. Da der i-te Schnitt aus den Zweigen besteht, die sich im Punkt i treffen, ist $h_{ij} = q_{ij}$.

Zwischen den topologischen Matrizen bestehen interessante Zusammenhänge. So gilt z. B.

$$\mathbf{MH}_r^\dagger = \mathbf{0}; \quad \mathbf{H}_r\mathbf{M}^\dagger = \mathbf{0}; \quad \mathbf{MQ}^\dagger = \mathbf{0}; \quad \mathbf{QM}^\dagger = \mathbf{0}. \tag{4}$$

Wir müssen nur darauf achten, daß die Numerierung und die Richtung der Zweige beim Aufstellen der verschiedenen Matrizen die gleiche ist.

Um die Gleichung $\mathbf{MQ}^\dagger = \mathbf{0}$ plausibel zu machen (die Gleichung $\mathbf{QM}^\dagger = \mathbf{0}$ ergibt sich durch Transponieren), betrachten wir ein Element des Produktes $\mathbf{MQ}^\dagger$, das eine Kombination der i-ten Masche und des j-ten Schnittes darstellt:

$$(\mathbf{MQ}^\dagger)_{ij} = m_{i1}q_{j1} + m_{i2}q_{j2} + \cdots + m_{ib}q_{jb}. \tag{5}$$

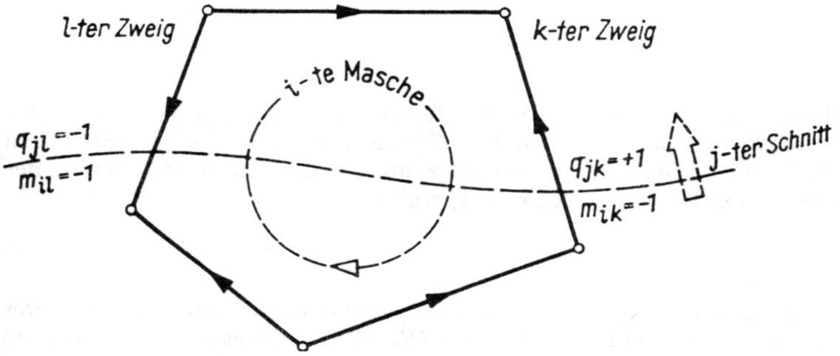

Abb. 3.84 Zur Ableitung des Zusammenhanges $\mathbf{MQ}^\dagger = \mathbf{0}$

Wenn die i-te Masche durch den j-ten Schnitt nicht „geschnitten" wird, ist diese Summe Null, da überall, wo $m_{il} \neq 0$ ist, $q_{jl} = 0$ wird. (Darin drückt sich die Tatsache aus, daß der l-te Zweig, der zur i-ten Masche gehört, nicht zum j-ten Schnitt gehört.) Wenn die Masche durch den Schnitt geschnitten wird (Abb. 3.84), erhalten wir zwei (oder im allgemeinen Fall eine gerade Zahl) gemeinsame Zweige der Masche und des Schnittes. In dem einen Zweig werden Schnittrichtung und Maschenrichtung gleich, im anderen dagegen entgegengesetzt sein. So erhalten wir für die entsprechende Summe $m_{il}q_{jl} + m_{ik}q_{ik}$ den Wert Null.

Wir benutzen die Gleichung $\mathbf{QM}^\dagger = \mathbf{0}$ zum Beweis des schon angeführten und plausibel gemachten Satzes:

Wenn $\mathbf{M} = (\mathbf{1}_l \vdots \mathbf{F})$ und $\mathbf{Q} = (\mathbf{E} \vdots \mathbf{1}_{n-1})$ ist, so muß $\mathbf{E} = -\mathbf{F}^\dagger$ sein. Es ist nämlich

$$\mathbf{QM}^\dagger = (\mathbf{E} \vdots \mathbf{1}_{n-1}) \begin{pmatrix} \mathbf{1}_l \\ \hdashline \mathbf{F}^\dagger \end{pmatrix} = \mathbf{E} + \mathbf{F}^\dagger = \mathbf{0}, \tag{6}$$

woraus die Gleichung $\mathbf{E} = -\mathbf{F}^\dagger$ folgt.

Wir werden später sehen, daß wir durch die Lösung des Problems eines einzigen Netzwerkes zur Lösung eines anderen Problems gelangen, wenn wir den Begriff des dualen Netzwerkes einführen.

Ein Netzwerk wird zu einem anderen Netzwerk dual genannt, wenn seine $\mathbf{Q}$-Matrix (im einfachsten Fall seine $\mathbf{H}_r$-Matrix) mit der $\mathbf{M}$-Matrix des betreffenden Netzwerkes identisch ist oder umgekehrt. Nur ebenen Netzen können Dualnetze zugeordnet werden. Unter ebenen Netzen verstehen wir solche, die auf einer Kugel in solcher Weise gezeichnet werden können, daß ihre Zweige sich nicht schneiden. Hier bemerken wir ohne Beweis, daß ein Graph dann und nur dann ein ebener Graph ist, wenn er keine nichtplanaren Grundgraphen, sogenannte Kuratowski-Graphen (Abb. 3.85a), als Subgraphen enthält.

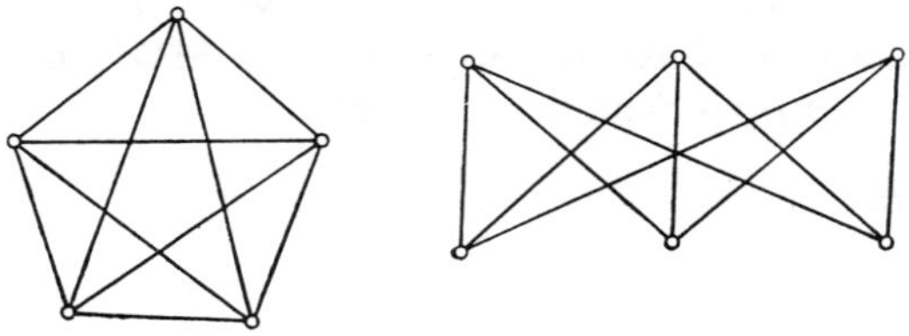

Abb. 3.85a
Die nichtplanaren Grundgraphen

Auf Grund der vereinfachten Definition der dualen Netzwerke $\mathbf{H}_{r\,\text{dual}} = \mathbf{M}_{\text{orig}}$ kann das duale Netzwerk einfach konstruiert werden. Man schreibt die $\mathbf{M}$-Matrix des ursprünglichen Netzwerkes mit ihren l Zeilen und b Spalten auf und betrachtet sie nun als eine $\mathbf{H}_r$-Matrix des dualen Netzwerkes. Da die $\mathbf{H}_r$-Matrix $n-1$ Zeilen hat, ergibt sich

$$(n - 1)_{\text{dual}} = l. \tag{7}$$

Zu jeder Masche des Ausgangsnetzwerkes gehört also ein unabhängiger Knotenpunkt. Der $(n - 1) + 1 = n$-te Knotenpunkt kann als Bezugspunkt (Erde) betrachtet werden. Als erstes zeichnen wir nach Abb. 3.85b in jede Masche einen Knotenpunkt, der dieser Masche ent-

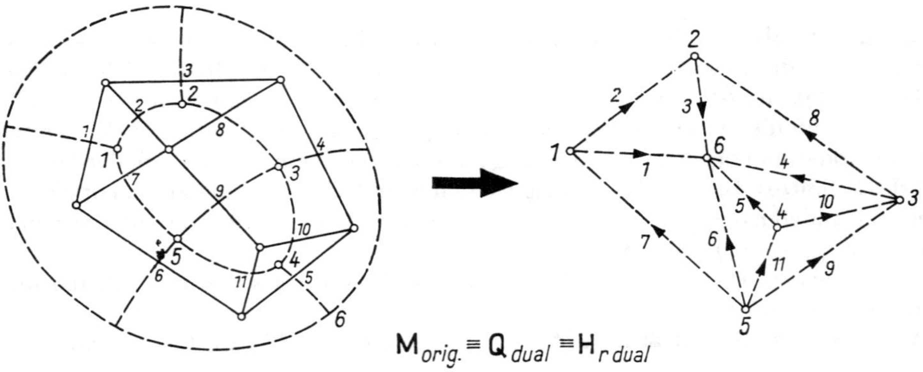

Abb. 3.85b Die Konstruktion des dualen Netzwerkes

sprechend numeriert wird; auch der Bezugspunkt außerhalb des Netzwerkes erhält eine Nummer. Dann verbinden wir paarweise die Knotenpunkte, die sich in benachbarten Maschen befinden. Jede dieser (in der Abbildung gestrichelten) Verbindungslinien bildet einen Zweig des dualen Netzwerks; sie schneidet den gemeinsamen Zweig zweier Maschen des Ausgangsnetzwerks und erhält dieselbe Nummer wie dieser. Wenn hier einige Zweige des ursprünglichen

Graphen, z. B. die äußeren abgrenzenden Zweige, nur in einer einzigen Masche enthalten sind, so werden durch sie solche Zweige des dualen Netzwerkes gezeichnet, die sich im Bezugspunkt treffen. Auf solche Weise geht die Relation Zweig—Masche (gehört dieser Zweig zu dieser Masche?) in eine Relation Zweig—Knotenpunkt (läuft dieser Zweig in diesen Knotenpunkt ein?) über. Wir erhalten eine auch hinsichtlich des Vorzeichens richtige Zuordnung auf folgende Weise: Ist die Richtung eines Zweiges in der ursprünglichen Masche mit der Richtung der Masche identisch, so muß der diesen Zweig schneidende duale Zweig auf den in dieser Masche befindlichen Punkt hinzeigen.

3.12.3. Die charakteristischen Matrizen des elektrischen Zustandes

Die Anordnung der passiven Elemente im Netzwerk wird durch die Impedanzmatrix $\mathbf{Z}$ bzw. durch die Admittanzmatrix $\mathbf{Y}$ charakterisiert. Nehmen wir jedes Schaltelement als separaten Zweig an, so können wir durch entsprechende Numerierung der Zweige erreichen, daß z. B. die Impedanzmatrix bei sinusförmiger Erregung folgende Form annimmt:

$$\mathbf{Z} = \begin{bmatrix} j\omega L_{11} & j\omega L_{12} \ldots j\omega L_{1\alpha} & 0 & \cdots & \cdots & \cdots \\ j\omega L_{21} & j\omega L_{22} \ldots j\omega L_{2\alpha} & 0 & \cdots & \cdots & \cdots \\ \vdots & \vdots \qquad \vdots & \vdots & \vdots & \vdots & \vdots \\ j\omega L_{\alpha 1} & j\omega L_{\alpha 2} \ldots j\omega L_{\alpha\alpha} & 0 & \cdots & \cdots & \cdots \\ 0 & 0 \qquad 0 & R_{\alpha 1} & \cdots & \cdots & \cdots \\ 0 & 0 \qquad 0 & 0 & \cdots & \cdots & \cdots \\ 0 & 0 \qquad 0 & \cdots & R_{\alpha+\beta} & \cdots & \cdots \\ 0 & 0 \qquad 0 & \cdots & \cdots & \dfrac{1}{j\omega C_{\alpha+\beta+1}} & \cdots 0 \\ \cdots & \cdots & \cdots & \cdots & \cdots & \cdots \\ 0 & 0 \qquad 0 & \cdots & 0 & \cdots & \dfrac{1}{j\omega C_b} \end{bmatrix} \tag{8}$$

Wenn keine Gegeninduktivitäten vorhanden sind, wird $\mathbf{Z}$ zu einer Diagonalmatrix.

Bei beliebigen zeitlichen Vorgängen, wenn die Anfangswerte Null sind, kann $\mathbf{Z}$ in der Form einer Hypermatrix geschrieben werden:

$$\mathbf{Z} = \begin{bmatrix} p\mathbf{L} & 0 & 0 \\ 0 & \mathbf{R} & 0 \\ 0 & 0 & \dfrac{1}{p}\mathbf{C}^{-1} \end{bmatrix}; \quad \mathbf{L} = \begin{bmatrix} L_{11} & L_{12} \ldots L_{1\alpha} \\ L_{21} & L_{22} \ldots L_{2\alpha} \\ \vdots & \\ L_{\alpha 1} & L_{\alpha 2} \ldots L_{\alpha\alpha} \end{bmatrix}; \quad \mathbf{C}^{-1} = \begin{bmatrix} \dfrac{1}{C_{\alpha+\beta+1}} & 0 \ldots 0 \\ 0 & \cdot \quad \cdot \\ 0 & \cdot \quad \dfrac{1}{C_b} \end{bmatrix}.$$

In solchen Fällen rechnet man entweder im p-Gebiet, dann bedeutet p eine komplexe Zahl — oder im t-Gebiet — dann bedeutet p bzw. $1/p$ den Differential- bzw. Integraloperator. Die Admittanzmatrix lautet

$$\mathbf{Y} = \mathbf{Z}^{-1} = \begin{bmatrix} \frac{1}{p}\mathbf{L}^{-1} & 0 & 0 \\ 0 & \mathbf{R}^{-1} & 0 \\ 0 & 0 & p\mathbf{C} \end{bmatrix}. \tag{9}$$

Die elektrische Erregung wird durch die folgenden zwei Spaltenmatrizen mit der Dimension $b \times 1$ beschrieben:

$$\mathbf{u}_G = \begin{bmatrix} u_{G1} \\ u_{G2} \\ \vdots \\ u_{Gb} \end{bmatrix}; \qquad \mathbf{i}_G = \begin{bmatrix} i_{G1} \\ i_{G2} \\ \vdots \\ i_{Gb} \end{bmatrix}. \tag{10}$$

Der Anfangszustand wird auch mit den entsprechenden äquivalenten Generatoren berücksichtigt.

In den obigen Ausführungen haben wir angenommen, daß sich im Netzwerk keine kurzgeschlossenen oder offenen Zweige befinden, in der Impedanzmatrix also nirgends 0 oder ∞ steht; es können also die Inversen der $\mathbf{Z}$- und $\mathbf{Y}$-Matrix gebildet werden. Andererseits können

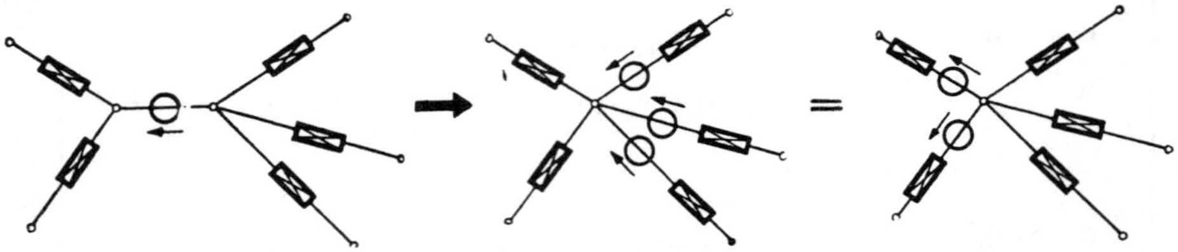

Abb. 3.86a Der Zweig mit einem idealen Generator wird kurzgeschlossen. Um die elektrischen Verhältnisse nicht zu verändern, schalten wir fiktive Generatoren ein

Spannungsgeneratoren und Stromgeneratoren je einem bestimmten Zweig zugeordnet werden. Nun erheben sich zwei Fragen:

1. Was geschieht, wenn ein Zweig nur einen idealen Spannungsgenerator enthält?
2. Welchem Zweig soll ein Stromgenerator zugeordnet werden, wenn dieser in zwei beliebigen (weit entfernten) Knotenpunkten angeschaltet ist?

Die Antwort auf die erste Frage wird durch Abb. 3.86a gegeben: Der Zweig wird dadurch ausgeschaltet, daß wir die zwei Knotenpunkte zusammenfallen lassen. Um die Spannung zwischen den Endpunkten der angrenzenden Zweige auf dem richtigen Wert zu halten, schalten wir Generatoren in diese Zweige.

Die zweite Frage wird durch Abb. 3.86b beantwortet. Wir speisen in jedem Knotenpunkt, den wir auf dem Weg zwischen den zwei Speisepunkten finden, den Strom $+i_G - i_G = 0$ ein. Damit werden die elektrischen Verhältnisse nicht verändert, wir können aber die Stromstärken paarweise zu einem Stromgenerator zusammenfassen, der jetzt einem bestimmten Zweig zugeordnet werden kann.

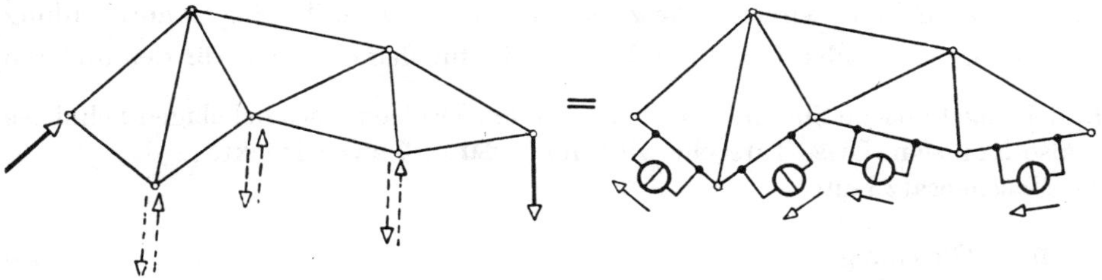

Abb. 3.86b Die Zuordnung des Stromgenerators zu bestimmten Zweigen

3.12.4. Die Grundzusammenhänge in Matrixschreibweise

Wir betrachten das Problem der Netzwerkanalyse als gelöst, wenn die Zweigströme und die Zweigspannungen bekannt sind, d. h., wenn wir die Zeilenmatrizen

$$\mathbf{i} = \begin{bmatrix} i_1 \\ i_2 \\ \vdots \\ i_b \end{bmatrix}; \qquad \mathbf{u} = \begin{bmatrix} u_1 \\ u_2 \\ \vdots \\ u_b \end{bmatrix} \tag{11}$$

bestimmt haben. Dazu benutzen wir wieder die Kirchhoffschen Gleichungen. Der Kirchhoffsche Knotenpunktsatz kann mit Hilfe der $\mathbf{H}_r$-Matrix einfach aufgeschrieben werden, da die i-te Reihe eben die in den i-ten Knotenpunkt eintreffenden Zweige angibt. Der Ausdruck

$$h_{i1}i_1 + h_{i2}i_2 + \cdots + h_{ib}i_b; \qquad i = 1, 2, \ldots, n-1$$

bedeutet also die algebraische Summe der Ströme, die sich im i-ten Punkt treffen. Er ist nach dem ersten Kirchhoffschen Satz Null. In Matrixform:

$$\mathbf{H}_r\mathbf{i} = \mathbf{0} \quad (n-1 \text{ Gleichungen}). \tag{12}$$

Wenn wir die Rolle der Stromgeneratoren explizit hervorheben wollen, wird nach Abb. 3.87

$$\mathbf{H}_r\mathbf{i} = \mathbf{H}_r(\mathbf{i}^{(Z)} + \mathbf{i}_G) = \mathbf{0}; \quad \mathbf{H}_r\mathbf{i}^{(Z)} = -\mathbf{H}_r\mathbf{i}_G = -\mathbf{i}_G^{(K)}. \tag{13}$$

Hier bedeutet $\mathbf{i}^{(Z)}$ den durch die Impedanz fließenden Strom, $\mathbf{i}_G^{(K)}$ dagegen den in die Knotenpunkte eingespeisten Generatorstrom (+-Richtung anzeigend); $\mathbf{i}_G^{(K)}$ ist eine $(n-1) \times 1$-Spalten-Matrix.

Der erste Kirchhoffsche Satz kann allgemeiner so formuliert werden:

$$\mathbf{Q}\mathbf{i} = \mathbf{0}. \tag{14}$$

Die Richtigkeit dieser Gleichung ist leicht einzusehen.

Durch jeden Schnitt wird das Netzwerk nämlich in zwei Teile getrennt. Ladung kann sich nirgends anhäufen. ($\oint_A \boldsymbol{J}\,\mathrm{d}\boldsymbol{A} = 0$ gilt für den einen wie für den anderen Teil.) Die algebraische Summe der Ströme in den Zweigen eines beliebigen Schnittes muß also Null sein. Diese Tatsache wird durch $\mathbf{Q}\mathbf{i} = \mathbf{0}$ ausgedrückt.

Der Maschensatz lautet

$$\mathbf{M}\mathbf{u} = \mathbf{0} \quad (l \text{ Gleichungen}). \tag{15}$$

Diese Gleichung drückt die Tatsache aus, daß die algebraische Summe der Zweigspannungen in jeder Masche gleich Null ist.

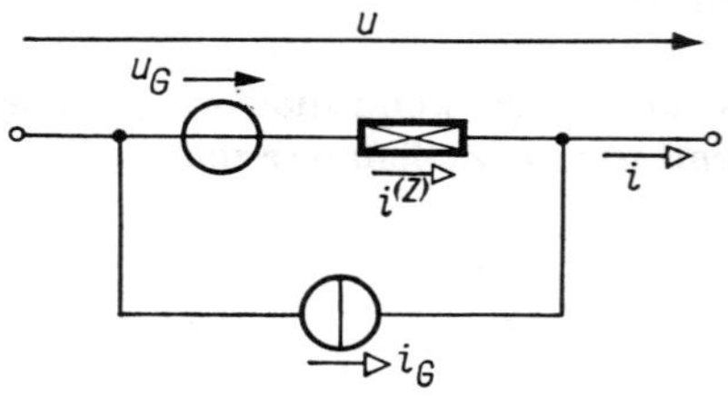

Abb. 3.87 Zum Zusammenhang zwischen den elektrischen Größen eines beliebigen Zweiges

Die Gleichungen

$$\mathbf{H}_r\mathbf{i} = \mathbf{0}; \qquad \mathbf{M}\mathbf{u} = \mathbf{0} \tag{16a}$$

oder allgemeiner

$$\mathbf{Q}\mathbf{i} = \mathbf{0}; \qquad \mathbf{M}\mathbf{u} = \mathbf{0} \tag{16b}$$

ergeben $n - 1 + l = b$ Gleichungen für die $2b$ Unbekannten $i_1 \dots i_b$; $u_1 \dots u_b$. Bisher haben wir aber noch keinen der Zusammenhänge benutzt, die zwischen $\mathbf{u}$ und $\mathbf{i}$ bestehen können. Die Gleichungspaare (16a, b) gelten also unabhängig davon, was für Schaltelemente eingeschaltet sind. Sie gelten z. B. auch für nichtlineare Netzwerke.

In linearen Netzwerken besteht nach Abb. 3.87 die Beziehung

$$\mathbf{u} - \mathbf{u}_G = \mathbf{Z}(\mathbf{i} - \mathbf{i}_G) \quad (b \text{ Gleichungen}) \tag{17a}$$

oder

$$\mathbf{i} - \mathbf{i}_G = \mathbf{Y}(\mathbf{u} - \mathbf{u}_G). \tag{17b}$$

Damit haben wir also die benötigten $2b$ Gleichungen.

Da $\mathbf{u} = \mathbf{Z}(\mathbf{i} - \mathbf{i}_G) + \mathbf{u}_G$ ist, kann die Gleichung $\mathbf{Mu} = \mathbf{0}$ folgendermaßen geschrieben werden:

$$\mathbf{MZ}(\mathbf{i} - \mathbf{i}_G) + \mathbf{Mu}_G = \mathbf{0}; \qquad \mathbf{MZi} = \mathbf{M}(\mathbf{Zi}_G - \mathbf{u}_G). \tag{18}$$

Wir haben also

$$\mathbf{Qi} = \mathbf{0} \quad (n - 1 \text{ Gleichungen}); \tag{19}$$

$$\mathbf{MZi} = \mathbf{M}(\mathbf{Zi}_G - \mathbf{u}_G) \quad (l \text{ Gleichungen}). \tag{20}$$

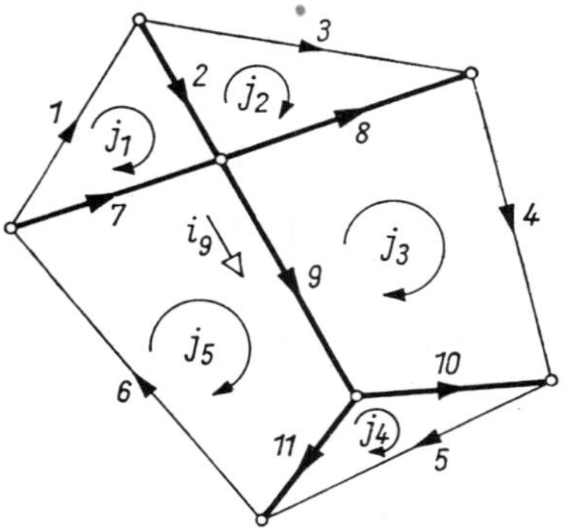

$$i_9 = 0\cdot j_1 + 0\cdot j_2 - 1\cdot j_3 + 0\cdot j_4 + 1\cdot j_5 =$$
$$= m_{19}\, j_1 + m_{29}\, j_2 + m_{39}\, j_3 + m_{49}\, j_4 + m_{59}\, j_5 = (\mathbf{M}^{\dagger}\mathbf{j})_9$$

Abb. 3.88a Der Zusammenhang zwischen den Zweigströmen und Maschenströmen (siehe Abb. 3.80a)

Dies sind insgesamt $n - 1 + l = b$ Gleichungen für die b Unbekannten $i_1 \ldots i_b$.

Das Problem kann von vornherein vereinfacht werden, wenn wir die Maschenströme einführen. Diese werden durch die $(l \times 1)$-Matrix

$$\mathbf{j} = \begin{bmatrix} j_1 \\ \vdots \\ j_l \end{bmatrix} \tag{21}$$

charakterisiert.

Da die Zahl $+1$, -1 oder 0 in der i-ten Spalte der $\mathbf{M}$-Matrix bedeutet, daß der i-te Zweig der Reihe nach zur 1., 2., ..., l-ten Masche gehört oder nicht und mit welcher Richtung, läßt sich der Strom des i-ten Zweiges durch

$$i_i = m_{1i} j_1 + m_{2i} j_2 + \cdots + m_{li} j_l \tag{22}$$

bzw. in Matrixschreibweise

$$\mathbf{i} = \mathbf{M}^{\dagger}\mathbf{j} \tag{23}$$

angeben (Abb. 3.88a).

Als eine Verallgemeinerung der Methode der Knotenpunktpotentiale führen wir die unabhängigen Knotenpunktpaar-Potentiale $v_1, v_2, \ldots, v_{n-1}$ ein. Zu diesem Zweck betrachten wir wieder einen Baum und definieren die zum Baum gehörenden Zweigspannungen als Knotenpunktpaar-Potentiale. Zwischen der Zweigspannung u_i eines beliebigen Zweiges und $v_1 \ldots v_{n-1}$ können wir folgendermaßen einen Zusammenhang finden.

Für den Baumzweig i ist u_i identisch mit dem entsprechenden v. Ein Brückenzweig verbindet zwei Knotenpunkte, die außerdem durch einige eindeutig bestimmte Baumzweige verbunden sind. Die algebraische Summe der Zweigspannungen dieser

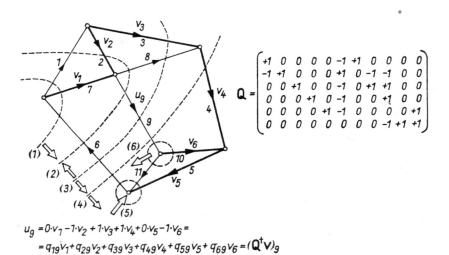

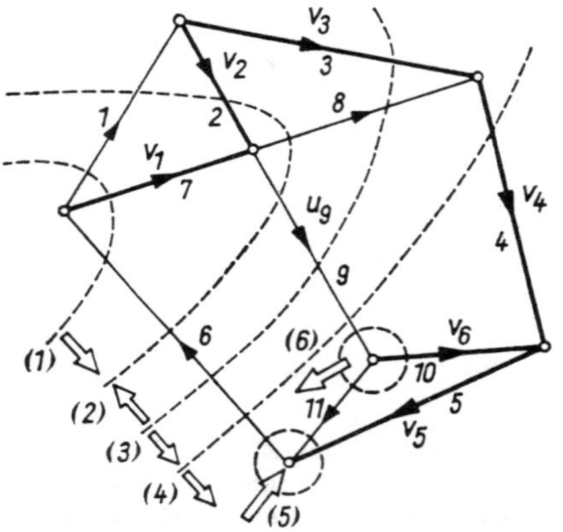

$$\mathbf{Q} = \begin{pmatrix} +1 & 0 & 0 & 0 & 0 & -1 & +1 & 0 & 0 & 0 & 0 \\ -1 & +1 & 0 & 0 & 0 & +1 & 0 & -1 & -1 & 0 & 0 \\ 0 & 0 & +1 & 0 & 0 & -1 & 0 & +1 & +1 & 0 & 0 \\ 0 & 0 & 0 & +1 & 0 & -1 & 0 & 0 & +1 & 0 & 0 \\ 0 & 0 & 0 & 0 & +1 & -1 & 0 & 0 & 0 & 0 & +1 \\ 0 & 0 & 0 & 0 & 0 & 0 & 0 & 0 & -1 & +1 & +1 \end{pmatrix}$$

$$u_9 = 0 \cdot v_1 - 1 \cdot v_2 + 1 \cdot v_3 + 1 \cdot v_4 + 0 \cdot v_5 - 1 \cdot v_6 =$$
$$= q_{19} v_1 + q_{29} v_2 + q_{39} v_3 + q_{49} v_4 + q_{59} v_5 + q_{69} v_6 = (\mathbf{Q}^{\dagger} \mathbf{v})_9$$

Abb. 3.88 b Der Zusammenhang zwischen den Zweigpotentialen und den unabhängigen Punktpaarpotentialen

Baumzweige ist gleich der Zweigspannung des Brückenzweiges. In der i-ten Spalte der zu diesem Baum gehörenden $\mathbf{Q}$-Matrix geben die Werte $q_{1i}, q_{2i}, \ldots, q_{n-1,i}$ an, ob der i-te Zweig zum 1., 2., ..., $(n-1)$-ten Schnitt gehört und mit welcher Richtung. Wenn z. B. in der k-ten Reihe $+1$ steht, d. h. $q_{ki} = +1$, bedeutet dies, daß der i-te Zweig zum k-ten Schnitt gehört. Zu diesem Schnitt gehört natürlich auch der k-te Baumzweig mit der Spannung v_k. (Die Schnitte wurden wie früher entsprechend den Baumzweigen numeriert.) Die Richtung des i-ten Zweiges stimmt (da $q_{ki} = +1$) mit der Richtung des k-ten Schnittes, also mit der Richtung des k-ten Baumzweiges überein. Ein bestimmter Brückenzweig gehört genau zu den Schnitten, die den Baumzweigen entsprechen, welche die Endpunkte des Brückenzweiges verbinden (Abb. 3.88b).

Der Ausdruck

$$q_{1i}v_1 + q_{2i}v_2 + \cdots + q_{n-1,i}v_{n-1} = u_i \tag{24}$$

gibt also die algebraische Summe der Spannungen der die Endpunkte des i-ten Brückenzweiges verbindenden Baumzweige und somit die Zweigspannung des i-ten Brückenzweiges an.

In Matrixform:

$$\mathbf{u} = \mathbf{Q}^\dagger \mathbf{v}. \tag{25}$$

Es ist leicht einzusehen, daß im Fall $\mathbf{Q} = \mathbf{H}_r$ die Größe $\mathbf{v}$ in der Gleichung

$$\mathbf{u} = \mathbf{H}_r^\dagger \mathbf{v} \tag{26}$$

den schon früher eingeführten Knotenpunktpotentialen entspricht.

Durch Einführung der Maschenströme wird der erste Kirchhoffsche Satz automatisch erfüllt. Aus der Gleichung $\mathbf{i} = \mathbf{M}^\dagger \mathbf{j}$ folgt nämlich

$$\mathbf{Q}\mathbf{i} = \mathbf{Q}\mathbf{M}^\dagger \mathbf{j}, \tag{27}$$

was wegen $\mathbf{Q}\mathbf{M}^\dagger = \mathbf{0}$ Null ergibt.

Ähnlich wird bei der Anwendung der Punktpaarpotentiale der zweite Kirchhoffsche Satz erfüllt. Aus $\mathbf{u} = \mathbf{Q}^\dagger \mathbf{v}$ folgt nämlich

$$\mathbf{M}\mathbf{u} = \mathbf{M}\mathbf{Q}^\dagger \mathbf{v} = \mathbf{0}. \tag{28}$$

Um die Gleichungen für die Bestimmung von $\mathbf{j}$ und $\mathbf{u}$ aufzustellen, gehen wir von der Gleichung

$$\mathbf{M}\mathbf{Z}\mathbf{i} = \mathbf{M}(\mathbf{Z}\mathbf{i}_G - \mathbf{u}_G) \tag{29}$$

aus und benutzen den Zusammenhang $\mathbf{i} = \mathbf{M}^\dagger \mathbf{j}$. So erhalten wir

$$(\mathbf{M}\mathbf{Z}\mathbf{M}^\dagger)\,\mathbf{j} = \mathbf{M}(\mathbf{Z}\mathbf{i}_G - \mathbf{u}_G) \quad (l \text{ Gleichungen}). \tag{30}$$

Damit haben wir l Gleichungen für die l Unbekannten $j_1, j_2, \ldots, j_l$.

Ähnlich können wir die Gleichung für $\mathbf{v}$ aufstellen. Wir setzen den Ausdruck

$$\mathbf{i} = \mathbf{Y}(\mathbf{u} - \mathbf{u}_G) + \mathbf{i}_G \tag{31}$$

in die Gleichung $\mathbf{Q}\mathbf{i} = \mathbf{0}$ ein und erhalten

$$\mathbf{Q}\mathbf{Y}\mathbf{u} - \mathbf{Q}\mathbf{Y}\mathbf{u}_G + \mathbf{Q}\mathbf{i}_G = \mathbf{0}; \qquad \mathbf{Q}\mathbf{Y}\mathbf{u} = \mathbf{Q}(\mathbf{Y}\mathbf{u}_G - \mathbf{i}_G). \tag{32}$$

Führen wir jetzt die unabhängigen Punktpaarpotentiale mit der Gleichung $\mathbf{u} = \mathbf{Q}^\dagger\mathbf{v}$ ein, so wird

$$(\mathbf{Q}\mathbf{Y}\mathbf{Q}^\dagger)\,\mathbf{v} = \mathbf{Q}(\mathbf{Y}\mathbf{u}_G - \mathbf{i}_G) \quad (n-1 \text{ Gleichungen}). \tag{33}$$

Damit haben wir $n - 1$ Gleichungen für die Unbekannten $v_1, v_2, \ldots, v_{n-1}$.

Um die Ähnlichkeit der zwei Methoden hervorzuheben, schreiben wir die zwei Grundgleichungen untereinander:

$$(\mathbf{M}\mathbf{Z}\mathbf{M}^\dagger)\,\mathbf{j} = \mathbf{M}(\mathbf{Z}\mathbf{i}_G - \mathbf{u}_G); \tag{34}$$

$$(\mathbf{Q}\mathbf{Y}\mathbf{Q}^\dagger)\,\mathbf{v} = \mathbf{Q}(\mathbf{Y}\mathbf{u}_G - \mathbf{i}_G); \tag{35}$$

sie lassen den Zusammenhang zwischen den dualen Netzwerken deutlich erkennen.

3.12.5. Die Energieverhältnisse

Die momentane Gesamtleistung eines Netzwerkes, d. h. die Leistung der Generatoren und der Verbraucher oder Speicher, ergibt sich aus den momentanen Leistungen der einzelnen Zweige.

$$p(t) = u_1 i_1 + u_2 i_2 + \cdots + u_b i_b = \mathbf{u}^\dagger\mathbf{i} = \mathbf{i}^\dagger\mathbf{u}. \tag{36}$$

Berücksichtigen wir die Zusammenhänge

$$\mathbf{i} = \mathbf{M}^\dagger\mathbf{j}; \qquad \mathbf{u} = \mathbf{Q}^\dagger\mathbf{v}; \qquad \mathbf{u}^\dagger = \mathbf{v}^\dagger\mathbf{Q}, \qquad (37), (38), (39)$$

so ergibt sich

$$p(t) = \mathbf{v}^\dagger(\mathbf{Q}\mathbf{M}^\dagger)\,\mathbf{j} = 0, \tag{40}$$

da $\mathbf{Q}\mathbf{M}^\dagger = \mathbf{0}$. Die Gesamtleistung ist Null, wie es auch sein muß. Aus den Kirchhoffschen Gleichungen folgt also der Energiesatz.

Wir bemerken noch die interessante Tatsache, daß die Gleichung $\mathbf{i}^\dagger\mathbf{u} = \mathbf{0}$ auch dann besteht, wenn $\mathbf{u}$ und $\mathbf{i}^\dagger$ zwei zu verschiedenen Generatoren gehörende elektrische Zustände desselben Netzwerkes beschreiben. Die einzige Bedingung ist, daß die Numerierung der Zweige identisch sei (Tellegenscher Satz). Die Grundlage für den Beweis bildet nämlich die Gleichung $\mathbf{Q}\mathbf{M}^\dagger = \mathbf{0}$, die einen geometrischen Satz darstellt, also von der Erregung nicht abhängt.

Für sinusförmige Zustände gilt

$$S \doteq \mathbf{I}_\dagger^*\mathbf{U} = 0; \qquad P = \operatorname{Re} \mathbf{I}_\dagger^*\mathbf{U} = 0. \tag{41}$$

Stellen wir die Energiebilanz mit Hilfe der Maschenströme auf, wobei wir zur Vereinfachung $\mathbf{i}_G = 0$ setzen, so erhalten wir mit Hilfe der Gleichungen $\mathbf{M}\mathbf{u} = \mathbf{0}$; $\mathbf{i} = \mathbf{M}^\dagger\mathbf{j}$; $\mathbf{u} - \mathbf{u}_G = \mathbf{Z}\mathbf{i}$ für die Gleichung $\mathbf{i}^\dagger\mathbf{u} = \mathbf{0}$

$$\mathbf{j}^\dagger(\mathbf{M}\mathbf{Z}\mathbf{M}^\dagger)\,\mathbf{j} = -\mathbf{j}^\dagger\mathbf{M}\mathbf{u}_G. \tag{42}$$

Mit den unabhängigen Punktpaarpotentialen ergibt sich

$$\mathbf{v}^\dagger(\mathbf{Q}\mathbf{Y}\mathbf{Q}^\dagger)\,\mathbf{v} = -\mathbf{v}^\dagger\mathbf{Q}\mathbf{i}_\mathrm{G}. \tag{43}$$

Hier wurde angenommen, daß keine Spannungsgeneratoren vorhanden sind.

Nehmen wir wieder an, daß keine Stromgeneratoren und keine Gegeninduktivitäten vorhanden sind, so läßt sich die Energiegleichung wie folgt schreiben:

$$\mathbf{i}^\dagger\mathbf{u} = \mathbf{i}^\dagger(\mathbf{Z}\mathbf{i} + \mathbf{u}_\mathrm{G}) = \mathbf{i}^\dagger\mathbf{Z}\mathbf{i} + \mathbf{i}^\dagger\mathbf{u}_\mathrm{G} = \mathbf{0}. \tag{44}$$

Ausführlich geschrieben

$$\sum_{i=1}^{\alpha} i_i L_i \frac{\mathrm{d}i_i}{\mathrm{d}t} + \sum_{l=\alpha+1}^{\alpha+\beta} i_l^2 R_l + \sum_{m=\alpha+\beta+1}^{b} i_m \frac{1}{C_m} \int^t i_m\,\mathrm{d}t + \sum_{k=1}^{b} u_{\mathrm{G}k} i_k = 0 \tag{45}$$

oder einfacher

$$\Sigma \frac{\mathrm{d}}{\mathrm{d}t} \frac{1}{2} Li^2 + \Sigma \frac{\mathrm{d}}{\mathrm{d}t} \frac{q^2}{2C} + \Sigma\, i^2 R + \Sigma\, u_\mathrm{G} i = 0. \tag{46}$$

Für Sinusvorgänge

$$\Sigma\, II^*R + \Sigma\, \mathrm{j}\omega L II^* + \Sigma \frac{1}{\mathrm{j}\omega C} II^* + \Sigma\, U_\mathrm{G} I^*$$

$$= \Sigma\, |I|^2 R + 2\mathrm{j}\omega \left[\Sigma \frac{1}{2} L|I|^2 - \Sigma \frac{1}{2C} |Q|^2\right] + \Sigma\, U_\mathrm{G} I^* = 0. \tag{47}$$

Der Realteil dieser Gleichung besagt, daß die Wirkleistung der Generatoren zur Deckung der Jouleschen Wärme verbraucht wird. Die Blindleistung ist der Differenz der mittleren elektrischen und magnetischen Energie proportional. Der Proportionalitätsfaktor ist 2ω.

3.13. Nichtlineare Netzwerke

3.13.1. Allgemeine Netzwerkelemente

Bisher haben wir die Linearität der Netzwerkelemente ausdrücklich angenommen, d. h., wir konnten die diese Elemente charakterisierenden Größen wie Widerstand, Induktivität und Kapazität als konstante Größen betrachten, die durch die linearen Gleichungen

$$u_R = Ri, \qquad u_C = \frac{1}{C} q, \qquad \Phi = Li \tag{1}$$

definiert sind. Die Linearität besteht darin, daß im ersten Fall die Spannung eine lineare Funktion des Stromes, im zweiten Fall die Spannung eine lineare Funktion der Ladung und im dritten Fall der Induktionsfluß eine lineare Funktion des Stromes ist.

Im allgemeinen Fall sind die Zusammenhänge zwischen diesen Größen komplizierter. Die für uns wichtigen Fälle sind die folgenden.

Ein Netzwerkelement heißt Widerstand, wenn in jedem Zeitpunkt zu einem gegebenen Stromwert eine Spannung angegeben werden kann. Wenn einem gegebenen Stromwert nur ein einziger Spannungswert zugeordnet ist, sprechen wir von einem stromkontrollierten Widerstand. Der Zusammenhang zwischen den zwei elektrischen Größen kann ganz allgemein sein:

$$u(t) = u[i(t), t] \quad \text{bzw.} \quad i(t) = i[u(t), t]. \tag{2}$$

Wie angedeutet, kann die Zeit explizit vorkommen.

Ein Netzwerkelement wird Kapazität genannt, wenn zu einer gegebenen Spannung die Ladung eindeutig bestimmt werden kann (spannungskontrollierte Kapazität):

$$q = q[u(t), t], \tag{3}$$

oder umgekehrt: bei bekannter Ladung kann die Spannung eindeutig bestimmt werden (ladungskontrollierte Kapazität)

$$u = u[q(t), t]. \tag{4}$$

Induktivität wird ein Element genannt, wenn entsprechende Zusammenhänge zwischen dem Induktionsfluß und dem Strom angegeben werden können:

$$\Phi = \Phi[i(t), t] \quad \text{bzw.} \quad i = i[\Phi(t), t]. \tag{5}$$

Die Berechnung der Netzwerke, die aus solchen allgemeinen Elementen aufgebaut sind, ist natürlich sehr kompliziert. Wir beschränken uns hier auf die Untersuchung der folgenden speziellen Fälle.

Die Zusammenhänge können z. B. von derselben Form sein wie bei den bisherigen linearen Netzwerken mit dem Unterschied, daß die einzelnen Parameter auch von der Zeit abhängen:

$$u_R = R(t)\, i, \qquad u_C = \frac{1}{C(t)}\, q, \qquad \Phi = L(t)\, i. \tag{6}$$

Es sind also lineare Netzwerke mit sich zeitlich ändernden Parametern. Daraus folgt, daß in den Differentialgleichungen die elektrischen Größen und ihre Ableitungen nur in der ersten Potenz vorkommen, die Koeffizienten jedoch nicht mehr konstant sind.

Zwischen dem Strom und der Spannung eines Elementes gelten jetzt die Beziehungen:

$$\begin{aligned} u_R(t) &= R(t)\, i_R(t), \\ i_R(t) &= G(t)\, u_R(t); \end{aligned} \tag{7a}$$

$$u_L(t) = \frac{\mathrm{d}}{\mathrm{d}t} L(t)\, i_L(t) = i_L(t) \frac{\mathrm{d}L(t)}{\mathrm{d}t} + L(t) \frac{\mathrm{d}i_L(t)}{\mathrm{d}t},$$

$$i_L(t) = \frac{1}{L(t)} \int^t u_L(t)\, \mathrm{d}t; \tag{7b}$$

$$u_C(t) = \frac{1}{C(t)} \int^t i_C(t)\, \mathrm{d}t,$$

$$i_C(t) = \frac{\mathrm{d}}{\mathrm{d}t} C(t)\, u_C(t) = C(t) \frac{\mathrm{d}u_C(t)}{\mathrm{d}t} + u_C(t) \frac{\mathrm{d}C(t)}{\mathrm{d}t}. \tag{7c}$$

Im zweiten speziellen Fall soll die Zeit nicht explizit vorkommen. Es gelten also

$$u_R = u(i); \qquad q = q(u_C); \qquad \Phi = \Phi(i_L). \tag{8}$$

Daraus folgt:

$$i_C(t) = \frac{\mathrm{d}q}{\mathrm{d}t} = \left.\frac{\mathrm{d}q}{\mathrm{d}u_C}\right|_{u_C(t)} \frac{\mathrm{d}u_C}{\mathrm{d}t}; \tag{9a}$$

$$u_L(t) = \frac{\mathrm{d}\Phi}{\mathrm{d}t} = \left.\frac{\mathrm{d}\Phi}{\mathrm{d}i_L}\right|_{i_L(t)} \frac{\mathrm{d}i_L}{\mathrm{d}t}. \tag{9b}$$

Im allgemeinen Fall schließlich gilt nach (3), (4) und (5):

$$i_C(t) = \frac{\mathrm{d}q}{\mathrm{d}t} = \frac{\partial q}{\partial t} + \left.\frac{\partial q}{\partial u_C}\right|_{u_C(t)} \frac{\mathrm{d}u_C}{\mathrm{d}t} \tag{10a}$$

und

$$u_L(t) = \frac{\mathrm{d}\Phi}{\mathrm{d}t} = \frac{\partial \Phi}{\partial t} + \left.\frac{\partial \Phi}{\partial i_L}\right|_{i_L(t)} \frac{\mathrm{d}i_L}{\mathrm{d}t}. \tag{10b}$$

3.13.2. Das Substitutionstheorem

Es sei ein allgemeines Netzwerk gegeben, das lineare und nichtlineare Schaltelemente sowie (unabhängige) Generatoren mit vorgeschriebenen Generatorströmen bzw. -spannungen enthält. Außerdem seien auch die Anfangswerte bestimmt.

Nehmen wir an, daß das Problem gelöst ist, d. h., daß wir alle Zweigströme $i_k(t)$ mit $k = 1, 2, \ldots, b$ bzw. alle Zweigspannungen $u_k(t)$ mit $k = 1, 2, \ldots, b$ kennen. Das Substitutionstheorem behauptet nun folgendes: Ersetzen wir das Schaltelement in einem bestimmten Zweig i entweder durch einen Spannungsgenerator oder durch einen Stromgenerator mit der Generatorspannung $u_G(t) = u_i(t)$ bzw. mit dem Generatorstrom $i_G(t) = i_i(t)$, so ändert sich in den anderen Zweigen des Netzwerkes nichts. Die Lösungen $i_k(t)$ bzw. $u_k(t)$ bleiben also unverändert. Dabei muß vorausgesetzt werden, daß das Netzwerk für alle seine Zweigspannungen und Zweigströme eine einzige Lösung besitzt (Abb. 3.89).

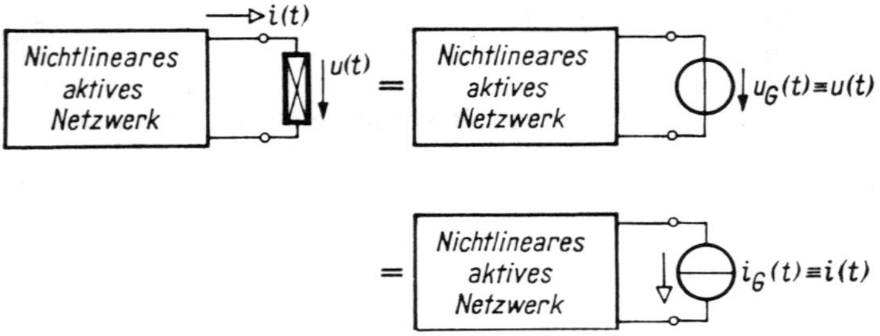

Abb. 3.89 Das Substitutionstheorem

Wie wir schon betont haben, gelten die Gleichungen

$$\mathbf{Mu} = \mathbf{0}; \tag{11}$$

$$\mathbf{Qi} = \mathbf{0} \tag{12}$$

ganz allgemein, also auch für nichtlineare Netzwerke, denn bei der Ableitung wurde die Linearität der Schaltelemente nicht benutzt. Die obigen $l + n - 1 = b$ Gleichungen genügen aber nicht, die $2b$ Unabhängigen $i_k(t)$, $u_k(t)$ eindeutig zu bestimmen. Dazu haben wir noch irgendeine Verknüpfung zwischen u_k und i_k, wie zum Beispiel

$$\mathbf{u} = \mathbf{u}(\mathbf{i}). \tag{13}$$

Wie schon bemerkt, kennen wir die Lösungen $\mathbf{u}$, $\mathbf{i}$, welche die Gleichungen (11), (12) und (13) befriedigen.

Angenommen, die i-te Zweigspannung werde durch die Spannung eines Spannungsgenerators ersetzt. Es ist sofort klar, daß Gl. (11) durch die Werte $u_k(t)$ mit $k \neq i$ und $u_i(t) \equiv u_G(t)$ befriedigt wird. Auch Gl. (12) wird durch $i_k(t)$ $(k = 1, 2, \ldots, b)$ befriedigt. Für Gl. (13) bleibt nur der Zweig i fraglich. Da der Spannungsgenerator ein idealer ist, kann zur Spannung $u_G(t) \equiv u_i(t)$ ein beliebiger Strom, also auch $i_i(t)$ gehören. Somit sind tatsächlich alle Gleichungen auch für das modifizierte Netzwerk befriedigt.

3.13.3. Das Thévenin-Nortonsche Äquivalenztheorem

Es sei ein *lineares* Netzwerk gegeben, dessen einziges zugängliches Klemmenpaar durch ein beliebiges (lineares oder nichtlineares) Schaltelement belastet ist. Das Netzwerk wird durch (unabhängige) Generatoren erregt. Das Thévenin-Nortonsche Theorem besagt nun, daß das ganze Netzwerk für die Belastung durch einen einzigen Spannungsgenerator (bzw. Stromgenerator) ersetzt werden kann, der mit dem desaktivierten Netzwerk — dieses als Zweipol betrachtet — in Reihe (bzw. parallel) geschaltet ist. Die Spannung des Spannungsgenerators (bzw. der Strom des Stromgenerators) ist durch die Leerlaufspannung (bzw. durch den Kurzschlußstrom) gegeben (Abb. 3.90).

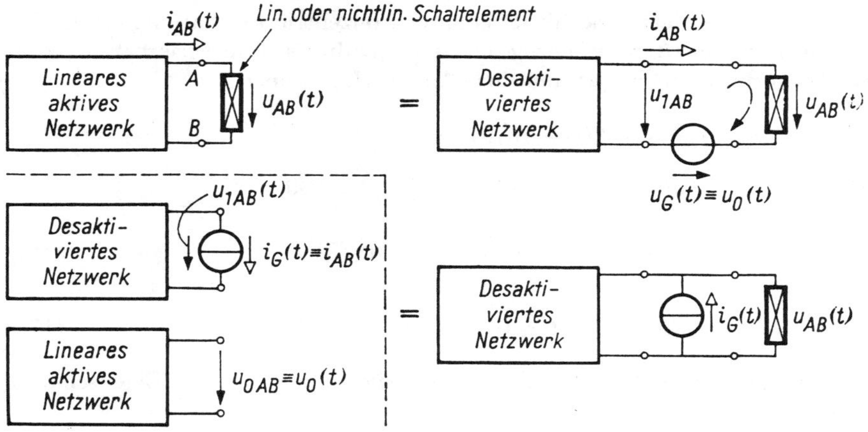

Abb. 3.90 Der Théveninsche und der Nortonsche Satz. Unten links sind auch die Schritte eingezeichnet, die zum Beweis des Satzes führen

Zum Beweis für das Théveninsche Theorem ersetzen wir die Belastung durch einen Stromgenerator mit dem Strom $i_G(t) = i_{AB}(t)$. Dadurch wird nach dem Substitutionstheorem nichts geändert, insbesondere bleibt $u_{AB}(t)$ unverändert. Da das Netzwerk (außer der Belastung) linear ist, wenden wir das Superpositionsprinzip an. Die Spannung $u_{AB}(t)$ wird erstens durch die Erregung $i_G(t) = i_{AB}(t)$, zweitens durch die Generatoren im Netzwerk verursacht. (Auch die Anfangswerte werden als Stromquellen berücksichtigt.) Zur Erregung $i_G(t) = i_{AB}(t)$ gehört die Klemmenspannung

$$u_{1AB}(t) = -\int_0^t h(t-\tau)\, i_{AB}(\tau)\, d\tau . \tag{14}$$

Sobald die Stromquelle abgetrennt wird, die Klemmen also offen sind, verursachen alle Quellen in dem Netzwerk die Spannung $u_{0AB} \equiv u_0(t)$. Wir erhalten also

$$u_{AB}(t) = u_{0AB}(t) + u_{1AB}(t) = u_0 - \int_0^t h(t-\tau)\, i_{AB}(\tau)\, d\tau . \tag{15}$$

Schreiben wir jetzt die Maschengleichung für das äquivalente Netzwerk in Abb. 3.90, so erhalten wir sofort

$$u_{AB}(t) = u_{0AB}(t) + u_{1AB}(t) = u_0 - \int_0^t h(t-\tau)\, i_{AB}(\tau)\, d\tau , \tag{16}$$

also die identische Gleichung. Ähnlich kann das Nortonsche Theorem bewiesen werden.

Ein lineares passives Netzwerk mit konstanten konzentrierten Parametern besitzt die folgenden Eigenschaften in bezug auf die quadratisch integrierbaren, sonst beliebigen Erregerfunktionen $u_G(t)$ und ihre Antwortfunktionen:

Linearität: $$\alpha_1 u_G^{(1)}(t) + \alpha_2 u_G^{(2)}(t) \Rightarrow \alpha_1 i_1(t) + \alpha_2 i_2(t); \tag{17a}$$

Zeitinvarianz: $$\text{wenn} \quad u_G(t) \Rightarrow i(t), \quad \text{dann} \quad u_G(t-\tau) \Rightarrow i(t-\tau); \tag{17b}$$

Passivität: $$\int_{-\infty}^{t} u_G(t)\, i(t)\, dt \geqq 0, \qquad -\infty < t < +\infty; \tag{17c}$$

Kausalität: $$\text{wenn} \quad u_G(t) = 0; \quad t < 0, \quad \text{dann} \quad i(t) = 0, \quad t < 0. \tag{17d}$$

Für allgemeine passive Netzwerke bleiben nur die letzten beiden Eigenschaften bestehen.

3.14. Die Methode der Zustandsvariablen

Diese sich jetzt verbreitende Methode ist vorteilhaft auf lineare und nichtlineare Netzwerke anwendbar. Zur Einführung sei sie auf lineare Vorgänge angewendet. Unser Gedankengang knüpft an Desoer und Kuh [3.8] an.

Die im Zeitgebiet aufgeschriebenen Kirchhoffschen Gleichungen führen, wie wir gesehen haben, zu Integrodifferentialgleichungen oder zu Differentialgleichungen höherer Ordnung. Wir werden zuerst an einem einfachen Beispiel, später allgemein zeigen, daß man durch Einführung der Zustandsvariablen — die Spannungen der Kondensatoren und die Ströme der Induktivitäten — für diese als Unbekannte Differentialgleichungen erster Ordnung erhalten kann.

Als triviales Beispiel soll der Fall eines verlustbehafteten Schwingungskreises untersucht werden (Abb. 3.48). Die Grundgleichungen sind

$$C \frac{\mathrm{d}u_C}{\mathrm{d}t} = i_L,$$

$$L \frac{\mathrm{d}i_L}{\mathrm{d}t} = -Ri_L - u_C + u^{(g)}. \tag{1}$$

(Die Generatorspannung wird im weiteren mit $u^{(g)}$ statt u_G bezeichnet, da jetzt u_G die Spannung an einer Konduktanz bedeuten soll.)

In Matrixschreibweise gilt für (1):

$$\frac{\mathrm{d}}{\mathrm{d}t} \begin{bmatrix} u_C \\ i_L \end{bmatrix} = \begin{bmatrix} 0 & \frac{1}{C} \\ -\frac{1}{L} & -\frac{R}{L} \end{bmatrix} \begin{bmatrix} u_C \\ i_L \end{bmatrix} + \begin{bmatrix} 0 \\ \frac{1}{L} \end{bmatrix} u^{(g)}. \tag{2}$$

Dieser Ausdruck ist ein spezieller Fall der folgenden allgemeinen Differentialgleichung:

$$\frac{\mathrm{d}\mathbf{x}}{\mathrm{d}t} = \mathbf{A}\mathbf{x} + \mathbf{b}\mathbf{w}. \tag{3}$$

Hier bedeutet $\mathbf{x}$ den Zustandsvektor, der den elektrischen Zustand des Netzwerkes im Zustandsraum (state-space) beschreibt. $\mathbf{A}$ ist die Zustandsmatrix des Netzwerkes $\mathbf{b}$ ist eine von den Netzwerkparametern abhängige Matrix, $\mathbf{w}$ beschreibt die Erregung.

Die Anfangswerte können in folgender Form angegeben werden:

$$\mathbf{x}(0) = \begin{bmatrix} u_{C1}(0) \\ u_{C2}(0) \\ \vdots \\ i_{L1}(0) \\ \vdots \end{bmatrix}. \tag{4}$$

Wir gehen nun zu einem allgemeineren (noch nicht zum allgemeinsten) Fall über und zeigen, wie man aus den Kirchhoffschen Gleichungen zu einer Gleichung der Form (3) gelangen kann.

Wir bestimmen zunächst einen „Normalbaum". Darunter verstehen wir einen Baum, der alle Zweige mit Kondensatoren enthält, aber keine Zweige mit Induktivitäten. Um solch einen Baum finden zu können, müssen wir den Kreis der zu untersuchenden Netzwerke einengen. Das Netzwerk soll keine nur Kondensatoren enthaltende Masche und keinen nur Induktivität enthaltenden Schnitt besitzen.

Anderenfalls wären die Zustandsvariablen nicht unabhängig, ja sogar die Anfangswerte könnten nicht willkürlich angegeben werden, da eventuell das zweite bzw. erste Kirchhoffsche Gesetz verletzt werden könnte. Um solche Komplikationen zu vermeiden, schließen wir diese Netzwerke aus. Dann kann der Normalbaum gefunden werden.

Wir teilen nachher die Zweige in vier Gruppen: Brückenzweige mit Widerstand, Brückenzweige mit Induktivität, Baumzweige mit Kondensatoren und Baumzweige mit Widerstand (Abb. 3.91).

Die zweite Kirchhoffsche Gleichung $\mathbf{Mu} = \mathbf{0}$ kann ausführlicher wie folgt geschrieben werden:

$$(\mathbf{1}_l \vdots \mathbf{F}) \begin{bmatrix} \mathbf{u}_R \\ \mathbf{u}_L \\ \mathbf{u}_C \\ \mathbf{u}_G \end{bmatrix} = \mathbf{0}. \tag{5}$$

Die Gleichung $\mathbf{Qi} = \mathbf{0}$ läßt sich ähnlich schreiben:

$$(-\mathbf{F}^{\dagger} \vdots \mathbf{1}_{n-1}) \begin{bmatrix} \mathbf{i}_R \\ \mathbf{i}_L \\ \mathbf{i}_C \\ \mathbf{i}_G \end{bmatrix} = \mathbf{0}. \tag{6}$$

Ferner nehmen wir an, daß die Brückenzweige nur Spannungsgeneratoren, die Baumzweige nur Stromgeneratoren besitzen. Dies bedeutet keine weitere Einschränkung, da die Generatoren gegenseitig ineinander umgewandelt werden können. Dann sind die folgenden Zusammenhänge gültig:

$$\begin{aligned} \mathbf{u}_R &= \mathbf{R}^{(1)}\mathbf{i}_R + \mathbf{u}_R^{(g)}; \qquad & \mathbf{i}_C &= \mathbf{C}\frac{\mathrm{d}}{\mathrm{d}t}\mathbf{u}_C + \mathbf{i}_C^{(g)}; \\ \mathbf{u}_L &= \mathbf{L}\frac{\mathrm{d}}{\mathrm{d}t}\mathbf{i}_L + \mathbf{u}_L^{(g)}; \qquad & \mathbf{i}_G &= \mathbf{G}^{(t)}\mathbf{u}_G + \mathbf{i}_G^{(g)}. \end{aligned} \tag{7}$$

Die Indizes l und t beziehen sich auf die Wörter link und tree.

Im weiteren wollen wir aus den obigen Gleichungen die Größen, die keine Zustandsvariablen darstellen, eliminieren.

Die Maschengleichung (5) kann auch in folgender Form geschrieben werden:

$$\begin{bmatrix} \mathbf{u}_R \\ \mathbf{u}_L \end{bmatrix} = -\mathbf{F}\begin{bmatrix} \mathbf{u}_C \\ \mathbf{u}_G \end{bmatrix} = -\begin{bmatrix} \mathbf{F}_{RC} & \mathbf{F}_{RG} \\ \mathbf{F}_{LC} & \mathbf{F}_{LG} \end{bmatrix}\begin{bmatrix} \mathbf{u}_C \\ \mathbf{u}_G \end{bmatrix}. \tag{8}$$

Die Gleichung (6) hat dagegen die Form

$$\begin{bmatrix} \mathbf{i}_C \\ \mathbf{i}_G \end{bmatrix} = \mathbf{F}^\dagger \begin{bmatrix} \mathbf{i}_R \\ \mathbf{i}_L \end{bmatrix} = \begin{bmatrix} \mathbf{F}^\dagger_{RC} & \mathbf{F}^\dagger_{LC} \\ \mathbf{F}^\dagger_{RG} & \mathbf{F}^\dagger_{LG} \end{bmatrix} \begin{bmatrix} \mathbf{i}_R \\ \mathbf{i}_L \end{bmatrix}. \tag{9}$$

Die Deutung der Untermatrizen $\mathbf{F}_{RC}$, $\mathbf{F}_{LC}$ usw. ist ohne weiteres klar. Wenn diese Gleichungen mit den Gleichungen (7) kombiniert werden, erhalten wir folgendes Gleichungssystem:

$$\begin{aligned}
\mathbf{R}^{(l)}\mathbf{i}_R &= -\mathbf{F}_{RC}\mathbf{u}_C - \mathbf{F}_{RG}\mathbf{u}_G - \mathbf{u}_R^{(g)}, \\
\mathbf{L}\frac{\mathrm{d}}{\mathrm{d}t}\mathbf{i}_L &= -\mathbf{F}_{LC}\mathbf{u}_C - \mathbf{F}_{LG}\mathbf{u}_G - \mathbf{u}_L^{(g)}, \\
\mathbf{C}\frac{\mathrm{d}}{\mathrm{d}t}\mathbf{u}_C &= \mathbf{F}^\dagger_{RC}\mathbf{i}_R + \mathbf{F}^\dagger_{LC}\mathbf{i}_L - \mathbf{i}_C^{(g)}, \\
\mathbf{G}^{(t)}\mathbf{u}_G &= \mathbf{F}^\dagger_{RG}\mathbf{i}_R + \mathbf{F}^\dagger_{LG}\mathbf{i}_L - \mathbf{i}_G^{(g)}.
\end{aligned} \tag{10}$$

Die Größen $\mathbf{i}_R$ und $\mathbf{u}_G$ sind hier keine Zustandsvariablen. Die Elimination bietet keine Schwierigkeit; sie ergibt

$$\frac{\mathrm{d}}{\mathrm{d}t}\begin{bmatrix} \mathbf{C} & \mathbf{0} \\ \mathbf{0} & \mathbf{L} \end{bmatrix}\begin{bmatrix} \mathbf{u}_C \\ \mathbf{i}_L \end{bmatrix} = \begin{bmatrix} -\mathbf{Y} & \mathbf{H} \\ -\mathbf{H}^\dagger & -\mathbf{Z} \end{bmatrix}\begin{bmatrix} \mathbf{u}_C \\ \mathbf{i}_L \end{bmatrix} - \mathbf{B}\begin{bmatrix} \mathbf{i}_C^{(g)} \\ \mathbf{i}_G^{(g)} \\ \mathbf{u}_R^{(g)} \\ \mathbf{u}_L^{(g)} \end{bmatrix}. \tag{11}$$

Die Bedeutung der einzelnen Matrizen ist:

$$\begin{aligned}
\mathbf{Y} &= \mathbf{F}^\dagger_{RC}(\mathbf{R}^{(l)} + \mathbf{F}_{RG}\mathbf{R}^{(t)}\mathbf{F}^\dagger_{RG})^{-1}\,\mathbf{F}_{RC}; \qquad \mathbf{R}^{(t)} = (\mathbf{G}^{(t)})^{-1}; \\
\mathbf{Z} &= \mathbf{F}_{LG}(\mathbf{G}^{(t)} + \mathbf{F}^\dagger_{RG}\mathbf{G}^{(l)}\mathbf{F}_{RG})^{-1}\,\mathbf{F}^\dagger_{LG}; \qquad \mathbf{G}^{(l)} = (\mathbf{R}^{(l)})^{-1}; \\
\mathbf{H} &= \mathbf{F}^\dagger_{LC} - \mathbf{F}^\dagger_{RC}(\mathbf{R}^{(l)} + \mathbf{F}_{RG}\mathbf{R}^{(t)}\mathbf{F}^\dagger_{RG})^{-1}\,\mathbf{F}_{RG}\mathbf{R}^{(t)}\mathbf{F}^\dagger_{LG};
\end{aligned} \tag{12}$$

$$\mathbf{B} = \begin{bmatrix} \mathbf{1} & -\mathbf{F}^\dagger_{RC}(\mathbf{R}^{(l)} + \mathbf{F}_{RG}\mathbf{R}^{(t)}\mathbf{F}^\dagger_{RG})^{-1}\mathbf{F}_{RG}\mathbf{R}^{(t)} & \mathbf{F}^\dagger_{RC}(\mathbf{R}^{(l)} + \mathbf{F}_{RG}\mathbf{R}^{(t)}\mathbf{F}^\dagger_{RG})^{-1} & \mathbf{0} \\ \mathbf{0} & -\mathbf{F}_{LG}(\mathbf{G}^{(t)} + \mathbf{F}^\dagger_{RG}\mathbf{G}^{(l)}\mathbf{F}_{RG})^{-1} & -\mathbf{F}_{LG}(\mathbf{G}^{(t)} + \mathbf{F}^\dagger_{RG}\mathbf{G}^{(l)}\mathbf{F}_{RG})^{-1}\,\mathbf{F}^\dagger_{RG}\mathbf{G}^{(l)} & \mathbf{1} \end{bmatrix}. \tag{13}$$

Unser Resultat kann noch umgeschrieben werden:

$$\frac{\mathrm{d}}{\mathrm{d}t}\begin{bmatrix} \mathbf{u}_C \\ \mathbf{i}_L \end{bmatrix} = \begin{bmatrix} \mathbf{C}^{-1} & \mathbf{0} \\ \mathbf{0} & \mathbf{L}^{-1} \end{bmatrix}\begin{bmatrix} -\mathbf{Y} & \mathbf{H} \\ -\mathbf{H}^\dagger & -\mathbf{Z} \end{bmatrix}\begin{bmatrix} \mathbf{u}_C \\ \mathbf{i}_L \end{bmatrix} - \begin{bmatrix} \mathbf{C}^{-1} & \mathbf{0} \\ \mathbf{0} & \mathbf{L}^{-1} \end{bmatrix}\mathbf{B}\begin{bmatrix} \mathbf{i}_C^{(g)} \\ \mathbf{i}_G^{(g)} \\ \mathbf{u}_R^{(g)} \\ \mathbf{u}_L^{(g)} \end{bmatrix}. \tag{14}$$

Es ist ersichtlich, daß diese Gleichung schon die gewünschte Form besitzt. Ein Vergleich mit Gl. (3) zeigt die folgenden Identitäten:

$$\mathbf{x} = \begin{bmatrix} \mathbf{u}_C \\ \mathbf{i}_L \end{bmatrix}, \tag{15}$$

$$\mathbf{A} = \begin{bmatrix} \mathbf{C}^{-1} & \mathbf{0} \\ \mathbf{0} & \mathbf{L}^{-1} \end{bmatrix} \begin{bmatrix} -\mathbf{Y} & \mathbf{H} \\ -\mathbf{H}^{\dagger} & -\mathbf{Z} \end{bmatrix}, \tag{16}$$

$$\mathbf{b} = \begin{bmatrix} \mathbf{C}^{-1} & \mathbf{0} \\ \mathbf{0} & \mathbf{L}^{-1} \end{bmatrix} \mathbf{B}, \tag{17}$$

$$\mathbf{w} = \begin{bmatrix} \mathbf{i}_C^{(g)} \\ \mathbf{i}_G^{(g)} \\ \mathbf{u}_R^{(g)} \\ \mathbf{u}_L^{(g)} \end{bmatrix}. \tag{18}$$

Wenn lineare Netzwerke mit veränderlichen Parametern untersucht werden, so bleiben die Gleichungen (5), (6) gültig. Das Gleichungssystem (7) verändert sich dagegen in

$$\begin{aligned} \mathbf{u}_R &= \mathbf{R}^{(1)}(t)\, \mathbf{i}_R + \mathbf{u}_R^{(g)}, \\ \mathbf{u}_L &= \frac{\mathrm{d}}{\mathrm{d}t} \boldsymbol{\Phi}_L + \mathbf{u}_L^{(g)}, \\ \mathbf{i}_C &= \frac{\mathrm{d}}{\mathrm{d}t} \mathbf{q}_C + \mathbf{i}_C^{(g)}, \\ \mathbf{i}_G &= \mathbf{G}^{(t)}(t)\, \mathbf{u}_G + \mathbf{i}_G^{(g)}. \end{aligned} \tag{19}$$

Wenn die Ladungen und die Flüsse als Zustandsparameter gewählt werden, erhalten wir sofort die der Gl. (11) analoge Gleichung

$$\frac{\mathrm{d}}{\mathrm{d}t} \begin{bmatrix} \mathbf{q}_C \\ \boldsymbol{\Phi}_L \end{bmatrix} = \begin{bmatrix} -\mathbf{Y} & \mathbf{H} \\ -\mathbf{H}^{\dagger} & -\mathbf{Z} \end{bmatrix} \begin{bmatrix} \mathbf{S} & \mathbf{0} \\ \mathbf{0} & \boldsymbol{\Gamma} \end{bmatrix} \begin{bmatrix} \mathbf{q}_C \\ \boldsymbol{\Phi}_L \end{bmatrix} - \mathbf{B} \begin{bmatrix} \mathbf{i}_C^{(g)} \\ \mathbf{i}_G^{(g)} \\ \mathbf{u}_R^{(g)} \\ \mathbf{u}_L^{(g)} \end{bmatrix}. \tag{20}$$

Die Matrizen $\mathbf{Y}$, $\mathbf{H}$, $\mathbf{Z}$, $\mathbf{B}$ sind identisch mit den früher so bezeichneten Matrizen, die Matrizen $\boldsymbol{\Gamma}$ und $\mathbf{S}$ sind durch die folgenden Gleichungen definiert:

$$\begin{aligned} \mathbf{i}_L &= \mathbf{L}^{-1}(t)\, \boldsymbol{\Phi}_L = \boldsymbol{\Gamma}(t)\, \boldsymbol{\Phi}_L, \\ \mathbf{u}_C &= \mathbf{C}^{-1}(t)\, \mathbf{q}_C = \mathbf{S}(t)\, \mathbf{q}_C. \end{aligned} \tag{21}$$

Dieses Verfahren ist natürlich komplizierter und von geringerer Tragweite für nichtlineare Netzwerke. Durch einige vernünftige vereinfachende Annahmen kann man jedoch wertvolle Resultate erlangen. Wir nehmen an, daß die Spulen flußkontrolliert, die Kondensatoren ladungskontrolliert, die Brückenzweigwiderstände spannungskontrolliert, die Baumzweigwiderstände stromkontrolliert sind:

$$\mathbf{i}_L = \mathbf{f}_L(\mathbf{\Phi}_L); \qquad \mathbf{u}_L = \frac{\mathrm{d}}{\mathrm{d}t}\mathbf{\Phi}_L + \mathbf{u}_L^{(g)};$$

$$\mathbf{u}_C = \mathbf{f}_C(\mathbf{q}_C); \qquad \mathbf{i}_C = \frac{\mathrm{d}}{\mathrm{d}t}\mathbf{q}_C + \mathbf{i}_C^{(g)}; \tag{22}$$

$$\mathbf{i}_R = \mathbf{f}_R(\mathbf{u}_R - \mathbf{u}_R^{(g)}); \qquad \mathbf{u}_G = \mathbf{f}_G(\mathbf{i}_G - \mathbf{i}_G^{(g)}).$$

Nehmen wir weiter an, daß $\mathbf{F}_{RG} = \mathbf{0}$ ist (das ist z. B. sicher der Fall, wenn jeder Widerstand entweder mit einer Spule in Reihe oder mit einem Kondensator parallel geschaltet ist), dann können die Gleichungen (8) und (9) in folgender Form geschrieben werden

$$\begin{aligned} \mathbf{u}_R &= -\mathbf{F}_{RC}\mathbf{u}_C; \\ \mathbf{u}_L &= -\mathbf{F}_{LC}\mathbf{u}_C - \mathbf{F}_{LG}\mathbf{u}_G; \\ \mathbf{i}_C &= \mathbf{F}_{RC}^{\dagger}\mathbf{i}_R + \mathbf{F}_{LC}^{\dagger}\mathbf{i}_L; \\ \mathbf{i}_G &= \mathbf{F}_{LG}^{\dagger}\mathbf{i}_L. \end{aligned} \tag{23}$$

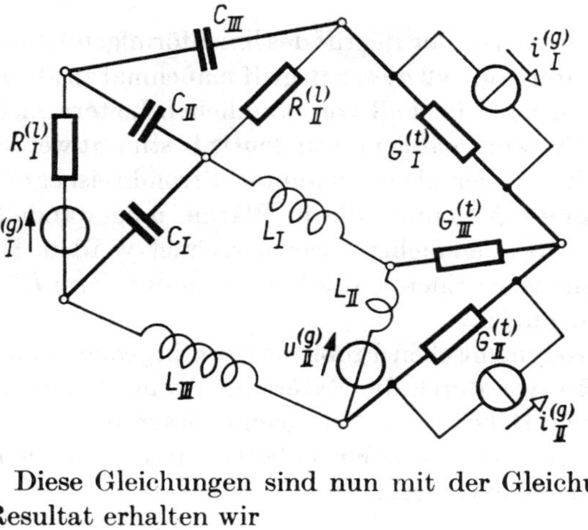

Abb. 3.91
Modellnetzwerk zur Methode der Zustandsvariablen. Der Normalbaum ist dick ausgezogen. Die Matrizen **M** und **Q** sind in Abb. 3.82 angeführt

Diese Gleichungen sind nun mit der Gleichungsgruppe (22) zu kombinieren. Als Resultat erhalten wir

$$\frac{\mathrm{d}}{\mathrm{d}t}\mathbf{\Phi}_L = -\mathbf{F}_{LC}\mathbf{f}_C(\mathbf{q}_C) - \mathbf{F}_{LG}\mathbf{f}_G(\mathbf{F}_{LG}^{\dagger}\mathbf{f}_L(\mathbf{\Phi}_L) - \mathbf{i}_G^{(g)}) - \mathbf{u}_L^{(g)}; \tag{24}$$

$$\frac{\mathrm{d}}{\mathrm{d}t}\mathbf{q}_C = \mathbf{F}_{RC}^{\dagger}\mathbf{f}_R(-\mathbf{F}_{RC}\mathbf{f}_C(\mathbf{q}_C) - \mathbf{u}_R^{(g)}) + \mathbf{F}_{LC}^{\dagger}\mathbf{f}_L(\mathbf{\Phi}_L) - \mathbf{i}_C^{(g)}. \tag{25}$$

B. Räumliche Strömungen

3.15. Die Begriffe Widerstand und Induktivität bei räumlichen Strömen

Bisher wurden hauptsächlich linienförmige Stromkreise betrachtet. Bei diesen bestimmt die Geometrie des Leiters zugleich eindeutig auch die Richtungen des Stromdichtevektors. In solchen Fällen können die allgemeinen Feldgleichungen vereinfacht werden und die Erscheinungen mit Hilfe der Spannung, des in der Leitung fließenden Gesamtstromes, des Ohmschen Widerstandes der Leitung und der Induktivität eindeutig beschrieben werden.

Man darf dabei jedoch nicht übersehen, daß der Begriff des linienförmigen Leiters eine vereinfachende Abstraktion bedeutet und daß dieser Begriff manchmal zu absurden Ergebnissen führt. Im allgemeinen kann im Fall von räumlichen Leitern nicht erwartet werden, daß dieselben Begriffe zweckmäßig und eindeutig bestimmt werden können. Was wird nun durch Einführung der oben genannten Stromkreisbegriffe vereinfacht? Mit Hilfe des Widerstandes R können die in Wärme umgewandelte Leistung Ri^2 und der Spannungsabfall Ri in einfacher Form berechnet werden. Die Selbstinduktion L liefert uns die magnetische Energie des Kreises in der Form $Li^2/2$ und den Spannungsabfall in der Form $L\,\mathrm{d}i/\mathrm{d}t$.

Als Lösung eines allgemeinen elektrodynamischen Problems seien in jedem Punkt des Raumes die Feldgrößen $\boldsymbol{E}$ und $\boldsymbol{B}$ sowie durch die Materialkonstanten auch die Stromdichte $\boldsymbol{J}$ und die Größen $\boldsymbol{H}$ und $\boldsymbol{D}$ bekannt. Auf Grund dieser Kenntnisse können wir nun sämtliche Fragen beantworten. Die in einem bestimmten Volumen in Wärme umgewandelte Leistung gibt uns das Integral

$$P_\mathrm{w} = \int\limits_V \frac{\boldsymbol{J}^2}{\gamma}\,\mathrm{d}V \tag{1}$$

an. Die magnetische Energie, die in demselben Volumen aufgespeichert wurde, kann durch

$$W_m = \frac{1}{2} \int_V \boldsymbol{HB}\, dV \tag{2}$$

bestimmt werden.

Die vom Generator oder vom Verbraucher abgegebene bzw. aufgenommene Leistung liefert uns das Flächenintegral des Poyntingschen Vektors

$$P = \oint_A (\boldsymbol{E} \times \boldsymbol{H})\, d\boldsymbol{A}. \tag{3}$$

Es muß festgestellt werden, daß im allgemeinen die räumlichen Fälle mit Hilfe einfacher Stromkreisbegriffe nicht mehr behandelt werden können. Meist muß auf die obigen allgemeinen Zusammenhänge zurückgegriffen werden. Es ist wohl vorstellbar, daß man einen Widerstandswert definieren könnte, der, mit dem Quadrat des Gesamtstromes multipliziert, die Wärmeleistung ergibt. Es besteht jedoch keine Garantie

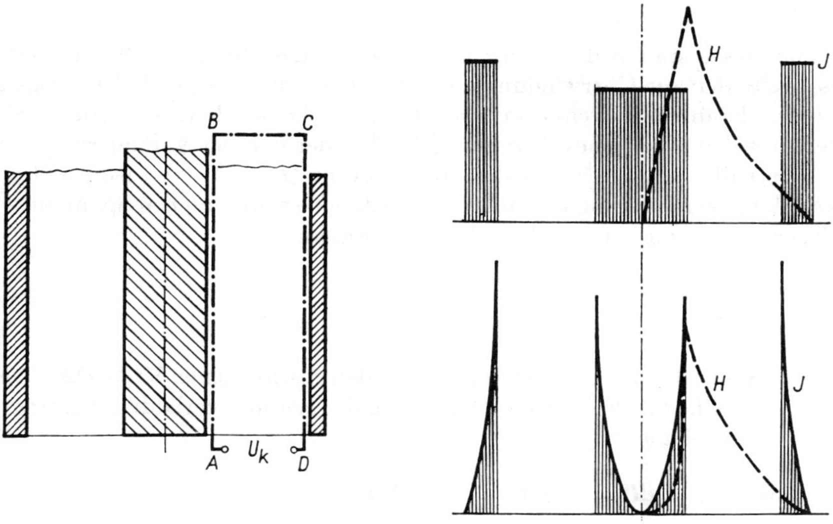

Abb. 3.92 Zum Begriff des inneren Induktionskoeffizienten

dafür, daß das Produkt des so definierten Widerstandes mit dem Gesamtstrom tatsächlich die Spannung zwischen zwei irgendwie ausgezeichneten Punkten liefert. Ebenso kann die durch die magnetische Energie bestimmte Induktivität nicht immer zur Berechnung des induktiven Spannungsabfalles verwendet werden.

In diesem Kapitel werden auch solche räumlichen Strömungsprobleme behandelt, bei denen die Begriffe der Netze — obwohl mit Vorsicht — anwendbar sind. Es sei

z. B. hier der Fall des in der Abb. 3.92 gezeigten einfachen Koaxialkabels erörtert. Wir haben die Verteilung der Stromdichte und der magnetischen Feldstärke für den Fall von Gleichstrom und Hochfrequenz-Wechselstrom eingezeichnet. Im letzteren Fall tritt die im nächsten Kapitel ausführlich behandelte Stromverdrängungserscheinung auf: Sowohl die Stromdichte als auch das magnetische Feld verändern sich im Innern des Leiters. Dadurch ändert sich auch der Ohmsche Widerstand der Leitung — er nimmt zu —, da der gleiche Gesamtstrom nunmehr einen kleineren Querschnitt durchfließt. Die Selbstinduktivität verändert sich ebenfalls — sie nimmt ab —, da das Magnetfeld im Innern der Leitung geschwächt wird, außen aber unverändert bleibt. Bereits in diesem einfachen Fall sind also weder der Widerstand noch die Selbstinduktivität durch die geometrischen Abmessungen und Materialkonstanten bestimmt; beide sind frequenzabhängig. Im folgenden sei an Hand dieses einfachen Beispiels die Berechnung der inneren Induktivität und des Ohmschen Widerstandes durchgeführt. Die angelegte Spannung kann in folgender Form angegeben werden:

$$u_{\mathrm{k}} = Ri + L\,\frac{\mathrm{d}i}{\mathrm{d}t}. \tag{4}$$

Dabei bestimmt das erste Glied den zur Überwindung des Ohmschen Spannungsabfalles, das zweite den zur Überwindung des induktiven Spannungsabfalles nötigen Anteil. Letzteres kann noch weiter in zwei Teile geteilt werden: Der Ausdruck $L_{\mathrm{a}}\,\mathrm{d}i/\mathrm{d}t$ liefert uns den Wert jenes Spannungsabfalles, der von der Veränderung der Kraftlinien außerhalb der Leiter herrührt, das Produkt $L_{\mathrm{i}}\,\mathrm{d}i/\mathrm{d}t$ gibt jedoch den durch die Kraftlinienveränderung im Innern des Leiters hervorgerufenen Spannungsabfall an. Unsere Gleichung nimmt also folgende Form an:

$$u_{\mathrm{k}} = Ri + (L_{\mathrm{a}} + L_{\mathrm{i}})\,\frac{\mathrm{d}i}{\mathrm{d}t}. \tag{5}$$

Wenden wir aber zugleich das Induktionsgesetz auf den geschlossenen Kreis $DABCD$ an, wobei das Linienstück $ABCD$ an der Oberfläche der Leitung verläuft, so gelangt man zu folgender Beziehung:

$$\begin{aligned}\oint_L \boldsymbol{E}\,\mathrm{d}\boldsymbol{l} &= \int_{DA} \boldsymbol{E}\,\mathrm{d}\boldsymbol{l} + \int_{ABCD} \boldsymbol{E}\,\mathrm{d}\boldsymbol{l} = -\int_{AD} \boldsymbol{E}\,\mathrm{d}\boldsymbol{l} + \int_{ABCD} \boldsymbol{E}\,\mathrm{d}\boldsymbol{l} \\ &= -u_{\mathrm{k}} + \int_{ABCD} \boldsymbol{E}\,\mathrm{d}\boldsymbol{l} = -L_{\mathrm{a}}\,\frac{\mathrm{d}i}{\mathrm{d}t},\end{aligned} \tag{6}$$

woraus

$$u_{\mathrm{k}} = \int_{ABCD} \boldsymbol{E}\,\mathrm{d}\boldsymbol{l} + L_{\mathrm{a}}\,\frac{\mathrm{d}i}{dt} \tag{7}$$

folgt. Durch einen Vergleich dieser Gleichung mit Gl. (5) erhält man für das Integral der Feldstärke entlang der Fläche des Leiters folgenden Ausdruck:

$$\int_{ABCD} \boldsymbol{E}\,\mathrm{d}\boldsymbol{l} = Ri + L_\mathrm{i}\,\frac{\mathrm{d}i}{\mathrm{d}t}. \tag{8}$$

Im Fall rein sinusförmiger Wechselströme wird dieser zu

$$\int_{ABCD} \boldsymbol{E}\,\mathrm{d}\boldsymbol{l} = (R + \mathrm{j}\omega L_\mathrm{i})\,\hat{\boldsymbol{I}}. \tag{9}$$

Im folgenden wird der durch diese Gleichung bestimmte Ohmsche bzw. induktive Widerstand für einige Fälle untersucht.

3.16. Das elektromagnetische Feld in Stoffen mit endlicher Leitfähigkeit

Im Innern von Leitern kann der Verschiebungsstrom im Verhältnis zum Leitungsstrom sogar bei äußerst hohen Frequenzen vernachlässigt werden, da die in der Praxis verwendeten Leiter eine gute Leitfähigkeit besitzen. Das bedeutet, daß sogar Hochfrequenz-Wechselströme und deren Felder mit quasistationären Methoden behandelt werden können. In diesem Abschnitt wird in erster Linie jene Erscheinung näher untersucht, nach welcher die Stromverteilung im Innern der von Wechselströmen durchfluteten verschiedensten Leiter nicht gleichmäßig ist, sondern stark in Richtung der Flächen zunimmt, durch welche die zur Deckung der Verluste verbrauchte Energie in den Leiter strömt. Diese Erscheinungen werden unter der Bezeichnung „*Skineffekt*“ oder „Stromverdrängung“ zusammengefaßt. Die Stromverdrängung hat zur Folge, daß der effektive Widerstand des Leiters sich im Vergleich zum Gleichstrom- oder Niederfrequenz-Wechselstromwiderstand verändert — und zwar zunimmt —, die Induktivität zugleich jedoch abnimmt.

Im folgenden wird die Untersuchung auf die für die praktische Berechnung wichtigen Fälle der homogenen unendlichen Ebene, des Kreiszylinders, der Induktionsöfen und der dünnen Platten erstreckt.

Den Ausgangspunkt bilden in jedem Fall die für den quasistationären Fall gültigen Maxwellschen Gleichungen

$$\operatorname{rot} \boldsymbol{H} = \gamma \boldsymbol{E}; \qquad \operatorname{rot} \boldsymbol{E} = -\mu\,\frac{\partial \boldsymbol{H}}{\partial t}. \tag{1}$$

Die Leitfähigkeit und die magnetische Permeabilität des Leiters sollen im untersuchten Raumteil als konstant angesehen werden. Wir haben also noch folgende Ergänzungsgleichungen zu beachten:

$$\operatorname{div} \boldsymbol{E} = 0; \qquad \operatorname{div} \boldsymbol{H} = 0. \tag{2}$$

Bilden wir die Rotation beider Seiten der ersten Maxwellschen Gleichung,

$$\operatorname{rot}\operatorname{rot}\boldsymbol{H} = \gamma\operatorname{rot}\boldsymbol{E}, \tag{3}$$

und berücksichtigen zugleich die vektoranalytische Beziehung

$$\operatorname{rot}\operatorname{rot}\boldsymbol{H} = \operatorname{grad}\operatorname{div}\boldsymbol{H} - \Delta\boldsymbol{H} \tag{4}$$

und tragen ferner auch der Gleichung $\operatorname{div}\boldsymbol{H} = 0$ Rechnung, so lautet unsere Gleichung

$$\Delta\boldsymbol{H} = \mu\gamma\,\frac{\partial\boldsymbol{H}}{\partial t}. \tag{5}$$

Eine ähnliche Gleichung gilt für die Feldstärke $\boldsymbol{E}$:

$$\Delta\boldsymbol{E} = \mu\gamma\,\frac{\partial\boldsymbol{E}}{\partial t}. \tag{6}$$

Die erste dieser Gleichungen sei hier explizit in rechtwinkligen Koordinaten aufgeschrieben:

$$\left.\begin{aligned}
\frac{\partial^2 H_x}{\partial x^2} + \frac{\partial^2 H_x}{\partial y^2} + \frac{\partial^2 H_x}{\partial z^2} &= \mu\gamma\,\frac{\partial H_x}{\partial t},\\
\frac{\partial^2 H_y}{\partial x^2} + \frac{\partial^2 H_y}{\partial y^2} + \frac{\partial^2 H_y}{\partial z^2} &= \mu\gamma\,\frac{\partial H_y}{\partial t},\\
\frac{\partial^2 H_z}{\partial x^2} + \frac{\partial^2 H_z}{\partial y^2} + \frac{\partial^2 H_z}{\partial z^2} &= \mu\gamma\,\frac{\partial H_z}{\partial t}.
\end{aligned}\right\} \tag{7}$$

Im allgemeinen kann der Praxis gemäß eine als Funktion der Zeit rein sinusförmige Änderung der Feldstärken angenommen werden, d. h.,

$$\boldsymbol{E} = \boldsymbol{E}_0 \mathrm{e}^{\mathrm{j}\omega t}; \qquad \boldsymbol{H} = \boldsymbol{H}_0 \mathrm{e}^{\mathrm{j}\omega t}. \tag{8}$$

Durch Einführung dieser Ausdrücke in die Gleichungen (5) bzw. (6) gelangt man zu folgenden Beziehungen:

$$\Delta\boldsymbol{E}_0 = \mathrm{j}\omega\mu\gamma\boldsymbol{E}_0; \qquad \Delta\boldsymbol{H}_0 = \mathrm{j}\omega\mu\gamma\boldsymbol{H}_0, \tag{9}$$

wobei aber $\boldsymbol{E}_0$ und $\boldsymbol{H}_0$ nur noch Funktionen der Raumkoordinaten und im allgemeinen komplex sind.

Im folgenden Teil soll das Gleichungspaar (9) für die erwähnten Sonderfälle gelöst werden.

3.17. Das elektromagnetische Feld im leitenden unendlichen Halbraum

Der Anfangspunkt des Koordinatensystems sei nach Abb. 3.93 in der Grenzebene eines Leiters unendlicher Ausbreitung so angenommen, daß die Koordinatenachse z gegen das Innere des Leiters zeigt. Es sei ferner vorausgesetzt, daß die elektrische Feldstärke nur eine x-Komponente besitzt, und daß die Feldstärken weder in der x- noch in der y-Richtung eine Veränderung erleiden, daß also $\partial/\partial x = \partial/\partial y = 0$. Veränderlich sind jedoch die Feldstärken in Richtung der z-Achse. Wenden wir die bisherigen Bedingungen auf Gl. 3.17.(6) an, so kann die Gleichung der unbekannten Komponente E_x in folgender Form geschrieben werden:

$$\frac{\partial^2 E_x}{\partial z^2} = \mu\gamma \frac{\partial E_x}{\partial t}. \tag{1}$$

Die erste Maxwellsche Gleichung lautet in rechtwinkligen Koordinaten:

$$\frac{\partial H_z}{\partial y} - \frac{\partial H_y}{\partial z} = \gamma E_x. \tag{2}$$

$$\frac{\partial H_x}{\partial z} - \frac{\partial H_z}{\partial x} = 0, \tag{3}$$

$$\frac{\partial H_y}{\partial x} - \frac{\partial H_x}{\partial y} = 0, \tag{4}$$

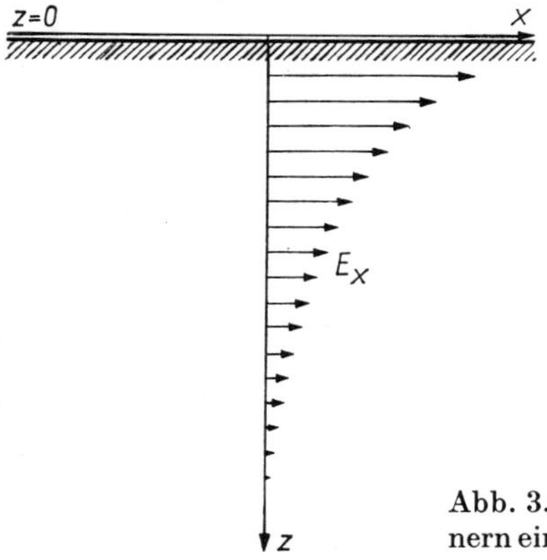

Abb. 3.93 Änderung der elektrischen Feldstärke im Innern eines unendlichen Halbraumes endlicher Leitfähigkeit

während die Gleichung div $\boldsymbol{H} = 0$ explizit die Form

$$\frac{\partial H_x}{\partial x} + \frac{\partial H_y}{\partial y} + \frac{\partial H_z}{\partial z} = 0 \tag{5}$$

besitzt. Aus der letzten Gleichung folgt unmittelbar wegen

$$\frac{\partial}{\partial x} = \frac{\partial}{\partial y} = 0$$

die Gleichung

$$\frac{\partial H_z}{\partial z} = 0. \tag{6}$$

Es ist also

$$H_z = 0, \tag{7}$$

wobei für den Wert der Konstanten bereits Null gewählt wurde. Aus Gl. (3) kann hierbei sofort festgestellt werden, daß

$$\frac{\partial H_x}{\partial z} = 0; \qquad H_x = 0. \tag{8}$$

Das magnetische Feld wird also nur eine einzige von Null verschiedene Komponente, die y-Komponente, besitzen. Die Bestimmung dieser Komponente ergibt sich aus Gl. (2):

$$-\frac{\partial H_y}{\partial z} = \gamma E_x. \tag{9}$$

Unsere Ausgangsgleichungen lauten also:

$$\frac{\partial^2 E_x}{\partial z^2} = \mu\gamma \frac{\partial E_x}{\partial t}, \tag{10}$$

$$-\frac{\partial H_y}{\partial z} = \gamma E_x. \tag{11}$$

Führen wir die komplexen Amplituden der Feldgrößen durch

$$E_x(z, t) = E(z)\, e^{j\omega t}, \tag{12}$$

$$H_y(z, t) = H(z)\, e^{j\omega t} \tag{13}$$

ein, so lauten unsere Ausgangsgleichungen:

$$\frac{d^2 E}{dz^2} = j\omega\mu\gamma E, \tag{14}$$

$$-\frac{dH}{dz} = \gamma E. \tag{15}$$

Wir wollen nun folgende Bezeichnungen einführen:

$$p^2 = \mathrm{j}\omega\mu\gamma; \qquad p = \sqrt{\mathrm{j}}\,\sqrt{\omega\mu\gamma} = (1 + \mathrm{j})\,k; \qquad k = \sqrt{\frac{\omega\mu\gamma}{2}}. \tag{16}$$

Gleichung (14) erhält so die Form

$$\frac{\mathrm{d}^2 E}{\mathrm{d}z^2} = p^2 E. \tag{17}$$

Die allgemeine Lösung dieser Differentialgleichung ist bereits bekannt:

$$E = A\,\mathrm{e}^{pz} + B\,\mathrm{e}^{-pz}. \tag{18}$$

Durch Einsetzen des Wertes von p erhalten wir

$$E = A\,\mathrm{e}^{kz}\,\mathrm{e}^{\mathrm{j}kz} + B\,\mathrm{e}^{-kz}\,\mathrm{e}^{-\mathrm{j}kz}.$$

Ebenso kann aus Gl. (15) auch der Wert von H berechnet werden:

$$H = -\int \gamma E\,\mathrm{d}z + C = -\frac{\gamma A}{p}\,\mathrm{e}^{pz} + \frac{\gamma B}{p}\,\mathrm{e}^{-pz} + C. \tag{19}$$

Die Konstanten der Lösung werden durch die Randbedingungen bestimmt. Eine Randbedingung schreibt vor, daß das Feld im Innern des Leiters, fern von der Oberfläche, Null werde, die andere Bedingung gibt den Wert der Feldstärke auf der Oberfläche an, d. h.,

für $z = \infty$ ist $H = 0, \quad E = 0,$

für $z = 0$ ist $E = E_0$.

Daraus folgt unmittelbar, daß der Koeffizient A Null sein muß, da sonst dieses Glied bei großen z-Werten eine sehr große Feldstärke liefern würde. Zugleich gilt auch $C = 0$ und $B = E_0$. Die Feldstärke ist also

$$E = E_0\,\mathrm{e}^{-kz}\,\mathrm{e}^{-\mathrm{j}kz}$$

oder, die Zeitabhängigkeit auch ausgedrückt,

$$E_x = E\,\mathrm{e}^{\mathrm{j}\omega t} = E_0\,\mathrm{e}^{-kz}\,\mathrm{e}^{\mathrm{j}(\omega t - kz)}. \tag{20}$$

Die magnetische Feldstärke ist dementsprechend

$$H = \frac{\gamma E_0}{(1 + \mathrm{j})\,k}\,\mathrm{e}^{-kz}\,\mathrm{e}^{-\mathrm{j}kz}, \tag{21}$$

$$H_y = \frac{\gamma E_0}{(1 + \mathrm{j})\,k}\,\mathrm{e}^{-kz}\,\mathrm{e}^{\mathrm{j}(\omega t - kz)}. \tag{22}$$

Betrachten wir nun auf Grund der Gl. (20) die Veränderung der Feldstärke entlang der z-Achse. Die Amplitude nimmt in Richtung zum Innern des Leiters exponentiell ab. Für die Abnahme ist der Faktor $\delta = 1/k$ kennzeichnend; er liefert uns nämlich die Entfernung, in der die Feldstärke auf den e-ten Teil, also auf 36,9% der Ausgangsgröße, abnimmt. Diese Entfernung wird als *Eindringtiefe* bezeichnet. Ihre Größe beträgt

$$\delta = \frac{1}{k} = \sqrt{\frac{2}{\omega\mu\gamma}} = \frac{1}{\sqrt{\pi f \mu \gamma}}. \tag{23}$$

Um die Größenordnung beurteilen zu können, schreiben wir den numerischen Wert für Kupfer an:

$$\delta_{\mathrm{Cu}}^{\mathrm{cm}} = \frac{6{,}62}{\sqrt{f}}.$$

Abb. 3.94 zeigt uns die Eindringtiefe der verschiedenen Werkstoffe als Funktion der Frequenz. Man sieht, daß für technische Wechselströme die Eindringtiefe in der Größenordnung von cm liegt, für sehr hohe Frequenzen dagegen, z. B. bei Rundfunkfrequenzen, nur Zehntel oder Hundertstel Millimeter beträgt.

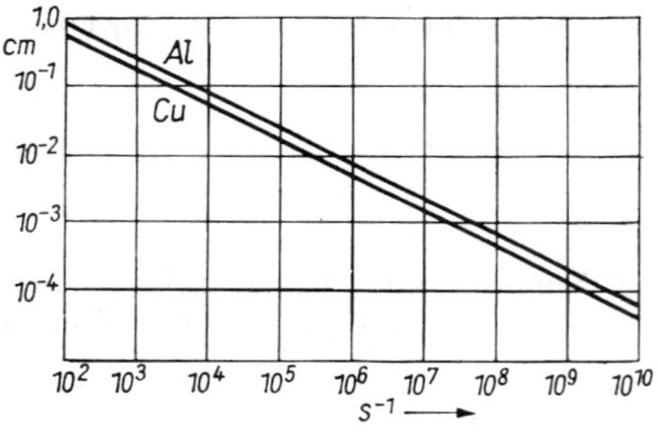

Abb. 3.94 Frequenzabhängigkeit der Eindringtiefe bei Aluminium und Kupfer

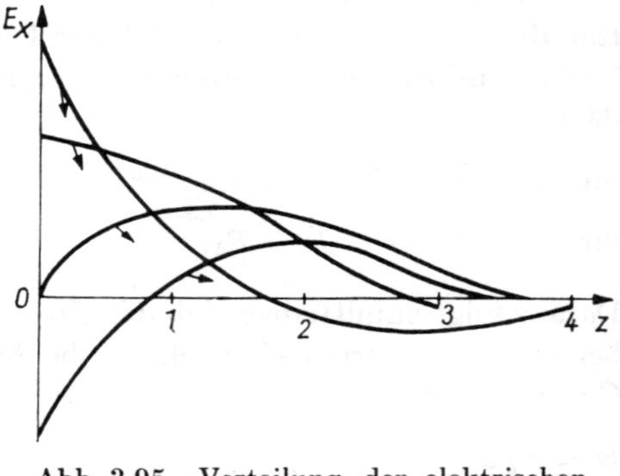

Abb. 3.95 Verteilung der elektrischen Feldstärke zu verschiedenen Zeitpunkten (nach Küpfmüller)

Aus Gl. (20) folgt noch, daß sich die Phase der Feldstärke und dementsprechend auch die Phase der Stromdichte verändert, wenn wir ins Innere des Leiters eindringen. Die Stromdichte beträgt nämlich entsprechend der Beziehung $\boldsymbol{J} = \gamma \boldsymbol{E}$

$$J_x = \gamma E_0 \, \mathrm{e}^{-kz} \, \mathrm{e}^{\mathrm{j}(\omega t - kz)}. \tag{24}$$

Abb. 3.95 faßt die Stromdichte- oder Feldstärkewerte im Innern der Leitung für verschiedene Zeitpunkte zusammen. Sie verändern sich wie fortschreitende Wellen,

d. h., die der Maximalamplitude entsprechende Stelle ist eine Funktion der Zeit. Die Fortpflanzungsgeschwindigkeit der Welle folgt aus der Beziehung

$$J_x = \gamma E_0 \mathrm{e}^{-kz} \mathrm{e}^{\mathrm{j}\omega\left(t-\frac{kz}{\omega}\right)} = \gamma E_0 \mathrm{e}^{-kz} \mathrm{e}^{\mathrm{j}\omega\left(t-\frac{z}{v}\right)}. \tag{25}$$

Daraus ist ersichtlich, daß

$$v = \frac{\omega}{k}. \tag{26}$$

Auf Grund unserer bisherigen Überlegungen kann die behandelte Lösung physikalisch zweifach gedeutet werden: Zuerst kann man sich diesen unendlichen ebenen Leiter als eine zylindrische Leitung großen Durchmessers vorstellen, die Wechselstrom führt. Die Achse des Zylinders ist parallel mit der x-Achse zu denken. Die Rückleitung sollte mit Hilfe eines anderen, koaxial angeordneten Leiters mit noch größerem Durchmesser realisiert werden. Dabei wären Stromerzeuger und Verbraucher von dem betrachteten Leitungsstück sehr weit entfernt. Hierin liegt eben

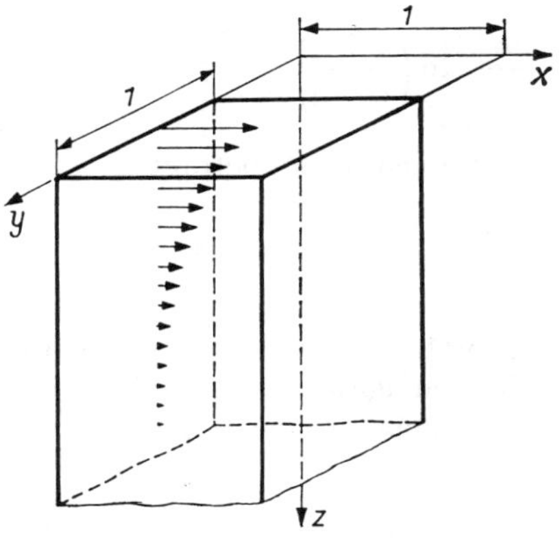

Abb. 3.96 Zur Berechnung von Gesamtstrom und -verlust

die praktische Bedeutung der Behandlung dieses sonst abstrakt scheinenden Falles. Ist der Durchmesser des Leiters groß im Verhältnis zur Eindringtiefe, dann können unsere hier gewonnenen Ergebnisse verwendet werden. Dieselben Zusammenhänge erhält man aber auch unter der Annahme, daß eine sich in $+z$-Richtung ausbreitende ebene Welle (in Richtung der x-Achse polarisiert) auf die Fläche des Leiters fällt und wir die Eindringtiefe dieser ebenen Welle untersuchen.

Schneiden wir entsprechend Abb. 3.96 aus unserem Leiter einen Teil von der Breite 1 m, in Richtung der y-Achse gemessen, aus, und berechnen wir, welcher

Gesamtstrom die so gewonnene Fläche des Leiters durchfließt:

$$\hat{I} = \int_0^\infty J \, dz = \int_0^\infty \gamma E_0 \, e^{-(1+j)kz} \, dz = \frac{\gamma E_0}{(1+j)\,k}. \tag{27}$$

Der Amplitudenwert der Stromstärke ergibt sich zu

$$|\hat{I}| = \frac{\gamma E_0}{\sqrt{2}k}.$$

Es sei noch untersucht, wieviel Wärme in der Zeiteinheit in dem entlang der z-Achse unendlich langen Prisma mit einem Querschnitt der Größe Eins in der x, y-Ebene entsteht. Die Berechnung ist einfach, wenn wir die an der oberen Fläche einströmende Leistung bestimmen. Sie beträgt nämlich

$$P_1 = |\mathbf{S}| = \frac{1}{2} \operatorname{Re} (EH^*). \tag{28}$$

Es wird also:

$$P_1 = \frac{1}{2} \operatorname{Re} \left(E_0 \, e^{-(1+j)kz} \, \frac{\gamma E_0^*}{(1-j)\,k} \, e^{-(1-j)kz} \right)_{z=0} = \frac{\gamma E_0^2}{2k} \operatorname{Re} \left(\frac{1}{1-j} \right).$$

Der Wert der reellen Komponente des komplexen Leistungsvektors beträgt

$$P_1 = \frac{\gamma E_0^2}{4k}. \tag{29}$$

Dieselbe Leistung kann auch dann erhalten werden, wenn wir aus der Stromdichte die im Volumen der Abb. 3.96 entsprechend in Wärme umgewandelte Energie berechnen. Die Amplitude der Stromdichte ergibt sich aus dem Ausdruck (25):

$$|J| = \gamma E_0 \, e^{-kz}.$$

Die Leistung wird also

$$P_1 = \frac{1}{2} \int_0^\infty \frac{|J|^2}{\gamma} \, dz = \frac{1}{2} \int_0^\infty \gamma E_0^2 \, e^{-2kz} \, dz = \frac{\gamma E_0^2}{4k} \tag{30}$$

sein, wobei der Faktor 1/2 erneut durch die Bildung des zeitlichen Mittelwertes verursacht wird.

Es soll hier noch bemerkt werden, daß wir dieselbe Leistung auch dann erhalten, wenn wir den zeitlichen Mittelwert aus dem Quadrat des Absolutwertes der Stromstärke gewinnen und ihn mit dem Widerstand des in Abb. 3.97 gezeigten Prismas multiplizieren:

$$P_1 = \frac{1}{2}|\hat{I}|^2 R = \frac{1}{2}\frac{\gamma^2 E_0^2}{2k^2}\frac{1}{\gamma\delta} = \frac{1}{4}\frac{\gamma^2 E_0^2}{k^2}\frac{k}{\gamma} = \frac{\gamma E_0^2}{4k}. \qquad (31)$$

Dies bedeutet, daß vom Standpunkt der Energieverluste der Gesamtstrom über dem der Eindringtiefe entsprechenden Querschnitt als gleichmäßig verteilt fließend angenommen werden kann.

In Verbindung mit Abb. 3.98 kann noch eine weitere Beziehung zwischen der magnetischen Feldstärke und dem Gesamtstrom abgeleitet werden, die uns später noch oft nützlich sein wird. Wenden wir nämlich das Durchflutungsgesetz auf den geschlossenen Kreis $ABCD$ an — wobei der Abschnitt BC so tief im Leiter liegt, daß die Feldstärke den Wert Null hat —, so gelangen wir zu der Formel

$$\boldsymbol{H}_0 = \int_0^\infty \boldsymbol{J}\,\mathrm{d}z = \hat{\boldsymbol{I}}. \qquad (32)$$

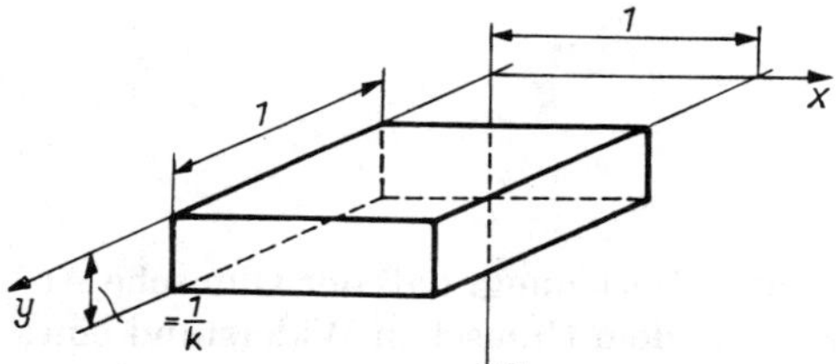

Abb. 3.97 Vom Gesichtspunkt des Verlustes kann das in Abb. 3.96 gezeigte Prisma durch dieses Prisma ersetzt werden.

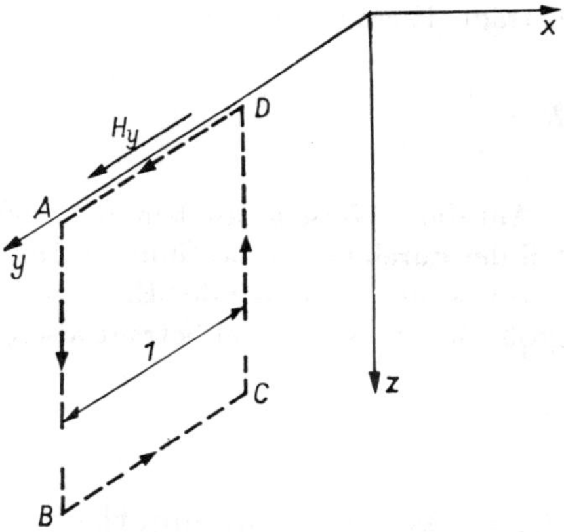

Abb. 3.98 Beziehung zwischen Gesamtstrom und magnetischer Feldstärke

Die Gültigkeit dieser Beziehung kann auch aus Gl. (21) und (27) unmittelbar festgestellt werden.

3.18. Die Impedanz eines leitenden unendlichen Halbraumes

Jetzt wollen wir nach der in 3.15. gefundenen Gleichung

$$\int_L \boldsymbol{E}\,\mathrm{d}\boldsymbol{l} = \hat{I}(R + \mathrm{j}\omega L_\mathrm{i})$$

den Widerstand eines Halbraumes berechnen. Das Integral soll über eine Linie an der Begrenzungsfläche in Richtung der x-Achse genommen werden.

Nehmen wir, Abb. 3.96 entsprechend, ein Prisma von Einheitsbreite und Einheitslänge, dessen Abmessung in Richtung z jedoch unendlich groß sei, an. Der durch dieses Prisma fließende Strom wurde bereits zu

$$\hat{I} = \frac{\gamma E_0}{(1 + \mathrm{j})\, k} \tag{1}$$

bestimmt. Das Linienintegral der Feldstärke wird dann

$$\int_L \boldsymbol{E}\, \mathrm{d}\boldsymbol{l} = E_0 \cdot 1 = E_0, \tag{2}$$

so daß die Impedanz

$$Z = \frac{E_0}{\hat{I}} = \frac{(1 + \mathrm{j})\, k}{\gamma} = \frac{1 + \mathrm{j}}{\gamma\delta} = R + \mathrm{j}\omega L_\mathrm{i} \tag{3}$$

beträgt. Hieraus folgt aber

$$R = \frac{1}{\gamma\delta}; \qquad \omega L_\mathrm{i} = \frac{1}{\gamma\delta}. \tag{4}$$

Auf diese Weise gelangt man zu der bekannten Beziehung, daß der Ohmsche Anteil der durch Gl. (3) bestimmten Impedanz gleich dem Ohmschen Widerstand eines Prismas mit der Dicke der Eindringtiefe wird. Der induktive Widerstand ist ebenso groß; der Phasenwinkel beträgt also $\varphi = \pi/4$.

3.19. Das elektromagnetische Feld in kreiszylindrischen Leitern

Zur Ermittlung der Lösung sollen, dem Charakter der Aufgabe entsprechend, Zylinderkoordinaten eingeführt werden. Ein beliebiger Punkt des Raumes wird also mit den Koordinaten r, φ, z gekennzeichnet. Die Oberfläche des Leiters sei durch die Gleichung $r = r_0$ beschrieben, seine Leitfähigkeit betrage γ und seine Permeabilität μ.

Zuerst setzen wir die Maxwellschen Gleichungen an:

$$\left.\begin{aligned} \operatorname{rot} \boldsymbol{H} &= \boldsymbol{J}, & \operatorname{div} \boldsymbol{E} &= 0, \\ \operatorname{rot} \boldsymbol{E} &= -\mu \frac{\partial \boldsymbol{H}}{\partial t}, & \operatorname{div} \boldsymbol{H} &= 0. \end{aligned}\right\} \tag{1}$$

Die Divergenzen von $\boldsymbol{E}$ und $\boldsymbol{H}$ wurden zu Null gewählt, weil wir uns bei der Lösung ausschließlich auf das Innere des homogenen Leiters beschränken, dort aber weder freie elektrische noch induzierte magnetische Ladungen vorhanden sind. Schreiben wir die ersten zwei Gleichungen explizit in der bekannten Weise auf:

$$\left.\begin{aligned}
&\frac{1}{r}\left[\frac{\partial}{\partial r} rH_\varphi - \frac{\partial}{\partial \varphi} H_r\right] = \gamma E_z; \quad && \frac{1}{r}\left[\frac{\partial}{\partial r} rE_\varphi - \frac{\partial}{\partial \varphi} E_r\right] = -\mu \frac{\partial H_z}{\partial t},\\
&\frac{1}{r}\left[\frac{\partial}{\partial \varphi} H_z - \frac{\partial}{\partial z} rH_\varphi\right] = \gamma E_r; \quad && \frac{1}{r}\left[\frac{\partial}{\partial \varphi} E_z - \frac{\partial}{\partial z} rE_\varphi\right] = -\mu \frac{\partial H_r}{\partial t},\\
&\frac{\partial}{\partial z} H_r - \frac{\partial}{\partial r} H_z = \gamma E_\varphi; && \frac{\partial}{\partial z} E_r - \frac{\partial}{\partial r} E_z = -\mu \frac{\partial H_\varphi}{\partial t}.
\end{aligned}\right\} \tag{2}$$

Es sei auch noch berücksichtigt, daß die Lösung wegen der Symmetrie der Anordnung selbst auch zylindersymmetrisch wird, d. h. jede Änderung nach der Koordinate φ Null wird, so daß $\partial/\partial\varphi = 0$. Tragen wir letzterer Beziehung Rechnung, so gilt

$$\left.\begin{aligned}
&\gamma E_z = \frac{1}{r}\frac{\partial}{\partial r} rH_\varphi; \quad && \mu \frac{\partial H_z}{\partial t} = -\frac{1}{r}\frac{\partial}{\partial r} rE_\varphi,\\
&\gamma E_r = -\frac{\partial H_\varphi}{\partial z}; && \mu \frac{\partial H_r}{\partial t} = \frac{\partial}{\partial z} E_\varphi,\\
&\gamma E_\varphi = \frac{\partial}{\partial z} H_r - \frac{\partial}{\partial r} H_z; && \mu \frac{\partial H_\varphi}{\partial t} = \frac{\partial E_z}{\partial r} - \frac{\partial E_r}{\partial z}.
\end{aligned}\right\} \tag{3}$$

Aus diesen Gleichungen ersieht man sofort, daß sie in zwei Gleichungsgruppen zerfallen: In der ersten, zweiten und sechsten Gleichung treten nur E_z, E_r und H_φ auf, während in die übrigen drei Gleichungen nur H_z, H_r und E_φ eingehen. Daher können die genannten Größen völlig unabhängig voneinander bestimmt werden. Das letztere System liefert nicht die gesuchte Lösung, da der Vektor der elektrischen Feldstärke in der Ebene senkrecht zur Achse steht, wir aber die in Längsrichtung fließenden Ströme untersuchen. Unser Interesse beschränkt sich jetzt also auf die Lösung der anderen Gleichungsgruppe. Die Größen E_φ, H_z, H_r können für diese Probleme als Null angenommen werden. Unsere Gleichungen lauten also

$$\left.\begin{aligned}
&\gamma E_z = \frac{1}{r}\frac{\partial}{\partial r} rH_\varphi,\\
&\gamma E_r = -\frac{\partial H_\varphi}{\partial z},\\
&\mu \frac{\partial H_\varphi}{\partial t} = \frac{\partial E_z}{\partial r} - \frac{\partial E_r}{\partial z}.
\end{aligned}\right\} \tag{4}$$

Die Größen H_φ und E_z sollen nun von der z-Koordinate unabhängig sein; dies bedeutet, daß wir überall entlang der Zylinderachse das gleiche Kraftlinienbild erhalten. Daher ergibt sich aus der zweiten Gleichung sofort $E_r = 0$, da die erste Ableitung von H_φ nach z Null sein muß. Von dem Gleichungssystem bleibt also nur übrig:

$$\left.\begin{aligned} \gamma E_z &= \frac{1}{r}\frac{\partial}{\partial r} rH_\varphi, \\ \mu\frac{\partial H_\varphi}{\partial t} &= \frac{\partial E_z}{\partial r}. \end{aligned}\right\} \tag{5}$$

Differenzieren wir die erste Gleichung nach t, so erhalten wir

$$\gamma\frac{\partial E_z}{\partial t} = \frac{1}{r}\frac{\partial}{\partial r}\left(r\frac{\partial H_\varphi}{\partial t}\right) = \frac{1}{r}\frac{\partial}{\partial r}\left(r\frac{1}{\mu}\frac{\partial E_z}{\partial r}\right). \tag{6}$$

Durch Differentiation nach der r-Koordinate ergibt sich

$$\mu\gamma\frac{\partial E_z}{\partial t} = \frac{1}{r}\frac{\partial}{\partial r}\left(r\frac{\partial E_z}{\partial r}\right) = \frac{1}{r}\frac{\partial E_z}{\partial r} + \frac{\partial^2 E_z}{\partial r^2}, \tag{7}$$

und durch Umordnung der Gleichung erhält man schließlich

$$\frac{\partial^2 E_z}{\partial r^2} + \frac{1}{r}\frac{\partial E_z}{\partial r} - \mu\gamma\frac{\partial E_z}{\partial t} = 0. \tag{8}$$

Diese Gleichung ist mit Gl. 3.16.(6) identisch, wenn letztere in Zylinderkoordinaten umgeschrieben wird und die vereinfachenden Annahmen berücksichtigt werden. Führen wir nun die Zeitfunktion der Feldstärke ein:

$$E_z(r, t) = E(r)\, \mathrm{e}^{\mathrm{j}\omega t} \tag{9}$$

— was einen rein sinusförmigen Verlauf der Feldstärke als Funktion der Zeit bedeutet —, dann gewinnt man für das von r abhängige Glied folgende Differentialgleichung:

$$\frac{\mathrm{d}^2 E}{\mathrm{d}r^2} + \frac{1}{r}\frac{\mathrm{d}E}{\mathrm{d}r} - \mathrm{j}\omega\mu\gamma E = 0. \tag{10}$$

Es sei noch folgende Bezeichnung eingeführt:

$$p^2 = -\mathrm{j}\omega\mu\gamma. \tag{11}$$

Dann ist also

$$\frac{\mathrm{d}^2 E}{\mathrm{d}r^2} + \frac{1}{r}\frac{\mathrm{d}E}{\mathrm{d}r} + p^2 E = 0. \tag{12}$$

Die Lösung dieser Gleichung ist uns schon bekannt:

$$E(r) = CJ_0(pr). \tag{13}$$

Die Feldstärke ergibt sich also zu

$$E_z = CJ_0(pr)\,e^{j\omega t}. \tag{14}$$

Die Neumannsche Funktion scheidet aus, da diese für $r = 0$ unendlich große Werte annimmt. Die Konstante C wird aus der Bedingung ermittelt, daß der Amplitudenwert der elektrischen Feldstärke an der Zylinderfläche einen bestimmten Wert annehmen muß. Beträgt dieser Wert E_0, so gilt

$$\left.\begin{array}{l} r = r_0, \quad E = E_0, \\ E_0 = CJ_0(pr_0). \end{array}\right\} \tag{15}$$

Für die Konstante C folgt dann

$$C = \frac{E_0}{J_0(pr_0)}. \tag{16}$$

Formel (13) nimmt die Form

$$E = E_0 \frac{J_0(pr)}{J_0(pr_0)} \tag{17}$$

an. Aus der zweiten Ausgangsgleichung (5) kann der Wert von H_φ bestimmt werden. Es ist nämlich

$$\mu \frac{\partial H_\varphi}{\partial t} = \frac{\partial E_z}{\partial r} \tag{18}$$

und, da auch H_φ sich in der Zeit rein sinusförmig ändert,

$$H_\varphi(r, t) = H(r)\,e^{j\omega t}, \tag{19}$$

$$j\omega\mu H = \frac{dE}{dr} = E_0 p \frac{J_0'(pr)}{J_0(pr_0)}. \tag{20}$$

Daraus folgt

$$H = E_0 \frac{p}{j\omega\mu} \frac{J_0'(pr)}{J_0(pr_0)}. \tag{21}$$

Hier bedeutet J_0' die erste Ableitung nach dem Argument pr.

Mit Hilfe der obigen für E und H erhaltenen Beziehungen kann nun die Stromdichteverteilung entlang des Querschnittes berechnet werden. Unser Ergebnis wird jedoch viel anschaulicher, wenn wir statt der Konstanten E_0 die physikalisch noch wichtigere Konstante $\hat{I}$, d. h. den Amplitudenwert der Gesamtstromstärke, einführen. Seine Definition lautet:

$$\hat{I} = \int_A J \, \mathrm{d}A . \tag{22}$$

Für diese Stromstärke gilt die Beziehung

$$H(r_0) = \frac{\hat{I}}{2r_0\pi} . \tag{23}$$

Diese Gleichung stellt eine Anwendung des Durchflutungsgesetzes $\oint \boldsymbol{H} \, \mathrm{d}\boldsymbol{l} = \int \boldsymbol{J} \, \mathrm{d}\boldsymbol{A}$ entlang des Leiterumfanges dar:

$$H(r_0) \, 2\pi r_0 = \hat{I} . \tag{24}$$

Daraus erhalten wir genau obige Formel. Unter Zuhilfenahme der für H gewonnenen Lösung (21) wird

$$H(r_0) = E_0 \frac{p}{\mathrm{j}\omega\mu} \frac{J_0'(pr_0)}{J_0(pr_0)} = \frac{\hat{I}}{2r_0\pi} , \tag{25}$$

so daß

$$E_0 = \frac{\mathrm{j}\omega\mu}{2pr_0\pi} \hat{I} \frac{J_0(pr_0)}{J_0'(pr_0)} . \tag{26}$$

Setzen wir letzteren Ausdruck in die Lösung (17) für die Feldstärke ein, so wird

$$E = \frac{\mathrm{j}\omega\mu}{2pr_0\pi} \hat{I} \frac{J_0(pr)}{J_0'(pr_0)} = -\frac{-\mathrm{j}\omega\mu\gamma}{2\gamma pr_0\pi} \hat{I} \frac{J_0(pr)}{J_0'(pr_0)} = -\frac{\hat{I}p}{2\pi\gamma r_0} \frac{J_0(pr)}{J_0'(pr_0)} . \tag{27}$$

Weil zwischen den Besselschen Funktionen nullter und erster Ordnung die Beziehung

$$J_0'(pr) = -J_1(pr)$$

besteht, lautet unsere Endformel für die elektrische Feldstärke

$$E_z(r, t) = \frac{\hat{I}p}{2\pi r_0\gamma} \frac{J_0(pr)}{J_1(pr_0)} \mathrm{e}^{\mathrm{j}\omega t} . \tag{28}$$

In voller Analogie ergibt sich die magnetische Feldstärke zu

$$H_\varphi(r, t) = \frac{\hat{I}}{2\pi r_0} \frac{J_1(pr)}{J_1(pr_0)} \mathrm{e}^{\mathrm{j}\omega t} . \tag{29}$$

Für uns ist in erster Linie die Stromdichteverteilung entlang des Querschnittes bei verschiedenen Frequenzen von Bedeutung. Außerdem wollen wir die aus der Änderung der Stromdichte entstandene Ohmsche und induktive Widerstandsänderung bestimmen. Die Stromdichte erhalten wir aus der Gleichung

$$\boldsymbol{J} = \gamma \boldsymbol{E}. \tag{30}$$

Die Stromdichteverteilung am Querschnitt wird also

$$J_z(r, t) = \frac{\hat{I}p}{2\pi r_0} \frac{J_0(pr)}{J_1(pr_0)} \mathrm{e}^{\mathrm{j}\omega t}. \tag{31}$$

Diese Gleichung liefert uns in jedem Fall die genaue Verteilung der Stromdichte. Einfache und anschauliche Formeln kann man jedoch nur in Extremfällen, also bei großen oder kleinen ω-Werten, d. h. bei kleinen oder großen Argumenten pr, erhalten. Aus den für jedes Argument gültigen Reihenentwicklungen der Besselschen Funktionen nullter und erster Ordnung, nach denen

$$J_0(x) = 1 - \frac{x^2}{2^2} + \frac{x^4}{(2 \cdot 4)^2} - \frac{x^6}{(2 \cdot 4 \cdot 6)^2} + - \cdots, \tag{32}$$

$$J_1(x) = \frac{x}{2}\left[1 - \frac{x^2}{2 \cdot 4} + \frac{x^4}{2 \cdot 4^2 \cdot 6} - \frac{x^6}{2(4 \cdot 6)^2 \cdot 8} + - \cdots\right] \tag{33}$$

gilt, kann eine Näherungslösung für sehr kleine Frequenzen leicht abgeleitet werden. Bei kleinen Werten von pr wird nämlich

$$J_0(pr) \approx 1; \quad J_1(pr_0) \approx \frac{pr_0}{2}, \tag{34}$$

so daß

$$J_z(r, t) = \frac{\hat{I}p}{2\pi r_0} \frac{2}{pr_0} \mathrm{e}^{\mathrm{j}\omega t} = \frac{\hat{I}}{r_0^2\pi} \mathrm{e}^{\mathrm{j}\omega t}. \tag{35}$$

Dies bedeutet, daß sich bei niedrigen Frequenzen der Strom gleichmäßig über den gesamten Querschnitt verteilt.

Bei sehr hohen Frequenzen kann nach 2.19.(60) folgende Näherungslösung benutzt werden:

$$J_0(x) \approx \sqrt{\frac{1}{2\pi x}}\, \mathrm{e}^{-\mathrm{j}\left(x - \frac{\pi}{4}\right)}; \tag{36}$$

dabei ist x von der Form $\sqrt{-\mathrm{j}}u = \mathrm{j}^{3/2}u$, wobei u eine reelle Zahl bedeutet. An Stelle der vom Mittelpunkt gemessenen Veränderlichen r sei nun die vom Leitungsrand gemessene Veränderliche $r_0 - r = y$ eingeführt (Abb. 3.99). Dadurch wird

$$J_0(pr) = J_0[p(r_0 - y)] \approx \frac{1}{\sqrt{2\pi p(r_0 - y)}}\, \mathrm{e}^{-\mathrm{j}\left[p(r_0 - y) - \frac{\pi}{4}\right]}. \tag{37}$$

Führen wir nun hier den Wert von p aus

$$p^2 = -\mathrm{j}\omega\mu\gamma; \quad p = \sqrt{-\mathrm{j}}\sqrt{\omega\mu\gamma},$$

$$p = \frac{\mathrm{j}-1}{\sqrt{2}}\sqrt{\omega\mu\gamma} = (\mathrm{j}-1)\sqrt{\frac{\omega\mu\gamma}{2}} = (\mathrm{j}-1)\,k$$

ein (wo die Bedeutung der vereinfachenden Bezeichnung aus der Formel leicht ersichtlich ist), dann gelangen wir zu folgender Näherung der Besselschen Funktion:

$$J_0(pr) = \frac{1}{\sqrt{2\pi p(r_0-y)}}\,\mathrm{e}^{-\mathrm{j}\left[(\mathrm{j}-1)k(r_0-y)-\frac{\pi}{4}\right]} = \frac{\mathrm{e}^{k(r_0-y)}}{\sqrt{2\pi p(r_0-y)}}\,\mathrm{e}^{\mathrm{j}\left[k(r_0-y)+\frac{\pi}{4}\right]}. \tag{38}$$

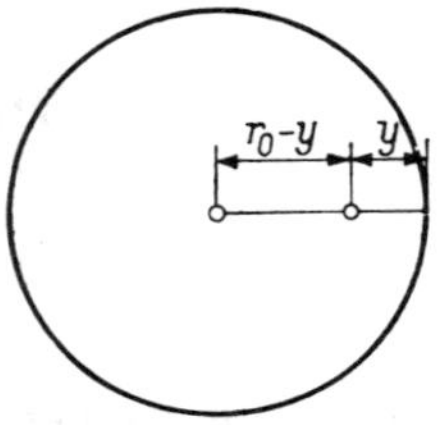

Abb. 3.99 Deutung der eingeführten neuen Veränderlichen

Zugleich gilt aber für die Besselsche Funktion erster Ordnung:

$$J_1(x) = -J_0'(x).$$

Durch Anwendung der vorigen Näherungsformel für die Besselsche Funktion nullter Ordnung erhalten wir

$$\left.\begin{aligned} J_1(x) = -J_0'(x) &\approx \frac{\mathrm{j}}{\sqrt{2\pi x}}\,\mathrm{e}^{-\mathrm{j}\left(x-\frac{\pi}{4}\right)} + \frac{1}{2\sqrt{2\pi x^3}}\,\mathrm{e}^{-\mathrm{j}\left(x-\frac{\pi}{4}\right)} \\ &= \frac{\mathrm{j}}{\sqrt{2\pi x}}\,\mathrm{e}^{-\mathrm{j}\left(x-\frac{\pi}{4}\right)}\left[1+\frac{1}{2\mathrm{j}x}\right] \approx \frac{\mathrm{j}}{\sqrt{2\pi x}}\,\mathrm{e}^{-\mathrm{j}\left(x-\frac{\pi}{4}\right)}. \end{aligned}\right\} \tag{39}$$

So kann zuletzt für sehr hohe Frequenzen die Stromdichte durch folgende Näherungsbeziehung bestimmt werden:

$$J_z(r,t) \approx \frac{\hat{I}p}{2\pi r_0\mathrm{j}}\sqrt{\frac{r_0}{r_0-y}}\,\mathrm{e}^{-ky}\,\mathrm{e}^{\mathrm{j}(\omega t-ky)}. \tag{40}$$

Wir sehen also, daß die Stromdichte vom Rand bis zum Leitungsinnern exponentiell abnimmt. Man kann nämlich den Ausdruck

$$\sqrt{\frac{r_0}{r_0-y}}$$

im ganzen Bereich, in dem das exponentielle Glied von Null praktisch verschieden ist, gleich Eins setzen. Ein Maß für diese Abnahme gibt uns der Wert von k. Nach Gl. (36) verringert sich der Stromdichtewert nach Durchlaufen einer Strecke von $1/k$ auf das 1/e-fache des Ausgangswertes. Den Wert

$$\delta = \frac{1}{k} = \sqrt{\frac{2}{\omega\mu\gamma}} = \frac{1}{\sqrt{\pi f \gamma}} \tag{41}$$

nennen wir wieder Eindringtiefe.

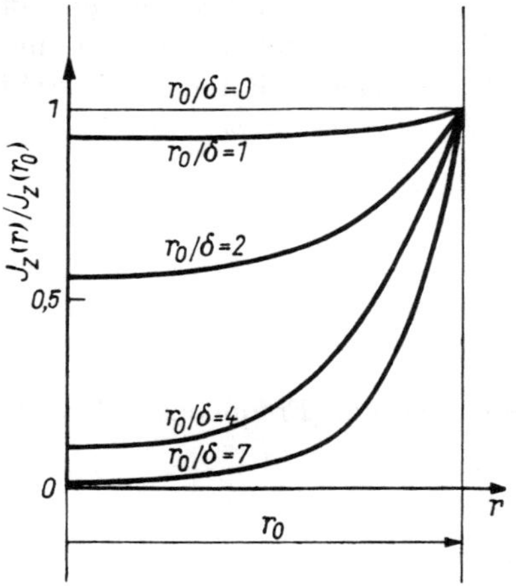

Abb. 3.100 Stromdichteverteilung im Querschnitt einer Kupferleitung

Abb. 3.100 zeigt uns die Stromdichteverteilung entlang des Querschnittes für verschiedene Frequenzen. Aus diesen Kurven können wir feststellen, daß bei $f = 50$ Hz der Skineffekt nur bei Leiterdurchmessern von cm-Größenordnung bedeutsam wird, jedoch bei sehr hohen Frequenzen die Eindringtiefe nur in Bruchteilen des Millimeters ausgedrückt werden kann. Entsprechend muß der Skineffekt auch bei äußerst dünnen Leitungen berücksichtigt werden, andererseits können aber sehr dünne Kupferplatten dazu benutzt werden, das Hochfrequenzfeld abzuschirmen.

3.20. Die Impedanz zylindrischer Leiter

Aus der Definitionsgleichung erhalten wir

$$R + j\omega L_i = \frac{E(r_0)\, l}{\hat{I}} = \frac{pl}{2\pi r_0 \gamma} \frac{J_0(pr_0)}{J_1(pr_0)}. \tag{1}$$

Führen wir nun den durch die Beziehung

$$R_0 = \frac{l}{r_0^2 \pi \gamma} \tag{2}$$

bestimmten Gleichstromwiderstand ein, dann wird

$$\frac{R + \mathrm{j}\omega L_\mathrm{i}}{R_0} = \frac{pr_0}{2} \frac{J_0(pr_0)}{J_1(pr_0)}. \tag{3}$$

Die rechte Seite kann für den Fall sehr niedriger und sehr hoher Frequenzen mit Hilfe der Reihenentwicklungen der Besselschen Funktionen äußerst einfach umgewandelt werden. Berücksichtigen wir die Glieder bis zur vierten Potenz, so besteht die Beziehung

$$\frac{J_0(pr_0)}{J_1(pr_0)} \approx \frac{1 - \left(\frac{pr_0}{2}\right)^2 + \frac{1}{4}\left(\frac{pr_0}{2}\right)^4}{\frac{pr_0}{2}\left[1 - \frac{1}{2}\left(\frac{pr_0}{2}\right)^2 + \frac{1}{12}\left(\frac{pr_0}{2}\right)^4\right]}. \tag{4}$$

Daraus kann sofort ermittelt werden, daß bei sehr niedrigen Frequenzen als erste Näherung

$$\left.\begin{aligned} &\frac{R + \mathrm{j}\omega L_\mathrm{i}}{R_0} = \frac{pr_0}{2} \frac{J_0(pr_0)}{J_1(pr_0)} \approx \frac{pr_0}{2} \frac{1}{\frac{pr_0}{2}} = 1, \\ &\frac{R}{R_0} = 1; \qquad \omega L_\mathrm{i} = 0 \end{aligned}\right\} \tag{5}$$

gilt. Der Gleichstromwiderstand ändert sich also unwesentlich, der induktive Widerstand ist jedoch Null. Das bedeutet natürlich nicht, daß auch L_i gleich Null ist. L_i hat in diesem Fall einen bestimmten endlichen Wert, und zwar

$$L_\mathrm{i} = \frac{\mu l}{8\pi},$$

wobei l die Länge der zylindrischen Leitung bedeutet.

Berücksichtigen wir nun die einzelnen Glieder bis zur vierten Potenz, so erhalten wir auf Grund des Zusammenhanges

$$\frac{1}{1 - x} = 1 + x + x^2 + x^3 + \cdots$$

die folgende Näherung:

$$\frac{1}{1-\left[\frac{1}{2}\left(\frac{pr_0}{2}\right)^2-\frac{1}{12}\left(\frac{pr_0}{2}\right)^4\right]}\approx 1+\frac{1}{2}\left(\frac{pr_0}{2}\right)^2-\frac{1}{12}\left(\frac{pr_0}{2}\right)^4+\frac{1}{4}\left(\frac{pr_0}{2}\right)^4.$$

Unter Berücksichtigung auch der sich aus dem dritten Glied ergebenden vierten Potenz erhalten wir die Beziehung

$$\frac{J_0(pr_0)}{J_1(pr_0)}\approx\left[1-\left(\frac{pr_0}{2}\right)^2+\frac{1}{4}\left(\frac{pr_0}{2}\right)^4\right]\frac{2}{pr_0}\left[1+\frac{1}{2}\left(\frac{pr_0}{2}\right)^2+\frac{1}{6}\left(\frac{pr_0}{2}\right)^4\right]. \tag{6}$$

Es ist also

$$\frac{J_0(pr_0)}{J_1(pr_0)}\approx\frac{2}{pr_0}\left[1-\frac{1}{2}\left(\frac{pr_0}{2}\right)^2-\frac{1}{12}\left(\frac{pr_0}{2}\right)^4\right]. \tag{7}$$

Das Endresultat lautet:

$$\frac{R+\mathrm{j}\omega L_\mathrm{i}}{R_0}\approx\frac{pr_0}{2}\,\frac{2}{pr_0}\left[1-\frac{1}{2}\left(\frac{pr_0}{2}\right)^2-\frac{1}{12}\left(\frac{pr_0}{2}\right)^4\right]. \tag{8}$$

Durch Einführung des Wertes von pr_0, da

$$p^2=-\mathrm{j}\omega\mu\gamma=-2\mathrm{j}k^2=-\frac{2\mathrm{j}}{\delta^2} \tag{9}$$

ist, gelangt man zu dem Ausdruck

$$\frac{R+\mathrm{j}\omega L_\mathrm{i}}{R_0}\approx 1-\frac{1}{2}\left(-2\mathrm{j}\,\frac{r_0^2}{4\delta^2}\right)-\frac{1}{12}\left(-2\mathrm{j}\,\frac{r_0^2}{4\delta^2}\right)^2. \tag{10}$$

Daraus folgt nach Trennung der reellen und imaginären Glieder

$$\frac{R+\mathrm{j}\omega L_\mathrm{i}}{R_0}\approx 1+\frac{4}{12}\left(\frac{r_0}{2\delta}\right)^4+\mathrm{j}\left(\frac{r_0}{2\delta}\right)^2. \tag{11}$$

Nun erhalten wir für die Zunahme des Widerstandes den Ausdruck

$$\frac{R}{R_0}\approx 1+\frac{1}{3}\left(\frac{r_0}{2\delta}\right)^4. \tag{12}$$

Der induktive Widerstand ändert sich aber gemäß

$$\frac{\omega L_\mathrm{i}}{R_0}\approx\left(\frac{r_0}{2\delta}\right)^2. \tag{13}$$

Für den Wert von L_i ergibt sich aus dieser Gleichung

$$L_i \approx \frac{R_0}{\omega}\left(\frac{r_0}{2\delta}\right)^2 = \frac{l}{\gamma r_0^2 \pi \omega}\,\frac{r_0^2}{4}\,\frac{\omega\mu\gamma}{2} = \frac{\mu l}{8\pi}. \tag{14}$$

Dies ist nichts anderes als der innere Selbstinduktionskoeffizient der Leitung. Das bedeutet aber, daß bei dieser Näherung der innere Selbstinduktionskoeffizient noch nicht von dem im Falle des Gleichstromes angenommenen Wert abweicht.

Im Fall sehr hoher Frequenzen besteht die Möglichkeit, die bereits verwendeten exponentiellen Näherungen der Besselschen Funktionen zu verwenden. Diesen zufolge ist also

$$\left.\begin{aligned} \frac{R + j\omega L_i}{R_0} &= \frac{pr_0}{2}\,\frac{J_0(pr_0)}{J_1(pr_0)} \approx \frac{pr_0}{2j}\,\frac{\frac{1}{\sqrt{2\pi pr_0}}}{\frac{1}{\sqrt{2\pi pr_0}}}\,\frac{e^{-j\left(pr_0-\frac{\pi}{4}\right)}}{e^{-j\left(pr_0-\frac{\pi}{4}\right)}} \\ &= \frac{pr_0}{2j} = \frac{j-1}{j}\,\frac{kr_0}{2} = (1+j)\left(\frac{r_0}{2\delta}\right). \end{aligned}\right\} \tag{15}$$

Die Zunahme des Ohmschen bzw. induktiven Widerstandes beträgt somit

$$\frac{R}{R_0} \approx \frac{r_0}{2\delta}; \qquad \frac{\omega L_i}{R_0} \approx \frac{r_0}{2\delta}. \tag{16}$$

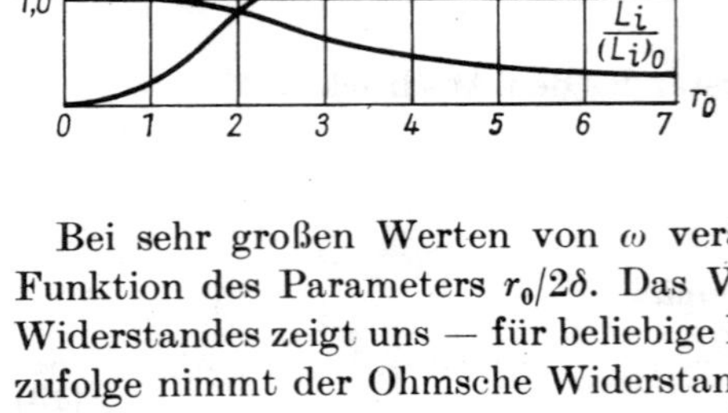

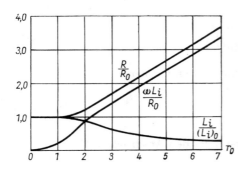

Abb. 3.101 Verhältnis des Ohmschen bzw. des induktiven Widerstandes einer Kreisquerschnittsleitung zu deren Gleichstromwiderstand in Abhängigkeit vom Verhältnis Halbmesser zu Eindringtiefe

Bei sehr großen Werten von ω verändert sich also der Widerstand als lineare Funktion des Parameters $r_0/2\delta$. Das Verhalten des Ohmschen und des induktiven Widerstandes zeigt uns — für beliebige Frequenzen — die Abb. 3.101. Der Abbildung zufolge nimmt der Ohmsche Widerstand, vom Gleichstromwert ausgehend, allmählich zu, um bei sehr hohen Werten parallel zur 45°-Geraden zu verlaufen. Der induktive Widerstandswert ωL_i geht vom Nullpunkt aus und verläuft später gleichfalls parallel zur Geraden unter 45°.

Für den Fall eines beliebigen Leiters kann also die durch die Stromverdrängung verursachte Widerstandszunahme folgendermaßen berechnet werden. Aus den Leiterabmessungen sowie aus den elektrischen Angaben wird der Parameterwert $r_0/2\delta$ bestimmt. Es muß nun untersucht werden, ob dieser kleiner oder viel größer als 1 ist. Ist der Parameter kleiner als 1, so muß die erste Näherung (12) benutzt werden, ist er jedoch größer, so gilt die zweite Näherungsform (16). Bei Werten in der Nähe von 1 muß auf die Beziehung (3) zurückgegriffen werden. Man muß also die Besselschen Funktionen aus den Tabellen ermitteln oder aus einem vorher konstruierten Diagramm die Zwischenwerte interpolieren.

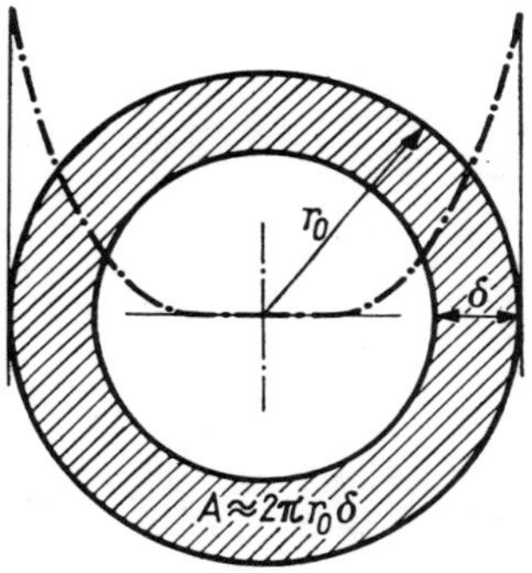

Abb. 3.102 Einfache Berechnung der wegen des Skineffektes auftretenden Widerstandszunahme bei sehr hohen Frequenzen

Für sehr hohe Frequenzen sind die gewonnenen Näherungen einfach zu deuten. Der Leiterquerschnitt kann nämlich so betrachtet werden, als würde der Strom nur in einer durch die Eindringtiefe bestimmten Schicht fließen. Die Querschnittsfläche dieses Ringes beträgt $2\pi r_0 \delta$ (Abb. 3.102). Der Widerstandswert muß sich ändern, da für die Stromleitung nicht der gesamte Querschnitt, sondern nur ein Teil dessen zur Verfügung steht. Der Widerstand nimmt dem Querschnitt umgekehrt proportional zu, so daß sich übereinstimmend mit dem vorher gewonnenen Wert

$$\frac{R}{R_0} = \frac{r_0^2 \pi}{2 r_0 \pi \delta} = \frac{r_0}{2\delta} \tag{17}$$

ergibt. Es sei aber betont, daß die Stromdichte exponentiell und nicht sprunghaft gegen Null geht. Es fließt also der Strom auch in einer Tiefe $y > \delta$. Wie wir bereits bewiesen haben, kann jedoch der Widerstand so berechnet werden, als flösse der Strom nur in einer Schicht von der Dicke δ gleichmäßig verteilt und spränge dann auf den Wert Null.

3.21. Der Induktionsofen

In Kapitel 3.19. wurde gezeigt, daß die in Zylinderkoordinaten geschriebenen Maxwellschen Gleichungen im zylindersymmetrischen Fall auf zwei unabhängige Gleichungssysteme führen. Es wurde der Fall untersucht, in welchem das elektrische Feld und die Stromdichte in die Richtung der Zylinderachse zeigen. Dieser Fall konnte physikalisch realisiert werden, indem wir an die beiden — voneinander weit entfernt gedachten — Enden des Zylinders eine Spannung anlegten.

Nun soll die andere Lösung betrachtet werden. Unsere Ausgangsgleichungen sind also jetzt:

$$\gamma E_\varphi = \frac{\partial}{\partial z} H_r - \frac{\partial}{\partial r} H_z, \tag{1}$$

$$\mu \frac{\partial H_z}{\partial t} = -\frac{1}{r} \frac{\partial}{\partial r} r E_\varphi, \tag{2}$$

$$\mu \frac{\partial H_r}{\partial t} = \frac{\partial}{\partial z} E_\varphi. \tag{3}$$

Wenn $\partial/\partial z = 0$ ist, erhalten wir folgende Gleichungen:

$$\gamma E_\varphi = -\frac{\partial}{\partial r} H_z, \tag{4}$$

$$\mu \frac{\partial H_z}{\partial t} = -\frac{1}{r} \frac{\partial}{\partial r} r E_\varphi. \tag{5}$$

Aus Gl. (3) folgt $H_r = 0$; da E_φ von z nicht abhängig ist.

Wir sehen, daß das magnetische Feld diesmal nur eine z-Komponente, das elektrische Feld nur eine φ-Komponente besitzt. Physikalisch ist dies realisiert, wenn wir ins Innere einer langen Spule einen massiven Metallzylinder einsetzen. Unsere Lösung stellt also eine Lösung des Problems der Hochfrequenzheizung dar. Wir erhalten aus (4) und (5) den Ausdruck

$$\frac{\mathrm{d}^2 H}{\mathrm{d}r^2} + \frac{1}{r} \frac{\mathrm{d}H}{\mathrm{d}r} - \mathrm{j}\omega\mu\gamma H = 0 \tag{6}$$

zur Bestimmung von $H_z(r, t) = H(r)\,\mathrm{e}^{\mathrm{j}\omega t}$. Die Lösung dieser Gleichung ist aber, wie wir schon wissen, nach Gl. 3.19.(13)

$$H = C J_0(pr), \tag{7}$$

wobei

$$p^2 = -\mathrm{j}\omega\mu\gamma. \tag{8}$$

Den Wert von E liefert die erste Ableitung nach r entsprechend der folgenden Beziehung

$$E = -\frac{1}{\gamma}\frac{\mathrm{d}H}{\mathrm{d}r} = -\frac{Cp}{\gamma} J_0'(pr) = \frac{Cp}{\gamma} J_1(pr). \tag{9}$$

Die Konstante C kann durch das sich über die gestrichelte Linie der Abb. 3.103 erstreckende Integral von H bestimmt werden: Sein Wert ist nämlich gleich dem umfangenen Strom. Haben wir N Wicklungen je Längeneinheit und beträgt die Stromstärke des Erregungsstromes $\hat{I}_e$, so gilt nach dem Durchflutungsgesetz

$$lH_0 = lCJ_0(pr_0) = lN\hat{I}_e. \tag{10}$$

Daraus ergibt sich

$$C = \frac{N\hat{I}_e}{J_0(pr_0)}. \tag{11}$$

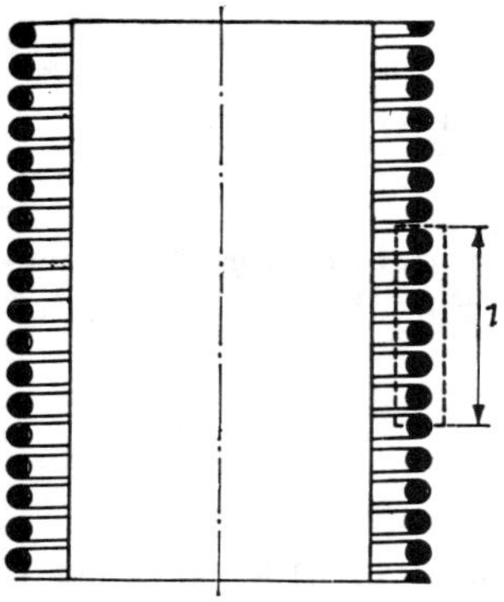

Abb. 3.103 Heizspule eines Induktionsofens. Die magnetische Feldstärke besitzt entlang der gestrichelten Linie in der Spule den Wert H_0 und außerhalb der Spule den Wert Null

Das Endergebnis lautet also

$$H_z(r, t) = \frac{N\hat{I}_e}{J_0(pr_0)} J_0(pr)\, e^{j\omega t}, \tag{12}$$

$$E_\varphi(r, t) = \frac{p}{\gamma}\frac{N\hat{I}_e}{J_0(pr_0)} J_1(pr)\, e^{j\omega t}. \tag{13}$$

Die Stromdichte wird durch die Formel

$$J_\varphi(r, t) = \gamma E_\varphi(r, t) = \frac{pN\hat{I}_e}{J_0(pr_0)} J_1(pr)\, e^{j\omega t} \tag{14}$$

bestimmt.

Es ist leicht zu sehen, daß sich hier das magnetische bzw. elektrische Feld den verschiedenen Frequenzen entsprechend über den Querschnitt so verändert, wie sich im vorigen Abschnitt das elektrische bzw. magnetische Feld verändert hatte. Das elektrische Feld und das magnetische Feld haben nur ihre Rollen vertauscht.

Die pro Flächeneinheit des erhitzten Zylinders durchströmende Leistung gibt uns der Ausdruck

$$P_1 = \frac{1}{2} \operatorname{Re} (EH^*)_{r_0} = \frac{N^2 \hat{I}_e^2}{2\gamma} \operatorname{Re} \frac{p J_0^*(pr_0)\, J_1(pr_0)}{J_0^*(pr_0)\, J_0(pr_0)} = \frac{N^2 \hat{I}_e^2 k}{2\gamma} \operatorname{Re} \frac{(\mathrm{j}-1)\, J_1(pr_0)}{J_0(pr_0)}$$

an.

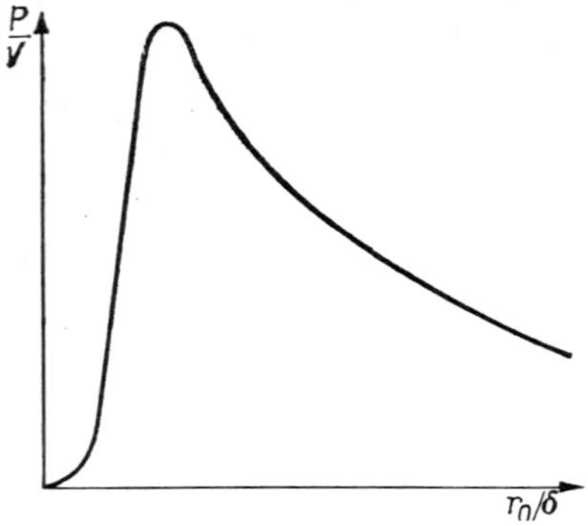

Abb. 3.104 Zur Bestimmung der optimalen r_0/δ-Größen

Eine wichtige Rolle spielt die spezifische Wärmeleistung, d. h. die pro Volumeneinheit des Zylinders in Wärme umgewandelte Leistung. Für diese finden wir folgende Formel:

$$\frac{P}{V} = \frac{|P_1|\, A}{V} = |P_1| \frac{2 r_0 \pi l}{r_0^2 \pi l} = \frac{2}{r_0} |P_1|.$$

Der Verlauf dieser Funktion in Abhängigkeit von r_0/δ wird in Abb. 3.104 veranschaulicht. Die spezifische Wärmeleistung je Volumeneinheit erreicht ein ausgeprägtes Maximum. Ist der Durchmesser des in die Spule eingesetzten Zylinders groß im Verhältnis zur Eindringtiefe, so ist es zweckmäßiger, mehrere kleinere Zylinder einzusetzen.

3.22. Wirbelströme in dünnen Platten

Überall, wo die magnetische Feldstärke sich als Funktion der Zeit ändert, müssen die verwendeten ferromagnetischen Werkstoffe zur Verminderung der Wirbelströme parallel zu den Kraftlinien geschichtet werden. In den so entstandenen dünnen Platten treten noch immer Wirbelströme auf, die eine ursprünglich gleichmäßige Verteilung des magnetischen Feldes so stark verzerren können, daß äußerst hohe Mehrverluste eintreten. Betrachten wir die Verteilungen des Stromes bzw. der magnetischen Induktion für den in Abb. 3.105 dargestellten Fall. Sämtliche Abmessungen der Platte können im Verhältnis zur Plattendicke als so groß angenommen werden, daß alle Randeinwirkungen vernachlässigt werden können. Die Stromdichte besitzt also nur eine x-Komponente.

Analog zu unseren vorigen Betrachtungen kann man auch hier dieselben Gleichungen aufstellen wie im Falle eines unendlichen ebenen Raumteils, d. h.,

$$\frac{d^2H}{dz^2} = j\omega\mu\gamma H, \tag{1}$$

$$-\frac{dH}{dz} = \gamma E. \tag{2}$$

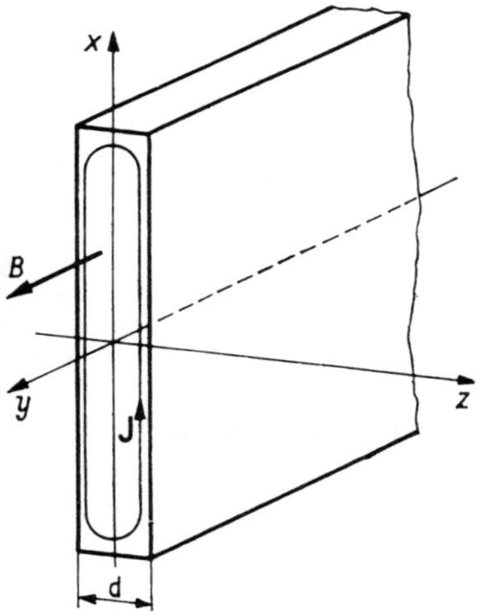

Abb. 3.105
Zur Bestimmung der Stromdichte in dünnen Platten

Die Lösung hierzu ergibt sich sinngemäß zu

$$H = A\,e^{-pz} + B\,e^{pz}, \tag{3}$$

$$E = -\frac{1}{\gamma}\frac{dH}{dz}. \tag{4}$$

Die Randbedingungen sind diesmal jedoch andere. Zuerst wird der Wert der magnetischen Induktion an beiden Plattenrändern dieselbe Größe besitzen. Es ist also

$$H\left(\frac{d}{2}\right) = H\left(-\frac{d}{2}\right),$$

$$A\,e^{-p\frac{d}{2}} + B\,e^{p\frac{d}{2}} = A\,e^{p\frac{d}{2}} + B\,e^{-p\frac{d}{2}}.$$

Daraus ergibt sich die Beziehung

$$A = B. \tag{5}$$

Demnach verläuft die magnetische Feldstärke entsprechend

$$H = A(e^{-pz} + e^{pz}) = 2A \cosh pz, \tag{6}$$

und die elektrische Feldstärke ist gegeben durch

$$E = -2A \frac{p}{\gamma} \sinh pz. \tag{7}$$

Die magnetische Induktion wird durch die Formel

$$B = \mu H = 2A\mu \cosh pz = B_0 \cosh pz \tag{8}$$

beschrieben, und für die Stromdichte gilt

$$J = \gamma E = -2Ap \sinh pz = -\frac{B_0}{\mu} p \sinh pz. \tag{9}$$

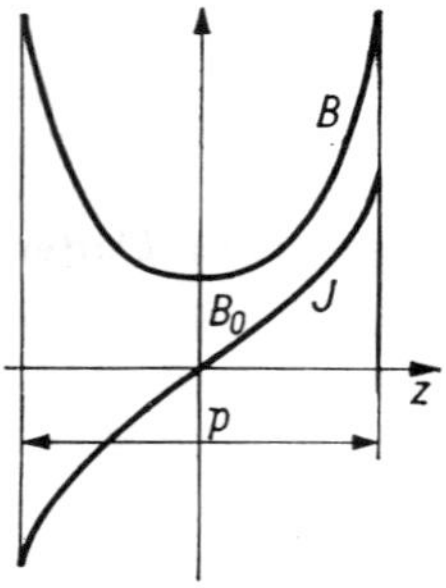

Abb. 3.106 Verteilung von Stromdichte und Induktion im Innern dünner Platten

Die hier eingeführte Größe B_0 bestimmt den Wert der magnetischen Induktion an der Stelle $z = 0$. Die Stromdichte bzw. die Induktionsverteilung zeigt die Abb.3.106. Die Induktion hat in der Mitte wegen der entmagnetisierenden Wirkung der Wirbelströme ihr Minimum, das Maximum stellt sich an den Rändern ein. Die Wirbelströme sind an beiden Plattenrändern gleich groß, jedoch von entgegengesetzter Richtung.

In der Praxis soll häufig der Mittelwert der Induktion bestimmt werden, da die induzierende Wirkung in den um den Eisenkern gewickelten Windungen dadurch am einfachsten berechnet werden kann. Seine Größe wird durch den Ausdruck

$$B_m = \frac{1}{d} \int_{-d/2}^{d/2} B \, dz = \frac{2B_0}{d} \int_0^{d/2} \cosh pz \, dz = \frac{2B_0}{pd} \sinh \frac{pd}{2} \tag{10}$$

geliefert. Aus den Gleichungen (8) und (9) erhalten wir für die Amplitudenwerte der Induktion bzw. der Stromdichte folgende Formel:

$$|B| = B_0 \,|\cosh pz| = B_0 \,|\cosh (1 + \mathrm{j})\, kz| = B_0 \,|\cosh kz \cos kz + \mathrm{j} \sinh kz \sin kz|$$

$$= B_0 \sqrt{\cosh^2 kz \cos^2 kz + \sinh^2 kz \sin^2 kz} = B_0 \sqrt{\frac{\cosh 2kz + \cos 2kz}{2}}. \qquad (11)$$

Für die Stromdichte ergibt sich nach (9)

$$|J| = |p| \frac{B_0}{\mu} \sqrt{\frac{\cosh 2kz - \cos 2kz}{2}}. \qquad (12)$$

Auf ähnliche Weise wie die Berechnung der Wärmeleistung weiter oben angedeutet wurde, kann sie auch in diesem Fall mit Hilfe der Beziehung

$$P = \frac{1}{2} \int\limits_V \frac{|J|^2}{\gamma} \,\mathrm{d}V \qquad (13)$$

durchgeführt werden. Der zeitliche Mittelwert der in der Volumeneinheit verlorenen Leistung beträgt

$$\frac{1}{2\gamma} |J|^2 = \frac{|p|^2 B_0^2}{4\mu^2 \gamma} (\cosh 2kz - \cos 2kz) = \frac{\omega}{4\mu} B_0^2 (\cosh 2kz - \cos 2kz). \qquad (14)$$

Führen wir hier durch die Beziehung

$$|B_m| = B_0 \left| \frac{\sinh \frac{pd}{2}}{\frac{pd}{2}} \right| = B_0 \frac{\sqrt{\cosh kd - \cos kd}}{kd}$$

an Stelle der Mittelpunktinduktion die mittlere Induktion ein, so wird die in der Volumeneinheit verlorene Leistung durch die Formel

$$\frac{1}{2\gamma} |J|^2 = B_m^2 \frac{\omega}{4\mu} k^2 d^2 \frac{\cosh 2kz - \cos 2kz}{\cosh kd - \cos kd}, \qquad (15)$$

die Gesamtleistung jedoch durch den Ausdruck

$$P = \frac{lh}{2\gamma} \int\limits_{-d/2}^{d/2} |J|^2 \,\mathrm{d}z = B_m^2 lh \frac{\omega}{4\mu} kd^2 \frac{\sinh kd - \sin kd}{\cosh kd - \cos kd} \qquad (16)$$

gegeben. Danach ergibt sich die Leistung pro Volumeneinheit der Platte zu

$$\frac{P}{V} = \frac{P}{lhd} = B_m^2 \frac{\omega kd}{4\mu} \frac{\sinh kd - \sin kd}{\cosh kd - \cos kd}. \tag{17}$$

Dieser Ausdruck kann auch in folgender Weise geschrieben werden:

$$\frac{P}{V} = B_m^2 \frac{\omega kd}{4\mu} \frac{kd}{3} \frac{3}{kd} \frac{\sinh kd - \sin kd}{\cosh kd - \cos kd}. \tag{18}$$

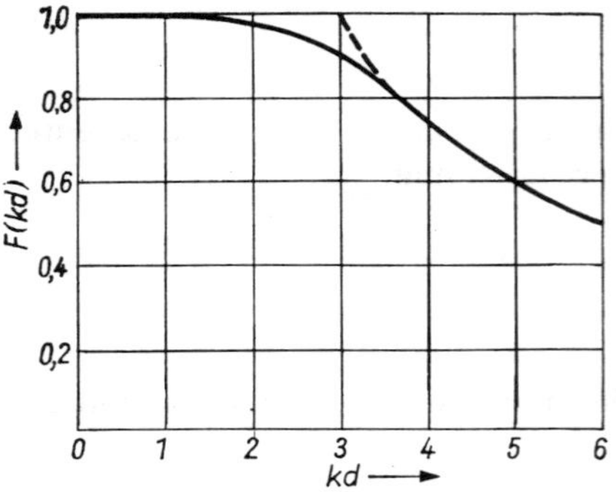

Abb. 3.107 Verlauf der den Wirbelstromverlust darstellenden Funktion nach Küpfmüller

Führen wir durch die Beziehung

$$F(kd) = \frac{3}{kd} \frac{\sinh kd - \sin kd}{\cosh kd - \cos kd} \tag{19}$$

die Funktion $F(kd)$ ein und berücksichtigen die Beziehung

$$\frac{\omega k^2 d^2}{4\mu \cdot 3} = \frac{\omega \cdot \omega\mu\gamma d^2}{12 \cdot 2\mu} = \frac{\omega^2 \gamma d^2}{24},$$

so bestimmt die folgende Formel den Wirbelstromverlust pro Volumeneinheit:

$$\frac{P}{V} = \frac{1}{24} \gamma\omega^2 d^2 B_m^2 F(kd). \tag{20}$$

Den Verlauf der Funktion $F(kd)$ können wir aus Abb. 3.107 ersehen. Für kleinere Werte von kd geht die Funktion gegen 1, so daß sich für den Wirbelstromverlust nunmehr folgender Ausdruck ergibt:

$$P = \frac{1}{24} \gamma\omega^2 d^2 B_m^2 V. \tag{21}$$

Bei niedrigen Frequenzen nimmt der Wirbelstromverlust also mit dem Quadrat der Frequenz zu. Bei sehr großen Werten von kd gilt

$$F(kd) \approx \frac{3}{kd}. \tag{22}$$

In letzterem Fall ergibt sich für den Wirbelstromverlust die Gleichung

$$P = \frac{1}{24} \gamma \omega^2 d^2 B_m^2 V \frac{3}{kd} = \frac{\sqrt{2}}{8} \sqrt{\frac{\gamma \omega^3}{\mu}} \, d B_m^2 V, \tag{23}$$

d. h., die Wirbelstromverluste wachsen bei sehr hohen Frequenzen und konstanter mittlerer Induktion mit der 1,5-ten Potenz der Frequenz an. Bei allen übrigen Frequenzen liegen die Verluste zwischen diesen beiden soeben berechneten Grenzwerten.

C. Fernleitungen

3.23. Ableitung der Differentialgleichung der Fernleitung

Im folgenden Abschnitt wollen wir die Ausbreitung elektromagnetischer Wellen in Paralleldrahtsystemen oder Koaxialleitungen untersuchen. Strenggenommen gehört dieses Thema bereits zur Lehre von den elektromagnetischen Wellen; eine Behandlung durch quasistationäre Methoden ist jedoch möglich, wenn der Abstand der einzelnen Leiter im Verhältnis zur Wellenlänge der Leitungen klein gehalten wird. Diese Methode vereinfacht unsere Betrachtungen und benutzt bekannte, gewohnte Begriffe, wie z. B. Selbstinduktion, Kapazität und Spannung. Die Einführung der im vorhergehenden Teil besprochenen Grundgleichungen der quasistationären Stromkreise sowie die Einführung der Begriffe des Selbstinduktionskoeffizienten und der Kapazität ist jedoch an die Bedingung gebunden, daß die Stromstärke entlang der Leitung in einem gegebenen Zeitpunkt überall dieselbe ist. Außerdem muß gesichert sein, daß alle Teile des Raumes, in denen die magnetische Feldstärke groß ist, eindeutig bestimmbar sind und von jenen Teilen des Raumes abgesondert werden können, in denen die elektrische Feldstärke und damit die elektrische Energie des Raumes groß sind.

Bei Fernleitungen wird weder die erste noch die zweite dieser Bedingungen erfüllt. In einem gegebenen Zeitpunkt besitzt die Stromstärke entlang der Leitung verschiedene Werte; zugleich sind die elektrische sowie die magnetische Energie stetig entlang der gesamten Leitung verteilt. Wir nehmen eben aus diesem Grunde Fernleitungen und ähnliche Stromkreise als Kreise mit stetig verteilter Selbstinduktion und Kapazität an, im Gegensatz zu den gewöhnlichen quasistationären Stromkreisen, die an verschiedenen Punkten der Leitung konzentrierte Induktivitäten und Kapazitäten enthalten.

Obwohl unsere Betrachtungen sich im folgenden stets auf zwei eng nebeneinanderliegende zylindrische Leiter beschränken, auf sogenannte Doppeldraht-, Paralleldraht- oder Lecher-Systeme, können unsere Feststellungen jedoch sinngemäß auch auf Koaxialleitungen übertragen werden.

Nehmen wir an, daß die in Abb. 3.108 dargestellte Parallelleitung je Längeneinheit eine Kapazität von C Farad/m, eine Induktivität von L Henry/m, einen Längswiderstand von $R\ \Omega$/m, ferner einen Querleitwert von $G\ \Omega^{-1}$/m besitzt. Alle diese Größen werden also auf eine Längeneinheit der Leitung bezogen. Der Wert von C bzw. L wird auf Grund jenes Kraftlinienbildes berechnet, das mit der ent-

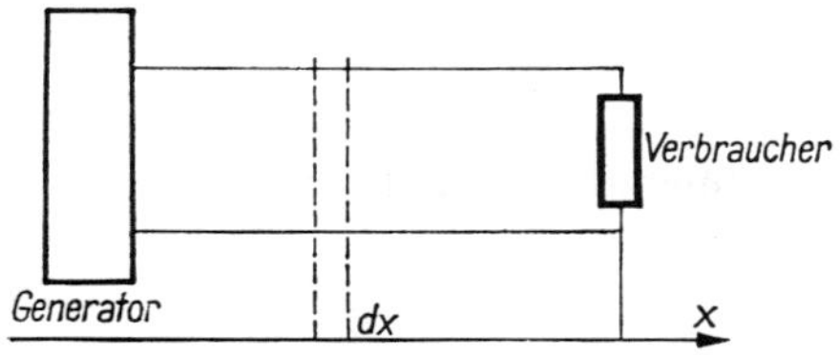

Abb. 3.108 Allgemeine Anordnung einer Fernleitung

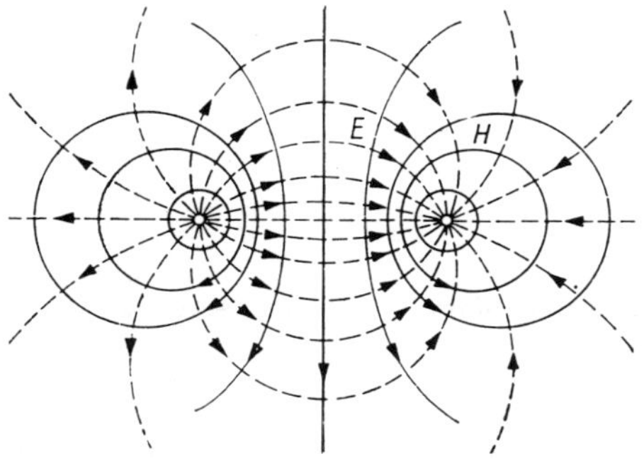

Abb. 3.109
Elektrische und magnetische Kraftlinien in der Umgebung eines Leitungspaares

sprechenden Kraftlinienverteilung der statisch geladenen bzw. von stationärem Strom durchflossenen Leiter identisch ist (Abb. 3.109). Da die Stromstärke entlang der Leitung nicht konstant ist, wird im folgenden ein so kleiner Abschnitt der Leitung betrachtet, daß in ihm die Stromstärke als konstant anzunehmen ist. Durch Anwendung des Faradayschen Induktionsgesetzes auf den Stromkreis in Abb. 3.110 erhalten wir

$$\oint_L \boldsymbol{E}\,\mathrm{d}\boldsymbol{s} = -\frac{\partial}{\partial t}\int_A \boldsymbol{B}\,\mathrm{d}\boldsymbol{A}. \tag{1}$$

Der Spannungsunterschied zwischen den Punkten A und D sei durch $u(x, t)$ gegeben, der zwischen B und C durch $u(x, t) + \frac{\partial u}{\partial x}\,\mathrm{d}x$. Das Linienintegral der Feldstärke auf der Fläche der Leitung ergibt die Ohmsche Spannung, so daß obiger Ausdruck in folgender Weise dargestellt werden kann:

$$\left.\begin{aligned}\oint_L \boldsymbol{E}\,\mathrm{d}\boldsymbol{s} &= i\,\frac{R}{2}\,\mathrm{d}x + u(x,t) + \frac{\partial u}{\partial x}\,\mathrm{d}x + i\,\frac{R}{2}\,\mathrm{d}x - u(x,t)\\ &= -\frac{\partial}{\partial t}\int_A \boldsymbol{B}\,\mathrm{d}\boldsymbol{A} = -\frac{\partial \Phi}{\partial t}.\end{aligned}\right\} \qquad (2)$$

Wir beachten nun, daß der magnetische Kraftlinienfluß innerhalb des Vierecks *ABCD* (gestrichelt) der Stromstärke proportional ist:

$$\Phi = Li\,\mathrm{d}x. \qquad (3)$$

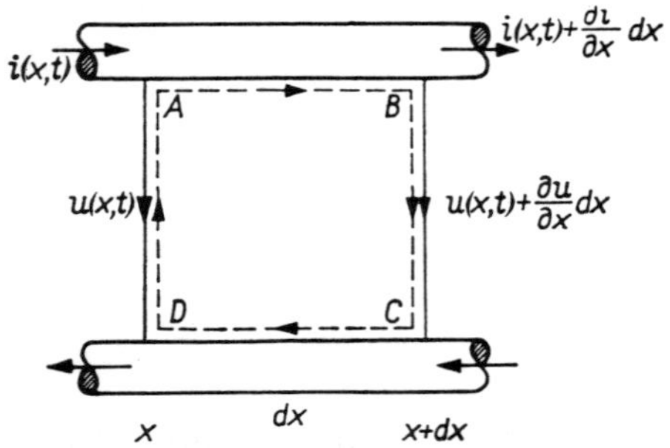

Abb. 3.110 Zum Induktionsgesetz

Diese Gleichung kann nur näherungsweise Gültigkeit haben, da wir die magnetische Feldstärke unter der Annahme berechnen, daß die Stromstärke entlang der gesamten Leitung konstant ist. Im weiteren werden wir dagegen zeigen, daß diese in einfachsten Fällen entlang der Leitung einen rein sinusförmigen Verlauf hat, wenn der Strom und die Spannung als Funktion der Zeit in einem einzigen Punkte der Leitung gemäß einer reinen Sinusfunktion verlaufen. Sind jedoch die beiden Leiter einander sehr nahe, und zwar im Verhältnis zur betrachteten Wellenlänge, dann ist an der Bildung des magnetischen Kraftlinienbildes nur der Strom derjenigen Leitungsabschnitte beteiligt, die in der Nähe unseres Aufpunktes liegen. Auf diese Weise kann die obige Näherung zugelassen werden. Unsere bisherigen Ausführungen behalten ihre Gültigkeit auch später bei der Berechnung des elektrischen Kraftfeldes. Das Induktionsgesetz läßt sich also in folgender Form schreiben:

$$-\frac{\partial u}{\partial x} = Ri + L\,\frac{\partial i}{\partial t}. \qquad (4)$$

Dieser Ausdruck kann sehr einfach gedeutet werden: Der Spannungsunterschied zwischen den beiden Leitern ändert sich entlang der Leitung, da der Ohmsche Widerstand der Leitung einen Ohmschen, die Induktivität derselben jedoch einen induktiven Spannungsabfall erzeugt.

Untersuchen wir nun, warum sich die Stromstärke entlang der Leitung ändert. Erstrecken wir die sogenannte Kontinuitätsgleichung, die die Erhaltung der Ladung zum Ausdruck bringt, auf das mit gestrichelten Linien bezeichnete Raumelement in Abb. 3.111. Durch die linke Grundfläche dieses Zylinders tritt ein Strom $i(x, t)$ ein, während an der rechten Grundfläche ein Strom $i(x, t) + \frac{\partial i}{\partial x}\,\mathrm{d}x$ austritt. Die Differenz wird teilweise dadurch verursacht, daß durch die Mantelfläche des Zylinders ein der Spannung proportionaler Strom zum gegenüberliegenden Leiter fließt. Die Größe dieses Ableitungsstromes beträgt

$$u(x, t)\, G\, \mathrm{d}x. \tag{5}$$

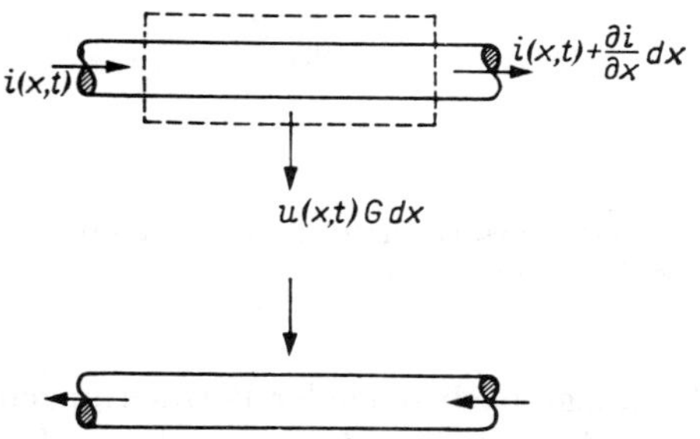

Abb. 3.111 Zur Kontinuitätsgleichung

Andererseits häuft sich in diesem Abschnitt $\mathrm{d}x$ eine Ladung an, oder die angehäufte Ladung verschwindet. Auch dadurch wird die Differenz zwischen den Eintritts- und Austrittsstromstärken erhöht. Die Änderung der Ladung während der Zeiteinheit im Abschnitt $\mathrm{d}x$ beträgt demnach

$$\frac{\partial q}{\partial t} = \frac{\partial}{\partial t}\, C\, \mathrm{d}x\, u(x, t) = C\, \mathrm{d}x\, \frac{\partial u}{\partial t}. \tag{6}$$

Die Kontinuitätsgleichung hat also folgende Form:

$$i(x, t) + \frac{\partial i}{\partial x}\,\mathrm{d}x + u(x, t)\, G\, \mathrm{d}x - i(x, t) = -C\, \mathrm{d}x\, \frac{\partial u}{\partial t}; \tag{7}$$

also ist

$$-\frac{\partial i}{\partial x} = Gu + C\,\frac{\partial u}{\partial t}. \tag{8}$$

Der Sinn dieser Gleichung ist folgender: Die Stromstärke ändert sich entlang der Leitung, da ein Teil des Stromes als Ableitungsstrom auf den anderen Leiter übergeht, ein anderer Teil sich dagegen als Ladung anhäuft. Das letztere Glied kann auch so gedeutet werden, daß sich ein Teil des Leitungsstromes als Verschiebungsstrom zwischen den beiden Leitern schließt.

Diese Behauptungen können veranschaulicht werden, wenn wir das Ersatzschaltbild eines kleinen Abschnitts von der Länge dx der Fernleitung aufzeichnen. (Die Länge dieses Abschnitts könnte eventuell auch die Längeneinheit sein, auf welche die Kenngrößen C, L, R, G bezogen werden. Diese Einheit kann sinngemäß klein im Verhältnis zur Wellenlänge werden.) Die gesamte Leitung kann dann entsprechend Abb. 3.112 als eine Folge solcher kleinen Einheiten angesehen werden. Die Gleichungen (4) bzw. (8) können nun mit Hilfe dieses Ersatzschaltbildes ohne irgendwelche Schwierigkeiten auf Grund der verallgemeinerten Ohmschen und Kirchhoffschen Gesetze aufgestellt werden.

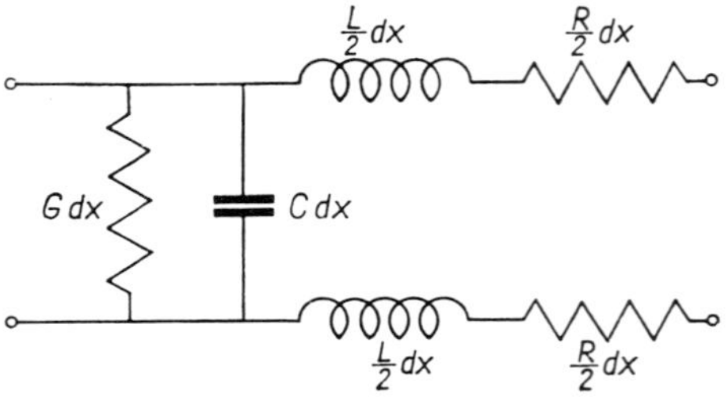

Abb. 3.112 Ersatzschaltung eines Leiterelements der Länge dx

Unsere Gleichungen (4) bzw. (8), die die Grundlage nachstehender Betrachtungen bilden, gestalten sich für einen als Funktion der Zeit rein sinusförmig verlaufenden Wechselstrom in folgender Form:

$$-\frac{\mathrm{d}U}{\mathrm{d}x} = IR + \mathrm{j}\omega LI = I(R + \mathrm{j}\omega L), \qquad u(x, t) = U(x)\,\mathrm{e}^{\mathrm{j}\omega t}, \tag{9}$$

$$-\frac{\mathrm{d}I}{\mathrm{d}x} = UG + \mathrm{j}\omega CU = U(G + \mathrm{j}\omega C), \qquad i(x, t) = I(x)\,\mathrm{e}^{\mathrm{j}\omega t}. \tag{10}$$

3.24. Lösung der Differentialgleichung der Fernleitung

Als Ausgangspunkt sollen die beiden im vorigen Kapitel bestimmten Differentialgleichungen

$$-\frac{\partial u}{\partial x} = iR + L\,\frac{\partial i}{\partial t}, \tag{1}$$

$$-\frac{\partial i}{\partial x} = uG + C\,\frac{\partial u}{\partial t} \tag{2}$$

dienen, welche die von Raum- und Zeitkoordinaten abhängige Änderung des Stromes bzw. der Spannung miteinander verknüpfen. Durch Differentiation von Gl. (1) nach x erhalten wir

$$-\frac{\partial^2 u}{\partial x^2} = \frac{\partial i}{\partial x} R + L \frac{\partial^2 i}{\partial x \, \partial t} = \frac{\partial i}{\partial x} R + L \frac{\partial}{\partial t} \frac{\partial i}{\partial x}. \tag{3}$$

In diese Gleichung führen wir nun den Wert von $\partial i/\partial x$ aus Gl. (2) ein:

$$\frac{\partial^2 u}{\partial x^2} = LC \frac{\partial^2 u}{\partial t^2} + (CR + GL) \frac{\partial u}{\partial t} + GRu. \tag{4}$$

Differenzieren wir aber Gl. (2) nach x und führen den Wert von $\partial u/\partial x$ aus Gl. (1) ein, so gelangen wir zu folgender Formel:

$$\frac{\partial^2 i}{\partial x^2} = LC \frac{\partial^2 i}{\partial t^2} + (CR + GL) \frac{\partial i}{\partial t} + GRi. \tag{5}$$

Dadurch erhielten wir zwei partielle Differentialgleichungen zweiter Ordnung. Jede dieser Gleichungen enthält jedoch nur eine der Veränderlichen. Wir sehen, daß der Form nach unsere Differentialgleichung für i mit der Differentialgleichung für u völlig übereinstimmt.

Die Spannung und die Stromstärke sind im allgemeinen sowohl von den Raumkoordinaten als auch von der Zeit abhängig, und die entsprechenden Funktionen können — den Randbedingungen entsprechend — äußerst verwickelt sein. Für die Praxis sind die Lösungen am wichtigsten, die als Funktionen von Raum und Zeit periodisch sind. Auf Grund dieser Ausführungen wollen wir versuchsweise eine Lösung der Form

$$u = U_0 \, e^{j\omega t - \gamma x} \tag{6}$$

ansetzen. Die einzelnen Differentialquotienten sind dann

$$\frac{\partial u}{\partial t} = j\omega u; \quad \frac{\partial^2 u}{\partial t^2} = -\omega^2 u; \quad \frac{\partial u}{\partial x} = -\gamma u; \quad \frac{\partial^2 u}{\partial x^2} = \gamma^2 u. \tag{7}$$

Führen wir diese nun wieder in Gl. (4) ein, so erhalten wir für den unbekannten Faktor γ den Ausdruck

$$\gamma^2 = -LC\omega^2 + j\omega(CR + GL) + GR = (R + j\omega L)(G + j\omega C) \tag{8}$$

oder

$$\gamma = \pm \sqrt{(R + j\omega L)(G + j\omega C)}. \tag{9}$$

37*

Wir nennen γ den *Fortpflanzungsfaktor* oder das Übertragungsmaß. Er hängt von der Kreisfrequenz ω — die für die zeitliche Periodizität maßgebend ist — sowie von den Leitungskonstanten R, C, L, G ab. Im allgemeinen ist γ eine komplexe Zahl:

$$\gamma = \pm(\alpha + \mathrm{j}\beta). \tag{10}$$

Die Spannung ist demnach in folgender Weise von den Raum- und Zeitkoordinaten abhängig, wenn wir das positive Vorzeichen in Betracht ziehen:

$$u^+ = U_0^+ \,\mathrm{e}^{\mathrm{j}\omega t - (\alpha + \mathrm{j}\beta)x} = U_0^+ \,\mathrm{e}^{-\alpha x} \,\mathrm{e}^{\mathrm{j}(\omega t - \beta x)}. \tag{11}$$

Wenn wir nun die Beziehung

$$\frac{\beta}{\omega} = \frac{1}{v} \tag{12}$$

einführen, so erhalten wir

$$u^+ = U_0^+ \,\mathrm{e}^{-\alpha x} \,\mathrm{e}^{\mathrm{j}\omega\left(t - \frac{\beta}{\omega}x\right)} = U_0^+ \,\mathrm{e}^{-\alpha x} \,\mathrm{e}^{\mathrm{j}\omega\left(t - \frac{x}{v}\right)}. \tag{13}$$

Aus diesen Gleichungen kann nun die Bedeutung des Real- bzw. des Imaginärteils des Fortpflanzungsfaktors ermittelt werden. Gleichung (13) stellt nämlich eine sich mit der Geschwindigkeit v fortpflanzende Welle dar, deren Amplitude dem sogenannten *Dämpfungsfaktor* α entsprechend gedämpft wird. Daß hier v tatsächlich die Bedeutung einer Geschwindigkeit hat, läßt sich leicht zeigen. Es sei nämlich die Phase der Spannung an einer beliebigen Stelle x_0 im gleichfalls beliebigen Zeitpunkt t_0 gegeben zu

$$\omega\left(t_0 - \frac{x_0}{v}\right). \tag{14}$$

Wir wollen denjenigen Ort x bestimmen, an welchem wir in einem späteren Zeitpunkt t dieselbe Phase vorfinden. Dazu dient die Gleichung

$$\omega\left(t_0 - \frac{x_0}{v}\right) = \omega\left(t - \frac{x}{v}\right). \tag{15}$$

Aus dieser Gleichung erhalten wir

$$x - x_0 = v(t - t_0); \qquad x = x_0 + v(t - t_0). \tag{16}$$

Dies bedeutet, daß sich eine bestimmte Phase der Welle, z. B. die Lage des Maximalwertes oder der Nullstelle, gerade mit der Geschwindigkeit $v = \omega/\beta$ fortpflanzt. Die Größe β wird *Winkelmaß* genannt.

Dadurch ist die Lösung der Gl. (4), der sogenannten *Telegraphengleichung*, eine sich in Richtung der positiven x-Achse fortpflanzende Welle mit gedämpfter Amplitude. Für den Fortpflanzungsfaktor hätten wir jedoch auch das negative Vorzeichen wählen können. Die dazu gehörende Lösung lautet:

$$u^- = U_0^- \, e^{\alpha x} \, e^{j\omega\left(t+\frac{x}{v}\right)}. \tag{17}$$

Nach der bereits besprochenen Lösung stellt dieser Ausdruck eine sich in Richtung der negativen x-Achse mit der gleichen Geschwindigkeit v fortpflanzende Welle dar. Die Amplitude dieser Welle wächst exponentiell mit wachsenden Werten von x. Dies ist leicht zu verstehen, da die Welle, von großen positiven x-Werten kommend, gegen negative x fortschreitet und ihre Amplitude in Richtung der Fortpflanzung abnimmt.

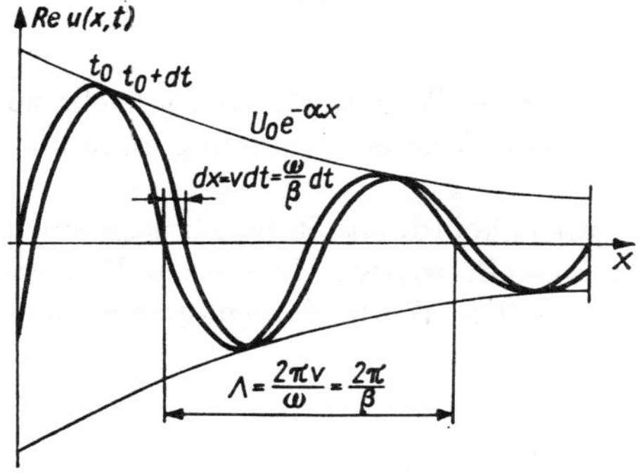

Abb. 3.113 Spannungsänderung entlang der Leitung in zwei kurz aufeinander folgenden Zeitpunkten (siehe auch Abb. 3.128)

Abb. 3.113 zeigt den Momentanwert der in Richtung der positiven x-Achse fortschreitenden gedämpften Spannungswelle als Funktion des an der Leitung gemessenen Abstandes. Dieser ist also eine Sinuskurve mit abnehmender Amplitude. Die Länge einer vollen (räumlichen) Periode läßt sich aus folgender Formel berechnen:

$$e^{j\omega\frac{x}{v}} = e^{j\omega\frac{x+\Lambda}{v}}. \tag{18}$$

Daraus erhalten wir

$$\frac{\omega\Lambda}{v} = 2\pi; \quad \Lambda = \frac{2\pi v}{\omega} = \frac{2\pi}{\beta}. \tag{19}$$

Letztere Formel gibt die Wellenlänge der Leitungswelle an.

In derselben Abbildung haben wir zugleich die Spannungsverteilung in einem vom vorigen Zeitpunkt nur sehr wenig verschiedenen anderen Zeitpunkt dargestellt. Wir können eine Verschiebung der gesamten Kurve nach rechts um $dx = v\,dt$, entsprechend der Fortpflanzungsgeschwindigkeit v, feststellen.

Der zeitliche Verlauf der an einer beliebigen Stelle der Leitung gemessenen Spannung ergibt eine reine Sinuskurve. Diese wurde in Abb. 3.114 dargestellt. In derselben Figur wird auch der zeitliche Verlauf der Spannung an einer von der vorigen

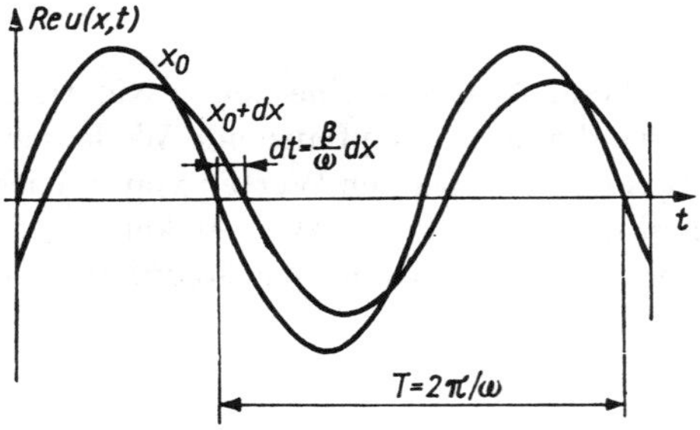

Abb. 3.114 Zeitliche Spannungsänderung in zwei nahe beieinanderliegenden Leitungspunkten. (Siehe auch Abb. 3.128)

Leitungsstelle etwas nach rechts liegenden anderen Stelle gezeigt. Es ist leicht zu ersehen, daß an dieser Stelle einerseits der Amplitudenwert der Spannung abnimmt, andererseits sich ihre Phase verändert hat.

Die Spannung kann auch als Funktion der Längenkoordinate in einem gegebenen Zeitpunkt in Form einer komplexen Größe dargestellt werden. In diesem Fall erhalten wir die in Abb. 3.115 gezeigte Spiralkurve. Die Werte der entsprechenden

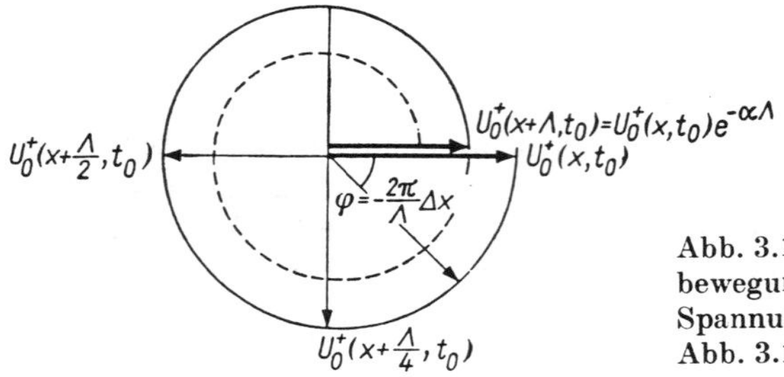

Abb. 3.115 Vektorgerüst einer bei der Fortbewegung gedämpften Welle. Änderung der Spannungsphase längs der Leitung. (Siehe auch Abb. 3.128)

Leitungslängen wurden neben den einzelnen Vektoren angedeutet. Die Spannung an einem beliebigen Ort kann mit Hilfe eines einfachen Drehvektors dargestellt werden, so daß durch Drehung der in Abb. 3.115 gezeigten Spiralkurve mit der Winkelgeschwindigkeit ω jeder Punkt dieser Kurve den zeitlichen Verlauf des zum entsprechenden Leitungspunkt gehörenden Spannungsvektors ergibt.

Der Wert der in Richtung der positiven x-Achse fortschreitenden Spannungswelle

$$u^+ = U_0^+ \, e^{j\omega t - \gamma x} \tag{20}$$

werde nun in die Gl. 3.23. (9) eingeführt. Dann erhalten wir für das Verhältnis der Amplituden von Spannung und Strom folgende Gleichung:

$$\gamma U_0^+ = I_0^+(R + \mathrm{j}\omega L),$$

$$\frac{U_0^+}{I_0^+} = Z_0 = \frac{R + \mathrm{j}\omega L}{+\gamma} = +\sqrt{\frac{R + \mathrm{j}\omega L}{G + \mathrm{j}\omega C}}. \tag{21}$$

Diese Größe Z_0, die in der Theorie der Fernleitungen eine ebenso wichtige Rolle spielt wie der Fortpflanzungsfaktor, wird *Wellenimpedanz* genannt. Hätten wir in Gl. 3.23. (9) eine in Richtung der negativen x-Achse fortschreitende Welle eingesetzt, so könnte man das Verhältnis von Strom und Spannung durch folgende Gleichung bestimmen:

$$\frac{U_0^-}{I_0^-} = \frac{R + \mathrm{j}\omega L}{-\gamma} = -\sqrt{\frac{R + \mathrm{j}\omega L}{G + \mathrm{j}\omega C}} = -Z_0. \tag{22}$$

Die Wellenimpedanz gibt demnach das Verhältnis der Amplituden derjenigen Spannungs- und Stromwellen an, die beide in positiver Richtung fortschreiten.

Suchen wir für die Gleichungen (1) und (2) zeitlich periodische Lösungen mit einer ganz bestimmten Frequenz, so gelangen wir zu den gewöhnlichen Differentialgleichungen 3.23. (9) bzw. 3.23. (10). Diese beiden Differentialgleichungen führen nunmehr zu linearen Differentialgleichungen zweiter Ordnung mit konstanten Koeffizienten, so daß in ihren allgemeinen Lösungen nur zwei frei wählbare Konstanten auftreten. Gerade durch die richtige Wahl dieser Konstanten kann die allgemeine Lösung den gegebenen Randbedingungen angepaßt werden. Auf diese Weise läßt sich die allgemeine Lösung der Spannungswelle als

$$u(x, t) = u^+ + u^- = U_0^+ \,\mathrm{e}^{\mathrm{j}\omega t - \gamma x} + U_0^- \,\mathrm{e}^{\mathrm{j}\omega t + \gamma x} \tag{23}$$

und die der Stromwelle als

$$i(x, t) = i^+ + i^- = I_0^+ \,\mathrm{e}^{\mathrm{j}\omega t - \gamma x} + I_0^- \,\mathrm{e}^{\mathrm{j}\omega t + \gamma x} \tag{24}$$

darstellen. Führen wir die zwischen gleichsinnig laufenden Spannungs- und Stromamplituden bestehenden Beziehungen (21) und (22) ein, so erhalten wir

$$i(x, t) = \frac{U_0^+}{Z_0} \,\mathrm{e}^{\mathrm{j}\omega t - \gamma x} - \frac{U_0^-}{Z_0} \,\mathrm{e}^{\mathrm{j}\omega t + \gamma x}. \tag{25}$$

Da die zur Bestimmung der Stromstärke herangezogene Differentialgleichung (5) der Differentialgleichung der Spannung analog ist, folgt auch, daß die Stromwelle im allgemeinen Fall einen durch Gl. (24) beschriebenen Verlauf besitzt. Ein Unterschied kann nur die Konstanten betreffen.

Im allgemeinen Fall erhalten wir also an der untersuchten Leitung zwei sich gegeneinander fortpflanzende Spannungs- und Stromwellen. Das Amplitudenverhältnis der gegeneinander laufenden Wellen sowie der Wert der einen Amplitude kann aus den an zwei beliebigen Stellen der Leitung angenommenen Werten der Spannung oder der Stromstärke berechnet werden. Es ist jedoch üblich, den Spannungswert auf einen Punkt der Leitung zu beziehen sowie das Verhältnis der Spannung zur Stromstärke anzugeben und die Konstanten U_0^+ und U_0^- mit Hilfe dieser Angaben zu bestimmen.

3.25. Das Verhalten des Fortpflanzungsfaktors und der Wellenimpedanz als Funktion der Leitungskonstanten

Zur Ermittlung der reellen und imaginären Komponenten des Fortpflanzungsfaktors dient die Bestimmungsgleichung

$$\gamma = \alpha + \mathrm{j}\beta = \sqrt{(R + \mathrm{j}\omega L)(G + \mathrm{j}\omega C)}. \tag{1}$$

Wollen wir den Dämpfungsfaktor α und das Winkelmaß β gesondert bestimmen, so quadrieren wir beide Seiten dieser Gleichung:

$$\alpha^2 - \beta^2 + 2\mathrm{j}\beta\alpha = (R + \mathrm{j}\omega L)(G + \mathrm{j}\omega C). \tag{2}$$

Durch Gleichsetzen der Real- bzw. Imaginärteile erhalten wir folgende Ausdrücke:

$$\alpha^2 - \beta^2 = GR - LC\omega^2, \tag{3}$$

$$2\alpha\beta = \omega(RC + GL). \tag{4}$$

Aus diesen beiden Gleichungen können α und β gesondert ermittelt werden. Es ist jedoch einfacher, das Quadrat des Absolutwerts beider Seiten der Gl. (1) anzugeben:

$$\alpha^2 + \beta^2 = + \sqrt{(R^2 + \omega^2 L^2)(G^2 + \omega^2 C^2)}. \tag{5}$$

Subtrahieren wir Gl. (3) von Gl. (5), so erhalten wir

$$2\beta^2 = \omega^2 LC - GR + \sqrt{(R^2 + \omega^2 L^2)(G^2 + \omega^2 C^2)}. \tag{6}$$

Daraus ergibt sich

$$\beta = \pm \sqrt{\frac{1}{2}(\omega^2 LC - GR) + \frac{1}{2}\sqrt{(R^2 + \omega^2 L^2)(G^2 + \omega^2 C^2)}}. \tag{7}$$

Die Addition beider Gleichungen dagegen liefert

$$\alpha = \pm\sqrt{\frac{1}{2}\,(GR - \omega^2 LC) + \frac{1}{2}\sqrt{(R^2 + \omega^2 L^2)\,(G^2 + \omega^2 C^2)}}\,. \tag{8}$$

Aus Gl. (4) ist zu ersehen, daß β und α gleiches Vorzeichen haben, weil auf der rechten Seite dieser Gleichung sämtliche Faktoren positiv sind. Dadurch gehört in den Gleichungen (7) bzw. (8) tatsächlich die positive Wurzel der einen Gleichung zur positiven Wurzel der anderen und die negative Wurzel der einen Gleichung zur negativen Wurzel der anderen. Wie bereits im vorigen Kapitel gezeigt wurde, gehört zur positiven Wurzel eine sich in Richtung der positiven x-Achse mit abnehmender Amplitude ausbreitende Spannungswelle, während zur negativen Wurzel eine in Richtung der negativen x-Werte fortschreitende Welle gehört, deren Amplitude in dieser Richtung abnimmt, also in positiver x-Richtung ansteigt. Um die Bedeutung von α und β zu veranschaulichen, separieren wir die Gleichungen dieser beiden Spannungswellen voneinander:

$$u^+ = U_0^+\,\mathrm{e}^{-\alpha x}\,\mathrm{e}^{\mathrm{j}\omega\left(t-\frac{\beta}{\omega}x\right)} \qquad \text{bzw.} \qquad u^- = U_0^-\,\mathrm{e}^{\alpha x}\,\mathrm{e}^{\mathrm{j}\omega\left(t+\frac{\beta}{\omega}x\right)}. \tag{9}$$

Die Formeln des Dämpfungskoeffizienten und des Winkelmaßes als Funktionen der Leitungsparameter sind — wie wir sehen — unübersichtlich. Wir unterscheiden deshalb im folgenden einige dem praktischen Fall näherliegende Spezialfälle.

Für die Wellenimpedanz können wir die folgende Beschränkung hinsichtlich ihres Winkels angeben. Da

$$Z_0 = \sqrt{\frac{|R + \mathrm{j}\omega L|\,\mathrm{e}^{\mathrm{j}\varphi}}{|G + \mathrm{j}\omega C|\,\mathrm{e}^{\mathrm{j}\psi}}} = \sqrt{\frac{|R + \mathrm{j}\omega L|}{|G + \mathrm{j}\omega C|}}\,\mathrm{e}^{\mathrm{j}\frac{\varphi-\psi}{2}}$$

und $0 \leqq \varphi \leqq +\pi/2$ bzw. $0 \leqq \psi \leqq +\pi/2$, erhalten wir

$$-\pi/4 \leqq \operatorname{arc} Z_0 \leqq +\pi/4. \tag{10}$$

3.25.1. Ideale Leitung

Ist die Isolierung beider Leitungen vollkommen und sind die Leitungen selbst unendlich gute elektrische Leiter, so gilt

$$R = 0; \qquad G = 0. \tag{11}$$

Nach Gl. (8) ist der Dämpfungskoeffizient gleich Null, wie wir es in diesem Falle nicht anders erwartet hatten:

$$\alpha = 0. \tag{12}$$

Für das Winkelmaß erhalten wir

$$\beta = \omega \sqrt{LC}. \tag{13}$$

Die Geschwindigkeit ergibt sich danach zu

$$v = \frac{\omega}{\beta} = \frac{1}{\sqrt{LC}}. \tag{14}$$

Es ist bekannt, daß die Kreisfrequenz eines Schwingungskreises mit der Induktivität L und der Kapazität C durch die sogenannte Thomson-Formel

$$\omega = \frac{1}{\sqrt{LC}} \tag{15}$$

gegeben ist. Die Maßeinheit von ω ist s^{-1}. Es soll uns nicht täuschen, daß hier ein Ausdruck scheinbar identischer Form die Fortpflanzungsgeschwindigkeit liefert. Hier bedeuten aber sowohl L als auch C etwas anderes als in der Thomson-Formel und auch ihre Maßeinheiten sind von jenen verschieden: L und C stellen hier die auf die Längeneinheit bezogene Induktivität bzw. Kapazität dar. Entsprechend ist auch die Maßeinheit von $1/\sqrt{LC}$ in ms^{-1} anzugeben.

Aus Gl. (14) könnte man den Schluß ziehen, daß die Phasengeschwindigkeit der Wellen durch unendliche Verminderung von L und C beliebig groß gemacht werden kann. In Wirklichkeit ist das nicht möglich, weil sich die Drahtwellen entlang eines idealen Leiters mit Lichtgeschwindigkeit ausbreiten. Es ist also

$$\sqrt{LC} = \frac{1}{c}. \tag{16}$$

Dieser Zusammenhang ist jedoch leicht einzusehen, wenn wir bei verschiedenen Leitungsanordnungen die L- und C-Werte als Funktionen der geometrischen Kenngrößen der Leitung vergleichen. Der Ausdruck besagt, daß sich im Fall einer Verminderung der Leiterkapazität die Selbstinduktion erhöht und umgekehrt. Wir erkennen das, wenn wir z. B. die Kapazität der Leitung dadurch erhöhen wollen, daß wir beide Leiter dicht aneinander bringen. In diesem Falle nimmt die Anzahl der je Längeneinheit umfaßten magnetischen Kraftlinien ab.

Ist die Leitung nicht ideal, so wird sich die Phasengeschwindigkeit im Verhältnis zur Lichtgeschwindigkeit c verändern. Wir sehen leicht ein, daß sich die Geschwindigkeit nur verringern kann. Der Kehrwert des Quadrates der Geschwindigkeit hat nämlich die Form

$$\begin{aligned}\frac{1}{v^2} = \frac{\beta^2}{\omega^2} &= \frac{1}{2}\left(LC - \frac{RG}{\omega^2}\right) + \frac{1}{2}\sqrt{\left(\frac{R^2}{\omega^2} + L^2\right)\left(\frac{G^2}{\omega^2} + C^2\right)} \\ &= \frac{1}{2}\left(LC - \frac{RG}{\omega^2}\right) + \frac{1}{2}\sqrt{L^2C^2 + \frac{R^2C^2}{\omega^2} + \frac{L^2G^2}{\omega^2} + \frac{R^2G^2}{\omega^4}} \\ &= \frac{1}{2}\left(LC - \frac{RG}{\omega^2}\right) + \frac{1}{2}\sqrt{\left(LC + \frac{RG}{\omega^2}\right)^2 - \frac{2RGLC}{\omega^2} + \frac{R^2C^2}{\omega^2} + \frac{L^2G^2}{\omega^2}} \\ &= \frac{1}{2}\left(LC - \frac{RG}{\omega^2}\right) + \frac{1}{2}\sqrt{\left(LC + \frac{RG}{\omega^2}\right)^2 + \left(\frac{RC}{\omega} - \frac{LG}{\omega}\right)^2}.\end{aligned} \tag{17}$$

Der Betrag des letzten Ausdruckes kann dadurch verringert werden, daß wir das zweite Glied unter dem Wurzelzeichen — das in jedem Falle positiv ist — vernachlässigen. Es wird dadurch

$$\frac{1}{v^2} \geqq \frac{1}{2}\left(LC - \frac{RG}{\omega^2}\right) + \frac{1}{2}\left(LC + \frac{RG}{\omega^2}\right) = LC, \tag{18}$$

und hieraus folgt

$$v^2 \leqq \frac{1}{LC}; \qquad v \leqq \frac{1}{\sqrt{LC}}. \tag{19}$$

Dadurch wurde bewiesen, daß die Phasengeschwindigkeit der Drahtwellen unter allen Umständen kleiner ist als die Lichtgeschwindigkeit und im Idealfall diese Grenze höchstens erreicht, aber niemals überschritten werden kann.

Der Wellenwiderstand ergibt sich im Idealfall aus Gl. 3.24. (21) zu

$$Z_0 = \sqrt{\frac{R + j\omega L}{G + j\omega C}} = \sqrt{\frac{L}{C}}, \tag{20}$$

d. h., im Idealfall ist sowohl die Fortpflanzungsgeschwindigkeit der Wellen als auch der Wellenwiderstand von der Frequenz unabhängig. Der Wellenwiderstand hat in diesem Falle Ohmschen Charakter. Dies bedeutet, daß die sich entlang der idealen Leitung ausbreitende Spannungswelle in gleicher Phase mit der sich in gleicher Richtung fortpflanzenden Stromwelle ist.

Tabelle 3.2 Die primären Parameter der zwei einfachsten Anordnungen. Die Kapazität ist in höchstem Maß, die Induktivität näherungsweise unabhängig von der Frequenz. R und G hängen dagegen von der Frequenz ab. Die Frequenzunabhängigkeit der sekundären Parameter (Z_0 und γ) – im Nichtidealfall – soll man also nur in dem Sinne verstehen, daß sie nicht *explizit* von der Frequenz abhängen. $\delta = \sqrt{1/\pi f \mu \sigma}$ bedeutet die Eindringtiefe, δ_V den Verlustwinkel, ϱ den spezifischen Widerstand

Anordnung	Kapazität C (F/m)	Induktivität L [H/m]	Längswiderstand R [Ω/m]		Querleitwert G [S/m]	Wellenimpedanz für verlustlose Leitung
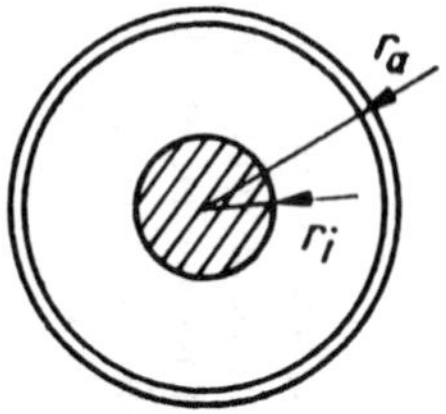	$\dfrac{2\pi\varepsilon}{\ln \dfrac{r_a}{r_i}}$	$\dfrac{\mu}{2\pi} \ln \dfrac{r_a}{r_i}$	$\dfrac{\varrho_i}{A_i} + \dfrac{\varrho_a}{A_a}$	$\delta \gg r_0$	≈ 0	$\sqrt{\dfrac{\mu_r}{\varepsilon_r}}\, 60 \ln \dfrac{r_a}{r_i}$
		Innere Induktivität vernachlässigt	$\dfrac{\varrho_i}{2 r_i \delta_i \pi} + \dfrac{\varrho_a}{2 r_a \delta_a \pi}$	$\delta \ll r_0$	$\omega C \tan \delta_V = \dfrac{\omega 2\pi\varepsilon}{\ln \dfrac{r_a}{r_i}} \tan \delta_V$	
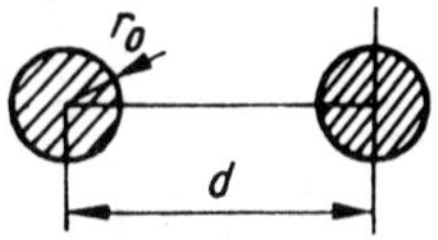	$\dfrac{\pi\varepsilon}{\ln \dfrac{d}{r_0}}$ $(5 r_0 < d)$	$\dfrac{\mu}{\pi} \ln \dfrac{d}{r_0}$	$2 \dfrac{\varrho}{r_0^2 \pi}$	$\delta \gg r_0$	≈ 0	$\sqrt{\dfrac{\mu_r}{\varepsilon_r}}\, 120 \ln \dfrac{d}{r_0}$
			$2 \dfrac{\varrho}{2\pi r_0 \delta}$	$\delta \ll r_0$	$\omega C \tan \delta_V = \dfrac{\omega\pi\varepsilon}{\ln \dfrac{d}{r_0}} \tan \delta_V$	

Im Idealfall ergibt sich also der Fortpflanzungskoeffizient γ in der Form

$$\gamma = \mathrm{j}\beta = \mathrm{j}\omega\sqrt{LC}. \tag{21}$$

Es ist von außerordentlich großer Bedeutung, daß im Idealfall beide Größen, sowohl Dämpfung als auch Fortpflanzungsgeschwindigkeit, frequenzunabhängig sind. Stellen wir uns vor, daß wir eine als Funktion der Zeit beliebig verlaufende Spannung an den Eingang der Leitung legen. Diese Spannung kann zu jeder Zeit als Summe rein sinusförmiger Spannungen mit stetigem bzw. diskretem Spektrum dargestellt werden. Bei einer verlustfreien Leitung schreitet jede Komponente mit derselben Geschwindigkeit und gleichbleibender Amplitude längs der Leitung fort, trägt also in jedem Punkte der Leitung in gleicher Weise zu der resultierenden Spannung bei. Die dem Eingangspunkt der Leitung zugeführte Spannung durchläuft die Leitung in gleichbleibender Form, also verzerrungsfrei.

3.25.2. Leitungen mit geringer Dämpfung

Es wird angenommen, daß der Ohmsche Widerstand im Verhältnis zum induktiven Widerstand klein ist und daß auch der Querleitwert klein im Verhältnis zum Produkt ωC sei. In der Praxis ist dies, besonders bei hohen Frequenzen, oft der Fall. Durch Herausheben des Produktes $\mathrm{j}\omega\sqrt{LC}$ im Ausdruck des Fortpflanzungskoeffizienten erhält man

$$\gamma = \mathrm{j}\omega\sqrt{LC}\left(1 - \mathrm{j}\,\frac{R}{\omega L}\right)^{1/2}\left(1 - \mathrm{j}\,\frac{G}{\omega C}\right)^{1/2}. \tag{22}$$

Hieraus wird durch Einführung der Näherungsformel

$$(1 - a)^{1/2} \approx 1 - \frac{1}{2}\,a - \frac{1}{8}\,a^2$$

— also der ersten drei Glieder in der Binomialreihe von $(1 - a)^{1/2}$ — und durch Vernachlässigung sämtlicher Potenzen von $1/\omega$, die höher als 2 sind, der Ausdruck

$$\gamma \approx \mathrm{j}\omega\sqrt{LC}\left[1 - \frac{\mathrm{j}}{\omega}\left(\frac{R}{2L} + \frac{G}{2C}\right) + \frac{1}{8\omega^2}\left(\frac{R}{L} - \frac{G}{C}\right)^2\right] \tag{23}$$

gewonnen. Somit entspricht dem Winkelmaß die Gleichung

$$\beta \approx \omega\sqrt{LC}\left[1 + \frac{1}{8\omega^2}\left(\frac{R}{L} - \frac{G}{C}\right)^2\right], \tag{24}$$

und der Dämpfungskoeffizient hat die Form

$$\alpha \approx \frac{1}{2} R \sqrt{\frac{C}{L}} + \frac{1}{2} G \sqrt{\frac{L}{C}}. \tag{25}$$

Es ist ersichtlich, daß die Dämpfung nicht explizit von der Frequenz abhängt. Die Phasengeschwindigkeit dagegen nimmt mit wachsender Frequenz zu:

$$v = \frac{\omega}{\beta} \approx \frac{1}{\sqrt{LC}} \left[1 - \frac{1}{8\omega^2} \left(\frac{R}{L} - \frac{G}{C}\right)^2\right] \tag{26}$$

Diesen Zusammenhang kann man aus Gl. (24) mit Hilfe der Näherungsformel

$$\frac{1}{1 + a} \approx 1 - a$$

erhalten.

Wir können unseren Fall auch noch weiter spezialisieren, indem wir annehmen, daß der Querleitwert einen sehr kleinen Wert hat. In der Praxis ist dieser Fall leicht zu realisieren, da man Kabel mit guter Isolation leicht verfertigen kann. Der Dämpfungskoeffizient wird demnach gegeben zu:

$$\alpha = \frac{1}{2} R \sqrt{\frac{C}{L}}. \tag{27}$$

Die Dämpfung kann also durch Erhöhung des Induktionskoeffizienten vermindert werden. Eine solche Erhöhung kann entweder durch Einbau von gesondert eingeschalteten konzentrierten Induktivitäten, den sogenannten Pupin-Spulen, erfolgen oder aber durch stetig verteilte Induktivitäten verursacht werden, indem man eine aus elektrisch gut leitendem Material gebaute Leitung mit ferromagnetischem Draht umwickelt (Krarup-Verfahren).

Die Wellenimpedanz nimmt im Falle einer kleinen Dämpfung folgende Form an:

$$Z_0 = \sqrt{\frac{R + j\omega L}{G + j\omega C}} = \sqrt{\frac{j\omega L \left(1 - j \dfrac{R}{\omega L}\right)}{j\omega C \left(1 - j \dfrac{G}{\omega C}\right)}} = \sqrt{\frac{L}{C}} \sqrt{\frac{1 - j \dfrac{R}{\omega L}}{1 - j \dfrac{G}{\omega C}}}. \tag{28}$$

Durch Einführung einiger vereinfachender Näherungen:

$$(1 - a)^{1/2} \approx 1 - \frac{a}{2}; \qquad (1 - a)^{-1/2} \approx 1 + \frac{a}{2}$$

erhält man als Endresultat den Ausdruck

$$Z_0 = \sqrt{\frac{L}{C}}\left[1 - \mathrm{j}\left(\frac{R}{2\omega L} - \frac{G}{2\omega C}\right)\right]. \tag{29}$$

Wir stellen fest, daß mit zunehmender Dämpfung die Wellenimpedanz einen frequenzabhängigen Imaginärteil enthält.

3.25.3. Große Dämpfung

Im Bereich großer Dämpfung behandeln wir nur den Spezialfall

$$LG = RC, \qquad R/L = G/C, \qquad C/L = G/R. \tag{30}$$

Unter diesen Umständen erhalten wir

$$\gamma = \sqrt{(R + \mathrm{j}\omega L)(G + \mathrm{j}\omega C)} = \mathrm{j}\omega\sqrt{LC}\sqrt{\left(1 + \frac{R}{\mathrm{j}\omega L}\right)\left(1 + \frac{G}{\mathrm{j}\omega C}\right)}$$

$$= \mathrm{j}\omega\sqrt{LC}\left(1 + \frac{R}{\mathrm{j}\omega L}\right) = \mathrm{j}\omega\sqrt{LC} + \sqrt{RG} = \mathrm{j}\beta + \alpha. \tag{31}$$

Die Fortpflanzungsgeschwindigkeit ergibt sich also zu

$$v = \frac{\omega}{\beta} = \frac{1}{\sqrt{LC}}. \tag{32}$$

Sie ist von der Frequenz weitgehend unabhängig und stimmt mit der Fortpflanzungsgeschwindigkeit der verlustfreien Leitung überein. Auf ähnliche Weise erhält man für den Dämpfungskoeffizienten

$$\alpha = \sqrt{RG}. \tag{33}$$

Die Wellenimpedanz wird

$$Z_0 = \sqrt{\frac{R + \mathrm{j}\omega L}{G + \mathrm{j}\omega C}} = \sqrt{\frac{L}{C}}\sqrt{\frac{R/L + \mathrm{j}\omega}{G/C + \mathrm{j}\omega}} = \sqrt{\frac{L}{C}}.$$

Der Dämpfungskoeffizient hängt nur implizit von der Frequenz ab. Dadurch kann auch bei endlicher Dämpfung eine fast verzerrungsfreie Übertragung erreicht werden, da sich die Einzelkomponenten eines beliebigen Spannungsverlaufes mit gleicher Geschwindigkeit bewegen und ihre Amplituden sich im gleichen Verhältnis vermindern. Wir erhalten am Ende der Leitung einen fast verzerrungsfreien, gegenüber den Eingangssignalen kleineren Ausgangswert.

Wir wollen nun für den Dämpfungskoeffizienten α eine später noch nützliche Formel ableiten.

Es wurde bereits gezeigt, daß sich im Falle sehr kleiner Dämpfung die Spannungs- bzw. Stromwelle folgendermaßen schreiben läßt, wenn beide in gleicher Richtung laufen:

$$\left.\begin{aligned} u &= e^{-\alpha x} F\left(t - \frac{x}{v}\right), \\ i &= \frac{e^{-\alpha x}}{Z_0} F\left(t - \frac{x}{v}\right). \end{aligned}\right\} \tag{34}$$

Die elektrische Leistung beträgt also

$$ui = \frac{e^{-2\alpha x}}{Z_0}\left[F\left(t - \frac{x}{v}\right)\right]^2. \tag{35}$$

Der zeitliche Mittelwert der Leistung, die eine beliebige Stelle x durchläuft, errechnet sich zu

$$P_{\text{eff}} = \frac{e^{-2\alpha x}}{Z_0} F_{\text{eff}}^2. \tag{36}$$

Die Leistung ändert sich entlang der x-Achse infolge der Verluste. Der auf die Längeneinheit bezogene spezifische Verlust hat den Wert

$$P_{\text{v}} = -\frac{\partial P_{\text{eff}}}{\partial x} = +\,2\alpha\,\frac{e^{-2\alpha x}}{Z_0} F_{\text{eff}}^2 = 2\alpha P_{\text{eff}}. \tag{37}$$

Aus dieser Formel erhält man für den Dämpfungskoeffizienten den Wert

$$\alpha = \frac{P_{\text{v}}}{2P_{\text{eff}}}. \tag{38}$$

3.26. Erscheinungen am Ende der Leitung

Es wurde bereits gezeigt, daß die allgemeine Lösung der Differentialgleichung der Fernleitung folgende Form hat:

$$u(x, t) = U_0^+\, e^{j\omega t - \gamma x} + U_0^-\, e^{j\omega t + \gamma x} \tag{1}$$

bzw.

$$i(x, t) = I_0^+\, e^{j\omega t - \gamma x} + I_0^-\, e^{j\omega t + \gamma x} = \frac{U_0^+}{Z_0}\, e^{j\omega t - \gamma x} - \frac{U_0^-}{Z_0}\, e^{j\omega t + \gamma x}. \tag{2}$$

In diesem Kapitel wollen wir uns das Ziel setzen, den Wert der in dieser Gleichung auftretenden Konstanten U_0 bzw. I_0 oder, strenger genommen, das Verhältnis dieser Werte zu bestimmen, wenn wir der Praxis entsprechende Randbedingungen annehmen. An der Stelle $x = 0$ der Leitung wollen wir einen beliebigen komplexen Widerstand Z als Abschlußimpedanz anbringen (Abb. 3.116). In Richtung negativer

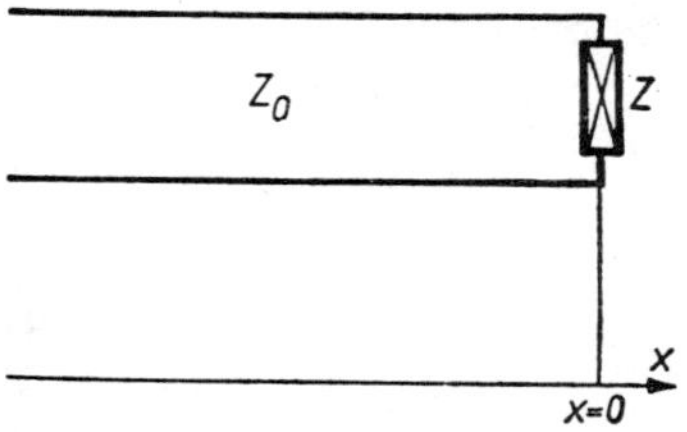

Abb. 3.116 Abschlußimpedanz am Leitungsende

x-Werte möge die Leitung unendlich lang sein. Die Randbedingung kann also folgendermaßen gegeben werden: An der Stelle $x = 0$ ist das Verhältnis von Spannung und Strom dem angegebenen Impedanzwert gleich. Es gilt also

$$\left.\frac{U}{I}\right|_{x=0} = Z. \tag{3}$$

Wir sehen, daß diese Bedingung für $Z \neq Z_0$ durch eine einzige, entweder in positiver oder negativer x-Richtung fortschreitende Welle nicht erfüllt werden kann, da das Amplitudenverhältnis der zusammengehörenden Spannungs- und Stromwellen gleich $+Z_0$ oder $-Z_0$ ist. Es muß also neben der in der positiven Richtung fortschreitenden einfallenden Welle auch eine zweite sich in Richtung der negativen x-Achse fortpflanzende, sogenannte reflektierte Welle angenommen werden. Dadurch hat die unsere Randbedingung befriedigende Lösung die Form der Gl. (1). Das Amplitudenverhältnis der einfallenden und der reflektierten Welle erhält man durch Ansetzen der Randbedingung nach Gl. (3). Es gilt also

$$\left.\frac{u}{i}\right|_{x=0} = \left.\frac{u^+ + u^-}{i^+ + i^-}\right|_{x=0} = \frac{U_0^+ + U_0^-}{I_0^+ + I_0^-} = Z. \tag{4}$$

Beachten wir nun noch die Formel

$$\frac{U_0^+}{I_0^+} = Z_0; \qquad \frac{U_0^-}{I_0^-} = -Z_0, \tag{5}$$

dann nimmt Gl. (4) folgende Gestalt an:

$$Z = Z_0 \frac{U_0^+ + U_0^-}{U_0^+ - U_0^-}. \tag{6}$$

Durch Einführung des sogenannten *Reflexionsfaktors* $p = U_0^-/U_0^+$ erhält der Ausdruck für Z die Form

$$Z = Z_0 \frac{1 + \frac{U_0^-}{U_0^+}}{1 - \frac{U_0^-}{U_0^+}} = Z_0 \frac{1 + p}{1 - p}. \tag{7}$$

Daraus erhalten wir

$$p = \frac{Z - Z_0}{Z + Z_0}. \tag{8}$$

Der Reflexionsfaktor gibt an, welcher Teil der einfallenden Wellen reflektiert wird. Dieser Faktor ist im allgemeinen eine komplexe Zahl; sein Absolutwert ist gleich dem Verhältnis der Absolutwerte der reflektierten und einfallenden Wellen; seine Phase gibt an, ob und in welchem Maße die reflektierten Wellen den einfallenden Wellen gegenüber voreilen oder zurückbleiben.

Mit Hilfe des Reflexionsfaktors kann unsere, die vorgeschriebene Randbedingung erfüllende Lösung in der Form

$$u(x, t) = U_0^+ [\mathrm{e}^{\mathrm{j}\omega t - \gamma x} + p\, \mathrm{e}^{\mathrm{j}\omega t + \gamma x}] \tag{9}$$

bzw.

$$i(x, t) = \frac{U_0^+}{Z_0} [\mathrm{e}^{\mathrm{j}\omega t - \gamma x} - p\, \mathrm{e}^{\mathrm{j}\omega t + \gamma x}] \tag{10}$$

angegeben werden.

Sind die Kenngrößen der Fernleitung, der Abschlußwiderstand und die Amplitude der einfallenden Welle bekannt, so ist es mit diesen beiden Gleichungen möglich, an jeder beliebigen Stelle zu jedem beliebigen Zeitpunkt die zusammengehörenden Spannungs- und Stromwerte zu ermitteln. Geben wir nicht die an der Stelle $x = 0$ einfallende Welle, sondern die am Abschlußwiderstand auftretende Spannung U_0 an, so beträgt die Spannung bzw. Stromstärke an einer beliebigen Stelle der Fernleitung:

$$u(x, t) = \frac{U_0}{1 + p} [\mathrm{e}^{\mathrm{j}\omega t - \gamma x} + p\, \mathrm{e}^{\mathrm{j}\omega t + \gamma x}], \tag{11}$$

$$i(x, t) = \frac{U_0}{(1 + p)\, Z_0} [\mathrm{e}^{\mathrm{j}\omega t - \gamma x} - p\, \mathrm{e}^{\mathrm{j}\omega t + \gamma x}]. \tag{12}$$

Es gilt nämlich

$$U_0 = U_0^+(1 + p),$$

woraus

$$U_0^+ = \frac{U_0}{(1 + p)} \tag{13}$$

folgt.

Wir wollen nun die Spannungs- und Stromverteilung in einigen Sonderfällen untersuchen.

Bei unserer ersten Betrachtung sei die Abschlußimpedanz der Wellenimpedanz der Fernleitung gleich, d. h.,

$$Z = Z_0. \tag{14}$$

In diesem Fall nimmt der Reflexionsfaktor den Wert Null an; die Lösung lautet also

$$u = U_0^+ \mathrm{e}^{\mathrm{j}\omega t - \gamma x}; \qquad i = \frac{U_0^+}{Z_0} \mathrm{e}^{\mathrm{j}\omega t - \gamma x}. \tag{15}$$

Das Verhältnis von Spannung und Stromstärke ist gleich der Wellenimpedanz, auch wenn wir Leitungen von endlicher Länge benutzen. Wir betonen hier noch einmal, daß die Wellenimpedanz in einem beliebigen Punkt der Leitung nur dann dem Verhältnis von Spannung und Stromstärke entspricht, wenn sich in der Leitung nur in einer Richtung eine Welle ausbreitet. Dies ist entweder bei einer unendlich langen Leitung oder aber bei endlicher Leitungslänge möglich, wenn wir den Ausgangspunkt der Leitung mit der Wellenimpedanz selbst abschließen. In diesem Fall wird die gesamte vom Generator der Fernleitung zugeführte Energie bei einer verlustlosen Leitung am Abschlußwiderstand verbraucht. Wird der Verbrauchswiderstand entsprechend bemessen, so sagen wir, der Verbraucher wurde der Leitung reflexionsfrei angepaßt (Abb. 3.117).

Im zweiten Spezialfall möge der Ausgang der Leitung kurzgeschlossen werden. Dabei ist der Abschlußwiderstand gleich Null und der Wert des Reflexionsfaktors -1, da

$$p = \frac{Z - Z_0}{Z + Z_0} = \frac{0 - Z_0}{0 + Z_0} = -1 \tag{16}$$

ist. Die Spannung beträgt dementsprechend

$$u = U_0^+[\mathrm{e}^{\mathrm{j}\omega t - \gamma x} - \mathrm{e}^{\mathrm{j}\omega t + \gamma x}], \tag{17}$$

während die Stromstärke gleich

$$i = \frac{U_0^+}{Z_0} \left[e^{j\omega t - \gamma x} + e^{j\omega t + \gamma x} \right] \tag{18}$$

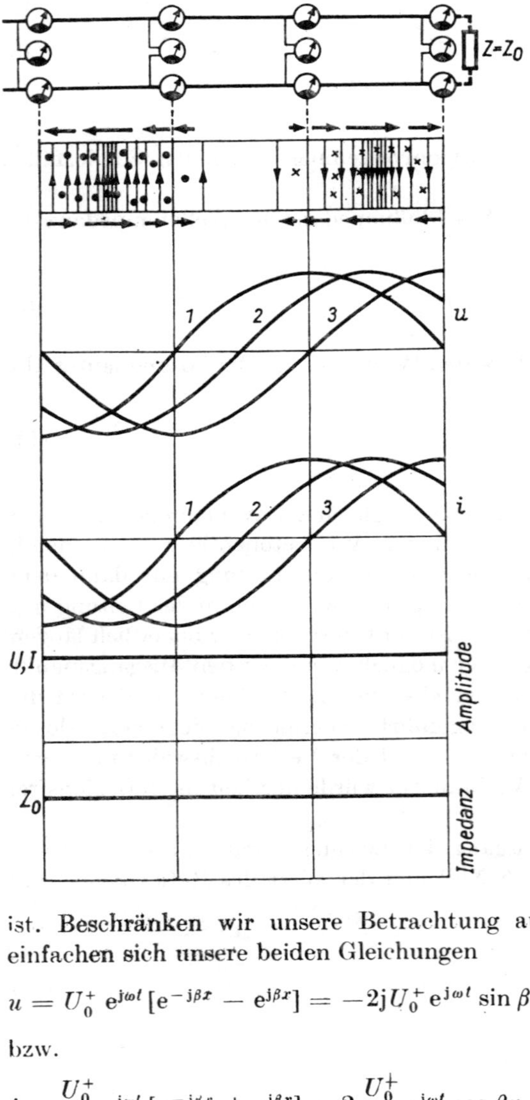

Abb. 3.117
Strom- und Spannungsverhältnisse einer durch einen angepaßten Verbraucher abgeschlossenen idealen Fernleitung

Das an beliebigen Stellen eingeschaltete Amperemeter zeigt denselben Wert an. Die Maxima von Strom und Spannung und damit auch die Maxima der elektrischen und der magnetischen Feldstärke fallen örtlich in sämtlichen Zeitpunkten zusammen. Entlang der Leitung ändern sich in einem gegebenen Zeitpunkt sowohl die Spannung als auch der Strom in der gleichen Phase sinusförmig. Diese Sinuslinie bewegt sich längs der Leitung mit einer Geschwindigkeit von $v = \omega/\beta$ fort. Das Verhältnis von Spannung zu Strom ergibt entlang der Leitung denselben Wert. Die Amplitude von Spannung und Strom und somit auch die Impedanz sind von Anfang bis Ende konstant.

ist. Beschränken wir unsere Betrachtung auf verlustfreie Leitungen, dann vereinfachen sich unsere beiden Gleichungen

$$u = U_0^+ e^{j\omega t} \left[e^{-j\beta x} - e^{j\beta x} \right] = -2jU_0^+ e^{j\omega t} \sin \beta x \tag{19}$$

bzw.

$$i = \frac{U_0^+}{Z_0} e^{j\omega t} \left[e^{-j\beta x} + e^{j\beta x} \right] = 2 \frac{U_0^+}{Z_0} e^{j\omega t} \cos \beta x . \tag{20}$$

Durch Einführung der Wellenlänge Λ aus der bekannten Formel $\beta = 2\pi/\Lambda$ gelangen wir zu den Ausdrücken

$$u = -2\mathrm{j} U_0^+ \mathrm{e}^{\mathrm{j}\omega t} \sin \frac{2\pi}{\Lambda} x \tag{21}$$

bzw.

$$i = 2 \frac{U_0^+}{Z_0} \mathrm{e}^{\mathrm{j}\omega t} \cos \frac{2\pi}{\Lambda} x . \tag{22}$$

Aus den Gleichungen (17) und (18) kann man ersehen, daß am kurzgeschlossenen Ende eine Reflexion auftritt: Die Spannung wird in entgegengesetzter Phase, der Strom jedoch in gleicher Phase reflektiert. Resultierende Spannung und Stromstärke bilden eine stehende Welle. Die Amplitudenverteilung entlang der Leitung kann also mit Hilfe eines Sinusgesetzes beschrieben werden, und die Extrem- und Nullstellen dieser Sinuskurven ändern während der gesamten Zeit nicht ihren Platz, wie übrigens auch aus den Gleichungen (21) und (22) geschlossen werden kann.

In Abb. 3.118 sind das kurzgeschlossene Leitungsstück und die einem beliebigen Zeitpunkt entsprechende Strom- sowie die magnetische Feldstärkenverteilung dargestellt. Darunter ist die Spannungsverteilung in einem beliebigen Zeitpunkt angegeben. Diese Spannungsverteilung zusammen mit der darunter gezeichneten Stromverteilung entspricht den oben an der Leitung auftretenden Werten (Kurve *1*). Im nächsten Augenblick wird die Spannung an allen Punkten abnehmen, und wir erhalten die Kurve *2*. Die entsprechende Stromkurve ist ebenfalls in der Abbildung gezeigt. Es ist leicht zu sehen, daß die Knotenpunkte und die Maxima der Spannung oder der Stromstärke dauernd an derselben Stelle verbleiben. Der Abstand dieser Punkte voneinander wurde gleichfalls angegeben. Das Diagramm zeigt ferner, daß in dem Augenblick, in dem die Spannung an jeder Stelle der Leitung ihren maximalen Wert erreicht hat, die Stromstärke entlang der gesamten Leitung Null ist. Auch dieser Fall kann nur bei stehenden Wellen auftreten. Ist die Stromstärke überall gleich Null, dann ist die Energie ausschließlich in Form elektrischer Energie vorhanden. Ist jedoch die Spannung überall gleich Null, so ist die magnetische Energie dem Wert der gesamten vorhandenen Energie gleich. Wird eine zur Leitung senkrechte Ebene durch den Knotenpunkt der Stromstärke bzw. der Spannung gelegt, so ist dort die Stromstärke bzw. die Spannung — also auch die magnetische bzw. die elektrische Feldstärke — zu allen Zeitpunkten gleich Null; es muß also auch der Poyntingsche Vektor des Energieflusses gleich Null sein. Es erfolgt also keine Energieströmung aus einem solchen Abschnitt der Länge $\Lambda/4$ oder in einen solchen Abschnitt hinein. Die Energie tritt vielmehr an einem Ende eines solchen Abschnittes in Form magnetischer Energie und eine Viertel-Periode später am anderen Ende in Form elektrischer Energie auf. Für stehende Wellen erhalten wir also nur Energieschwingungen. Unsere

Feststellungen gelten natürlich sinngemäß nur nach der Beendigung des Einschwingvorganges; zur Bildung stehender Wellen wird Energie verbraucht, die beim Einschalten in den entsprechenden Teilen des Raumes angehäuft wird. In Abb. 3.118

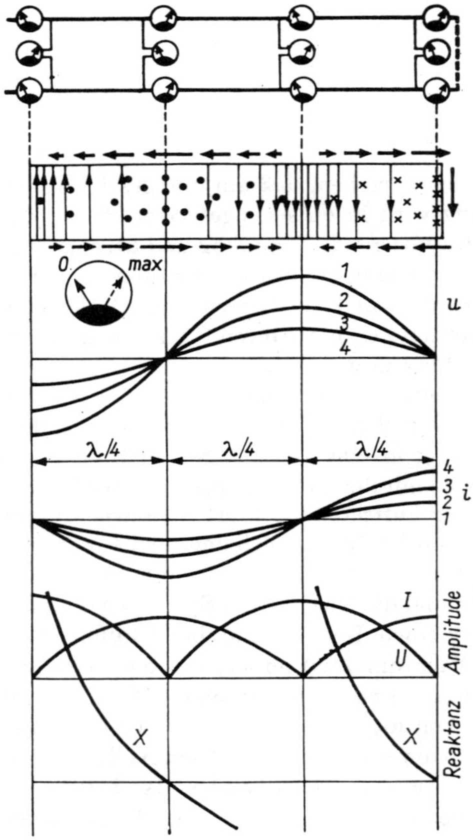

Abb. 3.118 Elektrische Verhältnisse einer am Ende kurzgeschlossenen idealen Leitung

Die in die Leitung eingeschalteten Ampere- und Voltmeter können von Null bis zu einem Maximalwert alle Werte anzeigen. Strom und Spannung sind räumlich und zeitlich um 90° gegeneinander verschoben. Dementsprechend liegt das Maximum des elektrischen Feldes an der Nullstelle des magnetischen Feldes. Längs der Leitung verläuft in einem gegebenen Zeitpunkt sowohl der Strom als auch die Spannung sinusförmig. Die Null- und Maximalstellen dieser Sinuslinie sind ortsfest. In der Abbildung wurden die zugeordneten Spannungs- und Stromwellen mit derselben Zahl bezeichnet. Die Spannungs- und Stromamplituden ändern sich gemäß dem gleichgerichteten Sinus- bzw. Cosinusverlauf, und entsprechend verändert sich die Impedanz gemäß der Tangensfunktion

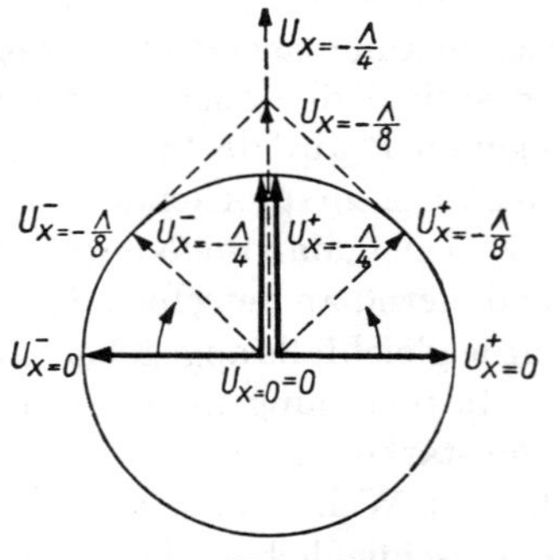

Abb. 3.119 Vektordiagramm einer kurzgeschlossenen Leitung

wurde außerdem noch die Amplitudenverteilung des Stromes sowie der Spannung angegeben. Diese ist mit der gleichgerichteten Sinuskurve identisch.

Die stehenden Wellen können nach Gl. (19) auch als aus zwei gleichen, sich jedoch in entgegengesetzter Richtung drehenden Vektoren zusammengesetzt aufgefaßt werden, wenn wir die Amplituden bzw. Phasen dieser Vektoren entlang der Leitung, also als Funktion von x, ansehen (Abb. 3.119).

Abb. 3.120 zeigt die entsprechenden Kurven für den Fall einer offenen Leitung. Der Abschlußwiderstand einer offenen Leitung ist unendlich groß, und der Reflexionsfaktor hat den Wert 1, da

$$p = \frac{Z - Z_0}{Z + Z_0} = \frac{1 - \dfrac{Z_0}{Z}}{1 + \dfrac{Z_0}{Z}} = 1, \qquad \text{wenn} \quad Z \to \infty. \tag{23}$$

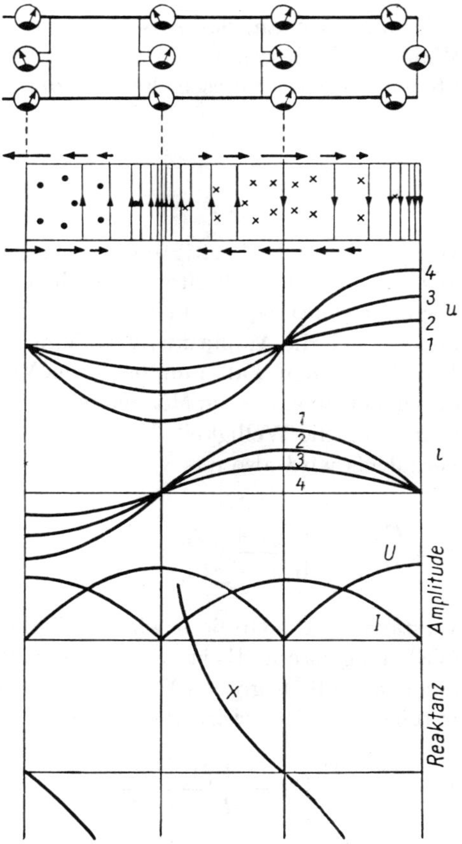

Abb. 3.120 Elektrische Verhältnisse einer am Ende offenen idealen Leitung

Der einzige Unterschied gegenüber Abb. 3.118 besteht darin, daß Strom und Spannung und dementsprechend elektrische und magnetische Feldstärke gegeneinander vertauscht wurden

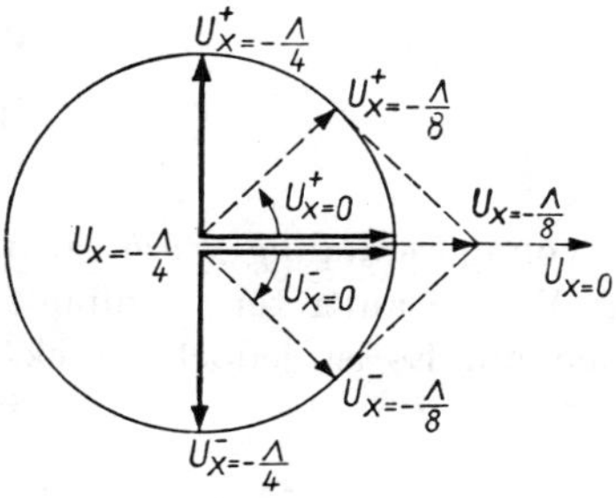

Abb. 3.121 Vektordiagramm einer Leitung mit offenen Enden

Hiermit kann man analog die Spannungswellen

$$u = 2U_0^+ \, e^{j\omega t} \cos \frac{2\pi}{\Lambda} x \tag{24}$$

bzw. die Stromwellen

$$i = -\frac{2jU_0^+}{Z_0} e^{j\omega t} \sin \frac{2\pi}{\Lambda} x \tag{25}$$

ableiten. Bei offenem Leitungsausgang besitzt die Spannung am Ende der Leitung ein Maximum und die Stromstärke einen Knotenpunkt. Auch hierzu wurden die Amplitudenverteilung und der komplexe Spannungsvektor entlang der Leitung angegeben (Abb. 3.121).

Nehmen wir an, der Abschlußwiderstand der idealen Leitung sei ein Ohmscher Widerstand, dessen Größe jedoch nicht mit dem Wellenwiderstand der Leitung übereinstimmt. In diesem Fall hat der Reflexionsfaktor den Wert

$$p = \frac{R - Z_0}{R + Z_0}. \tag{26}$$

Wir erhalten gleichzeitig eine stehende und eine fortschreitende Welle. Im Falle ausschließlich fortschreitender Wellen konnte gezeigt werden, daß die Amplitudenverteilung entlang der Leitung völlig gleichmäßig war. Im Falle stehender Wellen änderte sich die Amplitudenverteilung zwischen einem Maximum und dem Nullwert. Im allgemeinen Fall nun liegt die Verteilung der Spannungsamplitude zwischen diesen beiden extremen Möglichkeiten. Die Güte der Anpassung kann man beurteilen, wenn man die Welligkeit der Amplitudenverteilung untersucht. Unter Amplitudenverhältnis wird also das Verhältnis der maximalen zur minimalen Amplitude, d. h.

$$\sigma = \frac{U_{\max}}{U_{\min}} = \frac{|U_0^+| + |U_0^-|}{|U_0^+| - |U_0^-|}, \tag{27}$$

verstanden. Die Größe σ wird Welligkeitsfaktor oder voltage standing wave ratio (VSWR) genannt. Es ist $\sigma = 1$, wenn keine stehenden Wellen auftreten; σ nimmt einen unendlich großen Wert für rein stehende Wellen an. Es ist jedoch zweckmäßiger, den Kehrwert dieser Größe

$$k = \frac{1}{\sigma} = \frac{U_{\min}}{U_{\max}} = \frac{|U_0^+| - |U_0^-|}{|U_0^+| + |U_0^-|} \tag{28}$$

einzuführen. Die Größe k ist der Anpassungsfaktor. Diese Formel liefert nämlich den Wert 1, wenn nur fortschreitende Wellen vorhanden sind, und nimmt den Wert Null an, wenn in der Leitung ausschließlich stehende Wellen auftreten. Abb. 3.122 zeigt den Wert der Spannung bzw. der Stromstärke entlang der Leitung zu einem beliebigen Zeitpunkt und einen Augenblick später. Ebenso wird in Abb. 3.123 die Amplitudenverteilung für verschiedene Werte des Abschlußwiderstandes angegeben. Als Grenzfälle enthalten diese Figuren ein kurzgeschlossenes, ein offenes und ein mit einem Wellenwiderstand abgeschlossenes Leitungsende. Die Kurven eines anderen, allgemeinen Falles finden wir zwischen den obengenannten Kurven. In Abb. 3.124 wurde der Spannungsvektor — entsprechend Gl. (9) — als Funktion der Leitungs-

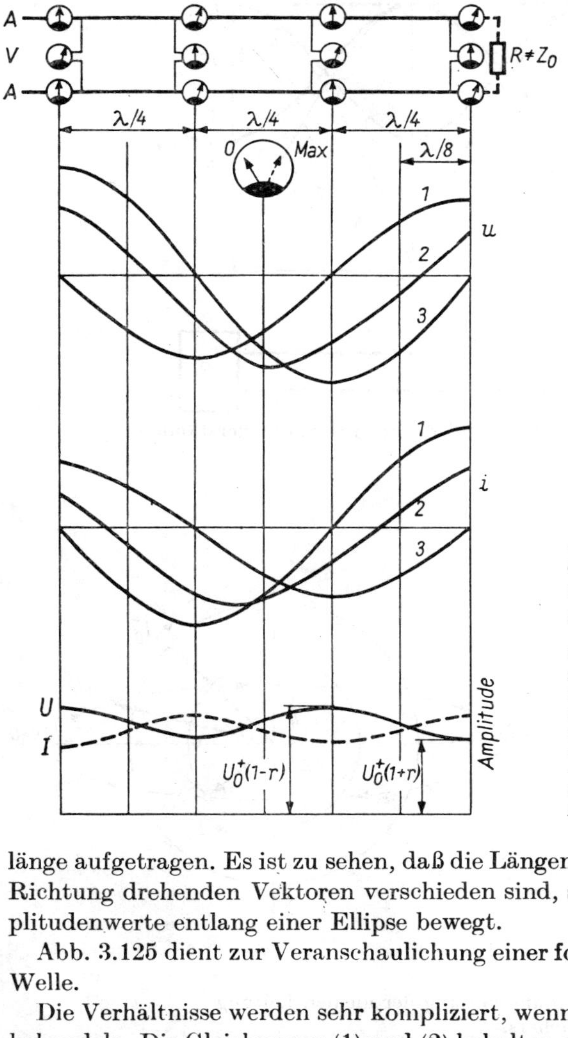

Abb. 3.122 Elektrische Verhältnisse einer idealen Leitung, die durch einen nicht angepaßten Verbraucher $R < Z_0$ abgeschlossen ist

Längs der Leitung ändern sich die Ausschläge sowohl des Ampere- als auch des Voltmeters zwischen einem Maximal- und Minimalwert. Der zeitliche Verlauf von Strom und Spannung wird durch je eine Sinuskurve dargestellt. Diese liegen aber nicht ständig in der gleichen Phase, und an verschiedenen Stellen weisen die Sinuskurven stets andere Amplituden auf (bei den Amplituden lies p statt r)

länge aufgetragen. Es ist zu sehen, daß die Längen der zwei sich in entgegengesetzter Richtung drehenden Vektoren verschieden sind, so daß sich der Endpunkt der Amplitudenwerte entlang einer Ellipse bewegt.

Abb. 3.125 dient zur Veranschaulichung einer fortschreitenden und einer stehenden Welle.

Die Verhältnisse werden sehr kompliziert, wenn wir nicht mehr eine ideale Leitung behandeln. Die Gleichungen (1) und (2) behalten auch in diesem Falle ihre Gültigkeit, ihre Darstellung bzw. Veranschaulichung ist jedoch nicht so einfach wie bisher. So ist es z. B. unmöglich, daß reine stehende Wellen auftreten, da der Amplitudenwert der einfallenden Wellen mit der vom offenen oder geschlossenen Leitungsende gemessenen Entfernung exponentiell zunimmt, während der Amplitudenwert der reflektierten Wellen exponentiell abnimmt.

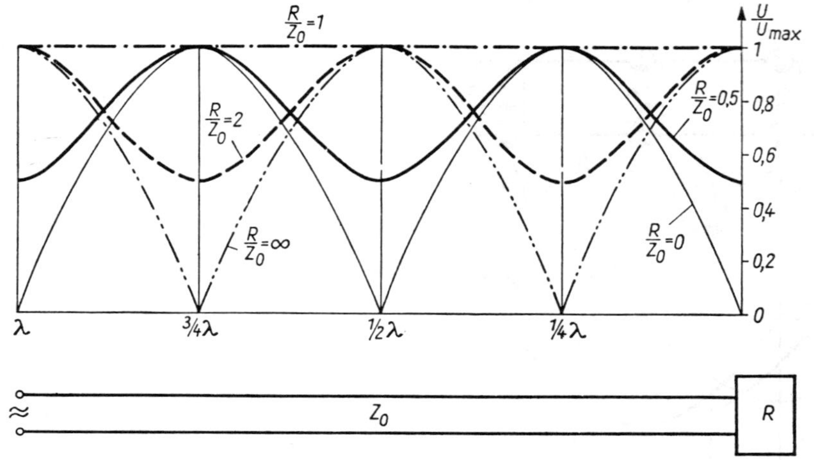

Abb. 3.123 Amplitudenverteilung der den verschiedenen Abschlußwiderständen zugeordneten Spannungen längs der Leitung

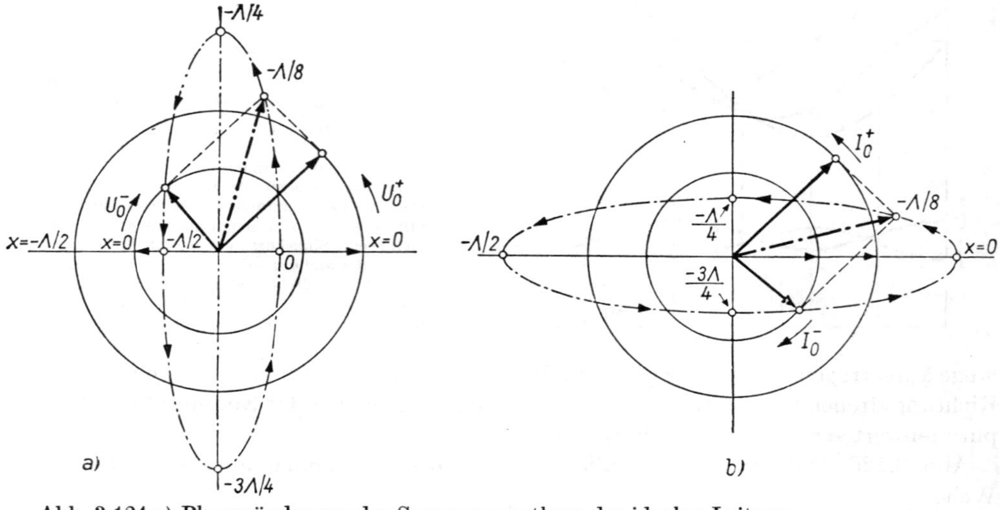

Abb. 3.124 a) Phasenänderung der Spannung entlang der idealen Leitung im Fall eines nicht angepaßten Verbrauchers.

b) Phasenänderung des Stromes entlang der idealen Leitung im Fall eines nicht angepaßten Verbrauchers

Es soll noch der Fall untersucht werden, bei dem die als ideal angenommene Leitung durch einen Kondensator abgeschlossen wird. Der Abschlußwiderstand ist gegeben zu

$$Z = \frac{1}{\mathrm{j}\omega C}, \tag{29}$$

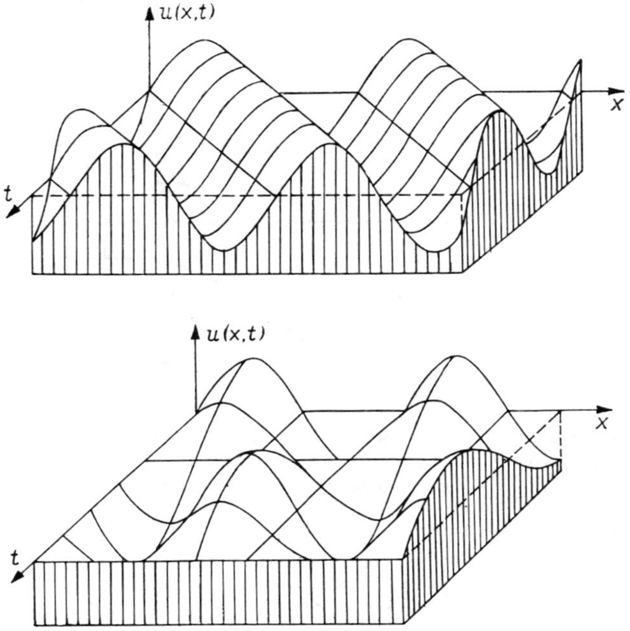

Abb. 3.125
Zur Veranschaulichung einer fortschreitenden und einer stehenden Welle im verlustfreien Fall

und der Reflexionsfaktor hat den Wert

$$p = \frac{Z - Z_0}{Z + Z_0} = \frac{1 - \mathrm{j}\omega C Z_0}{1 + \mathrm{j}\omega C Z_0}. \tag{30}$$

Der Absolutwert dieses Koeffizienten ist gleich Eins, da Nenner und Zähler konjugiert-komplexe Zahlen sind (Abb. 3.126). Es kann also auch folgende Schreibweise angewandt werden:

$$p = \mathrm{e}^{-\mathrm{j}\varphi},$$

wobei

$$\frac{\varphi}{2} = \arctan \omega C Z_0. \tag{31}$$

Durch Einführung dieses Ausdruckes in Gl. (9) erhält man für den Spannungswert den Ausdruck

$$u = U_0^+ e^{j\omega t}\left[e^{-j\frac{2\pi}{\Lambda}x} + e^{-j\varphi}\, e^{j\frac{2\pi}{\Lambda}x}\right] = U_0^+ e^{j\left(\omega t - \frac{\varphi}{2}\right)}\left[e^{j\left(\frac{2\pi}{\Lambda}x - \frac{\varphi}{2}\right)} + e^{-j\left(\frac{2\pi}{\Lambda}x - \frac{\varphi}{2}\right)}\right]. \quad (32)$$

Durch Anwendung der zwischen Exponentialfunktionen und trigonometrischen Funktionen bestehenden Zusammenhänge kann die Gleichung (32) noch folgender-

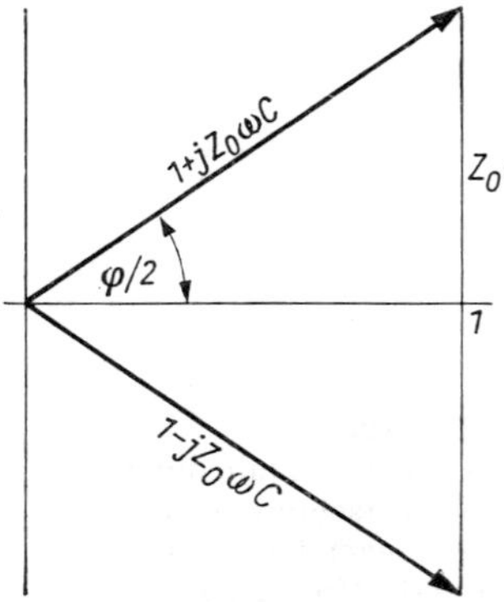

Abb. 3.126 Zur Berechnung des Reflexionsfaktors bei einer mit einem Kondensator abgeschlossenen Idealleitung

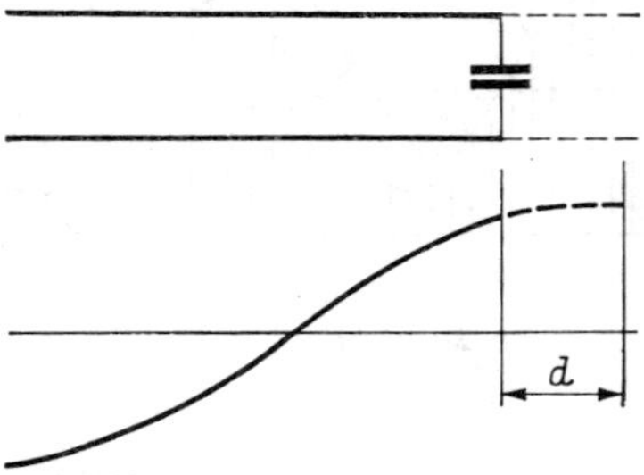

Abb. 3.127 Die mit einem Kondensator abgeschlossene Idealleitung ist einer längeren offenen Leitung äquivalent

maßen umgewandelt werden:

$$u = 2U_0^+ e^{j\left(\omega t - \frac{\varphi}{2}\right)} \cos\left(\frac{2\pi}{\Lambda}x - \frac{\varphi}{2}\right) = 2U_0^+ e^{j\left(\omega t - \frac{\varphi}{2}\right)} \cos\frac{2\pi}{\Lambda}\left(x - \frac{\Lambda\varphi}{4\pi}\right). \quad (33)$$

Führen wir noch die Bezeichnung

$$d = \frac{\Lambda}{2\pi}\,\frac{\varphi}{2} = \frac{\Lambda}{2\pi}\arctan \omega C Z_0 \quad (34)$$

ein, so wird

$$u = 2U_0^+ e^{j\left(\omega t - \frac{\varphi}{2}\right)} \cos\frac{2\pi}{\Lambda}(x - d).$$

Hieraus ist zu ersehen, daß wir die gleichen stehenden Wellen erhalten wie im Falle einer offenen Leitung, nur mit dem Unterschied, daß sich das Spannungsmaximum nicht an der Stelle $x = 0$, sondern an der Stelle $x = d$ befindet; es scheint, als sei die Leitung um einen Abschnitt d verlängert worden (Abb. 3.127).

Unsere physikalische Intuition verknüpft mit den hin- und rücklaufenden Wellen eine hin- und rücklaufende Energie. Wenn wir dieser Vorstellung eine exaktere Fassung geben, indem wir die Leistung an einer beliebigen Stelle der Leitung als Summe der Leistungen der zwei Wellen darstellen möchten, so warnt uns unsere mathematische Intuition, daß das Superpositionsprinzip für Produkte im allgemeinen nicht anwendbar sei.

Die Leistung an einer beliebigen Stelle beträgt

$$P = \mathrm{Re}\, UI^* = \mathrm{Re}\left[(U^+ + U^-)\left(\frac{U^+}{Z_0} - \frac{U^-}{Z_0}\right)^*\right]. \tag{35}$$

Hier sind U, I bzw. U^+ und U^- von x abhängig. So ist z. B.

$$U(x) = U_0^+ \,\mathrm{e}^{-\gamma x} + U_0^- \,\mathrm{e}^{\gamma x} = U^+(x) + U^-(x). \tag{36}$$

Nach Ausführung der Multiplikation in Gl. (35) erhalten wir

$$P = \mathrm{Re}\,\frac{U^+U^{+*}}{Z_0^*} - \mathrm{Re}\,\frac{U^-U^{-*}}{Z_0^*} + \mathrm{Re}\left[\frac{U^-U^{+*}}{Z_0^*} - \frac{U^+U^{-*}}{Z_0^*}\right]. \tag{37}$$

Bei verlustlosen Leitungen ist Z_0 reell, d. h., $Z_0^* = Z_0$. Dann gilt

$$\begin{aligned} P &= \frac{U^+U^{+*}}{Z_0} - \frac{U^-U^{-*}}{Z_0} + \mathrm{Re}\,\frac{U^-U^{+*} - (U^-U^{+*})^*}{Z_0} \\ &= \frac{U^+U^{+*}}{Z_0} - \frac{U^-U^{-*}}{Z_0} + \frac{1}{Z_0}\,\mathrm{Re}\,[2\mathrm{j}\,\mathrm{Im}\,(U^-U^{+*})] = \frac{U^+U^{+*}}{Z_0} - \frac{U^-U^{-*}}{Z_0}, \end{aligned} \tag{38}$$

da die in der eckigen Klammer stehende Größe rein imaginär ist. Im verlustfreien Fall kann also die Leistung als die Summe der Leistungen der hin- und rücklaufenden Wellen aufgefaßt werden.

Für den allgemeinen Fall, d. h. für $Z_0 \neq Z_0^*$, berechnen wir die Leistung:

$$P = \mathrm{Re}\, UI^* = \mathrm{Re}\,[U^+(1 + p)\, U^{+*}(1 - p^*)\,(G_0 - \mathrm{j}B_0)]. \tag{39}$$

Hier haben wir den Reflexionskoeffizienten

$$p = U^-/U^+$$

(immer bezogen auf den Querschnitt, wo die Leistung berechnet wird) eingeführt. Außerdem rechnen wir mit

$$1/Z_0 = G_0 + \mathrm{j}B_0.$$

So wird

$$1/Z_0^* = G_0 - \mathrm{j}B_0.$$

Gl. (39) läßt sich leicht in folgende Form bringen:

$$P = U^+U^{+*}\,[G_0(1 - |p|^2) + 2B_0\,\mathrm{Im}\,p]$$

Eine zusammenfassende Veranschaulichung der in diesem Kapitel behandelten Einzelfälle sieht man in Abb. 3.128.

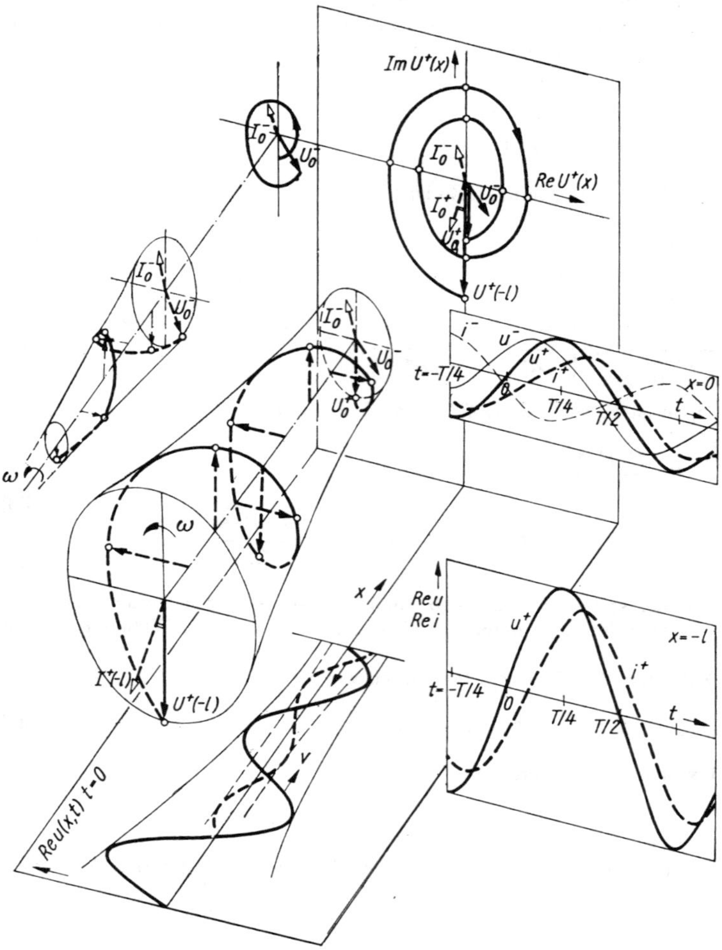

Abb. 3.128 Räumliche und zeitliche Darstellung der komplexen Größen $u\ (x,\ t)$ und $i\ (x,\ t)$. Durch Projektion erhalten wir entweder die reellen Zeit- bzw. Ortsfunktionen oder den Verlauf der Amplituden entlang der x-Achse. Die zurücklaufenden Wellen wurden mit dem Reflexionskoeffizienten $p = 0{,}8\ \mathrm{e}^{\mathrm{j}\pi/4}$ berechnet. Man beachte die gegenseitige Lage von U_0^- und I_0^- bzw. von u^- und i^-. Es ergibt sich eine negative Leistung, wenn man nur diese Welle berücksichtigt — was durchaus verständlich ist, wenn man bedenkt, daß die positive x-Richtung als Bezugsrichtung gewählt wurde

3.27. Die Eingangsimpedanz einer Fernleitung

In diesem Kapitel wollen wir die Eingangsimpedanz einer Leitungsstrecke von endlicher Länge bestimmen, d. h. das Verhältnis von Spannung zu Strom am Eingang der Leitung, wenn wir die Abschlußimpedanz, also das Verhältnis von Spannung zu Strom am Ende der Leitung, sowie die Konstanten der Leitung selbst kennen. Auf Grund des bisher Besprochenen kann diese Aufgabe gelöst werden, da uns die Verteilung von Spannung und Stromstärke entlang der gesamten Leitungslänge, also auch am Eingangspunkt, bekannt ist. Es sei nun Z_2 der Wert der Abschlußimpedanz, l die Länge der Leitung, Z_0 die Wellenimpedanz der Leitung und p der aus diesen berechnete Reflexionsfaktor. Dann können wir den Spannungswert an einer beliebigen Stelle x durch

$$u = U_0^+ \, \mathrm{e}^{\mathrm{j}\omega t}(\mathrm{e}^{-\gamma x} + p\,\mathrm{e}^{\gamma x}) \tag{1}$$

angeben, während die Stromstärke durch

$$i = I_0^+ \, \mathrm{e}^{\mathrm{j}\omega t}(\mathrm{e}^{-\gamma x} - p\,\mathrm{e}^{\gamma x}) \tag{2}$$

bestimmt wird. Der Ausdruck für die Spannung kann auf folgende Weise umgestaltet werden:

$$\begin{aligned} u &= U_0^+ \, \mathrm{e}^{\mathrm{j}\omega t}(\mathrm{e}^{-\gamma x} + p\,\mathrm{e}^{\gamma x}) \\ &= \frac{U_0^+ \, \mathrm{e}^{\mathrm{j}\omega t}(\mathrm{e}^{-\gamma x} + \mathrm{e}^{-\gamma x} + p\,\mathrm{e}^{\gamma x} + p\,\mathrm{e}^{\gamma x} + \mathrm{e}^{\gamma x} - \mathrm{e}^{\gamma x} + p\,\mathrm{e}^{-\gamma x} - p\,\mathrm{e}^{-\gamma x})}{2} \\ &= U_0^+ \, \mathrm{e}^{j\omega t}\left[(p+1)\,\frac{\mathrm{e}^{\gamma x} + \mathrm{e}^{-\gamma x}}{2} + (p-1)\,\frac{\mathrm{e}^{\gamma x} - \mathrm{e}^{-\gamma x}}{2}\right] \\ &= U_0\,(1+p)\,\mathrm{e}^{\mathrm{j}\omega t}\left[\cosh \gamma x - \frac{1-p}{1+p}\sinh \gamma x\right]. \end{aligned} \tag{3}$$

Ziehen wir in Betracht, daß zwischen dem Spannungswert an der Stelle $x = 0$ und dem Amplitudenwert der einfallenden Welle folgender Zusammenhang besteht:

$$U_2 = U_0^+(1 + p). \tag{4}$$

Die Spannung kann also durch

$$u = U_2\,\mathrm{e}^{\mathrm{j}\omega t}\left[\cosh \gamma x - \frac{1-p}{1+p}\sinh \gamma x\right] \tag{5}$$

angegeben werden. Für die Stromstärke an der Stelle $x = 0$ kann folgender Ausdruck angegeben werden:

$$I_2 = I_0^+ + I_0^- = U_0^+ \left[\frac{1}{Z_0} - \frac{p}{Z_0}\right] = \frac{U_2}{1+p}(1-p)\frac{1}{Z_0} = \frac{U_2}{Z_0}\frac{1-p}{1+p}. \tag{6}$$

Schließlich ist also die Spannung an einer beliebigen Stelle x gleich

$$U = U_2 \cosh \gamma x - I_2 Z_0 \sinh \gamma x. \tag{7}$$

Auf Grund ähnlicher Überlegungen erhalten wir für die Stromstärke

$$I = I_2 \cosh \gamma x - \frac{U_2}{Z_0} \sinh \gamma x. \tag{8}$$

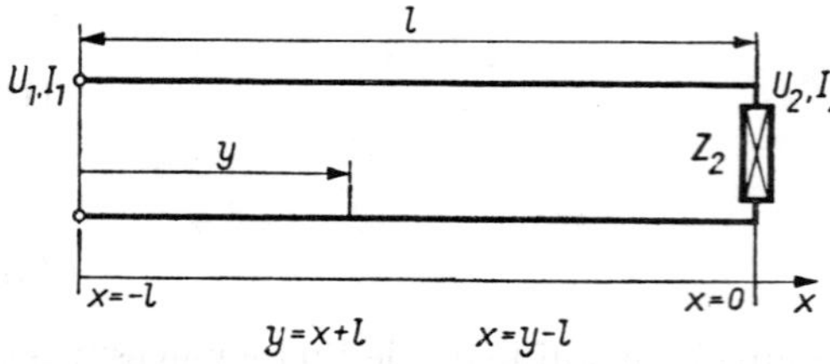

Abb. 3.129 Zur Berechnung der Eingangsimpedanz einer Fernleitung

Wird nun die Koordinate nicht vom Leitungsende, sondern vom Leitungseingang gerechnet, dann ist auf Grund des in Abb. 3.129 dargestellten Zusammenhangs $x = y - l$. Die Spannung bzw. die Stromstärke lautet demnach

$$U = U_2 \cosh \gamma(l-y) + I_2 Z_0 \sinh \gamma(l-y), \tag{9}$$

$$I = I_2 \cosh \gamma(l-y) + \frac{U_2}{Z_0} \sinh \gamma(l-y). \tag{10}$$

Wollen wir speziell den Spannungs- bzw. Stromwert am Eingangspunkt der Leitung, d. h. an der Stelle $x = -l$, $y = 0$ bestimmen, so erhalten wir

$$U_1 = U_2 \cosh \gamma l + I_2 Z_0 \sinh \gamma l, \tag{11}$$

$$I_1 = I_2 \cosh \gamma l + \frac{U_2}{Z_0} \sinh \gamma l. \tag{12}$$

Aus diesen Gleichungen erhalten wir schließlich die Eingangsimpedanz der Leitung

$$Z_1 = \frac{U_1}{I_1} = \frac{U_2 \cosh \gamma l + I_2 Z_0 \sinh \gamma l}{I_2 \cosh \gamma l + \frac{U_2}{Z_0} \sinh \gamma l} = \frac{Z_2 \cosh \gamma l + Z_0 \sinh \gamma l}{\cosh \gamma l + \frac{Z_2}{Z_0} \sinh \gamma l}. \tag{13}$$

In der Fachliteratur spielen bei der Behandlung der Fernleitungen in der Regel die Gleichungen (9), (10) und (13) die Hauptrolle.

Ist jetzt der Reihe nach $Z_2 = Z_0, \infty, 0$, so erhalten wir für Z_1

$$Z_1 = Z_0; \qquad Z_1^{(o)} = Z_0/\tanh \gamma l; \qquad Z_1^{(k)} = Z_0 \tanh \gamma l.$$

Aus den Messungen mit offenem bzw. kurzgeschlossenem Ende erhalten wir also

$$Z_0 = \sqrt{Z_1^{(o)} Z_1^{(k)}}; \qquad \tanh \gamma l = \sqrt{\frac{Z_1^{(k)}}{Z_1^{(o)}}}.$$

Im folgenden beschränken wir uns speziell auf ideale Leitungen. Die Eingangsimpedanz hat nun die Form

$$Z_1 = Z_0 \frac{Z_2 \cos \beta l + jZ_0 \sin \beta l}{Z_0 \cos \beta l + jZ_2 \sin \beta l} = Z_0 \frac{Z_2 \cos \frac{2\pi}{\Lambda} l + jZ_0 \sin \frac{2\pi}{\Lambda} l}{Z_0 \cos \frac{2\pi}{\Lambda} l + jZ_2 \sin \frac{2\pi}{\Lambda} l}. \tag{14}$$

Beträgt die Länge ein ganzzahliges Vielfaches der halben Wellenlänge, d. h., ist $l = n \cdot \Lambda/2$, wobei n eine ganze Zahl bedeutet, so wird die Eingangsimpedanz gleich der Abschlußimpedanz:

$$Z_1 = Z_0 \frac{Z_2 \cdot 1 + 0}{Z_0 \cdot 1 + 0} = Z_2. \tag{15}$$

Ist dagegen $l = n\Lambda \pm \Lambda/4$, dann muß wegen

$$\cos\left(n2\pi \pm \frac{\pi}{2}\right) = 0; \qquad \sin\left(n2\pi \pm \frac{\pi}{2}\right) = \pm 1$$

auch

$$Z_1 = \frac{Z_0^2}{Z_2} \tag{16}$$

sein. Die Länge l kann selbstverständlich von einer beliebigen Stelle der Leitung an gerechnet werden. Wir müssen dann jedoch unter der „Abschlußimpedanz" denjenigen Impedanzwert verstehen, welcher gerade an dieser Stelle gemessen wird. Daraus folgt aber ganz allgemein, daß das geometrische Mittel aller Impedanzwerte, die in einem Abstand $\Lambda/4$ voneinander gemessen werden, gleich der Wellenimpedanz ist.

Nach Division von Zähler und Nenner auf der rechten Seite von (14) durch den Faktor $\cos \beta l$ erhalten wir für die Eingangsimpedanz:

$$Z_1 = Z_0 \frac{Z_2 + jZ_0 \tan \beta l}{Z_0 + jZ_2 \tan \beta l}. \tag{17}$$

Die in diesem Kapitel behandelten Zusammenhänge werden in der Praxis häufig angewandt. Um sie einfach handhaben zu können, wurden verschiedene graphische Methoden entwickelt. Eine der besten Darstellungen ist das sogenannte Smithsche Diagramm, zu dem wir folgendermaßen gelangen: Die Gleichungen (1) und (2) schreiben wir in der Form

$$\left.\begin{aligned} U &= U_0^+ \,e^{\gamma l}[1 + p\,e^{-2\gamma l}] = U_0^+ \,e^{\gamma l} + pU_0^+ \,e^{-\gamma l} = U^+(l) + U^-(l), \\ I &= \frac{U_0^+}{Z_0}\,e^{\gamma l}[1 - p\,e^{-2\gamma l}] = \frac{U^+(l)}{Z_0} - \frac{U^-(l)}{Z_0}. \end{aligned}\right\} \tag{18}$$

Daraus ergibt sich die relative Eingangsimpedanz

$$\frac{Z}{Z_0} = \frac{U}{Z_0 I} = \frac{1 + p\,e^{-2\gamma l}}{1 - p\,e^{-2\gamma l}}. \tag{19}$$

Nun benennen wir den bisherigen, auf $x = 0$ bezogenen Reflexionskoeffizienten p in p_0 um und schreiben ihn in der Form

$$p_0 = e^{-2(u_0 + jv_0)}, \tag{20}$$

was natürlich immer möglich ist. Dadurch erhalten wir

$$\frac{Z}{Z_0} = \frac{1 + e^{-2[(u_0 + \alpha l) + j(v_0 + \beta l)]}}{1 - e^{-2[(u_0 + \alpha l) + j(v_0 + \beta l)]}}. \tag{21}$$

Wir können nun die folgende Bezeichnung einführen:

$$w = u + jv = u_0 + \alpha l + j(v_0 + \beta l). \tag{22}$$

Führen wir weiter die Bezeichnung $z = Z/Z_0 = r + jx$ ein, so wird

$$z = \frac{1 + e^{-2w}}{1 - e^{-2w}}. \tag{23a}$$

Wir bemerken die interessante Tatsache, daß für diese auf Z_0 normierte Impedanz die folgende Relation gilt

$$-(\pi/2 + \pi/4) \leqq \operatorname{arc} z \leqq +(\pi/2 + \pi/4), \tag{23b}$$

da $-\pi/2 \leqq \operatorname{arc} Z \leqq +\pi/2$ und $-\pi/4 \leqq \operatorname{arc} Z_0 \leqq +\pi/4$ ist (3.25.(10)).

Bei Kenntnis des Reflexionskoeffizienten und der Leitungskenngrößen α, β kann man mit Hilfe der obigen Gleichung die Größe z bilden und damit auch den Real- und Imaginärteil der Eingangsscheinwiderstände im Verhältnis zur charakteristischen Impedanz als Funktion von l bestimmen.

Gleichung (23a) stellt eine Abbildung der w-Ebene auf die z-Ebene dar. Um die Verhältnisse leichter übersehen zu können, bilden wir gleichzeitig die w-Ebene und die z-Ebene auf die p-Ebene durch die Gleichungen

$$e^{-2w} = p; \qquad p = \frac{z-1}{z+1}; \qquad \frac{1+p}{1-p} = z \tag{24}$$

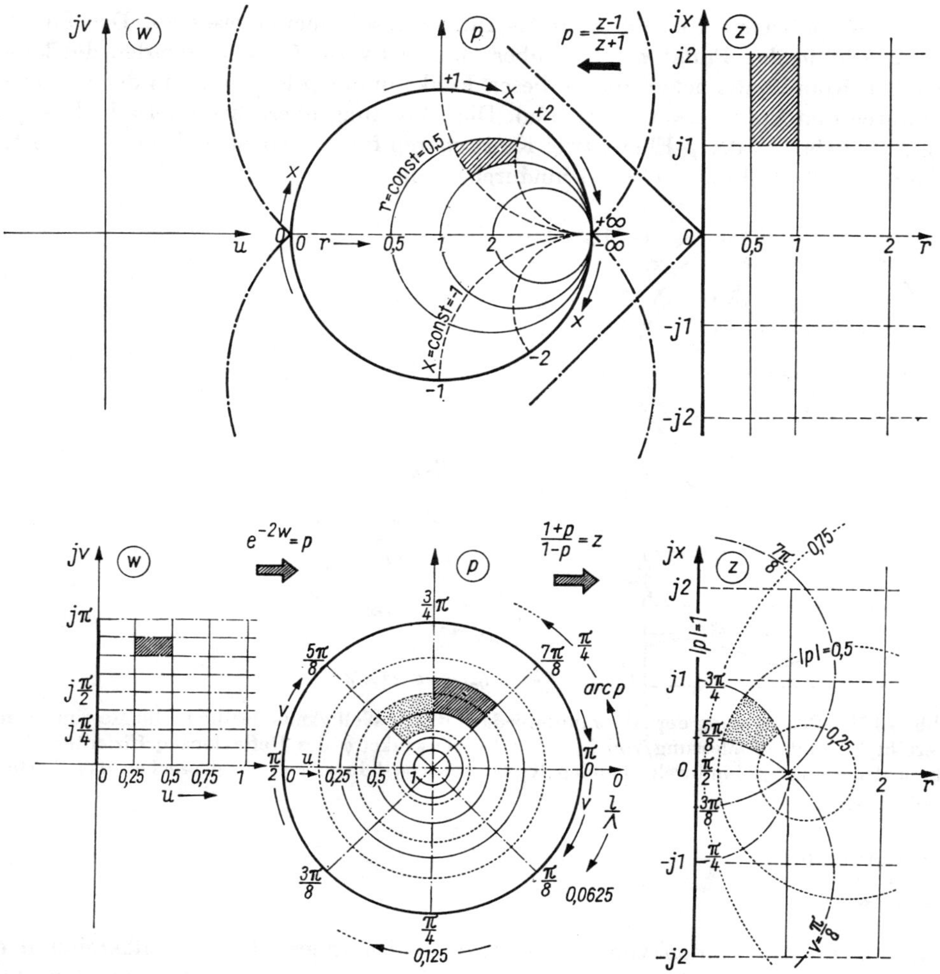

Abb. 3.130 Veranschaulichung der Abbildungen in der Gl. (24). Die dicke strichpunktierte Linie begrenzt die theoretisch möglichen Werte von z bzw. p nach Gl. (23b). Bei verlustlosen Leitungen liegen alle z-Werte in der rechten Halbebene und alle p-Werte im Einheitskreis

ab (Abb. 3.130). Die Größe p hat eine unmittelbare physikalische Bedeutung; sie gibt an jeder Stelle der Leitung den Wert U^-/U^+ an, da nach Gleichung (18) $U^-(l)/U^+(l) = p_0 e^{-2\gamma l} = e^{-2w}$ ist.

Die Abbildung

$$z = \frac{1+p}{1-p} \tag{25}$$

bildet die Halbebene $\operatorname{Re} z = r > 0$ ins Innere des Einheitskreises ab. Der Punkt $z = \infty$ geht in den Punkt $p = +1$ über, d. h., es verlaufen alle Geraden des kartesischen Koordinatennetzes durch diesen Punkt in der p-Ebene, da in der z-Ebene alle durch den Punkt $z = \infty$ verlaufen. Die Abbildung überführt Kreise in Kreise, d. h., wir haben in der p-Ebene zwei Kreisscharen für $r = \text{const}$ und für $x = \text{const}$, die alle durch den Punkt $p = +1$ hindurchgehen.

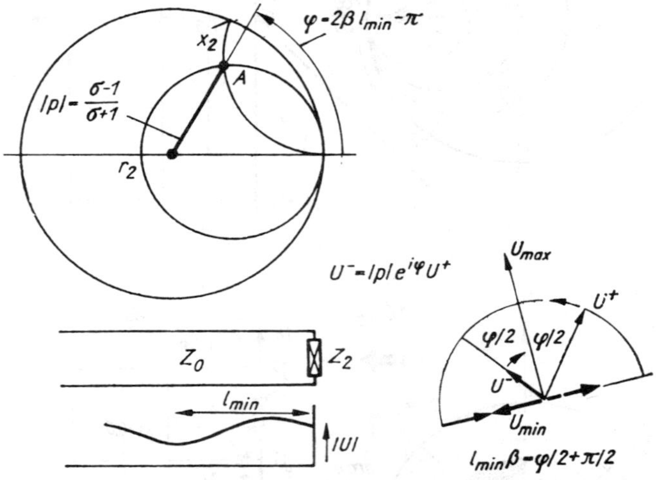

Abb. 3.131 Bestimmung der Abschlußimpedanz durch Welligkeitsmessung. Die Messung von σ ergibt $|p|$ und die Messung von $l_{\min}$ den Phasenwinkel φ des Reflexionskoeffizienten. Die durch den Punkt A hindurchgehenden Kreise $r = \text{const}$ bzw. $x = \text{const}$ ergeben das Wertepaar (r_2, x_2)

Die Abbildung

$$p = e^{-2w}$$

bildet einen Halbstreifen von der Breite π in das Innere des Einheitskreises der p-Ebene ab. Den Geraden $v = \text{const}$ entsprechen in der p-Ebene Halbgeraden, die alle durch den Nullpunkt gehen, den Geraden $u = \text{const}$ entsprechen dagegen Kreise, die ihren Mittelpunkt im Nullpunkt haben.

Das Smithsche Diagramm ergibt sich, wenn wir in den Einheitskreis der p-Ebene die Kurvenscharen $r = \text{const}$, $x = \text{const}$ sowie $u = \text{const}$ und $v = \text{const}$ zeichnen. Dadurch kann zu einem Wertepaar (r, x) das entsprechende Wertepaar (u, v) oder $|p|$ und arc p (oder umgekehrt) bestimmt werden. Im Smithschen Diagramm können wir auch mit den Admittanzen operieren. Die Abbildung

$$p = \frac{z-1}{z+1}$$

führt nämlich die reziproke Größe $1/z$ nach der Gleichung

$$p = \frac{1/z - 1}{1/z + 1} = -\frac{z-1}{z+1}$$

in die p-Ebene über.

Wir finden also den dem Wert $1/z$ entsprechenden Punkt in der p-Ebene diametral gegenüber z.

Nach dem bisher Gesagten kann man aus dem Diagramm unmittelbar zur (normierten) Impedanz die Admittanz und zu einem (normierten) Abschlußwiderstand den Reflexionskoeffizienten ablesen.

Von den zahlreichen Problemen, die mit Hilfe des Smithschen Diagramms gelöst werden können, wird ein typisches in Abb. 3.131 gezeigt.

3.28. Der Leitungsabschnitt endlicher Länge als Schaltungselement

Leitungsstücke und Leitungsabschnitte endlicher Länge können sowohl als Scheinwiderstände als auch als Transformatoren oder Schwingungskreise eine Rolle spielen.

3.28.1. Der Leitungsabschnitt als Impedanz

Im vorigen Kapitel wurde ganz allgemein das Verhältnis von Spannung zu Stromstärke am Leitungseingang bestimmt, wenn uns dieses Verhältnis am Leitungsende bekannt war. Im folgenden sei angenommen, daß es sich wiederum um eine ideale Leitung handelt. Betrachten wir nun den Eingangswiderstand einer am Ende kurzgeschlossenen Leitung endlicher Länge. Aus Gl. 3.27.(17) erhält man

$$Z_1 = \mathrm{j} Z_0 \tan \frac{2\pi}{\Lambda} l. \tag{1}$$

Beschränken wir uns vorläufig auf kleine Leitungslängen, so gilt

$$\tan \frac{2\pi}{\Lambda} l \approx \frac{2\pi}{\Lambda} l,$$

und Formel (1) ist näherungsweise

$$Z_1 \approx jZ_0 \frac{2\pi}{\Lambda} l. \tag{2}$$

Es kann also festgestellt werden, daß sich ein im Verhältnis zur Wellenlänge kurzer Leitungsabschnitt wie eine reine Induktivität verhält. In Abb. 3.118 wurde an den entsprechenden Stellen unter die stehenden Wellen das Verhältnis von Spannung zu Stromstärke eingezeichnet. Dadurch erhielten wir ganz allgemein, nicht nur im Falle kleiner Leitungslängen, den Scheinwiderstandswert kurzgeschlossener Leitungen. Die Impedanz einer kurzgeschlossenen Leitung von einem Viertel der Wellenlänge ist unendlich groß, da hier trotz der Wirkung einer endlichen Spannung kein Strom

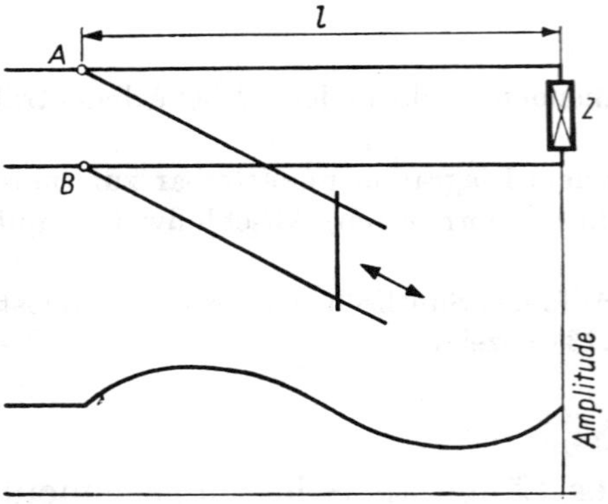

Abb. 3.132 Anpassungsleitungsstück und Änderung der Spannungsamplitude an der Leitung selbst

In der Leitung treten vom Leitungsstück bis zum Generator nur fortschreitende Wellen auf; zwischen dem Leitungsstück und dem Verbraucher können auch stehende Wellen vorkommen

fließt. Bei größerer Leitungslänge ist der Widerstand nicht mehr induktiv, sondern kapazitiv. Bei einer Länge von $\Lambda/2$ nimmt die Impedanz den Wert Null an und ändert sich nun weiter von Viertel zu Viertel der Wellenlänge zwischen Null und Unendlich, zwischen kapazitiven und induktiven Werten. In Abb. 3.120 ist der Verlauf des Widerstandes längs der Leitung für den Fall eines offenen Leitungsendes dargestellt. Eine offene Leitung wirkt im ersten Viertel als kapazitiver Widerstand, im nächsten Viertel als induktiver Widerstand. Solche Leitungsglieder, sogenannte Stichleitungen (im Englischen „stubline“ genannt), spielen besonders in der Kurzwellentechnik als Anpassungselemente eine bedeutende Rolle.

Wollen wir zum Beispiel entsprechend Abb. 3.132 eine mit dem komplexen Widerstand Z gekennzeichnete Belastung an einer Fernleitung dem Wellenwiderstand Z_0 anpassen, dann muß irgendwo in der Nähe des Leitungsendes ein Blindwiderstand in Form einer Stichleitung so angeschlossen werden, daß die Resultante des Scheinwiderstandes der Stichleitung und des auf Punkt AB bezogenen Widerstandes des belasteten Leitungsstückes der Länge l gerade den Wellenwiderstand ergibt, also

$$\frac{1}{Z_0} = \frac{1}{Z_{LS}} + \frac{1}{Z_{AB}}, \quad \text{wobei} \quad Z_{LS} = jZ_{0LS} \tan \beta l_{LS}. \tag{3}$$

Der Impedanzwert von Z_{AB} kann aus Gl. 3.27. (14) eingesetzt werden:

$$Z_{AB} = Z_0 \frac{Z \cos \beta l + jZ_0 \sin \beta l}{Z_0 \cos \beta l + jZ \sin \beta l}. \tag{4}$$

Dadurch erhält man als Anpassungsbedingung

$$\frac{1}{Z_0} = \frac{1}{Z_{LS}} + \frac{1}{Z_0} \frac{Z_0 \cos \beta l + jZ \sin \beta l}{Z \cos \beta l + jZ_0 \sin \beta l}. \tag{5}$$

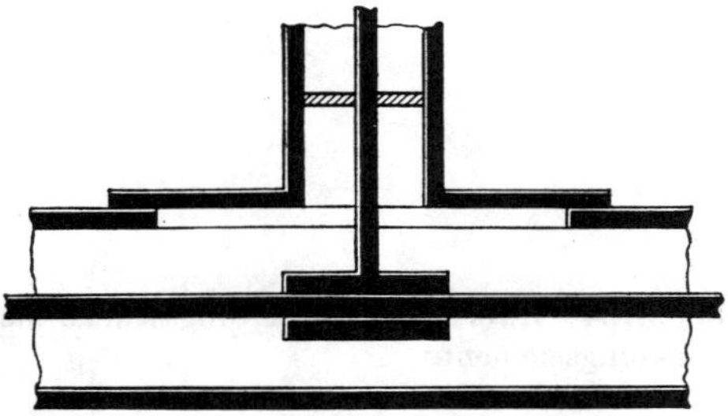

Abb. 3.133 Verschiebbares Leitungsstück als Anpassungselement

Aus dieser Gleichung kann sowohl die Anschlußstelle der Stichleitung als auch die Größe ihrer Impedanz durch Trennung der Real- und der Imaginärteile ermittelt werden. Die Anpassungsbedingung kann jedoch einfacher ausgedrückt werden, wenn die Real- und Imaginärteile des reziproken Wertes der Impedanz — also die *Admittanz* der Stichleitung sowie die Impedanz Z_{AB} — bekannt sind. Ist nämlich

$$\frac{1}{Z_{LS}} = jB_{LS}; \qquad \frac{1}{Z_{AB}} = G_{AB} + jB_{AB}, \tag{6}$$

so lautet die Anpassungsbedingung:

$$\frac{1}{Z_0} = jB_{LS} + G_{AB} + jB_{AB}; \quad \frac{1}{Z_0} = G_{AB}; \qquad jB_{LS} = -jB_{AB}. \tag{7}$$

Eine praktische Ausführung der Stichleitung läßt sich für Paralleldrahtleitungen leicht verwirklichen, ist jedoch bei Koaxialleitungen etwas komplizierter (Abb. 3.133). Wollen wir eine Stichleitung richtig anpassen, so müssen wir nicht nur ihre Länge (womit wir die Admittanz der Stichleitung verändern), sondern auch ihre Lage ändern können. Entsprechend muß in die Seitenwand der äußeren Leitung ein Längsschlitz geschnitten werden. Unsere Abb. 3.132 zeigt die Spannungsamplitudenverteilung entlang der Leitung bis zum Belastungswiderstand. Es ist selbstverständlich, daß durch die oben besprochene Anpassung die stehenden Wellen nur links von AB zum Verschwinden gebracht werden. Rechts von dieser Stelle treten jedoch — bis zum Belastungswiderstand — auch stehende Wellen auf. Wir müssen uns vorstellen, daß sowohl von der Belastung als auch von der Stichleitung Wellen reflektiert werden und daß wir die richtige Anpassung gerade dann erreicht haben, wenn die von der Stichleitung reflektierte Welle der Größe nach gleich der von der Belastung reflektierten Welle ist. Der Phase nach ist es jedoch umgekehrt. Aus diesem Grunde treten also zwischen Belastungswiderstand und Stichleitung auch stehende Wellen auf.

Eine einfachere Konstruktion zeigt die in Abb. 3.134 angedeutete Anordnung, bei der an zwei völlig definierten Stellen zwei Stichleitungen angeordnet werden. Durch

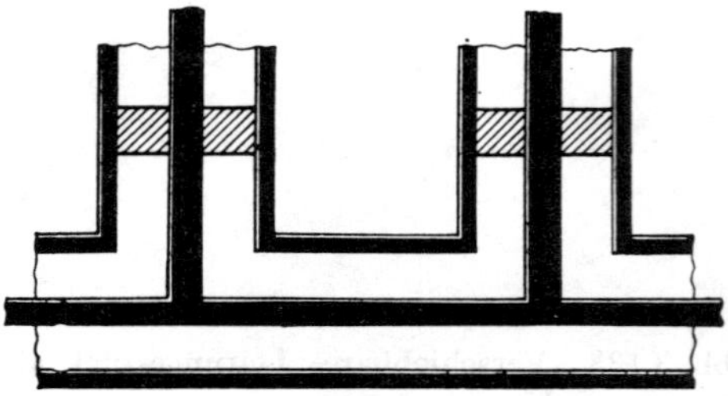

Abb. 3.134 Zwei ortsfeste Leitungsstücke als Anpassungselemente

Veränderung der Admittanz beider Leitungsstücke kann eine Anpassung erreicht werden, ohne daß man an den Fernleitungen die Anschlußstelle der Leitungsstücke zu ändern gezwungen wäre. Die Anpassungsbedingung muß wie im Falle einer einzigen Stichleitung bestimmt werden.

3.28.2. Der Leitungsabschnitt als Transformator

Der Eingangswiderstand einer offenen oder geschlossenen Fernleitung endlicher Länge wurde bereits bestimmt. In einer unendlich langen Leitung erhält man nur in einer Richtung fortschreitende Wellen, so daß am Leitungseingang das Verhältnis von Spannung zu Stromstärke jeweils dem Wellenwiderstand gleich ist. Wenn wir nun

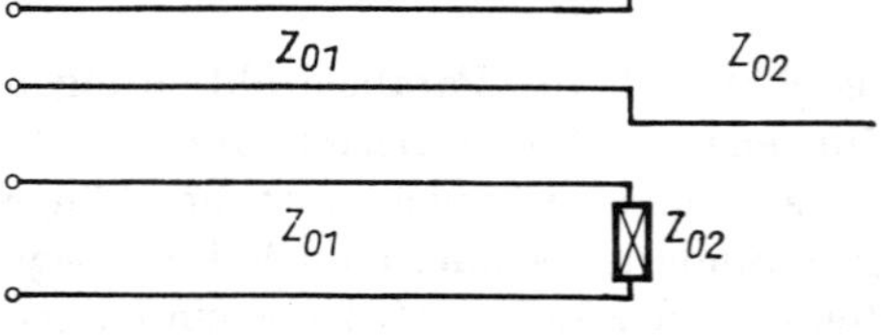

Abb. 3.135 Die an eine endliche Leitung angeschlossene unendlich lange Leitung kann durch eine einzige Impedanz ersetzt werden

gemäß Abb. 3.135 zwei Fernleitungen mit verschiedenen Wellenwiderständen aneinanderschließen und die rechts gezeichnete Fernleitung als unendlich lang ansehen können (d. h., ihr Eingangswiderstand ist gleich ihrem Wellenwiderstand), dann wird die links gezeichnete Leitung von endlicher Länge so wirken, als wäre sie mit einem

Belastungswiderstand Z_{02} abgeschlossen. Demnach beträgt der Reflexionsfaktor an der Anschlußstelle

$$p = \frac{Z_{02} - Z_{01}}{Z_{02} + Z_{01}}. \tag{8}$$

Sind die Wellenwiderstände beider Fernleitungen voneinander verschieden, so können wir an der Anschlußstelle eine Reflexion beobachten. Eine gegenseitige Anpassung beider Fernleitungen kann jedoch durch Zwischenschaltung eines Leitungsstückes mit einer Länge von $\Lambda/4$ erfolgen. Dabei wird für den Wellenwiderstand dieses zwischengeschalteten Abschnittes der geometrische Mittelwert der Wellenwiderstände beider Fernleitungen gewählt. Es ist also

$$Z_{00} = \sqrt{Z_{01} Z_{02}}. \tag{9}$$

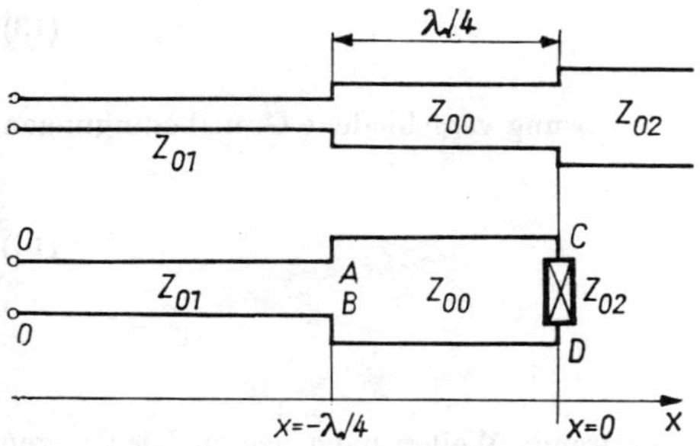

Abb. 3.136 Leitungsabschnitt von der Länge $\Lambda/4$ als Impedanztransformator

Diese Art der Anpassung veranschaulicht die Abb. 3.136. Die Richtigkeit dieser Anpassung ist leicht einzusehen. Auf Grund der Gl. 3.27.(16) ist der Widerstand eines Leitungsstückes der Länge $\Lambda/4$, wenn dieses am Ausgang mit einem Widerstand Z_{02} belastet wird, durch die Gleichung

$$Z_{AB} = \frac{Z_{00}^2}{Z_{CD}} = \frac{Z_{00}^2}{Z_{02}} \tag{10}$$

gegeben. Wollen wir also auf der Leitungsstrecke OA eine stehende Welle vermeiden, dann muß der Widerstand Z_{AB} dem Wellenwiderstand gleich sein. Es ist also

$$Z_{01} = Z_{AB} = \frac{Z_{00}^2}{Z_{02}}; \tag{11}$$

woraus

$$Z_{00} = \sqrt{Z_{01} Z_{02}}$$

folgt. Bei der Ableitung dieser Formel machten wir keinen Gebrauch davon, daß diesem Zwischenglied eine unendlich lange Fernleitung folgt. Wollen wir also unsere Fernleitung, die einen Wellenwiderstand Z_{01} hat, mit einer beliebigen Impedanz Z

belasten, so kann diese dadurch angepaßt werden, daß wir zwischen den Abschlußwiderstand und die Fernleitung ein Leitungsstück der Länge $\Lambda/4$ zwischenschalten und seinen Wellenwiderstand aus der Formel $Z_0 = \sqrt{Z_{01} Z}$ errechnen.

Da diese Anpassungsmethode in der Praxis ziemlich oft angewandt wird, soll nun die Anpassungsbedingung — zur besseren Veranschaulichung — auch unmittelbar aus den Lösungen der *Telegraphengleichung* abgeleitet werden. Da an der rechten, als unendlich lang angenommenen Fernleitung nur fortschreitende Wellen auftreten, hat die Lösung die Form

$$u_2 = U_{20}^{+} \, \mathrm{e}^{\mathrm{j}\omega\left(t - \frac{x}{v}\right)}; \qquad i_2 = \frac{U_{20}^{+}}{Z_{02}} \, \mathrm{e}^{\mathrm{j}\omega\left(t - \frac{x}{v}\right)}. \tag{12}$$

An der linken Strecke wollen wir ebenfalls nur in einer Richtung fortschreitende Wellen erhalten, so daß die Lösung

$$u_1 = U_{10}^{+} \, \mathrm{e}^{\mathrm{j}\omega\left(t - \frac{x}{v}\right)}; \qquad i_1 = \frac{U_{10}^{+}}{Z_{01}} \, \mathrm{e}^{\mathrm{j}\omega\left(t - \frac{x}{v}\right)} \tag{13}$$

lautet. An beiden Enden des Zwischengliedes muß die Lösung verschiedene Grenzbedingungen erfüllen:

$$\frac{u_0}{i_0} = Z_{02}, \qquad x = 0, \tag{14}$$

$$\frac{u_0}{i_0} = Z_{01}, \qquad x = -\frac{\Lambda}{4}.$$

In diesem kurzen Abschnitt müssen wir also fortschreitende Wellen nach beiden Richtungen annehmen. Die Spannungswelle kann deshalb durch

$$u_0 = U_{00}^{+} \, \mathrm{e}^{\mathrm{j}\omega\left(t - \frac{x}{v}\right)} + U_{00}^{-} \, \mathrm{e}^{\mathrm{j}\omega\left(t + \frac{x}{v}\right)} \tag{15}$$

und die Stromwelle durch

$$i_0 = \frac{U_{00}^{+}}{Z_{00}} \, \mathrm{e}^{\mathrm{j}\omega\left(t - \frac{x}{v}\right)} - \frac{U_{00}^{-}}{Z_{00}} \, \mathrm{e}^{\mathrm{j}\omega\left(t + \frac{x}{v}\right)} \tag{16}$$

angegeben werden. Das Verhältnis der Spannungs- und Stromamplituden an verschiedenen Punkten des Zwischenstückes lautet

$$\frac{U_{00}}{I_{00}} = Z_{00} \, \frac{\mathrm{e}^{-\mathrm{j}\frac{2\pi}{\Lambda}x} + p\,\mathrm{e}^{\mathrm{j}\frac{2\pi}{\Lambda}x}}{\mathrm{e}^{-\mathrm{j}\frac{2\pi}{\Lambda}x} - p\,\mathrm{e}^{\mathrm{j}\frac{2\pi}{\Lambda}x}}. \tag{17}$$

Durch Einführung der an der Stelle $x = 0$ gültigen Grenzbedingung

$$\left.\frac{U_{00}}{I_{00}}\right|_{x=0} = Z_{02} = Z_{00} \, \frac{1 + p}{1 - p} \tag{18}$$

bzw. der der Stelle $x = -\Lambda/4$ entsprechenden Grenzbedingung

$$\left.\frac{U_{00}}{I_{00}}\right|_{x=-\Lambda/4} = Z_{01} = Z_{00}\,\frac{+\mathrm{j} - p\mathrm{j}}{+\mathrm{j} + \mathrm{j}p} = Z_{00}\,\frac{1-p}{1+p} \qquad (19)$$

erhält man für das Produkt der rechten und linken Seiten der Gleichungen (18) und (19)

$$Z_{01}Z_{02} = Z_{00}^2 \quad \text{und somit} \quad Z_{00} = \sqrt{Z_{01}Z_{02}}\,. \qquad (20)$$

Der Wellenwiderstand des zwischengeschalteten Anpassungsstückes muß also tatsächlich dem geometrischen Mittelwert der Wellenwiderstände beider Anschlußleitungen gleich sein. Wir sehen gleichfalls, daß, während in der rechten und auch in der linken Fernleitung nur fortschreitende Wellen in einer Richtung auftreten, im zwischengeschalteten Anpassungsstück dagegen fortschreitende Wellen in beiden Richtungen und demgemäß auch stehende Wellen auftreten werden.

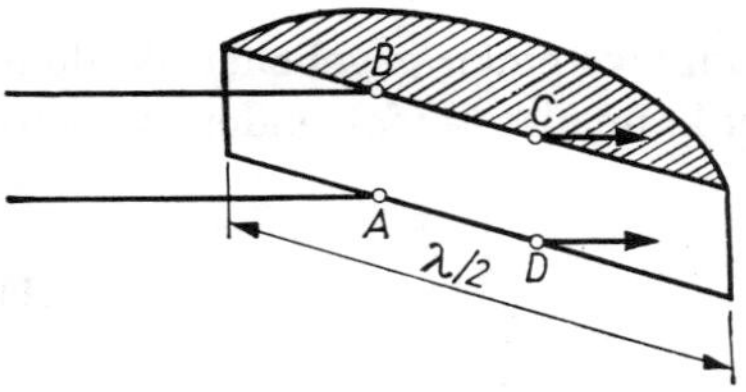

Abb. 3.137 Kurzgeschlossene Leitung von Halbwellenlänge als Impedanztransformator

Eine andere Art der Scheinwiderstandstransformation zeigt die Abb. 3.137. Schließen wir den Endpunkt der Fernleitung an die Punkte A und B einer an beiden Enden kurzgeschlossenen Leitung von halber Wellenlänge an, so wird die Spannungs- bzw. Stromverteilung an letzterer sinus- bzw. cosinusförmig. Durch Anschluß an die Punkte C und D dieser kurzgeschlossenen Leitung verändert sich das Verhältnis von Spannung zu Strom. Selbstverständlich gilt dies nur, solange die Belastung klein genug ist, um die Spannung- bzw. Stromverteilung im wesentlichen unverändert zu halten. Wir können also durch die Wahl verschiedener Anschlußpunkte verschieden große Spannungen erhalten.

3.28.3. Der Leitungsabschnitt als Schwingungskreis

Es wurde bereits im Zusammenhang mit Abb. 3.118 gezeigt, daß bei kurzgeschlossenen Leitungen sowohl der Strom als auch die Spannung im Abstande der halben Wellenlängen Knotenpunkte besitzen. Hat die Spannung irgendwo Knotenpunkte, so bedeutet das, daß zwischen beiden Leitungen keine Potentialdifferenz auftritt, beide Leitungen also kurzgeschlossen werden können. Besitzt der Strom einen Knotenpunkt, so kann der Stromkreis an dieser Stelle unterbrochen werden. Es ist weiter bekannt, daß durch die über die Knotenpunkte gelegten Ebenen in Richtung der Leitung keine Energie hindurchströmt. Betrachten wir also (Abb. 3.138) ein an einem Ende kurzgeschlossenes Leitungsstück und lassen das andere Ende nach $\Lambda/4$

offen oder schließen dieses Ende nach einer Länge von $\Lambda/2$ kurz bzw. lassen nach $3\Lambda/4$ das Ende wieder offen usw., so erhalten wir Leitungsstücke, in denen der einmal aufgebaute Schwingungszustand dauernd aufrechterhalten werden kann; Leitungs-

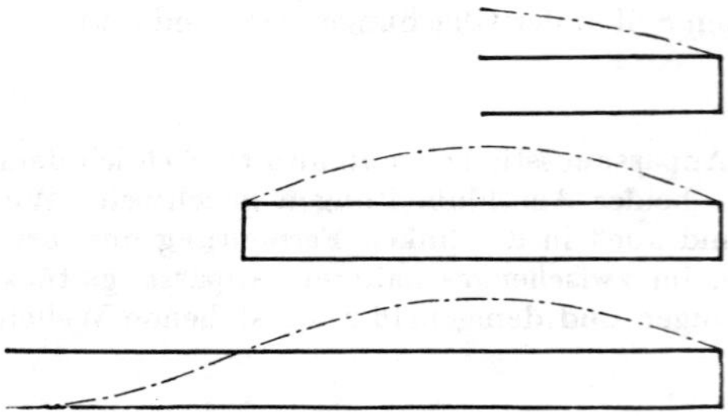

Abb. 3.138 Schwingungssysteme der Längen $\Lambda/4$, $\Lambda/2$, $3\Lambda/4$

abschnitte dieser Länge entsprechen also Schwingungssystemen gegebener Wellenlängen. Ein an beiden Enden kurzgeschlossener Leiter kann also bei folgenden Wellenlängen einschwingen (Abb. 3.139):

$$\Lambda_n = \frac{2}{n} l, \qquad n = 1, 2, 3, \ldots \tag{21}$$

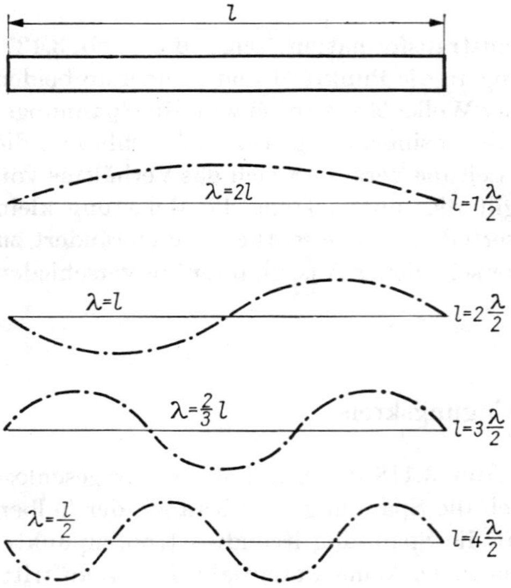

Abb. 3.139 Verschiedene Schwingungszustände einer an beiden Enden abgeschlossenen Leitung

Die Wellenlänge für eine an einem Ende kurzgeschlossene, am anderen Ende offene Leitung der Länge l ist gegeben zu

$$\Lambda_n = \frac{4}{2n + 1} l, \tag{22}$$

wo auch der Wert $n = 0$ zugelassen wird. Die Wellenlängen für einen an beiden Enden offenen Leiter betragen

$$\Lambda_n = \frac{2}{n} l. \tag{23}$$

Leitungsabschnitte endlicher Länge bilden also ein schwingungsfähiges System mit unendlich vielen diskreten Eigenwellenlängen und entsprechenden Eigenfrequenzen. Die Frequenz hat den Wert

$$f\Lambda = v; \qquad f = \frac{v}{\Lambda}. \tag{24}$$

Ist der Raum zwischen beiden Leitern mit einem Dielektrikum ausgefüllt, so besteht für ideale Leiter folgende Beziehung

$$f = \frac{c}{\sqrt{\varepsilon_r \mu_r}} \frac{1}{\Lambda}. \tag{25}$$

Hätten wir die Erscheinungen an einer idealen Fernleitung, die nach einer Richtung hin unendlich lang- bzw. an einem Ende kurzgeschlossen ist, nicht schon untersucht, so müßte man zur Bestimmung der Eigenwellenlänge oder Eigenfrequenz folgendes Verfahren benutzen. Es sei ein Leitungsstück endlicher Länge gegeben, und es soll als Funktion der Zeit eine rein sinusförmige Lösung gefunden werden. Eine durch einen derartigen Zeitverlauf gekennzeichnete allgemeine Lösung kann, wie bereits gezeigt wurde, physikalisch aus zwei in entgegengesetzten Richtungen fortschreitenden Wellen zusammengesetzt werden. Das Verhältnis von Spannung zu Strom ist aber nun nicht nur an einem Leitungsende gegeben, womit wir Spannung und auch Strom bis auf einen unwesentlichen Faktor entlang der gesamten Leitung bestimmen können, sondern auch am anderen Ende der Leitung muß das Spannung/Strom-Verhältnis einen völlig bestimmten Wert annehmen. Letzteres ist die zusätzliche Bedingung, die nur bei einigen bestimmten Frequenz- oder Wellenlängenwerten erfüllt sein kann. Steht uns zum Beispiel eine an beiden Enden kurzgeschlossene Leitung der Länge l zur Verfügung, dann kann bei einer Welle mit einer bestimmten Frequenz leicht erreicht werden, daß der Spannungswert an dem kurzgeschlossenen Ende in jedem Zeitpunkt gleich Null ist. Es muß eine in der entgegengesetzten Phase reflektierte Welle neben der einfallenden Welle angenommen werden. Die so erhaltene Lösung liefert aber nur an der Stelle $x = -\Lambda/2$ wieder einen Nullwert. Sie ist also nur dann für die an beiden Enden kurzgeschlossene Leitung der Länge l eine richtige Lösung, wenn die halbe Wellenlänge $\Lambda/2$ und die Länge der Leitung l einander genau gleich sind. Nur in diesem Falle erfüllt unsere Lösung auch die zweite Grenzbedingung, daß der Widerstand auch an der Stelle $x = -l$ den Wert Null annimmt. Bei den vorhergehenden Ausführungen wurde zu einer gegebenen Wellenlänge die Leitungslänge so gewählt, daß die Grenzbedingungen an beiden Enden erfüllt wurden. In der Praxis verfährt man im allgemeinen umgekehrt: Die Leitungslänge gilt als gegeben, und die Eigenwellenlängen müssen dazu bestimmt werden.

Wir wollen nun den etwas komplizierteren Fall besprechen, bei dem eine Leitung der Länge l am Ende durch einen Kondensator belastet wird (Abb. 3.140). Suchen wir die Eigenwellenlängen dieser Anordnung. Wenn wir auf Abb. 3.127 zurückgreifen, so sehen wir, daß wir in den Spannungsknotenpunkten die Leitung kurzschließen, in

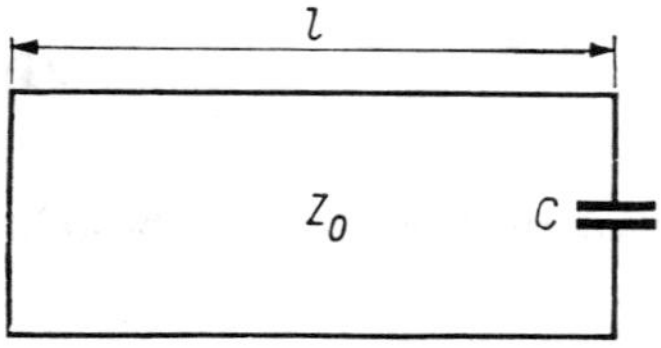

Abb. 3.140 Mit einem Kondensator abgeschlossene Leitung als Schwingungssystem

den Stromknotenpunkten aber offen lassen, um die zusammengehörenden Λ- und l-Werte nacheinander zu erhalten. Wir können dies auch so ansehen, als hätten wir unsere Fernleitung um die Länge d verlängert und die Eigenfrequenz dieser verlängerten Fernleitung gesucht. Die Gleichung der an einem Ende offenen und am anderen Ende kurzgeschlossenen Leitung lautet demnach nach 3.26. (34)

$$\Lambda_n = \frac{4}{2n+1}(l+d) = \frac{4}{2n+1}\left(l + \frac{\Lambda_n}{2\pi} \arctan \frac{2\pi}{\Lambda_n} vCZ_0\right). \tag{26}$$

Ist die Wellenlänge oder die Frequenz gegeben, dann können aus dieser Gleichung diejenigen Längen der Leitung bestimmt werden, bei welchen die kurzgeschlossene Leitung die gegebene Schwingungsfrequenz besitzt. Umgekehrt bietet uns dieser Ausdruck die Möglichkeit, bei gegebener Leitungslänge die Eigenfrequenzen des Systems zu bestimmen. Da die unbekannte Wellenlänge auch im Argument des arcus tangens auftritt, kann diese transzendente Gleichung meist nur durch graphische oder numerische Methoden gelöst werden. Wir wollen obige Gleichung auf folgende Weise ordnen:

$$(2n+1)\frac{\Lambda_n}{4}\frac{2\pi}{2\pi} = l + \frac{\Lambda_n}{2\pi} \arctan \frac{2\pi}{\Lambda_n} vCZ_0. \tag{27}$$

Nun führen wir die neue Veränderliche $\Lambda_n/2\pi = 1/y$ ein

$$\pi \frac{(2n+1)}{2}\frac{1}{y} = l + \frac{1}{y} \arctan yvCZ_0. \tag{28}$$

Die Multiplikation dieser Gleichung mit y ergibt

$$\pi\frac{2n+1}{2} - ly = \arctan yvCZ_0. \tag{29}$$

Die einzelnen Wellenlängen können durch Bestimmung der Schnittpunkte der Geraden $u = \pi(2n+1)/2 - ly$ mit der Kurve $u = \arctan yvCZ_0$ ermittelt werden. Abb. 3.141 zeigt uns diese Werte.

Die Bestimmung der Eigenfrequenz endlicher Leitungsabschnitte kann auch in allgemeineren Fällen auf folgende Weise erfolgen. Wir wollen annehmen, daß eine Leitung der Länge l nach Abb. 3.142 an einem Ende durch die Impedanz Z_1, am

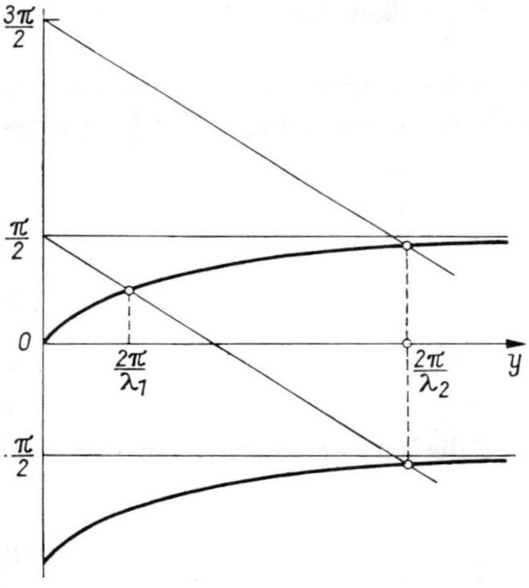

Abb. 3.141 Bestimmung der Wellenlänge einer durch einen Kondensator abgeschlossenen Leitung

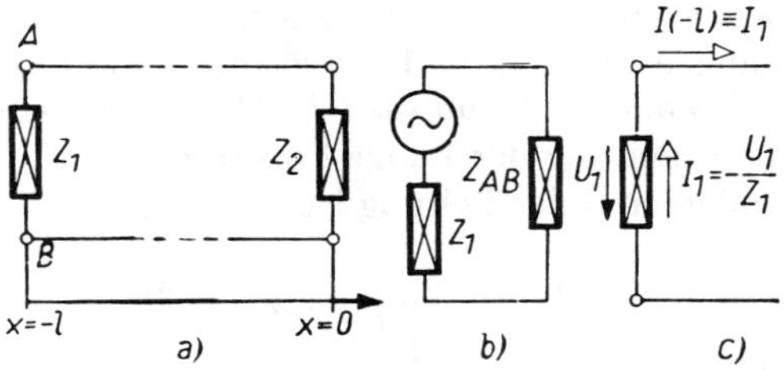

Abb. 3.142 a) Eine an beiden Enden abgeschlossene Leitung als schwingendes System.

b) Die Eigenfrequenzen können mit einer ähnlichen Methode wie in Abb. 3.39 bestimmt werden. Die Gleichung $I_1(Z_1 + Z_{AB}) = U_{G1}$ hat auch bei kurzgeschlossenem Generator eine nichttriviale Lösung, wenn $Z_1 + Z_{AB} = 0$ bzw. $Z_1 = -Z_{AB}$ ist.

c) Zur Veranschaulichung der Grenzbedingung $U_1/I_1 = -Z_1$

anderen durch die Impedanz Z_2 geschlossen sei. Gesucht wird die Eigenlösung dieses Systems in der Form $e^{p_n t}$. Nehmen wir unsere Leitung zuerst nach links als unendlich lang, nach rechts aber als durch den Widerstand Z_2 abgeschlossen an. In diesem Falle kann sofort die Lösung der Telegraphengleichung angeschrieben werden, welche die genannte Bedingung erfüllt. Es kann sogar ermittelt werden, wie groß das Verhältnis der berechneten Spannung zum Strom an einer Stelle $x = -l$ ist. Nach Gl. 3.27.(13) ist dieser Wert gegeben durch

$$Z_{AB} = \frac{Z_2 \cosh \gamma l + Z_0 \sinh \gamma l}{\cosh \gamma l + (Z_2/Z_0) \sinh \gamma l}; \qquad \gamma = \sqrt{(R + p_n L)(G + p_n C)}. \tag{30}$$

Dieser Wert ist die Eingangsimpedanz der durch Z_2 belasteten Leitung. Die so erhaltenen Lösungen können nur dann zugleich auch Lösungen unseres jetzigen Problems sein, wenn sie die an der Stelle $x = -l$ gültige Grenzbedingung erfüllen. Diese Grenzbedingung besagt, daß an der Stelle $x = -l$ das Verhältnis von Spannung zu Strom nach Abb. 3.142c gerade $-Z_1$ sein muß. Die Eingangsimpedanz unserer Leitung der Länge l muß also genau gleich dem Wert der Impedanz $-Z_1$ sein, die an den Eingang der Leitung geschaltet wurde. Es gilt also

$$Z_1 = -\frac{Z_2 \cosh \gamma l + Z_0 \sinh \gamma l}{\cosh \gamma l + Z_2/Z_0 \sinh \gamma l}. \tag{31}$$

Im allgemeinen hängen die Größen Z_1, Z_2, Z_0 von der gesuchten komplexen Frequenz p_n ab; diese Gleichung dient zur Bestimmung dieser Größen. Die so bestimmten Lösungen $e^{p_n t}$ sind die Eigenlösungen des Systems.

Wenden wir nun die Gl. (31) z. B. auf einen breits bekannten Fall an — die verlustfreie Leitung der Länge l sei durch eine Kapazität C abgeschlossen. Der Eingangswiderstand der Leitung ist dann

$$Z_{AB} = Z_0 \frac{\frac{1}{\mathrm{j}\omega C} \cos \frac{2\pi}{\Lambda} l + \mathrm{j} Z_0 \sin \frac{2\pi}{\Lambda} l}{Z_0 \cos \frac{2\pi}{\Lambda} l + \mathrm{j} \frac{1}{\mathrm{j}\omega C} \sin \frac{2\pi}{\Lambda} l}. \tag{32}$$

Wir wollen die Leitung an diesem Punkte kurzschließen; der Eingangswiderstand muß also gleich Null sein:

$$Z_{AB} = 0. \tag{33}$$

Die Gleichung zur Bestimmung der Eigenwellenlänge erhält also folgende Form:

$$\frac{1}{\mathrm{j}\omega C} \cos \frac{2\pi}{\Lambda} l + \mathrm{j} Z_0 \sin \frac{2\pi}{\Lambda} l = 0.$$

Daraus ergibt sich

$$Z_0 \omega C = \cot \frac{2\pi}{\Lambda} l \tag{34}$$

oder

$$\operatorname{arccot} Z_0 \omega C = \frac{\pi}{2} - \arctan Z_0 \omega C = \frac{2\pi}{\Lambda} l$$

Durch Umordnen dieser Formel erhalten wir

$$\frac{\pi}{2} - \frac{2\pi}{\Lambda} l = \arctan \frac{2\pi}{\Lambda} v Z_0 C,$$

und durch Einführung der neuen Veränderlichen $2\pi/\Lambda = y$ finden wir

$$\frac{\pi}{2} - yl = \arctan yvZ_0C. \tag{35}$$

Aus Abb. 3.141 ist klar zu ersehen, daß die Schnittpunkte der Geraden $\pi/2 - yl = u$ mit den untereinanderliegenden Kurven $u = \arctan vyZ_0C$ die gesuchten Lösungen liefern.

Untersuchen wir nunmehr den Fall, daß eine nicht ideale Leitung an beiden Enden kurzgeschlossen ist. In diesem Falle hat der Eingangswiderstand den Wert

$$Z_{AB} = Z_0 \tanh \gamma l. \tag{36}$$

Dieser Widerstand muß Null werden, so daß die Gleichung zur Bestimmung der Eigenfrequenz folgende Form hat:

$$\tanh \gamma l = 0. \tag{37}$$

Daraus ergibt sich

$$\gamma_n l = n\pi \mathrm{j}; \qquad n = 0, \pm 1, \pm 2, \ldots, \tag{38}$$

wobei

$$\gamma_n = \sqrt{(R + p_n L)(G + p_n C)} \tag{39}$$

ist. Das Endergebnis lautet dann

$$l \sqrt{(R + p_n L)(G + p_n C)} = n\pi \mathrm{j}. \tag{40}$$

Der Faktor p_n kann aus dieser Beziehung zu

$$p_n = -\left(\frac{R}{2L} + \frac{G}{2C}\right) \pm \sqrt{\frac{\gamma_n^2 - RG}{LC} + \left(\frac{R}{2L} + \frac{G}{2C}\right)^2}; \qquad \gamma_n = \frac{n\pi \mathrm{j}}{l} \tag{41}$$

ermittelt werden.

Für kleine Leitungsverluste kann dies auf folgende Weise umgeschrieben werden:

$$p_n \approx -\left(\frac{R}{2L} + \frac{G}{2C}\right) \pm \frac{\gamma_n}{\sqrt{LC}} = -\left(\frac{R}{2L} + \frac{G}{2C}\right) \pm \frac{n\pi \mathrm{j}}{l} \frac{1}{\sqrt{LC}}. \tag{42}$$

Durch Trennung von Real- und Imaginärteil erhalten wir

$$p_n = \xi \pm \mathrm{j}\omega_n; \qquad \xi = -\left(\frac{R}{2L} + \frac{G}{2C}\right); \qquad \omega_n = \frac{n\pi}{l\sqrt{LC}} = \frac{n\pi v}{l}. \tag{43}$$

Damit haben wir auch den Frequenzwert bestimmt. Wie wir sehen, besteht kein Unterschied zwischen der Frequenz oder Wellenlänge eines idealen Leiters und der Frequenz eines Leiters mit kleiner Dämpfung. Der Zeitverlauf des Stromes oder der Spannung hat folgende Form:

$$U = U_0 \, e^{\xi t} \, e^{\pm j\omega_n t}, \qquad \xi < 0. \tag{44}$$

Wir haben es also mit gedämpften Schwingungen zu tun. Die Kreisgüte des entstandenen Schwingungssystems kann ebenfalls angegeben werden. Es ist uns bekannt, daß die Dämpfung eines Systems am besten durch das logarithmische Dekrement charakterisiert werden kann. Das Dekrement stellt den Logarithmus der Verhältniszahl zweier aufeinanderfolgender Amplituden dar. Sein Wert für den genannten Fall beträgt

$$-\xi T = \left(\frac{R}{2L} + \frac{G}{2C}\right) T. \tag{45}$$

Je niedriger der Dämpfungsfaktor ist, um so besser ist unser System.

Die Güte des Systems kann also durch den Kehrwert dieses Dämpfungskoeffizienten gekennzeichnet werden. Genauer gesagt: man bezeichnet als Kreisgüte eines Systems das π-fache des Kehrwertes des Dämpfungskoeffizienten. Es ist also

$$Q = -\frac{\pi}{\xi T} = -\frac{\omega}{2\xi}. \tag{46}$$

Im obigen Falle, also für eine an beiden Enden kurzgeschlossene Leitung von $n\Lambda/2$ Länge, beträgt die Kreisgüte

$$Q_n = -\frac{\omega_n}{2\xi} = \frac{\omega_n}{\frac{R}{L} + \frac{G}{C}}. \tag{47}$$

Dabei wurde schon der aus Gl. (43) bestimmte Wert von ξ berücksichtigt. Der Nenner kann auf folgende Weise umgeformt werden:

$$\frac{\omega_n}{\frac{R}{L} + \frac{G}{C}} = \sqrt{LC}\,\frac{\omega_n}{R\sqrt{\frac{C}{L}} + G\sqrt{\frac{L}{C}}} = \sqrt{LC}\,\frac{\omega_n}{2\alpha} = \frac{1}{v}\,\frac{n\pi v}{l}\,\frac{1}{2\alpha} = \frac{n\pi}{2\alpha l}. \tag{48}$$

Die Kreisgüte hat also den Wert

$$Q_n = \frac{n\pi}{2\alpha l} = \frac{\pi}{\alpha\Lambda_n}, \tag{49}$$

wobei bereits der aus Gl. 3.26. (25) bestimmte Wert des Dämpfungsfaktors sowie der durch $\omega_n = \pi n v/l$ ermittelte Frequenzwert eingeführt wurden. Letztere Formel gibt uns also einen Zusammenhang zwischen dem Gütefaktor, der Leitungslänge und dem Dämpfungsfaktor an.

3.29. Die Einschaltvorgänge bei verlustlosen Fernleitungen

Wir legen an eine ideale Fernleitung im Zeitpunkt $t = 0$ eine Gleichspannung der Größe U_0. Der Spannungsverlauf an der Stelle $x = 0$ wird also durch die Funktion $U_0 1(t)$ dargestellt. Da es sich um eine ideale Leitung handelt, ist weder deren Dämpfungsfaktor (da dieser Null ist) noch die Ausbreitungsgeschwindigkeit der Wellen von der Frequenz abhängig. Stellen wir also eine beliebige Spannung in Form eines Fourier-Integrals dar, so werden sich sämtliche Komponenten ungedämpft und mit der gleichen Geschwindigkeit fortpflanzen. Da

$$U_0 1(t) = U_0 \left[\frac{1}{2} + \frac{1}{\pi} \int_0^\infty \frac{\sin \omega t}{\omega} \, d\omega\right] \tag{1}$$

ist und ferner die Spannung $U_0 \sin \omega t$ an einer beliebigen x-Stelle $U_0 \sin \omega(t - x/v)$ beträgt, ist also die Spannung an einer beliebigen x-Stelle im Zeitpunkt t gegeben durch

$$U(x, t) = U_0 \left[\frac{1}{2} + \frac{1}{\pi} \int_0^\infty \frac{\sin \omega \left(t - \frac{x}{v}\right)}{\omega} \, d\omega\right]. \tag{2}$$

Dies bedeutet, daß sich der gesamte Spannungssprung verzerrungsfrei mit der Geschwindigkeit v auf der Leitung ausbreitet. Dies gilt natürlich nicht nur für den Einheitssprung, sondern für Spannungen beliebiger Form: *Auf einer idealen Leitung bewegt sich eine beliebige Spannung verzerrungsfrei mit der Geschwindigkeit v fort.*

Ist das Leitungsende abgeschlossen und hängt der Reflexionskoeffizient von der Frequenz nicht ab, d. h., ist der Abschlußwiderstand ein rein Ohmscher Widerstand, so wird jede Sinuskomponente mit demselben Anteil ihrer ursprünglichen Amplitude und in derselben Phase reflektiert. Dementsprechend wird also die gesamte Welle unverzerrt reflektiert.

Auf Grund all dieser Tatsachen wollen wir nun die Erscheinungen untersuchen, die bei einer idealen Leitung mit offenen Enden auftreten, wenn wir eine Gleichspannung von der Größe U_0 anlegen. Eine beliebige Zeit $t < \tau = l/v$ nach dem Einschalten (wobei l die Länge der Leitung und v die Ausbreitungsgeschwindigkeit der Welle bedeuten) hat die Spannungswelle einen Weg $x = vt$ zurückgelegt (Abb. 3.143 und 3.144). Am Leitungsende wird, da dort der Reflexionskoeffizient $p = 1$ ist, die gesamte Welle reflektiert, und die Spannung steigt auf den doppelten Wert. Setzen wir jetzt voraus, daß die Spannungsquelle den Innenwiderstand Null besitzt, so können wir dieses Ende als kurzgeschlossen ansehen. Es gilt also $p = -1$. Die

Spannung wird hier folglich mit der entgegengesetzten Phase reflektiert, d. h., wir werden eine negative Spannungswelle von der Größe $-U_0$ erhalten, die den doppelten Spannungswert auf U_0 herabsetzt. Kommt diese Spannungswelle $-U_0$ wieder am Ende an, so wird sie mit der gleichen Phase reflektiert, und wir erhalten wieder eine negative rücklaufende Spannungswelle, welche die Leitungsspannung endgültig aufhebt. Gelangt diese Spannungswelle zum Anfangspunkt zurück, so wird sie sich wieder mit der entgegengesetzten Phase, also mit dem Wert $+U_0$ gegen das Leitungsende

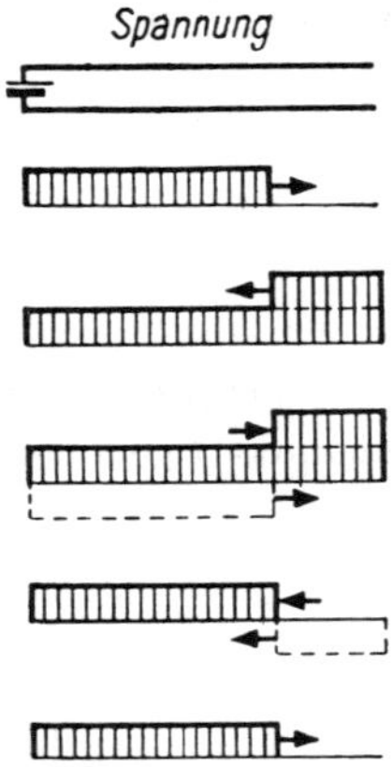

Abb. 3.143

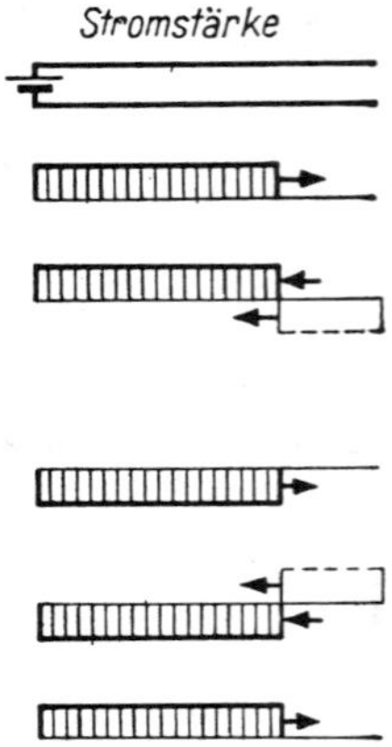

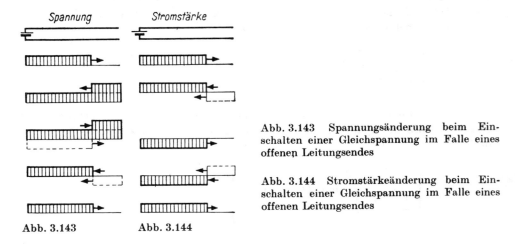

Abb. 3.144

Abb. 3.143 Spannungsänderung beim Einschalten einer Gleichspannung im Falle eines offenen Leitungsendes

Abb. 3.144 Stromstärkeänderung beim Einschalten einer Gleichspannung im Falle eines offenen Leitungsendes

fortpflanzen, und damit beginnt der Vorgang wieder von neuem. Die Schwingungsdauer beträgt also $T = 4\tau$. Der Wert der Stromstärke während des ersten Viertels der Periode ergibt sich also zu $I_0 = U_0/Z_0$. Es gilt nämlich für jede Komponente frequenzunabhängig $Z_0 = U^+(\omega)/I^+(\omega)$, da wir eine ideale Leitung betrachten. Diese Stromstärke I_0 wird am offenen Leitungsende mit der entgegengesetzten Phase reflektiert. Damit hebt diese die ursprüngliche Stromstärke auf ihrem Rücklauf auf. Diese sich rückläufig fortbewegende negative Stromwelle wird am kurzgeschlossenen Ende mit der gleichen Phase reflektiert, so daß sich jetzt eine negative Stromstärke gegen das Leitungsende fortbewegt. Diese wird vom jenseitigen Ende mit der entgegengesetzten Phase reflektiert und ergibt eine Stromwelle $+I_0$, die ihrerseits von dem diesseitigen Leitungsende, welches als kurzgeschlossen angesehen werden kann, in der Form $+I_0$ reflektiert wird, da sie vorher den Strom in der Leitung vollkommen aufgehoben hat. Also wiederholt sich der gesamte Verlauf auch hier wieder mit der Periode $T = 4\tau$.

In Abb. 3.145 ist eine kurzgeschlossene Leitung dargestellt. In diesem Fall wird die Spannung stets mit der entgegengesetzten Phase reflektiert, der Strom dagegen stets mit der gleichen Phase. Dadurch wächst die Stromstärke zeitlich in allen beliebigen

Querschnitten über alle Grenzen, wie es auch sein muß, wenn es sich um eine ideale kurzgeschlossene Leitung handelt.

Wir untersuchen noch den Fall, daß eine ideale Leitung am Ende durch einen Ohmschen Widerstand R, der kleiner ist als der Wellenwiderstand, abgeschlossen wurde. Der Reflexionskoeffizient lautet dabei

$$\left.\begin{aligned} p_U &= \frac{R - Z_0}{R + Z_0} = -\frac{Z_0 - R}{Z_0 + R}, \\ p_I &= -p_U = \frac{Z_0 - R}{Z_0 + R}. \end{aligned}\right\} \qquad (3)$$

Untersuchen wir nun den Übergang der in die Leitung einfließenden Anfangsstromstärke $I_0 = U_0/Z_0$ zum Endwert $I = U_0/R$ der Stromstärke. Breitet sich die Spannungswelle aus, so wird der Wert der Stromwelle $I_0 = U_0/Z_0$ der gleiche, als wäre die

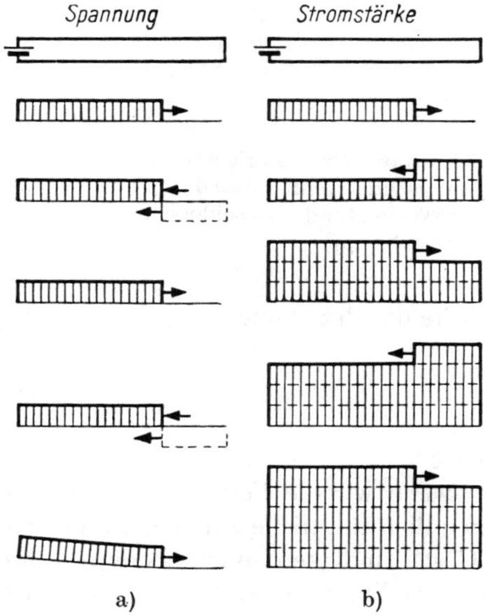

Abb. 3.145 a) Spannungsänderung beim Einschalten einer Gleichspannung im Falle eines kurzgeschlossenen Leitungsendes.

b) Stromstärkeänderung beim Einschalten einer Gleichspannung im Falle eines kurzgeschlossenen Leitungsendes

Leitung unendlich lang, da die Welle das Leitungsende noch nicht erreicht hat. Am Leitungsende wird das p_I-fache der Stromwelle reflektiert und dementsprechend die Stromstärke $I_0 + p_I I_0$ sein (Abb. 3.146). Kommt diese Stromwelle am diesseitigen Leitungsende an, so wird sie bei einer Stromquelle mit kleinem Widerstand mit der gleichen Phase reflektiert, und am jenseitigen Leitungsende trifft wieder eine Stromwelle $p_I I_0$ ein. Hier wird wieder das p_I-fache dieser Welle reflektiert, und es bewegt sich jetzt eine Stromwelle $p_I^2 I_0$ gegen die Stromquelle zurück. Diese wird dort mit der gleichen Phase reflektiert, trifft sodann wieder am Leitungsende ein, von wo wieder eine Welle von $p_I^3 I_0$ zurückfließt. Wir dürfen dabei nicht vergessen, daß am diesseitigen Leitungsende bei der Stromquelle der Reflexionskoeffizient $p_I = 1$ ist. Als Endwert ergibt sich also die Stromstärke

$$I = I_0 + 2p_I I_0 + 2p_I^2 I_0 + \cdots + 2p_I^n I_0 + \cdots. \tag{4}$$

Dieser Ausdruck kann auch in der Form

$$I = I_0[1 + 2p_I(1 + p_I + p_I^2 + \cdots)] = I_0 \left[1 + \frac{2p_I}{1 - p_I}\right] \tag{5}$$

dargestellt werden. Berücksichtigen wir nun, daß

$$1 + \frac{2p_I}{1 - p_I} = \frac{1 + p_I}{1 - p_I} = \frac{Z_0}{R}, \tag{6}$$

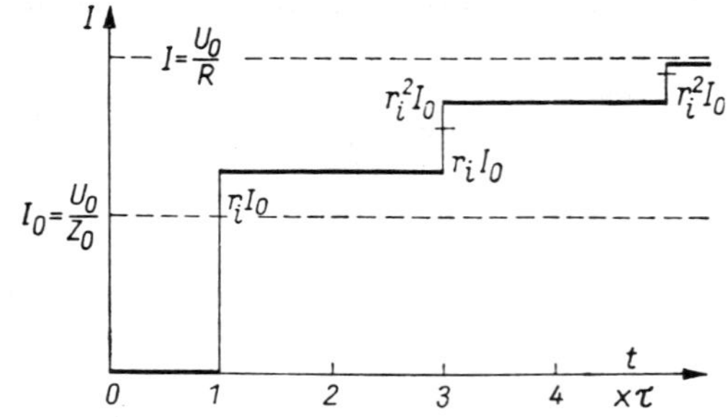

Abb. 3.146 Stromstärkeänderung am Fernleitungsende, wenn dieses durch einen Ohmschen Widerstand abgeschlossen ist (statt r_i lies p_I)

so erhalten wir für den Grenzwert der Stromstärke die Beziehung

$$I = I_0 \frac{1 + p_I}{1 - p_I} = I_0 \frac{Z_0}{R} = \frac{U_0}{Z_0} \frac{Z_0}{R} = \frac{U_0}{R}. \tag{7}$$

Dies ist also der Wert der erwarteten Stromstärke.

Wir kommen der Wirklichkeit etwas näher, wenn wir die Fernleitung nicht als ideale Leitung annehmen, die von Null bis Unendlich sämtliche Frequenzen gleichmäßig ohne Dämpfung und mit der gleichen Geschwindigkeit führt, sondern wenn wir annehmen, daß sie die Schwingungen nur von der Frequenz Null bis zu einer ganz bestimmten Frequenz ω_0 ohne Dämpfung durchläßt, höhere Frequenzen aber überhaupt nicht mehr leitet. In diesem Fall erstreckt sich das Amplitudenspektrum nicht über das Intervall $(0, \infty)$, sondern nur über $(0, \omega_0)$. Dadurch wird also der Spannungswert an einer beliebigen x-Stelle

$$u(x, t) = U_0 \left[\frac{1}{2} + \frac{1}{\pi} \int_0^{\omega_0} \frac{\sin \omega \left(t - \frac{x}{v}\right)}{\omega} \, d\omega \right]. \tag{8}$$

Diese Gleichung kann unter Einführung der neuen Veränderlichen $z = \omega(t - x/v)$ auch wie folgt geschrieben werden:

$$u(x, t) = U_0 \left[\frac{1}{2} + \frac{1}{\pi} \int_0^{z_0} \frac{\sin z}{z} \, dz \right]. \tag{9}$$

Der nur von der oberen Grenze abhängige Wert des hier auftretenden Integrals wird Integralsinus genannt:

$$\operatorname{Si} z = \int_0^{z} \frac{\sin z}{z} \, dz. \tag{10}$$

Der Verlauf dieser Funktion ist in Abb. 4.38 dargestellt.

Somit wird also

$$u(x, t) = U_0 \left[\frac{1}{2} + \frac{1}{\pi} \operatorname{Si} \left(\omega_0 \left(t - \frac{x}{v} \right) \right) \right]. \tag{11}$$

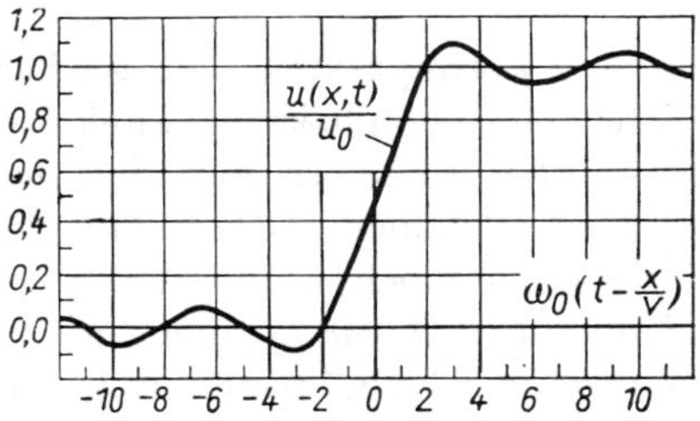

Abb. 3.147 Form des Einheitssprunges an einer beliebigen Stelle der Fernleitung, wenn die Fernleitung nur eine endliche Bandbreite hat

Die Form dieser Funktion kann der Abb. 3.147 entnommen werden. Wir sehen, daß unser ursprünglich steiler Impuls wegen des endlichen Frequenzbandes ein wenig abflacht und die Neigung der Kennlinie um so flacher wird, je kleiner der Wert ω_0 ist.

Diese Lösung bringt eine prinzipielle Schwierigkeit mit sich. Wir erhalten nicht im Punkte $x = x_0$ zur Zeit $t_0 = x_0/v$ einen Spannungssprung, sondern die Spannung steigt stetig mit kleineren Schwankungen bis zu ihrem Endwert an. Wir bemerken schon zur Zeit $t < t_0$ eine kleine hin und her schwankende Spannung. Es kann sogar vorkommen, daß sich die Wirkung des Einschaltens schon vor dem Zeitpunkt des Einschaltens, also bei $t < 0$ bemerkbar macht. Das ist natürlich unmöglich. Die Schwierigkeit ist dadurch entstanden, daß wir sowohl die Amplitudenverteilung als auch die Phasenverteilung nach Belieben vorgeschrieben haben, was unzulässig ist.

Haben wir es nicht mit einer idealen Leitung zu tun, so wird nach der im vorigen Kapitel festgelegten Bezeichnung

$$U_0 \sin \omega t \rightarrow U_0 \, \mathrm{e}^{-\alpha(\omega) x} \sin \omega \left(t - \frac{\beta(\omega)}{\omega} x \right). \tag{12}$$

Es treten also ein von der Frequenz abhängiger Dämpfungsfaktor und eine ebenfalls frequenzabhängige Phasenverschiebung auf. Dementsprechend wird unsere Spannung:

$$U_0 1(t) = U_0 \left[\frac{1}{2} + \frac{1}{\pi} \int\limits_0^\infty \frac{\sin \omega t}{\omega} \, \mathrm{d}\omega \right] \tag{13}$$

stark verzerrt. Sie wird einerseits eine Amplituden-, andererseits eine Phasenverzerrung erleiden:

$$u(x, t) = U_0 \left[\frac{1}{2} \, \mathrm{e}^{-\alpha(0) x} + \frac{1}{\pi} \int\limits_0^\infty \mathrm{e}^{-\alpha(\omega) x} \frac{\sin \left(\omega t - \beta(\omega) x \right)}{\omega} \, \mathrm{d}\omega \right]. \tag{14}$$

Hier bedeutet $\alpha(0)$ die Dämpfung bei der Frequenz Null, d. h. die Gleichstromdämpfung.

Diese Beziehung ist sehr allgemein. Sie kann in dieser Form praktisch nur schwer Anwendung finden, da die Auswertung des Integrals einer komplizierten Funktion $\alpha(\omega)$ oder $\beta(\omega)$ auf sehr große Schwierigkeiten stößt. Bedenken wir nur, daß der Sinus einer schon an sich komplizierten Funktion $\beta(\omega)$ mit einer weiteren komplizierten Funktion zu multiplizieren ist und daß das Produkt noch integriert werden muß. Sämtliche Überlegungen gelten auch für den Fall, daß wir an den Anfang unserer Leitung keine Gleichspannung, sondern eine beliebige Spannung legen. Kennen wir deren Spannungsspektrum, also ihr Fourier-Integral, so können wir zumindest prinzipiell angeben, welche Form die Spannung am Leitungsende besitzen wird. Es sei nämlich an der Anfangsstelle

$$u(0, t) = \int\limits_0^\infty a(\omega) \cos \omega t \, \mathrm{d}\omega + \int\limits_0^\infty b(\omega) \sin \omega t \, \mathrm{d}\omega . \tag{15}$$

Dann wird an einer beliebigen Stelle

$$u(x, t) = \int\limits_0^\infty \mathrm{e}^{-\alpha(\omega) x} a(\omega) \cos [\omega t - \beta(\omega) x] \, \mathrm{d}\omega + \int\limits_0^\infty \mathrm{e}^{-\alpha(\omega) x} b(\omega) \sin [\omega t - \beta(\omega) x] \, \mathrm{d}\omega .$$

Bei der Auswertung und praktischen Anwendung dieser Beziehung bestehen aber die vorher angeführten Schwierigkeiten in noch stärkerem Maße.

3.30. Anwendung der Laplace-Transformation beim Studium der Einschaltvorgänge an Fernleitungen

Wir gehen von den Grundgleichungen der Fernleitung aus, die wir kennen und bereits mehrfach angewandt haben:

$$-\frac{\partial u}{\partial x} = Ri + L\,\frac{\partial i}{\partial t}; \qquad -\frac{\partial i}{\partial x} = Gu + C\,\frac{\partial u}{\partial t}. \tag{1}$$

Die erste Gleichung multiplizieren wir mit e^{-pt} und integrieren zwischen Null und Unendlich. Wir müssen dabei berücksichtigen, daß die Operationen des Differenzierens und des Integrierens vertauschbar sind, da wir nach der Veränderlichen x zu differenzieren, hingegen nach der Veränderlichen t zu integrieren haben. Somit gilt

$$\int\limits_0^\infty \frac{\partial u}{\partial x}\,e^{-pt}\,dt = \frac{d}{dx}\int\limits_0^\infty u\,e^{-pt}\,dt = \frac{dU(p,x)}{dx}. \tag{2}$$

Aus dem zweiten Glied der rechten Seite gewinnen wir den Wert

$$\int\limits_0^\infty \frac{\partial i}{\partial t}\,e^{-pt}\,dt = pI(p,x) - i(0,x). \tag{3}$$

Beachten wir die Anfangsbedingung, nach der im Zeitpunkt $t = 0$ auch $i(0, x) = 0$ ist, so vereinfacht sich Gl. (3) zu

$$\int\limits_0^\infty \frac{\partial i}{\partial t}\,e^{-pt}\,dt = pI(p,x). \tag{4}$$

Für die Spannung erhalten wir analog

$$\int\limits_0^\infty \frac{\partial u}{\partial t}\,e^{-pt}\,dt = pU(p,x). \tag{5}$$

Dabei gehen wir wiederum von der Annahme aus, daß im Anfangsaugenblick auch der Spannungswert Null ist. Die Laplace-Transformierte der Gl. (1) wird also

$$\left.\begin{aligned} -\frac{dU}{dx} &= (R + pL)\,I, \\ -\frac{dI}{dx} &= (G + pC)\,U. \end{aligned}\right\} \tag{6}$$

Diese beiden Gleichungen gehen im verlustfreien Fall in folgende Beziehung über:

$$-\frac{dU}{dx} = pLI; \qquad -\frac{dI}{dx} = pCU. \tag{7}$$

In diesen Ausdrücken sind sowohl die Stromstärke als auch die Spannung Funktionen des Ortes und der Veränderlichen p. Letztere sehen wir aber vom Gesichtspunkt der Differentiation als Parameter an, und wir konnten daher auch anstatt des Symbols der partiellen Differentiation das Symbol der gewöhnlichen Differentiation schreiben. Die so erhaltenen Beziehungen (6) bzw. (7) stimmen mit dem Ausdruck vollkommen überein, den wir bereits früher fanden, als wir längs einer Fernleitung die zeitlich rein sinusförmigen Spannungsänderungen untersuchten. Mithin wird auch unsere jetzige Lösung von gewöhnlicher Form sein:

$$\left.\begin{aligned} U(p, x) &= a\,e^{-\gamma x} + b\,e^{+\gamma x}, \\ I(p, x) &= \frac{a}{Z_0}\,e^{-\gamma x} - \frac{b}{Z_0}\,e^{+\gamma x}. \end{aligned}\right\} \tag{8}$$

Dabei ist der Aufbau des Ausbreitungskoeffizienten γ bzw. des Wellenwiderstandes Z_0 genau derselbe wie seinerzeit. Es gilt also

$$\gamma = \sqrt{(R + pL)\,(G + pC)}; \qquad Z_0 = \sqrt{\frac{R + pL}{G + pC}}. \tag{9}$$

Die Werte der in den Lösungen auftretenden Konstanten a und b können genauso wie im Bereich der Veränderlichen t aus den am Anfang und am Ende der Leitung angegebenen Randbedingungen berechnet werden. So wird z. B. vollkommen übereinstimmend der Wert der Spannung bzw. der Stromstärke bei einem beliebigen x-Wert zu

$$\left.\begin{aligned} U(p, x) &= U_2 \cosh \gamma(l - x) + Z_0 I_2 \sinh \gamma(l - x), \\ I(p, x) &= \frac{U_2}{Z_0} \sinh \gamma(l - x) + I_2 \cosh \gamma(l - x) \end{aligned}\right\} \tag{10}$$

gegeben sein, wenn am Leitungsende $U_2(p)$ die Laplace-Transformierte der Spannung und $I_2(p)$ die Laplace-Transformierte des Stromes ist.

Nach obiger Beziehung befindet sich der Endpunkt der Leitung an der Stelle $x = l$. Der Wert der Laplace-Transformierten von Stromstärke und Spannung an der Anfangsstelle $x = 0$ beträgt

$$\left.\begin{aligned} U_1 &= U(p, 0) = U_2 \cosh \gamma l + Z_0 I_2 \sinh \gamma l, \\ I_1 &= I(p, 0) = \frac{U_2}{Z_0} \sinh \gamma l + I_2 \cosh \gamma l. \end{aligned}\right\} \tag{11}$$

Diese Beziehungen stimmen vollkommen mit denen überein, welche wir im Bereich von t für die rein sinusförmigen Spannungsamplituden erhielten. Wir müssen bemerken, daß diese Beziehungen für die Laplace-Transformierte von Spannungen und Strömen beliebigen zeitlichen Verlaufes gelten.

Auf Grund unserer bisherigen Untersuchungen erhalten wir bei einer idealen Leitung die Beziehungen nach Ort und Zeit zwischen der Spannung und Stromstärke sehr einfach, wenn z. B. am Anfang der Leitung der zeitliche Verlauf der Spannung von einem gegebenen Zeitpunkt an gegeben ist. Wir setzen voraus, daß vor diesem als $t = 0$ gewählten Augenblick in der Leitung keinerlei Spannung vorhanden war. Der Wert der Konstanten b der Gleichung ist z. B. im Fall einer unendlich langen Leitung Null, weil sonst der Wert des Gliedes wegen $e^{\gamma x}$ bei großen x-Werten über alle Grenzen anwachsen würde. Daher lautet also die Lösung

$$U(p, x) = a\,e^{-\gamma x}; \qquad I(p, x) = \frac{a}{Z_0}\,e^{-\gamma x}. \tag{12}$$

Den Wert der Konstanten a berechnen wir aus der im Anfangspunkt der Leitung gegebenen Spannung $u(t, 0) = u(t, x)$; $x = 0$. Wenn wir die Anfangsbedingung in Gl. (12) einsetzen, wird $U(p, 0) = a = \mathscr{L}u(t, 0)$. Demnach gewinnen wir für den Spannungs- bzw. Stromstärkenwert bei einer unendlich langen Leitung folgende Beziehung:

$$U(p, x) = U(p, 0)\,e^{-\gamma x}; \qquad I(p, x) = \frac{U(p, 0)}{Z_0}\,e^{-\gamma x}. \tag{13}$$

Bisher haben wir nicht ausgenützt, daß unsere Fernleitung verlustfrei, sondern nur, daß sie unendlich lang ist. Unsere letzten Beziehungen gelten also für beliebige Fernleitungen. Lassen wir jetzt auch die Annahme gelten, daß unsere Fernleitung verlustfrei ist. In diesem Fall wird

$$\gamma = p\sqrt{LC}; \qquad Z_0 = \sqrt{\frac{L}{C}}. \tag{14}$$

Damit sind also die Werte für Strom bzw. Spannung gegeben zu

$$U(p, x) = U(p, 0)\,e^{-p\sqrt{LC}\,x}; \qquad I(p, x) = \sqrt{\frac{C}{L}}\,U(p, 0)\,e^{-p\sqrt{LC}\,x}. \tag{15}$$

Die Ausgangsfunktionen dieser Ausdrücke können leicht angegeben werden. Wir wissen, daß der Funktion $U(p, 0)$ als einer Laplace-Transformierten die Eingangsfunktion $u(t, 0)$ zugeordnet ist. Wir wissen aber auch, wenn wir die Funktion $F(p)$ im Bereich von p mit dem Ausdruck $e^{-p\lambda}$ multiplizieren, daß dies bedeutet, die Veränderliche t durch die neue Veränderliche $(t - \lambda)$ zu ersetzen. Entsprechend lauten also die Orts- und Zeitfunktionen von Strom und Spannung

$$\left.\begin{aligned} u(t, x) &= u\left(t - \sqrt{LC}\, x, 0\right) = u\left(t - \frac{x}{v}, 0\right), \\ i(t, x) &= \sqrt{\frac{C}{L}}\, u\left(t - \frac{x}{v}, 0\right), \end{aligned}\right\} \text{ wenn } t > \frac{x}{v}. \tag{16}$$

Wie wir wissen, bedeuten diese Beziehungen, daß sich die ursprünglich auf die Fernleitung gebrachte Spannungswelle von beliebiger Form auf der Fernleitung dämpfungs- und verzerrungsfrei mit der Geschwindigkeit $v = 1/\sqrt{LC}$ ausbreitet.

Wir erhalten ein ähnliches, einfaches Resultat, wenn wir voraussetzen, daß die Leitung lediglich verzerrungsfrei ist, d. h., wenn zwischen den einzelnen Konstanten folgende Beziehung gilt:

$$\frac{R}{L} = \frac{G}{C} = a\,. \tag{17}$$

Diesen Fall haben wir in 3.25.3. bereits untersucht. Die Werte der Leitungskonstanten ergeben sich zu

$$\gamma = \sqrt{RG} + p\sqrt{LC} = \frac{a}{v} + \frac{p}{v} = \frac{a + p}{v}; \qquad \frac{1}{Z_0} = \sqrt{\frac{C}{L}}. \tag{18}$$

Entsprechend wird die Laplace-Transformierte der Stromstärke und der Spannung zu

$$U(p, x) = U(p, 0)\, e^{-\frac{ax}{v}}\, e^{-\frac{px}{v}}; \quad I(p, x) = \sqrt{\frac{C}{L}}\, U(p, 0)\, e^{-\frac{ax}{v}}\, e^{-\frac{px}{v}}. \tag{19}$$

Diese Beziehungen stimmen mit den Gleichungen (15) bis auf den Faktor $e^{-\frac{ax}{v}}$ überein; dieser Faktor ist aber von der Veränderlichen p unabhängig. Auf diese Weise erhalten wir also folgende Lösung:

$$\left.\begin{aligned} u(t, x) &= e^{-\frac{ax}{v}}\, u\left(t - \frac{x}{v}, 0\right), \\ i(t, x) &= \sqrt{\frac{C}{L}}\, e^{-\frac{ax}{v}}\, u\left(t - \frac{x}{v}, 0\right), \end{aligned}\right\} \text{ wenn } t > \frac{x}{v}. \tag{20}$$

Dies bedeutet, daß sich sowohl die Spannung als auch die Stromstärke unverzerrt, aber gedämpft fortpflanzen.

3.31. Einschaltvorgänge bei Fernleitungen endlicher Länge

Kennt man die am Ende einer Fernleitung der Länge l auftretende Spannung und Stromstärke, so können am Anfang der Fernleitung Stromstärke und Spannung — wie wir sahen — auf Grund folgender Beziehungen bestimmt werden:

$$U_1 = U_2 \cosh \gamma l + Z_0 I_2 \sinh \gamma l, \tag{1a}$$

$$I_1 = \frac{U_2}{Z_0} \sinh \gamma l + I_2 \cosh \gamma l. \tag{1b}$$

Wie erwähnt, gelten diese Beziehungen im Bereich der Veränderlichen t nur für die Amplitudenverteilung von rein sinusförmigen Strömen und Spannungen. Im Bereich der Veränderlichen p gelten sie aber auch für sich beliebig ändernde Ströme und Spannungen. Es können auch weitere Beziehungen angegeben werden, einerseits zwischen Spannung und Stromstärke am Leitungsanfang, andererseits zwischen Spannung und Stromstärke am Leitungsende. Ist z. B. am Leitungsanfang die Generatorspannung im p-Bereich gegeben zu $U_G(p)$, so wird am Anfangspunkt der Fernleitung eine im Verhältnis zu dieser veränderte Spannung wegen des Spannungsabfalls $I_1(p)\, Z_1(p)$, der an den Widerständen der etwaigen Anschlußelemente und des Generators auftritt, herrschen. Gleichzeitig ist das Verhältnis der Spannung zur Stromstärke am Leitungsende der Operatorimpedanz des Abschlußwiderstandes gleich, d. h.

$$U_G = U_1 + Z_1 I_1; \qquad U_2 = Z_2 I_2. \tag{2}$$

Der Wert der am Leitungsende auftretenden Stromstärke kann nach den Beziehungen (1a), (1b) und (2) berechnet werden und beträgt

$$I_2 = \frac{U_G}{(Z_1 + Z_2) \cosh \gamma l + \left(Z_0 + \dfrac{Z_1 Z_2}{Z_0}\right) \sinh \gamma l}. \tag{3}$$

Setzen wir diesen Wert der Stromstärke und aus der Beziehung (2) den Spannungswert U_2 in Gl. 3.30.(10) ein, so erhalten wir für die Laplace-Transformierte der an einer beliebigen Leitungsstelle meßbaren Spannung folgende Beziehung:

$$U(p, x) = U_G \frac{Z_2 \cosh \gamma(l - x) + Z_0 \sinh \gamma(l - x)}{(Z_1 + Z_2) \cosh \gamma l + \left(Z_0 + \dfrac{Z_1 Z_2}{Z_0}\right) \sinh \gamma l}. \tag{4}$$

Für die Stromstärke finden wir dagegen

$$I(p, x) = U_{\mathrm{G}} \frac{\cosh \gamma(l - x) + \dfrac{Z_2}{Z_0} \sinh \gamma(l - x)}{(Z_1 + Z_2) \cosh \gamma l + \left(Z_0 + \dfrac{Z_1 Z_2}{Z_0}\right) \sinh \gamma l} . \tag{5}$$

Mithin hat unsere Aufgabe im Bereich der Veränderlichen p ihre Lösung gefunden. Wir kennen die Laplace-Transformierten von Spannung und Stromstärke in allen Punkten, wenn die Laplace-Transformierte der Generatorspannung und die Leitungskonstante gegeben sind. Die Schwierigkeit besteht auch hier — wie immer — darin, daß diese Beziehung in den Bereich der Veränderlichen t rücktransformiert werden muß.

4. Elektromagnetische Wellen

Im folgenden behandeln wir zuerst die ebene Welle als einfachste Lösung der sich aus den Maxwellschen Gleichungen ergebenden Wellengleichung, ohne zu untersuchen, wie eine solche Welle tatsächlich erzeugt werden kann (A). Danach wird das Strahlungsfeld einiger einfacher Wellenquellen — linearer Antennen mit vorgeschriebener Stromverteilung — berechnet. Außerdem wird gezeigt, wie eine die gegebenen Randbedingungen befriedigende Lösung für den einfachsten Fall gefunden werden kann (B). Dann behandeln wir die gleichen Themen in etwas allgemeinerer Weise. Ohne die Wellenquelle, d. h. die praktische Wellenerregung, zu betrachten, suchen wir die Lösungen der Wellengleichung für verschiedene Koordinatensysteme (C), um die Lösungen auszuwählen, mit denen auch die komplizierteren Randwertprobleme behandelt werden können. Anschließend werden die Brechungsgesetze der ebenen Wellen, entlang eines zylindrischen Leiters sich fortpflanzende Wellen, die Strahlungsprobleme der sphärischen Antennen und die einfachsten Streuungsprobleme (D) sowie die Wellen in Hohlleitungen (E) bzw. die Hohlraumresonatoren (F) betrachtet. Zuletzt werden im Rahmen der allgemeinen Strahlungsprobleme die mit Diffraktions- und Streuungserscheinungen verbundenen theoretischen und praktischen Fragen diskutiert (G).

A. Ebene Wellen

4.1. Die einfachste Lösung der Wellengleichung

In der bisherigen Betrachtung der Maxwellschen Gleichungen wurde gerade das von MAXWELL eingeführte neue Glied, *die Verschiebungsstromdichte,* vernachlässigt. In diesem vierten Teil des Buches spielt aber dieses Glied eine entscheidende Rolle. Zuerst wollen wir die Verhältnisse untersuchen, wenn den gesamten der Betrachtung unterworfenen Raum ein homogenes, ideales Dielektrikum ausfüllt, das strom- und ladungsfrei ist. Dies sei durch die Größen ε und μ charakterisiert. Die Maxwellschen Gleichungen nehmen für diesen Sonderfall folgende Form an:

$$\left.\begin{array}{llll} \text{I.} & \operatorname{rot} \boldsymbol{H} = \varepsilon \dfrac{\partial \boldsymbol{E}}{\partial t}, & \text{III.} & \operatorname{div} \boldsymbol{H} = 0, \\ \text{II.} & \operatorname{rot} \boldsymbol{E} = -\mu \dfrac{\partial \boldsymbol{H}}{\partial t}, & \text{IV.} & \operatorname{div} \boldsymbol{E} = 0. \end{array}\right\} \tag{1}$$

Bildet man die Rotation beider Seiten der ersten Formel, so erhält man

$$\operatorname{rot} \operatorname{rot} \boldsymbol{H} = \operatorname{grad} \operatorname{div} \boldsymbol{H} - \Delta \boldsymbol{H} = \varepsilon \frac{\partial}{\partial t} \operatorname{rot} \boldsymbol{E}. \tag{2}$$

Wenn wir nun in diese Gleichung den Ausdruck für rot $\boldsymbol{E}$ aus der zweiten Maxwellschen Gleichung einführen und berücksichtigen, daß die Divergenz von $\boldsymbol{H}$ Null ist, ergeben sich die folgenden Gleichungen:

$$-\Delta \boldsymbol{H} = -\varepsilon\mu \frac{\partial^2 \boldsymbol{H}}{\partial t^2}; \quad \Delta \boldsymbol{H} = \varepsilon\mu \frac{\partial^2 \boldsymbol{H}}{\partial t^2}. \tag{3}$$

Diese Vektorengleichung ist, in rechtwinkligen Koordinaten ausgedrückt, folgenden drei Skalargleichungen äquivalent:

$$\left.\begin{aligned} \frac{\partial^2 H_x}{\partial x^2} + \frac{\partial^2 H_x}{\partial y^2} + \frac{\partial^2 H_x}{\partial z^2} &= \varepsilon\mu \frac{\partial^2 H_x}{\partial t^2}, \\ \frac{\partial^2 H_y}{\partial x^2} + \frac{\partial^2 H_y}{\partial y^2} + \frac{\partial^2 H_y}{\partial z^2} &= \varepsilon\mu \frac{\partial^2 H_y}{\partial t^2}, \\ \frac{\partial^2 H_z}{\partial x^2} + \frac{\partial^2 H_z}{\partial y^2} + \frac{\partial^2 H_z}{\partial z^2} &= \varepsilon\mu \frac{\partial^2 H_z}{\partial t^2}. \end{aligned}\right\} \tag{4}$$

Auf ähnliche Weise erhalten wir, nach Bildung der Rotation der zweiten Maxwellschen Gleichung, wenn wir den Wert von rot $\boldsymbol{H}$ aus der ersten Gleichung einführen, den folgenden Ausdruck für die elektrische Feldstärke:

$$\Delta \boldsymbol{E} = \varepsilon\mu \frac{\partial^2 \boldsymbol{E}}{\partial t^2}. \tag{5}$$

Ebenfalls in Komponenten zerlegt, hat diese Gleichung eine Form, die dem vorigen Gleichungssystem analog ist. Diese Gleichung wird *Wellengleichung* genannt, da ihre allgemeinen Lösungen die verschiedenen elektromagnetischen Wellen ergeben.

Zuerst wollen wir die spezielle Lösung untersuchen, daß die Vektoren $\boldsymbol{E}$ und $\boldsymbol{H}$ Funktionen nur einer Koordinate, z. B. der x-Koordinate, sind. Mathematisch ausgedrückt, bedeutet diese Bedingung, daß sämtliche Ableitungen nach y bzw. z den Wert Null ergeben. Physikalisch kann diese Bedingung so erklärt werden, daß im betrachteten Zeitpunkt alle Komponenten von $\boldsymbol{E}$ und $\boldsymbol{H}$ in der zur x-Achse senkrechten Ebene konstant sind. In einer anderen Ebene $x = \text{const}$ sind diese Komponenten ebenfalls konstant, besitzen jedoch von den vorigen abweichende Werte. Die Vektoren ändern sich also nur in der x-Richtung. Sinngemäß lauten also unsere Wellengleichungen (3) und (4) in Skalarform, explizit ausgeschrieben:

$$\left.\begin{aligned} \frac{\partial^2 E_x}{\partial x^2} &= \varepsilon\mu \frac{\partial^2 E_x}{\partial t^2}, & \frac{\partial^2 H_x}{\partial x^2} &= \varepsilon\mu \frac{\partial^2 H_x}{\partial t^2}, \\ \frac{\partial^2 E_y}{\partial x^2} &= \varepsilon\mu \frac{\partial^2 E_y}{\partial t^2}, & \frac{\partial^2 H_y}{\partial x^2} &= \varepsilon\mu \frac{\partial^2 H_y}{\partial t^2}, \\ \frac{\partial^2 E_z}{\partial x^2} &= \varepsilon\mu \frac{\partial^2 E_z}{\partial t^2}, & \frac{\partial^2 H_z}{\partial x^2} &= \varepsilon\mu \frac{\partial^2 H_z}{\partial t^2}. \end{aligned}\right\} \tag{6}$$

Jede Vektorkomponente muß also die folgende Differentialgleichung erfüllen:

$$\frac{\partial^2 f}{\partial x^2} = \varepsilon\mu \frac{\partial^2 f}{\partial t^2}. \tag{7}$$

Es ist leicht zu beweisen, daß jede Funktion, die nur vom Argument $t \pm x/v$ abhängt, die obige Differentialgleichung befriedigt: Nach der Kettenregel der Differentiation gilt nämlich

$$\frac{\partial f}{\partial x} = \frac{\partial f}{\partial\left(t \mp \frac{x}{v}\right)} \frac{\partial\left(t \mp \frac{x}{v}\right)}{\partial x} = \frac{\partial f}{\partial\left(t \mp \frac{x}{v}\right)}\left(\mp \frac{1}{v}\right). \tag{8}$$

Es ist aber

$$\frac{\partial f}{\partial t} = \frac{\partial f}{\partial\left(t \mp \frac{x}{v}\right)} \frac{\partial\left(t \mp \frac{x}{v}\right)}{\partial t} = \frac{\partial f}{\partial\left(t \mp \frac{x}{v}\right)} 1,$$

so daß sich

$$\frac{\partial f}{\partial x} = \mp \frac{1}{v} \frac{\partial f}{\partial t} \tag{9}$$

ergibt. Durch die Anwendung dieser Regel auf die Funktion $\partial f/\partial x$ erhalten wir

$$\frac{\partial^2 f}{\partial x^2} = \frac{1}{v^2} \frac{\partial^2 f}{\partial t^2}, \tag{10}$$

woraus folgt, daß für $v^2 = \dfrac{1}{\varepsilon\mu}$ die Funktion $f\left(t \mp \dfrac{x}{v}\right)$ tatsächlich eine Lösung unserer Wellengleichung darstellt. Die physikalische Bedeutung der Funktion $f\left(t \mp \dfrac{x}{v}\right)$ ist uns bereits bekannt. Sie stellt die sich in positiver bzw. negativer x-Richtung mit der Geschwindigkeit v fortpflanzende Welle dar. Dabei gehört das negative Vorzeichen zu den in positiver, das positive Vorzeichen aber zu den sich in negativer Richtung fortpflanzenden Wellen. Sowohl die elektrische als auch die magnetische Feldstärke breitet sich also mit der Geschwindigkeit v in der x-Richtung aus. Diese Lösung der Wellengleichung, die nur von der x-Koordinate abhängt und bei der sich die Wellen in der x-Richtung ausbreiten, in einer dazu senkrechten Ebene aber einen konstanten Wert besitzen, nennt man eine homogene ebene Welle, weil die Flächen konstanter Phase Ebenen sind und auf den Flächen konstanter Phase der Scheitelwert der Feldstärken konstant ist.

Die Wellengleichungen für $\boldsymbol{H}$ und $\boldsymbol{E}$ sind voneinander unabhängig. Erst durch Einsetzen der Lösungen in die Maxwellschen Gleichungen kann festgestellt werden, welche Lösungen dieser unabhängigen Gleichungen tatsächlich zueinander gehören.

Wir geben die erste Maxwellsche Gleichung in folgender Form an:

$$\operatorname{rot} \boldsymbol{H} = \begin{vmatrix} \boldsymbol{e}_x & \boldsymbol{e}_y & \boldsymbol{e}_z \\ \dfrac{\partial}{\partial x} & \dfrac{\partial}{\partial y} & \dfrac{\partial}{\partial z} \\ H_x & H_y & H_z \end{vmatrix} = \varepsilon \frac{\partial \boldsymbol{E}}{\partial t}. \tag{11}$$

Nun berücksichtigen wir aber, daß es sich um ebene Wellen handelt. Es ist also

$$\frac{\partial}{\partial y} = 0; \qquad \frac{\partial}{\partial z} = 0; \qquad \frac{\partial}{\partial x} = \mp \frac{1}{v} \frac{\partial}{\partial t}. \tag{12}$$

Das Einsetzen in die vorige Gleichung liefert

$$\operatorname{rot} \boldsymbol{H} = \begin{vmatrix} \boldsymbol{e}_x & \boldsymbol{e}_y & \boldsymbol{e}_z \\ \mp \dfrac{1}{v} \dfrac{\partial}{\partial t} & 0 & 0 \\ H_x & H_y & H_z \end{vmatrix} = \mp \frac{1}{v} \frac{\partial}{\partial t} \begin{vmatrix} \boldsymbol{e}_x & \boldsymbol{e}_y & \boldsymbol{e}_z \\ 1 & 0 & 0 \\ H_x & H_y & H_z \end{vmatrix}. \tag{13}$$

Die hier vorkommende Determinante stellt das vektorielle Produkt des Einheitsvektors $\boldsymbol{e}_x$ und der magnetischen Feldstärke $\boldsymbol{H}$ dar. Die erste Maxwellsche Gleichung kann also auch in der Form

$$\mp \frac{1}{v} \frac{\partial}{\partial t} [\boldsymbol{e}_x \times \boldsymbol{H}] = \varepsilon \frac{\partial \boldsymbol{E}}{\partial t} \tag{14}$$

geschrieben werden, und wenn wir die zeitunabhängige Konstante gleich Null setzen, gilt

$$\mp \frac{1}{v} [\boldsymbol{e}_x \times \boldsymbol{H}] = \varepsilon \boldsymbol{E}; \qquad \boldsymbol{e}_x \times \boldsymbol{H} = \mp \sqrt{\frac{\varepsilon}{\mu}}\, \boldsymbol{E}. \tag{15}$$

Auf ähnliche Weise liefert die zweite Maxwellsche Gleichung den Ausdruck

$$\boldsymbol{e}_x \times \boldsymbol{E} = \pm \sqrt{\frac{\mu}{\varepsilon}}\, \boldsymbol{H}. \tag{16}$$

In diesen Formeln gehört das obere Vorzeichen jeweils zur sich in positiver x-Richtung ausbreitenden Welle, während dem unteren Vorzeichen die sich in negativer Richtung fortpflanzende Welle zugeordnet ist. Man sieht, daß der Vektor der elektrischen Feldstärke zur x-Achse und zur magnetischen Feldstärke senkrecht steht. Weiterhin ist die magnetische Feldstärke senkrecht zur x-Achse und zur elektrischen

Feldstärke. *Also bilden die Vektoren* $\boldsymbol{e}_x$, $\boldsymbol{E}$, $\boldsymbol{H}$ — *oder bei zyklischer Vertauschung die Vektoren* $\boldsymbol{E}$, $\boldsymbol{H}$, $\boldsymbol{e}_x$ *ein orthogonales Rechtssystem, d. h., die elektrischen und magnetischen Feldstärken stehen aufeinander senkrecht und ebenfalls senkrecht zur Fortpflanzungsrichtung.* Es sei noch besonders betont, daß diese Feststellung nur für ebene Wellen gilt und daß dieser Satz keine allgemeine Gültigkeit besitzt, obwohl sich seine Anwendung in vielen praktischen Fällen bewährt hat. Man sieht, daß die elektromagnetischen ebenen Wellen transversale Wellen darstellen, da die elektrische und die magnetische Feldstärke immer zur Fortpflanzungsrichtung senkrecht sind. Ist die Ausbreitungsrichtung nicht durch die x-Achse, sondern durch einen beliebigen Einheitsvektor $\boldsymbol{n}$ gegeben, so lautet die Lösung der Wellengleichung

$$\boldsymbol{E} = \boldsymbol{E}_0 f\left(t - \frac{\boldsymbol{nr}}{v}\right). \tag{17a}$$

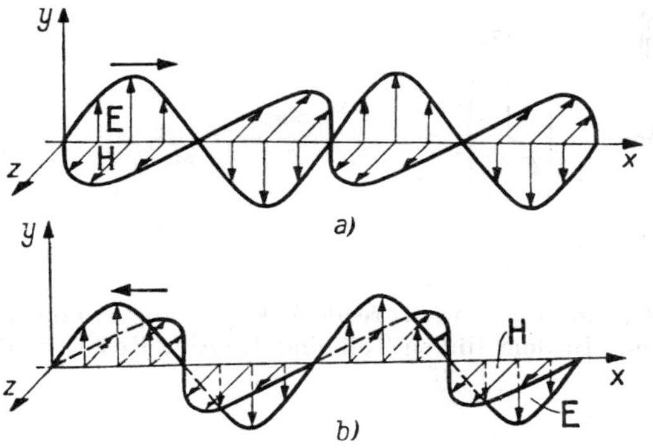

Abb. 4.1 a) Räumliche Verteilung der elektrischen und der magnetischen Feldstärke bei ebenen Wellen, wenn sich die Wellen nach rechts fortbewegen.

b) Räumliche Verteilung der elektrischen und der magnetischen Feldstärke bei ebenen Wellen, wenn sich die Wellen nach links fortbewegen.
Definitionsgemäß wird die $(\boldsymbol{e}_x, \boldsymbol{E})$-Ebene als Polarisationsebene bezeichnet.

Diese Funktion liefert (im betrachteten Zeitpunkt) gleiche Werte für alle Punkte, für die das Produkt $\boldsymbol{nr}$ konstant ist. Diese Bedingung wird durch eine zu $\boldsymbol{n}$ senkrechte Ebene erfüllt. Durch Einsetzen dieser Funktion kann leicht bewiesen werden, daß sie eine Lösung der Differentialgleichung (4) oder (5) darstellt.

Wie aus Gl. (13) folgt, vereinfacht sich die Rotationsbildung bei ebenen Wellen zur Operation

$$\text{rot} \to -\frac{1}{v}\frac{\partial}{\partial t}\boldsymbol{e}_x \times \quad \text{bzw.} \quad \text{rot} \to -\frac{1}{v}\frac{\partial}{\partial t}\boldsymbol{n} \times . \tag{17b}$$

Die Gleichung der in der $\pm x$-Richtung fortschreitenden, als Funktion der Zeit rein sinusförmigen Welle lautet also nach dem bisher Gesagten (Abb. 4.1a, b):

$$\boldsymbol{E} = \boldsymbol{E}_0\, \mathrm{e}^{\mathrm{j}\omega\left(t \mp \frac{\boldsymbol{re}_x}{v}\right)}; \quad \boldsymbol{H} = \boldsymbol{H}_0\, \mathrm{e}^{\mathrm{j}\omega\left(t \mp \frac{\boldsymbol{re}_x}{v}\right)}. \tag{18}$$

Für die sich in Richtung der x-Achse ausbreitenden transversalen ebenen Wellen gilt

$$E_x = 0; \quad H_x = 0. \tag{19}$$

Hierbei wurde vorausgesetzt, daß $\boldsymbol{E}_0$ bzw. $\boldsymbol{H}_0$ nach Betrag und Richtung konstant sind; außerdem bilden $\boldsymbol{e}_x$, $\boldsymbol{E}_0$, $\boldsymbol{H}_0$ ein orthogonales Rechtssystem.

Es seien jetzt die folgenden Lösungen der Maxwellschen Gleichungen gegeben:

$$\boldsymbol{E}^{(1)} = \boldsymbol{E}_0^{(1)}\, \mathrm{e}^{\mathrm{j}\omega\left(t - \frac{\boldsymbol{r}\boldsymbol{e}_x}{v}\right)}; \qquad \boldsymbol{E}^{(2)} = \boldsymbol{E}_0^{(2)}\, \mathrm{e}^{\mathrm{j}\varphi}\, \mathrm{e}^{\mathrm{j}\omega\left(t - \frac{\boldsymbol{r}\boldsymbol{e}_x}{v}\right)}. \tag{20}$$

Beide stellen eine ebene, in der positiven x-Richtung fortschreitende Welle mit der gleichen Frequenz dar. Zur Vereinfachung der Untersuchung soll hier $\boldsymbol{E}_0^{(2)}$ senkrecht

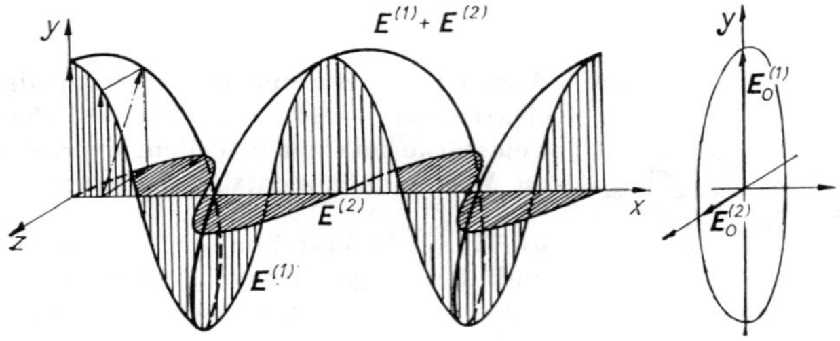

Abb. 4.2 a) Elliptisch polarisierte Welle. $\boldsymbol{E}_0^{(1)}$ und $\boldsymbol{E}_0^{(2)}$ sind als reelle Vektoren angenommen, die in die positive y- bzw. z-Richtung zeigen. In dem linken Teil sind Re $\boldsymbol{E}^{(1)}$, Re $\boldsymbol{E}^{(2)}$ und Re $\boldsymbol{E}_r$ aufgetragen

zu $\boldsymbol{E}_0^{(1)}$ sein, außerdem sei $\varphi = -\pi/2$. Abb. 4.2a zeigt den Verlauf der beiden Wellen entlang der x-Achse für einen beliebig gewählten Zeitpunkt. Der Endpunkt des Vektors $\boldsymbol{E}_r = \boldsymbol{E}^{(1)} + \boldsymbol{E}^{(2)}$ beschreibt eine elliptische Schraubenlinie. In einer durch einen beliebigen Punkt x gelegten, zur x-Achse senkrechten Ebene bewegt sich der Endpunkt des Feldstärkevektors $\boldsymbol{E}_r$ entlang einer Ellipse als resultierender Bewegung aus zwei senkrechten, jedoch phasenverschobenen Schwingungen. Diese Ellipse kann zum Kreis oder zur Geraden entarten. Entsprechend wird die Welle elliptisch, zirkular oder linear polarisiert genannt.

Definieren wir den Wellenvektor $\boldsymbol{k}$ durch die Beziehung

$$\frac{\omega}{v}\,\boldsymbol{n} = \frac{2\pi}{\lambda}\,\boldsymbol{n} = \boldsymbol{k}, \tag{21a}$$

so vereinfacht sich die Rotationsbildung nach (17b) noch weiter:

$$\mathrm{rot} \to -\frac{1}{v}\,\mathrm{j}\omega\boldsymbol{n}\times = -\mathrm{j}\boldsymbol{k}\times = \times\,\mathrm{j}\boldsymbol{k}. \tag{21b}$$

Eine durch den Vektor $\boldsymbol{k}$ charakterisierte ebene Welle wird durch folgende Gleichung beschrieben:

$$\boldsymbol{E}(\boldsymbol{r}, t) = E_1 \boldsymbol{e}_1 \, \mathrm{e}^{\mathrm{j}(\omega t - \boldsymbol{kr})} + E_2 \boldsymbol{e}_2 \, \mathrm{e}^{\mathrm{j}(\omega t - \boldsymbol{kr})}. \tag{22}$$

Hier bedeuten $\boldsymbol{e}_1$ und $\boldsymbol{e}_2$ zwei aufeinander und auf dem Wellenvektor $\boldsymbol{k}$ senkrecht stehende Einheitsvektoren:

$$\boldsymbol{e}_1\boldsymbol{k} = 0, \quad \boldsymbol{e}_2\boldsymbol{k} = 0, \quad \boldsymbol{e}_1\boldsymbol{e}_2 = 0. \tag{23}$$

In Abb. 4.2b sind eine nach rechts und eine nach links zirkular polarisierte Welle und ihre Resultierende, eine ebene Welle, dargestellt. Umgekehrt läßt sich eine ebene Welle in zwei zirkular polarisierte Wellen aufspalten.

Der Poyntingsche Vektor der Energieströmung, $\boldsymbol{S} = \boldsymbol{E} \times \boldsymbol{H}$, fällt in die Richtung der Wellenausbreitung, und sein Betrag im Vakuum ist

$$|\boldsymbol{S}| = |\boldsymbol{E}| \, |\boldsymbol{H}| = \sqrt{\frac{\varepsilon}{\mu}} E^2 = \frac{1}{2} \left[\sqrt{\frac{\varepsilon}{\mu}} E^2 + \sqrt{\frac{\mu}{\varepsilon}} H^2 \right] = \frac{1}{\sqrt{\mu\varepsilon}} \frac{1}{2} (\varepsilon E^2 + \mu H^2). \tag{24}$$

Dieser Ausdruck kann einfach als die in einem Prisma mit der Grundfläche 1 m² und der Länge v vorhandene Energie gedeutet werden.

Bisher wurde gezeigt, daß die Lösung der Maxwellschen Gleichungen eine Welle liefert, die sich im Vakuum mit der Geschwindigkeit $c = 1/\sqrt{\varepsilon_0\mu_0} \approx 3 \cdot 10^8 \ \mathrm{ms^{-1}}$ ausbreitet und transversal ist. Sie hat dieselben Eigenschaften wie die Lichtwellen. Es liegt also die Annahme nahe, daß das Licht eine elektromagnetische Welle ist. Als die transversale Natur des Lichtes erklärt werden mußte, erwiesen sich die früheren mechanischen Äthermodelle als große Hindernisse. Die Maxwellschen Gleichungen beseitigen diese ohne weiteres. Erfolgt die Ausbreitung der elektromagnetischen Wellen nicht im Vakuum, so vollzieht sie sich nach den Maxwellschen Gleichungen mit der Geschwindigkeit $v = 1/\sqrt{\varepsilon\mu} = c/\sqrt{\varepsilon_r\mu_r}$, während sich nach den Gesetzen der Optik die Lichtwellen mit der Geschwindigkeit c/n ausbreiten, wobei n den Brechungsindex bedeutet. Die elektromagnetische Lichttheorie ist also gültig, wenn $n = \sqrt{\varepsilon_r\mu_r}$ bzw. nach Berücksichtigung der Tatsache, daß die magnetische Permeabilität im optisch durchsichtigen Medium nahezu gleich 1 ist, wenn die sogenannte *Maxwellsche Relation*

$$n = \sqrt{\varepsilon_r}; \qquad n^2 = \varepsilon_r \tag{25}$$

besteht. Diese Beziehung besagt, daß das Quadrat des optischen Brechungsindexes gleich der Dielektrizitätskonstanten ist. Der Brechungsindex von Wasser beträgt $n = 1{,}33$, seine Dielektrizitätskonstante aber $\varepsilon_r = 80$. Es ist also zu sehen, daß die Maxwellsche Relation nicht einmal näherungsweise erfüllt ist. Man kann daraus jedoch nicht einen Schluß auf die Ungültigkeit der elektromagnetischen Lichttheorie ziehen. Es ist nämlich bekannt, daß der Brechungsindex auch von der Wellenlänge, also von der Schwingungsfrequenz, abhängt. In der Optik verursacht diese Abhängigkeit die Dispersionserscheinung. Es können also nur bei gleicher Frequenz gemessene Brechungsindizes und Dielektrizitätskonstanten verglichen werden. Die Dielektrizitätskonstante hat eine makroskopische Bedeutung und ist eigentlich nur für lange Wellen gültig. Ihre praktische Messung wird mit Gleichstrom, also mit einem Wechselstrom unendlich großer Wellenlänge, oder mit technischem Wechselstrom, dem aber auch Wellenlängen von mehreren, sogar mehreren tausend Kilometern entsprechen, durchgeführt. Gleichzeitig wird aber der optische Brechungsindex bei Wellenlängen von $\lambda \approx 5 \times 10^{-5}$ cm gemessen. Bei Rundfunkwellen im Dezimeter- oder Zentimeterband stimmt der Wert von ε noch mit den Gleichstromwerten überein. Wenn wir mit solchen Wellen optische Versuche durchführen, erweist sich die Relation $n^2 = \varepsilon_r$ als gültig, d. h., für solche Wellen ist der Brechungsindex des

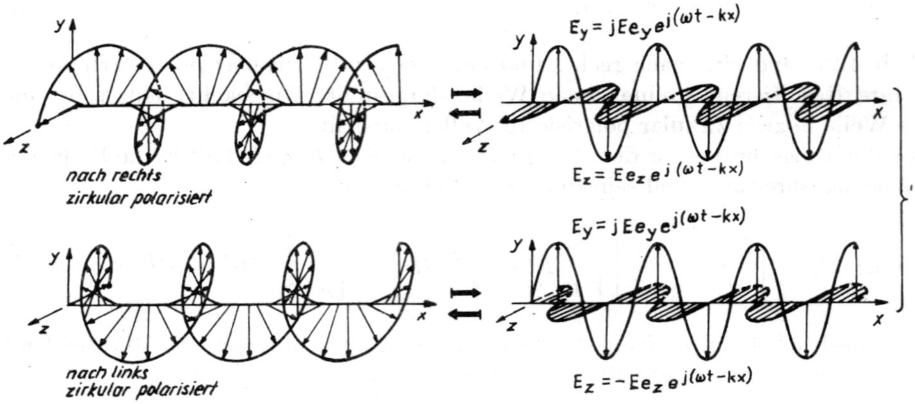

Abb. 4.2 b) Die zirkular polarisierten Wellen setzen sich aus zwei, in zueinander senkrechten Ebenen linear polarisierten Wellen zusammen, die gleich großen Absolutbetrag und $\pm\pi/2$ Phasenverschiebung besitzen. Das Verhältnis der Komponenten E_y/E_z wird bei nach links bzw. rechts zirkular polarisierten Wellen —j bzw. +j. Zwei in verschiedener Richtung zirkular polarisierte Wellen ergeben eine ebene polarisierte Welle. Dementsprechend kann eine ebene Welle in zwei zirkular polarisierte Wellen zerlegt werden

Wassers nicht mehr 1,33, sondern nähert sich dem Wert $n = \sqrt{\varepsilon_r} = \sqrt{80}$. Bei allen Stoffen, bei denen die Wellenlängenabhängigkeit des Brechungsindexes vernachlässigbar ist, kann die Gültigkeit der Maxwellschen Beziehung für den optischen Brechungsindex und für die mit Gleichstrom gemessene Dielektrizitätskonstante erwartet werden. Die Übereinstimmung ist in solchen Fällen tatsächlich vorhanden. Damit ist für die elektromagnetische Lichttheorie ein Beweis gefunden. Die Maxwellsche Theorie beschreibt also die Erscheinung vom Gleichstrom über die technischen Wechselströme bis zum Gebiet der Rundfunkwellen und weiter über die Dezimeter- und Zentimeterwellen, infrarote und sichtbare Lichtwellen bis zum Gebiet der Ultraviolett- und Röntgenstrahlung. Der Übergang zwischen den einzelnen Gebieten erweist sich als vollkommen stetig. Längere Zeit fand man eine Unstetigkeit zwischen den Ultrakurzwellen und den Wärmewellen. Heute kann aber die von Temperaturstrahlern ausgesandte Energie mit Hilfe von Rundfunkempfangsgeräten gemessen werden. Andererseits ist es aber auch möglich, mit Rundfunksendern kurze Wellen auszustrahlen, die bereits über die verschiedenen Eigenschaften der Infrarotwellen verfügen. Sie zeigen z. B. eine Wärmewirkung, erleiden bei der Durchdringung gewisser Stoffe eine selektive Absorption, die eine Untersuchung der Molekularstruktur des Stoffes ermöglicht, und können mit Hilfe der aus der Optik bekannten Methoden reflektiert und fokussiert werden.

Eine Grenze für die Maxwellschen Gleichungen stellt die *Quantennatur der abgestrahlten Energie* dar. Solange die vorkommende Energie bei gegebenen Erscheinungen groß gegenüber der Energie $h\nu$ ist (wobei $h = 6{,}625 \cdot 10^{-34}$ Joule s das Plancksche Wirkungsquantum und ν die Frequenz bedeutet), d. h. eine sehr große Anzahl von Teilchen (Photonen) vorhanden ist, behalten die Maxwellschen Gleichungen ihre Gültigkeit.

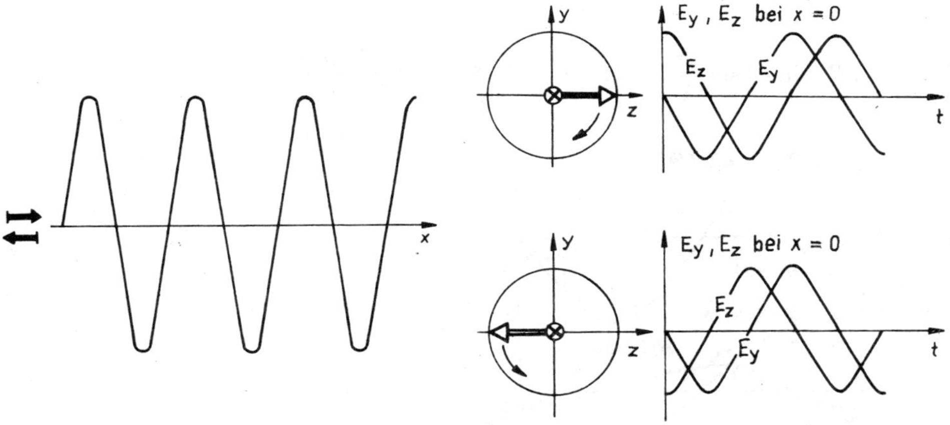

Abb. 4.2b (Fortsetzung) Definitionsgemäß wird eine Welle nach links bzw. nach rechts zirkularpolarisiert genannt, wenn die Feldvektoren $\boldsymbol{E}$ und $\boldsymbol{H}$ an einem bestimmten Ort (d. h. bei $x = x_0$) in der Zeit eine Rechtsdrehung bzw. Linksdrehung (bezüglich der Fortpflanzungsrichtung) aufweisen.

4.2. Die Reflexion der ebenen Wellen an Leitern und Isolierstoffen

Wir wollen nun den Fall untersuchen, bei dem in den Weg einer sich in Richtung der positiven x-Achse ausbreitenden Welle eine metallische Fläche unendlich großer Leitfähigkeit gelegt wird. Da der Leiter als ideal betrachtet wird, muß die elektrische Feldstärke überall senkrecht zur Fläche bleiben, d. h., die Tangentialkomponente der Feldstärke muß verschwinden, um unendlich große Ströme zu vermeiden. Diese Grenzbedingung kann nur durch die Annahme einer in entgegengesetzter Richtung fortschreitenden reflektierten Welle erfüllt werden. Dieser Fall ist dem der kurzgeschlossenen Fernleitung ähnlich. Die Feldstärke ergibt sich also zu

$$E_y = E_y^+ \, e^{j\omega\left(t - \frac{x}{v}\right)} + E_y^- \, e^{j\omega\left(t + \frac{x}{v}\right)} . \tag{1}$$

Ist wie in Abb. 4.3 an der Stelle $x = 0$ die Feldstärke $E_y = 0$, also $E_y^+ = -E_y^-$, so gilt

$$E_y = E_y^+ \left(e^{-j\omega \frac{x}{v}} - e^{+j\omega \frac{x}{v}}\right) e^{j\omega t}. \tag{2}$$

Mit Hilfe der Eulerschen Beziehung kann diese Formel in

$$E_y = -E_y^+ 2j\, e^{j\omega t} \sin \omega \frac{x}{v} \tag{3}$$

$$\operatorname{Re} E_y = 2E_y^+ \sin \omega t \sin \frac{2\pi}{\lambda} x; \quad \operatorname{Re} H_z = \frac{2E_y^+}{Z_0} \cos \omega t \cos \frac{2\pi}{\lambda} x$$

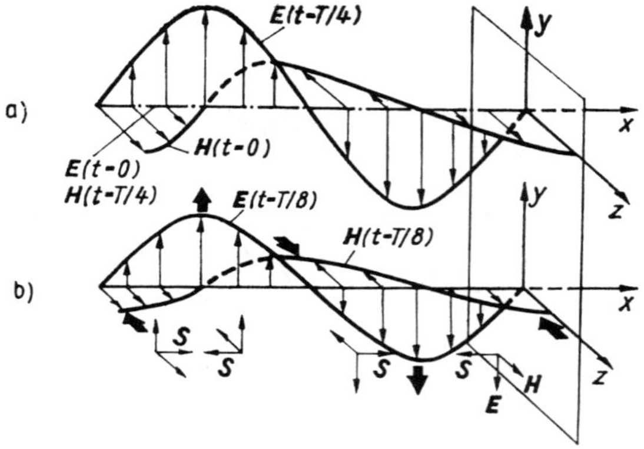

Abb. 4.3 Bei Reflexion an einer Metallplatte treten stehende Wellen auf

a) Bei $t = 0$ erreicht $\boldsymbol{H}$ seine größte Amplitude; $\boldsymbol{E}$ ist in diesem Zeitpunkt überall Null. Bei $t = T/4$ ist es umgekehrt

b) In einem Zwischenpunkt ($t = T/8$) wächst $\boldsymbol{E}$ und vermindert sich $\boldsymbol{H}$. Die im Zeitpunkt $t = 0$ im magnetischen Feld gespeicherte Energie strömt jetzt zu den Gebieten wachsender elektrischer Feldstärke

umgeschrieben werden. Dies bedeutet, daß wir auch hier, wie im Fall der Leitungswellen, stehende Wellen erhalten (Abb. 4.3). Für die magnetische Feldstärke gilt die Beziehung

$$H_z = \frac{E_y^+}{Z_0} e^{j\omega\left(t - \frac{x}{v}\right)} - \frac{E_y^-}{Z_0} e^{j\omega\left(t + \frac{x}{v}\right)} = \frac{2E_y^+}{Z_0} e^{j\omega t} \cos \omega \frac{x}{v}, \tag{4}$$

wobei $Z_0 = E_y^+/H_z^+ = \sqrt{\mu/\varepsilon}$ ist. Die Analogie, auf die wir hier Bezug nahmen, erleichtert in zahlreichen Fällen die Behandlung der ebenen Wellen. Es ist nämlich bekannt, daß die Wellenausbreitungsgeschwindigkeit entlang der idealen Fernleitung durch die Beziehung

$$v = \frac{1}{\sqrt{LC}} \tag{5}$$

bestimmt ist. Bei ebenen Wellen entspricht dieser Gleichung der Ausdruck

$$v = \frac{1}{\sqrt{\varepsilon\mu}}. \tag{6}$$

Für ideale Fernleitungen ergibt sich für das Verhältnis von Spannung zu Stromstärke, wenn sich die Welle in positiver x-Richtung ausbreitet,

$$\frac{U_0^+}{I_0^+} = +\sqrt{\frac{L}{C}}, \tag{7}$$

und wenn sich die Welle in der negativen x-Richtung fortpflanzt

$$\frac{U_0^-}{I_0^-} = -\sqrt{\frac{L}{C}}. \tag{8}$$

Analog gilt für die in positiver x-Richtung fortschreitenden ebenen Wellen

$$\frac{E_y^+}{H_z^+} = \sqrt{\frac{\mu}{\varepsilon}}, \tag{9a}$$

bzw. für die sich in negativer x-Richtung ausbreitenden Wellen

$$\frac{E_y^-}{H_z^-} = -\sqrt{\frac{\mu}{\varepsilon}}. \tag{9b}$$

Zahlenmäßig beträgt der Feldwellenwiderstand für Vakuum

$$Z_0 = Z_v = \sqrt{\frac{\mu_0}{\varepsilon_0}} = \sqrt{\frac{4\pi \cdot 10^{-7}}{8{,}854 \cdot 10^{-12}}}\,\Omega \approx 120\pi\,\Omega \doteq 377\,\Omega. \tag{10}$$

Das Verhältnis E_y^+/H_z^+ kann als Wellenwiderstand des Raumes bezeichnet werden. Es soll auch untersucht werden, inwieweit die Formel des Reflexionswertes ebener Wellen derjenigen entspricht, die für Leitungswellen bei Verbindung zweier durch verschiedene Wellenwiderstände gekennzeichneten Fernleitungen gefunden wurde:

$$p = \frac{Z_{02} - Z_{01}}{Z_{02} + Z_{01}}. \tag{11}$$

Es sei nach Abb. 4.4 der links von der Ebene $x = 0$ liegende Raumteil von einem Dielektrikum mit den Konstanten ε_1, μ_1, der rechte Raumteil von einem durch ε_2, μ_2 gekennzeichneten Dielektrikum erfüllt. Eine ebene Welle breite sich in positiver x-Richtung aus. Gesucht wird der Bruchteil der Welle, der an der Grenzfläche der beiden Dielektrika reflektiert wird. Das Reflexionsgesetz wird aus der Bedingung ermittelt, daß die Tangentialkomponente sowohl der magnetischen als auch der elektrischen Feldstärke stetig durch die Grenzfläche beider Medien hindurchgeht, also

$$E_{1y}^+ + E_{1y}^- = E_{2y}^+, \qquad H_{1z}^+ + H_{1z}^- = H_{2z}^+; \qquad x = 0. \tag{12}$$

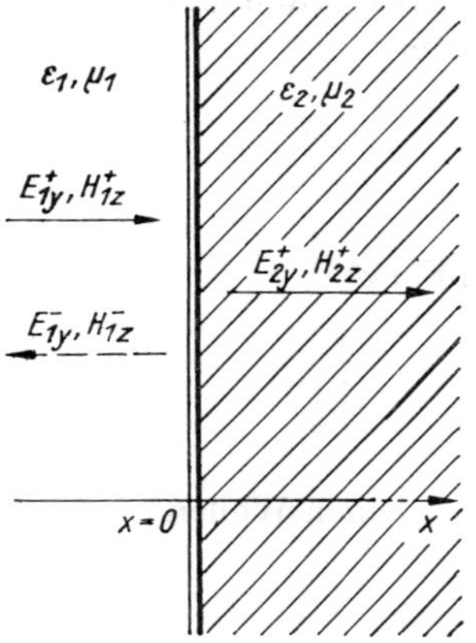

Abb. 4.4 Zur Ermittlung des Reflexionskoeffizienten

Wie wir wissen, gilt in den Medien

$$\frac{E_{1y}^+}{H_{1z}^+} = \sqrt{\frac{\mu_1}{\varepsilon_1}} = -\frac{E_{1y}^-}{H_{1z}^-} = Z_{01}, \tag{13}$$

$$\frac{E_{2y}^+}{H_{2z}^+} = \sqrt{\frac{\mu_2}{\varepsilon_2}} = Z_{02}. \tag{14}$$

Dadurch kann für den Reflexionskoeffizienten mit Hilfe der Gleichungen (12), (13) und (14) folgende Beziehung abgeleitet werden:

$$p = \frac{E_{1y}^-}{E_{1y}^+} = \frac{Z_{02} - Z_{01}}{Z_{02} + Z_{01}} = \frac{\sqrt{\frac{\mu_2}{\varepsilon_2}} - \sqrt{\frac{\mu_1}{\varepsilon_1}}}{\sqrt{\frac{\mu_2}{\varepsilon_2}} + \sqrt{\frac{\mu_1}{\varepsilon_1}}}, \tag{15}$$

die mit der Formel für die Fernleitungen völlig übereinstimmt. Im Raum entspricht also die Grenzfläche zweier verschiedener Dielektrika dem Anschluß von zwei Fernleitungen mit verschiedenen Wellenwiderständen.

Diese Analogie wird im folgenden noch weiter entwickelt und genutzt.

Es ist lehrreich, die Verhältnisse bezüglich der Energieströmung zu untersuchen. Die Amplitude der elektrischen Feldstärke beträgt an einer beliebigen Stelle x in Raum (1)

$$E_{1y} = E_{1y}^{+} e^{-j\frac{\omega}{v}x} + E_{1y}^{-} e^{+j\frac{\omega}{v}x} = E_{1y}^{+}\left(e^{-j\frac{\omega}{v}x} + p e^{j\frac{\omega}{v}x}\right). \tag{16}$$

Entsprechend gilt

$$H_{1z} = \frac{E_{1y}^{+}}{Z_{01}}\left(e^{-j\frac{\omega}{v}x} - p\, e^{j\frac{\omega}{v}x}\right). \tag{17}$$

Der komplexe Poynting-Vektor ergibt sich zu

$$S_1 = E_{1y}H_{1z}^{*} = \frac{E_{1y}^{+2}}{Z_{01}}\left[1 + p\left(e^{j2\frac{\omega}{v}x} - e^{-j2\frac{\omega}{v}x}\right) - p^2\right] = \frac{E_{1y}^{+2}}{Z_{01}}(1 - p^2) + j\,\frac{E_{1y}^{+2}}{Z_{01}}\,2p\sin 2\,\frac{\omega}{v}\,x. \tag{18}$$

Es folgt also

$$\operatorname{Re} S_1 = \frac{E_{1y}^{+2}}{Z_{01}}(1 - p^2). \tag{19}$$

Die Leistungsströmung im Raumteil (2) wird dagegen

$$\operatorname{Re} S_2 = E_{2y}H_{2z}^{*} = E_{2y}^{+}H_{2z}^{+} = \frac{E_{2y}^{+2}}{Z_{02}}. \tag{20}$$

Da aber $E_{2y}^{+} = E_{1y}^{+}(1 + p)$ und $(1 + p)/(1 - p) = Z_{02}/Z_{01}$ ist, ergibt sich

$\operatorname{Re} S_1 = \operatorname{Re} S_2$,

wie es aus physikalischen Gründen zu erwarten ist.

4.3. Ebene Wellen in Stoffen mit endlicher Leitfähigkeit

Im Innern des als homogen betrachteten Stoffes lauten die Maxwellschen Gleichungen für $\varrho = 0$

$$\left.\begin{aligned} &\text{I.}\quad \operatorname{rot}\boldsymbol{H} = \sigma\boldsymbol{E} + \varepsilon\frac{\partial\boldsymbol{E}}{\partial t}, &&\text{III.}\quad \operatorname{div}\boldsymbol{H} = 0,\\ &\text{II.}\quad \operatorname{rot}\boldsymbol{E} = -\mu\frac{\partial\boldsymbol{H}}{\partial t}, &&\text{IV.}\quad \operatorname{div}\boldsymbol{E} = 0. \end{aligned}\right\} \tag{1}$$

Von nun an werden wir σ an Stelle von γ für die Leitfähigkeit einsetzen. Dies ist notwendig, um eine Verwechslung mit der Ausbreitungskonstanten zu vermeiden.

Wenn wir die Rotation der ersten Gleichung bilden, erhalten wir

$$\operatorname{rot}\operatorname{rot}\boldsymbol{H} = \operatorname{grad}\operatorname{div}\boldsymbol{H} - \Delta\boldsymbol{H} = \sigma\operatorname{rot}\boldsymbol{E} + \varepsilon\frac{\partial}{\partial t}\operatorname{rot}\boldsymbol{E}, \tag{2}$$

woraus sich, unter Berücksichtigung der Beziehung div $\boldsymbol{H} = 0$ und der zweiten Maxwellschen Gleichung, die Differentialgleichung

$$\Delta \boldsymbol{H} - \sigma\mu \frac{\partial \boldsymbol{H}}{\partial t} - \varepsilon\mu \frac{\partial^2 \boldsymbol{H}}{\partial t^2} = 0 \tag{3}$$

ergibt. Auf ähnliche Weise liefert uns die Rotation der zweiten Maxwellschen Gleichung den Ausdruck

$$\operatorname{rot}\operatorname{rot} \boldsymbol{E} = \operatorname{grad}\operatorname{div} \boldsymbol{E} - \Delta \boldsymbol{E} = -\mu \frac{\partial}{\partial t} \operatorname{rot} \boldsymbol{H} = -\sigma\mu \frac{\partial \boldsymbol{E}}{\partial t} - \varepsilon\mu \frac{\partial^2 \boldsymbol{E}}{\partial t^2}, \tag{4}$$

woraus die der vorigen völlig analoge Gleichung

$$\Delta \boldsymbol{E} - \sigma\mu \frac{\partial \boldsymbol{E}}{\partial t} - \varepsilon\mu \frac{\partial^2 \boldsymbol{E}}{\partial t^2} = 0 \tag{5}$$

folgt. Es ist zu ersehen, daß sowohl die Feldstärke $\boldsymbol{E}$ als auch $\boldsymbol{H}$ eine der Telegraphengleichung analoge Beziehung befriedigen. Nun sollen die Lösungen dieser Gleichungen gesucht werden, die eine ebene Welle darstellen, die also nur von der Koordinate x abhängen. Bei rein sinusförmigem Verlauf kann für Gl. (5) geschrieben werden:

$$\Delta \boldsymbol{E} - \sigma\mu \mathrm{j}\omega \boldsymbol{E} + \varepsilon\mu\omega^2 \boldsymbol{E} = \Delta \boldsymbol{E} + (\varepsilon\mu\omega^2 - \sigma\mu\mathrm{j}\omega)\, \boldsymbol{E} = 0. \tag{6}$$

$\boldsymbol{E}$ und $\boldsymbol{H}$ genügen also, wenn die Zeitabhängigkeit von der Form $e^{\mathrm{j}\omega t}$ ist, den folgenden Gleichungen:

$$\left.\begin{aligned} \Delta \boldsymbol{E} + k^2 \boldsymbol{E} &= 0, \\ \Delta \boldsymbol{H} + k^2 \boldsymbol{H} &= 0; \end{aligned}\right\} \tag{7}$$

dabei gilt

$$k = \omega \sqrt{\varepsilon\mu} \qquad \text{für} \qquad \sigma = 0, \tag{8}$$

$$k = \sqrt{\varepsilon\mu\omega^2 - \sigma\mu\mathrm{j}\omega} = \sqrt{-(\sigma + \mathrm{j}\omega\varepsilon)\,\mathrm{j}\omega\mu} \qquad \text{für} \qquad \sigma \neq 0. \tag{9}$$

Auf die Lösung der Gleichungen (7) kommen wir später zurück. Jetzt wenden wir uns der Aufstellung und Ausnützung der schon erwähnten Analogie zu.

Wir bemerken zunächst, daß $\boldsymbol{E}$ und $\boldsymbol{H}$ sowie u und i in der Leitungstheorie

Differentialgleichungen analoger Form erfüllen:

$$\left.\begin{aligned} \Delta \boldsymbol{E} - \sigma\mu \frac{\partial \boldsymbol{E}}{\partial t} - \varepsilon\mu \frac{\partial^2 \boldsymbol{E}}{\partial t^2} &= 0; \\ \Delta u - (CR + GL) \frac{\partial u}{\partial t} - LC \frac{\partial^2 u}{\partial t^2} - GRu &= 0. \end{aligned}\right\} \tag{10}$$

Ein ähnliches Gleichungspaar kann für $\boldsymbol{H}$ und i aufgeschrieben werden. In der Gleichung wurde vorausgesetzt, daß $\boldsymbol{E}$ und u nur von x und t abhängig sind, so daß für $\partial^2 u/\partial x^2$ der Ausdruck Δu gesetzt werden kann. Aus der Gleichung können folgende Analogien abgelesen werden:

$$\boldsymbol{E} \to u; \quad \mu \to L; \quad \varepsilon \to C; \quad \sigma \to G; \quad R \to 0. \tag{11}$$

Die genannte Analogie erstreckt sich auch auf die Ausgangsgleichungen. Hat $\boldsymbol{E}$ nur eine y-Komponente, dann kann $\boldsymbol{H}$ nur eine z-Komponente besitzen. Die zwei Maxwellschen Gleichungen und die analogen Leitungsgleichungen ergeben sich wie folgt:

$$\left.\begin{aligned} -\frac{\partial H_z}{\partial x} &= \sigma E_y + \varepsilon \frac{\partial E_y}{\partial t}; & -\frac{\partial i}{\partial x} &= Gu + C \frac{\partial u}{\partial t}, \\ -\frac{\partial E_y}{\partial x} &= \mu \frac{\partial H_z}{\partial t}; & -\frac{\partial u}{\partial x} &= Ri + L \frac{\partial i}{\partial t}. \end{aligned}\right\} \tag{12}$$

Aus diesen Gleichungen können wiederum die vorigen Analogien festgestellt werden. Dadurch können auch der Fortpflanzungsfaktor und der Wellenwiderstand bestimmt werden:

$$\left.\begin{aligned} \gamma = \mathrm{j}k &= \sqrt{\mathrm{j}\omega\mu(\sigma + \mathrm{j}\omega\varepsilon)}; & \gamma &= \sqrt{(R + \mathrm{j}\omega L)(G + \mathrm{j}\omega C)}; \\ \frac{E_y^+}{H_z^+} = Z_0 &= \sqrt{\frac{\mathrm{j}\omega\mu}{\sigma + \mathrm{j}\omega\varepsilon}}; & \frac{U^+}{I^+} = Z_0 &= \sqrt{\frac{R + \mathrm{j}\omega L}{G + \mathrm{j}\omega C}}. \end{aligned}\right\} \tag{13}$$

Die letzten Gleichungen gehen für einen idealen Isolator bzw. für die ideale Fernleitung in die Form

$$\left.\begin{aligned} \gamma &= \mathrm{j}\omega \sqrt{\mu\varepsilon}, \\ Z_0 &= \sqrt{\frac{\mu}{\varepsilon}}, \end{aligned}\right\} \quad \text{bzw.} \quad \left.\begin{aligned} \gamma &= \mathrm{j}\omega \sqrt{LC}, \\ Z_0 &= \sqrt{\frac{L}{C}} \end{aligned}\right\}$$

über.

Im allgemeinen Fall sei $\gamma = \alpha + \mathrm{j}\beta$. Dementsprechend haben wir eine Lösung

$$\boldsymbol{E}(x, t) = \boldsymbol{E}_0\, \mathrm{e}^{\mathrm{j}\omega t}\, \mathrm{e}^{-\gamma x} = \boldsymbol{E}_0\, \mathrm{e}^{-\alpha x}\, \mathrm{e}^{\mathrm{j}(\omega t - \beta x)}, \tag{14}$$

wobei der Dämpfungsfaktor α bzw. die Phasenkonstante β durch folgende Formeln bestimmt werden:

$$\alpha = \omega \sqrt{\frac{\mu\varepsilon}{2}\left(\sqrt{1+\frac{\sigma^2}{\omega^2\varepsilon^2}}-1\right)}; \qquad \beta = \omega \sqrt{\frac{\mu\varepsilon}{2}\left(\sqrt{1+\frac{\sigma^2}{\omega^2\varepsilon^2}}+1\right)}. \tag{15}$$

Nun soll der Wert von α und β für die beiden Extremfälle der Praxis untersucht werden, d. h., wenn die Verschiebungsstromdichte klein im Verhältnis zur Leitungsstromdichte ist (nichtidealer Leiter) oder wenn die Leitungsstromdichte als klein zur Verschiebungsstromdichte betrachtet werden kann (unvollkommener Isolator).

a) Die Leitungsstromdichte beträgt $\boldsymbol{J}_\mathrm{L} = \sigma\boldsymbol{E}$, die Verschiebungsstromdichte für einen rein sinusförmigen Verlauf $\boldsymbol{J}_\mathrm{V} = \mathrm{j}\omega\varepsilon\boldsymbol{E}$. Wir wollen den Fall $|\boldsymbol{J}_\mathrm{L}| \gg |\boldsymbol{J}_\mathrm{V}|$, also $\sigma/\omega\varepsilon \gg 1$, untersuchen. Hier gilt annähernd

$$\gamma = \sqrt{\mathrm{j}\omega\mu(\sigma + \mathrm{j}\omega\varepsilon)} \approx \sqrt{\mathrm{j}}\;\sqrt{\omega\mu\sigma} = \frac{1+\mathrm{j}}{\sqrt{2}}\sqrt{\omega\mu\sigma}, \tag{16}$$

d. h.,

$$\alpha = \sqrt{\frac{\mu\sigma\omega}{2}} = \frac{1}{\delta}; \qquad \beta = \frac{1}{\delta}. \tag{17}$$

Sowohl die elektrische als auch die magnetische Feldstärke nehmen in Richtung der Fortpflanzung exponentiell ab:

$$\boldsymbol{E} = \boldsymbol{E}_0\, \mathrm{e}^{-\frac{x}{\delta}}\, \mathrm{e}^{\mathrm{j}\omega\left(t-\frac{x}{\delta\omega}\right)}. \tag{18}$$

Hierbei bedeutet δ die Entfernung, nach der die Feldstärke auf den e-ten Teil abgesunken ist. Diese Entfernung ist der bei der Betrachtung des Skineffektes eingeführten Eindringtiefe gleich. Die Phasenfortpflanzungsgeschwindigkeit der Welle beträgt $v_\mathrm{f} = \delta\omega$. Wegen der kleinen Werte von δ ist diese Geschwindigkeit im allgemeinen wesentlich kleiner als die Ausbreitungsgeschwindigkeit des Lichtes.

b) Ist dagegen $\sigma/\omega\varepsilon \ll 1$, so hat man es mit einem Isolator zu tun. In diesem Fall gilt annähernd

$$\alpha = \frac{\sigma}{2}\sqrt{\frac{\mu}{\varepsilon}}; \qquad \beta = \omega\sqrt{\varepsilon\mu}\left[1 + \frac{1}{8}\left(\frac{\sigma}{\omega\varepsilon}\right)^2\right]. \tag{19}$$

Die Phasengeschwindigkeit ist durch

$$v_\mathrm{f} = \frac{\omega}{\beta} = \frac{1}{\sqrt{\varepsilon\mu}}\left[1 - \frac{1}{8}\left(\frac{\sigma}{\omega\varepsilon}\right)^2\right] \tag{20}$$

bestimmt. Wir sehen also, daß die Geschwindigkeit auch hier gegenüber dem idealen Isolator abnimmt.

Bisher war das Verhältnis $\sigma/\omega\varepsilon$ dafür maßgebend, ob ein Werkstoff als Isolator oder als Leiter angesehen wurde. Dieses Verhältnis enthält aber zugleich die Kreisfrequenz ω. Ein Stoff kann also bei niedriger Frequenz als Leiter und bei hoher Frequenz als Isolator wirken (Abb. 4.5).

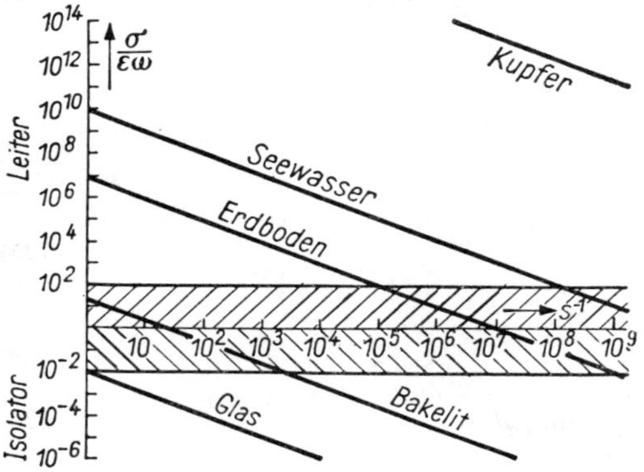

Abb. 4.5 Die Bezeichnungen „Isolator" und „Leiter" hängen von der Frequenz ab [1.18]

Durch die Einführung des Impedanzbegriffes können in erster Linie die Randbedingungen in einfacher und übersichtlicher Weise befriedigt werden, obzwar das Physikalische in dieser Methode etwas verschleiert wird.

Als wichtige Anwendung behandeln wir zuerst den Durchgang von einer links einfallenden Welle durch eine Platte von endlicher Dicke. Abb. 4.6 zeigt die entsprechende Ersatzschaltung.

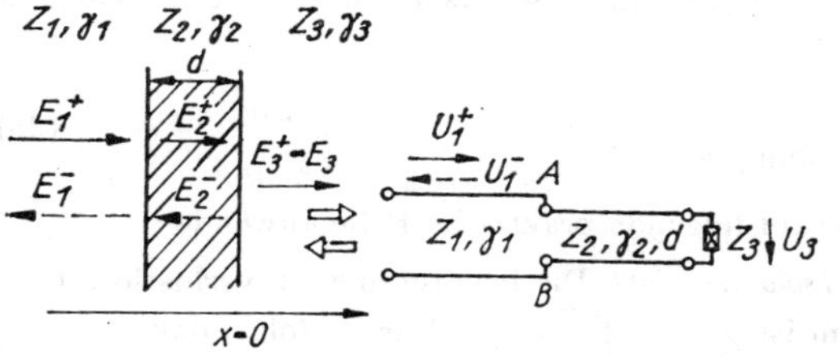

Abb. 4.6 Ersatzschaltung für eine Isolier- oder Metallschicht bei senkrecht einfallender Welle

Zwei Größen sind besonders interessant: der resultierende Reflexionskoeffizient E_1^-/E_1^+ und der Transmissionskoeffizient $E_3^+/E_1^+ = E_3/E_1^+$. Für den ersten erhalten wir

$$\frac{E_1^-}{E_1^+} = \frac{Z_{AB} - Z_1}{Z_{AB} + Z_1}; \tag{21}$$

da aber

$$Z_{AB} = Z_2 \frac{Z_3 \cosh \gamma_2 d + Z_2 \sinh \gamma_2 d}{Z_2 \cosh \gamma_2 d + Z_3 \sinh \gamma_2 d} \tag{22}$$

ist, erhalten wir nach elementarer Umordnung

$$\frac{E_1^-}{E_1^+} = \frac{Z_2(Z_3 - Z_1)\cosh\gamma_2 d + (Z_2^2 - Z_1 Z_3)\sinh\gamma_2 d}{Z_2(Z_3 + Z_1)\cosh\gamma_2 d + (Z_2^2 + Z_1 Z_3)\sinh\gamma_2 d}, \tag{23}$$

Um den Transmissionskoeffizienten zu bestimmen, formulieren wir unser Problem entsprechend Abb. 4.6 um: Wir haben U_1^+ durch U_3 auszudrücken. Die Gleichung für U_{AB} lautet

$$U_{AB} = U_3\cosh\gamma_2 d + I_3 Z_2\sinh\gamma_2 d = U_3\cosh\gamma_2 d + U_3\,\frac{Z_2}{Z_3}\sinh\gamma_2 d. \tag{24}$$

Daraus folgt

$$\frac{U_{AB}}{U_3} = \cosh\gamma_2 d + \frac{Z_2}{Z_3}\sinh\gamma_2 d.$$

Da aber

$$U_{AB} = U_1^+ + U_1^- = U_1^+\left(1 + \frac{Z_{AB} - Z_1}{Z_{AB} + Z_1}\right) \tag{25}$$

ist, erhalten wir

$$\frac{U_{AB}}{U_3} = \frac{U_1^+\left(1 + \dfrac{Z_{AB} - Z_1}{Z_{AB} + Z_1}\right)}{U_3} = \cosh\gamma_2 d + \frac{Z_2}{Z_3}\sinh\gamma_2 d. \tag{26}$$

Für den gesuchten Transmissionskoeffizienten erhalten wir also

$$\frac{U_3}{U_1^+} = \frac{1 + \dfrac{Z_{AB} - Z_1}{Z_{AB} + Z_1}}{\cosh\gamma_2 d + \dfrac{Z_2}{Z_3}\sinh\gamma_2 d}. \tag{27}$$

Unter Berücksichtigung der Formel (22) für Z_{AB} erhalten wir nach einer leichten Zwischenrechnung für den Transmissionskoeffizienten

$$\frac{E_3}{E_1^+} = \frac{2 Z_2 Z_3}{Z_2(Z_3 + Z_1)\cosh\gamma_2 d + (Z_2^2 + Z_1 Z_3)\sinh\gamma_2 d}. \tag{28}$$

Unsere bisherigen Ergebnisse können wir auf folgende praktische Fälle anwenden:

a) *Reflexionsfreier Durchgang durch eine Isolatorschicht.* Die Isolatoren seien verlustlos, d. h., alle Wellenimpedanzen sind reell, außerdem ist $\gamma = \mathrm{j}\omega\sqrt{\mu\varepsilon} = \mathrm{j}\beta$. Daraus folgt, daß $\cosh\gamma d = \cos\beta d$ und $\sinh\gamma d = \mathrm{j}\sin\beta d$ gilt.

Durch Einsetzen dieser Werte in Gl. (23) bestätigt man sofort, daß die Bedingung für die Reflexionsfreiheit

$$d = m\,\frac{\lambda_2}{2} \quad \text{für} \quad Z_1 = Z_3; \qquad m = 1, 2, \ldots \tag{29}$$

bzw.

$$d = (2m - 1)\,\frac{\lambda_2}{4}; \quad Z_2 = \sqrt{Z_1 Z_3} \quad \text{für} \quad Z_1 \neq Z_3 \tag{30}$$

lautet.

b) *Abschirmung gegen Hochfrequenzfelder.* Eine Metallschicht sei in einen verlustfreien Isolator (Luft) eingebettet. Es ist der Transmissionskoeffizient und dadurch z. B. die hindurchgegangene Strahlungsleistung zu bestimmen. Für diesen Fall erhalten wir

$$Z_2 = (1 + \mathrm{j})\,\frac{1}{\sigma\delta} = (1 + \mathrm{j})\,R_2; \qquad \left(R_2 = \frac{1}{\sigma\delta}\right), \tag{31}$$

$$\gamma_2 = (1 + \mathrm{j})\,\frac{1}{\delta}. \tag{32}$$

Des weiteren gelten die Relationen $R_2/Z_1 \ll 1$; $R_2/Z_3 \ll 1$. Aus Gl. (28) wird also

$$\frac{E_3}{E_1^+} = \frac{\dfrac{2Z_2}{Z_1}}{\left(\dfrac{Z_2Z_3}{Z_1Z_3} + \dfrac{Z_1Z_2}{Z_1Z_3}\right)\cosh(1+\mathrm{j})\dfrac{d}{\delta} + \left(\dfrac{Z_2^2}{Z_1Z_3} + 1\right)\sinh(1+\mathrm{j})\dfrac{d}{\delta}}$$

$$\approx \frac{2(1+\mathrm{j})\dfrac{R_2}{Z_1}}{\sinh(1+\mathrm{j})\dfrac{d}{\delta}} = \frac{2(1+\mathrm{j})\dfrac{R_2}{Z_1}}{\sinh\dfrac{d}{\delta}\cos\dfrac{d}{\delta} + \mathrm{j}\cosh\dfrac{d}{\delta}\sin\dfrac{d}{\delta}}. \tag{33}$$

Für das Leistungsverhältnis bei $Z_1 = Z_3$ erhalten wir

$$\left|\frac{E_3}{E_1^+}\right|^2 = \frac{8R_2^2}{Z_1^2\sinh^2\dfrac{d}{\delta} + \sin^2\dfrac{d}{\delta}}. \tag{34}$$

Hier sind wieder zwei Fälle interessant und einfach zu berechnen. Es sei $d \ll \delta$, d. h., die Metallplatte sei dünn:

$$\left|\frac{E_3}{E_1^+}\right|^2 \approx \frac{8R_2^2}{Z_1^2\,2\left(\dfrac{d}{\delta}\right)^2} = \frac{4R_2^2\delta^2}{Z_1^2d^2} = \frac{4}{Z_1^2(\sigma d)^2}. \tag{35}$$

Wenn $d \gg \delta$ ist, gilt die Relation

$$\sinh^2\frac{d}{\delta} \approx \left(\frac{1}{2}\,\mathrm{e}^{\frac{d}{\delta}}\right)^2 = \frac{1}{4}\,\mathrm{e}^{2\frac{d}{\delta}} \gg \sin^2\frac{d}{\delta}, \tag{36}$$

d. h.,

$$\left|\frac{E_3}{E_1^+}\right|^2 \approx \frac{32R_2^2}{Z_1^2}\,\mathrm{e}^{-\frac{2d}{\delta}}. \tag{3}$$

Auf den ersten Blick scheint Abb. 4.7 eine kompliziertere Anlage zu sein als die auf Abb. 4.6. Wir machen aber die vereinfachenden Annahmen, daß (1) und (3) verlustlose Isolatoren, (4) ein Metall mit unendlich großer Leitfähigkeit sind. Das Material (2) kann ein verlustbehafteter Isolator oder eine reale Metallplatte sein. Außerdem wählen wir D entweder gleich Null oder gleich $\lambda_3/4$.

c) *Messung der Stoffkonstanten ε und μ.* Es sei $D = 0$. Dann wird der Eingangswiderstand

$$Z_{AB}^{(k)} = Z_2 \tanh \gamma_2 d\,; \tag{38}$$

$D = 0$ bedeutet nämlich einen Kurzschluß bei $A'B'$. Wählen wir aber $D = \lambda_3/4$, so zwingen

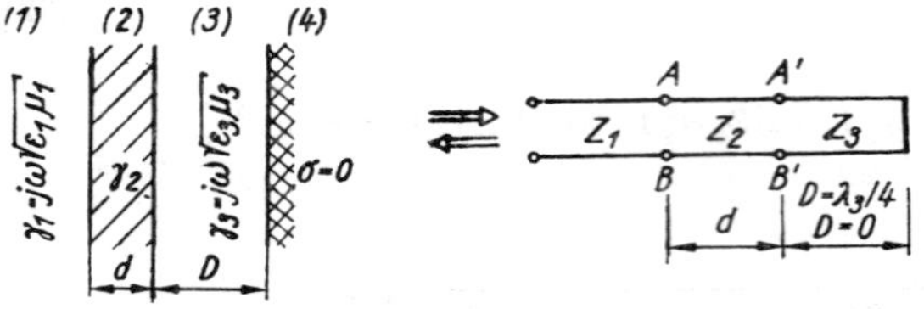

Abb. 4.7 Ersatzschaltung für eine Anordnung zur Messung der (komplexen) Materialkonstanten von (2) bzw. zur Aufhebung der Reflexion an (4)

wir den Zustand $I_{A'B'} = 0$ auf, und wir erhalten für (2) die gleichen Verhältnisse wie beim Leerlauf. Es wird also

$$Z_{AB}^{(o)} = \frac{Z_2}{\tanh \gamma_2 d}. \tag{39}$$

Durch Messung von $Z_{AB}^{(k)}$ und $Z_{AB}^{(o)}$ (eventuell nach der in Abb. 3.131 dargestellten Methode) können Z_2 und γ_2 und dadurch die (komplexen) Materialkonstanten ε_2, μ_2 ermittelt werden.

d) *Aufhebung der Reflexion an einer unendlich gut leitenden Metallplatte.* Es sei jetzt wieder $D = \lambda_3/4$, und (2) sei eine dünne Schicht aus leitendem Material. Es wird also

$$Z_2 = (1 + \mathrm{j})\, R_2; \qquad \gamma_2 = (1 + \mathrm{j})\,\frac{1}{\delta}. \tag{40}$$

Die Eingangsimpedanz Z_{AB} wird

$$Z_{AB} = \frac{(1 + \mathrm{j})\, R_2}{\tanh \gamma_2 d}. \tag{41}$$

Nehmen wir noch an, daß $d \ll \delta$ ist, und berücksichtigen wir den Wert von R_2, so erhalten wir

$$Z_{AB} \approx \frac{(1 + \mathrm{j})\, R_2}{(1 + \mathrm{j})\,\dfrac{d}{\delta}} = \frac{R_2 \delta}{d} = \frac{1}{\sigma d}. \tag{42}$$

Wenn wir jetzt σ und d so wählen, daß $Z_{AB} = Z_1$ wird, so tritt an der Grenzfläche (1)–(2) keine Reflexion auf. Unser Resultat kann wie folgt formuliert werden.

Die Reflexion an einer unendlich gut leitenden Metallplatte kann durch zwei unmittelbar übereinander aufgebrachte Schichten aufgehoben werden: durch eine isolierende Schicht der Dicke $\lambda/4$ und eine dünne leitende Schicht, deren Widerstand je Quadratmeter gleich dem Wellenwiderstand des Isolators ist (Abb. 4.8).

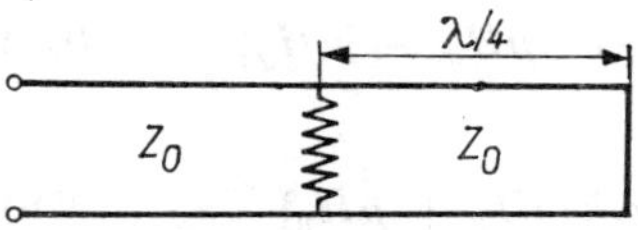

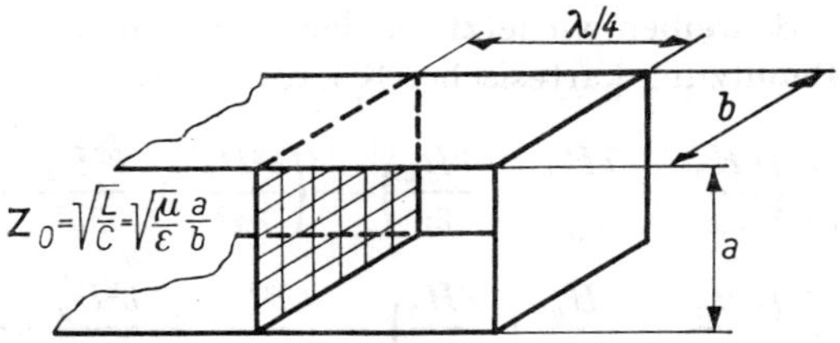

Abb. 4.8 a) Aufhebung der Reflexion bei einer Fernleitung durch einen kurzgeschlossenen Leitungsabschnitt der Länge $\lambda/4$

b) Diese Realisierung der Ersatzschaltung führt uns zum physikalischen Kern; werden a und b unendlich, so liegt der Fall der ebenen Welle vor

4.4. Ebene Wellen in gyromagnetischen Stoffen

Wir wissen schon aus Kap. 1.5.1., daß in gyromagnetischen Stoffen zwischen $\boldsymbol{B}$ und $\boldsymbol{H}$ eine Tensorrelation $\boldsymbol{B} = \boldsymbol{\mu H}$:

$$\begin{aligned} B_x &= \mu H_x - \mathrm{j}\varkappa H_y, \\ B_y &= \mathrm{j}\varkappa H_x + \mu H_y, \\ B_z &= \mu_z H_z \end{aligned} \tag{1}$$

gilt. Wir haben bei dieser Schreibweise angenommen, daß die Richtung des vormagnetisierenden konstanten magnetischen Feldes mit der Richtung der z-Achse zusammenfällt. Implizit deutet diese Relation darauf hin, daß sich alle Größen in der Zeit nach der Formel $e^{j\omega t}$ ändern.

Die Maxwellschen Gleichungen lauten nun

$$\operatorname{rot} \boldsymbol{H} = \mathrm{j}\omega\varepsilon \boldsymbol{E}, \tag{2}$$

$$\operatorname{rot} \boldsymbol{E} = -\mathrm{j}\omega \boldsymbol{B} = -\mathrm{j}\omega\boldsymbol{\mu}\boldsymbol{H}. \tag{3}$$

Bilden wir jetzt die Rotation der ersten Gleichung, so ergibt sich unter Berücksichtigung der zweiten Gleichung

$$\operatorname{rot}\operatorname{rot} \boldsymbol{H} = \mathrm{j}\omega\varepsilon \operatorname{rot} \boldsymbol{E} = \varepsilon\omega^2\boldsymbol{\mu}\boldsymbol{H}. \tag{4}$$

Diese Gleichung kann umgewandelt werden in

$$\operatorname{grad}\operatorname{div} \boldsymbol{H} - \Delta \boldsymbol{H} = \varepsilon\omega^2\boldsymbol{\mu}\boldsymbol{H}. \tag{5}$$

Da das $\boldsymbol{H}$-Feld jetzt nicht divergenzfrei angenommen werden kann, läßt sich diese Gleichung nicht auf die übliche Weise weiter vereinfachen.

Schreiben wir jetzt die der Gl. (5) entsprechenden drei skalaren Gleichungen unter Benutzung kartesischer Koordinaten:

$$\frac{\partial}{\partial x}\left(\frac{\partial H_x}{\partial x} + \frac{\partial H_y}{\partial y} + \frac{\partial H_z}{\partial z}\right) - \left(\frac{\partial^2 H_x}{\partial x^2} + \frac{\partial^2 H_x}{\partial y^2} + \frac{\partial^2 H_x}{\partial z^2}\right) = \varepsilon\omega^2[\mu H_x - \mathrm{j}\varkappa H_y] \tag{6a}$$

$$\frac{\partial}{\partial y}\left(\frac{\partial H_x}{\partial x} + \frac{\partial H_y}{\partial y} + \frac{\partial H_z}{\partial z}\right) - \left(\frac{\partial^2 H_y}{\partial x^2} + \frac{\partial^2 H_y}{\partial y^2} + \frac{\partial^2 H_y}{\partial z^2}\right) = \varepsilon\omega^2[\mathrm{j}\varkappa H_x + \mu H_y] \tag{6b}$$

$$\frac{\partial}{\partial z}\left(\frac{\partial H_x}{\partial x} + \frac{\partial H_y}{\partial y} + \frac{\partial H_z}{\partial z}\right) - \left(\frac{\partial^2 H_z}{\partial x^2} + \frac{\partial^2 H_z}{\partial y^2} + \frac{\partial^2 H_z}{\partial z^2}\right) = \varepsilon\omega^2\mu_z H_z. \tag{6c}$$

Nun soll eine Lösung gesucht werden, welche eine sich in Richtung der z-Achse ausbreitende ebene Welle darstellt.

Für eine solche Lösung gelten die folgenden vereinfachenden Beziehungen:

$$\frac{\partial}{\partial x} = \frac{\partial}{\partial y} = 0. \tag{7}$$

Aus der Gleichung

$$\operatorname{div} \boldsymbol{B} = \operatorname{div} \mu\boldsymbol{H} = 0; \quad \frac{\partial B_z}{\partial z} = \mu_z \frac{\partial H_z}{\partial z} = 0 \tag{8}$$

folgt sofort die Gleichung $H_z = B_z = 0$. Es sei nebenbei bemerkt, daß diese Transversalität der $\boldsymbol{B}$- und $\boldsymbol{H}$-Felder damit zusammenhängt, daß die Fortpflanzungsrichtung mit der z-Achse zusammenfällt. Es wird später gezeigt, daß das $\boldsymbol{H}$-Feld im allgemeinen auch eine Longitudinalkomponente besitzt.

Das Gleichungssystem (6) kann nun weiter vereinfacht werden:

$$\begin{aligned} -\frac{\partial^2 H_x}{\partial z^2} &= \varepsilon\omega^2(\mu H_x - \mathrm{j}\varkappa H_y), \\ -\frac{\partial^2 H_y}{\partial z^2} &= \varepsilon\omega^2(\mathrm{j}\varkappa H_x + \mu H_y). \end{aligned} \tag{9}$$

Wir nehmen jetzt die Abhängigkeit von z in der Form $\mathrm{e}^{-\Gamma z}$ an. Wir erhalten damit aus (9)

$$\begin{aligned} -\Gamma^2 H_x &= \varepsilon\omega^2(\mu H_x - \mathrm{j}\varkappa H_y), \\ -\Gamma^2 H_y &= \varepsilon\omega^2(\mathrm{j}\varkappa H_x + \mu H_y). \end{aligned} \tag{10}$$

Hier haben wir ein System homogener Gleichungen. Dieses System hat nur dann eine nichttriviale Lösung, wenn die Determinante verschwindet. Diese Forderung führt sofort zu den folgenden Γ-Werten:

$$\Gamma_+ = \pm j\omega \sqrt{\varepsilon(\mu + \varkappa)} = \pm j\beta^+, \qquad \Gamma_- = \pm j\omega \sqrt{\varepsilon(\mu - \varkappa)} = \pm j\beta^-. \tag{11}$$

Der erste dieser Werte führt zu der Relation

$$\frac{H_x}{H_y} = -j, \quad \text{d. h.,} \quad \boldsymbol{H}_x^+ = -jH_0\, e^{j(\omega t - \beta^+ z)}\, \boldsymbol{e}_x; \quad \boldsymbol{H}_y^+ = H_0\, e^{j(\omega t - \beta^+ z)}\, \boldsymbol{e}_y.$$

Der zweite dagegen ergibt

$$\frac{H_x}{H_y} = +j, \quad \text{d. h.,} \quad \boldsymbol{H}_x^- = jH_0\, e^{j(\omega t - \beta^- z)}\, \boldsymbol{e}_x; \quad \boldsymbol{H}_y^- = H_0\, e^{j(\omega t - \beta^- z)}\, \boldsymbol{e}_y. \tag{12}$$

Das Verhältnis H_x/H_y hängt nicht davon ab, mit welchem Vorzeichen Γ_+ oder Γ_- genommen wird, d. h., in welcher Richtung sich die Welle ausbreitet. $H_x = -jH_y$ bedeutet ein zur Vormagnetisierungsrichtung nach links, $H_x = +jH_y$ ein sich nach rechts drehendes $\boldsymbol{H}$-Feld.

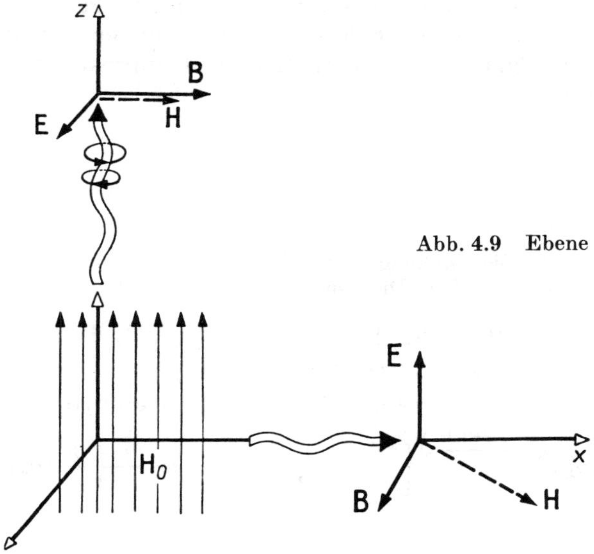

Abb. 4.9 Ebene Wellen in gyromagnetischen Stoffen

Die physikalische Bedeutung dieser zwei Lösungen kann mit Hilfe der Abb. 4.9 erläutert werden. Die erste Lösung bedeutet eine linkssinnige zirkular polarisierte ebene Welle, während die zweite eine rechtssinnige zirkular polarisierte ebene Welle darstellt, wenn die Ausbreitungsrichtung mit der positiven z-Richtung zusammenfällt. Diese zwei Wellen haben verschiedene Fortpflanzungsfaktoren, d. h., sie breiten sich mit verschiedenen Geschwindigkeiten aus. Diese Tatsache hat eine sehr interessante Folge: Wenn sich eine ursprünglich linear polarisierte Welle in einem gyromagnetischen Stoff in Richtung der Vormagnetisierung ausbreitet, so spaltet diese Welle in zwei zirkular polarisierte Wellen auf, die sich mit verschiedenen Geschwindigkeiten fortpflanzen. Da sie gleiche Amplituden haben, können sie in jedem Zeitpunkt wieder zu einer einzigen linear polarisierten Welle zusammengesetzt werden; die Polarisationsrichtung dieser Welle dreht sich aber bei der Ausbreitung entlang der z-Achse.

In einer Entfernung l wird die Polarisationsebene um den Winkel

$$\Theta = \frac{l}{2} (\beta^+ - \beta^-) \tag{13}$$

gedreht, wobei β^+ und β^- den Winkelfaktor des Ausbreitungsfaktors Γ_+ bzw. Γ_- darstellen (Abb. 4.10).

Die Rotation der Polarisationsebene wird Faraday-Rotation genannt. Es ist von grundlegender Bedeutung für die praktische Anwendung, daß der Drehsinn dieser Rotation nur von der Richtung des Vormagnetisierungsfeldes abhängt. Sie ist also völlig unabhängig von der Fortpflanzungsrichtung, d. h., bei der in entgegengesetzter Richtung fortschreitenden Welle dreht sich die Polarisationsebene in die gleiche Richtung. Gerade diese Tatsache ermöglicht die Konstruktion nichtreziproker elektrischer Einrichtungen (Abb. 4.80 und 4.81).

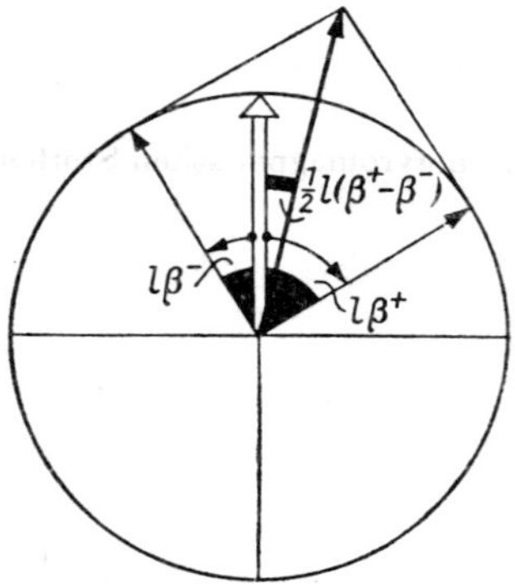

Abb. 4.10 Die Drehung der Polarisationsebene in gyromagnetischen Stoffen. Die resultierende Welle wird nämlich:

$$\begin{aligned}\boldsymbol{H}_r &= \boldsymbol{H}^- + \boldsymbol{H}^+ = \mathrm{j}H_0\,\mathrm{e}^{\mathrm{j}(\omega t-\beta^- z)}\,\boldsymbol{e}_x + H_0\,\mathrm{e}^{j(\omega t-\beta^- z)}\,\boldsymbol{e}_y \\ &\quad - \mathrm{j}H_0\,\mathrm{e}^{j(\omega t-\beta^+ z)}\,\boldsymbol{e}_x + H_0\,\mathrm{e}^{\mathrm{j}(\omega t-\beta^+ z)}\,\boldsymbol{e}_y \\ &= \mathrm{j}H_0\,\mathrm{e}^{\mathrm{j}\omega t}(\mathrm{e}^{-\mathrm{j}\beta^- z} - \mathrm{e}^{-\mathrm{j}\beta^+ z})\,\boldsymbol{e}_x + H_0\,\mathrm{e}^{\mathrm{j}\omega t}(\mathrm{e}^{-\mathrm{j}\beta^- z} + \mathrm{e}^{-\mathrm{j}\beta^+ z})\,\boldsymbol{e}_y \\ &= 2H_0\,\mathrm{e}^{\mathrm{j}\left(\omega t - \frac{\beta^+ + \beta^-}{2} z\right)}\left[-\sin\frac{\beta^+ - \beta^-}{2} z\,\boldsymbol{e}_x + \cos\frac{\beta^+ - \beta^-}{2} z\,\boldsymbol{e}_y\right]\end{aligned}$$

Untersuchen wir jetzt die ebenen Wellen, welche sich senkrecht zur Vormagnetisierungsrichtung, also senkrecht zur z-Richtung, ausbreiten; dabei gelten die folgenden vereinfachenden Bedingungen:

$$\frac{\partial}{\partial x} = -\Gamma, \qquad \frac{\partial}{\partial y} = \frac{\partial}{\partial z} = 0. \tag{14}$$

Ebene Wellen in homogenen isotropen und anisotropen Medien

$$\left.\begin{aligned}\mathrm{rot}\,\bar H &= \mathrm{j}\omega\boldsymbol{\varepsilon}\bar E\\ \mathrm{rot}\,\bar E &= -\mathrm{j}\omega\boldsymbol{\mu}\bar H\end{aligned}\right\} \to \left.\begin{aligned}&\mathrm{rot}\,\boldsymbol{\mu}^{-1}\,\mathrm{rot}\,\bar E - \omega^2\boldsymbol{\varepsilon}\bar E = 0\\ &\mathrm{rot}\,\boldsymbol{\varepsilon}^{-1}\,\mathrm{rot}\,\bar H - \omega^2\boldsymbol{\mu}\bar H = 0\\ &\bar E = \bar E_0\,\mathrm{e}^{-\mathrm{j}\bar k\bar r};\ \bar H = \bar H_0\,\mathrm{e}^{-\mathrm{j}\bar k\bar r}\end{aligned}\right\} \to \begin{aligned}&\bar k \times \boldsymbol{\mu}^{-1}(\bar k \times \bar E) + \omega^2\boldsymbol{\varepsilon}\bar E = 0\\ &\bar k \times \boldsymbol{\varepsilon}^{-1}(\bar k \times \bar H) + \omega^2\boldsymbol{\mu}\bar H = \mathbf{0}\end{aligned}$$

Isotrope Stoffe

Verlustlos

ε, μ

Verlustbehaftet

$$\varepsilon = \varepsilon_0(\varepsilon_r - \mathrm{j}\varepsilon_i)$$
$$\mu = \mu_0(\mu_r - \mathrm{j}\mu_i)$$

$$k = \omega\sqrt{\varepsilon\mu}$$

$$(\bar D \parallel \bar E) \perp (\bar H \parallel \bar B)$$
$$(\bar E, \bar H) \perp \bar k$$

$$k = \frac{\omega}{c}\sqrt{\varepsilon_r\mu_r} = \frac{2\pi}{\lambda_0}\sqrt{\varepsilon_r\mu_r}$$

Wenn $\varepsilon \to \varepsilon - \mathrm{j}\dfrac{\sigma}{\omega}$

und $\dfrac{\sigma}{\omega\varepsilon} \gg 1$

$$\frac{E}{H} = \sqrt{\frac{\mu}{\varepsilon}} = \sqrt{\frac{\mu_0}{\varepsilon_0}}\sqrt{\frac{\mu_r}{\varepsilon_r}} = 120\pi\sqrt{\frac{\mu_r}{\varepsilon_r}}\,\Omega$$

$$k = \pm(-1+\mathrm{j})\sqrt{\frac{\mu\sigma\omega}{2}} = \pm(-1+\mathrm{j})\,\delta$$

$$\delta = \sqrt{\frac{2}{\mu\sigma\omega}}$$

Kristalle

$$\boldsymbol{\varepsilon} = \varepsilon_0\begin{pmatrix}\varepsilon_x^r & 0 & 0\\ 0 & \varepsilon_y^r & 0\\ 0 & 0 & \varepsilon_z^r\end{pmatrix}; \qquad \mu = \mu_0$$

Koordinatenachsen = Hauptachsen

$$\bar k \times (\bar k \times \bar E) + \omega^2\mu_0\boldsymbol{\varepsilon}\bar E = 0$$

Wenn $\bar k = (k_x, 0, 0)$ → $E_x = 0$

- → $E_y \neq 0;\ E_z = 0;\ k_x = \omega\sqrt{\varepsilon_0\varepsilon_y^r\mu_0}$
- → $E_y = 0;\ E_z \neq 0;\ k_x = \omega\sqrt{\varepsilon_0\varepsilon_z^r\mu_0}$

$$\frac{\omega}{c}\bar k = \bar n$$

$$(\bar n\bar E)\,\bar n - n^2\bar E + (\boldsymbol{\varepsilon}/\varepsilon_0)\,\bar E = 0$$

Wenn $\boldsymbol{\varepsilon} = \varepsilon_0\begin{pmatrix}\varepsilon_\perp & 0 & 0\\ 0 & \varepsilon_\perp & 0\\ 0 & 0 & \varepsilon_\parallel\end{pmatrix}$

Fresnelsche Dispersionsgleichung

$$(n^2 - \varepsilon_\perp)\,[\varepsilon_\parallel n_z^2 + \varepsilon_\perp(n_x^2 + n_y^2) - \varepsilon_\perp\varepsilon_\parallel] = 0$$

Ordentliche Welle	Außerordentliche Welle
$n^2 = \varepsilon_\perp$	$\dfrac{1}{n^2} = \dfrac{\sin^2\vartheta}{\varepsilon_\parallel} + \dfrac{\cos^2\vartheta}{\varepsilon_\perp}$
$(\bar D \parallel \bar E) \perp (\bar k, \bar e_z)$	$\bar D \perp \bar k$
$(\bar H \parallel \bar B) \perp (\bar k, \bar E)$	$(\bar E, \bar D)$ liegt in der Ebene $(\bar k, \bar e_z)$
	$\bar E \nparallel \bar D;\ \bar E \not\perp \bar k$
	$(\bar H \parallel \bar B) \perp (\bar k, \bar D)$
	$\bar S = \bar E \times \bar H \nparallel \bar k$

Giromagnetische Stoffe

$$\boldsymbol{\varepsilon} = \varepsilon_0; \quad \boldsymbol{\mu} = \begin{pmatrix}\mu & -\mathrm{j}\varkappa & 0\\ \mathrm{j}\varkappa & \mu & 0\\ 0 & 0 & \mu_z\end{pmatrix}$$

Vormagnetisierung in z-Richtung

$$\bar k \times (\bar k \times \bar H) + \omega^2\varepsilon\boldsymbol{\mu}\bar H = 0$$

$\bar k = (0, 0, k_z)$

$$k_z^+ = \pm\sqrt{\varepsilon_0(\mu + \varkappa)}, \quad k_z^- = \pm\sqrt{\varepsilon_0(\mu - \varkappa)}$$

$$H_z = 0$$

$$\left.\frac{H_x}{H_y}\right|_{\bar B_0, \bar e_z} = -\mathrm{j} \qquad \left.\frac{H_x}{H_y}\right|_{\bar B_0, \bar e_z} = +\mathrm{j}$$

$$(\bar E \parallel \bar D) \perp (\bar H \parallel \bar B)$$
$$(\bar E, \bar H) \perp \bar k$$

$\bar k = (k_x, 0, 0)$

Ordentliche Welle	Außerordentliche Welle
$k_x = \omega\sqrt{\varepsilon_0\mu_z}$	$k_z = \omega\sqrt{\varepsilon_0\mu\left(1 - \left(\dfrac{\varkappa}{\mu}\right)^2\right)}$
$H_x = H_y = 0$	$H_z = 0$
$(\bar E \perp \bar B) \perp \bar k$	$(\bar E \perp \bar B) \perp \bar k$
$(\bar B \parallel \bar H) \perp \bar k$	$\bar B \nparallel \bar H$
	$\bar H \not\perp \bar k$

Aus der Divergenzfreiheit des $\boldsymbol{B}$-Feldes folgt sofort

$$\frac{H_y}{H_x} = \frac{\mu}{j\varkappa}, \tag{15}$$

was — wenn H_x und H_y von Null verschieden sind — zur Relation

$$B_x = \mu H_x - j\varkappa H_y = H_x\left(\mu - j\varkappa\frac{H_y}{H_x}\right) = 0 \tag{16}$$

führt. Aus Gl. (6b) erhalten wir sofort den Wert

$$\Gamma^2 = -\omega^2\varepsilon\mu\left[1 - \left(\frac{\varkappa}{\mu}\right)^2\right]. \tag{17}$$

Diese Gleichungen lassen sich wie folgt deuten. Der Vektor $\boldsymbol{B}$ und damit auch der Vektor $\boldsymbol{E}$ stehen senkrecht zur Fortpflanzungsrichtung, $\boldsymbol{H}$ hat dagegen auch eine Longitudinalkomponente.

Gl. (6c) kann mit dem erhaltenen Ausdruck (17) nur dann in Einklang gebracht werden, wenn $B_z = H_z = 0$, d. h., wenn $\boldsymbol{B}$ auch senkrecht zur Richtung des konstanten magnetischen Feldes steht. Daraus folgt sofort, daß das $\boldsymbol{E}$-Feld parallel zur Vormagnetisierungsrichtung stehen muß (Abb. 4.9). Diese ebene Welle entspricht einer ebenen Welle in einem homogenen isotropen Stoff mit einer effektiven magnetischen Permeabilität $\mu_{\text{eff}} = \mu[1 - (\varkappa/\mu)^2]$.

Diese Welle heißt außerordentliche Welle. Wenn nämlich $H_x = H_y = 0$ ist, führt (6c) zu $\Gamma = j\omega\sqrt{\varepsilon\mu_z}$. Die zu dieser Konstanten gehörende Welle ist die ordentliche Welle.

Die hier angegebene Methode kann man auf folgende Weise für Stoffe mit den Tensorkenngrößen $\boldsymbol{\epsilon}$ und $\boldsymbol{\mu}$ verallgemeinern [1.16]. (Die „Stoffkonstanten" sind als „hermitisch" anzunehmen, d. h., $\boldsymbol{\epsilon} = \boldsymbol{\epsilon}^\dagger$; $\boldsymbol{\mu} = \boldsymbol{\mu}^\dagger$; s. auch Kap. 5.1.2.).

Die Maxwellschen Gleichungen lauten nun

$$\operatorname{rot}\boldsymbol{H} = j\omega\boldsymbol{\epsilon}\boldsymbol{E};$$

$$\operatorname{rot}\boldsymbol{E} = -j\omega\boldsymbol{\mu}\boldsymbol{H}.$$

Aus der letzteren erhalten wir

$$\boldsymbol{H} = -\frac{1}{j\omega}\boldsymbol{\mu}^{-1}\operatorname{rot}\boldsymbol{E}.$$

In die erste eingesetzt, folgt

$$\operatorname{rot}\boldsymbol{\mu}^{-1}\operatorname{rot}\boldsymbol{E} - \omega^2\boldsymbol{\epsilon}\boldsymbol{E} = 0.$$

Auf ähnliche Weise ergibt sich

$$\operatorname{rot}\boldsymbol{\epsilon}^{-1}\operatorname{rot}\boldsymbol{H} - \omega^2\boldsymbol{\mu}\boldsymbol{H} = 0.$$

Mit $\boldsymbol{\epsilon}^{-1}$ bzw. $\boldsymbol{\mu}^{-1}$ von links multipliziert, erhalten wir

$$\boldsymbol{\epsilon}^{-1}\operatorname{rot}\boldsymbol{\mu}^{-1}\operatorname{rot}\boldsymbol{E} - \omega^2\boldsymbol{E} = 0;$$

$$\boldsymbol{\mu}^{-1}\operatorname{rot}\boldsymbol{\epsilon}^{-1}\operatorname{rot}\boldsymbol{H} - \omega^2\boldsymbol{H} = 0.$$

Suchen wir die Lösungen in der Form $\boldsymbol{E}_0\,\mathrm{e}^{\mathrm{j}(\omega t - \boldsymbol{kr})}$, so wird rot $\rightarrow -\mathrm{j}\boldsymbol{k}\times$; dann lassen sich die obigen Gleichungen wie folgt schreiben:

$$\left.\begin{aligned}\boldsymbol{\varepsilon}^{-1}\boldsymbol{k}\times(\boldsymbol{\mu}^{-1}\boldsymbol{k}\times\boldsymbol{E})+\omega^2\boldsymbol{E}=0;\\ \boldsymbol{\mu}^{-1}\boldsymbol{k}\times(\boldsymbol{\varepsilon}^{-1}\boldsymbol{k}\times\boldsymbol{H})+\omega^2\boldsymbol{H}=0\end{aligned}\right\}\quad\text{oder}\quad\left\{\begin{aligned}(\boldsymbol{\Lambda}_\mathrm{e}+\omega^2\,\mathbf{1})\,\boldsymbol{E}=0; \quad (18)\\ (\boldsymbol{\Lambda}_\mathrm{m}+\omega^2\,\mathbf{1})\,\boldsymbol{H}=0. \quad (19)\end{aligned}\right.$$

Die Forderung einer nichttrivialen Lösung dieses Gleichungspaares führt zu den Gleichungen

$$|\boldsymbol{\Lambda}_\mathrm{e}+\omega^2\,\mathbf{1}|=0;\qquad|\boldsymbol{\Lambda}_\mathrm{m}+\omega^2\,\mathbf{1}|=0, \tag{20}$$

die eine Relation (und zwar dieselbe für beide Gleichungen) zwischen k und ω bedeuten (Dispersionsrelation). Die Diskussion kann weitergeführt werden, wenn man vereinfachende Annahmen macht. Es seien z. B.: ε, μ skalare (reelle oder komplexe) Größen (isotrope Stoffe); μ eine skalare, ε eine tensorielle (symmetrische) Größe (Kristalloptik); ε eine skalare, μ eine tensorielle (nichtsymmetrische) Größe (gyromagnetische Stoffe) oder umgekehrt (Plasma) usw.

Wie man übrigens sofort einsieht, wird, wenn $\boldsymbol{E}$ die Gleichung (18) befriedigt, durch $\boldsymbol{H} = -\frac{1}{\mathrm{j}\omega}\,\boldsymbol{\mu}^{-1}\,\mathrm{rot}\,\boldsymbol{E}$ auch die Gleichung (19) befriedigt. Man braucht also nur entweder (18) oder (19) zu lösen.

Wir haben hier wiederholt die Tatsache benutzt, daß die Rotationsbildung bei ebenen Wellen mit der Operation $-\mathrm{j}\boldsymbol{k}\times$ gleichbedeutend ist. Wir geben jetzt eine einfache, doch etwas allgemeinere Begründung dafür. Da nämlich $\mathrm{rot}\,f\boldsymbol{v} = f\,\mathrm{rot}\,\boldsymbol{v} + \mathrm{grad}\,f\times\boldsymbol{v}$ ist, erhalten wir

$$\mathrm{rot}\,\boldsymbol{E}_0\,\mathrm{e}^{\mathrm{j}(\omega t-\boldsymbol{kr})} = \mathrm{e}^{\mathrm{j}(\omega t-\boldsymbol{kr})}\,\mathrm{rot}\,\boldsymbol{E}_0 + \mathrm{grad}\,\mathrm{e}^{\mathrm{j}(\omega t-\boldsymbol{kr})}\times\boldsymbol{E}_0 = -\mathrm{j}\boldsymbol{k}\times\boldsymbol{E}(\boldsymbol{r},t). \tag{21}$$

Hier haben wir die Zusammenhänge $\mathrm{rot}\,\boldsymbol{E}_0 = 0$ (da $\boldsymbol{E}_0$ konstant ist) und $\mathrm{grad}\,\mathrm{e}^{-\mathrm{j}\boldsymbol{kr}} = -\mathrm{j}\boldsymbol{k}\,\mathrm{e}^{-\mathrm{j}\boldsymbol{kr}}$ angewendet. Damit können wir die Richtigkeit der folgenden einfachen Aussagen behaupten: Die Vektoren $\boldsymbol{H}$ und $\boldsymbol{D}$ stehen auch bei tensoriellen Stoffkonstanten senkrecht aufeinander; das folgt aus der ersten Maxwellschen Gleichung. Aus der zweiten folgt, daß $\boldsymbol{E}$ und $\boldsymbol{B}$ auch zueinander senkrecht sind. Außerdem gelten $\boldsymbol{D}\perp\boldsymbol{k}$ und $\boldsymbol{B}\perp\boldsymbol{k}$. Voraussetzung: ebene Wellen, verlustfreier Stoff. (Siehe auch den Fall der inhomogenen ebenen Welle, Kap. 4.15.)

Wir wollen jetzt — über die phänomenologische Beschreibung hinaus — die physikalischen Faktoren angeben, welche bei der Faraday-Rotation maßgebend sind. Das seltsame Verhalten der gyromagnetischen Stoffe hängt letzten Endes mit der Tatsache zusammen, daß das magnetische Moment eines Mikrosystems immer mit einem mechanischen Impulsmoment verknüpft ist:

$$\boldsymbol{M} = \gamma\boldsymbol{N}, \tag{22}$$

wo $\boldsymbol{M}$ das magnetische Moment, z. B. bezogen auf die Volumeneinheit, und $\boldsymbol{N}$ das Impulsmoment bedeutet. γ ist das gyromagnetische Verhältnis; es ist im allgemeinen negativ. Ein konstantes magnetisches Feld $\boldsymbol{H}_0$ übt ein Drehmoment $\boldsymbol{M}\times\boldsymbol{H}_0$ aus, was zu einer Präzession mit der Larmorschen Frequenz

$$2\pi f_\mathrm{L} = \omega_\mathrm{L} = |\gamma|\,H_0 \tag{23}$$

führt. Bei Überlagerung eines (kleinen) Hochfrequenzfeldes bekommen wir durch die Lösung der Bewegungsgleichung des Kreisels die tensorielle Permeabilität. Eine ausführliche Darstellung dieses Gedankenganges findet man z. B. in [1.2].

Die in Gl. (1) verwendeten Größen μ und $\varkappa$ ergeben sich im verlustlosen Fall zu

$$\mu = \mu_0 + \frac{\gamma^2 M_0 H_0}{\omega_L^2 - \omega^2};\qquad \varkappa = \frac{\omega\gamma M_0}{\omega_L^2 - \omega^2}. \tag{24}$$

Wir führen neben den schon eingeführten ω_L bzw. f_L die Kreisfrequenz ω_M bzw. f_M durch folgende Definition ein:

$$\omega_M = |\gamma| \, M_0/\mu_0. \tag{25}$$

Da $|\gamma| = -\gamma$ ist, können wir für Gl. (24) schreiben:

$$\frac{\mu}{\mu_0} = 1 + \frac{f_L f_M}{f_L^2 - f^2}; \qquad \frac{\varkappa}{\mu_0} = -\frac{f f_M}{f_L^2 - f^2}. \tag{26}$$

In Abb. 4.11 ist die Abhängigkeit der beiden Größen μ/μ_0 und $\varkappa/\mu_0$ von dem Verhältnis f_L/f gezeichnet.

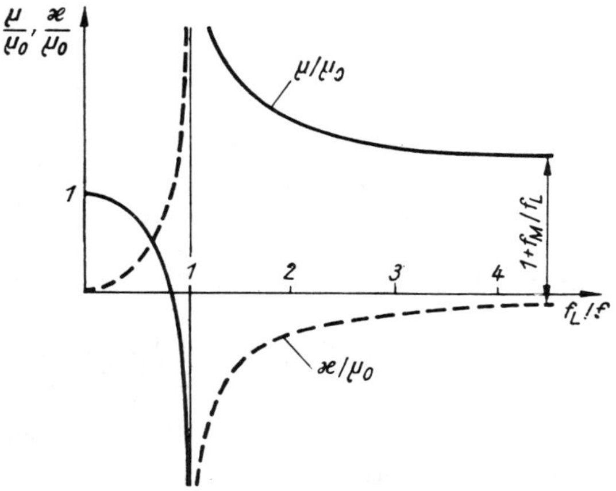

Abb. 4.11 Abhängigkeit der in der Tensorpermeabilität vorkommenden Größen μ/μ_0 und $\varkappa/\mu_0$ von f_L/f im verlustfreien Fall nach Gl. (26). Hier bedeuten: $f_L = |\gamma| \, H_0/2\pi$, $f_M = |\gamma| \, M_0/2\pi\mu_0$, γ ist die gyromagnetische Konstante: $\gamma = 2 \cdot (1/4\pi) \cdot \mu_0 e/m = 35{,}18 \cdot 10^3$ Hz/(A/m). M_0/μ_0 ist in der Größenordnung von 10^5 A/m. f_M/f_L wurde hier gleich 1/2 gewählt

Für die Fortpflanzung sind die Größen $\mu^- = \mu - \varkappa$ bzw. $\mu^+ = \mu + \varkappa$ maßgebend. Wir erhalten nach (26)

$$\frac{\mu^-}{\mu_0} = 1 + \frac{f_L f_M}{f_L^2 - f^2} + \frac{f f_M}{f_L^2 - f^2} = 1 + \frac{f_M(f_L + f)}{f_L^2 - f^2} = 1 + \frac{f_M}{f_L - f}, \tag{27}$$

$$\frac{\mu^+}{\mu_0} = 1 + \frac{f_L f_M}{f_L^2 - f^2} - \frac{f f_M}{f_L^2 - f^2} = 1 + \frac{f_M}{f_L + f}. \tag{28}$$

Diese Größen sind in Abb. 4.12 dargestellt.

Die Rotation der Polarisationsebene, auf die Längeneinheit bezogen, heißt Faraday-Konstante. Ihre Größe ist nach (13)

$$R = \frac{\beta^+ - \beta^-}{2} = \frac{\omega}{2}\left(\sqrt{\varepsilon\mu^+} - \sqrt{\varepsilon\mu^-}\right)$$

$$= \frac{2\pi f}{2}\sqrt{\varepsilon\mu_0}\left(\sqrt{\frac{\mu^+}{\mu_0}} - \sqrt{\frac{\mu^-}{\mu_0}}\right) = \frac{\pi\sqrt{\varepsilon_r}}{\lambda_0}\left(\sqrt{\frac{\mu + \varkappa}{\mu_0}} - \sqrt{\frac{\mu - \varkappa}{\mu_0}}\right). \tag{29}$$

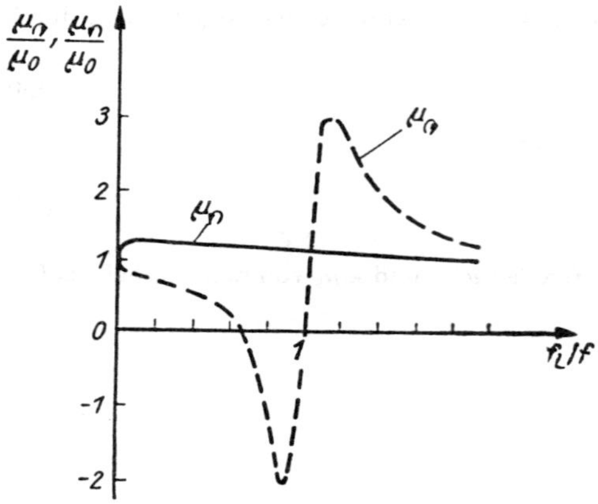

Abb. 4.12 Die Abhängigkeit der „effektiven" Permeabilität $\mu^- = \mu - \varkappa$; $\mu^+ = \mu + \varkappa$ von f_L/f in verlustbehafteten gyromagnetischen Stoffen

Wenn $f \gg f_L$, so ist $\mu/\mu_0 \approx 1$ und $|\varkappa/\mu_0| = f_M/f \ll 1$. Dann erhalten wir

$$R = \frac{\pi \sqrt{\varepsilon_r}}{\lambda_0} \sqrt{\mu_r} \left[\left(1 + \frac{\varkappa}{\mu}\right)^{1/2} - \left(1 - \frac{\varkappa}{\mu}\right)^{1/2}\right] = \frac{\pi \sqrt{\varepsilon_r}}{\lambda_0} \sqrt{\frac{\mu}{\mu_0}} \frac{\varkappa}{\mu} \approx \frac{\pi \sqrt{\varepsilon_r}}{\lambda_0} \frac{f_M}{f} = \frac{1}{2} \frac{\sqrt{\varepsilon_r}}{c} |\gamma| \frac{M_0}{\mu_0}. \tag{30}$$

Die Rotation hängt in diesem Fall also nicht von der Frequenz ab.

Es sei weiter als Beispiel der Fall eines symmetrischen $\boldsymbol{\epsilon}$-Tensors behandelt. Der Tensor sei schon auf Hauptachsen transformiert — was bei solchen Tensoren immer möglich ist —, so daß man den Tensor in folgender Form schreiben kann:

$$\boldsymbol{\epsilon} = \begin{pmatrix} \varepsilon_x & 0 & 0 \\ 0 & \varepsilon_y & 0 \\ 0 & 0 & \varepsilon_z \end{pmatrix} = \varepsilon_0 \begin{pmatrix} \varepsilon_x^r & 0 & 0 \\ 0 & \varepsilon_y^r & 0 \\ 0 & 0 & \varepsilon_z^r \end{pmatrix} \tag{31}$$

Gl. (19) lautet nun

$$\boldsymbol{k} \times (\boldsymbol{k} \times \boldsymbol{E}) + \omega^2 \mu_0 \boldsymbol{\epsilon E} = 0. \tag{32}$$

oder nach dem Entwicklungssatz

$$(\boldsymbol{kE})\,\boldsymbol{k} - k^2 \boldsymbol{E} + \omega^2 \mu_0 \boldsymbol{\epsilon E} = 0. \tag{33}$$

Wählen wir die x-Richtung als Fortpflanzungsrichtung, d. h. $\boldsymbol{k} = (k_x, 0, 0)$, so haben wir in Komponentenzerlegung

$$\begin{aligned} k_x E_x k_x - k_x^2 E_x + \omega^2 \mu_0 \varepsilon_x E_x &= 0, \\ -k_x^2 E_y + \omega^2 \mu_0 \varepsilon_y E_y &= 0, \\ -k_x^2 E_z + \omega^2 \mu_0 \varepsilon_z E_z &= 0. \end{aligned} \tag{34}$$

Aus der ersten Gleichung folgt sofort $E_x = 0$, d. h., die Welle ist transversal. Die zwei weiteren können durch die folgenden Lösungen befriedigt werden:

$$\begin{aligned} &\text{a)}\quad E_y \neq 0; \quad k_x^2 = \omega^2 \mu_0 \varepsilon_y; \quad E_z = 0; \\ &\text{b)}\quad E_z \neq 0; \quad k_x^2 = \omega^2 \mu_0 \varepsilon_z; \quad E_y = 0. \end{aligned} \tag{35}$$

Wir haben also zwei Lösungen: die eine stellt eine in y-Richtung polarisierte Welle mit der Geschwindigkeit $v_x = 1/\sqrt{\mu_0 \varepsilon_y}$ dar, die andere ist eine in z-Richtung polarisierte Welle, welche sich mit der Geschwindigkeit $v_x = 1/\sqrt{\mu_0 \varepsilon_z}$ fortpflanzt. Eine linear polarisierte Welle spaltet sich, wenn $\boldsymbol{E}$ eine E_y- und E_z-Komponente hat, in zwei linear polarisierte Wellen auf, welche verschiedene Phasengeschwindigkeiten haben. Wenn diese aus dem Kristall heraustreten, haben sie einen bestimmten Phasenunterschied. Sie addieren sich also wieder zu einer einzigen Welle, welche aber im allgemeinen elliptisch polarisiert sein wird.

Multiplizieren wir jetzt die Gleichung (33) durch $(c/\omega)^2$ und führen wir die neue Bezeichnung $(c/\omega)\,\boldsymbol{k} = \boldsymbol{n}$ ein, so erhalten wir

$$[(\boldsymbol{n}\boldsymbol{E})\,\boldsymbol{n} - n^2 \boldsymbol{E}] + \frac{\boldsymbol{\epsilon}}{\varepsilon_0} \boldsymbol{E} = 0. \tag{36}$$

Es sei bemerkt, daß der Absolutbetrag des Vektors

$$|\boldsymbol{n}| = \frac{c}{\omega}\,|\boldsymbol{k}| = \frac{c}{\omega}\,\frac{2\pi}{\lambda} = \frac{c}{v} = n \tag{37}$$

mit dem Brechungsindex identisch ist. Die Dispersionsgleichung lautet jetzt

$$n^2(\varepsilon_x^r n_x^2 + \varepsilon_y^r n_y^2 + \varepsilon_z^r n_z^2) - [n_x^2 \varepsilon_x^r(\varepsilon_y^r + \varepsilon_z^r) + n_y^2 \varepsilon_y^r(\varepsilon_x^r + \varepsilon_z^r) + n_z^2 \varepsilon_z^r(\varepsilon_x^r + \varepsilon_y^r)] + \varepsilon_x^r \varepsilon_y^r \varepsilon_z^r = 0. \tag{38}$$

Nehmen wir an, daß $\varepsilon_x^r = \varepsilon_y^r = \varepsilon_\perp$ ist, und führen wir noch die Bezeichnung $\varepsilon_z^r = \varepsilon_\parallel$ ein, so lautet diese Gleichung:

$$(n^2 - \varepsilon_\perp)\,[\varepsilon_\parallel n_z^2 + \varepsilon_\perp(n_x^2 + n_y^2) - \varepsilon_\perp \varepsilon_\parallel] = 0; \tag{39}$$

sie zerfällt in die folgenden zwei Gleichungen:

$$n^2 = \varepsilon_\perp, \tag{40a}$$

$$\frac{n_x^2}{\varepsilon_\parallel} + \frac{n_y^2}{\varepsilon_\parallel} + \frac{n_z^2}{\varepsilon_\perp} = 1. \tag{40b}$$

In diesem Fall existieren also zwei Wellentypen: die ordentliche Welle verhält sich wie in einem isotropen Medium mit $n = \sqrt{\varepsilon_\perp}$; für die außerordentliche hängt n vom Winkel zur z-Achse ab, denn nach (40b) gilt:

$$\frac{1}{n^2} = \frac{\sin^2 \vartheta}{\varepsilon_\parallel} + \frac{\cos^2 \vartheta}{\varepsilon_\perp}. \tag{41}$$

Gl. (39) wird *Fresnelsche* Gleichung genannt. Die hier erhaltenen Zusammenhänge bilden die Grundlagen für die *Kristalloptik*.

Hier möchten wir nur die Polarisationsverhältnisse etwas näher betrachten. Nehmen wir zuerst die ordentliche Welle. Für sie folgt aus (37) und (40a), daß $k^2 = \omega^2\mu_0\varepsilon_\perp\varepsilon_0$ ist. Unter Berücksichtigung dieses Zusammenhanges in Gl. (33) in Komponentenzerlegung ergeben sich sofort die Gleichungen $(\boldsymbol{kE}) = 0$; $E_z = 0$, d. h., $\boldsymbol{E}$ steht senkrecht zur Fortpflanzungsrichtung $\boldsymbol{k}$ und zur Symmetrieachse z, d. h. senkrecht zu der von der Symmetrieachse und der Fortpflanzungsrichtung gebildeten Ebene. Dann gilt aber $\boldsymbol{D} = \varepsilon_\perp\varepsilon_0\boldsymbol{E}$, d. h., $\boldsymbol{E}$ und $\boldsymbol{D}$ sind parallel. Aus der II. Maxwellschen Gleichung folgt, daß $\boldsymbol{H}$ und $\boldsymbol{B}$ ebenfalls senkrecht zur Fortpflanzungsrichtung stehen (Abb. 4.13a).

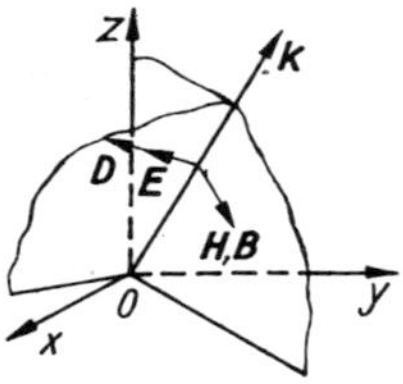

Abb. 4.13a In einem einachsigen Kristall stehen $\boldsymbol{E}$ und $\boldsymbol{D}$ der ordentlichen Welle senkrecht auf der von der Symmetrieachse z und $\boldsymbol{k}$ gebildeten Ebene

Für die Behandlung der außerordentlichen Welle nehmen wir an, daß $\boldsymbol{k}$ in der (y, z)-Ebene liegt. Das ist keine wesentliche Einschränkung, da die Verhältnisse sowieso nur von ϑ, nicht aber von φ abhängen. Dann folgt aus der ersten Gleichung der in Komponenten zerlegten Gleichung (33)

$$k^2E_x - (\boldsymbol{kE})\, k_x = \omega^2\mu_0\varepsilon_0\varepsilon_\perp E_x \to k^2E_x = \omega^2\mu_0\varepsilon_0\varepsilon_\perp E_x; \tag{42}$$

was nur dann zutreffen kann, wenn $E_x = 0$ ist. Damit haben wir schon unser wichtigstes Resultat: $\boldsymbol{E}$ liegt *in der* (y, z)-Ebene, physikalisch gesprochen: in der von Symmetrie-Achse und Fortpflanzungsrichtung gebildeten Ebene. Die zwei anderen Gleichungen

$$k^2E_y - (k_y^2E_y + k_zk_yE_z) = \omega^2\mu_0\varepsilon_0\varepsilon_\perp E_y, \tag{43a}$$

$$k^2E_z - (k_yk_zE_y + k_z^2E_z) = \omega^2\mu_0\varepsilon_0\varepsilon_{\parallel} E_z, \tag{43b}$$

führen — unter Verwendung der Zusammenhänge $k_y = k \sin\vartheta$; $k_z = k\cos\vartheta$ — zu den Gleichungen

$$E_y[k^2(1 - \sin^2\vartheta) - \omega^2\mu_0\varepsilon_0\varepsilon_\perp] - k^2\sin\vartheta\cos\vartheta\, E_z = 0, \tag{44a}$$

$$-k^2E_y\sin\vartheta\cos\vartheta + E_z[k^2(1 - \cos^2\vartheta) - \omega^2\mu_0\varepsilon_0\varepsilon_{\parallel}] = 0. \tag{44b}$$

Die Bedingung für eine nichttriviale Lösung fällt — unter Berücksichtigung von (37) — mit der Gleichung (41) zusammen.

Da $\boldsymbol{D}$ nach der I. Maxwellschen Gleichung senkrecht auf $\boldsymbol{k}$ steht und

$$\boldsymbol{D} = \boldsymbol{\varepsilon E}; \qquad \text{d. h.,} \qquad D_x = 0, \quad D_y = \varepsilon_0\varepsilon_\perp E_y, \quad D_z = \varepsilon_0\varepsilon_{\parallel}E_z \tag{45}$$

gilt, können wir zusammenfassend behaupten:

Der Vektor $\boldsymbol{D}$ steht senkrecht auf $\boldsymbol{k}$ und liegt in der Ebene, die von der Symmetrieachse und der Fortpflanzungsrichtung gebildet wird.

Der Vektor $\boldsymbol{E}$ liegt auch in dieser Ebene, steht aber nicht senkrecht auf $\boldsymbol{k}$ und ist nicht zu $\boldsymbol{D}$ parallel.

H (und ***B***) stehen senkrecht auf ***k*** und ***D***, aber nicht senkrecht auf ***E***.

Der Poyntingsche Vektor ***E*** × ***H*** fällt nicht in die Richtung ***k***.

In Abb. 4.13b haben wir ***k*** nicht in der (y, z)-Ebene gezeichnet, sondern entsprechend der Abb. 4.13a. Man sieht, daß die zwei Wellen linear polarisiert sind, aber die Polarisationsebenen stehen senkrecht aufeinander.

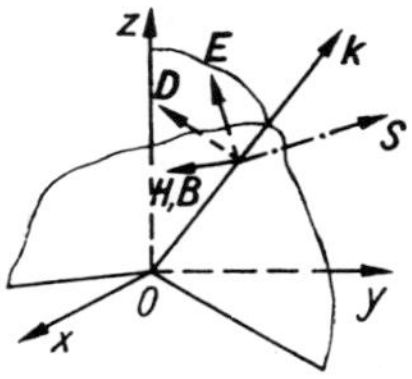

Abb. 4.13b In der außerordentlichen Welle liegen ***E*** und ***D*** in der $(\boldsymbol{e}_z - \boldsymbol{k})$-Ebene; ***S*** = ***E*** × ***H*** zeigt *nicht* in die Richtung von ***k***

B. Lineare Antennen und Antennensysteme

4.5. Lösung der Maxwellschen Gleichungen mit Hilfe der retardierten Potentiale

Im folgenden wollen wir die Lösungen der im homogenen Raum mit den Konstanten ε und μ gültigen Gleichungen

$$\left.\begin{array}{llll} \text{I.} & \operatorname{rot} \boldsymbol{H} = \boldsymbol{J} + \varepsilon \dfrac{\partial \boldsymbol{E}}{\partial t}, & \text{III.} & \operatorname{div} \boldsymbol{H} = 0, \\ \text{II.} & \operatorname{rot} \boldsymbol{E} = -\mu \dfrac{\partial \boldsymbol{H}}{\partial t}, & \text{IV.} & \operatorname{div} \boldsymbol{E} = \dfrac{\varrho}{\varepsilon} \end{array}\right\} \tag{1}$$

suchen. Wir setzen voraus, daß die Stromverteilung und die Ladungsdichte überall im Raum und zu jedem Zeitpunkt gegeben sind. Da die Divergenz von $\boldsymbol{H}$ überall Null ist, kann die magnetische Feldstärke als die Rotation eines anderen Vektors aufgefaßt werden. Es ist also

$$\boldsymbol{H} = \operatorname{rot} \boldsymbol{A}. \tag{2}$$

Der Vektor $\boldsymbol{E}$ kann nicht als der Gradient einer skalaren Funktion dargestellt werden, da seine Rotation von Null verschieden ist. Es ist aber leicht ein anderer Vektor zu finden, dessen Rotation Null wird. Wir führen den Ausdruck $\boldsymbol{H} = \operatorname{rot} \boldsymbol{A}$ in die zweite Maxwellsche Gleichung ein und vertauschen die Reihenfolge der Differentiation nach den Raumkoordinaten und nach der Zeit, so daß wir zuletzt durch Umordnen die folgende Beziehung erhalten:

$$\operatorname{rot} \boldsymbol{E} = -\mu \frac{\partial}{\partial t} \operatorname{rot} \boldsymbol{A} = -\mu \operatorname{rot} \frac{\partial \boldsymbol{A}}{\partial t}; \qquad \operatorname{rot}\left(\boldsymbol{E} + \mu \frac{\partial \boldsymbol{A}}{\partial t}\right) = 0. \tag{3}$$

Die Rotation des Vektors $\boldsymbol{E} + \mu \dfrac{\partial \boldsymbol{A}}{\partial t}$ ist also gleich Null; folglich kann dieser Vektor aus einem Skalarpotential abgeleitet werden:

$$\boldsymbol{E} + \mu \frac{\partial \boldsymbol{A}}{\partial t} = -\operatorname{grad} \varphi. \tag{4}$$

Daraus wird die Feldstärke $\boldsymbol{E}$ zu

$$\boldsymbol{E} = -\mu \frac{\partial \boldsymbol{A}}{\partial t} - \operatorname{grad} \varphi \tag{5}$$

bestimmt. *Die Feldstärke* **E** *kann also im allgemeinen Fall nicht aus einem Skalarpotential hergeleitet werden, sondern es muß auch die zeitliche Veränderung des Vektorpotentials berücksichtigt werden.*

Sind also das Skalarpotential φ und das Vektorpotential $\boldsymbol{A}$ als Funktion der Zeit gegeben, so können die Feldstärken $\boldsymbol{E}$ und $\boldsymbol{H}$ hieraus berechnet werden. Die Potentialfunktionen selbst können aus der I. und IV. Maxwellschen Gleichung, die bisher noch nicht benutzt wurden, bestimmt werden. Wird nämlich der Wert von $\boldsymbol{E}$ und $\boldsymbol{H}$ in die erste Maxwellsche Gleichung eingeführt, so findet man

$$\operatorname{rot} \operatorname{rot} \boldsymbol{A} = \operatorname{grad} \operatorname{div} \boldsymbol{A} - \Delta \boldsymbol{A} = \boldsymbol{J} - \varepsilon \operatorname{grad} \frac{\partial \varphi}{\partial t} - \varepsilon\mu \frac{\partial^2 \boldsymbol{A}}{\partial t^2}. \tag{6}$$

Da der Vektor $\boldsymbol{A}$ erst dann völlig bestimmt ist, wenn auch seine Divergenz gegeben ist, und da diese Divergenz beliebig vorgeschrieben werden darf, kann man so verfügen, daß die Beziehungen sich möglichst einfach gestalten. Zur Bestimmung von $\operatorname{div} \boldsymbol{A}$ wählen wir also die sogenannte *Lorentzsche Bedingung*:

$$\operatorname{div} \boldsymbol{A} + \varepsilon \frac{\partial \varphi}{\partial t} = 0. \tag{7}$$

Dadurch erhalten wir zur Ermittlung des Vektorpotentials $\boldsymbol{A}$ die folgende Differentialgleichung:

$$\Delta \boldsymbol{A} - \varepsilon\mu \frac{\partial^2 \boldsymbol{A}}{\partial t^2} = -\boldsymbol{J} \qquad \text{(inhomogene Wellengleichung).} \tag{8}$$

Entsprechend gelangen wir durch Einführen des durch das Skalar- und Vektorpotential bestimmten Wertes von $\boldsymbol{E}$ in die vierte Maxwellsche Gleichung zu dem Ausdruck

$$\operatorname{div} \boldsymbol{E} = -\frac{\partial}{\partial t} \mu \operatorname{div} \boldsymbol{A} - \operatorname{div} \operatorname{grad} \varphi = \frac{\varrho}{\varepsilon}, \tag{9}$$

woraus sich mit Hilfe der Bedingungsgleichung $\operatorname{div} \boldsymbol{A} = -\varepsilon\, \partial\varphi/\partial t$ die Beziehung

$$\Delta \varphi - \varepsilon\mu \frac{\partial^2 \varphi}{\partial t^2} = -\frac{\varrho}{\varepsilon} \tag{10}$$

ergibt. Es ist leicht zu ersehen, daß sowohl das skalare als auch das vektorielle Potential durch Differentialgleichungen völlig analoger Form bestimmt wird. Sind die zeitabhängigen Veränderungen gleich Null, so gehen die Differentialgleichungen (8) und (10) in die bereits bekannten Beziehungen des stationären Falles

$$\Delta \boldsymbol{A} = -\boldsymbol{J}; \qquad \Delta\varphi = -\frac{\varrho}{\varepsilon} \tag{11}$$

über.

Verschwinden aber irgendwo im Feld die Stromdichte und die Ladungsdichte, dann gehen die Gleichungen in die Wellengleichung

$$\Delta \boldsymbol{A} - \varepsilon\mu \frac{\partial^2 \boldsymbol{A}}{\partial t^2} = 0; \qquad \Delta\varphi - \varepsilon\mu \frac{\partial^2 \varphi}{\partial t^2} = 0 \tag{12}$$

über.

Die Lösungen für die Funktionen $\boldsymbol{A}$ und φ lauten

$$\varphi(x, y, z, t) = \frac{1}{4\pi\varepsilon} \int\limits_V \frac{\varrho\left(\xi, \eta, \zeta, t - \frac{r}{c}\right)}{r} \,\mathrm{d}\xi\,\mathrm{d}\eta\,\mathrm{d}\zeta \tag{13}$$

bzw.

$$\boldsymbol{A}(x, y, z, t) = \frac{1}{4\pi} \int\limits_V \frac{\boldsymbol{J}\left(\xi, \eta, \zeta, t - \frac{r}{c}\right)}{r} \,\mathrm{d}\xi\,\mathrm{d}\eta\,\mathrm{d}\zeta\,. \tag{14}$$

Hierin bedeuten, wie üblich, x, y, z die Koordinaten des Aufpunktes P, für den wir den Wert des skalaren oder vektoriellen Potentials bestimmen wollen, ξ, η, ζ die Koordinaten des Laufpunktes Q, r den Abstand zwischen den Punkten P und Q. Also hängt r sowohl von x, y, z als auch von ξ, η, ζ ab.

Diese Lösungen weichen nur insofern von den für den stationären Fall gültigen Lösungen ab, als bei der Berechnung des Potentials im Aufpunkt für das Potential der in einem beliebigen Volumenelement befindlichen Ladung nicht deren derzeitiger Wert maßgebend ist, sondern ein früherer Wert, der um r/c Sekunden zurückliegt; denn eine Ladung übt ihre Wirkung auf einen anderen Punkt nicht momentan aus, vielmehr benötigt sie dazu eine endliche Zeit, die durch die endliche Ausbreitungsgeschwindigkeit bedingt ist. Deshalb werden diese Potentiale *verzögerte* oder *retardierte Potentiale* genannt.

Es kann also die wichtige Folgerung gezogen werden, daß im allgemeinen Fall die Skalar- bzw. Vektorpotentiale, nicht aber die Feldstärkenwerte in der obigen Weise retardiert werden müssen. Letztere ergeben sich nämlich aus den Potentialen durch Differenzieren nach den Raum- und Zeitkoordinaten. Es wäre vollkommen verfehlt, wenn wir z. B. das die magnetische Feldstärke für den stationären Fall richtig bestimmende Biot-Savartsche Gesetz

$$\boldsymbol{H} = \frac{1}{4\pi} \oint_L \frac{I \, \mathrm{d}\boldsymbol{l} \times \boldsymbol{r}_0}{r^2} \tag{15}$$

dadurch verallgemeinern wollten, daß wir das Magnetfeld eines hochfrequenten Wechselstromes mit Hilfe der „verzögerten" Formel

$$\boldsymbol{H}(t) = \frac{1}{4\pi} \oint_L I\left(t - \frac{r}{c}\right) \frac{\mathrm{d}\boldsymbol{l} \times \boldsymbol{r}_0}{r^2}$$

berechnen würden. Wie bereits bewiesen wurde, muß hier das Vektorpotential auf die beschriebene Weise verzögert und daraus dann durch die Bildung der Rotation das Magnetfeld berechnet werden. Letzteres Verfahren liefert ein von dem ersten völlig verschiedenes Ergebnis.

Daß die Gleichungen (13) und (14) tatsächlich Lösungen der Wellengleichung darstellen, sei hier für das Skalarpotential φ bewiesen. Unsere Betrachtungen sind aber auch für die rechtwinkligen Komponenten des Vektorpotentials $\boldsymbol{A}$ gültig.

Wir eliminieren den eine Singularität liefernden Aufpunkt F in bekannter Weise mit Hilfe einer Kugelfläche vom Radius r_0 aus unserem Raum. Diese Kugelfläche wollen wir später auf den Punkt P zusammenschrumpfen lassen. Das Volumenintegral (13) kann also in folgender Weise angegeben werden:

$$\varphi = \varphi_1 + \varphi_2 = \frac{1}{4\pi\varepsilon} \int_{K_0} \frac{\varrho\left(\xi, \eta, \zeta, t - \frac{r}{c}\right)}{r} \mathrm{d}V + \frac{1}{4\pi\varepsilon} \int_{V-K_0} \frac{\varrho\left(\xi, \eta, \zeta, t - \frac{r}{c}\right)}{r} \mathrm{d}V, \tag{16}$$

wobei V den ganzen Raum und $V - K_0$ den außerhalb der Kugel befindlichen Raum bedeuten. Wir wenden in (16) den Laplaceschen Ausdruck Δ_P gliedweise auf φ an. Wir bemerken zuerst, daß die Verzögerung im Innern der Kugel eine um so geringere Rolle spielt, je kleiner der Radius r_0 ist. Bei sehr kleinem Radius ist die statische Formel

$$\Delta\varphi_1 \xrightarrow[r_0 \to 0]{} -\frac{\varrho(x, y, z, t)}{\varepsilon} \tag{17}$$

gültig.

Im zweiten Ausdruck kann der Laplace-Operator Δ_P unter dem Integralzeichen gebildet werden. Da der Ausdruck unter dem Integralzeichen — vom Standpunkt des Differenzierens — nur eine Veränderliche enthält, nämlich r, hat der Laplacesche Ausdruck folgende einfache Form:

$$\Delta U(r) = \frac{1}{r^2} \frac{\mathrm{d}}{\mathrm{d}r} \left(r^2 \frac{\mathrm{d}U}{\mathrm{d}r}\right) = \frac{1}{r} \frac{\mathrm{d}^2}{\mathrm{d}r^2} (rU). \tag{18}$$

Es ist also

$$\Delta\varphi_2 = \frac{1}{4\pi\varepsilon}\int\limits_{V-K_0}\frac{1}{r}\frac{\partial^2}{\partial r^2}\, r\,\frac{\varrho\left(\xi,\eta,\zeta,t-\frac{r}{c}\right)}{r}\,\mathrm{d}\xi\,\mathrm{d}\eta\,\mathrm{d}\zeta = \frac{1}{4\pi\varepsilon}\int\limits_{V-K_0}\frac{1}{r}\frac{\partial^2}{\partial r^2}\,\varrho\left(\xi,\eta,\zeta,t-\frac{r}{c}\right)\mathrm{d}V. \tag{19}$$

Wir wissen aber, daß für eine Funktion, die vom Argument $\left(t-\frac{r}{c}\right)$ abhängt, die folgende Gleichung gilt:

$$\frac{\partial^2}{\partial r^2} = \frac{1}{c^2}\frac{\partial^2}{\partial t^2}. \tag{20}$$

Die Beziehung kann also nach Gl. (13) in

$$\Delta\varphi_2 = \frac{1}{4\pi\varepsilon c^2}\int\limits_{V-K_0}\frac{1}{r}\frac{\partial^2}{\partial t^2}\,\varrho\left(\xi,\eta,\zeta,t-\frac{r}{c}\right)\mathrm{d}\xi\,\mathrm{d}\eta\,\mathrm{d}\zeta$$

$$= \frac{1}{4\pi\varepsilon c^2}\frac{\partial^2}{\partial t^2}\int\limits_{V-K_0}\frac{\varrho\left(\xi,\eta,\zeta,t-\frac{r}{c}\right)}{r}\,\mathrm{d}\xi\,\mathrm{d}\eta\,\mathrm{d}\zeta \underset{r_0\to 0}{\longrightarrow} \frac{1}{c^2}\frac{\partial^2}{\partial t^2}\varphi(x,y,z,t) \tag{21}$$

umgeschrieben werden. Wir finden schließlich

$$\Delta\varphi = \Delta\varphi_1 + \Delta\varphi_2 = -\frac{\varrho(x,y,z,t)}{\varepsilon} + \frac{1}{c^2}\frac{\partial^2\varphi(x,y,z,t)}{\partial t^2} \tag{22}$$

Nach Ordnung liefert diese Beziehung tatsächlich die Wellengleichung

$$\Delta\varphi - \frac{1}{c^2}\frac{\partial^2\varphi}{\partial t^2} = -\frac{\varrho}{\varepsilon}. \tag{23}$$

Dadurch konnte bewiesen werden, daß das retardierte Potential φ eine Lösung der Wellengleichung darstellt.

Dieser Beweis bedeutet aber nicht, daß diese Lösung die einzig mögliche Lösung ist. Im folgenden wird noch gezeigt werden, daß sie in einem endlichen Gebiet nur eine partikuläre Lösung darstellt. Im unendlichen Raum kann sie aber unter gewissen Bedingungen die einzig mögliche Lösung liefern.

Unser Gedankengang wäre unvollständig, wenn wir nicht darauf hinweisen würden, daß die Ausdrücke (13), (14) für φ und $\boldsymbol{A}$ auch der Lorentz-Bedingung genügen. Die Kontinuitätsgleichung $\operatorname{div}\boldsymbol{J} + \partial\varrho/\partial t = 0$ macht diese Tatsache plausibel, der exakte Beweis ist aber ein wenig umständlich, und so verweisen wir auf die diesbezügliche Literatur.

Bisher haben wir über die retardierten Potentiale gesprochen. Es kann aber in ähnlicher Weise bewiesen werden, daß eine Funktion mit dem Argument $t+\frac{r}{c}$ die inhomogene Wellengleichung ebenfalls befriedigt. So erhalten wir an Stelle der retardierten Potentiale die avancierten Potentiale. Mit diesen Potentialen rechnet man im allgemeinen nicht, unter Berufung darauf, daß hier die Folge „Ursache—Wirkung" verletzt wird. Ein richtigerer Standpunkt ist aber der folgende: Die allgemeine Lösung der Gleichungen (8) und (10) setzt sich aus der allgemeinen Lösung der homogenen Gleichung (12) und einer partikulären Lösung der inhomogenen Gleichung zusammen. Diese partikuläre Lösung kann z. B. die durch das retardierte Potential dargestellte Lösung sein. Es kann also jede andere partikuläre Lösung, d. h. auch die Lösung mit den avancierten Potentialen, mit Hilfe der allgemeinen Lösung der homogenen Gleichung und der retardierten Potentiale ausgedrückt werden. Vom physikalischen Standpunkt ist das auch nicht verwunderlich, da mit Hilfe deterministischer Naturgesetze die Lösungen für einen beliebigen Zeitpunkt, sei es in der Zukunft oder in der Vergangenheit, eindeutig bestimmt werden können.

Hierzu noch zwei Bemerkungen: $\boldsymbol{A}$ und φ sind nicht eindeutig bestimmt. Wenn man nämlich aus $\boldsymbol{A}$ und φ die Feldgrößen $\boldsymbol{B}$ und $\boldsymbol{E}$ richtig erhalten kann, so leisten die Potentiale

$$\boldsymbol{A}^\circ = \boldsymbol{A} - \operatorname{grad} \psi, \tag{24}$$

$$\varphi^\circ = \varphi + \mu \frac{\partial \psi}{\partial t} \tag{25}$$

dasselbe (Eich-Invarianz der Potentiale). Es ist nämlich

$$\boldsymbol{B} = \operatorname{rot} \boldsymbol{A} = \operatorname{rot} \boldsymbol{A}^\circ + \operatorname{rot} \operatorname{grad} \psi = \operatorname{rot} \boldsymbol{A}^\circ \tag{26}$$

und

$$\begin{aligned}\boldsymbol{E} = -\mu \frac{\partial \boldsymbol{A}}{\partial t} - \operatorname{grad} \varphi &= -\mu \frac{\partial \boldsymbol{A}^\circ}{\partial t} - \frac{\partial}{\partial t} \mu \operatorname{grad} \psi - \operatorname{grad} \varphi^\circ + \operatorname{grad} \mu \frac{\partial \psi}{\partial t} \\ &= -\mu \frac{\partial \boldsymbol{A}^\circ}{\partial t} - \operatorname{grad} \varphi^\circ . \end{aligned} \tag{27}$$

$\boldsymbol{A}^\circ$ und φ° müssen auch der Lorentz-Bedingung genügen:

$$\operatorname{div} \boldsymbol{A}^\circ + \varepsilon \frac{\partial \varphi^\circ}{\partial t} = \operatorname{div} \boldsymbol{A} - \Delta\psi + \varepsilon \frac{\partial \varphi}{\partial t} + \mu\varepsilon \frac{\partial^2 \psi}{\partial t^2} = \operatorname{div} \boldsymbol{A} + \varepsilon \frac{\partial \varphi}{\partial t} - \left(\Delta\psi - \varepsilon\mu \frac{\partial^2 \psi}{\partial t^2}\right). \tag{28}$$

ψ kann also nicht willkürlich gewählt werden: Es muß der skalaren Wellengleichung genügen.

Die zweite Bemerkung: Wenn $\varrho = \varrho(x, y, z)\, \mathrm{e}^{\mathrm{j}\omega t}$ und $\boldsymbol{J} = \boldsymbol{J}(x, y, z)\, \mathrm{e}^{\mathrm{j}\omega t}$ ist, haben wir auch für die Potentiale die einfachen Ausdrücke

$$\varphi = \frac{1}{4\pi\varepsilon_0} \int\limits_V \frac{\varrho\, \mathrm{e}^{\mathrm{j}\omega\left(t - \frac{r}{c}\right)}}{r} \,\mathrm{d}V = \frac{\mathrm{e}^{\mathrm{j}\omega t}}{4\pi\varepsilon_0} \int\limits_V \frac{\varrho\, \mathrm{e}^{-\mathrm{j}kr}}{r} \,\mathrm{d}V; \tag{29}$$

$$\boldsymbol{A} = \frac{\mathrm{e}^{\mathrm{j}\omega t}}{4\pi} \int\limits_V \frac{\boldsymbol{J}\, \mathrm{e}^{-\mathrm{j}kr}}{r} \,\mathrm{d}V. \tag{30}$$

Zum Schluß wollen wir unsere Resultate noch auf den Fall der isotropen, aber inhomogenen Isolatoren ausdehnen. Um das Wesentliche besser hervorheben zu können, beschränken wir uns auf die Zeitfunktion $\mathrm{e}^{\mathrm{j}\omega t}$. Es sei also $\varepsilon = \varepsilon(\boldsymbol{r})$, wo ε auch komplex sein kann; μ sei dagegen konstant. Die Gleichungen (2) und (5) sind auch jetzt gültig. Anstatt (6) erhalten wir jetzt

$$\operatorname{rot} \operatorname{rot} \boldsymbol{A} = \operatorname{grad} \operatorname{div} \boldsymbol{A} - \Delta \boldsymbol{A} = \boldsymbol{J} + \varepsilon\mu\omega^2 \boldsymbol{A} - \mathrm{j}\omega\varepsilon \operatorname{grad} \varphi .$$

Da aber $\varepsilon \operatorname{grad} \varphi = \operatorname{grad} (\varepsilon\varphi) - \varphi \operatorname{grad} \varepsilon$ ist, erhalten wir

$$\operatorname{grad} \operatorname{div} \boldsymbol{A} - \Delta \boldsymbol{A} = \boldsymbol{J} + \varepsilon\mu\omega^2 \boldsymbol{A} - \mathrm{j}\omega \operatorname{grad} (\varepsilon\varphi) + \mathrm{j}\omega\varphi \operatorname{grad} \varepsilon .$$

Unter Berücksichtigung des Zusammenhanges

$$\operatorname{div} \boldsymbol{A} + \varepsilon\, \mathrm{j}\omega\varphi = 0, \qquad \varphi = \mathrm{j}\,\frac{\operatorname{div} \boldsymbol{A}}{\varepsilon\omega},$$

erhalten wir

$$\Delta\boldsymbol{A} + \varepsilon\mu\omega^2\boldsymbol{A} + \mathrm{j}\omega\varphi \operatorname{grad} \varepsilon = -\boldsymbol{J}, \quad \text{bzw.} \quad \Delta\boldsymbol{A} + \varepsilon\mu\omega^2\boldsymbol{A} - \frac{\operatorname{div} \boldsymbol{A}}{\varepsilon} \operatorname{grad} \varepsilon = -\boldsymbol{J}$$

oder, wenn wir noch die Bezeichnung $k^2 = \omega^2\varepsilon\mu$ einführen,

$$\Delta\boldsymbol{A} + k^2\boldsymbol{A} - \frac{\operatorname{div} \boldsymbol{A}}{k^2} \operatorname{grad} k^2 = -\boldsymbol{J}.$$

Bei inhomogenen Isolatoren bietet die Einführung der Potentiale keinen besonderen Vorteil; leider aber sind die Gleichungen für $\boldsymbol{E}$ und $\boldsymbol{H}$ selbst auch entsprechend kompliziert.

Durch rot-Bildung der II. Maxwellschen Gleichung erhalten wir nämlich

$$\operatorname{rot} \operatorname{rot} \boldsymbol{E} = \operatorname{grad} \operatorname{div} \boldsymbol{E} - \Delta\boldsymbol{E} = -\mathrm{j}\omega\mu \operatorname{rot} \boldsymbol{H} = -\mathrm{j}\omega\mu[\boldsymbol{J} + \mathrm{j}\omega\varepsilon(\boldsymbol{r})\, \boldsymbol{E}].$$

Da aus

$$\operatorname{div} \varepsilon\boldsymbol{E} = \varrho; \qquad \varepsilon \operatorname{div} \boldsymbol{E} + \boldsymbol{E} \operatorname{grad} \varepsilon = \varrho,$$

bzw.

$$\operatorname{div} \boldsymbol{J} = -\frac{\partial\varrho}{\partial t} = -\mathrm{j}\omega\varrho; \qquad \varrho = -\frac{1}{\mathrm{j}\omega} \operatorname{div} \boldsymbol{J}$$

die Gleichung

$$\operatorname{div} \boldsymbol{E} = -\frac{\boldsymbol{E} \operatorname{grad} \varepsilon}{\varepsilon} - \frac{1}{\mathrm{j}\omega\varepsilon} \operatorname{div} \boldsymbol{J}$$

folgt, erhalten wir

$$\Delta\boldsymbol{E} + \operatorname{grad}\left(\frac{\boldsymbol{E} \operatorname{grad} \varepsilon}{\varepsilon}\right) + k^2\boldsymbol{E} = \mathrm{j}\omega\mu\boldsymbol{J} - \frac{1}{\mathrm{j}\omega} \operatorname{grad}\left(\frac{\operatorname{div} \boldsymbol{J}}{\varepsilon}\right). \tag{31}$$

Entsprechend ergibt sich für $\boldsymbol{H}$:

$$\Delta\boldsymbol{H} + \frac{1}{\varepsilon}(\operatorname{grad} \varepsilon \times \operatorname{rot} \boldsymbol{H}) + k^2\boldsymbol{H} = -\operatorname{rot} \boldsymbol{J} + \frac{1}{\varepsilon} \operatorname{grad} \varepsilon \times \boldsymbol{J}. \tag{32}$$

4.6. Lösung der Maxwellschen Gleichungen mit Hilfe des Hertzschen Vektors in Isolatoren

Aus dem bisher Gesagten geht hervor, daß wir die magnetische und elektrische Feldstärke aus dem Skalar- und Vektorpotential bereits berechnen können. Diese werden aber im strom- und ladungslosen Raum durch die Wellengleichung bestimmt. Man kann nun fragen, ob es nicht einfacher ist, die für $\boldsymbol{E}$ und $\boldsymbol{H}$ aufgestellte Wellengleichung unmittelbar zu lösen, anstatt zuerst die Lösung der für $\boldsymbol{A}$ und φ aufgestellten Wellengleichung zu bestimmen, aus der sich die elektrische bzw. magnetische Feldstärke erst indirekt ergibt. Die Potentialmethode hat den Vorteil, daß, nachdem zwei Lösungen der für $\boldsymbol{A}$ und φ aufgestellten Wellengleichung ermittelt wurden, die beide die Bedingung $\operatorname{div} \boldsymbol{A} = -\varepsilon \frac{\partial \varphi}{\partial t}$ erfüllen, die aus diesen gebildeten Funktionen $\boldsymbol{E}$ und $\boldsymbol{H}$ sämtliche vier Maxwellschen Gleichungen befriedigen. Dagegen muß die Zusammengehörigkeit der Lösungen der beiden unabhängigen Wellengleichungen für $\boldsymbol{E}$ und $\boldsymbol{H}$ noch gesondert untersucht werden.

Hertz geht noch einen Schritt weiter und führt durch die Formel

$$\boldsymbol{A} = \varepsilon \frac{\partial \boldsymbol{\Pi}}{\partial t} \tag{1}$$

den Hertzschen Vektor $\boldsymbol{\Pi}$ ein. Dieser Schritt ist möglich. Man kann zu jedem Vektor $\boldsymbol{A}$ einen Vektor $\boldsymbol{\Pi}$ finden, der die obige Bedingung erfüllt. In diesem Fall heißt unsere Bedingungsgleichung

$$\operatorname{div} \boldsymbol{A} = -\varepsilon \frac{\partial \varphi}{\partial t} = \varepsilon \frac{\partial}{\partial t} \operatorname{div} \boldsymbol{\Pi}, \tag{2}$$

woraus sich sofort

$$\varphi = -\operatorname{div} \boldsymbol{\Pi} \tag{3}$$

ergibt, wenn die zeitunabhängige Konstante gleich Null gewählt wird. Nun kann aber mit Hilfe dieses Vektors $\boldsymbol{\Pi}$ sowohl $\boldsymbol{E}$ als auch $\boldsymbol{H}$ ausgedrückt werden:

$$\boldsymbol{H} = \varepsilon \frac{\partial}{\partial t} \operatorname{rot} \boldsymbol{\Pi}, \tag{4}$$

$$\boldsymbol{E} = -\mu\varepsilon \frac{\partial^2 \boldsymbol{\Pi}}{\partial t^2} + \operatorname{grad} \operatorname{div} \boldsymbol{\Pi}. \tag{5}$$

Der Hertzsche Vektor selbst befriedigt im ladungs- und stromfreien Raum die Wellengleichung, da dort nach 4.5. (12)

$$\Delta \frac{\partial \boldsymbol{\Pi}}{\partial t} - \varepsilon\mu \frac{\partial^2}{\partial t^2} \frac{\partial \boldsymbol{\Pi}}{\partial t} = 0; \qquad \frac{\partial}{\partial t}\left[\Delta \boldsymbol{\Pi} - \varepsilon\mu \frac{\partial^2 \boldsymbol{\Pi}}{\partial t^2}\right] = 0; \qquad \Delta \boldsymbol{\Pi} - \varepsilon\mu \frac{\partial^2 \boldsymbol{\Pi}}{\partial t^2} = 0 \tag{6}$$

gilt. Durch die Einführung des Hertzschen Vektors wurde also folgendes erreicht:

Hat man eine beliebige Lösung der für $\boldsymbol{\Pi}$ *aufgestellten Wellengleichung gefunden und bildet daraus nach dem obigen Verfahren die Vektoren* $\boldsymbol{E}$ *und* $\boldsymbol{H}$, *so werden diese Vektoren alle vier Maxwellschen Gleichungen erfüllen. Sie stellen also die Lösungen eines physi-*

kalischen Problems dar. Die zusammengehörenden Werte von $\boldsymbol{E}$ und $\boldsymbol{H}$ ergeben sich automatisch. Die Entscheidung, welches physikalische Problem durch eine bestimmte Lösung der Wellengleichung für $\boldsymbol{\Pi}$ beschrieben wird, ist schwer zu treffen. Es ist noch schwieriger, den zu einem vollständig bestimmten physikalischen Problem gehörenden Hertzschen Vektor zu finden.

Wenn wir die im homogenen strom- und ladungsfreien Raum gültige Gl. (6) berücksichtigen und die Beziehung

$$\text{rot rot}\,\boldsymbol{\Pi} = \text{grad div}\,\boldsymbol{\Pi} - \Delta\boldsymbol{\Pi} \tag{7}$$

benutzen, können wir Gl. (5) umformen zu

$$\boldsymbol{E} = -\mu\varepsilon\,\frac{\partial^2\boldsymbol{\Pi}}{\partial t^2} + \text{grad div}\,\boldsymbol{\Pi} = \text{rot rot}\,\boldsymbol{\Pi} + \Delta\boldsymbol{\Pi} - \mu\varepsilon\,\frac{\partial^2\boldsymbol{\Pi}}{\partial t^2} = \text{rot rot}\,\boldsymbol{\Pi}\,. \tag{8}$$

Es kann also geschrieben werden:

$$\boldsymbol{H} = \varepsilon\,\frac{\partial}{\partial t}\,\text{rot}\,\boldsymbol{\Pi}\,, \tag{9}$$

$$\boldsymbol{E} = \text{rot rot}\,\boldsymbol{\Pi}\,. \tag{10}$$

Bei einer Zeitabhängigkeit der Form $e^{j\omega t}$ läßt sich dies weiter vereinfachen:

$$\boldsymbol{H} = \varepsilon\,j\omega\,\text{rot}\,\boldsymbol{\Pi}\,, \tag{11}$$

$$\boldsymbol{E} = \text{rot rot}\,\boldsymbol{\Pi}\,. \tag{12}$$

Führen wir den Vektor $\boldsymbol{p}$ mit der Definition

$$\boldsymbol{J} = \frac{\partial\boldsymbol{p}}{\partial t}\,; \qquad \varrho = -\text{div}\,\boldsymbol{p}$$

ein, so wird die Kontinuitätsgleichung automatisch erfüllt. $\boldsymbol{E}$ und $\boldsymbol{H}$ können aus dem Hertzschen Vektor $\boldsymbol{\Pi}$ abgeleitet werden. Der Vektor $\boldsymbol{\Pi}$ genügt nach 4.5. (8) und 4.6. (1) der Gleichung

$$\Delta\boldsymbol{\Pi} - \varepsilon\mu\,\frac{\partial^2\boldsymbol{\Pi}}{\partial t^2} = -\frac{1}{\varepsilon}\,\boldsymbol{p}\,. \tag{13}$$

$\boldsymbol{E}$ und $\boldsymbol{H}$ werden jetzt durch die Formeln

$$\boldsymbol{H} = \varepsilon\,\frac{\partial}{\partial t}\,\text{rot}\,\boldsymbol{\Pi}\,, \qquad \boldsymbol{E} = \text{grad div}\,\boldsymbol{\Pi} - \varepsilon\mu\,\frac{\partial^2\boldsymbol{\Pi}}{\partial t^2} \tag{14}$$

bestimmt. Der Hertzsche Vektor kann aus Gl. (13) berechnet werden:

$$\boldsymbol{\Pi} = \frac{1}{4\pi\varepsilon_0} \int\limits_V \frac{\boldsymbol{p}\left(\xi, \eta, \zeta, t - \frac{r}{c}\right)}{r} \, \mathrm{d}V. \tag{15}$$

Wir sind daran gewöhnt, $\boldsymbol{H}$ aus einem Vektorpotential abzuleiten. Dazu sind wir tatsächlich berechtigt, da $\operatorname{div} \boldsymbol{H} = 0$ ist. Im homogenen, ladungsfreien Raum ist aber $\boldsymbol{E}$ ebenfalls quellenfrei und läßt sich auch aus einem Vektorpotential ableiten, d. h., $\boldsymbol{E} = -\operatorname{rot} \boldsymbol{A}_{\mathrm{m}}$. Es ist leicht einzusehen, daß bei der Einführung des Hertzschen Vektors durch die Bestimmungsgleichung

$$\boldsymbol{A}_{\mathrm{m}} = \mu \frac{\partial \boldsymbol{\Pi}_{\mathrm{m}}}{\partial t} \tag{16}$$

$\boldsymbol{E}$ und $\boldsymbol{H}$ durch diesen Vektor wie folgt ausgedrückt werden können:

$$\boldsymbol{E} = -\mu \operatorname{rot} \frac{\partial \boldsymbol{\Pi}_{\mathrm{m}}}{\partial t}, \tag{17}$$

$$\boldsymbol{H} = -\mu\varepsilon \frac{\partial^2 \boldsymbol{\Pi}_{\mathrm{m}}}{\partial t^2} + \operatorname{grad} \operatorname{div} \boldsymbol{\Pi}_{\mathrm{m}}. \tag{18}$$

Der Vektor $\boldsymbol{\Pi}_{\mathrm{m}}$ genügt wiederum der Wellengleichung.

Zusammenfassend können wir sagen, daß wir durch zwei verschiedene Vektoren $\boldsymbol{\Pi}_{\mathrm{e}}$ und $\boldsymbol{\Pi}_{\mathrm{m}}$ zu verschiedenen Lösungen der Maxwellschen Gleichungen gelangen können:

$$\left.\begin{aligned} \boldsymbol{H} &= \varepsilon \, \mathrm{j}\omega \operatorname{rot} \boldsymbol{\Pi}_{\mathrm{e}}, \\ \boldsymbol{E} &= \operatorname{rot} \operatorname{rot} \boldsymbol{\Pi}_{\mathrm{e}}, \end{aligned}\right\} \quad \left.\begin{aligned} \boldsymbol{H} &= \operatorname{rot} \operatorname{rot} \boldsymbol{\Pi}_{\mathrm{m}}, \\ \boldsymbol{E} &= -\mu \mathrm{j}\omega \operatorname{rot} \boldsymbol{\Pi}_{\mathrm{m}}, \end{aligned}\right\} \tag{19}$$

wobei $\boldsymbol{\Pi}_{\mathrm{e}}$ und $\boldsymbol{\Pi}_{\mathrm{m}}$ der Wellengleichung

$$\Delta \boldsymbol{\Pi}_{\mathrm{e,m}} + \varepsilon\mu\omega^2 \boldsymbol{\Pi}_{\mathrm{e,m}} = 0$$

genügen und wir uns auf eine Zeitabhängigkeit der Form $\mathrm{e}^{\mathrm{j}\omega t}$ beschränkt haben.

Wir haben bereits gesehen, daß man $\boldsymbol{\Pi}_{\mathrm{e}}$ bei bekannter Stromverteilung nach 4.6.(1) und 4.5.(14) leicht bestimmen kann. Es erhebt sich nun die Frage, wie man $\boldsymbol{\Pi}_{\mathrm{m}}$ bestimmen kann oder, physikalisch ausgedrückt, welche „Ursache" für das Zustandekommen der Größe $\boldsymbol{\Pi}_{\mathrm{m}}$ verantwortlich gemacht werden kann, ähnlich, wie der sich ändernde elektrische Strom als Ursache von $\boldsymbol{\Pi}_{\mathrm{e}}$ angesehen werden kann. Die völlige formale Analogie zwischen $\boldsymbol{\Pi}_{\mathrm{e}}$ und $\boldsymbol{\Pi}_{\mathrm{m}}$ wird durch die Einführung der schon erwähnten fiktiven magnetischen Ströme hergestellt.

Wir fassen jetzt die Schritte für die Bestimmung der elektromagnetischen Felder bei Antennen und bei Wellenleitern zusammen:

Antennen	Wellenleiter
$\boldsymbol{J}(\boldsymbol{r}, t)$	$\Delta \boldsymbol{\Pi} - \varepsilon\mu \frac{\partial^2 \boldsymbol{\Pi}}{\partial t^2} = 0$
$\downarrow$	$\downarrow$
$\boldsymbol{A} = \frac{1}{4\pi} \int\limits_V \frac{\boldsymbol{J}\left(\boldsymbol{r}_Q, t - \frac{r_{PQ}}{c}\right)}{r_{PQ}} \mathrm{d}V_Q$	$\boldsymbol{\Pi}$
$\downarrow$	$\downarrow$
$\boldsymbol{\Pi} = \frac{1}{\varepsilon} \int^t \boldsymbol{A} \, \mathrm{d}t$	$\boldsymbol{E} = \operatorname{rot} \operatorname{rot} \boldsymbol{\Pi}$. $\boldsymbol{H} = \varepsilon \frac{\partial}{\partial t} \operatorname{rot} \boldsymbol{\Pi}$
$\downarrow$	
$\boldsymbol{E} = \operatorname{rot} \operatorname{rot} \boldsymbol{\Pi}$	$\boldsymbol{E} = -\mu \frac{\partial}{\partial t} \operatorname{rot} \boldsymbol{\Pi}$
$\boldsymbol{H} = \varepsilon \frac{\partial}{\partial t} \operatorname{rot} \boldsymbol{\Pi}$	$\boldsymbol{H} = \operatorname{rot} \operatorname{rot} \boldsymbol{\Pi}$ + Randbedingung
$\downarrow$	$\downarrow$
$P = \int\limits_A (\boldsymbol{E} \times \boldsymbol{H}) \, \mathrm{d}\boldsymbol{a}$	$P = \int\limits_A (\boldsymbol{E} \times \boldsymbol{H}) \, \mathrm{d}\boldsymbol{a}$

4.7. Die Strahlung einer Dipolantenne

4.7.1. Allgemeine Lösung

Im folgenden wollen wir mit Hilfe des Hertzschen Vektors das Strahlungsfeld eines Leitungsstückes der Länge l berechnen, wenn durch ihn ein rein sinusförmiger Wechselstrom fließt, der im betrachteten Zeitpunkt über den gesamten Leitungsabschnitt konstant ist. Praktisch kann dies dadurch veranschaulicht werden, daß wir zwei Kugeln mit einem Leiter verbinden und die beiden Kugeln über diesen Leiter periodisch auf- und entladen (Abb. 4.14a).

Praktische Bedeutung erlangt dieser Fall dadurch, daß ein aus einer Antenne herausgegriffenes Leiterelement als elementarer Dipol betrachtet werden kann. Dies bedeutet, daß das Moment des Dipols sich in der Zeit nach der Beziehung

$$\boldsymbol{p} = \boldsymbol{p}_0 \, e^{j\omega t} = \boldsymbol{l} q = \boldsymbol{l} Q_0 \, e^{j\omega t} \tag{1}$$

ändert. Differentiation nach der Zeit ergibt

$$\frac{d\boldsymbol{p}}{dt} = \boldsymbol{p}_0 j\omega \, e^{j\omega t} = \boldsymbol{l} \frac{dq}{dt} = \boldsymbol{l} i = \boldsymbol{l} I_0 \, e^{j\omega t}. \tag{2}$$

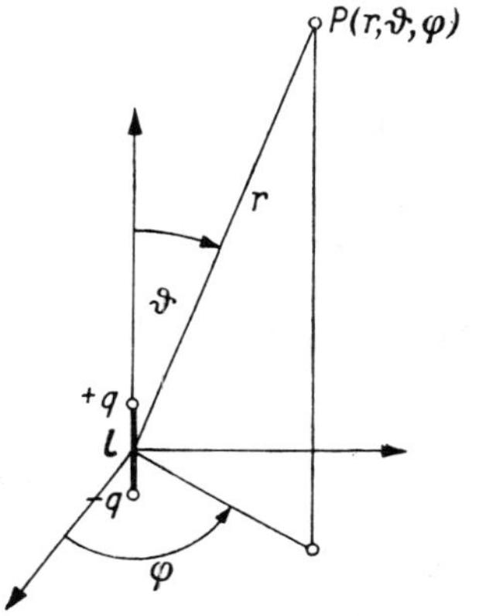

Abb. 4.14a Hertzscher Dipol
(Orientierung von $\boldsymbol{l}$ geht von $-q$ nach $+q$)

Es wird also

$$\boldsymbol{p}_0 = \frac{\boldsymbol{l} I_0}{j\omega}.$$

Zuerst wollen wir den zu dem gegebenen Problem gehörenden Hertzschen Vektor bestimmen. Das dem Stromelement $\boldsymbol{l} i(t)$ entsprechende retardierte Potential kann sofort angegeben werden:

$$\boldsymbol{A} = \frac{\boldsymbol{l}}{4\pi} \frac{i\left(t - \frac{r}{c}\right)}{r} = \frac{\boldsymbol{l}}{4\pi} I_0 \frac{e^{j\omega\left(t - \frac{r}{c}\right)}}{r}. \tag{3}$$

Es ist leicht einzusehen, daß der Vektor

$$\boldsymbol{\Pi} = \frac{\boldsymbol{l}}{4\pi\varepsilon_0} \frac{I_0}{j\omega} \frac{e^{j\omega\left(t - \frac{r}{c}\right)}}{r} \tag{4}$$

die Gleichung

$$\boldsymbol{A} = \varepsilon_0 \frac{\partial \boldsymbol{\Pi}}{\partial t} \tag{5}$$

erfüllt, so daß er den dem hier gestellten Problem zugeordneten Hertzschen Vektor darstellt. Wenn wir die Beziehung $\boldsymbol{Il}_0/\mathrm{j}\omega = \boldsymbol{p}_0$ berücksichtigen, ergibt sich

$$\boldsymbol{\Pi} = \boldsymbol{p}_0 \frac{\mathrm{e}^{\mathrm{j}\omega\left(t - \frac{r}{c}\right)}}{4\pi\varepsilon_0 r}. \tag{6}$$

Mit Hilfe dieses Ausdrucks wird nunmehr die Berechnung von $\boldsymbol{E}$ und $\boldsymbol{H}$ aus den Gleichungen

$$\boldsymbol{H} = \varepsilon_0 \operatorname{rot} \frac{\partial \boldsymbol{\Pi}}{\partial t}; \qquad \boldsymbol{E} = -\varepsilon_0\mu_0 \frac{\partial^2 \boldsymbol{\Pi}}{\partial t^2} + \operatorname{grad} \operatorname{div} \boldsymbol{\Pi} = \operatorname{rot} \operatorname{rot} \boldsymbol{\Pi} \tag{7}$$

keine prinzipiellen Schwierigkeiten bereiten, obwohl dazu — wie noch gezeigt wird — eine umfangreiche Rechenarbeit nötig ist.

Wir wollen jetzt die magnetische Feldstärke aus dem Hertzschen Vektor ermitteln:

$$\boldsymbol{H} = \varepsilon_0 \frac{\partial}{\partial t} \operatorname{rot} \boldsymbol{\Pi} = \frac{1}{4\pi} \frac{\partial}{\partial t} \operatorname{rot} \boldsymbol{p}_0 \frac{\mathrm{e}^{\mathrm{j}\omega\left(t - \frac{r}{c}\right)}}{r}. \tag{8}$$

Unter Berücksichtigung der aus der Vektoranalysis bekannten Formel

$$\operatorname{rot} f(r)\, \boldsymbol{a} = f(r) \operatorname{rot} \boldsymbol{a} + \operatorname{grad} f(r) \times \boldsymbol{a} \tag{9}$$

erhalten wir für die magnetische Feldstärke

$$\boldsymbol{H} = \frac{1}{4\pi} \frac{\partial}{\partial t} \left[\operatorname{grad} \frac{\mathrm{e}^{\mathrm{j}\omega\left(t - \frac{r}{c}\right)}}{r} \times \boldsymbol{p}_0\right] = -\frac{1}{4\pi} \frac{\partial}{\partial t} \left[\left(\frac{\mathrm{j}\omega}{cr} + \frac{1}{r^2}\right) \boldsymbol{r}_0 \times \boldsymbol{p}_0\, \mathrm{e}^{\mathrm{j}\omega\left(t - \frac{r}{c}\right)}\right], \tag{10}$$

da $\operatorname{rot} \boldsymbol{p}_0 = 0$ ist. $\boldsymbol{r}_0$ bedeutet hier den Einheitsvektor $\boldsymbol{r}/r$. Es gilt weiter

$$\begin{aligned}
\boldsymbol{H} &= \frac{\mathrm{j}\omega}{4\pi} \left(\frac{1}{r^2} + \frac{\mathrm{j}\omega}{cr}\right) [\boldsymbol{p}_0 \times \boldsymbol{r}_0]\, \mathrm{e}^{\mathrm{j}\omega\left(t - \frac{r}{c}\right)} \\
&= \frac{\mathrm{j}\omega}{4\pi} \frac{1}{r^2}\, \mathrm{e}^{\mathrm{j}\omega\left(t - \frac{r}{c}\right)} [\boldsymbol{p}_0 \times \boldsymbol{r}_0] - \frac{\omega^2}{4\pi c} \frac{1}{r}\, \mathrm{e}^{\mathrm{j}\omega\left(t - \frac{r}{c}\right)} [\boldsymbol{p}_0 \times \boldsymbol{r}_0] \\
&= \frac{1}{4\pi r^2} \left[\frac{\partial \boldsymbol{p}}{\partial t} \times \boldsymbol{r}_0\right]_{t - r/c} + \frac{1}{4\pi c r} \left[\frac{\partial^2 \boldsymbol{p}}{\partial t^2} \times \boldsymbol{r}_0\right]_{t - r/c} \\
&= \frac{1}{4\pi r^2} \left[\frac{\partial \boldsymbol{p}}{\partial t} \times \boldsymbol{r}_0\right]_{t - r/c} + \frac{\sqrt{\varepsilon_0\mu_0}}{4\pi r} \left[\frac{\partial^2 \boldsymbol{p}}{\partial t^2} \times \boldsymbol{r}_0\right]_{t - r/c}.
\end{aligned} \tag{11}$$

Wir können also feststellen, daß die magnetische Feldstärke sich aus zwei Gliedern zusammensetzt. Das erste Glied nimmt umgekehrt proportional zum Quadrat der Entfernung ab und hängt von der ersten Ableitung des Dipolmoments ab. Das zweite Glied nimmt aber mit der ersten Potenz der Entfernung ab und ist der zweiten Ableitung des Dipolmoments proportional. Die erste Komponente wird Nahfeld, die zweite Fernfeld oder Strahlungsfeld genannt, da das erste Glied nur in kleinsten Entfernungen wirkt, während in großen Entfernungen das zweite Glied überwiegt. Setzen wir in das erste Glied den Wert der ersten Ableitung des Dipolmoments nach der Zeit ein, so erhalten wir folgende Gesetzmäßigkeit:

$$\boldsymbol{H} = \frac{i}{4\pi} \frac{\boldsymbol{l} \times \boldsymbol{r}_0}{r^2}. \tag{12}$$

Es ist leicht zu erkennen, daß diese Formel das Biot-Savartsche Gesetz für das magnetische Feld eines Stromelements darstellt.

Wir können sehr leicht den Ausdruck des Fernfeldes für $\boldsymbol{E}$ finden, wenn wir alle Glieder vernachlässigen, die stärker als $1/r$ gegen Null gehen. Es gilt ganz allgemein

$$\boldsymbol{E} = \text{rot rot}\, \boldsymbol{\Pi}. \tag{13}$$

Entsprechend den Gleichungen (8), (9), (10) und (11) kann die Rotationsbildung auf die Gradientenbildung zurückgeführt werden. Bei der Bildung der Gradienten von $\mathrm{e}^{\mathrm{j}\omega\left(t-\frac{r}{c}\right)}/r$ verbleibt nur ein Glied, das proportional $1/r$ gegen Null strebt. Die Rotationsbildung entspricht also auch hier dem Operator

$$\text{rot} \to -\mathrm{j}\, \frac{\omega}{c}\, \boldsymbol{r}_0 \times$$

bzw.

$$\text{rot} \to \mathrm{j}\, \frac{\omega}{c} \cdots \times \boldsymbol{r}_0.$$

Es wird also

$$\text{rot rot}\, \boldsymbol{\Pi} = \frac{\mathrm{j}\omega}{c}\left(\frac{\mathrm{j}\omega}{c}\, \boldsymbol{\Pi} \times \boldsymbol{r}_0\right) \times \boldsymbol{r}_0 \tag{14}$$

oder

$$\boldsymbol{E} = \frac{1}{c^2}\, \frac{1}{4\pi\varepsilon_0 r}\left(\frac{\partial^2 \boldsymbol{p}}{\partial t^2} \times \boldsymbol{r}_0\right) \times \boldsymbol{r}_0\Big|_{t-r/c}. \tag{15}$$

Das Strahlungsfeld wird also endgültig

$$\boldsymbol{E} = \frac{\mu_0}{4\pi}\,\frac{1}{r}\left[\frac{\partial^2 \boldsymbol{p}}{\partial t^2} \times \boldsymbol{r}_0\right]_{t-r/c} \times \boldsymbol{r}_0. \tag{16}$$

Das Nahfeld gibt auch hier, wie leicht zu beweisen ist, das Kraftfeld des aus der Elektrostatik bekannten Dipols an, und zwar, der endlichen Wellenausbreitungsgeschwindigkeit entsprechend, retardiert.

Nach dem bisher Gesagten kann also festgestellt werden, daß die elektrischen und die magnetischen Feldstärken weit entfernt von der ausstrahlenden Antenne durch folgende Beziehungen bestimmt werden:

$$\boldsymbol{H} = \frac{\sqrt{\varepsilon_0\mu_0}}{4\pi r}\left[\frac{\partial^2 \boldsymbol{p}}{\partial t^2} \times \boldsymbol{r}_0\right]_{t-r/c}; \qquad \boldsymbol{E} = \frac{\mu_0}{4\pi r}\left[\frac{\partial^2 \boldsymbol{p}}{\partial t^2} \times \boldsymbol{r}_0\right]_{t-r/c} \times \boldsymbol{r}_0 \tag{17}$$

oder, in Kugelkoordinaten geschrieben:

$$H_r = 0, \qquad E_r = 0,$$

$$H_\vartheta = 0, \qquad E_\vartheta = -\frac{\omega^2\mu_0 p_0}{4\pi\, r}\sin\vartheta\, \mathrm{e}^{\mathrm{j}\omega\left(t-\frac{r}{c}\right)},$$

$$H_\varphi = -\frac{\omega^2\sqrt{\varepsilon_0\mu_0}}{4\pi}\,\frac{p_0}{r}\sin\vartheta\, \mathrm{e}^{\mathrm{j}\omega\left(t-\frac{r}{c}\right)}, \qquad E_\varphi = 0. \tag{18}$$

Aus diesen Gleichungen kann man folgende charakteristische Merkmale der Strahlungszone ersehen. *Die Feldstärken ändern sich der Entfernung und nicht deren Quadrat umgekehrt proportional.* Für die Energieströmung ist dieser Satz äußerst wichtig.

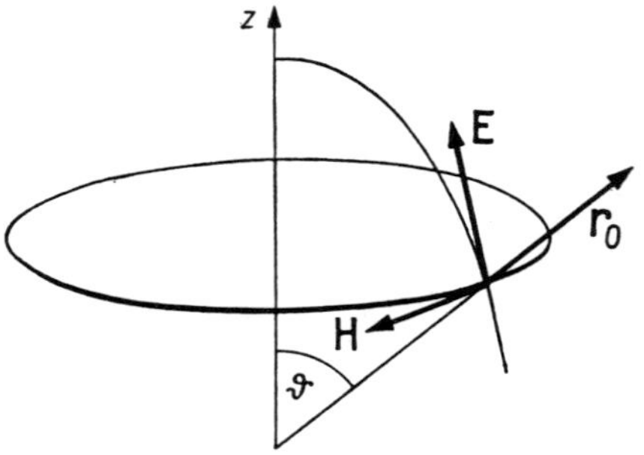

Abb. 4.14 b Richtung von elektrischer und magnetischer Feldstärke in der Fernzone

Man kann auch feststellen, daß sowohl die elektrische als auch die magnetische Feldstärke senkrecht zu der durch $\boldsymbol{r}_0$ gekennzeichneten Ausbreitungsrichtung und senkrecht zueinander verlaufen. Daher bilden die Vektoren $\boldsymbol{r}_0$, $\boldsymbol{E}$, $\boldsymbol{H}$ ein Rechtssystem mit der genannten Reihenfolge (Abb. 4.14. b). Es sei jedoch sofort hinzugefügt, daß diese Feststellung nur für die Wellenzone und auch dann nur für große Winkel ϑ ihre Gültigkeit bewahrt und z. B. in Richtungen, die nahe der Antennenachse verlaufen, nicht mehr zutrifft. Hier macht sich nämlich die Auswirkung der Nahstrahlung in beliebiger Entfernung noch immer bemerkbar. Hieraus folgen in der genannten Richtung die Abrundungen der in Abb. 4.15a gezeigten Kraftlinien. Wir können auch feststellen, daß der Vektor der magnetischen Feldstärke senkrecht zur Ausbreitungsrichtung, aber auch senkrecht zur zweiten Ableitung des Dipolmoments, also senkrecht zur Dipolachse verläuft. Die magnetischen Kraftlinien sind somit in jedem Zeitpunkt konzentrische Kreise in einer Ebene, normal zur Dipolachse. Die

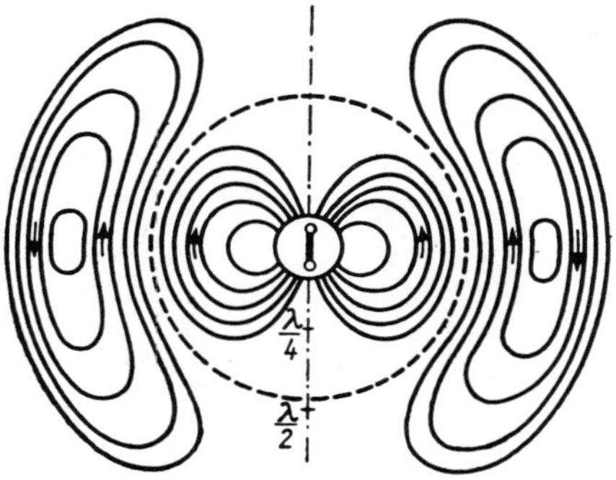

Abb. 4.15a Elektrische Kraftlinien in der Meridianebene des Dipols

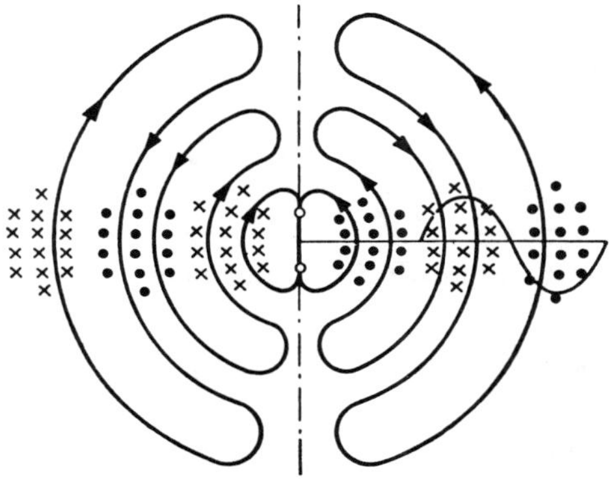

Abb. 4.15b Die Maximalintensität der elektrischen und der magnetischen Feldstärke fallen für das Fernfeld im Raum zusammen

elektrische Feldstärke verläuft senkrecht zur Ausbreitungsrichtung und zum Vektor $\boldsymbol{H}$, so daß die elektrischen Kraftlinien entsprechend Abb. 4.15a in den Meridianebenen liegen. *Da zwischen den Vektoren* $\boldsymbol{E}$ *und* $\boldsymbol{H}$ *im Fernfeld keine Phasenverschiebung besteht, erreichen die beiden Feldstärken im gleichen Punkt des Raumes zur gleichen Zeit ihren Maximalwert.* Unter Berücksichtigung dieser Folgerungen ergibt sich für das Wellenfeld im elektromagnetischen Feld die Abb. 4.15b.

Wird das Produkt

$$\frac{1}{4\pi r}\left[\frac{\partial^2 \boldsymbol{p}}{\partial t^2} \times \boldsymbol{r}_0\right]$$

durch den Wert von $\boldsymbol{H}$ ausgedrückt und in die Formel von $\boldsymbol{E}$ eingesetzt, so kann folgende Vektorgleichung für den zwischen Betrag und Richtung der elektrischen und der magnetischen Feldstärke bestehenden Zusammenhang aufgestellt werden:

$$\boldsymbol{E} = \frac{\mu_0}{\sqrt{\varepsilon_0 \mu_0}}\,[\boldsymbol{H} \times \boldsymbol{r}_0] = \sqrt{\frac{\mu_0}{\varepsilon_0}}\,[\boldsymbol{H} \times \boldsymbol{r}_0]. \qquad (19)$$

Dieser Ausdruck stimmt mit der Beziehung überein, die für ebene Wellen ermittelt wurde. Daher gilt

$$\frac{|\boldsymbol{E}|}{|\boldsymbol{H}|} = \frac{E_0}{H_0} = \sqrt{\frac{\mu_0}{\varepsilon_0}} = Z_0 = 377\ \Omega \approx 120\pi\ \Omega. \tag{20}$$

Das Verhältnis der elektrischen zur magnetischen Feldstärke ist also gleich dem Wellenwiderstand des freien Raumes.

Die Amplitudenwerte beider Feldstärken liefern uns die Formeln

$$E_0 = \frac{\omega^2 \mu_0 p_0}{4\pi r} \sin\vartheta, \tag{21}$$

$$H_0 = \omega^2 p_0 \frac{\sqrt{\varepsilon_0 \mu_0}}{4\pi r} \sin\vartheta \tag{22}$$

oder, wenn wir die Beziehungen

$$p_0 = l I_0/\omega; \qquad \omega = 2\pi \left(\frac{c}{\lambda}\right)$$

und $c = 1/\sqrt{\varepsilon_0 \mu_0}$ berücksichtigen,

$$E_0 = \frac{1}{2}\sqrt{\frac{\mu_0}{\varepsilon_0}}\,\frac{1}{r}\left(\frac{l}{\lambda}\right) I_0 \sin\vartheta = 60\,\pi\,\frac{1}{r}\left(\frac{l}{\lambda}\right) I_0 \sin\vartheta, \tag{23}$$

$$H_0 = \frac{1}{2}\,\frac{1}{r}\,\frac{l}{\lambda}\, I_0 \sin\vartheta. \tag{24}$$

Die Feldstärke erreicht also in der zur Dipolachse senkrechten Ebene ihr Maximum, während sie in der Richtung der Dipolachse ihr Minimum, d. h. den Nullwert, hat. Der Dipol strahlt also in Richtung seiner Achse überhaupt nicht aus. Abb. 4.16 zeigt

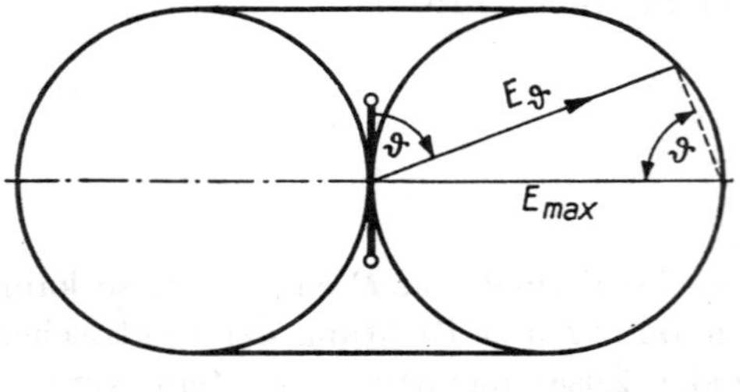

Abb. 4.16
Strahlungscharakteristik des Dipols

die Strahlungscharakteristik der Dipolantenne. Der zur gegebenen Richtung gehörende Amplitudenwert der Feldstärke wurde über dem Winkel aufgetragen. Die so erhaltene Fläche bestimmt einen Torus.

4.7.2. Das gesamte Feld der Dipolantenne

Bisher haben wir unsere Aufmerksamkeit auf die Wellenzone gerichtet. Jetzt wollen wir kurz das gesamte Feld betrachten. Die einzige Komponente des Hertzschen Vektors Π ist

$$\boldsymbol{\Pi}_z = \frac{1}{4\pi\varepsilon_0} \frac{I_0 l}{\mathrm{j}\omega} \frac{\mathrm{e}^{-\mathrm{j}kr}}{r} \mathrm{e}^{\mathrm{j}\omega t}, \quad \text{wobei} \quad k = \omega \sqrt{\varepsilon_0 \mu_0} = \frac{\omega}{c}. \tag{25}$$

Wir wollen die Komponenten der Feldvektoren in Kugelkoordinaten ausdrücken und geben also $\boldsymbol{\Pi}$ in Kugelkoordinaten an:

$$\left.\begin{aligned} \Pi_r &= \cos\vartheta \Pi_z = \frac{1}{4\pi\varepsilon_0} \frac{I_0 l}{\mathrm{j}\omega} \frac{\mathrm{e}^{-\mathrm{j}kr}}{r} \cos\vartheta\, \mathrm{e}^{\mathrm{j}\omega t}, \\ \Pi_\vartheta &= -\sin\vartheta \Pi_z = -\frac{1}{4\pi\varepsilon_0} \frac{I_0 l}{\mathrm{j}\omega} \frac{\mathrm{e}^{-\mathrm{j}kr}}{r} \sin\vartheta\, \mathrm{e}^{\mathrm{j}\omega t}, \\ \Pi_\varphi &= 0. \end{aligned}\right\} \tag{26}$$

Jetzt kann man bereits ohne Schwierigkeiten aus den Gleichungen

$$\left.\begin{aligned} \boldsymbol{H} &= \varepsilon \frac{\partial}{\partial t} \operatorname{rot} \boldsymbol{\Pi} = \varepsilon \mathrm{j}\omega \operatorname{rot} \boldsymbol{\Pi}, \\ \boldsymbol{E} &= \operatorname{rot}\operatorname{rot} \boldsymbol{\Pi} \end{aligned}\right\} \tag{27}$$

die Komponenten E_r, E_ϑ, E_φ, H_r, H_ϑ, H_φ bilden, und wir erhalten

$$\left.\begin{aligned} E_r &= \frac{I_0 l}{4\pi} \left[\sqrt{\frac{\mu_0}{\varepsilon_0}} \frac{2}{r^2} - \frac{2\mathrm{j}}{\omega\varepsilon_0 r^3} \right] \cos\vartheta\, \mathrm{e}^{\mathrm{j}(\omega t - kr)}, \\ E_\vartheta &= \frac{I_0 l}{4\pi} \left[\frac{\mathrm{j}\omega\mu_0}{r} - \frac{\mathrm{j}}{\omega\varepsilon_0 r^3} + \sqrt{\frac{\mu_0}{\varepsilon_0}} \frac{1}{r^2} \right] \sin\vartheta\, \mathrm{e}^{\mathrm{j}(\omega t - kr)}, \\ E_\varphi &= 0; \quad H_r = 0; \quad H_\vartheta = 0, \\ H_\varphi &= \frac{I_0 l}{4\pi} \left[\frac{\mathrm{j}k}{r} + \frac{1}{r^2} \right] \sin\vartheta\, \mathrm{e}^{\mathrm{j}(\omega t - kr)}. \end{aligned}\right\} \tag{28}$$

4.7.3. Die ausgestrahlte Leistung

Wird irgendwo im Raum, senkrecht zur Wellenausbreitung, ein Einheitsflächenelement angebracht, so ist die dort hindurchströmende Leistung durch den Poyntingschen Vektor $\boldsymbol{S} = \boldsymbol{E} \times \boldsymbol{H}$ gegeben. Da die elektrische und die magnetische Feldstärke gleichphasig verlaufen, zeigt der Poyntingsche Vektor immer in die gleiche Richtung, und zwar von der Antenne weg. Daher haben wir es mit einer Energieströmung konstanter Richtung zu tun. Gleichzeitig verursacht das Nahfeld keine Energieströmung, da die elektrische und magnetische Feldstärke, wie beim Kraftfeld eines einfachen Schwingungskreises, gegeneinander um 90° phasenverschoben sind.

Die durch die Gesamtantenne ausgestrahlte Leistung erhalten wir, indem wir die Antenne mit einer beliebigen geschlossenen Fläche umgeben und den Poyntingschen Vektor über diese Fläche summieren. Wegen der einfachen Berechnung benutzen wir eine Kugelfläche. Der zeitliche Mittelwert wird also

$$|\boldsymbol{S}_{\text{eff}}| = \frac{E_0 H_0}{2} = \frac{1}{2}\, 60\pi \left(\frac{l}{\lambda}\right)^2 \frac{1}{r^2}\, I_{\text{eff}}^2 \sin^2\vartheta \tag{29}$$

und somit

$$\oint_A \boldsymbol{S}_{\text{eff}}\, \mathrm{d}\boldsymbol{A} = \frac{1}{2}\, 60\pi \left(\frac{l}{\lambda}\right)^2 I_{\text{eff}}^2\, \frac{1}{r^2} \int\limits_{\varphi=0}^{2\pi} \int\limits_{\vartheta=0}^{\pi} r^2 \sin^2\vartheta \sin\vartheta\, \mathrm{d}\vartheta\, \mathrm{d}\varphi . \tag{30}$$

Die hierbei auftretenden Integrale haben folgende numerischen Werte:

$$\int\limits_{\varphi=0}^{2\pi} \mathrm{d}\varphi = 2\pi; \quad \int\limits_{\vartheta=0}^{\pi} \sin^2\vartheta \sin\vartheta\, \mathrm{d}\vartheta = \int\limits_{\vartheta=0}^{\pi} (1 - \cos^2\vartheta) \sin\vartheta\, \mathrm{d}\vartheta = \frac{4}{3} . \tag{31}$$

Dadurch ergibt sich der Leistungsmittelwert zu

$$P = \frac{1}{2}\, 60\pi \left(\frac{l}{\lambda}\right)^2 I_{\text{eff}}^2\, 2\pi\, \frac{4}{3} = 80\,\pi^2 \left(\frac{l}{\lambda}\right)^2 I_{\text{eff}}^2 . \tag{32}$$

Wir wollen nun die elektrische und die magnetische Feldstärke durch die Strahlungsleistung ausdrücken.

Aus Gl. (32) ergibt sich

$$I_{\text{eff}} = \frac{\lambda}{l\pi} \sqrt{\frac{P}{80}} . \tag{33}$$

So erhalten wir für die maximale elektrische Feldstärke nach Gl. (23) folgende Endformel, in der die Größen in den Einheiten V/m bzw. mV/m ausgedrückt sind:

$$E_{\text{eff}} = 60\pi \left(\frac{l}{\lambda}\right) \frac{1}{r}\, \frac{\lambda}{l\pi} \sqrt{\frac{P}{80}} = \frac{3\sqrt{10}}{\sqrt{2}}\, \frac{1}{r} \sqrt{P} , \tag{34}$$

$$E_{\mathrm{eff}}^{\mathrm{mV/m}} = 10^3 \frac{3\sqrt{10}}{\sqrt{2}} \frac{1}{r^{\mathrm{km}}\,10^3} \sqrt{P^{\mathrm{kW}} \cdot 10^3} = \frac{300}{\sqrt{2}} \frac{1}{r^{\mathrm{km}}} \sqrt{P^{\mathrm{kW}}}\,. \tag{35}$$

Die ausgestrahlte Leistung kann auch als an einem am Fernleitungsende angeschlossenen fiktiven Ohmschen Widerstand, d. h. am Strahlungswiderstand, verlorengegangene Leistung angesehen werden. Dieser Strahlungswiderstand hat definitionsgemäß den Wert

$$P = R_{\mathrm{s}} I_{\mathrm{eff}}^2\,; \qquad R_{\mathrm{s}} = 80\pi^2 \left(\frac{l}{\lambda}\right)^2. \tag{36}$$

Der Strahlungswiderstand ist also dem Quadrat des Verhältnisses von Antennenlänge zu Wellenlänge proportional. Eine Antenne strahlt demnach um so wirkungsvoller aus, je länger die Antenne und je kleiner die Wellenlänge ist. Dabei muß beachtet werden, daß die Ungleichung $l \ll \lambda$ immer erfüllt sein muß. Es ist also ohne weiteres zu verstehen, warum im Gebiet sehr hoher Frequenzen, also bei sehr kurzen Wellen, die Ausstrahlung einer gegebenen Leistung mit vorgeschriebener Stromstärke leichter zu verwirklichen ist. Dieser Strahlungswiderstand muß übrigens tatsächlich immer als Widerstand behandelt werden, so z. B. bei der Berechnung des Reflexionskoeffizienten und auch bei der Bestimmung des sogenannten Johnsonschen Rauschens der Widerstände.

Nun soll der Fall untersucht werden, daß wir auf der als unendlich guten Leiter angenommenen ebenen Erdoberfläche eine Antenne der Höhe l aufstellen und der Antennenstrom den Wert i besitzt. Gesucht wird die Feldstärke in gegebener Entfernung von der Antenne. Für die Maxwellschen Gleichungen soll nun eine solche Lösung gefunden werden, die — der vorigen Lösung analog — die Wellengleichung im oberen Halbraum überall befriedigt, im Nahgebiet der Dipolantenne in das Biot-Savartsche Gesetz übergeht, die vom elektrostatischen Dipol bestimmte Feldstärke annimmt und gleichzeitig an der Grenzfläche Luft—Metall die Randbedingung erfüllt. Letztere kann für den unendlich guten Leiter so formuliert werden, daß dort die elektrischen Kraftlinien überall senkrecht zur Leiterfläche verlaufen. Die gesuchte Lösung kann leicht angegeben werden. Wenn wir nämlich entsprechend der Abb. 4.17 einen Dipol der Länge $2l$ mit der gleichen Stromstärke i betrachten und dessen Kraftfeld nach den bisherigen Betrachtungen bestimmen, so erreichen wir die gesuchte, sämtliche Bedingungen befriedigende Lösung, wenn wir aus dem gewonnenen Kraftfeldbild nur den Teil nehmen, der im Halbraum $z \geqq 0$ liegt, uns den unteren Raumteil aber mit einem unendlich guten Leiter ausgefüllt vorstellen. Dadurch wird die elektrische Feldstärke in der Entfernung r von der Antenne

$$E_{\mathrm{eff}}^{\mathrm{mV/m}} = 120\pi \left(\frac{l}{\lambda}\right) I_{\mathrm{eff}} \frac{1}{r^{\mathrm{km}}} \sin\vartheta\,. \tag{37}$$

Bei der Berechnung der ausgestrahlten Leistung muß noch berücksichtigt werden, daß die $2l$ hohe Antenne mit der Stromstärke i in Wirklichkeit ihre Energie nicht in den Gesamtraum, sondern nur in den oberen Raumteil ausstrahlt. Dieser Anteil beträgt die Hälfte der gesamten ausgestrahlten Energie. Die ausgestrahlte Leistung beträgt also

$$P = \frac{1}{2}\, 80\pi^2 \left(\frac{2l}{\lambda}\right)^2 I_{\text{eff}}^2 = 160\pi^2 \left(\frac{l}{\lambda}\right)^2 I_{\text{eff}}^2. \tag{38}$$

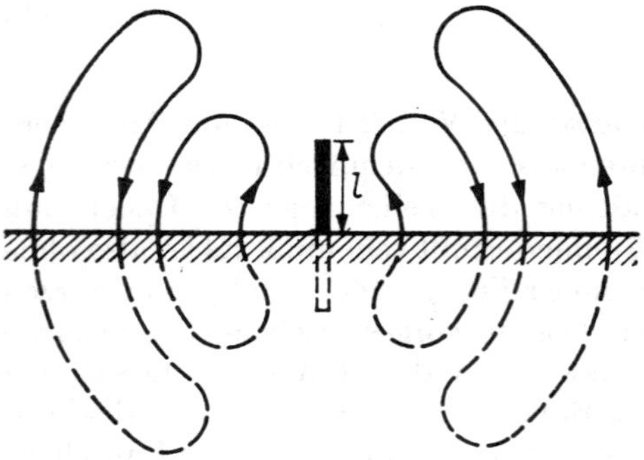

Abb. 4.17
Einfluß der Ebene unendlich guter Leitfähigkeit auf die Form des Strahlungsfeldes

Wenn wir nun die elektrische Feldstärke als Funktion der ausgestrahlten Leistung berechnen, so gilt

$$E_{\text{eff}}^{\text{mV/m}} = \frac{300}{r^{\text{km}}} \sqrt{P^{\text{kW}}}. \tag{39}$$

Diese Beziehungen können angenähert gültige Lösungen für das Strahlungsfeld einer auf der Erde aufgestellten Antenne liefern. Der Gültigkeitsbereich sämtlicher bisheriger Formeln beschränkt sich auf die Fälle, in denen die Stromstärke entlang der gesamten Antenne konstant ist, wenn also die Antennenlänge klein ist im Vergleich zur Wellenlänge. Das Strahlungsfeld von Antennen, deren Länge in der gleichen Größenordnung wie die Wellenlänge liegt, kann mit Hilfe unserer bisherigen Ergebnisse ebenfalls berechnet werden.

Wir müssen die Antenne in kurze elementare Antennen aufteilen und in diesen die Stromstärke als konstant ansehen. Nach der Berechnung der einzelnen Strahlungsfelder erhält man durch Summation die resultierende Feldstärke. Bei einer gegebenen Stromverteilung kann die Antenne durch eine andere, fiktive Antenne von anderer Wirkhöhe ersetzt werden, auf der aber die Stromstärke bereits gleichmäßig verteilt ist, so daß unsere zur Berechnung des Feldes dienenden Formeln ohne weiteres anwendbar werden.

4.8. Die Strahlung bewegter Ladungen

Eine Ladung Q bewege sich entlang der Bahn $\boldsymbol{s} = \boldsymbol{s}(t)$ (Abb. 4.18). In den Ausdruck für das Vektorpotential müssen wir jetzt das Stromelement $Q\dot{\boldsymbol{s}}$ einsetzen:

$$\boldsymbol{A} = \frac{1}{4\pi} \frac{Q\dot{\boldsymbol{s}}\left(t - \frac{r}{c}\right)}{r}. \tag{1}$$

Der durch die Gleichung $\boldsymbol{A} = \varepsilon_0\, \partial \boldsymbol{\Pi}/\partial t$ definierte Hertzsche Vektor lautet jetzt:

$$\boldsymbol{\Pi} = \frac{1}{4\pi\varepsilon_0} \frac{Q\boldsymbol{s}\left(t - \frac{r}{c}\right)}{r}. \tag{2}$$

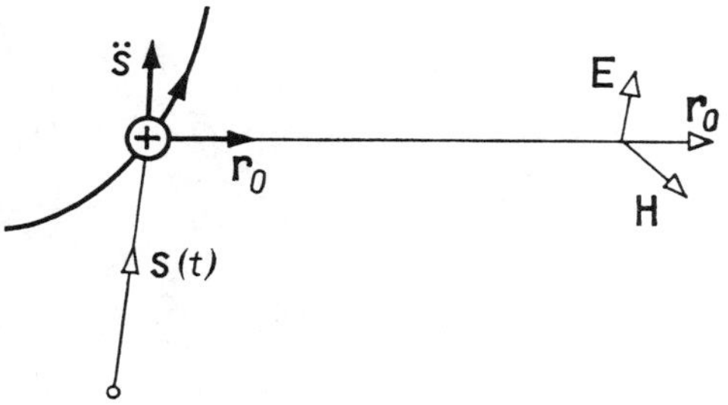

Abb. 4.18 Zur Bestimmung des Strahlungsfeldes einer bewegten Ladung

Das Feld der bewegten Ladung wird also mit dem Feld eines Dipols vom Moment $\boldsymbol{p} = Q\boldsymbol{s}$ identisch. Diese Tatsache kann auch veranschaulicht werden: Denken wir uns im Koordinatenursprung die Ladung $-Q$, so entsteht wirklich ein Dipol vom Moment $\boldsymbol{s}Q$. Das Strahlungsfeld wird dabei vom statischen Feld der Ladung $-Q$ nicht beeinflußt.

Jetzt können wir die bei der Betrachtung der Dipolstrahlung erhaltenen Ergebnisse anwenden. Wir berücksichtigen dabei, daß jetzt

$$\frac{\partial^2 \boldsymbol{p}}{\partial t^2} = Q\ddot{\boldsymbol{s}}(t) \tag{3}$$

ist. Dem Gleichungssystem 4.7. (17) entspricht jetzt

$$\boldsymbol{E} = \frac{\mu_0 Q}{4\pi} \frac{1}{r} (\ddot{\boldsymbol{s}} \times \boldsymbol{r}_0) \times \boldsymbol{r}_0, \tag{4}$$

$$\boldsymbol{H} = \frac{\sqrt{\varepsilon_0 \mu_0}}{4\pi} \frac{Q}{r} (\ddot{\boldsymbol{s}} \times \boldsymbol{r}_0). \tag{5}$$

Das Strahlungsfeld ist also durch die Beschleunigung der Ladung bestimmt. Die beschleunigte Ladung strahlt die momentane Leistung

$$P_{\text{Strahlung}} = \oint (\boldsymbol{E} \times \boldsymbol{H})\, \mathrm{d}\boldsymbol{A} = \frac{\mu_0 Q^2 \sqrt{\varepsilon_0 \mu_0}}{(4\pi)^2} (\ddot{\boldsymbol{s}})^2 \int\limits_0^{2\pi} \int\limits_0^{\pi} \sin^2\vartheta \sin\vartheta\, \mathrm{d}\vartheta\, \mathrm{d}\varphi = \frac{Q^2}{6\pi} \frac{1}{\varepsilon_0 c^3} (\ddot{\boldsymbol{s}})^2|_{t-r/c} \tag{6}$$

ab.

Wir erwähnen hier, daß in solchen Fällen, wo die Geschwindigkeit der Ladung größer ist als die Lichtgeschwindigkeit in dem betreffenden Stoff, d. h. $v_Q > c/n$, eine von der Geschwindigkeit abhängige Strahlung, die sogenannte Tscherenkow-Strahlung, entsteht.

4.9. Die Strahlung der Rahmenantenne

Im folgenden wollen wir das Strahlungsfeld einer Stromschleife oder Rahmenantenne (Abb. 4.19) untersuchen, wobei die Abmessungen gegenüber der Wellenlänge klein gehalten werden. Auch hier wollen wir zuerst das Vektorpotential $\boldsymbol{A}$ bzw. den Hertzschen Vektor $\boldsymbol{\Pi}$ bestimmen. Nach unserer Bedingung ist die Stromstärke im betrachteten Zeitpunkt in jedem Leitungspunkt konstant, so daß wir das Vektorpotential

$$A_\varphi = \frac{I_0}{4\pi} \int_0^{2\pi} \frac{e^{j(\omega t - k\varrho)}}{\varrho} r_0 \cos \varphi' \, d\varphi' \tag{1}$$

erhalten (siehe auch Abb. 2.125).

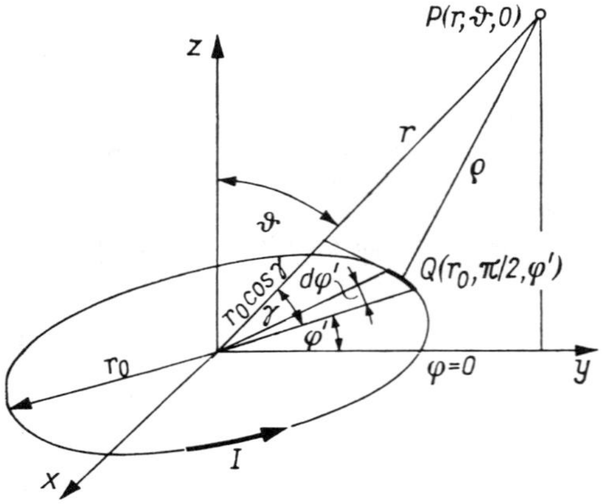

Abb. 4.19
Zur Berechnung der Rahmenantenne

Wir nehmen an, daß der Aufpunkt P, in dem das Vektorpotential $\boldsymbol{A}$ gesucht wird, sehr weit entfernt ist, d. h., $r_0 \ll r$. Im Nenner kann also $\varrho \approx r$ angenommen werden. Im Exponenten kommt die Differenz vor, die eine merkliche Phasenverschiebung verursachen kann.

Nach Abb. 4.19 gilt also $\varrho \approx r - r_0 \cos \gamma$, wobei für $\cos \gamma$ nach 2.28.(5) folgende Beziehung benutzt werden kann:

$$\cos \gamma = \cos \vartheta \cos \vartheta' + \sin \vartheta \sin \vartheta' \cos (\varphi - \varphi') . \tag{2}$$

In unserem Fall gilt also

$$\varrho = r - r_0 \sin \vartheta \cos \varphi' . \tag{3}$$

Für A_φ ergibt sich

$$A_\varphi = \frac{r_0 I_0 \, e^{j(\omega t - kr)}}{4\pi r} \int_0^{2\pi} e^{j\beta r_0 \sin \vartheta \cos \varphi'} \cos \varphi' \, d\varphi' . \tag{4}$$

Da der hier auftretende Faktor $kr_0 = \frac{2\pi}{\lambda} r_0$ nach unseren Voraussetzungen klein gegenüber 1 angenommen werden kann, genügt es, die ersten zwei Glieder der Reihenentwicklung zu benutzen:

$$A_\varphi = \frac{r_0 I_0 \, e^{j(\omega t - kr)}}{4\pi r} \int_0^{2\pi} (\cos \varphi' + jkr_0 \sin \vartheta \cos^2 \varphi') \, d\varphi' . \tag{5}$$

Nach Integration finden wir

$$A_\varphi = \frac{j(r_0^2 \pi) \, k I_0 \, e^{j(\omega t - kr)}}{4\pi r} \sin \vartheta . \tag{6}$$

Da aber $k = \omega/c = \omega \sqrt{\varepsilon_0 \mu_0}$ ist, kann dieser Ausdruck in der Form

$$A_\varphi = \frac{\sqrt{\varepsilon_0 \mu_0} \, r_0^2 \pi j \omega I_0 \, e^{j(\omega t - kr)}}{4\pi r} \sin \vartheta \tag{7}$$

geschrieben werden.

Ist A_φ bekannt, so kann Π_φ sehr einfach bestimmt werden. Es ist sofort ersichtlich, daß der Ausdruck

$$\Pi_\varphi = \sqrt{\frac{\mu_0}{\varepsilon_0}} \frac{r_0^2 \pi I_0 \, e^{j(\omega t - kr)}}{4\pi r} \sin \vartheta \tag{8}$$

die Gleichung

$$\boldsymbol{A} = \varepsilon_0 \frac{\partial \boldsymbol{\Pi}}{\partial t} \tag{9}$$

erfüllt.

Die vorige Endformel für Π_φ kann auch in Vektorform geschrieben werden. Führen wir nämlich den Vektor $\boldsymbol{m}_0$ des magnetischen Moments des Kreises ein, dessen Betrag durch

$$|\boldsymbol{m}_0| = r_0^2 \pi I_0 \mu_0 = \mu_0 a I_0 \tag{10}$$

bestimmt ist, so wird aus Gl. (8)

$$\boldsymbol{\Pi} = \frac{1}{\sqrt{\mu_0 \varepsilon_0}} \frac{\boldsymbol{m}_0 \, \mathrm{e}^{\mathrm{j}\omega\left(t - \frac{r}{c}\right)}}{4\pi r} \times \boldsymbol{r}_0 . \tag{11}$$

Hieraus ist nun mit Hilfe der Beziehungen

$$\left.\begin{aligned} \boldsymbol{H} &= \mathrm{j}\omega\varepsilon_0 \operatorname{rot} \boldsymbol{\Pi} , \\ \boldsymbol{E} &= \operatorname{rot} \operatorname{rot} \boldsymbol{\Pi} \end{aligned}\right\} \tag{12}$$

die Berechnung der Vektoren $\boldsymbol{H}$ und $\boldsymbol{E}$ möglich. Wir bilden die Rotation von $\boldsymbol{\Pi}$ und finden für die Fernzone

$$\operatorname{rot} \frac{1}{4\pi \sqrt{\varepsilon_0 \mu_0}} \frac{\mathrm{e}^{\mathrm{j}\omega\left(t - \frac{r}{c}\right)}}{r} (\boldsymbol{m}_0 \times \boldsymbol{r}_0) = \frac{1}{4\pi \sqrt{\mu_0 \varepsilon_0}} \frac{\mathrm{d}}{\mathrm{d}r} \frac{\mathrm{e}^{\mathrm{j}\omega\left(t - \frac{r}{c}\right)}}{r} \boldsymbol{r}_0 \times (\boldsymbol{m}_0 \times \boldsymbol{r}_0)$$

$$\approx \frac{1}{4\pi} \frac{1}{\sqrt{\varepsilon_0 \mu_0}} \left(-\mathrm{j} \frac{\omega}{c}\right) \frac{\mathrm{e}^{\mathrm{j}\omega\left(t - \frac{r}{c}\right)}}{r} \boldsymbol{r}_0 \times (\boldsymbol{m}_0 \times \boldsymbol{r}_0) = \boldsymbol{\Pi} \times \mathrm{j} \frac{\omega}{c} \boldsymbol{r}_0 . \tag{13}$$

Die Rotationsbildung bedeutet also in der Fernzone eine vektorielle Multiplikation mit $(\mathrm{j}\omega/c)\, \boldsymbol{r}_0$, und es gilt für die Amplituden nach (12) und (13)

$$H_\vartheta = \frac{1}{4\pi} \left(\frac{2\pi}{\lambda}\right)^2 \frac{r_0^2 \pi I_0}{r} \sin \vartheta = \frac{1}{4\pi} \frac{k^2 a I_0}{r} \sin \vartheta , \tag{14}$$

$$E_\varphi = \sqrt{\frac{\mu_0}{\varepsilon_0}} H_\vartheta = \frac{120\pi}{4\pi} \frac{k^2 a I_0}{r} \sin \vartheta . \tag{15}$$

Wir haben folglich eine dem elektrischen Dipol analoge Lösung gefunden. Es wurde nur die Rolle von $\boldsymbol{E}$ und $\boldsymbol{H}$ vertauscht. Die ausgestrahlte Leistung kann ähnlich wie bei der Dipolantenne berechnet werden. Das Endergebnis lautet:

$$P = \frac{30}{4\pi} k^4 a^2 I_{\mathrm{eff}}^2 \int_0^{2\pi} \int_0^{\pi} \sin^3 \vartheta \, \mathrm{d}\vartheta \, \mathrm{d}\varphi = \frac{30 \cdot 2\pi}{4\pi} \frac{4}{3} k^4 a^2 I_{\mathrm{eff}}^2 = 20 k^4 a^2 I_{\mathrm{eff}}^2 , \tag{16}$$

woraus der Strahlungswiderstand sich zu

$$R_s = 20k^4a^2 = 20\left(\frac{2\pi}{\lambda}\right)^4 (r_0^2\pi)^2 = 31 \cdot 10^4 \left(\frac{r_0}{\lambda}\right)^4 \tag{17}$$

ergibt.

Für spätere Betrachtungen kann sich noch folgendes als wesentlich erweisen: Eine von sinusförmigem Wechselstrom durchflossene Schleife entspricht einem magnetischen Dipol mit veränderlichem Dipolmoment. Wir können uns dies so vorstellen, daß, so wie bei dem elektrischen Dipol, elektrische Ladungen wandern oder ein elektrischer Strom fließt, hier fiktive magnetische Ladungen wandern oder ebenso fiktive magnetische Ströme fließen. Dadurch wurde also jetzt das Strahlungsfeld des schnell veränderlichen magnetischen Stromelements ermittelt (Abb. 4.20).

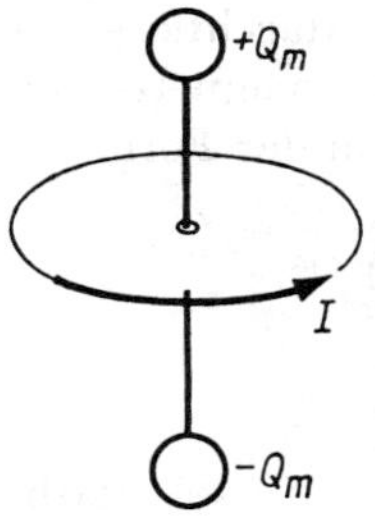

Abb. 4.20
Die Rahmenantenne kann als ein magnetischer Dipol aufgefaßt werden

Die Analogie kann noch weiter verfolgt werden. Mittels einer einfachen Rechnung läßt sich zeigen, daß wir durch Einführung des dem Hertzschen Vektor des elektrischen Dipols analogen magnetischen Vektors

$$\boldsymbol{\Pi}_{\mathrm{m}} = \boldsymbol{m}_0 \frac{\mathrm{e}^{\mathrm{j}\omega\left(t-\frac{r}{c}\right)}}{4\pi\mu_0 r} \tag{18}$$

mit Hilfe der Beziehungen

$$\boldsymbol{E} = -\mu_0 \mathrm{j}\omega \operatorname{rot} \boldsymbol{\Pi}_{\mathrm{m}},$$

$$\boldsymbol{H} = \operatorname{rot}\operatorname{rot} \boldsymbol{\Pi}_{\mathrm{m}}$$

zu den gleichen Vektoren $\boldsymbol{E}$ und $\boldsymbol{H}$ gelangen. Ein Beweis für das Gesagte ist leicht zu finden, wenn wir berücksichtigen, daß in der Fernzone die Bildung der Rotation der Operation $\times (\mathrm{j}\omega/c)\, \boldsymbol{r}_0$ äquivalent ist und die Richtung von $[(\boldsymbol{a} \times \boldsymbol{r}_0) \times \boldsymbol{r}_0] \times \boldsymbol{r}_0$ mit der Richtung von $-(\boldsymbol{a} \times \boldsymbol{r}_0)$ zusammenfällt. Daran sieht man sofort, daß die Rolle der Vektoren $\boldsymbol{E}$ und $\boldsymbol{H}$ im Vergleich zum Feld des elektrischen Dipols vertauscht ist.

Es kann also folgende Analogie aufgestellt werden:

Die Lösungen der Gleichungen

$$\operatorname{rot} \boldsymbol{H} = \boldsymbol{J}_{\mathrm{e}} + \varepsilon_0 \frac{\partial \boldsymbol{E}}{\partial t},$$

$$\operatorname{rot} \boldsymbol{E} = -\mu_0 \frac{\partial \boldsymbol{H}}{\partial t}, \qquad (19\mathrm{a})$$

$$\operatorname{div} \boldsymbol{J}_{\mathrm{e}} + \frac{\partial \varrho_{\mathrm{e}}}{\partial t} = 0$$

sind für ein von sinusförmigem elektrischem Wechselstrom durchflossenes Element mit Hilfe des elektrischen Hertzschen Vektors $\boldsymbol{\Pi}_{\mathrm{e}}$ in der Form

$$\boldsymbol{\Pi}_{\mathrm{e}} = \frac{1}{4\pi\varepsilon_0} \boldsymbol{p}_0 \frac{\mathrm{e}^{\mathrm{j}\omega\left(t - \frac{r}{c}\right)}}{r},$$

$$\boldsymbol{E} = \operatorname{rot} \operatorname{rot} \boldsymbol{\Pi}_{\mathrm{e}}, \qquad (20\mathrm{a})$$

$$\boldsymbol{H} = \varepsilon_0 \mathrm{j}\omega \operatorname{rot} \boldsymbol{\Pi}_{\mathrm{e}}$$

darstellbar.

Die Lösungen der Gleichungen

$$\operatorname{rot} \boldsymbol{H} = \varepsilon_0 \frac{\partial \boldsymbol{E}}{\partial t},$$

$$\operatorname{rot} \boldsymbol{E} = -\mu_0 \frac{\partial \boldsymbol{H}}{\partial t} - \boldsymbol{J}_{\mathrm{m}}, \qquad (19\mathrm{b})$$

$$\operatorname{div} \boldsymbol{J}_{\mathrm{m}} + \frac{\partial \varrho_{\mathrm{m}}}{\partial t} = 0$$

sind für ein von sinusförmigem magnetischem Wechselstrom durchflossenes Element mit Hilfe des magnetischen Hertzschen Vektors $\boldsymbol{\Pi}_{\mathrm{m}}$ in der Form

$$\boldsymbol{\Pi}_{\mathrm{m}} = \frac{1}{4\pi\mu_0} \boldsymbol{m}_0 \frac{\mathrm{e}^{\mathrm{j}\omega\left(t - \frac{r}{c}\right)}}{r},$$

$$\boldsymbol{E} = -\mu_0 \mathrm{j}\omega \operatorname{rot} \boldsymbol{\Pi}_{\mathrm{m}}, \qquad (20\mathrm{b})$$

$$\boldsymbol{H} = \operatorname{rot} \operatorname{rot} \boldsymbol{\Pi}_{\mathrm{m}}$$

darstellbar.

Mit dem elektrischen bzw. magnetischen Strom hängen $\boldsymbol{p}$ und $\boldsymbol{m}$ zusammen:

$$\frac{\partial \boldsymbol{p}}{\partial t} = \boldsymbol{l} \frac{\partial Q_{\mathrm{e}}}{\partial t} = \boldsymbol{l} i_{\mathrm{e}}, \qquad \frac{\partial \boldsymbol{m}}{\partial t} = \boldsymbol{l} \frac{\partial Q_{\mathrm{m}}}{\partial t} = \boldsymbol{l} i_{\mathrm{m}}. \qquad (21\mathrm{a,\ b})$$

Die hier eingeführten magnetischen Ladungen sind selbstverständlich fiktiv, jedoch kann das Strahlungsfeld so berechnet werden, als existierten diese tatsächlich.

Wir sind den magnetischen Strömen bereits begegnet und fanden, daß diese — flächenhaft verteilt — einen Sprung des Vektors $\boldsymbol{E}$ verursachen können. Jetzt können wir auch die früher aufgeworfene Frage beantworten, welche physikalische Ursache wir $\boldsymbol{\Pi}_{\mathrm{m}}$ zuschreiben können. Es sind die hier eingeführten magnetischen Ströme. Die magnetischen Ströme können physikalisch durch Stromkreise mit zeitlich veränderlichem Moment $\mu_0 i(t)\, r_0^2 \pi$ realisiert werden. Die Einführung dieser fiktiven magnetischen Stromkreise erweist sich als zweckmäßig, da man dadurch kompliziertere Strahlungsfelder auf die bekannten Dipolfelder zurückführen kann.

Die grundlegende Bedeutung der Begriffe des elektrischen und des magnetischen Dipols wird auch dadurch bewiesen, daß das Strahlungsfeld eines Strahlers mit beliebiger Stromverteilung in erster Näherung durch das Strahlungsfeld eines elektrischen Dipols dargestellt werden kann. Als nächste Näherung ergibt sich das Feld eines magnetischen Dipols bzw. eines elektrischen Quadrupols. Mit Hilfe von elektrischen und magnetischen Multipolen verschiedener Ordnung kann das Feld eines beliebigen Strahlers beliebig genau angenähert werden.

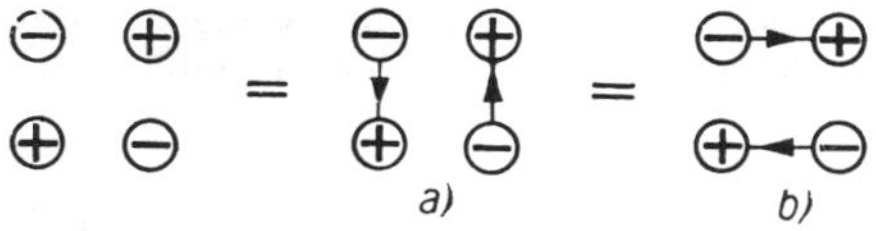

Abb. 4.21 Ein statischer Quadrupol kann auf zwei äquivalente Arten in Dipolpaare zerlegt werden

Der elektrische bzw. magnetische Dipolstrahler wurde einfach aus den entsprechenden statischen Dipolen hergeleitet, wobei das Dipolmoment zeitabhängig angenommen wurde. Der Quadrupolstrahler kann aber keineswegs aus zwei einfachen Dipolstrahlern zusammengesetzt gedacht werden. Der statische Quadrupol besteht aus vier Ladungen, die sich mit wechselnden Vorzeichen in den Eckpunkten eines Parallelogramms befinden. Welche Ladungspaare im statischen Fall zu einem Dipol zusammengefaßt werden, ist gleichgültig; das Feld des Quadrupols wird dadurch nicht beeinflußt (Abb. 4.21). Bei Strahlungsvorgängen haben die eingezeichneten Linien einen physikalischen Inhalt: Sie bedeuten je ein Stromelement, und so führt Abb. 4.21 a zu einem anderen Strahlungsfeld als Abb. 4.21 b.

Zur richtigen Verallgemeinerung des elektrischen Quadrupols gelangen wir dann, wenn keine der beiden Richtungen als Schwingungsrichtung der Ladungen bevorzugt wird, sondern die Ladungen sich derart bewegen, daß dabei die geometrische Form des Quadrupols erhalten bleibt. Dieser Schwingungszustand liegt vor, wenn die zwei Schwingungszustände superponiert und halbiert werden. Wir denken uns also, daß sich die Hälfte jeder Ladung in senkrechter bzw. in waagerechter Richtung bewegt (Abb. 4.22).

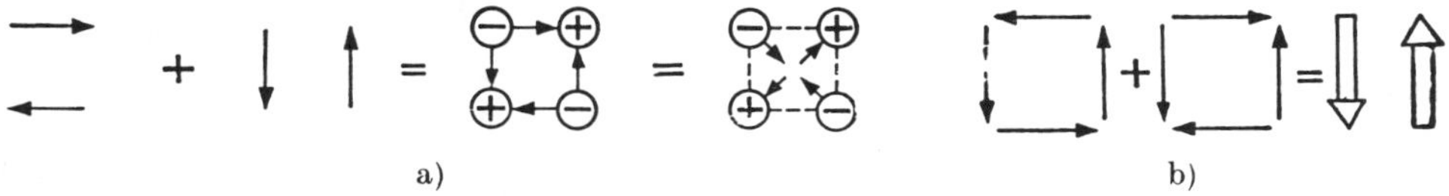

Abb. 4.22 a) Das Strahlungsfeld eines Quadrupols setzt sich aus den Strahlungsfeldern zweier Dipolpaare zusammen

b) Ein schwingendes Dipolpaar setzt sich aus einem magnetischen Dipol und einem Quadrupol zusammen

Es sei jetzt $\boldsymbol{J}(\boldsymbol{r}, t)$ ganz allgemein gegeben [1.13]. Wir bestimmen die entsprechenden Dipolbzw. Quadrupolstrahler. Der Vektor $\boldsymbol{\Pi}$ kann mit Hilfe der Stromdichte wie folgt ausgedrückt werden:

$$\boldsymbol{\Pi} = \frac{1}{4\pi \mathrm{j}\omega\varepsilon_0} \int\limits_V \frac{\boldsymbol{J}(\boldsymbol{r}_Q)\, \mathrm{e}^{-\mathrm{j}k r_{PQ}}}{r_{PQ}}\, \mathrm{d}V_Q . \tag{22}$$

Entwickeln wir die Funktion $1/r_{PQ}$ in der Nähe $1/r_P \equiv 1/r$ wie üblich in eine Reihe (s. auch Abb. 2.122), so erhalten wir nach Einführung der symmetrischen Koordinaten $P(x_1x_2x_3)$, $Q(\xi_1\xi_2\xi_3)$

$$\boldsymbol{\Pi} = \frac{1}{4\pi j\omega\varepsilon_0} \int \boldsymbol{J}(\boldsymbol{r}_Q) \left[1 - \sum_{i=1}^{3} \xi_i \frac{\partial}{\partial x_i} + \frac{1}{2!} \sum \xi_i\xi_k \frac{\partial^2}{\partial x_i\, \partial x_k} \cdots \right] \cdot \frac{e^{-jkr}}{r}\, dV_Q. \tag{23}$$

Hier wurde schon die Bedingung berücksichtigt, daß die größte lineare Abmessung des mit Strom erfüllten Raumes V klein gegenüber der Wellenlänge ist und auch der Aufpunkt P in großer Entfernung liegt, d. h.,

$$|\boldsymbol{r}_P| \gg |\boldsymbol{r}_Q|, \qquad \boldsymbol{k}\boldsymbol{r}_{PQ} = \boldsymbol{k}(\boldsymbol{r}_P - \boldsymbol{r}_Q) \approx \boldsymbol{k}\boldsymbol{r}_P = kr, \tag{24}$$

da $\boldsymbol{r}_P$ und die Ausbreitungsrichtung $\boldsymbol{k}$ in P schon parallel sind. Die einzelnen Glieder der Reihenentwicklung führen zu folgenden Hertzschen Vektoren:

$$\boldsymbol{\Pi}^{(1)} = \frac{1}{4\pi j\omega\varepsilon_0} \int_V \frac{\boldsymbol{J}(\boldsymbol{r}_Q)\, e^{-jkr}}{r}\, dV_Q. \tag{25}$$

Dieser Ausdruck kann mit Hilfe der folgenden Relation umgeformt werden:

$$\begin{aligned}\int_V J_i\, dV_Q &= \int_V \boldsymbol{J}\, \operatorname{grad}_Q \xi_i\, dV_Q = \int_V \operatorname{div}_Q(\xi_i\boldsymbol{J})\, dV - \int_V \xi_i \operatorname{div} \boldsymbol{J}\, dV \\ &= \oint_A \xi_i\boldsymbol{J}\, d\boldsymbol{A} - \int_V \xi_i \operatorname{div} \boldsymbol{J}\, dV.\end{aligned} \tag{26}$$

Das Flächenintegral ergibt Null, da die Fläche A den ganzen Strahler umgibt. Es wird also

$$\int_V J_i\, dV_Q = -\int_V \xi_i \operatorname{div} \boldsymbol{J}\, dV_Q = -\int_V \xi_i \left(-\frac{\partial\varrho}{\partial t}\right) dV_Q = j\omega \int_V \xi_i\varrho\, dV = j\omega p_i \tag{27}$$

oder anders geschrieben:

$$\int_V \boldsymbol{J}\, dV_Q = j\omega\boldsymbol{p}. \tag{28}$$

Wir haben also endgültig:

$$\boldsymbol{\Pi}^{(1)} = \frac{1}{4\pi\varepsilon_0} \frac{\boldsymbol{p}\, e^{-jkr}}{r}. \tag{29}$$

Dieser Ausdruck stellt einen zu einem elektrischen Dipolstrahler gehörenden Hertzschen Vektor dar.

Für die nächste Näherung wird

$$\boldsymbol{\Pi}^{(2)} = -\frac{1}{4\pi\varepsilon_0 j\omega} \int_V \boldsymbol{J}(\boldsymbol{r}_Q) \left(\boldsymbol{r}_Q \operatorname{grad} \frac{e^{-jkr}}{r}\right) dV_Q. \tag{30}$$

Der Integrand kann nach 1.14.(18) folgendermaßen umgestaltet werden:

$$\boldsymbol{J}(\boldsymbol{r}_Q)\left(\boldsymbol{r}_Q \operatorname{grad}\frac{e^{-jkr}}{r}\right) = \frac{1}{2}\left[(\boldsymbol{r}_Q \times \boldsymbol{J}) \times \operatorname{grad}\frac{e^{-jkr}}{r} + \boldsymbol{r}_Q\left(\boldsymbol{J}\operatorname{grad}\frac{e^{-jkr}}{r}\right) + \boldsymbol{J}\left(\boldsymbol{r}_Q \operatorname{grad}\frac{e^{-jkr}}{r}\right)\right]. \quad (31)$$

Setzen wir diesen Ausdruck wieder in Gl. (30) ein, so kann das erste Glied der rechten Seite einfach gedeutet werden. Führen wir nämlich das magnetische Moment des Strahlers mit der Definition

$$\boldsymbol{m} = \frac{\mu_0}{2}\int_V \boldsymbol{r}_Q \times \boldsymbol{J}\,\mathrm{d}V_Q \quad (32)$$

ein, so wird aus diesem ersten Glied

$$\boldsymbol{\Pi}^{(2)}_{\substack{\text{magn.}\\ \text{Dipol}}} = -\frac{1}{4\pi\varepsilon_0}\left(\frac{\boldsymbol{m}}{j\omega\mu_0}\right) \times \operatorname{grad}\frac{e^{-jkr}}{r} \approx -\frac{1}{4\pi\varepsilon_0}\frac{\boldsymbol{m}}{j\omega\mu_0} \times \left(-jk\frac{e^{-jkr}}{r}\boldsymbol{r}_0\right) \to \frac{1}{\sqrt{\varepsilon_0\mu_0}}\frac{\boldsymbol{m}_0\, e^{j\omega\left(t-\frac{r}{c}\right)}}{4\pi r} \times \boldsymbol{r}_0. \quad (33)$$

Wir haben also nach 4.9.(11) den Hertzschen Vektor eines magnetischen Dipolstrahlers.

Endlich führen die letzten beiden Glieder in Gl. (31) zu einer Quadrupolstrahlung. Um das Resultat in möglichst einfacher Weise zu erhalten, führen wir folgende Bezeichnung ein:

$$g_i = \operatorname{grad}_i \frac{e^{-jkr}}{r}. \quad (34)$$

Es wird jetzt

$$(\boldsymbol{J}\boldsymbol{g})\,\boldsymbol{r}_Q + (\boldsymbol{r}_Q\boldsymbol{g})\,\boldsymbol{J} = (J_i g_i)\,\xi_k + (\xi_i g_i)\,J_k = (J_i\xi_k + J_k\xi_i)\,g_i \quad (35)$$

und

$$\int_V (J_i\xi_k + J_k\xi_i)\,\mathrm{d}V_Q = \int_V \boldsymbol{J}\operatorname{grad}_Q \xi_i\xi_k\,\mathrm{d}V. \quad (36)$$

Diese Gleichung kann analog der Gl. (27) umgeformt werden:

$$\int_V (J_i\xi_k + J_k\xi_i)\,\mathrm{d}V_Q = j\omega\int \varrho\xi_i\xi_k\,\mathrm{d}V_Q = j\omega p_{ik}. \quad (37)$$

Als nächste Näherung ergibt sich also

$$\boldsymbol{\Pi}^{(2)}_{\text{el. Quadr.}} = -\frac{1}{4\pi\varepsilon_0}\frac{1}{2}p_{ik}g_i = -\frac{1}{4\pi\varepsilon_0}\frac{1}{2}\mathbf{p}\operatorname{grad}\frac{e^{-jkr}}{r}. \quad (38)$$

Somit lautet der Hertzsche Vektor bei Berücksichtigung der ersten beiden Glieder der Reihenentwicklung (23):

$$\boldsymbol{\Pi} = \frac{1}{4\pi\varepsilon_0}\left[\boldsymbol{p}\frac{e^{-jkr}}{r} - \frac{\boldsymbol{m}}{j\omega\mu_0} \times \operatorname{grad}\frac{e^{-jkr}}{r} - \frac{1}{2}\mathbf{p}\operatorname{grad}\frac{e^{-jkr}}{r}\right]. \quad (39)$$

Die weiteren Glieder führen zu Multipolstrahlern höherer Ordnung. Die Gültigkeit aller hier angeführten Zusammenhänge ist der Bedingung unterworfen, daß die Abmessungen des Strahlers klein gegenüber der Wellenlänge sind (siehe auch Kap. 4.40.).

4.10. Die Strahlung linearer Antennen mit beliebiger Stromverteilung

4.10.1. Lineare Antennen mit sinusförmiger Stromverteilung

Im Abschnitt 4.7. wurde das Strahlungsfeld einer im Raum angebrachten elementaren Antenne geringer Länge, d. h. eines Dipols, bestimmt. Wenn wir jetzt eine Antenne betrachten, deren Länge groß gegenüber der Wellenlänge ist und deren Stromverteilung beliebig sein kann, so besteht die Möglichkeit, diese Antenne als die Summe zahlreicher elementarer Antennen darzustellen. In der Elementarantenne oder im Elementardipol wird der Strom als konstant vorausgesetzt. Der Wert dieser Konstante ändert sich aber von Dipol zu Dipol. Das Feld eines solchen kleinen Dipols kann in einem von der Gesamtantenne sehr weit entfernten Punkt P durch folgende Beziehung ermittelt werden:

$$\mathrm{d}E_\vartheta = \frac{60\pi}{r_z\lambda} I \,\mathrm{d}z\, \mathrm{e}^{\mathrm{j}\omega\left(t-\frac{r_z}{c}\right)} \sin\vartheta . \tag{1}$$

Nun nehmen wir an, daß der betrachtete Punkt so weit von der Antenne entfernt ist, daß die aus verschiedenen Antennenpunkten zu ihm geführten Geraden als parallel angesehen werden können. Nach Abb. 4.23 gilt

$$r_z = r_0 - z\cos\vartheta . \tag{2}$$

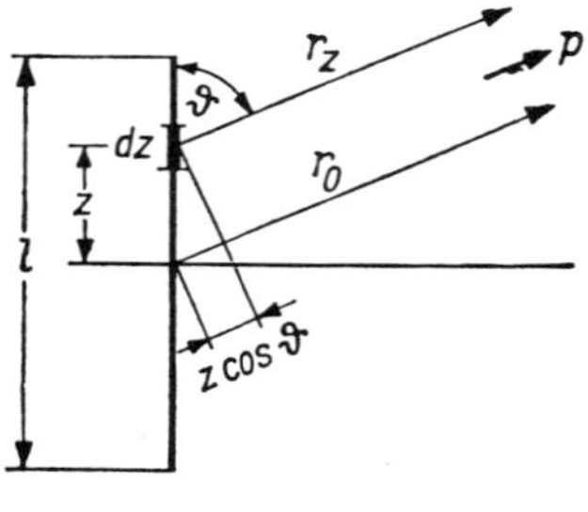

Abb. 4.23 Zur Bestimmung des Strahlungsfeldes einer geraden Antenne mit beliebiger Stromverteilung

Im Nenner können wir $r_z \approx r_0$ setzen, im Exponenten haben wir aber mit dem genauen Wert zu rechnen. Aus Gl. (1) wird also

$$\mathrm{d}E_\vartheta = \frac{60\pi}{r_0\lambda} I \,\mathrm{d}z\, \mathrm{e}^{\mathrm{j}\omega\left(t-\frac{r_0 - z\cos\vartheta}{c}\right)} \sin\vartheta . \tag{3}$$

Durch Integration dieser Beziehung gelangen wir zur resultierenden Feldstärke:

$$E_\vartheta = \frac{60\pi}{r_0\lambda} \mathrm{e}^{\mathrm{j}\omega\left(t-\frac{r_0}{c}\right)} \sin\vartheta \int\limits_{-l/2}^{+l/2} I(z)\, \mathrm{e}^{\frac{\mathrm{j}\omega z\cos\vartheta}{c}} \,\mathrm{d}z . \tag{4}$$

Ändert sich die Stromstärke entlang der Antenne sinusförmig, so kann die gesuchte Feldstärke in folgender Form ermittelt werden:

$$E_\vartheta = \frac{60\pi}{r_0\lambda}\, e^{j\left(\omega t - \frac{2\pi}{\lambda} r_0\right)} \sin\vartheta \int_{-l/2}^{+l/2} I_0 \sin\frac{2\pi}{\lambda} z\, e^{j\frac{2\pi}{\lambda} z \cos\vartheta}\, dz. \tag{5}$$

Hierbei kann die Beziehung

$$\int e^{az} \sin bz\, dz = \frac{e^{az}}{a^2 + b^2}\,[a \sin bz - b \cos bz] \tag{6}$$

berücksichtigt und so der Wert von E_ϑ bestimmt werden. Ist die Antennenlänge ein gerades Vielfaches der halben Wellenlänge, so errechnet sich die Amplitude der Feldstärke zu

$$E_\vartheta = \frac{60}{r_0}\, I_0\, \frac{\sin\left(k\,\frac{\pi}{2}\cos\vartheta\right)}{\sin\vartheta}, \qquad k = 2, 4, 6, \ldots \quad \text{und} \quad l = k\,\frac{\lambda}{2}. \tag{7}$$

Ist die Antennenlänge ein ungerades Vielfaches der halben Wellenlänge, so wird

$$E_\vartheta = \frac{60}{r_0}\, I_0\, \frac{\cos\left(k\,\frac{\pi}{2}\cos\vartheta\right)}{\sin\vartheta}, \qquad k = 1, 3, 5, \ldots \quad \text{und} \quad l = k\,\frac{\lambda}{2}. \tag{8}$$

Die durch die genannten Beziehungen berechenbaren Amplitudenwerte der Feldstärke sind in Abb. 4.24 aufgetragen. Die Länge eines beliebigen Strahles zwischen dem Anfangspunkt und der eingezeichneten Kurve gibt uns die in der angedeuteten Richtung in großer Entfernung von der Antenne meßbare Feldstärke. Wir sehen, daß die maximale Feldstärke nicht immer in der Äquatorialebene, sondern unter verschiedenen, aus den Gleichungen (7), (8) bestimmbaren Winkeln auftritt. Die mit verschiedenen Oberschwingungen erregte Antenne hat noch eine Rotationssymmetrie. Die in Abb. 4.24 eingezeichneten Diagramme muß man sich also, um die Vertikalachse gedreht, als Rotationsflächen vorstellen.

Alle diese Diagramme sind selbstverständlich nur in dem Fall gültig, daß die Antenne allein, von jedem anderen Leiter weit entfernt, im Raume steht. In der Praxis können also die angegebenen Formeln nur zur Berechnung von hoch über der Erdoberfläche angeordneten Antennen gebraucht werden. Die Einwirkung der Erde auf die Strahlungscharakteristiken werden wir später noch gesondert behandeln.

Ist nun die elektrische Feldstärke und auf Grund der Beziehung

$$\frac{E_\vartheta}{H_\varphi} = \sqrt{\frac{\mu_0}{\varepsilon_0}} \tag{9}$$

auch die magnetische Feldstärke bekannt, so kann die von der Antenne ausgestrahlte Gesamtleistung ebenfalls berechnet werden. Dies gibt die Möglichkeit, den Strah-

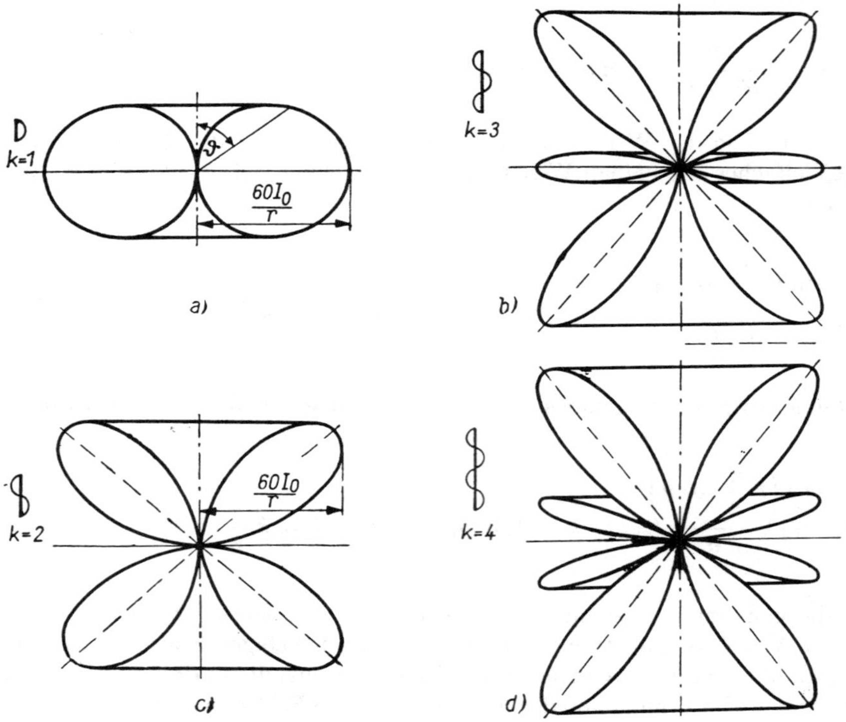

Abb. 4.24 Strahlungscharakteristik der im Raum stehenden, in verschiedenen Oberwellen erregten geraden Antenne (nach Bergmann-Lassen)

lungswiderstand der Antenne zu ermitteln. Bei Annahme eines sinusförmigen Stromverlaufes wird der Poyntingsche Vektor durch die Gleichung

$$|\mathbf{S}| = \frac{1}{2} E_\vartheta H_\varphi = \frac{1}{2}\sqrt{\frac{\varepsilon_0}{\mu_0}}\, E_\vartheta^2 = \frac{1}{2}\sqrt{\frac{\varepsilon_0}{\mu_0}} \left(\frac{60}{r_0}\, I_0\right)^2 \frac{\sin^2\left(k\,\dfrac{\pi}{2}\cos\vartheta\right)}{\sin^2\vartheta} \tag{10}$$

bestimmt. Die ausgestrahlte Leistung wird daher

$$P = \oint_A \boldsymbol{S}\,\mathrm{d}\boldsymbol{A} = \int_0^{2\pi} \mathrm{d}\varphi \int_0^{\pi} |\boldsymbol{S}|\, r_0^2 \sin\vartheta\,\mathrm{d}\vartheta = \int_0^{\pi} 2\pi\, |\boldsymbol{S}|\, r_0^2 \sin\vartheta\,\mathrm{d}\vartheta$$

$$= 30 I_0^2 \int_0^{\pi} \frac{\sin^2\left(\frac{k\pi}{2}\cos\vartheta\right)}{\sin\vartheta}\,\mathrm{d}\vartheta \tag{11}$$

betragen. Der Strahlungswiderstand ist also, auf die maximale Stromstärke bezogen,

$$R_\mathrm{s} = \frac{P}{\left(\frac{I_0}{\sqrt{2}}\right)^2} = 60 \int_0^{\pi} \frac{\sin^2\left(\frac{k\pi}{2}\cos\vartheta\right)}{\sin\vartheta}\,\mathrm{d}\vartheta; \qquad k = 2, 4, 6, \ldots \tag{12}$$

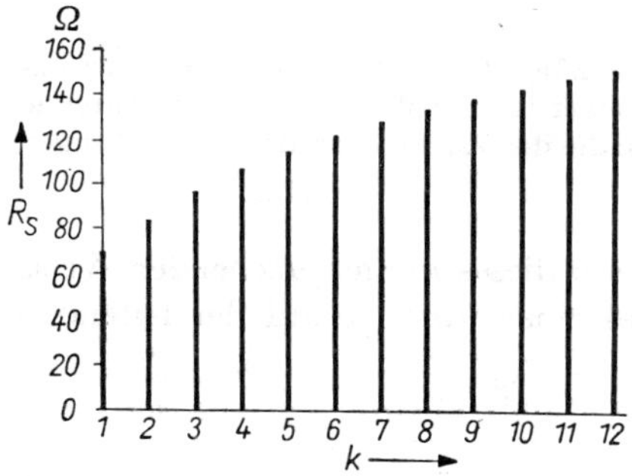

Abb. 4.25 Strahlungswiderstand einer geraden Antenne bei verschiedenen Oberwellen (nach Bergmann-Lassen)

bzw.

$$R_\mathrm{s} = 60 \int_0^{\pi} \frac{\cos^2\left(\frac{k\pi}{2}\cos\vartheta\right)}{\sin\vartheta}\,\mathrm{d}\vartheta; \qquad k = 1, 3, 5, \ldots \tag{13}$$

Abb. 4.25 zeigt den Strahlungswiderstand für verschiedene Oberschwingungen. Er beträgt bei einer Antenne mit der Länge $\lambda/2$

$R_\mathrm{s} = 73{,}2\ \Omega$.

Bisher haben wir eine Stromverteilung $I(z)$ angenommen, und wir haben nicht die Frage aufgeworfen, inwiefern die angenommene der tatsächlichen Verteilung entspricht.

Die in der Mitte symmetrisch gespeisten Antennen können mit der Leitungsanalogie behandelt werden. Nach dieser Analogie kann eine Antenne nach Abb. 4.26a als ein gestrecktes Leitungsstück betrachtet werden. Wir nehmen an, daß die Stromverteilung bei dieser „Streckung" nicht wesentlich verändert wird.

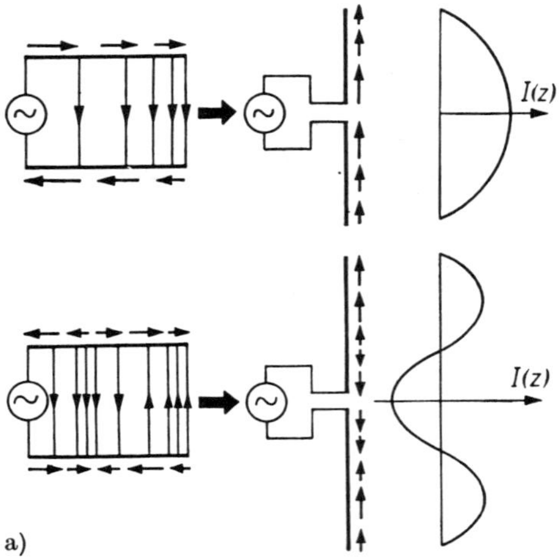

a)

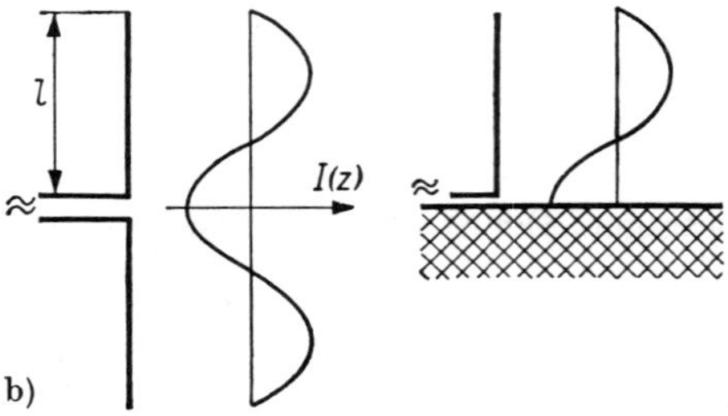

b)

Abb. 4.26b Bestimmung der Stromverteilung einer Antenne auf der gutleitenden ebenen Erde

Abb. 4.26a Bestimmung der Stromverteilung einer in der Mitte gespeisten Antenne mit Hilfe der Analogie zu den Fernleitungen

Das Feld einer symmetrischen Antenne — wenn dieses in entsprechender Weise halbiert wird — ist zur Bestimmung des Feldes einer Antenne auf der leitenden ebenen Erde geeignet.

Die Verteilung nach Abb. 4.26a wird

$$I(z) = I_0 \sin \frac{2\pi}{\lambda} (l - z) \qquad z > 0, \tag{14}$$

$$I(z) = I_0 \sin \frac{2\pi}{\lambda} (l + z) \qquad z < 0 \tag{15}$$

oder zusammengefaßt

$$I(z) = I_0 \sin \frac{2\pi}{\lambda} (l - |z|). \tag{16}$$

Mit dieser Annahme wurden die Symmetrie der Stromverteilung und die Bedingung des Nullwerdens des Stromes am Antennenende ($z = +l$; $z = -l$) gesichert. Gleichung (4) kann jetzt wie folgt geschrieben werden:

$$E_\vartheta = \frac{60\pi}{r_0\lambda}\, e^{j\omega\left(t-\frac{r_0}{c}\right)} \sin\vartheta \left[\int_{-l}^{0} I_0 \sin\frac{2\pi}{\lambda}(l+z)\, e^{j\frac{2\pi}{\lambda}z\cos\vartheta}\, dz + \int_{0}^{l} I_0 \sin\frac{2\pi}{\lambda}(l-z)\, e^{j\frac{2\pi}{\lambda}z\cos\vartheta}\, dz\right]. \tag{17}$$

Die Integration kann ohne Schwierigkeit ausgeführt werden:

$$E_\vartheta = \frac{60 I_0}{r_0}\left[\frac{\cos\left(\frac{2\pi}{\lambda} l\cos\vartheta\right) - \cos\frac{2\pi}{\lambda} l}{\sin\vartheta}\right], \tag{18}$$

$$H_\varphi = \frac{I_0}{2\pi r_0}\left[\frac{\cos\left(\frac{2\pi}{\lambda} l\cos\vartheta\right) - \cos\frac{2\pi}{\lambda} l}{\sin\vartheta}\right]. \tag{19}$$

Die Strahlungsleistung wird

$$P = \frac{15 I_0^2}{\pi}\int_0^{2\pi}\int_0^{\pi}\frac{\left[\cos\left(\frac{2\pi}{\lambda} l\cos\vartheta\right) - \cos\left(\frac{2\pi}{\lambda} l\right)\right]^2}{\sin\vartheta}\, d\vartheta\, d\varphi$$

$$= 30 I_0^2 \int_0^{\pi}\frac{\left[\cos\left(\frac{2\pi}{\lambda} l\cos\vartheta\right) - \cos\left(\frac{2\pi}{\lambda} l\right)\right]^2}{\sin\vartheta}\, d\vartheta. \tag{20}$$

Aus dieser Gleichung kann der durch die Gleichung $P = R_s I_{\text{eff}}^2$ definierte Strahlungswiderstand errechnet werden:

$$R_0 = 60\int_0^{\pi}\frac{\left[\cos\left(\frac{2\pi}{\lambda} l\cos\vartheta\right) - \cos\left(\frac{2\pi}{\lambda} l\right)\right]^2}{\sin\vartheta}\, d\vartheta. \tag{21}$$

Der Index Null deutet darauf hin, daß dieser Widerstand mit dem Quadrat des Effektivwertes des Stromes im Strombauch (und nicht mit dem Quadrat des Effektivwertes des Stromes im Speisepunkt) zu multiplizieren ist, wenn wir die abgestrahlte Leistung erhalten wollen. Das obige Integral gilt für Antennen beliebiger Länge. Im Fall $2l = \lambda/2$ führt es zu den Werten (13) bzw. 4.12.(30).

4.10.2. Dipolzeile

Aus Abb. 4.24 ist zu ersehen, daß man mit in Oberschwingungen erregten Antennen eine scharfe Richtwirkung in der Vertikalebene erhalten kann. Diese Richtwirkung wird jedoch noch viel stärker, wenn wir an Stelle einer einzigen, in ihren Oberschwingungen erregten Antenne mehrere Dipole mit der Länge $\lambda/2$ übereinander und in einer Entfernung $\lambda/2$ voneinander anordnen (Abb. 4.27). Das Strahlungsfeld einer solchen Dipolzeile können wir auf Grund des bisher Behandelten leicht bestimmen. In einem weit entfernten Punkt P erregt der von unten gerechnete k-te Dipol — entsprechend der Beziehung (8) — eine Feldstärke

$$E_{\vartheta k} = \frac{60 I_0}{r} \frac{\cos\left(\frac{\pi}{2}\cos\vartheta\right)}{\sin\vartheta} \mathrm{e}^{\mathrm{j}\omega\left(t - \frac{r - kd}{c}\right)}. \tag{22}$$

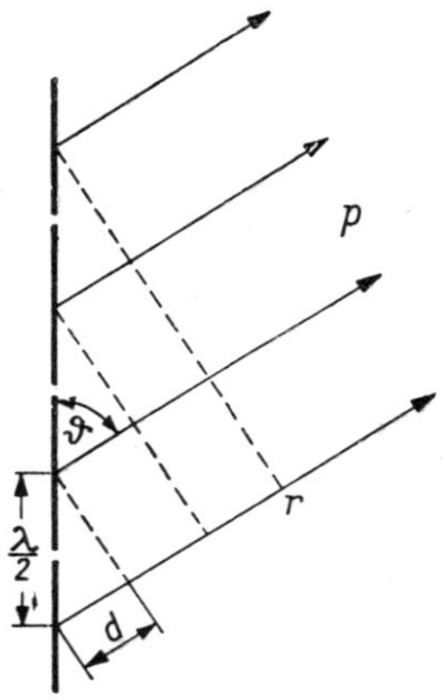

Abb. 4.27 Zur Berechnung des Strahlungsfeldes einer Dipolzeile. In den Dipolen fließen gleichphasige und amplitudengleiche Ströme.

Die hierin auftretende Wegdifferenz kann nach Abb. 4.27 in folgender Form geschrieben werden:

$$kd = k \frac{\lambda}{2} \cos\vartheta. \tag{23}$$

Die von dem k-ten Dipol hervorgerufene Feldstärke beträgt also

$$E_{\vartheta k} = \frac{60 I_0}{r} \frac{\cos\left(\frac{\pi}{2}\cos\vartheta\right)}{\sin\vartheta} \mathrm{e}^{\mathrm{j}k\pi\cos\vartheta} \mathrm{e}^{\mathrm{j}\left(\omega t - \frac{2\pi}{\lambda} r\right)}. \tag{24}$$

Ist die Anzahl der Dipole gleich m, so erhalten wir die resultierende Feldstärke im Punkt P, indem wir die obige Beziehung über alle Dipole summieren, so daß sich für den Amplitudenwert der Feldstärke folgende Formel ergibt:

$$E_{\vartheta} = \frac{60 I_0}{r} \frac{\cos\left(\frac{\pi}{2}\cos\vartheta\right)}{\sin\vartheta} \sum_{k=0}^{m-1} (\mathrm{e}^{\mathrm{j}\pi\cos\vartheta})^k. \tag{25}$$

Mit Hilfe der Beziehung

$$\frac{1 - x^m}{1 - x} = 1 + x + x^2 + x^3 + \cdots + x^{m-1}; \qquad x = e^{j\pi\cos\vartheta} \tag{26}$$

kann Gl. (25) umgeformt werden. Es gilt nämlich

$$\sum_{k=0}^{m-1} (e^{j\pi\cos\vartheta})^k = \frac{1 - e^{j\pi m\cos\vartheta}}{1 - e^{j\pi\cos\vartheta}}. \tag{27}$$

Den Absolutwert dieses Ausdruckes erhalten wir, indem wir ihn mit seiner Konjugierten multiplizieren und aus dem Produkt die Quadratwurzel ziehen:

$$\sqrt{\frac{1 - e^{j\pi m\cos\vartheta}}{1 - e^{j\pi\cos\vartheta}}\,\frac{1 - e^{-j\pi m\cos\vartheta}}{1 - e^{-j\pi\cos\vartheta}}} = \sqrt{\frac{2 - [e^{j\pi m\cos\vartheta} + e^{-j\pi m\cos\vartheta}]}{2 - [e^{j\pi\cos\vartheta} + e^{-j\pi\cos\vartheta}]}}$$

$$= \sqrt{\frac{1 - \cos(m\pi\cos\vartheta)}{1 - \cos(\pi\cos\vartheta)}} = \frac{\sin\left(\frac{m\pi}{2}\cos\vartheta\right)}{\sin\left(\frac{\pi}{2}\cos\vartheta\right)}. \tag{28}$$

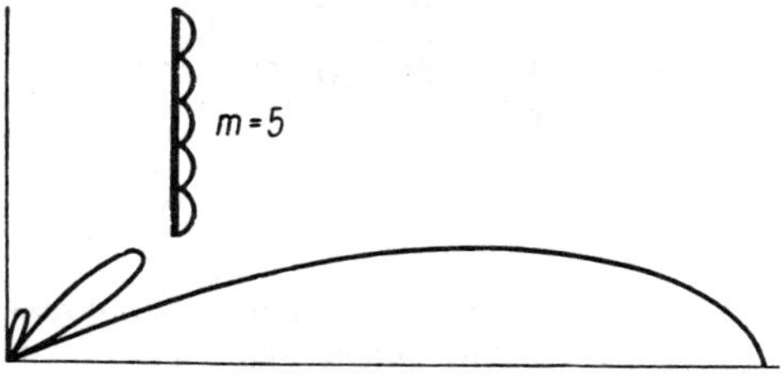

Abb. 4.28 Strahlungscharakteristik von fünf übereinander angeordneten, in gleicher Phase erregten Dipolen der Länge $\lambda/2$

Das ganze Bild ist an der Horizontalachse gespiegelt und um die Vertikalachse gedreht vorzustellen (nach Bergmann-Lassen)

Die Amplitude der Feldstärke ist also

$$E_\vartheta = \frac{60 I_0}{r} \frac{\cos\left(\frac{\pi}{2}\cos\vartheta\right)}{\sin\vartheta} \frac{\sin\left(\frac{m\pi}{2}\cos\vartheta\right)}{\sin\left(\frac{\pi}{2}\cos\vartheta\right)}. \tag{29}$$

Die aus der obigen Beziehung folgende Richtungscharakteristik ist in Abb. 4.28 für eine Dipolzeile, die aus 5 Dipolen besteht, dargestellt. Es ist zu sehen, daß die größte Feldstärke in der zur Dipolzeile senkrechten Ebene auftritt und gleich dem Fünffachen der durch einen Dipol hervorgerufenen Feldstärke ist. Weiterhin zeigt sich, daß die Nebenrichtcharakteristiken im Vergleich zur Hauptcharakteristik klein sind. Auch diese Charakteristik muß man sich als eine Rotationsfläche vorstellen, da die Dipolreihe ebenfalls eine Rotationssymmetrie aufweist.

4.10.3. Dipolgruppe

In der Horizontalebene kann eine scharfe Richtwirkung dadurch erreicht werden, daß wir — wie in Abb. 4.29a — Dipole mit der Länge $\lambda/2$ um $\lambda/2$ voneinander entfernt anordnen. Auf diese Weise erhalten wir die sogenannte Dipolgruppe. Eine Antenne der Länge $\lambda/2$ erzeugt in einem weit entfernten Punkt P die Feldstärke

$$E_{\vartheta k} = \frac{60 I_0}{r} \frac{\cos\left(\frac{\pi}{2} \cos\vartheta\right)}{\sin\vartheta} e^{j\omega\left(t - \frac{r-d}{c}\right)}, \tag{30}$$

wobei in der Formel die Wegdifferenz durch die Beziehung

$$d = k \frac{\lambda}{2} \sin\varphi \sin\vartheta \tag{31}$$

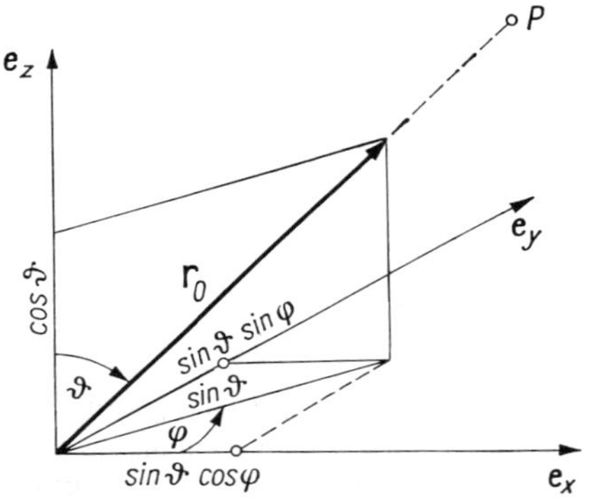

Abb. 4.29a Komponenten des auf einen ausgewählten Raumpunkt zeigenden Einheitsvektors

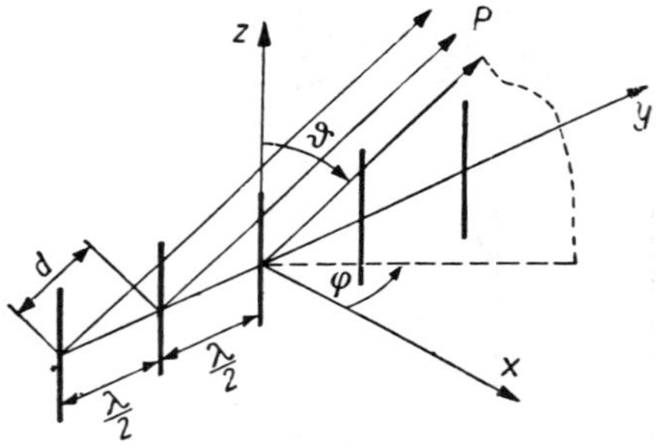

Abb. 4.29b Zur Berechnung des Strahlungsfeldes einer Dipolgruppe (nach BERGMANN-LASSEN)

ausgedrückt wird. In Abb. 4.29b kann nämlich zu dem durch die Winkel φ und ϑ bestimmten Punkt P ein Einheitsvektor

$$\boldsymbol{r}_0 = \boldsymbol{e}_x \sin\vartheta \cos\varphi + \boldsymbol{e}_y \sin\vartheta \sin\varphi + \boldsymbol{e}_z \cos\vartheta \tag{32}$$

geführt werden. Die Wegdifferenz ergibt sich aus der Projektion des Vektors $k \frac{\lambda}{2} \boldsymbol{e}_y$ auf diese Richtung, d. h. aus dem Skalarprodukt dieses Vektors mit dem zur gegebenen Richtung gehörenden Einheitsvektor. Daher gilt

$$d = \boldsymbol{r}_0 k \frac{\lambda}{2} \boldsymbol{e}_y = k \frac{\lambda}{2} \sin\vartheta \sin\varphi, \tag{33}$$

woraus sich Gl. (31) ergibt.

Ebenso wie Gl. (29) abgeleitet wurde, kann für die Feldstärke in beliebiger durch φ und ϑ gegebener Richtung eine Formel aufgestellt werden:

$$E_\vartheta = \frac{60}{r} I_0 \frac{\cos\left(\frac{\pi}{2}\cos\vartheta\right)}{\sin\vartheta} \frac{\sin\left(\frac{n\pi}{2}\sin\vartheta\sin\varphi\right)}{\sin\left(\frac{\pi}{2}\sin\vartheta\sin\varphi\right)}. \tag{34}$$

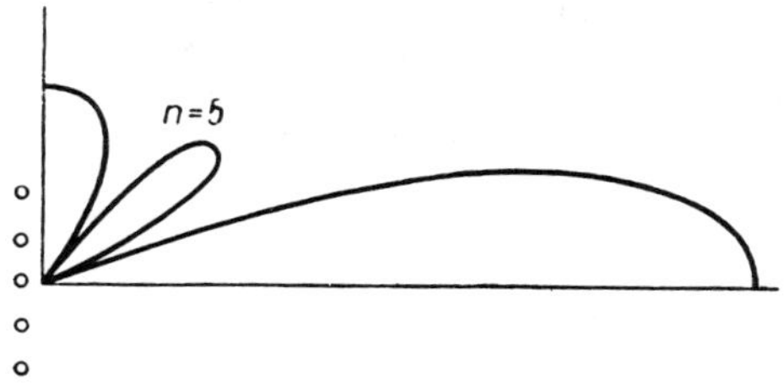

Abb. 4.30 Strahlungscharakteristik einer aus fünf Dipolen der Länge $\lambda/2$ bestehenden Dipolgruppe

Das Bild ist zuerst an der Horizontalachse, dann an der Vertikalachse gespiegelt zu denken

Die horizontale Richtungscharakteristik für eine aus fünf Dipolen der Länge $\lambda/2$ bestehende Antenne ist in Abb. 4.30 dargestellt.

Dieses Diagramm darf man sich nicht mehr als Rotationskörper vorstellen, da bereits ein einziger Dipol eine gerichtete Charakteristik in der Vertikalebene besitzt (Abb. 4.16).

4.10.4. Dipolebene

Da die Dipolzeile die Vertikalcharakteristik verschärft, aber gleichmäßig in jeder Richtung senkrecht zur Achse ausstrahlt, die Dipolgruppe dagegen die Horizontalcharakteristik verschärft, ohne die Vertikalcharakteristik wesentlich zu beeinflussen (letztere entspricht im allgemeinen der Vertikalcharakteristik eines einzigen Dipols), kann eine durch eine Kombination von Dipolzeile und Dipolgruppe erhaltene Dipolebene eine scharf gerichtete räumliche Strahlungscharakteristik zeigen. Die resultierende Feldstärke kann auf Grund des bisher Gesagten bestimmt werden zu

$$E_\vartheta = \frac{60}{r} I_0 \frac{\cos\left(\frac{\pi}{2}\cos\vartheta\right)}{\sin\vartheta} \frac{\sin\left(\frac{m\pi}{2}\cos\vartheta\right)}{\sin\left(\frac{\pi}{2}\cos\vartheta\right)} \frac{\sin\left(\frac{n\pi}{2}\sin\vartheta\sin\varphi\right)}{\sin\left(\frac{\pi}{2}\sin\vartheta\sin\varphi\right)}. \tag{35}$$

Aus diesem Ausdruck kann der Wert der Feldstärke auf der zur Dipolebene senkrechten Achse entnommen werden. Da hier $\sin\vartheta = 1$, $\cos\vartheta = 0$, $\sin\varphi = 0$ ist, bleibt der Bruch

$$\frac{\sin\left(\frac{m\pi}{2}\cos\vartheta\right)}{\sin\left(\frac{\pi}{2}\cos\vartheta\right)} \tag{36}$$

unbestimmt. Mit Hilfe der Bernoulli-l'Hospitalschen Regel ist leicht zu beweisen, daß sein Grenzwert m beträgt, während der andere gleichfalls unbestimmte Bruch gegen den Wert n geht. Somit gilt

$$E_{\vartheta\,\max} = mn\,\frac{60 I_0}{r}\,. \tag{37}$$

Die Feldstärken der einzelnen Dipole summieren sich phasengleich in der gegebenen Richtung.

Eine solche Dipolebene strahlt in beiden Richtungen senkrecht zur Ebene. Eine einseitige Ausstrahlung kann aber leicht verwirklicht werden. Damit wir die Grundbedingungen für eine einseitige Richtcharakteristik untersuchen können, soll hier das Strahlungsfeld von zwei in der Entfernung d liegenden elementaren Vertikalantennen untersucht werden (Abb. 4.31). Dabei

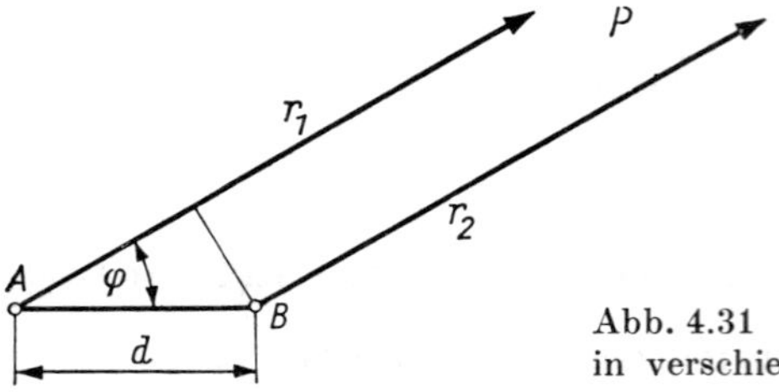

Abb. 4.31 Zur Berechnung des Strahlungsfeldes von zwei in verschiedenen Phasen erregten Dipolen der Länge $\lambda/2$

wird angenommen, daß der Strom der einen Antenne um einen Phasenwinkel ψ in bezug auf den Strom der zweiten Antenne verschoben ist. Die Antenne A erzeugt also im Punkt P, wenn dieser sich in der senkrecht durch die Antenne gelegten Ebene befindet, die Feldstärke

$$E_A = 60\pi\,\frac{l}{\lambda}\,\frac{I_0}{r_1}\,\sin\omega\left(t - \frac{r_1}{c}\right). \tag{38}$$

Die Antenne B ruft in demselben Punkt P die Feldstärke

$$E_B = 60\pi\,\frac{l}{\lambda}\,\frac{I_0}{r_2}\,\sin\left[\omega\left(t - \frac{r_2}{c}\right) + \psi\right] \tag{39}$$

hervor. Daraus erhält man die resultierende Feldstärke

$$E_\vartheta = E_A + E_B \approx 60\pi\,\frac{l}{\lambda}\,\frac{I_0}{r}\left\{\sin\omega\left(t - \frac{r_1}{c}\right) + \sin\left[\omega\left(t - \frac{r_2}{c}\right) + \psi\right]\right\} \tag{40}$$

mit

$$r = \frac{r_1 + r_2}{2} \approx r_1 \approx r_2,$$

woraus sich der Amplitudenwert der Feldstärke zu

$$E_\vartheta = 2\cdot 60\pi\,\frac{l}{\lambda}\,\frac{I_0}{r}\,\cos\left(\frac{\pi d\cos\varphi}{\lambda} + \frac{\psi}{2}\right) \tag{41}$$

ergibt.

Nehmen wir an, daß die beiden Antennen phasengleich schwingen, d. h. $\psi = 0$ ist, so wird der Amplitudenwert der Feldstärke durch folgenden Ausdruck bestimmt:

$$E_\vartheta = 2 \cdot 60\pi \frac{l}{\lambda} \frac{I_0}{r} \cos \frac{\pi d \cos \varphi}{\lambda} . \tag{42}$$

Abb. 4.32a zeigt die Charakteristiken für verschiedene Entfernungen d. Man sieht, daß in unterschiedlichen Entfernungen die verschiedensten Richtcharakteristiken erzeugt werden. Die Strahlungscharakteristiken gegenphasig erregter und in beliebiger Entfernung voneinander aufgestellter Antennen gibt ebenfalls Gl. (41) an. Diese Kurven sind in Abb. 4.32b gezeigt. Bei kleinen Entfernungen heben sich die Felder der gegenläufigen Ströme gegenseitig auf. Man erhält also äußerst kleine Feldstärken. Bei größeren Entfernungen verstärken sich die beiden Antennenfeldstärken, so daß man für die Entfernung einer Halbwellenlänge die zweifache Feldstärke einer Antenne erhält. Der einfache Wert ist mit gestrichelten Linien eingezeichnet.

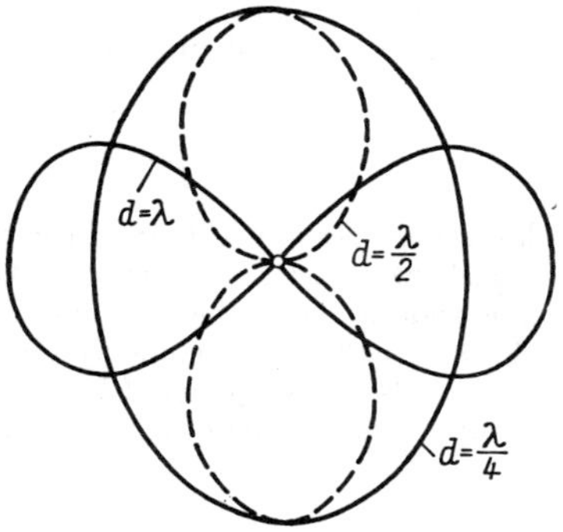

Abb. 4.32a Strahlungscharakteristik von zwei in gleicher Phase schwingenden Dipolen

d bedeutet den Abstand zwischen den beiden Dipolen. Die Dipole stehen auf der durch den Mittelpunkt verlaufenden Horizontalachse senkrecht zur Bildebene (nach Bergmann-Lassen)

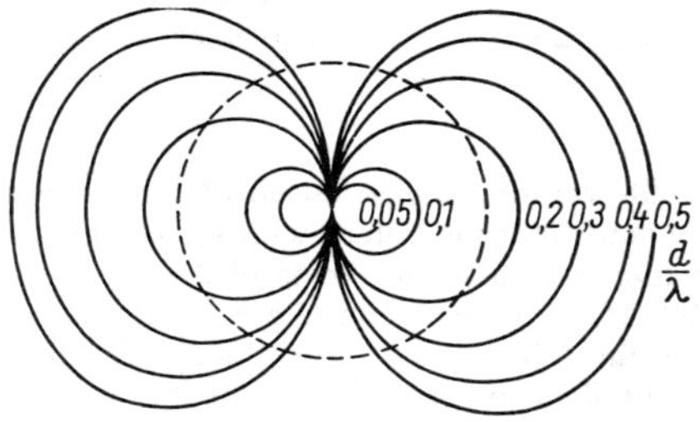

Abb. 4.32b Strahlungscharakteristik in entgegengesetzter Phase erregter Antennen von Halbwellenlänge bei verschiedenen Antennenabständen (nach Bergmann-Lassen)

Die Antennen sind an der durch den Mittelpunkt verlaufenden horizontalen Geraden liegend (auf der Bildebene senkrecht stehend) zu denken. Die gestrichelte Linie gibt die Strahlungscharakteristik eines Einzeldipols an

Wir untersuchen jetzt den interessanten Fall, bei dem die Phasenverschiebung ψ von der Entfernung beider Antennen durch die Gleichung

$$\psi = \pi \pm \frac{2\pi}{\lambda} d \tag{43}$$

abhängt. Hierbei kann die Feldstärke nach Gl. (41) durch die Formel

$$E_\vartheta = 2 \cdot 60\pi \frac{l}{\lambda} \frac{I_0}{r} \sin \left[\frac{\pi d}{\lambda} (\cos \varphi \pm 1)\right] \tag{44}$$

angegeben werden. Den Werten $\varphi = \pi$ bzw. 0 entspricht (je nach dem verwendeten Vorzeichen) die Feldstärke Null, während zu den Werten $\varphi = 0$ bzw. π die Feldstärke

$$E_\vartheta = 2 \cdot 60\pi \frac{l}{\lambda} \frac{I_0}{r} \sin \frac{2\pi}{\lambda} d \tag{45}$$

gehört. Ist die Entfernung $d = \lambda/4$ und dementsprechend die Phasendifferenz $\psi = \pi/2$, so kann letztere Formel in die Form

$$E_\vartheta = 2 \cdot 60\pi \, \frac{l}{\lambda} \, \frac{I_0}{r} \tag{46}$$

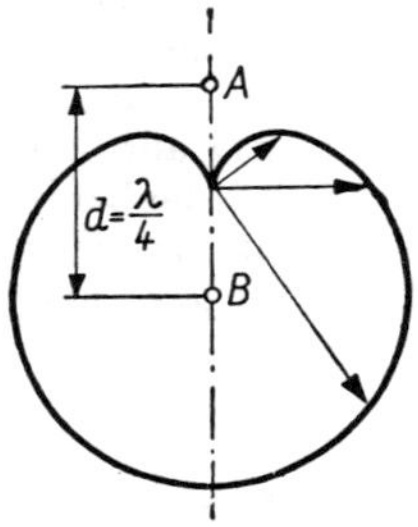

Abb. 4.33 Strahlungscharakteristik von zwei um 90° phasenverschobenen Antennen, wenn der Abstand zwischen beiden Antennen $\lambda/4$ beträgt. Dieser Phasenunterschied entsteht annähernd bei einem nichtangeregten Dipol von Halbwellenlänge, der im Abstand $\lambda/4$ angeordnet ist (nach Bergmann-Lassen)

gebracht werden. Wir erhalten also das Zweifache jener Feldstärke, die eine Antenne in der gegebenen Richtung liefern würde. Die entsprechende Strahlungscharakteristik zeigt Abb. 4.33.

Ordnen wir also im Abstand $\lambda/4$ hinter einer Antenne eine andere, gegenüber der ersten mit 90° Phasenverschiebung erregte Antenne an, dann wird das so erhaltene Antennensystem nur in einer Richtung ausstrahlen. Wird entsprechend der Abb. 4.34 hinter jedem Element einer Dipolebene ein anderes, mit 90° Phasenverschiebung erregtes Dipolelement angeordnet,

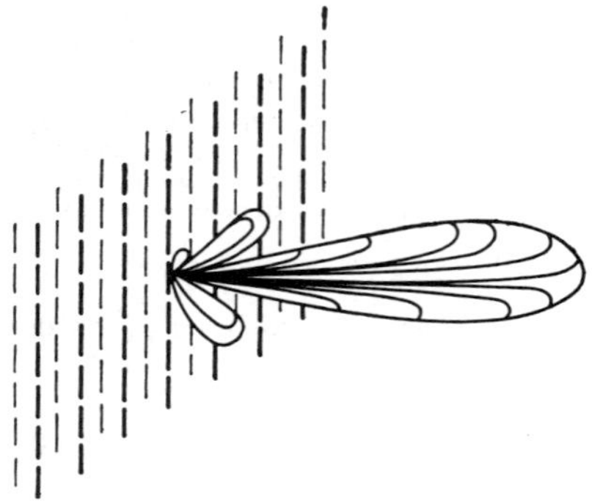

Abb. 4.34 Richtcharakteristik einer Dipolebene. Hinter sämtliche Dipole wird im Abstand $\lambda/4$ ein ungespeister Dipol von Halbwellenlänge gebracht

so wird das Antennensystem nur in einer Richtung, und zwar mit scharfer Richtkeule Energie ausstrahlen. Man kann diese Erscheinung auch so deuten, daß die aus der ersten Dipolebene nach hinten austretende Strahlung von der dahinterliegenden zweiten Dipolebene reflektiert wird. Erregen wir diese letztere Ebene nicht gesondert, sondern ordnen sie nur einfach hinter der ersten Ebene an, so wird das zweite System vom ersten phasenrichtig erregt. Mit solchen durch das Strahlungsfeld gekoppelten Antennensystemen wollen wir uns aber hier nicht beschäftigen.

4.11. Einwirkung der Erde auf das Strahlungsfeld

Befindet sich die Antenne in Erdnähe, so erzeugt die Antennenfeldstärke in der Erde, wie in einem Leiter, einen Strom, und das Sekundärfeld dieser Ströme kann das Originalfeld beträchtlich verzerren. Im allgemeinen kann diese Erscheinung, wie wir später sehen werden, nur in einer komplizierten Weise berücksichtigt werden. Ein einfaches Bild ergibt sich, wenn man die Erde als einen unendlich guten Leiter annimmt. Dann führt nämlich die aus der Elektrostatik bekannte Spiegelungs-

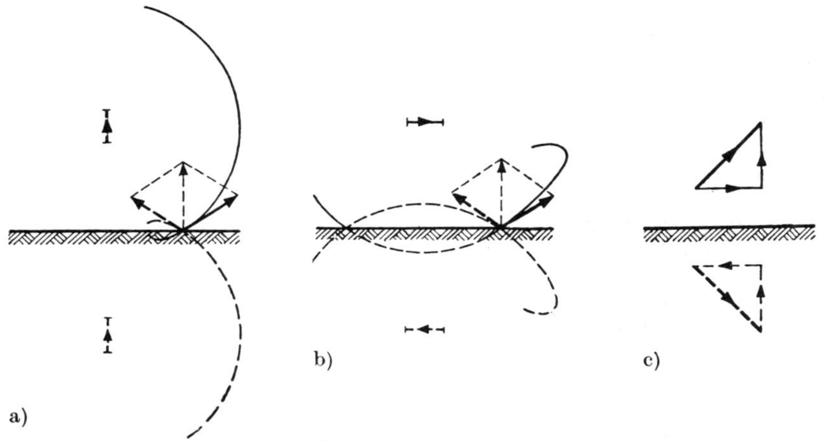

Abb. 4.35 a) Im Spiegelbild eines vertikalen Dipols fließt der Strom in der gleichen Phase.

b) Im Spiegelbild eines horizontalen Dipols fließt der Strom in der Gegenphase.

c) In der Vertikalkomponente des Spiegelbildes eines schrägen Dipols fließt ein der Vertikalkomponente des ursprünglichen Dipols gleichphasiger Strom, in der Horizontalkomponente hingegen ein der Horizontalkomponente des ursprünglichen Dipols gegenphasiger Strom

methode zum Ziel. Wir stellen einen kleinen Dipol (Abb. 4.35a) in der Höhe h über der Erdoberfläche auf. Die Erde als unendlich guter Leiter schreibt als Randbedingung vor, daß die elektrische Feldstärke überall senkrecht zur Erdfläche sein muß. Diese Bedingung kann am einfachsten dadurch befriedigt werden, daß wir zum Feld des Originaldipols das Feld des Spiegelbildes dieses Dipols addieren. Das daraus resultierende Feld verläuft, wenn der Strom im Spiegelbild in gleicher Richtung fließt, nach Abb. 4.35a tatsächlich überall senkrecht zur Erdoberfläche. Das resultierende Feld beider Dipole ergibt nur in der Luft, also über der Grenzfläche, die wirkliche Feldstärke. Im Innern des Leiters, also in der Erde, sind die sich so ergebenden Feldstärken völlig fiktiver Natur.

Stellen wir in der Höhe h über der Erdoberfläche eine horizontale Antenne auf, so kann mit Hilfe von deren Spiegelung eine zur Erdoberfläche senkrechte resultierende Feldstärke nur dann erreicht werden, wenn die Stromrichtung im Spiegelbild der Stromrichtung der Originalantenne entgegengesetzt ist (Abb. 4.35b). Als Kombination der beiden Fälle zeigt sich, daß bei einer schiefen Antenne der Bildstrom dadurch gekennzeichnet werden kann, daß dort die Vertikalkomponenten die gleiche, die Horizontalkomponenten jedoch eine entgegengesetzte Richtung besitzen (Abb. 4.35c). Auf Grund der bisherigen Betrachtungen kann also das Strahlungsfeld

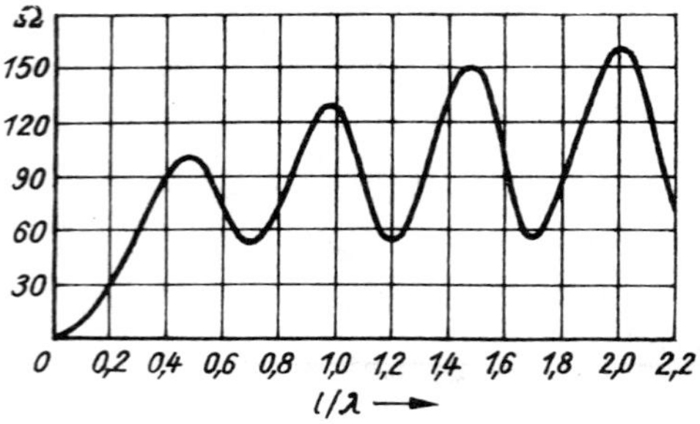

Abb. 4.36 Strahlungswiderstand einer vertikal auf der Erde stehenden Antenne in Abhängigkeit vom Verhältnis Antennenhöhe zu Wellenlänge (nach SIEGEL und LABUS)

von Antennen beliebiger Form und Stromverteilung in Erdnähe bestimmt werden, wenigstens solange die Erde als idealer Leiter angesehen werden kann. Auf diese Weise können mehrere bisher besprochene Abbildungen neu gedeutet werden. Wenn wir z. B. die Abb. 4.24a und b durch eine waagerechte Gerade halbieren, dann kann der obere Teil als Strahlungscharakteristik einer geerdeten Antenne mit der halben Höhe aufgefaßt werden.

Die Abbildungen 4.24c und d kann man jedoch nicht mehr halbieren, da hier im Antennenoberteil — im Teil über der Erdoberfläche — und im Unterteil der Strom in entgegengesetzter Richtung fließt. Die Berechnung muß in diesen Fällen gesondert erfolgen. Im letzteren erweist sich z. B. das Ergebnis als dem Oberteil der Charakteristik einer aus zwei Dipolen bestehenden Dipolsäule gleich.

Wir können also das Strahlungsfeld einer Antenne mit sinusförmiger Stromverteilung berechnen, wenn der Stromwert am Antennenende Null beträgt. Die Antennenlänge kann dabei einen im Vergleich zur Wellenlänge beliebigen Wert haben. Die Antenne soll als senkrecht zur Erdoberfläche aufgestellt angenommen werden. Die ausführlichen Berechnungen wurden von SIEGEL und LABUS durchgeführt. Das Ergebnis ihrer Untersuchungen zeigt uns Abb. 4.36. Wir sehen, daß diese Kurve ausgeprägte Maxima bei allen Antennenhöhen hat, bei denen die Antennenlänge ein ganzzahliges Vielfaches der halben Wellenlänge beträgt.

4.12. Die Impedanz linearer Antennen

Bisher behandelten wir den Strahlungswiderstand der Antenne: Durch Multiplikation dieses Widerstandes mit dem Quadrat des Stromes erhielten wir die ausgestrahlte Leistung. Bei der Berechnung der Strahlungsleistung wurde aber nur die Fernkomponente des Feldes berücksichtigt. Die Nahkomponenten ergeben eine aus der Antenne je Viertelperiode aus- und zurückströmende Energie, also einen Mittelwert von Null. Wird nun die Antenne als Netzschaltungselement betrachtet, so kann sie durch eine Impedanz ersetzt werden, deren Ohmsche Komponente mit der ausgestrahlten Leistung und deren Reaktanz mit dem Nahfeld verbunden ist. Wir wollen nun diese Impedanz bestimmen. Da die Berechnungsmethode für die Ohmsche Komponente bereits bekannt ist, wäre es im Grunde ausreichend, sich hier auf die Berechnung der Reaktanz zu beschränken. Wir wollen aber eine Methode besprechen, die sämtliche Komponenten liefert: die von Roshanski eingeführte und von Pistolkors weiterentwickelte Methode der induzierten elektromotorischen Kräfte. Dabei wird vorausgesetzt, daß die Antenne dünn, aber von endlichem Querschnitt ist. Unmittelbar an der Oberfläche der stromdurchflossenen Antenne bestimmt man das elektrische Feld, das von dem Strom aufgebaut wird, und untersucht, welche Außenspannung nötig wäre, um den Antennenstrom gegen dieses „selbstinduzierte“ Feld aufrechtzuerhalten. Dadurch kann die Momentanleistung berechnet werden, woraus sich die Wirkleistung und die Blindleistung einfach ergeben.

Wir stellen die Energiegleichung für ein beliebiges Volumen auf:

$$\int_A \boldsymbol{S}\,\mathrm{d}\boldsymbol{A} = -\frac{\partial}{\partial t}\int_V \frac{1}{2}\,(\boldsymbol{E}\boldsymbol{D} + \boldsymbol{H}\boldsymbol{B})\,\mathrm{d}V + \int_V \boldsymbol{E}_\mathrm{e}\boldsymbol{J}\,\mathrm{d}V. \tag{1}$$

Zur Vereinfachung wurde hier vorausgesetzt, daß der Ohmsche Widerstand des Leiters vernachlässigt werden kann. Für einen rein sinusförmigen Verlauf bleibt der zeitliche Mittelwert der im Volumen V enthaltenen Energie konstant. Ihre Änderung entfällt also. Außerdem müssen die Feldstärke, die von dem Antennenstrom herrührt, und das eingeprägte Feld überall in der Antenne und auf der Antennenfläche zusammen Null ergeben:

$$\boldsymbol{E}_\mathrm{e} + \boldsymbol{E} = 0; \qquad \boldsymbol{E}_\mathrm{e} = -\boldsymbol{E}, \tag{2}$$

damit in dem unendlich guten Leiter endliche Ströme fließen können. Gleichung (1) nimmt also folgende Form an:

$$\int_A \boldsymbol{S}\,\mathrm{d}\boldsymbol{A} = -\int_V \boldsymbol{E}\boldsymbol{J}\,\mathrm{d}V. \tag{3}$$

Die Wirkleistung wird somit

$$P = -\frac{1}{2} \operatorname{Re} \int_V \boldsymbol{E}\boldsymbol{J}^* \,\mathrm{d}V.$$

Diese Gleichung ist nur für Mittelwerte gültig. Wenn die Fläche A auf die Antennenoberfläche zusammenschrumpft, beträgt die mittlere ausgestrahlte Leistung

$$-\frac{1}{2} \operatorname{Re} \int_V \boldsymbol{E}\boldsymbol{J}^* \,\mathrm{d}V = -\frac{1}{2} \int_0^L |E_z(z)|\, |J(z)|\, a \cos\psi \,\mathrm{d}z$$

$$= -\frac{1}{2} \int_0^L |E_z(z)|\, |I(z)| \cos\psi \,\mathrm{d}z. \tag{4}$$

Dabei bedeutet $|E_z(z)|$ den Amplitudenwert der als Komplexvektor aufgefaßten z-Komponente des Vektors $\boldsymbol{E}$ auf der Antennenoberfläche, $I(z)$ den Stromwert (Amplitudenwert) in dem durch die Koordinate z angegebenen Antennenpunkt und ψ den Phasenwinkel zwischen den komplexen Größen $E_z(z)$ und $I(z)$. Der Querschnitt der Antenne ist a und $\mathrm{d}V = a\,\mathrm{d}z$. Die ausgestrahlte Leistung beträgt also

$$P = I_{0\,\mathrm{eff}}^2 R_\mathrm{s} = -\frac{1}{2} \int_0^L |E_z(z)|\, |I(z)| \cos\psi \,\mathrm{d}z. \tag{5}$$

Daraus folgt der Strahlungswiderstand zu

$$R_\mathrm{s} = -\frac{1}{I_{0\,\mathrm{eff}}^2} \frac{1}{2} \int_0^L |E_z(z)|\, |I(z)| \cos\psi \,\mathrm{d}z, \tag{6}$$

wobei $I_{0\mathrm{eff}}$ einen Stromwert in einem bestimmten Punkt darstellt, der davon abhängt, worauf wir den Strahlungswiderstand beziehen wollen; er kann z. B. den Stromwert im Strombauch oder im Eingangspunkt bedeuten.

Auf ähnliche Weise erhalten wir den Blindwiderstand

$$X_\mathrm{s} = -\frac{1}{I_{0\,\mathrm{eff}}^2} \frac{1}{2} \int_0^L |E_z(z)|\, |I(z)| \sin\psi \,\mathrm{d}z. \tag{7}$$

Der Berechnungsgang ist also folgender: Die Stromverteilung auf der Antenne wird als sinusförmig veränderlich gegeben vorausgesetzt. Hieraus kann das Antennenfeld unmittelbar an der Antennenfläche berechnet werden, wenn wir den Strom als in der Antennenachse konzentriert annehmen und die z-Komponente des elektrischen Feldes dieses Linienstromes an der Stelle $r = r_0$, also entlang der Antennenfläche, nehmen. Danach kann die Integration durchgeführt werden.

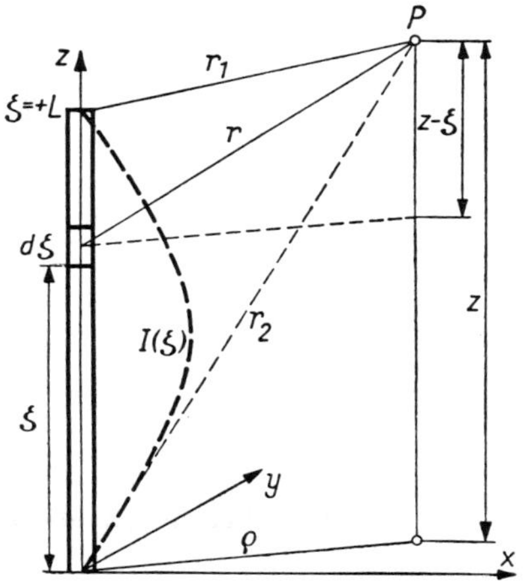

Abb. 4.37 Zur Berechnung der Impedanz einer linearen Antenne

Zur Veranschaulichung soll die Berechnung für einen vertikal angeordneten Dipol durchgeführt werden (Abb. 4.37), wobei sich der Strom entlang der Antenne nach dem Gesetz

$$I(\zeta) = I_0 \sin \frac{2\pi}{\lambda} \zeta$$

ändert und $L = \lambda/2$ ist. Der elementare Hertzsche Vektor für ein Dipolelement $\mathrm{d}\boldsymbol{p}_0(\zeta)$ ergibt sich zu

$$\mathrm{d}\boldsymbol{\Pi} = \frac{\mathrm{d}\boldsymbol{p}_0(\zeta)}{4\pi\varepsilon_0} \frac{\mathrm{e}^{\mathrm{j}\omega\left(t - \frac{r}{c}\right)}}{r}, \tag{8}$$

wobei

$$\mathrm{d}\boldsymbol{p}_0(\zeta) = \mathrm{d}\boldsymbol{l}Q_0 = \boldsymbol{e}_z \frac{I_0}{\mathrm{j}\omega} \mathrm{d}\zeta \sin \frac{2\pi}{\lambda} \zeta \tag{9}$$

gilt. Also wird der Hertzsche Vektor in einem beliebigen (fernen oder nahen) Punkt

$$\boldsymbol{\Pi} = \Pi_z \boldsymbol{e}_z = \boldsymbol{e}_z \frac{I_0 \, e^{j\omega t}}{4\pi j \varepsilon_0 \omega} \int\limits_0^L \sin \frac{2\pi}{\lambda} \zeta \frac{e^{-j\frac{2\pi}{\lambda} r}}{r} \, d\zeta \tag{10}$$

sein, wobei $\boldsymbol{e}_z$ den in Richtung der z-Achse zeigenden Einheitsvektor bedeutet. Mit Hilfe der Eulerschen Relation findet man

$$\boldsymbol{\Pi} = \boldsymbol{e}_z \frac{I_0 e^{j\omega t}}{8\pi\varepsilon_0\omega} \left[\int\limits_0^L \frac{e^{-j\frac{2\pi}{\lambda}(\zeta + r)}}{r} \, d\zeta - \int\limits_0^L \frac{e^{j\frac{2\pi}{\lambda}(\zeta - r)}}{r} \, d\zeta \right]. \tag{11}$$

Jetzt können $\boldsymbol{H}$ und $\boldsymbol{E}$ aus den Gleichungen

$$\boldsymbol{H} = \varepsilon_0 j\omega \operatorname{rot} \boldsymbol{\Pi}, \tag{12}$$

$$\boldsymbol{E} = \frac{1}{j\omega\varepsilon_0} \operatorname{rot} \boldsymbol{H} \tag{13}$$

berechnet werden.

Es sei $\boldsymbol{\Pi}$ in Zylinderkoordinaten ϱ, z gegeben.

Es muß natürlich beachtet werden, daß Π_z von den Zylinderkoordinaten ϱ, z durch die Beziehung

$$r = \sqrt{\varrho^2 + (z - \zeta)^2} \tag{14}$$

abhängt. Es gilt

$$\frac{\partial}{\partial z} = \frac{\partial}{\partial r} \frac{\partial r}{\partial z} = \frac{z - \zeta}{r} \frac{\partial}{\partial r}. \tag{15}$$

Berücksichtigt man, daß wegen

$$r^2 = \varrho^2 + (z - \zeta)^2 \tag{16}$$

auch

$$\frac{\partial f(r)}{\partial z} = -\frac{\partial f(r)}{\partial \zeta} \tag{17}$$

gilt, so erhält man aus den Gleichungen (12) und (13)

$$E_z = 30 I_0 \left(-j \frac{e^{-jkr_1}}{r_1} - j \frac{e^{-jkr_2}}{r_2} \right) e^{j\omega t}, \tag{18}$$

wobei r_1 und r_2 die aus den Antennenendpunkten zum gegebenen Punkt führenden Leitstrahlen bedeuten.

So kann jetzt nach Gl. (5) die ausgestrahlte Leistung berechnet werden:

$$P = -\frac{1}{2}\int_0^L |E_z(z)|\,|I(z)| \cos\psi \,\mathrm{d}z. \tag{19}$$

Der Wert von E_z ist an der Antennenoberfläche zu nehmen. Aus Abb. 4.37 ersehen wir, daß für einen beliebigen Oberflächenpunkt P auch $r_1 = L - z$; $r_2 = z$ gilt. Die Phasenverzögerung des ersten Gliedes in Gl. (18) gegenüber dem Strom I_0 beträgt $kr_1 + \pi/2$. Daraus folgt

$$\cos\left(\frac{\pi}{2} + kr_1\right) = -\sin kr_1 = -\sin k(L - z). \tag{20}$$

Der Phasenkoeffizient des zweiten Gliedes lautet

$$\cos\left(\frac{\pi}{2} + kr_2\right) = -\sin kr_2 = -\sin kz. \tag{21}$$

Die Leistung ist also durch die Formel

$$P = 15 I_0^2 \left(\int_0^L \frac{\sin k(L-z)\sin kz}{L-z}\,\mathrm{d}z + \int_0^L \frac{\sin^2 kz}{z}\,\mathrm{d}z \right) \tag{22}$$

bestimmt.

Das erste Integral der rechten Seite kann umgeformt werden, indem wir die neue Veränderliche $L - z = x$ einführen:

$$\int_0^L \frac{\sin k(L-z)\sin kz}{L-z}\,\mathrm{d}z = -\int_L^0 \frac{\sin kx \sin k(L-x)}{x}\,\mathrm{d}x$$

$$= +\int_0^L \frac{\sin kx \sin kL \cos kx}{x}\,\mathrm{d}x - \int_0^L \frac{\sin^2 kx \cos kL}{x}\,\mathrm{d}x. \tag{23}$$

Berücksichtigen wir in unserem speziellen Falle

$$kL = \frac{2\pi}{\lambda} L = \frac{2\pi}{\lambda}\frac{\lambda}{2} = \pi; \qquad \begin{aligned} \sin kL &= 0, \\ \cos kL &= -1, \end{aligned} \tag{24}$$

so finden wir

$$P = 15 I_0^2\, 2 \int_0^L \frac{\sin^2 kx}{x}\,\mathrm{d}x = 30 I_{\mathrm{eff}}^2 \int_0^{2kL} \frac{1 - \cos 2kx}{2kx}\,\mathrm{d}\,2kx. \tag{25}$$

Das Integral kann nur mit Hilfe von speziellen tabellierten Funktionen ausgewertet werden. Es ist nämlich

$$\int_0^x \frac{1-\cos t}{t}\,\mathrm{d}t = \ln\gamma + \ln x - \mathrm{Ci}\,x, \tag{26}$$

wobei $\ln\gamma = 0{,}577216$ die Eulersche Konstante ($\gamma = 1{,}78107$) bedeutet. $\mathrm{Ci}\,x$ heißt Integral-Cosinus und ist durch die Gleichung

$$\mathrm{Ci}\,x = -\int_x^\infty \frac{\cos t}{t}\,\mathrm{d}t \tag{27}$$

definiert. Die Funktion $\mathrm{Ci}\,x$ und der durch

$$\mathrm{Si}\,x = \int_0^x \frac{\sin t}{t}\,\mathrm{d}t \tag{28}$$

definierte Integral-Sinus sind in Abb. 4.38 dargestellt.

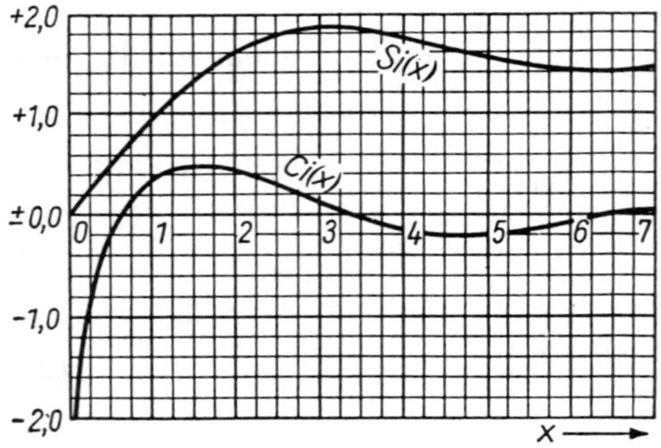

Abb. 4.38
Die Funktionen Si(x) und Ci(x) [1.24]

Die Strahlungsleistung ergibt sich schließlich zu

$$P = 30 I_{\mathrm{eff}}^2 (\ln\gamma + \ln 2\pi - \mathrm{Ci}\,2\pi), \tag{29}$$

da $2kL$ wegen $k = 2\pi/\lambda$ und $L = \lambda/2$ gleich 2π ist.

Der Strahlungswiderstand beträgt

$$R_\mathrm{s} = 30(0{,}577 + \ln 2\pi - \mathrm{Ci}\,2\pi) = 73{,}2\ \Omega \tag{30}$$

und der Blindwiderstand

$$X_s = 30 \operatorname{Si} 2\pi = 42{,}5\ \Omega. \tag{31}$$

Der komplexe Widerstand der Antenne halber Wellenlänge, bezogen auf die Stromstärke im Bauch, d. h. in der Mitte der Antenne, ergibt sich zu

$$Z_s = R_s + jX_s = (73{,}2 + j42{,}5)\ \Omega. \tag{32}$$

Gegen diese Methode lassen sich sehr schwerwiegende Einwände erheben. Man denke nur daran, daß wir die Stromverteilung nicht ermittelt, sondern als sinusförmig angenommen haben. Dann haben wir die Tangentialkomponente der elektrischen Feldstärke auf der Oberfläche der Antenne unendlich guter Leitfähigkeit berechnet. Diese Komponente ist erforderlich, damit überhaupt eine Leistung von der Antenne abgestrahlt werden kann, ist aber gleichzeitig unmöglich, da sie einen unendlich großen Leitungsstrom hervorrufen würde. Damit erhebt sich auch die Frage, wie überhaupt die Leistung aus der Antenne austreten kann, wenn die elektrische Feldstärke senkrecht zur Antennenfläche steht und somit der Poyntingsche Vektor immer parallel zur Fläche liegt. Die Antwort auf diese Frage ist sehr einfach. Aus dem Innern der Antenne tritt *keine* Leistung aus. Sie tritt bei endlicher Leitfähigkeit höchstens *ein*. Die Leistung kommt aus dem Hochfrequenzgenerator, die Leitungen und selbst die Antenne „führen" und verteilen die Leistung nur.

Wenn im Innern einer Antenne von unendlich guter Leitfähigkeit tatsächlich eingeprägte Feldstärken $\boldsymbol{E}_e$ vorhanden wären, so könnte auch die Leistung durch die Fläche hindurchtreten. Dann würde auf der Oberfläche $(\boldsymbol{E}_e + \boldsymbol{E})_t = 0$ gelten und nicht $\boldsymbol{E}_t = 0$. Dies bedeutet, daß eine Tangentialkomponente der elektrischen Feldstärke, also eine Normalkomponente des Poyntingschen Vektors, existiert. Dieser exakte, leichtverständliche, aber praktisch nicht realisierbare Fall ist im obigen enthalten.

Die Klärung der zuerst genannten Schwierigkeit einer wirklichen Antenne mit angenommener sinusförmiger Verteilung mag darin enthalten sein, daß die tatsächliche Stromverteilung ein wenig von der sinusförmigen abweicht und dadurch E_z verschwindet. Diese kleine Abweichung ruft aber nur eine sehr kleine Abweichung der Feldverteilung hervor. Dies bringt bei den Leistungsverhältnissen auch nur eine kleine Veränderung mit sich. Man kann also näherungsweise so rechnen, als wäre die Verteilung wirklich sinusförmig.

Dabei denken wir uns die eingeprägte Spannung, die in Wirklichkeit zwischen den Eingangsklemmen der Antenne wirkt, über die ganze Antenne verteilt. Ähnliches gilt ja auch bei einer Spule ohne Ohmschen Widerstand. Dort nehmen wir ebenfalls die eingeprägten Kräfte als entlang der Leitung verteilt an, da sonst die elektrische Feldstärke auf der Leitungsfläche senkrecht stünde und wir keinen von Null verschiedenen Wert des Linienintegrals erhielten.

4.13. Das Reziprozitätsgesetz

Bei der Betrachtung von Antennensystemen spielt für die Berechnung der Eigenschaften von Empfängerantennen das sogenannte Reziprozitätsgesetz eine grundsätzliche Rolle. Diese Gesetzmäßigkeit ist bereits aus der Theorie der Stromnetze bekannt. Wenn wir an ein beliebiges, aus linearen *RLC*-Elementen bestehendes Stromnetz die Klemmenspannung U anlegen und in einem Netzzweig mit einem Amperemeter den Strom I messen, so finden wir dasselbe Verhältnis U/I, wenn wir den Generator und das Amperemeter miteinander vertauschen. War also die Generatorspannung in beiden Fällen dieselbe, so muß auch der Strom in beiden Fällen gleich sein. Dabei wurde vorausgesetzt, daß Generator und Amperemeter den gleichen inneren Widerstand haben.

Im folgenden suchen wir eine möglichst allgemeine Definition und ein Beweisverfahren dieses Satzes, der für Stromnetz und Feld verwendbar ist.

Der Raum soll von einem durch die Konstanten ε, μ, σ bestimmten Stoff erfüllt sein. Unstetigkeitsstellen sind zugelassen, jedoch muß die Unabhängigkeit der genannten Konstanten von der Feldstärke vorgeschrieben werden. Das rein sinusförmige eingeprägte Feld $\boldsymbol{E}_\mathrm{e}^{(1)}$ soll die Feldstärke $\boldsymbol{E}^{(1)}$ und $\boldsymbol{H}^{(1)}$ erzeugen. Im gleichen Raum soll nun ein anderes Feld $\boldsymbol{E}_\mathrm{e}^{(2)}$ mit gleicher Frequenz die Feldstärke $\boldsymbol{E}^{(2)}$, $\boldsymbol{H}^{(2)}$ hervorrufen. Wir schreiben die Maxwellschen Gleichungen für beide Fälle:

$$\left.\begin{aligned}
\operatorname{rot} \boldsymbol{H}^{(1)} &= (\sigma + \mathrm{j}\omega\varepsilon)\, \boldsymbol{E}^{(1)} + \sigma \boldsymbol{E}_\mathrm{e}^{(1)}, \\
\operatorname{rot} \boldsymbol{E}^{(1)} &= -\mu \mathrm{j}\omega \boldsymbol{H}^{(1)}, \\
\operatorname{rot} \boldsymbol{H}^{(2)} &= (\sigma + \mathrm{j}\omega\varepsilon)\, \boldsymbol{E}^{(2)} + \sigma \boldsymbol{E}_\mathrm{e}^{(2)}, \\
\operatorname{rot} \boldsymbol{E}^{(2)} &= -\mu \mathrm{j}\omega \boldsymbol{H}^{(2)}.
\end{aligned}\right\} \tag{1}$$

Werden die einzelnen Gleichungen der Reihenfolge nach mit $\boldsymbol{E}^{(2)}$, $\boldsymbol{H}^{(2)}$, $-\boldsymbol{E}^{(1)}$, $-\boldsymbol{H}^{(1)}$ multipliziert und addiert, so ergibt sich

$$\operatorname{div} (\boldsymbol{E}^{(1)} \times \boldsymbol{H}^{(2)}) - \operatorname{div} (\boldsymbol{E}^{(2)} \times \boldsymbol{H}^{(1)}) = \sigma(\boldsymbol{E}_\mathrm{e}^{(1)} \boldsymbol{E}^{(2)} - \boldsymbol{E}_\mathrm{e}^{(2)} \boldsymbol{E}^{(1)}). \tag{2}$$

Die Integration dieser Gleichung soll über den ganzen Raum erstreckt werden, jedoch müssen wir die Unstetigkeitsstellen der verschiedenen Materialkonstanten, also die Grenzflächen der verschiedenen Medien, durch je eine Schmiegungsfläche eliminieren. Das Volumenintegral auf der linken Seite soll in ein Flächenintegral umgewandelt werden. Dieses liefert für die die Unstetigkeitsstellen eliminierende Fläche den Wert Null, da die Normalkomponente des Vektorproduktes $\boldsymbol{E}^{(i)} \times \boldsymbol{H}^{(k)}$ an der Grenzfläche stetig ist, weil die Tangentialkomponenten von $\boldsymbol{E}^{(i)}$ und $\boldsymbol{H}^{(k)}$ stetig sind.

Das über die unendlich weit entfernte Grenzfläche erstreckte Integral muß verschwinden, weil eine — wenn auch sehr kleine — Leitfähigkeit immer eingeführt werden kann und dann das Feld im Unendlichen exponentiell verschwindet. Unser Endergebnis lautet also

$$\int_V \boldsymbol{E}_\mathrm{e}^{(1)} \sigma \boldsymbol{E}^{(2)} \,\mathrm{d}V = \int_V \boldsymbol{E}_\mathrm{e}^{(2)} \sigma \boldsymbol{E}^{(1)} \,\mathrm{d}V. \tag{3}$$

Diese Gleichung stellt die allgemeine Formulierung des Reziprozitätsgesetzes dar. Die Integration muß prinzipiell über den ganzen Raum erstreckt werden, tatsächlich jedoch dort durchgeführt werden, wo der Wert von $\boldsymbol{E}_\mathrm{e}^{(1)}$ bzw. $\boldsymbol{E}_\mathrm{e}^{(2)}$ von Null verschieden wird.

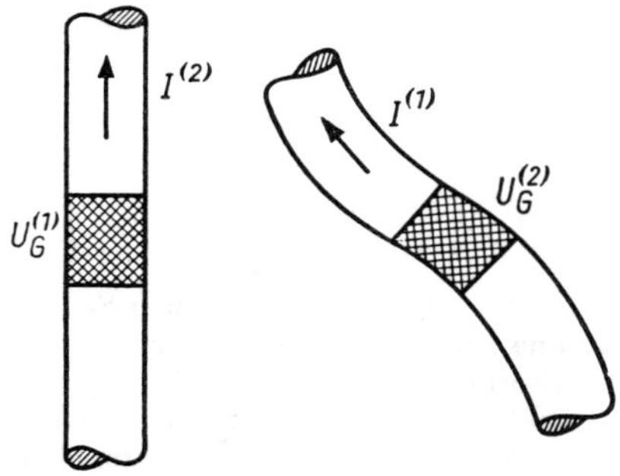

Abb. 4.39 Zum Reziprozitätsgesetz

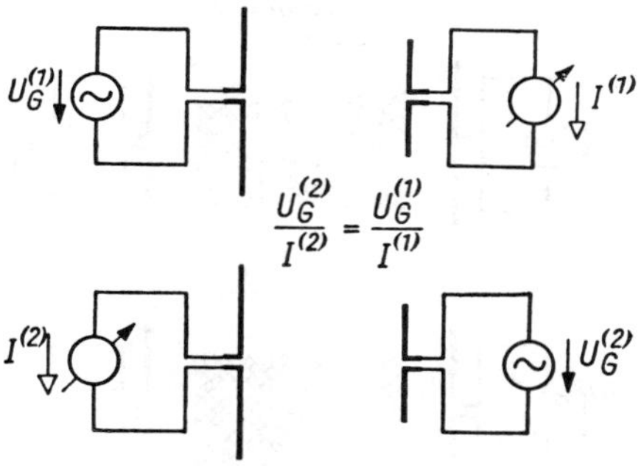

Abb. 4.40 Zur Anwendung des Reziprozitätsgesetzes auf Antennen

Wenden wir diesen Satz auf den in Abb. 4.39 gezeigten linearen Leiter oder auf eine Antenne (Abb. 4.40) an (welcher Zusammenhang zwischen den beiden Leitern besteht, ist hier unwichtig), so erhalten wir

$$\int_{V_1} \boldsymbol{E}_\mathrm{e}^{(1)} \sigma \boldsymbol{E}^{(2)} \,\mathrm{d}V = E_\mathrm{e}^{(1)} l_1 J^{(2)} A_1 = U_\mathrm{G}^{(1)} I^{(2)}, \tag{4}$$

$$\int_{V_2} \boldsymbol{E}_\mathrm{e}^{(2)} \sigma \boldsymbol{E}^{(1)} \,\mathrm{d}V = E_\mathrm{e}^{(2)} l_2 J^{(1)} A_2 = U_\mathrm{G}^{(2)} I^{(1)}, \tag{5}$$

woraus sich der Ausdruck

$$\frac{U_\mathrm{G}^{(2)}}{I^{(2)}} = \frac{U_\mathrm{G}^{(1)}}{I^{(1)}} \tag{6}$$

ergibt.

Mit Hilfe des Reziprozitätsgesetzes gelangen wir u. a. zu jener wichtigen Feststellung, daß die Richtungscharakteristik einer Empfängerantenne dieselbe Form hat, als würde sie als Sendeantenne arbeiten.

Untersuchen wir jetzt die Frage, ob in Wirklichkeit solche Stoffe existieren, für die das Reziprozitätsgesetz nicht gilt. In Gl. (2) ist das Glied

$$\mathrm{j}\omega[\boldsymbol{H}^{(1)}\mu\boldsymbol{H}^{(2)} - \boldsymbol{H}^{(2)}\mu\boldsymbol{H}^{(1)}] \tag{7}$$

zu Null geworden, und so konnte eben das Reziprozitätsgesetz bewiesen werden. Wenn aber die Permeabilität durch einen Tensor dargestellt wird, wird im allgemeinen

$$\boldsymbol{H}^{(1)}\boldsymbol{\mu}\boldsymbol{H}^{(2)} \neq \boldsymbol{H}^{(2)}\boldsymbol{\mu}\boldsymbol{H}^{(1)}.$$

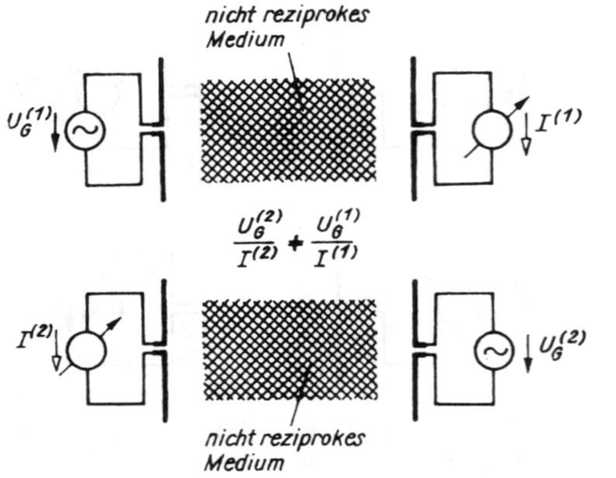

Abb. 4.41 Wenn sich zwischen Sendeantenne und Empfangsantenne ein solcher Stoff befindet, dessen Leitfähigkeit, Permeabilität oder Dielektrizitätskonstante durch einen nichtsymmetrischen Tensor dargestellt werden kann, gilt das Reziprozitätsgesetz nicht mehr

In diesem Fall gilt nämlich

$$\boldsymbol{H}^{(1)}\boldsymbol{\mu}\boldsymbol{H}^{(2)} - \boldsymbol{H}^{(2)}\boldsymbol{\mu}\boldsymbol{H}^{(1)} = \boldsymbol{H}^{(1)}[\boldsymbol{\mu}\boldsymbol{H}^{(2)} - \boldsymbol{\mu}^{\mathrm{t}}\boldsymbol{H}^{(2)}].$$

Hier bedeutet $\boldsymbol{\mu}^{\mathrm{t}}$ den transponierten Tensor. Wenn der Permeabilitätstensor symmetrisch ist, gilt weiter das Reziprozitätsgesetz. Ist der Tensor $\boldsymbol{\mu}$ aber nichtsymmetrisch wie bei den gyromagnetischen Stoffen, so gilt das Reziprozitätsgesetz nicht mehr. Später werden wir uns mit den praktisch wichtigen Folgen dieser Tatsache befassen.

Das Reziprozitätsgesetz gilt auch für Stoffe mit nichtsymmetrischen $\boldsymbol{\epsilon}$ und $\boldsymbol{\sigma}$ nicht mehr (Abb. 4.41).

Nehmen wir jetzt an, daß statt eingeprägter Felder gegebene Erregerströme wirksam sind, so lautet Gl. (2) in Integralform:

$$\oint_A (\boldsymbol{E}^{(1)} \times \boldsymbol{H}^{(2)} - \boldsymbol{E}^{(2)} \times \boldsymbol{H}^{(1)})\, \mathrm{d}\boldsymbol{A} = \int_V (\boldsymbol{J}_{\mathrm{e}}^{(1)}\boldsymbol{E}^{(2)} - \boldsymbol{J}_{\mathrm{e}}^{(2)}\boldsymbol{E}^{(1)})\, \mathrm{d}V. \tag{8}$$

Es sind noch folgende spezielle Fälle wichtig.

1. In dem betrachteten Bereich seien keine Erregerquellen vorhanden. Dann ergibt sich

$$\oint_A (\boldsymbol{E}^{(1)} \times \boldsymbol{H}^{(2)} - \boldsymbol{E}^{(2)} \times \boldsymbol{H}^{(1)})\, \mathrm{d}\boldsymbol{A} = 0, \tag{9}$$

d. h.,

$$\oint_A \boldsymbol{E}^{(1)} \times \boldsymbol{H}^{(2)}\, \mathrm{d}\boldsymbol{A} = \oint_A \boldsymbol{E}^{(2)} \times \boldsymbol{H}^{(1)}\, \mathrm{d}\boldsymbol{A}. \tag{10}$$

2. Wenn der ganze Raum in Betracht gezogen wird, so lautet Gl. (8)

$$\int_V \boldsymbol{J}_\mathrm{e}^{(1)} \boldsymbol{E}^{(2)}\, \mathrm{d}V = \int_V \boldsymbol{J}_\mathrm{e}^{(2)} \boldsymbol{E}^{(1)}\, \mathrm{d}V. \tag{11}$$

Es sei bemerkt, daß das Flächenintegral im verlustfreien Raum verschwindet, wenn die „Ausstrahlungsbedingung" (Kap. 4.40.3.) erfüllt ist.

3. Bei gegebener Erregung $\boldsymbol{J}_\mathrm{e}^{(1)}$ soll die zugehörige Feldverteilung $\boldsymbol{E}(\boldsymbol{r})$, $\boldsymbol{H}(\boldsymbol{r})$ ermittelt werden. Wir verwenden ein Hilfsfeld, welches durch einen Dipol erregt wird. Der Dipol befinde sich im Punkt $\boldsymbol{r}_P$; er wird durch die Stromdichteverteilung

$$\boldsymbol{J}_\mathrm{e}^{(2)} = \boldsymbol{e}\delta(\boldsymbol{r} - \boldsymbol{r}_P) \tag{12}$$

beschrieben.

Die Konstante $\boldsymbol{e}$ sei durch die Normierung $|\boldsymbol{e}| = |\boldsymbol{U}| = 1$ bestimmt. Wir nehmen das so hervorgerufene Feld als $\boldsymbol{E}^{(2)}$ und $\boldsymbol{H}^{(2)}$ und betrachten es als gegeben. Wir schreiben jetzt Gl. (8) in der Form

$$\int_V \boldsymbol{J}_\mathrm{e}^{(2)} \boldsymbol{E}^{(1)}\, \mathrm{d}V = \int_V \boldsymbol{J}_\mathrm{e}^{(1)} \boldsymbol{E}^{(2)}\, \mathrm{d}V + \oint_A [\boldsymbol{E}^{(2)} \times \boldsymbol{H}^{(1)} - \boldsymbol{E}^{(1)} \times \boldsymbol{H}^{(2)}]\, \mathrm{d}\boldsymbol{A}. \tag{13}$$

Da aber nach Definition der Dirac-Funktion

$$\int_V \boldsymbol{e}\delta(\boldsymbol{r} - \boldsymbol{r}_P)\, \boldsymbol{E}^{(1)}\, \mathrm{d}V = \boldsymbol{e}\boldsymbol{E}^{(1)}(\boldsymbol{r}_P) \tag{14}$$

ist, erhalten wir

$$\boldsymbol{e}\boldsymbol{E}^{(1)}(\boldsymbol{r}_P) = \int_V \boldsymbol{J}_\mathrm{e}^{(1)} \boldsymbol{E}^{(2)}\, \mathrm{d}V + \oint_A (\boldsymbol{E}^{(2)} \times \boldsymbol{H}^{(1)} - \boldsymbol{E}^{(1)} \times \boldsymbol{H}^{(2)})\, \mathrm{d}\boldsymbol{A}. \tag{15}$$

Auf der linken Seite steht die Komponente der gesuchten Feldstärke in einer von uns wählbaren Richtung im (beliebigen) Punkt $\boldsymbol{r}_P$. Das erste Glied auf der rechten Seite kann ausgewertet werden: $\boldsymbol{J}_\mathrm{e}^{(1)}$ ist in jedem Punkt gegeben. $\boldsymbol{E}^{(2)}$ als das Feld des im Punkt $\boldsymbol{r}_P$ gelegenen Dipols ist auch in jedem Punkt bekannt. Das zweite Glied kann aber nur dann berechnet werden, wenn wir über das gesuchte Feld an den Grenzen weitere Annahmen machen können.

Die Bestimmung unbekannter Felder durch Anwendung des Reziprozitätsgesetzes mit Hilfe entsprechend gewählter Hilfsfelder ist neuerdings eine wichtige Methode geworden (siehe 4.35.8. bzw. 4.39.3.).

C. Lösung der Wellengleichung in verschiedenen Koordinatensystemen

4.14. Die Rückführung der vektoriellen Wellengleichung auf die skalare Wellengleichung

Um die Möglichkeit der Bestimmung des elektromagnetischen Feldes mit Hilfe einer einzigen skalaren Größe zu untersuchen, setzen wir wieder die Maxwellschen Gleichungen an:

$$\begin{aligned} &\text{I. } \operatorname{rot} \boldsymbol{H} = (\sigma + \varepsilon \mathrm{j}\omega)\, \boldsymbol{E}, && \text{III. } \operatorname{div} \boldsymbol{H} = 0, \\ &\text{II. } \operatorname{rot} \boldsymbol{E} = -\mu \mathrm{j}\omega \boldsymbol{H}, && \text{IV. } \operatorname{div} \boldsymbol{E} = 0. \end{aligned} \tag{1}$$

Die hier folgende Behandlung ist allgemeiner als die in Kapitel 4.6., da hier $\sigma \neq 0$ ist und der Einfluß der Koordinatensysteme auf die Form der Gleichungen in Betracht gezogen wird. Dagegen werden wir uns auf eine Zeitabhängigkeit $e^{j\omega t}$ beschränken.

Die dritte Gleichung wird durch den Hertzschen Vektor $\boldsymbol{\Pi}$ befriedigt:

$$\boldsymbol{H} = (\sigma + \mathrm{j}\omega\varepsilon) \operatorname{rot} \boldsymbol{\Pi}. \tag{2}$$

Dies in die II. Gleichung einsetzend, finden wir, wie üblich,

$$\operatorname{rot} (\boldsymbol{E} - k^2 \boldsymbol{\Pi}) = 0, \tag{3}$$

d. h.,

$$\boldsymbol{E} = k^2 \boldsymbol{\Pi} + \operatorname{grad} \Phi, \tag{4}$$

wobei $k^2 = -\mathrm{j}\omega\mu(\sigma + \mathrm{j}\omega\varepsilon)$ ist.

Mit diesen Werten von $\boldsymbol{E}$ und $\boldsymbol{H}$ ist die I. Gleichung eine Bestimmungsgleichung für $\boldsymbol{\Pi}$ und Φ

$$\operatorname{rot}\operatorname{rot} \boldsymbol{\Pi} - \operatorname{grad} \Phi - k^2 \boldsymbol{\Pi} = 0. \tag{5}$$

Die vierte Maxwellsche Gleichung lautet dann

$$\operatorname{div} \boldsymbol{E} = \operatorname{div} [k^2 \boldsymbol{\Pi} + \operatorname{grad} \Phi]. \tag{6}$$

Zylinder- und Kugelwellen

$$\left.\begin{aligned}\overline{E} &= k^2\overline{\Pi} + \operatorname{grad}\Phi \\ H &= \varepsilon \mathrm{j}\omega \operatorname{rot}\overline{\Pi}\end{aligned}\right\} \xleftrightarrow{\text{TM}} -\operatorname{rot}\operatorname{rot}\overline{\Pi} + \operatorname{grad}\Phi + k^2\overline{\Pi} = 0 \xleftrightarrow{\text{TE}} \left\{\begin{aligned}\overline{E} &= -\mu \mathrm{j}\omega \operatorname{rot}\overline{\Pi} \\ \overline{H} &= k^2\Pi + \operatorname{grad}\Phi\end{aligned}\right.$$

$$\overline{\Pi} = (\Pi_1, 0, 0); \quad g_1 = 1; \quad \frac{\partial g_2/g_3}{\partial x_1} = 0; \quad \Phi = \frac{\partial \Pi_1}{\partial x_1} (\neq \operatorname{div}\overline{\Pi})$$

Allgemeine orthogonale Koordinaten

$x_1, x_2, x_3;$ $\qquad g_1, g_2, g_3$

$$\overline{\Pi} = (\Pi_1, 0, 0)$$

$$\frac{\partial^2 \Pi_1}{\partial x_1^2} + \frac{1}{g_2 g_3}\frac{\partial}{\partial x_2}\left(\frac{g_3}{g_2}\frac{\partial \Pi_1}{\partial x_2}\right) + \frac{1}{g_2 g_3}\frac{\partial}{\partial x_3}\left(\frac{g_2}{g_3}\frac{\partial \Pi_1}{\mathrm{d} x_3}\right) + k^2\Pi_1 = 0$$

$$\Pi_1(x_1, x_2, x_3, t) = X_1(x_1)\, X_2(x_2)\, X_3(x_3)\, \mathrm{e}^{\mathrm{j}\omega t}$$

TM

$$E_1 = k^2\Pi_1 + \frac{\partial^2 \Pi_1}{\partial x_1^2} \qquad H_1 = 0$$

$$E_2 = \frac{1}{g_2}\frac{\partial^2 \Pi_1}{\partial x_1\, \partial x_2} \qquad H_2 = \frac{\mathrm{j}\omega\varepsilon}{g_3}\frac{\partial \Pi_1}{\partial x_3}$$

$$E_3 = \frac{1}{g_3}\frac{\partial^2 \Pi_1}{\partial x_1\, \partial x_3} \qquad H_3 = -\frac{\mathrm{j}\omega\varepsilon}{g_2}\frac{\partial \Pi_1}{\partial x_2}$$

TE

$$E_1 = 0 \qquad H_1 = k^2\Pi_1 + \frac{\partial^2 \Pi_1}{\partial x_1^2}$$

$$E_2 = -\frac{\mathrm{j}\omega\mu}{g_3}\frac{\partial \Pi_1}{\partial x_3} \qquad H_2 = \frac{1}{g_2}\frac{\partial^2 \Pi_1}{\partial x_1\, \partial x_2}$$

$$E_3 = \frac{\mathrm{j}\omega\mu}{g_2}\frac{\partial \Pi_1}{\partial x_2} \qquad H_3 = \frac{1}{g_3}\frac{\partial^2 \Pi_1}{\partial x_1\, \partial x_3}$$

Zylinder-Koordinaten

$z, r, \varphi;$ $\qquad 1, 1, r$

$$\overline{\Pi} = (\pi_z, 0, 0)$$

$$\frac{\partial^2 \Pi_z}{\partial z^2} + \frac{1}{r}\frac{\partial}{\partial r}\left(r\frac{\partial \Pi_z}{\partial r}\right) + \frac{1}{r^2}\frac{\partial^2 \Pi_z}{\partial \varphi^2} + k^2\Pi_z = 0$$

$$\Pi_z = \Pi_z(z, r, \varphi; t) = Z_m\left(\sqrt{k^2 - \beta^2}\, r\right) \mathrm{e}^{\pm \mathrm{j}m\varphi}\, \mathrm{e}^{\pm \mathrm{j}\beta z}\, \mathrm{e}^{\mathrm{j}\omega t}$$

TM

$$E_z = (k^2 - \beta^2)\,\Pi_z \qquad H_z = 0$$

$$E_r = -\mathrm{j}\beta\frac{\partial \Pi_z}{\partial r} \qquad H_r = \frac{\mathrm{j}k^2}{\omega\mu r}\frac{\partial \Pi_z}{\partial \varphi}$$

$$E_\varphi = -\mathrm{j}\frac{\beta}{r}\frac{\partial \Pi_z}{\partial \varphi} \qquad H_\varphi = -\frac{\mathrm{j}k^2}{\omega\mu}\frac{\partial \Pi_z}{\partial r}$$

TE

$$E_z = 0 \qquad H_z = (k^2 - \beta^2)\,\Pi_z$$

$$E_r = -\frac{\mathrm{j}\omega\mu}{r}\frac{\partial \Pi_z}{\partial \varphi} \qquad H_r = -\mathrm{j}\beta\frac{\partial \Pi_z}{\partial r}$$

$$E_\varphi = \mathrm{j}\omega\mu\frac{\partial \Pi_z}{\partial r} \qquad H_\varphi = -\mathrm{j}\frac{\beta}{r}\frac{\partial \Pi_z}{\partial \varphi}$$

Kugel-Koordinaten

$r, \vartheta, \varphi;$ $\qquad 1, r, r\sin\vartheta$

$$\overline{\Pi} = (\Pi_r, 0, 0)$$

$$\frac{\partial^2 \Pi_r}{\partial r^2} + \frac{1}{r^2\sin\vartheta}\frac{\partial}{\partial\vartheta}\left(\sin\vartheta\frac{\partial \Pi_r}{\partial\vartheta}\right) + \frac{1}{r^2\sin^2\vartheta}\frac{\partial^2 \Pi_r}{\partial \varphi^2} + k^2\pi_r = 0$$

$$\Pi_r = \Pi_r(r, \vartheta, \varphi; t) = \sqrt{kr}\, Z_{n+\frac{1}{2}}(kr)\, P_n^m(\cos\vartheta)\, \mathrm{e}^{\pm \mathrm{j}m\varphi}\, \mathrm{e}^{\mathrm{j}\omega t}$$

TM

$$E_r = k^2\Pi_r + \frac{\partial^2 \Pi_r}{\partial r^2} \qquad H_r = 0$$

$$E_\vartheta = \frac{1}{r}\frac{\partial^2 \Pi_r}{\partial r\, \partial\vartheta} \qquad H_\vartheta = \frac{\mathrm{j}}{\omega\mu}\frac{k^2}{r\sin\vartheta}\frac{\partial \Pi_r}{\partial \varphi}$$

$$E_\varphi = \frac{1}{r\sin\vartheta}\frac{\partial^2 \Pi_r}{\partial r\, \partial\varphi} \qquad H_\varphi = -\frac{\mathrm{j}}{\omega\mu}\frac{k^2}{r}\frac{\partial \Pi_r}{\partial \vartheta}$$

TE

$$E_r = 0 \qquad H_r = k^2\Pi_r + \frac{\partial^2 \Pi_r}{\partial r^2}$$

$$E_\vartheta = -\frac{\mathrm{j}\omega\mu}{r\sin\vartheta}\frac{\partial \Pi_r}{\vartheta\varphi} \qquad H_\vartheta = \frac{1}{r}\frac{\partial^2 \Pi_r}{\partial r\, \partial\vartheta}$$

$$E_\varphi = \frac{\mathrm{j}\omega\mu}{r}\frac{\partial \Pi_r}{\partial\vartheta} \qquad H_\varphi = \frac{1}{r\sin\vartheta}\frac{\partial^2 \Pi_r}{\partial r\, \partial\varphi}$$

Da aus den Gleichungen (4) und (5) $\boldsymbol{E} = \text{rot rot}\, \boldsymbol{\Pi}$ folgt, kann man

$$\text{div}\, \boldsymbol{E} = \text{div}\, [\text{rot rot}\, \boldsymbol{\Pi}] = 0 \tag{7}$$

schreiben, d. h., Gl. IV ist erfüllt.

Wenn wir also solche zusammengehörigen $\boldsymbol{\Pi}$ und Φ finden, die die Gl. (5) befriedigen (die aus diesen Größen entsprechend den Gleichungen (2) und (4) gebildeten $\boldsymbol{E}$ und $\boldsymbol{H}$ befriedigen sicher sämtliche Maxwellschen Gleichungen), so haben wir die Lösung des betreffenden physikalischen Problems.

Alle diese Zusammenhänge gelten in jedem beliebigen Koordinatensystem. Das Potential Φ ist keiner besonderen Bedingung unterworfen. Es muß so gewählt werden, daß Gl. (5) möglichst einfach zu lösen ist.

Oft wird man, wie auch in unserem Fall, $\Phi = \text{div}\, \boldsymbol{\Pi}$ wählen, um mit einer einzigen Funktion — wenn auch einer Vektorfunktion — auszukommen. Aus Gl. (5) wird dann

$$\text{rot rot}\, \boldsymbol{\Pi} - \text{grad div}\, \boldsymbol{\Pi} - k^2 \boldsymbol{\Pi} = 0 \tag{8}$$

und vereinfacht sich im kartesischen Koordinatensystem zu

$$\Delta \boldsymbol{\Pi} + k^2 \boldsymbol{\Pi} = 0\,. \tag{9}$$

Manchmal erweist sich aber eine andere Wahl als zweckmäßiger. Bleiben wir vorläufig wieder bei $\Phi = \text{div}\, \boldsymbol{\Pi}$. Wir haben nun Gl. (8) zu lösen. Aus dem so gewonnenen Vektor $\boldsymbol{\Pi}$ können mit Hilfe der Beziehungen

$$\left.\begin{aligned} \boldsymbol{H} &= (\sigma + \mathrm{j}\varepsilon\omega)\, \text{rot}\, \boldsymbol{\Pi}\,, \\ \boldsymbol{E} &= k^2 \boldsymbol{\Pi} + \text{grad div}\, \boldsymbol{\Pi} \end{aligned}\right\} \tag{10a}$$

und, nach Kapitel 4.6., der Beziehungen

$$\left.\begin{aligned} \boldsymbol{E} &= -\mathrm{j}\mu\omega\, \text{rot}\, \boldsymbol{\Pi}\,, \\ \boldsymbol{H} &= k^2 \boldsymbol{\Pi} + \text{grad div}\, \boldsymbol{\Pi} \end{aligned}\right\} \tag{10b}$$

zwei verschiedene Lösungstypen abgeleitet werden. Wir nehmen ein beliebiges orthogonales krummliniges Koordinatensystem an. Bei einem so verallgemeinerten Fall ist es völlig hoffnungslos, von der in Koordinaten ausführlich geschriebenen Gleichung auszugehen, da in allen drei Skalargleichungen sämtliche Komponenten von $\boldsymbol{\Pi}$ vorkommen. Sie zerfallen also nicht in drei Gleichungen, von denen jede nur die Komponente Π_1 bzw. Π_2 oder Π_3 enthält, wie wir es z. B. bei der Anwendung kartesischer Koordinaten gewöhnt sind. Auch wenn wir Π_2 und Π_3 identisch gleich Null wählen, liefert Gl. (8) für allgemeine orthogonale Koordinaten die folgenden drei verwickelten Gleichungen:

$$\frac{1}{g_1}\frac{\partial}{\partial x_1}\left\{\frac{1}{g_1g_2g_3}\left[\frac{\partial}{\partial x_1}(g_2g_3\Pi_1)\right]\right\}+\frac{1}{g_2g_3}\frac{\partial}{\partial x_2}\left[\frac{g_3}{g_1g_2}\frac{\partial}{\partial x_2}(g_1\Pi_1)\right]$$
$$+\frac{1}{g_2g_3}\frac{\partial}{\partial x_3}\left[\frac{g_2}{g_3g_1}\frac{\partial}{\partial x_3}(g_1\Pi_1)\right]+k^2\Pi_1=0. \qquad (11)$$

$$\frac{1}{g_2}\frac{\partial}{\partial x_2}\left\{\frac{1}{g_1g_2g_3}\left[\frac{\partial}{\partial x_1}(g_2g_3\Pi_1)\right]\right\}-\frac{1}{g_1g_3}\frac{\partial}{\partial x_1}\left[\frac{g_3}{g_1g_2}\frac{\partial}{\partial x_2}(g_1\Pi_1)\right]=0,$$

$$\frac{1}{g_3}\frac{\partial}{\partial x_3}\left\{\frac{1}{g_1g_2g_3}\left[\frac{\partial}{\partial x_1}(g_2g_3\Pi_1)\right]\right\}-\frac{1}{g_1g_2}\frac{\partial}{\partial x_1}\left[\frac{g_2}{g_1g_3}\frac{\partial}{\partial x_3}(g_1\Pi_1)\right]=0.$$

Um Erfolge zu erzielen, müssen vereinfachende Ansätze eingeführt werden. Wir nehmen z. B. an, wir hätten ein solches rechtwinkliges Koordinatensystem gewählt, bei dem $g_1 \equiv 1$, g_2 bzw. g_3 unabhängig von x_1 sind. In diesem Falle gilt für Π_1 die Bestimmungsgleichung

$$\frac{\partial^2\Pi_1}{\partial x_1^2}+\frac{1}{g_2g_3}\frac{\partial}{\partial x_2}\left(\frac{g_3}{g_2}\frac{\partial\Pi_1}{\partial x_2}\right)+\frac{1}{g_2g_3}\frac{\partial}{\partial x_3}\left(\frac{g_2}{g_3}\frac{\partial\Pi_1}{\partial x_3}\right)+k^2\Pi_1=0, \qquad (12)$$

also die in rechtwinkligen Koordinaten angegebene Wellengleichung

$$\Delta\Pi_1 \equiv \operatorname{div}\operatorname{grad}\Pi_1 = -k^2\Pi_1. \qquad (13)$$

Die zweite und dritte Gleichung der Gleichungsgruppe (11) werden identisch erfüllt.

Ist uns die Lösung der letzten Beziehung bekannt, so folgen aus dem Gleichungssystem (10a) die Feldstärkekomponenten

$$\left.\begin{aligned}
E_1 &= k^2\Pi_1+\frac{\partial^2\Pi_1}{\partial x_1^2}, & H_1 &= 0,\\
E_2 &= \frac{1}{g_2}\frac{\partial^2\Pi_1}{\partial x_1\,\partial x_2}, & H_2 &= \frac{(\sigma+\mathrm{j}\omega\varepsilon)}{g_3}\frac{\partial\Pi_1}{\partial x_3},\\
E_3 &= \frac{1}{g_3}\frac{\partial^2\Pi_1}{\partial x_1\,\partial x_3}, & H_3 &= -\frac{(\sigma+\mathrm{j}\omega\varepsilon)}{g_2}\frac{\partial\Pi_1}{\partial x_2}.
\end{aligned}\right\} \qquad (14)$$

Aus dem Gleichungssystem (10b) ergibt sich aber

$$\left.\begin{aligned}
E_1 &= 0, & H_1 &= k^2\Pi_1+\frac{\partial^2\Pi_1}{\partial x_1^2},\\
E_2 &= -\mu\frac{\mathrm{j}\omega}{g_3}\frac{\partial\Pi_1}{\partial x_3}, & H_2 &= \frac{1}{g_2}\frac{\partial^2\Pi_1}{\partial x_1\,\partial x_2},\\
E_3 &= \mu\frac{\mathrm{j}\omega}{g_2}\frac{\partial\Pi_1}{\partial x_2}, & H_3 &= \frac{1}{g_3}\frac{\partial^2\Pi_1}{\partial x_1\,\partial x_3}.
\end{aligned}\right\} \qquad (15)$$

Aus den Gleichungen (14) ist ersichtlich, daß die magnetische Feldstärke keine in Richtung der ausgezeichneten Koordinatenachse x_1 fallende Komponente besitzt. Die Gleichungen (15) ergeben aber eine Lösung, in der das elektrische Feld keine x_1-Komponente hat. Im ersten Fall verläuft also das Magnetfeld transversal, im letzteren Fall das elektrische Feld. Deshalb wird der erste Typ *TM-Welle*, der zweite *TE-Welle* genannt.

Die Bedingung $g_1 \equiv 1$ und die Bedingung, daß g_2, g_3 unabhängig von x_1 sein sollen, behalten ihre Gültigkeit bei kartesischen und bei beliebigen orthogonalen Zylinderkoordinaten, wenn die Koordinate x_1 parallel zur Zylinderachse gewählt wird.

Bei Kugelkoordinaten muß der Radius als x_1-Koordinate gewählt werden, damit $g_1 \equiv 1$ ist. Hier ist aber nur das Verhältnis g_2/g_3 von x_1, d. h. von r, unabhängig. In diesem Falle verschwinden die zweite und dritte Gleichung des Gleichungssystems (11) nicht mehr identisch.

Die Wahl $\boldsymbol{\Phi} = \operatorname{div} \boldsymbol{\Pi}$ erweist sich jetzt als nicht zweckmäßig. Wenn wir aber nach Huxley

$$\boldsymbol{\Phi} = \frac{1}{g_1} \frac{\partial \Pi_1}{\partial x_1} + \operatorname{div} \boldsymbol{\Pi} \tag{16}$$

wählen, so vereinfacht sich die Gl. (5) zu

$$\frac{1}{g_1^2} \frac{\partial^2 \Pi_1}{\partial x_1^2} + \frac{1}{g_2 g_3} \frac{\partial}{\partial x_2} \left[\frac{g_3}{g_1 g_2} \frac{\partial}{\partial x_2} (g_1 \Pi_1)\right] + \frac{1}{g_2 g_3} \frac{\partial}{\partial x_3} \left[\frac{g_2}{g_3 g_1} \frac{\partial}{\partial x_3} (g_1 \Pi_1)\right] + k^2 \Pi_1 = 0. \tag{17}$$

Hier wurde vorausgesetzt, daß g_1 nur von x_1, g_2/g_3 nur von x_2 und x_3 abhängt.

Bei Kugelkoordinaten geht diese Gleichung in Gl. (12) über, da dort $g_1 = 1$ gilt, wenn $x_1 \equiv r$, also $\Pi_1 = \Pi_r$ vorausgesetzt wird. Als Ausgangspunkt dient die Gleichung

$$\frac{\partial^2 \Pi_1}{\partial x_1^2} + \frac{1}{g_2 g_3} \frac{\partial}{\partial x_2} \left(\frac{g_3}{g_2} \frac{\partial \Pi_1}{\partial x_2}\right) + \frac{1}{g_2 g_3} \frac{\partial}{\partial x_3} \left(\frac{g_2}{g_3} \frac{\partial \Pi_1}{\partial x_3}\right) + k^2 \Pi_1 = 0. \tag{18}$$

Dies ist bei Zylinderkoordinaten, und nur bei diesen (natürlich außer bei kartesischen), identisch mit der Gleichung $\operatorname{div} \operatorname{grad} \Pi_1 = \Delta \Pi_1$, wenn $\Pi_1 \equiv \Pi_z$ gilt. Aus dieser Gleichung werden den Gleichungen (14), (15) entsprechend die Feldstärkewerte ermittelt.

Man kann versuchen, eine Vektorenwellengleichung der Form (8), d. h.

$$\operatorname{grad} \operatorname{div} \boldsymbol{v} - \operatorname{rot} \operatorname{rot} \boldsymbol{v} + k^2 \boldsymbol{v} = 0, \tag{19}$$

unmittelbar durch Vektorfunktionen zu befriedigen. Nach Stratton kann man aus den Lösungen der skalaren Wellengleichung

$$\Delta \psi + k^2 \psi = \operatorname{div} \operatorname{grad} \psi + k^2 \psi = 0 \tag{20}$$

die folgenden Lösungen der vektoriellen Wellengleichung konstruieren

$$\boldsymbol{L} = \operatorname{grad} \psi; \qquad \boldsymbol{M} = \operatorname{rot} (\boldsymbol{a}\psi); \qquad \boldsymbol{N} = \frac{1}{k} \operatorname{rot} \boldsymbol{M}, \tag{21}$$

wobei $\boldsymbol{a}$ ein Einheitsvektor mit beliebiger konstanter Richtung ist. Zwischen $\boldsymbol{M}$ und $\boldsymbol{N}$ besteht der Zusammenhang

$$\boldsymbol{M} = \frac{1}{k} \operatorname{rot} \boldsymbol{N}. \tag{22}$$

Der Beweis für $\boldsymbol{L}$ ist sehr einfach, wir beschäftigen uns deshalb nur mit $\boldsymbol{M} = \operatorname{rot} \boldsymbol{a}\psi$. Setzen wir diesen Ausdruck in Gl. (19) ein, so erhalten wir

$$\operatorname{grad} \operatorname{div} (\operatorname{rot} \boldsymbol{a}\psi) - \operatorname{rot} \operatorname{rot} \operatorname{rot} (\boldsymbol{a}\psi) + k^2 \operatorname{rot} (\boldsymbol{a}\psi) = 0.$$

Das erste Glied verschwindet wegen $\operatorname{div} \operatorname{rot} \equiv 0$. Es bleibt also auf der linken Seite:

$$\operatorname{rot} [-\operatorname{rot} \operatorname{rot} (\boldsymbol{a}\psi) + k^2 \boldsymbol{a}\psi] = \operatorname{rot} [-\operatorname{rot} (\operatorname{grad} \psi \times \boldsymbol{a}) + k^2 \boldsymbol{a}\psi], \tag{23}$$

da $\operatorname{rot} \boldsymbol{a}\psi = \psi \operatorname{rot} \boldsymbol{a} + \operatorname{grad} \psi \times \boldsymbol{a}$ und $\operatorname{rot} \boldsymbol{a} = 0$ ist.

Nach Gl. 1.14.(25), (26) wird aber

$$\operatorname{grad} [(\operatorname{grad} \psi)\, \boldsymbol{a}] = \frac{\mathrm{d}(\operatorname{grad} \psi)}{\mathrm{d}\boldsymbol{r}}\, \boldsymbol{a} + 0 + 0 + \boldsymbol{a} \times \operatorname{rot} \operatorname{grad} \psi$$

$$\operatorname{rot} [\operatorname{grad} \psi \times \boldsymbol{a}] = \frac{\mathrm{d}(\operatorname{grad} \psi)}{\mathrm{d}\boldsymbol{r}}\, \boldsymbol{a} - 0 + 0 - \boldsymbol{a} \operatorname{div} \operatorname{grad} \psi.$$

Und so erhalten wir

$$\operatorname{rot} (\operatorname{grad} \psi \times \boldsymbol{a}) = \operatorname{grad} [(\operatorname{grad} \psi)\boldsymbol{a}] - \boldsymbol{a} \operatorname{div} \operatorname{grad} \psi.$$

Berücksichtigen wir dieses Resultat in Gl. (23), so haben wir

$$\operatorname{rot} [-\operatorname{rot} (\operatorname{grad} \psi \times \boldsymbol{a}) + k^2 \boldsymbol{a}\psi] = \operatorname{rot} [-\operatorname{grad} (\operatorname{grad} \psi\boldsymbol{a}) + \boldsymbol{a}\, \Delta\psi + k^2 \boldsymbol{a}\psi]$$

$$= \operatorname{rot} \{-\operatorname{grad} (\operatorname{grad} \psi\boldsymbol{a}) + \boldsymbol{a}[\Delta\psi + k^2\psi]\} = 0.$$

Dieser Ausdruck ist tatsächlich Null, da

$$\operatorname{rot} \operatorname{grad} = 0 \quad \text{und} \quad \Delta\psi + k^2\psi = 0.$$

Die Lösung der Vektorenwellengleichung (19) hat also die Form

$$\boldsymbol{v} = \sum_n (a_n \boldsymbol{M}_n + b_n \boldsymbol{N}_n + c_n \boldsymbol{L}_n). \tag{24}$$

Diese Methode ist nicht von weittragender Bedeutung, da im allgemeinen kein Grund vorliegt, eine konstante Richtung auszuzeichnen. Im sphärischen System haben wir die folgenden von (21) etwas abweichenden, brauchbaren Lösungen

$$\boldsymbol{L} = \operatorname{grad} \psi; \qquad \boldsymbol{M} = \operatorname{rot} (\boldsymbol{r}\psi) = \operatorname{grad} \psi \times \boldsymbol{r}; \tag{25}$$

$$\boldsymbol{N} = \frac{1}{k} \operatorname{rot} \boldsymbol{M}, \tag{26}$$

wobei wieder der Zusammenhang

$$\boldsymbol{M} = \frac{1}{k} \operatorname{rot} \boldsymbol{N} \tag{27}$$

gilt. Da $\boldsymbol{L}$ rotationsfrei ist ($\operatorname{rot} \operatorname{grad} \psi = 0$), wird diese Lösung nur dann benutzt, wenn das Feld auch Quellen besitzt.

Setzt man in die Maxwellschen Gleichungen

$$\operatorname{rot} \boldsymbol{H} = \varepsilon \mathrm{j}\omega \boldsymbol{E}; \qquad \operatorname{rot} \boldsymbol{E} = -\mathrm{j}\omega\mu \boldsymbol{H}$$

die Wertepaare

$$\boldsymbol{E} = \boldsymbol{M}; \qquad \boldsymbol{H} = \mathrm{j} \sqrt{\frac{\varepsilon}{\mu}} \boldsymbol{N} \tag{28a}$$

bzw.

$$\boldsymbol{E} = \mathrm{j}\boldsymbol{N}; \qquad \boldsymbol{H} = -\sqrt{\frac{\varepsilon}{\mu}} \boldsymbol{M} \tag{28b}$$

ein, so sieht man, daß sie befriedigt werden. Die Lösung setzt sich also aus Lösungen der Form

$$\boldsymbol{E} = \boldsymbol{M}_n + \mathrm{j}\boldsymbol{N}_m \tag{29}$$

$$\boldsymbol{H} = \sqrt{\frac{\varepsilon}{\mu}} (-\boldsymbol{M}_m + \mathrm{j}\boldsymbol{N}_n) \tag{30}$$

zusammen.

Für das Spätere erweist sich die folgende Zusammenstellung als wichtig:

$$\boldsymbol{E} = \operatorname{rot} \operatorname{rot} \boldsymbol{\Pi}^{\mathrm{e}}; \quad \boldsymbol{E} = \mathrm{j} \frac{1}{k} \operatorname{rot} \operatorname{rot} (r\psi^{\mathrm{e}} \boldsymbol{e}_r) \tag{31a}$$

$$\boldsymbol{H} = \mathrm{j}\omega\varepsilon \operatorname{rot} \boldsymbol{\Pi}^{\mathrm{e}}; \quad \boldsymbol{H} = -\sqrt{\frac{\varepsilon}{\mu}} \operatorname{rot} (r\psi^{\mathrm{e}} \boldsymbol{e}_r) \tag{31b}$$

bzw.

$$\boldsymbol{E} = -\mathrm{j}\omega\mu \operatorname{rot} \boldsymbol{\Pi}^{\mathrm{m}}; \qquad \boldsymbol{E} = \operatorname{rot} (r\psi^{\mathrm{m}} \boldsymbol{e}_r) \tag{32a}$$

$$\boldsymbol{H} = \operatorname{rot} \operatorname{rot} \boldsymbol{\Pi}^{\mathrm{m}}, \qquad \boldsymbol{H} = \mathrm{j} \sqrt{\frac{\varepsilon}{\mu}} \frac{1}{k} \operatorname{rot} \operatorname{rot} (r\psi^{\mathrm{m}} \boldsymbol{e}_r). \tag{32b}$$

Man sieht nämlich sofort, daß — im Fall der Kugelkoordinaten — $\boldsymbol{\Pi}_r^{\overset{\mathrm{e}}{\mathrm{m}}}$ identisch mit $r\psi^{\overset{\mathrm{e}}{\mathrm{m}}}$ ist (von einem konstanten Faktor abgesehen). $\psi^{\overset{\mathrm{e}}{\mathrm{m}}}$ ist hier eine Lösung der skalaren Wellengleichung $\operatorname{div} \operatorname{grad} \psi + k^2\psi = 0$. Es gelten also die folgenden Identitäten

$$\Pi_r^{\mathrm{e}} = \mathrm{j} \frac{1}{\omega \sqrt{\varepsilon\mu}} r\psi^{\mathrm{e}}; \quad \Pi_r^{\mathrm{m}} = -\frac{1}{\mathrm{j}\omega\mu} r\psi^{\mathrm{m}}. \tag{33a, b}$$

4.15. Homogene und inhomogene ebene Wellen

Im vorigen Abschnitt konnte gezeigt werden, daß es zweckmäßig ist, von der für den Hertzschen Vektor geschriebenen Wellengleichung auszugehen und daraus unmittelbar die zusammengehörenden $\boldsymbol{E}$- und $\boldsymbol{H}$-Werte zu bestimmen. Bei ebenen Wellen besteht die Möglichkeit, die Bedingung der Zusammengehörigkeit aus den Maxwellschen Gleichungen sofort festzustellen. In diesem Fall erweist es sich also als zweckmäßig, von der für die Feldstärken bzw. die Feldstärkekomponenten aufgestellten Wellengleichung auszugehen. Wir wollen als Ausgangspunkt das bereits bekannte Gleichungssystem

$$\left.\begin{aligned} \Delta \boldsymbol{E} + k^2 \boldsymbol{E} &= 0, \\ \Delta \boldsymbol{H} + k^2 \boldsymbol{H} &= 0 \end{aligned}\right\} \tag{1}$$

wählen, wobei

$$k = \omega \sqrt{\varepsilon\mu} \tag{2}$$

gilt, wenn es sich um ein ideales Dielektrikum handelt, und

$$k = \sqrt{-(\sigma + \mathrm{j}\omega\varepsilon)\,\mathrm{j}\omega\mu} = k_\mathrm{r} + \mathrm{j}k_\mathrm{i} \tag{3}$$

für ein Medium mit endlicher Leitfähigkeit.

Gesucht werden jene Lösungen der obigen Gleichungen, die ebene Wellen ergeben. Es wird also die gleiche Aufgabe gelöst wie in 4.1., jedoch in einer etwas allgemeineren Formulierung. Wir stellen die Vektorgleichung für rechtwinklige Komponenten auf:

$$\left.\begin{aligned} \Delta E_x + k^2 E_x &= 0, \\ \Delta E_y + k^2 E_y &= 0, \\ \Delta E_z + k^2 E_z &= 0. \end{aligned}\right\} \tag{4}$$

In diesen Gleichungen sind E_x, E_y und E_z im allgemeinen Funktionen von x, y und z. Die erste Gleichung lautet in expliziter Form

$$\frac{\partial^2 E_x}{\partial x^2} + \frac{\partial^2 E_x}{\partial y^2} + \frac{\partial^2 E_x}{\partial z^2} + k^2 E_x = 0. \tag{5}$$

Diese Gleichung kann auf bekannte Weise durch Trennung der Variablen gelöst werden, d. h.,

$$E_x = X(x)\, Y(y)\, Z(z). \tag{6}$$

Durch Einsetzen und Dividieren sämtlicher Glieder durch X, Y, Z erhält man

$$\frac{1}{X}\frac{\mathrm{d}^2X}{\mathrm{d}x^2} + \frac{1}{Y}\frac{\mathrm{d}^2Y}{\mathrm{d}y^2} + \frac{1}{Z}\frac{\mathrm{d}^2Z}{\mathrm{d}z^2} + k^2 = 0. \tag{7}$$

Es gilt daher

$$\left.\begin{aligned} \frac{1}{X}\frac{\mathrm{d}^2X}{\mathrm{d}x^2} + k_x^2 = 0, \\ \frac{1}{Y}\frac{\mathrm{d}^2Y}{\mathrm{d}y^2} + k_y^2 = 0, \\ \frac{1}{Z}\frac{\mathrm{d}^2Z}{\mathrm{d}z^2} + k_z^2 = 0. \end{aligned}\right\} \tag{8}$$

Hierbei bedeuten k_x, k_y, k_z die Separationskonstanten. Diese müssen die Bedingung

$$k_x^2 + k_y^2 + k_z^2 = k^2 = \varepsilon\mu\omega^2 - \mathrm{j}\mu\omega\sigma \tag{9}$$

erfüllen. Die obige Bedingung kann auch in der abgeänderten Form

$$\frac{k_x^2}{k^2} + \frac{k_y^2}{k^2} + \frac{k_z^2}{k^2} = n_x^2 + n_y^2 + n_z^2 = 1 \tag{10}$$

dargestellt werden.

Die Lösung lautet jetzt

$$X = A\,\mathrm{e}^{\pm\mathrm{j}k_x x}; \qquad Y = B\,\mathrm{e}^{\pm\mathrm{j}k_y y}; \qquad Z = C\,\mathrm{e}^{\pm\mathrm{j}k_z z}. \tag{11}$$

Die Feldstärke wird also durch die Beziehung

$$E_x(x, y, z, t) = E_{x0}\,\mathrm{e}^{\pm\mathrm{j}(k_x x + k_y y + k_z z)}\,\mathrm{e}^{\mathrm{j}\omega t} = E_{x0}\,\mathrm{e}^{\pm\mathrm{j}k(n_x x + n_y y + n_z z)}\,\mathrm{e}^{\mathrm{j}\omega t} \tag{12}$$

bestimmt.

a) Für ein ideales Dielektrikum wird k^2 positiv sein; k ist also eine reelle Zahl. Betrachten wir die drei reellen Zahlen n_x, n_y, n_z als die drei Komponenten des Einheitsvektors $\boldsymbol{n}$, so wird die Bedingungsgleichung (10) automatisch befriedigt. Die genannten Zahlen sind nämlich die Richtungscosinus der einzelnen Achsenwinkel. Drückt man sie durch die Winkel φ und ϑ aus, so findet man

$$n_x = \sin\vartheta\cos\varphi; \qquad n_y = \sin\vartheta\sin\varphi; \qquad n_z = \cos\vartheta, \tag{13}$$

wobei die Bedingungsgleichung bereits berücksichtigt wurde. Der Ausdruck für E_x kann auch in folgender Form geschrieben werden:

$$E_x(x, y, z, t) = E_{x0}\, \mathrm{e}^{\pm \mathrm{j}k(\boldsymbol{n}\boldsymbol{r})}\, \mathrm{e}^{\mathrm{j}\omega t} \tag{14}$$

oder ausführlicher

$$E_x(x, y, z, t) = E_{x0}\, \mathrm{e}^{\pm \mathrm{j}k(x \sin\vartheta \cos\varphi + y \sin\vartheta \sin\varphi + z \cos\vartheta)}\, \mathrm{e}^{\mathrm{j}\omega t}. \tag{15}$$

Die hier gewonnene Lösung kann auch für E_y und E_z angesetzt werden. Es ergibt sich

$$\boldsymbol{E} = \boldsymbol{E}_0\, \mathrm{e}^{\pm \mathrm{j}k(\boldsymbol{n}\boldsymbol{r})}\, \mathrm{e}^{\mathrm{j}\omega t}, \tag{16}$$

$$\boldsymbol{H} = \boldsymbol{H}_0\, \mathrm{e}^{\pm \mathrm{j}k(\boldsymbol{n}\boldsymbol{r})}\, \mathrm{e}^{\mathrm{j}\omega t}. \tag{17}$$

Die Flächen gleicher Amplitude und gleicher Phase liegen also in der Ebene

$$k(\boldsymbol{n}\boldsymbol{r}) = \text{const}. \tag{18}$$

Diese Ebene ist senkrecht zu $\boldsymbol{n}$, wobei $\boldsymbol{n}$ in die Richtung der größten Phasenänderung zeigt, da

$$\operatorname{grad}(\boldsymbol{n}\boldsymbol{r}) = \boldsymbol{n} \tag{19}$$

überall mit der Ausbreitungsrichtung der Welle zusammenfällt. Die Amplitude ist im betrachteten Fall überall konstant. Die Stellen gleicher Amplitude und gleicher Phase fallen daher zusammen.

b) Besitzt aber das Medium eine endliche Leitfähigkeit, so gilt $k = k_\mathrm{r} + \mathrm{j}k_\mathrm{i}$. Jetzt kann die Lösung in folgender Form geschrieben werden:

$$\boldsymbol{E} = \boldsymbol{E}_0\, \mathrm{e}^{\pm k_\mathrm{i}(n_x x + n_y y + n_z z)}\, \mathrm{e}^{\pm \mathrm{j}k_\mathrm{r}(n_x x + n_y y + n_z z)}\, \mathrm{e}^{\mathrm{j}\omega t}, \tag{20}$$

wobei k_r der Phasenkonstante β, k_i dem Dämpfungsfaktor α entspricht.

Die Flächen konstanter Amplitude und konstanter Phase fallen also wieder zusammen, und die Richtung der größten Änderung, die für beide identisch ist, fällt in die Ausbreitungsrichtung.

c) Wird die Lösung der Gl. (5) als ein rein mathematisches Problem behandelt, so kann die Bedingungsgleichung nicht nur durch die reellen Zahlen n_x, n_y, n_z erfüllt werden. Eine physikalisch deutbare Lösung — in Form von ungedämpften oder gedämpften, sich in Richtung des reellen Vektors $\boldsymbol{n}$ ausbreitenden Wellen — erhalten wir nur dann, wenn wir die Zahlen n_x, n_y, n_z als die Cosinuswerte der Achsenwinkel betrachten. Wir wollen jenen Fall untersuchen, in dem die soeben erwähnte Beschreibung nicht gilt. Jetzt können n_x, n_y, n_z beliebige reelle oder komplexe Zahlen sein:

$$n_x = n_{x\mathrm{r}} + \mathrm{j}n_{x\mathrm{i}}; \quad n_y = n_{y\mathrm{r}} + \mathrm{j}n_{y\mathrm{i}}; \quad n_z = n_{z\mathrm{r}} + \mathrm{j}n_{z\mathrm{i}}. \tag{21}$$

Diese müssen selbstverständlich die Bedingung (10) erfüllen; es gilt also

$$\left.\begin{aligned} n_{x\mathrm{r}}^2 + n_{y\mathrm{r}}^2 + n_{z\mathrm{r}}^2 - n_{x\mathrm{i}}^2 - n_{y\mathrm{i}}^2 - n_{z\mathrm{i}}^2 &= 1, \\ n_{x\mathrm{r}}n_{x\mathrm{i}} + n_{y\mathrm{r}}n_{y\mathrm{i}} + n_{z\mathrm{r}}n_{z\mathrm{i}} &= 0. \end{aligned}\right\} \tag{22}$$

Die Lösung für diesen Fall lautet

$$\boldsymbol{E} = \boldsymbol{E}_0 \mathrm{e}^{-(\boldsymbol{n}_\Gamma \boldsymbol{r})} \, \mathrm{e}^{\mathrm{j}(\boldsymbol{n}_\Phi \boldsymbol{r})} \, \mathrm{e}^{\mathrm{j}\omega t}, \tag{23}$$

wobei die Gleichungen

$$\boldsymbol{n}_\Gamma = (k_\mathrm{i} n_{x\mathrm{r}} + k_\mathrm{r} n_{x\mathrm{i}}) \, \boldsymbol{e}_x + (k_\mathrm{i} n_{y\mathrm{r}} + k_\mathrm{r} n_{y\mathrm{i}}) \, \boldsymbol{e}_y + (k_\mathrm{i} n_{z\mathrm{r}} + k_\mathrm{r} n_{z\mathrm{i}}) \, \boldsymbol{e}_z \tag{24}$$

und

$$\boldsymbol{n}_\Phi = (k_\mathrm{r} n_{x\mathrm{r}} - k_\mathrm{i} n_{x\mathrm{i}}) \, \boldsymbol{e}_x + (k_\mathrm{r} n_{y\mathrm{r}} - k_\mathrm{i} n_{y\mathrm{i}}) \, \boldsymbol{e}_y + (k_\mathrm{r} n_{z\mathrm{r}} - k_\mathrm{i} n_{z\mathrm{i}}) \, \boldsymbol{e}_z \tag{25}$$

bestehen.

Die Ebenen konstanter Phase und konstanter Amplituden fallen jetzt nicht mehr zusammen. Ihre Bestimmungsgleichungen sind

$$(\boldsymbol{n}_\Gamma \boldsymbol{r}) = \mathrm{const}; \quad (\boldsymbol{n}_\Phi \boldsymbol{r}) = \mathrm{const}. \tag{26}$$

Diese ebenen Wellen mit komplexem Einfallswinkel nennt man *inhomogene ebene Wellen.* Ihr wichtigstes Merkmal besteht darin, daß *die Punkte konstanter Amplitude nicht mehr mit den Stellen konstanter Phase zusammenfallen.* Diese Wellen werden häufig zur Befriedigung der Randbedingungen benötigt.

Die allgemeine Lösung der Gl. (5) können wir durch Überlagerung der verschiedensten ebenen Wellen erhalten. So kann für jede Komponente die Lösung

$$\psi(x, y, z, t) = \mathrm{e}^{\mathrm{j}\omega t} \int_\vartheta \mathrm{d}\vartheta \int_\varphi \mathrm{d}\varphi g(\vartheta, \varphi) \, \mathrm{e}^{\mathrm{j}k(x \sin\vartheta \cos\varphi + y \sin\vartheta \sin\varphi + z \cos\vartheta)} \tag{27}$$

angesetzt werden, wobei φ und ϑ beliebige reelle oder komplexe Zahlen bedeuten.

Wir können diese Lösung auch in allgemeinerer Form schreiben. Benutzen wir die Größen k_x, k_y, k_z, ω, die außer der Gleichung

$$k_x^2 + k_y^2 + k_z^2 = k^2 = \varepsilon\mu\omega^2 - \mathrm{j}\omega\mu\sigma \tag{28}$$

keiner weiteren Beschränkung oder physikalischen Deutung unterworfen sind, so gelangen wir zu der Gleichung

$$\psi(x, y, z, t) = \int_\omega \int_{k_x} \int_{k_y} g(k_x, k_y, \omega)\, e^{j(k_x x + k_y y + k_z z + \omega t)}\, dk_x\, dk_y\, d\omega\,. \tag{29}$$

Die Größe k_z kann aus der Bedingungsgleichung mit Hilfe von k_x, k_y, ω berechnet werden.

Dieselben Gleichungen gelten nicht nur für $\boldsymbol{E}$ und $\boldsymbol{H}$, sondern auch für φ, $\boldsymbol{A}$ oder $\boldsymbol{\Pi}$.

4.16. Zylinderwellen

Nun wählen wir als Koordinaten $x_1 = z$, x_2, x_3, wobei z die entlang der Zylinderachse gemessene Entfernung und x_2, x_3 in der zur Achse senkrechten Ebene beliebige rechtwinklige ebene Koordinaten bedeuten (Abb. 4.57). Beschränken wir uns auf eine Zeitabhängigkeit der Form $e^{j\omega t}$, so finden wir die Wellengleichung 4.14. (12) für Π_z:

$$\frac{\partial^2 \Pi_z}{\partial z^2} + \frac{1}{g_2 g_3} \frac{\partial}{\partial x_2}\left(\frac{g_3}{g_2} \frac{\partial \Pi_z}{\partial x_2}\right) + \frac{1}{g_2 g_3} \frac{\partial}{\partial x_3}\left(\frac{g_2}{g_3} \frac{\partial \Pi_z}{\partial x_3}\right) + k^2 \Pi_z = 0\,. \tag{1}$$

Diese Gleichung versuchen wir ebenfalls durch Trennung der Variablen zu lösen. Es sei also

$$\Pi_z(z, x_2, x_3) = Z(z)\, X_2(x_2)\, X_3(x_3)\,. \tag{2}$$

Nach der üblichen Methode erhalten wir

$$\frac{1}{Z} \frac{d^2 Z}{dz^2} + \frac{1}{X_2}\left[\frac{1}{g_2 g_3} \frac{\partial}{\partial x_2}\left(\frac{g_3}{g_2} \frac{dX_2}{dx_2}\right)\right] + \frac{1}{X_3}\left[\frac{1}{g_2 g_3} \frac{\partial}{\partial x_3}\left(\frac{g_2}{g_3} \frac{dX_3}{dx_3}\right)\right] + k^2 = 0\,, \tag{3}$$

wobei wieder $k^2 = \varepsilon\mu\omega^2 - j\mu\omega\sigma$ ist. Es kann Z bereits separiert werden:

$$\frac{1}{Z} \frac{d^2 Z}{dz^2} = -\beta^2\,, \tag{4}$$

wobei β^2 ein beliebiger (reeller oder komplexer) Separationsparameter ist. Die Lösung für Z lautet also

$$Z = Z_0\, e^{\pm j\beta z}\,. \tag{5}$$

Für X_2 und X_3 verbleibt uns also die Gleichung

$$\frac{1}{X_2}\left[\frac{1}{g_2 g_3}\frac{\partial}{\partial x_2}\left(\frac{g_3}{g_2}\frac{\mathrm{d}X_2}{\mathrm{d}x_2}\right)\right] + \frac{1}{X_3}\left[\frac{1}{g_2 g_3}\frac{\partial}{\partial x_3}\left(\frac{g_2}{g_3}\frac{\mathrm{d}X_3}{\mathrm{d}x_3}\right)\right] + k^2 - \beta^2 = 0. \tag{6}$$

Ob und wie diese Gleichung weiter separiert werden kann, hängt von der Natur der Koordinaten x_2, x_3 ab.

Der weitaus wichtigste Fall ist der des Kreiszylinders. Dabei gilt

$$\left.\begin{aligned} &x_1 = z; \quad x_2 = r; \quad x_3 = \varphi; \\ &g_1 = 1; \quad g_2 = 1; \quad g_3 = r. \end{aligned} \quad X_2(x_2) = R(r); \quad X_3(x_3) = \Phi(\varphi); \right\} \tag{7}$$

Gl. (6) nimmt damit die Form

$$\frac{1}{R}\left[\frac{1}{r}\frac{\mathrm{d}}{\mathrm{d}r}\left(r\frac{\mathrm{d}R}{\mathrm{d}r}\right)\right] + \frac{1}{\Phi}\left[\frac{1}{r}\frac{\partial}{\partial\varphi}\left(\frac{1}{r}\frac{\mathrm{d}\Phi}{\mathrm{d}\varphi}\right)\right] + k^2 - \beta^2 = 0 \tag{8}$$

an. Wir multiplizieren sie mit r^2:

$$\frac{r}{R}\frac{\mathrm{d}}{\mathrm{d}r}\left(r\frac{\mathrm{d}R}{\mathrm{d}r}\right) + \frac{1}{\Phi}\frac{\mathrm{d}^2\Phi}{\mathrm{d}\varphi^2} + (k^2 - \beta^2)\, r^2 = 0. \tag{9}$$

Die so erhaltene Gleichung kann nun separiert werden:

$$\frac{1}{\Phi}\frac{\mathrm{d}^2\Phi}{\mathrm{d}\varphi^2} = -p^2, \tag{10a}$$

$$\frac{r}{R}\frac{\mathrm{d}}{\mathrm{d}r}\left(r\frac{\mathrm{d}R}{\mathrm{d}r}\right) + (k^2 - \beta^2)\, r^2 = +p^2. \tag{10b}$$

Die Lösung beider Gleichungen kennen wir bereits (s. Kap. 2.19):

$$\left.\begin{aligned} \Phi &= \mathrm{e}^{\pm \mathrm{j} p \varphi}, \\ R &= Z_p\left(\sqrt{k^2 - \beta^2}\, r\right), \end{aligned}\right\} \tag{11}$$

wobei Z_p im allgemeinen aus zwei partikulären Lösungen zusammengesetzt wird.

Die Separationskonstante p kann reell oder komplex sein. Um aber zu eindeutigen Lösungen zu gelangen, kann p, wenn sich φ in dem untersuchten Gebiet von 0 bis 2π ändert, nur ganzzahlige Werte annehmen. Im anderen Fall könnten wir nach mehreren Umläufen im gleichen Punkt verschiedene Φ-Werte finden.

Die Lösung der Wellengleichung in Zylinderkoordinaten lautet daher

$$\Pi_z(z, \varphi, r, t) = Z_p\left(\sqrt{k^2 - \beta^2}\, r\right) \mathrm{e}^{\pm \mathrm{j} p \varphi}\, \mathrm{e}^{\pm \mathrm{j} \beta z}\, \mathrm{e}^{\mathrm{j}\omega t}. \tag{12}$$

Die allgemeine Lösung setzt sich aus solchen Lösungen mit verschiedenen p und β zusammen.

Ist Π_z bekannt, dann ergeben sich in allgemeinen Zylinderkoordinaten die Feldstärkekomponenten nach 4.14.(14) für TM-Wellen durch die Gleichungen

$$\left.\begin{aligned} E_z &= (k^2 - \beta^2)\,\Pi_z, & H_z &= 0, \\ E_2 &= -\frac{\mathrm{j}\beta}{g_2}\frac{\partial \Pi_z}{\partial x_2}, & H_2 &= \mathrm{j}\,\frac{k^2}{\mu\omega g_3}\frac{\partial \Pi_z}{\partial x_3}, \\ E_3 &= -\frac{\mathrm{j}\beta}{g_3}\frac{\partial \Pi_z}{\partial x_3}, & H_3 &= -\mathrm{j}\,\frac{k^2}{\mu\omega g_2}\frac{\partial \Pi_z}{\partial x_2}. \end{aligned}\right\} \tag{13}$$

Für TE-Wellen finden wir dagegen nach 4.14.(15)

$$\left.\begin{aligned} E_z &= 0, & H_z &= (k^2 - \beta^2)\,\Pi_z, \\ E_2 &= -\mu\mathrm{j}\,\frac{\omega}{g_3}\frac{\partial \Pi_z}{\partial x_3}, & H_2 &= -\mathrm{j}\,\frac{\beta}{g_2}\frac{\partial \Pi_z}{\partial x_2}, \\ E_3 &= \mu\mathrm{j}\,\frac{\omega}{g_2}\frac{\partial \Pi_z}{\partial x_2}, & H_3 &= -\mathrm{j}\,\frac{\beta}{g_3}\frac{\partial \Pi_z}{\partial x_3}. \end{aligned}\right\} \tag{14}$$

Speziell für Kreiszylinderkoordinaten lauten die obigen Beziehungen für TM-Wellen:

$$\left.\begin{aligned} E_z &= (k^2 - \beta^2)\,\Pi_z, & H_z &= 0, \\ E_r &= -\mathrm{j}\beta\,\frac{\partial \Pi_z}{\partial r}, & H_r &= +\mathrm{j}\,\frac{k^2}{\mu\omega r}\frac{\partial \Pi_z}{\partial \varphi}, \\ E_\varphi &= -\mathrm{j}\,\frac{\beta}{r}\frac{\partial \Pi_z}{\partial \varphi}, & H_\varphi &= -\mathrm{j}\,\frac{k^2}{\mu\omega}\frac{\partial \Pi_z}{\partial r} \end{aligned}\right\} \tag{15}$$

und für TE-Wellen

$$\left.\begin{aligned} E_z &= 0, & H_z &= (k^2 - \beta^2)\,\Pi_z, \\ E_r &= -\mu\mathrm{j}\,\frac{\omega}{r}\frac{\partial \Pi_z}{\partial \varphi}, & H_r &= -\mathrm{j}\beta\,\frac{\partial \Pi_z}{\partial r}, \\ E_\varphi &= +\mu\mathrm{j}\omega\,\frac{\partial \Pi_z}{\partial r}, & H_\varphi &= -\mathrm{j}\,\frac{\beta}{r}\frac{\partial \Pi_z}{\partial \varphi}. \end{aligned}\right\} \tag{16}$$

Wir betrachten jetzt zwei wichtige Sonderlösungen. Die erste kann nicht unmittelbar aus der allgemeinen Lösung (12) abgeleitet werden. Man muß vielmehr auf die Differentialgleichungen (10a) und (10b) zurückgreifen. Ist nämlich $p = 0$ und

$k^2 = \beta^2$, d. h. $k^2 - \beta^2 = 0$, dann gilt für $R(r)$ die Gleichung

$$\frac{r}{R}\frac{\mathrm{d}}{\mathrm{d}r}\left(r\frac{\mathrm{d}R}{\mathrm{d}r}\right) = 0, \tag{17}$$

d. h.,

$$R(r) = A \ln r + B, \tag{18}$$

und die Lösung wird

$$\Pi_z(r, \varphi, z, t) = (A \ln r + B)\,(C\varphi + D)\,\mathrm{e}^{\mathrm{j}(\omega t \pm kz)}. \tag{19}$$

Dies entspricht im axialsymmetrischen Falle der bekannten Wellenausbreitung in koaxialen Leitungen.

Ein anderer interessanter Sonderfall ist der mit $\beta = 0$. Diese Bedingung bedeutet die Unabhängigkeit der Lösung von der Koordinate z. Als Lösung soll hier die Hankelsche Funktion

$$H_n^{(1)(2)}(kr) = J_n(kr) \pm \mathrm{j}N_n(kr) \tag{20}$$

gewählt werden. Ist das Argument kr sehr groß, so geht die Lösung gegen den Wert

$$H_n^{(1)(2)}(kr) \approx \sqrt{\frac{2}{\pi kr}}\,\mathrm{e}^{\pm\mathrm{j}\left(kr - \frac{n\pi}{2} - \frac{\pi}{4}\right)}. \tag{21}$$

Wählen wir nun noch $n = p = 0$, so vereinfacht sich die Lösung in großer Entfernung von der Achse zu

$$\Pi_z(r, \varphi, t) = C\,\frac{1}{\sqrt{r}}\,\mathrm{e}^{\mathrm{j}(\omega t \pm kr)}. \tag{22}$$

Diese Formel stellt eine entlang der Koordinate r fortschreitende und mit der Quadratwurzel der Entfernung abnehmende Zylinderwelle dar.

Wenn man eine ins Unendliche auslaufende Welle darstellen will, benutzt man in (21) die Funktion $H_n^{(2)}(kr)$.

Wir kehren zur allgemeinen Lösung (12) zurück. Wenn die Achse $r = 0$ zum untersuchten Gebiet gehört, muß man immer die Besselschen Funktionen erster Art, also $J_n\left(\sqrt{k^2 - \beta^2}\,r\right)$ anwenden. In ringförmigen Gebieten können die Randbedingungen im allgemeinen nur mit den Besselschen Funktionen erster und zweiter Art befriedigt werden.

Im Unendlichen dagegen wird die richtige Lösung durch die Hankelschen Funktionen gegeben. Wenn das Argument $\pm\sqrt{k^2 - \beta^2}\,r$ rein imaginär ist und das negative Vorzeichen gewählt wird, d. h., wenn das Argument die Form $-\mathrm{j}\left|\sqrt{k^2 - \beta^2}\,r\right| = -\mathrm{j}\varkappa r$ ($\varkappa$ positiv reell) hat, so ergibt $H_n^{(2)}(-\mathrm{j}\varkappa r)$ einen exponentiell abklingenden Anteil und stellt im Gegensatz zu (21) keine in r-Richtung auslaufende Welle dar (siehe Kap. 4.20.2.2.).

4.17. Kugelwellen

Wir wollen jetzt Gl. 4.14.(12) in Kugelkoordinaten lösen, wobei

$$\left.\begin{aligned} x_1 &= r; & x_2 &= \vartheta; & x_3 &= \varphi, \\ g_1 &= 1; & g_2 &= r; & g_3 &= r \sin\vartheta, \end{aligned}\right\} \tag{1}$$

und $\Pi_1 = \Pi_r$ gilt.

Dann erhalten wir

$$\frac{\partial^2 \Pi_r}{\partial r^2} + \frac{1}{r^2 \sin\vartheta} \frac{\partial}{\partial\vartheta}\left(\sin\vartheta \frac{\partial \Pi_r}{\partial\vartheta}\right) + \frac{1}{r^2 \sin\vartheta} \frac{\partial}{\partial\varphi}\left(\frac{1}{\sin\vartheta} \frac{\partial \Pi_r}{\partial\varphi}\right) + k^2 \Pi_r = 0. \tag{2}$$

Versuchen wir nun diese Gleichung durch den Ansatz

$$\Pi_r = R(r)\, S(\vartheta, \varphi) \tag{3}$$

zu lösen, so ergibt sich

$$\frac{1}{R} \frac{\mathrm{d}^2 R}{\mathrm{d}r^2} + \frac{1}{S}\left[\frac{1}{r^2 \sin\vartheta} \frac{\partial}{\partial\vartheta}\left(\sin\vartheta \frac{\partial S}{\partial\vartheta}\right) + \frac{1}{r^2 \sin^2\vartheta} \frac{\partial^2 S}{\partial\varphi^2}\right] + k^2 = 0. \tag{4}$$

Wir multiplizieren diese Gleichung mit r^2 und finden

$$\frac{r^2}{R} \frac{\mathrm{d}^2 R}{\mathrm{d}r^2} + \frac{1}{S}\left[\frac{1}{\sin\vartheta} \frac{\partial}{\partial\vartheta}\left(\sin\vartheta \frac{\partial S}{\partial\vartheta}\right) + \frac{1}{\sin^2\vartheta} \frac{\partial^2 S}{\partial\varphi^2}\right] + k^2 r^2 = 0. \tag{5}$$

Diese Gleichung kann separiert werden:

$$\left.\begin{aligned} &\frac{1}{S}\left[\frac{1}{\sin\vartheta} \frac{\partial}{\partial\vartheta}\left(\sin\vartheta \frac{\partial S}{\partial\vartheta}\right) + \frac{1}{\sin^2\vartheta} \frac{\partial^2 S}{\partial\varphi^2}\right] + m^2 = 0, \\ &\frac{r^2}{R} \frac{\mathrm{d}^2 R}{\mathrm{d}r^2} + k^2 r^2 - m^2 = 0. \end{aligned}\right\} \tag{6}$$

Die Lösung der ersten Gleichung kennen wir bereits (2.26.(8)), wenn m^2 die Form $n(n+1)$ hat. Als Lösung folgt dann $S_n(\vartheta, \varphi)$, d. h. eine Kugelflächenfunktion n-ter Ordnung. Die zweite Gleichung hat nun die Form

$$\frac{r^2}{R} \frac{\mathrm{d}^2 R}{\mathrm{d}r^2} + k^2 r^2 - n(n+1) = 0 \tag{7}$$

und nach einer leichten Umformung

$$\frac{\mathrm{d}^2 R}{\mathrm{d}r^2} + \left[k^2 - \frac{n(n+1)}{r^2}\right] R = 0. \tag{8}$$

Die Lösung dieser Gleichung werden wir sofort erkennen, wenn wir n durch die Zahl $p = n + 1/2$ ersetzen. Es wird nämlich in diesem Falle

$$n = p - \frac{1}{2}; \quad n + 1 = p + \frac{1}{2}; \quad n(n+1) = p^2 - \frac{1}{4}. \tag{9}$$

Daraus folgt

$$\frac{\mathrm{d}^2 R}{\mathrm{d}r^2} + \left[k^2 - \frac{p^2 - \frac{1}{4}}{r^2}\right] R = 0. \tag{10}$$

Die Lösung dieser Gleichung lautet aber nach 2.19. (95)

$$R(r) = \sqrt{kr}\, Z_p(kr) = \sqrt{kr}\, Z_{n+1/2}(kr). \tag{11}$$

Für (2) gilt also die Lösung

$$\Pi_r(r, \vartheta, \varphi, t) = \sqrt{kr}\, Z_{n+1/2}(kr)\, S_n(\vartheta, \varphi)\, \mathrm{e}^{\mathrm{j}\omega t} = \sqrt{kr}\, Z_{n+1/2}(kr)\, P_n^m(\cos\vartheta)\, \mathrm{e}^{\mathrm{j}m\varphi}\, \mathrm{e}^{\mathrm{j}\omega t}. \tag{12}$$

Die allgemeine Lösung ergibt sich als Superposition von Lösungen mit verschiedenen n, m und ω.

Die Feldstärkekomponenten können wir jetzt nach dem Gleichungssystem **4.14.** (14) und (15) berechnen. Wir finden für TM-Wellen

$$\left.\begin{aligned}
E_r &= k^2 \Pi_r + \frac{\partial^2 \Pi_r}{\partial r^2}, & H_r &= 0, \\
E_\vartheta &= \frac{1}{r}\frac{\partial^2 \Pi_r}{\partial r\, \partial \vartheta}, & H_\vartheta &= \mathrm{j}\varepsilon\omega \frac{1}{r \sin\vartheta}\frac{\partial \Pi_r}{\partial \varphi}, \\
E_\varphi &= \frac{1}{r\sin\vartheta}\frac{\partial^2 \Pi_r}{\partial r\, \partial \varphi}, & H_\varphi &= -\mathrm{j}\frac{\varepsilon\omega}{r}\frac{\partial \Pi_r}{\partial \vartheta}
\end{aligned}\right\} \tag{13}$$

und für TE-Wellen

$$\left.\begin{aligned}
E_r &= 0, & H_r &= k^2 \Pi_r + \frac{\partial^2 \Pi_r}{\partial r^2}, \\
E_\vartheta &= -\mathrm{j}\frac{\mu\omega}{r\sin\vartheta}\frac{\partial \Pi_r}{\partial \varphi}, & H_\vartheta &= \frac{1}{r}\frac{\partial^2 \Pi_r}{\partial r\, \partial \vartheta}, \\
E_\varphi &= \frac{\mu\mathrm{j}\omega}{r}\frac{\partial \Pi_r}{\partial \vartheta}, & H_\varphi &= \frac{1}{r\sin\vartheta}\frac{\partial^2 \Pi_r}{\partial r\, \partial \varphi}.
\end{aligned}\right\} \tag{14}$$

Der Ausdruck für E_r in Gl. (13) kann auch einfacher geschrieben werden. Aus Gl. (8) folgt nämlich

$$E_r = k^2 \Pi_r + \frac{\partial^2 \Pi_r}{\partial r^2} = \frac{n(n+1)}{r^2} \Pi_r. \tag{15}$$

In der Lösung (12) sind praktisch wichtige Spezialfälle, z. B. der elektrische oder der magnetische Dipol, enthalten. Wir werden darauf noch zurückkommen.

Im folgenden wollen wir einen entarteten Fall untersuchen, der in der allgemeinen Lösung (12) nicht enthalten ist. Sind nämlich $n = 0$ und $m = 0$, dann zerfällt das Gleichungssystem (6) im zylindersymmetrischen Falle in folgende zwei Gleichungen:

$$\frac{\partial}{\partial \vartheta}\left(\sin\vartheta \frac{\partial S}{\partial \vartheta}\right) = 0; \qquad \frac{\mathrm{d}^2 R}{\mathrm{d}r^2} + k^2 R = 0. \tag{16}$$

Die Lösung für $R(r)$ lautet

$$R(r) = A\,\mathrm{e}^{\pm \mathrm{j}kr} \tag{17}$$

und die für $S(\vartheta)$

$$\sin\vartheta \frac{\mathrm{d}S}{\mathrm{d}\vartheta} = -B; \qquad S(\vartheta) = \int \frac{-B}{\sin\vartheta}\,\mathrm{d}\vartheta + C = B \ln\cot\frac{1}{2}\vartheta + C. \tag{18}$$

Es gilt also

$$\Pi_r = \left(B \ln\cot\frac{1}{2}\vartheta + C\right) \mathrm{e}^{\mathrm{j}(\omega t \pm kr)}. \tag{19}$$

Auf diese Lösung werden wir später noch einmal zurückkommen.

Es sei jetzt aber ausdrücklich betont, daß Gl. (2) für Π_r *nicht* die skalare Wellengleichung $\operatorname{div}\operatorname{grad}\Pi_r + k^2\Pi_r = 0$ darstellt.

Für einen Skalar ψ wird nämlich die Wellengleichung $\operatorname{div}\operatorname{grad}\psi + k^2\psi = \Delta\psi + k^2\psi = 0$ in Kugelkoordinaten

$$\frac{1}{r^2}\frac{\partial}{\partial r}\left(r^2\frac{\partial\psi}{\partial r}\right) + \frac{1}{r^2\sin\vartheta}\frac{\partial}{\partial\vartheta}\left(\sin\vartheta\frac{\partial\psi}{\partial\vartheta}\right) + \frac{1}{r^2\sin^2\vartheta}\frac{\partial^2\psi}{\partial\varphi^2} + k^2\psi = 0. \tag{20}$$

Die Lösung dieser Gleichung ist der Lösung der Gl. (2) sehr ähnlich:

$$\psi = \frac{1}{\sqrt{kr}} Z_{n+1/2}(kr)\, P_n^m(\cos\vartheta)\, \mathrm{e}^{\pm \mathrm{j}m\varphi}\, \mathrm{e}^{\mathrm{j}\omega t}. \tag{21}$$

Es ist üblich, die sogenannten sphärischen Besselschen Funktionen

$$z_n(x) = \sqrt{\frac{\pi}{2x}}\, Z_{n+1/2}(x) \tag{22}$$

einzuführen. Wir werden aber auch die Funktion

$$j_n(kr) = \sqrt{\frac{\pi}{2kr}}\, J_{n+1/2}(kr) \quad \text{und} \quad h_n^{(1)(2)}(kr) = \sqrt{\frac{\pi}{2kr}}\, H_n^{(1)(2)}(kr) \tag{23}$$

benutzen.

4.18. Beziehungen zwischen ebenen, Zylinder- und Kugelwellen

Bisher wurden die Maxwellschen Gleichungen für kartesische, Zylinder- und Kugelkoordinaten gelöst und dadurch Lösungen erhalten, deren Verhalten am einfachsten auf einer ebenen, zylindrischen bzw. sphärischen Fläche dargestellt werden kann. Mit ihrer Hilfe können die auf derartigen Flächen vorgeschriebenen Randbedingungen erfüllt werden. Es ist von größter Bedeutung, daß wir einen gegebenen Wellentyp, etwa eine Kugelwelle, durch Überlagerung von ebenen Wellen herstellen können. Auf diese Weise werden wir im weiteren z. B. eine Kugelwelle darstellen, die sich an einer ebenen Grenzfläche gewissen Vorschriften entsprechend verhalten soll.

Zuerst versuchen wir mit Hilfe der ebenen Wellen eine Zylinderwelle darzustellen, also einen Wellentyp abzuleiten, der die in Zylinderkoordinaten geschriebene Wellengleichung befriedigt. Es soll also mit Hilfe ebener Wellen die Lösung

$$Z(r, \varphi, z, t) = R(r)\, e^{jn\varphi}\, e^{j(\omega t - \beta z)} \tag{1}$$

gefunden werden, wobei $R(r)$ die Bedingung

$$\frac{d^2R}{d\varrho^2} + \frac{1}{\varrho}\frac{dR}{d\varrho} + \left(1 - \frac{n^2}{\varrho^2}\right) R = 0 \tag{2}$$

erfüllt und $R = R(\varrho)$ mit $\varrho = r\sqrt{k^2 - \beta^2}$ gilt.

Es ist uns bekannt (4.15.(27)), daß

$$Z(r, \varphi, z, t) = e^{j\omega t} \int_{\vartheta'} d\vartheta' \int_{\varphi'} d\varphi'\, g(\vartheta', \varphi')\, e^{jk(x \sin\vartheta' \cos\varphi' + y \sin\vartheta' \sin\varphi' + z\cos\vartheta')} \tag{3}$$

ist, wobei wir entweder auf der linken Seite an Stelle der Veränderlichen r, φ die neuen Veränderlichen x, y einführen oder auf der rechten Seite an Stelle von x, y ihre durch r und φ ausgedrückten Werte einsetzen. Es ist sofort zu ersehen, daß $k \cos\vartheta' = -\beta$ konstant ist, daß also die die Zylinderwelle erzeugenden ebenen Wellen auf dem Mantel eines durch den Winkel

ϑ' bestimmten Kegels liegen. Der Kegelwinkel ϑ' kann auch komplexe Werte annehmen, wobei er aber selbstverständlich seine geometrische Bedeutung verliert. Da ϑ' konstant ist, ist nur nach φ' zu integrieren. Es gilt also

$$Z(r, \varphi, z, t) = Z(r, \varphi)\, e^{j(\omega t - \beta z)},$$

wobei

$$Z(r, \varphi) = \int_{\varphi'} g(\varphi')\, e^{jk(x \sin\vartheta' \cos\varphi' + y \sin\vartheta' \sin\varphi')}\, d\varphi'. \tag{4}$$

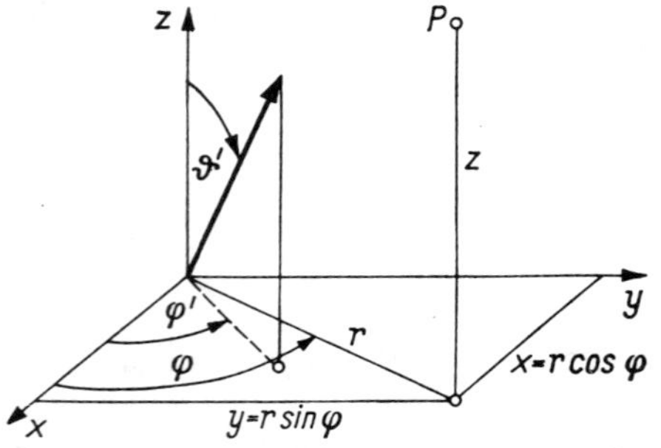

Abb. 4.42 Zur Darstellung einer Zylinderwelle durch ebene Wellen

Jetzt führen wir durch die Beziehung

$$x = r\cos\varphi; \qquad y = r\sin\varphi \tag{5}$$

die Zylinderkoordinaten ein (Abb. 4.42). Der Exponent kann also umgeformt werden:

$$jk(x\sin\vartheta'\cos\varphi' + y\sin\vartheta'\sin\varphi') = jkr\sin\vartheta'\cos(\varphi' - \varphi), \tag{6}$$

und da

$$\sin\vartheta' = \sqrt{1 - \cos^2\vartheta'} = \sqrt{1 - \frac{\beta^2}{k^2}} = \frac{\sqrt{k^2 - \beta^2}}{k} \tag{7}$$

ist, wird schließlich

$$kr\sin\vartheta' = r\sqrt{k^2 - \beta^2} = \varrho. \tag{8}$$

Das Ergebnis lautet deshalb

$$Z(r, \varphi) = \int_{\varphi'} g(\varphi')\, e^{j\varrho\cos(\varphi' - \varphi)}\, d\varphi'. \tag{9}$$

Nun soll eine neue Veränderliche $\varphi' - \varphi = \delta$ eingeführt werden:

$$Z(r, \varphi) = \int_{\delta} g(\delta + \varphi)\, e^{j\varrho\cos\delta}\, d\delta. \tag{10}$$

Da die Funktion $Z(r, \varphi)$ separierbar ist und φ nur in $g(\delta + \varphi)$ vorkommt, kann diese Funktion in der Form $g(\delta + \varphi) = g_1(\delta)\, g_2(\varphi)$ geschrieben werden, und es ergibt sich

$$Z(r, \varphi) = \Phi(\varphi)\, R(r) = g_2(\varphi) \int_{\delta} g_1(\delta)\, e^{j\varrho\cos\delta}\, d\delta. \tag{11}$$

Hieraus folgt

$$\Phi(\varphi) = g_2(\varphi) = e^{\pm j n \varphi}; \qquad R(r) = \int_\delta g_1(\delta)\, e^{j\varrho \cos\delta}\, d\delta, \tag{12}$$

wobei $g_1(\delta)$ die Eigenschaft hat, daß $R(r)$ Gl. (2) unbedingt erfüllt. Nach Einsetzen der Formel $R(r)$ in Gl. (2) und gleichzeitigem Differenzieren unter dem Integralzeichen nach ϱ erhalten wir

$$\int_\delta (\varrho^2 \sin^2\delta + j\varrho \cos\delta - n^2)\, g_1(\delta)\, e^{j\varrho\cos\delta}\, d\delta = 0. \tag{13}$$

Es ist leicht einzusehen, daß diese Gleichung der folgenden Gleichung äquivalent ist:

$$\int_\delta \frac{d}{d\delta}\left[g_1(\delta)\,\frac{d e^{j\varrho\cos\delta}}{d\delta} - e^{j\varrho\cos\delta}\,\frac{dg_1}{d\delta}\right] d\delta + \int_\delta \left[\frac{d^2 g_1}{d\delta^2} + n^2 g_1(\delta)\right] e^{j\varrho\cos\delta}\, d\delta = 0. \tag{14}$$

Nachdem wir in dieser Gleichung die vorgeschriebenen Operationen durchgeführt haben, gelangen wir zu unserer Ausgangsgleichung (13).

Das erste Glied der Gl. (14) ist ein vollständiges Differential. Es wird den Wert Null annehmen, wenn der Integrationsweg so gewählt wird, daß der Ausdruck

$$\left[-j\varrho \sin\delta\, g_1(\delta) - \frac{dg_1}{d\delta}\right] e^{j\varrho\cos\delta} \tag{15}$$

im Anfangs- und Endpunkt denselben Wert hat. Das zweite Glied wird bestimmt verschwinden, wenn g_1 die folgende Differentialgleichung erfüllt:

$$\frac{d^2 g_1}{d\delta^2} + n^2 g_1 = 0. \tag{16}$$

Diese hat die Lösung

$$g_1(\delta) = A\, e^{jn\delta}, \tag{17}$$

und dadurch wird

$$R(r) = A \int_\delta e^{j(\varrho\cos\delta + n\delta)}\, d\delta. \tag{18}$$

Da die allgemeine Lösung der Differentialgleichung (2) durch die Zylinderfunktion n-ter Ordnung dargestellt werden kann, gelangten wir dadurch zur *Sommerfeldschen Darstellung der Zylinderfunktionen.* Um die frühere Normierung zu erhalten, müssen wir den Wert der Konstanten A zu $\frac{1}{\pi}\, e^{-jn\frac{\pi}{2}}$ wählen.

Man erhält also auf Grund rein physikalischer Betrachtungen das interessante mathematische Ergebnis: Die Zylinderfunktion $Z_n(\varrho)$ kann mit Hilfe des folgenden über die komplexe Zahlenebene δ erstreckten Linienintegrals

$$Z_n(\varrho) = \frac{e^{-jn\frac{\pi}{2}}}{\pi} \int_L e^{j(\varrho\cos\delta + n\delta)}\, d\delta \tag{19}$$

dargestellt werden, wobei der Integrationsweg L so gewählt wurde, daß nach Gl. (15) der Ausdruck

$$(\varrho \sin \delta + n)\, e^{j(\varrho \cos \delta + n\delta)} \tag{20}$$

sowohl im Anfangs- als auch im Endpunkt den gleichen Wert hat.

Die einzelnen Zylinderfunktionen besitzen voneinander verschiedene Integrationswege L. Ist n eine ganze Zahl, so wird der Integrationsweg L der sich von $-\pi$ bis $+\pi$ erstreckende Abschnitt der reellen δ-Achse sein, wodurch die Bedingungsgleichung (20) bereits erfüllt ist. So gelangt man zur Darstellung dieser Funktion in der Form

$$J_n(\varrho) = \frac{j^{-n}}{2\pi} \int_{-\pi}^{+\pi} e^{j(\varrho \cos \delta + n\delta)}\, d\delta. \tag{21}$$

Das Verhalten der Funktion an der Nullstelle beweist, daß wir tatsächlich eine Besselsche Funktion erster Art gefunden haben. Dadurch erweist sich auch die Wahl der Konstanten A als richtig. Übrigens kann durch Reihenentwicklung die bekannte Reihe von $J_n(\varrho)$ gewonnen werden.

Wir versuchen jetzt, das umgekehrte Problem zu lösen.

Es soll eine ebene Welle durch Zylinderwellen dargestellt werden. Die ebene Welle sei durch

$$e^{j(\omega t - k(\boldsymbol{nR}))} = e^{-jk[\sin \vartheta' (x \cos \varphi' + y \sin \varphi') + z \cos \vartheta']}\, e^{j\omega t} \tag{22}$$

gegeben. Dies kann umgeformt werden in

$$e^{-jk \sin \vartheta' (x \cos \varphi' + y \sin \varphi')}\, e^{j(\omega t - kz \cos \vartheta')} = e^{-jkr \sin \vartheta' \cos(\varphi - \varphi')}\, e^{j(\omega t - kz \cos \vartheta')}. \tag{23}$$

Man muß also die Funktion

$$e^{-jkr \sin \vartheta' \cos(\varphi - \varphi')} = f(r, \varphi) \tag{24}$$

in der Form

$$f(r, \varphi) = \sum_{n=-\infty}^{+\infty} f_n(r)\, e^{jn\varphi} \tag{25}$$

darstellen können, wobei $f_n(r)$ eine Lösung der Gl. (2) ist. Dies ist tatsächlich möglich. Die Funktion $f(r, \varphi)$ ist nämlich periodisch in φ, und zwar mit der Periode 2π, und kann daher in eine Fouriersche Reihe entwickelt werden. Der nur von r abhängige Fourier-Koeffizient $f_n(r)$ kann aus der Beziehung

$$f_n(r) = \frac{1}{2\pi} \int_0^{2\pi} e^{j[-kr \sin \vartheta' \cos(\varphi - \varphi') - n\varphi]}\, d\varphi \tag{26}$$

bestimmt werden. Nach Einführung der Veränderlichen $\varphi' - \varphi = \delta$ findet man

$$f_n(r) = \frac{1}{2\pi} \int_0^{2\pi} e^{j[-kr \sin \vartheta' \cos \delta - n(\varphi' - \delta)]}\, d\delta. \tag{27}$$

Aus der Beziehung (21) ergibt sich aber

$$f_n(r) = \mathrm{e}^{\mathrm{j}n\left(\frac{\pi}{2}-\varphi'\right)} J_n(-kr \sin \vartheta') = (-1)^n \mathrm{e}^{\mathrm{j}n\left(\frac{\pi}{2}-\varphi'\right)} J_n(kr \sin \vartheta'), \tag{28}$$

und das Endergebnis lautet

$$\mathrm{e}^{-\mathrm{j}kr \sin \vartheta' \cos(\varphi-\varphi')} = \sum_{n=-\infty}^{+\infty} (-\mathrm{j})^n J_n(kr \sin \vartheta')\, \mathrm{e}^{\mathrm{j}n(\varphi-\varphi')} \tag{29}$$

und

$$\mathrm{e}^{\mathrm{j}(\omega t - k\boldsymbol{nR})} = \sum_{n=-\infty}^{+\infty} (-\mathrm{j})^n J_n(kr \sin \vartheta')\, \mathrm{e}^{\mathrm{j}n(\varphi-\varphi')}\, \mathrm{e}^{\mathrm{j}(\omega t - kz\cos\vartheta')}. \tag{30}$$

Durch diese Operationen haben wir eine ebene Welle durch die Überlagerung von Zylinderwellen dargestellt.

Als weiteres Ergebnis haben wir gleichzeitig noch eine in der Praxis oft vorkommende Reihenentwicklung erhalten: Wird nämlich $\varrho = -kr \sin \vartheta'$ und $\varphi - \varphi' = \alpha - \pi/2$, so kann die obige Gleichung in folgender Form geschrieben werden:

$$\mathrm{e}^{\mathrm{j}\varrho\cos\left(\alpha-\frac{\pi}{2}\right)} = \mathrm{e}^{\mathrm{j}\varrho\sin\alpha} = \sum_{n=-\infty}^{+\infty} (-\mathrm{j})^n J_n(-\varrho)\, \mathrm{e}^{\mathrm{j}n\alpha}\, \mathrm{e}^{-\mathrm{j}n\frac{\pi}{2}}$$

$$= \sum_{n=-\infty}^{+\infty} \mathrm{j}^n J_n(\varrho)\, \mathrm{e}^{\mathrm{j}n\alpha} \frac{1}{\mathrm{j}^n} = \sum_{n=-\infty}^{+\infty} J_n(\varrho)\, \mathrm{e}^{\mathrm{j}n\alpha}. \tag{31}$$

d. h.,

$$\mathrm{e}^{\mathrm{j}\varrho\sin\alpha} = \sum_{n=-\infty}^{+\infty} J_n(\varrho)\, \mathrm{e}^{\mathrm{j}n\alpha}. \tag{32}$$

Durch die Abtrennung des Realteils vom Imaginärteil ergibt sich

$$\left.\begin{aligned} \cos(\varrho \sin\alpha) &= \sum_{n=-\infty}^{+\infty} J_n(\varrho) \cos n\alpha, \\ \sin(\varrho \sin\alpha) &= \sum_{n=-\infty}^{+\infty} J_n(\varrho) \sin n\alpha. \end{aligned}\right\} \tag{33}$$

Nun wollen wir untersuchen, wie eine ebene Welle durch Kugelwellen dargestellt werden kann. Die Ausbreitungsrichtung der ebenen Welle sei durch ϑ', φ' gegeben. Die ebene Welle kann also im Kugelkoordinatensystem durch die Formel

$$\mathrm{e}^{-\mathrm{j}k(\boldsymbol{nR})} = \mathrm{e}^{-\mathrm{j}kR\cos\gamma} \tag{34}$$

charakterisiert werden, wobei

$$\cos\gamma = \sin\vartheta' \sin\vartheta \cos(\varphi - \varphi') + \cos\vartheta' \cos\vartheta \tag{35}$$

ist. Zuerst betrachten wir als Ausbreitungsrichtung der Welle die z-Achse, d. h. $\vartheta' = 0$ und

$$\cos\gamma = \cos\vartheta. \tag{36}$$

Da nach Gl. 4.17.(21) jede Lösung der skalaren Wellengleichung durch Überlagerung der Elementarlösungen erhalten werden kann, gilt bei Berücksichtigung der Achsensymmetrie die Reihenentwicklung

$$e^{-jkR\cos\gamma} = \sum_{n=0}^{\infty} a_n \sqrt{\frac{\pi}{2kR}}\, J_{n+1/2}(kR)\, P_n(\cos\vartheta), \tag{37}$$

wobei wir den konstanten Koeffizienten a_n in der üblichen Weise, unter Ausnutzung der Orthogonalität der Legendreschen Polynome, ermitteln können. Wir geben das Endergebnis ohne Zwischenrechnungen an:

$$e^{-jkR\cos\gamma} = \sum_{n=0}^{\infty} (-j)^n\,(2n+1) \sqrt{\frac{\pi}{2kR}}\, J_{n+1/2}(kR)\, P_n(\cos\vartheta). \tag{38}$$

Breitet sich nun die ebene Welle in einer beliebigen Richtung aus, so erhält man mit Hilfe des Additionstheorems 2.28.(24)

$$\begin{aligned} e^{-jkR\cos\gamma} = \sum_{n=0}^{\infty} (-j)^n\,(2n+1) \sqrt{\frac{\pi}{2kR}}\, J_{n+1/2}(kR) \Bigg[P_n(\cos\vartheta')\, P_n(\cos\vartheta) \\ + 2\sum_{m=1}^{n} \frac{(n-m)!}{(n+m)!}\, P_n^m(\cos\vartheta')\, P_n^m(\cos\vartheta)\cos m(\varphi-\varphi') \Bigg], \end{aligned} \tag{39}$$

wobei R, ϑ, φ die Koordinaten eines beliebigen Raumpunktes darstellen, die ebene Welle sich in der durch ϑ', φ' bestimmten Richtung fortpflanzt und γ den Winkel zwischen der Ausbreitungsrichtung und dem Leitstrahl, der zu dem Raumpunkt (R, ϑ, φ) führt, bedeutet.

Jetzt läßt sich also die Frage beantworten, wie eine Kugelwelle mit Hilfe von ebenen Wellen dargestellt werden kann. Man muß die Beziehung (39) mit $P_n^m(\cos\vartheta')\cos m\varphi'$ multiplizieren und über die Oberfläche der Einheitskugel integrieren, um folgende Formel zu erhalten:

$$\sqrt{\frac{\pi}{2kR}}\, J_{n+1/2}(kR)\, P_n^m(\cos\vartheta)\cos m\varphi = \frac{(-j)^n}{4\pi} \int_0^{2\pi}\int_0^{\pi} e^{-jkR\cos\gamma}\, P_n^m(\cos\vartheta')\cos m\varphi' \sin\vartheta'\, d\vartheta'\, d\varphi'. \tag{40}$$

Ist nun $m = 0$, $\vartheta = 0$, bleiben wir also auf der z-Achse und beschränken uns auf den axialsymmetrischen Fall, so gilt

$$\sqrt{\frac{\pi}{2kR}}\, J_{n+1/2}(kR) = \frac{(-j)^n}{4\pi} \int_0^{2\pi}\int_0^{\pi} e^{-jkR\cos\vartheta'}\, P_n(\cos\vartheta')\sin\vartheta'\, d\vartheta'\, d\varphi' \tag{41}$$

und schließlich

$$\sqrt{\frac{\pi}{2kR}}\, J_{n+1/2}(kR) = \frac{(-j)^n}{2} \int_0^{\pi} e^{-jkR\cos\vartheta'} P_n(\cos\vartheta')\sin\vartheta'\, d\vartheta'. \tag{42}$$

Hiermit haben wir die Besselsche Kugelfunktion durch Überlagerung von ebenen Wellenfunktionen hergestellt.

Tabelle 4.1 Die wichtigsten Zusammenhänge der Wellenfunktionen

Funktion	Darstellung	Bemerkung
$e^{-j\boldsymbol{k}\boldsymbol{R}}$	$\sum_{n=-\infty}^{+\infty} (-j)^n J_n(kr \sin\vartheta')\, e^{jn(\varphi-\varphi')}\, e^{-jkz\cos\vartheta'}$	Fortpflanzungsrichtung der ebenen Welle, d. h. Richtung von $\boldsymbol{k}$, durch ϑ', φ' bestimmt.
	$\sum_{n=0}^{\infty} (-j)^n (2n+1)\, j_n(kR)\, P_n(\cos\vartheta)$	$\to \vartheta' = 0.$
	$\sum_{n=0}^{\infty} (-j)^n (2n+1)\, j_n(kR) \left[P_n(\cos\vartheta')\, P_n(\cos\vartheta) + 2\sum_{m=1}^{n} \frac{(n-m)!}{(n+m)!} P_n^m(\cos\vartheta')\, P_n^m(\cos\vartheta) \cos m(\varphi-\varphi')\right.$	
$J_n(kr)$	$\frac{j^{-n}}{2\pi} \int_{-\pi}^{+\pi} e^{j(kr\cos\delta + n\delta)}\, d\delta$ $\sum_{l=0}^{\infty} \frac{(-1)^l}{2^{l+n-1}} \frac{4l+2n+1}{4l+2n} \frac{(2l)!}{l!(l+n-1)!}\, j_{2l+n}(kR)\, P_{2l+n}^n(\cos\vartheta)$	R bzw. r beziehen sich in dieser Tabelle auf die Kugel- bzw. Zylinderkoordinaten. R ist also der Abstand vom Koordinatenursprung und r der Abstand von der z-Achse.
$j_n(kR)$	$\frac{(-j)^n}{2} \int_0^{\pi} e^{-jkR\cos\delta'}\, P_n(\cos\delta') \sin\delta'\, d\delta'$	$j_n(kR) = \sqrt{\frac{\pi}{2kR}}\, J_{n+1/2}(kR)$ (Definition)
$\frac{e^{-jkR}}{R}$	$\frac{1}{2j} \int_{-\infty}^{+\infty} H_0^{(2)}(r\sqrt{k^2-w^2})\, e^{jwz}\, dw$	
$H_0^{(2)}(kr_{PQ})$	$\sum_{n=-\infty}^{+\infty} H_n^{(2)}(kr_Q)\, J_n(kr_P)\, e^{jn(\varphi_Q-\varphi_P)}; \quad r_P < r_Q$ $\sum_{n=-\infty}^{+\infty} J_n(kr_Q)\, H_n^{(2)}(kr_P)\, e^{jn(\varphi_P-\varphi_Q)}; \quad r_P > r_Q$	Additionstheorem $r_{PQ} = \sqrt{r_P^2 + r_Q^2 - 2r_P r_Q \cos(\varphi_P - \varphi_Q)}$

Auf Grund unserer bisherigen Kenntnisse kann es nunmehr keine prinzipielle Schwierigkeit mehr bereiten (wenn es auch eine langwierige Rechenarbeit erfordert), die Zylinderwellenfunktionen mit Hilfe der Kugelwellenfunktionen abzuleiten:

$$J_m(kr) = \sum_{l=0}^{\infty} \frac{(-1)^l}{2^{2l+m-1}} \frac{4l+2m+1}{2l+2m} \frac{(2l)!}{l!(l+m-1)!}$$

$$\times P_{2l+m}^{m}(\cos\vartheta) \sqrt{\frac{\pi}{2kR}}\, J_{2l+m+1/2}(kR). \tag{43}$$

Alle in diesem Kapitel vorgeführten Gesetzmäßigkeiten sind ausführlicher bei STRATON zu finden.

D. Randwertprobleme I

Bisher haben wir entweder auf Grund einer angenommenen einfachen Stromverteilung das Strahlungsfeld der Antennen berechnet oder aber durch einfache Lösungen der Wellengleichung die Struktur der möglichen Felder untersucht, ohne auf die experimentellen Bedingungen Rücksicht zu nehmen, unter denen diese Wellen tatsächlich entstehen können.

In diesem Abschnitt soll näher untersucht werden, welche von den bisher bekannten Lösungen ausgewählt und zusammengefaßt werden können, um den vorgeschriebenen experimentellen Bedingungen zu entsprechen. Diese Bedingungen sollen u. a. vorschreiben, daß der den Raum ausfüllende Stoff nicht mehr homogen sei, sondern seine Eigenschaften sich an bestimmten Flächen sprunghaft ändern. Wir wissen, daß die Tangentialkomponenten der Vektoren $\boldsymbol{E}$ und $\boldsymbol{H}$ an diesen Flächen stetig übergehen. Es ist also unsere Aufgabe, solche Lösungen zu finden, welche die für $\boldsymbol{E}$ und $\boldsymbol{H}$ vorgeschriebenen Randbedingungen erfüllen. Im folgenden wird vorausgesetzt, daß die Fläche, die die einzelnen, durch verschiedene Materialkonstanten gekennzeichneten Gebiete voneinander trennt, eine ebene, zylindrische oder Kugelfläche ist. In jedem Fall wird zuerst das Verhalten eines einfachen Feldes untersucht, das durch die Wellenfunktion des der gegebenen Fläche angepaßten Koordinatensystems darstellbar ist. Später werden die Lösungsmethoden für kompliziertere, jedoch praktisch wichtige Randbedingungen gezeigt werden.

4.19. Brechung und Reflexion ebener Wellen

Der Anfangspunkt unseres Koordinatensystems liege — wie in Abb. 4:43 — auf der Grenzfläche der beiden Medien. Die Normale dieser Grenzfläche sei $\boldsymbol{n}$, so daß die Gleichung der Grenzfläche die Form $\boldsymbol{n}\boldsymbol{r} = 0$ annimmt. Im Medium (1) soll sich in der durch $\boldsymbol{n}_e$ gekennzeichneten Richtung eine ebene Welle ausbreiten. Die hier auftretende Feldstärke beträgt

$$\boldsymbol{E}_e = \boldsymbol{E}_{0e}\, e^{j[\omega t - k_1(\boldsymbol{n}_e \boldsymbol{r})]}, \tag{1}$$

wobei die Relation

$$k_1 = \omega \sqrt{\varepsilon_1 \mu_1} \tag{2}$$

gilt.

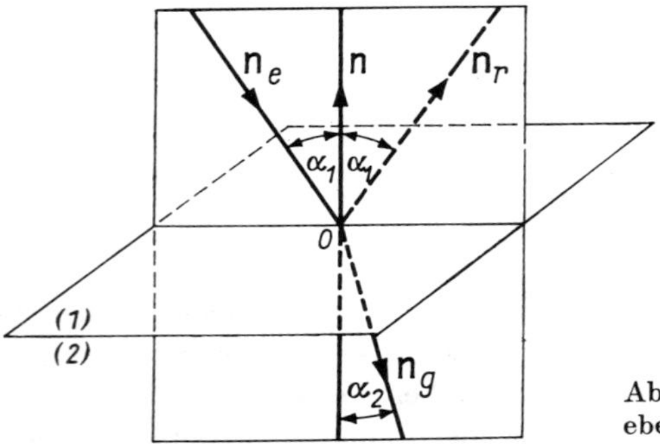

Abb. 4.43 Zur Ableitung des Brechungsgesetzes ebener Wellen

Diese Lösung kann offensichtlich nicht für das ganze Feld gültig sein. Im Medium (2) muß der Ausbreitungsfaktor einen anderen Wert besitzen. Die Lösung liefert also dort den Ausdruck

$$\boldsymbol{E}_g = \boldsymbol{E}_{0g}\, e^{j[\omega t - k_2(\boldsymbol{n}_g \boldsymbol{r})]}. \tag{3}$$

Das Magnetfeld des einfallenden bzw. des gebrochenen Strahles wird durch die Gleichungen

$$\left.\begin{aligned} \boldsymbol{H}_e &= \sqrt{\frac{\varepsilon_1}{\mu_1}}\,(\boldsymbol{n}_e \times \boldsymbol{E}_e), \\ \boldsymbol{H}_g &= \sqrt{\frac{\varepsilon_2}{\mu_2}}\,(\boldsymbol{n}_g \times \boldsymbol{E}_g) \end{aligned}\right\} \tag{4}$$

bestimmt.

Durch die alleinige Annahme dieser beiden Wellen kann im allgemeinen der stetige Übergang der Tangentialkomponente des elektrischen und des magnetischen Feldes nicht gesichert werden. Wir müssen also auch eine in Richtung $\boldsymbol{n}_r$ fortschreitende reflektierte ebene Welle annehmen. Ihr elektrisches bzw. magnetisches Feld ergibt sich zu

$$\boldsymbol{E}_r = \boldsymbol{E}_{0r}\, e^{j[\omega t - k_1(\boldsymbol{n}_r \boldsymbol{r})]}; \quad \boldsymbol{H}_r = \sqrt{\frac{\varepsilon_1}{\mu_1}}\,(\boldsymbol{n}_r \times \boldsymbol{E}_r). \tag{5}$$

Die Randbedingungen lauten nun

$$(\boldsymbol{E}_\mathrm{e} + \boldsymbol{E}_\mathrm{r}) \times \boldsymbol{n} = \boldsymbol{E}_\mathrm{g} \times \boldsymbol{n} \tag{6}$$

und

$$(\boldsymbol{H}_\mathrm{e} + \boldsymbol{H}_\mathrm{r}) \times \boldsymbol{n} = \boldsymbol{H}_\mathrm{g} \times \boldsymbol{n}, \qquad \boldsymbol{nr} = 0.$$

Wenn wir jetzt in den letzten Gleichungen die magnetischen Feldstärken mit Hilfe der elektrischen ausdrücken, so können auf der Ebene $\boldsymbol{nr} = 0$ die Randbedingungen folgendermaßen geschrieben werden:

$$(\boldsymbol{E}_\mathrm{e} + \boldsymbol{E}_\mathrm{r}) \times \boldsymbol{n} = \boldsymbol{E}_\mathrm{g} \times \boldsymbol{n}, \tag{7a}$$

$$\sqrt{\frac{\varepsilon_1}{\mu_1}}\, [(\boldsymbol{n}_\mathrm{e} \times \boldsymbol{E}_\mathrm{e}) + (\boldsymbol{n}_\mathrm{r} \times \boldsymbol{E}_\mathrm{r})] \times \boldsymbol{n} = \sqrt{\frac{\varepsilon_2}{\mu_2}}\, (\boldsymbol{n}_\mathrm{g} \times \boldsymbol{E}_\mathrm{g}) \times \boldsymbol{n}. \tag{7b}$$

Damit die obigen Gleichungen ihre Gültigkeit bewahren, müssen auch die Phasen der linken und der rechten Seite übereinstimmen. Entlang der Ebene $\boldsymbol{nr} = 0$ kann dies nur dann eintreten, wenn die Phasen der einzelnen Vektoren gleich sind, also wenn

$$k_1(\boldsymbol{n}_\mathrm{e}\boldsymbol{r}) = k_1(\boldsymbol{n}_\mathrm{r}\boldsymbol{r}) = k_2(\boldsymbol{n}_\mathrm{g}\boldsymbol{r}) \qquad \text{für} \qquad \boldsymbol{nr} = 0. \tag{8}$$

Aus dieser Bedingung kann man sofort zwei äußerst wichtige Schlüsse ziehen: Die Beziehungen

$$(\boldsymbol{n}_\mathrm{e} - \boldsymbol{n}_\mathrm{r})\, \boldsymbol{r} = 0; \qquad \left(\boldsymbol{n}_\mathrm{e} - \frac{k_2}{k_1}\, \boldsymbol{n}_\mathrm{g}\right) \boldsymbol{r} = 0; \qquad \boldsymbol{nr} = 0 \tag{9}$$

können nur dann für jeden Wert von $\boldsymbol{r}$ bestehen, wenn

$$(\boldsymbol{n}_\mathrm{e} - \boldsymbol{n}_\mathrm{r}) = \lambda_1 \boldsymbol{n}; \qquad \left(\boldsymbol{n}_\mathrm{e} - \frac{k_2}{k_1}\, \boldsymbol{n}_\mathrm{g}\right) = \lambda_2 \boldsymbol{n} \tag{10}$$

ist, wobei λ_1 und λ_2 beliebige Skalarzahlen darstellen. Es besteht also zwischen $\boldsymbol{n}_\mathrm{e}$, $\boldsymbol{n}_\mathrm{r}$, $\boldsymbol{n}$ bzw. $\boldsymbol{n}_\mathrm{e}$, $\boldsymbol{n}_\mathrm{g}$, $\boldsymbol{n}$ ein linearer Zusammenhang, d. h., die Vektoren $\boldsymbol{n}_\mathrm{e}$, $\boldsymbol{n}_\mathrm{r}$, $\boldsymbol{n}_\mathrm{g}$, $\boldsymbol{n}$ sind komplanar.

Nennt man die durch $\boldsymbol{n}$ und $\boldsymbol{n}_\mathrm{e}$ bestimmte Ebene die Einfallsebene, so erhalten wir die erste Folgerung. *Der reflektierte und der gebrochene Strahl liegen in der Einfallsebene.*

Aus der Beziehung $\boldsymbol{n}_\mathrm{e}\boldsymbol{r} = \boldsymbol{n}_\mathrm{r}\boldsymbol{r}$ folgt unmittelbar, daß Einfallswinkel und Reflexionswinkel gleich groß sind. Wählen wir in der Beziehung

$$k_1(\boldsymbol{n}_\mathrm{e}\boldsymbol{r}) = k_2(\boldsymbol{n}_\mathrm{g}\boldsymbol{r}) \tag{11}$$

den Vektor $\boldsymbol{r}$ parallel zur Schnittlinie der Einfallsebene und der Grenzfläche der Medien, so gilt nach Abb. 4.43

$$k_1 \sin \alpha_1 = k_2 \sin \alpha_2, \tag{12}$$

woraus

$$\frac{\sin \alpha_1}{\sin \alpha_2} = \frac{k_2}{k_1} \tag{13}$$

folgt. Diese Gleichung ist das bekannte *Snelliussche Brechungsgesetz*.

Die Amplitudenwerte der einzelnen Wellen können wir nach Gl. (7) bestimmen. Man kann nach Abb. 4.44 und 4.45 den Vektor der elektrischen Feldstärke immer

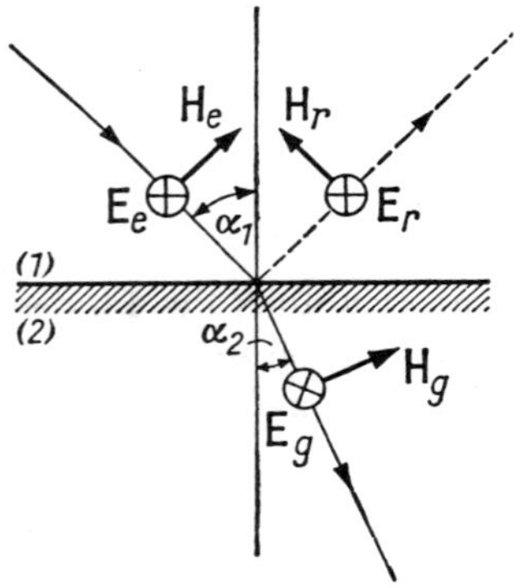

Abb. 4.44 Die elektrische Feldstärke steht senkrecht auf der Einfallsebene

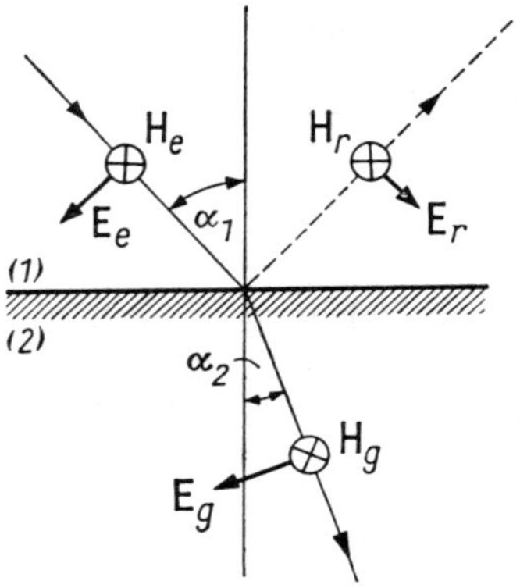

Abb. 4.45 Die elektrische Feldstärke liegt in der Einfallsebene

in zwei Komponenten zerlegen. Die eine Komponente liegt in der Einfallsebene, die zweite steht darauf senkrecht. Auf diese Weise kann also jede einfallende Welle in zwei spezielle Wellentypen aufgespalten werden. Diese wollen wir jetzt gesondert betrachten.

Der Vektor $\boldsymbol{E}$ soll jetzt also senkrecht auf der Einfallsebene stehen, d. h., er liegt in der Grenzebene. Gleichung (7a) vereinfacht sich dann zu

$$E_\mathrm{e} + E_\mathrm{r} = E_\mathrm{g}. \tag{14}$$

Gl. (7b) lautet

$$\sqrt{\frac{\varepsilon_1}{\mu_1}} (\cos \alpha_1 E_\mathrm{e} - \cos \alpha_1 E_\mathrm{r}) = \sqrt{\frac{\varepsilon_2}{\mu_2}} \cos \alpha_2 E_\mathrm{g}. \tag{15}$$

Wir können bereits jetzt $E_\mathrm{r}/E_\mathrm{e}$ als Funktion des Einfallswinkels berechnen. Aus obiger Gleichung erhalten wir nämlich

$$E_\mathrm{g} = \sqrt{\frac{\varepsilon_1 \mu_2}{\varepsilon_2 \mu_1}} \frac{\cos \alpha_1}{\cos \alpha_2} (E_\mathrm{e} - E_\mathrm{r}). \tag{16}$$

Setzen wir diesen Wert von E_g in Gl. (14) ein,

$$E_e + E_r = \sqrt{\frac{\varepsilon_1\mu_2}{\varepsilon_2\mu_1}}\,\frac{\cos\alpha_1}{\cos\alpha_2}\,(E_e - E_r), \tag{17}$$

so finden wir

$$\frac{E_r}{E_e} = \frac{\sqrt{\varepsilon_1\mu_2}\,\cos\alpha_1 - \sqrt{\varepsilon_2\mu_1}\,\cos\alpha_2}{\sqrt{\varepsilon_1\mu_2}\,\cos\alpha_1 + \sqrt{\varepsilon_2\mu_1}\,\cos\alpha_2}. \tag{18}$$

Berücksichtigen wir nun noch die Relation

$$\frac{\sin\alpha_1}{\sin\alpha_2} = \frac{\sqrt{\varepsilon_2\mu_2}}{\sqrt{\varepsilon_1\mu_1}}, \quad \text{also} \quad \sin^2\alpha_2 = \frac{\varepsilon_1\mu_1}{\varepsilon_2\mu_2}\sin^2\alpha_1,$$

so lautet unser Endresultat

$$\frac{E_r}{E_e} = \frac{\cos\alpha_1 - \sqrt{(\varepsilon_2\mu_1/\varepsilon_1\mu_2) - (\mu_1/\mu_2)^2\sin^2\alpha_1}}{\cos\alpha_1 + \sqrt{(\varepsilon_2\mu_1/\varepsilon_1\mu_2) - (\mu_1/\mu_2)^2\sin^2\alpha_1}}. \tag{19}$$

Im zweiten Fall soll der Vektor $\boldsymbol{E}$ in der Einfallsebene liegen. Die Gleichungen (7) vereinfachen sich nach Abb. 4.45 zu

$$(E_e - E_r)\cos\alpha_1 = E_g\cos\alpha_2, \tag{20}$$

$$\sqrt{\frac{\varepsilon_1}{\mu_1}}\,(E_e + E_r) = \sqrt{\frac{\varepsilon_2}{\mu_2}}\,E_g. \tag{21}$$

Aus diesen Gleichungen ergibt sich das dem vorigen analoge Endresultat

$$\frac{E_r}{E_e} = \frac{\cos\alpha_1 - \sqrt{(\varepsilon_1\mu_2/\varepsilon_2\mu_1) - (\varepsilon_1/\varepsilon_2)^2\sin^2\alpha_1}}{\cos\alpha_1 + \sqrt{(\varepsilon_1\mu_2/\varepsilon_2\mu_1) - (\varepsilon_1/\varepsilon_2)^2\sin^2\alpha_1}}. \tag{22}$$

Die Gleichungen (19) und (22) sind die sogenannten *Fresnelschen Formeln.*

Es kann sehr leicht bewiesen werden, daß durch diese Intensitätsverhältnisse die Energiegleichung befriedigt wird. Es gilt nämlich

$$S_e\cos\alpha_1 = S_r\cos\alpha_1 + S_g\cos\alpha_2, \tag{23}$$

also

$$\sqrt{\frac{\varepsilon_1}{\mu_1}}\,E_e^2\cos\alpha_1 = \sqrt{\frac{\varepsilon_1}{\mu_1}}\,E_r^2\cos\alpha_1 + \sqrt{\frac{\varepsilon_2}{\mu_2}}\,E_g^2\cos\alpha_2. \tag{24}$$

Ein interessanter Sonderfall folgt aus den Gleichungen (19) und (22). Wenn in ihnen die Zähler verschwinden, erhalten wir keine Reflexion. Die so erhaltenen

Gleichungen

$$\tan \alpha_\perp = \sqrt{\frac{\mu_2}{\mu_1}} \sqrt{\frac{\varepsilon_2\mu_1 - \varepsilon_1\mu_2}{\varepsilon_1\mu_1 - \varepsilon_2\mu_2}}, \tag{25}$$

$$\tan \alpha_\parallel = \sqrt{\frac{\varepsilon_2}{\varepsilon_1}} \sqrt{\frac{\varepsilon_1\mu_2 - \varepsilon_2\mu_1}{\varepsilon_1\mu_1 - \varepsilon_2\mu_2}} \tag{26}$$

bestimmen den sogenannten Brewsterschen Winkel.

Bei diesen Einfallswinkeln findet also keine Reflexion statt, wenn der Vektor $\boldsymbol{E}$ senkrecht zur Einfallsebene bzw. in der Einfallsebene liegt.

Ein anderer interessanter Sonderfall liegt vor, wenn ein Strahl aus einem Stoff größerer in einen Stoff kleinerer Dielektrizitätskonstante eintritt (d. h. $\varepsilon_2 < \varepsilon_1$) und der Einfallswinkel größer ist als der durch die Gleichung

$$\sin \alpha_1 > \sin \alpha_{gr} = \sqrt{\frac{\varepsilon_2}{\varepsilon_1}} \quad \left(= \frac{n_2}{n_1}, \text{ wenn } \mu_1 = \mu_2 = \mu_0 \text{ ist}\right) \tag{27}$$

definierte Grenzwinkel. Dann folgt nämlich aus Gl. (12)

$$\sin \alpha_2 = \sin \alpha_1 \sqrt{\frac{\varepsilon_1}{\varepsilon_2}} > \sqrt{\frac{\varepsilon_2}{\varepsilon_1}} \sqrt{\frac{\varepsilon_1}{\varepsilon_2}} = 1, \tag{28}$$

was bei reellem α_2 nicht möglich ist. Für $\cos \alpha_2$ erhalten wir

$$\cos \alpha_2 = \sqrt{1 - \sin^2 \alpha_2} = \sqrt{1 - \sin^2 \alpha_1 \left(\frac{\varepsilon_1}{\varepsilon_2}\right)} = \frac{-\mathrm{j}}{\sqrt{\varepsilon_2}} \sqrt{\varepsilon_1 \sin^2 \alpha_1 - \varepsilon_2}. \tag{29}$$

Untersuchen wir, was für eine Lösung sich in diesem Fall für den gebrochenen Strahl ergibt:

$$\boldsymbol{E}_\mathrm{g} = \boldsymbol{E}_{\mathrm{g}0}\, \mathrm{e}^{\mathrm{j}(\omega t - k_2 \boldsymbol{n}_\mathrm{g} \boldsymbol{r})}. \tag{30}$$

Für das Koordinatensystem in Abb. 4.46 gilt:

$$k_2(\boldsymbol{n}_\mathrm{g}\boldsymbol{r}) = k_2(x \sin \alpha_2 + z \cos \alpha_2), \tag{31}$$

also für unseren Fall nach (29)

$$k_2(\boldsymbol{n}_\mathrm{g}\boldsymbol{r}) = k_2 \left(x \sin \alpha_2 - \frac{\mathrm{j}}{\sqrt{\varepsilon_2}} \sqrt{\varepsilon_1 \sin^2 \alpha_1 - \varepsilon_2}\, z\right). \tag{32}$$

Wir haben also für das elektrische Feld

$$\begin{aligned}\boldsymbol{E}_\mathrm{g} &= \boldsymbol{E}_{\mathrm{g}0}\, \mathrm{e}^{\mathrm{j}\omega t}\, \mathrm{e}^{-\mathrm{j}k_2\left(x\sin\alpha_2 - \frac{\mathrm{j}}{\sqrt{\varepsilon_2}}\sqrt{\varepsilon_1 \sin^2\alpha_1 - \varepsilon_2 z}\right)} \\ &= \boldsymbol{E}_{\mathrm{g}0}\, \mathrm{e}^{\mathrm{j}(\omega t - k_2 x \sin\alpha_2)}\, \mathrm{e}^{-\frac{k_2}{\sqrt{\varepsilon_2}}\sqrt{\varepsilon_1 \sin^2\alpha_1 - \varepsilon_2} z}\end{aligned} \tag{33}$$

Dieses Resultat ist in zweierlei Hinsicht interessant:

Erstens: der Strahl pflanzt sich nicht etwa senkrecht zur Oberfläche ins Medium (2) fort, sondern klingt rasch exponentiell ab.

Zweitens: die konstanten Phasen liegen in einer auf der Koordinatenachse x senkrechten Ebene, die konstanten Amplituden befinden sich in einer zur z-Achse senkrechten Ebene. Wir haben ein typisches Beispiel der inhomogenen ebenen Welle vor uns (siehe Kap. 4.15.).

Diese Erscheinung heißt Totalreflexion (Abb. 4.46).

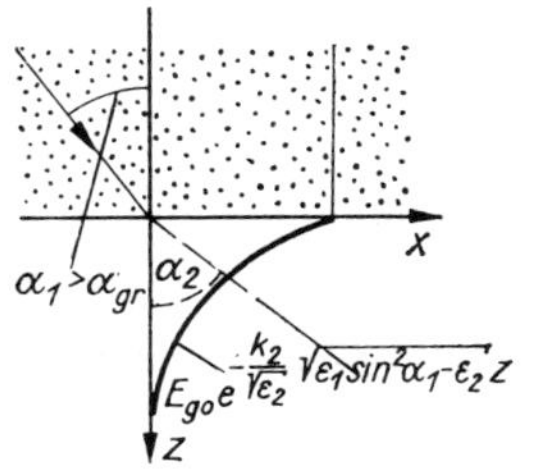

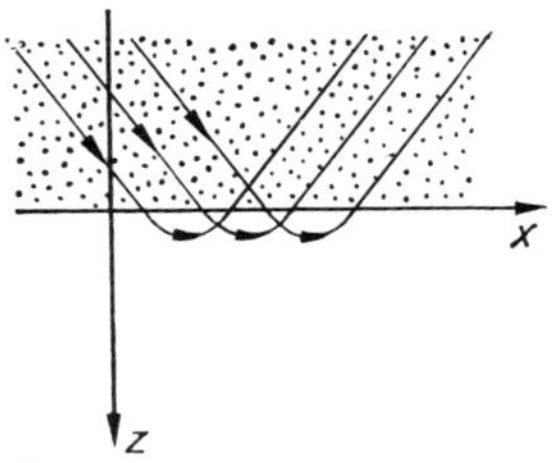

Abb. 4.46 Totalreflexion. a) Die Amplitude $\boldsymbol{E}_{g0}$ klingt in Medium (2) exponentiell ab. In z-Richtung gibt es keine Wellenfortpflanzung. b) Schematische Darstellung des Strahlenganges. Das Eindringen des Feldes in das „dünnere" Medium kann bei Mikrowellen experimentell nachgewiesen werden

4.20. Lösung des Randwertproblems auf Zylinderflächen

4.20.1 Auslaufende Zylinderwellen

Wir haben schon früher eine spezielle Lösung der Wellengleichung in Zylinderkoordinaten erwähnt. Jetzt wollen wir diese etwas näher betrachten.

Wenn $\beta = 0$ ist, haben wir nach 4.16.(15), 4.16.(16) und 4.16.(21) im Außenraum eines Zylinders die Lösung

$$\Pi_z = A H_0^{(2)}(kr)\, e^{j\omega t} \tag{1}$$

mit $k = \omega \sqrt{\varepsilon\mu}$, wenn wir uns auf den axialsymmetrischen Fall beschränken.

Die Feldstärkekomponenten für TM-Wellen lauten also

$$\left.\begin{aligned} E_z &= Ak^2 H_0^{(2)}(kr)\, e^{j\omega t}, & H_z &= 0,\\ E_r &= 0, & H_r &= 0,\\ E_\varphi &= 0, & H_\varphi &= -j\varepsilon\omega k A[H_0^{(2)}(kr)]'\, e^{j\omega t} \end{aligned}\right\} \tag{2}$$

und für TE-Wellen:

$$\left.\begin{aligned} E_z &= 0, & H_z &= Ak^2 H_0^{(2)}(kr)\, e^{j\omega t},\\ E_r &= 0, & H_r &= 0,\\ E_\varphi &= j\mu\omega k A[H_0^{(2)}(kr)]'\, e^{j\omega t}, & H_\varphi &= 0. \end{aligned}\right\} \tag{3}$$

Diese zwei Wellentypen sind sehr ähnlich gebaut. Abgesehen von den konstanten Faktoren, geht einer in den anderen über, wenn wir statt $\boldsymbol{E}$ einfach $\boldsymbol{H}$, dagegen statt $\boldsymbol{H}$ im zweiten Fall $-\boldsymbol{E}$ setzen.

Untersuchen wir nun die Möglichkeiten, diese Wellentypen zu realisieren.

Wir stellen uns zuerst eine dünne, unendlich lange Leitung mit dem Radius r_0 vor, die einen Strom $I_0\,e^{j\omega t}$ führt.

Dieser Strom wird ein ebensolches Feld wie unser TM-Feld hervorrufen. Das sieht man qualitativ aus der Feldverteilung, man kann jedoch die Richtigkeit dieser Behauptung einfach dadurch beweisen, daß man Π_z aus der gegebenen Stromverteilung nach der Formel

$$\Pi_z = \frac{1}{4\pi\varepsilon_0 j\omega}\int\limits_{-\infty}^{+\infty} I_0 \frac{e^{j(\omega t - kr)}}{r}\,d\zeta \tag{4}$$

berechnet. Es ergibt sich dann, daß wir so zu der Sommerfeldschen Darstellung der Hankel-Funktionen nach Gl. 4.18.(18) gelangen.
Die Konstante A kann einfach mit Hilfe von I_0 angegeben werden. Es gilt nämlich

$$2\pi r_0 H_\varphi(r_0) = I_0, \tag{5}$$

also ist

$$I_0 = -2\pi r_0 A j k^2 \sqrt{\frac{\varepsilon}{\mu}}\,[H_0^{(2)}(kr_0)]' = 2\pi r_0 k^2 A j \sqrt{\frac{\varepsilon}{\mu}}\,H_1^{(2)}(kr_0), \tag{6}$$

und es folgt

$$A = -j\frac{1}{k^2}\sqrt{\frac{\mu}{\varepsilon}}\,I_0\frac{1}{2\pi r_0}\frac{1}{H_1^{(2)}(kr_0)} \approx -\frac{1}{k}\sqrt{\frac{\mu}{\varepsilon}}\frac{I_0}{4}, \tag{7}$$

wenn wir die nur für kleine kr_0-Werte gültige Näherungsformel anwenden. Damit kennen wir das Feld in allen Einzelheiten. Es wird also

$$E_z = -k\sqrt{\frac{\mu}{\varepsilon}}\frac{I_0}{4}H_0^{(2)}(kr)\,e^{j\omega t}, \qquad H_\varphi = -jk\frac{I_0}{4}H_1^{(2)}(kr)\,e^{j\omega t}. \tag{8}$$

Wie können wir nun TE-Wellen erzeugen? Es sei nach Abb. 4.47 eine unendliche Ebene mit unendlich guter Leitfähigkeit und einem schmalen Spalt mit der Breite $2r_0$ gegeben. Legen wir die Spannnug $U_0\,e^{j\omega t}$ zwischen die obere und die untere Begrenzungslinie des Spaltes, so ent-

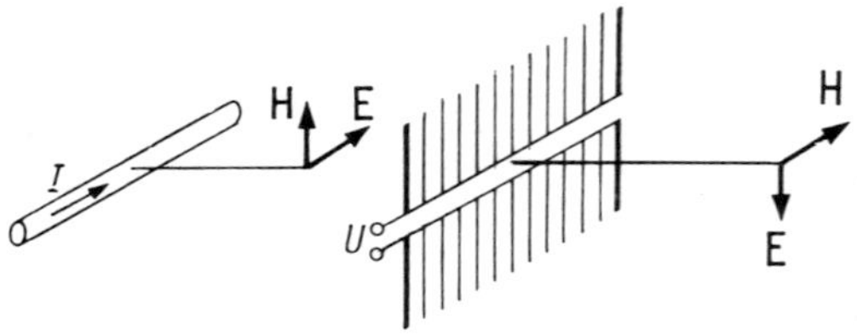

Abb. 4.47 Unendlich langer Leiter und unendlich langer Spalt als Quellen für Zylinderwellen

steht in dem rechten Halbraum eben das oben beschriebene TE-Feld. Die elektrische Feldstärke steht nämlich senkrecht zur leitenden Ebene, und damit sind die Grundbedingungen überall erfüllt. Es kann wieder angenommen werden, daß

$$U_0 = -\pi r_0 E_\varphi = \pi r_0 j\mu\omega A k H_1^{(2)}(kr_0), \tag{9}$$

also

$$A = \frac{1}{\pi r_0 \mathrm{j}\mu\omega k} \frac{U_0}{H_1^{(2)}(kr_0)} \approx -\frac{1}{\mu\omega}\frac{U_0}{2}. \tag{10}$$

Damit kennen wir auch hier die Feldstärkeverteilung. Es wird nämlich

$$E_\varphi = \mathrm{j}k\frac{U_0}{2} H_1^{(2)}(kr)\,\mathrm{e}^{\mathrm{j}\omega t}, \qquad H_z = -k\sqrt{\frac{\varepsilon}{\mu}}\frac{U_0}{2} H_0^{(2)}(kr)\,\mathrm{e}^{\mathrm{j}\omega t}. \tag{11}$$

4.20.2. Zylinderwellen entlang einem Kreiszylinder

4.20.2.1. Allgemeine Lösung

Wir betrachten im unendlichen, homogenen, durch die Materialkonstanten ε_a, μ_a, σ_a bestimmten Raum einen unendlich langen Kreiszylinder mit den Konstanten ε_i, μ_i, σ_i und untersuchen, welche fortschreitenden Wellen *entlang* diesem Zylinder vorkommen können.

Den Beziehungen 4.16. (12—15—16) entsprechend, wird die allgemeine Lösung eine Überlagerung der TE- und TM-Lösungen darstellen:

$$\left.\begin{aligned}
E_z^i &= \sum_n a_n^i s_i^2 J_n(s_i r)\,\mathrm{e}^{-\mathrm{j}n\varphi}\,\mathrm{e}^{\mathrm{j}(\omega t-\beta z)},\\
E_r^i &= \sum_n \left[-a_n^i s_i \mathrm{j}\beta J_n'(s_i r) - b_n^i\frac{\mu_i\omega}{r} nJ_n(s_i r)\right]\mathrm{e}^{-\mathrm{j}n\varphi}\,\mathrm{e}^{\mathrm{j}(\omega t-\beta z)},\\
E_\varphi^i &= \sum_n \left[-a_n^i\frac{\beta n}{r} J_n(s_i r) + b_n^i\mu_i \mathrm{j}\omega s_i J_n'(s_i r)\right]\mathrm{e}^{-\mathrm{j}n\varphi}\,\mathrm{e}^{\mathrm{j}(\omega t-\beta z)},\\
H_z^i &= \sum_n b_n^i s_i^2 J_n(s_i r)\,\mathrm{e}^{-\mathrm{j}n\varphi}\,\mathrm{e}^{\mathrm{j}(\omega t-\beta z)},\\
H_r^i &= \sum_n \left[a_n^i\frac{k_i^2 n}{\mu_i\omega r} J_n(s_i r) - b_n^i \mathrm{j}\beta s_i J_n'(s_i r)\right]\mathrm{e}^{-\mathrm{j}n\varphi}\,\mathrm{e}^{\mathrm{j}(\omega t-\beta z)},\\
H_\varphi^i &= \sum_n \left[-a_n^i\,\mathrm{j}\frac{k_i^2}{\mu_i\omega} s_i J_n'(s_i r) - b_n^i\frac{\beta n}{r} J_n(s_i r)\right]\mathrm{e}^{-\mathrm{j}n\varphi}\,\mathrm{e}^{\mathrm{j}(\omega t-\beta z)}.
\end{aligned}\right\} \tag{1}$$

Diese gelten im Innern des Zylinders, darauf bezieht sich auch der Index i. In dieser Gleichung bedeuten $s_i = \sqrt{k_i^2 - \beta^2}$; $k_i^2 = \varepsilon_i\mu_i\omega^2 - \mathrm{j}\omega\mu_i\sigma_i$. Es sind ε_i, μ_i, σ_i die Konstanten des Zylinders und a_n, b_n die Koeffizienten, die sich auf die TM- bzw. die TE-Wellen beziehen. Im Raum außerhalb des Zylinders gelten dieselben Gleichungen, jedoch mit dem Unterschied, daß hier an die Stelle der Besselschen Funktion erster Art die Hankelschen Funktionen treten. Letztere sichern nämlich das gewünschte Verhalten des Feldes im Unendlichen. Aus Platzgründen geben wir als Beispiel nur die φ-Komponente des elektrischen Vektors an:

$$E_\varphi^a = \sum_n \left[-a_n^a \frac{\beta n}{r} H_n^{(2)}(s_a r) + b_n^a \mu_a j\omega s_a H_n^{(2)\prime}(s_a r) \right] e^{-jn\varphi} e^{j(\omega t - \beta z)}. \tag{2}$$

Wegen der Randbedingungen müssen die Tangentialkomponenten der Feldstärken an der Stelle $r = r_0$ stetig übergehen, d. h.,

$$\begin{aligned} E_\varphi^i &= E_\varphi^a, & H_\varphi^i &= H_\varphi^a \\ E_z^i &= E_z^a, & H_z^i &= H_z^a \end{aligned} \quad \text{für} \quad r = r_0. \tag{3}$$

Unter Berücksichtigung dieser Bedingungen erhalten wir aus (1) bzw. (2) die folgenden Gleichungen für die Bestimmung der Koeffizienten $a_n^{i,a}$ bzw. $b_n^{i,a}$:

$$-a_n^i \frac{\beta n}{r_0} J_n(s_i r_0) + b_n^i \mu_i j\omega s_i J_n'(s_i r_0)$$

$$= -a_n^a \frac{\beta n}{r_0} H_n^{(2)}(s_a r_0) + b_n^a \mu_a j\omega s_a H_n^{(2)\prime}(s_a r_0), \tag{4a}$$

$$a_n^i s_i^2 J_n(s_i r_0) = a_n^a s_a^2 H_n^{(2)}(s_a r_0) \tag{4b}$$

bzw.

$$-a_n^i \, j \frac{k_i^2}{\mu_i \omega} s_i J_n'(s_i r_0) - b_n^i \frac{\beta n}{r_0} J_n(s_i r_0)$$

$$= -a_n^a j \frac{k_a^2}{\mu_a \omega} s_a H_n^{(2)\prime}(s_a r_0) - b_n^a \frac{\beta n}{r_0} H_n^{(2)}(s_a r_0), \tag{5a}$$

$$b_n^i s_i^2 J_n(s_i r_0) = b_n^a s_a^2 H_n^{(2)}(s_a r_0). \tag{5b}$$

Diese Gleichungen stellen ein homogenes Gleichungssystem für die vier unbekannten a_n^i, a_n^a, b_n^i, b_n^a dar. Wir finden also eine nichttriviale Lösung nur dann, wenn die Determinante Null ist. Als Lösungsbedingung ergibt sich

$$\left[\frac{\mu_i}{s_i} \frac{J_n'(s_i r_0)}{J_n(s_i r_0)} - \frac{\mu_a}{s_a} \frac{H_n^{(2)\prime}(s_a r_0)}{H_n^{(2)}(s_a r_0)} \right] \left[\frac{k_i^2}{\mu_i s_i} \frac{J_n'(s_i r_0)}{J_n(s_i r_0)} - \frac{k_a^2}{\mu_a s_a} \frac{H_n^{(2)\prime}(s_a r_0)}{H_n^{(2)}(s_a r_0)} \right] = \frac{n^2 \beta^2}{r_0^2} \left(\frac{1}{s_a^2} - \frac{1}{s_i^2} \right)^2. \tag{6}$$

Diese komplizierte transzendente Gleichung dient zur Bestimmung des unbekannten Faktors β. Er hängt mit s_i oder s_a durch die Gleichung

$$s_{i,a} = \sqrt{k_{i,a}^2 - \beta^2}; \quad k_{i,a}^2 = \omega^2 \varepsilon_{i,a} \mu_{i,a} - j\omega \sigma_{i,a} \mu_{i,a} \tag{7}$$

zusammen. Wenn wir diesen Wert von β in die Gleichungen (4), (5) einsetzen, lassen sich diese lösen.

Die oben angegebene allgemeine Lösung enthält folgende interessante Sonderfälle:

Ein massiver Zylinder aus verlustfreiem Isolatormaterial im freien Raum stellt einen dielektrischen Wellenleiter dar.

Besteht der Außenraum aus einem guten Leiter und der Zylinder aus einem idealen oder verlustarmen Dielektrikum, so erhalten wir die *Wellen in Hohlleitungen*. Diese besitzen sehr große praktische Bedeutung.

Wenn wir nun die Anordnung etwas abändern, indem wir den idealen metallischen Zylinder mit einer dielektrischen Schicht überziehen und dann in den unendlichen, durch ε_0, μ_0 charakterisierten Raum einsetzen, so erhalten wir die *Goubau-Harmsschen Oberflächenwellen*.

Wird endlich ein massiver Zylinder von mäßig guter Leitfähigkeit in einen verlustfreien Isolator gelegt, so gelangen wir zu den *Sommerfeldschen Oberflächenwellen*. Ihre praktische Bedeutung ist gering. Aber historisch sind sie grundlegend.

4.20.2.2. Dielektrische Wellenleiter

Die maßgebenden Faktoren sind jetzt

$$k_\mathrm{i}^2 = \omega^2 \varepsilon_\mathrm{i} \mu_\mathrm{i}; \qquad k_\mathrm{a}^2 = \omega^2 \varepsilon_\mathrm{a} \mu_\mathrm{a} = \omega^2 \varepsilon_0 \mu_0, \tag{8a, b}$$

$$s_\mathrm{i}^2 = \omega^2 \varepsilon_\mathrm{i} \mu_\mathrm{i} - \beta^2; \qquad s_\mathrm{a}^2 = \omega^2 \varepsilon_\mathrm{a} \mu_\mathrm{a} - \beta^2. \tag{9a, b}$$

Um ein exponentiell abklingendes und kein sich in r-Richtung ausbreitendes elektromagnetisches Feld zu erhalten, muß das Argument in $H_n^{(2)}(s_\mathrm{a} r)$ rein imaginär, und zwar von der Form

$$s_\mathrm{a} = -\mathrm{j}\, |s_\mathrm{a}| \tag{10}$$

sein. Aus den Gleichungen (9a, b) bilden wir

$$s_\mathrm{i}^2 - s_\mathrm{a}^2 = \omega^2 \varepsilon_\mathrm{i} \mu_\mathrm{i} - \omega^2 \varepsilon_\mathrm{a} \mu_\mathrm{a} \tag{11}$$

und erhalten nach Umformung

$$s_\mathrm{i}^2 + |s_\mathrm{a}|^2 = \omega^2 (\varepsilon_\mathrm{i} \mu_\mathrm{i} - \varepsilon_0 \mu_0) = \omega^2 \varepsilon_0 \mu_0 [\varepsilon_\mathrm{r} \mu_\mathrm{r} - 1] = \left(\frac{2\pi}{\lambda}\right)^2 (\varepsilon_\mathrm{r} \mu_\mathrm{r} - 1). \tag{12}$$

Hier sind μ_r bzw. ε_r durch die Gleichungen $\mu_\mathrm{r} = \mu_\mathrm{i}/\mu_\mathrm{a} = \mu_\mathrm{i}/\mu_0$ bzw. $\varepsilon_\mathrm{r} = \varepsilon_\mathrm{i}/\varepsilon_\mathrm{a} = \varepsilon_\mathrm{i}/\varepsilon_0$ definiert. Multiplizieren wir diese Gleichung mit r_0^2, so ergibt sich

$$(s_\mathrm{i} r_0)^2 + (|s_\mathrm{a}|\, r_0)^2 = \left(\frac{2\pi r_0}{\lambda}\right)^2 [\varepsilon_\mathrm{r} \mu_\mathrm{r} - 1]. \tag{13}$$

Wir formen jetzt Gl. (6) so um, daß auch dort die Größen $s_\mathrm{i} r_0$ bzw. $|s_\mathrm{a}|\, r_0$ vorkommen.

Multiplizieren wir den Ausdruck in der ersten Klammer der linken Seite der Gl. (6) mit $1/\mu_\mathrm{a}$, den zweiten dagegen mit μ_a, die ganze Gleichung mit $1/k_\mathrm{a}^2 r_0^2$ und führen wir den Wert $s_a = -\mathrm{j}\,|s_a|$ ein, so erhalten wir

$$\left[\mu_r \frac{J_n'(s_i r_0)}{s_i r_0 J_n(s_i r_0)} + \frac{1}{\mathrm{j}\,|s_a|\,r_0} \frac{H_n^{(2)\prime}(-\mathrm{j}\,|s_a|\,r_0)}{H_n^{(2)}(-\mathrm{j}\,|s_a|\,r_0)}\right] \cdot \left[\varepsilon_r \frac{J_n'(s_i r_0)}{s_i r_0 J_n(s_i r_0)} + \frac{1}{\mathrm{j}\,|s_a|\,r_0} \frac{H_n^{(2)\prime}(-\mathrm{j}\,|s_a|\,r_0)}{H_n^{(2)}(-\mathrm{j}\,|s_a|\,r_0)}\right]$$
$$= \frac{n^2 \beta^2}{k_a^2} \left[\frac{1}{|s_a|^2\,r_0^2} + \frac{1}{(s_i r_0)^2}\right]^2. \tag{14}$$

Da aber aus den Gleichungen (8a, b; 9a, b) die Gleichung

$$\frac{\beta^2}{k_a^2} = \frac{s_i^2 + \varepsilon_r \mu_r\,|s_a|^2}{s_i^2 + |s_a|^2} \quad \text{bzw.} \quad \frac{\beta^2}{k_a^2}\left[\frac{1}{|s_a|^2\,r_0^2} + \frac{1}{(s_i r_0)^2}\right] = \frac{\varepsilon_r \mu_r}{(s_i r_0)^2} + \frac{1}{(|s_a|\,r_0)^2} \tag{15}$$

folgt, läßt sich die allgemeine Dispersionsgleichung (6) wie folgt schreiben:

$$\left[\mu_r \frac{J_n'(s_i r_0)}{s_i r_0 J_n(s_i r_0)} + \frac{1}{\mathrm{j}\,|s_a|\,r_0} \frac{H_n^{(2)\prime}(-\mathrm{j}\,|s_a|\,r_0)}{H_n^{(2)}(-\mathrm{j}\,|s_a|\,r_0)}\right] \cdot \left[\varepsilon_r \frac{J_n'(s_i r_0)}{s_i r_0 J_n(s_i r_0)} + \frac{1}{\mathrm{j}\,|s_a|\,r_0} \frac{H_n^{(2)\prime}(-\mathrm{j}\,|s_a|\,r_0)}{H_n^{(2)}(-\mathrm{j}\,|s_a|\,r_0)}\right]$$
$$= n^2 \left[\frac{1}{(s_i r_0)^2} + \frac{1}{(|s_a|\,r_0)^2}\right]\left[\frac{\varepsilon_r \mu_r}{(s_i r_0)^2} + \frac{1}{(|s_a|\,r_0)^2}\right]. \tag{16}$$

Diese Gleichung, zusammen mit Gl. (13), dient zur Bestimmung von $s_i r_0$ und $|s_a|\,r_0$. Damit sind alle charakteristischen Größen, insbesondere β, in unseren Händen.

Bei vorgegebenem n stellt Gl. (16) einen Zusammenhang zwischen $s_i r_0$ und $|s_a|\,r_0$ dar, d. h., sie kann im Koordinatensystem $(s_i r_0,\ |s_a|\,r_0)$ durch eine Kurvenschar dargestellt werden (Abb. 4.48a).

Gleichung (13) bedeutet in diesem System einen Kreis. Der Radius dieses Kreises enthält durch λ die erregende Frequenz. Der Schnittpunkt mit der Kurvenschar führt zu den gesuchten Werten von $s_i r_0$ und $|s_a|\,r_0$ bei dem ausgewählten Wellentyp.

Als interessante Besonderheiten seien die folgenden hervorgehoben.

Bei $n = 0$ wird die rechte Seite der Gl. (16) Null. Dies kann erreicht werden, indem man den Ausdruck in der ersten bzw. in der zweiten Klammer der linken Seite zu Null macht. Im ersten Fall erhalten wir die mit TE_{01}, im zweiten die mit TM_{01} bezeichnete Kurve. Im zylindersymmetrischen Fall existieren also reine TE- bzw.

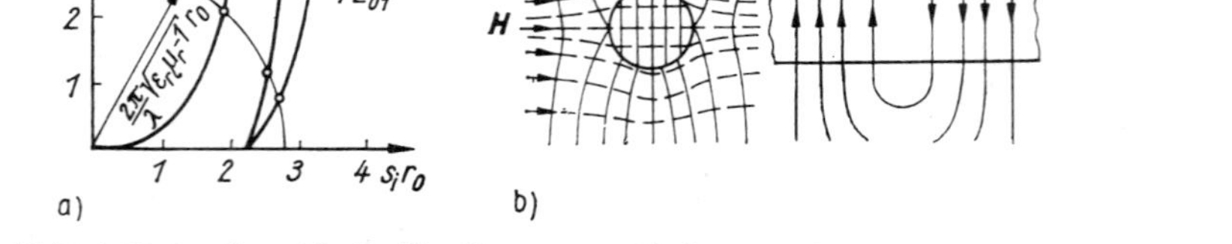

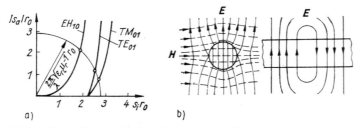

Abb. 4.48a) Graphische Bestimmung von β.
b) Die Grundwelle (ohne Grenzfrequenz) des dielektrischen Wellenleiters

TM-Wellen. Beide haben eine (gemeinsame) Grenzfrequenz. Wenn $n \neq 0$ ist, existieren nur Hybrid-Wellen. Interessant ist das Verhalten der üblicherweise mit EH_{10} bezeichneten Grundwelle: sie hat keine Grenzfrequenz bzw. diese ist gleich Null (Abb. 4.48b).

4.20.2.3. Die Sommerfeldsche Oberflächenwelle

Für die Sommerfeldschen Wellen — wir beschränken uns auf $n = 0$ und TM-Wellen — lautet die Dispersionsrelation nach (6) und (10)

$$\frac{k_i^2}{\mu_i s_i} \frac{J_0'(s_i r_0)}{J_0(s_i r_0)} = -\frac{k_a^2}{j\mu_a |s_a|} \frac{H_0^{(2)\prime}(-j\,|s_a|\,r_0)}{H_0^{(2)}(-j\,|s_a|\,r_0)} \tag{17}$$

oder, unter Berücksichtigung des Zusammenhanges $J_0' = -J_1$ bzw. $H_0' = -H_1$,

$$\frac{k_i^2}{\mu_i s_i} \frac{J_1(s_i r_0)}{J_0(s_i r_0)} = -\frac{k_a^2}{j\mu_a |s_a|} \frac{H_1^{(2)}(-j\,|s_a|\,r_0)}{H_0^{(2)}(-j\,|s_a|\,r_0)}. \tag{18}$$

Ferner gelten die Beziehungen

$$k_a^2 = \omega^2 \varepsilon_a \mu_a = \omega^2 \varepsilon_0 \mu_0; \qquad k_i^2 = \mu_i \sigma_i \omega\, e^{-j\frac{\pi}{2}}; \qquad k_i = \pm \sqrt{\mu_i \sigma_i \omega}\, e^{-j\frac{\pi}{4}}. \tag{19}$$

Wir machen die folgenden vereinfachenden Annahmen: $\sqrt{\varepsilon_0 \mu_0}\, \omega r_0 \ll 1$; also ist λ die Wellenlänge bei freier Ausbreitung — groß gegen r_0. Es sei auch $\beta r_0 \ll 1$; d. h., es soll Λ — die Wellenlänge längs des Zylinders — groß sein gegenüber r_0; somit gilt auch $|s_a|\, r_0 \ll 1$, d. h., wir können für die Hankelschen Funktionen die für kleine Argumente gültige Näherung benutzen:

$$H_0^{(2)}(X) \approx -j\,\frac{2}{\pi} \ln \frac{\gamma x}{-2j}; \qquad H_1^{(2)}(X) \approx \frac{2j}{\pi x}. \tag{20}$$

Es soll ferner $|k_i|\, r_0 \gg 1$ sein, was physikalisch bedeutet, daß die Eindringtiefe klein gegenüber r_0 ist. Dann gelten auch

$$|s_i|\, r_0 \gg 1; \qquad |k_i| \gg \beta. \tag{21}$$

Es können also für die Bessel-Funktionen die für große Argumente gültigen Näherungen verwendet werden, und zwar

$$J_0(x) = \frac{1}{2}\,[H_0^{(1)}(x) + H_0^{(2)}(x)] = \frac{1}{2}\left[\sqrt{\frac{2}{\pi x}}\, e^{j\left(x-\frac{\pi}{4}\right)} + \sqrt{\frac{2}{\pi x}}\, e^{-j\left(x-\frac{\pi}{4}\right)}\right]. \tag{22}$$

Wenn x komplex ist — wie in unserem Fall — und man dafür sorgt, daß der Imaginärteil von x negativ ist, so kann das zweite Glied vernachlässigt werden, d. h., es ist

$$J_0(x) \approx \sqrt{\frac{1}{2\pi x}}\, e^{j\left(x-\frac{\pi}{4}\right)}; \qquad J_1(x) = -J_0'(x) \approx -jJ_0(x). \tag{23}$$

Wir haben also für (18)

$$-\frac{k_\mathrm{i}^2}{\mu_\mathrm{i} s_\mathrm{i}}\,\mathrm{j} = -\frac{k_\mathrm{a}^2}{\mathrm{j}\mu_\mathrm{a}\,|s_\mathrm{a}|}\;\frac{\mathrm{j}\,\dfrac{2}{\pi}\,(-\mathrm{j}\,|s_\mathrm{a}|\,r_0)^{-1}}{-\mathrm{j}\,\dfrac{2}{\pi}\ln\dfrac{\gamma(-\mathrm{j}\,|s_\mathrm{a}|\,r_0)}{-2\mathrm{j}}} = +\frac{k_\mathrm{a}^2}{\mu_\mathrm{a}\,|s_\mathrm{a}|^2\,r_0}\;\frac{1}{\ln\dfrac{\gamma\,|s_\mathrm{a}|\,r_0}{2}} \tag{24}$$

bzw. den reziproken Wert

$$\frac{\mu_\mathrm{a}\,|s_\mathrm{a}|^2\,r_0}{k_\mathrm{a}^2}\ln\frac{\gamma\,|s_\mathrm{a}|\,r_0}{2} = \mathrm{j}\,\frac{\mu_\mathrm{i} s_\mathrm{i}}{k_\mathrm{i}^2}. \tag{25}$$

Multipliziert man mit $-r_0 k_\mathrm{a}^2/\mu_\mathrm{a}$, so folgt

$$|s_\mathrm{a}|^2\,r_0^2\ln\frac{2}{\gamma\,|s_\mathrm{a}|\,r_0} = -\mathrm{j}\,\frac{\mu_\mathrm{i} s_\mathrm{i} r_0 k_\mathrm{a}^2}{k_\mathrm{i}^2\mu_\mathrm{a}} = -\mathrm{j}\,\frac{\mu_\mathrm{i} r_0 k_\mathrm{a}^2}{\sqrt{\omega\mu_\mathrm{i}\sigma_\mathrm{i}}\,\mathrm{e}^{-\mathrm{j}\frac{\pi}{4}}\,\mu_\mathrm{a}} = \frac{1}{\mathrm{j}}\,\frac{r_0 k_\mathrm{a}^2}{\sqrt{\omega\mu_\mathrm{i}\sigma_\mathrm{i}}\,\mathrm{e}^{-\mathrm{j}\frac{\pi}{4}}}$$

$$= \frac{r_0 k_\mathrm{a}^2}{\sqrt{\omega\mu_\mathrm{i}\sigma_\mathrm{i}}\,\mathrm{e}^{+\mathrm{j}\pi/4}} = \frac{r_0 k_\mathrm{a}^2}{\sqrt{2}}\sqrt{\frac{2}{\omega\mu_\mathrm{i}\sigma_\mathrm{i}}}\,\mathrm{e}^{-\mathrm{j}\frac{\pi}{4}} = \frac{k_\mathrm{a}^2 r_0\delta}{2}\,(1-\mathrm{j}), \tag{26}$$

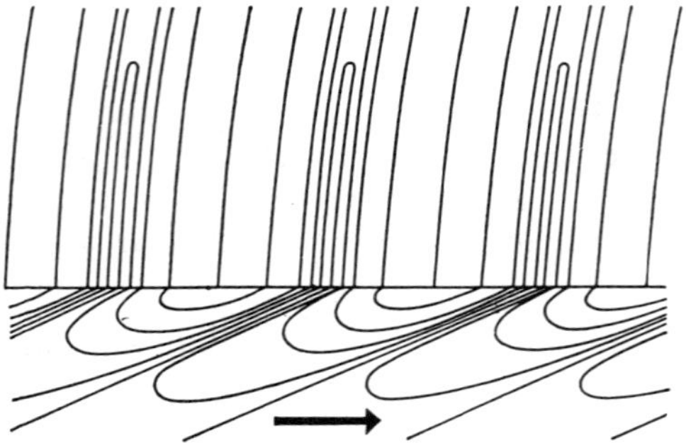

Abb. 4.49 Sommerfeldsche Hauptwelle

da nach (9a, b) und (21) $s_\mathrm{i} \approx k_\mathrm{i}$ und $\mu_\mathrm{i} \approx \mu_\mathrm{a} = \mu_0$ ist. Die Dispersionsrelation lautet also endgültig

$$|s_\mathrm{a}|^2\,r_\mathrm{a}^2\ln\frac{2}{\gamma\,|s_\mathrm{a}|\,r_0} = \frac{k_\mathrm{a}^2 r_0\delta}{2}\,(1-\mathrm{j}). \tag{27}$$

Der Verlauf der Feldlinien ist in Abb. 4.49 dargestellt.

4.20.2.4. Der Goubausche Oberflächenleiter

Das Feld besteht hier aus drei Teilen:

a) dem Innern des Metalls mit den Konstanten ε_i, μ_i, σ_i (das Feld wird hier durch Besselsche Funktionen erster Art dargestellt);

b) der isolierenden Zwischenschicht mit den Konstanten ε_s, μ_s (bei der Darstellung des Feldes spielen hier neben den Besselschen Funktionen erster Art auch die Neumannschen Funktionen eine Rolle);

c) dem Außenfeld mit seinen Konstanten ε_a, μ_a (es wird wieder durch Hankelsche Funktionen bestimmt).

So ergeben sich z. B. die elektrischen Feldkomponenten in der Zwischenschicht, wenn wir uns auf die symmetrische Lösung ($n = 0$) beschränken, zu

$$E_z^s = (k_s^2 - \beta^2)\left[a_{0j}^s J_0\left(\sqrt{k_s^2 - \beta^2}\, r\right) + a_{0n}^s N_0\left(\sqrt{k_s^2 - \beta^2}\, r\right)\right] e^{j(\omega t - \beta z)}, \tag{28a}$$

$$E_r^s = -j\sqrt{k_s^2 - \beta^2}\,\beta\left[a_{0j}^s J_0'\left(\sqrt{k_s^2 - \beta^2}\, r\right) + a_{0n}^s N_0'\left(\sqrt{k_s^2 - \beta^2}\, r\right)\right] e^{j(\omega t - \beta z)}, \tag{28b}$$

$$E_\varphi^s = 0 \tag{28c}$$

und im Außenraum

$$E_z^a = a_0^a s_a^2 H_0^{(2)}(s_a r)\, e^{j(\omega t - \beta z)}, \tag{29a}$$

$$E_r^a = -a_0^a j s_a \beta H_0^{(2)\prime}(s_a r)\, e^{j(\omega t - \beta z)}, \tag{29b}$$

$$E_\varphi^a = 0, \tag{29c}$$

wo $s_a^2 = k_a^2 - \beta^2$ bedeutet.

Ist r_0 der Zylinderhalbmesser und hat die Isolierschicht den Halbmesser r_1, so kann man die Randbedingungen, auf die Oberfläche des ideal angenommenen Metallzylinders bezogen, in folgender Form darstellen:

$$E_z^s = 0, \quad \text{wenn} \quad r = r_0,$$

oder, ausführlicher geschrieben,

$$a_{0j}^s J_0\left(\sqrt{k_s^2 - \beta^2}\, r_0\right) + a_{0n}^s N_0\left(\sqrt{k_s^2 - \beta^2}\, r_0\right) = 0, \tag{30}$$

woraus sich

$$\frac{a_{0n}^s}{a_{0j}^s} = -\frac{J_0\left(\sqrt{k_s^2 - \beta^2}\, r_0\right)}{N_0\left(\sqrt{k_s^2 - \beta^2}\, r_0\right)} \tag{31}$$

ergibt.

Die Bedingung, daß die Komponenten E_z und H_φ durch die Oberfläche des Dielektrikums stetig hindurchgehen müssen, liefert uns folgende Beziehung:

$$\frac{k_s^2}{\mu_s\sqrt{k_s^2 - \beta^2}}\;\frac{J_0'\left(\sqrt{k_s^2 - \beta^2}\, r_1\right) + \dfrac{a_{0n}^s}{a_{0j}^s} N_0'\left(\sqrt{k_s^2 - \beta^2}\, r_1\right)}{J_0\left(\sqrt{k_s^2 - \beta^2}\, r_1\right) + \dfrac{a_{0n}^s}{a_{0j}^s} N_0\left(\sqrt{k_s^2 - \beta^2}\, r_1\right)}$$

$$= \frac{k_a^2}{\mu_a\sqrt{k_a^2 - \beta^2}}\;\frac{H_0^{(2)\prime}\left(\sqrt{k_a^2 - \beta^2}\, r_1\right)}{H_0^{(2)}\left(\sqrt{k_a^2 - \beta^2}\, r_1\right)}. \tag{32}$$

Da a_{0n}^{s}/a_{0j}^{s} bekannt ist, wird aus dieser Gleichung

$$\frac{k_s^2}{\mu_s\sqrt{k_s^2-\beta^2}}\,\frac{J_0'\left(\sqrt{k_s^2-\beta^2}\,r_1\right)N_0\left(\sqrt{k_s^2-\beta^2}\,r_0\right)-J_0\left(\sqrt{k_s^2-\beta^2}\,r_0\right)N_0'\left(\sqrt{k_s^2-\beta^2}\,r_1\right)}{J_0\left(\sqrt{k_s^2-\beta^2}\,r_1\right)N_0\left(\sqrt{k_s^2-\beta^2}\,r_0\right)-J_0\left(\sqrt{k_s^2-\beta^2}\,r_0\right)N_0\left(\sqrt{k_s^2-\beta^2}\,r_1\right)}$$

$$=\frac{k_a^2}{\mu_a\sqrt{k_a^2-\beta^2}}\,\frac{H_0^{(2)\prime}\left(\sqrt{k_a^2-\beta^2}\,r_1\right)}{H_0^{(2)}\left(\sqrt{k_a^2-\beta^2}\,r_1\right)}. \tag{33}$$

Hieraus kann bereits β ermittelt und dadurch das ganze Problem prinzipiell gelöst werden.

Man macht aber folgende vereinfachende Annahme. Die Schicht besteht aus idealem Isoliermaterial. Es gilt also $k_s = \sqrt{\varepsilon_s\mu_s}\,\omega$. Es soll weiter $\left|\sqrt{k_s^2-\beta^2}\,r_1\right| \ll 1$ sein. Dies bedeutet, daß die Wellenlänge groß gegenüber dem Radius ist. Dann können wir für die Zylinderfunktionen ihre Näherungswerte für kleine Argumente

$$H_0^{(2)}(x) \approx -\frac{2j}{\pi}\ln\frac{\gamma x}{-2j}; \tag{34}$$

$(\gamma \approx 1{,}78)$

benutzen. So ergibt sich aus Gl. (33)

$$\sqrt{\frac{\mu_a}{\varepsilon_a}}\,\frac{(k_a^2-\beta^2)}{k_a}\,r_1\ln\frac{\gamma\sqrt{k_a^2-\beta^2}\,r_1}{-2j} = \sqrt{\frac{\mu_s}{\varepsilon_s}}\,\frac{(k_s^2-\beta^2)}{k_s}\,r_1\ln\frac{r_1}{r_0}, \tag{35}$$

Diese Gleichung kann auch umgeschrieben werden:

$$(|s_a|\,r_1)^2\ln\frac{2}{\gamma\,|s_a|\,r_1} = \frac{1}{\varepsilon_r}\,(s_s r_1)^2\ln\frac{r_1}{r_0}; \tag{36}$$

$(s_s^2 = k_s^2-\beta^2,\ \varepsilon_r = \varepsilon_s/\varepsilon_a)$.

Außerdem gilt wieder

$$(s_s r_1)^2 + (|s_a|\,r_1)^2 = \frac{2\pi r_1}{\lambda}\sqrt{\varepsilon_r\mu_r - 1}.$$

Dadurch wird das Feld sowohl in der Schicht als auch im Außenraum in allen Einzelheiten bestimmt. Hieraus kann auch die Konzentrierung des Feldes ermittelt werden. Die numerischen Berechnungen ergeben für die Oberflächenwellen ein günstiges Ergebnis, soweit es die Konzentrierung des Feldes betrifft, denn der größte Teil der Leistung breitet sich entlang der Leitung aus.

Bei Leitungen endlicher Leitfähigkeit kann in erster Näherung mit denselben Feldstärkenverteilungen gerechnet werden. Daraus ergibt sich auch die Dämpfung. Die Dämpfungsverhältnisse sind ebenfalls günstig. Abb. 4.50 zeigt die Entstehung einer solchen Welle. Die im Koaxialkabel verlaufende Welle wird mit Hilfe eines Trichters an den Oberflächen-Wellenleiter angepaßt.

Über die Anwendung der bisher behandelten oder erwähnten Typen von zylindrischen Wellenleitern läßt sich zusammenfassend folgendes sagen.

Der dielektrische Wellenleiter wird im Frequenzgebiet $10^9 - 10^{12}$ Hz als Teil eines dielektrischen Strahles bzw. als Wellenleiter für Millimeter- und Submillimeter-Wellen angewendet. Eine Abart dieses Wellenleiters, bestehend aus einem inneren dielektrischen Zylinder, der von einer anderen dielektrischen Schicht umgeben ist (wobei der Brechungsindex des inneren Isolators größer ist als der des äußeren), wird bei der Faseroptik angewendet.

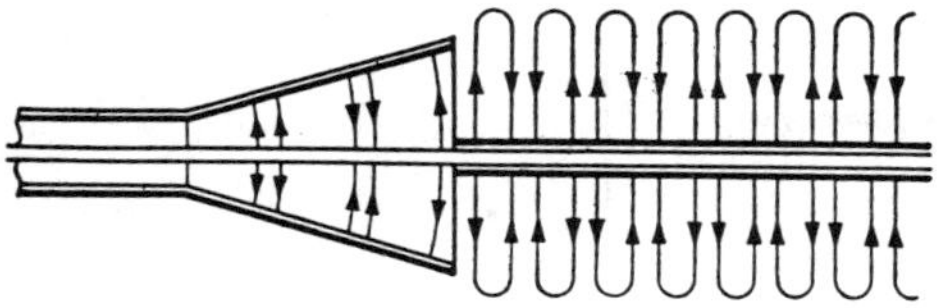

Abb. 4.50 Erregung von Goubau-Harmsschen Oberflächenwellen

Der Goubau-Harmssche Leiter wird im Gebiet $10^7 - 10^9$ Hz angewendet. Er zeichnet sich durch ein sehr breites zulässiges Frequenzband aus. Ein Wellenleiter von 1 cm Durchmesser kann von $5 \cdot 10^7$ Hz bis $7 \cdot 10^9$ Hz ($\varepsilon_r = 2{,}25$) funktionieren. Hier wird die untere Grenze durch die Forderung festgelegt, daß sich die Energie konzentriert um den Leiter fortpflanzen soll, die obere dadurch, daß die nächste Mode nicht auftreten soll.

Das typische Anwendungsgebiet des Hohlleiters liegt bei $10^9 - 10^{10}$ Hz. Der Hohlleiter ist der wichtigste Übertrager von Zentimeterwellen. Der aus koaxial angeordneten Metallzylindern bestehende Leiter hat eine außerordentliche Eigenschaft: in ihm kann der Wellentyp TEM bestehen, der keine Grenzfrequenz (bzw. die Grenzfrequenz Null) hat. Mit Hilfe von solchen Leitern kann also Energie auch in Form von Gleichstrom-Energie übertragen werden (siehe Kap. 4.25. und 4.35.).

4.21. Lösung des Randwertproblems auf einer Kugelfläche

4.21.1. Allgemeine Lösung

In Kapitel 4.17. wurden die Lösung der Wellengleichung für Kugelkoordinaten behandelt und die Feldstärkekomponenten bestimmt. Nun soll mit Hilfe der letzteren die folgende Aufgabe gelöst werden. In den durch die Konstanten ε_a, μ_a, σ_a bestimmten Raum soll eine Kugel mit den Konstanten ε_i, μ_i, σ_i eingesetzt werden. Gesucht werden die Lösungen der Wellengleichung, die im Innern der Kugel einen endlichen Wert liefern, im Unendlichen die Ausstrahlungsbedingungen befriedigen und auf der

Kugelfläche selbst die vorgeschriebenen Randbedingungen erfüllen. Die Lösung für das Innere der Kugel lautet für TM-Wellen nach 4.17. (13)

$$\left.\begin{aligned}
E_r^{\mathrm{i}} &= a_{mn}^{\mathrm{i}} \frac{n(n+1)}{r^2} \sqrt{r}\, J_{n+1/2}(k_{\mathrm{i}} r)\, S_n(\vartheta, \varphi)\, \mathrm{e}^{\mathrm{j}\omega t} \\
&= a_{mn}^{\mathrm{i}} \frac{n(n+1)}{r^{3/2}} J_{n+1/2}(k_{\mathrm{i}} r)\, P_n^m(\cos\vartheta)\, \mathrm{e}^{\mathrm{j}m\varphi}\, \mathrm{e}^{\mathrm{j}\omega t}, \\
E_\vartheta^{\mathrm{i}} &= a_{mn}^{\mathrm{i}} \frac{1}{r} \frac{\partial S_n(\vartheta, \varphi)}{\partial\vartheta} \frac{d \sqrt{r}\, J_{n+1/2}(k_{\mathrm{i}} r)}{\mathrm{d}r}\, \mathrm{e}^{\mathrm{j}\omega t} \\
&= a_{mn}^{\mathrm{i}} \frac{1}{r} \frac{\mathrm{d}}{\mathrm{d}r} \sqrt{r}\, J_{n+1/2}(k_{\mathrm{i}} r) \frac{\mathrm{d}}{\mathrm{d}\vartheta} P_n^m(\cos\vartheta)\, \mathrm{e}^{\mathrm{j}m\varphi}\, \mathrm{e}^{\mathrm{j}\omega t}, \\
E_\varphi^{\mathrm{i}} &= a_{mn}^{\mathrm{i}} \frac{1}{r\sin\vartheta} \frac{\partial S_n(\vartheta, \varphi)}{\partial\varphi} \frac{\mathrm{d} \sqrt{r}\, J_{n+1/2}(k_{\mathrm{i}} r)}{\mathrm{d}r}\, \mathrm{e}^{\mathrm{j}\omega t} \\
&= a_{mn}^{\mathrm{i}} \frac{\mathrm{j}m}{r\sin\vartheta} \frac{\mathrm{d}}{\mathrm{d}r} \sqrt{r}\, J_{n+1/2}(k_{\mathrm{i}} r)\, P_n^m(\cos\vartheta)\, \mathrm{e}^{\mathrm{j}m\varphi}\, \mathrm{e}^{\mathrm{j}\omega t}, \\
H_r^{\mathrm{i}} &= 0, \\
H_\vartheta^{\mathrm{i}} &= a_{mn}^{\mathrm{i}} \mathrm{j} \frac{k_i^2}{\mu_{\mathrm{i}}\omega \sqrt{r} \sin\vartheta} \frac{\partial S_n(\vartheta, \varphi)}{\partial\varphi} \sqrt{r}\, J_{n+1/2}(k_{\mathrm{i}} r)\, \mathrm{e}^{\mathrm{j}\omega t} \\
&= -\frac{a_{mn}^{\mathrm{i}} k_{\mathrm{i}}^2 m}{\mu_{\mathrm{i}}\omega \sqrt{r} \sin\vartheta} J_{n+1/2}(k_{\mathrm{i}} r)\, P_n^m(\cos\vartheta)\, \mathrm{e}^{\mathrm{j}m\varphi}\, \mathrm{e}^{\mathrm{j}\omega t}, \\
H_\varphi^{\mathrm{i}} &= -\mathrm{j}\, a_{mn}^{\mathrm{i}} \frac{k_{\mathrm{i}}^2}{r\mu_{\mathrm{i}}\omega} \frac{\partial S_n(\vartheta, \varphi)}{\partial\vartheta} \sqrt{r}\, J_{n+1/2}(k_{\mathrm{i}} r)\, \mathrm{e}^{\mathrm{j}\omega t} \\
&= -\mathrm{j} \frac{a_{mn}^{\mathrm{i}} k_{\mathrm{i}}^2}{\mu_{\mathrm{i}}\omega \sqrt{r}} J_{n+1/2}(k_{\mathrm{i}} r) \frac{\mathrm{d}P_n^m(\cos\vartheta)}{\mathrm{d}\vartheta}\, \mathrm{e}^{\mathrm{j}m\varphi}\, \mathrm{e}^{\mathrm{j}\omega t}.
\end{aligned}\right\} \tag{1}$$

Entsprechende Gleichungen können wir für die TE-Wellen aufstellen. Im Außenraum haben diese Gleichungen die gleiche Form mit der Abweichung, daß an Stelle von $J_{n+1/2}(k_i r)$ die Funktion $H_{n+1/2}^{(2)}(k_{\mathrm{a}} r)$ vorkommt.

Wir haben also unsere Lösung aus solchen Lösungen zusammenzusetzen. Die Koeffizienten a_{mn} sind aus den Randbedingungen zu bestimmen. Diese Bedingungen schreiben vor, daß die Tangentialkomponenten des elektrischen und des magnetischen Feldes stetig durch die Grenze, d. h. durch die Kugelfläche, hindurchgehen.

Die Randbedingungen lauten also

$$\begin{aligned}
E_\vartheta^{\mathrm{i}} &= E_\vartheta^{\mathrm{a}}, & E_\varphi^{\mathrm{i}} &= E_\varphi^{\mathrm{a}}, & & \\
H_\vartheta^{\mathrm{i}} &= H_\vartheta^{\mathrm{a}}, & H_\varphi^{\mathrm{i}} &= H_\varphi^{\mathrm{a}}, & r &= r_0.
\end{aligned} \tag{2}$$

Setzen wir hier die entsprechenden Größen aus den obigen Gleichungen ein, so gelangen wir zu

$$\left.\begin{aligned} a_{mn}^{\mathrm{i}} \left[\frac{\mathrm{d}}{\mathrm{d}r} \sqrt{r}\, J_{n+1/2}(k_{\mathrm{i}}r)\right]_{r=r_0} &= a_{mn}^{\mathrm{a}} \left[\frac{\mathrm{d}}{\mathrm{d}r} \sqrt{r}\, H_{n+1/2}^{(2)}(k_{\mathrm{a}}r)\right]_{r=r_0}, \\ a_{mn}^{\mathrm{i}} \frac{k_{\mathrm{i}}^2}{\mu_{\mathrm{i}}} \sqrt{r_0}\, J_{n+1/2}(k_{\mathrm{i}}r_0) &= a_{mn}^{\mathrm{a}} \frac{k_{\mathrm{a}}^2}{\mu_{\mathrm{a}}} \sqrt{r_0}\, H_{n+1/2}^{(2)}(k_{\mathrm{a}}r_0) \end{aligned}\right\} \tag{3}$$

und zu der Gleichung

$$\frac{\left[\sqrt{k_{\mathrm{a}}r_0}\, H_{n+1/2}^{(2)}(k_{\mathrm{a}}r_0)\right]'}{\left[\sqrt{k_{\mathrm{i}}r_0}\, J_{n+1/2}(k_{\mathrm{i}}r_0)\right]'} = \frac{k_{\mathrm{a}}^{3/2}}{k_{\mathrm{i}}^{3/2}} \frac{\mu_{\mathrm{i}}}{\mu_{\mathrm{a}}} \frac{H_{n+1/2}^{(2)}(k_{\mathrm{a}}r_0)}{J_{n+1/2}(k_{\mathrm{i}}r_0)}, \tag{4}$$

wo immer nach dem Argument $k_{\mathrm{a}}r$ oder $k_{\mathrm{i}}r$ zu differenzieren ist.

Diese Gleichung formen wir noch ein wenig um. Wir führen nämlich die neue Variable $\varrho = k_{\mathrm{a}}r_0$ ein. Dann wird $k_{\mathrm{i}}r_0 = k_{\mathrm{a}}r_0 \cdot k_{\mathrm{i}}/k_{\mathrm{a}} = N\varrho$, wobei mit N das Verhältnis $k_{\mathrm{i}}/k_{\mathrm{a}}$ bezeichnet wird. So geht Gl. (4) in

$$\frac{\left[\sqrt{N\varrho}\, J_{n+1/2}(N\varrho)\right]'}{N^{3/2} J_{n+1/2}(N\varrho)} = \frac{\mu_{\mathrm{a}}}{\mu_{\mathrm{i}}} \frac{\left[\sqrt{\varrho}\, H_{n+1/2}^{(2)}(\varrho)\right]'}{H_{n+1/2}^{(2)}(\varrho)} \tag{5}$$

über. In dieser Gleichung ist ω der einzige veränderliche Parameter. Die Bedingungsgleichung kann daher durch entsprechende Wahl dieser Größe befriedigt werden. Die Randbedingungsgleichung erfordert also die Existenz diskreter ω-Werte.

Auf analoge Weise können die TE-Wellen bestimmt werden. Die Randbedingung für sie lautet

$$N^{1/2} \frac{\left[\sqrt{N\varrho}\, J_{n+1/2}(N\varrho)\right]'}{\mu_{\mathrm{i}} J_{n+1/2}(N\varrho)} = \frac{\left[\sqrt{\varrho}\, H_{n+1/2}^{(2)}(\varrho)\right]'}{\mu_{\mathrm{a}} H_{n+1/2}^{(2)}(\varrho)}. \tag{6}$$

Im folgenden werden einige Spezialfälle behandelt. Es wird der Fall besprochen, daß die massive Kugel aus Metall unendlich guter Leitfähigkeit, der Außenraum aber aus einem idealen Isolator besteht. Etwas ausführlicher soll dann später der umgekehrte Fall untersucht werden, bei dem im massiven Metall eine dielektrische Kugel angebracht ist. Der erste Fall führt zu Schwingungen gegebener Frequenz, die durch die Ausstrahlung gedämpft werden, der zweite Fall zu einem Hohlraumresonator, der zu ungedämpften Schwingungen fähig ist.

4.21.2. Eigenschwingungen einer massiven Metallkugel

Im ersten Fall kann die Bedingungsgleichung (2) bzw. (3) (da $\sigma = \infty$, d. h. $E_\vartheta = E_\varphi = 0$ sein muß) in folgender Form dargestellt werden:

bei TM-Wellen

$$\left[\sqrt{\varrho}\, H_{n+1/2}^{(2)}(\varrho)\right]' = 0 \tag{7}$$

und bei TE-Wellen

$$H^{(2)}_{n+1/2}(\varrho) = 0. \tag{8}$$

Betrachten wir jetzt die niedrigste TM-Wellenform, für die $n = 1$ ist, so gilt

$$H^{(2)}_{3/2}(\varrho) = -\sqrt{\frac{2}{\pi\varrho}}\, e^{-j\varrho}\left(1 - \frac{j}{\varrho}\right); \qquad \sqrt{\varrho}\, H^{(2)}_{3/2}(\varrho) = -\sqrt{\frac{2}{\pi}}\, e^{-j\varrho}\left(1 - \frac{j}{\varrho}\right), \tag{9}$$

und es folgt

$$\left[\sqrt{\varrho}\, H^{(2)}_{3/2}(\varrho)\right]' = -\sqrt{\frac{2}{\pi}}\, e^{-j\varrho}\left[\frac{j}{\varrho^2} - \frac{1}{\varrho} - j\right]. \tag{10}$$

Die Wurzeln der Gleichung

$$\varrho^2 - j\varrho - 1 = 0 \tag{11}$$

geben also die charakteristische Frequenz der Wellen an. Wir finden dann

$$\left.\begin{aligned} \varrho_{11} &= +0{,}866 + j\,0{,}5, \\ \varrho_{12} &= -0{,}866 + j\,0{,}5. \end{aligned}\right\} \tag{12}$$

Jetzt kann ω durch folgenden Zusammenhang bestimmt werden:

$$\left.\begin{aligned} \varrho &= k_a r_0 = +\sqrt{\varepsilon_a\mu_a}\,\omega r_0, \\ \omega_{\substack{11\\12}} &= \frac{\varrho_{\substack{11\\12}}}{\sqrt{\varepsilon_a\mu_a}}\,\frac{1}{r_0} = \frac{\pm 0{,}866 + j\,0{,}5}{\sqrt{\varepsilon_a\mu_a}}\,\frac{1}{r_0}. \end{aligned}\right\} \tag{13}$$

Die die Zeitabhängigkeit beschreibende Funktion kann so in folgender Form ausgedrückt werden:

$$e^{j\omega t} = e^{-\frac{0{,}5}{r_0}\frac{1}{\sqrt{\varepsilon_a\mu_a}}t \pm \frac{j\,0{,}866}{r_0}\frac{1}{\sqrt{\varepsilon_a\mu_a}}t}. \tag{14}$$

Hieraus ersieht man, daß die Schwingung stark gedämpft ist. Da sowohl das Metall als auch das Dielektrikum als ideal vorausgesetzt wurden, ist diese Dämpfung eine unmittelbare Folge der Ausstrahlung. Die Wellenlänge der ausgestrahlten Schwingungen ergibt sich zu

$$\lambda = \frac{2\pi}{0{,}866}\, r_0 = 7{,}28 r_0. \tag{15}$$

4.21.3. Die Kugelantenne

Unsere Antenne soll aus zwei durch einen sehr engen Spalt getrennten Halbkugeln bestehen. Wir nehmen an, daß die Antenne so gespeist wird, daß wir eine hochfrequente Wechselspannung zwischen der oberen und unteren Halbkugel einschalten.

Praktisch kann das so verwirklicht werden, daß wir die Spannung wie in Abb. 4.51a durch ein Koaxialkabel in den Mittelpunkt der Kugel führen und dort den Außenleiter an die untere, den Innenleiter aber an die obere Halbkugel anschließen. Die Behandlung der Kugelantenne mag ziemlich gezwungen erscheinen, jedoch besteht nach STRATTON und CHU die Möglichkeit, mit einer der Abb. 4.51b entsprechenden

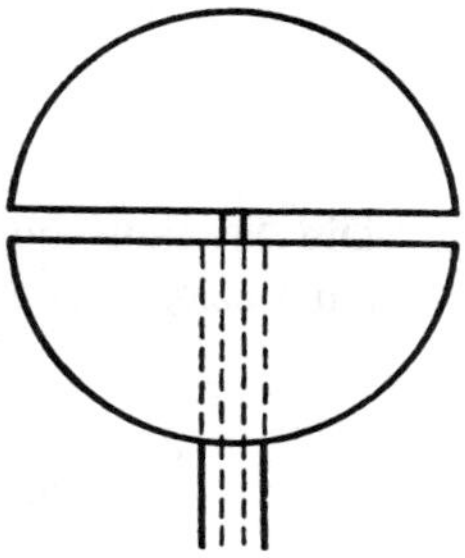

Abb. 4.51a Speisung der sphärischen Antenne

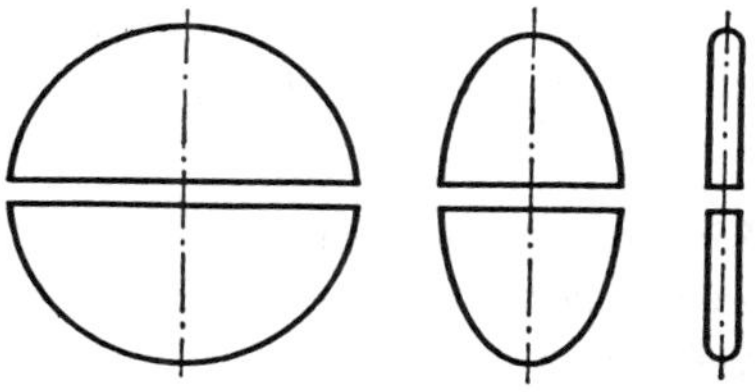

Abb. 4.51b Stetiger Übergang von der sphärischen Antenne zur Stabantenne

Verzerrung zu dem Fall der in der Mitte erregten reellen Antenne endlicher Dicke überzugehen, während die für die Kugelantenne erhaltene Lösung allmählich in die Lösung der Stabantenne übergeht.

Wir haben bereits gesehen, daß für TM-Wellen, wenn diese nicht von φ abhängen, die Feldstärkekomponenten sich folgendermaßen gestalten:

$$\left.\begin{aligned} E_r &= a_{0n}\,\frac{n(n+1)}{r^{3/2}}\,H^{(2)}_{n+1/2}(kr)\,P_n(\cos\vartheta)\,\mathrm{e}^{\mathrm{j}\omega t},\\ E_\vartheta &= a_{0n}\,\frac{1}{r}\,\frac{\mathrm{d}}{\mathrm{d}r}\left[\sqrt{r}\,H^{(2)}_{n+1/2}(kr)\right]\frac{\mathrm{d}}{\mathrm{d}\vartheta}\,P_n(\cos\vartheta)\,\mathrm{e}^{\mathrm{j}\omega t},\\ H_\varphi &= -a_{0n}\,\mathrm{j}\,\frac{k^2}{\sqrt{r}\,\mu\omega}\,H^{(2)}_{n+1/2}(kr)\,\frac{\mathrm{d}P_n(\cos\vartheta)}{\mathrm{d}\vartheta}\,\mathrm{e}^{\mathrm{j}\omega t}. \end{aligned}\right\} \tag{16}$$

Benutzen wir jetzt die Beziehungen

$$\left.\begin{aligned} \frac{\mathrm{d}P_n(\cos\vartheta)}{\mathrm{d}\vartheta} &= -P_n^1(\cos\vartheta),\\ Z'_n &= -\frac{n}{x}\,Z_n + Z_{n-1}; \qquad k^2 = \varepsilon\mu\omega^2 \end{aligned}\right\} \tag{17}$$

und führen die neue Konstante A_n durch die Definition

$$A_n = \mathrm{j}\,\frac{k^2}{\mu\omega}\,a_{0n} = \mathrm{j}\varepsilon\omega a_{0n} \tag{18}$$

ein, dann erhalten die Gleichungen (16) folgendes Aussehen:

$$\left.\begin{aligned}E_r &= \frac{A_n}{\mathrm{j}\varepsilon\omega}\,\frac{n(n+1)}{r^{3/2}}\,H^{(2)}_{n+1/2}(kr)\,P_n(\cos\vartheta)\,\mathrm{e}^{\mathrm{j}\omega t},\\ E_\vartheta &= \frac{A_n}{\mathrm{j}\omega\varepsilon}\,\frac{1}{r^{3/2}}\,P^1_n(\cos\vartheta)\,[nH^{(2)}_{n+1/2}(kr) - krH^{(2)}_{n-1/2}(kr)]\,\mathrm{e}^{\mathrm{j}\omega t},\\ H_\varphi &= \frac{A_n}{\sqrt{r}}\,P^1_n(\cos\vartheta)\,H^{(2)}_{n+1/2}(kr)\,\mathrm{e}^{\mathrm{j}\omega t}.\end{aligned}\right\} \qquad (19)$$

Wir betrachten nun die zum Wert $n = 1$ gehörende Lösung. Die Hankelsche Funktion $H^{(2)}_{3/2}(kr)$ kann auf Grund der in Kapitel 2.19.5. angegebenen Beziehungen umgeformt werden:

$$H^{(2)}_{3/2}(kr) = \sqrt{\frac{2}{\pi kr}}\,\mathrm{e}^{-\mathrm{j}kr}\left(\frac{\mathrm{j}}{kr} - 1\right). \qquad (20)$$

Wir erhalten die Feldstärke in folgenden durch Umformung der Gleichungen (19) gewonnenen Beziehungen:

$$\left.\begin{aligned}E_r &= 2A_1\sqrt{\frac{\mu}{\varepsilon}}\sqrt{\frac{2k}{\pi}}\cos\vartheta\left[\frac{\mathrm{j}}{k^2r^2} + \frac{1}{k^3r^3}\right]\mathrm{e}^{\mathrm{j}(\omega t - kr)},\\ E_\vartheta &= A_1\sqrt{\frac{\mu}{\varepsilon}}\sqrt{\frac{2k}{\pi}}\sin\vartheta\left[\frac{\mathrm{j}}{k^2r^2} - \frac{1}{kr} + \frac{1}{k^3r^3}\right]\mathrm{e}^{\mathrm{j}(\omega t - kr)}\\ H_\varphi &= A_1\sqrt{\frac{2k}{\pi}}\sin\vartheta\left[\frac{\mathrm{j}}{k^2r^2} - \frac{1}{kr}\right]\mathrm{e}^{\mathrm{j}(\omega t - kr)}.\end{aligned}\right\} \qquad (21)$$

Werden nun diese Zusammenhänge mit dem in 4.7. für das Dipolfeld gefundenen Ausdruck verglichen, so bemerkt man, daß beide Lösungen völlig identisch werden, wenn die dort auftretende Konstante durch die Beziehung

$$A_1 = \frac{I_0 l k^{3/2}}{4\mathrm{j}\sqrt{2\pi}} \qquad (22)$$

bestimmt wird.

Man darf jedoch nicht außer acht lassen, daß mit dieser Lösung die Randbedingungen der Kugelantenne noch nicht erfüllt sind. Letztere schreiben nämlich vor, daß das elektrische Feld auf der Kugelfläche überall senkrecht verlaufen soll, d. h., es soll

$$E_\vartheta = 0, \qquad r = r_0 \qquad (23)$$

gelten, mit Ausnahme des engen Spaltes zwischen den Halbkugeln. Im Spalt, also im Bereich $\pi/2 - \alpha \leqq \vartheta \leqq \pi/2 + \alpha$ (wobei 2α den Öffnungswinkel des Spaltes bedeutet), ist die Feldstärke dem von außen zugeführten elektrischen Feld gleich. Diese Feldstärke E_ϑ ist unbekannt, man kennt nur die Spannung, d. h. das Linienintegral der Feldstärke zwischen den beiden Halbkugeln, also den Ausdruck $U_0 = \int E_\vartheta(r_0)\, r_0\, \mathrm{d}\vartheta$. Um die Randbedingungen zu erfüllen, muß aus den Lösungen, die sich aus Gl. (19) mit verschiedenen Werten für n ergeben, eine unendliche Summe mit geeigneten Koeffizienten gebildet werden. Für das mit dem Strom unmittelbar verbundene Magnetfeld gewinnen wir z. B. die Beziehung

$$H_\varphi = \sum_{n=1}^{\infty} \frac{A_n}{r^{1/2}} P_n^1(\cos\vartheta)\, H_{n+1/2}^{(2)}(kr)\,, \tag{24}$$

wobei die einzelnen Koeffizienten A_n sich aus den Randbedingungen ergeben. Aus der Stromstärke können dann zugleich der Eingangswiderstand der Antenne und die in der Antenne in Wärme umgewandelte Leistung, bei bekannter elektrischer und magnetischer Feldstärke sogar die ausgestrahlte Gesamtleistung, bestimmt werden.

Im folgenden bestimmen wir die Lösung der in Kugelkoordinaten aufgestellten Maxwellschen Gleichungen, die die vorgeschriebene Randbedingung erfüllen. Wie bereits erwähnt, kann diese Lösung aus den durch die Gleichungen (19) gewonnenen Lösungen zusammengesetzt werden. Es wäre leicht, die Koeffizienten zu bestimmen, mit denen die einzelnen Lösungen multipliziert werden müssen, um die Lösung mit den entsprechenden Randbedingungen zu erhalten, wenn uns auch, wie bei früheren Aufgaben, die Feldstärke E_ϑ bei $r = r_0$ als Funktion des Winkels ϑ bekannt wäre. In diesem Fall könnte nämlich diese Funktion

$$E_\vartheta(r = r_0) = f(\vartheta) \tag{25}$$

mit Hilfe der zugeordneten Legendreschen Polynome in folgende Reihe entwickelt werden:

$$f(\vartheta) = \sum_{n=1}^{\infty} b_n P_n^1(\cos\vartheta)\,, \tag{26}$$

wobei sich die einzelnen Koeffizienten aus der Gleichung

$$b_n = \frac{2n+1}{2n(n+1)} \int_0^\pi f(\vartheta)\, P_n^1(\cos\vartheta)\, \sin\vartheta\, \mathrm{d}\vartheta \tag{27}$$

ergeben. Leider ist die Funktion $f(\vartheta)$ unbekannt. Dagegen kann vorausgesetzt werden, daß der Spalt zwischen den beiden Halbkugeln so klein wird, daß weder die Funktion $\sin\vartheta$ noch die Funktion $P_n^1(\cos\vartheta)$ in ihm vom maximalen Wert 1 bzw. $P_n^1(0)$ abweicht. Dadurch kann der Ausdruck $P_n^1(\cos\vartheta)\sin\vartheta$ vor das Integralzeichen gezogen werden, und die einzelnen Koeffizienten ergeben sich aus folgender Formel:

$$b_n = \frac{(2n+1)\, P_n^1(0)}{2n(n+1)} \int_{\pi/2-\alpha}^{\pi/2+\alpha} E_\vartheta\, \mathrm{d}\vartheta = \frac{(2n+1)\, P_n^1(0)\, U_0}{2n(n+1)\, r_0}. \tag{28}$$

Für die elektrische Feldstärke kann nach Gl. (19) die nachstehende allgemeine Lösung ermittelt werden:

$$E_\vartheta = \frac{\mathrm{j}}{\omega\varepsilon r^{3/2}} \sum_{n=1}^{\infty} A_n P_n^1(\cos\vartheta)\,[krH^{(2)}_{n-1/2}(kr) - nH^{(2)}_{n+1/2}(kr)]. \tag{29}$$

Daraus ergibt sich für den Feldstärkewert auf der Kugel $r = r_0$

$$E_{\vartheta;r=r_0} = \frac{\mathrm{j}}{\omega\varepsilon r_0^{3/2}} \sum_{n=1}^{n} A_n P_n^1(\cos\vartheta)\,[kr_0H^{(2)}_{n-1/2}(kr_0) - nH^{(2)}_{n+1/2}(kr_0)]. \tag{30}$$

Durch Vergleich mit Gl. (26) kann für die einzelnen Koeffizienten A_n folgende Beziehung abgeleitet werden:

$$A_n = \frac{\omega\varepsilon r_0^{3/2} b_n}{\mathrm{j}[kr_0H^{(2)}_{n-1/2}(kr_0) - nH^{(2)}_{n+1/2}(kr_0)]}. \tag{31}$$

Da wir somit die Feldstärke in jedem Punkt des Raumes kennen, besteht die Möglichkeit, sämtliche uns interessierenden Antennengrößen zu berechnen, z. B. den Antennenstrom, den Eingangswiderstand der Antenne, die von der Antenne ausgestrahlte Leistung usw. Im folgenden soll der Eingangswiderstand bestimmt werden, da er für die Anpassung äußerst wichtig ist. In einem beliebigen Raumpunkt ergibt sich die magnetische Feldstärke aus Gl. (24). Die hierbei auftretenden Konstanten entnehmen wir Gl. (31). Letztere Beziehung bestimmt auch den Antennenstrom. Wenn wir nämlich längs eines Breitenkreises der Antenne, z. B. über den unteren Randkreis der oberen Halbkugel, das Linienintegral der magnetischen Feldstärke bilden, so gelangen wir zu dem Ausdruck

$$2\pi r_0 H_{\varphi,r=r_0} = I \tag{32}$$

oder, durch Einsetzen des Wertes für die magnetische Feldstärke, zu

$$I = 2\pi r_0 \sum_{n=1}^{\infty} \frac{P_n^1(0)}{r_0^{1/2}} A_n H^{(2)}_{n+1/2}(kr_0). \tag{33}$$

Da wir aus den Gleichungen (31) bzw. (28) die Proportionalität der einzelnen Faktoren zu der an die beiden Halbkugeln gelegten Spannung U_0 entnehmen können, kann die Antennenadmittanz durch folgende Formel ausgedrückt werden:

$$Y = \frac{I}{U_0} = \sum_{n=1}^{\infty} Y_n, \tag{34}$$

wobei die zur n-ten Oberschwingung gehörende Admittanz durch nachstehende Beziehung bestimmt ist:

$$Y_n = \frac{\mathrm{j}\pi(2n+1)\,[P_n^1(0)]^2}{n(n+1)\sqrt{\dfrac{\mu}{\varepsilon}}} \; \frac{1}{\dfrac{n}{kr_0} - \dfrac{H^{(2)}_{n-1/2}(kr_0)}{H^{(2)}_{n+1/2}(kr_0)}}. \tag{35}$$

Die Admittanz der gesamten Antenne kann also als die Summe der für die einzelnen Oberschwingungen geltenden Admittanzen betrachtet werden. Der Kehrwert dieser Admittanz liefert uns die Eingangsimpedanz der Antenne.

Die Verhältnisse bei einer ellipsoidförmigen Antenne können mit Hilfe der konfokalen Koordinaten in ähnlicher Weise behandelt werden. Die Ergebnisse der Rechnungen sind aus Abb. 4.52a bzw. 4.52b zu ersehen.

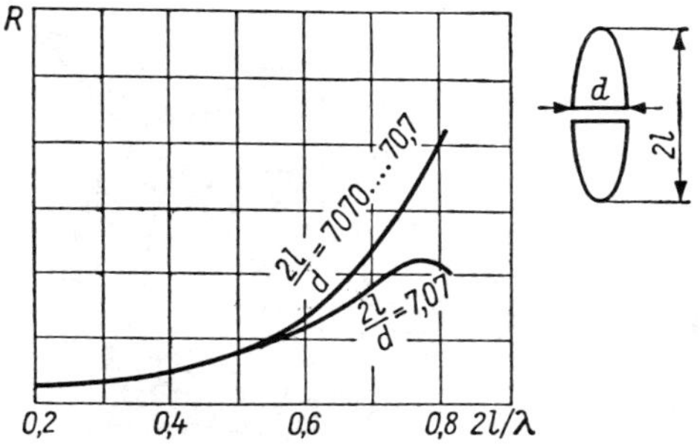

Abb. 4.52a Der reelle Teil der Eingangsimpedanz einer ellipsoidförmigen Antenne als Funktion von $2l/\lambda$ für verschiedene Werte von l/d [1.18]

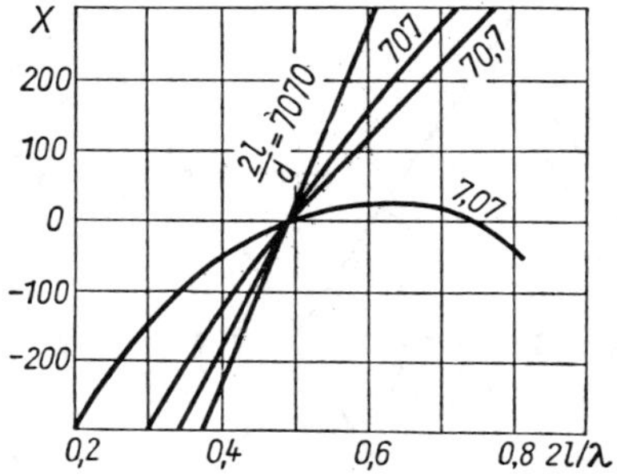

Abb. 4.52b Der imaginäre Teil der Eingangsimpedanz einer ellipsoidförmigen Antenne als Funktion von $2l/\lambda$ für verschiedene Werte von l/d [1.18]

4.21.4. Doppelkonusleitungen und -antennen

Wir haben bereits in Kapitel 4.17. eine spezielle Lösung der Gleichung für Π in Kugelkoordinaten betrachtet, nämlich nach 4.17.(19)

$$\Pi_r = \left[A \ln\left(\cot \frac{1}{2} \vartheta\right) + B\right] e^{j(\omega t - kr)}. \tag{36}$$

In diesem Falle ergeben sich die Feldstärkekomponenten nach Gl. 4.17.(13) wie folgt

$$\left.\begin{aligned} E_r &= 0, & H_r &= 0, \\ E_\vartheta &= A \frac{jk}{r \sin\vartheta} e^{j(\omega t - kr)} & H_\vartheta &= 0, \\ E_\varphi &= 0, & H_\varphi &= A \frac{j\omega\varepsilon}{r \sin\vartheta} e^{j(\omega t - kr)}. \end{aligned}\right\} \tag{37}$$

Um die Singularität bei $\vartheta = 0$ zu vermeiden, müssen wir die z-Achse ausschließen. Tun wir dies vermittels zweier Kegel von unendlicher Leitfähigkeit, so sehen wir, daß auch die Randbedingungen erfüllt sind, da die elektrische Feldstärke überall auf der Metallfläche senkrecht steht. Den Verlauf der Feldlinien ersieht man aus Abb. 4.53a.

Man kann auch die Strom- und Spannungsverhältnisse ermitteln. Es gilt nämlich

$$U = \int_{\vartheta_1}^{\vartheta_2} E_\vartheta r \, d\vartheta = \int_{\vartheta_1}^{\vartheta_2} \frac{Ajk}{\sin\vartheta} e^{j(\omega t - kr)} \, d\vartheta = -Ajk \ln\cot\frac{1}{2}\vartheta \Big|_{\vartheta_1}^{\vartheta_2} e^{j(\omega t - kr)}. \tag{38}$$

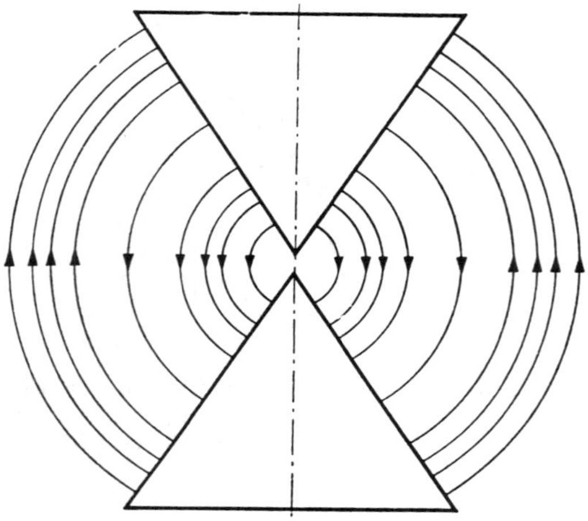

Abb. 4.53a
Einfachste Welle auf einer Doppelkonusleitung

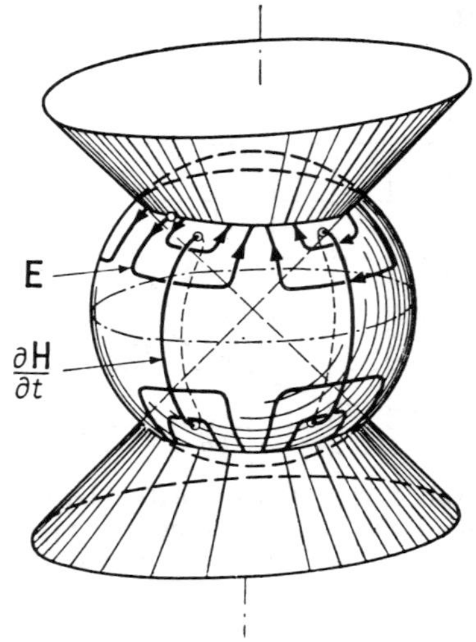

Abb. 4.53b TE-Welle an der Doppelkonusantenne. Anstelle von $\boldsymbol{H}$ wurden die $\partial \boldsymbol{H}/\partial t$-Linien aufgezeichnet (nach Zuhrt)

Der Gesamtstrom ergibt sich dann zu

$$I = \oint_0^{2\pi} H_\varphi r \sin\vartheta \, d\varphi = j\omega\varepsilon 2\pi A \, e^{j(\omega t - kr)}. \tag{39}$$

U und I sind also von r unabhängig. Die charakteristische Eingangsimpedanz wird bei dieser Doppelkonusleitung

$$Z_0 = \frac{U}{I} = -\frac{1}{2\pi}\sqrt{\frac{\mu}{\varepsilon}} \ln\cot\frac{1}{2}\vartheta \Big|_{\vartheta_1}^{\vartheta_2}. \tag{40}$$

In den Doppelkonusleitungen können auch kompliziertere Wellen auftreten. Diese setzen sich aus allgemeineren TE-Wellen zusammen. Dadurch können wir die Erfüllung weiterer Randbedingungen erzwingen.

So können wir zum Beispiel die Wellen in trichterförmigen Hohlleitungen — in Hornstrahlern — behandeln. Dabei müssen wir die zugeordneten Kugelfunktionen zweiter Art in Betracht ziehen, um sämtliche Randbedingungen erfüllen zu können.

Wie man sich eine kompliziertere TE-Welle vorzustellen hat, zeigt Abb. 4.53b.

SCHELKUNOFF hat für die endliche Konusleitung, also für die bikonische Antenne, eine exakte Lösung des Strahlungsproblems gegeben und ist dabei gleichzeitig zu einem bei sehr vielen praktischen Problemen anwendbaren Näherungsverfahren gelangt.

4.22. Die einfachsten Streuungsprobleme

Es sei ein von beliebigen Quellen erzeugtes elektromagnetisches Wellenfeld gegeben. Diese als bekannt angenommene Welle heißt einfallende (incident) Welle und wird mit $\boldsymbol{E}^{\mathrm{i}}$ bezeichnet. Trifft die einfallende Welle auf einen Körper, so wird sie gestreut.

Das Gesamtfeld setzt sich also aus der einfallenden und der gestreuten (scattered) Welle zusammen:

$$\boldsymbol{E} = \boldsymbol{E}^{\mathrm{i}} + \boldsymbol{E}^{\mathrm{sc}}. \tag{1}$$

Wir werden dieses Problem später in möglichst allgemeiner Weise aufgreifen (Abschnitt 4.40.4.); hier behandeln wir nur die einfachsten Fälle, die mit unseren bisherigen Methoden als Randwertprobleme — wenigstens prinzipiell — exakt formuliert bzw. gelöst werden können.

Die Methode besteht darin, daß wir die einfallende Welle durch solche Wellenfunktionen darstellen, die der Geometrie der Anordnung entsprechen. Erst dadurch wird die Randbedingung durch Koeffizientenvergleich möglich gemacht.

4.22.1. Streuung ebener Wellen am gut leitenden Kreiszylinder

Der Zylinder liege parallel zur z-Achse; die einfallende ebene Welle pflanze sich in der x-Richtung fort und sei in der z-Richtung polarisiert (Abb. 4.54a):

$$E_z^{\mathrm{i}} = \mathrm{e}^{-\mathrm{j}\boldsymbol{kR}} = \mathrm{e}^{-\mathrm{j}kx} = \mathrm{e}^{-\mathrm{j}kr\cos\varphi}. \tag{2}$$

Nach Gl. 4.18.(30) erhalten wir

$$E_z^{\mathrm{i}} = \sum_{n=-\infty}^{+\infty} \mathrm{j}^{-n} J_n(kr) \mathrm{e}^{\mathrm{j}n\varphi}. \tag{3}$$

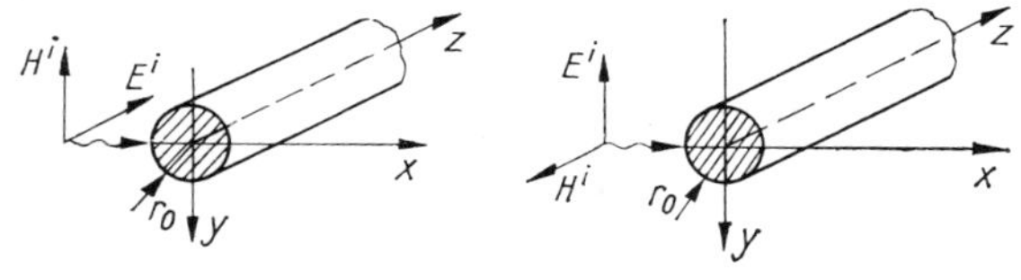

Abb. 4.54 Streuung einer ebenen Welle, a) wenn das elektrische Feld der einfallenden Welle parallel bzw. b) senkrecht zur Zylinderachse steht.

Die gestreuten Wellen können in der Form

$$E_z^{\mathrm{sc}} = \sum_{n=-\infty}^{+\infty} a_n \mathrm{j}^{-n} H_n^{(2)}(kr)\, \mathrm{e}^{\mathrm{j}n\varphi} \tag{4}$$

geschrieben werden, da sie aus auslaufenden Wellen zusammengesetzt sein müssen.

Die Randbedingung lautet nun

$$E_z^{\mathrm{i}} + E_z^{\mathrm{sc}} = 0; \qquad r = r_0, \tag{5}$$

d. h.,

$$\sum_{n=-\infty}^{+\infty} [\mathrm{j}^{-n} J_n(kr_0)\, \mathrm{e}^{\mathrm{j}n\varphi} + a_n \mathrm{j}^{-n} H_n^{(2)}(kr_0)\, \mathrm{e}^{\mathrm{j}n\varphi}] = 0. \tag{6}$$

Wir erhalten also für die Koeffizienten

$$a_n = -\frac{J_n(kr_0)}{H_n^{(2)}(kr_0)}. \tag{7}$$

Damit wird das Gesamtfeld

$$E_z = \sum_{n=-\infty}^{+\infty} (-\mathrm{j})^n \left[J_n(kr) - \frac{J_n(kr_0)}{H_n^{(2)}(kr_0)} H_n^{(2)}(kr)\right] \mathrm{e}^{\mathrm{j}n\varphi}. \tag{8}$$

Physikalisch ergibt sich die Streuung als Folge der Flächenströme, welche im Zylinder induziert werden:

$$K_z = H_\varphi \Big|_{r=r_0} = \frac{1}{\mathrm{j}\omega\mu} \frac{\partial E_z}{\partial r}\Big|_{r=r_0}. \tag{9}$$

Hier wurde die II. Maxwellsche Gleichung benutzt.

Fällt (wie in Abb. 4.54b) die Zylinderachse mit H_z^{i} zusammen, so entwickeln wir H_z^{i} in der folgenden Form:

$$H_z^{\mathrm{i}} = \sum_{n=-\infty}^{+\infty} \mathrm{j}^{-n} J_n(kr)\, \mathrm{e}^{\mathrm{j}n\varphi}. \tag{10}$$

Für H_z^{sc} schreiben wir wieder

$$H_z^{\mathrm{sc}} = \sum_{n=-\infty}^{+\infty} a_n \mathrm{j}^{-n} H_n^{(2)}(kr)\, \mathrm{e}^{\mathrm{j}n\varphi}, \tag{11}$$

da aus $\varepsilon\mathrm{j}\omega\boldsymbol{E} = \mathrm{rot}\,\boldsymbol{H}$ die Gleichung $\varepsilon\mathrm{j}\omega E_\varphi = \frac{\partial H_r}{\partial z} - \frac{\partial H_z}{\partial r} = -\frac{\partial H_z}{\partial r}$ folgt, schreibt sich die Randbedingung $E_\varphi|_{r=r_0} = 0$:

$$\frac{\partial}{\partial r}(H_z^{\mathrm{i}} + H_z^{\mathrm{sc}}) = 0; \qquad r = r_0. \tag{12}$$

Dadurch können die Koeffizienten a_n bestimmt werden:

$$H_z^{\mathrm{sc}} = -\sum_{n=-\infty}^{+\infty} \mathrm{j}^{-n} H_n^{(2)}(kr) \frac{J_n'(kr_0)}{H_n^{(2)\prime}(kr_0)}\, \mathrm{e}^{\mathrm{j}n\varphi}. \tag{13}$$

Die Flächenstromdichte beträgt

$$K_\varphi = H_z|_{r=r_0} = H_z^{\mathrm{i}} + H_z^{\mathrm{sc}}|_{r=r_0} = \sum_{n=-\infty}^{+\infty} \left(\mathrm{j}^{-n} J_n(kr_0)\, \mathrm{e}^{\mathrm{j}n\varphi} - \mathrm{j}^{-n} H_n^{(2)}(kr_0)\, \frac{J_n'(kr_0)}{H_n^{(2)\prime}(kr_0)}\, \mathrm{e}^{\mathrm{j}n\varphi} \right).$$

Diese Gleichung läßt sich unter Benutzung der Formel

$$J_n(x)\, H_n^{(2)\prime}(x) - J_n'(x)\, H_n^{(2)}(x) = 2\mathrm{j}/\pi x \tag{14}$$

auf eine einfachere Form bringen:

$$K_\varphi = \frac{2\mathrm{j}}{\pi k r_0} \sum_{n=-\infty}^{+\infty} \frac{\mathrm{j}^{-n}\, \mathrm{e}^{\mathrm{j}n\varphi}}{H_n^{(2)\prime}(kr_0)}. \tag{15}$$

Die detaillierte Rechnung führt zu den Diagrammen der Abb. 4.55.

Auf Grund unserer bisherigen Ergebnisse können wir eine Lösung des Problems der Streuung ebener Wellen an einem gutleitenden Zylinder von *beliebigem* Querschnitt angeben, vorausgesetzt, daß wir die Flächenströme kennen. Wir beschränken uns auf axiale Flächenströme.

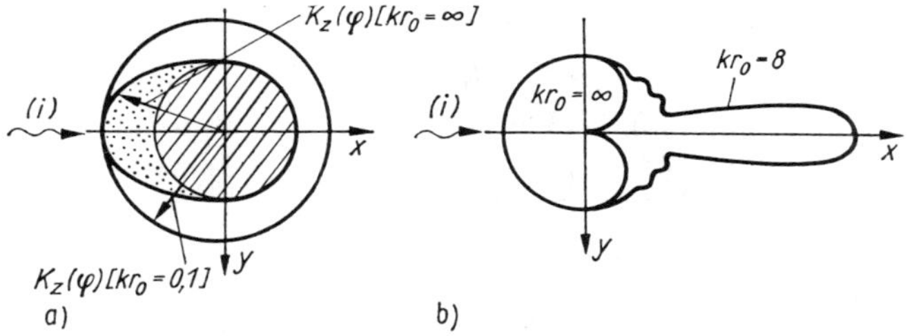

Abb. 4.55 a) Verteilung der Flächenstromdichte bei paralleler $\boldsymbol{E}^{\mathrm{i}}$ für verschiedene kr_0. Man beachte, daß wir bei $kr_0 \to \infty$, was sehr kleine Wellenlänge bedeutet, einen Schatten auf dem Halbzylinder haben. b) Richtungscharakteristik der gestreuten Welle [1.20]

Dann gilt nach 4.20.1.(8) für die gestreute Welle, verursacht durch das Stromelement $K_z(\boldsymbol{r}_Q)\, \mathrm{d}l_Q$ — wo $\mathrm{d}l_Q$ ein Element der Grundlinie des Zylinders ist —

$$\mathrm{d}E_z^{\mathrm{sc}} = -k \sqrt{\frac{\mu}{\varepsilon}}\, \frac{K_z(\boldsymbol{r}_Q)\, \mathrm{d}l_Q}{4}\, H_0^{(2)}[k|\boldsymbol{r}_P - \boldsymbol{r}_Q|] = -k\, 30\pi K_z(\boldsymbol{r}_Q)\, \mathrm{d}l_Q H_0^{(2)}[k|\boldsymbol{r}_P - \boldsymbol{r}_Q|].$$

Es wird also das Gesamtfeld

$$E_z(\boldsymbol{r}_P) = E_z^{\mathrm{i}}(\boldsymbol{r}_P) - 30\pi k \oint_L K_z(\boldsymbol{r}_Q)\, H_0^{(2)}[k|\boldsymbol{r}_P - \boldsymbol{r}_Q|]\, \mathrm{d}l_Q. \tag{16}$$

4.22.2. Streuung ebener Wellen an einer gut leitenden Kugel

Wir nehmen an, daß die einfallende Welle in der z-Richtung fortschreitet und in der x-Richtung polarisiert ist (Abb. 4.56a):

$$\boldsymbol{E}^{\mathrm{i}} = \boldsymbol{e}_x E_0\, \mathrm{e}^{-\mathrm{j}kz} = \boldsymbol{e}_x E_0\, \mathrm{e}^{-\mathrm{j}kR\cos\vartheta}. \tag{17a}$$

Diese Gleichung kann noch in folgender Weise umgeschrieben werden (Abb. 4.56 b):

$$\boldsymbol{E}^{\mathrm{i}} = E_0\, \mathrm{e}^{-\mathrm{j}kR\cos\vartheta}[\boldsymbol{e}_R \sin\vartheta \cos\varphi + \boldsymbol{e}_\vartheta \cos\vartheta \cos\varphi - \boldsymbol{e}_\varphi \sin\varphi]. \tag{17b}$$

Wir sehen also, daß E_r^{i} den folgenden Wert hat:

$$E_r^{\mathrm{i}} = E_0\, \mathrm{e}^{-\mathrm{j}kR\cos\vartheta} \sin\vartheta \cos\varphi. \tag{18}$$

Wenn wir $\boldsymbol{H}^{\mathrm{i}}$ entsprechend darstellen, d. h. den Einheitsvektor $\boldsymbol{e}_y$ in den Kugelkoordinaten-Einheitsvektoren ausdrücken, erhalten wir

$$H_r^{\mathrm{i}} = H_0\, \mathrm{e}^{-\mathrm{j}kR\cos\vartheta} \sin\vartheta \sin\varphi. \tag{19}$$

Es gelten aber die folgenden Zusammenhänge:

$$\frac{\mathrm{d}}{\mathrm{d}\vartheta}\, \mathrm{e}^{-\mathrm{j}kR\cos\vartheta} = \mathrm{j}kR \sin\vartheta\, \mathrm{e}^{-\mathrm{j}kR\cos\vartheta}. \tag{20}$$

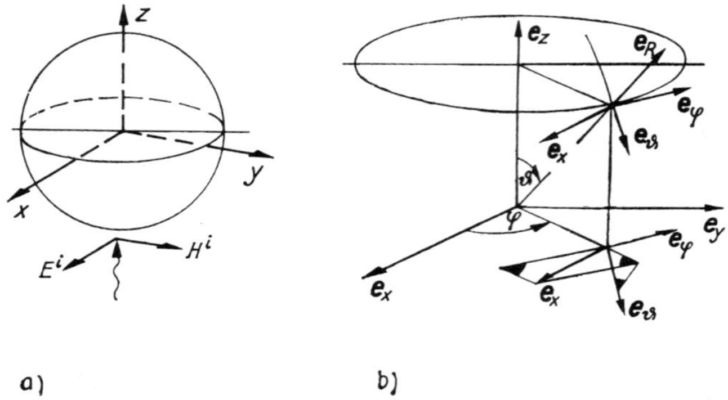

Abb. 4.56 a) Die Lage der Kugelkoordinaten und der einfallenden ebenen Welle
b) Zur Bestimmung der Komponenten des Einheitsvektors in Kugelkoordinaten

Nach 4.18.(38) wird

$$\mathrm{e}^{-\mathrm{j}kR\cos\vartheta} = \sum_{n=0}^{\infty} (-\mathrm{j})^n\, (2n+1)\, P_n(\cos\vartheta)\, j_n(kR) \tag{21}$$

und somit

$$\frac{\mathrm{d}}{\mathrm{d}\vartheta}\, \mathrm{e}^{-\mathrm{j}kR\cos\vartheta} = -\sum_{n=1}^{\infty} (-\mathrm{j})^n\, j_n(kR)\, (2n+1)\, P_n^1(\cos\vartheta), \tag{22}$$

da nach Gl. 2.27 (9)

$$\frac{\mathrm{d}P_n(\cos\vartheta)}{\mathrm{d}\vartheta} = -P_n^1(\cos\vartheta) \tag{23}$$

ist. Aus (20) und (22) erhalten wir

$$\mathrm{e}^{-\mathrm{j}kR\cos\vartheta} \sin\vartheta = \frac{1}{\mathrm{j}kR}\, \frac{\mathrm{d}}{\mathrm{d}\vartheta}\, \mathrm{e}^{-\mathrm{j}kR\cos\vartheta} = -\frac{1}{\mathrm{j}kR} \sum_{n=1}^{\infty} (-\mathrm{j})^n\, j_n(kR)\, (2n+1)\, P_n^1(\cos\vartheta). \tag{24}$$

Unter Berücksichtigung dieses Zusammenhanges nach (18) und (19) erhalten wir

$$E_r^{\mathrm{i}} = \frac{\mathrm{j}E_0}{kR} \sum_{n=1}^{\infty} (-\mathrm{j})^n j_n(kR)\,(2n+1)\,P_n^1(\cos\vartheta)\cos\varphi, \tag{25}$$

$$H_r^{\mathrm{i}} = \frac{\mathrm{j}H_0}{kR} \sum_{n=1}^{\infty} (-\mathrm{j})^n j_n(kR)\,(2n+1)\,P_n^1(\cos\vartheta)\sin\varphi. \tag{26}$$

Die anderen Komponenten können am einfachsten auf folgende Weise bestimmt werden: Nach 4.17.(15) hängen E_r und Π_r^{e} bzw. H_r und Π_r^{m} durch die Beziehungen

$$\Pi_r^{\mathrm{e}} = R^2 \frac{1}{n(n+1)} E_r; \qquad \Pi_r^{\mathrm{m}} = R^2 \frac{1}{n(n+1)} H_r \tag{27}$$

zusammen. Es gilt also

$$\Pi_r^{\mathrm{e}} = \mathrm{j}\,\frac{E_0}{k} \sum_{n=1}^{\infty} (-\mathrm{j})^n \frac{2n+1}{n(n+1)} R j_n(kR)\,P_n^{(1)}(\cos\vartheta)\cos\varphi, \tag{28}$$

$$\Pi_r^{\mathrm{m}} = \mathrm{j}\,\frac{H_0}{k} \sum_{n=1}^{\infty} (-\mathrm{j})^n \frac{2n+1}{n(n+1)} R j_n(kR)\,P_n^{(1)}(\cos\vartheta)\sin\varphi. \tag{29}$$

Die einfallende Welle läßt sich jetzt schreiben

$$\boldsymbol{E}^{\mathrm{i}} = \operatorname{rot}\operatorname{rot}(\Pi_r^{\mathrm{e}}\boldsymbol{e}_R) - \mathrm{j}\omega\mu(\operatorname{rot}\Pi_r^{\mathrm{m}}\boldsymbol{e}_R) = \operatorname{rot}\operatorname{rot} E_0(\psi_{\mathrm{i}}^{\mathrm{e}} R\boldsymbol{e}_R) - \mathrm{j}\omega\mu \operatorname{rot} E_0(\psi_{\mathrm{i}}^{\mathrm{m}} R\boldsymbol{e}_R). \tag{30}$$

Die in dieser Gleichung vorkommenden Bezeichnungen $\psi_{\mathrm{i}}^{\mathrm{e}}$ und $\psi_{\mathrm{i}}^{\mathrm{m}}$, die häufig als Debye-Potentiale bezeichnet werden, haben den aus einem Vergleich von (30) und (28) sofort ersichtlichen Wert

$$\psi_{\mathrm{i}}^{\mathrm{e}} = \frac{\mathrm{j}}{k} \sum_{n=1}^{\infty} (-\mathrm{j})^n \frac{2n+1}{n(n+1)} j_n(kR)\cos\varphi P_n^{(1)}(\cos\vartheta), \tag{31}$$

$$\psi_{\mathrm{i}}^{\mathrm{m}} = \frac{\mathrm{j}}{\omega\mu} \sum_{n=1}^{\infty} (-\mathrm{j})^n \frac{2n+1}{n(n+1)} j_n(kR)\sin\varphi P_n^{(1)}(\cos\vartheta). \tag{32}$$

Das gestreute Feld wird einen ähnlichen Aufbau haben, mit dem einzigen Unterschied, daß — um die Ausstrahlungsbedingung befriedigen zu können — an die Stelle von $j_n(kR)$ die Funktion $h_n(kR)$ tritt. Die Debye-Potentiale für das Gesamtfeld lauten

$$\psi^{\mathrm{e}} = \frac{\mathrm{j}}{k} \sum_{n=1}^{\infty} (-\mathrm{j})^n \frac{2n+1}{n(n+1)} \cos\varphi P_n^1(\cos\vartheta)\,[j_n(kR) + a_n h_n^{(2)}(kR)], \tag{33}$$

$$\psi^{\mathrm{m}} = \frac{\mathrm{j}}{\omega\mu} \sum_{n=1}^{\infty} (-\mathrm{j})^n \frac{2n+1}{n(n+1)} \sin\varphi P_n^1(\cos\vartheta)\,[j_n(kR) + b_n h_n^{(2)}(kR)]. \tag{34}$$

Die Koeffizienten a_n und b_n können wir wieder aus der Randbedingung $E_\varphi = E_\vartheta = 0$; $R = r_0$ bestimmen. Es wird nach (22) bzw. 4.17.(13) für die TM-Wellen:

$$\left[\frac{\mathrm{d}}{\mathrm{d}R} R j_n(kR) + a_n \frac{\mathrm{d}}{\mathrm{d}R} R h_n^{(2)}(kR)\right]_{R=r_0} = 0, \quad \text{d. h.,} \quad a_n = -\left.\frac{\dfrac{\mathrm{d}}{\mathrm{d}R} R j_n(kR)}{\dfrac{\mathrm{d}}{\mathrm{d}R} R h_n^{(2)}(kR)}\right|_{R=r_0}. \tag{35}$$

Für die TE-Wellen gilt nach (22) bzw. 4.17. (14)

$$[Rj_n(kR) + b_n R h_n^{(2)}(kR)]_{R=r_0} = 0, \quad \text{d. h.,} \quad b_n = -\frac{j_n(kr_0)}{h_n^{(2)}(kr_0)}.$$

Eine für praktische Zwecke brauchbare Auswertung unserer Ergebnisse gelingt nur in Sonderfällen. Zu diesen darf man auch den Fall der unendlich gut leitenden Kugel rechnen. Die Formeln vereinfachen sich beträchtlich, wenn man nur das Fernfeld betrachtet. Dann können nämlich die einfachen asymptotischen Ausdrücke der Hankelschen Funktionen benutzt werden. Bei (eventuell verlustbehafteten) Isolatoren muß auch das Feld im Innern des Körpers in Betracht gezogen werden. Die Randbedingungen werden entsprechend kompliziert.

Größte Vereinfachung kann dadurch erreicht werden, daß man entweder $r_0/\lambda \gg 1$ oder $r_0/\lambda \ll 1$ wählt.

Streuungsprobleme kommen praktisch in den verschiedensten Gebieten vor: bei der Wellenausbreitung um die Erde, beim Radar, bei der Streuung von Mikrowellen (oder Licht) an Staub oder Regentröpfchen, in der allgemeinen Antennentheorie usw.

E. Randwertprobleme II — Wellen in Hohlleitern

4.23. Berechnung der Feldstärke im Innern eines Hohlleiters mit beliebiger Leitkurve

Die in diesem Kapitel angeführten Gesetzmäßigkeiten ergeben sich ohne weiteres aus den allgemeinen Gleichungen des Kapitels 4.20. Die Beweisführung stützt sich aber nicht auf die dort gewonnenen Ergebnisse, damit die beiden Kapitel unabhängig voneinander gelesen werden können. Wir greifen auf Kap. 4.6. zurück.

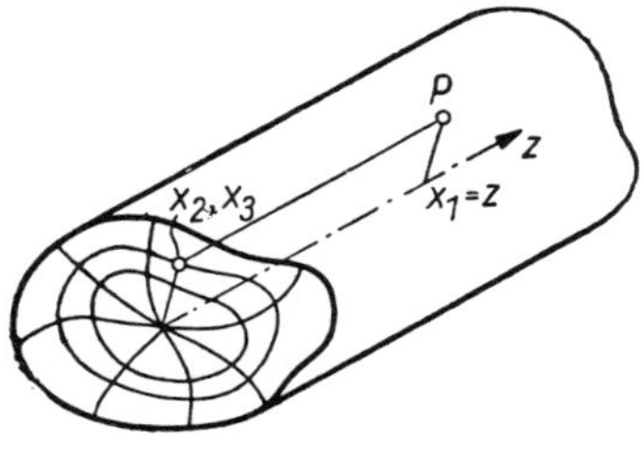

Abb.4.57 Wellenleiter allgemeinen Querschnittes

Wir betrachten einen durch eine beliebige Leitkurve bestimmten Hohlleiter. Der entlang der Zylinderachse gemessene Abstand soll als die Koordinate $x_1 = z$ gewählt werden, während die Lage eines Punktes in der Ebene $z =$ const durch beliebige ebene Koordinaten x_2, x_3 bestimmt werden kann (Abb. 4.57). Wir untersuchen in Richtung der Zylinderachse fortschreitende Wellen. Diese Annahme bedeutet, daß die einzige, in Richtung z zeigende Komponente des Hertzschen Vektors gleich

$$\Pi_1 = \Pi_1(x_2, x_3)\,\mathrm{e}^{\mathrm{j}(\omega t - \beta z)}; \qquad \frac{\partial}{\partial t} = \mathrm{j}\omega; \qquad \frac{\partial}{\partial z} = -\mathrm{j}\beta$$

(bzw. $+\mathrm{j}\beta$ bei Ausbreitung in der negativen z-Richtung) (1)

wird, wobei für den Fall des idealen Hohlleiters die reelle Zahl β folgendermaßen geschrieben werden kann: $\beta = 2\pi/\Lambda$.
Λ ist die entlang der z-Achse gemessene Periodizität, d. h. die Hohlleiterwellenlänge. Die Funktion Π_1 genügt der skalaren Wellengleichung $\Delta\Pi_1 + k^2\Pi_1 = 0$.

Die einzelnen Ableitungen haben die Werte

$$\frac{\partial^2\Pi_1}{\partial t^2} = -\omega^2\Pi_1; \qquad \frac{\partial^2\Pi_1}{\partial z^2} = -\beta^2\Pi_1. \tag{2}$$

Zur Bestimmung der Funktion $\Pi_1(x_2, x_3)$ gewinnen wir durch Einsetzen der obigen Ableitungen in die Gleichung $\Delta\Pi_1 + k^2\Pi_1 = \operatorname{div}\operatorname{grad}\Pi_1 + k^2\Pi_1 = 0$ folgende Beziehung

$$\frac{1}{g_2 g_3}\frac{\partial}{\partial x_2}\left(\frac{g_3}{g_2}\frac{\partial}{\partial x_2}\Pi_1\right) + \frac{1}{g_2 g_3}\frac{\partial}{\partial x_3}\left(\frac{g_2}{g_3}\frac{\partial}{\partial x_3}\Pi_1\right) + (\varepsilon\mu\omega^2 - \beta^2)\,\Pi_1 = 0. \tag{3}$$

Wenn wir aus dieser Gleichung die Funktion Π_1 bestimmen, erhalten wir die einzelnen Feldstärkekomponenten bei transversalen magnetischen Wellen mit Hilfe der Gleichungen 4.6.(4) und 4.6.(5) zu

$$\left.\begin{aligned} E_1 &= (\mu\varepsilon\omega^2 - \beta^2)\,\Pi_1, & H_1 &= 0, \\ E_2 &= -\frac{\mathrm{j}\beta}{g_2}\frac{\partial\Pi_1}{\partial x_2}, & H_2 &= \varepsilon\frac{\mathrm{j}\omega}{g_3}\frac{\partial\Pi_1}{\partial x_3}, \\ E_3 &= -\frac{\mathrm{j}\beta}{g_3}\frac{\partial\Pi_1}{\partial x_3}, & H_3 &= -\varepsilon\frac{\mathrm{j}\omega}{g_2}\frac{\partial\Pi_1}{\partial x_2}. \end{aligned}\right\} \tag{4}$$

Die Komponenten der Feldstärke transversaler elektrischer Wellen sind aber nach 4.6.(14) und 4.6.(15)

$$\left.\begin{aligned} E_1 &= 0, & H_1 &= (\omega^2\varepsilon\mu - \beta^2)\,\Pi_1, \\ E_2 &= -\mu\frac{\mathrm{j}\omega}{g_3}\frac{\partial\Pi_1}{\partial x_3}, & H_2 &= -\mathrm{j}\frac{\beta}{g_2}\frac{\partial\Pi_1}{\partial x_2}, \\ E_3 &= \mu\frac{\mathrm{j}\omega}{g_2}\frac{\partial\Pi_1}{\partial x_2}, & H_3 &= -\mathrm{j}\frac{\beta}{g_3}\frac{\partial\Pi_1}{\partial x_3}. \end{aligned}\right\} \tag{5}$$

Im folgenden sollen mit Hilfe der hier abgeleiteten Zusammenhänge und Formeln die in Hohlleitern mit Kreis-, Kreisring-, Rechteck- und elliptischem Querschnitt auftretenden Wellenformen besprochen werden.

4.24. Der kreiszylindrische Hohlleiter

4.24.1. Die allgemeine Lösung

Im Fall eines Kreiszylinders kann man die bekannten Zylinderkoordinaten einführen:

$$x_1 = z; \quad x_2 = r; \quad x_3 = \varphi; \quad g_1 = 1; \quad g_2 = 1; \quad g_3 = r, \tag{1}$$

wodurch die zur Bestimmung des Hertzschen Vektors dienende Gl. 4.23.(3) in die Form

$$\frac{\partial^2 \Pi_1}{\partial r^2} + \frac{1}{r}\frac{\partial \Pi_1}{\partial r} + \frac{1}{r^2}\frac{\partial^2 \Pi_1}{\partial \varphi^2} + s^2 \Pi_1 = 0 \quad \text{mit} \quad s^2 = \varepsilon\mu\omega^2 - \beta^2 \tag{2}$$

übergeht. Die hier auftretende Größe Π_1 ist nur eine Funktion von φ und r.

Die geometrischen Verhältnisse legen die Annahme nahe, daß die Feldlinienverteilung ebenfalls Zylindersymmetrie aufweisen wird. Diese Annahme erweist sich aber als unrichtig. Die Funktion Π_1 kann sich nämlich, der verschiedenen Erregungsart entsprechend, auch entlang dem Umfang verändern. Dieser winkelabhängige Verlauf weist jedoch eine Periodizität auf. Nach Durchlaufen eines Vollkreises vom Radius r nimmt die Feldstärke wieder den gleichen Wert an. Die Periode beträgt also 2π. Die einfachste Funktion mit solchen Eigenschaften ist

$$\Pi_1(\varphi, r) = \Pi_1(r) \cos m\varphi \quad \text{bzw.} \quad \Pi_1(\varphi, r) = \Pi_1(r) \sin m\varphi, \tag{3}$$

wobei m eine beliebige ganze Zahl ist. Diese Annahme bedeutet keinen Sonderfall, da jede durch die Periode 2π gekennzeichnete Funktion nach den obigen Funktionen in eine Reihe entwickelt werden kann.

Also genügt es, die auf ein einziges Glied der Reihenentwicklung beschränkte Lösung zu betrachten. Die Ableitung nach der Winkelkoordinate lautet

$$\frac{\partial^2 \Pi_1}{\partial \varphi^2} = -m^2 \Pi_1. \tag{4}$$

Wenn wir diese in Gl. (2) einsetzen, erhalten wir nach einigen Umformungen

$$r^2 \frac{\mathrm{d}^2 \Pi_1}{\mathrm{d}r^2} + r \frac{\mathrm{d}\Pi_1}{\mathrm{d}r} + (s^2 r^2 - m^2)\, \Pi_1 = 0. \tag{5}$$

Diese Differentialgleichung ist bereits bekannt. Sie stellt die Besselsche Differentialgleichung dar, die an der Stelle $r = 0$ die einen endlichen Wert liefernde Lösung $J_m(sr)$ besitzt. Das Endergebnis für die Funktion $\Pi_1(\varphi, r, z, t)$ lautet also

$$\Pi_1(\varphi, r, z, t) = A J_m(sr) \cos m\varphi \; \mathrm{e}^{\mathrm{j}(\omega t - \beta z)}. \tag{6}$$

50*

Aus diesem Hertzschen Vektor kann man auf zweierlei Art zu den Werten der elektrischen bzw. magnetischen Feldstärken gelangen, wie es bereits früher gezeigt wurde. Im ersten Fall, bei TM-Wellen, sind die Feldstärkekomponenten nach Gl. 4.23.(4)

$$\left.\begin{aligned} E_z &= As^2 J_m(sr)\cos m\varphi\, e^{j(\omega t-\beta z)} & H_z &= 0, \\ E_r &= -Aj\beta s J'_m(sr)\cos m\varphi\, e^{j(\omega t-\beta z)}, & H_r &= -A\varepsilon \frac{j\omega}{r} mJ_m(sr)\sin m\varphi\, e^{j(\omega t-\beta z)}, \\ E_\varphi &= A\frac{j\beta}{r} mJ_m(sr)\sin m\varphi\, e^{j(\omega t-\beta z)}, & H_\varphi &= -A\varepsilon j\omega s J'_m(sr)\cos m\varphi\, e^{j(\omega t-\beta z)}. \end{aligned}\right\} \quad (7)$$

Die zu den TE-Wellen gehörenden Werte der elektrischen und der magnetischen Feldstärkekomponenten ergeben sich zu

$$\left.\begin{aligned} E_z &= 0, & H_z &= As^2 J_m(sr)\cos m\varphi\, e^{j(\omega t-\beta z)}, \\ E_r &= A\mu \frac{j\omega}{r} mJ_m(sr)\sin m\varphi\, e^{j(\omega t-\beta z)}, & H_r &= -Aj\beta s J'_m(sr)\cos m\varphi\, e^{j(\omega t-\beta z)}, \\ E_\varphi &= A\mu j\omega s J'_m(sr)\cos m\varphi\, e^{j(\omega t-\beta z)}, & H_\varphi &= Aj\frac{\beta}{r} mJ_m(sr)\sin m\varphi\, e^{j(\omega t-\beta z)} \end{aligned}\right\} \quad (8)$$

Die so erhaltenen Feldstärkewerte erfüllen allerdings noch nicht die vorgeschriebenen Randbedingungen. Unsere Lösung kann nur dann bestimmt werden, wenn wir noch berücksichtigen, daß die elektrische Feldstärke senkrecht zur metallischen Zylindergrenzfläche verläuft.

4.24.2. Die Erfüllung der Randbedingungen

Wenn wir nach der Beziehung 4.24.(7) die Axialkomponente der elektrischen Feldstärke von TM-Wellen untersuchen, stellen wir fest, daß ihre Abhängigkeit von r durch eine Besselsche Funktion m-ter Ordnung dargestellt werden kann. Die in Abb. 4.58a

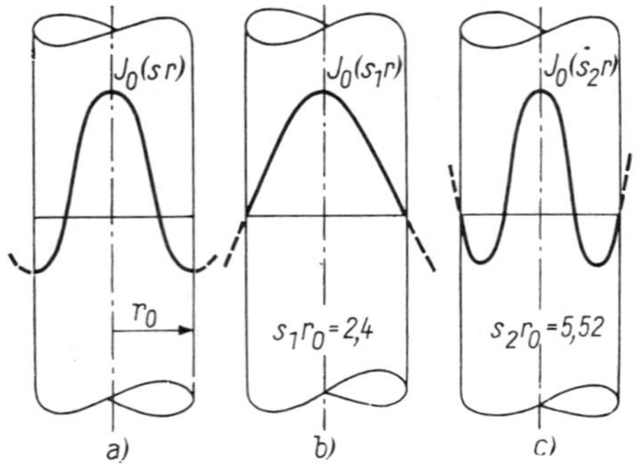

Abb. 4.58 Erfüllung der Randbedingungen

a) Durch diese Verteilung der Feldstärke wird die Maxwellsche Gleichung erfüllt, die Randbedingung jedoch nicht.

b) Die einfachste Möglichkeit zur Erfüllung der Randbedingung ist, den Wert s so zu wählen, daß durch das Produkt sr_0 gerade die erste Nullstelle der Funktion $J_0(x)$ resultiert.

c) Eine andere Möglichkeit zur Erfüllung der Randbedingung

gezeigte Kurve liefert jedoch nicht die richtige Lösung, denn sie ergibt am Außenmantel des Zylinders endliche Tangentialfeldstärken, so daß unendlich große Ströme fließen müssen. Eine auch die Randbedingungen befriedigende Lösung zeigt Abb. 4.58b, wobei die Tangentialkomponente der Feldstärke an der Zylinderaußenfläche bereits Null beträgt. Die in Abb. 4.58c gezeigte Funktion stellt ebenfalls eine Lösung dar, durch welche die vorgeschriebenen Randbedingungen befriedigt werden. Wir sehen, daß die Bedingung, daß die Besselsche Funktion ihre Nullstelle gerade am Halbmesser $r = r_0$ annehmen muß, die Werte von s und Λ bestimmt. Das Produkt sr_0 muß nämlich mit einer Nullstelle der hier auftretenden Besselschen Funktion zusammenfallen.

Wenn wir das Problem etwas allgemeiner behandeln, so kann man sich die Aufgabe folgendermaßen stellen. Man muß aus den Lösungen von 4.24.(7) bzw. 4.24.(8) die Lösungen aussuchen, die gleichzeitig die vorgeschriebenen Randbedingungen erfüllen, d. h., bei denen die Tangentialkomponente der elektrischen Feldstärke auf der Oberfläche des Hohlleiters den Wert Null annimmt. Bei TM-Wellen lautet diese Bedingung

$$E_z = 0; \qquad E_\varphi = 0 \quad \text{für} \quad r = r_0, \tag{1}$$

bei TE-Wellen

$$E_\varphi = 0 \quad \text{für} \quad r = r_0. \tag{2}$$

Da E_z und E_φ bei TM-Wellen sich nach einer Besselschen Funktion m-ter Ordnung ändern, während E_φ bei TE-Wellen mit der Ableitung nach dem Argument der Besselschen Funktion m-ter Ordnung verläuft, können die Randbedingungen erst dann erfüllt sein, wenn bei TM-Wellen

$$sr_0 = a_{mn} \tag{3}$$

gilt, wobei a_{mn} die n-te Wurzel der Besselschen Funktion m-ter Ordnung darstellt.

Tabelle 4.2 Der Wert der n-ten Wurzel der Funktion $J_m(x)$

m	n		
	1	2	3
0	2,405	5,520	8,654
1	3,832	7,016	10,173
2	5,135	8,417	11,620

Tabelle 4.3 Der Wert der n-ten Wurzel der Funktion $J_m'(x)$

m	n		
	1	2	3
0	3,832	7,016	10,173
1	1,84	5,33	8,54
2	3,054	6,706	9,969

Auf ähnliche Weise kann man bei TE-Wellen die Randbedingung erfüllen, wenn s folgende Beziehung befriedigt:

$$sr_0 = a'_{mn}, \tag{4}$$

wobei a'_{mn} die n-te Wurzel der Ableitung der Besselschen Funktion m-ter Ordnung bedeutet. Wenn wir hier den Wert von s aus der Formel 4.24.(2) einführen, kann für die im Hohlleiter meßbare Wellenlänge bei TM-Wellen folgende Formel gewonnen werden:

$$r_0 \sqrt{\varepsilon\mu\omega^2 - \left(\frac{2\pi}{\Lambda}\right)^2} = a_{mn}; \qquad \varepsilon\mu\omega^2 = \varepsilon_r\mu_r \left(\frac{2\pi}{\lambda}\right)^2. \tag{5}$$

Daraus folgt

$$\Lambda = \frac{\lambda}{\sqrt{1 - \left(\dfrac{a_{mn}\lambda}{2\pi r_0 \sqrt{\varepsilon_r\mu_r}}\right)^2}} \frac{1}{\sqrt{\varepsilon_r\mu_r}} \tag{6}$$

oder, im Falle von Luft,

$$\Lambda = \frac{\lambda}{\sqrt{1 - \left(\dfrac{a_{mn}\lambda}{2\pi r_0}\right)^2}}. \tag{7}$$

Es bedeutet $\lambda = c/f$ in dieser Gleichung die bei freier Ausbreitung im Vakuum gemessene Wellenlänge, Λ ist die im Hohlleiter entlang der z-Achse meßbare Feldperiodizität, d. h. die Hohlleiterwellenlänge, während ε_r bzw. μ_r die auf das Vakuum bezogene Dielektrizitätskonstante bzw. Permeabilität darstellt. Auf ähnliche Weise ergibt sich die Hohlleiterwellenlänge bei TE-Wellen zu

$$\Lambda = \frac{1}{\sqrt{\varepsilon_r\mu_r}} \frac{\lambda}{\sqrt{1 - \left(\dfrac{a'_{mn}\lambda}{2\pi r_0 \sqrt{\varepsilon_r\mu_r}}\right)^2}}. \tag{8}$$

Bei beiden Wellenarten finden wir eine zweidimensionale diskrete Menge der möglichen Wellenformen: Zu einem beliebigen m-Wert (wobei m eine positive ganze Zahl ist) können wir einen beliebigen (gleichfalls ganzzahligen) n-Wert wählen. Durch die Wahl von m wird die Funktion $\cos m\varphi$, die eine Abhängigkeit vom Winkel φ darstellt, bestimmt, wobei m angibt, wieviel Knotenebenen $\varphi = \text{const}$ die Feldstärke E_z hat. Für $m = 0$ ist die Feldlinienverteilung kreissymmetrisch, es existieren also keine Knotenebenen. Bei $m = 1$ beträgt die Anzahl der durch die z-Achse verlaufenden Knotenebenen genau 1, bei $m = 2$ genau 2. Im allgemeinen gibt m gerade die Anzahl dieser Knotenebenen an. Mit der Wahl von m wurde bereits die Ordnungszahl der zur Darstellung der r-Abhängigkeit dienenden Besselschen Funktion bestimmt. Den m Knotenebenen entspricht die Funktion $J_m(sr)$.

Wählen wir $n = 1$, so wird die erste Nullstelle der Besselschen Funktion mit der Leiteroberfläche zusammenfallen. Bei $n = 2$ finden wir bereits im Innern des Hohlleiters eine Zylinderfläche, an welcher die Feldstärke E_z stets und überall Null wird. Dies ist bei dem durch die Gleichung $sr = a_{m1}$ bestimmten Radius $r = a_{m1}/s$ der Fall.

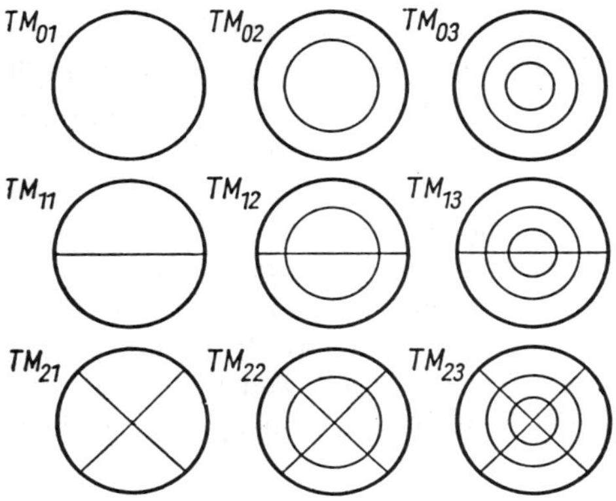

Abb. 4.59
Knotenebenen und Knotenzylinder der Wellenformen mit verschiedenen Indizes

Im allgemeinen gibt n — die elektrisch leitende Außenfläche inbegriffen — die Anzahl sämtlicher Knotenzylinder an (Abb. 4.59).

In Abb. 4.60 ist als Beispiel die Axialkomponente der elektrischen Feldstärke

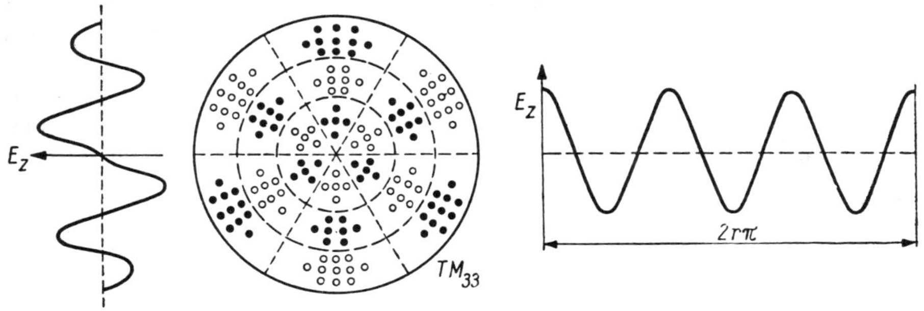

Abb. 4.60 Änderung der Längskomponente der elektrischen Feldstärke über den Querschnitt bei der Wellenform TM_{33}

Die linke Kurve stellt die radiale Änderung, die rechte die Änderung an einem Kreisumfang dar

der Wellenart TM_{33} dargestellt. TM bedeutet, daß zwar das elektrische Feld auch eine Längskomponente besitzt, das magnetische Feld jedoch nur über Transversalkomponenten verfügt. (Das elektrische Feld besitzt neben der Längskomponente selbstverständlich auch eine Transversalkomponente.) Der erste Index besagt, daß die Winkelabhängigkeit die Form $\cos 3\varphi$ aufweist und dementsprechend drei Knotenebenen existieren. Dadurch wurde zugleich bestimmt, daß die r-Abhängigkeit durch die Funktion $J_3(sr)$ definiert wird. Der zweite Index bedeutet, daß sr_0 mit der dritten

Nullstelle der Besselschen Funktion dritter Ordnung zusammenfällt und es so insgesamt drei Knotenzylinder gibt. Die Abbildung zeigt den Verlauf der Axialkomponente der elektrischen Feldstärke als Funktion von r und von φ.

Entsprechend unseren bisherigen Untersuchungen kann das Feldlinienbild jeder durch die Zahlen m, n gekennzeichneten Wellenform folgendermaßen dargestellt werden: Zuerst bestimmen wir aus der Tabelle den Wert von a_{mn} bzw. a'_{mn}, d. h., wir suchen die n-te Nullstelle der Besselschen Funktion m-ter Ordnung bzw. deren Ableitung. Aus diesem Wert kann mit Hilfe der Beziehungen $sr_0 = a_{mn}$ oder $sr_0 = a'_{mn}$ der Wert s und daraus die Hohlleiterwellenlänge bzw. die Geschwindigkeit v_f berechnet werden. Die Frequenz bzw. die bei freier Ausbreitung gemessene Wellenlänge ist gegeben, da sie durch den Generator bestimmt wird. Die Konstanten der Feldstärkekomponenten können gleichfalls durch die Intensität der Senderanlage vorgegeben werden. Auf diese Weise kann das Feldlinienbild, weil wir die in den Feldstärkeformeln auftretenden Funktionen und Konstanten kennen, aufgezeichnet werden.

4.24.3. Die Grenzwellenlänge

Wenn wir die Formel zur Berechnung der im Hohlleiter meßbaren Wellenlänge Λ betrachten, sehen wir, daß sie bei einer bestimmten Frequenz einen unendlich großen Wert annimmt, bei kleineren Frequenzen jedoch imaginär wird. Dies bedeutet, daß das exponentielle Glied $e^{-j\beta z}$ reell wird; eine Dämpfung tritt also sogar bei Idealleitern auf. Bei einer solchen Frequenz kann folglich von einer Energieübertragung keine Rede sein. Zur Bestimmung der Grenzfrequenz bzw. der entsprechenden Grenzwellenlänge dient die Beziehung

$$1 - \left(\frac{a_{mn}\lambda_g}{2\pi r_0 \sqrt{\varepsilon_r \mu_r}}\right)^2 = 0; \qquad 1 - \left(\frac{a_{mn}}{2\pi r_0 f_g \sqrt{\varepsilon\mu}}\right)^2 = 0, \tag{1}$$

da in diesem Fall Λ wegen Gl. 4.24.2.(6) einen unendlich großen Wert annimmt. Hieraus ergeben sich die Grenzwellenlänge bzw. die Grenzfrequenz

$$\lambda_g = \frac{2\pi}{a_{mn}} r_0 \sqrt{\varepsilon_r \mu_r}; \qquad f_g = \frac{a_{mn}}{2\pi r_0 \sqrt{\varepsilon\mu}} = \frac{s_{mn}}{2\pi \sqrt{\varepsilon\mu}}. \tag{2}$$

Man sieht also, daß Energie in Form von Hohlleiterwellen mit einer größeren Wellenlänge als der von den Hohlleiterabmessungen und der Wellenform bestimmten Grenzwellenlänge nicht übergeführt werden kann.

Die Grenzwellenlänge ist um so kleiner (d. h. die Grenzfrequenz wird um so höher), je höherer Ordnung die Wellenform ist, je größer also der Wert von m und n wird. Bei großen m- und n-Werten wird nämlich a_{mn} bzw. a'_{mn} sehr groß. In einem größeren

Hohlleiter kann die Energie selbstverständlich mit längeren Wellen übertragen werden. Die Erhöhung der Dielektrizitätskonstanten und der Permeabilität hat dieselbe Wirkung, als würden die Abmessungen des Hohlleiters auf das $\sqrt{\varepsilon_r \mu_r}$-fache erhöht. Bei TE-Wellen sind die Beziehungen nur insofern abweichend, als an Stelle von a_{mn} die Größe a'_{mn} tritt.

4.24.4. Die Eigenschaften einiger einfacher Wellenarten

Aus der zweidimensionalen Mannigfaltigkeit der in einem kreiszylindrischen Hohlleiter auftretenden Wellenformen sind für die Praxis nur einige durch niedrige Grenzfrequenzen gekennzeichnete Wellenarten von Bedeutung. Abb. 4.61a zeigt uns das Feldlinienbild der Wellenform TM_{01}, die in den kreiszylindrischen Hohlleitern fast ausschließlich angewendet wird. Diese Wellenform ist dem Kraftlinienfeld eines Koaxialkabels sehr ähnlich.

Für die Wellenform TM_{01} beträgt die Grenzwellenlänge

$$\lambda_g = 2{,}61 r_0. \tag{1}$$

Dies bedeutet, daß in einem Hohlleiter mit $r = 10$ cm, d. h. mit einem Durchmesser von 20 cm, elektrische Energie nur unterhalb der Wellenlänge von 26,1 cm übertragen werden kann. Die Verwendung von Hohlleitern wird also nur bei sehr hohen Frequenzen, also bei sehr kurzen Wellen, von Bedeutung sein. Gleichzeitig besagt Tab. 4.4, daß bei jeder Wellenlänge, d. h. auch bei beliebig niedriger Frequenz,

Tabelle 4.4 Die Grenzdaten der einfachsten Wellentypen für kreiszylindrischen Querschnitt

	TM_{01}	TM_{11}	TE_{01}	TE_{11}
f_g	$\frac{0{,}384}{\sqrt{\varepsilon\mu}} \frac{1}{r_0}$	$\frac{0{,}61}{\sqrt{\varepsilon\mu}} \frac{1}{r_0}$	$\frac{0{,}61}{\sqrt{\varepsilon\mu}} \frac{1}{r_0}$	$\frac{0{,}294}{\sqrt{\varepsilon\mu}} \frac{1}{r_0}$
λ_g	$2{,}61 r_0 \sqrt{\varepsilon_r \mu_r}$	$1{,}64 r_0 \sqrt{\varepsilon_r \mu_r}$	$1{,}64 r_0 \sqrt{\varepsilon_r \mu_r}$	$3{,}41 r_0 \sqrt{\varepsilon_r \mu_r}$

Hohlleiterwellen existieren können, wenn nur genügend große Hohlleiter zur Verfügung stehen. Da sich die Abmessungen der Koaxialkabel auf einige cm belaufen, kann der Hohlleiter erst dann mit dem Koaxialkabel konkurrieren und bietet nur dann eine einfache Möglichkeit zur Übertragung der elektrischen Energie, wenn man es mit Mikrowellen, d. h. mit Zentimeterwellen, zu tun hat.

Die in Abb. 4.61b dargestellte Wellenform TE_{11} ist deshalb interessant, weil diese Wellenform unter allen existierenden Wellenformen im Kreisquerschnitt-Hohlleiter

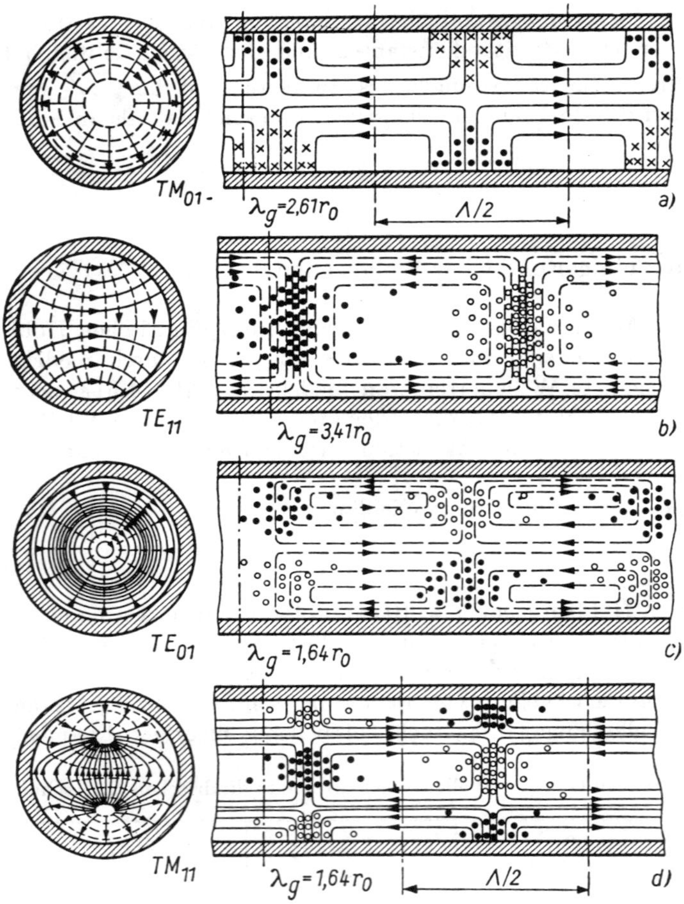

Abb. 4.61 In den Abbildungen a), b), c), d) sind die Kraftlinien der wichtigsten Wellenformen im runden Hohlleiter wiedergegeben. Die ausgezogenen Linien stellen die elektrischen, die gestrichelten Linien die magnetischen Kraftlinien dar

die größte Grenzwellenlänge hat. Sie ist auch deshalb interessant, weil das Feldlinienbild der am häufigsten auftretenden Wellenform der allgemein benutzten Rechteck-Hohlleiter (s. Abb. 4.66) aus diesem Feldlinienbild durch stetige Verzerrung erhalten werden kann. Interessant ist noch das elektrische Analogon des Feldlinienbildes TM_{01}, das Feldlinienbild TE_{01} (s. Abb. 4.61c). Hier sind die elektrischen Kraftlinien die zur Ausbreitungsrichtung senkrechten Kreise, und nur die magnetische Feldstärke braucht hier an der Innenfläche des Metallzylinders selbstverständlich nicht Null zu werden, da die Randbedingung eine Vorschrift für die Tangentialkomponente der elektrischen Feldstärke enthält. Die den einzelnen Wellenformen entsprechende Hohlleiterwellenlänge ist in Abb. 4.62 dargestellt.

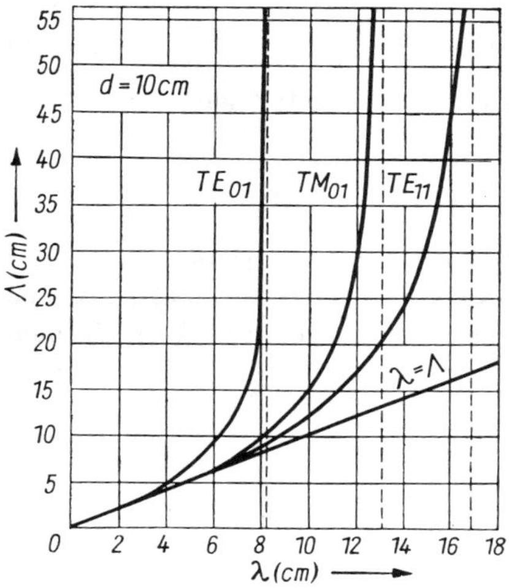

Abb. 4.62 Abhängigkeit der im Hohlleiter gemessenen Wellenlängen von den bei freier Fortpflanzung gemessenen Wellenlängen für verschiedene Wellenformen

4.25. Verschiedene Wellenarten im Koaxialkabel

Die Ausgangsgleichungen und dementsprechend auch die Lösungen fallen bei Koaxialkabeln mit den Gleichungen und Lösungen für kreiszylindrische Hohlleiter zusammen, mit dem Unterschied, daß die Zylinderachse sich nunmehr nicht im untersuchten Raum befindet, so daß die allgemeine Lösung der Besselschen Differentialgleichung

$$AJ_m(sr) + BN_m(sr) \tag{1}$$

lautet. Daher lauten die Randbedingungen für TM-Wellen

$$E_z = 0; \qquad E_\varphi = 0 \quad \text{für} \quad r = r_\text{i} \quad \text{und} \quad r = r_\text{a}. \tag{2}$$

In ausführlicher Schreibweise bedeutet dies:

$$AJ_m(sr_\text{i}) + BN_m(sr_\text{i}) = 0; \qquad AJ_m(sr_\text{a}) + BN_m(sr_\text{a}) = 0. \tag{3}$$

Hieraus gewinnt man zur Bestimmung von s die transzendente Gleichung

$$\frac{N_m(sr_\text{i})}{J_m(sr_\text{i})} = \frac{N_m(sr_\text{a})}{J_m(sr_\text{a})}. \tag{4}$$

Auf analoge Weise finden wir die Randwertbedingungen für TE-Wellen

$$E_\varphi = 0 \quad \text{bei} \quad r = r_\mathrm{i} \quad \text{und} \quad r = r_\mathrm{a}. \tag{5}$$

Dies ist

$$CJ'_m(sr_\mathrm{i}) + DN'_m(sr_\mathrm{i}) = 0; \qquad CJ'_m(sr_\mathrm{a}) + DN'_m(sr_\mathrm{a}) = 0. \tag{6}$$

Hieraus folgt zur Bestimmung von s nachstehende transzendente Gleichung:

$$\frac{N'_m(sr_\mathrm{i})}{J'_m(sr_\mathrm{i})} = \frac{N'_m(sr_\mathrm{a})}{J'_m(sr_\mathrm{a})}. \tag{7}$$

Die gefundenen transzendenten Gleichungen können nur auf graphischem oder numerischem Wege und auch dann nur sehr umständlich gelöst werden. Abb. 4.63 zeigt uns die zwei Wellenformen kleinster Grenzwellenlänge, die Wellenformen TE_{11} und TM_{01}.

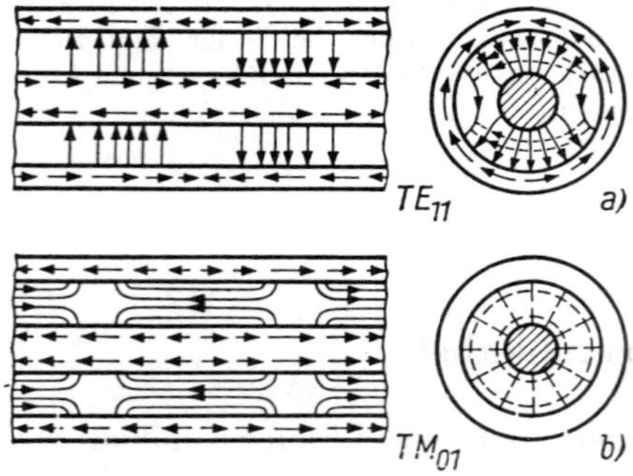

Abb. 4.63
Einfachste Wellenformen im Koaxialkabel

Bei einem Koaxialkabel ist die Wellenform niedrigster Grenzfrequenz selbstverständlich das bei Langwellen und sogar bei Gleichstrom existierende Feldlinienbild des Koaxialkabels, d. h. die sogenannte TEM-Wellenform. Hier besitzt nämlich sowohl die elektrische als auch die magnetische Feldstärke nur transversale Komponenten. Bei einer solchen Wellenform kann die Energie mit beliebig kleiner Frequenz übertragen werden; die Grenzfrequenz wird Null, die Grenzwellenlänge unendlich groß. Wird jedoch die Wellenlänge so weit herabgesetzt, daß sie kleiner als der Außenumfang des Kabels wird (vorausgesetzt, daß die Durchmesser des Außen- und Innenleiters nicht bedeutend voneinander abweichen), so ist eine neue Wellenform möglich. Diese ist gerade die in Abb. 4.63a dargestellte TE_{11}-Welle. Diese Wellenform kann bei einem beliebig dünnen Innenleiter auftreten, es besteht aber dann kein so einfacher Zusammenhang zwischen dem Zylinderumfang und der Grenzwellenlänge.

Betrachten wir nun den anderen Grenzfall, daß der Innendurchmesser klein im

Verhältnis zum Außendurchmesser ist, so erscheint bei Wellenlängen, die kleiner als der Grenzwert $\lambda = 2{,}61 r_a$ sind, eine neue Wellenform, die TM_{01}-Wellenform. Die früher erwähnte Wellenform TE_{11} geht bei Verminderung des Innenleiterdurchmessers bzw. mit seinem Verschwinden in die gleichfalls mit TE_{11} bezeichnete Wellenform des Hohlleiters über. Zugleich wandelt sich die Wellenform TM_{01} in die gleichfalls mit TM_{01} bezeichnete Wellenform des Hohlleiters um.

Betrachten wir nun eine axialsymmetrische Lösung besonderer Art. Es sei $s^2 = 0$, also aus 4.24.1.(2) $\varepsilon\mu\omega^2 = \beta^2$. Gleichung 4.24.1.(5) lautet, da $m = 0$ ist,

$$\frac{\mathrm{d}}{\mathrm{d}r}\left(r\,\frac{\mathrm{d}R}{\mathrm{d}r}\right) = 0; \qquad R = A \ln r + B.$$

Also ist

$$\Pi_1 = (A \ln r + B)\, \mathrm{e}^{\mathrm{j}(\omega t - \sqrt{\varepsilon\mu}\,\omega z)}.$$

Nach Gl. 4.24.1.(7) werden die Feldstärkekomponenten gegeben sein zu

$$E_z = 0, \qquad H_z = 0,$$

$$E_r = -\mathrm{j}\,\frac{\sqrt{\varepsilon\mu}\,\omega A}{r}\,\mathrm{e}^{\mathrm{j}(\omega t - \sqrt{\varepsilon\mu}\,\omega z)}, \qquad H_r = 0,$$

$$E_\varphi = 0, \qquad H_\varphi = -\mathrm{j}\,\frac{\omega\varepsilon}{r}\,A\,\mathrm{e}^{\mathrm{j}(\omega t - \sqrt{\varepsilon\mu}\,\omega z)}.$$

Dies ist aber eben der TEM-Typ des Koaxialkabels. Eine innere Leitung muß unbedingt vorhanden sein, um die Singularität der ($\ln r$)-Funktion bei $r = 0$ zu vermeiden. Eine äußere Leitung ist auch nötig, damit man mit endlichen Leistungen auskommt. Es ist wichtig, zu bemerken, daß die Randbedingungen automatisch für jede Frequenz erfüllt sind; es gibt also keine Grenzwellenlänge (siehe noch dazu Kap. 4.36.).

4.26. Verschiedene Wellenarten in elliptischen Hohlleitern

Die Untersuchung der sich in elliptischen Hohlleitern ausbreitenden Wellen ist deshalb wichtig, weil man hierdurch feststellen kann, wie sich die in den kreiszylindrischen Hohlleitern auftretenden Wellenformen verhalten, wenn der ursprüngliche kreisrunde Querschnitt des Hohlleiters irgendwie deformiert wird.

Die Feldstärkeverteilung des elliptischen Hohlleiters kann man nach Chu mit Hilfe der Mathieuschen Funktionen beschreiben. Diese treten hier an die Stelle der trigonometrischen bzw. Besselschen Funktionen. Die so gewonnenen Formeln gehen mit Abnahme der Exzentrizität in die für Kreisquerschnitt-Hohlleiter gültigen Formeln über. Das Wellenbild wird immer mehr der in Abb. 4.61 gezeigten Feldlinienverteilung ähnlich. So entspricht z. B. die in

Abb. 4.64 gezeigte Wellenform TM_{01} der in Abb. 4.61 gezeigten TM_{01}-Verteilung usw. In elliptischen Hohlleitern, die durch eine größere Exzentrizität gekennzeichnet sind, weicht die Wellenform TM_{01} wesentlich von der im kreisrunden Hohlleiter auftretenden elektrischen Grundwelle ab. Wird die Exzentrizität vermindert, so nähern sich die beiden Maximumstellen der axialen Feldstärkekomponente allmählich und werden von immer mehr gemeinsamen Feldlinien umfangen, bis sie zuletzt zusammenfallen und die Magnetfeldlinien sich wieder kreislinienförmig verteilen.

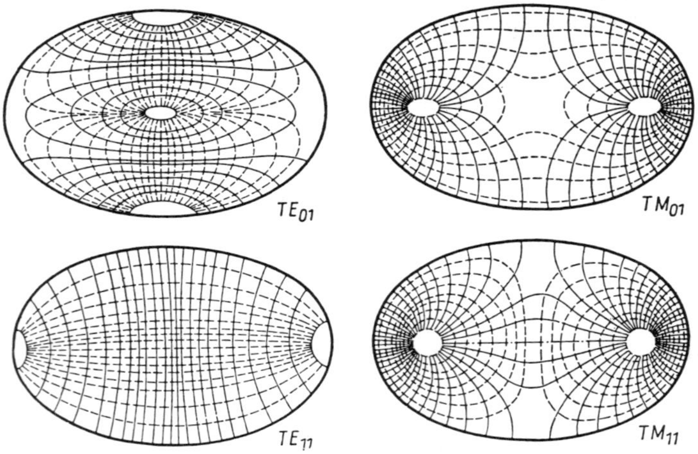

Abb. 4.64 Einfachste Wellenformen in Hohlleitern von elliptischem Querschnitt (nach CHU)

Verzerren wir jedoch den Kreiszylinder-Hohlleiter langsam elliptisch, so ändert sich das Wellenbild bei kreissymmetrischen Wellen (bei TM_{01} und TE_{01}) in der bereits bekannten Weise und breitet sich in veränderter Form aus. Ist aber das Wellenbild nicht kreissymmetrisch, so wird die Erscheinung abhängig davon, welchen Winkel die Verzerrungshauptachse mit der Symmetrieachse des Wellenbildes einschließt. Im allgemeinen wird die ursprünglich einheitliche Welle in zwei Wellenformen zerfallen, von denen jede Komponente ihre eigene Ausbreitungsgeschwindigkeit besitzt. Die Komponenten trennen sich also. Eine nicht kreissymmetrische Welle kann nur gegen eine solche Verzerrung stabil sein, die mit der Richtung der einen Symmetrieachse zusammenfällt.

Es ist nämlich bekannt, daß die z-Komponente im Kreiszylinder-Hohlleiter bei einer TM-Welle in der Form

$$F_z = AJ_m(sr) \cos m\varphi$$

eine Funktion von r und φ darstellt. An Stelle der Funktion $\cos m\varphi$ könnte man ebenso $\sin m\varphi$ schreiben, da dies nur eine Verdrehung des Gesamtfeldlinienbildes um 90° bedeutet. Wird jedoch die Lage der Ebene $\varphi = 0$ festgehalten, so lautet die Lösung

$$E_z = A_1 \cos m\varphi J_m(sr) + A_2 \sin m\varphi J_m(sr)\,. \tag{1}$$

In Worten ausgedrückt, bedeutet dies (um eine Parallelität zu dem hieraus Folgenden schaffen zu können), daß man die Funktion E_z erhält, wenn man eine gerade Richtungsfunktion mit einer Entfernungsfunktion multipliziert und hierzu das Produkt einer ungeraden Richtungsfunktion mit einer Entfernungsfunktion addiert. Bei elliptischen Hohlleitern entsprechen den Kreisen $r = \text{const}$ die durch $\xi = \text{const}$ gegebenen konfokalen Ellipsen, den Geraden $\varphi = \text{const}$ aber die durch die Gleichung $\eta = \text{const}$ bestimmten konfokalen Hyperbeln. Die Lösung ist — formal betrachtet — der obigen Lösung ähnlich:

$$E_z = A_1 S^e_m(\eta)\, R^e_m(\xi) + A_2 S^o_m(\eta)\, R^o_m(\xi). \tag{2}$$

Dabei sind $S^e_m(\eta)$ bzw. $S^o_m(\eta)$ die gerade bzw. ungerade Mathieusche Winkelfunktion m-ter Ordnung, $R^e_m(\xi)$ bzw. $R^o_m(\xi)$ die gerade bzw. ungerade Mathieusche Radialfunktion m-ter Ordnung. Im Fall eines elliptischen Hohlleiters treten letztere Funktionen an die Stelle der trigonometrischen bzw. Besselschen Funktion. Wie bereits erwähnt, geht die Ellipse bei Annäherung der Brennpunkte in einen Kreis, die in Abb. 4.64 gezeigte Feldlinienverteilung aber in die in Abb. 4.61 gezeigte Feldlinienverteilung über. Dieser Grenzübergang existiert auch mathematisch:

$$\lim S^e_m(\eta) = \cos m\varphi; \qquad \lim S^o_m(\eta) = \sin m\varphi \tag{3}$$

bzw.

$$\lim R^e_m(\xi) = \lim R^o_m(\xi) = \sqrt{\frac{\pi}{2}}\, J_m(sr). \tag{4}$$

Bei sehr kleiner Exzentrizität geht also die gerade Mathieusche Winkelfunktion in die Cosinusfunktion über, die gerade und die ungerade Radialfunktion wandeln sich in Besselsche Funktionen um. Bei dem obigen Grenzübergang fallen die Ebenen $\varphi = 0$ und $\eta = 0$ zusammen.

Betrachten wir nun einen Kreisquerschnitt-Hohlleiter und untersuchen die Wellenform TM_{mn}. Zuerst soll die in Gl. (1) auftretende Konstante A_2 gleich Null gesetzt werden. Danach soll der Hohlleiter so deformiert werden, daß die Gerade $\varphi = 0$ die große Achse der Ellipse darstellt. In diesem Falle geht die Cosinusfunktion in die Mathieusche Funktion $S^e_m(\eta)$ über. Ist $A_1 = 0$, so geht die Sinusfunktion, welche die Änderung von E_z entlang dem Umfang darstellt, selber in die Funktion $S^o_m(\eta)$ über. Nehmen wir jetzt den allgemeinen Fall an, daß $A_1 \neq 0$ und $A_2 \neq 0$, so ergibt sich durch Zusammendrücken des Hohlleiters entlang der Geraden $\varphi = \pi/2$ (so daß die Gerade $\varphi = 0$ die große Achse der Ellipse wird), daß die Cosinuskomponente in eine gerade, die Sinuskomponente in eine ungerade Mathieusche Funktion übergeht.

Im Kreiszylinder-Hohlleiter ergab sich wegen der aus den geometrischen Verhältnissen folgenden Kreissymmetrie dasselbe Wellenbild bei einer Änderung nach der Sinusfunktion und nach der Cosinusfunktion (um $\pi/2$ gedreht). Man gewinnt aus ihrer Summierung eine einzige resultierende Welle mit bestimmter Phasengeschwindigkeit. Im elliptischen Hohlleiter aber, wo keine Kreissymmetrie existiert, folgen aus $S^e_m(\eta)$ und $S^o_m(\eta)$ zwei verschiedene, bis auf eine Drehung um 90° doch ähnliche Feldlinienanordnungen, deren Phasengeschwindigkeiten ungleich sind. Im nicht in Richtung der Symmetrieachse verzerrten Hohlleiter spaltet die ursprüngliche Einzelwelle in zwei verschiedene Wellen auf. Diese besitzen verschiedene Ausbreitungsgeschwindigkeiten, so daß sich beide Wellen völlig trennen. Hört die Verzerrung auf, so vereinigen sich beide Wellen wieder, jedoch nicht in der ursprünglichen Phase, so daß sich die Polarisationsebene dreht. Die kreissymmetrischen Wellen spalten, wenn keine Verzerrungen vorliegen, in zwei Wellenformen auf, da bei kreissymmetrischen Wellen $n = 0$ ist und es nur eine einzige entsprechende Mathieusche Funktion nullter Ordnung (nämlich die gerade Mathieusche Funktion nullter Ordnung) gibt.

4.27. Wellen in rechteckigen Hohlleitern

Für die Praxis haben die Rechteckhohlleiter die größte Bedeutung. Die allgemeine Gl. 4.23.(3) nimmt in diesem Fall die Form

$$\frac{\partial^2 \Pi_1}{\partial x^2} + \frac{\partial^2 \Pi_1}{\partial y^2} + s^2 \Pi_1 = 0; \qquad s^2 = \varepsilon\mu\omega^2 - \beta^2 = k^2 - \beta^2 \tag{1}$$

an. Durch Trennung der Variablen kann man diese Gleichung leicht lösen. Es sei nämlich

$$\Pi_1 = X(x)\, Y(y). \tag{2}$$

Setzen wir dies in unsere erste Gleichung ein und dividieren durch die Funktion Π_1, so erhalten wir

$$\frac{1}{X}\frac{\mathrm{d}^2 X}{\mathrm{d}x^2} + \frac{1}{Y}\frac{\mathrm{d}^2 Y}{\mathrm{d}y^2} + s^2 = 0. \tag{3}$$

Dies kann aber nur gelten, wenn

$$\frac{1}{X}\frac{\mathrm{d}^2 X}{\mathrm{d}x^2} = -s_x^2; \qquad \frac{1}{Y}\frac{\mathrm{d}^2 Y}{\mathrm{d}y^2} = -s_y^2 \tag{4}$$

und dabei s_x und s_y noch folgende Bedingung erfüllen:

$$s_x^2 + s_y^2 = s^2. \tag{5}$$

Entsprechend erhalten wir für den Hertzschen Vektor folgenden Ausdruck:

$$\Pi_1 = (A' \sin s_x x + B' \cos s_x x)\,(C' \sin s_y y + D' \cos s_y y). \tag{6}$$

Die Cosinusglieder fallen aber wegen der Randbedingungen für TM-Wellen heraus. Es bleibt also

$$\Pi_1 = A \sin s_x x \sin s_y y.$$

Wir können also mit Hilfe des Gleichungssystems 4.23.(4) die elektrischen und magnetischen Feldstärkekomponenten der TM-Welle bestimmen:

$$\left.\begin{aligned} E_z &= A s^2 \sin s_x x \sin s_y y; & H_z &= 0,\\ E_x &= -A\mathrm{j}\beta s_x \cos s_x x \sin s_y y; & H_x &= A\varepsilon\mathrm{j}\omega s_y \sin s_x x \cos s_y y,\\ E_y &= -A\mathrm{j}\beta s_y \sin s_x x \cos s_y y; & H_y &= -A\varepsilon\mathrm{j}\omega s_x \cos s_x x \sin s_y y. \end{aligned}\right\} \tag{7}$$

Bei TE-Wellen bleibt in (6) nur das Glied

$$\Pi_1 = A \cos s_x x \cos s_y y. \tag{8}$$

Hier fallen die Sinusglieder wegen der Randbedingungen heraus. Die beiden Feldstärkekomponenten sind also nach 4.23.(5) gegeben zu

$$\left.\begin{aligned} E_z &= 0, & H_z &= A s^2 \cos s_x x \cos s_y y, \\ E_x &= A\mu j\omega s_y \cos s_x x \sin s_y y; & H_x &= A j\beta s_x \sin s_x x \cos s_y y, \\ E_y &= -A\mu j\omega s_x \sin s_x x \cos s_y y; & H_y &= A j\beta s_y \cos s_x x \sin s_y y. \end{aligned}\right\} \tag{9}$$

Für TM-Wellen lauten die Randbedingungen (Abb. 4.65)

$$\left.\begin{aligned} E_z &= 0; \quad E_y = 0 \quad \text{für} \quad x = 0 \quad \text{und} \quad x = a, \\ E_z &= 0; \quad E_x = 0 \quad \text{für} \quad y = 0 \quad \text{und} \quad y = b. \end{aligned}\right\} \tag{10}$$

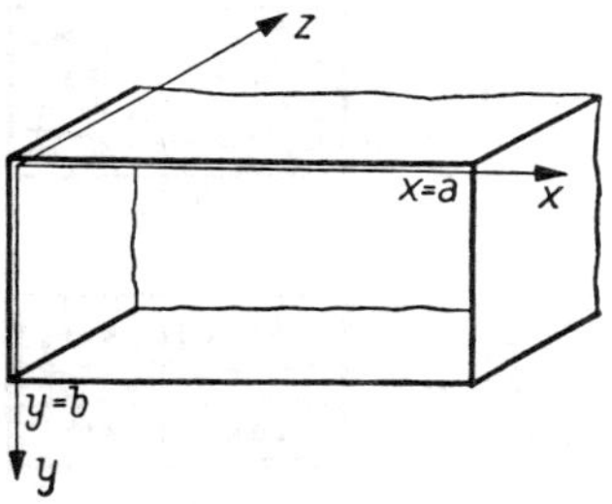

Abb. 4.65 Koordinatensystem zur Darstellung des Feldes eines rechteckigen Wellenleiters

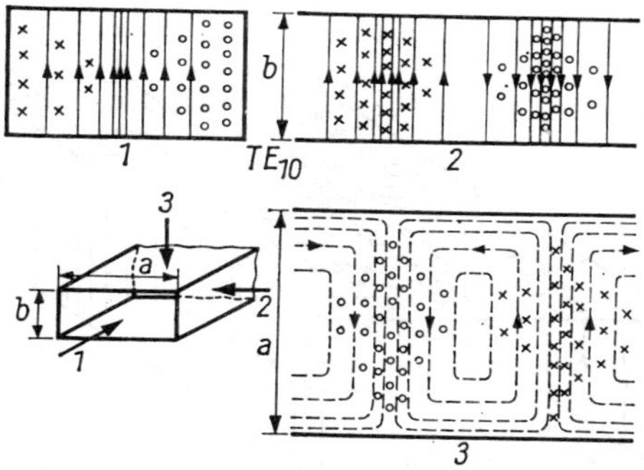

Abb. 4.66 Feldlinienbild der am häufigsten angewendeten Hohlleiterwelle

Die Pfeile im Perspektivbild geben die Richtung an, in der wir beim Einzeichnen der einzelnen Kraftlinienbilder geschaut haben. Die ausgezogenen Linien bedeuten die elektrische, die gestrichelten Linien die magnetische Feldstärke

Es ist also

$$\sin s_x a = 0; \qquad \sin s_y b = 0. \tag{11}$$

Dies kann durch folgende Wahl für s_x bzw. s_y befriedigt werden:

$$s_x = \frac{m\pi}{a}; \qquad s_y = \frac{n\pi}{b}. \tag{12}$$

Aus diesen letzten Gleichungen erhält man für die im Hohlleiter gemessene Wellenlänge Λ die Beziehung

$$s^2 = \omega^2 \varepsilon\mu - \beta^2 = \left(\frac{2\pi}{\lambda}\sqrt{\varepsilon_r \mu_r}\right)^2 - \left(\frac{2\pi}{\Lambda}\right)^2 = \pi^2\left(\frac{m^2}{a^2} + \frac{n^2}{b^2}\right), \tag{13}$$

aus der wir den Wellenlängenwert in der Form

$$\Lambda = \frac{\lambda}{\sqrt{\varepsilon_r \mu_r} \sqrt{1 - \frac{\lambda^2}{4\varepsilon_r \mu_r}\left(\frac{m^2}{a^2} + \frac{n^2}{b^2}\right)}} \tag{14}$$

finden. Wir sehen, daß die Wellenformen auch diesmal eine zweidimensionale Mannigfaltigkeit bilden; sie sind nach den Parametern m und n geordnet, so daß auch hierfür die Bezeichnungen TM_{mn} und TE_{mn} benutzt werden können. Aus der obigen Beziehung kann auch die Grenzwellenlänge ermittelt werden, d. h. die Wellenlänge, bei welcher der Nenner der rechten Gleichungsseite Null wird. Es ist

$$1 - \frac{\lambda_g^2}{4\varepsilon_r \mu_r}\left(\frac{m^2}{a^2} + \frac{n^2}{b^2}\right) = 0; \qquad \lambda_g = \frac{2\sqrt{\varepsilon_r \mu_r}}{\sqrt{\frac{m^2}{a^2} + \frac{n^2}{b^2}}} = \frac{2ab\sqrt{\varepsilon_r \mu_r}}{\sqrt{(mb)^2 + (na)^2}}. \tag{15}$$

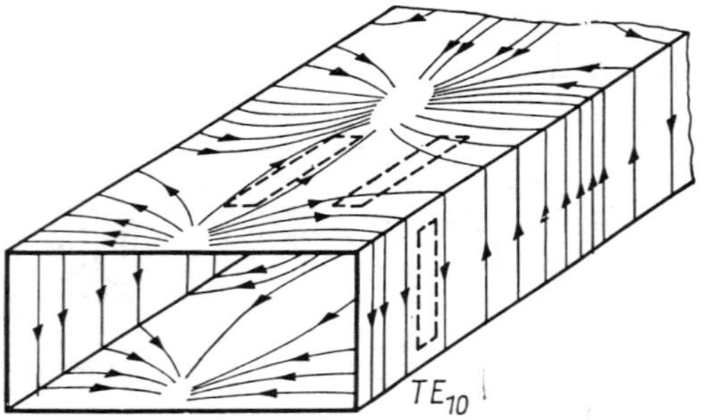

Abb. 4.67 In der Hohlleiterwand fließende Ströme bei der am häufigsten verwendeten Wellenform

Die gestrichelten Linien bedeuten in die Wandung eingeschnittene Spalte. Ist ein Spalt dem Stromdichtevektor parallel, so kann der dort auftretende Fluß vernachlässigt werden

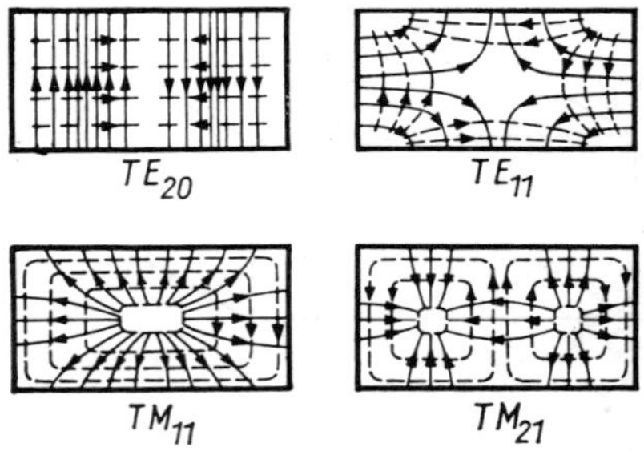

Abb. 4.68 Wellenformen mit niedrigen Indizes einer rechteckigen Hohlleitung

Entsprechend beträgt die Grenzfrequenz

$$f_g = \frac{1}{2\sqrt{\varepsilon\mu}} \sqrt{\left(\frac{m}{a}\right)^2 + \left(\frac{n}{b}\right)^2}. \tag{16}$$

Für die Grenzwellenlänge bzw. die Grenzfrequenz der TE-Wellen erhalten wir die gleichen Ausdrücke.

Abb. 4.66 und 4.67 zeigen die wichtigste Wellenform, d. h. die Wellenform TE_{10}. Dieser entspricht eine Grenzwellenlänge bzw. Grenzfrequenz von

$$\lambda_g = 2a\sqrt{\varepsilon_r \mu_r}; \qquad f_g = \frac{1}{2\sqrt{\varepsilon\mu}} \frac{1}{a}. \tag{17}$$

Es ergibt sich nun die interessante Feststellung, daß diese Grenzwellenlänge nicht von der Höhe, sondern nur von der Breite des Rechteckhohlleiters abhängt. Das Feldlinienbild der höheren Wellenform ist in Abb. 4.68 dargestellt.

Tabelle 4.5 Die Grenzdaten der einfachsten Wellentypen für rechteckigen Querschnitt

	TM_{11}	TE_{10}	TE_{11}
f_g	$\frac{1}{2\sqrt{\varepsilon\mu}}\sqrt{\frac{1}{a^2}+\frac{1}{b^2}}$	$\frac{1}{2\sqrt{\varepsilon\mu}}\,\frac{1}{a}$	$\frac{1}{2\sqrt{\varepsilon\mu}}\sqrt{\frac{1}{a^2}+\frac{1}{b^2}}$
λ_g	$\frac{2ab}{\sqrt{a^2+b^2}}\sqrt{\varepsilon_r\mu_r}$	$2a\sqrt{\varepsilon_r\mu_r}$	$\frac{2ab}{\sqrt{a^2+b^2}}\sqrt{\varepsilon_r\mu_r}$

4.28. Vergleich zwischen Kreis- bzw. Rechteckhohlleiter und Koaxialkabel

Auf Grund unserer bisherigen Betrachtungen wollen wir entsprechend Abb. 4.69 untersuchen, welche Frequenzen die durch denselben Außendurchmesser bzw. dieselbe Seitenlänge gekennzeichneten Kreis- und Rechteckhohlleiter und welche die Koaxialkabel durchlassen, d. h., für welche Frequenzen und Wellenformen der jeweils betrachtete Leiter „durchlässig" ist. Aus Abb. 4.69 können wir schließen, daß der luftgefüllte kreiszylindrische Hohlleiter im Frequenzband von 0 bis $1{,}76 \cdot 10^8/a$ undurchlässig ist (a ist in m ausgedrückt). Unterhalb dieser Grenzfrequenz kann keine Energie, und zwar in keiner Wellenform, durch den Hohlleiter übertragen werden. Erhöhen wir die Frequenz weiter, so kann eine Strömung der elektrischen Energie bereits in der Wellenform TE_{11} erfolgen. Bei noch höheren Frequenzen wird der Hohlleiter für eine steigende Anzahl von Wellenformen durchlässig. Bei Rechteckhohlleitern ist die gleiche Situation gegeben. Es ist eine wichtige Erscheinung, daß die Grenzfrequenz der TE_{10}-Welle und allgemein der Wellenform TE_{n0} nur von einer Abmessung abhängt, während die den übrigen Wellenformen entsprechenden Grenzfrequenzen durch Änderung der zweiten Abmessung in einem weiten Bereich verändert werden können.

Die Koaxialkabel sind für eine sich mit beliebiger Frequenz in TEM-Wellenform fortpflanzende Energie durchlässig. Die Abbildung zeigt den Existenzbereich der höheren Wellenformen für das in bezug auf die Dämpfung optimale Durchmesserverhältnis $r_a/r_i = 3{,}6$ (mit dicker Linie ausgezogen). Mit gestrichelter Linie sind die Extremfälle angedeutet, d. h. die Fälle, daß Außen- und Innendurchmesser fast gleich sind bzw. daß der Innendurchmesser vernachlässigbar klein wird.

Diese Spektren haben eine sehr große Bedeutung bei der Beurteilung der Brauchbarkeit gewisser Kabeltypen. Um einen Hohlleiter mit gutem Wirkungsgrad verwenden zu können, ist die Existenz einer einzigen Wellenform erwünscht. Jede ungewünschte Wellenform kann überflüssige Verluste oder eine Spannungsüberbelastung des Hohlleiters verursachen. Da ein Oszillator selbst bei sorgfältigster

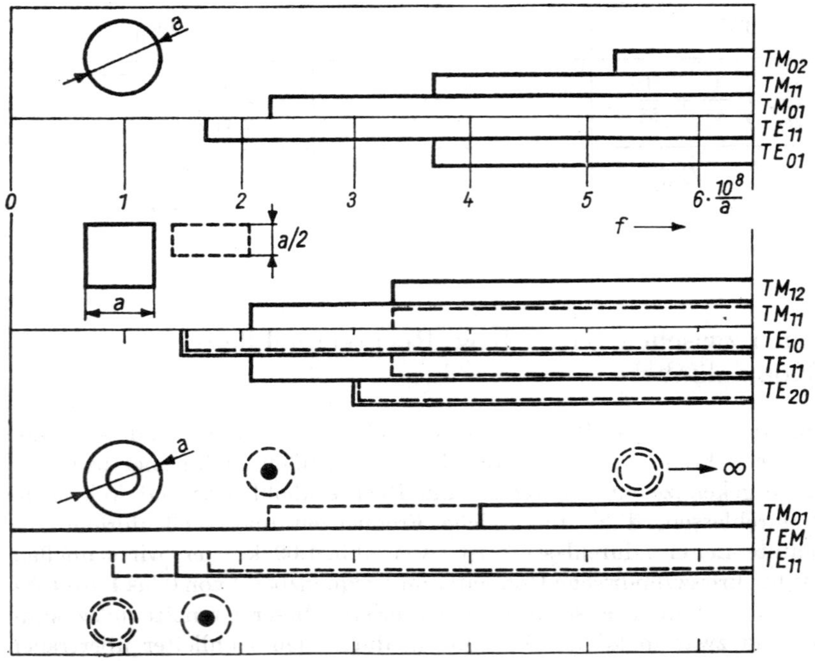

Abb. 4.69 Durchlässigkeitsspektrum des Wellenleiters von Kreis- und Viereckquerschnitt und des konzentrischen Kabels mit einem die optimale Dämpfung gewährleistenden Radienverhältnis

Der Abbildung kann entnommen werden, mit welcher Wellenform die elektrische Energie von gegebener Frequenz übertragbar ist. Im unteren Teil wurden auch die dem Halbmesserverhältnis $r_i/r_a = 0$ und $r_i/r_a = 1$ zugeordneten Werte gestrichelt eingetragen

Überprüfung der Schwingungserregung stets eine Reihe von Oberwellen hervorruft, muß man letztere durch entsprechende Dimensionierung des Hohlleiters aussieben. Prinzipiell ist ein Mehrfrequenzbetrieb in Wellenleitern bei verschiedenen Wellenarten möglich. Praktisch bedeutet es aber schon ein ernstes Hindernis, daß die einzelnen Formstücke, z. B. Anschlußstücke, für eine bestimmte Frequenz dimensioniert werden müssen. Um die Verluste verursachende fremde Wellenform von vornherein auszuschließen, muß die Betriebsfrequenz eines Hohlleiters im Band zwischen der der Grundwellenform entsprechenden Grenzfrequenz und der der unmittelbar folgenden Oberwellenform entsprechenden Grenzfrequenz gewählt werden. Hierdurch werden höhere Oberwellen im Kabel von vornherein ausgeschlossen. Betrachten wir Abb. 4.69, so wird der Vorteil des Koaxialkabels auffallen. Das brauchbare Wellenband umfaßt den Frequenzbereich von 0 bis zur Grenzfrequenz von TE_{11}. In einem rechteckigen Hohlleiter kann durch geeignete Wahl des Seitenverhältnisses erreicht werden, daß nach der Grenzfrequenz der Grundwellenform TE_{10} unmittelbar die Grenzfrequenz von TE_{20} folgt. Beträgt die in Richtung des elektrischen Feldes verlaufende Abmessung des Kabels gerade die Hälfte der zur Feldlinienrichtung senkrechten Abmessungen, so haben wir die genannte Situation bereits erreicht, wie auch aus Abb. 4.69 ersichtlich. In diesem Fall kann der Hohlleiter im Frequenzband von $1{,}5 \cdot 10^8/a$ bis zu $3 \cdot 10^8/a$ benutzt werden, ohne daß irgendeine fremde Wellenform auftritt. Das Verhältnis der oberen und unteren Bandbreitengrenze beträgt 2:1, während es sich bei Kreiszylinder-Hohlleitern nur auf 1,3:1 beläuft. Diese Tatsache sowie die große Empfindlichkeit der Grundwellenform TE_{11} des Kreiszylinderkabels gegen Querschnittsverzerrungen bringt im Vergleich zu den Kreiszylinder-Hohlleitern die Rechteckhohlleiter in den Vordergrund. Bei kreiszylindrischen Hohlleitern ist nämlich die Wellenform TE_{11} nicht kreissymmetrisch, so daß die Verzerrung des Querschnitts bereits die Polarisationsrichtung des Feldes verändert und dadurch für den Empfang Schwierigkeiten bietet. Ist jedoch ein symmetrisches Feldlinienbild unbedingt nötig, so muß ein Kreiszylinder-Hohlleiter, und darin die Wellenform TM_{01}, verwendet werden. Einen weiteren Vergleich zwischen den einzelnen Hohlleitertypen wollen wir später nach der Behandlung der die Dämpfung betreffenden Fragen durchführen.

4.29. Berechnung der Leistungsübertragung in den einfachsten Fällen

Die entlang der Hohlleitungsachse fortschreitende Leistung kann bestimmt werden, wenn wir den Poyntingschen Vektor über den Querschnitt des Hohlleiters integrieren. Sind uns elektrische und magnetische Feldstärke im Hohlleiter überall bekannt, so kann die Leistungsberechnung ohne Schwierigkeiten durchgeführt werden. Im allgemeinen ergibt sich die Leistung aus der Formel

$$\tilde{P} = \int_A \boldsymbol{S}\, \mathrm{d}\boldsymbol{A} = \int_A (\boldsymbol{E} \times \boldsymbol{H}^*)\, \mathrm{d}\boldsymbol{A}.$$

Im folgenden wollen wir die obige Formel nur für die Berechnung wichtiger Einzelfälle anwenden, da wir das allgemeine Problem der Leistungsübertragung mit einem veränderten Formalismus später (Kap. 4.35.) ausführlich behandeln werden.

4.29.1. TM_{01}-Welle in kreiszylindrischen Hohlleitern

Die Komponenten des elektrischen bzw. magnetischen Feldes sind nach 4.24.1.(7)

$$\begin{aligned} E_z &= As^2 J_0(sr)\,\mathrm{e}^{-\mathrm{j}\beta z}; & H_z &= 0; \\ E_r &= -A\mathrm{j}\beta s J_0'(sr)\,\mathrm{e}^{-\mathrm{j}\beta z}; & H_r &= 0; \\ E_\varphi &= 0; & H_\varphi &= -A\varepsilon\mathrm{j}\omega s J_0'(sr)\,\mathrm{e}^{-\mathrm{j}\beta z}. \end{aligned} \tag{1}$$

Wir erhalten also für die entlang der Achse strömende Leistung

$$\tilde{P} = \int_A (\boldsymbol{E} \times \boldsymbol{H}^*)\,\mathrm{d}\boldsymbol{A} = \int_A (\boldsymbol{E} \times \boldsymbol{H}^*)_z\,\mathrm{d}A = \int_A E_r H_\varphi^* r\,\mathrm{d}\varphi\,\mathrm{d}r. \tag{2}$$

Bei Berücksichtigung der Gleichungen (1) gilt

$$P = |A|^2\,\beta\varepsilon\omega s^2 \int_0^{r_0}\int_0^{2\pi} [J_0'(sr)]^2\, r\,\mathrm{d}r\,\mathrm{d}\varphi. \tag{3}$$

Nach Ausführung der Integration nach φ ergibt sich

$$P = |A|^2\,\beta\varepsilon\omega s^2 2\pi \int_0^{r_0} r[J_0'(sr)]^2\,\mathrm{d}r. \tag{4}$$

Um dieses Integral auswerten zu können, benutzen wir einige Sätze über die Bessel-Funktionen, und zwar erstens Gl. 2.19.(71), wonach

$$J_0'(sr) = -J_1(sr), \tag{5}$$

zweitens Gl. 2.19.(112), wonach

$$\int_0^{r_0} rJ_1^2(sr)\,\mathrm{d}r = \frac{r_0^2}{2}\left\{J_1'^2(sr_0) + \left[1 - \frac{1}{(sr_0)^2}\right] J_1^2(sr_0)\right\} \tag{6}$$

und drittens die Gleichungen 2.19.(74) und 2.19.(71):

$$J_0 = J_1' + \frac{J_1}{sr}; \qquad J_2 = \frac{1}{sr} J_1 - J_1'. \tag{7}$$

Es wird also

$$J_1'^2(sr) - \frac{J_1^2(sr)}{(sr)^2} = -J_2 J_0. \tag{8}$$

Somit lautet das Integral (6)

$$\int_0^{r_0} rJ_1^2(sr)\,\mathrm{d}r = \frac{r_0^2}{2}\,[J_1^2(sr_0) - J_2(sr_0)\,J_0(sr_0)]. \tag{9}$$

Da aber nach der Grenzbedingung $J_0(sr_0) = 0$ ist (d. h. $sr_0 = a_{01}$), erhalten wir

$$\int_0^{r_0} rJ_1^2(sr)\,dr = \frac{r_0^2}{2}\,J_1^2(a_{01}) \tag{10}$$

oder nach (5)

$$\int_0^{r_0} rJ_1^2(sr)\,dr = \frac{r_0^2}{2}\,J_0'^2(a_{01}). \tag{11}$$

Verwenden wir dies in Gl. (4), so ergibt sich für die Leistung P

$$P = |A|^2\,\beta\varepsilon\omega s^2 2\pi\,\frac{r_0^2}{2}\,J_0'^2(a_{01}). \tag{12}$$

Diese Gleichung kann aber auch anders formuliert werden. Häufig wird nämlich E_z in Gl. (1) in der Form

$$E_z = AJ_0(sr)\,e^{-j\beta z} \tag{13}$$

ausgedrückt. Hier ist der Faktor s^2 bereits in der Konstanten A enthalten; ebenso müssen natürlich auch alle anderen Komponenten durch s^2 dividiert werden. Statt Gl. (12) ergibt sich

$$P = |A|^2\,\frac{\beta\varepsilon\omega}{s^2}\,\pi r_0^2 J_0'^2(a_{01}). \tag{14}$$

Mit $s^2 = (a_{01}/r_0)^2$, $a_{01} = 2{,}405$, $J_1(a_{01}) = 0{,}52$ erhalten wir

$$P = |A|^2\,\frac{0{,}52^2\pi\beta\omega\varepsilon r_0^4}{(2{,}405)^2} = 0{,}047\,|A|^2\pi\beta\omega\varepsilon r_0^4. \tag{15}$$

Dagegen führt die Verwendung der Beziehungen

$$s^2 = (2\pi)^2\varepsilon\mu f_g^2; \qquad \beta = \sqrt{\varepsilon\mu\omega^2 - s^2}$$

zu dem gleichwertigen Ausdruck

$$P = |A|^2\,\pi\,\sqrt{\frac{\varepsilon}{\mu}}\left(\frac{f}{f_g}\right)^2\sqrt{1-\left(\frac{f_g}{f}\right)^2}\;r_0^2 J_0'^2(a_{01}). \tag{16}$$

4.29.2. TE_{10}-Welle in Rechteckhohlleitern

Die Rechnungen sind hier einfacher. Die Feldkomponenten sind jetzt nach 4.27.(9)

$$\begin{aligned} E_z &= 0; & H_z &= As^2\cos s_x x\,e^{-j\beta z};\\ E_x &= 0; & H_x &= Aj\beta s_x \sin s_x x\,e^{-j\beta z};\\ E_y &= -A\mu j\omega s_x \sin s_x x\,e^{-j\beta z}; & H_y &= 0. \end{aligned} \tag{17}$$

Es wird also

$$P = \int_A [\boldsymbol{E} \times \boldsymbol{H}^*]_z \, \mathrm{d}A = \int_0^b \int_0^a |A|^2 \mu\beta\omega s_x^2 \sin^2 s_x x \, \mathrm{d}x \, \mathrm{d}y = |A|^2 \mu\beta\omega s_x^2 b \int_0^a \sin^2 s_x x \, \mathrm{d}x$$

$$= |A|^2 \mu\beta\omega \left(\frac{\pi}{a}\right)^2 b \int_0^a \sin^2 \frac{\pi}{a} x \, \mathrm{d}x = |A|^2 \mu\beta\omega \left(\frac{\pi}{a}\right)^2 \frac{ab}{2}, \qquad (18)$$

da $s_x = \dfrac{\pi}{a}$ ist.

Schreiben wir H_z wieder in der Form

$H_z = A \cos s_x x \, \mathrm{e}^{-\mathrm{j}\beta z}$

d. h., s^2 sei in A enthalten, so erhalten wir

$$P = |A|^2 \sqrt{\frac{\mu}{\varepsilon}} \left(\frac{f}{f_\mathrm{g}}\right)^2 \sqrt{1 - \left(\frac{f_\mathrm{g}}{f}\right)^2} \frac{ab}{2}. \qquad (19)$$

4.29.3. Bestimmung der Konstante A

Die Konstante A kann auf mannigfache Art bestimmt werden. Wir können zum Beispiel die elektrische Feldstärke angeben, eventuell den höchstzulässigen Wert. Man kann aber auch die übertragene Leistung ausdrücken oder einfach $A = 1$ wählen. Im ersten Fall erhalten wir aus (17):

$$E_{y0}^2 = \mu^2\omega^2 A^2 \left(\frac{\pi}{a}\right)^2; \qquad \mu\omega A^2 \left(\frac{\pi}{a}\right)^2 = \frac{E_{y0}^2}{\mu\omega}. \qquad (20)$$

Damit läßt sich Gl. (18) in die folgende Form umschreiben:

$$P = \frac{E_{y0}^2}{\mu\omega} \beta \frac{ab}{2} = \frac{E_{y0}^2}{\mu} \frac{\sqrt{\varepsilon\mu}}{2\pi} \lambda \frac{2\pi}{\Lambda} \frac{ab}{2} = \frac{E_{y0}^2}{2Z_0} \frac{\lambda}{\Lambda} ab; \qquad \left(Z_0 = \sqrt{\frac{\mu}{\varepsilon}}\right). \qquad (21)$$

Bei Verwendung der übertragenen Leistung (Gl. (18)) lautet A

$$A = \frac{\sqrt{2}}{\pi} \sqrt{\frac{a}{b}} \frac{1}{\sqrt{\mu\beta\omega}} \sqrt{P}. \qquad (22)$$

Man kann natürlich $P = 1$ wählen, und so erhalten wir den Ausdruck

$$A = \frac{\sqrt{2}}{\pi} \sqrt{\frac{a}{b}} \frac{1}{\sqrt{\mu\beta\omega}}, \qquad (23)$$

der also einer Normierung der übertragenen Leistung auf 1 entspricht.

Wenn A durch eine Feldkomponente oder durch die übertragene Leistung ausgedrückt wird, so entfällt die Frage, ob s^2 in A einbegriffen ist oder nicht. Bei verschiedener Wahl der Konstanten A in den Komponentengleichungen müssen nur die Verhältnisse der Amplituden identische Werte besitzen. Man muß auch darauf achten, ob die Amplituden den effektiven oder den maximalen Wert bedeuten.

4.30. Verluste in Hohlleitungen

Die Hohlleiterwand haben wir bisher als idealen Leiter, ihr Inneres als ein ideales Dielektrikum angesehen, so daß wir nicht mit Verlusten zu rechnen brauchten. In Wirklichkeit treten aber Verluste auf, die gedämpfte Wellen verursachen. Im folgenden werden wir in erster Linie den durch die endliche Leitfähigkeit der Hohlleiterwand verursachten Leistungsverlust bzw. den Dämpfungskoeffizienten berechnen (siehe auch Kap. 4.35.).

In der Hohlleiterwand fließen auch im Idealfall Ströme, diese haben jedoch keine Wärmewirkung, da der Hohlleiterwiderstand Null ist. Die realen metallischen Leiter können in befriedigender Näherung als ideale Leiter betrachtet werden. Man begeht also keinen allzu großen Fehler, wenn man in erster Näherung — und es ist nicht üblich, weiter zu gehen — annimmt, daß das Feldlinienbild im Dielektrikum des wirklichen Hohlleiters mit dem für den Idealfall gültigen Bild übereinstimmt. In der Hohlleiterwand dagegen ändert sich das Bild schon. Im Idealfall kann kein elektromagnetisches Feld im Innern des Metalls existieren, in Wirklichkeit ist aber ein solches Feld vorhanden. Die Gesamtstromstärke in der Hohlleiterwand ist in beiden Fällen gleich: sie kann aus der magnetischen Außenfeldstärke berechnet werden, die nach der obigen Annahme mit der des Idealfalles übereinstimmt.

4.30.1. Verluste in der Wand

Wir beschränken uns zunächst auf die einfachsten (aber wichtigsten) Fälle.

TM_{01} *bei kreiszylindrischem Hohlleiter.* Wir nehmen also an, daß die Feldverteilung im wesentlichen durch die Verluste nicht beeinflußt wird. Insbesondere bleibt H_φ gleich:

$$H_\varphi = -A\varepsilon \mathrm{j}\omega s J_0'(sr).$$

Die Flächenstromdichte an der Wand wird also

$$K_z = -A\varepsilon \mathrm{j}\omega s J_0'(sr_0).$$

In einem Quader der Länge 1 und des Querschnittes $r_0\,\mathrm{d}\varphi\delta$ erhalten wir die Joulesche Wärme

$$(K_z r_0\,\mathrm{d}\varphi)\,(K_z r_0\,\mathrm{d}\varphi)^* \frac{1}{\sigma r_0\,\mathrm{d}\varphi\delta} = K_z K_z^* \frac{1}{\sigma\delta} r_0\,\mathrm{d}\varphi\,. \tag{1}$$

Der Verlust, bezogen auf die Länge 1 in Richtung der Leiterachse, beträgt

$$P_\mathrm{v} = \int_0^{2\pi} K_z K_z^* \frac{1}{\sigma\delta} r_0\,\mathrm{d}\varphi = \frac{AA^*\varepsilon^2\omega^2 s^2 r_0}{\sigma\delta} J_0'\,(sr_0)^2\,2\pi \tag{2a}$$

oder, wenn man s^2 wieder in A hineinlegt,

$$P_\mathrm{v} = \frac{2\pi}{\sigma\delta}\frac{\varepsilon}{\mu} r_0 \left(\frac{f}{f_\mathrm{g}}\right)^2 |A|^2\,[J_0'(sr_0)]^2. \tag{2b}$$

TE_{10} *bei Rechteckhohlleiter.* Hier ist die Verteilung der Flächenströme entsprechend der Abb. 4.67 ein wenig komplizierter. Für den Verlust gilt

$$P_\mathrm{v} = 2\frac{1}{\sigma\delta}\int_0^a (H_x H_x^* + H_z H_z^*)_{y=0}\,\mathrm{d}x + 2\frac{1}{\sigma\delta}\int_0^b (H_z H_z^*)_{x=0}\,\mathrm{d}y$$

$$= 2\frac{1}{\sigma\delta}\int_0^a |A|^2\left[\beta^2\frac{s_x^2}{s^4}\sin^2 s_x x + \cos^2 s_x x\right]\mathrm{d}x + 2\frac{1}{\sigma\delta}\int_0^b |A|^2 \cos^2 s_x x\Big|_{x=0}\,\mathrm{d}y$$

$$= \frac{2|A|^2}{\sigma\delta}\left[\frac{\beta^2}{s^2}\frac{a}{2} + \frac{a}{2}\right] + \frac{2|A|^2}{\sigma\delta} b = \frac{|A|^2}{\sigma\delta}\left[\frac{\beta^2 a^3}{\pi^2} + a + 2b\right]. \tag{3}$$

Hier wurde wieder (As^2) durch A ersetzt.

4.30.2. Verluste im Dielektrikum

Der Isolator besitze eine Leitfähigkeit $\sigma \ll \omega\varepsilon$. Wir machen auch jetzt die naheliegende Annahme, daß dadurch die Feldverteilung nicht wesentlich beeinflußt wird.

Durch die Stromdichte $\boldsymbol{J} = \sigma\boldsymbol{E}$ wird eine Leistungsdichte σE^2 verursacht. Auf die Längeneinheit bezogen, erhalten wir

$$P_\mathrm{D} = \sigma \int_A (|E_z|^2 + |E_\mathrm{T}|^2)\,\mathrm{d}a\,. \tag{4}$$

Es ist üblich, bei dielektrischen Verlusten den Verlustwinkel einzuführen:

$$\sigma E^2 = \frac{\sigma}{\varepsilon\omega}\,\varepsilon\omega E^2 = \varepsilon\omega \tan\delta\, E^2. \tag{5}$$

Wir erhalten also als Leistungsverlust

$$P_D = \omega\varepsilon \tan\delta \int_A (|E_z|^2 + |E_T|^2)\, da. \tag{6}$$

4.30.3. Dämpfungskoeffizient

Nachdem nun die übertragene Leistung und die je Längeneinheit des Hohlleiters verlorene Leistung für die einfachsten Moden bekannt sind, kann man aus der Formel 3.25. (38)

$$\alpha = \frac{P_v}{2P_{eff}}$$

die einzelnen Dämpfungskoeffizienten berechnen, und zwar nach 4.29. (16) und 4.30. (2b)

$$\alpha_{\circ}^{TM_{01}} = \frac{1}{\sigma\delta}\,\frac{1}{r_0}\,\frac{1}{Z_0}\,\frac{1}{\sqrt{1-\left(\frac{f_g}{f}\right)^2}} = \frac{R_s}{Z_0}\,\frac{1}{r_0}\,\frac{1}{\sqrt{1-(f_g/f)^2}} \tag{7}$$

wo $Z_0 = \sqrt{\mu_0/\varepsilon_0}$; $R_s = 1/\sigma\delta$ ist. Da aber zwischen der Grenzfrequenz f_g und r_0 der Zusammenhang

$$f_g = \frac{0{,}383}{r_0}\, 3\cdot 10^8 \left(= \frac{s_{01}}{2\pi}\,\frac{1}{\sqrt{\varepsilon\mu}} = \frac{a_{01}}{2\pi}\,\frac{1}{r_0}\cdot 3\cdot 10^8\right) \tag{8}$$

besteht, und für Kupfer

$$R_s = \frac{1}{\sigma\delta} = \frac{1}{5{,}7\cdot 10^7}\,\frac{\sqrt{f}}{6{,}6\cdot 10^{-2}} = 2{,}65\cdot 10^{-7}\sqrt{f} \tag{9}$$

erhalten wir

$$\alpha_{\circ}^{TM_{01}} = 7{,}5\cdot 10^{-6}\,\frac{1}{r_0^{3/2}}\sqrt{\frac{f}{f_g}}\,\frac{1}{\sqrt{1-\left(\frac{f_g}{f}\right)^2}}. \tag{10}$$

Für TE_{10} im Rechteckhohlleiter erhalten wir auf ähnliche Weise nach 4.29. (19) und 4.30. (3)

$$\alpha_{\square}^{TE_{10}} = \frac{1}{2} \frac{\frac{1}{\sigma\delta} |A|^2 \left[\frac{\beta^2 a^3}{\pi^2} + a + 2b\right]}{|A|^2 Z_0 \left(\frac{f}{f_g}\right)^2 \sqrt{1 - \left(\frac{f_g}{f}\right)^2} \frac{ab}{2}} = \left[1 + 2\frac{b}{a}\left(\frac{f_g}{f}\right)^2\right] \frac{R_s}{bZ_0 \sqrt{1 - \left(\frac{f_g}{f}\right)^2}}. \tag{11}$$

Für Kupfer erhalten wir die folgende Endformel:

$$\alpha_{\square}^{TE_{10}} = \frac{2 \cdot 2{,}67 \cdot 10^{-7}}{120\pi} \frac{1{,}23 \cdot 10^4}{a^{3/2}} \sqrt{\frac{f}{f_g}} \frac{1}{\sqrt{1 - \left(\frac{f_g}{f}\right)^2}} \left[\frac{a}{b} + 2\left(\frac{f_g}{f}\right)^2\right]$$

$$= \frac{1{,}72 \cdot 10^{-5}}{a^{3/2}} \frac{\frac{a}{2b}\left(\frac{\lambda_g}{\lambda}\right)^{3/2} + \frac{1}{\sqrt{\frac{\lambda_g}{\lambda}}}}{\sqrt{\left(\frac{\lambda_g}{\lambda}\right)^2 - 1}}. \tag{12}$$

Die entsprechenden Dämpfungskurven sind in Abb. 4.70 und 4.71 dargestellt.

4.31. Zusammenfassung der wichtigsten Zusammenhänge für Kreis- und Rechteckhohlleiter

4.31.1. Die Feldkomponenten

Die folgende Zusammenstellung enthält die Gleichungen 4.24.1. (7), (8) bzw. 4.27. (7), (9) unter Berücksichtigung der durch die Randbedingungen festgesetzten Werte (mit den entsprechenden Bezeichnungen).

Wellenleiter mit Kreisquerschnitt:

TM | TE

$$E_z = A\left(\frac{\alpha_{mn}}{r_0}\right)^2 J_m\left(\frac{\alpha_{mn}}{r_0} r\right) \cos m\varphi \, e^{-j\beta_{mn} z}; \qquad 0;$$

$$E_r = -Aj\beta_{mn} \frac{\alpha_{mn}}{r_0} J_m'\left(\frac{\alpha_{mn}}{r_0} r\right) \cos m\varphi \, e^{-j\beta_{mn} z}; \qquad A\mu \frac{j\omega}{r} m J_m\left(\frac{\alpha_{mn}'}{r_0} r\right) \sin m\varphi \, e^{-j\beta_{mn} z};$$

$$E_\varphi = Aj\frac{\beta_{mn}}{r} m J_m\left(\frac{\alpha_{mn}}{r_0} r\right) \sin m\varphi \, e^{-j\beta_{mn} z}; \qquad A\mu j\omega \frac{\alpha_{mn}'}{r_0} J_m'\left(\frac{\alpha_{mn}'}{r_0} r\right) \cos m\varphi \, e^{-j\beta_{mn} z}. \tag{1a, b}$$

	TM	TE
$H_z =$	$0;$	$A\left(\frac{a'_{mn}}{r_0}\right)^2 J_m\left(\frac{a'_{mn}}{r_0}r\right)\cos m\varphi\, e^{-j\beta_{mn}z};$
$H_r =$	$-A\varepsilon\frac{j\omega}{r}mJ_m\left(\frac{a_{mn}}{r_0}r\right)\sin m\varphi\, e^{-j\beta_{mn}z};$	$-Aj\beta_{mn}\frac{a'_{mn}}{r_0}J'_m\left(\frac{a'_{mn}}{r_0}r\right)\cos m\varphi\, e^{-j\beta_{mn}z};$
$H_\varphi =$	$-A\varepsilon j\omega\frac{a_{mn}}{r_0}J'_m\left(\frac{a_{mn}}{r_0}r\right)\cos m\varphi\, e^{-j\beta_{mn}z};$	$Aj\frac{\beta_{mn}}{r}mJ_m\left(\frac{a'_{mn}}{r_0}r\right)\sin m\varphi\, e^{-j\beta_{mn}z}.$

(2a, b)

Hier bedeuten a_{mn} bzw. a'_{mn} die n-ten Nullstellen von $J_m(x)$ bzw. $J'_m(x)$; außerdem gelten

$$\beta_{mn} = \sqrt{\varepsilon\mu\omega^2 - \left(\frac{a_{mn}}{r_0}\right)^2}, \qquad \sqrt{\varepsilon\mu\omega^2 - \left(\frac{a'_{mn}}{r_0}\right)^2}. \tag{3a, b}$$

Rechteckhohlleiter:

	TM	TE
$E_z =$	$A\pi^2\left(\frac{m^2}{a^2}+\frac{n^2}{b^2}\right)\sin\frac{m\pi}{a}x\sin\frac{n\pi}{b}y\, e^{-j\beta_{mn}z};$	$0;$
$E_x =$	$-Aj\beta_{mn}\frac{m\pi}{a}\cos\frac{m\pi}{a}x\sin\frac{n\pi}{b}y\, e^{-j\beta_{mn}z};$	$A\mu j\omega\frac{n\pi}{b}\cos\frac{m\pi}{a}x\sin\frac{n\pi}{b}y\, e^{-j\beta_{mn}z};$
$E_y =$	$-Aj\beta_{mn}\frac{n\pi}{b}\sin\frac{m\pi}{a}x\cos\frac{n\pi}{b}y\, e^{-j\beta_{mn}z};$	$-A\mu j\omega\frac{m\pi}{a}\sin\frac{m\pi}{a}x\cos\frac{n\pi}{b}y\, e^{-j\beta_{mn}z}.$

(4a, b)

	TM	TE
$H_z =$	$0;$	$A\pi^2\left(\frac{m^2}{a^2}+\frac{n^2}{b^2}\right)\cos\frac{m\pi}{a}x\cos\frac{n\pi}{b}y\, e^{-j\beta_{mn}z};$
$H_x =$	$A\varepsilon j\omega\frac{n\pi}{b}\sin\frac{m\pi}{a}x\cos\frac{n\pi}{b}y\, e^{-j\beta_{mn}z};$	$Aj\beta_{mn}\frac{m\pi}{a}\sin\frac{m\pi}{a}x\cos\frac{n\pi}{b}y\, e^{-j\beta_{mn}z};$
$H_y =$	$-A\varepsilon j\omega\frac{m\pi}{a}\cos\frac{m\pi}{a}x\sin\frac{n\pi}{b}y\, e^{-j\beta_{mn}z};$	$Aj\beta_{mn}\frac{n\pi}{b}\cos\frac{m\pi}{a}x\sin\frac{n\pi}{b}y\, e^{-j\beta_{mn}z}.$

(5a, b)

$$\beta_{mn} = \sqrt{\varepsilon\mu\omega^2 - \pi^2\left(\frac{m^2}{a^2}+\frac{n^2}{b^2}\right)}. \tag{6}$$

4.31.2. Wellenimpedanz. Übertragene Leistung

Aus den allgemeinen Gleichungen 4.23. (4) und (5) erhalten wir die folgenden Zusammenhänge zwischen der Querkomponenten der Feldvektoren.

$$\boldsymbol{H}_T = \frac{1}{Z^{TM}} (\boldsymbol{z}_0 \times \boldsymbol{E}_T) \quad \text{bzw.} \quad \boldsymbol{H}_T = \frac{1}{Z^{TE}} (\boldsymbol{z}_0 \times \boldsymbol{E}_T) \tag{7a, b}$$

$$\boldsymbol{E}_T = -Z^{TM}(\boldsymbol{z}_0 \times \boldsymbol{H}_T) \quad \text{bzw.} \quad \boldsymbol{E}_T = -Z^{TE}(\boldsymbol{z}_0 \times \boldsymbol{H}_T) \tag{8a, b}$$

wo

$$Z^{TM} = \frac{\beta}{\omega\varepsilon} = Z_0 \frac{\lambda}{\Lambda} = Z_0 \sqrt{1 - \left(\frac{f_g}{f}\right)^2}; \qquad Z^{TE} = \mu \frac{\omega}{\beta} = Z_0 \frac{1}{\sqrt{1 - \left(\frac{f_g}{f}\right)^2}}, \tag{9a, b}$$

und

$$Z_0 = \sqrt{\frac{\mu}{\varepsilon}}; \qquad \boldsymbol{z}_0 \equiv \boldsymbol{e}_z .$$

Z^{TM} bzw. Z^{TE} wird Wellenimpedanz genannt.

Die Leistung kann jetzt wie folgt ausgedrückt werden:

$$P = \int (\boldsymbol{E} \times \boldsymbol{H}^*) \, \boldsymbol{z}_0 \, dA = \int (\boldsymbol{E}_T \times \boldsymbol{H}_T^*) \, \boldsymbol{z}_0 \, dA = \frac{1}{Z} \int |E_T|^2 \, dA = Z \int \boldsymbol{H}_T \boldsymbol{H}_T^* \, dA . \tag{10}$$

Hier steht Z anstelle von Z^{TM} bzw. Z^{TE}. Man kann das Flächenintegral über $|E_T|^2$ bzw. $|H_T|^2$ auch durch ein Flächenintegral über $|E_z|^2$ bzw. $|H_z|^2$ ausdrücken:

$$P = \frac{Z^{TM}}{s^2} (\varepsilon\omega)^2 \int |E_z|^2 \, dA = \frac{\varepsilon}{\mu} Z^{TM} \left(\frac{f}{f_g}\right)^2 \int |E_z|^2 \, dA ;$$

$$P = \frac{Z^{TE}\beta^2}{s^2} \int |H_z|^2 \, dA = \frac{\mu}{\varepsilon} \frac{1}{Z^{TE}} \left(\frac{f}{f_g}\right)^2 \int |H_z|^2 \, dA . \tag{11a, b}$$

Die bisher nicht bewiesenen Formeln (11a) und (11b) werden in Kap. 4.35.6. bewiesen.

Mit Hilfe dieser allgemeinen Zusammenhänge können jetzt die Leistungsformeln für Wellenleiter mit Kreis- bzw. Rechteckquerschnitt angegeben werden (s^2 in A miteinbegriffen):

$$P_{\circ}^{TM} = \frac{A^2}{2} \sqrt{\frac{\varepsilon}{\mu}} \left(\frac{f}{f_g}\right)^2 \sqrt{1 - \left(\frac{f_g}{f}\right)^2} \, \pi r_0^2 [J_m'(a_{mn})]^2 \, (1 + \delta_{0m})$$

$$= \frac{A^2}{2} \frac{Z^{TM}}{Z_0^2} \left(\frac{f}{f_g}\right)^2 \pi r_0^2 [J_m'(s r_0)]^2 \, (1 + \delta_{0m}), \tag{12}$$

wo $\delta_{0m} = 1$, wenn $m = 0$, und $\delta_{0m} = 0$, wenn $m \neq 0$ ist.

$$P_{\circ}^{\mathrm{TE}} = \frac{A^2}{2}\sqrt{\frac{\mu}{\varepsilon}}\left(\frac{f}{f_g}\right)^2\sqrt{1-\left(\frac{f_g}{f}\right)^2}\,\pi r_0^2\left(1-\frac{m^2}{[a'_{mn}]^2}\right)J_m^2(a'_{mn})\,(1+\delta_{0m})$$

$$= \frac{A^2}{2}\,\frac{Z_0^2}{Z^{\mathrm{TE}}}\left(\frac{f}{f_g}\right)^2\pi r_0^2\left(1-\frac{m^2}{s^2r_0^2}\right)J_m^2(sr_0)\,(1+\delta_{0m}). \tag{13}$$

Der Faktor δ_{0m} berücksichtigt die Tatsache, daß $\int\limits_0^{2\pi}\cos^2 m\varphi\,\mathrm{d}\varphi = \pi$ bzw. 2π ist, wenn $m \neq 0$ bzw. $m = 0$ ist.

$$P_{\square}^{\mathrm{TM}_{mn}} = A^2\,\frac{Z^{\mathrm{TM}}}{Z_0^2}\left(\frac{f}{f_g}\right)^2\cdot\begin{cases}\dfrac{ab}{4} & \text{für } n \neq 0,\ m \neq 0,\\[2ex] 0 & \text{für } n = 0,\ m \neq 0,\end{cases} \tag{14}$$

$$P_{\square}^{\mathrm{TE}_{mn}} = A^2\,\frac{Z_0^2}{Z^{\mathrm{TE}}}\left(\frac{f}{f_g}\right)^2\cdot\begin{cases}\dfrac{ab}{4} & \text{für } n \neq 0,\ m \neq 0,\\[2ex] \dfrac{ab}{2} & \text{für } n = 0,\ m \neq 0.\end{cases} \tag{15}$$

4.31.3. Verlustleistung. Dämpfungskoeffizient

Im allgemeinen Fall lautet die Verlustleistung, bezogen auf die Längeneinheit, für TM-Wellen

$$P_{\mathrm{v}} = R_{\mathrm{s}}\oint|K_z|^2\,\mathrm{d}s = R_{\mathrm{s}}\oint|H_{\mathrm{T}}|^2\,\mathrm{d}s = \frac{R_{\mathrm{s}}}{Z_0^2(a_{mn}/r_0)^2}\left(\frac{f}{f_g}\right)^2\oint\left|\frac{\partial E_z}{\partial n}\right|^2\mathrm{d}s \tag{16}$$

bzw. für TE-Wellen

$$P_{\mathrm{v}} = R_{\mathrm{s}}\oint[|K_z|^2+|K_{\mathrm{T}}|^2]\,\mathrm{d}s = R_{\mathrm{s}}\oint\left[|H_z|^2+\left(\frac{f}{f_g}\right)^2\frac{1-\left(\frac{f_g}{f}\right)^2}{(a_{mn}/r_0)^2}\left|\frac{\partial H_z}{\partial s}\right|^2\right]\mathrm{d}s. \tag{17}$$

Diese allgemeinen Beziehungen führen zu den folgenden Formeln für kreisförmige bzw. rechteckige Wellenleiter:

$$P_{\mathrm{v}\circ}^{\mathrm{TM}} = A^2\,\frac{R_{\mathrm{s}}}{Z_0^2}\,\pi r_0\left(\frac{f}{f_g}\right)^2[J'_m(a_{mn})]^2 \qquad (m \neq 0), \tag{18}$$

$$P_{\mathrm{v}\circ}^{\mathrm{TE}} = A^2Rs\left[r_0+\left(\frac{f}{f_g}\right)^2\frac{1-\left(\frac{f_g}{f}\right)^2}{(a'_{mn}/r_0)^2}\,\frac{m^2}{r_0}\right]J_m(a'_{mn})]^2\,\pi \qquad (m \neq 0), \tag{19}$$

$$P_{\mathrm{v}\square}^{\mathrm{TM}} = A^2 \frac{R_s}{Z_0^2} \frac{\pi^2}{s^2} \left(\frac{f}{f_g}\right)^2 \left[\frac{a}{b^2} n^2 + \frac{b}{a^2} m^2\right], \tag{20}$$

$$P_{\mathrm{v}\square}^{\mathrm{TE}} = A^2 R_s \left\{a + b + \left(\frac{f}{f_g}\right)^2 \left[1 - \left(\frac{f_g}{f}\right)^2\right] \frac{\dfrac{m^2\pi^2}{a} + \dfrac{n^2\pi^2}{b}}{s^2}\right\} \quad (m \neq 0,\ n \neq 0), \tag{21}$$

wobei $s^2 = (\pi m/a)^2 + (\pi n/b)^2$ ist.

Wir erhalten also für die Dämpfungskoeffizienten

$$\alpha_{\circ}^{\mathrm{TM}} = \frac{R_s}{r_0 Z_0} \frac{1}{\sqrt{1 - \left(\dfrac{f_g}{f}\right)^2}}, \tag{22}$$

$$\alpha_{\circ}^{\mathrm{TE}} = \frac{R_s}{r_0 Z_0 \sqrt{1 - \left(\dfrac{f_g}{f}\right)^2}} \left[\left(\frac{f_g}{f}\right)^2 + \frac{m^2}{(a'_{mn})^2 - m^2}\right], \tag{23}$$

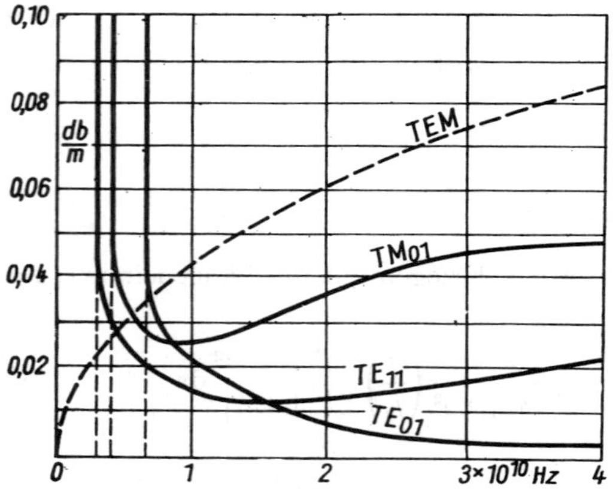

Abb. 4.70 Dämpfung eines kupfernen Wellenleiters mit Kreisquerschnitt

Die gestrichelte Linie stellt die Dämpfung desjenigen konzentrischen Kabels dar, das denselben Außendurchmesser besitzt und dessen Innendurchmesser die optimale Dämpfung gewährleistet ($2r_0 = 5$ cm)

$$\varkappa_{\square}^{\mathrm{TM}} = \frac{2R_s}{bZ_0\sqrt{1 - \left(\dfrac{f_g}{f}\right)^2}} \frac{\left(\dfrac{b}{a}\right)^3 m^2 + n^2}{\left(\dfrac{b}{a}\right)^2 m^2 + n^2}, \tag{24}$$

$$\varkappa_{\square}^{\mathrm{TE}} = \frac{2R_s}{bZ_0\sqrt{1 - \left(\dfrac{f_g}{f}\right)^2}} \left\{\left(1 + \frac{b}{a}\right)\left(\frac{f_g}{f}\right)^2 + \left[1 - \left(\frac{f_g}{f}\right)^2\right] \frac{\dfrac{b}{a}\left(m^2 \dfrac{b}{a} + n^2\right)}{m^2 \dfrac{b^2}{a^2} + n^2}\right\}$$

$$(m \neq 0,\ n \neq 0) \tag{25}$$

bzw.:

$$\alpha_{\square}^{\mathrm{TE}_{m0}} = \frac{R_s}{bZ_0\sqrt{1-\left(\frac{f_g}{f}\right)^2}}\left[1 + 2\frac{b}{a}\left(\frac{f_g}{f}\right)^2\right]. \tag{26}$$

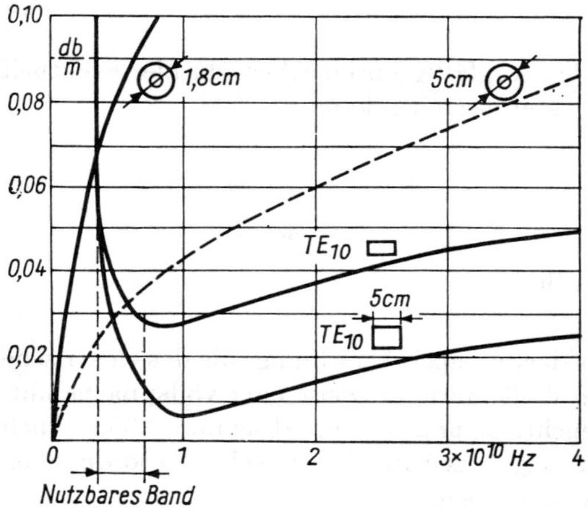

Abb. 4.71 Dämpfungsverlauf bei Hohlleitern mit Rechteckquerschnitt. Die gestrichelte Linie veranschaulicht die Dämpfung desjenigen Koaxialkabels, dessen Durchmesser der Rechteckseitenlänge entspricht und das die optimale Dämpfung besitzt. Die Dämpfungskurve des Koaxialkabels mit dem gleichen Anwendungsband wurde ebenfalls aufgetragen

4.31.4. Kopplung der Moden infolge der Wandverluste

Bisher haben wir angenommen, daß die einzelnen Moden unabhängig voneinander existieren können und sich gegenseitig nicht beeinflussen. In den meisten praktischen Fällen führt diese Annahme nicht zu groben Fehlern. Tatsächlich können aber Kopplungen zwischen den verschiedenen Moden entstehen. Wir betrachten hier nur die durch Wandverluste verursachten. Qualitativ sind diese Kopplungen leicht verständlich. Es seien nämlich die zwei Felder $\boldsymbol{E}_m$, $\boldsymbol{H}_m$ bzw. $\boldsymbol{E}_n$, $\boldsymbol{H}_n$ gegeben. Zum ersteren soll die Wandstromdichte $\boldsymbol{K}_m$, zum zweiten $\boldsymbol{K}_n$ gehören. Beide elektrische Felder haben an der Wandfläche eine Tangentialkomponente. Im allgemeinen wird weder das Integral

$$\oint \boldsymbol{E}_m \boldsymbol{K}_n^* \, \mathrm{d}l \tag{27}$$

noch

$$\oint \boldsymbol{E}_n \boldsymbol{K}_m^* \, \mathrm{d}l \tag{28}$$

zu Null werden. Dies aber bedeutet, daß die Feldstärke des einen Typs mit der Stromdichte des anderen Typs eine Leistung auszuüben vermag, d. h., eine Leistung kann von einer Welle zur anderen übergehen. Da die Grenzbedingung in solchen Fällen die Form

$$\boldsymbol{E}_{\mathrm{t}} = Z_{\mathrm{A}}\boldsymbol{K} \quad (Z_{\mathrm{A}} = \text{Flächenimpedanz}) \tag{29}$$

hat, lautet die Kopplungsbedingung

$$\oint \boldsymbol{K}_m \boldsymbol{K}_n^* \, \mathrm{d}l \neq 0; \qquad m \neq n. \tag{30}$$

Man muß besonders die entarteten Moden sorgfältig untersuchen, da hier eventuell die Kopplung bei verschwindenden Verlusten bestehen kann.

4.32. Erregung von Hohlleiterwellen

Zur Erregung einer bestimmten Mode bedarf es einer Anordnung, die das elektrische oder magnetische Feld der gewünschten Wellenform teilweise oder völlig nachahmt. Das ist physikalisch unmittelbar einleuchtend und soll in Abschnitt 4.35.8. auch quantitativ bestätigt werden. Abb. 4.72 zeigt anschaulich, wie solche Anordnungen in den einfachsten Fällen realisiert werden können.
Als einfaches Beispiel bestimmen wir die Wellen in einem Rechteckhohlleiter, die durch einen Stromfaden nach Abb. 4.73. erregt werden. Die geometrische Anordnung berechtigt zu der Annahme, daß das elektrische Feld nur eine y-Komponente hat, welche selbst von y unabhängig ist.
Die Gleichung 4.5. (31)

$$\Delta \boldsymbol{E} + k^2 \boldsymbol{E} = \mathrm{j}\omega\mu \boldsymbol{J} \tag{1}$$

vereinfacht sich damit noch weiter zu

$$\frac{\partial^2 E_y}{\partial x^2} + \frac{\partial^2 E_y}{\partial z^2} + k^2 E_y = \mathrm{j}\omega\mu I \delta(z - z_0)\, \delta(x - x_0). \tag{2}$$

Wir machen den Ansatz

$$E_y(x, z) = \sum_{m=1}^{\infty} A_m(z) \sin m \frac{\pi}{a} x. \tag{3}$$

Damit sind die Randbedingungen bei $x = 0$ und $x = a$ befriedigt. Setzen wir diesen Ausdruck in Gl. (2) ein, so erhalten wir

$$\sum_{m=1}^{\infty} \left[k^2 - \left(\frac{m\pi}{a} \right)^2 + \frac{\partial^2}{\partial z^2} \right] A_m(z) \sin m \frac{\pi}{a} x = \mathrm{j}\omega\mu I \delta(z - z_0)\, \delta(x - x_0). \tag{4}$$

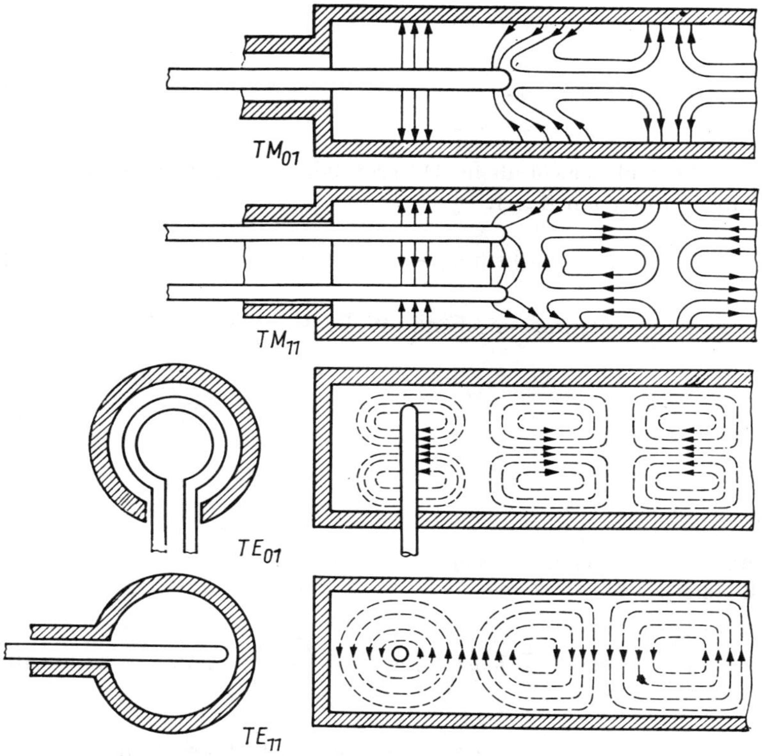

Abb. 4.72 Die Erregung der einfachsten Wellentypen

Multiplizieren wir beide Seiten mit $\sin m \frac{\pi}{a} x$ und integrieren wir dann von 0 bis a, so erhalten wir

$$\frac{a}{2}\left\{\left[k^2 - \left(m \frac{\pi}{a}\right)^2\right] A_m(z) + \frac{d^2 A_m}{dz^2}\right\} = j\omega\mu I \delta(z - z_0) \sin m \frac{\pi}{a} x_0, \tag{5}$$

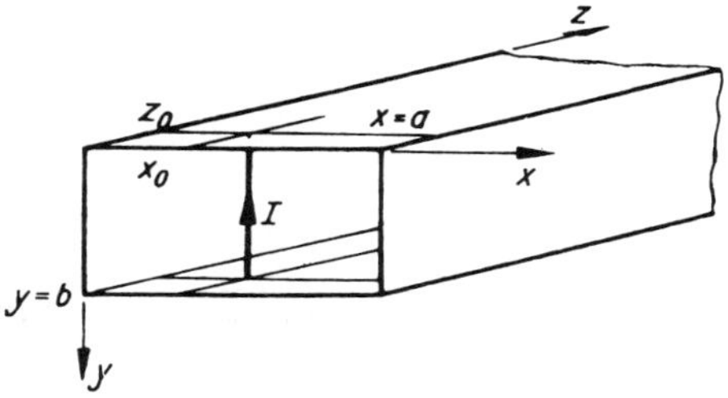

Abb. 4.73 Erregung elektromagnetischer Wellen durch einen Stromfaden

denn es ist

$$\int_0^a \delta(x - x_0) \sin m \frac{\pi}{a} x \, dx = \sin m \frac{\pi}{a} x_0. \tag{6}$$

Wir erhalten also die folgende gewöhnliche Differentialgleichung zweiter Ordnung für die noch unbekannte Funktion $A_m(z)$:

$$\frac{d^2 A_m(z)}{dz^2} + \beta_{m0}^2 A_m(z) = \frac{2}{a} j\omega\mu I \delta(z - z_0) \sin m \frac{\pi}{a} x_0. \tag{7}$$

Da die Lösung eine von der Antenne ausgehende Welle darstellen muß, machen wir den Lösungsansatz

$$\begin{aligned} A_m(z) &= A_m\, e^{-j\beta_{m0}z}, \qquad z > z_0; \\ A_m(z) &= B_m\, e^{j\beta_{m0}z}, \qquad z < z_0. \end{aligned} \tag{8}$$

Außerdem gilt

$$A_m\, e^{-j\beta_{m0}z_0} = B_m\, e^{j\beta_{m0}z_0}. \tag{9}$$

Wir integrieren jetzt Gl. (7) nach z zwischen den Grenzen $z_0 - \varepsilon$ und $z_0 + \varepsilon$ und lassen ε gegen Null gehen:

$$\int_{z-\varepsilon}^{z_0+\varepsilon} \frac{d^2 A_m(z)}{dz^2} dz + \beta_{m0}^2 \int_{z_0-\varepsilon}^{z_0+\varepsilon} A_m(z)\, dz = \frac{2}{a} j\omega\mu I \sin m \frac{\pi}{a} x_0 \int_{z_0-\varepsilon}^{z_0+\varepsilon} \delta(z - z_0)\, dz. \tag{10}$$

Da $A_m(z)$ stetig und das Integral auf der rechten Seite gleich 1 ist, erhalten wir

$$\left.\frac{dA_m}{dz}\right|_{z_0-\varepsilon}^{z_0+\varepsilon} = \left.\frac{dA_m}{dz}\right|_{z_0+\varepsilon} - \left.\frac{dA_m}{dz}\right|_{z_0-\varepsilon} = \frac{2}{a} j\omega\mu I \sin m \frac{\pi}{a} x_0. \tag{11}$$

Nach Ausführung der Differentiation ergibt sich unter Berücksichtigung der Gleichungen (8)

$$-j\beta_{m0}[A_m\, e^{-j\beta_{m0}z_0} + B_m\, e^{j\beta_{m0}z_0}] = \frac{2}{a} j\omega\mu I \sin m \frac{\pi}{a} x_0. \tag{12}$$

Mit Gl. (9) erhalten wir daraus

$$A_m = -\frac{\omega\mu I}{a\beta_{m0}} \sin m \frac{\pi}{a} x_0\, e^{j\beta_{m0}z_0}. \tag{13}$$

Das Ergebnis lautet also für $z > z_0$

$$E_y(x, z) = \sum_{m=1}^{\infty} A_m(z) \sin m \frac{\pi}{a} x = -\frac{\omega\mu I}{a} \sum_{m=1}^{\infty} \frac{\sin \frac{m\pi}{a} x_0}{\beta_{m0}}\, e^{-j\beta_{m0}(z-z_0)} \sin m \frac{\pi}{a} x. \tag{14}$$

oder in einer Form, welche für $z > z_0$ und $z < z_0$ gültig ist,

$$E_y(x, z) = -\frac{\omega\mu I}{a} \sum_{m=1}^{\infty} \frac{\sin m \frac{\pi}{a} x_0}{\beta_{m0}} \sin m \frac{\pi}{a} x \, \mathrm{e}^{-\mathrm{j}\beta_{m0}|z-z_0|}. \tag{15}$$

4.33. Inhomogenitäten in Hohlleitern

Bisher haben wir Wellen in homogenen Hohlleitern betrachtet: der Leiter war homogen mit Stoff ausgefüllt, und der Querschnitt war auch immer derselbe. In der praktischen Ausführung kommen aber die verschiedenartigsten „Stoßstellen" vor: Es können Hohlleiter mit gleichem Querschnitt, aber verschiedenem Füllstoff aneinandergefügt sein, oder solche mit verschiedenem Querschnitt, aber gleicher homogener Füllung, es gibt unvermeidliche Krümmungen, absichtlich eingefügte Diaphragmen usw.

Im folgenden werden die einfachsten Typen behandelt und die Feldverteilungen prinzipiell berechnet.

4.33.1. Stoßstelle eines gefüllten und eines leeren Wellenleiters

Die Verhältnisse sind hier einfach: Die Randbedingungen an der Grenzfläche können durch die Annahme einer reflektierten und einer durchgehenden (transmitted) Welle gleichen Typs befriedigt werden (Abb. 4.74).

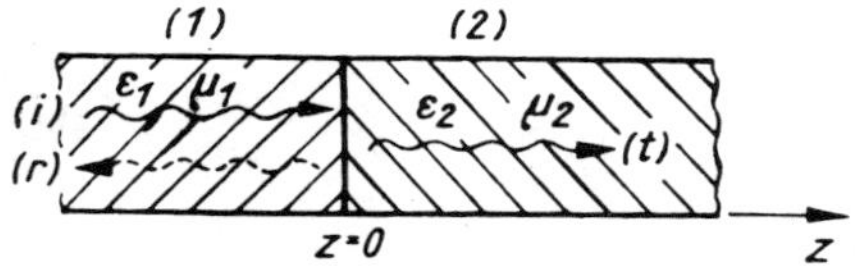

Abb. 4.74 Stoßstelle zweier Wellenleiter, die mit verschiedenen Stoffen ausgefüllt sind

Wir behandeln zunächst nur eine TM-Welle. Im Gebiet (1) schreiben wir für die einfallende Welle

$$E_z^{\mathrm{i}} = s_1^2 \Pi^{(1)} \mathrm{e}^{-\mathrm{j}\beta_1 z}; \qquad H_z^{\mathrm{i}} = 0,$$

$$E_2^{\mathrm{i}} = -\frac{\mathrm{j}\beta_1}{g_2}\frac{\partial \Pi^{(1)}}{\partial x_2}\mathrm{e}^{-\mathrm{j}\beta_1 z}; \qquad H_2^{\mathrm{i}} = \varepsilon_1 \frac{\mathrm{j}\omega}{g_3}\frac{\partial \Pi^{(1)}}{\partial x_3}\mathrm{e}^{-\mathrm{j}\beta_1 z}, \tag{1}$$

$$E_3^{\mathrm{i}} = -\frac{\mathrm{j}\beta_1}{g_3}\frac{\partial \Pi^{(1)}}{\partial x_3}\mathrm{e}^{-\mathrm{j}\beta_1 z}; \qquad H_3^{\mathrm{i}} = -\varepsilon_1 \frac{\mathrm{j}\omega}{g_2}\frac{\partial \Pi^{(1)}}{\partial x_2}\mathrm{e}^{-\mathrm{j}\beta_1 z},$$

für die reflektierte Welle

$$E_z^r = R s_1^2 \Pi^{(1)} e^{+j\beta_1 z}; \qquad H_z^r = 0,$$

$$E_2^r = R \frac{j\beta_1}{g_2} \frac{\partial \Pi^{(1)}}{\partial x_2} e^{+j\beta_1 z}; \qquad H_2^r = R\varepsilon_1 \frac{j\omega}{g_3} \frac{\partial \Pi^{(1)}}{\partial x_3} e^{+j\beta_1 z}, \tag{2}$$

$$E_3^r = R \frac{j\beta_1}{g_3} \frac{\partial \Pi^{(1)}}{\partial x_3} e^{+j\beta_1 z}; \qquad H_3^r = -R\varepsilon_1 \frac{j\omega}{g_2} \frac{\partial \Pi^{(1)}}{\partial x_2} e^{+j\beta_1 z},$$

und für die durchgehende Welle

$$E_z^t = T s_2^2 \Pi^{(2)} e^{-j\beta_2 z}; \qquad H_z^t = 0,$$

$$E_2^t = -T \frac{j\beta_2}{g_2} \frac{\partial \Pi^{(2)}}{\partial x_2} e^{-j\beta_2 z}; \qquad H_2^t = T\varepsilon_2 \frac{j\omega}{g_3} \frac{\partial \Pi^{(2)}}{\partial x_3} e^{-j\beta_2 z}; \tag{3}$$

$$E_3^t = -T \frac{j\beta_2}{g_3} \frac{\partial \Pi^{(2)}}{\partial x_3} e^{-j\beta_2 z}; \qquad H_3^t = -T\varepsilon_2 \frac{j\omega}{g_2} \frac{\partial \Pi^{(2)}}{\partial x_2} e^{-j\beta_2 z}.$$

Die Randbedingungen fordern den stetigen Übergang der Tangentialkomponenten von $\boldsymbol{E}$ und $\boldsymbol{H}$ bei $z = 0$, d. h.

$$E_2^i + E_2^r = E_2^t; \qquad H_2^i + H_2^r = H_1^t, \tag{4a, b}$$

$$E_3^i + E_3^r = E_3^t; \qquad H_3^i + H_3^r = H_3^t. \tag{5a, b}$$

Ausführlich geschrieben, lauten diese Gleichungen

$$\frac{-j\beta_1}{g_2} \frac{\partial \Pi^{(1)}}{\partial x_2} + R \frac{j\beta_1}{g_2} \frac{\partial \Pi^{(1)}}{\partial x_2} = -T \frac{j\beta_2}{g_2} \frac{\partial \Pi^{(2)}}{\partial x_2}, \tag{6}$$

$$\frac{-j\beta_1}{g_3} \frac{\partial \Pi^{(1)}}{\partial x_3} + R \frac{j\beta_1}{g_3} \frac{\partial \Pi^{(1)}}{\partial x_3} = -T \frac{j\beta_2}{g_3} \frac{\partial \Pi^{(2)}}{\partial x_3}, \tag{7}$$

$$\varepsilon_1 \frac{j\omega}{g_3} \frac{\partial \Pi^{(1)}}{\partial x_3} + R\varepsilon_1 \frac{j\omega}{g_3} \frac{\partial \Pi^{(1)}}{\partial x_3} = T\varepsilon_2 \frac{j\omega}{g_3} \frac{\partial \Pi^{(2)}}{\partial x_3}, \tag{8}$$

$$-\varepsilon_1 \frac{j\omega}{g_2} \frac{\partial \Pi^{(1)}}{\partial x_2} - R\varepsilon_1 \frac{j\omega}{g_2} \frac{\partial \Pi^{(1)}}{\partial x_2} = -T\varepsilon_2 \frac{j\omega}{g_2} \frac{\partial \Pi^{(2)}}{\partial x_2}. \tag{9}$$

Dividieren wir jetzt die erste dieser vier Gleichungen durch die dritte (oder die zweite durch die vierte), so erhalten wir den folgenden Zusammenhang:

$$\frac{\beta_1}{\varepsilon_1} \frac{1 - R}{1 + R} = \frac{\beta_2}{\varepsilon_2}. \tag{10}$$

Daraus erhalten wir für R

$$R = \frac{1 - \frac{\beta_2}{\beta_1}\frac{\varepsilon_1}{\varepsilon_2}}{1 + \frac{\beta_2}{\beta_1}\frac{\varepsilon_1}{\varepsilon_2}} = \frac{\beta_1\varepsilon_2 - \beta_2\varepsilon_1}{\beta_1\varepsilon_2 + \beta_2\varepsilon_1}. \tag{11}$$

Unser Resultat kann noch umgeformt werden, da

$$\beta^2 = \varepsilon\mu\omega^2 - s^2 \tag{12}$$

ist, und zwar

$$R = \frac{\sqrt{\frac{1}{\varepsilon_{r1}} - \left(\frac{\lambda}{\lambda_c}\right)^2 \frac{1}{\varepsilon_{r1}^2}} - \sqrt{\frac{1}{\varepsilon_{r2}} - \left(\frac{\lambda}{\lambda_c}\right)^2 \frac{1}{\varepsilon_{r2}^2}}}{\sqrt{\frac{1}{\varepsilon_{r1}} - \left(\frac{\lambda}{\lambda_c}\right)^2 \frac{1}{\varepsilon_{r1}^2}} + \sqrt{\frac{1}{\varepsilon_{r2}} - \left(\frac{\lambda}{\lambda_c}\right)^2 \frac{1}{\varepsilon_{r2}^2}}}. \tag{13}$$

$\lambda_c \equiv \lambda_g$ bedeutet hier die Grenzwellenlänge bei ε_0 und μ_0

4.33.2. Zum Teil gefüllter Hohlleiter

Eine einfache Inhomogenität in einem Wellenleiter entsteht dadurch, daß wir einen Hohlleiter über seine gesamte Länge mit einem beliebigen Material — einem Leiter, Dielektrikum oder sogar gyromagnetischem Stoff — teilweise (d. h. nicht über den gesamten Querschnitt) ausfüllen. Das ganze Feld hängt also wieder von der Koordinate z in der Form $e^{-j\beta z}$ ab. Das Verfahren wird an einem einfachen, jedoch wichtigen Beispiel nach Abb. 4.75 gezeigt.

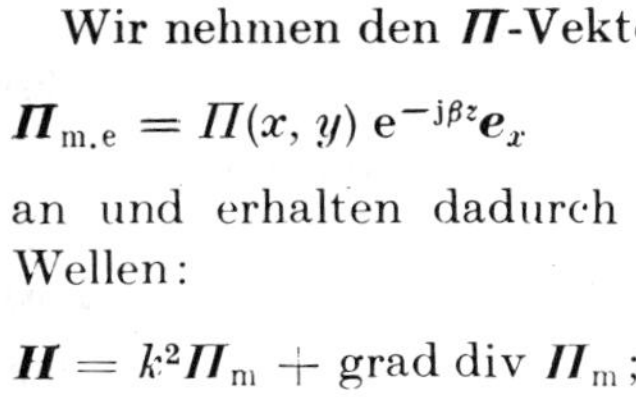

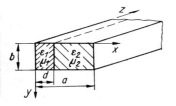

Abb. 4.75 Teilweise gefüllter Hohlleiter

Wir nehmen den $\boldsymbol{\Pi}$-Vektor in der Form

$$\boldsymbol{\Pi}_{m,e} = \Pi(x, y)\, e^{-j\beta z}\boldsymbol{e}_x \tag{14}$$

an und erhalten dadurch die LSE (longitudinal section electric, Längsschnitt)-Wellen:

$$\boldsymbol{H} = k^2\boldsymbol{\Pi}_m + \text{grad div}\,\boldsymbol{\Pi}_m; \qquad \boldsymbol{E} = -j\omega\mu\,\text{rot}\,\boldsymbol{\Pi}_m, \tag{15}$$

bzw. die LSM-Wellen

$$\boldsymbol{H} = \varepsilon \mathrm{j}\omega \operatorname{rot} \boldsymbol{\Pi}_\mathrm{e}; \qquad \boldsymbol{E} = k^2 \boldsymbol{\Pi}_\mathrm{e} + \operatorname{grad} \operatorname{div} \boldsymbol{\Pi}_\mathrm{e}. \tag{16}$$

Wir beschäftigen uns nur mit den LSE-Wellen, welche keine elektrische Komponente in der x-Richtung haben, d. h., die elektrische Feldstärke liegt *in* der Trennfläche. Wir schreiben die Lösung für das Gebiet (1) und (2) gesondert auf. Um die Randbedingungen einfach befriedigen zu können, wählen wir für Π_1 die Funktion

$$\Pi_1 = A_1 \sin s_{x1} x \cos s_{y1} y \, \mathrm{e}^{-\mathrm{j}\beta z}. \tag{17}$$

Mit dieser Annahme werden aus den Gleichungen

$$H_x = k^2 \Pi + \frac{\partial^2 \Pi}{\partial x^2}; \qquad E_x = 0, \tag{18a, b}$$

$$H_y = \frac{\partial^2}{\partial x \, \partial y} \Pi; \qquad E_y = -\mathrm{j}\omega\mu(-\mathrm{j}\beta)\, \Pi, \tag{19a, b}$$

$$H_z = -\mathrm{j}\beta \frac{\partial \Pi}{\partial x}; \qquad E_z = +\mathrm{j}\omega\mu \frac{\partial}{\partial y} \Pi \tag{20a, b}$$

die folgenden:

$$H_x = A_1(k_1^2 - s_{x1}^2) \sin s_{x1} x \cos s_{y1} y \, \mathrm{e}^{-\mathrm{j}\beta z}; \quad E_x = 0, \tag{21a, b}$$

$$H_y = -A_1 s_{x1} s_{y1} \cos s_{x1} x \sin s_{y1} y \, \mathrm{e}^{-\mathrm{j}\beta z}; \quad E_y = -\omega\mu_1 \beta A_1 \sin s_{x1} x \cos s_{y1} y \, \mathrm{e}^{-\mathrm{j}\beta z}, \tag{22a, b}$$

$$H_z = -\mathrm{j}\beta A_1 s_{x1} \cos s_{x1} x \cos s_{y1} y \, \mathrm{e}^{-\mathrm{j}\beta z}; \quad E_z = -\mathrm{j}\omega\mu_1 s_{y1} A_1 \sin s_{x1} x \sin s_{y1} y \, \mathrm{e}^{-\mathrm{j}\beta z}. \tag{23a, b}$$

Die Randbedingungen

$$\begin{aligned} E_x &= 0: \quad y = 0; \quad y = b, \\ E_z &= 0: \quad y = 0; \quad y = b \end{aligned} \tag{24}$$

führen zu den Gleichungen

$$s_{y1} b = n\pi; \qquad s_{y1} = n\pi/b. \tag{25}$$

Im Raumteil (2) nehmen wir

$$\Pi_2 = A_2 \sin s_{x2}(a - x) \cos s_{y2} y \, \mathrm{e}^{-\mathrm{j}\beta z} \tag{26}$$

an und gelangen damit zu den Gleichungen

$$H_x = A_2(k_2^2 - s_{x2}^2) \sin s_{x2}(a - x) \cos s_{y2} y \, \mathrm{e}^{-\mathrm{j}\beta z}; \tag{27a}$$

$$E_x = 0; \tag{27b}$$

$$H_y = A_2 s_{x2} s_{y2} \cos s_{x2}(a - x) \sin s_{y2} y \, e^{-j\beta z}; \tag{28a}$$

$$E_y = -\omega\mu_2 \beta A_2 \sin s_{x2}(a - x) \cos s_{y2} y \, e^{-j\beta z}; \tag{28b}$$

$$H_z = A_2 j\beta s_{x2} \cos s_{x2}(a - x) \cos s_{y2} y \, e^{-j\beta z}; \tag{29a}$$

$$E_z = -j\omega\mu_2 s_{y2} A_2 \sin s_{x2}(a - x) \sin s_{y2} y \, e^{-j\beta z}. \tag{29b}$$

Die Randbedingungen

$$\begin{aligned} E_x &= 0: \quad y = 0, \quad y = b, \\ E_z &= 0: \quad y = 0, \quad y = b \end{aligned} \tag{30}$$

führen zu

$$s_{y2} = n\pi/b = s_{y1}. \tag{31}$$

Bei $x = a$ wurde die Randbedingung $E_y = E_z = 0$ durch die zweckmäßige Wahl von Π_2 erfüllt. Die Wellengleichung für Π_1 bzw. Π_2 liefert die Zusammenhänge

$$s_{x1}^2 + \left(\frac{n\pi}{b}\right)^2 = \omega^2 \varepsilon_1 \mu_1 - \beta^2, \tag{32}$$

$$s_{x2}^2 + \left(\frac{n\pi}{b}\right)^2 = \omega^2 \varepsilon_2 \mu_2 - \beta^2 . \tag{33}$$

An der Grenzfläche $x = d$ ist die Stetigkeit der Tangentialkomponente zu beachten:

$$E_{y1} = E_{y2}; \qquad E_{z1} = E_{z2}, \tag{34a, b}$$

$$H_{y1} = H_{y2}; \qquad H_{z1} = H_{z2}. \tag{35a, b}$$

Die ersten zwei Gleichungen führen zu

$$A_1 \mu_1 \sin s_{x1} d = A_2 \mu_2 \sin s_{x2}(a - d), \tag{36}$$

die zwei letzten zu

$$A_1 s_{x1} \cos s_{x1} d = -A_2 s_{x2} \cos s_{x2}(a - d). \tag{37}$$

Wir stellen jetzt die erhaltenen Resultate in folgender Form zusammen:

$$\frac{\mu_1}{s_{x1}} \tan s_{x1} d = -\frac{\mu_2}{s_{x2}} \tan s_{x1}(a - d), \tag{38a}$$

$$s_{x1}^2 = \omega^2 \varepsilon_1 \mu_1 - \beta^2 - \left(\frac{n\pi}{b}\right)^2, \tag{38b}$$

$$s_{x2}^2 = \omega^2 \varepsilon_2 \mu_2 - \beta^2 - \left(\frac{n\pi}{b}\right)^2. \tag{38c}$$

Diese drei Gleichungen ermöglichen die Bestimmung aller uns interessierenden Größen, insbesondere die der Phasenkonstanten.

4.33.3. Sprunghafte Abmessungsänderung in der *E*-Ebene

Als „geometrische" Diskontinuität behandeln wir eine sprunghafte Abmessungsänderung in der y-Richtung (Abb. 4.76). Einfachheitshalber sei angenommen, daß die Abmessung a über alle Grenzen wächst. Ferner nehmen wir an, die einfallende Welle habe die Form

$$E_y^{\mathrm{i}} = A_0 \, \mathrm{e}^{-\mathrm{j}kz}. \tag{39}$$

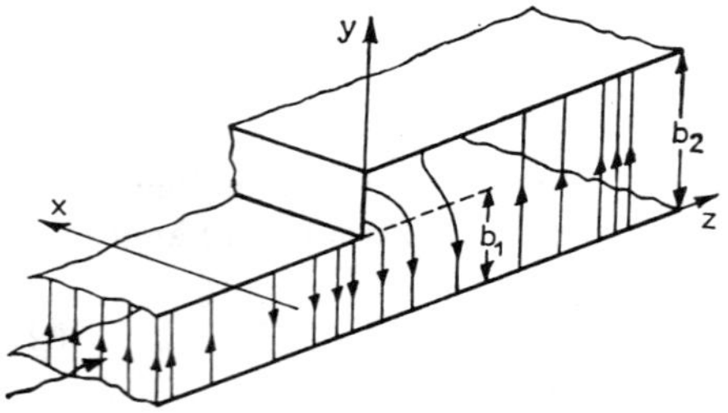

Abb. 4.76 Zur Berechnung des Einflusses einer sprunghaften Querschnittsänderung

Es ist zu erwarten, daß der Übergang eine Störung hervorruft, bei der auch eine E_z-Komponente, aber keine E_x-Komponente auftritt. Für $\boldsymbol{H}$ bleibt weiter nur die H_x-Komponente. Es ist natürlich auch zu erwarten, daß keine Größe von x abhängt. Wenn wir

$$\Pi_z = A \sin \frac{n\pi}{b} y \, \mathrm{e}^{\pm \mathrm{j}\beta_n z}$$

wählen, so werden die Randbedingungen für E_z bei $y = b$ befriedigt. Wir haben also die Lösung aus den Komponenten

$$E_z = (k^2 - \beta_n^2) A \sin n \frac{\pi}{b} y \, \mathrm{e}^{\mp \mathrm{j}\beta_n z}; \qquad H_z = 0, \tag{40a, b}$$

$$E_x = 0; \qquad H_x = A\varepsilon \mathrm{j}\omega n \frac{\pi}{b} \cos n \frac{\pi}{b} y \, \mathrm{e}^{\mp \mathrm{j}\beta_n z}, \tag{41a, b}$$

$$E_y = \mp \mathrm{j}\beta_n n \frac{\pi}{b} A \cos n \frac{\pi}{b} y \, \mathrm{e}^{\mp \mathrm{j}\beta_n z}; \qquad H_y = 0 \tag{42a, b}$$

zusammenzusetzen $[\beta_n^2 = k^2 - (n\pi/b)^2]$.

Wir erhalten im Leiterteil (1) neben der einfallenden Welle eine reflektierte Welle von der Größe $RA_0 \, \mathrm{e}^{\mathrm{j}kz}$, wobei R der zu bestimmende Reflexionskoeffizient ist. Außerdem werden beim Übergang Wellen von der Form (42a) erregt, die sich in der negativen z-Richtung fortpflanzen:

$$E_y^{(1)} = A_0 \, e^{-jkz} + RA_0 \, e^{jkz} + \sum_{n=1}^{\infty} j\beta_n^{(1)} A_n \cos n \frac{\pi}{b_1} y \, e^{j\beta_n^{(1)} z}, \tag{43a}$$

$$H_x^{(1)} = \frac{A_0}{Z_0} e^{-jkz} - \frac{RA_0}{Z_0} e^{jkz} + \sum_{n=1}^{\infty} j\omega\varepsilon A_n \cos n \frac{\pi}{b_1} y \, e^{j\beta_n^{(1)} z}, \tag{43b}$$

wobei abkürzend $A_n = A(n\pi/b)$ und $Z_0 = \sqrt{\mu/\varepsilon}$ gesetzt wurde.

Im Teil (2) haben wir eine Welle $TA_0 \, e^{-jkz}$ und Wellen von der Form (42a), die sich in der positiven z-Richtung fortpflanzen:

$$E_y^{(2)} = TA_0 \, e^{-jkz} - \sum_{n=1}^{\infty} j\beta_n^{(2)} B_n \cos n \frac{\pi}{b_2} y \, e^{-j\beta_n^{(2)} z}, \tag{44a}$$

$$H_x^{(2)} = \frac{TA_0}{Z_0} e^{-jkz} + \sum_{n=1}^{\infty} j\omega\varepsilon B_n \cos n \frac{\pi}{b_2} y \, e^{-j\beta_n^{(2)} z}. \tag{44b}$$

Hier haben wir die Bezeichnung $(\beta_n^{(1),(2)})^2 = k^2 - (n\pi/b_{1,2})^2$ eingeführt.

Durch die Grenzbedingung wird vorgeschrieben, daß die Tangentialkomponenten von $\boldsymbol{E}$ und $\boldsymbol{H}$ einen stetigen Übergang haben bzw. daß die elektrische Feldstärke auf der Wand senkrecht steht, d. h.,

$$\left.\begin{array}{ll} \left.\begin{array}{l} E_{y1} = E_{y2} \\ H_{x1} = H_{x2} \end{array}\right\} & 0 < y < b_1 \\ E_{y2} = 0; & b_1 < y < b_2 \end{array}\right\} z = 0. \tag{45}$$

Wir schreiben zuerst die Kontinuität der Tangentialkomponenten des elektrischen Feldes auf:

$$TA_0 - \sum_{n=1}^{\infty} j\beta_n^{(2)} B_n \cos n \frac{\pi}{b_2} y = A_0(1 + R) + \sum_{n=1}^{\infty} j\beta_n^{(1)} A_n \cos n \frac{\pi}{b_1} y, \qquad 0 < y < b_1; \tag{46}$$

$$TA_0 - \sum_{n=1}^{\infty} j\beta_n^{(2)} B_n \cos n \frac{\pi}{b_2} y = 0, \qquad b_1 < y < b_2. \tag{47}$$

Wir fassen diese zwei Gleichungen in dem Sinne auf, daß wir eine durch Kosinusfunktionen dargestellte Funktion suchen, welche im Bereich $0 \cdots b_1$ den Wert

$$A_0(1 + R) + \sum_{n=1}^{\infty} j\beta_n^{(1)} A_n \cos n \frac{\pi}{b_1} y$$

besitzt, im Bereich $b_1 \cdots b_2$ dagegen Null ist. Wir nehmen also die Koeffizienten A_n vorläufig als bekannt an. Es handelt sich um eine spezielle Fourier-Darstellung. Das Grundintervall beträgt $2b_2$. Uns interessiert nur das Feld im Bereich $0 < y < b_2$;

aber unsere Resultate können auf einen (symmetrischen) Sprung $2b_1 \to 2b_2$ angewendet werden. Um die Koeffizienten B_n bestimmen zu können, multiplizieren wir Gl. (46) mit $\cos m(\pi/b_2)\, y$ und integrieren von 0 bis b_2:

$$A_0(1+R)\int_0^{b_1} \cos m\frac{\pi}{b_2}\, y\, dy + \sum_{n=1}^{\infty} j\beta_n^{(1)} A_n \int_0^{b_1} \cos n\frac{\pi}{b_1}\, y \cos m \frac{\pi}{b_2}\, y\, dy$$

$$= -\sum_{n=1}^{\infty} j\beta_n^{(2)} \int_0^{b_2} B_n \cos n\frac{\pi}{b_2}\, y \cos m\frac{\pi}{b_2}\, y\, dy. \tag{48}$$

Das erste Glied links und die rechte Seite können sofort ausgewertet werden.

$$A_0(1+R)\frac{b_2}{m\pi}\sin m\frac{\pi}{b_2} b_1 + \sum_{n=1}^{\infty} j\beta_n^{(1)} A_n \int_0^{b_1} \frac{1}{2}\left[\cos\left(\frac{n}{b_1}+\frac{m}{b_2}\right)\pi y\right.$$

$$\left. + \cos\left(\frac{n}{b_1}-\frac{m}{b_2}\right)\pi y\right] dy = -j\beta_m^{(2)} B_m \frac{b_2}{2}. \tag{49}$$

Da das Integral im zweiten Glied der linken Seite gleich

$$\frac{1}{2}\int_0^{b_1}\left[\cos\left(\frac{n}{b_1}+\frac{m}{b_2}\right)\pi y + \cos\left(\frac{n}{b_1}-\frac{m}{b_2}\right)\pi y\right] dy = \frac{b_2}{m\pi}\,\frac{(-1)^n \sin m\dfrac{b_1}{b_2}\pi}{1-\left(\dfrac{b_2}{b_1}\dfrac{n}{m}\right)^2} \tag{50}$$

ist, erhalten wir

$$A_0(1+R)\frac{b_2}{m\pi}\sin m\frac{\pi}{b_2} b_1 + \frac{b_2}{\pi m}\sin\frac{m\pi}{b_2} b_1 \sum_{n=1}^{\infty} j\beta_n^{(1)} A_n \frac{(-1)^n}{1-\left(\dfrac{b_2}{b_1}\dfrac{n}{m}\right)^2} = -j\beta_m^{(2)} B_m \frac{b_2}{2}. \tag{51}$$

Sind die Koeffizienten $A_1, \ldots, A_n$ bekannt, so können die Koeffizienten $B_1, \ldots, B_n$ usw. nacheinander berechnet werden. Nebenbei sei bemerkt, daß wir durch Integration von 0 bis b_2 die Beziehung

$$T = (1+R)\frac{b_1}{b_2} \tag{52}$$

erhalten können, da die Integration auf der rechten Seite von Gl. (46) eine Integration von 0 bis b_1 bedeutet.

Die Kontinuität der Tangentialkomponenten des magnetischen Feldes drücken wir kurz durch

$$H_x^{(1)} = H_x^{(2)}, \qquad 0 < y < b_1 \tag{53}$$

oder ausführlich durch

$$\frac{A_0}{Z_0}(1-R)+\sum_{n=1}^{\infty} j\omega\varepsilon A_n \cos n\frac{\pi}{b_1}y=\frac{TA_0}{Z_0}+\sum_{n=1}^{\infty} j\omega\varepsilon B_n \cos n\frac{\pi}{b_2}y \tag{54}$$

aus. Jetzt kann die linke Seite als Fourier-Reihe der rechten Seite aufgefaßt werden. So erhalten wir durch Integration von 0 bis b_1 statt Gl. (52)

$$\frac{A_0}{Z_0}(1-R)\,b_1=\frac{TA_0}{Z_0}+\sum_{n=1}^{\infty} j\omega\varepsilon\frac{B_n b_2}{n\pi}\sin n\frac{\pi}{b_2}b_1\,. \tag{55}$$

Nach Multiplikation mit $\cos(m\pi/b_1)y$ und Integration erhalten wir eine Gleichung von ähnlichem Aufbau wie (51). Damit haben wir die Koeffizienten A_m als Funktionen von B_m dargestellt. Die Gleichungen (51) und die aus Gl. (55) folgende Gleichung bestimmen die Entwicklungskoeffizienten $A_0, \ldots, A_m$ und $B_1, \ldots, B_m$ eindeutig.

Damit ist das Problem — jedenfalls im Prinzip — gelöst.

4.33.4. „Induktiver" Stab

Es treffe im einfachsten Fall eine TE_{10}-Welle auf einen leitenden Stab (Abb. 4.77). Dadurch wird in ihm Strom von zunächst unbekannter Stärke induziert. Diese wird durch die Randbedingung bestimmt: Da wir den Stab als unendlich gut leitend annehmen, muß die Tangentialkomponente der elektrischen Feldstärke an seiner

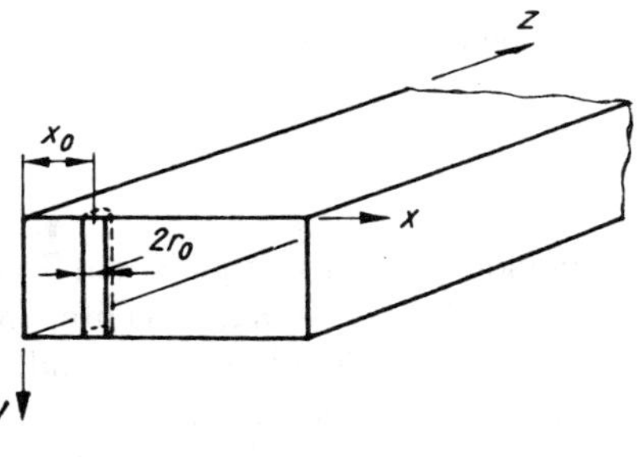

Abb. 4.77 Induktiver Stab

Mantelfläche Null sein. Wir nehmen weiter an, daß der Durchmesser des Stabes klein ist, d. h., daß die einfallende Welle in einem ausgewählten Zeitpunkt überall auf der Mantelfläche den gleichen Wert besitzt. Wir können also einen beliebigen Punkt wählen, wo wir die zwei Feldstärken, nämlich die der einfallenden Welle und die der von dem Strom I_y hervorgerufenen Welle, einander entgegengesetzt gleich setzen. Es ist zweckmäßig, hier den Punkt $z = z_0 = 0$, $x = x_0 + r_0$ zu wählen. Wir erhalten somit nach 4.32. (15)

$$E_{y0} \sin \frac{\pi(x_0 + r_0)}{a} + \sum_{m=1}^{\infty} - \frac{\mu\omega I_y}{a} \cdot \frac{\sin \frac{m\pi}{a} x_0}{\beta_{m0}} \sin m \frac{\pi}{a} (x_0 + r_0) = 0. \tag{56}$$

Aus dieser Gleichung kann I_y bestimmt werden. Dadurch kann der Einfluß des Stabes in allen Einzelheiten angegeben werden. Im besonderen ergeben sich so die Amplituden der reflektierten Wellen.

4.33.5. Blende in einem Rechteckwellenleiter [4.7]

Es falle eine TE_{10}-Welle von links auf die Blende (Abb. 4.78). Die Welle wird durch

$$E_y = A \sin \frac{\pi}{a} x \, e^{-j\beta_{10}z}; \qquad \beta_{10}^2 = \varepsilon\mu\omega^2 - \left(\frac{\pi}{a}\right)^2 \tag{57a, b}$$

$$H_x = -\frac{A}{\omega\mu} \beta_{10} \sin \frac{\pi}{a} x \, e^{-j\beta_{10}z};$$

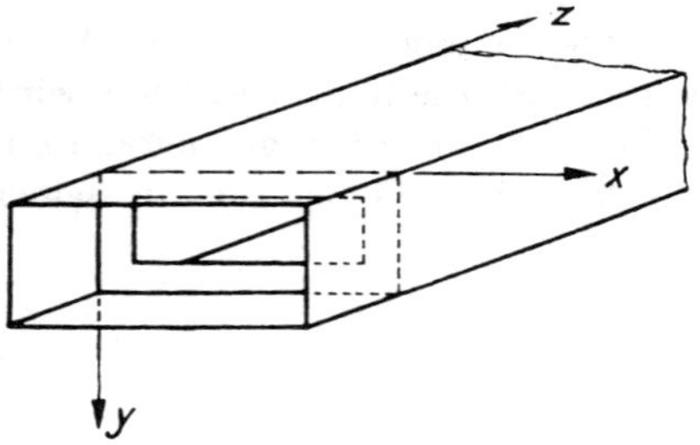

Abb. 4.78 Blende im Wege einer TE_{10}-Welle

beschrieben. Es entstehen reflektierte und durchgehende Wellen von gleichem Typ. Außerdem entstehen natürliche Wellen von höherer Ordnung — nach rechts und links exponentiell abklingend, wenn die Abmessungen entsprechend gewählt sind.

Es ist zu erwarten, daß die elektrische Feldstärke in der Nähe der Blende auch eine Longitudinalkomponente aufweist; dagegen wird sie keine x-Komponente besitzen. Wir versuchen also das Feld aus einem $\boldsymbol{\Pi}_m$-Vektor abzuleiten, welcher nur eine einzige Komponente, und zwar die x-Komponente, hat:

$$\boldsymbol{\Pi}_m = \boldsymbol{e}_x \Pi(x, y, z). \tag{58}$$

Schreiben wir die Gleichungen

$$\boldsymbol{E} = -\mu j\omega \operatorname{rot} \boldsymbol{\Pi}_m; \qquad \boldsymbol{H} = \varepsilon\mu\omega^2 \boldsymbol{\Pi}_m + \operatorname{grad} \operatorname{div} \boldsymbol{\Pi}_m$$

in Komponentenzerlegung auf:

$$E_x = 0; \qquad H_x = \varepsilon\mu\omega^2\Pi + \frac{\partial^2\Pi}{\partial x^2}; \tag{59a, b}$$

$$E_y = -\mu j\omega \frac{\partial\Pi}{\partial z}; \qquad H_y = \frac{\partial^2\Pi}{\partial x\, \partial y}; \tag{60a, b}$$

$$E_z = \mu j\omega \frac{\partial\Pi}{\partial y}; \qquad H_z = \frac{\partial^2\Pi}{\partial x\, \partial z}. \tag{61a, b}$$

Die Kontinuität von E_y beim Durchgang durch die Blende verlangt

$$\frac{\partial\Pi_1}{\partial z} = \frac{\partial\Pi_2}{\partial z}. \tag{62}$$

Den kontinuierlichen Übergang von H_x sichert die Gleichung

$$\left(\frac{\partial}{\partial x^2} + \varepsilon\mu\omega^2\right)\Pi_1 = \left(\frac{\partial}{\partial x^2} + \varepsilon\mu\omega^2\right)\Pi_2. \tag{63}$$

Da E_y der Randbedingung $E_y = 0$ bei $x = 0$ und $x = a$ gehorcht, nehmen wir eine Partialwelle in folgender Form an:

$$E_y = A_{mn} \sin m\frac{\pi}{a} x \cos n\frac{\pi}{b} y\, e^{\pm\Gamma_{mn}z}, \tag{64}$$

wo

$$\Gamma_{mn} = \sqrt{\frac{m^2\pi^2}{a^2} + \frac{n^2\pi^2}{b^2} - \varepsilon\mu\omega^2} \tag{65}$$

ist. Unter Berücksichtigung der Gl. (60a) folgt daraus

$$\Pi_{mn} = \pm\frac{1}{\Gamma_{mn} j\omega\mu} A_{mn} \sin m\frac{\pi}{a} x \cos n\frac{\pi}{b} y\, e^{\mp\Gamma z}. \tag{66}$$

Zu diesem E_y gehört also die magnetische Feldstärke-Komponente (Gl. (59b))

$$H_x = \left(\varepsilon\mu\omega^2 + \frac{\partial^2}{\partial x^2}\right)\Pi = \pm\left[\varepsilon\mu\omega^2 - \left(\frac{m\pi}{a}\right)^2\right]\frac{1}{\Gamma_{mn} j\omega\mu} A_{mn} \sin m\frac{\pi}{a} x \cos n\frac{\pi}{b} y\, e^{\mp\Gamma z}. \tag{67}$$

Wir schreiben jetzt E_y auf beiden Seiten der Blende als Summe der Grundwelle und der Partialwellen:

$$E_y^{(1)} = \sin\frac{\pi}{a} x\, (e^{-j\beta_{10}z} + R\, e^{j\beta_{10}z}] + \sum_1^\infty {\sum_0^\infty}' A_{mn} \sin m\frac{\pi}{a} x \cos n\frac{\pi}{b} y\, e^{\Gamma_{mn}z}, \tag{68}$$

$$E_y^{(2)} = \sin\frac{\pi}{a} x\, T e^{-j\beta_{10}z} + \sum_1^\infty {\sum_0^\infty}' B_{mn} \sin m\frac{\pi}{a} x \cos n\frac{\pi}{b} y\, e^{-\Gamma_{mn}z}. \tag{69}$$

Hier wurde der Koeffizient A in (57) gleich 1 gewählt.

Der Strich beim Summationszeichen deutet darauf hin, daß man für die Werte $m = 1$; $n = 0$ nicht summieren soll, da die entsprechenden Glieder gesondert aufgeschrieben sind.

Aus der Randbedingung $E_y^{(1)} = E_y^{(2)}$ für $z = 0$ folgt

$$T = 1 + R; \qquad A_{mn} = B_{mn}. \tag{70}$$

Wir bezeichnen den (unbekannten) Wert von E_y in der Blende selbst durch $E(x,y)$. Mit seiner Hilfe können die Koeffizienten R, A_{mn} ausgedrückt werden. Wir betrachten die Gleichungen (68) und (69) als Fourier-Darstellung der Funktion $E(x,y)$. Wenn man $z = 0$ nimmt, ergibt sich

$$1 + R = \frac{2}{ab} \iint\limits_{\text{Blende}} E(\xi, \eta) \sin \frac{\pi}{a} \xi \, d\xi \, d\eta, \tag{71a}$$

$$A_{mn} = \frac{4}{ab} \iint\limits_{\text{Blende}} E(\xi, \eta) \sin m \frac{\pi}{a} \xi \cos n \frac{\pi}{b} \eta \, d\xi \, d\eta \qquad (n \neq 0), \tag{71b}$$

$$A_{m0} = \frac{2}{ab} \iint\limits_{\text{Blende}} E(\xi, \eta) \sin m \frac{\pi}{a} \xi \, d\xi \, d\eta. \tag{71c}$$

Für das magnetische Feld erhalten wir nach (57b) und (67)

$$\begin{aligned} H_x^{(1)} = \frac{1}{j\omega\mu} \Bigg\{ &- j\beta_{10} \sin \pi \frac{x}{a} \left[e^{-j\beta_{10} z} - R\, e^{j\beta_{10} z} \right] \\ &+ \sum_1^\infty \sum_0^\infty{}' A_{mn} \left(m^2 \frac{\pi^2}{a^2} - \varepsilon\mu\omega^2 \right) \sin m \frac{\pi}{a} x \cos n \frac{\pi}{b} y \, e^{\Gamma_{mn} z} \frac{1}{\Gamma_{mn}} \Bigg\}; \end{aligned} \tag{72}$$

$$\begin{aligned} H_x^{(2)} = \frac{1}{j\omega\mu} \Bigg\{ &- j\beta_{10} \sin \pi \frac{x}{a} T\, e^{-j\beta_{10} z} \\ &- \sum_1^\infty \sum_0^\infty{}' B_{mn} \left(m^2 \frac{\pi^2}{a^2} - \varepsilon\mu\omega^2 \right) \sin m \frac{\pi}{a} x \cos n \frac{\pi}{b} y \, e^{-\Gamma_{mn} z} \frac{1}{\Gamma_{mn}} \Bigg\}. \end{aligned} \tag{73}$$

Wenn wir jetzt die Bedingung $H_x^{(1)} = H_x^{(2)}$; $z = 0$ aufschreiben und den Wert von $A_{mn} = B_{mn}$ aus Gl. (71) einsetzen, so erhalten wir nach leichter Umformung

$$\begin{aligned} &- j\beta_{10} \sin \frac{\pi}{a} x \frac{R}{1 + R} \\ &= 2 \sum_1^\infty \sum_0^\infty{}' \frac{\varepsilon_{mn} \left(\dfrac{m^2\pi^2}{a^2} - \varepsilon\mu\omega^2 \right) \sin m \dfrac{\pi}{a} x \cos n \dfrac{\pi}{b} y \iint E(\xi, \eta) \sin m \dfrac{\pi}{a} \xi \cos n \dfrac{\pi}{b} \eta \, d\xi \, d\eta}{\Gamma_{mn} \iint E(\xi, \eta) \sin \dfrac{\pi}{a} \xi \, d\xi \, d\eta} \end{aligned} \tag{74}$$

(Es ist $\varepsilon_{mn} = 1$, wenn $n \neq 0$, und $\varepsilon_{mn} = 1/2$, wenn $n = 0$.)

Diese Gleichung kann als Integralgleichung zur Bestimmung der Unbekannten $E(x, y)$ aufgefaßt werden.

Hier kann ein — wenigstens im Prinzip einfacher — Weg angegeben werden, wie man zum Blindleitwert (Suszeptanz) der Ersatzschaltung kommt. Wir wissen bereits, daß zwischen dem (normierten) Blindleitwert und dem Reflexionskoeffizienten eines Querelements einer Leitung der Zusammenhang

$$\mathrm{j}B_{\mathrm{norm}} = \mathrm{j}BZ_0 = -\frac{2R}{1+R} \tag{75}$$

besteht. Das folgt aus den Gleichungen

$$R = \frac{Z - Z_0}{Z + Z_0} \quad \text{und} \quad Z = \frac{1}{\mathrm{j}B} \times Z_0. \tag{76}$$

Multiplizieren wir Gl. (74) mit $E(x, y) \sin \frac{\pi}{a} x$ und integrieren wir über die Blende, so erhalten wir für den Blindleitwert B_{norm}

$$B_{\mathrm{norm}} = \frac{-4 \sum\limits_{1}^{\infty} \sum\limits_{0}^{\infty}{}' \varepsilon_{mn} \left(m^2 \frac{\pi^2}{a^2} - \varepsilon\mu\omega^2\right) \left[\iint E(x, y) \sin m \frac{\pi}{a} x \cos n \frac{\pi}{a} y \, \mathrm{d}x \, \mathrm{d}y\right]^2 \Big/ \Gamma_{mn}}{\beta_{10} \left[\iint E(x, y) \sin \frac{\pi}{a} x \, \mathrm{d}x \, \mathrm{d}y\right]^2}. \tag{77}$$

Es sei hinzugefügt, daß dieser Ausdruck einen Extremwert für den exakten Ausdruck von $E(x, y)$ aufweist, die Lösung also auch durch Variation erhalten werden kann.

Da die Ausrechnung zu weit führen würde, verweisen wir auf die Literatur [4.5, 4.6, 4.7].

4.34. Mit Ferriten gefüllte Wellenleiter

Ein Wellenleiter mit kreisförmigem Querschnitt sei entsprechend der Abb. 4.79 mit einem gyromagnetischen Stoff, z. B. mit einem Ferrit, gefüllt. Die Vormagnetisierungsrichtung zeige in die Richtung der Rohrachse. Die in Zylinderkoordinaten geschriebene I. und II. Maxwellsche Gleichung lauten

$$\frac{1}{r}\left(\frac{\partial H_z}{\partial \varphi} + \mathrm{j}\beta r H_\varphi\right) = \mathrm{j}\omega\varepsilon E_r, \tag{1}$$

$$-\mathrm{j}\beta H_r - \frac{\partial H_z}{\partial r} = \mathrm{j}\omega\varepsilon E_\varphi, \tag{2}$$

$$\frac{1}{r}\left(\frac{\partial}{\partial r} rH_\varphi - \frac{\partial H_r}{\partial \varphi}\right) = \mathrm{j}\omega\varepsilon E_z, \tag{3}$$

$$\frac{1}{r}\left(\frac{\partial E_z}{\partial \varphi} + \mathrm{j}\beta r E_\varphi\right) = -\mathrm{j}\omega(\mu H_r - \mathrm{j}k H_\varphi), \tag{4}$$

$$-\mathrm{j}\beta E_r - \frac{\partial E_z}{\partial r} = -\mathrm{j}\omega(\mathrm{j}k H_r + \mu H_\varphi), \tag{5}$$

$$\frac{1}{r}\left(\frac{\partial}{\partial r} rE_\varphi - \frac{\partial E_r}{\partial \varphi}\right) = -\mathrm{j}\omega\mu_z H_z. \tag{6}$$

Bei der Spezialisierung dieser Gleichungen wurde der Tensorcharakter der Permeabilität nach Gl. 4.4. (1) berücksichtigt und die Abhängigkeit von z in der Form $e^{-\mathrm{j}\beta z}$ angenommen. (Statt $\varkappa$ wurde hier k eingeführt.)

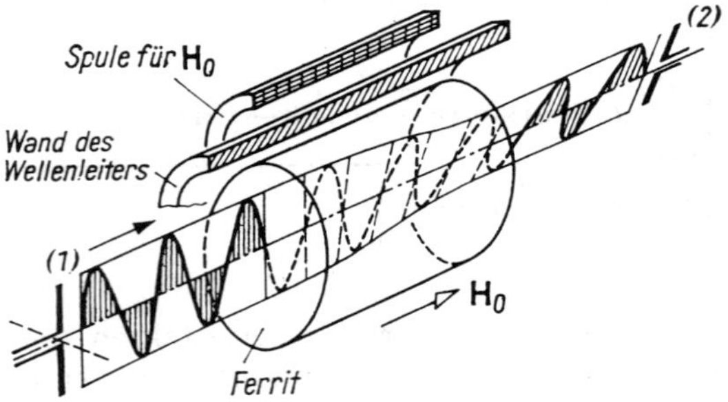

Abb. 4.79 Drehung der Polarisationsebene (Faraday-Effekt)

Wir haben schon früher gesehen, welch eine fundamentale Bedeutung den z-Komponenten von $\boldsymbol{E}$ und $\boldsymbol{H}$ zukommt: Diese sind proportional zu Π_z; die anderen Komponenten können also mit Hilfe von E_z oder von H_z abgeleitet werden. Wir versuchen auch hier durch Eliminierung aller anderen Komponenten zu einer einzigen Gleichung zu gelangen, welche entweder E_z oder H_z enthält. Um dies zu erreichen, wenden wir den Operator $1/r(\partial/\partial\varphi)$ auf die erste Gleichung und den Operator $-1/r(\partial/\partial r)r$ auf die zweite Gleichung an und addieren die so erhaltenen Beziehungen. Dadurch erhalten wir:

$$\frac{1}{r^2}\frac{\partial^2 H_z}{\partial \varphi^2} + \frac{1}{r}\frac{\partial}{\partial r}\left(r\frac{\partial H_z}{\partial r}\right) + \mathrm{j}\beta\left[\frac{1}{r}\frac{\partial H_\varphi}{\partial \varphi} + \frac{1}{r}\frac{\partial}{\partial r}(rH_r)\right]$$
$$= \mathrm{j}\omega\varepsilon\left[\frac{1}{r}\frac{\partial E_r}{\partial \varphi} - \frac{1}{r}\frac{\partial}{\partial r}(rE_\varphi)\right]. \tag{7}$$

Der Ausdruck in den eckigen Klammern auf der rechten Seite ist nach Gl. (6) gleich $\mathrm{j}\omega\mu_z H_z$. Führen wir jetzt die Bezeichnung $\Delta_{r,\varphi}$ ein, welche den auf die Veränderlichen r und φ bezogenen Laplaceschen Operator bedeutet, so kann Gl. (7) wie folgt geschrieben werden:

$$\Delta_{r,\varphi} H_z + \mathrm{j}\beta \left(\frac{1}{r} \frac{\partial H_\varphi}{\partial \varphi} + \frac{1}{r} \frac{\partial}{\partial r} r H_r \right) = -\omega^2 \varepsilon \mu_z H_z . \tag{8}$$

In ähnlicher Weise erhalten wir aus den Gleichungen (4) und (5)

$$\frac{1}{r^2} \frac{\partial^2 E_z}{\partial \varphi^2} + \frac{1}{r} \frac{\partial}{\partial r} \left(r \frac{\partial E_z}{\partial r} \right) + \mathrm{j}\beta \left[\frac{1}{r} \frac{\partial E_\varphi}{\partial \varphi} + \frac{1}{r} \frac{\partial}{\partial r} (r E_r) \right]$$

$$= -\mathrm{j}\omega\mu \left[\frac{1}{r} \frac{\partial H_r}{\partial \varphi} - \frac{1}{r} \frac{\partial}{\partial r} (r H_\varphi) \right] - \omega k \left[\frac{1}{r} \frac{\partial H_\varphi}{\partial r} + \frac{1}{r} \frac{\partial}{\partial r} (r H_r) \right] . \tag{9}$$

Mit Hilfe von Gl. (3) kann diese Gleichung umgeformt werden:

$$\Delta_{r,\varphi} E_z + \mathrm{j}\beta \left[\frac{1}{r} \frac{\partial E_\varphi}{\partial \varphi} + \frac{1}{r} \frac{\partial}{\partial r} (r E_r) \right] = -\omega^2 \varepsilon \mu E_z - \omega k \left[\frac{1}{r} \frac{\partial H_\varphi}{\partial r} + \frac{1}{r} \frac{\partial}{\partial r} (r H_r) \right] . \tag{10}$$

Wir wenden jetzt auf Gl. (1) den Operator $(1/r)\,(\partial/\partial r)\,r$ und auf Gl. (2) den Operator $(1/r)\,\partial/\partial\varphi$ an. Nach Addition beider Gleichungen erhalten wir:

$$\mathrm{j}\beta E_z = \frac{1}{r} \frac{\partial}{\partial r} (r E_r) + \frac{1}{r} \frac{\partial E_\varphi}{\partial \varphi} . \tag{11}$$

Die Gleichungen (4) und (5) führen dagegen zur Gleichung

$$\mathrm{j}\omega^2 k \varepsilon E_z + \beta \omega \mu_z H_z = -\mathrm{j}\omega\mu \left[\frac{1}{r} \frac{\partial}{\partial r} (r H_r) + \frac{1}{r} \frac{\partial H_\varphi}{\partial \varphi} \right] . \tag{12}$$

Die letzten beiden Gleichungen ergeben mit (8) und (10) das folgende Endresultat:

$$\Delta_{r,\varphi} H_z + \mathrm{j}\beta \left(\mathrm{j}\beta \frac{\mu_z}{\mu} H_z - \frac{\omega k \varepsilon}{\mu} E_z \right) + \omega^2 \varepsilon \mu_z H_z = 0 , \tag{13}$$

$$\Delta_{r,\varphi} E_z - (\beta^2 - \omega^2 \varepsilon \mu) E_z + \omega k \left[\mathrm{j}\beta \frac{\mu_z}{\mu} H_z - \frac{\omega k \varepsilon}{\mu} E_z \right] = 0 . \tag{14}$$

Wir haben unser Ziel insofern erreicht, als hier tatsächlich nur die Komponenten E_z und H_z vorkommen. Die Lösung zerfällt aber nicht in Grundtypen der Wellenform. Denn wenn $H_z = 0$ ist, folgt aus (13) $E_z = 0$; wenn aber $E_z = 0$ ist, ergibt sich aus Gl. (14) auch $H_z = 0$. Es kommen also nur gemischte Typen vor, wobei weder E_z noch H_z Null sein kann. Nebenbei sei bemerkt, daß wir im Fall eines Wellenleiters mit rechteckigem Querschnitt ein ähnliches Gleichungspaar erhalten. Unsere Behauptungen gelten also qualitativ auch für Leitungen mit rechteckigem Querschnitt.

Um Differentialgleichungen von vierter Ordnung zu vermeiden, versuchen wir eine neue Veränderliche einzuführen, welche beide Größen (d. h. E_z und H_z) in sich enthält. Formen wir die Gleichungen (13) und (14) folgendermaßen um:

$$\Delta H_z + aH_z + bE_z = 0, \tag{15}$$

$$\Delta E_z + cH_z + dE_z = 0. \tag{16}$$

Die Bedeutung der einzelnen Buchstaben ergibt sich ohne weiteres durch Vergleich mit den Gleichungen (13) und (14). Es sei aber darauf hingewiesen, daß ΔH_z jetzt auch das Glied $\partial^2 H_z/\partial z^2 = -\beta^2 H_z$ enthält.

Multiplizieren wir die erste Gleichung mit der vorläufig unbestimmten Konstanten $\mathrm{j}\Lambda$ und addieren sie zur zweiten Gleichung:

$$\Delta(E_z + \mathrm{j}\Lambda H_z) + (b\mathrm{j}\Lambda + d)\, E_z + (a\mathrm{j}\Lambda + c)\, H_z = 0 \tag{17}$$

oder, ein wenig umgeordnet:

$$\Delta(E_z + \mathrm{j}\Lambda H_z) + (b\mathrm{j}\Lambda + d)\left(E_z + \frac{a\mathrm{j}\Lambda + c}{b\mathrm{j}\Lambda + d}\, H_z\right) = 0. \tag{18}$$

Bestimmen wir jetzt den Wert von Λ aus der Bedingung

$$\frac{a\mathrm{j}\Lambda + c}{b\mathrm{j}\Lambda + d} = \mathrm{j}\Lambda \tag{19}$$

oder, umgeformt,

$$b\Lambda^2 + (a\mathrm{j} - d\mathrm{j})\, \Lambda + c = 0.$$

Diese Gleichung hat die beiden Lösungen $\Lambda = \Lambda_1$ und $\Lambda = \Lambda_2$. Gleichung (18) kann also wie folgt geschrieben werden:

$$\Delta(E_z + \mathrm{j}\Lambda_1 H_z) + (b\mathrm{j}\Lambda_1 + d)\,(E_z + \mathrm{j}\Lambda_1 H_z) = 0, \tag{20}$$

$$\Delta(E_z + \mathrm{j}\Lambda_2 H_z) + (b\mathrm{j}\Lambda_2 + d)\,(E_z + \mathrm{j}\Lambda_2 H_z) = 0. \tag{21}$$

Führen wir jetzt die Funktionen

$$\Psi_1 = E_z + \mathrm{j}\Lambda_1 H_z, \tag{22}$$

$$\Psi_2 = E_z + \mathrm{j}\Lambda_2 H_z \tag{23}$$

ein, so befriedigen diese die Gleichungen

$$\Delta\Psi_1 + \varkappa_1^2 \Psi_1 = 0, \tag{24}$$

$$\Delta\Psi_2 + \varkappa_2^2 \Psi_2 = 0, \tag{25}$$

wobei $\varkappa_{1,2}^2 = b\mathrm{j}\Lambda_{1,2} + d$ ist.

Sind Ψ_1 und Ψ_2 bekannt, so können E_z und H_z aus den Gleichungen (22) und (23), die übrigen Komponenten dagegen aus den Gleichungen (1) und (6) bestimmt werden. Die Lösung der Gleichungen (24) und (25) lautet in Zylinderkoordinaten:

$$\Psi_1 = A_1 J_n(\varkappa_1 r)\, e^{jn\varphi}, \tag{26}$$

$$\Psi_2 = A_2 J_n(\varkappa_2 r)\, e^{jn\varphi}. \tag{27}$$

Aus den Gleichungen (22) und (23) erhalten wir:

$$E_z = \frac{\Lambda_2 \Psi_1 - \Lambda_1 \Psi_2}{\Lambda_2 - \Lambda_1}, \qquad H_z = j\,\frac{\Psi_1 - \Psi_2}{\Lambda_2 - \Lambda_1}. \tag{28}$$

Setzen wir hier die Werte von Ψ_1 und Ψ_2 aus (26) und (27) ein, so erhalten wir:

$$E_z = \frac{[\Lambda_2 A_1 J_n(\varkappa_1 r) - \Lambda_1 A_2 J_n(\varkappa_2 r)]\, e^{jn\varphi}}{\Lambda_2 - \Lambda_1}. \tag{29}$$

Mit Hilfe der Gleichungen (1) und (5) drücken wir E_r und H_φ durch E_z, H_z und H_r aus. Aus (2) kann E_φ durch H_z und H_r ausgedrückt werden. Setzen wir die so erhaltenen Ausdrücke für E_φ und H_φ in Gl. (4) ein, so ergibt sich für H_r eine Gleichung, die nur E_z und H_z enthält. Da E_φ und E_r als Funktion von H_z und H_r bekannt sind, kann H_r eliminiert werden, und so können auch E_r und E_φ durch die Größen E_z und H_z ausgedrückt werden.

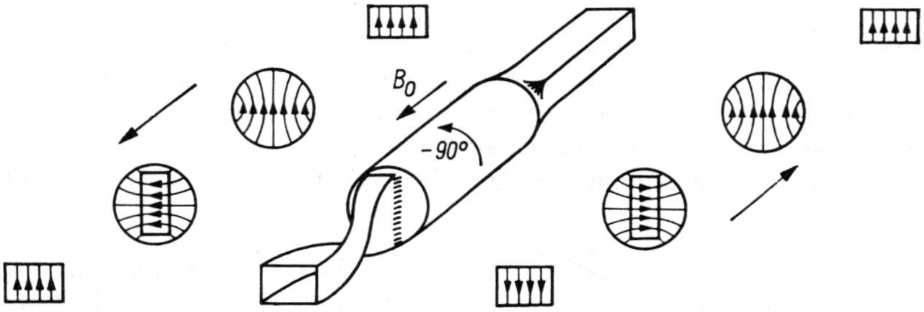

Abb. 4.80 Der Ferrit-Gyrator verursacht eine Phasendrehung $\varphi = +\pi$ in die $+z$-Richtung und eine Phasendrehung $\varphi = 0$ in die $-z$-Richtung

Die Fortpflanzungskonstante wird durch die Randwerte

$$E_z = 0, \qquad E_\varphi = 0, \qquad r = r_0 \tag{30}$$

bestimmt. Die erste Bedingungsgleichung kann durch entsprechende Wahl der Konstanten A_1 und A_2 befriedigt werden. Da die Gleichung $E_z(r_0) = 0$ in folgender Form geschrieben werden kann

$$\Lambda_2 A_1 J_n(\varkappa_1 r_0) - \Lambda_1 A_2 J_n(\varkappa_2 r_0) = 0, \tag{31}$$

wird die erste Bedingungsgleichung durch

$$A_1 = \frac{J_n(\varkappa_2 r_0)}{\Lambda_2} \quad \text{und} \quad A_2 = \frac{J_n(\varkappa_1 r_0)}{\Lambda_1} \tag{32}$$

befriedigt. Für E_φ führt die oben angedeutete Methode zu der Formel:

$$E_\varphi = -\beta \left[\frac{1}{r} \frac{J_n(\varkappa_1 r)}{J_n(\varkappa_1 r_0)} \frac{1}{\varkappa_1^2} \left(\frac{\varkappa_1 r J_n'(\varkappa_1 r)}{J_n(\varkappa_1 r)} \frac{1}{\beta \Lambda_1} - n \right) \right.$$
$$\left. - \frac{1}{r} \frac{J_n(\varkappa_2 r)}{J_n(\varkappa_2 r_0)} \frac{1}{\varkappa_2^2} \left(\frac{\varkappa_2 r J_n'(\varkappa_2 r)}{J_n(\varkappa_2 r)} \frac{1}{\beta \Lambda_2} - n \right) \right] \mathrm{e}^{\mathrm{j} n \varphi} . \qquad (33)$$

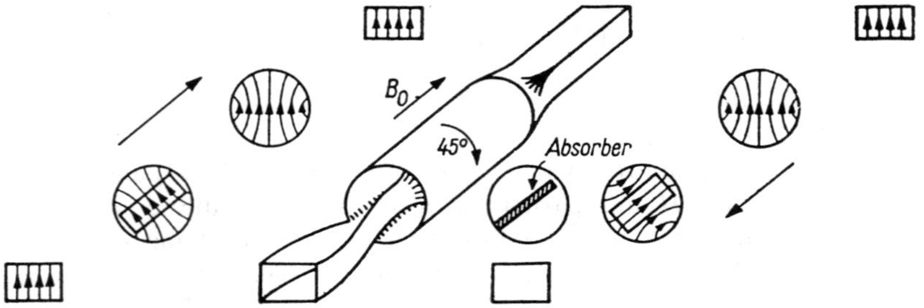

Abb. 4.81 Der Ferrit-Isolator läßt die Wellen in der Richtung $+z$ durch, absorbiert sie dagegen in der Richtung $-z$, da jetzt $\boldsymbol{E}$ in der Ebene der absorbierenden Platte liegt

Um die Randbedingung $E_\varphi = 0$, $r = r_0$ befriedigen zu können, muß der Wert des in eckigen Klammern stehenden Ausdrucks an der Stelle $r = r_0$ Null sein. Wir erhalten also eine sehr komplizierte transzendente Bestimmungsgleichung für den Fortpflanzungsfaktor β. Wegen ihrer Kompliziertheit soll es hier genügen, eine interessante Eigenschaft der Lösungen qualitativ zu erwähnen. Die Lösungen für $+n$ und

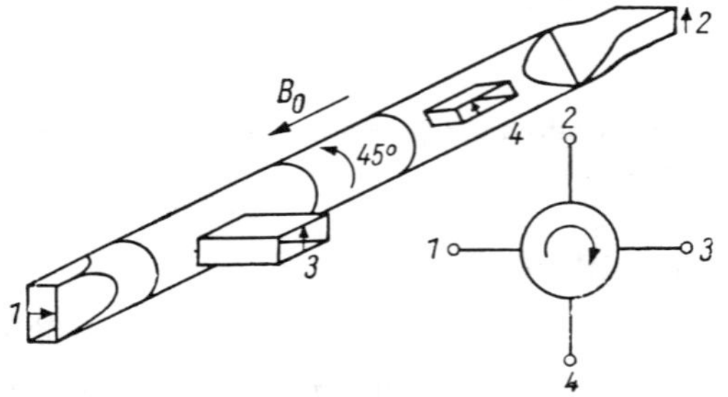

Abb. 4.82 Viertor-Ferrit-Zirkulator. Die am Tor (1) eintretende Welle tritt am Tor (2) aus; ebenso geht die eintretende Welle (2) nach (3), (3) nach (4) und (4) nach (1). Der Wellenleiter ist nämlich so dimensioniert, daß er für eine Welle, die in der längeren Querrichtung polarisiert ist, „undurchsichtig" wird. Diese Tatsache und die Faraday-Rotation führen eben zu der Zirkulator-Wirkung

für $-n$ sind grundverschieden, d. h., die Fortpflanzungsfaktoren und die Feldlinienbilder für die zwei Lösungen stimmen nicht überein. Für die transversalen Komponenten bedeuten $\mathrm{e}^{\mathrm{j}n\varphi}$ und $\mathrm{e}^{-\mathrm{j}n\varphi}$ zirkulare Polarisationen entgegengesetzter Richtung. Diese Tatsache führt also zu einer Drehung der Polarisationsebene einer einfallenden ebenen Welle. Somit kann eine nichtreziproke Verbindung verwirklicht werden (Abb. 4.80, 4.81 und 4.82).

4.35. Entwicklung nach Eigenfunktionen

4.35.1. Einführung der orthonormierten Typen-Funktionen

Im Vorhergehenden haben wir spezielle Lösungen der Wellengleichung, die Lösungen vom Typ TE und TM, behandelt. Diese sind natürlich partikuläre Lösungen der Wellengleichung. Ihre Bedeutung besteht darin, daß die zu den einzelnen Typen gehörenden Funktionen ein vollständiges orthonormiertes System bilden. Mit ihrer Hilfe können nämlich alle Lösungen der Wellengleichung, die die angegebenen Randbedingungen erfüllen, dargestellt werden. Dieser Satz wird weiter unten quantitativ formuliert; die Orthogonalität der Funktionen werden wir beweisen, und wir werden auch die Koeffizienten der Reihenentwicklung bestimmen.

Schreiben wir wieder die Feldkomponenten für den Fall eines Wellenleiters mit ganz allgemeinem Querschnitt:

TM-Typ

$$E_z = s^2 \Pi_e, \qquad H_z = 0,$$

$$E_2 = -\mathrm{j}\,\frac{\beta}{g_2}\,\frac{\partial \Pi_e}{\partial x_2}, \qquad H_2 = \frac{\varepsilon \mathrm{j}\omega}{g_3}\,\frac{\partial \Pi_e}{\partial x_3}, \tag{1}$$

$$E_3 = -\mathrm{j}\,\frac{\beta}{g_3}\,\frac{\partial \Pi_e}{\partial x_3}, \qquad H_3 = -\frac{\varepsilon \mathrm{j}\omega}{g_2}\,\frac{\partial \Pi_e}{\partial x_2},$$

TE-Typ

$$E_z = 0, \qquad H_z = s^2 \Pi_m,$$

$$E_2 = -\frac{\mu \mathrm{j}\omega}{g_3}\,\frac{\partial \Pi_m}{\partial x_3}, \qquad H_2 = \frac{-\mathrm{j}\beta}{g_2}\,\frac{\partial \Pi_m}{\partial x_2}, \tag{2}$$

$$E_3 = \mu \mathrm{j}\,\frac{\omega}{g_2}\,\frac{\partial \Pi_m}{\partial x_2}, \qquad H_3 = -\frac{\mathrm{j}\beta}{g_3}\,\frac{\partial \Pi_m}{\partial x_3}.$$

Wir bemerken, daß bei bekanntem E_z bzw. H_z die transversalen Komponenten sofort bestimmt werden können; umgekehrt werden auch die longitudinalen Komponenten von den transversalen Komponenten eindeutig bestimmt. Es ist also die Richtigkeit der folgenden zwei Gleichungen ohne weiteres einzusehen:

$$\varepsilon \mathrm{j}\omega \boldsymbol{E}_z = \boldsymbol{z}_0 \operatorname{div}_T(\boldsymbol{H}_T \times \boldsymbol{z}_0),$$

$$\mu \mathrm{j}\omega \boldsymbol{H}_z = \boldsymbol{z}_0 \operatorname{div}_T(\boldsymbol{z}_0 \times \boldsymbol{E}_T), \qquad (\boldsymbol{z}_0 \equiv \boldsymbol{e}_z).$$

Der Index T deutet hier und im späteren auf Operationen in der transversalen Ebene bezüglich der Koordinaten x_2, x_3 hin.

Die Gleichungen (1) bzw. (2) können jetzt einfacher geschrieben werden:

TM-Typ

$$\boldsymbol{E}_z = \boldsymbol{z}_0 s^2 \Pi_e, \qquad \boldsymbol{E}_T = -\mathrm{j}\beta \operatorname{grad}_T \Pi_e, \qquad \boldsymbol{H} \equiv \boldsymbol{H}_T = -\varepsilon \mathrm{j}\omega \boldsymbol{z}_0 \times \operatorname{grad}_T \Pi_e. \tag{3}$$

TE-Typ

$$\boldsymbol{E} \equiv \boldsymbol{E}_{\mathrm{T}} = \mu \mathrm{j}\omega \boldsymbol{z}_0 \times \operatorname{grad}_{\mathrm{T}} \Pi_{\mathrm{m}}, \qquad \begin{aligned} \boldsymbol{H}_z &= \boldsymbol{z}_0 s^2 \Pi_{\mathrm{m}}, \\ \boldsymbol{H}_{\mathrm{T}} &= -\mathrm{j}\beta \operatorname{grad}_{\mathrm{T}} \Pi_{\mathrm{m}}. \end{aligned} \tag{4}$$

Hier bedeutet $\boldsymbol{z}_0$ einen in die Richtung der positiven z-Achse zeigenden Einheitsvektor. Nehmen wir das Wandmaterial als idealen Leiter an, so wird die Bedingung $\boldsymbol{n} \times \boldsymbol{E} = 0$ an der Grenzlinie des Wellenleiters in der transversalen Ebene beim TM-Typ:

$$\boldsymbol{n} \times \boldsymbol{E} = \boldsymbol{n} \times (\boldsymbol{E}_z + \boldsymbol{E}_{\mathrm{T}}) = \boldsymbol{n} \times \boldsymbol{E}_z + \boldsymbol{n} \times \boldsymbol{E}_{\mathrm{T}} = 0. \tag{5}$$

Wenn an dieser Linie $\Pi_{\mathrm{e}} = 0$ ist, wird auch $\boldsymbol{E}_z = 0$ sein; $\boldsymbol{E}_{\mathrm{T}}$ wird also nur eine Normalkomponente haben, da Π_{e} sich entlang der Grenzlinie nicht ändert. Es wird also auch $\boldsymbol{n} \times \boldsymbol{E}_{\mathrm{T}}$ Null. Die Randbedingung wird daher

$$\Pi_{\mathrm{e}}(x_2, x_3)|_{\text{Grenzlinie}} = 0. \tag{6}$$

Beim TE-Typ wird

$$\boldsymbol{n} \times \boldsymbol{E} = \boldsymbol{n} \times \boldsymbol{E}_{\mathrm{T}} = \mu \mathrm{j}\omega \boldsymbol{n} \times (\boldsymbol{z}_0 \times \operatorname{grad}_{\mathrm{T}} \Pi_{\mathrm{m}}) = \mu \mathrm{j}\omega[(\boldsymbol{n} \operatorname{grad}_{\mathrm{T}} \Pi_{\mathrm{m}})\, \boldsymbol{z}_0 - (\boldsymbol{n}\boldsymbol{z}_0) \operatorname{grad}_{\mathrm{T}} \Pi_{\mathrm{m}}]. \tag{7}$$

Da der Vektor $\boldsymbol{n}$ in der transversalen Ebene liegt, d. h., $\boldsymbol{n}\boldsymbol{z}_0 = 0$ ist, wird die Randbedingung erfüllt, wenn:

$$\boldsymbol{n} \operatorname{grad}_{\mathrm{T}} \Pi_{\mathrm{m}} \Big|_{\text{Grenzlinie}} = \frac{\partial \Pi_{\mathrm{m}}}{\partial n}\Big|_{\text{Grenzlinie}} = 0. \tag{8}$$

Es seien $\Pi_{\mathrm{e}1}, \Pi_{\mathrm{e}2}, \ldots, \Pi_{\mathrm{e}i}$ bzw. $\Pi_{\mathrm{m}1}, \Pi_{\mathrm{m}2}, \ldots, \Pi_{\mathrm{m}i}$ Lösungen der Wellengleichung, die auch den Randbedingungen genügen. Wir führen die Typen-Funktionen durch die folgenden Definitionen ein:

$$\boldsymbol{e}_{\mathrm{e}i} = \operatorname{grad}_{\mathrm{T}} \Pi_{\mathrm{e}i}, \tag{9}$$

$$\boldsymbol{h}_{\mathrm{e}i} = \boldsymbol{z}_0 \times \boldsymbol{e}_{\mathrm{e}i}, \tag{10}$$

$$\boldsymbol{e}_{\mathrm{m}i} = -\boldsymbol{z}_0 \times \operatorname{grad}_{\mathrm{T}} \Pi_{\mathrm{m}i} = -\boldsymbol{z}_0 \times \boldsymbol{h}_{\mathrm{m}i}, \tag{11}$$

$$\boldsymbol{h}_{\mathrm{m}i} = \operatorname{grad}_{\mathrm{T}} \Pi_{\mathrm{m}i} = \boldsymbol{z}_0 \times \boldsymbol{e}_{\mathrm{m}i}. \tag{12}$$

Führen wir weiter die vereinfachenden Bezeichnungen

$$Z_{\mathrm{e}i} = \mathrm{e}^{-\mathrm{j}\beta_{\mathrm{e}i} z}, \qquad -\mathrm{j}\beta_{\mathrm{e}i} Z_{\mathrm{e}i} = \partial Z_{\mathrm{e}i}/\partial z$$

ein, dann läßt sich die TM-Welle bzw. TE-Welle wie folgt schreiben:

$$\boldsymbol{E}_{\mathrm{e}i} = A_{\mathrm{e}i} \left[s_{\mathrm{e}i}^2 Z_{\mathrm{e}i} \Pi_{\mathrm{e}i} \boldsymbol{z}_0 + \frac{\partial Z_{\mathrm{e}i}}{\partial z} \boldsymbol{e}_{\mathrm{e}i} \right], \tag{13}$$

$$\boldsymbol{H}_{\mathrm{e}i} = -A_{\mathrm{e}i} \varepsilon \mathrm{j}\omega Z_{\mathrm{e}i} \boldsymbol{h}_{\mathrm{e}i}; \tag{14}$$

$$\boldsymbol{E}_{\mathrm{m}i} = -A_{\mathrm{m}i} \mu \mathrm{j}\omega Z_{\mathrm{m}i} \boldsymbol{e}_{\mathrm{m}i}, \tag{15}$$

$$\boldsymbol{H}_{\mathrm{m}i} = A_{\mathrm{m}i} \left[s_{\mathrm{m}i}^2 Z_{\mathrm{m}i} \Pi_{\mathrm{m}i} \boldsymbol{z}_0 + \frac{\partial Z_{\mathrm{m}i}}{\partial z} \boldsymbol{h}_{\mathrm{m}i} \right]. \tag{16}$$

Die allgemeine Lösung kann also in folgender Form geschrieben werden:

$$\boldsymbol{E} = \sum_i \boldsymbol{E}_{\mathrm{e}i} + \sum_i \boldsymbol{E}_{\mathrm{m}i}, \tag{17}$$

$$\boldsymbol{H} = \sum_i \boldsymbol{H}_{\mathrm{e}i} + \sum_i \boldsymbol{H}_{\mathrm{m}i} \tag{18}$$

oder ausführlicher

$$\boldsymbol{E} = \sum_i A_{\mathrm{e}i} \left[s_{\mathrm{e}i}^2 Z_{\mathrm{e}i} \Pi_{\mathrm{e}i} \boldsymbol{z}_0 + \frac{\partial Z_{\mathrm{e}i}}{\partial z} \boldsymbol{e}_{\mathrm{e}i} \right] - \sum_i A_{\mathrm{m}i} \mu \mathrm{j} \omega Z_{\mathrm{m}i} \boldsymbol{e}_{\mathrm{m}i}, \tag{19}$$

$$\boldsymbol{H} = -\sum_i A_{\mathrm{e}i} \varepsilon \mathrm{j} \omega Z_{\mathrm{e}i} \boldsymbol{h}_{\mathrm{e}i} + \sum_i A_{\mathrm{m}i} \left[s_{\mathrm{m}i}^2 Z_{\mathrm{m}i} \Pi_{\mathrm{m}i} \boldsymbol{z}_0 + \frac{\partial Z_{\mathrm{m}i}}{\partial z} \boldsymbol{h}_{\mathrm{m}i} \right]. \tag{20}$$

Später werden wir beweisen, daß diese Typen-Funktionen zueinander orthogonal sind derart, daß ihr Skalarprodukt über eine transversale Fläche integriert Null bzw. eine Konstante gibt, wobei letztere im folgenden auf 1 normiert wird. Es gelten also die folgenden Relationen:

$$\int_A \boldsymbol{e}_{\mathrm{e}i} \boldsymbol{e}_{\mathrm{e}j}\, \mathrm{d}A = \begin{cases} 0, & \text{wenn } i \neq j, \\ 1, & i = j; \end{cases} \tag{21}$$

$$\int_A \boldsymbol{e}_{\mathrm{m}i} \boldsymbol{e}_{\mathrm{m}j}\, \mathrm{d}A = \begin{cases} 0, & \text{wenn } i \neq j, \\ 1, & i = j; \end{cases} \tag{22}$$

$$\int_A \boldsymbol{h}_{\mathrm{e}i} \boldsymbol{h}_{\mathrm{e}j}\, \mathrm{d}A = \begin{cases} 0, & \text{wenn } i \neq j, \\ 1, & i = j; \end{cases} \tag{23}$$

$$\int_A \boldsymbol{h}_{\mathrm{m}i} \boldsymbol{h}_{\mathrm{m}j}\, dA = \begin{cases} 0, & \text{wenn } i \neq j, \\ 1, & i = j; \end{cases} \tag{24}$$

$$\int_A \boldsymbol{e}_{\mathrm{e}i} \boldsymbol{e}_{\mathrm{m}j}\, \mathrm{d}A = 0, \quad \text{wenn } i \neq j, \; i = j; \tag{25}$$

$$\int_A \boldsymbol{h}_{\mathrm{e}i} \boldsymbol{h}_{\mathrm{m}j}\, \mathrm{d}A = 0, \quad \text{wenn } i \neq j, \; i = j; \tag{26}$$

$$\int_A \boldsymbol{E}_{z\mathrm{e}i} \boldsymbol{E}_{z\mathrm{e}j}\, \mathrm{d}A = \begin{cases} 0, & \text{wenn } i \neq j, \\ 1, & i = j; \end{cases} \tag{27}$$

$$\int_A \boldsymbol{H}_{z\mathrm{m}i} \boldsymbol{H}_{z\mathrm{m}j}\, \mathrm{d}A = \begin{cases} 0, & \text{wenn } i \neq j, \\ 1, & i = j. \end{cases} \tag{28}$$

Mit Hilfe dieser Relationen können die Koeffizienten in den Gleichungen (19) und (20) in der üblichen Weise bestimmt werden: Die Gleichung wird mit einer entsprechend gewählten Typen-Funktion multipliziert und über die Transversalfläche integriert.

Wir erhalten einen interessanten Sonderfall, wenn $s^2 = \varepsilon\mu\omega^2 - \beta^2 = 0$; d. h. $\beta = \omega\sqrt{\varepsilon\mu}$. Jetzt genügt z. B. Π_e der Laplace-Gleichung $\Delta\Pi_\mathrm{e} = 0$. Die Lösung wird nach (3) und (6)

$$\boldsymbol{E} = -\mathrm{j}\beta \operatorname{grad}_\mathrm{T} \Pi_\mathrm{e}; \qquad \boldsymbol{H} = -\varepsilon \mathrm{j}\omega \boldsymbol{z}_0 \times \operatorname{grad}_\mathrm{T} \Pi_\mathrm{e}; \qquad \Pi_\mathrm{e}|_\mathrm{C} = 0.$$

Π_e ist aber in einem einfach zusammenhängenden Gebiet mit dieser Randbedingung nach 1.14.(31) überall konstant. Um TEM-Wellen zu erhalten, müssen wir also einen Innenleiter haben. Für diese gilt also $(\boldsymbol{E} \perp \boldsymbol{H}) \perp \boldsymbol{z}_0$; $v = 1/\sqrt{\varepsilon\mu}$; $E/H = \sqrt{\mu/\varepsilon}$.

4.35.2. Berechnung der Leistung der Hohlleiterwellen

Da der Poynting-Vektor in Richtung der Rohrachse durch das Vektorprodukt der transversalen elektrischen und magnetischen Feldstärke bestimmt wird, müssen wir zuerst diese Transversalkomponenten aufschreiben:

$$\boldsymbol{E}_\mathrm{T} = \sum_i A_{\mathrm{e}i} \frac{\partial Z_{\mathrm{e}i}}{\partial z} \boldsymbol{e}_{\mathrm{e}i} - \sum_i A_{\mathrm{m}i} \mu \mathrm{j}\omega Z_{\mathrm{m}i} \boldsymbol{e}_{\mathrm{m}i}, \tag{29}$$

$$\boldsymbol{H}_\mathrm{T} = -\sum_i A_{\mathrm{e}i} \varepsilon \mathrm{j}\omega Z_{\mathrm{e}i} \boldsymbol{h}_{\mathrm{e}i} + \sum_i A_{\mathrm{m}i} \frac{\partial Z_{\mathrm{m}i}}{\partial z} \boldsymbol{h}_{\mathrm{m}i}. \tag{30}$$

Führen wir wieder die folgenden vereinfachenden Bezeichnungen ein:

$$\begin{aligned} U_{\mathrm{e}i} &= A_{\mathrm{e}i} \frac{\partial Z_{\mathrm{e}i}}{\partial z}, & U_{\mathrm{m}i} &= -A_{\mathrm{m}i} \mu \mathrm{j}\omega Z_{\mathrm{m}i}, \\ I_{\mathrm{e}i} &= -A_{\mathrm{e}i} \varepsilon \mathrm{j}\omega Z_{\mathrm{e}i}, & I_{\mathrm{m}i} &= A_{\mathrm{m}i} \frac{\partial Z_{\mathrm{m}i}}{\partial z}. \end{aligned} \tag{31}$$

Jetzt läßt sich das vorige Gleichungssystem wie folgt schreiben:

$$\boldsymbol{E}_\mathrm{T} = \sum_i U_{\mathrm{e}i} \boldsymbol{e}_{\mathrm{e}i} + \sum_i U_{\mathrm{m}i} \boldsymbol{e}_{\mathrm{m}i} = \sum_{\mathrm{e,m},i} U_i \boldsymbol{e}_i, \tag{32}$$

$$\boldsymbol{H}_\mathrm{T} = \sum_i I_{\mathrm{e}i} \boldsymbol{h}_{\mathrm{e}i} + \sum_i I_{\mathrm{m}i} \boldsymbol{h}_{\mathrm{m}i} = \sum_{\mathrm{e,m},i} I_i \boldsymbol{h}_i. \tag{33}$$

Die sich entlang der Rohrachse fortpflanzende Leistung wird also:

$$\int_A (\boldsymbol{E}_\mathrm{T} \times \boldsymbol{H}_\mathrm{T}^*) \boldsymbol{z}_0 \, \mathrm{d}A = \int_A \left(\sum_i U_{\mathrm{e}i} \boldsymbol{e}_{\mathrm{e}i} + \sum_i U_{\mathrm{m}i} \boldsymbol{e}_{\mathrm{m}i} \right) \times \left(\sum_i I_{\mathrm{e}i}^* \boldsymbol{h}_{\mathrm{e}i} + \sum_i I_{\mathrm{m}i}^* \boldsymbol{h}_{\mathrm{m}i} \right) \boldsymbol{z}_0 \, \mathrm{d}A. \tag{34}$$

Um den Wert dieses Integrals bestimmen zu können, bestimmen wir die vorkommenden gemischten Produkte:

$$\begin{aligned} &\boldsymbol{z}_0(\boldsymbol{e}_{\mathrm{e}i} \times \boldsymbol{h}_{\mathrm{e}h}) = \boldsymbol{h}_{\mathrm{e}h}(\boldsymbol{z}_0 \times \boldsymbol{e}_{\mathrm{e}i}) = \boldsymbol{h}_{\mathrm{e}h} \boldsymbol{h}_{\mathrm{e}i} \Rightarrow \begin{cases} 0, & i \neq h \\ 1, & i = h \end{cases} \\ &\boldsymbol{z}_0(\boldsymbol{e}_{\mathrm{m}i} \times \boldsymbol{h}_{\mathrm{e}h}) = \boldsymbol{h}_{\mathrm{e}h}(\boldsymbol{z}_0 \times \boldsymbol{e}_{\mathrm{m}i}) = \boldsymbol{h}_{\mathrm{e}h} \boldsymbol{h}_{\mathrm{m}i} \Rightarrow 0 \\ &\boldsymbol{z}_0(\boldsymbol{e}_{\mathrm{e}i} \times \boldsymbol{h}_{\mathrm{m}h}) = \boldsymbol{h}_{\mathrm{m}h}(\boldsymbol{z}_0 \times \boldsymbol{e}_{\mathrm{e}i}) = \boldsymbol{h}_{\mathrm{m}h} \boldsymbol{h}_{\mathrm{e}i} \Rightarrow 0 \\ &\boldsymbol{z}_0(\boldsymbol{e}_{\mathrm{m}i} \times \boldsymbol{h}_{\mathrm{m}h}) = \boldsymbol{h}_{\mathrm{m}h}(\boldsymbol{z}_0 \times \boldsymbol{e}_{\mathrm{m}i}) = \boldsymbol{h}_{\mathrm{m}h} \boldsymbol{h}_{\mathrm{m}i} \Rightarrow \begin{cases} 0, & i \neq h \\ 1, & i = h. \end{cases} \end{aligned} \tag{35}$$

Es wird also die Leistung:

$$P = \sum_i U_{\mathrm{e}i} I_{\mathrm{e}i}^* + \sum_i U_{\mathrm{m}i} I_{\mathrm{m}i}^* = \sum_i U_i I_i^*. \tag{36}$$

Die Form dieser Gleichung ist mit der Form der Gleichungen für die Leistung in der Netzwerktheorie identisch. Die Zweckmäßigkeit der Definition (31) wird dadurch nachträglich ersichtlich.

4.35.3. Die Analogie mit den Fernleitungen

Aus der Definitionsgleichung (31) folgen noch weitere Beziehungen:

TM-Typ

$$\begin{aligned} \frac{\partial U_{ei}}{\partial z} &= A_{ei} \frac{\partial^2 Z_{ei}}{\partial z^2} = A_{ei}\gamma_{ei}^2 Z_{ei} = -\frac{\gamma_{ei}^2}{\varepsilon j\omega} I_{ei}, \\ \frac{\partial I_{ei}}{\partial z} &= -A_{ei}\varepsilon j\omega \frac{\partial Z_{ei}}{\partial z} = -\varepsilon j\omega U_{ei}. \end{aligned} \tag{37}$$

TE-Typ

$$\begin{aligned} \frac{\partial U_{mi}}{\partial z} &= -A_{mi}\mu j\omega \frac{\partial Z_{mi}}{\partial z} = -\mu j\omega I_{mi}, \\ \frac{\partial I_{mi}}{\partial z} &= A_{mi} \frac{\partial^2 Z_{mi}}{\partial z^2} = A_{mi}\gamma_{mi}^2 Z_{mi} = -\frac{\gamma_{mi}^2}{\mu j\omega} U_{mi}. \end{aligned} \tag{38}$$

Bringen wir diese Gleichungen in die folgende übersichtliche Form:

$$\begin{aligned} -\frac{\partial U_{ei}}{\partial z} &= \frac{\gamma_{ei}^2}{\varepsilon j\omega} I_{ei}, & -\frac{\partial U_{mi}}{\partial z} &= \mu j\omega I_{mi}, \\ -\frac{\partial I_{ei}}{\partial z} &= \varepsilon j\omega U_{ei}, & -\frac{\partial I_{mi}}{\partial z} &= \frac{\gamma_{mi}^2}{\mu j\omega} U_{mi}. \end{aligned} \tag{39}$$

Hier wurde die Abhängigkeit von z in der Form $e^{-\gamma z}$ angenommen.

Wenn wir diese Gleichungen mit den Grundgleichungen der Fernleitungen

$$-\frac{\partial U}{\partial z} = ZI, \qquad -\frac{\partial I}{\partial z} = YU \qquad (Z = R + j\omega L;\ Y = G + j\omega C) \tag{40}$$

vergleichen, ergibt sich, daß für jeden Wellentyp eine spezielle Telegraphengleichung aufgeschrieben werden kann. Die Gleichungskonstanten sind:

$$\begin{aligned} Z_{ei} &= \frac{\gamma_{ei}^2}{\varepsilon j\omega}, & Z_{mi} &= j\omega\mu, \\ Y_{ei} &= \varepsilon j\omega, & Y_{mi} &= \frac{\gamma_{mi}^2}{\mu j\omega}. \end{aligned} \tag{41}$$

Führen wir wieder die Größe s durch die Gleichung

$$s^2 = \varepsilon\mu\omega^2 - \beta^2 = \varepsilon\mu\omega^2 + \gamma^2 \tag{42}$$

ein, so wird $\gamma^2 = s^2 - \varepsilon\mu\omega^2$, und wir erhalten

$$Z_{ei} = \frac{\gamma_{ei}^2}{\varepsilon j\omega} = j\omega\mu + \frac{1}{j\omega \dfrac{\varepsilon}{s_{ei}^2}}, \tag{43}$$

$$Y_{ei} = j\omega\varepsilon$$

bzw.

$$Z_{mi} = j\omega\mu,$$

$$Y_{mi} = \frac{\gamma_{mi}^2}{\mu j\omega} = j\omega\varepsilon + \frac{1}{j\omega \dfrac{\mu}{s_{mi}^2}}. \tag{44}$$

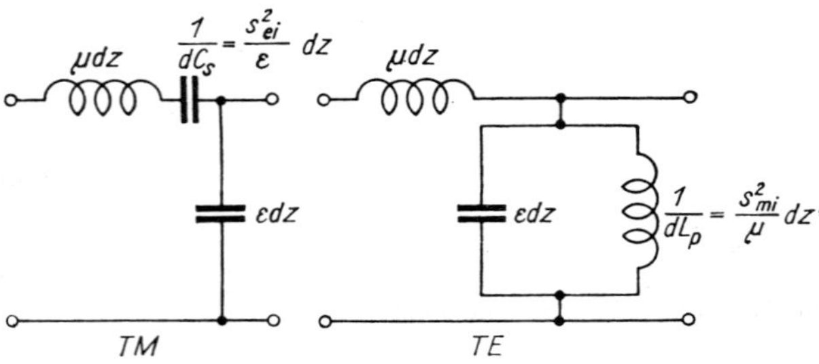

Abb. 4.83 Fernleitung als Ersatzschaltung für die einzelnen Wellentypen

Die entsprechenden Ersatzschaltungen sind der Abb. 4.83 zu entnehmen.

Für den Fortpflanzungsfaktor ergibt sich bei jedem Typ

$$\gamma_i^2 = Z_i Y_i = (j\omega)^2\varepsilon\mu + \frac{j\omega\varepsilon}{j\dfrac{\omega\varepsilon}{s_i^2}}, \tag{45}$$

woraus die Beziehung

$$\gamma_i = \pm j\omega\sqrt{\varepsilon\mu}\sqrt{1 - \left(\frac{s_i^2}{\omega^2\varepsilon\mu}\right)} \tag{46}$$

folgt.

Führen wir jetzt die kritische Wellenlänge $\lambda_{ci} = 2\pi/s_i$ ein, so erhalten wir die bekannte Beziehung

$$\gamma_i = \alpha_i + j\beta_i = j\,\frac{2\pi}{\lambda}\sqrt{1 - \left(\frac{\lambda}{\lambda_{ci}}\right)^2}. \tag{47}$$

Durch diese Analogie kann auch der dielektrische Verlust berücksichtigt werden. Wir schreiben γ_i in der folgenden Form:

$$\gamma_i = j\omega\sqrt{\varepsilon\mu - \frac{s_i^2}{\omega^2}}. \tag{48}$$

Wenn das Dielektrikum nicht verlustfrei ist, dann können wir die komplexe Dielektrizitätskonstante $\varepsilon - j\sigma/\omega$ einführen. Mit ihrer Hilfe wird also

$$\gamma_i = \alpha_i + j\beta_i = j\omega \sqrt{\varepsilon\mu - \frac{s_i^2}{\omega^2} - j\,\frac{\sigma\mu}{\omega}} = j\omega\sqrt{\varepsilon\mu}\sqrt{1-\left(\frac{\lambda}{\lambda_{ci}}\right)^2}\sqrt{1 - j\,\frac{\sigma/\omega\varepsilon}{1-(\lambda/\lambda_{ci})^2}}$$

$$\approx j\omega\sqrt{\varepsilon\mu}\sqrt{1-\left(\frac{\lambda}{\lambda_{ci}}\right)^2}\left(1 - \frac{1}{2}\,j\,\frac{\sigma/\omega\varepsilon}{1-(\lambda/\lambda_{ci})^2}\right) = \frac{1}{2}\,\frac{\sigma\sqrt{\frac{\mu}{\varepsilon}}}{\sqrt{1-\left(\frac{\lambda}{\lambda_{ci}}\right)^2}} + j\,\frac{2\pi}{\lambda}\sqrt{1-\left(\frac{\lambda}{\lambda_{ci}}\right)^2}. \tag{49}$$

Die Ersatzparameter können mit Hilfe der Gleichungen (43) und (44) bestimmt werden, wobei auch die komplexe Dielektrizitätskonstante einzusetzen ist.

4.35.4. Beweis der Orthogonalitätsrelationen

Wir werden zuerst die Orthogonalitätsrelationen bezüglich der Π-Funktionen beweisen. Es gelten

$$(1)\quad \int_A \Pi_{ei}\Pi_{eh}\,dA = 0, \qquad i \neq h, \tag{50}$$

$$(2)\quad \int_A \Pi_{mi}\Pi_{mh}\,dA = 0, \qquad i \neq h, \tag{51}$$

$$(3)\quad \int_A \operatorname{grad}_T \Pi_{ei}\operatorname{grad}_T \Pi_{eh}\,dA = 0, \qquad i \neq h, \tag{52}$$

$$(4)\quad \int_A \operatorname{grad}_T \Pi_{mi}\operatorname{grad}_T \Pi_{mh}\,dA = 0, \qquad i \neq h, \tag{53}$$

$$(5)\quad \int_A \mathbf{z}_0(\operatorname{grad}_T \Pi_{ei} \times \operatorname{grad}_T \Pi_{mh})\,dA = 0, \qquad i \neq h,\quad i = h. \tag{54}$$

Um die erste Beziehung zu beweisen, schreiben wir die Differentialgleichung für die Π-Funktion auf und führen die angedeuteten Operationen durch:

$$\begin{array}{ll} \Delta\Pi_{ei} + s_{ei}^2\Pi_{ei} = 0 & /\cdot\ \Pi_{eh} \\ \Delta\Pi_{eh} + s_{eh}^2\Pi_{eh} = 0 & /\cdot\ -\Pi_{ei} \\ \hline \Pi_{eh}\,\Delta\Pi_{ei} - \Pi_{ei}\,\Delta\Pi_{eh} + (s_{ei}^2 - s_{eh}^2)\,\Pi_{ei}\Pi_{eh} = 0. & \end{array} \tag{55}$$

Integrieren wir die so erhaltene Gleichung über eine Transversalfläche:

$$\int_A (\Pi_{eh}\,\Delta\Pi_{ei} - \Pi_{ei}\,\Delta\Pi_{eh})\,dA + (s_{ei}^2 - s_{eh}^2)\int_A \Pi_{ei}\Pi_{eh}\,dA = 0. \tag{56}$$

Das erste Integral wird mit Hilfe des zweidimensionalen Greenschen Satzes umgeformt:

$$\oint_C \left(\Pi_{eh} \frac{\partial \Pi_{ei}}{\partial n} - \Pi_{ei} \frac{\partial \Pi_{eh}}{\partial n} \right) dl + (s_{ei}^2 - s_{eh}^2) \int_A \Pi_{ei} \Pi_{eh} \, dA = 0. \tag{57}$$

Das Linienintegral ist über die Grenzlinie zu erstrecken. Wegen der Randbedingung für die TM-Typen werden hier Π_{eh} und Π_{ei} Null, so daß auch das zweite Integral Null sein muß, d. h.,

$$\int_A \Pi_{ei} \Pi_{eh} \, dA = 0. \tag{58}$$

Gl. (2) kann in ähnlicher Weise bewiesen werden. Bei dem letzten Schritt muß man aber berücksichtigen, daß beim TE-Typ die Größen $\partial \Pi_{mi}/\partial n$ und $\partial \Pi_{mh}/\partial n$ an der Grenzlinie verschwinden.

Beweis der Gl. (3). Es gilt die folgende Gleichung:

$$\operatorname{div}_T (\Pi_{ei} \operatorname{grad}_T \Pi_{eh}) = \operatorname{grad}_T \Pi_{ei} \operatorname{grad}_T \Pi_{eh} + \Pi_{ei} \Delta \Pi_{eh} = \operatorname{grad}_T \Pi_{ei} \operatorname{grad}_T \Pi_{eh} - s_{ei}^2 \Pi_{ei} \Pi_{eh}. \tag{59}$$

Mit Hilfe des zweidimensionalen Gaußschen Satzes wird aber

$$\int_A \operatorname{div}_T (\Pi_{ei} \operatorname{grad}_T \Pi_{eh}) \, dA = \oint_C \Pi_{ei} \frac{\partial \Pi_{eh}}{\partial n} dl, \tag{60}$$

und so erhalten wir durch Integration der Gl (59)

$$\oint_C \Pi_{ei} \frac{\partial \Pi_{eh}}{\partial n} dl = \int_A \operatorname{grad}_T \Pi_{ei} \operatorname{grad}_T \Pi_{eh} \, dA - s_{ei}^2 \int_A \Pi_{ei} \Pi_{eh} \, dA. \tag{61}$$

Die linke Seite dieser Gleichung ist Null, da auf der Grenzlinie $\Pi_{ei} = 0$ wird. Das zweite Glied der rechten Seite ist wegen Gl. (1) ebenfalls Null. Es wird also

$$\int_A \operatorname{grad}_T \Pi_{ei} \operatorname{grad}_T \Pi_{eh} \, dA = 0. \tag{62}$$

Gl. (4) kann auf ähnliche Weise bewiesen werden, nur wird jetzt die Randbedingung $\partial \Pi_{mh}/\partial n = 0$ berücksichtigt.

Um Gl. (5) beweisen zu können, schreiben wir die folgende Gleichung:

$$\operatorname{rot} (\Pi_{ei} \operatorname{grad} \Pi_{mh}) = \operatorname{grad} \Pi_{ei} \times \operatorname{grad} \Pi_{mh} + \Pi_{ei} \operatorname{rot} \operatorname{grad} \Pi_{mh} = \operatorname{grad} \Pi_{ei} \times \operatorname{grad} \Pi_{mh}. \tag{63}$$

Es wird also

$$\int_A \boldsymbol{z}_0 (\operatorname{grad} \Pi_{ei} \times \operatorname{grad} \Pi_{mh}) \, dA = \int_A \boldsymbol{z}_0 \operatorname{rot} (\Pi_{ei} \operatorname{grad} \Pi_{mh}) \, dA.$$

Die rechte Seite kann mit Hilfe des Stokesschen Satzes umgeformt werden:

$$\int_A \boldsymbol{z}_0 \operatorname{rot} (\Pi_{ei} \operatorname{grad} \Pi_{mh}) \, dA = \oint_C \Pi_{ei} \frac{\partial \Pi_{mh}}{\partial l} dl = 0. \tag{64}$$

Damit haben wir die Richtigkeit der Gleichungen (1)$\cdots$(5) bewiesen.

Aus diesen Gleichungen folgt sofort die Orthogonalität der Typen-Funktionen, und zwar

(1) $\rightarrow \int_A \boldsymbol{E}_{zei}\boldsymbol{E}_{zeh}\,\mathrm{d}A = 0, \qquad i \neq h,$ (65)

(2) $\rightarrow \int_A \boldsymbol{H}_{zmi}\boldsymbol{H}_{zmh}\,\mathrm{d}A = 0, \qquad i \neq h,$ (66)

(3) $\rightarrow \int_A \boldsymbol{e}_{ei}\boldsymbol{e}_{eh}\,\mathrm{d}A = 0, \qquad i \neq h,$ (67)

(4) $\rightarrow \int_A \boldsymbol{h}_{mi}\boldsymbol{h}_{mh}\,\mathrm{d}A = 0, \qquad i \neq h,$ (68)

(5) $\begin{cases} \rightarrow \int_A \boldsymbol{e}_{ei}\boldsymbol{e}_{mh}\,\mathrm{d}A = 0, & i = h, \; i \neq h, \\ \rightarrow \int_A \boldsymbol{h}_{ei}\boldsymbol{h}_{mh}\,\mathrm{d}A = 0, & i = h, \; i \neq h. \end{cases}$ (69)

Die Richtigkeit der Gleichungen (1)···(4) ist ohne weiteres einzusehen. Die zwei letzten folgen aus der Beziehung

$$0 = \int_A \boldsymbol{z}_0(\mathrm{grad}_\mathrm{T}\,\Pi_{ei} \times \mathrm{grad}_\mathrm{T}\,\Pi_{mh})\,\mathrm{d}A = -\int_A \mathrm{grad}_\mathrm{T}\,\Pi_{ei}(\boldsymbol{z}_0 \times \mathrm{grad}_\mathrm{T}\,\Pi_{mh})\,\mathrm{d}A = \int_A \boldsymbol{e}_{ei}\boldsymbol{e}_{mh}\,\mathrm{d}A. \quad (70)$$

Die letzte Gleichung

$$\int_A \boldsymbol{h}_{ei}\boldsymbol{h}_{mh}\,\mathrm{d}A = 0 \quad (71)$$

wird mit Hilfe der Relation

$$\boldsymbol{h}_{ei}\boldsymbol{h}_{mh} = (\boldsymbol{z}_0 \times \boldsymbol{e}_{ei})\,(\boldsymbol{z}_0 \times \boldsymbol{e}_{mh}) = \boldsymbol{e}_{ei}\boldsymbol{e}_{mh} \quad (72)$$

auf die Gl. (70) zurückgeführt.

4.35.5. Explizite Form der Funktionen $\boldsymbol{e}$ und $\boldsymbol{h}$ für Kreis- und Rechteckquerschnitte

Wir möchten zuerst die hier vorkommenden Eigenfunktionen mit den uns schon bekannten in den Lösungen auftretenden Funktionen in Zusammenhang bringen.

Nehmen wir zuerst die TM_{0n}-Welle in kreiszylindrischen Leitern. In diesem Fall erhalten wir

$$\boldsymbol{\Pi}_e = A_e J_0(s_{0n}r)\,\boldsymbol{z}_0 = \Pi_e \boldsymbol{z}_0 \qquad (\boldsymbol{z}_0 \equiv \boldsymbol{e}_z). \quad (73)$$

Wir bilden entsprechend (9) und (10) die Vektorfunktionen

$$\boldsymbol{e}_e = \mathrm{grad}_\mathrm{T}\,\Pi_e\,; \qquad \boldsymbol{h}_e = \boldsymbol{z}_0 \times \boldsymbol{e}_e.$$

Wir erhalten also

$$\boldsymbol{e}_e = A_e s_{0n} J_0'(s_{0n}r)\,\boldsymbol{e}_r\,; \qquad \boldsymbol{h}_e = A_e s_{0n} J_0'(s_{0n}r)\,\boldsymbol{e}_\varphi. \quad (74)$$

A_{e} wird durch die Normierung (21) bestimmt:

$$\int_A \boldsymbol{e}_{\mathrm{e}}^2 \,\mathrm{d}A = A_{\mathrm{e}}^2 s_{0n}^2 \int_0^{r_0}\int_0^{2\pi} J_0'^2(s_{0n}r)\, r \,\mathrm{d}\varphi\,\mathrm{d}r = A_{\mathrm{e}}^2 \pi s_{0n}^2 r_0^2 J_0'^2(s_{0n}r_0).$$

Es wird also

$$A_{\mathrm{e}} = \frac{1}{\sqrt{\pi}}\,\frac{1}{s_{0n}r_0}\,\frac{1}{J_0'(s_{0n}r_0)}.$$

Damit erhalten wir für $\boldsymbol{e}_{\mathrm{e}}$

$$\boldsymbol{e}_{\mathrm{e}} = \frac{1}{\sqrt{\pi}}\,\frac{1}{r_0}\,\frac{1}{J_0'(s_{0n}r_0)}\,J_0'(s_{0n}r)\,\boldsymbol{e}_r. \tag{75}$$

Für $\boldsymbol{h}_{\mathrm{e}}$ ergibt sich somit

$$\boldsymbol{h}_{\mathrm{e}} = \frac{1}{\sqrt{\pi}}\,\frac{1}{r_0}\,\frac{1}{J_0'(s_{0n}r_0)}\,J_0'(s_{0n}r)\,\boldsymbol{e}_\varphi. \tag{76}$$

Wir erhalten für den allgemeinen Fall

$$\boldsymbol{e}_{\mathrm{e}} = \sqrt{\frac{2}{\pi}}\,\frac{1}{s_{mn}r_0}\,\frac{1}{J_m'(s_{mn}r_0)}\left[s_{mn}J_m'(s_{mn}r)\cos m\varphi\,\boldsymbol{e}_r - \frac{m}{r}\,J_m(s_{mn}r)\sin m\varphi\,\boldsymbol{e}_\varphi\right] \tag{77}$$

bzw.

$$\boldsymbol{h}_{\mathrm{e}} = \sqrt{\frac{2}{\pi}}\,\frac{1}{s_{mn}r_0}\,\frac{1}{J_m'(s_{mn}r_0)}\left[\frac{m}{r}\,J_m(s_{mn}r)\sin m\varphi\,\boldsymbol{e}_r + s_{mn}J_m'(s_{mn}r)\cos m\varphi\,\boldsymbol{e}_\varphi\right]. \tag{78}$$

Für Rechteckhohlleiter schreiben wir nur für TE_{m0}-Wellen

$$\boldsymbol{e} = -\sqrt{\frac{2}{ab}}\sin m\,\frac{\pi}{a}x\,\boldsymbol{y}_0, \qquad (\boldsymbol{y}_0 \equiv \boldsymbol{e}_y), \tag{79}$$

$$\boldsymbol{h} = -\sqrt{\frac{2}{ab}}\sin m\,\frac{\pi}{a}x\,\boldsymbol{x}_0, \qquad (\boldsymbol{x}_0 \equiv \boldsymbol{e}_x). \tag{80}$$

4.35.6. Beweis der Formeln (11a) und (11b) des Abschnitts 4.31.2.

Wir haben im Kapitel 4.31.2. die Ausdrücke

$$P = \frac{1}{Z}\int_A (\boldsymbol{E}_{\mathrm{T}}\boldsymbol{E}_{\mathrm{T}}^*)\,\mathrm{d}a = Z\int_A (\boldsymbol{H}_{\mathrm{T}}\boldsymbol{H}_{\mathrm{T}}^*)\,da$$

in die folgenden Formen umgeschrieben:

$$P = \frac{Z^{\mathrm{TM}}}{s^2}\,(\varepsilon\omega)^2\int_A (\boldsymbol{E}_z\boldsymbol{E}_z^*)\,\mathrm{d}a$$

bzw.

$$P = \frac{Z^{\mathrm{TE}}\beta^2}{s^2} \int\limits_A (H_z H_z^*)\, \mathrm{d}a\,.$$

Wir geben jetzt den Beweis für den Typ TE. Das hier Gesagte gilt — mutatis mutandis — auch für die TM-Wellen.

Nach Gl. (4) erhalten wir

$$P = Z^{\mathrm{TE}} \int\limits_A (H_{\mathrm{T}} H_{\mathrm{T}}^*)\, \mathrm{d}a = Z^{\mathrm{TE}}\beta^2 \int\limits_A [\mathrm{grad}_{\mathrm{T}}\, \Pi_{\mathrm{m}}]^2\, \mathrm{d}a\,. \tag{81}$$

Nach Gl. (61) ergibt sich aber

$$\int\limits_A [\mathrm{grad}_{\mathrm{T}}\, \Pi_{\mathrm{m}}]^2\, \mathrm{d}a = s^2 \int\limits_A \Pi_{\mathrm{m}}^2\, \mathrm{d}a = s^2 \int\limits_A \frac{H_z^2}{s^4}\, \mathrm{d}a = \frac{1}{s^2} \int\limits_A H_z^2\, \mathrm{d}a\,. \tag{82}$$

Unter Berücksichtigung dieses Zusammenhanges erhalten wir tatsächlich Gl. 4.31.2.(11a).

4.35.7. Berücksichtigung der Verluste im Ersatzschaltbild

Um die Ersatz-Reihenimpedanz Z_s für TM-Wellen bestimmen zu können, müssen wir die Bestimmung der von den Verlusten herrührenden (komplexen) Leistung etwas allgemeiner durchführen. Wir schreiben zunächst die Leistung auf, die durch die Fläche $\mathrm{d}z \int\limits_C \mathrm{d}s$ in die Wand hineinströmt:

$$\mathrm{d}(P + \mathrm{j}Q) = \int\limits_C (\boldsymbol{E}_{\mathrm{t}} \times \boldsymbol{H}_{\mathrm{t}}^*)_C\, \boldsymbol{n}\, \mathrm{d}s\, \mathrm{d}z\,. \tag{83}$$

Wir müssen jetzt eine vernünftige Annahme über den Zusammenhang zwischen $\boldsymbol{E}_{\mathrm{t}}$ und $\boldsymbol{H}_{\mathrm{t}}$ an der Begrenzungsfläche machen. Es liegt nahe, das Eindringen des elektromagnetischen Feldes ähnlich wie bei einer ebenen Welle zu betrachten. Wir nehmen daher den Zusammenhang

$$\boldsymbol{n} \times \boldsymbol{E}_{\mathrm{t}} = Z_{\mathrm{w}} \boldsymbol{H}_{\mathrm{t}}; \qquad Z_{\mathrm{w}} = (1 + \mathrm{j})\, \frac{1}{\delta\sigma} \tag{84}$$

als näherungsweise richtig an und erhalten damit

$$\frac{\mathrm{d}(P + \mathrm{j}Q)}{\mathrm{d}z} = Z_{\mathrm{w}} \int\limits_C (\boldsymbol{H}_{\mathrm{t}} \boldsymbol{H}_{\mathrm{t}}^*)\, \mathrm{d}s = Z_{\mathrm{w}} \int\limits_C (\boldsymbol{H}_{\mathrm{T}} \boldsymbol{H}_{\mathrm{T}}^*)\, \mathrm{d}s\,. \tag{85}$$

Mit Hilfe der Gl. (33) läßt sich diese Gleichung umformen:

$$\frac{\mathrm{d}(P + \mathrm{j}Q)}{\mathrm{d}z} = Z_{\mathrm{w}} I I^* \int\limits_C \boldsymbol{h}_{\mathrm{e}} \boldsymbol{h}_{\mathrm{e}}^*\, \mathrm{d}s\,. \tag{86}$$

Da aber die komplexe Leistung an der Reihenimpedanz Z_s die Größe

$$\frac{\mathrm{d}(P + \mathrm{j}Q)}{\mathrm{d}z} = I I^* Z_s \tag{87}$$

besitzt, erhalten wir die Bestimmungsgleichung für Z_s in der Form

$$Z_s = R_s + jX_s = Z_w \int_C \boldsymbol{h}_e \boldsymbol{h}_e^* \, ds = \frac{1 + j}{\delta\sigma} \int_C \boldsymbol{h}_e \boldsymbol{h}_e^* \, ds. \tag{88}$$

Die entsprechende Ersatzschaltung ist in Abb. 4.84 dargestellt.

Bei TE-Wellen werden die Rechnungen dadurch verwickelt, daß zwar die Gleichung

$$\frac{d(P + jQ)}{dz} = Z_w \int_C (\boldsymbol{H}_t \boldsymbol{H}_t^*) \, ds \tag{89}$$

auch jetzt gültig ist, aber die Identität $\boldsymbol{H}_t = \boldsymbol{H}_T$ nicht mehr besteht. Es wird jetzt nach Gl. (16)

$$\boldsymbol{H}_t = A \left[s^2 Z \Pi \boldsymbol{z}_0 + \frac{\partial Z}{\partial z} \boldsymbol{h} \right]_C = -U \frac{s^2}{j\omega\mu} \Pi \boldsymbol{e}_z + I\boldsymbol{h}, \tag{90}$$

woraus sich

$$\boldsymbol{H}_t \boldsymbol{H}_t^* = UU^* \frac{s^4}{\omega^2 \mu^2} \Pi\Pi^* + II^* \boldsymbol{h}\boldsymbol{h}^* \tag{91}$$

bzw.

$$\frac{d(P + jQ)}{dz} = Z_w \left[UU^* \frac{s^4}{\omega^2 \mu^2} \int_C \Pi\Pi^* \, ds + II^* \int_C \boldsymbol{h}\boldsymbol{h}^* \, ds \right] \tag{92}$$

ergibt. Das entsprechende Schaltbild ist in Abb. 4.85 wiedergegeben.

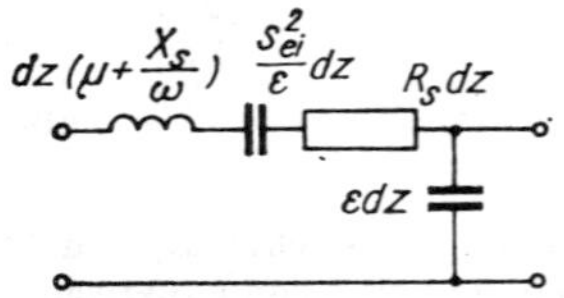

Abb. 4.84 Berücksichtigung des Verlustes im Ersatzschaltbild für TM-Wellen

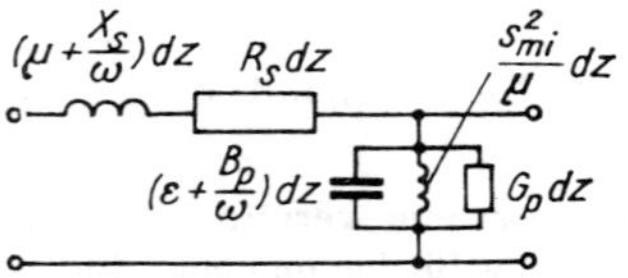

Abb. 4.85 Ersatzschaltbild für TE-Wellen

4.35.8. Allgemeine Theorie der Erregung

Jetzt können wir das Problem der Erregung der Hohlleiter ganz allgemein angreifen. Es seien im Wellenleiter beliebige Quellen zwischen den Ebenen A_1 und A_2 gegeben. Gesucht wird das entstandene Feld. Der Wellenleiter wird als ideal betrachtet. Wir wenden das Reziprozitätsgesetz auf den Raumteil an, der durch den Wellenleiter und durch die Ebenen A_1, A_2 begrenzt ist, indem wir für das Feld (a) das gesuchte Feld, für das Feld (b) eine entsprechende Eigenwelle wählen (Abb. 4.86).

Rechts von der Ebene A_2 erhalten wir nur in der positiven z-Richtung laufende Wellen mit den folgenden Transversalkomponenten:

$$\boldsymbol{E}_a^+ = -\sum A_{ei}^+ j\beta_{ei} \boldsymbol{e}_{ei} \, e^{-j\beta_{ei} z} - \sum A_{mi}^+ \mu j\omega \, \boldsymbol{e}_{mi} \, e^{-j\beta_{mi} z} \tag{93a}$$

$$\boldsymbol{H}_a^+ = -\sum A_{ei}^+ \varepsilon j\omega \boldsymbol{h}_{ei} \, e^{-j\beta_{ei} z} - \sum A_{mi}^+ j\beta_{mi} \boldsymbol{h}_{mi} \, e^{-j\beta_{mi} z}. \tag{93b}$$

Links von der Ebene A_1 erhalten wir nur in der negativen z-Richtung laufende Wellen:

$$\boldsymbol{E}_{\mathrm{a}}^{-} = \Sigma\, A_{\mathrm{e}i}^{-}\, \mathrm{j}\beta_{\mathrm{e}i}\, \boldsymbol{e}_{\mathrm{e}i}\, \mathrm{e}^{\mathrm{j}\beta_{\mathrm{e}i}z} - \Sigma\, A_{\mathrm{m}i}^{-}\mu \mathrm{j}\omega \boldsymbol{e}_{\mathrm{m}i}\, \mathrm{e}^{\mathrm{j}\beta_{\mathrm{m}i}z}, \tag{94a}$$

$$\boldsymbol{H}_{\mathrm{a}}^{-} = -\Sigma\, A_{\mathrm{e}i}^{-}\varepsilon \mathrm{j}\omega \boldsymbol{h}_{\mathrm{e}i}\, \mathrm{e}^{\mathrm{j}\beta_{\mathrm{e}i}z} + \Sigma\, A_{\mathrm{m}i}^{-}\mathrm{j}\beta_{\mathrm{m}i}\boldsymbol{h}_{\mathrm{m}i}\, \mathrm{e}^{\mathrm{j}\beta_{\mathrm{m}i}z}. \tag{94b}$$

Auch hier haben wir nur die Transversalkomponenten aufgeschrieben.

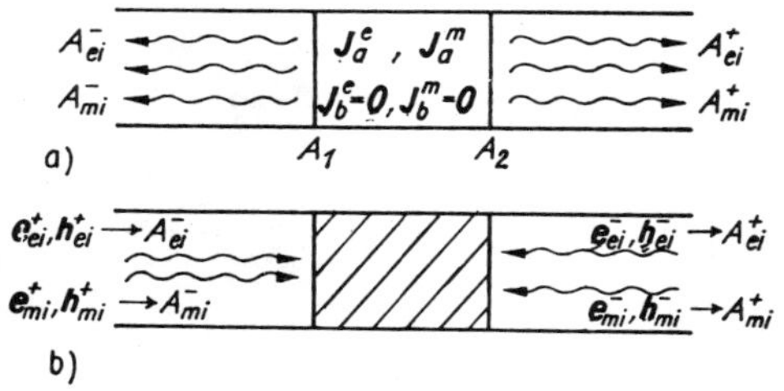

Abb. 4.86 a) Im Raumteil zwischen A_1 und A_2 sind die Quellen, deren Feld zu bestimmen ist.
b) Die Hilfsfelder $\boldsymbol{E}_{\mathrm{b}}$, $\boldsymbol{H}_{\mathrm{b}}$

Um zuerst den Koeffizienten $A_{\mathrm{e}i}^{+}$ zu erhalten, nehmen wir für das Feld (b) die folgende, in negativer z-Richtung laufende Eigenwelle an:

$$\boldsymbol{E}_{\mathrm{b}}^{-i} = \mathrm{j}\beta_{\mathrm{e}i}\boldsymbol{e}_{\mathrm{e}i}\, \mathrm{e}^{\mathrm{j}\beta_{\mathrm{e}i}z} + \boldsymbol{z}_0 s_{\mathrm{e}i}^2 \Pi_{\mathrm{e}i}\mathrm{e}^{\mathrm{j}\beta_{\mathrm{e}i}z}, \tag{95a}$$

$$\boldsymbol{H}_{\mathrm{b}}^{-i} = -\varepsilon \mathrm{j}\omega \boldsymbol{h}_{\mathrm{e}i}\, \mathrm{e}^{\mathrm{j}\beta_{\mathrm{e}i}z}. \tag{95b}$$

Wir schreiben das Reziprozitätsgesetz erneut auf

$$\oint_A (\boldsymbol{E}_{\mathrm{a}} \times \boldsymbol{H}_{\mathrm{b}} - \boldsymbol{E}_{\mathrm{b}} \times \boldsymbol{H}_{\mathrm{a}})\, \mathrm{d}\boldsymbol{A} = \int_V (\boldsymbol{J}_{\mathrm{a}}^{\mathrm{e}}\boldsymbol{E}_{\mathrm{b}} - \boldsymbol{J}_{\mathrm{b}}^{\mathrm{e}}\boldsymbol{E}_{\mathrm{a}} - \boldsymbol{J}_{\mathrm{a}}^{\mathrm{m}}\boldsymbol{H}_{\mathrm{b}} + \boldsymbol{J}_{\mathrm{b}}^{\mathrm{m}}\boldsymbol{H}_{\mathrm{a}})\, \mathrm{d}V. \tag{96}$$

Das Flächenintegral auf der Wandfläche wird wegen der Randbedingung zu Null. Auf der Fläche A_1 gilt

$$\int_{A_1} (-\boldsymbol{e}_{\mathrm{e}j} \times \boldsymbol{h}_{\mathrm{e}i} + \boldsymbol{e}_{\mathrm{e}i} \times \boldsymbol{h}_{\mathrm{e}j})\, \mathrm{d}\boldsymbol{A} = 0. \tag{97}$$

Auf der Fläche A_2 dagegen wird

$$\int_{A_2} (\boldsymbol{e}_{\mathrm{e}j} \times \boldsymbol{h}_{\mathrm{e}i} + \boldsymbol{e}_{\mathrm{e}i} \times \boldsymbol{h}_{\mathrm{e}j})\, \boldsymbol{z}_0\, \mathrm{d}A = 2\delta_{ij}. \tag{98}$$

Wir erhalten also

$$A_{\mathrm{e}i}^{+}\mathrm{j}\beta_{\mathrm{e}i}\varepsilon \mathrm{j}\omega \int_{A_2} (\boldsymbol{e}_{\mathrm{e}i} \times \boldsymbol{h}_{\mathrm{e}t} + \boldsymbol{e}_{\mathrm{e}i} \times \boldsymbol{h}_{\mathrm{e}i})\, \boldsymbol{z}_0\, \mathrm{d}A = 2A_{\mathrm{e}i}^{+}\mathrm{j}\beta_{\mathrm{e}i}\mathrm{j}\omega\varepsilon. \tag{99}$$

Es wird also nach Gl. (96)

$$A_{\mathrm{e}i}^{+} = -\frac{1}{2\beta_{\mathrm{e}i}\varepsilon\omega} \int_V (\boldsymbol{J}^{\mathrm{e}}\boldsymbol{E}^{-i} - \boldsymbol{J}^{\mathrm{m}}\boldsymbol{H}^{-i})\, \mathrm{d}V. \tag{100}$$

Entsprechende Gleichungen lassen sich für $A_{\mathrm{m}i}^{+}$ bzw. $A_{\mathrm{e}i}^{-}$ und $A_{\mathrm{m}i}^{-}$ aufstellen. Wenn nur elektrische Erregerströme vorhanden sind, vereinfacht sich Gl. (100) zu

$$A_{\mathrm{e}i}^{+} = -\frac{1}{2\beta_{\mathrm{e}i}\varepsilon\omega} \int_V \boldsymbol{J}^{\mathrm{e}}\boldsymbol{E}^{-i}\, \mathrm{d}V. \tag{101}$$

Hier sehen wir die quantitative Bestätigung unserer früheren qualitativen Behauptung, daß der „gewünschte“ Wellentyp mit dem Erregerstrom so gut wie möglich „nachzuahmen“ ist. Wir erhalten nämlich um so größere $A_{\mathrm{e}i}$, je genauer die Beziehung $\boldsymbol{J}^{\mathrm{e}}(\boldsymbol{r}) \sim \boldsymbol{E}^{i}(\boldsymbol{r})$ gilt.

F. Randwertprobleme III — Hohlraumresonatoren

4.36. Der Zylinder als Hohlraumresonator

Wählen wir den aus einer einfachen Induktionsspule und einem Kondensator bestehenden sogenannten *LC*-Schwingkreis als Ausgangspunkt, so können wir durch die stetige Verminderung von L und C elektrische Schwingungen höherer Frequenz, d. h. kleinerer Wellenlänge, erzeugen. Wird die Induktivität der aus einer Windung

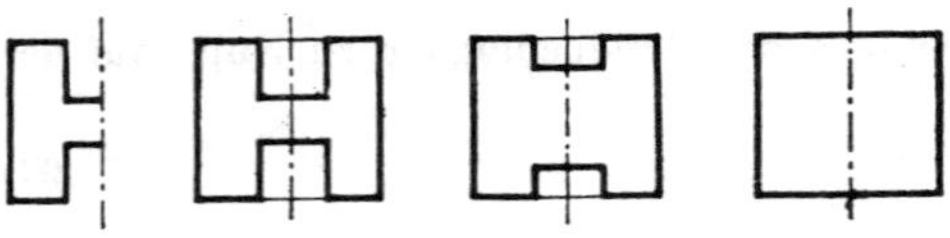

Abb. 4.87 Übergang vom *LC*-Schwingkreis zum Hohlraumresonator

bestehenden Induktionsspule dadurch weiter vermindert, daß wir die Breite des die Windung bildenden Metallplättchens vergrößern, so erhalten wir den sogenannten *Topfresonator*, welcher bereits deswegen einen großen Gütefaktor besitzt, weil er keine Strahlungsverluste besitzt, da sein Schwingungsraum völlig abgeschlossen ist. Durch Entfernung der Kondensatorplättchen kann die Kapazität weiter vermindert werden, wodurch sich die Frequenz erhöht. Zuletzt gelangen wir auf dem in Abb. 4.87 gezeigten Wege zu einem an beiden Enden geschlossenen Kreiszylinder, d. h. zum einfachsten Hohlraumresonator. Hier ist aber sowohl Selbstinduktivität als auch Kapazität entlang des gesamten Kreises verteilt. Diese Hohlraumresonatoren können daher nicht mit den für *LC*-Kreise gültigen Methoden behandelt werden. Mit den besprochenen allgemeinen Gleichungen sind wir in der Lage, auch jene Lösungen zu erhalten, die in der Form $e^{j\omega t}$ zeitabhängige stehende Wellen ergeben. Die Schwingungszustände des an beiden Enden geschlossenen Zylinders beliebiger Leitkurve können wir aber auf einfacherem Wege erhalten, wenn wir die im Zylinder (als in einem Hohlleiter) auftretenden verschiedenen Wellenformen kennen. Wie im Fall der Fernleitung bietet sich uns die Möglichkeit, die Randbedingung durch die Annahme von zwei in entgegengesetzter Richtung fortschreitenden Wellen befriedigen zu können.

Untersuchen wir die TM-Typen in einem Wellenleiter mit kreisförmigem Querschnitt. Der Hertzsche Vektor, der das Feld einer in $+z$-Richtung und einer in $-z$-Richtung fortschreitenden Welle beschreibt, wird die folgende Form haben:

$$\Pi_1(r, \varphi, z, t) = AJ_m(sr)\cos m\varphi\, \mathrm{e}^{\mathrm{j}(\omega t-\beta z)} + AJ_m(sr)\cos m\varphi\, \mathrm{e}^{\mathrm{j}(\omega t+\beta z)}. \tag{1}$$

Mit seiner Hilfe können die Komponenten E_z und E_φ wie folgt geschrieben werden:

$$\begin{aligned} E_z\,\mathrm{e}^{\mathrm{j}\omega t} &= As^2[J_m(sr)\cos m\varphi\, \mathrm{e}^{\mathrm{j}(\omega t-\beta z)} + J_m(sr)\cos m\varphi\, \mathrm{e}^{\mathrm{j}(\omega t+\beta z)}] \\ &= As^2 J_m(sr)\cos m\varphi\, \mathrm{e}^{\mathrm{j}\omega t}[\mathrm{e}^{\mathrm{j}\beta z} + \mathrm{e}^{-\mathrm{j}\beta z}] \\ &= 2As^2 J_m(sr)\cos m\varphi\, \mathrm{e}^{\mathrm{j}\omega t}\cos\frac{2\pi}{\Lambda}z, \end{aligned} \tag{2a}$$

$$\begin{aligned} E_\varphi\,\mathrm{e}^{\mathrm{j}\omega t} &= \mathrm{j}\frac{\beta}{r} mAJ_m(sr)\sin m\varphi\, \mathrm{e}^{\mathrm{j}(\omega t-\beta z)} - m\mathrm{j}\frac{\beta}{r} AJ_m(sr)\sin m\varphi\, \mathrm{e}^{\mathrm{j}(\omega t+\beta z)} \\ &= -2\mathrm{j}\frac{m\mathrm{j}\beta}{r} AJ_m(sr)\sin m\varphi\, \mathrm{e}^{\mathrm{j}\omega t}\frac{-\mathrm{e}^{-\mathrm{j}\beta z} + \mathrm{e}^{\mathrm{j}\beta z}}{2\mathrm{j}} \\ &= 2\frac{m\beta}{r} AJ_m(sr)\sin m\varphi\, \mathrm{e}^{\mathrm{j}\omega t}\sin\frac{2\pi}{\Lambda}z. \end{aligned} \tag{2b}$$

Wir bemerken sofort, daß an der Stelle $z = 0$ auch $E_\varphi = 0$ gilt. Aus ähnlichen Betrachtungen ergibt sich $E_r = 0$. Damit haben wir alle Bedingungen an der idealen abschließenden Wand bei $z = 0$ befriedigt. Man sieht ferner, daß die Gleichung $E_r = E_\varphi = 0$ in allen Ebenen $z = \pm p\Lambda/2$ gilt. Wir können also eine ebene transversale Fläche auch an diesen Stellen als abschließende Fläche hinsetzen. Es entsteht somit ein zylinderförmiger Hohlraumresonator. Für seine Länge gilt der folgende grundlegende Zusammenhang

$$L = p\frac{\Lambda}{2}. \tag{3}$$

Wenn hier der Wert von Λ aus Gl. 4.25.(7) eingesetzt wird, ergibt sich bei TM-Wellen folgende Beziehung für den kreiszylindrischen Hohlleiter:

$$L = \frac{p}{2}\frac{\lambda}{\sqrt{1 - \left(\dfrac{\alpha_{mn}\lambda}{2\pi r_0}\right)^2}}.$$

Daraus folgt die Eigenwellenlänge zu

$$\lambda_{\mathrm{TM}}^{mnp} = \frac{2}{\sqrt{\dfrac{p^2}{L^2} + \left(\dfrac{\alpha_{mn}}{\pi}\right)^2\dfrac{1}{r_0^2}}}. \tag{4a}$$

Auf ähnliche Weise kann auch die Eigenwellenlänge der TE-Wellen ermittelt werden. Es wird

$$\lambda_{\mathrm{TE}}^{mnp} = \frac{2}{\sqrt{\frac{p^2}{L^2} + \left(\frac{a'_{mn}}{\pi}\right)^2 \frac{1}{r_0^2}}}. \tag{4b}$$

Bei Rechteckhohlleitern erhalten wir für die Eigenwellenlängen sowohl der TM- als auch der TE-Wellenform folgenden Ausdruck:

$$\lambda^{mnp} = \frac{2}{\sqrt{\frac{m^2}{a^2} + \frac{n^2}{b^2} + \frac{p^2}{L^2}}}. \tag{5}$$

Es ist leicht zu sehen, daß wir es mit einer dreidimensionalen diskreten Mannigfaltigkeit der möglichen Wellenlängen zu tun haben. Bei Kreiszylindern kommen zu den durch die Achse verlaufenden Knotenebenen und den Knotenzylindern noch die zur Achse senkrechten Knotenebenen hinzu. Die Anzahl der genannten Elemente kann in dieser Reihenfolge durch ein Zahlentripel m, n, p gekennzeichnet werden.

Bei einem Kreiszylinder gehört die längste TM-Welle zum Zahlentripel 0, 1, 0. Für diesen Fall gilt

$$\lambda_{\mathrm{TM}}^{010} = \frac{2\pi}{a_{01}} r_0 = 2{,}61 r_0. \tag{6}$$

Die Wellenlänge ist also unabhängig von der Zylinderlänge. Die elektrische Feldstärke bleibt in Längsrichtung konstant. Die Verteilung der Feldlinien kann aus Abb. 4.88 ersehen werden. Die längste Eigenwelle hat dieselbe Größenordnung wie irgendeine

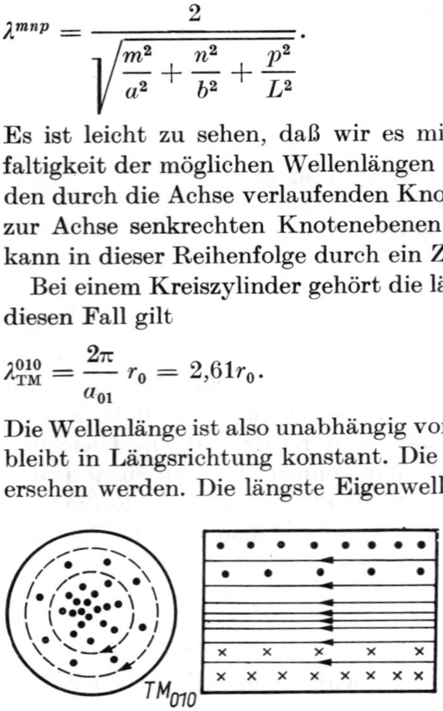

Abb. 4.88 Magnetische Grundschwingung des Kreiszylinders

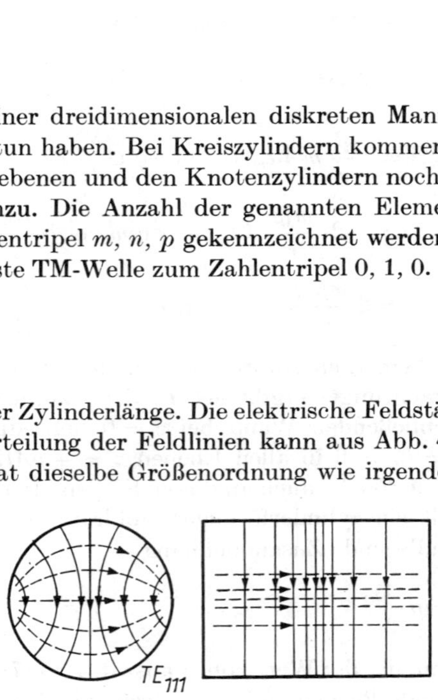

Abb. 4.89 Elektrische Grundschwingung des Kreiszylinders

lineare Abmessung des Hohlraumresonators. So beträgt z. B. die elektrische Grundwellenlänge eines Zylinders von 10 cm Durchmesser und beliebiger Länge 13 cm.

Die längste TE-Welle gehört zum Zahlentripel 1, 1, 1; ihre Wellenlänge beträgt

$$\lambda_{\mathrm{TE}}^{111} = \frac{2}{\sqrt{\frac{1}{L^2} + \left(\frac{a_{11}}{\pi}\right)^2 \frac{1}{r_0^2}}} = \frac{2}{\sqrt{\frac{1}{L^2} + 0{,}344\,\frac{1}{r_0^2}}}. \tag{7}$$

Das entsprechende Feldlinienbild wird durch Abb. 4.89 veranschaulicht. Aus der obigen Formel erkennen wir, daß für $r_0 \gg L$ die Randwirkung sehr klein und $\lambda_{111} = 2L$ wird, so daß wir die Beziehungen erhalten, die für stehende Wellen gelten.

Abbildung 4.90 zeigt den an der Grundwellenlänge TM_{010} schwingenden Zylinder

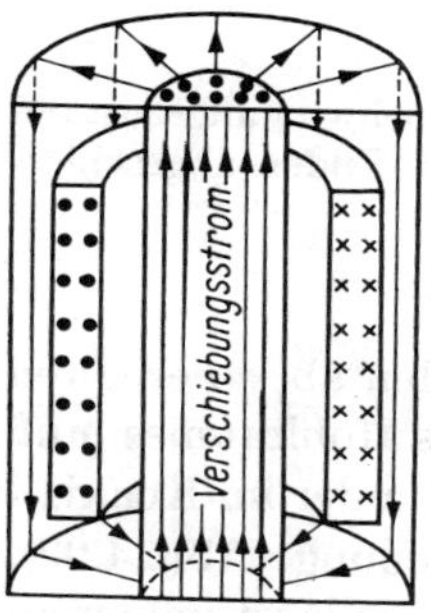

Abb. 4.90
Kopplung der ,,Erregerspule" mit dem magnetischen Fluß bei einem Hohlraumresonator

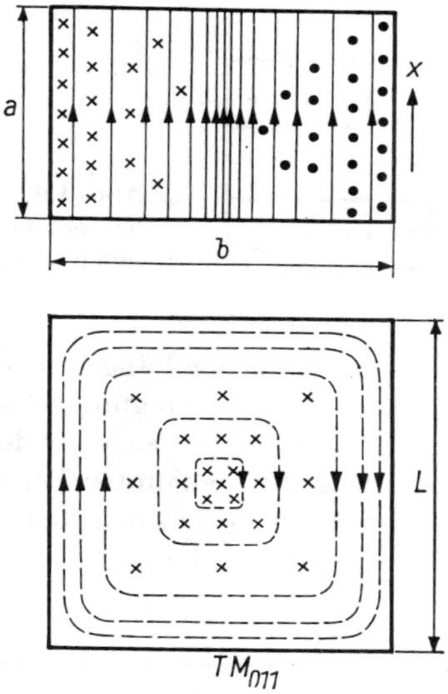

Abb. 4.91
Elektrische oder magnetische Grundschwingung in einem prismatischen Hohlraum

als ,,Transformator". Die einzige magnetisierende Amperewindung setzt sich auf dem in der Mitte nach oben fließenden Verschiebungsstrom und dem diesen fortsetzenden und abschließenden Leitungsstrom zusammen. Hierdurch koppelt sich ringförmig der Magnetfluß. Eine Veränderung dieses Magnetflusses erregt die elektrische Windungsspannung, woraus die magnetisierende Amperewindungszahl berechnet werden kann. Hierdurch wird der Verlauf dieser Erscheinung auf Grund des Erregungs- und Induktionssatzes so veranschaulicht, wie es in der Theorie langsam veränderlicher Ströme üblich ist.

Die Grundwelle der Rechteckhohlleiter kann nach der Formel

$$\lambda^{011} = \frac{2}{\sqrt{\frac{1}{b^2} + \frac{1}{L^2}}} = \frac{2bL}{\sqrt{b^2 + L^2}} \tag{8}$$

berechnet werden. Die zugehörige Feldlinienverteilung ist aus Abb. 4.91 ersichtlich. Die Feldlinien der elektrischen Feldstärke sind parallele Linien, die Feldstärke ist also von der Koordinate x unabhängig. Das Feldlinienbild ist eher der Abb. 4.88, die die Grundwelle des Kreiszylinders darstellt, ähnlich. Ist die Grundfläche quadratisch, so wird die Grundwellenlänge der Quadratdiagonale gleich, so daß z. B. die Grundwellenlänge eines Prismas von beliebiger Länge und $10 \times 10\ cm^2$ Querschnitt 14,1 cm beträgt. Es soll noch bemerkt werden, daß sich der Unterschied zwischen TM- und TE-Wellen bei der Grundwelle aus einer ganz willkürlichen Bevorzugung irgendwelcher der sonst völlig gleichwertigen Koordinaten ergibt.

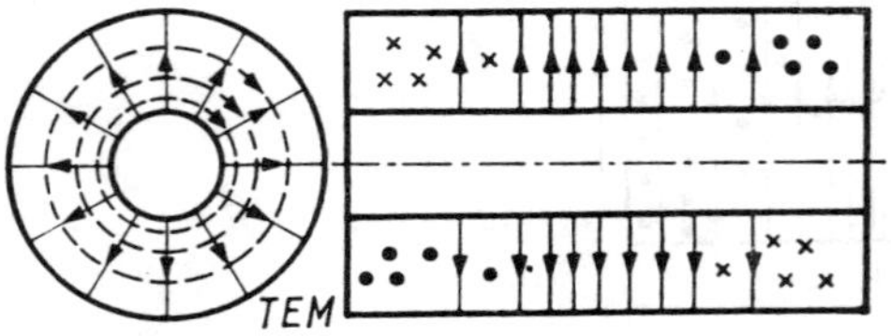

Abb. 4.92 Einfacher Schwingungszustand bei einem an beiden Enden abgeschlossenen Koaxialzylinder

Schließen wir ein Koaxialkabel endlicher Länge an beiden Enden ab, so erhalten wir einen ringförmigen Hohlraum. Ein Schwingungszustand dieses Hohlraumes muß die TEM-Schwingungsform sein. Diese ergibt sich aus der Reflexion der im Koaxialkabel fortschreitenden TEM-Welle mit bekannter Feldlinienverteilung (Abb. 4.92). Die Wellenlänge beträgt $\lambda = 2L$. Die Existenz einer solchen TEM-Welle ist immer an das Vorhandensein des Innenleiters gebunden.

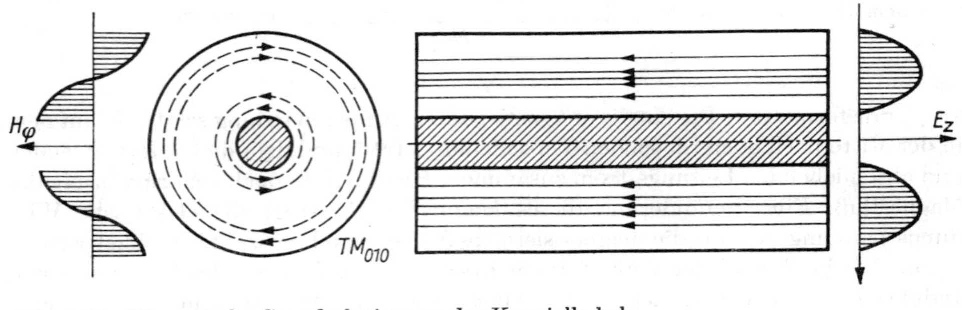

Abb. 4.93 Magnetische Grundschwingung des Koaxialkabels

Das Feldlinienbild der TM-Grundwelle ist in Abb. 4.93 dargestellt. Die Wellenlänge ist eine komplizierte Funktion des Verhältnisses r_i/r_a und kann nur in Tabellen zusammengefaßt werden. Die Grundwellenlänge kann sowohl länger als auch kürzer als $\lambda = 2L$ sein. Abbildung 4.94 zeigt die Grundwellenlänge TM_{010} des koaxialen Zylinders als Funktion der Abmessungsverhältnisse. So ist z. B. bei einem Verhältnis $r_a/r_i = 3{,}6$ (wobei der Dämpfungskoeffizient sein Optimum erreicht) und bei $r_a/L = 1{,}36$ die Wellenlänge gerade gleich $2L$. Ist jedoch $r_a/L > 1{,}36$, so ist TM_{010} der Schwingungszustand einer größeren Wellenlänge.

Übrigens kann physikalisch der erste in Abb. 4.92 gezeigte TEM-Schwingungszustand als die Reflexion der in Achsenrichtung fortschreitenden Wellen an den Stirnflächen aufgefaßt werden, während sich die TM-Welle aus der Reflexion der in Radialrichtung fortschreitenden Welle am inneren und äußeren Zylindermantel ergibt.

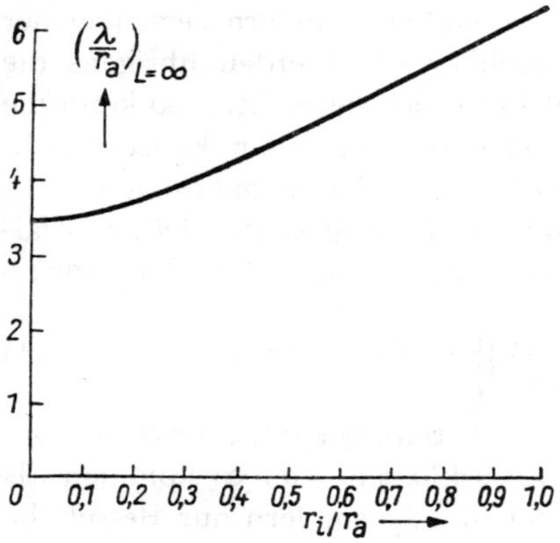

Abb. 4.94 Resonanzwellenlänge der magnetischen Grundschwingung eines Koaxialkabels in Abhängigkeit von den Abmessungsverhältnissen

Bei gegebenem Verhältnis r_i/r_a ergibt sich unmittelbar der Wert für $2\pi/\varrho$; dieser wird bei einem unendlich langen Zylinder gleich λ/r_a. Das Verhältnis λ/r_a wird übrigens nach dem Ablesen von $2\pi/\varrho$ aus der Formel $\frac{\lambda}{r_a} = \frac{2\pi}{\varrho} \frac{1}{\sqrt{1 + \left(\frac{\pi}{\varrho} \frac{r_a}{L}\right)^2}}$ berechnet (nach Borgnis)

Abb. 4.95 veranschaulicht die elektrische Grundwelle dieses ringförmigen Hohlraumes, während Abb. 4.96 die hierzu gehörende Wellenlänge als Funktion des Abmessungsverhältnisses angibt. Aus diesen Kurven kann man gleichfalls ersehen, daß die Wellenlänge wenigstens kleiner als der äußere Zylinderumfang sein muß, wenn wir noch eine von der TEM-Welle abweichende Wellenform erregen wollen.

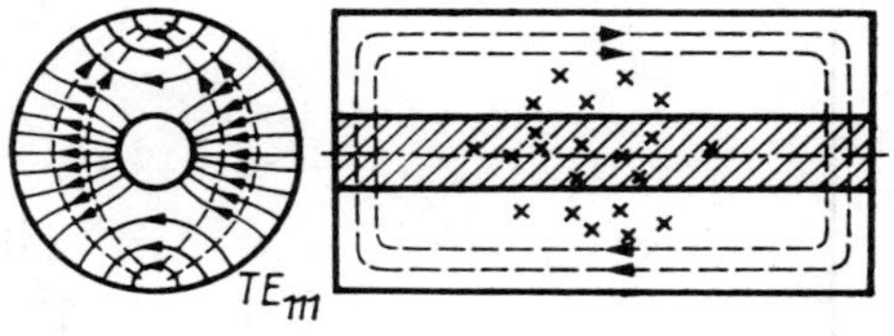

Abb. 4.95 Elektrische Grundschwingung des Koaxialzylinders

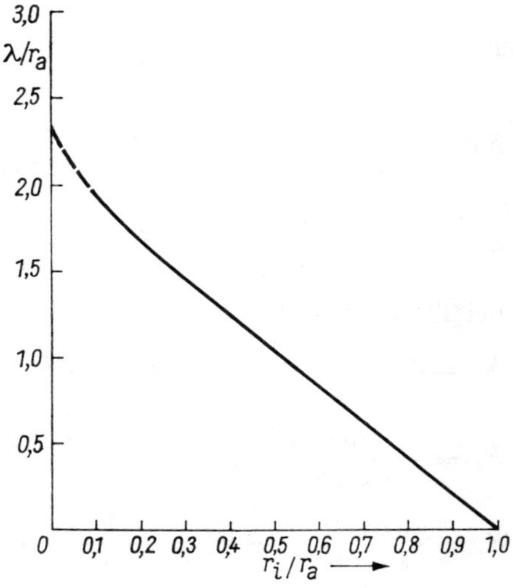

Abb. 4.96 Resonanzwellenlänge der elektrischen Grundschwingung eines Koaxialzylinders in Abhängigkeit von den Abmessungsverhältnissen (nach Borgnis)

4.37. Die Kugel als Hohlraumresonator

Bei der Analyse der verschiedenen Schwingungszustände der Kugel muß man auf die allgemeine Gl. 4.14.(14) — (15) zurückgreifen, da hier die bei Zylindern verschiedener Leitkurve angewandte Methode nicht mehr brauchbar ist. Werden übrigens die Hohlraumresonatoren unabhängig von den Hohlleiterwellen betrachtet, so kann die Behandlung der verschiedenen prismatischen, zylindrischen oder konzentrisch-zylindrischen Hohlräume völlig nach der hier angewendeten Methode erfolgen.

Schreiben wir die zur Bestimmung der Funktion Π_1 aufgestellte Differentialgleichung 4.14.(18) in Kugelkoordinaten, so gelangen wir zu folgender Gleichung:

$$\frac{\partial^2 \Pi_1}{\partial r^2} + \frac{1}{r^2 \sin\vartheta}\left\{\frac{\partial}{\partial\vartheta}\left(\sin\vartheta\,\frac{\partial \Pi_1}{\partial\vartheta}\right) + \frac{\partial}{\partial\varphi}\left(\frac{1}{\sin\vartheta}\,\frac{\partial \Pi_1}{\partial\varphi}\right)\right\} + k^2\Pi_1 = 0. \qquad (1)$$

Diese Differentialgleichung mit ihrer Lösung ist uns bereits bekannt. Jetzt ist aber das Kugelzentrum nicht mehr aus dem Feld ausgeschlossen, und es kommen als Lösungen nicht mehr allgemeine Zylinderfunktionen $Z_{n+1/2}$, sondern nur Besselsche Funktionen erster Art und $(n + 1/2)$-ter Ordnung in Frage. Die Abhängigkeit von φ soll nun, vom bisherigen abweichend, in der Form $e^{jm\varphi}$ berücksichtigt werden. Die Lösung ergibt sich also zu

$$\Pi_1 = \sqrt{kr}\,J_{n+1/2}(kr)\,P_n^m(\cos\vartheta)\,e^{\pm jm\varphi} \qquad (2)$$

(Für die Konstante A wurde hier und im folgenden der Wert 1 gewählt.)

Bei TM-Wellen können die zur Bestimmung der Feldstärke dienenden Gleichungen folgendermaßen aufgestellt werden:

$$\left.\begin{aligned}
E_r &= k^2\Pi_1 + \frac{\partial^2 \Pi_1}{\partial r^2}, & H_r &= 0,\\
E_\vartheta &= \frac{1}{r}\,\frac{\partial^2 \Pi_1}{\partial r\,\partial\vartheta}, & H_\vartheta &= \frac{\varepsilon j\omega}{r\sin\vartheta}\,\frac{\partial \Pi_1}{\partial\varphi},\\
E_\varphi &= \frac{1}{r\sin\vartheta}\,\frac{\partial^2 \Pi_1}{\partial r\,\partial\varphi}, & H_\varphi &= -\frac{\varepsilon j\omega}{r}\,\frac{\partial \Pi_1}{\partial\vartheta};
\end{aligned}\right\} \qquad (3)$$

bei TE-Wellen aber

$$\begin{aligned}
E_r &= 0, & H_r &= k^2\Pi_1 + \frac{\partial^2 \Pi_1}{\partial r^2} = \frac{n(n+1)}{r^2}\,\Pi_1 \quad \text{[nach 4.17.(15)]}\\
E_\vartheta &= -\frac{\mu j\omega}{r\sin\vartheta}\,\frac{\partial \Pi_1}{\partial\varphi}, & H_\vartheta &= \frac{1}{r}\,\frac{\partial^2 \Pi_1}{\partial r\,\partial\vartheta},\\
E_\varphi &= \frac{\mu j\omega}{r}\,\frac{\partial \Pi_1}{\partial\vartheta}, & H_\varphi &= \frac{1}{r\sin\vartheta}\,\frac{\partial^2 \Pi_1}{\partial r\,\partial\varphi}.
\end{aligned} \qquad (4)$$

Führen wir hier den Wert von Π_1 aus Gl. (2) ein, so werden die elektrischen bzw. magnetischen Feldstärkekomponenten der TM-Wellen durch nachstehende Formeln bestimmt:

$$\left.\begin{aligned}
E_r &= k^2 \frac{n(n+1)}{(kr)^{3/2}} J_{n+1/2}(kr)\, P_n^m(\cos\vartheta)\, e^{jm\varphi}, \\
E_\vartheta &= \frac{1}{r}\frac{\partial}{\partial r}\left[\sqrt{kr}\, J_{n+1/2}(kr)\right] \frac{\partial}{\partial\vartheta} P_n^m(\cos\vartheta)\, e^{jm\varphi}, \\
E_\varphi &= \frac{jm}{r\sin\vartheta}\frac{\partial}{\partial r}\left[\sqrt{kr}\, J_{n+1/2}(kr)\right] P_n^m(\cos\vartheta)\, e^{jm\varphi}, \\
H_r &= 0, \\
H_\vartheta &= -\frac{\varepsilon\omega m}{r\sin\vartheta}\sqrt{kr}\, J_{n+1/2}(kr)\, P_n^m(\cos\vartheta)\, e^{jm\varphi}, \\
H_\varphi &= -\frac{\varepsilon j\omega}{r}\sqrt{kr}\, J_{n+1/2}(kr)\, \frac{\partial}{\partial\vartheta} P_n^m(\cos\vartheta)\, e^{jm\varphi}.
\end{aligned}\right\} \quad (5)$$

Die elektrischen und die magnetischen Feldstärkekomponenten der TE-Wellen lauten

$$\left.\begin{aligned}
E_r &= 0, \\
E_\vartheta &= \frac{\mu\omega m}{r\sin\vartheta}\sqrt{kr}\, J_{n+1/2}(kr)\, P_n^m(\cos\vartheta)\, e^{jm\varphi}, \\
E_\varphi &= \frac{\mu j\omega}{r}\sqrt{kr}\, J_{n+1/2}(kr)\, \frac{\partial}{\partial\vartheta} P_n^m(\cos\vartheta)\, e^{jm\varphi}, \\
H_r &= k^2 \frac{n(n+1)}{(kr)^{3/2}} J_{n+1/2}(kr)\, P_n^m(\cos\vartheta)\, e^{jm\varphi}, \\
H_\vartheta &= \frac{1}{r}\frac{\partial}{\partial r}\left[\sqrt{kr}\, J_{n+1/2}(kr)\right] \frac{\partial}{\partial\vartheta}\left[P_n^m(\cos\vartheta)\right] e^{jm\varphi}, \\
H_\varphi &= \frac{jm}{r\sin\vartheta}\frac{\partial}{\partial r}\left[\sqrt{kr}\, J_{n+1/2}(kr)\right] P_n^m(\cos\vartheta)\, e^{jm\varphi}.
\end{aligned}\right\} \quad (6)$$

Die Randbedingungen erfordern, daß die elektrische Feldstärke senkrecht zu der Kugelfläche von vorgeschriebenem Halbmesser verlaufe, also

$$r = r_0; \qquad E_\vartheta = E_\varphi = 0. \quad (7)$$

Diese Bedingung kann bei TM-Wellen durch

$$\left[\frac{\partial}{\partial r}\sqrt{kr}\,J_{n+1/2}(kr)\right]_{r=r_0}=0 \tag{8}$$

befriedigt werden. Wenn wir hier die bereits mehrmals verwendete Formel

$$J'_\nu(x)=-\frac{\nu}{x}J_\nu(x)+J_{\nu-1}(x) \tag{9}$$

der Differentiation von Besselschen Funktionen anwenden, erhalten wir folgende Beziehung zur Bestimmung von k:

$$\frac{J_{n+1/2}(kr_0)}{J_{n-1/2}(kr_0)}=\frac{kr_0}{n}. \tag{10}$$

Die ν-te Wurzel dieser transzendenten Gleichung soll mit $b_{n+1/2,\nu}$ bezeichnet werden. Für letztere gilt also die Beziehung

$$\frac{J_{n+1/2}(b_{n+1/2,\nu})}{J_{n-1/2}(b_{n+1/2,\nu})}=\frac{b_{n+1/2,\nu}}{n}. \tag{11}$$

Für die Eigenwerte der TM-Wellen können wir nun die Gleichung

$$k=\frac{2\pi}{\lambda}=\frac{b_{n+1/2,\nu}}{r_0} \tag{12}$$

bzw.

$$\lambda=\frac{2\pi}{b_{n+1/2,\nu}}r_0 \tag{13}$$

aufstellen.

Bei der TE-Welle kann die Randbedingung in folgender Form geschrieben werden:

$$J_{n+1/2}(kr_0)=0. \tag{14}$$

Wird die ν-te Wurzel dieser Gleichung mit $c_{n+1/2,\nu}$ bezeichnet, dann gilt zur Bestimmung der Eigenwellenlänge

$$kr_0=c_{n+1/2,\nu};\qquad \frac{2\pi}{\lambda}=\frac{c_{n+1/2,\nu}}{r_0}, \tag{15}$$

woraus

$$\lambda=\frac{2\pi}{c_{n+1/2,\nu}}r_0 \tag{16}$$

folgt.

Berechnen wir die Grundwellenlänge für TM-Wellen, so erhalten wir die Formel

$$\lambda_{TM} = 2{,}29 r_0 . \tag{17}$$

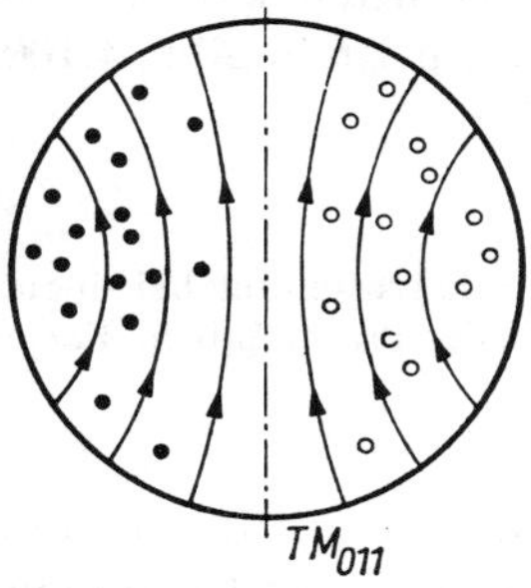

Abb. 4.97

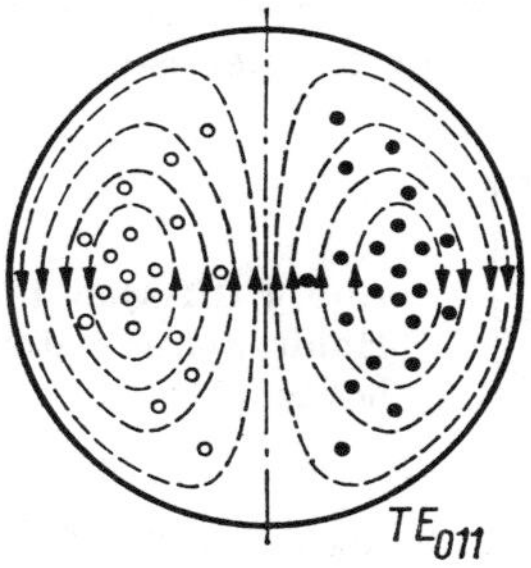

Abb. 4.98

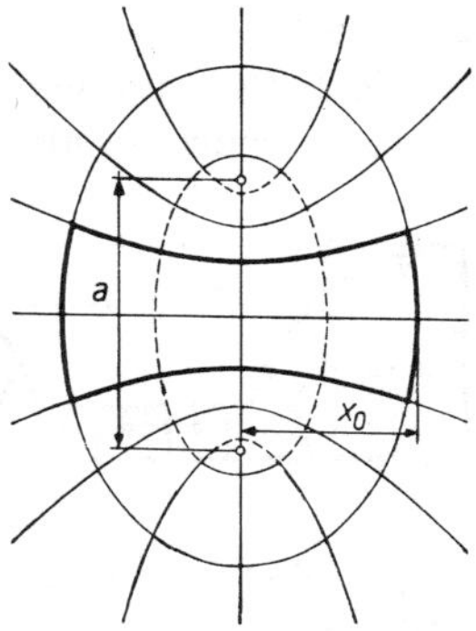

Abb. 4.99

Abb. 4.97 Magnetische Grundschwingung der Kugel
Abb. 4.98 Elektrische Grundschwingung der Kugel
Abb. 4.99 Annäherung des im Klystron verwendeten Hohlraumresonators durch Rotations-, Ellipsoid- und Hyperboloidflächen

Das entsprechende Feldlinienbild ist aus Abb. 4.97 zu ersehen. Die Grundwellenlänge der TE-Wellen ergibt sich zu

$$\lambda_{TE} = 1{,}40 r_0 . \tag{18}$$

Diese Schwingungsform ist in Abb. 4.98 dargestellt.

Für andere Resonatorformen werden die Berechnungen immer schwieriger. Die Berechnung der Feldstärken verspricht nur in den Fällen einen leichten Erfolg, in denen es uns gelingt, ein Koordinatennetz aus senkrechten Flächen zu finden, von denen einige zugleich die Grenzflächen des Hohlraumes bilden.

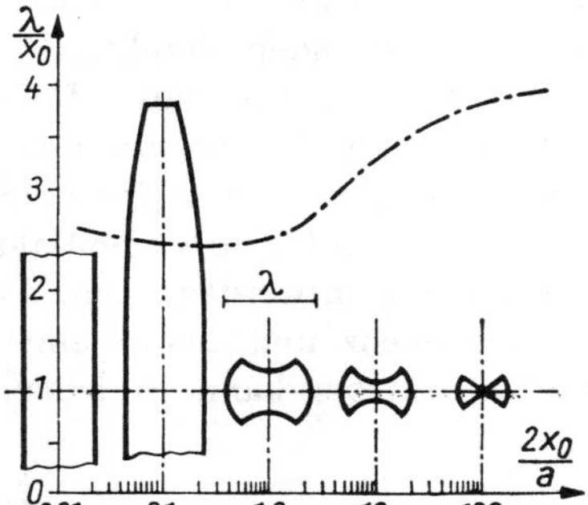

Abb. 4.100 Resonanzwellenlängen der gemäß Abb. 4.99 hergestellten verschiedenen Gebilde

Die Werte von x_0 und a können der Abb. 4.99 entnommen werden. Außerdem können die Formen der verschiedenen $2x_0/a$-Werten zugeordneten, auf die gleiche Wellenlänge abgestimmten Hohlraumresonatoren entnommen werden. Die Größe der gemeinsamen Wellenlänge wird durch den eingezeichneten Pfeil angezeigt (nach HANSEN)

In den bisher betrachteten Fällen war diese Bedingung jeweils erfüllt. In der Praxis spielt der Hohlraumresonator eine wichtige Rolle, der mehr oder weniger mit dem in Abb. 4.99 gezeigten System von konfokalen Ellipsoiden und Hyperboloiden angenähert werden kann. Durch diese Annäherung können, obwohl nur mit langwierigen Berechnungen, die einzelnen Schwingkreisparameter ermittelt werden. Die Grundwellenlänge als Funktion der geometrischen Abmessungen ist in Abb. 4.100

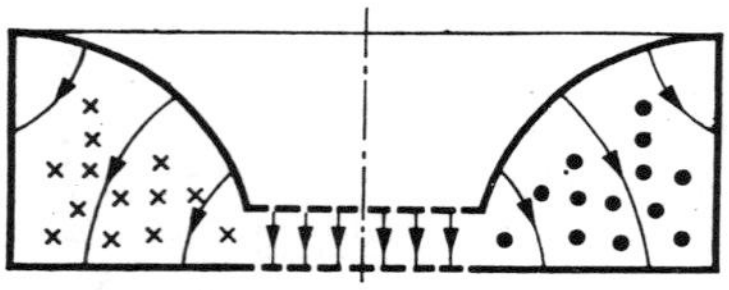

Abb. 4.101 Qualitative Feldlinienverteilung bei einem Hohlraumresonator, der die in der Praxis übliche Form besitzt

dargestellt. In dieser Abbildung ist x_0 der äquatoriale Halbmesser des Resonators und $\sigma = 2x_0/a$, wobei a die Entfernung der Brennpunkte bedeutet. Das Diagramm zeigt zugleich die zum gegebenen σ-Wert gehörende Ausführungsform derart, daß sämtliche Ausführungen dieselbe Grundwellenlänge haben. Der Neigungswinkel der Hyperbelasymptoten wurde dabei zu 45° gewählt.

Die qualitative Verteilung des Feldes ist in Abb. 4.101 aufgezeichnet.

4.38. Der Gütefaktor und die Stromkreisparameter der Hohlraumresonatoren

Die wichtigste Kennzeichnung jedes Schwingungskreises, so auch des Hohlraumresonators, ist seine Eigenfrequenz. Für prismatische, zylindrische und sphärische Hohlraumresonatoren haben wir diese bereits bestimmt. Nun soll noch eine nicht weniger wichtige Charakteristik, nämlich der Dämpfungsfaktor bzw. der damit eng verknüpfte Gütefaktor, bestimmt werden.

Wir nehmen an, das den Hohlraum ausfüllende Dielektrikum sei ideal. Die Dämpfung ergibt sich also aus der endlichen Leitfähigkeit der begrenzenden Metallfläche. Das Feld im Innern des Metalls ist von Null verschieden. Jetzt könnte man auf die im Kapitel 4.21. besprochene allgemeinere Lösung zurückgreifen. Ist aber die Leitfähigkeit sehr groß, so kann folgende Vereinfachung eingeführt werden: Zur Erregung von endlichen Strömen in der Hohlraumresonatorwand ist eine sehr kleine tangentiale Feldstärke nötig, die in erster Näherung gleich Null angenommen werden kann. So bleiben die Randbedingungen — und damit die Eigenfrequenz und das gesamte Feldlinienbild — dieselben wie im Idealfall. Der Flächenstrom kann in jedem Flächenpunkt aus der Beziehung

$$\boldsymbol{K} = \boldsymbol{n} \times \boldsymbol{H}, \tag{1}$$

mit Hilfe der Tangentialkomponente des magnetischen Feldes berechnet werden. Wegen der endlichen Leitfähigkeit kann man sich vorstellen, daß dieser Strom in einem der Eindringtiefe entsprechenden Querschnitt fließt und eine dem Jouleschen Gesetz entsprechende Wärmewirkung hat. (Siehe auch Kap. 4.39.2.)

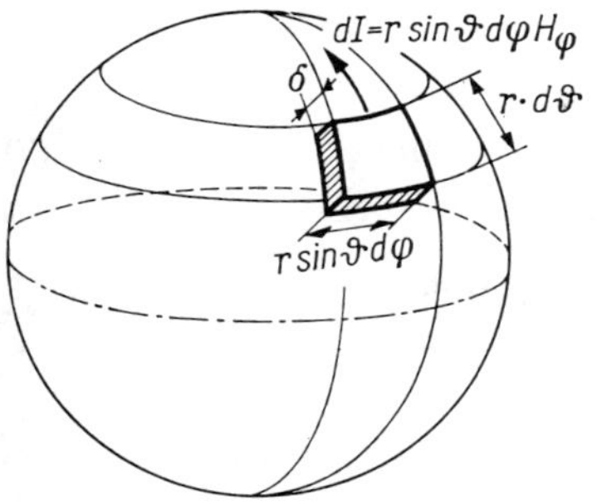

Abb. 4.102 Zur Berechnung des Gütefaktors eines Kugelresonators

Die Berechnung des Dämpfungskoeffizienten soll ausführlich nur für den in Abb. 4.97 dargestellten Fall bzw. für die Grundwelle der magnetischen Wellenform einer Kugel durchgeführt werden. Da das Magnetfeld nur eine φ-Komponente besitzt, kann ein Strom nur senkrecht zu dieser, d. h. entlang des Meridians, fließen. Die Stromdichte und die magnetische Feldstärke stimmen überein. Die in den flächenartigen Raumelement (Abb. 4.102) in Wärme umgewandelte Leistung beträgt

$$\Delta P_{\mathrm{v}} = \mathrm{d}I\,\mathrm{d}I^*\,\mathrm{d}R_{\mathrm{s}} = H_\varphi H_\varphi^* (r \sin\vartheta\,\mathrm{d}\varphi)^2 \frac{r\,\mathrm{d}\vartheta}{\sigma_2 \delta r \sin\vartheta\,\mathrm{d}\varphi}. \tag{2}$$

In der Zeiteinheit wird also die an der gesamten Kugelfläche in Wärme umgesetzte Leistung gerade

$$P_{\mathrm{v}} = \int\limits_{\varphi=0}^{2\pi} \int\limits_{\vartheta=0}^{\pi} \frac{r^2}{\delta\sigma_2} H_\varphi H_\varphi^* \sin\vartheta\,\mathrm{d}\vartheta\,\mathrm{d}\varphi \tag{3}$$

sein. (Die Materialkonstanten des Dielektrikums sind ε_1, μ_1, die der Wand ε_2, μ_2, σ_2.) Führen wir hier den Wert von H_φ aus der Gleichung

$$H_\varphi = A\,\frac{\varepsilon_1 \mathrm{j}\omega}{r} \sqrt{kr}\, J_{3/2}(kr) \sin\vartheta \tag{4}$$

ein, so gelangen wir zu

$$P_{\mathrm{v}} = A^2 \int\limits_{\varphi=0}^{2\pi} \int\limits_{\vartheta=0}^{\pi} \frac{r^2}{\delta\sigma_2} \frac{\varepsilon_1^2\omega^2}{r^2} kr J_{3/2}^2(kr) \sin^2\vartheta \sin\vartheta\,\mathrm{d}\vartheta\,\mathrm{d}\varphi \qquad (r = r_0). \tag{5}$$

Um jetzt die Funktion

$$j_1(kr) = \sqrt{\frac{2}{\pi kr}}\, J_{3/2}(kr) \tag{6}$$

einzuführen, formen wir Gl. (5) noch ein wenig um:

$$P_{\mathrm{v}} = A^2 \frac{r_0^2}{\delta\sigma_2} \frac{\varepsilon_1^2\omega^2}{r_0^2} \frac{\pi}{2} k^2 r_0^2 \left[\frac{2}{\pi k r_0} J_{3/2}^2(kr_0)\right] \int\limits_{\vartheta=0}^{\pi} \int\limits_{\varphi=0}^{2\pi} \sin^2\vartheta \sin\vartheta \,\mathrm{d}\vartheta\,\mathrm{d}\varphi\,. \tag{7}$$

Die Werte der Integrale sind aus Gl. 4.7.(31) bekannt: (4/3) 2π.

Es wird also

$$P_{\mathrm{v}} = A^2 \frac{4\pi^2}{3} \frac{r_0^2}{\delta\sigma_2} \frac{\varepsilon_1}{\mu_1} k^4 j_1^2(2{,}75), \quad \text{da} \quad \lambda = 2{,}29 r_0, \quad k r_0 = \frac{2\pi}{\lambda} r_0 = 2{,}75\,. \tag{8}$$

Berechnen wir das Verhältnis der Verluste zur Gesamtenergie des Feldes. Hierzu soll zuerst die mittlere Feldenergie ermittelt werden:

$$W = \frac{\mu_1}{2} \int\limits_V \boldsymbol{H}\boldsymbol{H}^* \,\mathrm{d}V = A^2 \frac{\mu_1}{2} \varepsilon_1^2\omega^2 \int\limits_V \frac{1}{r^2} kr J_{3/2}^2(kr) \sin^2\vartheta\, r^2 \sin\vartheta \,\mathrm{d}r\,\mathrm{d}\varphi\,\mathrm{d}\vartheta\,. \tag{9}$$

Dies kann auch in der Form

$$\begin{aligned} W &= A^2 \frac{\mu_1}{2} \frac{\varepsilon_1^2\omega^2\pi k^2}{2} \int\limits_\varphi \int\limits_\vartheta \int\limits_r j_1^2(kr)\, r^2 \sin^2\vartheta \sin\vartheta \,\mathrm{d}r\,\mathrm{d}\vartheta\,\mathrm{d}\varphi \\ &= \frac{2\pi^2}{3} \varepsilon_1 A^2 k^4 \int\limits_{r=0}^{r=r_0} j_1^2(kr)\, r^2 \,\mathrm{d}r \end{aligned} \tag{10}$$

geschrieben werden. Hierbei genügt es, die magnetische Feldstärke zu berechnen und dann das Doppelte der mittleren magnetischen Energie zu nehmen, da die mittlere elektrische und mittlere magnetische Energie überall gleich sind (was übrigens im vorliegenden Sonderfall durch einfaches Einsetzen der Größen bewiesen werden kann). Nach Gl. 2.19.(112) und (6) wird

$$\int\limits_0^x j_1^2(x)\, x^2 \,\mathrm{d}x = \frac{x^3}{2} \left[j_1^2(x) - j_0(x)\, j_2(x)\right]. \tag{11}$$

Berücksichtigen wir, daß $kr = (2{,}75/r_0)\, r$, so erhalten wir

$$W = \frac{2\pi^2}{3} \varepsilon_1 A^2 k^4 r_0^3 \cdot 0{,}054\,. \tag{12}$$

Das Verhältnis P_v/W wird also durch

$$\frac{P_v}{W} = \frac{2}{\mu_1 \delta \sigma_2} \frac{1}{r_0} \frac{j_1^2(2{,}75)}{0{,}054} = v \tag{13}$$

bestimmt. Der Verlust geht selbstverständlich auf Kosten der Feldenergie:

$$-\frac{\partial W}{\partial t} = P_v = vW. \tag{14}$$

Die mittlere Energie nimmt also nach dem Exponentialgesetz

$$W = W_0 \, e^{-vt} \tag{15}$$

ab.

Unter dem Gütefaktor wird der Ausdruck

$$Q = 2\pi \frac{W}{TP_v} = \frac{\omega W}{P_v} \tag{16}$$

verstanden: Der Gütefaktor gibt uns das 2π-fache Verhältnis des Gesamtenergieinhalts zur während einer Periode verlorenen Energie. Für diesen Gütefaktor erhalten wir unter Berücksichtigung des Wertes von $\delta = \sqrt{2/\mu_2\sigma_2\omega}$ folgende Beziehung:

$$Q = \frac{\omega \mu_1 \delta \sigma_2 r_0}{2} \frac{0{,}054}{j_1^2(2{,}75)} = 0{,}725 \frac{\mu_1}{\mu_2} \frac{r_0}{\delta}. \tag{17}$$

Aus dieser einfachen Wellenform der Kugel sehen wir zugleich, wie ein Verlustwiderstand definiert werden könnte. Obwohl dies willkürlich ist, soll als Kreisstrom jener Strom angenommen werden, der durch den mit $\vartheta = \pi/2$ gekennzeichneten Hauptkreis, den „Äquator", fließt. Dieser Gesamtstrom beträgt

$$\begin{aligned} I = I_0 \, e^{j\omega t} &= 2\pi r_0 H_\varphi(r_0) \, e^{j\omega t} = 2\pi r_0 A \frac{\varepsilon_1 j\omega}{r_0} \sqrt{kr_0} \, J_{3/2}(kr_0) \, e^{j\omega t} \\ &= 2\pi r_0 A \varepsilon_1 j\omega k \sqrt{\frac{\pi}{2}} \, j_1(2{,}75) \, e^{j\omega t} = jA \sqrt{\frac{\varepsilon_1}{\mu_1}} \sqrt{\frac{\pi}{2}} \, k^2 2\pi r_0 j_1(2{,}75) \, e^{j\omega t}. \end{aligned} \tag{18}$$

Mit Hilfe dieser Gleichung kann man die Konstante A durch den Äquatorialstrom ausdrücken. Definitionsgemäß wird von dem Selbstinduktionskoeffizienten L gefordert, daß

$$\frac{1}{2} LII^* = \frac{\mu_1}{2} \int \boldsymbol{HH}^* \, dV, \tag{19}$$

d. h., daß die magnetische Energie auf dem üblichen Wege berechnet werden kann. In unserem Fall wird

$$L = \frac{\mu_1 \int \boldsymbol{HH}^* \, dV}{II^*} = 0{,}077 \mu_1 r_0. \tag{20}$$

Auf ähnliche Weise kann aus $(1/2)RII^* = P_v$ der auf den Äquatorialstrom bezogene Verlust-Reihenwiderstand berechnet werden. Aus letzteren Werten ist dann auch die Parallelimpedanz bestimmbar.

Für andere Wellenformen ergeben sich selbstverständlich andere Stromkreisparameter. Bei den Hohlraumresonatoren ist weder die Eigenfrequenz noch die Dämpfung durch die Geometrie der Anordnung und die Materialkonstanten allein bestimmt: beide sind auch von der Schwingungsart abhängig. Übrigens kann die Größenordnung des Gütefaktors einfach abgeschätzt werden. Die Verluste kommen nämlich dadurch zustande, daß das Feld in das Innere des Metalls in einer dem Skineffekt entsprechenden Tiefe eindringt und dort aus der Jouleschen Wärme des entstandenen Stromes ein Verlust entsteht. Die Feldenergie ist dem gesamten Rauminhalt proportional, der Verlust jedoch nur dem Rauminhaltsteil, in dem der Verlust entsteht. Dieses Volumen erhalten wir, wenn wir die Eindringtiefe mit der Hohlraumoberfläche multiplizieren. Das Verhältnis beider (da die Wellenlänge der linearen Abmessung des Hohlraumes proportional ist) beträgt

$$Q \approx \frac{\text{Rauminhalt}}{\text{Fläche} \times \text{Eindringtiefe}} \approx \frac{\lambda^3}{\delta\lambda^2} = \frac{\lambda}{\delta}. \tag{21}$$

Hieraus kann man ersehen, daß Q bei ähnlichen geometrischen Formen und bei gleicher Wellenform proportional $\sqrt{\lambda}$ zunimmt, da die Eindringtiefe δ mit $\sqrt{\lambda}$ zunimmt. Wenn wir aber bei gleichen geometrischen Abmessungen λ vermindern (z. B. dadurch, daß der Hohlraum mit Oberwellen schwingt), wird der Gütefaktor proportional $1/\sqrt{\lambda}$ zunehmen, da die Oberfläche und das Volumen unverändert bleiben, die Skintiefe jedoch proportional zu $1/\sqrt{\lambda}$ abnimmt (siehe auch Gl. 4.39.(35)).

Die Hohlraumresonatoren besitzen, wie wir bereits gesehen haben, sogar bei kleinen Wellenlängen (in der Größenordnung einiger cm oder einiger dm) genügend große geometrische Abmessungen, um sie mit einer für die Praxis befriedigenden Genauigkeit herstellen zu können. In Abb. 4.103 sind sechs verschiedene für 50 cm

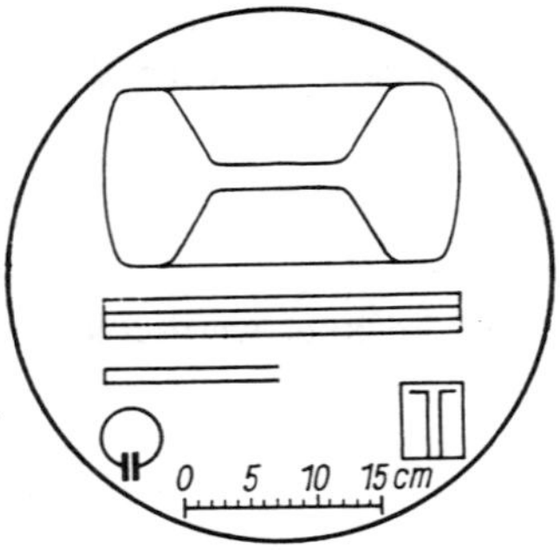

Abb. 4.103
Dimensionen der auf die gleiche Wellenlänge (50 cm) abgestimmten Schwingkreise für verschiedene Typen

Die Schwingkreise sind der Reihe nach: Kugel, Klystron, Koaxialzylinder von Halbwellenlänge, Leitungsstück von Viertelwellenlänge, Topfresonator, LC-Schwingkreis

Wellenlänge abgestimmte Schwingkreise gezeigt. Wie wir sehen, sind die Linearabmessungen des einfachen *LC*-Kreises sehr gering, in der Größenordnung von 5 cm. Ebenfalls kleine Abmessungen ergeben sich für den besser verwendbaren Topfresonator. In der Abbildung wurden die an beiden Enden bzw. an einem Ende kurzgeschlossenen Leitungsresonatoren von $\lambda/2$ und $\lambda/4$ Länge (als in Frage kom-

Tabelle 4.6 Die Daten der einfachsten Hohlraumresonatoren

	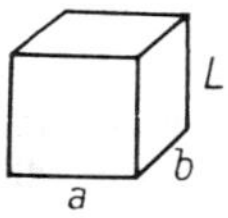	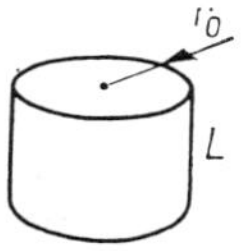	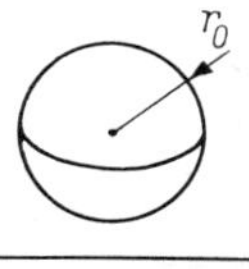
λ^{TM}	$\dfrac{2}{\sqrt{\dfrac{1}{a^2}+\dfrac{1}{b^2}}}$	$2{,}61 r_0$	$2{,}29 r_0$
λ^{TE}	$\dfrac{2}{\sqrt{\dfrac{1}{b^2}+\dfrac{1}{L^2}}}$	$\dfrac{2}{\sqrt{\dfrac{1}{L^2}+\dfrac{0{,}34}{r_0^2}}}$	$1{,}40 r_0$

mende Schwingungssysteme) ebenfalls eingezeichnet. Der bei den Klystrons verwendete Hohlraumresonator ist bedeutend größer; er hat sogar für so kurze Wellen zu große Abmessungen. Eine auf 50 cm Wellenlänge abgestimmte Kugel hat einen Durchmesser von gleichfalls etwa 50 cm, d. h., sie ist unbrauchbar groß. Wird jedoch der Maßstab der Abbildung 1:1 gewählt, so erhalten wir unmittelbar die Abmessung der auf etwa 5 cm Wellenlänge abgestimmten Mikrowellen-Schwingkreise. Wir sehen, daß nun der Schwingkreis des Klystrons und die Kugel noch brauchbare Abmessungen liefern, während der *LC*-Schwingkreis oder gar der Topfresonator so kleine Abmessungen zeigen, daß ihre Herstellung mit der in der Praxis vorgeschriebenen Genauigkeit eine Uhrmacherarbeit erfordern würde.

4.39. Allgemeine Theorie der Hohlraumresonatoren [4.12, 4.9]

4.39.1. Die Eigenschaften der Eigenlösungen

Es sei ein durch eine Metallfläche begrenzter Hohlraum gegeben, welcher mit einem Stoff mit den Stoffkonstanten ε, μ gefüllt ist. Alle Stoffe seien verlustfrei: die Metallfläche sei unendlich gut leitend, das Dielektrikum sei dagegen ein idealer Isolator

(Abb. 4.104). Wir suchen die Lösungen der Gleichungen

$$\operatorname{rot} \boldsymbol{H} = \varepsilon \mathrm{j}\omega \boldsymbol{E},$$

$$\operatorname{rot} \boldsymbol{E} = -\mu \mathrm{j}\omega \boldsymbol{H},$$

mit der Randbedingung $\boldsymbol{n} \times \boldsymbol{E} = \boldsymbol{0}$.

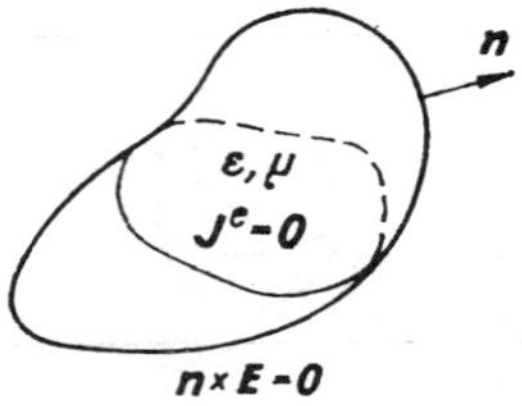

Abb. 4.104 Hohlraumresonator allgemeiner Form. Begrenzungsfläche aus einem Stoff (Metall) von unendlich guter Leitfähigkeit, das Dielektrikum ebenfalls verlustfrei

Wir verwenden ohne Beweis die allgemeine Behauptung der mathematischen Theorie, daß Lösungen nur bei bestimmten Eigenwerten

$$k_1^2 = \omega_1^2 \varepsilon\mu, \qquad k_2^2 = \omega_2^2 \varepsilon\mu, \ldots, k_i^2 = \omega_i^2 \varepsilon\mu, \ldots \tag{1}$$

möglich sind und daß sie eine diskrete Folge bilden:

$$\boldsymbol{E}_1(\boldsymbol{r})\, \mathrm{e}^{\mathrm{j}\omega_1 t},\ \boldsymbol{E}_2(\boldsymbol{r})\, \mathrm{e}^{\mathrm{j}\omega_2 t}, \ldots, \boldsymbol{E}_i(\boldsymbol{r})\, \mathrm{e}^{\mathrm{j}\omega_i t}, \ldots, \tag{2a}$$

$$\boldsymbol{H}_1(\boldsymbol{r})\, \mathrm{e}^{\mathrm{j}\omega_1 t}, \boldsymbol{H}_2(\boldsymbol{r})\, \mathrm{e}^{\mathrm{j}\omega_2 t}, \ldots, \boldsymbol{H}_i(\boldsymbol{r})\, \mathrm{e}^{\mathrm{j}\omega_i t}, \ldots \tag{2b}$$

Einige Eigenschaften dieser Lösungen können wir beweisen.

Die Größe $k_i^2 = \varepsilon\mu\omega_i^2$ ist positiv, und damit wird ω_i reell. Aus physikalischen Gründen ist das klar, denn ein komplexes ω_i würde eine abklingende oder anwachsende Schwingung bedeuten, was unmöglich ist, da sich im Volumen V weder energieverzehrende, noch -erzeugende Vorgänge abspielen. Wenn wir den Beweis dafür hier dennoch durchführen, so einerseits, weil dieses Verfahren typisch ist, andererseits weil wir auf diese Weise auf einen Ausdruck stoßen, der auch bei einer anderen wichtigen Rechenmethode vorkommt.

Wir gehen von den Gleichungen

$$\operatorname{rot} \boldsymbol{H}_i^* = -\mathrm{j}\omega_i \varepsilon \boldsymbol{E}_i^*,$$

$$\operatorname{rot} \boldsymbol{E}_i = -\mathrm{j}\omega_i \mu \boldsymbol{H}_i$$

aus, multiplizieren die erste mit $-\boldsymbol{E}_i$, die zweite mit $\boldsymbol{H}_i^*$ und addieren:

$$\boldsymbol{H}_i^* \operatorname{rot} \boldsymbol{E}_i - \boldsymbol{E}_i \operatorname{rot} \boldsymbol{H}_i^* = -\mathrm{j}\omega_i \mu \boldsymbol{H}_i \boldsymbol{H}_i^* + \mathrm{j}\omega_i \varepsilon \boldsymbol{E}_i \boldsymbol{E}_i^*.$$

Da aber

$$\operatorname{div}(\boldsymbol{E}_i \times \boldsymbol{H}_i^*) = \boldsymbol{H}_i^* \operatorname{rot} \boldsymbol{E}_i - \boldsymbol{E}_i \operatorname{rot} \boldsymbol{H}_i^*,$$

$$\boldsymbol{E}_i \boldsymbol{E}_i^* = -\left(\frac{1}{\varepsilon \mathrm{j} \omega_i}\right)^2 \operatorname{rot} \boldsymbol{H}_i \operatorname{rot} \boldsymbol{H}_i^*$$

gilt, erhalten wir

$$\varepsilon \mathrm{j} \omega_i \operatorname{div}(\boldsymbol{E}_i \times \boldsymbol{H}_i^*) = \varepsilon \mu \omega_i^2 \boldsymbol{H}_i^* \boldsymbol{H}_i - (\operatorname{rot} \boldsymbol{H}_i)(\operatorname{rot} \boldsymbol{H}_i)^*,$$

d. h.,

$$\varepsilon \mu \omega_i^2 |\boldsymbol{H}_i|^2 = |\operatorname{rot} \boldsymbol{H}_i|^2 + \varepsilon \mathrm{j} \omega_i \operatorname{div}(\boldsymbol{E}_i \times \boldsymbol{H}_i^*).$$

Durch Integration über das Volumen V ergibt sich

$$\varepsilon \mu \omega_i^2 = \frac{\int\limits_V |\operatorname{rot} \boldsymbol{H}_i|^2 \, \mathrm{d}V + \varepsilon \mathrm{j} \omega_i \int\limits_V \operatorname{div}(\boldsymbol{E}_i \times \boldsymbol{H}_i^*) \, \mathrm{d}V}{\int\limits_V |\boldsymbol{H}_i|^2 \, \mathrm{d}V}. \tag{3}$$

Es gilt aber nach dem Gaußschen Satz

$$\int\limits_V \operatorname{div}(\boldsymbol{E}_i \times \boldsymbol{H}_i^*) \, \mathrm{d}V = \oint\limits_A (\boldsymbol{E}_i \times \boldsymbol{H}_i^*) \, \mathrm{d}\boldsymbol{A} = \oint\limits_A (\boldsymbol{n} \times \boldsymbol{E}_i) \, \boldsymbol{H}_i^* \, \mathrm{d}A.$$

Die rechte Seite ergibt wegen der Randbedingung den Wert Null, und so erhalten wir endgültig

$$k_i^2 = \varepsilon \mu \omega_i^2 = \frac{\int\limits_V |\operatorname{rot} \boldsymbol{H}_i|^2 \, \mathrm{d}V}{\int\limits_V |\boldsymbol{H}_i|^2 \, \mathrm{d}V} \geqq 0. \tag{4}$$

Das Gleichheitszeichen gilt nur für den trivialen Fall $\boldsymbol{H}_i \equiv \boldsymbol{0}$. Die schon erwähnte Wichtigkeit dieses Ausdruckes ergibt sich aus der Tatsache, daß eben dieser Ausdruck in der Variationsmethode minimalisiert wird.

Eine weitere Behauptung, die hier bewiesen werden soll, besagt, daß die zu verschiedenen Eigenwerten gehörenden Lösungen orthogonal sind, d. h., bei entsprechender Normierung gelten die Sätze

$$\int\limits_V \boldsymbol{E}_i \boldsymbol{E}_k^* \, \mathrm{d}V = \delta_{ik}; \qquad \int\limits_V \boldsymbol{H}_i \boldsymbol{H}_k^* \, \mathrm{d}V = \delta_{ik}. \tag{5}$$

Wir schreiben jetzt die zwei Maxwellschen Gleichungen für die Eigenwerte ω_i und ω_k in der folgenden Form auf:

$$\operatorname{rot} \boldsymbol{H}_i = \mathrm{j} \omega_i \varepsilon \boldsymbol{E}_i \quad | -\boldsymbol{E}_k^*; \qquad \operatorname{rot} \boldsymbol{H}_k^* = -\mathrm{j} \omega_k \varepsilon \boldsymbol{E}_k^* \quad | -\boldsymbol{E}_i; \tag{6a, b}$$

$$\operatorname{rot} \boldsymbol{E}_i = -\mathrm{j} \omega_i \mu \boldsymbol{H}_i \quad | \boldsymbol{H}_k^*; \qquad \operatorname{rot} \boldsymbol{E}_k^* = \mathrm{j} \omega_k \mu \boldsymbol{H}_k^* \quad | \boldsymbol{H}_i. \tag{7a, b}$$

Nach Durchführung der angedeuteten Multiplikationen addieren wir zuerst die Gleichungen (6b) und (7a), dann die Gleichungen (6a) und (7b). So erhalten wir

$$\operatorname{div}(\boldsymbol{E}_i \times \boldsymbol{H}_k^*) = -\mathrm{j}\omega_i\mu\boldsymbol{H}_i\boldsymbol{H}_k^* + \varepsilon\mathrm{j}\omega_k\boldsymbol{E}_i\boldsymbol{E}_k^*, \tag{8a}$$

$$\operatorname{div}(\boldsymbol{E}_k^* \times \boldsymbol{H}_i) = \mathrm{j}\omega_k\mu\boldsymbol{H}_i\boldsymbol{H}_k^* - \varepsilon\mathrm{j}\omega_i\boldsymbol{E}_i\boldsymbol{E}_k^*. \tag{8b}$$

Die durch den Gaußschen Satz in Flächenintegrale umgewandelten Raumintegrale verschwinden, und es bleiben

$$-\omega_i \int\limits_V \mu\boldsymbol{H}_i\boldsymbol{H}_k^*\,\mathrm{d}V + \omega_k \int\limits_V \varepsilon\boldsymbol{E}_i\boldsymbol{E}_k^*\,\mathrm{d}V = 0; \quad -\omega_k \int\limits_V \mu\boldsymbol{H}_i\boldsymbol{H}_k^*\,\mathrm{d}V + \omega_i \int\limits_V \varepsilon\boldsymbol{E}_i\boldsymbol{E}_k^*\,\mathrm{d}V = 0. \tag{9a, b}$$

Diese Gleichungen als Bestimmungsgleichungen für $\int \mu\boldsymbol{H}_i\boldsymbol{H}_k^*\,\mathrm{d}V$ und $\int \varepsilon\boldsymbol{E}_i\boldsymbol{E}_k^*\,\mathrm{d}V$ aufgefaßt, haben nur dann eine nichttriviale Lösung, wenn die Determinante Null ist, d. h., wenn

$$\begin{vmatrix} -\omega_i & \omega_k \\ -\omega_k & \omega_i \end{vmatrix} = \omega_k^2 - \omega_i^2 = 0, \tag{10}$$

wenn also die zwei Eigenwerte k_k^2 und k_i^2 gleich sind. Andernfalls gilt

$$\int\limits_V \mu\boldsymbol{H}_i\boldsymbol{H}_k^*\,\mathrm{d}V = 0; \qquad \int\limits_V \varepsilon\boldsymbol{E}_i\boldsymbol{E}_k^*\,\mathrm{d}V = 0. \tag{11a, b}$$

Eine interessante Folgerung liefert der triviale Fall: Es ist $k_i^2 = k_k^2$, d. h. $i = k$, und somit

$$\int\limits_V \mu\,|\boldsymbol{H}_i|^2\,\mathrm{d}V = \int\limits_V \varepsilon|\boldsymbol{E}_i|^2\,\mathrm{d}V. \tag{12}$$

Physikalisch bedeutet dies: magnetische und elektrische Energie sind (im Zeitmittel) gleich.

4.39.2. Störungsrechnung

Die analytische Bestimmung der Eigenwerte und Eigenfunktionen gelingt nur in wenigen Fällen, bei den einfachsten geometrischen Formen. In Wirklichkeit sind auch dann noch Unregelmäßigkeiten (Löcher, Kopplungsschleifen usw.) vorhanden, die die Eigenfrequenzen beeinflussen. Die Beeinflussung kann auch beabsichtigt sein (Einbau von Schrauben u. dgl. zur Frequenzabstimmung).

Wir nehmen jetzt an, daß wir die Lösungen in einem gegebenen Hohlraumresonator kennen, und versuchen, den Einfluß dieser als Störung aufgefaßten Einwirkung zu berechnen. Als Beispiel behandeln wir zuerst den Fall der deformierten Resonatorwand (Abb. 4.105a).

Wir schreiben die Maxwellschen Gleichungen für den ungestörten und für den gestörten Fall auf:

$$\text{rot}\,\boldsymbol{H}_0 = \text{j}\omega_0\varepsilon\boldsymbol{E}_0 \quad |^* \,|\boldsymbol{E}; \qquad \text{rot}\,\boldsymbol{H} = \text{j}\omega\varepsilon\boldsymbol{E} \quad |\boldsymbol{E}_0^*; \tag{13a, b}$$

$$\text{rot}\,\boldsymbol{E}_0 = -\text{j}\omega_0\mu\boldsymbol{H}_0 \quad |^* \,|-\boldsymbol{H}; \quad \text{rot}\,\boldsymbol{E} = -\text{j}\omega\mu\boldsymbol{H} \quad |-\boldsymbol{H}_0^*. \tag{14a, b}$$

Nach Multiplikation der Gleichungen mit dem jeweils danebenstehenden Faktor, Addition, Umformung, Integration und Anwendung des Gaußschen Satzes erhalten wir

$$\oint_{A'}(\boldsymbol{H}\times\boldsymbol{E}_0^*)\,\text{d}\boldsymbol{A} + \oint_{A'}(\boldsymbol{H}_0^*\times\boldsymbol{E})\,\text{d}\boldsymbol{A} = \text{j}(\omega-\omega_0)\int_{V'}(\varepsilon\boldsymbol{E}\boldsymbol{E}_0^* + \mu\boldsymbol{H}\boldsymbol{H}_0^*)\,\text{d}V. \tag{15}$$

Das zweite Glied auf der linken Seite ist wegen der Randbedingung Null, da

$$(\boldsymbol{H}_0^*\times\boldsymbol{E})\,\text{d}\boldsymbol{A} = -(\boldsymbol{n}\times\boldsymbol{E})\,\boldsymbol{H}_0^*\,\text{d}A = 0. \tag{16}$$

Das erste Glied kann in folgender Weise umgeformt werden:

$$\oint_{A'}(\boldsymbol{H}\times\boldsymbol{E}_0^*)\,\text{d}\boldsymbol{A} = \oint_{A}(\boldsymbol{H}\times\boldsymbol{E}_0^*)\,\text{d}\boldsymbol{A} - \oint_{\triangle A}(\boldsymbol{H}\times\boldsymbol{E}_0^*)\,\text{d}\boldsymbol{A}. \tag{17}$$

Hier ist das erste Glied Null, da auf der Fläche A die Bedingung $\boldsymbol{n}\times\boldsymbol{E}_0 = 0$ gilt. Es bleibt also (Abb. 4.105b)

$$-\oint_{\triangle A}(\boldsymbol{H}\times\boldsymbol{E}_0^*)\,\text{d}\boldsymbol{A} = \text{j}(\omega-\omega_0)\int_{V'}(\varepsilon\boldsymbol{E}\boldsymbol{E}_0^* + \mu\boldsymbol{H}\boldsymbol{H}_0^*)\,\text{d}V; \tag{18}$$

woraus das Resultat

$$\omega - \omega_0 = \text{j}\,\frac{\displaystyle\oint_{\triangle A}(\boldsymbol{H}\times\boldsymbol{E}_0^*)\,\text{d}\boldsymbol{A}}{\displaystyle\int_{V'}(\varepsilon\boldsymbol{E}\boldsymbol{E}_0^* + \mu\boldsymbol{H}\boldsymbol{H}_0^*)\,\text{d}V} \tag{19}$$

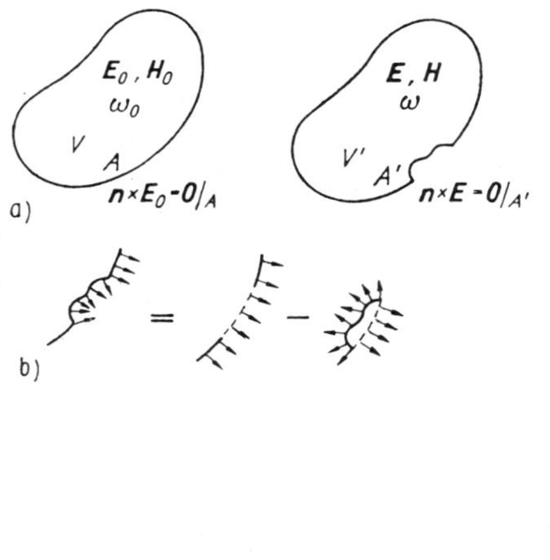

Abb. 4.105 a) Ursprüngliche und deformierte Resonatoroberfläche.
b) Zur Veranschaulichung der Gl. (17)

folgt. Diese Gleichung für die Verschiebung der Eigenfrequenz ist noch exakt, aber insofern unbrauchbar, als auf der rechten Seite die unbekannten Funktionen $\boldsymbol{E}(\boldsymbol{r})$ und $\boldsymbol{H}(\boldsymbol{r})$ stehen. Eine erste und allgemein übliche Näherung besteht darin, daß wir $\boldsymbol{E}(\boldsymbol{r})$ und $\boldsymbol{H}(\boldsymbol{r})$ mit $\boldsymbol{E}_0(\boldsymbol{r})$ und $\boldsymbol{H}_0(\boldsymbol{r})$ gleichsetzen und nicht über V', sondern über V integrieren. Dann lautet die Gleichung:

$$\omega - \omega_0 \approx \mathrm{j} \frac{\oint\limits_{\Delta A} (\boldsymbol{H}_0 \times \boldsymbol{E}_0^*)\,\mathrm{d}\boldsymbol{A}}{\int\limits_V (\varepsilon \boldsymbol{E}_0 \boldsymbol{E}_0^* + \mu \boldsymbol{H}_0 \boldsymbol{H}_0^*)\,\mathrm{d}V}. \tag{20}$$

Da aber nach dem Energiesatz (Kap. 1.7., Gl. (34a))

$$\oint\limits_{\Delta A} (\boldsymbol{H}_0 \times \boldsymbol{E}_0^*)\,\mathrm{d}\boldsymbol{A} = \mathrm{j}\omega_0 \int\limits_{\Delta V} (\varepsilon \boldsymbol{E}_0 \boldsymbol{E}_0^* - \mu \boldsymbol{H}_0 \boldsymbol{H}_0^*)\,\mathrm{d}V$$

gilt, erhalten wir für die relative Änderung der Frequenz

$$\frac{\omega - \omega_0}{\omega_0} \approx \frac{\int\limits_{\Delta V} (\mu |\boldsymbol{H}_0|^2 - \varepsilon |\boldsymbol{E}_0|^2)\,\mathrm{d}V}{\int\limits_V (\mu |\boldsymbol{H}_0|^2 + \varepsilon |\boldsymbol{E}_0|^2)\,\mathrm{d}V}. \tag{21}$$

Damit haben wir das Resultat vor uns. Diese Gleichung eignet sich zur numerischen Auswertung. Auch die qualitativen Schlüsse, die daraus gezogen werden können,

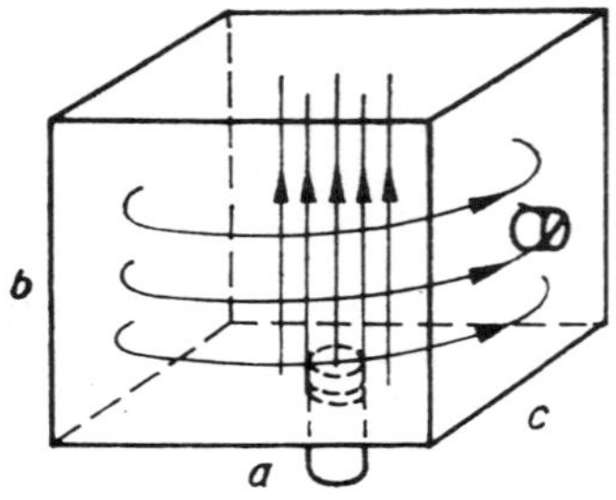

Abb. 4.106 Eine praktische Möglichkeit zur Veränderung der Frequenz

sind wichtig. Wenn man z. B. ein Metallstück an einer Stelle hineinschraubt (Abb. 4.106), wo die elektrische Feldstärke vorherrscht, so vermindert sich die Frequenz. Bei Stellen der Maxima des magnetischen Feldes erhält man dagegen eine Frequenzerhöhung.

Im zweiten Beispiel bestehe die Störung darin, daß die Resonatorwand endliche Leitfähigkeit besitzt (Abb. 4.107). Es soll die folgende Randbedingung gelten

$$\boldsymbol{n} \times \boldsymbol{E} = Z \boldsymbol{H}_\mathrm{t}, \tag{22}$$

wobei

$$Z = \sqrt{\frac{j\omega\mu}{\sigma + j\omega\varepsilon}} = \frac{1}{2}\,\omega\mu\delta(1 + j) = R_A(1 + j). \tag{23}$$

Schreiben wir wieder die Maxwellschen Gleichungen für die zwei Fälle auf, so erhalten

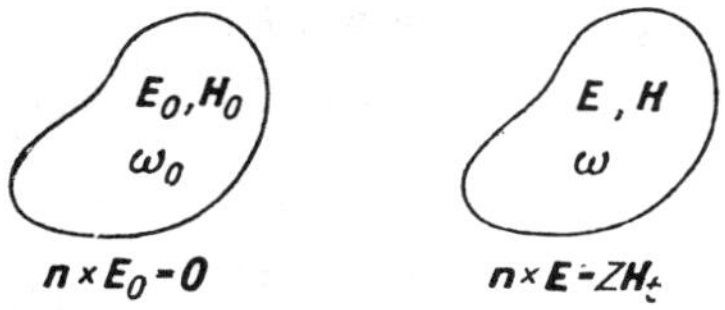

Abb. 4.107 Zur Berechnung der Frequenzänderung infolge der endlichen Leitfähigkeit der Wand

wir nach der bereits oben angewandten Methode:

$$\oint_A (\boldsymbol{H} \times \boldsymbol{E}_0^*)\,dA + \oint_A (\boldsymbol{H}_0^* \times \boldsymbol{E})\,d\boldsymbol{A} = j(\omega - \omega_0) \int_V (\varepsilon \boldsymbol{E}\boldsymbol{E}_0^* + \mu \boldsymbol{H}\boldsymbol{H}_0^*)\,dV. \tag{24}$$

Das erste Glied ist wegen der Randbedingung gleich Null. Das zweite kann umgeformt werden:

$$\oint_A (\boldsymbol{H}_0^* \times \boldsymbol{E})\,d\boldsymbol{A} = -\oint_A (\boldsymbol{n} \times \boldsymbol{E})\,\boldsymbol{H}_0^*\,dA = j(\omega - \omega_0) \int_V (\varepsilon \boldsymbol{E}\boldsymbol{E}_0^* + \mu \boldsymbol{H}_0\boldsymbol{H}_0^*)\,dV. \tag{25}$$

Unter Berücksichtigung der Randbedingung $\boldsymbol{n} \times \boldsymbol{E} = Z\boldsymbol{H}_t$ erhalten wir

$$\omega - \omega_0 = j\,\frac{\oint_A Z\boldsymbol{H}_t\boldsymbol{H}_0^*\,dA}{\int_V (\varepsilon \boldsymbol{E}\boldsymbol{E}_0^* + \mu \boldsymbol{H}\boldsymbol{H}_0^*)\,dV}. \tag{26}$$

Als erste Näherung nehmen wir wieder $\boldsymbol{E} \sim \boldsymbol{E}_0$, $\boldsymbol{H} \sim \boldsymbol{H}_0$ und $\boldsymbol{H}_t \approx \boldsymbol{H}_0$, da aus $\boldsymbol{n} \times \boldsymbol{E}_0 = \boldsymbol{0}$ auch $\boldsymbol{n}\boldsymbol{H}_0 = 0$ folgt:

$$\omega - \omega_0 = j\,\frac{\oint_A Z\boldsymbol{H}_0\boldsymbol{H}_0^*\,dA}{\int_V (\varepsilon \boldsymbol{E}_0\boldsymbol{E}_0^* + \mu \boldsymbol{H}_0\boldsymbol{H}_0^*)\,dV}. \tag{27}$$

Es sei jetzt

$$Z = R + jX, \tag{28}$$

so erhalten wir

$$\omega - \omega_0 = jR\,\frac{\oint_A \boldsymbol{H}_0\boldsymbol{H}_0^*\,dA}{\int_V (\varepsilon \boldsymbol{E}_0\boldsymbol{E}_0^* + \mu \boldsymbol{H}_0\boldsymbol{H}_0^*)\,dV} - X\,\frac{\oint_A \boldsymbol{H}_0\boldsymbol{H}_0^*\,dA}{\int_V (\varepsilon \boldsymbol{E}_0\boldsymbol{E}_0^* + \mu \boldsymbol{H}_0\boldsymbol{H}_0^*)\,dV}. \tag{29}$$

Es wird also unter Berücksichtigung von Gl. (12)

$$\omega_{\text{reell}} = \omega_0 - \frac{\oint\limits_A X\,|H_0|^2\,\mathrm{d}A}{2\int\limits_V \mu\,|H_0|^2\,\mathrm{d}V}; \qquad \omega_{\text{imag}} = \frac{\oint\limits_A R\,|H_0|^2\,\mathrm{d}A}{2\int\limits_V \mu\,|H_0|^2\,\mathrm{d}V} = \alpha. \tag{30a, b}$$

Die Zeitfunktion kann demnach in der folgenden Form geschrieben werden:

$$\mathrm{e}^{\mathrm{j}\omega t} = \mathrm{e}^{\mathrm{j}(\omega_r + \mathrm{j}\alpha)t} = \mathrm{e}^{\mathrm{j}\omega_r t}\,\mathrm{e}^{-\alpha t}. \tag{31}$$

Die mittlere Energie klingt also nach dem Gesetz

$$\overline{W}(t) = W_0\,\mathrm{e}^{-2\alpha t} \tag{32}$$

ab. Die Joulesche Wärme wird

$$P_{\text{Joule}} = -\frac{\mathrm{d}\overline{W}}{\mathrm{d}t} = 2\alpha W_0\,\mathrm{e}^{-2\alpha t} = 2\alpha\overline{W}, \tag{33}$$

der Gütefaktor

$$Q = 2\pi\,\frac{\overline{W}}{TP_{\text{Joule}}} = \frac{2\pi}{T2\alpha} = \frac{\omega}{2\alpha}. \tag{34}$$

Unter Berücksichtigung der Gl. (30b) für α erhalten wir

$$Q = \omega_0\,\frac{\int\limits_V \mu\,|H_0|^2\,\mathrm{d}V}{\oint\limits_A R\,|H_0|^2\,\mathrm{d}A} = \frac{2}{\delta}\,\frac{\mu_V}{\mu_A}\,\frac{\int\limits_V |H_0|^2\,\mathrm{d}V}{\oint\limits_A |H_0|^2\,\mathrm{d}A}. \tag{35}$$

4.39.3. Erregung der Hohlraumresonatoren

Ein Hohlraumresonator kann durch eine lineare Antenne, eine Schleife, einen Elektronenstrom oder durch Schlitze erregt werden. Wir behandeln die Erregung allgemein, indem wir annehmen, daß der Resonator durch die gegebenen Stromdichten $\boldsymbol{J}^{\mathrm{e}}(\boldsymbol{r})$, $\boldsymbol{J}^{\mathrm{m}}(\boldsymbol{r})$ und durch die ebenfalls gegebene Tangentialkomponente $\boldsymbol{E}_{\mathrm{t}}$ auf der Verbindungsfläche erregt wird. Wir nehmen die Metallfläche $A - A_1$ als *verlustbehaftet* an.

Wir nehmen an, daß die Eigenwerte und Eigenlösungen

$$\boldsymbol{E}_1,\ \boldsymbol{E}_2,\ \ldots,\ \boldsymbol{E}_{\mathrm{i}},\ \ldots$$

$$\boldsymbol{H}_1,\ \boldsymbol{H}_2,\ \ldots,\ \boldsymbol{H}_{\mathrm{i}},\ \ldots \tag{36}$$

$$\omega_1,\ \omega_2,\ \ldots,\ \omega_i,\ \ldots,$$

welche zur Begrenzungsfläche A mit der Randbedingung $\boldsymbol{n} \times \boldsymbol{E}_i = \boldsymbol{0}$ gehören, bekannt sind. Die Maxwellschen Gleichungen für diesen Idealfall und für den in Abb. 4.108 dargestellten tatsächlichen Fall lauten:

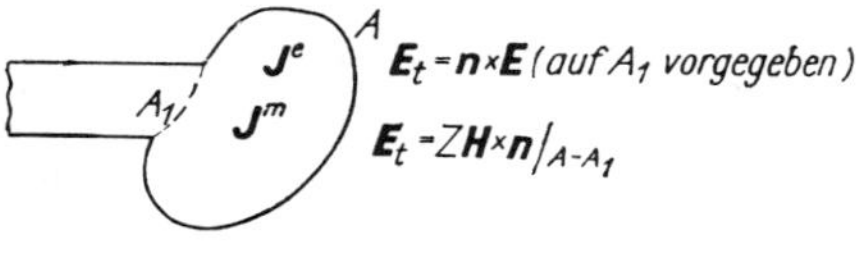

Abb. 4.108 Ein mit verlustbehafteter Metallwand umgebener Hohlraumresonator wird durch die Öffnung A_1 sowie durch die Stromdichten $\boldsymbol{J}^{\mathrm{e}}$, $\boldsymbol{J}^{\mathrm{m}}$ erregt

$$-\boldsymbol{E}| \quad \operatorname{rot} \boldsymbol{H}_i^* = -\mathrm{j}\omega_i \varepsilon \boldsymbol{E}_i^*; \qquad -\boldsymbol{E}_i^*| \quad \operatorname{rot} \boldsymbol{H} = \mathrm{j}\omega\varepsilon \boldsymbol{E} + \boldsymbol{J}^{\mathrm{e}}; \tag{37a, b}$$

$$\boldsymbol{H}| \quad \operatorname{rot} \boldsymbol{E}_i^* = \mathrm{j}\omega_i \mu \boldsymbol{H}_i^*; \qquad \boldsymbol{H}_i^*| \quad \operatorname{rot} \boldsymbol{E} = -\mathrm{j}\omega\mu \boldsymbol{H} - \boldsymbol{J}^{\mathrm{m}}. \tag{38a, b}$$

Nach Multiplikation addieren wir die Gleichungen (37b), (38a) bzw. (37a), (38b) und erhalten nach leichter Umformung und Integration

$$\int_A (\boldsymbol{E}_i^* \times \boldsymbol{H})\, \mathrm{d}\boldsymbol{A} = -\mathrm{j}\omega \int_V \varepsilon \boldsymbol{E}\boldsymbol{E}_i^*\, \mathrm{d}V + \mathrm{j}\omega_i \int_V \mu \boldsymbol{H}\boldsymbol{H}_i^*\, \mathrm{d}V - \int_V \boldsymbol{E}_i^* \boldsymbol{J}^{\mathrm{e}}\, \mathrm{d}V, \tag{39}$$

$$\int_A (\boldsymbol{E} \times \boldsymbol{H}_i^*)\, \mathrm{d}\boldsymbol{A} = \mathrm{j}\omega_i \int_V \varepsilon \boldsymbol{E}\boldsymbol{E}_i^*\, \mathrm{d}V - \mathrm{j}\omega \int_V \mu \boldsymbol{H}\boldsymbol{H}_i^*\, \mathrm{d}V - \int_V \boldsymbol{H}_i^* \boldsymbol{J}^{\mathrm{m}}\, \mathrm{d}V. \tag{40}$$

Wir führen unseren Gedankengang nun mit der vereinfachenden Annahme fort, die Metallfläche sei geschlossen und verlustfrei. Wir stellen zunächst die gesuchten Funktionen $\boldsymbol{E}(\boldsymbol{r})$ und $\boldsymbol{H}(\boldsymbol{r})$ durch folgende Reihen dar:

$$\boldsymbol{E} = \sum A_i \boldsymbol{E}_i; \qquad \boldsymbol{H} = \sum B_i \boldsymbol{H}_i. \tag{41a, b}$$

Jetzt lassen sich die Gleichungen (39), (40) wie folgt schreiben:

$$-\mathrm{j}\omega \int_V A_i \varepsilon \boldsymbol{E}_i \boldsymbol{E}_i^*\, \mathrm{d}V + \mathrm{j}\omega_i \int_V B_i \mu \boldsymbol{H}_i \boldsymbol{H}_i^*\, \mathrm{d}V = \int_V \boldsymbol{E}_i^* \boldsymbol{J}^{\mathrm{e}}\, \mathrm{d}V, \tag{42}$$

$$\mathrm{j}\omega_i \int_V A_i \varepsilon \boldsymbol{E}_i \boldsymbol{E}_i^*\, \mathrm{d}V - \mathrm{j}\omega \int_V B_i \mu \boldsymbol{H}_i \boldsymbol{H}_i^*\, \mathrm{d}V = \int_V \boldsymbol{H}_i^* \boldsymbol{J}^{\mathrm{m}}\, \mathrm{d}V. \tag{43}$$

Die linken Seiten sind wegen der Randbedingung, die Raumintegrale mit dem Integranden $\boldsymbol{E}_k \boldsymbol{E}_i^*$ wegen der Orthogonalität verschwunden. Die Normierung der Eigenfunktionen ist durch

$$\int_V \varepsilon \boldsymbol{E}_i \boldsymbol{E}_i^*\, \mathrm{d}V = \int_V \mu \boldsymbol{H}_i \boldsymbol{H}_i^*\, \mathrm{d}V = 1 \tag{44}$$

festgelegt. Wir erhalten also die folgenden Bestimmungsgleichungen für die Koeffizienten A_i und B_i:

$$-\mathrm{j}\omega A_i + \mathrm{j}\omega_i B_i = \int_V \boldsymbol{E}_i^* \boldsymbol{J}^{\mathrm{e}}\, \mathrm{d}V, \tag{45}$$

$$\mathrm{j}\omega_i A_i - \mathrm{j}\omega B_i = \int_V \boldsymbol{H}_i^* \boldsymbol{J}^{\mathrm{m}}\, \mathrm{d}V. \tag{46}$$

Das Resultat wird somit

$$A_i = \mathrm{j}\,\frac{\omega \int\limits_V \boldsymbol{E}_i^* \boldsymbol{J}^{\mathrm{e}}\,\mathrm{d}V + \omega_i \int\limits_V \boldsymbol{H}_i^* \boldsymbol{J}^{\mathrm{m}}\,\mathrm{d}V}{\omega^2 - \omega_i^2}, \tag{47}$$

$$B_i = \mathrm{j}\,\frac{\omega_i \int\limits_V \boldsymbol{E}_i^* \boldsymbol{J}^{\mathrm{e}}\,\mathrm{d}V + \omega \int\limits_V \boldsymbol{H}_i^* \boldsymbol{J}^{\mathrm{m}}\,\mathrm{d}V}{\omega^2 - \omega_i^2}. \tag{48}$$

Sind nur elektrische Ströme vorhanden, so vereinfachen sich diese Gleichungen noch weiter:

$$A_i = \mathrm{j}\,\frac{\omega \int\limits_V \boldsymbol{E}_i^* \boldsymbol{J}^{\mathrm{e}}\,\mathrm{d}V}{\omega^2 - \omega_i^2}, \tag{49}$$

$$B_i = \mathrm{j}\,\frac{\omega_i \int\limits_V \boldsymbol{E}_i^* \boldsymbol{J}^{\mathrm{e}}\,\mathrm{d}V}{\omega^2 - \omega_i^2}. \tag{50}$$

Wie zu erwarten, entstehen Resonanzen bei allen Eigenfrequenzen. Auch hier erkennt man deutlich, wie wichtig die Nachahmung des gewünschten Feldbildes ist.

Über diese qualitativen Aussagen hinaus kann man die Integrale bei einfachen Erregern exakt auswerten.

Der Resonator werde durch ein Stromelement $\boldsymbol{Il}\,\mathrm{e}^{\mathrm{j}\omega t}$ erregt, das sich im Punkt $\boldsymbol{r}_P$ befindet. Die Erregerstromdichte-Verteilung wird also durch $\boldsymbol{Il}\delta(\boldsymbol{r}_Q - \boldsymbol{r}_P)\,\mathrm{e}^{\mathrm{j}\omega t}$ beschrieben. Damit erhalten wir

$$\int\limits_V \boldsymbol{E}_i^*(\boldsymbol{r}_Q)\,\boldsymbol{Il}\delta(\boldsymbol{r}_Q - \boldsymbol{r}_P)\,\mathrm{d}V_Q = \boldsymbol{E}_i^*(\boldsymbol{r}_P)\,\boldsymbol{Il}, \tag{51}$$

und es ergibt sich

$$A_i = \mathrm{j}\,\frac{\omega \boldsymbol{Il}\boldsymbol{E}_i^*(\boldsymbol{r}_P)}{\omega^2 - \omega_i^2} \quad \text{bzw.} \quad B_i = \mathrm{j}\,\frac{\omega_i \boldsymbol{E}_i^*(\boldsymbol{r}_P)\,\boldsymbol{Il}}{\omega^2 - \omega_i^2}. \tag{52a, b}$$

Dieser Gedankengang darf nur mit Vorsicht angewendet werden, da eine Entwicklung nach (41a, b) nur bei Divergenzfreiheit von $\boldsymbol{E}$ und $\boldsymbol{H}$ möglich ist.

4.39.4. Mikrowellen-n-Tore

In der Praxis werden aus den bisher behandelten oder erwähnten Bauelementen Netzwerke gebaut, deren Behandlung durch die Einführung der Netzwerkparameter beträchtlich erleichtert wird. Da die einzelnen Moden in einem Hohlleiter zu Leitungswellen in Analogie gesetzt werden können, stellen wir uns ein n-Tor (Abb. 4.109) vor, das n (unabhängige) Fernleitungen als Eingang besitzt. Die elektrischen Verhältnisse am k-ten Eingangsklemmenpaar

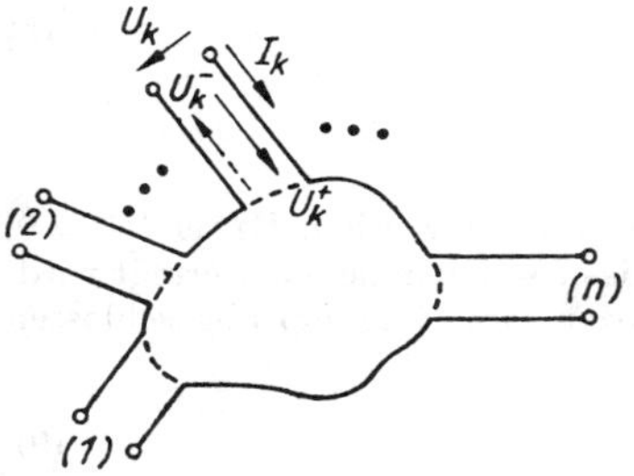

Abb. 4.109 Ein Mikrowellen-n-Tor. Die Zugangsleitungen können die Ersatzleitungen eines Hohlleiters sein

werden durch die Größen U_k und I_k beschrieben. Physikalisch gesehen sind aber die hin- und rücklaufenden Spannungs- (oder Strom-) Wellen viel bedeutungsvoller. Diese hängen mit U_k, I_k wie folgt zusammen:

$$U_k = U_{0k}^+ \, e^{-\gamma_k z} + U_0^- \, e^{-\gamma_k z} = U_k^+ + U_k^-, \tag{1}$$

$$I_k = \frac{U_{0k}^+}{Z_{0k}} e^{-\gamma_k z} - \frac{U_0^-}{Z_{0k}} e^{+\gamma_k z} = \frac{U_k^+}{Z_{0k}} - \frac{U_k^-}{Z_{0k}} \tag{2}$$

oder, wenn wir nach Kap. 3.2.6. die (auf Z_0) normierten Größen $U_k/\sqrt{Z_0}$ bzw. $I_k\sqrt{Z_0}$ einführen,

$$\frac{U_k}{\sqrt{Z_0}} = \frac{U_k^+}{\sqrt{Z_0}} + \frac{U_k^-}{\sqrt{Z_0}}, \tag{3}$$

$$I_k \sqrt{Z_0} = \frac{U_k^+}{\sqrt{Z_0}} - \frac{U_k^-}{\sqrt{Z_0}}. \tag{4}$$

Wir können die normierten hin- und rücklaufenden Wellen durch die normierten Strom- und Spannungswerte ausdrücken:

$$\frac{U_k^+}{\sqrt{Z_{0k}}} = \frac{1}{2}\left[\frac{U_k}{\sqrt{Z_{0k}}} + \sqrt{Z_0} I_k\right], \tag{5}$$

$$\frac{U_k^-}{\sqrt{Z_{0k}}} = \frac{1}{2}\left[\frac{U_k}{\sqrt{Z_{0k}}} - \sqrt{Z_0} I_k\right]. \tag{6}$$

Diese Gleichungen entsprechen den Beziehungen 3.2.6.(54) und (55). Jetzt erweist sich die Zweckmäßigkeit und der Sinn der Einführung der Begriffe von $\mathbf{V}_i$ und $\mathbf{V}_r$.

Der Zustand des n-Tores wird jetzt durch die einspaltigen Matrizen $\mathbf{U}^+$ und $\mathbf{U}^-$ charakterisiert. (Diese Größen sind schon als normiert angenommen!) Man beachte, daß sie von der Koordinate z oder, anders ausgedrückt, von der Lage des Bezugsquerschnittes abhängen. Man kann diese in verschiedenen Querschnitten gemessenen Größen zueinander in Verbindung bringen.

Der Zusammenhang zwischen $\mathbf{U}^-$ und $\mathbf{U}^+$ wird durch die Streumatrix geliefert:

$$\mathbf{U}^- = \mathbf{S}\mathbf{U}^+ \tag{7}$$

oder, ausführlich geschrieben,

$$\begin{aligned} U_1^- &= S_{11}U_1^+ + S_{12}U_2^+ + \cdots + S_{1n}U_n^+, \\ U_2^- &= S_{21}U_1^+ + S_{22}U_2^+ + \cdots + S_{2n}U_n^+, \\ &\vdots \\ U_n^- &= S_{n1}U_1^+ + S_{n2}U_2^+ + \cdots + S_{nn}U_n^+. \end{aligned} \tag{8}$$

Den Koeffizienten S_{ik} kann der folgende physikalische Sinn gegeben werden. Es sei $U_i^+ \neq 0$, aber $U_k^+ = 0$ $(k \neq i)$. Das kann verwirklicht werden, indem das i-te Klemmenpaar erregt wird, die anderen Klemmenpaare aber durch angepaßte Impedanzen (am Eingang) abgeschlossen werden. Dann gilt

$$S_{ii} = U_i^-/U_i^+ \quad \text{(Reflexionsfaktor)} \tag{9}$$

bzw.

$$S_{ik} = U_k^-/U_k^+ \qquad (i \neq k) \quad \text{(Transmissionsfaktor).} \tag{10}$$

Es gelten einfache und interessante Gesetze für die soeben eingeführte Streumatrix bzw. für ihre Komponenten. Für reziproke Netzwerte ist $\mathbf{S}$ symmetrisch. Da nach 3.2.6.(69) die vom n-Tor aufgenommene Leistung

$$P = \mathrm{Re}\,(\mathbf{U}^{+*t}\mathbf{U}^{+} - \mathbf{U}^{-*t}\mathbf{U}^{-}) = \mathrm{Re}\,[\mathbf{U}^{+*t}(1 - \mathbf{S}^{*t}\mathbf{S})\,\mathbf{U}^{+}] \tag{11}$$

ist, gilt für ein verlustfreies (d. h. reaktives) n-Tor:

$$1 - \mathbf{S}^{*t}\mathbf{S} = 0, \tag{12}$$

d. h.,

$$\mathbf{S}^{*t}\mathbf{S} = 1 \tag{13}$$

oder für reziproke Netzwerke, wo $\mathbf{S}^t = \mathbf{S}$ ist,

$$\mathbf{S}^*\mathbf{S} = 1. \tag{14}$$

Wie aus diesen Eigenschaften vermittels Symmetriebetrachtungen die Koeffizienten der Streumatrix gefunden werden können, sei an Hand einer einfachen Anordnung nach Abb. 4.110 gezeigt.

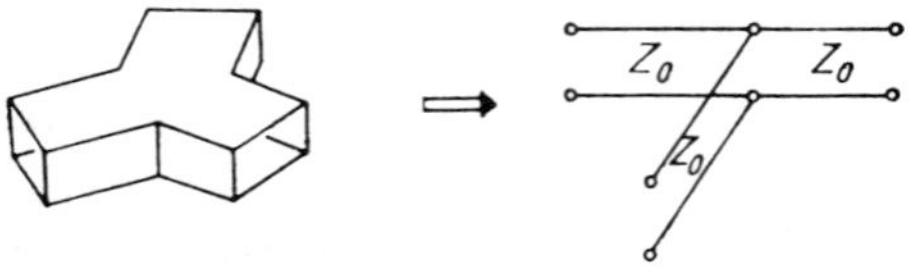

Abb. 4.110 Zur Bestimmung der Streumatrix eines symmetrischen Dreitores

Wegen der Symmetrie der Anordnung $[S_{11} = S_{22} = S_{33};\ S_{21} = S_{31} = S_{12} = S_{13} = S_{23} = S_{32}]$ hat $\mathbf{S}$ die folgende Form

$$\mathbf{S} = \begin{bmatrix} p & t & t \\ t & p & t \\ t & t & p \end{bmatrix}. \tag{15}$$

Nach Gl. (9) ist p der Reflexionskoeffizient z. B. des ersten Klemmenpaares, wenn (2) und (3) durch Z_0 abgeschlossen sind. Die parallelgeschalteten Zweige (2) und (3) bedeuten für (1) einen Verbraucher mit der Impedanz $Z_0/2$. Dann wird aber

$$p = \frac{Z_0/2 - Z_0}{Z_0/2 + Z_0} = -\frac{1}{3}. \tag{16}$$

Aus Gl. (14) folgt:

$$|p|^2 + |t|^2 + |t|^2 = 1; \qquad pt^* + tp^* + tt^* = 0, \tag{17}$$

und so wird $t = 2/3$.
Für $\mathbf{S}$ erhalten wir also

$$\mathbf{S} = \frac{1}{3}\begin{bmatrix} -1 & 2 & 2 \\ 2 & -1 & 2 \\ 2 & 2 & -1 \end{bmatrix}. \tag{18}$$

G. Allgemeine Strahlungsprobleme

4.40. Das vektorielle Huygenssche Prinzip

4.40.1. Berechnung des Feldes aus den Quellen und aus Oberflächenangaben

Im folgenden beschreiben wir die Gedanken von STRATTON und CHU, nach denen der elektrische bzw. magnetische Feldstärkevektor in einem Raumpunkt mit Hilfe der an einer Fläche angenommenen Werte dieser Feldstärken bestimmt werden kann. Das Ergebnis ist einfach zu deuten und kann für wichtige praktische Fälle benutzt werden.

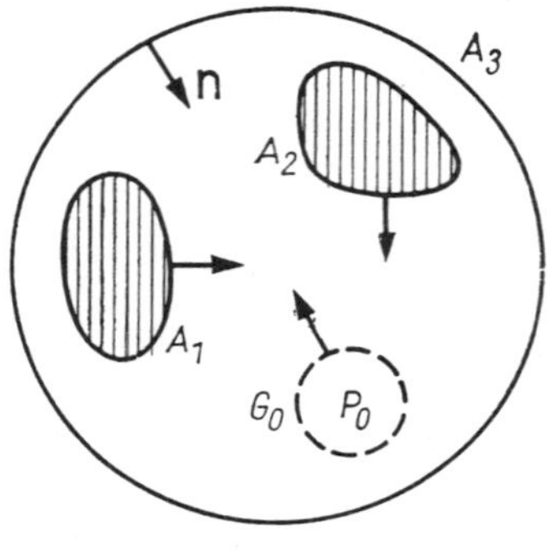

Abb. 4.111 Zur Ableitung des vektoriellen Huygensschen Prinzips

Unsere Aufgabe ist also: In einem gegebenen Volumen seien in beliebiger Anzahl Schwingungserreger verteilt. Es wird gefragt, welcher Zusammenhang zwischen dem in einem beliebigen Raumpunkt meßbaren Wert von $\boldsymbol{E}$ und $\boldsymbol{H}$ sowie den an der Grenzfläche angenommenen Feldstärkewerten besteht, wenn die Zeitabhängigkeit mit $e^{j\omega t}$ angegeben werden kann (Abb. 4.111).

Im Bereich V befriedigen also $\boldsymbol{E}$ und $\boldsymbol{H}$ die Gleichungen

$$\begin{aligned} \operatorname{rot} \boldsymbol{H} &= \boldsymbol{J} + j\omega\varepsilon \boldsymbol{E}, \qquad & \operatorname{div} \boldsymbol{H} &= 0, \\ \operatorname{rot} \boldsymbol{E} &= -j\omega\mu \boldsymbol{H}, \qquad & \operatorname{div} \boldsymbol{E} &= \frac{\varrho}{\varepsilon}. \end{aligned} \tag{1}$$

Durch Bildung der Rotation beider Gleichungen gelangen wir zu den nachstehenden, später noch brauchbaren Beziehungen

$$\text{rot rot}\,\boldsymbol{H} - k^2\boldsymbol{H} = \text{rot}\,\boldsymbol{J}, \tag{2}$$

$$\text{rot rot}\,\boldsymbol{E} - k^2\boldsymbol{E} = -\mathrm{j}\omega\mu\boldsymbol{J},$$

wobei $k = \omega\sqrt{\varepsilon\mu}$.

Das Problem soll nun mit Hilfe des Greenschen Satzes 1.14.(33) gelöst werden. Wir bestimmen die dort auftretenden Vektoren $\boldsymbol{v}$ und $\boldsymbol{u}$ auf folgende Weise:

$$\boldsymbol{v} \equiv \boldsymbol{E}; \qquad \boldsymbol{u} \equiv \frac{\mathrm{e}^{-\mathrm{j}kr}}{r}\,\boldsymbol{a} = \psi\boldsymbol{a}. \tag{3}$$

Dabei bedeutet $\boldsymbol{a}$ einen beliebigen konstanten Vektor. Da $\boldsymbol{u}$ im Punkte P singulär ist, wird dieser Punkt in der bekannten Weise durch eine Kugel mit dem Radius r_0 eliminiert. Wenden wir den Greenschen Satz an, so wird

$$\int\limits_{V-G_0}\left(\frac{\mathrm{e}^{-\mathrm{j}kr}}{r}\,\boldsymbol{a}\,\text{rot rot}\,\boldsymbol{E} - \boldsymbol{E}\,\text{rot rot}\,\frac{\mathrm{e}^{-\mathrm{j}kr}}{r}\,\boldsymbol{a}\right)\mathrm{d}V$$

$$= -\int\limits_{A_1+A_2+A_3+A_0}\left(\boldsymbol{E}\times\text{rot}\,\frac{\mathrm{e}^{-\mathrm{j}kr}}{r}\,\boldsymbol{a} - \frac{\mathrm{e}^{-\mathrm{j}kr}}{r}\,\boldsymbol{a}\times\text{rot}\,\boldsymbol{E}\right)\mathrm{d}\boldsymbol{A}. \tag{4}$$

Hier haben wir die zum Innern zeigende Richtung positiv gewählt.

Mit dieser Gleichung wollen wir folgendes erreichen: Zuerst sollen mit Hilfe der Gleichungen (1), (2) die Werte von $\boldsymbol{J}$ und ϱ ins Volumenintegral an Stelle der Feldstärke $\boldsymbol{E}$ eingeführt werden; dann soll der willkürliche Vektor $\boldsymbol{a}$ eliminiert werden, und zuletzt soll die Kugel um den Punkt P auf diesen Punkt zusammenschrumpfen und der Grenzwert des Flächenintegrals berechnet werden. Da

$$\text{rot rot}\,\psi\boldsymbol{a} = \text{grad div}\,(\psi\boldsymbol{a}) - \Delta(\psi\boldsymbol{a}), \tag{5}$$

$\boldsymbol{a}$ konstant und

$$\Delta\psi + k^2\psi = 0; \qquad \Delta\psi = -k^2\psi \tag{6}$$

ist, erhalten wir

$$\text{rot rot}\,\psi\boldsymbol{a} = \text{grad}\,(\boldsymbol{a}\,\text{grad}\,\psi) - \boldsymbol{a}\,\Delta\psi = \text{grad}\,(\boldsymbol{a}\,\text{grad}\,\psi) + k^2\psi\boldsymbol{a}. \tag{7}$$

Beachten wir noch die Beziehung

$$\text{rot rot}\,\boldsymbol{E} = -\mathrm{j}\omega\mu\boldsymbol{J} + k^2\boldsymbol{E}, \tag{8}$$

so hat das Raumintegral die Form

$$\int_{V-G_0} (\psi \boldsymbol{a} \operatorname{rot} \operatorname{rot} \boldsymbol{E} - \boldsymbol{E} \operatorname{rot} \operatorname{rot} \psi \boldsymbol{a}) \, \mathrm{d}V = \int_{V-G_0} [\boldsymbol{a}(-\mathrm{j}\omega\mu \boldsymbol{J}) \, \psi - \boldsymbol{E} \operatorname{grad} (\boldsymbol{a} \operatorname{grad} \psi)] \, \mathrm{d}V. \tag{9}$$

Nun ist aber

$$\begin{aligned} \boldsymbol{E} \operatorname{grad} (\boldsymbol{a} \operatorname{grad} \psi) &= \operatorname{div} [\boldsymbol{E}(\boldsymbol{a} \operatorname{grad} \psi)] - (\operatorname{div} \boldsymbol{E}) \, (\boldsymbol{a} \operatorname{grad} \psi) \\ &= \operatorname{div} [\boldsymbol{E}(\boldsymbol{a} \operatorname{grad} \psi)] - \frac{\varrho}{\varepsilon} \, \boldsymbol{a} \operatorname{grad} \psi. \end{aligned} \tag{10}$$

Durch Einführung dieser Identität in Gl. (9) erhalten wir für das mit (—1) multiplizierte Volumenintegral den Ausdruck

$$\boldsymbol{a} \int_{V-G_0} \left(\mathrm{j}\omega\mu \boldsymbol{J} \psi - \frac{\varrho}{\varepsilon} \operatorname{grad} \psi \right) \mathrm{d}V + \int_{V-G_0} \operatorname{div} [\boldsymbol{E}(\boldsymbol{a} \operatorname{grad} \psi)] \, \mathrm{d}V. \tag{11}$$

Das zweite Glied kann mit Hilfe des Gaußschen Satzes sofort in ein Flächenintegral umgewandelt werden:

$$\int_{V-G_0} \operatorname{div} [\boldsymbol{E}(\boldsymbol{a} \operatorname{grad} \psi)] \, \mathrm{d}V = - \int_{A_1+A_2+A_3+A_0} (\boldsymbol{a} \operatorname{grad} \psi) \, \boldsymbol{E} \, \mathrm{d}\boldsymbol{A} = -\boldsymbol{a} \int_{A_1+A_2+A_3+A_0} \operatorname{grad} \psi (\boldsymbol{E} \, \mathrm{d}\boldsymbol{A}). \tag{12}$$

Dieses Flächenintegral setzen wir in die rechte Seite der Gl. (4) zu den übrigen Flächenintegralen ein.

Bisher haben wir erreicht, daß auf der linken Seite der Gl. (4) ein die Quellen enthaltendes Integral steht und der beliebige Vektor $\boldsymbol{a}$ als gemeinsamer Multiplikator wirkt. Jetzt können die in den Flächenintegralen auftretenden Größen anders dargestellt werden:

$$(\boldsymbol{E} \times \operatorname{rot} \psi \boldsymbol{a}) \, \mathrm{d}\boldsymbol{A} = [\boldsymbol{E} \times (\operatorname{grad} \psi \times \boldsymbol{a})] \, \mathrm{d}\boldsymbol{A} = [(\mathrm{d}\boldsymbol{A} \times \boldsymbol{E}) \times \operatorname{grad} \psi] \, \boldsymbol{a}. \tag{13}$$

Es ist ferner

$$\psi(\boldsymbol{a} \times \operatorname{rot} \boldsymbol{E}) \, \mathrm{d}\boldsymbol{A} = -\mathrm{j}\omega\mu\psi(\boldsymbol{a} \times \boldsymbol{H}) \, \mathrm{d}\boldsymbol{A} = \mathrm{j}\omega\mu\psi(\mathrm{d}\boldsymbol{A} \times \boldsymbol{H}) \, \boldsymbol{a}. \tag{14}$$

Auf diese Weise tritt $\boldsymbol{a}$ überall als Multiplikator auf:

$$\begin{aligned} &\boldsymbol{a} \int_{V-G_0} \left(\mathrm{j}\omega\mu\psi \boldsymbol{J} - \frac{\varrho}{\varepsilon} \operatorname{grad} \psi \right) \mathrm{d}V \\ &= \boldsymbol{a} \int_{A_1+A_2+A_3+A_0} [-\mathrm{j}\omega\mu\psi(\boldsymbol{n} \times \boldsymbol{H}) + (\boldsymbol{n} \times \boldsymbol{E}) \times \operatorname{grad} \psi + (\boldsymbol{n}\boldsymbol{E}) \operatorname{grad} \psi] \, \mathrm{d}A \, ; \; \mathrm{d}\boldsymbol{A} = \boldsymbol{n} \, \mathrm{d}A. \end{aligned} \tag{15}$$

Da $\boldsymbol{a}$ ein beliebiger Vektor ist, muß sein Faktor auf der rechten Seite und auf der linken Seite identisch sein. Wenn wir das Flächenintegral über die Kugeloberfläche A_0

von den übrigen trennen, so erhalten wir

$$\int_{A_0} [-\mathrm{j}\omega\mu\psi(\boldsymbol{n}\times\boldsymbol{H}) + (\boldsymbol{n}\times\boldsymbol{E})\times\operatorname{grad}\psi + (\boldsymbol{n}\boldsymbol{E})\operatorname{grad}\psi]\,\mathrm{d}A$$

$$= \int_{V-G_0} \left(\mathrm{j}\omega\mu\psi\boldsymbol{J} - \frac{\varrho}{\varepsilon}\operatorname{grad}\psi\right)\mathrm{d}V$$

$$- \int_{A_1+A_2+A_3} [-\mathrm{j}\omega\mu\psi(\boldsymbol{n}\times\boldsymbol{H}) + (\boldsymbol{n}\times\boldsymbol{E})\times\operatorname{grad}\psi + (\boldsymbol{n}\boldsymbol{E})\operatorname{grad}\psi]\,\mathrm{d}A\,. \tag{16}$$

Es werde nun untersucht, wie sich das über die Kugelfläche erstreckte Integral verhält, wenn die Kugel auf den Punkt P zusammenschrumpft.

An der Kugelfläche beträgt, da $\boldsymbol{r}^0 = \boldsymbol{n}$ ist,

$$\operatorname{grad}\left(\frac{\mathrm{e}^{-\mathrm{j}kr}}{r}\right)_{r=r_0} = -\left(\mathrm{j}k + \frac{1}{r_0}\right)\frac{\mathrm{e}^{-\mathrm{j}kr_0}}{r_0}\,\boldsymbol{n}\,. \tag{17}$$

Setzen wir diesen Ausdruck in die Flächenintegrale ein und nehmen an Stelle von $\mathrm{d}A$ den Wert $r_0^2\,\mathrm{d}\Omega$, wobei $\mathrm{d}\Omega$ der Raumwinkel ist, so wird

$$\int_{A_0} [-\mathrm{j}\omega\mu\psi(\boldsymbol{n}\times\boldsymbol{H}) + (\boldsymbol{n}\times\boldsymbol{E})\times\operatorname{grad}\psi + (\boldsymbol{n}\boldsymbol{E})\operatorname{grad}\psi]\,\mathrm{d}A$$

$$= -\mathrm{j}r_0\,\mathrm{e}^{-\mathrm{j}kr_0}\int_{\Omega} [\omega\mu(\boldsymbol{n}\times\boldsymbol{H}) + k(\boldsymbol{n}\times\boldsymbol{E})\times\boldsymbol{n} + k(\boldsymbol{n}\boldsymbol{E})\,\boldsymbol{n}]\,\mathrm{d}\Omega$$

$$- \mathrm{e}^{-\mathrm{j}kr_0}\int_{\Omega} [(\boldsymbol{n}\times\boldsymbol{E})\times\boldsymbol{n} + (\boldsymbol{n}\boldsymbol{E})\,\boldsymbol{n}]\,\mathrm{d}\Omega\,. \tag{18}$$

Verwenden wir die sich aus

$$(\boldsymbol{n}\times\boldsymbol{E})\times\boldsymbol{n} = (\boldsymbol{n}\boldsymbol{n})\,\boldsymbol{E} - (\boldsymbol{n}\boldsymbol{E})\,\boldsymbol{n} \tag{19}$$

ergebende Beziehung

$$\boldsymbol{E} = (\boldsymbol{n}\times\boldsymbol{E})\times\boldsymbol{n} + (\boldsymbol{n}\boldsymbol{E})\,\boldsymbol{n}\,, \tag{20}$$

so kann das obige Integral mit Hilfe des Mittelwertsatzes in folgender Form dargestellt werden:

$$\int_{A_0} [-\mathrm{j}\omega\mu\psi(\boldsymbol{n}\times\boldsymbol{H}) + (\boldsymbol{n}\times\boldsymbol{E})\times\operatorname{grad}\psi + (\boldsymbol{n}\boldsymbol{E})\operatorname{grad}\psi]\,\mathrm{d}A$$

$$= -\mathrm{j}4\pi r_0\,\mathrm{e}^{-\mathrm{j}kr_0}\,(\omega\mu\boldsymbol{n}\times\boldsymbol{H} + k\boldsymbol{E})_{\mathrm{mittel}} - 4\pi\,\mathrm{e}^{-\mathrm{j}kr_0}\boldsymbol{E}_{\mathrm{mittel}}\,. \tag{21}$$

Die einzelnen Größen müssen dabei mit ihrem auf die Kugelfläche bezogenen Mittelwert eingesetzt werden. Strebt r_0 gegen Null, so hat das erste Glied den Grenzwert

Null, das zweite Glied aber liefert den im Punkt P angenommenen Feldstärkewert. Das Endergebnis lautet also nach (21) und (16):

$$\boldsymbol{E} = -\frac{1}{4\pi}\int_V \left[\mathrm{j}\omega\mu \boldsymbol{J}\,\frac{\mathrm{e}^{\mathrm{j}(\omega t - kr)}}{r} - \frac{\varrho}{\varepsilon}\,\mathrm{grad}\,\frac{\mathrm{e}^{\mathrm{j}(\omega t - kr)}}{r}\right]\mathrm{d}V$$

$$+ \frac{1}{4\pi}\int_{A_1+A_2+A_3}\left[-\mathrm{j}\omega\mu\,\frac{\mathrm{e}^{\mathrm{j}(\omega t - kr)}}{r}\,(\boldsymbol{n}\times\boldsymbol{H})\right.$$

$$\left. + (\boldsymbol{n}\times\boldsymbol{E})\times\mathrm{grad}\,\frac{\mathrm{e}^{\mathrm{j}(\omega t - kr)}}{r} + (\boldsymbol{n}\boldsymbol{E})\,\mathrm{grad}\,\frac{\mathrm{e}^{\mathrm{j}(\omega t - kr)}}{r}\right]\mathrm{d}A\,. \tag{22}$$

Auf ähnliche Weise erhalten wir den Vektor $\boldsymbol{H}$:

$$\boldsymbol{H} = \frac{1}{4\pi}\int_V \left[\boldsymbol{J}\times\mathrm{grad}\,\frac{\mathrm{e}^{\mathrm{j}(\omega t - kr)}}{r}\right]\mathrm{d}V + \frac{1}{4\pi}\int_{A_1+A_2+A_3}\left[\mathrm{j}\omega\varepsilon(\boldsymbol{n}\times\boldsymbol{E})\,\frac{\mathrm{e}^{\mathrm{j}(\omega t - kr)}}{r}\right.$$

$$\left. + (\boldsymbol{n}\times\boldsymbol{H})\times\mathrm{grad}\,\frac{\mathrm{e}^{\mathrm{j}(\omega t - kr)}}{r} + (\boldsymbol{n}\boldsymbol{H})\,\mathrm{grad}\,\frac{\mathrm{e}^{\mathrm{j}(\omega t - kr)}}{r}\right]\mathrm{d}A\,. \tag{23}$$

4.40.2. Veranschaulichung des Ergebnisses mit Hilfe elektrischer und magnetischer Flächenstromdichten

Wenn wir die obigen Beziehungen betrachten, sehen wir, daß in den Formeln für $\boldsymbol{E}$ und $\boldsymbol{H}$ das elektrische bzw. magnetische Feld des im Flächenintegral auftretenden Vektors $(\boldsymbol{n}\times\boldsymbol{H})\,\mathrm{d}A$ ebenso berechnet wird wie das Feld des Vektors $\boldsymbol{J}\,\mathrm{d}V$. Dies kann so gedeutet werden, als ob Flächenströme der Größe $(\boldsymbol{n}\times\boldsymbol{H}) = \boldsymbol{K}_\mathrm{e}$ in der Fläche flössen. Wird das Feld außerhalb des Volumens V gleich Null angenommen, dann realisiert an der mit der Grenzfläche von V zusammenfallenden Fläche die durch $(\boldsymbol{n}\times\boldsymbol{H}) = \boldsymbol{K}_\mathrm{e}$ bestimmte Flächenstromdichte den Sprung der Tangentialkomponente des Magnetfeldes von 0 bis zum vorgeschriebenen Wert $\boldsymbol{H}_\mathrm{t}$.

Der Vektor $(\boldsymbol{n}\times\boldsymbol{E})\,\mathrm{d}A$ dagegen liefert ein elektrisches Feld, das dem Magnetfeld des Vektors $\boldsymbol{J}\,\mathrm{d}V$ entspricht. Das magnetische Feld von $(\boldsymbol{n}\times\boldsymbol{E})\,\mathrm{d}A$ wird ähnlich berechnet wie das elektrische Feld von $\boldsymbol{J}\,\mathrm{d}V$. Wenn magnetische Flächenströme existieren könnten, würden sie ein derartiges Feld erzeugen. Durch Einführung einer „magnetischen Flächenstromdichte" $(\boldsymbol{n}\times\boldsymbol{E}) = -\boldsymbol{K}_\mathrm{m}$ kann somit ein Glied des Flächenintegrals als die Feldstärke bestimmt werden, die das elektrische Feld der auf der Fläche verteilten strahlenden Magnetstromelemente charakterisiert. Die Größen $(\boldsymbol{n}\boldsymbol{E})\,\mathrm{d}A$ bzw. $(\boldsymbol{n}\boldsymbol{H})\,\mathrm{d}A$ werden wegen ihrer Analogie zu $\varrho\,\mathrm{d}V$ als elektrische bzw magnetische Flächenladungen $(\sigma_e/\varepsilon)\,dA$ bzw. $(\sigma_m/\mu)\,dA$ gedeutet. So können also die außerhalb des Volumens V liegenden Quellen durch die an der Grenzfläche gedachten fiktiven Flächenstromdichten bzw. Ladungsdichten

$$\boldsymbol{K}_e = \boldsymbol{n} \times \boldsymbol{H}; \qquad \boldsymbol{K}_m = -\boldsymbol{n} \times \boldsymbol{E}; \qquad \sigma_e = \varepsilon(\boldsymbol{n}\boldsymbol{E}); \qquad \sigma_m = \mu(\boldsymbol{n}\boldsymbol{H}) \tag{24}$$

ersetzt werden.

4.40.3. Die Ausstrahlungsbedingung

Um den gesamten Raum in die Betrachtungen einzubeziehen, schieben wir die äußere Begrenzungsfläche in Form einer Kugelfläche ins Unendliche hinaus. Die äußere Normale wird $-\boldsymbol{n} = \boldsymbol{r}^0$. Das auf diese Fläche genommene Flächenintegral im Ausdruck für $\boldsymbol{E}$ (Gl. (22)) kann jetzt folgendermaßen geschrieben werden:

$$\frac{1}{4\pi} \oint_{A_3} \left[-\,j\omega\mu\, \frac{e^{j(\omega t - kr)}}{r} (\boldsymbol{n} \times \boldsymbol{H}) + (\boldsymbol{n} \times \boldsymbol{E}) \times \operatorname{grad} \frac{e^{j(\omega t - kr)}}{r} \right.$$

$$\left. + (\boldsymbol{n}\boldsymbol{E}) \operatorname{grad} \frac{e^{j(\omega t - kr)}}{r} \right] dA = \frac{1}{4\pi} \oint_{A_3} \left\{ j\omega\mu(\boldsymbol{r}^0 \times \boldsymbol{H}) \right.$$

$$\left. - \left(jk + \frac{1}{r} \right) [\boldsymbol{r}^0 \times (\boldsymbol{r}^0 \times \boldsymbol{E}) - (\boldsymbol{r}^0\boldsymbol{E})\,\boldsymbol{r}^0] \right\} \frac{e^{j(\omega t - kr)}}{r}\, dA$$

$$= \frac{1}{4\pi} \oint_{A_3} \left\{ j\omega\mu \left[\boldsymbol{r}^0 \times \boldsymbol{H} + \sqrt{\frac{\varepsilon}{\mu}}\, \boldsymbol{E} \right] + \frac{\boldsymbol{E}}{r} \right\} \frac{e^{j(\omega t - kr)}}{r}\, dA\,. \tag{25}$$

Dieses Integral verschwindet für $r \to \infty$ jedenfalls dann, wenn

$$\lim_{r \to \infty} r\boldsymbol{E} \text{ endlich}$$

und

$$\lim_{r \to \infty} r \left[\boldsymbol{r}^0 \times \boldsymbol{H} + \sqrt{\frac{\varepsilon}{\mu}}\, \boldsymbol{E} \right] = 0 \tag{26}$$

ist, d. h., $\boldsymbol{E}$ geht wie $1/r$ gegen Null; außerdem müssen die Feldstärken der Ausstrahlungsbedingung genügen:

$$\boldsymbol{r}^0 \times \boldsymbol{H} + \sqrt{\frac{\varepsilon}{\mu}}\, \boldsymbol{E} \to 0;$$

also

$$\boldsymbol{E} \to -\sqrt{\frac{\mu}{\varepsilon}}\,(\boldsymbol{r}^0 \times \boldsymbol{H}). \tag{27}$$

Entsprechend muß für $\boldsymbol{H}$ aus Gl. (23) gelten:

$$\boldsymbol{H} \to \sqrt{\frac{\varepsilon}{\mu}}\,(\boldsymbol{r}^0 \times \boldsymbol{E}). \tag{28}$$

Diese Bedingung besagt, daß sich die Feldstärken in sehr großer Entfernung von allen Strahlungsquellen wie sich ausbreitende ebene Wellen verhalten müssen.

Sind nun in einem Raum, der nur von der ins Unendliche entfernten Fläche A_3 begrenzt ist, räumliche Strahlungsquellen gegeben, so verbleibt von den Gleichungen (22) und (23) jeweils das Volumenintegral:

$$\boldsymbol{E} = -\frac{1}{4\pi}\int_V \left[\mathrm{j}\omega\mu\boldsymbol{J}\,\frac{\mathrm{e}^{-\mathrm{j}kr}}{r} - \frac{\varrho}{\varepsilon}\,\mathrm{grad}\,\frac{\mathrm{e}^{-\mathrm{j}kr}}{r}\right]\mathrm{d}V; \tag{29}$$

$$\boldsymbol{H} = \frac{1}{4\pi}\int_V \boldsymbol{J} \times \mathrm{grad}\,\frac{\mathrm{e}^{-\mathrm{j}kr}}{r}\,\mathrm{d}V. \tag{30}$$

Die erste Gleichung ist mit

$$\boldsymbol{E} = -\mu\,\frac{\partial \boldsymbol{A}}{\partial t} - \mathrm{grad}\,\varphi$$

identisch, wenn die Ausdrücke für $\boldsymbol{A}$ und φ in Kap. 4.5. und die Vorzeichendifferenz der Gradientbildung nach P bzw. Q berücksichtigt werden. Die zweite ist mit $\boldsymbol{H} = \mathrm{rot}\,\boldsymbol{A}$ gleichbedeutend, wenn 4.5.(30) berücksichtigt wird. Aus (30) folgt übrigens auch 4.7.(10).

Mit Hilfe der Beziehung $\mathrm{div}\,\boldsymbol{J} = -\mathrm{j}\omega\varrho$ kann die Ladungsdichte eliminiert werden:

$$\boldsymbol{E} = \frac{\mathrm{j}}{4\pi\omega\varepsilon}\int_V \left[-k^2\boldsymbol{J}\,\frac{\mathrm{e}^{-\mathrm{j}kr}}{r} + (\mathrm{div}\,\boldsymbol{J})\,\mathrm{grad}\,\frac{\mathrm{e}^{-\mathrm{j}kr}}{r}\right]\mathrm{d}V. \tag{31}$$

Diese Gleichung kann in die folgende Form umgeschrieben werden:

$$\boldsymbol{E} = -\frac{\mathrm{j}}{4\pi\varepsilon\omega}\int_V \left[\mathbf{T}^{\mathrm{d}\,\mathrm{grad}\frac{\mathrm{e}^{-\mathrm{j}kr}}{r}}_{\mathrm{d}\boldsymbol{r}}\,\boldsymbol{J} + k^2\boldsymbol{J}\,\frac{\mathrm{e}^{-\mathrm{j}kr}}{r}\right]\mathrm{d}V. \tag{32}$$

Um dies zu beweisen, wenden wir die adäquateste Symbolik an (ein Vektor $\boldsymbol{v}$ wird durch seine Komponente v_i symbolisiert; außerdem bedeuten zwei gleiche Indizes automatisch eine Summation):

$$(\operatorname{div} \boldsymbol{J}) \operatorname{grad} \frac{e^{-jkr}}{r} = \left(\frac{\partial J_l}{\partial x_l}\right) \frac{\partial}{\partial x_i} \frac{e^{-jkr}}{r} = \frac{\partial}{\partial x_l} \left(J_l \frac{\partial}{\partial x_i} \frac{e^{-jkr}}{r}\right) - \left(\frac{\partial^2}{\partial x_i\, \partial x_l} \frac{e^{-jkr}}{r}\right) J_l .$$

Bei Integration über den ganzen Raum verschwindet das erste Glied, da es in ein Flächenintegral umgeschrieben werden kann; das zweite Glied ergibt das gewünschte Resultat, da

$$\left(\frac{\partial^2}{\partial x_i\, \partial x_l} \frac{e^{-jkr}}{r}\right) J_l = \mathbf{T}_{\mathrm{d}\boldsymbol{r}}^{\mathrm{d}\,\operatorname{grad}\frac{e^{-jkr}}{r}} \boldsymbol{J} .$$

Wenn wir jetzt alle im Endlichen liegenden Strahlungsquellen mit einer Fläche umhüllen, können die Feldstärken außerhalb dieser Fläche durch die Werte an der Fläche selbst ausgedrückt werden:

$$\left.\begin{aligned} \boldsymbol{E}\, e^{j\omega t} &= \frac{1}{4\pi} \oint_A \left[-j\omega\mu \frac{e^{j(\omega t - kr)}}{r} \boldsymbol{n} \times \boldsymbol{H} + (\boldsymbol{n} \times \boldsymbol{E}) \times \operatorname{grad} \frac{e^{j(\omega t - kr)}}{r} \right. \\ &\qquad \left. + (\boldsymbol{n}\boldsymbol{E}) \operatorname{grad} \frac{e^{j(\omega t - kr)}}{r} \right] \mathrm{d}A ; \\ \boldsymbol{H}\, e^{j\omega t} &= \frac{1}{4\pi} \oint_A \left[j\omega\varepsilon (\boldsymbol{n} \times \boldsymbol{E}) \frac{e^{j(\omega t - kr)}}{r} + (\boldsymbol{n} \times \boldsymbol{H}) \times \operatorname{grad} \frac{e^{j(\omega t - kr)}}{r} \right. \\ &\qquad \left. + (\boldsymbol{n}\boldsymbol{H}) \operatorname{grad} \frac{e^{j(\omega t - kr)}}{r} \right] \mathrm{d}A . \end{aligned}\right\} \quad (33)$$

Damit haben wir das Huygenssche Prinzip mathematisch formuliert und die Lösung des vektoriellen Beugungsproblems angegeben.

Jetzt wollen wir noch einen Ausdruck für die Feldstärken in großer Entfernung von allen Erregern bzw. von der die Erregung ersetzenden Fläche A finden. In großer Entfernung gilt $|\boldsymbol{r}| = |\boldsymbol{r}_P - \boldsymbol{r}_Q| \approx |\boldsymbol{r}_P|$. Im Nenner rechnen wir also mit diesem Wert. Die Phase kann sich dagegen stark verändern. Wir schreiben also $e^{-jkr} = e^{-jkr_P} e^{jkr_Q}$. Wenn man den Vektor $\boldsymbol{k} = k\boldsymbol{r}^0$ einführt, wo $\boldsymbol{r}^0 = (\boldsymbol{r}_P - \boldsymbol{r}_Q)/|\boldsymbol{r}_P - \boldsymbol{r}_Q| \approx \boldsymbol{r}_P^0$ ist, so lassen sich die Gleichungen (29) und (30) wie folgt schreiben:

$$\begin{aligned} \boldsymbol{E} &= -\frac{j\omega\mu}{4\pi r_P} e^{-jkr_P} \int_V [\boldsymbol{J} - (\boldsymbol{J}\boldsymbol{r}^0)\, \boldsymbol{r}^0]\, e^{jk\boldsymbol{r}_Q\boldsymbol{r}^0}\, \mathrm{d}V \\ &= -j \frac{\omega\mu}{4\pi r_P} e^{-jkr_P} \int_V \boldsymbol{r}^0 \times (\boldsymbol{J} \times \boldsymbol{r}^0)\, e^{jk\boldsymbol{r}_Q\boldsymbol{r}^0}\, \mathrm{d}V ; \end{aligned} \qquad (34)$$

$$\boldsymbol{H} = \frac{j\omega\varepsilon}{4\pi r_P} e^{-jkr_P} \int_V \sqrt{\frac{\mu}{\varepsilon}} (\boldsymbol{J} \times \boldsymbol{r}^0)\, e^{jk\boldsymbol{r}_Q\boldsymbol{r}^0}\, \mathrm{d}V ; \ \boldsymbol{k} = k\boldsymbol{r}^0, \ \boldsymbol{r}^0 = \boldsymbol{r}/|\boldsymbol{r}| .$$

Der Beweis ist elementar, aber etwas umständlich. Man kann nämlich das erste Glied des Integranden in Gl. (32) folgendermaßen umschreiben:

$$J_l \frac{\partial}{\partial x_l}\left(\frac{\partial}{\partial x_i}\frac{e^{-jkr}}{r}\right) = J_l \frac{\partial}{\partial x_l}\left[\left(-jk - \frac{1}{r}\right)\frac{e^{-jkr}}{r}\frac{\partial r}{\partial x_i}\right]$$

$$= J_l\left(-jk - \frac{1}{r}\right)\left[\frac{\partial r}{\partial x_i}\frac{\partial}{\partial x_l}\frac{e^{-jkr}}{r} + \frac{e^{-jkr}}{r}\frac{\partial}{\partial x_l}\frac{\partial r}{\partial x_i}\right] - J_l \frac{e^{-jkr}}{r}\frac{\partial r}{\partial x_i}\frac{\partial}{\partial x_l}\frac{1}{r},$$

da

$$\frac{\partial}{\partial x_i}\frac{e^{-jkr}}{r} = \frac{\partial}{\partial r}\frac{e^{-jkr}}{r}\frac{\partial r}{\partial x_i} = \left(-jk - \frac{1}{r}\right)\frac{e^{-jkr}}{r}\frac{\partial r}{\partial x_i}.$$

Diese letzte Gleichung gilt auch, wenn der Index i durch l ersetzt wird. Beachtet man dies sowie den Zusammenhang

$$\frac{\partial r}{\partial x_l} = \frac{x_l}{r} = r_l^0$$

und streicht man alle Glieder von höherer Ordnung als $1/r$, so erhält man

$$J_l \frac{\partial^2}{\partial x_i\,\partial x_l}\frac{e^{-jkr}}{r} = k^2 \frac{\partial r}{\partial x_i}\frac{e^{-jkr}}{r} J_l r_l^0 = k^2 \frac{e^{-jkr}}{r}(J_l r_l^0)\, r_i^0.$$

Diese Gleichung bedeutet aber in der gewöhnlichen Vektorschreibweise

$$k^2 \frac{e^{-jkr}}{r}(\boldsymbol{J}\boldsymbol{r}^0)\,\boldsymbol{r}^0.$$

Die Gleichungen (33) nehmen für große Entfernung die Form an:

$$\boldsymbol{E} = \frac{e^{-jkr_P}}{4\pi r_P}\int\limits_A [-j\omega\mu(\boldsymbol{n}\times\boldsymbol{H}) + jk(\boldsymbol{n}\times\boldsymbol{E})\times\boldsymbol{r}^0 + jk(\boldsymbol{n}\boldsymbol{E})\,\boldsymbol{r}^0]\, e^{jkr_Q r^0}\, dA_Q$$

$$= \frac{jk\,e^{-jkr_P}}{4\pi r_P}\int\limits_A \left[(\boldsymbol{n}\times\boldsymbol{E})\times\boldsymbol{r}^0 + (\boldsymbol{n}\boldsymbol{E})\,\boldsymbol{r}^0 - \sqrt{\frac{\mu}{\varepsilon}}\,(\boldsymbol{n}\times\boldsymbol{H})\right] e^{jkr_Q r^0}\, dA_Q.$$

$$\boldsymbol{H} = \frac{e^{-jkr_P}}{4\pi r_P}\int\limits_A [j\omega\varepsilon(\boldsymbol{n}\times\boldsymbol{E}) + (\boldsymbol{n}\times\boldsymbol{H})\times jk\boldsymbol{r}^0 + (\boldsymbol{n}\boldsymbol{H})\, jk\boldsymbol{r}^0]\, e^{jkr_Q r^0}\, dA_Q$$

$$= \frac{jk\,e^{-jkr_P}}{4\pi r_P}\int\limits_A \left[(\boldsymbol{n}\times\boldsymbol{H})\times\boldsymbol{r}^0 + (\boldsymbol{n}\boldsymbol{H})\,\boldsymbol{r}^0 + \sqrt{\frac{\varepsilon}{\mu}}\,(\boldsymbol{n}\times\boldsymbol{E})\right] e^{jkr_Q r^0}\, dA_Q.$$

Man sieht leicht ein, daß beide Formeln solche zusammengehörenden Werte ergeben, die der Ausstrahlungsbedingung genügen, also tatsächlich sich ausbreitende ebene Wellen darstellen.

4.40.4. Das Streuungsproblem

Das Problem der Streuung kann im Fall von unendlich gut leitenden Körpern beliebiger Gestalt auf eine Integralgleichung zurückgeführt werden. Diese Integralgleichung ergibt die Flächenstromdichte. In Kenntnis der Flächenströme kann dann das Streufeld bestimmt werden. Wir schreiben das magnetische Feld als Summe des einfallenden Feldes und des Streufeldes (Abb. 4.112):

$$\boldsymbol{H} = \boldsymbol{H}^{\mathrm{i}} + \boldsymbol{H}^{\mathrm{sc}} = \boldsymbol{H}^{\mathrm{i}} + \frac{1}{4\pi} \int_A \boldsymbol{K}_Q \times \operatorname{grad}_Q \frac{\mathrm{e}^{-\mathrm{j}kr}}{r} \, \mathrm{d}A_Q. \tag{35}$$

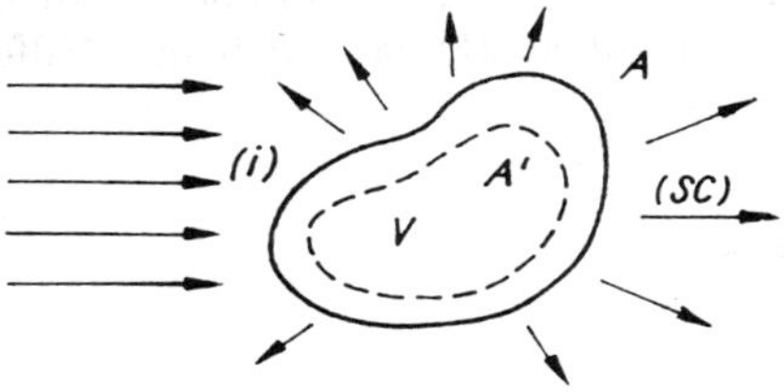

Abb. 4.112 Zur Aufstellung der Integralgleichung für die Bestimmung der Flächenströme und daraus des Streufeldes bzw. des Gesamtfeldes

Im Innern des Streukörpers V wird das Gesamtfeld Null

$$\boldsymbol{H}_P^{\mathrm{i}} + \frac{1}{4\pi} \oint_A \boldsymbol{K}_Q \times \operatorname{grad}_Q \frac{\mathrm{e}^{-\mathrm{j}kr}}{r} \, \mathrm{d}A_Q = \boldsymbol{H}_P^{\mathrm{i}} - \frac{1}{4\pi} \oint_A \boldsymbol{K}_Q \times \operatorname{grad}_P \frac{\mathrm{e}^{-\mathrm{j}kr}}{r} \, \mathrm{d}A_Q = 0$$

(Q auf A, P auf A'). (36)

Die Gleichung wird etwas komplizierter, wenn wir auch den Punkt P auf der Fläche A wählen. Beim Durchgang durch die Fläche in Richtung der Normalen tritt dann nämlich für den Ausdruck

$$\frac{1}{4\pi} \oint_A \boldsymbol{K}_Q \times \operatorname{grad}_P \frac{\mathrm{e}^{-\mathrm{j}kr}}{r} \, \mathrm{d}A_Q$$

ein Sprung von der Größe

$$-\boldsymbol{K}_P \times \boldsymbol{n}_P$$

auf. An der Fläche selbst ergibt der obige Ausdruck den Mittelwert des äußeren und inneren Wertes. Das Feld im Innern ergibt sich, wenn wir $(-\boldsymbol{K}_P \times \boldsymbol{n}_P)$ (1/2) von dem Integralausdruck abziehen:

$$\boldsymbol{H}_P^{\mathrm{i}} - \left[\frac{1}{4\pi} \oint_A \boldsymbol{K}_Q \times \operatorname{grad}_P \frac{\mathrm{e}^{-\mathrm{j}kr}}{r} \, \mathrm{d}A_Q + \frac{1}{2} \boldsymbol{K}_P \times \boldsymbol{n}_P \right] = 0. \tag{37}$$

Wenn wir diese Gleichung mit $\boldsymbol{n}_P$ von links vektoriell multiplizieren und die Beziehung

$$\boldsymbol{n}_P \times [\boldsymbol{K}_P \times \boldsymbol{n}_P] = (\boldsymbol{n}_P \boldsymbol{n}_P)\, \boldsymbol{K}_P - (\boldsymbol{K}_P \boldsymbol{n}_P)\, \boldsymbol{n}_P = \boldsymbol{K}_P$$

benutzen, erhalten wir unser Endresultat:

$$\frac{1}{2} \boldsymbol{K}_P + \frac{1}{4\pi} \oint\limits_A \boldsymbol{n}_P \times \left[\boldsymbol{K}_Q \times \operatorname{grad}_P \frac{e^{-jkr}}{r} \right] dA_Q = \boldsymbol{n}_P \times \boldsymbol{H}_P^i. \tag{38}$$

Damit haben wir eine Integralgleichung für die Bestimmung von $\boldsymbol{K}$ vor uns.

Man kann eine Integralgleichung für die unbekannte Flächenstromdichte auch durch die Randbedingung für $\boldsymbol{E}$ aufstellen. Das Streufeld $\boldsymbol{E}^{sc}$ läßt sich mit Hilfe von $\boldsymbol{K}$ nach Gl. (32) wie folgt ausdrücken:

$$\boldsymbol{E}^{sc} = -\frac{j}{4\pi\varepsilon\omega} \int\limits_A \left[\mathbf{T}_{d\boldsymbol{r}}^{d\,\operatorname{grad}\frac{e^{-jkr}}{r}} \boldsymbol{K} + k^2 \boldsymbol{K} \frac{e^{-jkr}}{r} \right] dA.$$

Die Randbedingung wird $\boldsymbol{n} \times \boldsymbol{E} = \boldsymbol{n} \times (\boldsymbol{E}^i + \boldsymbol{E}^{sc}) = \boldsymbol{0}$, d. h.,

$$\boldsymbol{n} \times \boldsymbol{E}^i = -\boldsymbol{n} \times \boldsymbol{E}^{sc} = \frac{j}{4\pi\omega\varepsilon} \int\limits_A \boldsymbol{n} \times \left[\mathbf{T}_{d\boldsymbol{r}}^{d\,\operatorname{grad}\frac{e^{-jkr}}{r}} \boldsymbol{K} + k^2 \boldsymbol{K} \frac{e^{-jkr}}{r} \right] dA_Q. \tag{39a}$$

Damit haben wir wieder eine Integralgleichung vor uns.

Auf eine Integralgleichung kann auch das Problem der Streuung an einem Körper aus isolierendem Material zurückgeführt werden. Schreiben wir nämlich die erste Maxwellsche Gleichung in der Form

$$\operatorname{rot} \boldsymbol{H} = j\omega\varepsilon \boldsymbol{E} = j\omega\varepsilon_0 \boldsymbol{E} + j\omega(\varepsilon - \varepsilon_0)\, \boldsymbol{E} = j\omega\varepsilon_0 \boldsymbol{E} + \boldsymbol{J}_P,$$

so kann $\boldsymbol{J}_P = j\omega(\varepsilon - \varepsilon_0)\, \boldsymbol{E}$ als eine eingeprägte Stromstärke betrachtet werden. Die Lösung nach Gl. (32) lautet dann

$$\boldsymbol{E}^{sc} = -\frac{j}{4\pi\varepsilon_0\omega} \int\limits_V \left(k^2 \boldsymbol{J}_P \frac{e^{-jkr}}{r} + \mathbf{T}_{d\boldsymbol{r}}^{d\,\operatorname{grad}\frac{e^{-jkr}}{r}} \boldsymbol{J}_P \right) dV.$$

Es gilt somit für das Gesamtfeld

$$\boldsymbol{E}(\boldsymbol{r}_P) = \boldsymbol{E}^i(\boldsymbol{r}_P) + \frac{1}{4\pi} \int\limits_V k^2(\varepsilon_r - 1)\, \boldsymbol{E}(\boldsymbol{r}_Q) \frac{e^{-jkr_{PQ}}}{r_{PQ}} + (\varepsilon_r - 1)\, \mathbf{T}_{d\boldsymbol{r}}^{d\,\operatorname{grad}\frac{e^{-jkr}}{r}} \boldsymbol{E}(\boldsymbol{r}_Q)\, dV_Q. \tag{39b}$$

4.40.5. Das Beugungsproblem

Auf Grund unserer bisherigen Untersuchungen betrachten wir das Diffraktionsproblem in folgender einfacher Formulierung: Es sei eine unendliche Ebene und in dieser eine Öffnung gegeben, in der das Feld als bekannt angenommen wird. Nun wollen wir mit Hilfe der Beziehungen

$$\left.\begin{aligned}\boldsymbol{E}\,\mathrm{e}^{\mathrm{j}\omega t} &= \frac{1}{4\pi}\int\limits_A\left[-\mathrm{j}\omega\mu\,\frac{\mathrm{e}^{\mathrm{j}(\omega t-kr)}}{r}(\boldsymbol{n}\times\boldsymbol{H}) + (\boldsymbol{n}\times\boldsymbol{E})\times\operatorname{grad}\frac{\mathrm{e}^{\mathrm{j}(\omega t-kr)}}{r}\right.\\ &\quad\left.+(\boldsymbol{n}\boldsymbol{E})\operatorname{grad}\frac{\mathrm{e}^{\mathrm{j}(\omega t-kr)}}{r}\right]\mathrm{d}A\,,\\ \boldsymbol{H}\,\mathrm{e}^{\mathrm{j}\omega t} &= \frac{1}{4\pi}\int\limits_A\left[\mathrm{j}\omega\varepsilon(\boldsymbol{n}\times\boldsymbol{E})\,\frac{\mathrm{e}^{\mathrm{j}(\omega t-kr)}}{r} + (\boldsymbol{n}\times\boldsymbol{H})\times\operatorname{grad}\frac{\mathrm{e}^{\mathrm{j}(\omega t-kr)}}{r}\right.\\ &\quad\left.+(\boldsymbol{n}\boldsymbol{H})\operatorname{grad}\frac{\mathrm{e}^{\mathrm{j}(\omega t-kr)}}{r}\right]\mathrm{d}A\end{aligned}\right\}\qquad(40)$$

das Feld berechnen. Unsere Beziehungen für $\boldsymbol{E}$ und $\boldsymbol{H}$ können nicht ohne weiteres für diesen Fall angewendet werden. Die elektrischen und magnetischen Ersatzstromdichten müssen die Kontinuitätsgleichung befriedigen. Die die Öffnung begrenzende

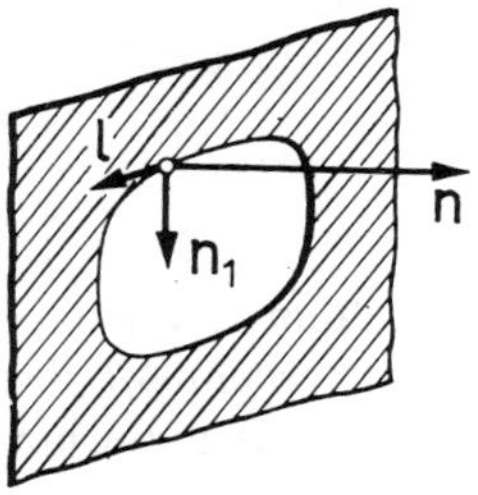

Abb. 4.113 Zur Bestimmung der elektrischen und magnetischen Linienladungen

Kurve muß nach KOTLER mit einer elektrischen und einer magnetischen Linienladung an den Stellen versehen werden, wo die Stromdichtelinien ausgehen bzw. münden.

Die Begrenzungslinie der Öffnung sei durch die in Abb. 4.113 dargestellte Kurve bestimmt. Die von einem beliebigen Punkt dieser Kurve ausgehenden bzw. dort mündenden elektrischen oder magnetischen Flächenstromdichtelinien verursachen eine Änderung der Ladung. Diese ist gegeben zu

$$\left.\begin{aligned}\boldsymbol{n}_1(\boldsymbol{K}_{\mathrm{e}1}-\boldsymbol{K}_{\mathrm{e}2}) &= -\frac{\partial q_{\mathrm{e}}}{\partial t} = -\mathrm{j}\omega q_{\mathrm{e}}\,,\\ \boldsymbol{n}_1(\boldsymbol{K}_{\mathrm{m}1}-\boldsymbol{K}_{\mathrm{m}2}) &= -\frac{\partial q_{\mathrm{m}}}{\partial t} = -\mathrm{j}\omega q_{\mathrm{m}}\,,\end{aligned}\right\}\qquad(41)$$

wobei q_e und q_m die auf die Längeneinheit bezogenen Ladungen sind. Da im Innern der Öffnung die Magnetstromdichte $\boldsymbol{n} \times \boldsymbol{E}_1$ und die elektrische Stromdichte $\boldsymbol{n} \times \boldsymbol{H}_1$ beträgt, das Feld aber und damit auch die Stromdichte außerhalb der Öffnung nach Voraussetzung Null wird, kann die elektrische bzw. magnetische Linienladung durch

$$-q_e = \frac{1}{j\omega} \boldsymbol{n}_1 \boldsymbol{K}_{e1} = \frac{1}{j\omega} \boldsymbol{n}_1(\boldsymbol{n} \times \boldsymbol{H}_1) = \frac{1}{j\omega} (\boldsymbol{n}_1 \times \boldsymbol{n}) \boldsymbol{H}_1 = \frac{1}{j\omega} \boldsymbol{H}_1 \boldsymbol{l} \tag{42}$$

bzw.

$$q_m = \frac{1}{j\omega} \boldsymbol{E}_1 \boldsymbol{l} \tag{43}$$

bestimmt werden. Mit Hilfe dieser Beziehungen wird die elektrische bzw. magnetische Feldstärke durch folgende Zusatzglieder erweitert:

$$\left.\begin{aligned} \boldsymbol{E}_l &= -\oint_L \frac{1}{4\pi\varepsilon j\omega} (\boldsymbol{H}_1 \, d\boldsymbol{l}) \operatorname{grad} \frac{e^{-jkr}}{r}, \\ \boldsymbol{H}_l &= \oint_L \frac{1}{4\pi j\omega\mu} (\boldsymbol{E}_1 \, d\boldsymbol{l}) \operatorname{grad} \frac{e^{-jkr}}{r}. \end{aligned}\right\} \tag{44}$$

Das Strahlungsfeld dieser Linienladung muß noch berücksichtigt werden. Es kann bewiesen werden, daß letzteres in Richtungen, die zur Öffnung nahezu senkrecht verlaufen, vernachlässigt werden kann, so daß wir nun mit dem Strahlungsfeld der durch die Gleichungen

$$\boldsymbol{K}_e = \boldsymbol{n} \times \boldsymbol{H}; \qquad \boldsymbol{K}_m = -\boldsymbol{n} \times \boldsymbol{E} \tag{45}$$

bestimmten elektrischen und magnetischen Flächenstromdichten rechnen können.

Im folgenden wollen wir mit Hilfe dieser Näherung zwei Fälle berechnen: das Strahlungsfeld eines Koaxialkabelendes und das Strahlungsfeld einer Huygensschen Quelle.

4.40.6. Ausstrahlung eines Koaxialkabelendes

In der ringförmigen Öffnung (s. Abb. 4.114) wird das Feld in erster Näherung als dem Felde des offenen, unbelasteten Kabelendes gleich angenommen. Mit einem magnetischen Feld wird also nicht gerechnet. Die elektrische Feldstärke beträgt

$$E_\varrho = \frac{U}{\ln \frac{\varrho_a}{\varrho_i}} \frac{1}{\varrho}. \tag{46}$$

Ihr entspricht auf Grund der Gl. (45) eine gleich große, jedoch in der Richtung φ verlaufende magnetische Stromdichte.

Der magnetische Hertzsche Vektor wird nach Abb. 4.114

$$\Pi_\varphi^{\mathrm{m}} = \frac{1}{\mathrm{j}\omega 4\pi\mu} \int\limits_{\varphi'=0}^{2\pi} \int\limits_{\varrho=\varrho_i}^{\varrho_a} \cos\varphi' K_\varphi^{\mathrm{m}} \frac{\mathrm{e}^{-\mathrm{j}kr}}{r} \varrho \,\mathrm{d}\varrho \,\mathrm{d}\varphi'. \tag{47}$$

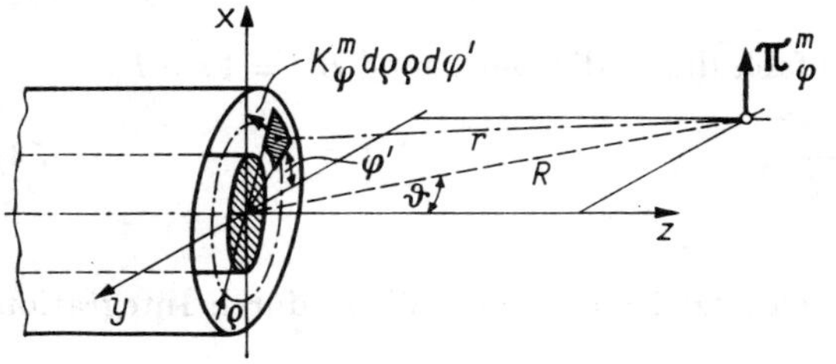

Abb. 4.114 Zur Berechnung der Ausstrahlung eines Kabelendes

Uns interessiert nur das Fernfeld. Dafür gilt die schon oft benutzte Beziehung

$$r = R - \varrho \sin\vartheta \cos\varphi'. \tag{48}$$

Wir nehmen weiter an, daß $k\varrho \ll 1$. Es wird also

$$\Pi_\varphi^{\mathrm{m}} = -\frac{U}{\ln\frac{\varrho_a}{\varrho_i}} \frac{1}{\mathrm{j}\omega 4\pi\mu} \frac{1}{R} \int\limits_{\varphi'} \int\limits_{\varrho} \frac{\cos\varphi' \varrho \,\mathrm{d}\varrho}{\varrho} \mathrm{e}^{-\mathrm{j}k(R-\varrho\sin\vartheta\cos\varphi')} \,\mathrm{d}\varphi'$$

$$= -\frac{U}{\ln\frac{\varrho_a}{\varrho_i}} \frac{1}{\mathrm{j}\omega 4\pi\mu R} \mathrm{e}^{-\mathrm{j}kR} \int\limits_{\varphi'} \int\limits_{\varrho} \cos\varphi' \,\mathrm{e}^{\mathrm{j}k\varrho\sin\vartheta\cos\varphi'} \,\mathrm{d}\varrho \,\mathrm{d}\varphi'$$

$$= -\frac{U}{\ln\frac{\varrho_a}{\varrho_i}} \frac{1}{\mathrm{j}\omega 4\pi\mu R} \mathrm{e}^{-\mathrm{j}kR} \int\limits_{\varphi'=0}^{2\pi} \int\limits_{\varrho=\varrho_i}^{\varrho_a} (1 + \mathrm{j}k\varrho \sin\vartheta \cos\varphi') \cos\varphi' \,\mathrm{d}\varrho \,\mathrm{d}\varphi'. \tag{49}$$

Hier haben wir auch die Näherungsformel

$$\mathrm{e}^{\mathrm{j}k\varrho\sin\vartheta\cos\varphi'} \approx 1 + \mathrm{j}k\varrho \sin\vartheta \cos\varphi'$$

benutzt.

So ergibt sich als Endformel

$$\Pi_\varphi^{\mathrm{m}} = -\frac{1}{8} \frac{U}{\ln\frac{\varrho_a}{\varrho_i}} \sqrt{\frac{\varepsilon}{\mu}} \frac{\mathrm{e}^{-\mathrm{j}kR}}{R} \sin\vartheta \,(\varrho_a^2 - \varrho_i^2), \tag{50}$$

woraus die elektrische Feldstärke $\boldsymbol{E}$ durch die Beziehung

$$\boldsymbol{E} = -\mu \mathrm{j}\omega \operatorname{rot} \boldsymbol{\Pi}^{\mathrm{m}} \tag{51}$$

folgt. Es wird also

$$E_\vartheta = \mu \mathrm{j}\omega \frac{1}{R \sin\vartheta} \frac{\partial}{\partial R} (R \sin\vartheta \Pi_\varphi^{\mathrm{m}}) = -k\mu\omega \sqrt{\frac{\varepsilon}{\mu}} \frac{1}{8} \frac{U}{\ln \frac{\varrho_{\mathrm{a}}}{\varrho_{\mathrm{i}}}} (\varrho_{\mathrm{a}}^2 - \varrho_{\mathrm{i}}^2) \frac{1}{R} \sin\vartheta \, \mathrm{e}^{-\mathrm{j}kR}. \tag{52}$$

Die Komponente H_φ ergibt sich einfach durch die Beziehung $H_\varphi = \sqrt{\varepsilon/\mu}\, E_\vartheta$:

$$H_\varphi = -\frac{k\omega\varepsilon}{8} \frac{U}{\ln \frac{\varrho_{\mathrm{a}}}{\varrho_{\mathrm{i}}}} (\varrho_{\mathrm{a}}^2 - \varrho_{\mathrm{i}}^2) \sin\vartheta \frac{\mathrm{e}^{-\mathrm{j}kR}}{R}. \tag{53}$$

Die ausgestrahlte Leistung ergibt sich jetzt in bekannter Weise durch Integration des Poyntingschen Vektors:

$$P = \frac{\pi^2 U^2}{360} \left(\frac{A}{\lambda^2 \ln \varrho_{\mathrm{a}}/\varrho_{\mathrm{i}}} \right)^2, \tag{54}$$

wobei

$$A = \pi(\varrho_{\mathrm{a}}^2 - \varrho_{\mathrm{i}}^2)$$

die Größe der strahlenden Fläche bedeutet.

4.40.7. Ausstrahlung einer Huygensschen Quelle

Als zweites Beispiel möge ein aus einer ebenen Welle ausgeschnittenes Flächenelement, eine sogenannte Huygenssche Quelle, untersucht werden (Abb. 4.115).

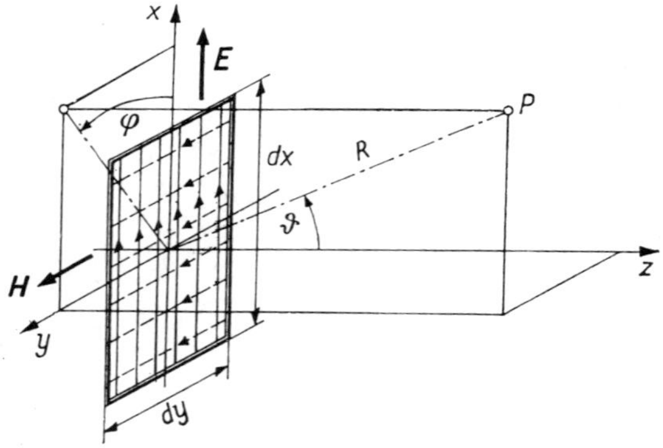

Abb. 4.115 Elementare Huygenssche Strahlungsquelle

In diesem Fall muß mit dem Strahlungsfeld eines elektrischen Stromelementes

$$K_{ex}\,\mathrm{d}x\,\mathrm{d}y = -H_y^0\,\mathrm{d}x\,\mathrm{d}y = -E_x^0\sqrt{\frac{\varepsilon}{\mu}}\,\mathrm{d}x\,\mathrm{d}y \tag{55}$$

und eines magnetischen Stromelementes

$$K_{my}\,\mathrm{d}x\,\mathrm{d}y = -E_x^0\,\mathrm{d}x\,\mathrm{d}y \tag{56}$$

gerechnet werden. Das Feld muß also aus folgendem elektrischen bzw. magnetischen Hertzschen Vektor nach Gl. 4.9.(20a, b) abgeleitet werden:

$$\Pi_x^{\mathrm{e}} = \frac{1}{4\pi\varepsilon}\,\frac{1}{\mathrm{j}\omega}\,\frac{K_{ex}\,\mathrm{d}x\,\mathrm{d}y}{R}\,\mathrm{e}^{-\mathrm{j}kR}; \quad \Pi_y^{\mathrm{m}} = \frac{1}{4\pi\mu}\,\frac{1}{\mathrm{j}\omega}\,\frac{K_{mx}\,\mathrm{d}x\,\mathrm{d}y}{R}\,\mathrm{e}^{-\mathrm{j}kR}. \tag{57}$$

Es ergibt sich also das resultierende Fernfeld zu

$$\left.\begin{aligned} E_\vartheta &= \mathrm{j}\,\frac{E_x^0\,\mathrm{d}x\,\mathrm{d}y}{2\lambda R}\,\mathrm{e}^{-\mathrm{j}kR}\,(\cos\varphi\cos\vartheta + \cos\varphi), \\ E_\varphi &= -\mathrm{j}\,\frac{E_x^0\,\mathrm{d}x\,\mathrm{d}y\,\mathrm{e}^{-\mathrm{j}kR}}{2\lambda R}\,(\sin\varphi + \sin\varphi\cos\vartheta). \end{aligned}\right\} \tag{58}$$

Die entsprechenden magnetischen Komponenten erhalten wir nach Division durch $\sqrt{\mu/\varepsilon}$. Das resultierende elektrische Feld wird in der Ebene $\varphi = 0$

$$|E_\vartheta| = \frac{E_x^0\,\mathrm{d}x\,\mathrm{d}y}{2\lambda R}\,[1 + \cos\vartheta]; \qquad E_\varphi = 0. \tag{59}$$

Für $\vartheta = 0$, d. h. in der Fortpflanzungsrichtung, erhalten wir den größten Wert $E_\vartheta = E_x^0\,\mathrm{d}x\,\mathrm{d}y/\lambda R$. In Gegenrichtung ist das Feld Null.

Der elektrische Flächenstrom strahlt, für sich betrachtet, nach beiden Richtungen. Aus dem zueinander senkrechten elektrischen und magnetischen Strom ergibt sich aber eine Strahlung nur nach einer einzigen Richtung. Das Feld von größeren Öffnungen mit bekannter Feldverteilung kann in solche elementaren Huygensschen Strahlungsquellen aufgeteilt werden. Auf diese Weise kann auch das Feld einer in eine endliche Öffnung einfallenden ebenen Welle oder eines Hornstrahlers berechnet werden.

Bei einer endlichen Huygensschen Quelle mit den Abmessungen a, b sei die Lage der Elementarfläche $\mathrm{d}x'\,\mathrm{d}y'$ durch den Punkt $Q(R', \vartheta = \pi/2, \varphi')$ charakterisiert. Für das Fernfeld kommt nur der Phasenunterschied der Elementarflächen zur Geltung, d. h.,

$$E_\vartheta = \mathrm{j}\,\frac{E_x^0}{2\lambda R}\,\mathrm{e}^{-\mathrm{j}kR}\,(\cos\varphi\cos\vartheta + \cos\varphi)\int_A \mathrm{e}^{\mathrm{j}k\boldsymbol{R}_Q\boldsymbol{R}_0}\,\mathrm{d}A, \tag{60}$$

wo $\boldsymbol{R}_0$ den zum Punkt P zeigenden Einheitsvektor bedeutet. Es wird aber

$$\begin{aligned} \boldsymbol{R}_Q\boldsymbol{R}_0 &= (R'\cos\varphi'\,\boldsymbol{e}_x + R'\sin\varphi'\,\boldsymbol{e}_y)\,(\sin\vartheta\cos\varphi\,\boldsymbol{e}_x + \sin\vartheta\sin\varphi\,\boldsymbol{e}_y + \cos\vartheta\,\boldsymbol{e}_z) \\ &= R'\cos\varphi'\sin\vartheta\cos\varphi + R'\sin\varphi'\sin\vartheta\sin\varphi = x'\sin\vartheta\cos\varphi + y'\sin\vartheta\sin\varphi. \end{aligned} \tag{61}$$

Es wird also

$$\int\limits_{-a/2}^{+a/2} \int\limits_{-b/2}^{+b/2} [\mathrm{e}^{\mathrm{j}kx'\sin\vartheta\cos\varphi}\,\mathrm{e}^{\mathrm{j}ky'\sin\vartheta\sin\varphi}]\,\mathrm{d}x'\,\mathrm{d}y' = ab\,\frac{\sin[(ka/2)\sin\vartheta\cos\varphi]}{(ka/2)\sin\vartheta\cos\varphi}\,\frac{\sin[(kb/2)\sin\vartheta\sin\varphi]}{(kb/2)\sin\vartheta\sin\varphi},$$

d. h.

$$E_\vartheta = \mathrm{j}\,\frac{E_x^0\,ab\,\mathrm{e}^{-\mathrm{j}kR}}{2\lambda R}\,[\cos\varphi\cos\vartheta + \cos\varphi]\,\frac{\sin[(ka/2)\sin\vartheta\cos\varphi]}{(ka/2)\sin\vartheta\cos\varphi}\,\frac{\sin[(kb/2)\sin\vartheta\sin\varphi]}{(kb/2)\sin\vartheta\sin\varphi}. \tag{62}$$

Wenn man die Ausstrahlung der offenen Enden eines Wellenleiters berechnen will, so muß man beachten, daß die einzelnen Flächenelemente der Feldstärkeverteilung entsprechend unterschiedliche elektrische bzw. magnetische Stromdichte besitzen. Außerdem muß man mit einer Reflexion rechnen; eine Annahme der „Leerlaufverteilung“ würde nämlich im allgemeinen zu recht ungenauen Ergebnissen führen. Für die Transversalkomponenten gelten die Gleichungen

$$\boldsymbol{E}_\mathrm{T} = (1 + p)\,\boldsymbol{E}_\mathrm{T}^+; \qquad \boldsymbol{H}_\mathrm{T} = (1 - p)\,\boldsymbol{H}_\mathrm{T}^+; \qquad \boldsymbol{H}_\mathrm{T}^+ = Z_0\boldsymbol{e}_z \times \boldsymbol{E}_\mathrm{T}^+. \tag{63}$$

Aus diesen Gleichungen folgt sofort

$$\boldsymbol{H}_\mathrm{T} = Z_0\,\frac{1-p}{1+p}\,\boldsymbol{e}_z \times \boldsymbol{E}_\mathrm{T}. \tag{64}$$

Das Flächenelement $\mathrm{d}x'\,\mathrm{d}y'$ im Punkt $Q(R', \vartheta' = \pi/2, \varphi')$ ist mit der elektrischen Stromdichte $\boldsymbol{e}_z \times \boldsymbol{H}_\mathrm{T}(\boldsymbol{R}_Q)$ und der magnetischen Stromdichte $-\boldsymbol{e}_z \times \boldsymbol{E}_\mathrm{T}(\boldsymbol{R}_Q)$ versehen, deren Wirkung im Punkt $\boldsymbol{R}_P(R, \vartheta, \varphi)$ mit dem Phasenfaktor $\mathrm{e}^{\mathrm{j}k\boldsymbol{R}_Q\boldsymbol{R}_0}$ zur Geltung kommt. Die Ausführung ist elementar, aber umständlich.

In Tabelle 4.7 sind die Ergebnisse dieses Kapitels zusammengestellt.

Tabelle 4.7 Zusammenstellung der Wellenfelder der wichtigsten Strahlungsquellen

$$\boldsymbol{E} = \frac{1}{4\pi} \int_V \left[-\mathrm{j}\omega\mu \boldsymbol{J} \frac{\mathrm{e}^{-\mathrm{j}kr}}{r} + \frac{\varrho}{\varepsilon} \right.$$

$$\boldsymbol{H} = \frac{1}{4\pi} \int_V \boldsymbol{J} \times \operatorname{grad} \frac{\mathrm{e}^{-\mathrm{j}kr}}{r} \, \mathrm{d}V +$$

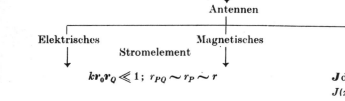

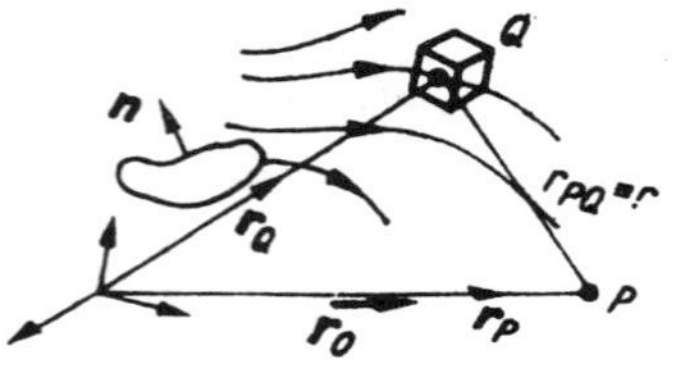

Quellen im Endlichen, Begrenzungsfläche im Unendlichen

$$\boldsymbol{E}(\boldsymbol{r}_P) = \frac{1}{4\pi} \int_V \left[-\mathrm{j}\omega\mu \boldsymbol{J}(\boldsymbol{r}_Q) \frac{\mathrm{e}^{-\mathrm{j}kr_{PQ}}}{r_{PQ}} + \frac{\varrho(\boldsymbol{r}_Q)}{\varepsilon} \operatorname{grad}_Q \frac{\mathrm{e}^{-\mathrm{j}kr_{PQ}}}{r_{PQ}} \right] \mathrm{d}V_Q$$

$$\boldsymbol{H}(\boldsymbol{r}_P) = \frac{1}{4\pi} \int_V \boldsymbol{J}(\boldsymbol{r}_Q) \times \operatorname{grad}_Q \frac{\mathrm{e}^{-\mathrm{j}kr_{PQ}}}{r_{PQ}} \, \mathrm{d}V_Q$$

↓

Fernfeld

$$\boldsymbol{E}(\boldsymbol{r}_P) = -\frac{\mathrm{j}\omega\mu}{4\pi} \frac{\mathrm{e}^{-\mathrm{j}kr_P}}{r_P} \int_V \boldsymbol{r}_0 \times [\boldsymbol{J}(\boldsymbol{r}_Q) \times \boldsymbol{r}_0] \, \mathrm{e}^{\mathrm{j}k\boldsymbol{r}_0\boldsymbol{r}_Q} \, \mathrm{d}V_Q$$

$$\boldsymbol{H}(\boldsymbol{r}_P) = \frac{\mathrm{j}k}{4\pi} \frac{\mathrm{e}^{-\mathrm{j}kr_P}}{r_P} \int_V \boldsymbol{J}(\boldsymbol{r}_Q) \times \boldsymbol{r}_0 \, \mathrm{e}^{\mathrm{j}k\boldsymbol{r}_0\boldsymbol{r}_Q} \, \mathrm{d}V_Q$$

Antennen

Elektrisches / Magnetisches Stromelement: $k\boldsymbol{r}_0\boldsymbol{r}_Q \ll 1;\; r_{PQ} \sim r_P \sim r$

Lineare Antenne: $\boldsymbol{J}\,\mathrm{d}V = J(z)\,\boldsymbol{e}_z\,\mathrm{d}l\,\mathrm{d}A = I(z)\,\boldsymbol{e}_z\,\mathrm{d}z$

Multipole

Elektrischer / Magnetischer Dipol: $\mathrm{e}^{\mathrm{j}k\boldsymbol{r}_0\boldsymbol{r}_Q} = 1 + \mathrm{j}k\boldsymbol{r}_0\boldsymbol{r}_Q$

Elektrisches Stromelement	Magnetisches Stromelement	Lineare Antenne	Elektrischer Dipol	Magnetischer Dipol	
$= \frac{\mathrm{j}\omega\mu}{4\pi} I \frac{\mathrm{e}^{-\mathrm{j}kr}}{r} (\boldsymbol{l} \times \boldsymbol{r}_0) \times \boldsymbol{r}_0$	$\boldsymbol{E} = -\frac{\mathrm{j}\omega\sqrt{\varepsilon\mu}}{4\pi} I^{\mathrm{m}} \frac{\mathrm{e}^{-\mathrm{j}kr}}{r} \boldsymbol{l} \times \boldsymbol{r}_0$	$E_\vartheta = \frac{\mathrm{j}\omega\mu}{4\pi} \frac{\mathrm{e}^{-\mathrm{j}kr}}{r} \int_l I(z) \cdot \sin\vartheta \, \mathrm{e}^{\mathrm{j}kz\cos\vartheta} \, \mathrm{d}z$	$\boldsymbol{E} = -\frac{\omega^2\mu}{4\pi} \frac{\mathrm{e}^{-\mathrm{j}kr}}{r} \boldsymbol{r}_0 \times (\boldsymbol{r}_0 \times \boldsymbol{p})$	$\boldsymbol{E} = -\frac{\omega^2\sqrt{\varepsilon\mu}}{4\pi} \frac{\mathrm{e}^{-\mathrm{j}kr}}{r} \boldsymbol{r}_0 \times \boldsymbol{m}$	$\boldsymbol{E} = -\frac{\mathrm{j}\omega^3\mu}{4\pi}$
$= \frac{\mathrm{j}\omega\sqrt{\varepsilon\mu}}{4\pi} I \frac{\mathrm{e}^{-\mathrm{j}kr}}{r} (\boldsymbol{l} \times \boldsymbol{r}_0)$	$\boldsymbol{H} = \frac{\mathrm{j}\omega\varepsilon}{4\pi} I^{\mathrm{m}} \frac{\mathrm{e}^{-\mathrm{j}kr}}{r} (\boldsymbol{l} \times \boldsymbol{r}_0) \times \boldsymbol{r}_0$	$H_\varphi = \sqrt{\frac{\varepsilon}{\mu}} E_\vartheta$	$\boldsymbol{H} = \frac{\omega^2\sqrt{\varepsilon\mu}}{4\pi} \frac{\mathrm{e}^{-\mathrm{j}kr}}{r} (\boldsymbol{r}_0 \times \boldsymbol{p})$	$\boldsymbol{H} = -\frac{\omega^2\varepsilon}{4\pi} \frac{\mathrm{e}^{-\mathrm{j}kr}}{r} \boldsymbol{r}_0 \times [\boldsymbol{r}_0 \times \boldsymbol{m}]$	$\boldsymbol{H} = \frac{\mathrm{j}\omega^3\varepsilon\mu}{4\pi}$
			$\boldsymbol{p} = \int_V \boldsymbol{r}_Q \varrho(\boldsymbol{r}_Q) \, \mathrm{d}V_Q$	$\boldsymbol{m} = \frac{1}{2} \mu \int_V \boldsymbol{r}_Q \times \boldsymbol{J}(\boldsymbol{r}_Q) \, \mathrm{d}V_Q$	$p_{ij} = \int_V (3\xi_i$
					$\boldsymbol{r}_Q = (\xi_1, \xi_2,$

$$\text{grad}\,\frac{e^{-jkr}}{r}\Big]\,dV + \frac{1}{4\pi}\int_{\Sigma A_i}\Big[-j\omega\mu\boldsymbol{n}\times\boldsymbol{H}\,\frac{e^{-jkr}}{r} + (\boldsymbol{n}\times\boldsymbol{E})\times\text{grad}\,\frac{e^{-jkr}}{r} + (\boldsymbol{nE})\,\text{grad}\,\frac{e^{-jkr}}{r}\Big]\,dA$$

$$\frac{1}{4\pi}\int_{\Sigma A_i}\Big[j\omega\varepsilon(\boldsymbol{n}\times\boldsymbol{E})\,\frac{e^{-jkr}}{r} + (\boldsymbol{n}\times\boldsymbol{H})\times\text{grad}\,\frac{e^{-jkr}}{r} + (\boldsymbol{nH})\,\text{grad}\,\frac{e^{-jkr}}{r}\Big]\,dA$$

Nur Strahlungsflächen im Endlichen, Begrenzungsfläche im Unendlichen

$$\boldsymbol{E}(\boldsymbol{r}_P) = \frac{1}{4\pi}\oint_A\Big[-j\omega\mu(\boldsymbol{n}\times\boldsymbol{H})\,\frac{e^{-jkr_{PQ}}}{r_{PQ}} + (\boldsymbol{n}\times\boldsymbol{E})\times\text{grad}_Q\,\frac{e^{-jkr_{PQ}}}{r_{PQ}} + (\boldsymbol{nE})\,\text{grad}_Q\,\frac{e^{-jkr_{PQ}}}{r_{PQ}}\Big]\,dA_Q$$

$$\boldsymbol{H}(\boldsymbol{r}_P) = \frac{1}{4\pi}\oint_A\Big[j\omega\varepsilon(\boldsymbol{n}\times\boldsymbol{E})\,\frac{e^{-jkr_{PQ}}}{r_{PQ}} + (\boldsymbol{n}\times\boldsymbol{H})\times\text{grad}_Q\,\frac{e^{-jkr_{PQ}}}{r_{PQ}} + (\boldsymbol{nH})\,\text{grad}_Q\,\frac{e^{-jkr_{PQ}}}{r_{PQ}}\Big]\,dA_Q$$

Fernfeld

$$\boldsymbol{E}(\boldsymbol{r}_P) = j\,\frac{k\,e^{-jkr_P}}{4\pi r_P}\oint_A\Big[(\boldsymbol{n}\times\boldsymbol{E})\times\boldsymbol{r}_0 + (\boldsymbol{nE})\,\boldsymbol{r}_0 - \sqrt{\frac{\mu}{\varepsilon}}\,(\boldsymbol{n}\times\boldsymbol{H})\Big]\,e^{jk\boldsymbol{r}_0\boldsymbol{r}_Q}\,dA_Q$$

$$\boldsymbol{H}(\boldsymbol{r}_P) = j\,\frac{k\,e^{-jkr_P}}{4\pi r_P}\oint_A\Big[(\boldsymbol{n}\times\boldsymbol{H})\times\boldsymbol{r}_0 + (\boldsymbol{nH})\,\boldsymbol{r}_0 + \sqrt{\frac{\varepsilon}{\mu}}\,(\boldsymbol{n}\times\boldsymbol{E})\,e^{jk\boldsymbol{r}_0\boldsymbol{r}_Q}\,dA_Q$$

Elementarfläche mit magnetischem Feld | elektrischem Feld | Huygenssche Quelle

magnetischem: $\boldsymbol{l}\,\|\,\boldsymbol{n}\times\boldsymbol{H};\quad \boldsymbol{H}\,\|\,d\boldsymbol{s}$; $\boldsymbol{H}\perp\boldsymbol{n}$

elektrischem: $\boldsymbol{l}\,\|\,\boldsymbol{n}\times\boldsymbol{E};\quad \boldsymbol{E}\,\|\,d\boldsymbol{s}$; $\boldsymbol{E}\perp\boldsymbol{n}$

Elektrischer Quadrupol

$$+\cdots$$

$$\sqrt{\frac{\mu}{\varepsilon}}\,\frac{e^{-jkr}}{r}\,\frac{1}{6}\,\boldsymbol{r}_0\times(\boldsymbol{r}_0\times\mathbf{p}\times\boldsymbol{r}_0)$$

$$\frac{e^{-jkr}}{r}\,\frac{1}{6}\,\boldsymbol{r}_0\times\mathbf{p}\boldsymbol{r}_0$$

$${}_j - r^2\delta_{ij})\,\varrho\,dV_Q$$

$$\xi_3)$$

Magnetisches Feld:

$$\boldsymbol{E} = \frac{j\omega\mu}{4\pi}\,(ds H)\,\frac{e^{-jkr}}{r}\,(\boldsymbol{l}\times\boldsymbol{r}_0)\times\boldsymbol{r}_0$$

$$\boldsymbol{H} = \frac{j\omega\sqrt{\varepsilon\mu}}{4\pi}\,(ds H)\,\frac{e^{-jkr}}{r}\,\boldsymbol{l}\times\boldsymbol{r}_0$$

Elektrisches Feld:

$$\boldsymbol{E} = \frac{j\omega\sqrt{\varepsilon\mu}}{4\pi}\,(ds E)\,\frac{e^{-jkr}}{r}\,\boldsymbol{l}\times\boldsymbol{r}_0$$

$$\boldsymbol{H} = -\frac{j\omega\varepsilon}{4\pi}\,(ds E)\,\frac{e^{-jkr}}{r}\,(\boldsymbol{l}\times\boldsymbol{r}_0)\times\boldsymbol{r}_0$$

Huygenssche Quelle:

$$E_\vartheta = j\,\frac{E\,dx\,dy}{2\lambda r}\,e^{-jkr}\,(\cos\varphi\,\cos\vartheta + \cos\varphi)$$

$$E_\varphi = -j\,\frac{E\,dx\,dy}{2\lambda r}\,e^{-jkr}(\sin\varphi + \sin\varphi\,\cos\vartheta)$$

Streuung

$$\frac{1}{2}\,\boldsymbol{K}(\boldsymbol{r}_P) + \frac{1}{4\pi}\int_A \boldsymbol{n}_P\times\Big[\boldsymbol{K}(\boldsymbol{r}_Q)\times\text{grad}_P\,\frac{e^{-jkr_{PQ}}}{r_{PQ}}\Big]\,dA_Q = \boldsymbol{n}\times\boldsymbol{H}^i(\boldsymbol{r}_P);\quad P, Q\in A$$

5. Abschließende Übersicht

In der einleitenden Übersicht haben wir die Elektrodynamik in Teile zerlegt, und diese Teile wurden tatsächlich im ganzen Buch getrennt behandelt. In diesem letzten Teil möchten wir ihren Zusammenhang, ihre Einheit hervorheben und die identische mathematische und physikalische Betrachtungsweise zeigen.

Mit der relativistischen Elektrodynamik erreicht die klassische Elektrodynamik ihren Höhepunkt: Abgeschlossenheit und Vollkommenheit.

Die in die Formelsprache der Mechanik übersetzten Maxwellschen Gleichungen führen uns in die den klassischen Rahmen sprengende Quantenelektrodynamik hinüber.

5.1. Die Einheit der Maxwellschen Elektrodynamik

5.1.1. Die physikalische Einheit

Die Bedingung der Quasistationarität. Im bisherigen haben wir die statischen, stationären, quasistationären und Wellenfelder getrennt behandelt. Die statischen und stationären Felder können einfach und eindeutig von den anderen Feldern abgegrenzt werden: Man nimmt alle zeitlichen Änderungen zu Null an. Die quasistationären Felder wurden dadurch von den Wellenfeldern abgegrenzt, daß die Verschiebungsstromdichte in der ersten Maxwellschen Gleichung vernachlässigt, dagegen die Änderung des Induktionsvektors in der zweiten Maxwellschen Gleichung berücksichtigt wurde. Bei dieser Trennung wurden die geometrischen Abmessungen nicht in Betracht gezogen. Tatsächlich aber spielen die geometrischen Abmessungen eine entscheidende Rolle, was sowohl aus den einfachsten physikalischen Betrachtungen als auch aus den quantitativen Resultaten der Antennentheorie folgt. Wir haben z. B. das Resultat erhalten, daß der Strahlungswiderstand einer Halbwellenantenne unabhängig vom Absolutbetrag der Wellenlänge immer gleich 73,2 Ω ist. Daraus folgt, daß mit einer geeigneten Antenne ein Strahlungsfeld beliebig kleiner Frequenz realisiert werden kann.

Im folgenden untersuchen wir den Einfluß der Geometrie; wir wollen feststellen, unter welchen Voraussetzungen die Formeln für die konzentrierten quasistationären Parameter noch gültig sind und wie diese zu den genauen Formeln für die Strahlungswiderstände führen. Wir wollen also die Netzwerkparameter mit den Strahlungswiderständen in Verbindung bringen [1.18].

Wir gehen von dem allgemeinen Ausdruck des Skalar- bzw. Vektorpotentials aus:

$$\varphi(\boldsymbol{r}_P)\,\mathrm{e}^{\mathrm{j}\omega t} = \frac{1}{4\pi\varepsilon_0}\int\limits_V \frac{\varrho(\boldsymbol{r}_Q)}{r}\,\mathrm{e}^{\mathrm{j}(\omega t - kr)}\,\mathrm{d}V_Q, \tag{1}$$

$$\boldsymbol{A}(\boldsymbol{r}_P)\,\mathrm{e}^{\mathrm{j}\omega t} = \frac{\mu_0}{4\pi}\int\limits_V \frac{\boldsymbol{J}(\boldsymbol{r}_Q)}{r}\,\mathrm{e}^{\mathrm{j}(\omega t - kr)}\,\mathrm{d}V_Q. \tag{2}$$

Hier bedeutet r den Abstand zwischen dem Laufpunkt Q und dem Aufpunkt P. Wir haben dabei die Zeitfunktion sinusförmig angenommen; bei einer gegebenen Geometrie hat nämlich die Frage, ob wir es mit quasistationären Feldern oder mit Wellenfeldern zu tun haben, nur bei einer bestimmten Frequenz einen Sinn. Entwickeln wir den exponentiellen Ausdruck in eine Reihe, dann erhalten wir für das Skalar- bzw. Vektorpotential

$$\varphi(x, y, z) = \frac{1}{4\pi\varepsilon_0} \int_V \frac{\varrho(\xi, \eta, \zeta)}{r} \, \mathrm{d}V_Q - \frac{\mathrm{j}k}{4\pi\varepsilon_0} \int_V \varrho(\xi, \eta, \zeta) \, \mathrm{d}V_Q - \frac{k^2}{8\pi\varepsilon_0} \int_V \varrho(\xi, \eta, \zeta) \, r \, \mathrm{d}V_Q \pm \cdots, \tag{3}$$

$$\boldsymbol{A}(x, y, z) = \frac{\mu_0}{4\pi} \int_V \frac{\boldsymbol{J}(\xi, \eta, \zeta)}{r} \, \mathrm{d}V_Q - \frac{\mathrm{j}k\mu_0}{4\pi} \int_V \boldsymbol{J}(\xi, \eta, \zeta) \, \mathrm{d}V_Q - \frac{\mu_0 k^2}{8\pi} \int_V \boldsymbol{J}(\xi, \eta, \zeta) \, r \, \mathrm{d}V_Q \pm \cdots. \tag{4}$$

Die ersten Glieder der Entwicklungen stellen offensichtlich die statischen bzw. stationären Potentiale dar. Die zweiten Glieder ergeben nach der Integration einen konstanten Wert, der also bei der Gradient- bzw. Rotationsbildung herausfällt. Entsprechend dem Ausdruck

$$\boldsymbol{E} = -\mathrm{grad}\, \varphi - \mathrm{j}\omega \boldsymbol{A} \tag{5}$$

für die elektrische Feldstärke spielt zwar auch eine konstante Größe eine Rolle. Wenn man aber die Größenordnung untersucht, so sieht man, daß hier der Faktor

$$\mu_0 k\omega = \mu_0 c k^2 = \sqrt{\frac{\mu_0}{\varepsilon_0}}\, k^2 \approx k^2 \tag{6}$$

vorkommt, der der Größenordnung des dritten Gliedes entspricht. Für das dritte Glied in (3) kann folgende Beziehung aufgestellt werden:

$$\left| -\frac{(2\pi)^2}{4\pi\varepsilon_0} \int_V \left(\frac{r}{\lambda}\right)^2 \frac{\varrho(\xi, \eta, \zeta)}{r} \, \mathrm{d}V_Q \right| < \left(\frac{2\pi r_{\mathrm{max}}}{\lambda}\right)^2 \left| \frac{1}{4\pi\varepsilon_0} \int_V \frac{\varrho(\xi, \eta, \zeta)}{r} \, \mathrm{d}V_Q \right|. \tag{7}$$

Wir sehen also, daß das dritte Glied im Verhältnis zum ersten vernachlässigt werden kann, wenn $r_{\mathrm{max}} \ll \lambda$, d. h., wenn der maximale Abstand des Aufpunktes von einem Ladungs- bzw. Stromelement klein im Verhältnis zur Wellenlänge ist. Damit haben wir die Bedingung für die Anwendbarkeit der quasistationären Auffassung festgestellt.

Vom Transformator zur Sendeantenne. Untersuchen wir jetzt bei einem einfachen Stromkreis (Abb. 5.1) die physikalische Bedeutung der weiteren Glieder der Reihenentwicklung in den Gleichungen (3) und (4). Bei Gleichstrom treibt der Generator einen konstanten Strom durch den Kreis, dessen magnetisches Feld entsprechend dem Biot-Savartschen Gesetz zu berechnen ist. Im quasistationären Fall stellt diese

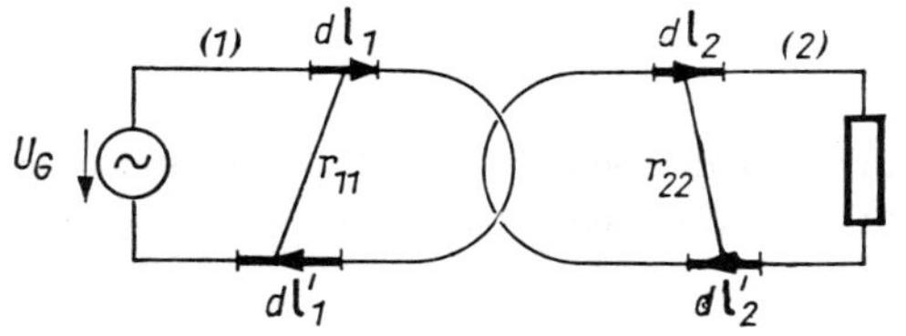

Abb. 5.1 Zur Veranschaulichung des Überganges „Transformator → Sendeantenne—Empfangsantenne" [5.1.]

Schaltung einen Transformator dar. Untersuchen wir jetzt auch quantitativ, wie dieser Transformator in eine Anordnung „Sendeantenne—Empfangsantenne" übergeht. Dazu gehen wir von der V. Maxwellschen Gleichung aus:

$$\boldsymbol{J} = \gamma(\boldsymbol{E} + \boldsymbol{E}_\mathrm{e}); \qquad \boldsymbol{E}_\mathrm{e} = \frac{\boldsymbol{J}}{\gamma} - \boldsymbol{E}. \tag{8}$$

Nach Gl. (5) wird:

$$\boldsymbol{E}_\mathrm{e} = \frac{\boldsymbol{J}}{\gamma} + \operatorname{grad} \varphi + \mathrm{j}\omega \boldsymbol{A}. \tag{9}$$

Wir integrieren beide Seiten längs des Kreises (1) bzw. des Kreises (2):

$$U_\mathrm{G} = \oint_1 \frac{\boldsymbol{J}}{\gamma}\, \mathrm{d}\boldsymbol{l}_1 + 0 + \mathrm{j}\omega \oint_1 \boldsymbol{A}\, \mathrm{d}\boldsymbol{l}_1, \tag{10}$$

$$0 = \oint_2 \frac{\boldsymbol{J}}{\gamma}\, \mathrm{d}\boldsymbol{l}_2 + 0 + \mathrm{j}\omega \oint_2 \boldsymbol{A}\, \mathrm{d}\boldsymbol{l}_2. \tag{11}$$

Hier muß man natürlich die retardierten Potentiale einsetzen. Das Linienintegral entlang einer geschlossenen Linie eines Gradienten wird auch jetzt Null. Die Linienintegrale der Vektorpotentiale werden der Reihe nach

$$\oint_1 \boldsymbol{A}\, \mathrm{d}\boldsymbol{l}_1 = \oint_1 \left[\oint_1 \frac{\mu_0}{4\pi} \frac{I_{01} f_1(s_1')}{r_{11}} \mathrm{e}^{-\mathrm{j}kr_{11}}\, \mathrm{d}\boldsymbol{l}_1' \right] \mathrm{d}\boldsymbol{l}_1$$
$$+ \oint_1 \left[\oint_2 \frac{\mu_0}{4\pi} \frac{I_{02} f_2(s_2)}{r_{12}} \mathrm{e}^{-\mathrm{j}kr_{12}}\, \mathrm{d}\boldsymbol{l}_2 \right] \mathrm{d}\boldsymbol{l}_1, \tag{12}$$

$$\oint_2 \boldsymbol{A}\,\mathrm{d}\boldsymbol{l}_2 = \oint_2 \left[\oint_1 \frac{\mu_0}{4\pi}\,\frac{I_{01}f_1(s_1)}{r_{21}}\;\mathrm{e}^{-\mathrm{j}kr_{21}}\,\mathrm{d}\boldsymbol{l}_1\right]\mathrm{d}\boldsymbol{l}_2$$

$$+ \oint_2 \left[\oint_2 \frac{\mu_0}{4\pi}\,\frac{I_{02}f_2(s_2')}{r_{22}}\;\mathrm{e}^{-\mathrm{j}kr_{22}}\,\mathrm{d}\boldsymbol{l}_2'\right]\mathrm{d}\boldsymbol{l}_2\,. \tag{13}$$

Wir haben diese Gleichungen ganz allgemein geschrieben. Es wurde keine spezielle Stromverteilung angenommen. Die Verteilung wird durch die Ausdrücke

$$I_{01}f_1(s_1)\,; \qquad I_{02}f_2(s_2) \tag{14}$$

beschrieben. Hier bedeuten s_1 und s_2 die Abstände von einem beliebig angenommenen Nullpunkt entlang der ersten bzw. der zweiten Linie. Führen wir jetzt die folgenden Beziehungen ein:

$$\oint_1 \frac{f_1(s_1)}{A_1\gamma}\,\mathrm{d}l_1 + \mathrm{j}\omega \oint_1 \left[\oint_1 \frac{\mu_0}{4\pi}\,\frac{f_1(s_1')}{r_{11}}\;\mathrm{e}^{-\mathrm{j}kr_{11}}\,\mathrm{d}\boldsymbol{l}_1'\right]\mathrm{d}\boldsymbol{l}_1 = Z_{11}\,, \tag{15}$$

$$\oint_2 \frac{f_2(s_2)}{A_2\gamma}\,\mathrm{d}l_2 + \mathrm{j}\omega \oint_2 \left[\oint_2 \frac{\mu_0}{4\pi}\,\frac{f_2(s_2')}{r_{22}}\;\mathrm{e}^{-\mathrm{j}kr_{22}}\,\mathrm{d}\boldsymbol{l}_2'\right]\mathrm{d}\boldsymbol{l}_2 = Z_{22}\,, \tag{16}$$

$$\frac{\mathrm{j}\omega\mu_0}{4\pi} \oint_1 \left[\oint_2 \frac{f_2(s_2)}{r_{12}}\;\mathrm{e}^{-\mathrm{j}kr_{12}}\,\mathrm{d}\boldsymbol{l}_2\right]\mathrm{d}\boldsymbol{l}_1 = Z_{12}\,, \tag{17}$$

$$\frac{\mathrm{j}\omega\mu_0}{4\pi} \oint_2 \left[\oint_1 \frac{f_1(s_1)}{r_{21}}\;\mathrm{e}^{-\mathrm{j}kr_{21}}\,\mathrm{d}\boldsymbol{l}_1\right]\mathrm{d}\boldsymbol{l}_2 = Z_{21}\,, \tag{18}$$

so können wir mit den hierdurch definierten Impedanzen die Grundgleichungen in der folgenden einfachen Form schreiben:

$$U_\mathrm{G} = I_{01}Z_{11} + I_{02}Z_{12}\,, \tag{19}$$

$$0 = I_{01}Z_{21} + I_{02}Z_{22}\,. \tag{20}$$

Wir betrachten jetzt nur den Kreis (1) und sehen von der Anwesenheit des Kreises (2) ab. Einfachheitshalber nehmen wir die Stromverteilung als konstant an. Gleichung (19) kann dann in folgender Form geschrieben werden:

$$U_\mathrm{G} = I\left(R + \mathrm{j}\omega \oint\oint \frac{\mu_0}{4\pi}\,\frac{\mathrm{e}^{-\mathrm{j}kr}}{r}\,\mathrm{d}\boldsymbol{l}'\,\mathrm{d}\boldsymbol{l}\right). \tag{21}$$

Entwickeln wir wieder den exponentiellen Ausdruck in eine Reihe und trennen die reellen und die imaginären Glieder voneinander, so erhalten wir

$$\oint\oint \frac{\mu_0}{4\pi}\frac{e^{-jkr}}{r}\,d\boldsymbol{l}'\,d\boldsymbol{l} = \oint\oint \frac{\mu_0}{4\pi}\frac{1}{r}\left[1 - \frac{k^2r^2}{2!} + \frac{k^4r^4}{4!} + \cdots\right] d\boldsymbol{l}'\,d\boldsymbol{l}$$
$$-j\oint\oint \frac{\mu_0}{4\pi}\frac{1}{r}\left[kr - \frac{k^3r^3}{3!} \pm \cdots\right] d\boldsymbol{l}'\,d\boldsymbol{l}. \tag{22}$$

Mit Hilfe des reellen Teils kann eine Induktivität definiert werden, die zu einer wattlosen Leistung führt. Der imaginäre Teil ergibt aber, mit $j\omega$ multipliziert, einen reellen Wert, was zu einer effektiven Leistung führt. Dadurch kann der Strahlungswiderstand definiert werden:

$$R_{\text{Strahlung}} = \omega\oint\oint \frac{\mu_0}{4\pi}\frac{1}{r}\left[kr - \frac{k^3r^3}{3!} + \frac{k^5r^5}{5!} \pm \cdots\right] d\boldsymbol{l}'\,d\boldsymbol{l}, \tag{23}$$

$$R_{\text{Strahlung}} = \oint\oint \frac{\mu_0}{4\pi}\left(-\frac{\omega^4}{3!\,c^3}r^2 + \frac{\omega^6}{5!c^5}r^4 - \cdots\right) d\boldsymbol{l}'\,d\boldsymbol{l}. \tag{24}$$

Hier haben wir die Tatsache berücksichtigt, daß das erste Glied der Reihenentwicklung herausfällt, da das Linienintegral von $d\boldsymbol{l}'$ auf einer geschlossenen Linie Null wird; außerdem haben wir die Relation $k = \omega/c$ benutzt.

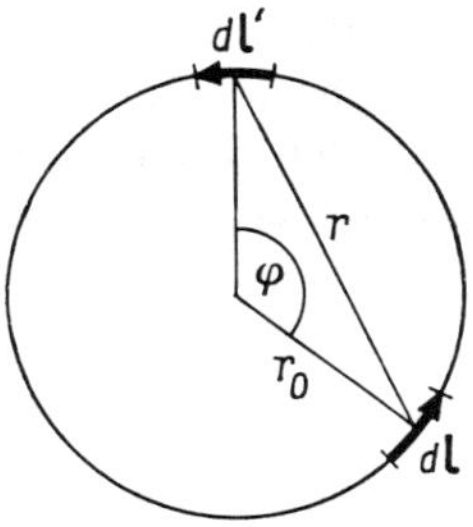

Abb. 5.2 Zur Berechnung des Strahlungswiderstandes eines kreisförmigen Leiters [1.18]

Wenn wir die Verhältnisse weiter dadurch vereinfachen, daß wir den Stromkreis (1) kreisförmig annehmen, kann der Strahlungswiderstand einfach berechnet werden (Abb. 5.2):

$$R_{\text{Strahlung}} = -\frac{\mu_0\omega^4}{24\pi c^3}\oint\oint r^2\,d\boldsymbol{l}'\,d\boldsymbol{l} = -\frac{\mu r_0^3\omega^4}{6\pi c^3}\int_0^{2\pi r_0} dl \int_0^{2\pi} \sin^2\frac{\varphi}{2}\cos\varphi\,d\varphi, \tag{25}$$

$$R_{\text{Strahlung}} = 20\pi^2\left(\frac{2\pi r_0}{\lambda}\right)^4, \tag{26}$$

da

$$\mathrm{d}\boldsymbol{l}'\,\mathrm{d}\boldsymbol{l} = r_0\,\mathrm{d}\varphi\,\mathrm{d}l\cos\varphi\,, \tag{27}$$

$$r = 2r_0\sin\frac{\varphi}{2} \tag{28}$$

gilt.

Das Endresultat (26) ist mit dem Strahlungswiderstand der Rahmenantenne identisch (4.9.(17)).

Einführung der Netzwerkparameter im allgemeinsten Fall. In der Praxis des Ingenieurs ist das Bestreben festzustellen, möglichst alle Feldprobleme auf Netzwerkprobleme zurückzuführen. Das hat zwei Ursachen: Erstens sind die Netzwerkprobleme für uns anschaulicher; zweitens ist die mathematische Theorie der Netzwerke ausführlich ausgearbeitet. Diese Zurückführung ist oft nur formal: Die Netzwerkströme und Spannungen sind in der Realität nirgends zu finden.

Wir haben schon im Abschnitt „Einleitende Übersicht" betont, daß der Träger der Energie bzw. der Leistung das elektromagnetische Feld ist und die exakte Lösung eines Problems nur durch Bestimmung des Feldes mit geeigneten Randbedingungen gefunden werden kann. In der elementaren Theorie der Netzwerke ist diese Methode wegen der Kompliziertheit der einzelnen Elemente kaum möglich, aber auch nicht nötig. In solchen Fällen sind die uns interessierenden Größen, die Spannungen und Ströme, durch einfache, von den geometrischen Abmessungen und von einfachen Stoffkonstanten abhängende Relationen verknüpft.

Im weiteren wollen wir zeigen (nach PLONSEY und COLLIN [1.11]), daß ein noch so kompliziertes physikalisches System (Abb. 5.3), wenn es ein (zugängliches) Klemmenpaar besitzt, durch geeignete konzentrierte Parameter ersetzt werden kann. Wir betonen, daß der Zweipol ein kompliziertes System sein kann, das aus beliebigen konzentrierten oder verteilten Parametern bestehen kann.

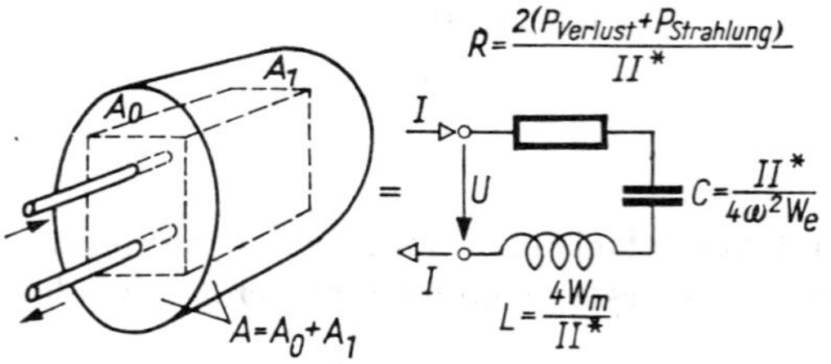

Abb. 5.3 Zur Berechnung der Netzwerkparameter eines beliebig komplizierten physikalischen Systems [1.11]

Die Energie des Systems setzt sich aus der elektrischen und der magnetischen Energie zusammen. Dies sind

$$W_\mathrm{e} = \frac{\varepsilon_\mathrm{r}}{4}\int\limits_V \boldsymbol{E}\boldsymbol{E}^*\,\mathrm{d}V\,, \tag{29}$$

$$W_{\mathrm{m}} = \frac{\mu_{\mathrm{r}}}{4} \int_V \boldsymbol{H}\boldsymbol{H}^* \,\mathrm{d}V. \tag{30}$$

Die effektive Leistung ist nach 1.7. (34a) und (34b)

$$P_{\text{Verlust}} + P_{\text{Strahlung}} = \frac{1}{2} \int_V \frac{\boldsymbol{J}\boldsymbol{J}^*}{\gamma} \,\mathrm{d}V + \frac{\omega}{2} \int_V (\varepsilon_{\mathrm{i}} \boldsymbol{E}\boldsymbol{E}^* + \mu_{\mathrm{i}} \boldsymbol{H}\boldsymbol{H}^*) \,\mathrm{d}V + \frac{1}{2} \operatorname{Re} \int_A (\boldsymbol{E} \times \boldsymbol{H}^*) \,\mathrm{d}\boldsymbol{A}. \tag{31}$$

Schreiben wir jetzt Gl. 1.7.(34a) für die Fläche $A_0 + A_1$ in Abb. 5.3. Dabei berücksichtigen wir, daß das System passiv ist, d. h. überall $\boldsymbol{E}_{\mathrm{e}} \equiv 0$ gilt, und nehmen die nach innen zeigende Normale als positiv an. Wir erhalten

$$\frac{1}{2} \oint_A (\boldsymbol{E} \times \boldsymbol{H}^*) \,\mathrm{d}\boldsymbol{A} = -\mathrm{j} \frac{\omega}{2} \int_V (\varepsilon_{\mathrm{r}} \boldsymbol{E}\boldsymbol{E}^* - \mu_{\mathrm{r}} \boldsymbol{H}\boldsymbol{H}^*) \,\mathrm{d}V + \frac{\omega}{2} \int_V (\varepsilon_{\mathrm{i}} \boldsymbol{E}\boldsymbol{E}^* + \mu_{\mathrm{i}} \boldsymbol{H}\boldsymbol{H}^*) \,\mathrm{d}V + \frac{1}{2} \int_V \frac{\boldsymbol{J}\boldsymbol{J}^*}{\gamma} \,\mathrm{d}V, \tag{32}$$

$$\frac{1}{2} \oint_A (\boldsymbol{E} \times \boldsymbol{H}^*) \,\mathrm{d}\boldsymbol{A} = 2\mathrm{j}\omega (W_{\mathrm{m}} - W_{\mathrm{e}}) + P_{\text{Verlust}}. \tag{33}$$

Die linke Seite kann folgendermaßen in zwei Teile zerlegt werden: in die Leistung durch die Fläche A_0 entlang der Eingangsleitung und die durch die Fläche A_1 ausgestrahlte Leistung

$$\frac{1}{2} \int_{A_0} (\boldsymbol{E} \times \boldsymbol{H}^*) \,\mathrm{d}\boldsymbol{A} = 2\mathrm{j}\omega (W_{\mathrm{m}} - W_{\mathrm{e}}) + P_{\text{Verlust}} - \frac{1}{2} \int_{A_1} (\boldsymbol{E} \times \boldsymbol{H}^*) \,\mathrm{d}\boldsymbol{A} = 2\mathrm{j}\omega (W_{\mathrm{m}} - W_{\mathrm{e}}) + P_{\text{Verlust}} + P_{\text{Strahlung}}. \tag{34}$$

Wenn die Eingangsleistung durch den Strom und die Spannung der Eingangsklemme ausgedrückt werden soll, muß man sicher sein, daß die Spannung zwischen den Klemmen eindeutig definiert werden kann. Da

$$U_{ab} = \int_a^b \boldsymbol{E} \,\mathrm{d}\boldsymbol{l} = -\int_a^b \operatorname{grad} \varphi \,\mathrm{d}\boldsymbol{l} - \mathrm{j}\omega \int_a^b \boldsymbol{A} \,\mathrm{d}\boldsymbol{l} = \varphi_a - \varphi_b - \mathrm{j}\omega \int_a^b \boldsymbol{A} \,\mathrm{d}\boldsymbol{l} \tag{35}$$

ist, kann die Spannung dann eindeutig bestimmt werden, wenn $\omega\boldsymbol{A}$ vernachlässigbar ist oder wenn $\boldsymbol{A}$ wenigstens keine in der Ebene A_0 liegende Komponente hat. In diesem Fall kann man schreiben:

$$\int_{A_0} (\boldsymbol{E} \times \boldsymbol{H}^*)\, \mathrm{d}\boldsymbol{A} = -\int_{A_0} [(\text{grad}\ \varphi) \times \boldsymbol{H}^*]\, \mathrm{d}\boldsymbol{A}$$
$$= \int_{A_0} (\varphi \text{ rot } \boldsymbol{H}^*)\, \mathrm{d}\boldsymbol{A} - \int_{A_0} (\text{rot } \varphi \boldsymbol{H}^*)\, \mathrm{d}\boldsymbol{A}$$
$$\approx \int_{A_0} \varphi(\boldsymbol{J}^* - \mathrm{j}\omega \boldsymbol{D}^*)\, \mathrm{d}\boldsymbol{A} \approx \int_{A_0} \varphi \boldsymbol{J}^*\, \mathrm{d}\boldsymbol{A}. \tag{36}$$

Bei dem letzten Schritt haben wir die Wirkung der Verschiebungsstromdichte vernachlässigt. Im Leiter gilt das weitgehend, im Isolator ist $\boldsymbol{D}$ angenähert senkrecht zu $\mathrm{d}\boldsymbol{A}$. Das zweite Glied der mittleren Gleichung wurde durch den Stokesschen Satz umgeformt

$$\int_{A_0} \text{rot } \varphi \boldsymbol{H}^*\, \mathrm{d}\boldsymbol{A} = \int_{L_0} \varphi \boldsymbol{H}^*\, \mathrm{d}\boldsymbol{l}. \tag{37}$$

Wir haben noch angenommen, daß das Produkt $\varphi \boldsymbol{H}^*$ auf der Linie L_0 genügend stark gegen Null geht, so daß das Integral vernachlässigbar ist.

Bei den angegebenen Bedingungen gilt also:

$$\frac{1}{2} \int_{A_0} \boldsymbol{E} \times \boldsymbol{H}^*\, \mathrm{d}\boldsymbol{A} \approx \frac{1}{2} \int_{A_0} \varphi \boldsymbol{J}^*\, \mathrm{d}\boldsymbol{A} = \frac{1}{2} (\varphi_a I^* - \varphi_b I^*) = \frac{1}{2} U I^*. \tag{38}$$

Führen wir jetzt die Netzwerkparameter L, C, R mit den folgenden Definitionen ein:

$$L = 4 \frac{W_\mathrm{m}}{I I^*}, \tag{39}$$

$$C = \frac{I I^*}{4 \omega^2 W_\mathrm{e}}, \tag{40}$$

$$R = \frac{2(P_\text{Verlust} + P_\text{Strahlung})}{I I^*}. \tag{41}$$

Bei Berücksichtigung dieser Zusammenhänge (s. Kap. 3.12.5.) und der Gl. (38) kann (34) in folgender Form geschrieben werden:

$$\frac{1}{2} U I^* = 2\mathrm{j}\omega \left(\frac{L}{4} I I^* - \frac{I I^*}{4 \omega^2 C} \right) + \frac{1}{2} R I I^* \tag{42}$$

oder einfacher:

$$U = IR + I\mathrm{j}\omega L + I \frac{1}{\mathrm{j}\omega C}. \tag{43}$$

Es kann also die Eingangsimpedanz definiert werden:

$$Z = \frac{U}{I} = R + \mathrm{j}\omega L + \frac{1}{\mathrm{j}\omega C}. \tag{44}$$

Die hier angegebenen Netzwerkparameter hängen natürlich im allgemeinen stark von der Frequenz ab.

5.1.2. Die Einheit der mathematischen Methode [1.12, 1.22]

In den verschiedenen Teilen dieses Buches wurden die Lösungen der Laplaceschen Gleichung

$$\Delta U = 0, \tag{45}$$

der Laplace-Poissonschen Gleichung

$$\Delta U = -\frac{\varrho}{\varepsilon_0}, \tag{46}$$

der homogenen Wellengleichung

$$\Delta\varphi - \frac{1}{c^2}\frac{\partial^2\varphi}{\partial t^2} = 0; \qquad \Delta\boldsymbol{A} - \frac{1}{c^2}\frac{\partial^2\boldsymbol{A}}{\partial t^2} = 0; \qquad \Delta\varphi + k^2\varphi = 0 \tag{47}$$

und endlich der inhomogenen Wellengleichung

$$\Delta\varphi - \frac{1}{c^2}\frac{\partial^2\varphi}{\partial t^2} = -\frac{\varrho}{\varepsilon_0}; \qquad \Delta\boldsymbol{A} - \frac{1}{c^2}\frac{\partial^2\boldsymbol{A}}{\partial t^2} = -\mu_0\boldsymbol{J} \tag{48}$$

bei gegebenen Randbedingungen gesucht. Wir sehen, daß diese Gleichungen jeweils als ein spezieller Fall der Gleichung

$$\mathscr{D}\psi = f \tag{49}$$

betrachtet werden können, wo $\mathscr{D}$ ein linearer Differentialoperator ist, der im allgemeinsten Fall die ersten und zweiten Differentialquotienten nach x, y, z und t und eine Konstante enthält:

$$\mathscr{D} \equiv \sum_{i,k} A_{ik} \frac{\partial^2}{\partial x_i\,\partial x_k} + \sum_i B_i \frac{\partial}{\partial x_i} + C,$$

d. h.,

$$\mathscr{D}\psi \equiv \sum_{i,k} A_{ik} \frac{\partial^2\psi}{\partial x_i\,\partial x_k} + \sum_i B_i \frac{\partial\psi}{\partial x_i} + C\psi. \tag{50}$$

Hier steht x_i an Stelle der Veränderlichen x, y, z und t. Auch im folgenden werden wir diese Bezeichnungen benutzen. Die Gesamtheit der vier Koordinaten nennen wir $\boldsymbol{x}$, d. h.

$$\boldsymbol{x} \equiv \boldsymbol{r}, t. \tag{51}$$

Im folgenden spielt die homogene Form

$$\mathscr{D}\psi = 0 \tag{52}$$

eine große Rolle. Aus der Form der Differentialgleichung (49) oder (52) können wir schon einige wichtige Schlüsse ziehen. So können wir sagen, daß im Fall der homogenen Gleichung das Superpositionsprinzip gilt. Es sei nämlich

$$\mathscr{D}\psi_1 = 0, \qquad \mathscr{D}\psi_2 = 0; \tag{53}$$

dann ist

$$\mathscr{D}(\alpha_1\psi_1 + \alpha_2\psi_2) = \alpha_1\mathscr{D}\psi_1 + \alpha_2\mathscr{D}\psi_2 = 0. \tag{54}$$

Analog sei $\psi(\boldsymbol{x}, \alpha)$ eine Lösung der homogenen Gleichung, wo α ein beliebiger, von $\boldsymbol{x}$ unabhängiger Parameter ist, dann ist

$$\int f(\alpha)\, \psi(\boldsymbol{x}, \alpha)\, \mathrm{d}\alpha \tag{55}$$

bei beliebigem $f(\alpha)$ ebenfalls eine Lösung.

Für die inhomogene Gleichung gilt das Superpositionsprinzip nicht. Wenn aber ψ_1 und ψ_2 Lösungen der inhomogenen Gleichung sind, dann befriedigt die Funktion

$$\psi = \psi_1 - \psi_2 \tag{56}$$

die homogene Gleichung. Es ist nämlich

$$\mathscr{D}\psi_1 = f, \qquad \mathscr{D}\psi_2 = f, \qquad \mathscr{D}(\psi_1 - \psi_2) = 0. \tag{57}$$

Daraus folgt sofort, daß sich die allgemeine Lösung der inhomogenen Gleichung aus der allgemeinen Lösung der homogenen Gleichung und einer partikulären Lösung der inhomogenen Gleichung zusammensetzt, da die Differenz zweier beliebiger Lösungen der inhomogenen Differentialgleichung immer eine Lösung der homogenen Differentialgleichung ergibt.

Es wird also:

$$\psi_{\text{inh}}^{\text{allg}} = \psi_{\text{h}}^{\text{allg}} + \psi_{\text{inh}}^{\text{part}}. \tag{58}$$

Bezüglich der Randbedingungen können wir folgendes bemerken. Eine Randbedingung wird homogen genannt, wenn eine lineare Kombination der die Randbedingung befriedigenden Funktionen ψ_1 und ψ_2 wieder den Randbedingungen genügt, d. h., wenn auch die Funktion $a_1\psi_1 + a_2\psi_2$ den Randbedingungen genügt.

Unter Randbedingungen verstehen wir im allgemeinen Bedingungen von der Form:

$$\psi = F; \qquad \frac{\partial\psi}{\partial n} = G, \qquad \alpha\psi + \beta\,\frac{\partial\psi}{\partial n} = H, \tag{59}$$

wo F, G, H auf der begrenzenden Fläche gegebene Funktionen bedeuten. Dies sind inhomogene Randbedingungen. Ist aber

$$F \equiv 0; \qquad G \equiv 0; \qquad H \equiv 0, \tag{60}$$

dann sind es homogene Randbedingungen.

Ein Problem mit inhomogenen Randbedingungen kann immer auf ein Problem mit homogenen Randbedingungen zurückgeführt werden: Es sei ψ eine die inhomogene Randbedingung befriedigende Lösung der inhomogenen Differentialgleichung, die Funktion u dagegen eine die inhomogene Randbedingung befriedigende, sonst aber beliebige Funktion. Dann wird die Funktion $\psi - u$ eine Lösung der Differentialgleichung

$$\mathscr{D}\psi - \mathscr{D}u = f - \mathscr{D}u, \qquad \mathscr{D}(\psi - u) = f - \mathscr{D}u, \tag{61}$$

welche die homogene Randbedingung befriedigt.

Im folgenden werden wir einige allgemeine Lösungsmethoden für die inhomogenen bzw. homogenen Gleichungen untersuchen.

Die Methode der Greenschen Funktion. Bei der Methode der Greenschen Funktion nehmen wir an, daß die Lösung der inhomogenen Gleichung

$$\mathscr{D}\psi = f \tag{62}$$

bekannt ist, wenn die Funktion f mit der Dirac-Funktion $\delta(\boldsymbol{x} - \boldsymbol{x}')$ identisch ist. Wir nehmen weiter an, daß durch diese Lösung auch die als homogen angenommene Randbedingung befriedigt wird. Für die Greensche Funktion gilt also folgende Definitionsgleichung:

$$\mathscr{D}G(\boldsymbol{x}, \boldsymbol{x}') = \delta(\boldsymbol{x} - \boldsymbol{x}'). \tag{63}$$

Wenn diese Funktion $G(\boldsymbol{x}, \boldsymbol{x}')$ bekannt ist, können wir auch die Lösung für eine beliebige Funktion f angeben. Multiplizieren wir nämlich Gl. (63) mit $f(\boldsymbol{x}')$ und integrieren über das betreffende Gebiet, so erhalten wir folgende Gleichung:

$$\int_V f(\boldsymbol{x}')\, \mathscr{D}G(\boldsymbol{x}, \boldsymbol{x}')\, \mathrm{d}V' = f(\boldsymbol{x}), \qquad \mathrm{d}V' = \mathrm{d}^3\boldsymbol{r}'\, \mathrm{d}t'. \tag{64}$$

Da der Differentialoperator $\mathscr{D}$ nur auf die Veränderliche $\boldsymbol{x}$ wirkt, kann er vor das Integralzeichen gezogen werden:

$$\mathscr{D} \int_V f(\boldsymbol{x}')\, G(\boldsymbol{x}, \boldsymbol{x}')\, \mathrm{d}V' = f(\boldsymbol{x}). \tag{65}$$

Das bedeutet aber, daß wir die Lösung der Gleichung $\mathcal{D}\psi = f$ mit Hilfe der Greenschen Funktion folgendermaßen darstellen können:

$$\psi(\boldsymbol{x}) = \int\limits_V f(\boldsymbol{x}')\, G(\boldsymbol{x}, \boldsymbol{x}')\, \mathrm{d}V'. \tag{66}$$

Diese Beziehung kann als eine Anwendung des Superpositionsprinzips betrachtet werden.

Im vorhergehenden haben wir schon einige Probleme mit Hilfe der Greenschen Funktion berechnet. Im Falle des Laplace-Poissonschen Gleichung

$$\Delta U = -\frac{\varrho}{\varepsilon_0}$$

wird die Greensche Funktion

$$G(\boldsymbol{r}, \boldsymbol{r}') = -\frac{1}{4\pi} \frac{1}{|\boldsymbol{r} - \boldsymbol{r}'|}. \tag{67}$$

Die der Ausstrahlungsbedingung genügende Lösung der Wellengleichung

$$\Delta\psi - \frac{1}{c^2} \frac{\partial^2\psi}{\partial t^2} = f \tag{68}$$

wird mit Hilfe der folgenden Greenschen Funktion dargestellt:

$$G(\boldsymbol{r}, \boldsymbol{r}', t, t') = -\frac{1}{4\pi} \frac{\delta\left[t' - \left(t - \frac{|\boldsymbol{r} - \boldsymbol{r}'|}{c}\right)\right]}{|\boldsymbol{r} - \boldsymbol{r}'|}. \tag{69}$$

Es wird nämlich in diesem Fall:

$$\begin{aligned} \psi(\boldsymbol{r}, t) &= \int\limits_V G(\boldsymbol{r}, \boldsymbol{r}', t, t')\, f(\boldsymbol{r}', t')\, \mathrm{d}V' \\ &= -\frac{1}{4\pi} \int\limits_V \frac{\delta\left[t' - \left(t - \frac{|\boldsymbol{r} - \boldsymbol{r}'|}{c}\right)\right]}{|\boldsymbol{r} - \boldsymbol{r}'|} f(\boldsymbol{r}', t')\, \mathrm{d}^3\boldsymbol{r}'\, \mathrm{d}t' \\ &= -\frac{1}{4\pi} \int\limits_V \frac{f\left[\boldsymbol{r}', t - \frac{|\boldsymbol{r} - \boldsymbol{r}'|}{c}\right]}{|\boldsymbol{r} - \boldsymbol{r}'|}\, \mathrm{d}^3\boldsymbol{r}'. \end{aligned} \tag{70}$$

Wenn man in dieser Gleichung den Zusammenhang $f = -\varrho/\varepsilon_0$ einsetzt, erhält man den bekannten Ausdruck für das skalare retardierte Potential.

Die Methode der Integralgleichung. Nehmen wir an, der Differentialoperator in der homogenen Differentialgleichung $\mathscr{D}\psi = 0$ habe folgende Form:

$$\mathscr{D}\psi \equiv \mathscr{D}_0\psi + a\psi, \tag{71}$$

dann erhalten wir die Differentialgleichung

$$\mathscr{D}\psi = \lambda\psi, \tag{72}$$

worin wieder $\mathscr{D}$ statt $\mathscr{D}_0$ und λ statt $-a$ geschrieben wurde. Eine typische Differentialgleichung von dieser Form ist die skalare Wellengleichung

$$\Delta\psi + k^2\psi = 0. \tag{73}$$

Die Randbedingungen können im allgemeinen nur bei bestimmten λ-Werten, den sogenannten Eigenwerten, befriedigt werden. Die zu diesen λ-Werten gehörenden Lösungen heißen Eigenlösungen.

Bevor wir die Eigenschaften der Eigenfunktionen untersuchen, wollen wir zeigen, wie das Auffinden der Eigenlösungen auf die Lösung einer Integralgleichung zurückgeführt werden kann. Dazu bestimmen wir die Greensche Funktion, welche zum Differentialoperator in der Gleichung $\mathscr{D}\psi = \lambda\psi$ gehört, d. h., wir suchen die Lösung der Gleichung

$$\mathscr{D}G(\boldsymbol{x}, \boldsymbol{x}') = \delta(\boldsymbol{x} - \boldsymbol{x}').$$

Angenommen, diese Lösung sei bekannt. Multiplizieren wir diese Gleichung mit dem Ausdruck $\lambda\psi(\boldsymbol{x}')$ und integrieren danach nach $\boldsymbol{x}'$ über das ganze betreffende Gebiet, so erhalten wir für die Eigenfunktion folgende Gleichung:

$$\mathscr{D}\lambda \int_V \psi(\boldsymbol{x}')\, G(\boldsymbol{x}, \boldsymbol{x}')\, \mathrm{d}V' = \lambda\psi(\boldsymbol{x}) \tag{74}$$

oder

$$\lambda \int_V \psi(\boldsymbol{x}')\, G(\boldsymbol{x}, \boldsymbol{x}')\, \mathrm{d}V' = \psi(\boldsymbol{x}).$$

Es wird also endlich:

$$\psi(\boldsymbol{x}) - \lambda \int_V \psi(\boldsymbol{x}')\, G(\boldsymbol{x}, \boldsymbol{x}')\, \mathrm{d}V' = 0. \tag{75}$$

Die Eigenfunktion genügt also einer Integralgleichung, und zwar in unserem Fall einer Integralgleichung vom Fredholmschen Typ.

Die Lösung einer Integralgleichung steht in unmittelbarem Zusammenhang mit der Bestimmung der Eigenwerte unendlicher Matrizen. Wir nehmen an, daß das Eigenwertproblem der dreidimensionalen Matrizen bekannt ist. Dieses lautet

$$\mathbf{T}\boldsymbol{u} = \lambda \boldsymbol{u} \tag{76}$$

oder, ausführlicher geschrieben,

$$\begin{aligned} &(T_{11} - \lambda)\, u_x + T_{12} u_y + T_{13} u_z = 0, \\ &T_{21} u_x + (T_{22} - \lambda)\, u_y + T_{23} u_z = 0, \\ &T_{31} u_x + T_{32} u_y + (T_{33} - \lambda)\, u_z = 0. \end{aligned} \tag{77}$$

Um die Integralgleichung auch in eine ähnliche Form überführen zu können, nehmen wir der Einfachheit halber an, daß die Funktion ψ in Gl. (75) nur von einer einzigen Veränderlichen abhängt. Nun teilen wir das eindimensionale Gebiet in Elemente von der Länge $\mathrm{d}l$ auf. Die Funktion $\psi(x)$ soll durch die Folge der Werte $\psi_1, \psi_2, \ldots, \psi_i, \ldots$ ersetzt werden, die die Funktion $\psi(x)$ in den Punkten $a + \mathrm{d}l, a + 2\mathrm{d}l, \ldots, a + i\mathrm{d}l$ annimmt. Die Greensche Funktion kann ebenso durch eine unendliche Matrix ersetzt werden. Die Integralgleichung (75) kann also näherungsweise in der folgenden Form geschrieben werden:

$$\begin{aligned} &\psi_1 - \lambda\, \mathrm{d}l(G_{11}\psi_1 + G_{12}\psi_2 + \cdots + G_{1k}\psi_k + \cdots) = 0, \\ &\psi_2 - \lambda\, \mathrm{d}l(G_{21}\psi_1 + G_{22}\psi_2 + \cdots + G_{2k}\psi_k + \cdots) = 0, \\ &\vdots \\ &\psi_h - \lambda\, \mathrm{d}l(G_{h1}\psi_1 + G_{h2}\psi_2 + \cdots + G_{hk}\psi_k + \cdots) = 0. \end{aligned} \tag{78}$$

Durch Umordnen erhalten wir

$$\begin{aligned} &(G_{11} - \lambda')\, \psi_1 + G_{12}\psi_2 + \cdots = 0, \\ &G_{21}\psi_1 + (G_{22} - \lambda')\, \psi_2 + \cdots = 0, \\ &\vdots \\ &G_{h1}\psi_1 + G_{h2}\psi_2 + \cdots + (G_{hk} - \lambda')\, \psi_k + \cdots = 0. \\ &\vdots \end{aligned} \tag{79}$$

Hier bedeutet $\lambda' = 1/\lambda\, \mathrm{d}l$. Dieses Gleichungssystem hat aber, ebenso wie das System (77), nur für bestimmte λ-Werte eine nichttriviale Lösung. Diese Werte können aus der Gleichung

$$\det(\mathbf{G} - \lambda' \mathbf{1}) = 0 \tag{80}$$

bestimmt werden.

Eigenwerte und Eigenfunktionen. Kehren wir jetzt wieder zu den Eigenwerten und Eigenfunktionen zurück. Wir definieren das Skalarprodukt zweier Funktionen

ψ_1 und ψ_2 folgendermaßen:

$$(\psi_1, \psi_2) = \int_V \psi_1 \psi_2^* \, \mathrm{d}V = (\psi_2^*, \psi_1^*). \tag{81}$$

Im weiteren nehmen wir an, daß der Differentialoperator selbstadjungiert ist, d. h.,

$$(\mathscr{D}u, v) = (u, \mathscr{D}v). \tag{82}$$

Für solche Differentialoperatoren gilt der Satz: *Jeder Eigenwert ist reell.* Der Beweis ist sehr einfach. Wenn wir nämlich die Funktionen $u = \psi_\nu$, $v = \psi_\nu$ in Gl. (82) einsetzen, erhalten wir nach (72) und (81) die Beziehung

$$(\lambda - \lambda^*) (\psi_\nu, \psi_\nu) = 0. \tag{83}$$

Nehmen wir an, daß die Eigenfunktionen normiert sind, d. h., daß

$$(\psi_\nu, \psi_\nu) = 1 \neq 0 \tag{84}$$

ist, so folgt aus Gl. (83) $\lambda = \lambda^*$, d. h., λ ist reell.

Für die Eigenfunktionen gilt der folgende Satz: *Die zu verschiedenen Eigenwerten gehörenden Eigenfunktionen sind orthogonal zueinander.* Setzen wir jetzt die Funktionen $u = \psi_\mu$, $v = \psi_\nu$ in Gl. (82) ein, so erhalten wir

$$(\lambda_\mu - \lambda_\nu) (\psi_\mu, \psi_\nu) = 0, \tag{85}$$

und da $\lambda_\mu \neq \lambda_\nu$ ist, wird

$$(\psi_\mu, \psi_\nu) = 0, \tag{86}$$

was definitionsgemäß die Orthogonalität der zwei Funktionen bedeutet.

Wenn zu einem einzigen Eigenwert mehrere Eigenfunktionen gehören, sprechen wir von Entartung. Die Entartung hat die Ordnung r, wenn zu dem gegebenen Eigenwert r linear unabhängige Eigenfunktionen gehören. Aus r linear unabhängigen Funktionen können immer r solche Funktionen zusammengesetzt werden, die paarweise orthogonal sind und natürlich auch normiert werden können. Demnach können wir ganz allgemein sagen, daß das System der Eigenfunktionen ein orthonormiertes System darstellt. Wir können hier nicht den Beweis für den wichtigsten Satz führen: *Jede den Randbedingungen genügende Funktion* (mit gewissen mathematischen Einschränkungen) *kann mit Hilfe dieser Eigenfunktionen in der Form*

$$\psi = \sum_\nu a_\nu \psi_\nu \tag{87}$$

dargestellt werden. Die Koeffizienten können wir einfach mit Hilfe der Orthogonalitätsrelationen bestimmen: Multiplizieren wir diese Gleichung skalar mit ψ_ν und berücksichtigen, daß

$$(\psi_\mu, \psi_\nu) = \delta_{\mu\nu} \tag{88}$$

ist, so folgt

$$a_\nu = (\psi, \psi_\nu). \tag{89}$$

Die Bestimmung der Eigenfunktion als Variationsproblem. Das Problem der Bestimmung der Eigenwerte und Eigenfunktionen kann auch auf ein Variationsproblem zurückgeführt werden. Wir wissen, daß im Dreidimensionalen der kleinste Eigenwert der Gleichung

$$\mathbf{T}\boldsymbol{u} = \lambda \boldsymbol{u}$$

dadurch erhalten wurde, daß der Minimalwert des quadratischen Ausdrucks

$$\boldsymbol{u}\mathbf{T}\boldsymbol{u} \tag{90}$$

auf der Einheitskugel bestimmt wurde [1.1], d. h. mit der Bedingung $\boldsymbol{uu} = 1$. In ähnlicher Weise wird jetzt die Funktion gesucht, die den Wert des Ausdrucks

$$\frac{(\psi, \mathscr{D}\psi)}{(\psi, \psi)} \tag{91}$$

zum Minimum macht, bzw. es wird dieser Minimalwert selbst gesucht. Das Eigenwertproblem wird also für den kleinsten Eigenwert auf das Variationsproblem

$$\delta \frac{\int\limits_V \psi(\mathscr{D}\psi)^* \, \mathrm{d}V}{\int\limits_V \psi\psi^* \, \mathrm{d}V} = 0 \tag{92}$$

zurückgeführt. Damit haben wir den minimalen Eigenwert und die zugehörige Eigenfunktion gefunden. Die weiteren Eigenfunktionen erhält man bei Berücksichtigung der Zusatzbedingungen

$$(\psi, \psi_1) = 0; \quad (\psi, \psi_2) = 0; \quad \ldots$$

Im folgenden werden wir in aller Kürze nur soviel beweisen, daß im Fall der skalaren Wellengleichung

$$\Delta\psi + k^2\psi = 0 \tag{93}$$

die Lösung, die das Variationsproblem befriedigt, auch die obige Gleichung erfüllt. Es wird nämlich nach (93)

$$k^2 = -\frac{\int\limits_V \psi\, \Delta\psi\, \mathrm{d}V}{\int\limits_V \psi^2\, \mathrm{d}V}. \tag{94}$$

Wir nehmen im folgenden ψ als reell an. Mit Hilfe des Greenschen Satzes kann diese Gleichung umgeformt werden:

$$k^2 = \frac{\int\limits_V (\mathrm{grad}\,\psi)^2\, \mathrm{d}V}{\int\limits_V \psi^2\, \mathrm{d}V} \tag{95}$$

bzw.

$$k^2 \int\limits_V \psi^2\, \mathrm{d}V = \int\limits_V (\mathrm{grad}\,\psi)^2\, \mathrm{d}V. \tag{96}$$

Durch Variation beider Seiten erhalten wir

$$\delta k^2 \int\limits_V \psi^2\, \mathrm{d}V + k^2 \delta \int\limits_V \psi^2\, \mathrm{d}V = \delta \int\limits_V (\mathrm{grad}\,\psi)^2\, \mathrm{d}V. \tag{97}$$

Da wir für k^2 einen Minimalwert verlangen, muß $\delta k^2 = 0$ sein. Es wird also

$$2k^2 \int\limits_V \psi\delta\psi\, \mathrm{d}V - 2 \int\limits_V \mathrm{grad}\,\psi\; \delta\, \mathrm{grad}\,\psi\, \mathrm{d}V = 0. \tag{98}$$

Benutzen wir wieder den Greenschen Satz und die Beziehung $\delta\, \mathrm{grad}\,\psi = \mathrm{grad}\,\delta\psi$, so erhalten wir

$$\int\limits_V \delta\psi(k^2\psi + \Delta\psi)\, \mathrm{d}V - \oint\limits_A \frac{\partial\psi}{\partial n}\, \delta\psi\, \mathrm{d}A = 0. \tag{99}$$

Das Flächenintegral wird Null, da die Funktion ψ entweder die Randbedingung $\partial\psi/\partial n = 0$ oder die Randbedingung $\psi = 0$ befriedigen muß; es wird also

$$\int\limits_V \delta\psi(k^2\psi + \Delta\psi)\, \mathrm{d}V = 0. \tag{100}$$

Bei beliebiger Variation $\delta\psi$ kann diese Gleichung nur dann bestehen, wenn $k^2\psi + \Delta\psi = 0$ ist, wenn also ψ der Wellengleichung genügt.

Untersuchen wir noch, ob der hier vorkommende Differentialoperator selbstadjungiert ist. Wenden wir den Greenschen Satz an, so erhalten wir:

$$\int\limits_V (u\, \Delta v - v\, \Delta u)\, \mathrm{d}V = \oint\limits_A \left(u \frac{\partial v}{\partial n} - v \frac{\partial u}{\partial n}\right) \mathrm{d}A. \tag{101}$$

Die rechte Seite verschwindet wegen der Randbedingungen $u = 0$; $v = 0$ oder wegen der Randbedingungen $\partial u/\partial n = 0$; $\partial v/\partial n = 0$, d. h., der Operator $\mathcal{D} \equiv \Delta$ ist wirklich selbstadjungiert.

Bei der Untersuchung der Wellenfelder haben wir gesehen, daß das harmonische elektrische Feld folgende Gleichung befriedigt (4.3.(4)):

$$\text{rot rot}\, \boldsymbol{E} = k^2 \boldsymbol{E}. \tag{102}$$

In diesem Falle wird also

$$\mathcal{D} \equiv \text{rot rot}. \tag{103}$$

Für Vektorfelder gilt der Greensche Satz (s. Kap. 1.14.) in folgender Form:

$$\int_V (\boldsymbol{u}\, \text{rot rot}\, \boldsymbol{v} - \boldsymbol{v}\, \text{rot rot}\, \boldsymbol{u})\, \mathrm{d}V = \oint_A (\boldsymbol{v} \times \text{rot}\, \boldsymbol{u} - \boldsymbol{u} \times \text{rot}\, \boldsymbol{v})\, \mathrm{d}\boldsymbol{A}. \tag{104}$$

Da entsprechend den Randbedingungen das elektrische Feld senkrecht zur begrenzenden Fläche steht, wird der Differentialoperator $\mathcal{D} \equiv$ rot rot selbstadjungiert. Die oben angeführten Sätze können also angewendet werden. So kann z. B. das Feld im Innern eines Hohlraumresonators mit Hilfe der Eigenlösungen in folgender Form dargestellt werden:

$$\boldsymbol{E} = \sum_\nu a_\nu \boldsymbol{E}_\nu, \tag{105}$$

wobei

$$a_\nu = \int_V \boldsymbol{E}\boldsymbol{E}_\nu\, \mathrm{d}V = \frac{1}{k_\nu^2} \int_V \boldsymbol{E}\, \text{rot rot}\, \boldsymbol{E}_\nu\, \mathrm{d}V. \tag{106}$$

Das magnetische Feld kann mit Hilfe der Maxwellschen Gleichungen bestimmt werden:

$$\boldsymbol{H} = \mathrm{j}\omega\varepsilon_0 \sum \frac{a_\nu}{k_\nu^2}\, \text{rot}\, \boldsymbol{E}_\nu. \tag{107}$$

Der kleinste Eigenwert kann mit Hilfe des folgenden Variationsproblems bestimmt werden:

$$\delta k^2 = \delta \frac{(\boldsymbol{E}, \mathcal{D}\boldsymbol{E})}{(\boldsymbol{E}, \boldsymbol{E})} = 0. \tag{108}$$

Der Hilbertsche Raum. Die bisher behandelten mathematischen Methoden werden natürlich auch in anderen Gebieten der Physik angewendet. Insbesondere spielt das Eigenwertproblem in der Quantenmechanik eine entscheidende Rolle.

Die exakt lösbaren Fälle sind außerordentlich selten. Zumeist müssen wir uns mit verschiedenen Näherungsmethoden begnügen. Die Störungsrechnung hat als solche z. B. in der Theorie der Hohlraumresonatoren und in der Quantentheorie sehr große Bedeutung. In der Theorie der Hohlraumresonatoren kann das ungestörte Problem auf mannigfache Weise gestört werden: Die Materialkonstanten können sich ändern, ferner die Raumbedingungen und endlich auch die Begrenzungsflächen.

In Abschnitt 4.39.2. haben wir die verschiedenen Störungsarten tatsächlich in unterschiedlicher Weise behandelt.

Die Formulierung und Lösung aller hier erwähnten Probleme ist in allgemeiner Weise durch Einführung des abstrakten Hilbertschen Raums möglich. Unter dem Hilbertschen Raum verstehen wir die Gesamtheit der Elemente $f, g, h, \ldots$, welche die folgenden Eigenschaften aufweisen:

1. Der Hilbertsche Raum ist linear, d. h., bei Addition und Multiplikation mit komplexen Zahlen gelten die Rechenregeln der Vektoralgebra:

$$\begin{aligned} &f + g = g + f, \\ &f + (g + h) = (f + g) + h, \\ &(a + b) f = af + bf, \\ &(f + g)\, a = af + ag, \end{aligned} \tag{109}$$

wobei f, g, h die Elemente des Hilbertschen Raumes, a und b dagegen komplexe Zahlen sind.

2. Es existiert ein Skalarprodukt zweier Elemente (f, g) mit den folgenden Eigenschaften:

$$\begin{aligned} &\text{a)} \quad (af, g) = a(f, g), \\ &\text{b)} \quad (f + g, h) = (f, h) + (g, h), \\ &\text{c)} \quad (f, g) = (g, f)^*, \\ &\text{d)} \quad (f, f) > 0, \quad \text{wenn} \quad f \neq 0; \qquad (f, f) = 0, \quad \text{wenn} \quad f = 0. \end{aligned} \tag{110}$$

Die positiv reelle Größe $(f, f)^{1/2} = \|f\|$ definiert die Norm, die Größe $\|f - g\|$ dagegen den Abstand zwischen den Elementen f und g.

3. Der Hilbertsche Raum ist vollständig, d. h., wenn für die Folge der Elemente $f_1, f_2, \ldots, f_n, \ldots$ die Relation

$$\|f_m - f_n\| \to 0; \qquad m, n \to \infty \tag{111}$$

gilt, dann existiert ein Element g, für das die Relation

$$\|f_n - g\| \to 0; \qquad n \to \infty \tag{112}$$

besteht.

Für die Norm und für den Abstand gelten folgende Relationen:
die Schwarzsche Ungleichung

$$|(f, g)| \leqq \|f\| \cdot \|g\|, \tag{113}$$

die Dreiecksungleichung

$$\|f_1 - f_3\| \leqq \|f_1 - f_2\| + \|f_2 - f_3\|, \tag{114}$$

die Minkowskische Ungleichung

$$\|f + g\| \leqq \|f\| + \|g\| . \tag{115}$$

Im Hilbertschen Raum kann ein linearer Operator $\mathscr{H}$ definiert werden, der einem Element des Raumes ein anderes Element des Raumes in der Weise zuordnet, daß die Relation

$$\mathscr{H}(a_1 f_1 + a_2 f_2) = a_1 \mathscr{H} f_1 + a_2 \mathscr{H} f_2 \tag{116}$$

gilt.

Der durch die Gleichung

$$(\mathscr{H} f, g) = (f, \mathscr{H}^\dagger g) \tag{117}$$

definierte Operator $\mathscr{H}^\dagger$ wird zum Operator $\mathscr{H}$ adjungiert genannt.

Wenn $\mathscr{H} = \mathscr{H}^\dagger$ ist, sprechen wir von einem selbstadjungierten oder hermiteschen Operator. In diesem Fall gilt also

$$(\mathscr{H} f, g) = (f, \mathscr{H} g) . \tag{118}$$

Die Selbstadjungiertheit bedeutet für Matrizen $T_{ik} = T_{ki}^*$, also Symmetrie für reelle Matrizen.

Das Eigenwertproblem, im Hilbertschen Raum also die Lösung der Gleichung

$$\mathscr{H} f = \varkappa f , \tag{119}$$

kann als eine Verallgemeinerung des früher behandelten Problems betrachtet werden.

5.2. Die Grundgleichungen der relativistischen Elektrodynamik

5.2.1. Die Lorentz-Transformation

Die Grundgleichungen der Mechanik

$$m \frac{\mathrm{d}^2 x}{\mathrm{d}t^2} = F_x , \quad m \frac{\mathrm{d}^2 y}{\mathrm{d}t^2} = F_y , \quad m \frac{\mathrm{d}^2 z}{\mathrm{d}t^2} = F_z$$

sind so gebaut, daß die Form der Gleichungen erhalten bleibt, wenn die Bewegung in einem anderen Koordinatensystem beschrieben wird, das relativ zu dem bisherigen System eine gleichförmige Translationsbewegung ausführt. Mit anderen Worten: die Grundgleichungen der Mechanik sind invariant gegen die folgende Raum—Zeit-Transformation:

$$x' = x - vt, \quad y' = y, \quad z' = z. \tag{1}$$

Diese Transformation wird Galilei-Transformation genannt. Bei der Herleitung dieser Gleichungen haben wir angenommen, daß sich das neue System K' entlang der x-Achse des Systems K mit der konstanten Geschwindigkeit v bewegt. In der klassischen Mechanik wird als natürlich angenommen, daß die Zeit nicht transformiert wird, also $t' \equiv t$. Mit Hilfe eines mechanischen Experiments kann also keines der sich mit konstanter Geschwindigkeit bewegenden Koordinatensysteme ausgezeichnet und als absolut ruhend betrachtet werden.

Wenn wir aber die Wellengleichung

$$\frac{\partial^2 \varphi}{\partial x^2} = \frac{1}{c^2} \frac{\partial^2 \varphi}{\partial t^2} \tag{2}$$

oder ihre einfachste Lösung

$$\varphi = A \sin \omega \left(t - \frac{x}{c}\right)$$

betrachten, so stellen wir fest, daß diese keineswegs invariant gegenüber der Galilei-Transformation sind. Selbst Maxwell wies schon darauf hin, daß durch diese Gleichung ein ruhendes Koordinatensystem bevorzugt werden kann, nämlich dasjenige, in dem die Geschwindigkeit des Lichtes in allen Richtungen identisch gleich c ist. Eine Reihe der experimentellen Untersuchungen — dazu gehört der berühmte Michelsonsche Versuch — haben aber bewiesen, daß die Geschwindigkeit des Lichtes nicht von dem Bewegungszustand des Beobachters abhängt, d. h., das Licht bewegt sich in jedem Koordinatensystem in jeder Richtung mit der gleichen Geschwindigkeit c. Diese experimentellen Ergebnisse wurden von Einstein in dem folgenden Grundprinzip verallgemeinert: Es ist unmöglich, mit irgendeinem Experiment ein bevorzugtes ruhendes Koordinatensystem zu finden. Die Gesetze der Physik behalten ihre Form, wenn wir von einem Koordinatensystem in ein anderes Koordinatensystem übergehen, wenn sich diese relativ gegeneinander mit einer konstanten Geschwindigkeit bewegen. Es muß also an Stelle der Galilei-Transformation eine solche Transformation gefunden werden, die dieser Forderung Genüge tut, die also z. B. die Form der Wellengleichung unverändert läßt. Diese gesuchte Transformation heißt Lorentz-

Transformation:

$$x' = \frac{1}{\sqrt{1 - v^2/c^2}} [x - vt], \qquad y' = y, \qquad z' = z, \qquad t' = \frac{1}{\sqrt{1 - v^2/c^2}} \left[t - \frac{v}{c^2} x \right] \tag{3}$$

oder umgekehrt

$$x = \frac{1}{\sqrt{1 - v^2/c^2}} [x' + vt'], \qquad y = y', \qquad z = z', \qquad t = \frac{1}{\sqrt{1 - v^2/c^2}} \left[t' + \frac{v}{c^2} x' \right]. \tag{4}$$

Der wichtigste Unterschied gegenüber der Galilei-Transformation besteht darin, daß auch die Zeit transformiert wird. Hier können wir uns nicht mit den interessanten und weitreichenden Folgerungen dieser Tatsache beschäftigen, wir betonen nur, daß dieses so ungewöhnliche, unanschauliche Resultat eine unumgängliche Folge zwingender Tatsachen ist.

Wie schon erwähnt wurde, kann man zur Lorentz-Transformation gelangen, indem man diejenige Transformation aufsucht, welche die Form der Wellengleichung unverändert läßt. Wir schlagen hier einen einfacheren Weg ein. Wir nehmen die Lorentz-Transformation (3) als gegeben an und beweisen, daß diese Transformation tatsächlich der grundsätzlichen Forderung genügt, d. h. die Form der Wellengleichung invariant läßt.

Die Gleichung einer Kugelwelle, die im Zeitpunkt $t = 0$ aus dem Ursprung des Koordinatensystems K ausgeht, ist

$$x^2 + y^2 + z^2 - c^2 t^2 = 0. \tag{5}$$

Das Koordinatensystem K' falle im Zeitpunkt $t = 0$ mit dem Koordinatensystem K zusammen. K' bewege sich entlang der x-Achse mit der konstanten Geschwindigkeit v. Die Gleichung der Lichtwellen erhalten wir in diesem neuen System, wenn an Stelle der Größen x, y, z, t die Größen x', y', z', t' entsprechend der Lorentz-Transformation (3) eingesetzt werden. Nach einer einfacheren Rechnung erhalten wir die Gleichung

$$x'^2 + y'^2 + z'^2 - c^2 t'^2 = 0, \tag{6}$$

die besagt, daß auch ein Beobachter im Koordinatensystem K' eine Kugelwelle mit der Geschwindigkeit c beobachtet.

Es kann auch sehr leicht bewiesen werden, daß, wenn $\varphi(x, t)$ der Gleichung

$$\frac{\partial^2 \varphi}{\partial x^2} - \frac{1}{c^2} \frac{\partial^2 \varphi}{\partial t^2} = 0$$

genügt, auch $\varphi(x', t')$ der Gleichung

$$\frac{\partial^2 \varphi}{\partial x'^2} - \frac{1}{c^2} \frac{\partial^2 \varphi}{\partial t'^2} = 0 \tag{7}$$

genügt. Es ist nämlich

$$\frac{\partial^2 \varphi}{\partial x'^2} = \frac{\partial^2 \varphi}{\partial x^2} \frac{1}{1 - v^2/c^2} + 2 \frac{\partial^2 \varphi}{\partial x\, \partial t} \frac{v/c^2}{1 - v^2/c^2} + \frac{\partial^2 \varphi}{\partial t^2} \frac{v^2/c^4}{1 - v^2/c^2}, \tag{8}$$

und da weiterhin die Gleichung

$$\frac{\partial^2 \varphi}{\partial t'^2} = \frac{\partial^2 \varphi}{\partial x^2} \frac{v^2}{1 - v^2/c^2} + 2 \frac{\partial^2 \varphi}{\partial x\, \partial t} \frac{v}{1 - v^2/c^2} + \frac{\partial^2 \varphi}{\partial t^2} \frac{1}{1 - v^2/c^2} \tag{9}$$

gilt, ist sofort ersichtlich, daß

$$\frac{\partial^2 \varphi}{\partial x'^2} - \frac{1}{c^2} \frac{\partial^2 \varphi}{\partial t'^2} = \frac{\partial^2 \varphi}{\partial x^2} - \frac{1}{c^2} \frac{\partial^2 \varphi}{\partial t^2} = 0, \tag{10}$$

d. h., die Funktion $\varphi(x', t')$ befriedigt tatsächlich die Wellengleichung.

5.2.2. Die Maxwellschen Gleichungen und die Lorentz-Transformation

Soeben haben wir gesehen, daß die aus den Maxwellschen Gleichungen herleitbare Wellengleichung ihre Form behält, d. h. kovariant gegenüber der Lorentz-Transformation ist. Untersuchen wir jetzt, wie sich die Maxwellschen Gleichungen selbst gegenüber der Lorentz-Transformation verhalten. Unsere Methode wird die folgende sein. Zuerst werden wir die Maxwellschen Gleichungen in kartesischen Koordinaten aufschreiben; diese sind nämlich durch die Lorentz-Transformation unmittelbar miteinander verknüpft. Dann können wir die Ableitungen nach den neuen Koordinaten einführen. So werden wir ein Gleichungssystem erhalten, das einen von dem ursprünglichen abweichenden Aufbau hat. Die Gleichungen dieses Gleichungssystems werden dann so kombiniert, daß wir wieder die alte Form der Maxwellschen Gleichungen, aber in den neuen Koordinaten erhalten. So gelangen wir zu den Transformationsformeln der elektromagnetischen Größen.

Zur Realisierung dieses Programms schreiben wir zuerst die Maxwellschen Gleichungen in kartesischen Koordinaten:

$$\left.\begin{aligned} \frac{\partial B_z}{\partial y} - \frac{\partial B_y}{\partial z} &= \mu_0 \varepsilon_0 \frac{\partial E_x}{\partial t}, \\ \frac{\partial B_x}{\partial z} - \frac{\partial B_z}{\partial x} &= \mu_0 \varepsilon_0 \frac{\partial E_y}{\partial t}, \\ \frac{\partial B_y}{\partial x} - \frac{\partial B_x}{\partial y} &= \mu_0 \varepsilon_0 \frac{\partial E_z}{\partial t}, \end{aligned}\right\} \qquad \text{I}$$

$$\left.\begin{aligned}\frac{\partial E_z}{\partial y}-\frac{\partial E_y}{\partial z}&=-\frac{\partial B_x}{\partial t},\\ \frac{\partial E_x}{\partial z}-\frac{\partial E_z}{\partial x}&=-\frac{\partial B_y}{\partial t},\\ \frac{\partial E_y}{\partial x}-\frac{\partial E_x}{\partial y}&=-\frac{\partial B_z}{\partial t},\end{aligned}\right\}\qquad \text{II}$$

$$\frac{\partial B_x}{\partial x}+\frac{\partial B_y}{\partial y}+\frac{\partial B_z}{\partial z}=0,\qquad \text{III}$$

$$\frac{\partial E_x}{\partial x}+\frac{\partial E_y}{\partial y}+\frac{\partial E_z}{\partial z}=0.\qquad \text{IV}$$

Zwischen den Ableitungen nach den neuen und nach den alten Koordinaten bestehen die folgenden Beziehungen:

$$\frac{\partial}{\partial t}=\frac{\partial}{\partial x'}\frac{\partial x'}{\partial t}+\frac{\partial}{\partial t'}\frac{\partial t'}{\partial t}=\frac{\partial}{\partial x'}\left(-\frac{v}{\sqrt{1-v^2/c^2}}\right)+\frac{\partial}{\partial t'}\left(\frac{1}{\sqrt{1-v^2/c^2}}\right), \tag{11}$$

$$\frac{\partial}{\partial x}=\frac{\partial}{\partial x'}\frac{\partial x'}{\partial x}+\frac{\partial}{\partial t'}\frac{\partial t'}{\partial x}=\frac{1}{\sqrt{1-v^2/c^2}}\frac{\partial}{\partial x'}-\frac{v/c^2}{\sqrt{1-v^2/c^2}}\frac{\partial}{\partial t'} \tag{12}$$

und

$$\frac{\partial}{\partial y}=\frac{\partial}{\partial y'},\qquad \frac{\partial}{\partial z}=\frac{\partial}{\partial z'}.$$

Unter Berücksichtigung dieser Gleichungen können die Gleichungen I, 2 und I, 3 in folgender Form geschrieben werden:

$$\frac{1}{c^2}\frac{\partial\varkappa(E_y-vB_z)}{\partial t'}=\frac{\partial B_x}{\partial z'}-\frac{\partial\varkappa\left(B_z-\dfrac{v}{c^2}E_y\right)}{\partial x'}, \tag{13}$$

$$\frac{1}{c^2}\frac{\partial\varkappa(E_z+vB_y)}{\partial t'}=\frac{\partial\varkappa\left(B_y+\dfrac{v}{c^2}E_z\right)}{\partial x'}-\frac{\partial B_x}{\partial y'}, \tag{14}$$

wobei zur Abkürzung

$$\varkappa=\frac{1}{\sqrt{1-v^2/c^2}}=\frac{1}{\sqrt{1-\beta^2}}$$

eingeführt wurde. Die Beziehungen (13) und (14) haben die gleiche Form wie die Ausgangsgleichungen I, 2 und I, 3. Die Gleichungen I, 1 und IV verändern dagegen ihre Form in dem neuen Koordinatensystem:

$$-\frac{1}{c^2}\frac{\partial E_x}{\partial x'}\varkappa v + \frac{1}{c^2}\frac{\partial E_x}{\partial t'}\varkappa = \frac{\partial B_z}{\partial y'} - \frac{\partial B_y}{\partial z'}, \tag{15}$$

$$\frac{\partial E_x}{\partial x'}\varkappa - \frac{\partial E_x}{\partial t'}\varkappa\frac{v}{c^2} + \frac{\partial E_y}{\partial y'} + \frac{\partial E_z}{\partial z'} = 0. \tag{16}$$

In der ersten Gleichung tritt zusätzlich das Glied mit $\partial E_x/\partial x'$ auf, in der zweiten entsprechend das mit $\partial E_x/\partial t'$. Diese Glieder können auf folgende Weise eliminiert werden. Wir multiplizieren die zweite Gleichung mit v/c^2 und addieren diese zur ersten; dann multiplizieren wir die erste mit v und addieren sie zur zweiten. Wenn dieses Verfahren auch mit den Gleichungen II und III durchgeführt wird, erhalten wir die Maxwellschen Gleichungen im neuen Koordinatensystem:

$$\left.\begin{aligned}
&\frac{\partial\varkappa\left(B_z - \frac{v}{c^2}E_y\right)}{\partial y'} - \frac{\partial\varkappa\left(B_y + \frac{v}{c^2}E_z\right)}{\partial z'} = \frac{1}{c^2}\frac{\partial E_x}{\partial t'},\\
&\frac{\partial B_x}{\partial z'} - \frac{\partial\varkappa\left(B_z - \frac{v}{c^2}E_y\right)}{\partial x'} = \frac{1}{c^2}\frac{\partial\varkappa(E_y - vB_z)}{\partial t'},\\
&\frac{\partial\varkappa\left(B_y + \frac{v}{c^2}E_z\right)}{\partial x'} - \frac{\partial B_x}{\partial y'} = \frac{1}{c^2}\frac{\partial\varkappa(E_z + vB_y)}{\partial t'},
\end{aligned}\right\} \quad \text{I}'$$

$$\frac{\partial E_x}{\partial x'} + \frac{\partial\varkappa(E_y - vB_z)}{\partial y'} + \frac{\partial\varkappa(E_z + vB_y)}{\partial z'} = 0, \quad \text{IV}'$$

$$\left.\begin{aligned}
&\frac{\partial\varkappa(E_z + vB_y)}{\partial y'} - \frac{\partial\varkappa(E_y - vB_z)}{\partial z'} = -\frac{\partial B_x}{\partial t'},\\
&\frac{\partial E_x}{\partial z'} - \frac{\partial\varkappa(E_z + vB_y)}{\partial x'} = -\frac{\partial\varkappa\left(B_y + \frac{v}{c^2}E_z\right)}{\partial t'},\\
&\frac{\partial\varkappa(E_y - vB_z)}{\partial x'} - \frac{\partial E_x}{\partial y'} = -\frac{\partial\varkappa\left(B_z - \frac{v}{c^2}E_y\right)}{\partial t'},
\end{aligned}\right\} \quad \text{II}'$$

$$\frac{\partial B_x}{\partial x'} + \frac{\partial\varkappa\left(B_y + \frac{v}{c^2}E_z\right)}{\partial y'} + \frac{\partial\varkappa\left(B_z - \frac{v}{c^2}E_y\right)}{\partial z'} = 0. \quad \text{III}'$$

Dieses Gleichungssystem hat denselben Aufbau wie das Ausgangssystem I—IV. Damit haben wir auch die Transformationsregeln der elektromagnetischen Größen erhalten:

$$E'_x = E_x; \quad E'_y = \varkappa(E_y - vB_z); \quad E'_z = \varkappa(E_z + vB_y),$$

$$B'_x = B_x; \quad B'_y = \varkappa\left(B_y + \frac{v}{c^2}E_z\right); \quad B'_z = \varkappa\left(B_z - \frac{v}{c^2}E_y\right). \tag{17}$$

Unsere bisherigen Resultate können wie folgt zusammengefaßt werden. Die in den kartesischen Koordinaten aufgeschriebenen Maxwellschen Gleichungen haben die gleiche Form in allen Koordinatensystemen, die relativ zueinander eine gleichförmige Translationsbewegung ausführen. Die Beobachter in den verschiedenen gleichberechtigten Koordinatensystemen finden unterschiedliche elektromagnetische Feldgrößen, die durch das Gleichungssystem (17) miteinander verbunden sind. Diese Zusammenhänge sind uns teilweise schon bekannt. Sie gehen nämlich bei kleinen Geschwindigkeiten in die wohlbekannten Gleichungen

$$\boldsymbol{E}' = \boldsymbol{E} + \boldsymbol{v} \times \boldsymbol{B}, \qquad \boldsymbol{H}' = \boldsymbol{H} - \boldsymbol{v} \times \boldsymbol{D}$$

über.

Das Gleichungssystem (17) deutet darauf hin, daß die Zerlegung des elektromagnetischen Feldes in elektrisches und magnetisches Feld nur in bezug auf ein bestimmtes Koordinatensystem einen Sinn hat. Wenn wir zu einem anderen Koordinatensystem übergehen, werden z. B. die hier beobachtbaren elektrischen Größen durch die Gesamtheit der elektrischen und magnetischen Größen im alten Koordinatensystem bestimmt. Der Zustand des elektromagnetischen Feldes kann also durch eine Größe höheren Grades charakterisiert werden, deren Elemente in einem bestimmten System für die Messungen als elektrische bzw. magnetische Felder erscheinen. Im weiteren wollen wir eben diese einheitliche Größe des elektromagnetischen Feldes kennenlernen.

5.2.3. Die kovariante Formulierung der Maxwellschen Gleichungen

Der Minkowskische Raum. Der Weg, den wir zur Ableitung der Transformationsformeln der elektromagnetischen Feldgrößen eingeschlagen hatten, ist unübersichtlich und trägt den Charakter einer ad-hoc-Methode. Es ist Minkowski gelungen, die Grundzusammenhänge der Relativitätstheorie in solcher Weise zu formulieren, daß die gegenüber der Lorentz-Transformation kovarianten Eigenschaften klar hervortreten. Der Gedankengang, der zu dieser Formulierung führt, ist folgender.

Die Tatsache, daß sich das Licht in allen Koordinatensystemen in der Form einer Kugelwelle ausbreitet, kann nach (5) und (6) folgendermaßen ausgedrückt werden:

$$x^2 + y^2 + z^2 - c^2t^2 = x'^2 + y'^2 + z'^2 - c^2t'^2 = 0. \tag{18}$$

Führen wir die Bezeichnungen

$$x = x_1; \quad y = x_2; \quad z = x_3; \quad \mathrm{j}ct = x_4 \tag{19}$$

ein, so nimmt Gl. (18) die Form

$$x_1^2 + x_2^2 + x_3^2 + x_4^2 = x_1'^2 + x_2'^2 + x_3'^2 + x_4'^2 = 0 \tag{20}$$

an. Diese Gleichung läßt folgende geometrische Deutung zu. Fassen wir die Koordinaten x_1, x_2, x_3, x_4 als einen Punkt im vierdimensionalen Raum auf, so bedeutet $x_1^2 + x_2^2 + x_3^2 + x_4^2$ das Quadrat des Abstandes zwischen dem betreffenden Punkt und dem Ursprung des Koordinatensystems. Dieser Ausdruck hat eine ähnliche Form wie der des Abstandes im dreidimensionalen Euklidischen Raum. Da in unserem jetzt eingeführten vierdimensionalen Raum eine Koordinate imaginär ist, wird er pseudo-Euklidischer Raum genannt. Die Lorentz-Transformation läßt nach Gl. (20) diesen Ausdruck unverändert. Sie kann also als eine Transformation des vierdimensionalen Raumes betrachtet werden, die den Ursprung des Koordinatensystems und den Abstand invariant läßt. Sehen wir von der Spiegelung ab, so bleibt im dreidimensionalen Raum die Drehung als Transformation, die diesen Forderungen genügt. Die Lorentz-Transformation entspricht also einer Drehung des vierdimensionalen Koordinatensystems $K'(x_1', x_2', x_3', x_4')$ gegenüber dem vierdimensionalen Koordinatensystem $K(x_1, x_2, x_3, x_4)$. Diese Drehung kann nach dem Gleichungssystem (3), (4) durch folgende Matrix charakterisiert werden.

$$((l_{ik})) = \begin{bmatrix} \frac{1}{\sqrt{1-\beta^2}} & 0 & 0 & \frac{\mathrm{j}\beta}{\sqrt{1-\beta^2}} \\ 0 & 1 & 0 & 0 \\ 0 & 0 & 1 & 0 \\ -\frac{\mathrm{j}\beta}{\sqrt{1-\beta^2}} & 0 & 0 & \frac{1}{\sqrt{1-\beta^2}} \end{bmatrix}; \quad x_i' = \sum_{k=1}^{4} l_{ik} x_k . \tag{21}$$

Wir bemerken nebenbei, daß die Drehungsmatrix im allgemeinen Fall, wenn sich das System K' mit der konstanten Geschwindigkeit $\boldsymbol{v}(v_1, v_2, v_3)$ bewegt, folgende

Form haben wird:

$$((l_{ik})) = \begin{bmatrix} 1 + \frac{v_1^2}{v^2}\varkappa' & \frac{v_1 v_2}{v^2}\varkappa' & \frac{v_1 v_3}{v^2}\varkappa' & \frac{\mathrm{j} v_1}{c\sqrt{1-\beta^2}} \\ \frac{v_1 v_2}{v^2}\varkappa' & 1 + \frac{v_2^2}{v^2}\varkappa' & \frac{v_2 v_3}{v^2}\varkappa' & \frac{\mathrm{j} v_2}{c\sqrt{1-\beta^2}} \\ \frac{v_1 v_3}{v^2}\varkappa' & \frac{v_2 v_3}{v^2}\varkappa' & 1 + \frac{v_3^2}{v^2}\varkappa' & \frac{\mathrm{j} v_3}{c\sqrt{1-\beta^2}} \\ -\frac{\mathrm{j} v_1}{c\sqrt{1-\beta^2}} & -\frac{\mathrm{j} v_2}{c\sqrt{1-\beta^2}} & -\frac{\mathrm{j} v_3}{c\sqrt{1-\beta^2}} & \frac{1}{\sqrt{1-\beta^2}} \end{bmatrix} \tag{22}$$

Hier bedeutet

$$\varkappa' = \frac{1}{\sqrt{1-\beta^2}} - 1.$$

Im dreidimensionalen Raum wurde die gegenüber einer Drehung des Koordinatensystems invariante Form der physikalischen Gesetze dadurch gesichert, daß die physikalischen Größen entweder durch eine skalare, eine vektorielle oder eine tensorielle Größe charakterisiert wurden. Der Skalar- bzw. Vektor- bzw. Tensorcharakter einer Größe wurde eben durch die Transformationseigenschaften bestimmt. Wir schlagen genau denselben Weg bei der Bestimmung des Charakters einer physikalischen Größe ein.

Die Gesamtheit von vier skalaren Größen u_1, u_2, u_3, u_4 wird ein Vektor im vierdimensionalen Raum oder Vierervektor genannt, wenn diese Größen beim Übergang in das System K' in folgender Weise transformiert werden:

$$u_i' = l_{ik} u_k. \tag{23}$$

Diese Transformationsregel ist übrigens mit der Transformationsregel der Koordinaten x_1, x_2, x_3, x_4 identisch. Tatsächlich ergibt die Transformation

$$x_i' = l_{ik} x_k \tag{24}$$

genau die Lorentz-Transformation. Wir haben in den Gleichungen (23), (24) die sehr verbreitete Vereinbarung benutzt, daß das Vorkommen zweier gleicher Indizes eine Summation über alle Werte dieses gemeinsamen Index bedeutet. Es können natürlich andere Regeln zur Bestimmung des Vektorcharakters aus der dreidimensionalen Vektoralgebra übernommen werden. Solch eine Regel ist z. B. die folgende. Die Größe u_i stellt einen Vierervektor dar, wenn das Produkt $u_i v_i$ (Skalarprodukt) invariant gegenüber einer Lorentz-Transformation ist. Hier bedeutet v_i einen Vierervektor. In solcher Weise kann auch bewiesen werden, daß der vierdimensionale Nabla-Operator, d. h. $\partial/\partial x_i$, als ein Vierervektor aufgefaßt werden kann.

Ein Naturgesetz muß sich immer als eine Verknüpfung zwischen Tensoren verschiedenen Ranges schreiben lassen. Somit ist seine Forminvarianz in verschiedenen Koordinatensystemen gesichert. Im folgenden wollen wir heuristisch einige Vierervektoren suchen, um die Maxwellschen Gleichungen in Lorentz-invarianter Formulierung aufschreiben zu können.

Die Vierergeschwindigkeit. Die drei kartesischen Komponenten v_1, v_2, v_3 sind nicht geeignet für die ersten drei Komponenten eines Vierervektors, da in $\mathrm{d}x_i/\mathrm{d}t$ auch $\mathrm{d}t$ transformiert werden muß. Führen wir aber die Eigenzeit τ oder das Eigenzeitintervall

$$\mathrm{d}\tau = \sqrt{1 - \beta^2}\,\mathrm{d}t$$

ein, so haben wir eine invariante Größe. Dies ist nämlich die Zeit, die durch einen mitbewegten Beobachter gemessen wird.

Die Größen

$$\varkappa v_1,\ \varkappa v_2,\ \varkappa v_3,\ \mathrm{j}\varkappa c; \qquad \left(\varkappa = 1/\sqrt{1 - \beta^2}\right)$$

können also als Komponenten eines Vierervektors aufgefaßt werden.

Die Viererstromdichte. Wir gehen von der Kontinuitätsgleichung

$$\operatorname{div} \varrho \boldsymbol{v} + \frac{\partial \varrho}{\partial t} = 0 \tag{25}$$

aus. Diese kann folgendermaßen umgeformt werden:

$$\frac{\partial \varrho v_1}{\partial x_1} + \frac{\partial \varrho v_2}{\partial x_2} + \frac{\partial \varrho v_3}{\partial x_3} + \frac{\partial \varrho v_4}{\partial x_4} = 0. \tag{26}$$

Daraus folgt sofort, daß die vier Größen

$$\varrho v_1, \quad \varrho v_2, \quad \varrho v_3, \quad \varrho v_4 \equiv \mathrm{j}\varrho c \tag{27}$$

als Komponenten eines Vierervektors betrachtet werden können, da ihr Skalarprodukt mit dem vierdimensionalen Nabla-Vektor zu einer invarianten Größe führt. Der Vierervektor, dessen Komponenten durch Gl. (27) gegeben sind, heißt Viererstromdichte und wird mit J_i bezeichnet.

Da die Ladungsdichte ϱ eine Komponente eines Vierervektors darstellt, ist sie natürlich keine Invariante. Sie wird nach der allgemeinen Regel transformiert

$$\varrho' = \frac{J_4'}{\mathrm{j}c} = \frac{1}{\mathrm{j}c}\, l_{4k} J_k = \varkappa \left[\varrho - \frac{v}{c^2}\, J_1\right].$$

Als eine interessante Folge bemerken wir, daß man im bewegten System auch dann eine Ladungsdichte findet, wenn $\varrho = 0$ ist (im Ruhsystem), aber ein Strom fließt.

Das Viererpotential. Es ist jetzt leicht einzusehen, daß die Bestimmungsgleichungen für das Vektorpotential und für das Skalarpotential

$$\Delta \boldsymbol{A} - \frac{1}{c^2} \frac{\partial^2 \boldsymbol{A}}{\partial t^2} = -\varrho \boldsymbol{v} \mu_0, \tag{28}$$

$$\Delta \varphi - \frac{1}{c^2} \frac{\partial^2 \varphi}{\partial t^2} = -\varrho/\varepsilon_0 \tag{29}$$

zu einer einzigen vierdimensionalen Vektorgleichung zusammengefaßt werden können:

$$\frac{\partial^2}{\partial x_i \, \partial x_i} \Phi_\nu = -J_\nu \mu_0. \tag{30}$$

Hier bedeuten

$$\Phi_1 = A_1, \quad \Phi_2 = A_2, \quad \Phi_3 = A_3, \quad \Phi_4 = \frac{\mathrm{j}\varphi}{c} \tag{31}$$

die Komponenten des Vierervektorpotentials Φ_ν. Der Vektorcharakter dieses Potentials wird dadurch bewiesen, daß sein Produkt mit der invarianten Skalargröße $\partial^2/\partial x_i \, \partial x_i$ zu einem Vierervektor, der Viererstromdichte, führt.

Mit Hilfe der Vierervektoren können Größen von höherer Ordnung, d. h. Tensorgrößen, konstruiert werden. So ist z. B. die Größe

$$\frac{\partial \Phi_i}{\partial x_k} \tag{32}$$

als ein Produkt aus zwei Vektoren eine Tensorgröße, welche entsprechend der Formel

$$t'_{ik} = l_{im} l_{kn} t_{mn} \tag{33}$$

transformiert wird. In der relativistischen Elektrodynamik spielt der antisymmetrische Anteil dieses Tensors, d. h. der Tensor

$$F_{ik} = \frac{\partial \Phi_k}{\partial x_i} - \frac{\partial \Phi_i}{\partial x_k} \quad \text{mit} \quad i, k = 1, 2, 3, 4, \tag{34}$$

eine entscheidende Rolle. Die Elemente dieses Tensors stehen in unmittelbarem Zusammenhang mit den elektrischen bzw. magnetischen Feldkomponenten. Schreiben wir nämlich die bekannten Zusammenhänge

$$\boldsymbol{B} = \operatorname{rot} \boldsymbol{A}, \tag{35}$$

$$\boldsymbol{E} = -\operatorname{grad} \varphi - \frac{\partial \boldsymbol{A}}{\partial t} \tag{36}$$

auf, berücksichtigen wir weiter die Relation (34) zwischen dem Viererpotential Φ_ν und F_{ik}, so erhalten wir die folgenden grundlegenden Relationen:

$$\begin{aligned} B_x &= \frac{\partial \Phi_3}{\partial x_2} - \frac{\partial \Phi_2}{\partial x_3}, & E_x &= \mathrm{j}c\left(\frac{\partial \Phi_4}{\partial x_1} - \frac{\partial \Phi_1}{\partial x_4}\right), \\ B_y &= \frac{\partial \Phi_1}{\partial x_3} - \frac{\partial \Phi_3}{\partial x_1}, & E_y &= \mathrm{j}c\left(\frac{\partial \Phi_4}{\partial x_2} - \frac{\partial \Phi_2}{\partial x_4}\right), \\ B_z &= \frac{\partial \Phi_2}{\partial x_1} - \frac{\partial \Phi_1}{\partial x_2}, & E_z &= \mathrm{j}c\left(\frac{\partial \Phi_4}{\partial x_3} - \frac{\partial \Phi_3}{\partial x_4}\right). \end{aligned} \tag{37}$$

Daraus folgt, daß der Tensor F_{ik} unter Berücksichtigung der Gl. (34) durch die elektromagnetischen Feldgrößen folgendermaßen ausgedrückt werden kann:

$$\mathbf{F} = \begin{bmatrix} 0 & B_z & -B_y & \frac{-\mathrm{j}}{c} E_x \\ -B_z & 0 & B_x & \frac{-\mathrm{j}}{c} E_y \\ B_y & -B_x & 0 & \frac{-\mathrm{j}}{c} E_z \\ \frac{\mathrm{j}}{c} E_x & \frac{\mathrm{j}}{c} E_y & \frac{\mathrm{j}}{c} E_z & 0 \end{bmatrix}. \tag{38}$$

Damit haben wir die physikalische Größe gefunden, die das elektrische und das magnetische Feld in einer höheren Einheit zusammenfaßt: den elektromagnetischen Feldtensor **F**. Es ist also durchaus nicht verwunderlich, daß der Wert eines Elementes dieses Tensors in dem einen Koordinatensystem — was eine ganz bestimmte elektrische oder magnetische Feldstärke bedeutet — durch alle Elemente des Feldtensors im alten Koordinatensystem, also durch alle elektrischen und magnetischen Größen, beeinflußt wird. Wollen wir z. B. die Komponente E'_y, d. h. die y-Komponente der elektrischen Feldstärke in dem bewegten Koordinatensystem, ausrechnen, dann haben wir die transformierte Tensorkomponente

$$F'_{24} = -\frac{\mathrm{j}}{c} E'_y$$

zu bestimmen. Nehmen wir an, daß sich das System K' mit der Geschwindigkeit v in der Richtung der x-Achse bewegt, dann können wir die einfache Lorentz-Transformation (21) anwenden. Es wird also

$$\begin{aligned}
F'_{24} = l_{2m} l_{4n} F_{mn} &= l_{21} l_{41} F_{11} + l_{21} l_{42} F_{12} + l_{21} l_{43} F_{13} + l_{21} l_{44} F_{14} \\
&+ l_{22} l_{41} F_{21} + l_{22} l_{42} F_{22} + l_{22} l_{43} F_{23} + l_{22} l_{44} F_{24} \\
&+ l_{23} l_{41} F_{31} + l_{23} l_{42} F_{32} + l_{23} l_{43} F_{33} + l_{23} l_{44} F_{34} \\
&+ l_{24} l_{41} F_{41} + l_{24} l_{42} F_{42} + l_{24} l_{43} F_{43} + l_{24} l_{44} F_{44} \\
= l_{22} l_{41} F_{21} + l_{22} l_{44} F_{24} &= 1 \left(-\frac{\mathrm{j}\beta}{\sqrt{1-\beta^2}} \right) (-B_z) + 1 \frac{1}{\sqrt{1-\beta^2}} \left(-\frac{\mathrm{j}}{c} E_y \right) \\
= \frac{-\mathrm{j}}{c} \frac{1}{\sqrt{1-\beta^2}} [E_y - vB_z] &= -\frac{\mathrm{j}}{c} E'_y .
\end{aligned}$$

Wir haben also wieder die Transformationsformel (17) erhalten. Entsprechend erhalten wir für die z-Komponente des Induktionsvektors:

$$B'_z = F'_{12} = l_{1m} l_{2n} F_{mn} = \frac{1}{\sqrt{1-\beta^2}} \left(B_z - \frac{v}{c^2} E_y \right), \tag{39}$$

was wieder mit Gl. (17) identisch ist.

Mit Hilfe des Feldtensors F_{ik} können die Maxwellschen Gleichungen — wie durch unmittelbares Einsetzen sofort beweisbar ist — in folgender Form geschrieben werden:

$$\left. \begin{aligned} \operatorname{rot} \boldsymbol{B} &= \mu_0 \boldsymbol{J} + \frac{1}{c^2} \frac{\partial \boldsymbol{E}}{\partial t} \\ \operatorname{div} \boldsymbol{E} &= \varrho / \varepsilon_0 \end{aligned} \right\} \rightarrow \frac{\partial F_{\mu\nu}}{\partial x_\nu} = \mu_0 J_\mu , \quad \mu = 1, 2, 3, 4, \tag{40}$$

und

$$\left. \begin{aligned} \operatorname{rot} \boldsymbol{E} &= -\frac{\partial \boldsymbol{B}}{\partial t} \\ \operatorname{div} \boldsymbol{B} &= 0 \end{aligned} \right\} \rightarrow \frac{\partial F_{\mu\nu}}{\partial x_\lambda} + \frac{\partial F_{\nu\lambda}}{\partial x_\mu} + \frac{\partial F_{\lambda\mu}}{\partial x_\nu} = 0, \quad \lambda, \mu, \nu = 1, 2, 3, 4. \tag{41}$$

5.2.4. Einige Resultate der relativistischen Elektrodynamik

Es würde über den Rahmen dieses Buches hinausgehen, wenn wir die Ergebnisse der relativistischen Elektrodynamik ausführlich behandeln wollten. Hier seien nur in aller Kürze diejenigen Sätze genannt, die entweder prinzipielle Bedeutung haben oder zu praktischen Konsequenzen führen.

Die Kraftdichte läßt sich folgendermaßen als Viererkraftdichte verallgemeinern. Wie man ohne weiteres erkennt, stellt der Ausdruck

$$f_\nu = F_{\nu\mu} J_\mu \quad \text{mit} \quad \nu, \mu = 1, 2, 3 \tag{42}$$

unmittelbar die dreidimensionale Kraftdichte dar. Es ist

$$f_1 = \varrho E_1 + (J_2 B_3 - J_3 B_2); \qquad f_2 = \varrho E_2 + (J_3 B_1 - J_1 B_3);$$

$$f_3 = \varrho E_3 + (J_1 B_2 - J_2 B_1);$$

d. h.,

$$\boldsymbol{f} = \varrho \boldsymbol{E} + \boldsymbol{J} \times \boldsymbol{B}.$$

Die vierte Komponente

$$f_4 = F_{4\mu} J_\mu = \frac{\mathrm{j}}{c} \boldsymbol{E}\boldsymbol{J} \tag{43}$$

steht mit der elektrischen Leistungsdichte in unmittelbarem Zusammenhang.

Wir wollen auch diese Viererkraftdichte als Divergenz eines Tensors darstellen, wie wir es in Kap. 1.8. für den dreidimensionalen Fall gemacht haben, d. h., wir suchen einen Tensor T_{ik}, für den

$$f_i = \frac{\partial T_{ik}}{\partial x_k} \tag{44}$$

gilt. Mit Hilfe des elektromagnetischen Tensors F_{ik} kann tatsächlich ein symmetrischer Tensor aufgebaut werden, der dieser Bedingung genügt, und zwar

$$T_{\mu\nu} = \frac{1}{\mu_0} \left[F_{\mu\lambda} F_{\lambda\nu} + \frac{1}{4} \delta_{\mu\nu} (F_{\varkappa\lambda} F_{\varkappa\lambda}) \right]. \tag{45}$$

Ausführlich geschrieben lautet er:

$$\mathbf{T} = \begin{bmatrix} T_{11} & T_{12} & T_{13} & (-\mathrm{j}/c)\, S_1 \\ T_{21} & T_{22} & T_{23} & (-\mathrm{j}/c)\, S_2 \\ T_{31} & T_{32} & T_{33} & (-\mathrm{j}/c)\, S_3 \\ (-\mathrm{j}/c)\, S_1 & (-\mathrm{j}/c)\, S_2 & (-\mathrm{j}/c)\, S_3 & w \end{bmatrix}. \tag{46}$$

Der hier vorkommende dreidimensionale Tensor

$$T_{ik}|_{i,k=1,2,3} = \mathbf{T}'$$

ist uns schon bekannt: Er ist mit dem in Kap. 1.8. eingeführten Tensor $\mathbf{T}$ identisch. S_i ($i = 1, 2, 3$) sind die Komponenten des Poyntingschen Vektors, w ist die

Energiedichte

$$w = \frac{1}{2}\,\varepsilon_0 E^2 + \frac{1}{2}\,\mu_0 H^2.$$

Jetzt lauten die Komponenten der dreidimensionalen Kraftdichte

$$f_k = \frac{\partial T_{ki}}{\partial x_i} = \sum_{j=1}^{3} \frac{\partial T_{kj}}{\partial x_j} + \frac{\partial T_{k4}}{\partial x_4} = (\operatorname{div} \mathbf{T}')_k - \frac{\partial S_k}{c^2\,\mathrm{d}t}, \qquad \text{wobei} \quad k = 1, 2, 3, \tag{47}$$

d. h., es ist

$$\boldsymbol{f} = \operatorname{div} \mathbf{T}' - \frac{1}{c^2}\frac{\partial \boldsymbol{S}}{\partial t}; \qquad \boldsymbol{f} + \frac{1}{c^2}\frac{\partial \boldsymbol{S}}{\partial t} = \operatorname{div} \mathbf{T}'.$$

$\boldsymbol{f}$ bedeutet also hier die dreidimensionale Kraftdichte.

Wir integrieren beide Seiten in einem beliebigen Raum:

$$\int\limits_V \boldsymbol{f}\,\mathrm{d}V + \frac{\partial}{\partial t}\int\limits_V \frac{\boldsymbol{S}}{c^2}\,\mathrm{d}V = \oint\limits_A \mathbf{T}'\,\mathrm{d}\boldsymbol{A}. \tag{48}$$

$\boldsymbol{f}$ ist verantwortlich für die Änderung der mechanischen Impulsdichte:

$$\boldsymbol{f} = \frac{\partial \boldsymbol{g}_{\mathrm{mech}}}{\partial t}.$$

Es wird also

$$\frac{\partial}{\partial t}\left[\int\limits_V \left(\boldsymbol{g}_{\mathrm{mech}} + \frac{\boldsymbol{S}}{c^2}\right)\mathrm{d}V\right] = \oint\limits_A \mathbf{T}'\,\mathrm{d}\boldsymbol{A}$$

oder

$$\frac{\mathrm{d}}{\mathrm{d}t}\left(\boldsymbol{G}_{\mathrm{mech}} + \boldsymbol{G}_{\mathrm{str}}\right) = \oint\limits_A \mathbf{T}'\,\mathrm{d}\boldsymbol{A}. \tag{49}$$

Hier ist $\boldsymbol{S}/c^2$ als Strahlungsimpulsdichte, $\boldsymbol{G}_{\mathrm{mech}}$ bzw. $\boldsymbol{G}_{\mathrm{str}}$ der gesamte mechanische bzw. Strahlungsimpuls. Wenn die Begrenzungsfläche so weit hinausgeschoben wird, daß das Flächenintegral verschwindet, erhalten wir

$$\frac{\mathrm{d}}{\mathrm{d}t}\left(\boldsymbol{G}_{\mathrm{mech}} + \boldsymbol{G}_{\mathrm{str}}\right) = 0; \qquad \boldsymbol{G}_{\mathrm{mech}} + \boldsymbol{G}_{\mathrm{str}} = \text{const}. \tag{50}$$

Es ist interessant, die vierte Komponente der Viererkraftdichte zu untersuchen:

$$f_4 = \frac{\mathrm{j}}{c} \boldsymbol{EJ} = \sum_{j=1}^{3} \frac{\partial T_{4j}}{\partial x_j} + \frac{\partial T_{44}}{\partial x_4} = \frac{\mathrm{j}}{c} \left(-\operatorname{div} \boldsymbol{S} - \frac{\partial w}{\partial t} \right),$$

d. h.,

$$-\frac{\partial w}{\partial t} = \operatorname{div} \boldsymbol{S} + \boldsymbol{EJ}.$$

Dies ist eben die Energiegleichung.

Die Impulsdichte S/c^2 des elektromagnetischen Feldes kann als das Produkt einer Massendichte und der Geschwindigkeit des Lichtes ausgedrückt werden:

$$\frac{S}{c^2} = m_s c.$$

Unter Berücksichtigung des Zusammenhanges $S = wc$ gelangen wir zu folgender grundlegenden Gleichung

$$w = m_s c^2. \tag{51}$$

Diese Gleichung zeigt die Äquivalenz der Energiedichte und der Massendichte im elektromagnetischen Feld. Die Verallgemeinerung dieser Beziehung führt zum fundamentalen Prinzip der Äquivalenz von Energie und Masse:

$$W = Mc^2. \tag{52}$$

Diese Gleichung drückt das Einsteinsche Äquivalenzprinzip aus.

Hier sei auch noch die Formel der ausgestrahlten Leistung eines bewegten Elektrons bei großer Geschwindigkeit angeführt. In Kap. 4.8. hatten wir folgende Gleichung erhalten:

$$\frac{\mathrm{d}w}{\mathrm{d}t} = -\frac{e^2}{6\pi\varepsilon_0 c^3} \dot{\boldsymbol{v}}^2. \tag{53}$$

Bei Geschwindigkeiten, die im Verhältnis zur Lichtgeschwindigkeit nicht vernachlässigbar sind, erhalten wir dagegen

$$\frac{\mathrm{d}w}{\mathrm{d}t} = -\frac{e^2}{6\pi\varepsilon_0 c^3} \frac{\dot{\boldsymbol{v}}^2 - \left[\frac{\boldsymbol{v}}{c} \times \dot{\boldsymbol{v}}\right]^2}{(1 - \beta^2)^3}. \tag{54}$$

Diese Beziehung erhielten wir, indem wir zuerst die ausgestrahlte Leistung in einem Koordinatensystem berechneten, das sich in dem betreffenden Zeitpunkt mit der

Geschwindigkeit v mit dem Elektron mitbewegt. Die so erhaltenen Resultate werden dann mit Hilfe der Lorentz-Transformation in das ruhende System transformiert.

Für uns sind auch die konstitutiven Relationen — also die Relationen, die die Feldgrößen in Anwesenheit der eventuell sich bewegenden Materie miteinander oder mit den Polarisationsgrößen in Verbindung bringen — wichtig. Wir wollen also die Lorentz-invariante Form der Gleichungen

$$\boldsymbol{D} = \varepsilon_0 \boldsymbol{E} + \boldsymbol{P}; \tag{55}$$

$$\boldsymbol{H} = \frac{1}{\mu_0} \boldsymbol{B} + \boldsymbol{M} \tag{56}$$

herleiten. Die zweite Gleichung haben wir hier in einer von der bisher gebrauchten Form abweichenden Weise geschrieben, um die elektrischen und magnetischen Größen völlig analog untersuchen zu können ($\boldsymbol{M}^\circ = -\mu_0 \boldsymbol{M}$, wo $\boldsymbol{B} = \mu_0 \boldsymbol{H} + \boldsymbol{M}^\circ$).

Wir kennen schon den elektromagnetischen Feldtensor $\mathbf{F}$, der $\boldsymbol{E}$ und $\boldsymbol{B}$ in sich vereinigt.

Wir müssen also noch einen Tensor, der aus $\boldsymbol{D}$ und $\boldsymbol{H}$, und einen weiteren, der aus $\boldsymbol{P}$ und $\boldsymbol{M}$ aufgebaut ist, konstruieren. Wir nennen den ersteren $\mathbf{G}$ und den zweiten $\mathbf{M}$. (Natürlich könnten wir diesen letzteren ebensogut mit $\mathbf{P}$ bezeichnen.) Die Beziehung zwischen diesen drei Tensoren lautet

$$\mathbf{G} = \frac{1}{\mu_0} \mathbf{F} + \mathbf{M} \tag{57}$$

oder, in ausführlicher Schreibweise,

$$\begin{bmatrix} 0 & H_z & -H_y & -\mathrm{j}cD_x \\ -H_z & 0 & H_x & -\mathrm{j}cD_y \\ H_y & -H_x & 0 & -\mathrm{j}cD_z \\ \mathrm{j}cD_x & \mathrm{j}cD_y & \mathrm{j}cD_z & 0 \end{bmatrix} = \frac{1}{\mu_0} \begin{bmatrix} 0 & B_z & -B_y & (-\mathrm{j}/c)\, E_x \\ -B_z & 0 & B_x & (-\mathrm{j}/c)\, E_y \\ B_y & -B_x & 0 & (-\mathrm{j}/c)\, E_z \\ (\mathrm{j}/c)\, E_x & (\mathrm{j}/c)\, E_y & (\mathrm{j}/c)\, E_z & 0 \end{bmatrix}$$
$$+ \begin{bmatrix} 0 & M_z & -M_y & -\mathrm{j}cP_x \\ -M_z & 0 & M_x & -\mathrm{j}cP_y \\ M_y & -M_x & 0 & -\mathrm{j}cP_z \\ \mathrm{j}cP_x & \mathrm{j}cP_y & \mathrm{j}cP_z & 0 \end{bmatrix}. \tag{58}$$

Wir bemerken, daß die Komponentengleichungen tatsächlich die Ausgangszusammenhänge (55) und (56) wiedergeben. So entsprechen z. B. den Gleichungen

$$G_{23} = \frac{1}{\mu_0} F_{23} + M_{23}; \qquad G_{14} = \frac{1}{\mu_0} F_{14} + M_{14}$$

die folgenden Gleichungen:

$$H_x = \frac{1}{\mu_0} B_x + M_x; \qquad cD_x = \frac{1}{c\mu_0} E_x + cP_x; \qquad D_x = \varepsilon_0 E_x + P_x,$$

da

$$\frac{1}{c^2\mu_0} = \varepsilon_0$$

ist. Wir haben also eine Tensorgleichung und nehmen diese für jedes Bezugssystem als gültig an.

Die Transformationsregeln ergeben die (dreidimensionalen) Polarisationsgrößen, die durch einen Beobachter gemessen werden, der sich relativ zu dem System, in welchem $\boldsymbol{P}$ und $\boldsymbol{M}$ bekannt sind, mit der Geschwindigkeit $(v, 0, 0)$ bewegt:

$$\begin{aligned} P'_x &= P_x; & M'_x &= M_x; \\ P'_y &= \varkappa\left(P_y - \frac{v}{c^2} M_z\right); & M'_y &= \varkappa(M_y + vP_z); \\ P'_z &= \varkappa\left(P_z + \frac{v}{c^2} M_y\right); & M'_z &= \varkappa(M_z - vP_y). \end{aligned} \tag{59}$$

Für die Feldgrößen gilt:

$$\begin{aligned} D'_x &= D_x; & H'_x &= H_x; \\ D'_y &= \varkappa\left(D_y - \frac{v}{c^2} H_z\right); & H'_y &= \varkappa(H_y + vD_z); \\ D'_z &= \varkappa\left(D_z + \frac{v}{c^2} H_y\right); & H'_z &= \varkappa(H_z - vD_y). \end{aligned} \tag{60}$$

Unsere nächste Frage ist, wie die Polarisationsgrößen mit den Feldgrößen im Ruhsystem zusammenhängen, wenn der Stoff sich bewegt, was also den Relationen

$$\boldsymbol{P} = \varepsilon_0 \varkappa_e \boldsymbol{E}; \qquad \boldsymbol{M} = \frac{1}{\mu_0} \varkappa_m \boldsymbol{B} \tag{61}$$

entspricht. (Mit der etwas ungewöhnlichen Form der Zusammenhänge $\boldsymbol{H} = \boldsymbol{B}/\mu_0 + \boldsymbol{M}$ und $\boldsymbol{M} = \varkappa_m \boldsymbol{B}/\mu_0$ statt $\boldsymbol{B} = \mu_0 \boldsymbol{H} + \boldsymbol{M}^\circ$ und $\boldsymbol{M} = \mu_0 \varkappa_m^\circ \boldsymbol{H}$ haben wir jetzt die Relation $\varkappa_m = (1/\mu_r) - 1$ statt $\varkappa_m^\circ = \mu_r - 1$ erhalten. Der bekannte Zusammenhang $\varkappa_e = \varepsilon_r - 1$ bleibt auch in dieser Schreibweise gültig.) Wir suchen also einen antisymmetrischen Tensor, der in den Feldkomponenten F_{ik} linear ist und von der Geschwindigkeit in solcher Weise abhängt, daß sich im Fall $v = 0$ eben die Gleichungen (61) in Tensorform ergeben. Wir schreiben wieder den gesuchten Tensor auf und zeigen, daß er tatsächlich der Forderung genügt:

$$\mathbf{M} = \frac{\varkappa_\mathrm{m}}{\mu_0} \mathbf{F} + \frac{\varkappa_\mathrm{e} - \varkappa_\mathrm{m}}{\mu_0 c^2} \boldsymbol{u} \times (\mathbf{F}\boldsymbol{u}). \tag{62}$$

Hier bedeutet $\boldsymbol{u} \times (\mathbf{F}\boldsymbol{u})$ das Vektorprodukt der Vierervektoren $\boldsymbol{u}$ und $\mathbf{F}\boldsymbol{u}$. (Unter dem Vektorprodukt der Vierervektoren $\boldsymbol{a}$ und $\boldsymbol{b}$ verstehen wir einen Tensor, dessen Komponente $T_{ik} = a_i b_k - a_k b_i$ ist.)

Tatsächlich erhalten wir zum Beispiel für $\boldsymbol{u} = (0, 0, 0, \mathrm{j}c)$

$$M_{14} = \frac{\varkappa_\mathrm{m}}{\mu_0} F_{14} + \frac{\varkappa_\mathrm{e} - \varkappa_\mathrm{m}}{\mu_0 c^2} [u_1(\mathbf{F}\boldsymbol{u})_4 - u_4(\mathbf{F}\boldsymbol{u})_1]. \tag{63}$$

Da $u_1 = 0$ ist, brauchen wir nur $(\mathbf{F}\boldsymbol{u})_1$ auszurechnen:

$$(\mathbf{F}\boldsymbol{u})_1 = F_{11}u_1 + F_{12}u_2 + F_{13}u_3 + F_{14}u_4 = -\frac{\mathrm{j}}{c} E_x \mathrm{j}c;$$

$$u_4(\mathbf{F}\boldsymbol{u})_1 = \mathrm{j}c \left(-\frac{\mathrm{j}}{c}\right) E_x \mathrm{j}c = \mathrm{j}c E_x.$$

Es wird also

$$M_{14} = \frac{\varkappa_\mathrm{m}}{\mu_0} \left(-\frac{\mathrm{j}}{c} E_x\right) + \frac{\varkappa_\mathrm{e} - \varkappa_\mathrm{m}}{\mu_0 c^2} (-\mathrm{j}c E_x) = -\mathrm{j}c \varepsilon_0 \varkappa_\mathrm{e} E_x = -\mathrm{j}c P_x.$$

Wir haben also tatsächlich den erwarteten Wert erhalten und nehmen Gl. (62) als allgemeingültig an. So haben wir — ausführlich ausgeschrieben — die folgenden Relationen, die die Feldgrößen mit den Polarisationsgrößen im Ruhsystem bei bewegten [$\boldsymbol{u} = (v, 0, 0, \mathrm{j}c)$] magnetischen und dielektrischen Stoffen verbinden:

$$P_x = \varepsilon_0 \varkappa_\mathrm{e} E_x;$$

$$\left.\begin{aligned} P_y &= \varepsilon_0 \varkappa^2 \left[\left(\varkappa_\mathrm{e} - \frac{v^2}{c^2} \varkappa_\mathrm{m}\right) E_y + (\varkappa_\mathrm{m} - \varkappa_\mathrm{e})\, v B_z\right]; \\ P_z &= \varepsilon_0 \varkappa^2 \left[\left(\varkappa_\mathrm{e} - \frac{v^2}{c^2} \varkappa_\mathrm{m}\right) E_z - (\varkappa_\mathrm{m} - \varkappa_\mathrm{e})\, v B_y\right]; \end{aligned}\right\} \tag{64}$$

$$M_x = \frac{1}{\mu_0} \varkappa_\mathrm{m} B_x;$$

$$M_y = \frac{1}{\mu_0} \varkappa^2 \left[\left(\varkappa_m - \frac{v^2}{c^2} \varkappa_e \right) B_y - (\varkappa_e - \varkappa_m) \frac{v}{c^2} E_z \right];$$

$$M_z = \frac{1}{\mu_0} \varkappa^2 \left[\left(\varkappa_m - \frac{v^2}{c^2} \varkappa_e \right) B_z + (\varkappa_e - \varkappa_m) \frac{v}{c^2} E_y \right].$$

Es steht nichts im Wege, die Verknüpfung von $\boldsymbol{D}$ und $\boldsymbol{H}$ mit $\boldsymbol{E}$ und $\boldsymbol{B}$ zu finden:

$$\mathbf{G} = \frac{1}{\mu_0} \mathbf{F} + \mathbf{M} = \frac{1}{\mu_0} \mathbf{F} + \frac{1}{\mu_0} \varkappa_m \mathbf{F} + \frac{1}{\mu_0} \frac{\varkappa_e - \varkappa_m}{c^2} \boldsymbol{u} \times (\mathbf{F}\boldsymbol{u})$$

$$= \frac{1}{\mu_0 \mu_r} \mathbf{F} + \frac{1}{\mu_0} \frac{(\varepsilon_r - 1) - \left(\frac{1}{\mu_r} - 1 \right)}{c^2} \boldsymbol{u} \times (\mathbf{F}\boldsymbol{u})$$

$$= \frac{1}{\mu_0 \mu_r} \left[\mathbf{F} + \frac{\varepsilon_r \mu_r - 1}{c^2} \boldsymbol{u} \times (\mathbf{F}\boldsymbol{u}) \right]. \tag{65}$$

Ausführlich geschrieben:

$$D_x = \varepsilon_0 \varepsilon_r E_x;$$

$$D_y = \varepsilon_0 \varkappa^2 \left[\left(\varepsilon_r - \frac{v^2}{c^2} \frac{1}{\mu_r} \right) E_y + \left(\frac{1}{\mu_r} - \varepsilon_r \right) v B_z \right]; \tag{66}$$

$$D_z = \varepsilon_0 \varkappa^2 \left[\left(\varepsilon_r - \frac{v^2}{c^2} \frac{1}{\mu_r} \right) E_z - \left(\frac{1}{\mu_r} - \varepsilon_r \right) v B_y \right];$$

$$H_x = \frac{1}{\mu_0 \mu_r} B_x;$$

$$H_y = \frac{1}{\mu_0} \varkappa^2 \left[\left(\frac{1}{\mu_r} - \frac{v^2}{c^2} \varepsilon_r \right) B_y - \left(\varepsilon_r - \frac{1}{\mu_r} \right) \frac{v}{c^2} E_z \right];$$

$$H_z = \frac{1}{\mu_0} \varkappa^2 \left[\left(\frac{1}{\mu_r} - \frac{v^2}{c^2} \varepsilon_r \right) B_z + \left(\varepsilon_r - \frac{1}{\mu_r} \right) \frac{v}{c^2} E_y \right].$$

Die Gleichungen vereinfachen sich, wenn die Glieder mit $\left(\frac{v}{c}\right)^2$ vernachlässigt werden können:

$$\boldsymbol{P} = \varepsilon_0 [\varkappa_e \boldsymbol{E} - (\varkappa_m - \varkappa_e) \boldsymbol{v} \times \boldsymbol{B}],$$

$$\boldsymbol{M} = \frac{1}{\mu_0} \left[\varkappa_m \boldsymbol{B} - (\varkappa_m - \varkappa_e) \frac{\boldsymbol{v} \times \boldsymbol{E}}{c^2} \right] \tag{67}$$

oder

$$\boldsymbol{P} = \varepsilon_0(\varepsilon_r - 1)\,[\boldsymbol{E} + \boldsymbol{v} \times \boldsymbol{B}] + \varepsilon_0 \left(1 - \frac{1}{\mu_r}\right) \boldsymbol{v} \times \boldsymbol{B},$$

$$\boldsymbol{M}^\circ = -\mu_0 \boldsymbol{M} = \left(1 - \frac{1}{\mu_r}\right)\left(\boldsymbol{B} - \frac{\boldsymbol{v} \times \boldsymbol{E}}{c^2}\right) - (\varepsilon_r - 1)\,\frac{\boldsymbol{v} \times \boldsymbol{E}}{c^2}.$$

Ein bewegter magnetisierbarer Stoff bedeutet also eine äquivalente elektrische Polarisation:

$$\boldsymbol{P}_{\text{äqu}} = \varepsilon_0 \left(1 - \frac{1}{\mu_r}\right) \boldsymbol{v} \times \boldsymbol{B},$$

ein bewegter Isolierstoff bedeutet dagegen

$$\boldsymbol{M}_{\text{äqu}} = -(\varepsilon_r - 1)\,\boldsymbol{v} \times \boldsymbol{E}.$$

Es gilt weiter

$$\boldsymbol{D} = \varepsilon_0 \left[\varepsilon_r \boldsymbol{E} - \frac{\varepsilon_r \mu_r - 1}{\mu_r}\, \boldsymbol{v} \times \boldsymbol{B}\right],$$

$$\boldsymbol{H} = \frac{1}{\mu_0}\left[\frac{1}{\mu_r} \boldsymbol{B} + \frac{\varepsilon_r \mu_r - 1}{\mu_r c^2}\, \boldsymbol{v} \times \boldsymbol{E}\right].$$

Zum Schluß sei bemerkt, daß das Ohmsche Gesetz folgendermaßen geschrieben werden kann:

$$\boldsymbol{J} = \gamma\varkappa[\boldsymbol{E} + \boldsymbol{v} \times \boldsymbol{B}] = \gamma\varkappa \boldsymbol{E}'.$$

5.3. Die Übersetzung der Maxwellschen Gleichungen in die Formelsprache der Mechanik

5.3.1. Die Grundgleichungen der Punktmechanik

Zur Behandlung mechanischer Systeme mit endlich vielen Freiheitsgraden geht man meist von den Lagrangeschen Gleichungen zweiter Art oder von den Hamiltonschen Gleichungen aus. Diese sind den Newtonschen Bewegungsgleichungen äquivalent, aber zur Behandlung gewisser Probleme geeigneter und stehen in einfachen Zusammenhängen mit den Variationsprinzipien der Mechanik. Wir fassen jetzt kurz die Grundgesetze für konservative Systeme zusammen.

Es sei ein System von f Freiheitsgraden gegeben. Die Lage des Systems ist also durch die Angaben der verallgemeinerten Koordinaten $q_1, q_2, \ldots, q_f$ eindeutig gegeben. Schreiben wir zuerst die potentielle Energie als Funktion der Lagekoordinaten auf:

$$W_\mathrm{p} = W_\mathrm{p}(q_1, q_2, \ldots, q_f). \tag{1}$$

Die kinetische Energie wird im allgemeinen eine Funktion der verallgemeinerten Geschwindigkeitskoordinaten *und* der Lagekoordinaten sein:

$$W_\mathrm{k} = W_\mathrm{k}(q_1, \ldots, q_f, \dot{q}_1, \ldots, \dot{q}_f). \tag{2}$$

Der Unterschied zwischen der kinetischen und der potentiellen Energie wird Lagrange-Funktion genannt:

$$\mathrm{L}(q_1, \ldots, q_f, \dot{q}_1, \ldots, \dot{q}_f) = W_\mathrm{k} - W_\mathrm{p}. \tag{3}$$

Diese Lagrange-Funktion spielt im folgenden eine große Rolle. Die Bewegungsgleichungen werden durch die Lagrangeschen Gleichungen zweiter Art

$$\frac{\partial \mathrm{L}}{\partial q_i} - \frac{\mathrm{d}}{\mathrm{d}t} \frac{\partial \mathrm{L}}{\partial \dot{q}_i} = 0, \qquad i = 1, 2, \ldots, f \tag{4}$$

gegeben.

Diese Lagrange-Gleichungen sind dem Hamiltonschen Variationsprinzip äquivalent. Dieses besagt folgendes: Bestimmen wir den Wert des Integrals

$$\int_{t_1}^{t_2} \mathrm{L}\,\mathrm{d}t \tag{5}$$

für verschiedene mögliche Zeitfunktionen $q_i(t)$, so wird der tatsächliche Ablauf durch diejenigen Funktionen $q_i(t)$ beschrieben, die zu einem minimalen Wert des Integrals (5) führen. Diese Tatsache wird kurz folgendermaßen ausgedrückt:

$$\delta \int_{t_1}^{t_2} \mathrm{L}\,\mathrm{d}t = 0, \tag{6}$$

d. h., die Variation des Integrals der Lagrange-Funktion ist Null. Das Aufsuchen jener Funktionen, die den Wert eines bestimmten Integrals zu einem Extremwert machen, ist die Aufgabe der Variationsrechnung. Nach einem Grundsatz der Variationsrechnung kann eine Funktion $q_i(t)$, die zum Extremwert führt, durch Lösung der Eulerschen Gleichung der Variationsrechnung erhalten werden. Diese Eulerschen Gleichungen sind in unserem Fall mit den Lagrangeschen Gleichungen zweiter Art (4) identisch.

Führen wir die verallgemeinerten Impulskoordinaten ein. Diese sind durch folgende Gleichungen definiert:

$$p_i = \frac{\partial \mathrm{L}}{\partial \dot{q}_i} = \frac{\partial (W_\mathrm{k} - W_\mathrm{p})}{\partial \dot{q}_i} = \frac{\partial W_\mathrm{k}}{\partial \dot{q}_i}, \qquad i = 1, 2, \ldots, f. \tag{7}$$

Diese Impulskoordinaten p_i werden als zu den Lagekoordinaten q_i kanonisch-konjugierte Impulskoordinaten bezeichnet.

Da zwischen den Impulskoordinaten p_i und den verallgemeinerten Geschwindigkeitskoordinaten $\dot{q}_i$ ein linearer Zusammenhang besteht — da W_k in $\dot{q}_i$ quadratisch angenommen werden darf —, können die $\dot{q}_i$ durch die p_i und umgekehrt leicht ausgedrückt werden. Schreiben wir jetzt die Energie des Systems mit Hilfe der Lagekoordinaten und der kanonisch-konjugierten Impulskoordinaten auf:

$$\mathrm{H}(p_k, q_k) = W_\mathrm{k} + W_\mathrm{p}. \tag{8a}$$

Diese Funktion wird Hamilton-Funktion genannt. Nebenbei sei bemerkt, daß im allgemeinen (nicht konservativen) Fall die Hamilton-Funktion folgende Form besitzt:

$$\mathrm{H} = \sum_{i=1}^{f} p_i \dot{q}_i - \mathrm{L}. \tag{8b}$$

Das erste Glied der rechten Seite bedeutet im konservativen Fall die doppelte kinetische Energie, das zweite Glied, d. h. die Lagrange-Funktion, gibt den Unterschied der kinetischen und der potentiellen Energie an. Es wird also

$$\mathrm{H} = 2W_\mathrm{k} - (W_\mathrm{k} - W_\mathrm{p}) = W_\mathrm{k} + W_\mathrm{p}.$$

Die Bewegungsgleichungen können auch mit Hilfe der Hamilton-Funktion aufgeschrieben werden:

$$\dot{p}_i = -\frac{\partial \mathrm{H}(p_i, q_i)}{\partial q_i}, \qquad \dot{q}_i = \frac{\partial \mathrm{H}(p_i, q_i)}{\partial p_i}. \tag{9}$$

Dies sind die Hamiltonschen Bewegungsgleichungen.

Es bedeute $F(p_i, q_i)$ eine beliebige Funktion der Veränderlichen p_i und q_i. Die Funktion $F(p_i, q_i)$ hängt natürlich letzten Endes von der Zeit ab, da p_i und q_i von der Zeit abhängen. Die zeitliche Änderung dieser Größe kann einfach berechnet werden. Es ist nämlich

$$\frac{\mathrm{d}F}{\mathrm{d}t} = \sum_{i=1}^{f} \frac{\partial F}{\partial q_i} \frac{\mathrm{d}q_i}{\mathrm{d}t} + \sum_{i=1}^{f} \frac{\partial F}{\partial p_i} \frac{\mathrm{d}p_i}{\mathrm{d}t}. \tag{10}$$

Unter Berücksichtigung der Hamiltonschen Gleichungen (9) kann diese in der folgenden Form geschrieben werden:

$$\frac{\mathrm{d}F}{\mathrm{d}t} = \sum_{i=1}^{f} \left(\frac{\partial F}{\partial q_i} \frac{\partial \mathrm{H}}{\partial p_i} - \frac{\partial \mathrm{H}}{\partial q_i} \frac{\partial F}{\partial p_i} \right). \tag{11}$$

Der Ausdruck auf der rechten Seite heißt Poisson-Jacobischer Klammerausdruck oder kurz Poisson-Klammer und wird mit $[F, \mathrm{H}]$ bezeichnet. Die zeitliche Änderung der Funktion $F(p_i, q_i)$ wird also:

$$\frac{\mathrm{d}F}{\mathrm{d}t} = [F, \mathrm{H}]. \tag{12}$$

5.3.2. Analogie zwischen mechanischen Punktsystemen und elektrischen Netzwerken

Es ist üblich, auch schon bei einer elementaren Behandlung darauf hinzuweisen, daß eine Analogie zwischen einem elektrischen und einem mechanischen Schwingkreis besteht. Es können aber auch kompliziertere mechanische Systeme durch elektrische Netzwerke modelliert werden. Die Betrachtungen über die Analogie haben also neben ihrer prinzipiellen Bedeutung einen praktischen Zweck. Einfachheitshalber werden nur verlustfreie passive Netzwerke behandelt. Die Netzwerkelemente bestehen also aus Induktivitäten und Kapazitäten.

Der elektrische Zustand des Netzwerkes sei durch die f Maschenströme

$$\jmath_1, \jmath_2, \jmath_3, \ldots, \jmath_f$$

charakterisiert. Das Netzwerk kann also als ein System mit f Freiheitsgraden betrachtet werden. Das Problem ist somit gelöst, wenn die Zeitfunktionen $\jmath_k(t)$ bekannt sind. Der Zustand des Systems kann auch mit Hilfe der „Maschenladungen"

$$q_1, q_2, \ldots, q_f$$

beschrieben werden. Diese sind durch die Gleichungen

$$\dot{q}_k = \jmath_k; \qquad k = 1, 2, \ldots, f$$

definiert. Die „Maschenladungen" können als verallgemeinerte Lagekoordinaten, die Maschenströme dagegen als verallgemeinerte Geschwindigkeiten betrachtet werden. Wir drücken jetzt die „kinetische" Energie, d. h. die magnetische Energie, durch die „Geschwindigkeiten" aus

$$W_{\text{magn}} \equiv W_{\text{kin}} = \frac{1}{2} \sum_i \sum_k L_{ik} \jmath_i \jmath_k. \tag{13}$$

Die potentielle Energie wird

$$W_{\mathrm{el}} \equiv W_{\mathrm{pot}} = \frac{1}{2} \sum_i \sum_k \frac{1}{C_{ik}} q_i q_k .$$

Die hier vorkommenden Größen C_{ik} sind keine Teilkapazitäten; sie sind durch die gemeinsamen Kapazitäten der i-ten und j-ten Maschen bestimmt.
Die Lagrange-Funktion wird also

$$\mathrm{L} = W_{\mathrm{kin}} - W_{\mathrm{pot}} = \frac{1}{2} \sum_i \sum_k L_{ik} \jmath_i \jmath_k - \frac{1}{2} \sum_i \sum_k \frac{1}{C_{ik}} q_i q_k . \tag{14}$$

Um die Lagrangeschen Bewegungsgleichungen aufschreiben zu können, bestimmen wir die folgenden Ausdrücke:

$$\frac{\partial \mathrm{L}}{\partial q_i} = - \sum_k \frac{q_k}{C_{ik}}, \qquad \frac{\partial \mathrm{L}}{\partial \dot{q}_i} = \sum_k L_{ik} \dot{q}_k .$$

Es wird also

$$\frac{\mathrm{d}}{\mathrm{d}t} \frac{\partial \mathrm{L}}{\partial \dot{q}_i} - \frac{\partial \mathrm{L}}{\partial q_i} = \frac{\mathrm{d}}{\mathrm{d}t} \frac{\partial W_{\mathrm{kin}}}{\partial \dot{q}_i} + \frac{\partial W_{\mathrm{pot}}}{\partial q_i} = \sum_k \left(L_{ik} \frac{\mathrm{d}\jmath_k}{\mathrm{d}t} + \frac{q_k}{C_{ik}} \right) = 0, \quad i = 1, 2, \ldots, f. \tag{15}$$

Dies sind die Kirchhoffschen Maschengleichungen. Wir haben damit bewiesen, daß die Lagrangeschen Bewegungsgleichungen mit Hilfe der geeignet definierten kinetischen und magnetischen Energie zu den Grundgleichungen der Netzwerktheorie, d. h. zu den Kirchhoffschen Gleichungen, führen.

Es ist bemerkenswert, daß den zu den Lagekoordinaten q_i kanonisch konjugierten „Impulsen" eine einfache physikalische Bedeutung zukommt:

$$p_i = \frac{\partial W_{\mathrm{kin}}}{\partial \dot{q}_i} = \frac{\partial W_{\mathrm{kin}}}{\partial \jmath_i} = \sum_k L_{ik} \jmath_k = \Phi_i . \tag{16}$$

Die kanonisch konjugierten Impulse sind mit den Induktionsflüssen der betreffenden Maschen identisch.

Die Hamiltonsche Bewegungsgleichung lautet nun:

$$\dot{\Phi}_k = -\frac{\partial \mathrm{H}}{\partial q_k} = -\sum_i \frac{q_i}{C_{ik}} . \tag{17}$$

Hier haben wir wieder die Kirchhoffschen Gleichungen als eine spezielle Form der Faradayschen Induktionsgleichung.

Im allgemeinen Fall bilden wir die folgenden Funktionen:

$$W_{\mathrm{kin}} = \frac{1}{2} \sum_{i,k} L_{ik} \jmath_i \jmath_k; \qquad W_{\mathrm{pot}} = \frac{1}{2} \sum_{i,k} \frac{1}{C_{ik}} q_i q_k; \qquad F = \frac{1}{2} \sum_{i,k} R_{ik} \jmath_i \jmath_k ,$$

Die Lagrange-Gleichungen (15) haben jetzt die folgende Form:

$$\frac{\mathrm{d}}{\mathrm{d}t}\frac{\partial W_{\mathrm{kin}}}{\partial j_i}+\frac{\partial W_{\mathrm{pot}}}{\partial q_i}=-\frac{\partial F}{\partial j_i}+u_{\mathrm{G}i};\qquad i=1,2,\ldots,f.$$

Diese Gleichungen führen sofort zu den Maschengleichungen

$$\sum_k\left(L_{ik}\frac{\mathrm{d}j_k}{\mathrm{d}t}+R_{ik}j_k+\frac{1}{C_{ik}}\int^t j_k\,\mathrm{d}t\right)=u_{\mathrm{G}i};\qquad i=1,2,\ldots,f.$$

5.3.3. Die Grundgleichungen bei kontinuierlichen Systemen

Da die Netzwerke mit konzentrierten Parametern mit den mechanischen Punktsystemen in Analogie stehen, ist zu erwarten, daß eine Analogie zwischen den Grundgleichungen des elektromagnetischen Feldes und den Grundgleichungen der kontinuierlichen Systeme besteht. Um zu diesen Grundgleichungen zu gelangen, gehen wir von einem System mit endlich vielen Freiheitsgraden aus. Wir vergrößern die Anzahl der Freiheitsgrade, bis wir zu kontinuierlichen Systemen mit unendlich

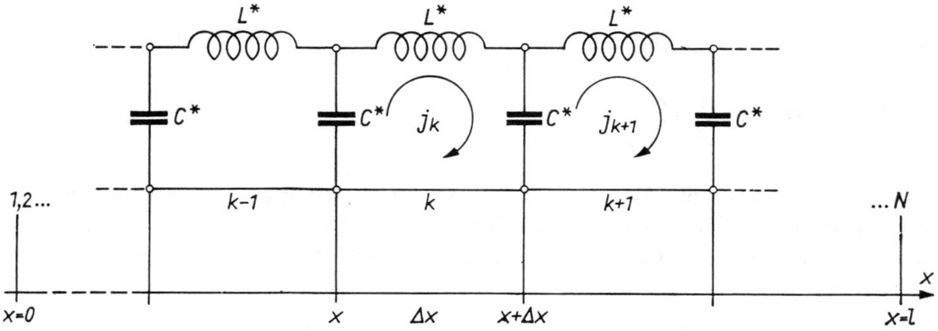

Abb. 5.4 Zur Veranschaulichung des Überganges „diskretes System — kontinuierliches System“

vielen Freiheitsgraden kommen. Das Verfahren wird sofort an einem elektrischen Beispiel gezeigt: Das Netzwerk in Abb. 5.4 ist, wie man erkennt, ein Ausschnitt aus einer Lecher-Leitung.

Die Lagrange-Funktion kann hier in der folgenden Form geschrieben werden:

$$\mathrm{L}=\sum_{k=1}^{N}\left[\frac{1}{2}L^*j_k^2-\frac{1}{2C^*}(q_{k+1}-q_k)^2\right]. \tag{18}$$

Die Lagrangeschen Bewegungsgleichungen, d. h. die Kirchhoffschen Gleichungen, lauten:

$$\frac{\mathrm{d}}{\mathrm{d}t} L^* j_k + \frac{q_{k+1} - q_k}{C^*} + \frac{q_k - q_{k-1}}{C^*} = 0, \qquad k = 1, 2, \ldots, N. \tag{19}$$

Um zu der Leitung mit verteilten Parametern zu gelangen, formen wir Gl. (18) auf folgende Weise um:

$$\mathrm{L} = \sum_{x=0}^{l} \left[\frac{1}{2} \frac{L^*}{\Delta x} j^2(x)\, \Delta x - \frac{1}{2C^*/\Delta x} \left(\frac{q(x + \Delta x) - q(x)}{\Delta x} \right)^2 \Delta x \right].$$

Hier wird die Lage der einzelnen Elemente durch die Koordinate x an Stelle der Elementnummer k charakterisiert. Führen wir jetzt die Kapazität und Induktivität pro Längeneinheit durch die Gleichungen

$$\frac{L^*}{\Delta x} = L, \qquad \frac{C^*}{\Delta x} = C$$

ein und bilden dann den Grenzübergang

$$\lim_{\Delta x \to 0} \frac{q(x + \Delta x) - q(x)}{\Delta x} = \frac{\partial q}{\partial x},$$

so gelangen wir zur Lagrangeschen Funktion

$$\mathrm{L} = \int_0^l \left[\frac{1}{2} L j^2(x) - \frac{1}{2C} \left(\frac{\partial q}{\partial x} \right)^2 \right] \mathrm{d}x. \tag{20}$$

Wir sehen, daß man die Lagrange-Funktion durch Integration einer bestimmten Funktion nach den Lagekoordinaten erhalten kann. Der Integrand selbst wird also mit Recht Lagrange-Dichtefunktion genannt. Diese läßt sich in unserem Fall wie folgt schreiben:

$$\mathscr{L}\left(\frac{\partial q}{\partial t}, \frac{\partial q}{\partial x} \right) \equiv \frac{1}{2} L \left(\frac{\partial q}{\partial t} \right)^2 - \frac{1}{2C} \left(\frac{\partial q}{\partial x} \right)^2. \tag{21}$$

Das Variationsprinzip kann jetzt in folgender Form geschrieben werden:

$$\delta \int_{t_1}^{t_2} \int_0^l \mathscr{L} \mathrm{d}x\, \mathrm{d}t = 0. \tag{22}$$

Diese Gleichung besagt folgendes. Zur Lösung des Problems haben wir diejenige Funktion $q(x, t)$ aufzusuchen, die folgende Eigenschaft hat: Wenn man die Dichtefunktion (21) bildet und sie nach der Lagekoordinate integriert, ergibt das so erhaltene Integral — jetzt als Integral nach der Zeit betrachtet — einen minimalen Wert. Nach dem Formalismus der Variationsrechnung sucht man diese Funktion unter den Lösungen der Differentialgleichung

$$\frac{\partial \mathscr{L}}{\partial q} - \frac{\partial}{\partial x}\left[\frac{\partial \mathscr{L}}{\partial(\partial q/\partial x)}\right] - \frac{\partial}{\partial t}\left[\frac{\partial \mathscr{L}}{\partial(\partial q/\partial t)}\right] = 0. \tag{23}$$

Diese eine Differentialgleichung ersetzt jetzt das Gleichungssystem

$$\frac{\partial \mathrm{L}}{\partial q_i} - \frac{\mathrm{d}}{\mathrm{d}t}\frac{\partial \mathrm{L}}{\partial \dot{q}_i} = 0, \qquad i = 1, 2, \ldots, f$$

für Systeme mit endlich vielen Freiheitsgraden. Es ist sofort ersichtlich, daß die Lagrange-Dichte (21), in die Gl. (23) eingesetzt, zu den bekannten Wellengleichungen

$$\frac{\partial^2 q}{\partial x^2} - \frac{1}{LC}\frac{\partial^2 q}{\partial t^2} = 0 \quad \text{und} \quad \frac{\partial^2 j}{\partial x^2} - \frac{1}{LC}\frac{\partial^2 j}{\partial t^2} = 0 \tag{24}$$

der Lecherleitung führt.

Unsere bisherigen Ergebnisse können leicht für drei Raumkoordinaten verallgemeinert werden. Die gesuchte Funktion sei $\eta(\boldsymbol{r}, t)$. Die Lagrange-Dichtefunktion hängt im allgemeinen von den Größen η, grad η, $\partial\eta/\partial t$ ab. Es ist also

$$\mathscr{L} = \mathscr{L}(\eta, \operatorname{grad}\eta, \partial\eta/\partial t). \tag{25}$$

Mit Hilfe dieser Dichtefunktion kann die Lagrange-Funktion nach der Definitionsgleichung

$$\mathrm{L} = \int \mathscr{L}\,\mathrm{d}V \tag{26}$$

berechnet werden. Den Eulerschen Gleichungen entspricht die partielle Differentialgleichung

$$\frac{\partial \mathscr{L}}{\partial \eta} - \sum_{k=1}^{3}\frac{\partial}{\partial x_k}\left[\frac{\partial \mathscr{L}}{\partial(\partial\eta/\partial x_k)}\right] - \frac{\partial}{\partial t}\left[\frac{\partial \mathscr{L}}{\partial(\partial\eta/\partial t)}\right] = 0. \tag{27}$$

Hier bedeuten x_1, x_2, x_3 die drei kartesischen Koordinaten.

Es können weitere Dichtefunktionen definiert werden. So wird z. B. die Impulsdichte in Analogie zu Gl. (7) folgendermaßen definiert:

$$\Pi = \frac{\partial \mathscr{L}}{\partial \dot{\eta}}. \tag{28}$$

Auch die Hamilton-Dichte kann entsprechend Gl. (8b) eingeführt werden:

$$\mathscr{H} = \Pi\dot{\eta} - \mathscr{L}. \tag{29}$$

Damit wird die Hamilton-Funktion:

$$\mathrm{H} = \int_V \mathscr{H}\,\mathrm{d}V. \tag{30}$$

Die ursprüngliche Form der Eulerschen Gleichungen kann man formal dadurch erhalten, daß der Begriff der Funktionalableitung durch die Definition

$$\frac{\delta \mathscr{L}}{\delta \eta} = \frac{\partial \mathscr{L}}{\partial \eta} - \sum_{k=1}^{3} \frac{\partial}{\partial x_k} \left[\frac{\partial \mathscr{L}}{\partial \left(\frac{\partial \eta}{\partial x_k} \right)} \right] \tag{31}$$

eingeführt wird. Dann kann nämlich Gl. (27) in der folgenden einfachen Form geschrieben werden:

$$\frac{\delta \mathscr{L}}{\delta \eta} - \frac{\partial}{\partial t} \left(\frac{\partial \mathscr{L}}{\partial \dot{\eta}} \right) = 0. \tag{32}$$

Der Aufbau dieser Gleichung ist mit dem der Gl. (4) identisch. Mit Hilfe der Funktionalableitung können die Hamilton-Gleichungen in folgender Form geschrieben werden:

$$\dot{\Pi} = -\frac{\delta \mathscr{H}}{\delta \eta}, \qquad \dot{\eta} = \frac{\delta \mathscr{H}}{\delta \Pi}. \tag{33}$$

Die totale zeitliche Änderung einer Funktion F, die durch die Dichte $\mathscr{F}$ bestimmt werden kann, wird folgendermaßen berechnet:

$$\frac{\mathrm{d}F}{\mathrm{d}t} = \int_V \left(\frac{\partial \mathscr{F}}{\partial \eta} \frac{\delta \mathscr{H}}{\delta \Pi} - \frac{\delta \mathscr{H}}{\delta \eta} \frac{\partial \mathscr{F}}{\partial \Pi} \right) \mathrm{d}V = \int_V [\mathscr{F}, \mathscr{H}] \, \mathrm{d}V. \tag{34}$$

5.3.4. Die Dichtefunktionen der Elektrodynamik und die Maxwellschen Gleichungen

Zur Beschreibung des elektromagnetischen Feldes sollen auch jetzt, wie schon oft, das Skalar- und das Vektorpotential dienen, die mit den elektromagnetischen Größen durch die Gleichungen

$$\boldsymbol{E} = -\frac{\partial \boldsymbol{A}}{\partial t} - \operatorname{grad} \varphi, \qquad \boldsymbol{B} = \operatorname{rot} \boldsymbol{A} \tag{35}$$

verknüpft sind. Wie man leicht erkennt, lautet die Lagrange-Dichte des elektromagnetischen Feldes

$$\mathscr{L} = \frac{1}{2} \varepsilon_0 \left(\frac{\partial \boldsymbol{A}}{\partial t} + \operatorname{grad} \varphi \right)^2 - \frac{1}{2\mu_0} (\operatorname{rot} \boldsymbol{A})^2. \tag{36}$$

Um dies einzusehen, setzen wir diese Dichtefunktion in Gl. (27) ein und berücksichtigen, daß an die Stelle der Funktion $\eta(\boldsymbol{r}, t)$ der Reihe nach die Funktionen $A_1, A_2, A_3, A_4 = \mathrm{j}\varphi/c$ treten. Die ersten drei Gleichungen, nämlich

$$\frac{\partial \mathcal{L}}{\partial A_a} - \sum_{i=1}^{3} \frac{\partial}{\partial x_i}\left[\frac{\partial \mathcal{L}}{\partial(\partial A_a/\partial x_i)}\right] - \frac{\partial}{\partial t}\left[\frac{\partial \mathcal{L}}{\partial(\partial A_a/\partial t)}\right] = 0, \qquad a = 1, 2, 3, \tag{37}$$

können zu einer einzigen Vektorgleichung zusammengefaßt werden:

$$\operatorname{rot}\operatorname{rot}\frac{\boldsymbol{A}}{\mu_0} - \varepsilon_0 \frac{\partial}{\partial t}\left(-\frac{\partial \boldsymbol{A}}{\partial t} - \operatorname{grad}\varphi\right) = 0. \tag{38}$$

Diese Gleichung ist mit der ersten Maxwellschen Gleichung

$$\operatorname{rot}\boldsymbol{H} = \varepsilon_0 \frac{\partial \boldsymbol{E}}{\partial t}$$

identisch. Die Gleichung

$$\frac{\partial \mathcal{L}}{\partial \varphi} - \sum_{i=1}^{3} \frac{\partial}{\partial x_i}\left[\frac{\partial \mathcal{L}}{\partial(\partial\varphi/\partial x_i)}\right] - \frac{\partial}{\partial t}\left[\frac{\partial \mathcal{L}}{\partial(\partial\varphi/\partial t)}\right] = 0 \tag{39}$$

führt zu

$$\operatorname{div}\left(\frac{\partial \boldsymbol{A}}{\partial t} + \operatorname{grad}\varphi\right) = 0, \tag{40}$$

was mit

$$\operatorname{div}\boldsymbol{E} = 0$$

äquivalent ist. Die Gleichungen

$$\operatorname{div}\boldsymbol{B} = 0 \qquad \text{und} \qquad \operatorname{rot}\boldsymbol{E} = -\frac{\partial \boldsymbol{B}}{\partial t}$$

sind nach der Einführung der Potentiale durch die Gleichungen (35) automatisch erfüllt.

Betrachten wir jetzt die Größen A_x, A_y, A_z, $\mathrm{j}\varphi/c$ als Lagekoordinaten, d. h. $\eta = (A_x, A_y, A_z, \mathrm{j}\varphi/c)$. Mit Hilfe der Gl. (28) können die Impulse bestimmt werden:

$$\begin{aligned} \Pi_x &= \frac{\partial \mathcal{L}}{\partial \dot{A}_x} = \varepsilon_0\left(\frac{\partial A_x}{\partial t} + \frac{\partial\varphi}{\partial x}\right); \qquad \Pi_z = \frac{\partial \mathcal{L}}{\partial \dot{A}_z} = \varepsilon_0\left(\frac{\partial A_z}{\partial t} + \frac{\partial\varphi}{\partial z}\right);\\ \Pi_y &= \frac{\partial \mathcal{L}}{\partial A_y} = \varepsilon_0\left(\frac{\partial A_y}{\partial t} + \frac{\partial\varphi}{\partial y}\right); \qquad \Pi_\varphi = \frac{\partial \mathcal{L}}{\partial A_\varphi} = 0. \end{aligned} \tag{41}$$

Mit Hilfe von Gl. (29) kann jetzt auch die Hamilton-Dichte angegeben werden:

$$\mathscr{H} = \boldsymbol{\Pi}\dot{\eta} - \mathscr{L} = \boldsymbol{\Pi}\,\frac{\partial \boldsymbol{A}}{\partial t} - \mathscr{L}$$

$$= \boldsymbol{\Pi}\left(\frac{\boldsymbol{\Pi}}{\varepsilon_0} - \operatorname{grad}\varphi\right) - \left[\frac{1}{2}\,\varepsilon_0\left(\frac{\boldsymbol{\Pi}}{\varepsilon_0}\right)^2 - \frac{1}{2\mu_0}\,(\operatorname{rot}\boldsymbol{A})^2\right]$$

$$= \frac{\boldsymbol{\Pi}^2}{2\varepsilon_0} + \frac{1}{2\mu_0}\,(\operatorname{rot}\boldsymbol{A})^2 - \boldsymbol{\Pi}\operatorname{grad}\varphi\,. \tag{42}$$

Hier kann von dem letzten Glied der rechten Seite abgesehen werden. Es kann nämlich in die Form $\operatorname{div}\varphi\boldsymbol{\Pi} - \varphi\operatorname{div}\boldsymbol{\Pi}$ umgeschrieben werden. Bei Integration über den gesamten Raum geht $\int \operatorname{div}\varphi\boldsymbol{\Pi}\,\mathrm{d}V$ in ein Flächenintegral über, das gegen Null geht. Auch das zweite Glied liefert keinen Beitrag, denn im leeren Raum ist

$$\varphi\operatorname{div}\boldsymbol{\Pi} = \varphi\operatorname{div}\varepsilon_0\boldsymbol{E} = 0\,.$$

Auf Grund dieser Überlegungen können wir die Hamilton-Funktion also folgendermaßen schreiben:

$$\mathrm{H} = \int_V \mathscr{H}\,\mathrm{d}V = \int_V \left[\frac{\boldsymbol{\Pi}^2}{2\varepsilon_0} + \frac{1}{2\mu_0}\,(\operatorname{rot}\boldsymbol{A})^2\right]\mathrm{d}V\,. \tag{43}$$

Das obige Gleichungssystem (41) kann auch in der folgenden Form geschrieben werden:

$$\Pi_a = -\varepsilon_0 E_a\,, \qquad a = x, y, z\,. \tag{44}$$

Wir erhalten also das interessante Resultat, daß zur Lagekoordinate A_a die kanonisch konjugierte Impulskoordinate $-\varepsilon_0 E_a$ gehört. Man sieht auch sofort, daß die Hamilton-Dichte

$$\mathscr{H} = \frac{\boldsymbol{\Pi}^2}{2\varepsilon_0} + \frac{1}{2\mu_0}\,(\operatorname{rot}\boldsymbol{A})^2 = \frac{1}{2}\,\varepsilon_0\boldsymbol{E}^2 + \frac{1}{2}\,\frac{\boldsymbol{B}^2}{\mu_0} \tag{45}$$

nichts anderes als die in kanonisch konjugierten Koordinaten aufgeschriebene Energiedichte ist.

Wir werden jetzt eine Darstellung kennenlernen, die die Analogie zwischen einem elektromagnetischen Wellenfeld und einem mechanischen Schwingungssystem noch deutlicher zeigt und in einer für die Quantenmechanik charakteristischen Weise hervortreten läßt. Es sei ein würfelförmiger Raumteil von der Seitenlänge L gegeben. Das magnetische Feld soll mit Hilfe eines orthonormierten Systems ebener Wellen

$$\boldsymbol{u}_{k\lambda} = \frac{1}{L^{3/2}} \boldsymbol{e}_{k\lambda}\, \mathrm{e}^{\mathrm{j}\boldsymbol{kr}} \tag{46}$$

dargestellt werden. Hier bedeuten $\boldsymbol{k}$ den Fortpflanzungsvektor, $\boldsymbol{e}_{k\lambda}$ zwei zueinander und zu $\boldsymbol{k}$ orthogonale Einheitsvektoren, die die Richtung der Polarisationsebene angeben. $L^{3/2}$ ist ein Normierungsfaktor. Mit Hilfe dieser Wellen wird

$$\boldsymbol{A}(\boldsymbol{r}, t) = \sqrt{\mu_0} \sum_{k,\lambda} \boldsymbol{u}_{k\lambda}(\boldsymbol{r})\, q_{k\lambda}(t), \tag{47}$$

$$\boldsymbol{\Pi}(\boldsymbol{r}, t) = \sqrt{\varepsilon_0} \sum_{k,\lambda} \boldsymbol{u}_{k\lambda}(\boldsymbol{r})\, p_{k\lambda}(t), \tag{48}$$

wobei über die Werte $\lambda = 1{,}2$ und über alle $\boldsymbol{k}$-Werte, die den Randbedingungen genügen, zu summieren ist. Die Randbedingungen beschränken $\boldsymbol{k}$ auf die Werte

$$\boldsymbol{k} = \frac{2\pi}{L}\,(l\boldsymbol{x}_0 + m\boldsymbol{y}_0 + n\boldsymbol{z}_0), \tag{49}$$

wobei l, m, n ganze Zahlen und $\boldsymbol{x}_0$, $\boldsymbol{y}_0$, $\boldsymbol{z}_0$ die Koordinateneinheitsvektoren sind. Die Größen q und p in den Gleichungen (47) und (48) sind natürlich Funktionen der Zeit, die mit Hilfe der Bewegungsgleichungen explizit bestimmt werden können. Mit dieser Bestimmung beschäftigen wir uns aber nicht. Wir berechnen nun die Hamilton-Funktion mit Hilfe der hier eingeführten Größen. Bei der Berechnung benutzen wir die Orthogonalitätsrelation

$$\int_{L^3} \boldsymbol{u}_{k\lambda} \boldsymbol{u}^*_{k'\lambda'}\, \mathrm{d}V = \delta_{kk'}\delta_{\lambda\lambda'}$$

und die Relation

$$\operatorname{rot} \boldsymbol{u}_{k1} = \frac{1}{L^{3/2}} \operatorname{rot} \boldsymbol{e}_{k1}\, \mathrm{e}^{\mathrm{j}\boldsymbol{kr}} = \frac{1}{L^{3/2}} \operatorname{grad} \mathrm{e}^{\mathrm{j}\boldsymbol{kr}} \times \boldsymbol{e}_{k1} = \mathrm{j}\boldsymbol{k} \times \frac{1}{L^{3/2}} \boldsymbol{e}_{k1}\, \mathrm{e}^{\mathrm{j}\boldsymbol{kr}} = \mathrm{j}\boldsymbol{k} \times \boldsymbol{u}_{k1} = \mathrm{j}k\boldsymbol{u}_{k2}. \tag{50}$$

Da $\boldsymbol{A}$ und $\boldsymbol{\Pi}$ reelle Größen sind, gelten die folgenden Beziehungen:

$$\boldsymbol{u}_{k\lambda} = \boldsymbol{u}^*_{-k\lambda}; \qquad p_k = p^*_{-k}; \qquad q_k = q^*_{-k}. \tag{51}$$

Mit den hier angeführten Relationen erhalten wir:

$$\frac{\boldsymbol{\Pi\Pi}^*}{2\varepsilon_0} = \frac{1}{2} \frac{\left(\sqrt{\varepsilon_0}\right)^2}{\varepsilon_0} \left[\sum_{k'\lambda'} \boldsymbol{u}_{k\lambda}(\boldsymbol{r})\, p_{k\lambda}(t)\right] \left[\sum_{k'\lambda'} \boldsymbol{u}^*_{k'\lambda'}(\boldsymbol{r})\, p^*_{k'\lambda'}(t)\right] = \frac{1}{2} \sum_{k'\lambda' k\lambda} \boldsymbol{u}_{k\lambda} \boldsymbol{u}^*_{k'\lambda'} p_{k\lambda} p^*_{k'\lambda'}. \tag{52}$$

$$\begin{aligned}\operatorname{rot} \boldsymbol{A} &= \operatorname{rot} \sqrt{\mu_0} \sum_k [\boldsymbol{u}_{k1}(\boldsymbol{r})\, q_{k1}(t) + \boldsymbol{u}_{k2}(\boldsymbol{r})\, q_{k2}(t)] = \sqrt{\mu_0} \sum_k [q_{k1}(t) \operatorname{rot} \boldsymbol{u}_{k1} + q_{k2}(t) \operatorname{rot} \boldsymbol{u}_{k2}] \\ &= \sqrt{\mu_0} \sum_k [q_{k1}(t)\, \mathrm{j}k\boldsymbol{u}_{k2} - q_{k2}(t)\, \mathrm{j}k\boldsymbol{u}_{k1}].\end{aligned} \tag{53}$$

Es wird also

$$\frac{1}{2\mu_0}(\operatorname{rot}\boldsymbol{A})(\operatorname{rot}\boldsymbol{A})^*$$

$$= \frac{1}{2}\left\{\sum_{k}[\mathrm{j}k\boldsymbol{u}_{k2}q_{k1}(t) - \mathrm{j}k\boldsymbol{u}_{k1}q_{k2}(t)]\right\}\left\{\sum_{k'}[-\mathrm{j}k'\boldsymbol{u}^*_{k'2}q^*_{k'1}(t) + \mathrm{j}k\boldsymbol{u}^*_{k'1}q^*_{k'2}(t)]\right\}$$

$$= \frac{1}{2}\sum_{k\lambda k'\lambda'} k^2 q_{k\lambda}q^*_{k'\lambda'}\boldsymbol{u}_{k\lambda}\boldsymbol{u}^*_{k'\lambda'}. \tag{54}$$

Wir erhalten also nach der Integration

$$\mathrm{H} = \int_V \left[\frac{\boldsymbol{\Pi}\boldsymbol{\Pi}^*}{2\varepsilon_0} + \frac{(\operatorname{rot}\boldsymbol{A})(\operatorname{rot}\boldsymbol{A})^*}{2\mu_0}\right]\mathrm{d}V = \frac{1}{2}\sum_{k,\lambda}(p_{k\lambda}p^*_{k\lambda} + k^2 q_{k\lambda}q^*_{k\lambda}) = \frac{1}{2}\sum_{k,\lambda}(|p_{k\lambda}|^2 + k^2|q_{k\lambda}|^2). \tag{55}$$

Wir wissen aber, daß für die Summe der kinetischen und potentiellen Energie eines linearen Oszillators mit der Masse m und mit der Kraftkonstante a folgende Gleichung gilt:

$$W_\mathrm{k} + W_\mathrm{p} = \frac{1}{2}m\dot{x}^2 + \frac{1}{2}ax^2. \tag{56}$$

Durch Einführung der kanonischen Variablen

$$x \equiv q, \qquad p = \partial W_k/\partial\dot{x} = m\dot{x}$$

kommen wir zur Hamilton-Funktion

$$\mathrm{H}(p, q) = \frac{1}{2}\frac{p^2}{m} + \frac{1}{2}aq^2. \tag{57}$$

Wenn wir dieses Ergebnis mit Gl. (55) vergleichen, so sehen wir, daß die Hamilton-Funktion des klassischen elektromagnetischen Feldes als eine Summe der Hamilton-Funktionen bestimmter harmonischer Oszillatoren betrachtet werden kann.

5.4. Die Elemente der Quantenelektrodynamik

5.4.1. Der Matrix-Formalismus der Quantenmechanik

Im vorigen Kapitel haben wir die Maxwellschen Gleichungen in die Formelsprache der Mechanik übersetzt. Jetzt gehen wir von der klassischen Mechanik zur Quantenmechanik über. Dann können wir nämlich analog von den in die mechanische Formelsprache übersetzten Maxwellschen Gleichungen zur Quantenelektrodynamik übergehen. Wir fassen jetzt in aller Kürze die Grundgesetze der Quantenmechanik in der Form der Heisenbergschen Matrizenmechanik zusammen. In der Matrizenmechanik entspricht jeder physikalischen Größe eine Matrix

$$\mathbf{M} = \begin{pmatrix} m_{11} & m_{12} \cdots m_{1n} & \cdots \\ m_{21} & m_{22} \cdots m_{2n} & \cdots \\ \vdots & & \\ m_{n1} & m_{n2} \cdots m_{nn} & \cdots \end{pmatrix} \tag{1}$$

von der Dimension Unendlich. Die Matrizen sind selbstadjungiert, d. h.,

$$m_{ik} = m_{ki}^*. \tag{2}$$

Wenn die Matrix reell ist, ist sie also auch symmetrisch. Der Lagekoordinate q entspricht die Lagematrix $\mathbf{q}$, der Impulskoordinate entspricht die Impulsmatrix $\mathbf{p}$.

Ein mechanisches Problem kann jetzt auf folgende Weise mit Hilfe der Matrizenmechanik behandelt werden. Zuerst betrachten wir das Problem als ein klassisches Problem; wir schreiben also die Hamiltonsche Funktion mit den entsprechend gewählten kanonisch konjugierten Veränderlichen p_i, q_i hin, dann bilden wir die Hamiltonschen Gleichungen:

$$\dot{q}_i = \frac{\partial \mathrm{H}}{\partial p_i}, \qquad \dot{p}_i = -\frac{\partial \mathrm{H}}{\partial q_i}, \qquad i = 1, 2, \ldots, f.$$

Diese Gleichungen gelten auch für die Größen $\mathbf{q}$ und $\mathbf{p}$, die angedeuteten Differentiationen müssen aber irgendwie definiert werden. Die zeitliche Differentiation ergibt sich aus der Tatsache, daß dem klassischen Poisson-Jacobischen Klammerausdruck in der Quantenmechanik der folgende Ausdruck zugeordnet werden kann

$$[F, G] \rightarrow \frac{2\pi \mathrm{j}}{h} (\mathbf{FG} - \mathbf{GF}) \equiv \frac{2\pi \mathrm{j}}{h} [\mathbf{F}, \mathbf{G}], \tag{3}$$

wobei $h = 6{,}62 \cdot 10^{-34}$ Ws^2 die Plancksche Konstante ist. Die zeitliche Änderung kann also entsprechend der Gl. 5.3.(12) folgendermaßen geschrieben werden:

$$\dot{\mathbf{F}} = \frac{2\pi \mathrm{j}}{h} (\mathbf{HF} - \mathbf{FH}). \tag{3a}$$

Die Hamiltonschen Gleichungen können also wie folgt geschrieben werden:

$$\dot{\mathbf{q}}_i = \frac{2\pi \mathrm{j}}{h} (\mathbf{H}\mathbf{q}_i - \mathbf{q}_i\mathbf{H}), \tag{4}$$

$$\dot{\mathbf{p}}_i = \frac{2\pi \mathrm{j}}{h} (\mathbf{H}\mathbf{p}_i - \mathbf{p}_i\mathbf{H}). \tag{5}$$

Die quantenmechanischen Matrizen gehorchen im allgemeinen nicht dem kommutativen Gesetz. Besondere Bedeutung kommt den Matrizen zu, die mit einer anderen Matrix, z. B. mit der Energiematrix, vertauschbar sind. Aus Gl. (3a) folgt sofort, daß solche Matrizen Konstanten der Bewegung sind.

Die diskreten Werte der Energie eines physikalischen Systems können folgendermaßen bestimmt werden:

1. Wir schreiben die Hamiltonsche Funktion $\mathrm{H}(p_i, q_i)$ des als klassisch betrachteten Problems mit den kanonisch konjugierten Größen auf.

2. Wir bestimmen die selbstadjungierten Matrizen $\mathbf{q}_i$, $\mathbf{p}_i$, welche der Vertauschungsrelation für die kanonisch konjugierten Größen genügen: $\mathbf{p}_i\mathbf{q}_k - \mathbf{q}_k\mathbf{p}_i = \frac{h}{2\pi\mathrm{j}}\,\mathbf{1}\delta_{ik}$.

3. Außerdem seien die Größen $\mathbf{p}$ und $\mathbf{q}$ so beschaffen, daß sie die Hamiltonsche Matrix zu einer Diagonalmatrix machen, d. h.,

$$\mathbf{H}(\mathbf{p}, \mathbf{q}) = \begin{pmatrix} W_1 & 0 & 0 & 0 \cdots 0 \cdots \\ 0 & W_2 & 0 & 0 \cdots 0 \cdots \\ 0 & 0 & W_3 & 0 \cdots 0 \cdots \\ 0 & 0 & 0 & W_4 \cdots 0 \cdots \\ . & . & . & . \cdots . \cdots \end{pmatrix} \tag{6}$$

Es kann bewiesen werden, daß die Matrizen $\mathbf{p}$, $\mathbf{q}$, wenn zu den Matrixelementen q_{ik} auch noch der Zeitfaktor

$$\mathrm{e}^{\frac{2\pi\mathrm{j}}{h}(W_i - W_k)t} \tag{7}$$

hinzugefügt wird, die Bewegungsgleichung befriedigen. Die Werte, die auf der Diagonale der Matrix stehen, d. h. die Diagonalelemente, geben der Reihe nach die möglichen Energiewerte des betreffenden Systems an.

Die angedeutete Methode wird am Beispiel des linearen harmonischen Oszillators erläutert.

Die klassische Hamiltonsche Funktion wird nach 5.3.(57) in diesem Fall:

$$\mathrm{H}(p, q) = \frac{p^2}{2m} + \frac{a}{2}\,q^2.$$

Man muß also solche Matrizen $\mathbf{p}$ und $\mathbf{q}$ suchen, welche die Vertauschungsrelation

$$\mathbf{pq} - \mathbf{qp} = \frac{h}{2\pi\mathrm{j}}\,\mathbf{1} \tag{8}$$

befriedigen und die Hamilton-Matrix

$$\mathbf{H}(\mathbf{p}, \mathbf{q}) = \frac{\mathbf{p}^2}{2m} + \frac{a}{2}\,\mathbf{q}^2 \tag{9}$$

zu einer Diagonalmatrix machen. Es ist sofort einzusehen, daß die Lagematrix

$$\mathbf{q} = \sqrt{\frac{h\nu}{2a}} \begin{pmatrix} 0 & \sqrt{1} & 0 & 0 & 0 \cdots \\ \sqrt{1} & 0 & \sqrt{2} & 0 & 0 \cdots \\ 0 & \sqrt{2} & 0 & \sqrt{3} & 0 \cdots \\ 0 & 0 & \sqrt{3} & 0 & \sqrt{4} \cdots \\ . & . & . & . & . \cdots \end{pmatrix} \tag{10a}$$

und die Impulsmatrix

$$\mathbf{p} = \frac{h}{2\pi \mathrm{j}} \sqrt{\frac{a}{2h\nu}} \begin{pmatrix} 0 & \sqrt{1} & 0 & 0 & 0 \cdots \\ -\sqrt{1} & 0 & \sqrt{2} & 0 & 0 \cdots \\ 0 & -\sqrt{2} & 0 & \sqrt{3} & 0 \cdots \\ 0 & 0 & -\sqrt{3} & 0 & \sqrt{4} \cdots \\ . & . & . & . & . \cdots \end{pmatrix}, \quad \text{wobei } \nu = \frac{1}{2\pi}\sqrt{\frac{a}{m}}, \tag{10b}$$

allen diesen Bedingungen genügen. Sie sind selbstadjungiert, da die Matrix $\mathbf{q}$ reell und symmetrisch ist und die Matrix $\mathbf{p}$ der Bedingung $p_{ik} = p^*_{ki}$ genügt. Es ist nämlich z. B.

$$p_{23} = \frac{h}{2\pi \mathrm{j}} \sqrt{\frac{a}{2h\nu}} \sqrt{2} = \left(-\frac{h}{2\pi \mathrm{j}} \sqrt{\frac{a}{2h\nu}} \sqrt{2}\right)^*.$$

Die Vertauschungsrelation ist auch befriedigt. Wenden wir nämlich die Regel

$$(\mathbf{pq})_{ik} = \sum_m p_{im} q_{mk}$$

für die Multiplikation der Matrizen an, so wird

$$\mathbf{pq} = \frac{h}{4\pi \mathrm{j}} \begin{pmatrix} 1 & 0 & \sqrt{2} & 0 & 0 & \cdots \\ 0 & 1 & 0 & \sqrt{6} & 0 & \cdots \\ -\sqrt{2} & 0 & 1 & 0 & \sqrt{12} & \cdots \\ 0 & -\sqrt{6} & 0 & 1 & 0 & \cdots \\ 0 & 0 & -\sqrt{12} & 0 & 1 & \cdots \end{pmatrix} \tag{11a}$$

bzw.

$$\mathbf{qp} = \frac{h}{4\pi j} \begin{pmatrix} -1 & 0 & \sqrt{2} & 0 & 0 & \cdots \\ 0 & -1 & 0 & \sqrt{6} & 0 & \cdots \\ -\sqrt{2} & 0 & -1 & 0 & \sqrt{12} & \cdots \\ 0 & -\sqrt{6} & 0 & -1 & 0 & \cdots \\ 0 & 0 & -\sqrt{12} & 0 & -1 & \cdots \end{pmatrix}. \tag{11b}$$

Es ist also tatsächlich

$$\mathbf{pq} - \mathbf{qp} = \frac{h}{2\pi j} \begin{pmatrix} 1 & 0 & 0 & \cdots \\ 0 & 1 & 0 & \cdots \\ 0 & 0 & 1 & \cdots \\ \cdots & \cdots & \cdots & \cdots \end{pmatrix}. \tag{12}$$

Endlich ist die Hamiltonsche Matrix eine Diagonalmatrix, da

$$\frac{\mathbf{p}^2}{2m} = -\frac{h\nu}{4} \begin{pmatrix} -1 & 0 & \sqrt{2} & 0 & \cdots \\ 0 & -3 & 0 & \sqrt{6} & \cdots \\ \sqrt{2} & 0 & -5 & 0 & \cdots \\ 0 & \sqrt{6} & 0 & -7 & \cdots \\ . & . & . & . & \cdots \end{pmatrix}$$

und

$$\frac{a}{2}\,\mathbf{q}^2 = \frac{h\nu}{4} \begin{pmatrix} 1 & 0 & \sqrt{2} & 0 & \cdots \\ 0 & 3 & 0 & \sqrt{6} & \cdots \\ \sqrt{2} & 0 & 5 & 0 & \cdots \\ 0 & \sqrt{6} & 0 & 7 & \cdots \\ . & . & . & . & \cdots \end{pmatrix}$$

ist. Es wird also

$$\mathbf{H} = \frac{h\nu}{2} \begin{pmatrix} 1 & 0 & 0 & \cdots \\ 0 & 3 & 0 & \cdots \\ 0 & 0 & 5 & \cdots \\ . & . & . & \cdots \end{pmatrix}. \tag{13}$$

Die Eigenwerte des quantenmechanischen Oszillators, d. h. die möglichen Energiewerte, werden durch die Diagonalelemente geliefert:

$$E_n = \frac{h\nu}{2}(2n+1) = nh\nu + \frac{1}{2}h\nu, \qquad n = 0, 1, 2, \ldots. \tag{14}$$

Wir sehen also, daß die Energieniveaus im Abstand $h\nu$ voneinander liegen. Das unterste Niveau, dessen Größe $h\nu/2$ ist, wird Nullpunktsenergie genannt.

5.4.2. Die Grundzusammenhänge der Quantenelektrodynamik

Nach dem bisherigen können wir die Grundgleichungen der klassischen Elektrodynamik in den Quantenformalismus überführen. Die Quantisierung kann in der Mechanik folgendermaßen symbolisiert werden:

Klassische Mechanik	Quantenmechanik
$q_i, p_i, \mathrm{H}(p_i, q_i)$	$\mathbf{q}, \mathbf{p}$ selbstadjungiert
	$\mathbf{p}_i\mathbf{q}_k - \mathbf{q}_k\mathbf{p}_i = \frac{h}{2\pi\mathrm{j}}\,\mathbf{1}\,\delta_{ik}$
Hamiltonsche Gleichungen	$\mathbf{H}(\mathbf{p}, \mathbf{q})$ diagonal.

Wir haben schon die Grundgleichungen der klassischen Elektrodynamik in die Formelsprache der Mechanik übersetzt. Wir können also das angeführte Schema für die Quantisierung des elektromagnetischen Feldes anwenden.

Klassische Elektrodynamik	Quantenelektrodynamik
$\boldsymbol{A}, \boldsymbol{\Pi}$	$\mathbf{A}, \mathbf{\Pi}$ selbstadjungiert
$\mathrm{H} = \int\limits_V \left(\frac{\boldsymbol{\Pi}^2}{2\varepsilon_0} + \frac{(\mathrm{rot}\,\boldsymbol{A})^2}{2\mu_0}\right) \mathrm{d}V$	$\mathbf{\Pi}_\mu\mathbf{A}_\nu - \mathbf{A}_\nu\mathbf{\Pi}_\mu = \frac{h}{2\pi\mathrm{j}}\,\delta_{\mu\nu}\delta(\boldsymbol{r} - \boldsymbol{r}')\,\mathbf{1}$
Maxwellsche Gleichungen	$\mathbf{H} = \int\limits_V \left(\frac{\mathbf{\Pi}^2}{2\varepsilon_0} + \frac{(\mathrm{rot}\,\mathbf{A})^2}{2\mu_0}\right) \mathrm{d}V$ diagonal.

Das Auftreten der Funktion $\delta(\boldsymbol{r} - \boldsymbol{r}')$ kann folgendermaßen plausibel gemacht werden: Anstelle der diskreten Lagekoordinaten $q_1, q_2, \ldots, q_f$ treten jetzt kontinuierliche Größen wie A_x, A_y, A_z, $\mathrm{j}\varphi/c$ auf. Der diskreten Mannigfaltigkeit der

Indizes entspricht jetzt die kontinuierliche Veränderliche $\boldsymbol{r}$. So bedeutet z. B. „gleicher Index" nunmehr „am gleichen Ort" in der Vertauschungsrelation. Das wird eben durch $\delta(\boldsymbol{r} - \boldsymbol{r}')$ berücksichtigt.

Die Operatoren $\mathbf{A}$ und $\mathbf{\Pi}$ (der Index entfällt) sind natürlich Funktionen von $\boldsymbol{r}$ und t. Wir gelangen zu konstanten Matrizen, wenn $\mathbf{A}$ und $\mathbf{\Pi}$ durch ebene Wellen dargestellt werden:

$$\mathbf{A} = \frac{\sqrt{\mu_0}}{L^{3/2}} \sum_{k,\lambda} \sqrt{\frac{hc^2}{4\pi\omega_k}}\, \boldsymbol{e}_{k\lambda}[\mathbf{a}_{k\lambda}\, e^{j(\boldsymbol{kr} - \omega_k t)} + \mathbf{a}^\dagger_{k\lambda}\, e^{-j(\boldsymbol{kr} - \omega_k t)}]. \tag{15}$$

Hier haben wir die Gleichung 5.3.(48) in die Form

$$\sum_{k,\lambda} (\boldsymbol{u}_{k\lambda} q_{k\lambda} + \boldsymbol{u}^*_{k\lambda} q^*_{k\lambda})$$

umgeschrieben und sind dann zur Matrixsprache übergegangen.

Die Normierung wurde in einer Form gewählt, die sich später als zweckmäßig erweisen wird. Das zweite Glied in der eckigen Klammer wurde so gewählt, daß dadurch $\mathbf{A}$ hermitesch wird. Es gilt nämlich in diesem Fall $\mathbf{A} = \mathbf{A}^\dagger$.

Wenn $\mathbf{A}$ bekannt ist, kann $\mathbf{\Pi}$ bestimmt werden:

$$\mathbf{\Pi} = \varepsilon_0 \frac{\partial \mathbf{A}}{\partial t} = \varepsilon_0 \frac{\sqrt{\mu_0}}{L^{3/2}} \sum_{k,\lambda} \sqrt{\frac{hc^2}{4\pi\omega_k}}\, \boldsymbol{e}_{k\lambda}[-j\omega \mathbf{a}_{k\lambda}\, e^{j(\boldsymbol{kr} - \omega_k t)} + j\omega \mathbf{a}^\dagger_{k\lambda}\, e^{-j(\boldsymbol{kr} - \omega_k t)}].$$

Die Matrizen müssen gewissen Vertauschungsrelationen genügen, da $\mathbf{A}$ und $\mathbf{\Pi}$ solche befriedigen. Um diese zu finden, schreiben wir $\mathbf{A\Pi}$ explizit:

$$\begin{aligned}\mathbf{A\Pi} &= K\Big[\sum_{k,\lambda} \boldsymbol{e}_{k\lambda}(\mathbf{a}_{k\lambda}\, e^{j\boldsymbol{kr}} + \mathbf{a}^\dagger_{k\lambda}\, e^{-j\boldsymbol{kr}})\Big]\Big[\sum_{k'\lambda'} \boldsymbol{e}_{k'\lambda'}(-\mathbf{a}_{k'\lambda'}\, e^{j\boldsymbol{k'r'}} + \mathbf{a}^\dagger_{k'\lambda'}\, e^{-j\boldsymbol{k'r'}})\Big] \\ &= K \sum_{k\lambda k'\lambda'} \boldsymbol{e}_{k\lambda}\boldsymbol{e}_{k'\lambda'}[-\mathbf{a}_{k\lambda}\mathbf{a}_{k'\lambda'}\, e^{j(\boldsymbol{kr} + \boldsymbol{k'r'})} - \mathbf{a}^\dagger_{k\lambda}\mathbf{a}_{k'\lambda'}\, e^{-j(\boldsymbol{kr} - \boldsymbol{k'r'})} \\ &\quad + \mathbf{a}_{k\lambda}\mathbf{a}^\dagger_{k'\lambda'}\, e^{j(\boldsymbol{kr} - \boldsymbol{k'r'})} + \mathbf{a}^\dagger_{k\lambda}\mathbf{a}^\dagger_{k'\lambda'}\, e^{-j(\boldsymbol{kr} + \boldsymbol{k'r'})}].\end{aligned}$$

In dem Ausdruck $\mathbf{A\Pi} - \mathbf{\Pi A}$ kommen die folgenden Matrizenausdrücke vor:

$$(-\mathbf{a}_{k\lambda}\mathbf{a}_{k'\lambda'} + \mathbf{a}_{k'\lambda'}\mathbf{a}_{k\lambda})\, e^{j(\boldsymbol{kr} + \boldsymbol{k'r'})};$$

$$(-\mathbf{a}^\dagger_{k\lambda}\mathbf{a}_{k'\lambda'} + \mathbf{a}_{k'\lambda'}\mathbf{a}^\dagger_{k\lambda})\, e^{-j(\boldsymbol{kr} - \boldsymbol{k'r'})};$$

$$(\mathbf{a}_{k\lambda}\mathbf{a}^\dagger_{k'\lambda'} - \mathbf{a}^\dagger_{k'\lambda'}\mathbf{a}_{k\lambda})\, e^{j(\boldsymbol{kr} - \boldsymbol{k'r'})};$$

$$(\mathbf{a}^\dagger_{k\lambda}\mathbf{a}^\dagger_{k'\lambda'} - \mathbf{a}^\dagger_{k'\lambda'}\mathbf{a}^\dagger_{k\lambda})\, e^{-j(\boldsymbol{kr} + \boldsymbol{k'r'})}.$$

$\mathbf{A}$ und $\mathbf{\Pi}$ werden der Vertauschungsrelation sicher Genüge tun, wenn

$$[\mathbf{a}_{k'\lambda'}, \mathbf{a}_{k\lambda}] = [\mathbf{a}^\dagger_{k'\lambda'}, \mathbf{a}^\dagger_{k\lambda}] = 0; \qquad [\mathbf{a}_{k'\lambda'}, \mathbf{a}^\dagger_{k\lambda}] = [\mathbf{a}_{k\lambda}, \mathbf{a}^\dagger_{k'\lambda'}] = -\delta_{kk'}\delta_{\lambda\lambda'}\, \mathbf{1}.$$

Dann ist nämlich

$$\mathbf{A\Pi} - \mathbf{\Pi A} = K \sum_{k\lambda k'\lambda'} e_{k\lambda} e_{k'\lambda'} [(\mathbf{a}_{k\lambda}\mathbf{a}^\dagger_{k'\lambda'} - \mathbf{a}^\dagger_{k'\lambda'}\mathbf{a}_{k\lambda})\, \mathrm{e}^{\mathrm{j}(\boldsymbol{kr} - \boldsymbol{k'r'})}$$

$$+ (\mathbf{a}_{k'\lambda'}\mathbf{a}^\dagger_{k\lambda} - \mathbf{a}^\dagger_{k\lambda}\mathbf{a}_{k'\lambda'})\, \mathrm{e}^{\mathrm{j}(\boldsymbol{k'r'} - \boldsymbol{kr})}]$$

$$= 2K \sum_{k\lambda k'\lambda'} e_{k\lambda} e_{k'\lambda'} (\mathbf{a}_{k\lambda}\mathbf{a}^\dagger_{k'\lambda'} - \mathbf{a}^\dagger_{k'\lambda'}\mathbf{a}_{k\lambda})\, \mathrm{e}^{\mathrm{j}(\boldsymbol{kr} - \boldsymbol{k'r'})}$$

$$= -2K \sum_{\boldsymbol{k}} \mathbf{1}\, \mathrm{e}^{\mathrm{j}\boldsymbol{k}(\boldsymbol{r} - \boldsymbol{r}')}.$$

In den obigen Formeln hat K den folgenden Wert:

$$K = \varepsilon_0 \frac{\left(\sqrt{\mu_0}\right)^2}{(L^{3/2})} \frac{hc^2}{4\pi\omega} \mathrm{j}\omega = \frac{\varepsilon_0 \mu_0 c^2}{L^3} \frac{h}{4\pi} \mathrm{j} = \frac{1}{L^3} \frac{1}{2} \frac{h}{2\pi \mathrm{j}}.$$

Für große L gilt näherungsweise

$$\sum_{\boldsymbol{k}} f(\boldsymbol{k}) \left(\frac{2\pi}{L}\right)^3 \xrightarrow[L\to\infty]{} \int_{\boldsymbol{k}} f(\boldsymbol{k})\, \mathrm{d}V_{\boldsymbol{k}},$$

und da

$$\frac{1}{(2\pi)^3} \int_{\boldsymbol{k}} \mathrm{e}^{\mathrm{j}\boldsymbol{k}(\boldsymbol{r} - \boldsymbol{r}')}\, \mathrm{d}V_{\boldsymbol{k}} = \delta(\boldsymbol{r} - \boldsymbol{r}')$$

die Fourier-Darstellung der δ-Funktion ist, erhalten wir endgültig

$$\mathbf{\Pi A} - \mathbf{A\Pi} = \frac{h}{2\pi \mathrm{j}} \mathbf{1}\, \delta(\boldsymbol{r} - \boldsymbol{r}').$$

Über die Probleme, die bei diesem Gedankengang auftreten, findet man Näheres in [5.5].

Mit Hilfe der Matrizen $\mathbf{a}$, $\mathbf{a}^\dagger$ kann die Hamiltonsche Matrix in folgender Form geschrieben werden

$$\mathbf{H} = \frac{hc}{4\pi} \sum_{k,\lambda} |\boldsymbol{k}|\, [\mathbf{a}^\dagger_{k\lambda}\mathbf{a}_{k\lambda} + \mathbf{a}_{k\lambda}\mathbf{a}^\dagger_{k\lambda}] = \sum_{k,\lambda} h\nu_k \left(\mathbf{a}_{k\lambda}\mathbf{a}^\dagger_{k\lambda} + \frac{1}{2}\mathbf{1}\right). \quad (16)$$

Unsere weitere Aufgabe besteht darin, daß wir solche Matrizen aufsuchen, die der Vertauschungsrelation genügen und die Matrix $\mathbf{H}$ zu einer Diagonalmatrix machen. Ein ähnliches, aber nicht identisches Problem haben wir bei der Behandlung des harmonischen Oszillators gelöst. Die Matrizen $\mathbf{a}$, $\mathbf{a}^\dagger$ sind jetzt nicht hermitesch, die

Vertauschungsrelationen sind auch nicht die gleichen, und die Form der Matrix $\mathbf{H}$ ist nicht mit der der Matrix $\mathbf{H}$ des Oszillators identisch.

Um die dort erhaltenen Resultate anwenden zu können, führen wir die folgenden zwei Matrizen ein:

$$\mathbf{q}_{k\lambda} = \frac{1}{\sqrt{2}} \frac{1}{2\pi} \sqrt{\frac{h}{\nu_k}} [\mathbf{a}_{k\lambda}^\dagger + \mathbf{a}_{k\lambda}], \tag{17}$$

$$\mathbf{p}_{k\lambda} = \frac{1}{\mathrm{j}\sqrt{2}} \sqrt{h\nu_k} [\mathbf{a}_{k\lambda}^\dagger - \mathbf{a}_{k\lambda}]. \tag{18}$$

Man sieht sofort, daß diese hermitesch sind und der Vertauschungsrelation

$$\mathbf{p}_{k\lambda}\mathbf{q}_{k'\lambda'} - \mathbf{q}_{k'\lambda'}\mathbf{p}_{k\lambda} = \frac{h}{2\pi\mathrm{j}} \mathbf{1}\, \delta_{kk'}\delta_{\lambda\lambda'} \tag{19}$$

genügen. Die Matrix $\mathbf{H}$ nimmt folgende Form an:

$$\mathbf{H} = \sum_{k,\lambda} h\nu_k \left(\mathbf{a}_{k\lambda}\mathbf{a}_{k\lambda}^\dagger + \frac{1}{2}\mathbf{1}\right) = \sum_{k,\lambda} \frac{1}{2} (\mathbf{p}_{k\lambda}^2 + \omega_k^2\mathbf{q}_{k\lambda}^2). \tag{20}$$

Das Problem ist jetzt mit dem Problem des Oszillators identisch. Wir können also die Resultate übernehmen. Nach Gl. (14) sind die möglichen Energiewerte:

$$W_k = h\nu_k \left(n_{k1} + n_{k2} + \frac{1}{2} + \frac{1}{2}\right) = h\nu_k(n_k + 1).$$

Die elektromagnetische Energie wird also:

$$W = \sum_k W_k = \sum_k h\nu_k(n_k + 1). \tag{21}$$

Die Zahl n_k kann mit der Anzahl der Photonen identifiziert werden. Somit haben wir ihre Existenz bewiesen.

Es kann weiter die Momentmatrix

$$\mathbf{G} = \varepsilon_0\mu_0 \int_V \mathbf{E} \times \mathbf{H}\, \mathrm{d}V = -\int_V \mathbf{\Pi} \times \operatorname{rot} \mathbf{A}\, \mathrm{d}V \tag{22}$$

definiert werden. Die ausführliche Berechnung der Eigenwerte dieser Matrix ergibt:

$$\sum_k \left(\frac{h}{2\pi}\right) \boldsymbol{k} n_k. \tag{23}$$

Es kann also jedem Photon ein Impuls von der Größe

$$\frac{h}{2\pi} |\boldsymbol{k}| = \frac{h}{\lambda} \tag{24}$$

zugeordnet werden.

5.4.3. Qualitative Betrachtungen über einige Resultate der Quantenelektrodynamik

Die bisherigen Resultate können folgendermaßen zusammengefaßt werden. Eine Messung der Energie des elektromagnetischen Feldes — abgesehen von der Nullpunktsenergie — kann nur zu folgendem Ergebnis führen:

$$n_1 h\nu_1 + n_2 h\nu_2 + \cdots + n_k h\nu_k .$$

Eine Impulsmessung ergibt als Resultat:

$$n_1 \frac{h}{\lambda_1} \boldsymbol{k}_1^0 + n_2 \frac{h}{\lambda_2} \boldsymbol{k}_2^0 + \cdots,$$

wobei $\boldsymbol{k}_i^0$ ein Einheitsvektor ist. Als erste Näherung können diese Gleichungen so gedeutet werden, daß das elektromagnetische Feld aus einer Anzahl Photonen besteht und jedes Photon die Energie $h\nu$ und den Impuls h/λ besitzt. Das elektromagnetische Feld wird deswegen häufig als Photonenfeld bezeichnet.

Der experimentelle Nachweis der Existenz des Photons ist schon älter als die Quantenelektrodynamik. Solche Erscheinungen, die zwangsläufig zur Photonenauffassung führten, sind der Photoeffekt und die Compton-Streuung; theoretisch wurden sie jedoch erst durch die Quantenelektrodynamik gedeutet. Die Quantenelektrodynamik zeigt aber auch neue Seiten des Photonenfeldes. Für den Fall eines reinen, d. h. materiefreien Photonenfeldes werden wir näher untersuchen, inwieweit die Quantenelektrodynamik mehr enthält als die klassische Photonenkonzeption.

Wir wissen schon, daß den einzelnen elektromagnetischen Feldgrößen verschiedene Operatoren entsprechen, die entweder untereinander vertauschbar oder nicht vertauschbar sind. Solche nichtvertauschbaren Operatoren sind z. B. E und A oder auch E und B. Aus der Unvertauschbarkeit dieser Größen kann man weitgehend Schlüsse ziehen. Aus den allgemeinen Prinzipien der Quantenmechanik folgt nämlich, daß diejenigen physikalischen Größen, denen nichtvertauschbare Operatoren zugeordnet sind, nicht gleichzeitig mit beliebiger Genauigkeit gemessen werden können: Für die Meßgenauigkeit gilt die Heisenbergsche Unbestimmtheitsrelation: Es ist unmöglich, das elektrische Feld $\boldsymbol{E}$ und das magnetische Feld $\boldsymbol{B}$ gleichzeitig mit beliebiger Genauigkeit zu messen, ebenso wie die gleichzeitige Angabe des exakten Wertes der Lagekoordinate q und der Impulskoordinate p keinen physikalischen Sinn hat. Der Zustand $\boldsymbol{E} = 0$ *und* $\boldsymbol{B} = 0$ ist also unmöglich, d. h. im photonen- und materiefreien Raum existiert ein schwankendes Nullfeld: die Vakuumfluktuation. Die Mittelwerte von $\boldsymbol{E}$ und von $\boldsymbol{B}$ sind natürlich Null; der quadratische Mittelwert, der mit der Energie zusammenhängt, ist aber keineswegs Null. Die Situation ist ähnlich wie bei den festen Körpern, die auch beim absoluten Nullpunkt eine Energie, die Nullpunktsenergie, besitzen. Die Quantentheorie des elektromagnetischen Feldes kann mit der Debyeschen Theorie der festen Körper in Analogie gesetzt werden. Die angeregten Zustände werden in den festen Körpern durch die Anwesenheit der Phononen beschrieben. Entsprechend sind die angeregten Zustände des elektromagnetischen Feldes mit der Existenz der Photonen verknüpft.

Aber welche Realität kann der Nullpunktsenergie des Vakuums zugeschrieben werden? In welchen Messungen wird ihr Einfluß sich bemerkbar machen? Um diese Frage zu beantworten, setzen wir ein Probeelektron ins Vakuum. In diesem Fall wirkt das Nullfeld auf das Elektron und zwingt es zu einer schwankenden Bewegung, zu einer Art Brownscher Bewegung. Das Elektron wird also eine gewisse mittlere kinetische Energie besitzen. Diese Energie kommt aber bei jedem Versuch vor, kann also in die Ruhmasse des Elektrons miteinbezogen werden. Hier müssen wir einen Mangel der Quantenelektrodynamik erwähnen, der darin besteht, daß ihre Endresultate zumeist divergierende Reihen enthalten. So ergibt sich auch für die Nullpunktsenergie des Elektrons Unendlich. Das ist an sich nicht verwunderlich, da die Nullpunktsenergie des elektromagnetischen Feldes, wie aus Gl. (21) ersichtlich, ebenfalls unendlich ist. Die Quantenelektrodynamik umgeht diese Schwierigkeiten mit der sogenannten Renormierungsmethode; diese besteht darin, daß der divergierende Faktor in eine Konstante, z. B. in die Ruhmasse, hineingedacht wird.

Wenn das Elektron sich im elektrostatischen Feld eines Atomkerns befindet, kann seine kinetische Energie ebenfalls in die Ruhmasse hineingedacht werden. Im Ausdruck der potentiellen Energie erscheint jedoch ein neues Glied als Folge der schwankenden Bewegung des Elektrons. Das ist leicht einzusehen, wenn man das nichtlineare Verhalten des elektrostatischen Potentials berücksichtigt. Die Energieniveaus des Atoms verschieben sich etwas, wodurch die Theorie der Messung zugänglich wird. Die experimentelle Technik der Radiospektroskopie ermöglicht die Messung einer derart kleinen Linienverschiebung. Die zwei Linien des Wasserstoffatoms, welche die spektroskopischen Bezeichnungen $2S_{1/2}$ und $2P_{1/2}$ tragen und nach der relativistischen Diracschen Gleichung noch zusammenfallen, sind auf Grund experimenteller Angaben um den kleinen Energiebetrag $h\nu$ relativ zueinander verschoben, wobei $\nu = 1060$ MHz ist. Die ausgestrahlte Welle liegt also im Gebiet der Mikrowellen. Berücksichtigt man die Vakuumfluktuation, so erhält man theoretisch einen Wert, der dem oben angegebenen gemessenen Wert sehr nahe kommt.

Wir haben bisher die Quantenelektrodynamik des reinen elektromagnetischen Feldes besprochen; das Elektron spielte bisher nur die Rolle eines Meßgerätes. Im allgemeinen müssen wir eine Wechselwirkung zwischen den Photonen und den geladenen Teilchen, z. B. den Elektronen, annehmen; genauer gesagt, wir müssen die Wechselwirkung zwischen dem Photonenfeld und dem Elektronenfeld untersuchen. Was wir unter einem Photonenfeld verstehen, ist aus dem bisher Gesagten klar: Es ist das quantisierte elektromagnetische Feld, dessen Quanten die Photonen sind. Das Elektronenfeld wird auch hier zuerst als kontinuierlich angenommen; durch die Quantelung dieses Feldes gelangen wir zu den Elektronen als den Quanten des Elektronenfeldes. Der Wellengleichung für die Potentiale des elektromagnetischen Feldes entspricht jetzt die Schrödinger-Gleichung; genauer gesagt, den Maxwellschen Gleichungen entspricht die relativistisch-invariante Diracsche Gleichung. Die Rolle der Größen A_x, A_y, A_z, φ in der klassischen Elektrodynamik spielen jetzt die Wellenfunktionen φ_1, φ_2, φ_3, φ_4 der Diracschen Gleichung. Um das Feld zu quantisieren, fassen wir die Größen $\varphi(\boldsymbol{r}, t)$ wieder als Operatoren auf, die gewissen Vertauschungsrelationen genügen und die $\mathbf{H}$-Matrix zu einer Diagonalmatrix machen. Der Hamilton-Operator kann jetzt auch aus dem Operator der Lagrange-Dichte erhalten werden. Da sich die Diracsche Gleichung selbst schon als Ergebnis einer Quantelung erwiesen hat, wird diese neue Quantisierung als zweite Quantisierung bezeichnet. Auf diese Weise gelangen wir zu den erwarteten Ergebnissen: Das Feld besteht aus Teilchen, die mit den Elektronen bzw. Positronen identifiziert werden können. Was bisher als Elektronenfeld bezeichnet wurde, nennen wir besser das Elektronen-Positronen-Feld. Es gilt hier das Paulische Prinzip: Die Besetzungszahl eines Zustandes kann 1 oder 0 sein. Im Grundzustand des Feldes, d. h. im leeren Elektronen-Positronen-Vakuum, sind noch sehr viele Elektronen in dem tiefen Niveau $W < -m_0c^2$ vorhanden. Wenn ein Elektron über das Nullniveau angehoben wird, erscheint ein Elektron sowie in dem verlassenen Niveau ein Loch, das mit dem Positron identifiziert werden kann.

In diesem Zusammenhang interessiert uns die komplexe Struktur des Vakuums. Sollen wir die Existenz unendlich vieler Elektronen im Vakuum wirklich ernst nehmen? Hat diese Annahme eine experimentell nachweisbare Folge? Untersuchen wir wieder das Feld in der Nähe eines Atomkerns. Das inhomogene elektrostatische Feld verändert die Energieniveaus des Vakuums, und somit ändert sich auch die Ladungsdichte. Das Vakuum verhält sich gewissermaßen wie ein Dielektrikum: es wird polarisiert. Eine elektromagnetische Welle wird also wegen der inhomogenen Dielektrizitätskonstanten gestreut; ähnlich kann eine Streuung elektromagnetischer Wellen durch elektromagnetische Wellen, d. h. von Photonen durch Photonen, erwartet werden. Diese Folgerungen stehen in krassem Widerspruch zur klassischen Elektrodynamik. Die Maxwellschen Gleichungen sind linear; eine Lösung wird nicht dadurch beeinflußt, daß im Vakuum schon ein elektrisches Feld vorhanden ist. Die Abweichung von der Linearität infolge der Vakuumpolarisation ist sehr klein, sie liegt aber schon an der Grenze der Meßbarkeit.

Die Tatsache, daß das magnetische Moment eines Elektrons nicht genau 1 Bohrsches Magneton ausmacht, ist auch eine Folge der Vakuumpolarisation.

Die Wechselwirkung des Strahlungsfeldes und des Elektronen-Positronen-Feldes kann mit Hilfe der Störungsrechnung berechnet werden: Die beiden Felder werden superponiert und die Wechselwirkung als Störung behandelt. Das Resultat einer solchen Rechnung ergibt, daß der Übergang von einem angeregten in einen niedrigeren Zustand, die sogenannte spontane Emission, als eine durch die Vakuumfluktuation erregte induzierte Emission betrachtet werden kann.

Die Untersuchung der Gesetze der spontanen und induzierten Emission steht heute im Vordergrund, da sie von großer praktischer Bedeutung ist. In den Quantengeneratoren wird die Nutzleistung durch die induzierten Emissionen, die Störleistung dagegen durch die spontanen Emissionen geliefert.

Wir fassen im unten gezeichneten Schema noch einmal die hier behandelten oder nur erwähnten Problemkreise zusammen. Die stark ausgezogenen Pfeile deuten darauf hin, daß die betreffenden Schritte in diesem Buch ein wenig ausführlicher behandelt wurden.

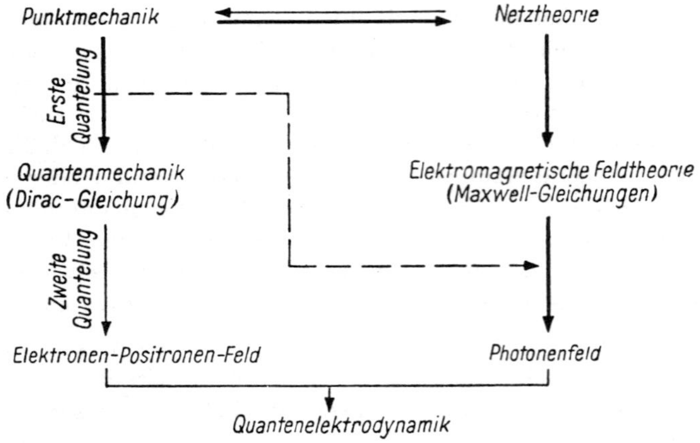

Literaturverzeichnis

Literatur zum 1. Teil

Grundlegende klassische Werke

I. Maxwell, J. C.: A Treatise on Electricity and Magnetism, 2 Bde. 1. Aufl. 1873, 3. Aufl. 1892, Nachdruck 1904, 1937, 1946, 1955. Oxford University Press, London.

II. Jeans, J.: The Mathematical Theory of Electricity and Magnetism, 1. Aufl. 1908, 5. Aufl. 1925, Nachdruck 1948. Cambridge University Press, London.

III. Stratton, J. A.: Electromagnetic Theory. McGraw-Hill Book Company Inc. New York—London—Toronto 1941.

Die Grundtatsachen und Grundbegriffe der Elektrizitätslehre können den folgenden Büchern entnommen werden:

1.1. Simonyi, K.: Villamosságtan, Budapest 1973.

1.2. Simonyi, K.: Physikalische Elektronik, Stuttgart 1972.

1.3. Lunze, K., und E. Wagner: Einführung in die Elektrotechnik, Teil 1, 5. Aufl.; Teil 2, 3. Aufl. Berlin 1967.

1.4. Philippow, E.: Grundlagen der Elektrotechnik, 3. Aufl. Berlin 1972.

1.5. Lorrain, P., und D. R. Corson: Electromagnetic Fields and Waves. San Francisco 1970.

1.6. Тамм, И. Е.: Основы теории электричества (I. E. Tamm: Grundlagen der Theorie der Elektrizität). 5. Aufl. Moskau 1954.

1.7. Narayanarao, N.: Basic Electromagnetics with Applications. Englewood Cliffs—New Jersey 1972.

Lehrbücher der Elektrodynamik

1.8. Schwartz, M.: Principles of Elektrodynamics. New York—London—Toronto 1972.

1.9. Becker, R.: Theorie der Elektrizität, 3 Bde. Stuttgart 1962/1963/1968.

1.10. POINCELOT, P.: Précis d'Electromagnétisme Théorique. Paris 1963.
1.11. PLONSEY, R., and R. E. COLLIN: Principles and Applications of Electromagnetic Fields. New York—Toronto—London 1961.
1.12. JONES, D. S.: The Theory of Electromagnetism. Oxford—London—New York—Paris 1964.
1.13. PANOFSKY, W. K. H., und M. PHILLIPS: Classical Electricity and Magnetism, 2. Aufl. Reading (Mass.)—Pal Alto—London 1962.

Bücher mit ähnlicher Zielsetzung wie das vorliegende Buch

1.14. KÜPFMÜLLER, K.: Einführung in die theoretische Elektrotechnik, 8. Aufl. Berlin—Göttingen—Heidelberg 1965.
1.15. НЕЙМАН, Л. Р., и К. С. ДЕМИРЧЯН: Теоретические основы электротехники (L. R. NEIMAN und K. S. DEMIRTSCHJAN: Theoretische Grundlagen der Elektrotechnik), 2 Bde. Moskau—Leningrad 1966.
1.16. ПОЛИВАНОВ, К. М.: Теория электромагнитного поля (K. M POLIWANOW: Theorie des elektromagnetischen Feldes). Moskau 1969.
1.17. ВОЛЬМАН, В. И., и Ю. В. ПИМЕНОВ: Техническая электродинамика (W. I. WOLMAN und J. W. PIMENOW: Technische Elektrodynamik). Moskau 1971.
1.18. RAMO, S., J. R. WHINNERY und TH. DUZER: Fields and Waves in Communication Electronics. New York—London—Sydney 1965.
1.19. FODOR, GY.: Elméleti Elektrotechnika. Budapest 1970.
1.20. ГОЛЬДШТАЙН, Л. Д., и Н. В. ЗЕРНОВ: Электромагнитные поля и волны (L. D. GOLDSCHTEIN und N. W. SERNOW: Elektromagnetische Felder und Wellen). Moskau 1971.

Lehrbücher der Mathematik

1.21. ROTHE, R.: Höhere Mathematik für Mathematiker, Physiker, Ingenieure, 5 Bde. Leipzig 1962/1965.
1.22. FLÜGGE, S. (ed.): Handbuch der Physik, Bd. 1 und 2: Mathematische Methoden. Berlin—Göttingen—Heidelberg 1956/1955.
1.23. MORSE, P. M., und H. FESHBACH: Methods of Theoretical Physics, 2 Bde. New York—Toronto—London 1953.
1.24. JAHNKE, E., und F. EMDE: Tafeln höherer Funktionen. Leipzig 1960.
1.25. FENYÖ, S., und T. FREY: Moderne mathematische Methoden in der Technik, Bd. I—III. Basel 1967 und folgende.

Aufgabensammlungen

1.26. MIERDEL, G., und S. WAGNER: Aufgaben zur theoretischen Elektrotechnik, 2. Aufl. Berlin 1973.
1.27. SIMONYI, K., G. FODOR und I. VÁGÓ: Elméleti villamosságtan. Példatár. Budapest 1967.

Literatur zum 2. Teil

2.1. WEBER, E.: Electromagnetic Fields, Theory and Applications, Bd. 1. New York 1950.
2.2. OLLENDORFF, F.: Potentialfelder der Elektrotechnik, Berlin 1932.

2.3. Wendt, G.: Statische Felder und stationäre Ströme, in: S. Flügge (ed.): Handbuch der Physik, Bd. 16. Berlin—Göttingen—Heidelberg 1953.
2.4. Javid, M., und P. M. Brown: Field Analysis and Electromagnetics. New York—San Francisco—Toronto—London 1963.
2.5. von Koppenfels, W., und F. Stallmann: Praxis der konformen Abbildung. Berlin—Göttingen—Heidelberg 1959.

Literatur zum 3. Teil

3.1. Reza, F. M., und S. Seely: Modern Network Analysis. New York 1959.
3.2. Зернов, Н. В., и В. Г. Карпов: Теория радиотехнических цепей (N. W. Sernow und W. G. Karpow: Theorie der radiotechnischen Kreise). Moskau—Leningrad 1965.
3.3. Атабеков, Г. И.: Теория линейних электрических цепей (G. I. Atabekow: Theorie der linearen elektrischen Kreise). Moskau 1960.
3.4. Fodor, Gy.: Laplace Transform in Engineering. Budapest 1965.
3.5. Papoulis, A.: The Fourier Integral and Its Applications. New York—San Francisco—London 1962.
3.6. Huelsman, L. P.: Circuits, Matrices, and Linear Vector Spaces. New York—San Francisco—Toronto—London 1963.
3.7. Unger, H.-G.: Theorie der Leitungen. Braunschweig 1970.
3.8. Desoer, Ch. A., und E. S. Kuh: Basic Circuit Theory. New York 1969.
3.9. Géher, K.: Lineáris hálózatok. Budapest 1968.
3.10. Štafl, M.: Electrodynamics of Electrical Machines. Prague 1967.
3.11. Grivet, P.: The Transmission Lines at High and Very High Frequencies. London—New York 1970.
3.12. Wunsch, G.: Theorie und Anwendung linearer Netzwerke, Teil I und II. Leipzig 1961/1964.

Literatur zum 4. Teil

4.1. Семенов, Н. А.: Техническая Электротехника (N. A. Semjonow: Technische Elektrotechnik). Moskau 1973.
4.2. Кухаркин, Е. С.: Основы технической электродинамики (J. S. Kucharkin: Grundlagen der technischen Elektrodynamik). Moskau 1969.
4.3. Heilmann, A.: Antennen I. II. III. Mannheim—Wien—Zürich 1970.
4.4. Wolff, E. A.: Antenna Analysis. New York—London—Sydney 1966.
4.5. Collin, R. E.: Field Theory of Guided Waves. New York—London—Toronto 1960.
4.6. Collin, R. E.: Foundation of Microwave Engineering. New York—London—Toronto 1966.
4.7. Lewin, L.: Advanced Theory of Waveguide. London 1951.
4.8 Марков, Г. Т., и Е. Н. Васильев: Математические методы прикладной электродинамики (G. T. Markow und J. N. Wassiljew: Mathematische Methoden der angewandten Elektrodynamik). Moskau 1970.
4.9. Семенов, А. А.: Теория электромагнитных волн (A. A. Semjonow: Theorie elektromagnetischer Wellen). Moskau 1969.
4.10. Каценеленбаум, Б. З.: Высокочастотная электродинамика (B. S. Kazen'elenbaum: Hochfrequenzelektrodynamik). Moskau 1966.
4.11. Марков, Г. Т., и А. Ф. Чаплин: Возбуждение электромагнитных волн (G. T. Markow und A. F. Tschaplin: Anregung elektromagnetischer Wellen). Moskau 1967.

4.12. Borgnis, F. E., and C. H. Papas: Electromagnetic Waveguides and Resonators, in: S. Flügge (ed.): Handbuch der Physik, Bd. 16. Berlin – Göttingen – Heidelberg 1958.

4.13. Unger, H.-G.: Elektromagnetische Wellen. 2 Bde. Braunschweig 1970.

4.14. Csurgay, A., und S. Marko: Mikrohullámú passziv hálózatok. Budapest 1965.

Literatur zum 5. Teil

5.1. King, R. W. P.: Quasi-Stationary and Nonstationary Currents in Electric Circuits, in: S. Flügge (ed.): Handbuch der Physik, Bd. 16. Berlin – Göttingen – Heidelberg 1958.

5.2. Einstein, A.: Grundzüge der Relativitätstheorie. Berlin 1969.

5.3. Laue, M. von: Die Relativitätstheorie. 2. Bde. 7. bzw. 5. Aufl. Braunschweig 1965.

5.4. A. S. Dawydow: Quantenmechanik. 8. Aufl. Leipzig – Berlin – Heidelberg 1992.

5.5. Schiff, L. I.: Quantum mechanics. 3rd ed. New York – Toronto – London 1968.

Sachverzeichnis

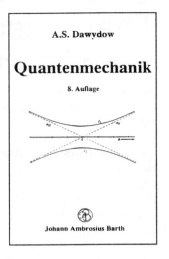